本书案例效果图

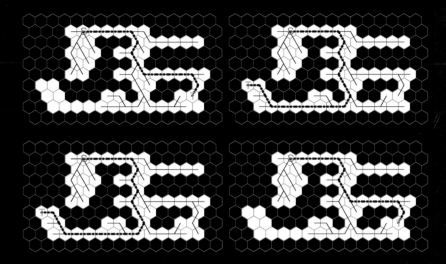

第8章　路径搜索

第10章　木块金字塔被撞击

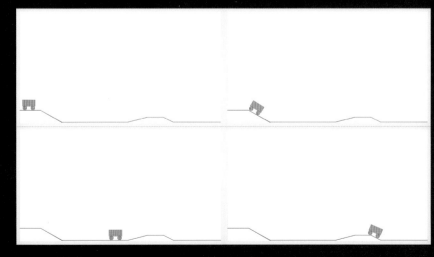

第10章　车轮关节

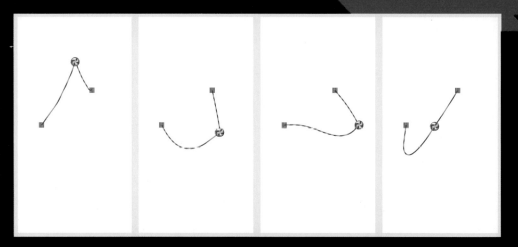

第10章　绳索关节

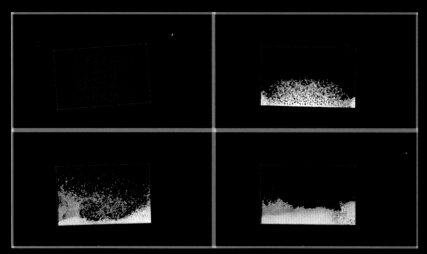

第10章　波浪制造机

Sample11_10

本书案例效果图

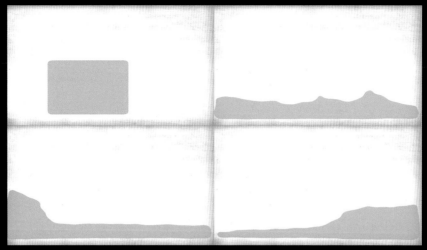

第11章 OpenGL ES 2.0 流体绘制

第12章 坦克大战1

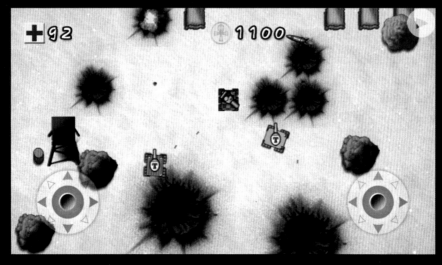

第12章 坦克大战2

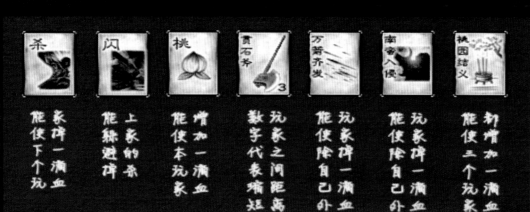

第13章 风火三国1

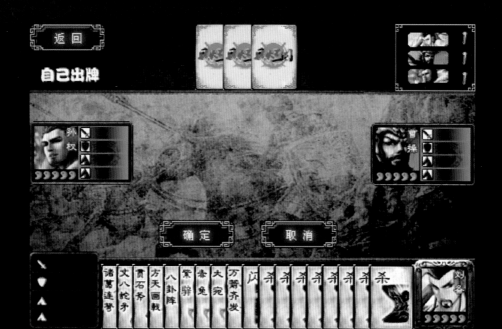

本书案例效果图

第14章 益智类游戏——
Wo!Water!1

第14章 益智类游戏——
Wo!Water!2

第14章 益智类游戏——
Wo!Water!3

第15章 3D塔防类游戏——三国塔防1

第15章 3D塔防类游戏——三国塔防2

第16章 大富翁1

本书案例效果图

第16章 大富翁2

第16章 大富翁关卡设计器

第17章 休闲类游戏——切切乐1

第17章 休闲类游戏——切切乐2

第18章 3D冰球1

第18章 3D冰球2

第18章 3D冰球3

Android
游戏案例开发大全（第4版）

吴亚峰　苏亚光　于复兴◎编著

人民邮电出版社
北京

图书在版编目（CIP）数据

Android游戏案例开发大全 / 吴亚峰，苏亚光，于复兴编著. -- 4版. -- 北京：人民邮电出版社，2018.8
ISBN 978-7-115-47555-8

Ⅰ. ①A… Ⅱ. ①吴… ②苏… ③于… Ⅲ. ①移动终端－应用程序－程序设计 Ⅳ. ①TN929.53

中国版本图书馆CIP数据核字（2018）第050025号

内 容 提 要

本书内容分为两大部分：首先讲解了Android游戏开发核心技术，主要包括Android游戏开发的前台渲染、交互式通信、数据存储和传感器、网络编程、游戏背后的数学与物理、游戏地图开发、游戏开发小秘技、JBox2D物理引擎、3D应用开发基础等；接下来介绍Android游戏开发实战综合案例，包括多种流行的游戏类型，如滚屏动作类游戏——《坦克大战》、网络游戏——《风火三国》、益智类游戏——《Wo!Water!》、3D塔防类游戏——《三国塔防》、策略游戏——《大富翁》、休闲类游戏——《切切乐》、休闲类游戏——《3D冰球》等。

本书适合Android初学者、游戏开发人员阅读，也可作为高校相关专业的学习用书或培训学校的教材。

♦ 编　著　吴亚峰　苏亚光　于复兴
　责任编辑　张涛
　责任印制　焦志炜

♦ 人民邮电出版社出版发行　北京市丰台区成寿寺路11号
邮编　100164　电子邮件　315@ptpress.com.cn
网址　http://www.ptpress.com.cn
固安县铭成印刷有限公司印刷

♦ 开本：787×1092　1/16
印张：45.25　　彩插：4
字数：1199千字　　2018年8月第4版
　　　　　　　　　2024年7月河北第9次印刷

定价：108.00元

读者服务热线：（010）81055410　印装质量热线：（010）81055316
反盗版热线：（010）81055315
广告经营许可证：京东市监广登字20170147号

前　言

本书是一本讲解 Android 游戏案例开发的专业书，汇集了作者多年开发经验，从 2012 年出版第 1 版开始，经过不断完善和改版，推出了最新的第 4 版。书中既有对 Android 应用程序框架的介绍，也有对游戏开发相关知识的讲解，同时还有 Android 平台下的多个实际游戏案例，希望可以快速帮助读者提高在 Android 平台下进行游戏开发的能力。

内容导读

本书内容主要介绍 Android 平台下应用程序的框架和基础开发知识，同时还介绍了游戏开发的相关知识，主要内容安排如下。

主题名	主要内容
Android 平台简介	介绍 Android 的来龙去脉，并介绍 Android 应用程序的框架，然后介绍 Android 开发环境的搭建以及应用程序的调试
Android 游戏开发中的前台渲染	对 Android 的用户界面进行详细介绍，同时讲解图形、动画、音频、视频的实现，并对图像采集技术进行讲述
Android 游戏开发中的交互式通信	简要介绍应用程序的基本组件，详细介绍应用程序内部或组件之间的通信方式
Android 游戏开发中的数据存储和传感器	通过实例介绍 Android 平台下 SQLite 数据库与几种传感器的原理及使用方法
Android 游戏开发中的网络编程	首先对 Socket（网络套接字）及 HTTP 进行介绍，然后介绍蓝牙互连的相关知识，最后介绍简单的多用户并发网络游戏编程架构并给出了一个具体的案例
不一样的游戏，一样的精彩应用	介绍不同类型游戏的特色及开发特点
游戏背后的数学与物理	介绍游戏开发过程中所涉及的数学与物理的相关知识，并简要讲解了碰撞检测技术的实现方式，最后详细介绍了计算几何开源库——GeoLib 的使用
游戏地图必知必会	介绍游戏开发中与地图相关的几个方面的知识，包括不同的地图单元形状、地图设计器，以及智能路径搜索等，最后还介绍了如何开发自适应不同屏幕分辨率的游戏应用
游戏开发小秘技	介绍游戏开发中常用的一些小技巧，包括有限状态机、模糊逻辑、代码的基本优化技巧、多点触控技术的使用等
JBox2D 物理引擎	通过对风靡全球的物理引擎游戏"愤怒的小鸟"所采用的物理引擎 Box2D 的 Java 版 JBox2D 的详细介绍，带领读者进入游戏物理引擎的世界，最后还介绍了流体的模拟
3D 应用开发基础	通过对在 Android 平台下进行 3D 开发的 OpenGL ES（包括 OpenGL ES 2.0 以及 OpenGL ES 3.x）必知必会知识的讲解，带领读者进入酷炫的 3D 手机应用开发的世界，同时还介绍了如何使用 OpenGL ES 进行 2D 游戏画面的渲染

本书介绍了 7 个大的游戏案例，其中包括休闲游戏、益智游戏、动作游戏、塔防游戏、策略游戏等不同的游戏类型，每种游戏类型的案例开发都有其独特的地方，具体内容安排如下。

主题名	主要内容
滚屏动作类游戏——《坦克大战》	通过联网《坦克大战》游戏的开发，详细讲解滚屏动作类游戏的开发思路以及对此类游戏的基本开发流程。同时还介绍了如何通过OpenGL ES进行2D游戏画面的高效渲染
网络游戏开发——《风火三国》网络对战游戏	通过《风火三国》网络棋牌对战游戏的开发，讲解网络类棋牌游戏的开发思路以及网络对战游戏的基本开发流程
益智类游戏——《Wo!Water!》	详细介绍益智类游戏《Wo!Water!》的开发，此游戏中采用OpenGL ES结合JBox2D实现了2D流体的仿真渲染，效果非常真实，可玩性很强
3D塔防类游戏——《三国塔防》	通过一个具体的案例，详细介绍了非常流行的塔防类游戏的开发流程及技术要点。同时还介绍了笔者自行开发的一套3D骨骼动画系统的使用
策略游戏——《大富翁》	通过介绍策略类游戏《大富翁》的开发，详细讲解此类游戏的设计模式，并综合应用了之前介绍过的很多知识
休闲类游戏——《切切乐》	详细介绍《切切乐》游戏的开发，讲解了休闲类游戏的开发思路以及计算几何等工具的使用
休闲类游戏——《3D冰球》	通过休闲类游戏《3D冰球》的开发，详细深入地介绍如何在Android平台上使用OpenGL ES 2.0技术开发出具有炫酷画面的3D游戏

本书特点

1．内容充实，由浅入深

本书内容既包括Android平台下开发的基础知识，也有游戏编程的实用技巧，同时还有多个较大的游戏实际案例等供读者学习。在知识的层次上由浅入深，真正地将Android和游戏开发结合起来。

2．实例丰富，讲解详细

本书在介绍Android基础内容时，每个知识点都配有相应的实例，通过这些实例，读者可以更好地理解书中所介绍的知识。同时在实例的讲解上也尽量做到条理清楚，读者可以按照书中列出的步骤非常容易地实现实例中的功能。

3．案例经典，含金量高

本书中的游戏案例均是作者精心挑选的，不同类型的游戏有着其独特的开发方式。本书中的案例囊括了不同的游戏类型，以及不同的游戏开发技巧，以期让读者全面掌握手机游戏的开发技术，具有很高的参考价值，非常适合各类爱好游戏开发的读者学习。

4．配套案例源代码，内容实用

为了便于读者学习，本书中所有案例的完整源代码都可以从人民邮电出版社官方网站下载，读者可以直接导入运行仔细体会其效果，能最大限度地帮助读者快速掌握开发技术。同时考虑到开发工具主流从Eclipse更迭到Android Studio，此次更新本书时，笔者将所有的Android端案例项目都更新为Android Studio版本，便于读者紧跟潮流。

本书面向的读者

- Android初学者

对于Android的初学者，可以通过本书前面部分的内容巩固Android的知识，并了解与游戏开发相关的诸如人工智能和物理引擎等基础知识。然后在此基础上学习后面部分的游戏案例，这样可以全面掌握Android平台下游戏开发的技巧。

- 有Java基础的读者

Android平台下的开发基于Java语言，所以对于有Java基础的读者来说，阅读本书将不会感觉到困难。读者可以通过前面的基础内容迅速熟悉Android平台下应用程序的框架和开发流程，然后通过后面的游戏案例提高自己在游戏开发方面的能力。

- 在职开发人员

本书中的游戏案例都是作者精心挑选的，其中涉及的与游戏开发相关的知识均是作者多年来积累的经验与心得体会。具有一定开发经验的在职开发人员可以通过本书进一步提高开发水平，并迅速成为Android的游戏开发人员。

关于作者

吴亚峰，毕业于北京邮电大学，后留学澳大利亚卧龙岗大学取得硕士学位。1998年开始从事Java应用的开发，有10多年的Java开发与培训经验。主要的研究方向为OpenGL ES、手机游戏、Java EE以及搜索引擎。同时为手机游戏、Java EE独立软件开发工程师，并兼任百纳科技Java培训中心首席培训师。近10年来为数十家著名企业培养了上千名高级软件开发人员，曾编写过《Android应用案例开发大全》（第1版～第3版）、《Android游戏开发大全》（第1版～第3版）、《OpenGL ES 3.x游戏开发（上、下卷）》《Cocos2d-x 3.x游戏案例开发大全》《Unity 5.x 3D游戏开发技术详解与典型案例》等多本畅销技术书。2008年初开始关注Android平台下的3D应用开发，并开发出一系列优秀的Android应用程序与3D游戏。

苏亚光，哈尔滨理工大学硕士，从业于计算机软件领域10多年，在软件开发和计算机教学方面有着丰富的经验，曾编写过《Android游戏开发大全》《Android 3D游戏开发技术详解与典型案例》《Android应用案例开发大全》等多本畅销技术书。2008年开始关注Android平台下的应用开发，参与开发了多款手机2D/3D游戏应用。

于复兴，北京科技大学硕士，从业于计算机软件领域10余年，在软件开发和计算机教学方面有着丰富的经验。工作期间曾主持科研项目"PSP流量可视化检测系统研究与实现"，主持研发了省市级项目多项，同时为多家企事业单位设计开发了管理信息系统，并在各种科技刊物上发表多篇相关论文。2008年开始关注Android平台下的应用开发，参与开发了多款手机3D游戏应用。

致谢

本书在编写过程中得到了唐山百纳科技有限公司Java培训中心的大力支持，同时于庭龙、魏鹏飞、李腾飞、王旅波、李胜杰、郭超、王思维、仇磊、夏学良、冯儒韬、郑培阳、郭小月、李雪晴、宋盼盼、梁宇、黄建勋、蒋科、任俊刚、金亮、李玲玲、张双彐、刘佳、张月月、贺蕾红、陆小鸽、吴硕、王海涛、李世尧、刘易周、吴伯乾、宋润坤、董杰、许凯炎、蒋迪、韩金铖、王海峰以及作者的家人为本书的编写提供了很多帮助，在此表示衷心的感谢！

随书源程序下载请在"异步社区"或出版社官网（www.ptpress.com.cn）页面，在查询栏输入书名或书号，在弹出的本书网页中，有"资源下载"链接，单击此链接就可以下载本书的源程序。

由于编者水平有限，书中疏漏之处在所难免，欢迎广大读者批评指正。

编辑联系邮箱：zhangtao@ptpress.com.cn。

编者

目 录

第1章 Android 平台简介 ······1
- 1.1 Android 的来龙去脉 ······1
- 1.2 掀起 Android 的盖头来 ······1
  - 1.2.1 选择 Android 的理由 ······1
  - 1.2.2 Android 的应用程序框架 ······2
- 1.3 Android 开发环境的搭建 ······4
  - 1.3.1 Android Studio 和 Android SDK 的下载 ······4
  - 1.3.2 Android Studio 和 Android SDK 的安装 ······4
  - 1.3.3 开发第一个 Android 程序 ······8
  - 1.3.4 Android 程序的监控与调试 ······13
- 1.4 已有 Android Studio 项目的导入与运行 ······14
- 1.5 本章小结 ······16

第2章 Android 游戏开发中的前台渲染 ······17
- 2.1 创建 Android 用户界面 ······17
  - 2.1.1 布局管理 ······17
  - 2.1.2 常用控件及其事件处理 ······22
- 2.2 图形与动画在 Android 中的实现 ······24
  - 2.2.1 简单图形的绘制 ······24
  - 2.2.2 贴图的艺术 ······25
  - 2.2.3 剪裁功能 ······27
  - 2.2.4 自定义动画的播放 ······30
- 2.3 Android 平台下的多媒体开发 ······32
  - 2.3.1 音频的播放 ······32
  - 2.3.2 视频的播放 ······35
  - 2.3.3 Camera 图像采集 ······37
- 2.4 本章小结 ······39

第3章 Android 游戏开发中的交互式通信 ······40
- 3.1 Android 应用程序的基本组件 ······40
  - 3.1.1 Activity 组件 ······40
  - 3.1.2 Service 组件 ······42
  - 3.1.3 Broadcast Receiver 组件 ······42
  - 3.1.4 Content Provider 组件 ······43
  - 3.1.5 AndroidManifest.xml 文件简介 ······44
- 3.2 应用程序的内部通信 ······46
  - 3.2.1 消息的处理者——Handler 类简介 ······47
  - 3.2.2 使用 Handler 进行内部通信 ······48
- 3.3 应用程序组件之间的通信 ······49
  - 3.3.1 Intent 类简介 ······50
  - 3.3.2 应用程序组件——IntentFilter 类简介 ······51
  - 3.3.3 示例1：与 Android 系统组件通信 ······52
  - 3.3.4 示例2：应用程序组件间通信示例 Activity 部分的开发 ······53
  - 3.3.5 示例3：应用程序组件间通信示例 Service 部分的开发 ······55
- 3.4 本章小结 ······57

第4章 Android 游戏开发中的数据存储和传感器 ······58
- 4.1 在 Android 平台上实现数据存储 ······58
  - 4.1.1 私有文件夹文件的写入与读取 ······58
  - 4.1.2 读取 Resources 和 Assets 中的文件 ······61
  - 4.1.3 轻量级数据库 SQLite 简介 ······63
  - 4.1.4 SQLite 的使用示例 ······65
  - 4.1.5 数据共享者——Content Provider 的使用 ······68
  - 4.1.6 简单的数据存储——Preferences 的使用 ······71
- 4.2 Android 平台下传感器应用的开发 ······73
  - 4.2.1 基本开发步骤 ······74
  - 4.2.2 光传感器 ······76
  - 4.2.3 温度传感器 ······77
  - 4.2.4 接近传感器 ······79
  - 4.2.5 加速度传感器 ······80
  - 4.2.6 磁场传感器 ······82
  - 4.2.7 姿态传感器 ······84

	4.2.8	陀螺仪传感器 ………………… 87
	4.2.9	加速度传感器综合案例 ……… 88
	4.2.10	传感器的坐标轴问题 ………… 91
4.3	本章小结 ……………………………………… 94	

第 5 章 Android 游戏开发中的网络编程 … 95

5.1	基于 Socket 套接字的网络编程 ……… 95
5.2	基于 HTTP 的网络编程 ………………… 98
	5.2.1 通过 URL 获取网络资源 ……… 98
	5.2.2 在 Android 中解析 XML …… 100
5.3	蓝牙通信 …………………………………… 101
	5.3.1 基础知识 ……………………… 101
	5.3.2 简单的案例 …………………… 101
5.4	简单的多用户并发网络游戏编程架构 ……………………………………… 112
	5.4.1 基本知识 ……………………… 112
	5.4.2 双人联网操控飞机案例 …… 114
5.5	本章小结 …………………………………… 123

第 6 章 不一样的游戏，一样的精彩应用 … 125

6.1	射击类游戏 ……………………………… 125
	6.1.1 游戏玩法 ……………………… 125
	6.1.2 视觉效果 ……………………… 125
	6.1.3 游戏内容设计 ………………… 126
6.2	竞速类游戏 ……………………………… 127
	6.2.1 游戏玩法 ……………………… 127
	6.2.2 视觉效果 ……………………… 127
	6.2.3 游戏内容设计 ………………… 127
6.3	益智类游戏 ……………………………… 128
	6.3.1 游戏玩法 ……………………… 128
	6.3.2 视觉效果 ……………………… 129
	6.3.3 游戏内容设计 ………………… 129
6.4	角色扮演游戏 …………………………… 129
	6.4.1 游戏玩法 ……………………… 129
	6.4.2 视觉效果 ……………………… 130
	6.4.3 游戏内容设计 ………………… 131
6.5	闯关动作类游戏 ………………………… 131
	6.5.1 游戏玩法 ……………………… 132
	6.5.2 视觉效果 ……………………… 132
	6.5.3 游戏内容设计 ………………… 132
6.6	冒险游戏 …………………………………… 132
	6.6.1 游戏玩法 ……………………… 133
	6.6.2 视觉效果 ……………………… 133
	6.6.3 游戏内容设计 ………………… 134

6.7	策略游戏 …………………………………… 134
	6.7.1 游戏玩法 ……………………… 134
	6.7.2 视觉效果 ……………………… 135
	6.7.3 游戏内容设计 ………………… 135
6.8	养成类游戏 ……………………………… 135
	6.8.1 游戏玩法 ……………………… 135
	6.8.2 视觉效果 ……………………… 136
	6.8.3 游戏内容设计 ………………… 136
6.9	经营类游戏 ……………………………… 137
	6.9.1 游戏玩法 ……………………… 137
	6.9.2 视觉效果 ……………………… 137
	6.9.3 游戏内容设计 ………………… 138
6.10	体育类游戏 ……………………………… 138
	6.10.1 游戏玩法 …………………… 138
	6.10.2 视觉效果 …………………… 139
	6.10.3 游戏内容设计 ……………… 139
6.11	本章小结 …………………………………… 139

第 7 章 游戏背后的数学与物理 ………… 140

7.1	编程中经常用到的数理知识 ………… 140
	7.1.1 数学方面 ……………………… 140
	7.1.2 物理方面 ……………………… 142
7.2	碰撞检测技术 …………………………… 143
	7.2.1 碰撞检测技术基础 …………… 143
	7.2.2 游戏中实体对象之间的碰撞检测 ………………………… 144
	7.2.3 游戏实体对象与环境之间的碰撞检测 ………………………… 146
	7.2.4 穿透效应问题 ………………… 147
7.3	必知必会的计算几何 ………………… 148
	7.3.1 GeoLib 库中常用基础类的介绍 ……………………………… 148
	7.3.2 无孔多边形的相关知识 …… 156
	7.3.3 有孔多边形的相关知识 …… 159
	7.3.4 有孔多边形案例 ……………… 162
	7.3.5 显示凸壳案例 ………………… 166
	7.3.6 多边形切分案例 ……………… 169
	7.3.7 显示包围框以及多边形的矩形组合案例 …………………… 173
	7.3.8 旋转与凸子区域案例 ……… 175
	7.3.9 平滑与计算最短距离案例 ·· 177
	7.3.10 多边形缩放与不重叠案例 ·· 178
	7.3.11 求多边形对称案例 ………… 180
	7.3.12 多边形集合运算案例 ……… 181

7.4	本章小结	183

第8章 游戏地图必知必会 184

- 8.1 两种不同单元形状的地图 184
  - 8.1.1 正方形单元地图 184
  - 8.1.2 正方形单元地图案例 186
  - 8.1.3 正六边形单元地图 187
  - 8.1.4 正六边形单元地图案例 189
  - 8.1.5 正方形单元和正六边形单元地图的比较 191
- 8.2 正六边形单元地图的路径搜索 191
  - 8.2.1 路径搜索示例基本框架的搭建 191
  - 8.2.2 深度优先路径搜索DFS 197
  - 8.2.3 广度优先路径搜索 199
  - 8.2.4 路径搜索算法——Dijkstra算法 201
  - 8.2.5 用A*算法优化算法 204
- 8.3 正六边形单元地图的网格定位 206
  - 8.3.1 基本知识 206
  - 8.3.2 简单的案例 206
- 8.4 地图编辑器与关卡设计 208
  - 8.4.1 关卡地图的重要性 208
  - 8.4.2 图片分割界面的实现 210
  - 8.4.3 地图设计界面的实现 214
- 8.5 多分辨率屏幕的自适应 219
  - 8.5.1 非等比例缩放 219
  - 8.5.2 非等比例缩放案例 220
  - 8.5.3 等比例缩放并剪裁 223
  - 8.5.4 等比例缩放并剪裁案例 224
  - 8.5.5 等比例缩放并留白 225
  - 8.5.6 等比例缩放并留白案例 226
- 8.6 本章小结 227

第9章 游戏开发小秘技 228

- 9.1 有限状态机 228
  - 9.1.1 什么是有限状态机 228
  - 9.1.2 有限状态机的简单实现 229
  - 9.1.3 有限状态机的OO实现 233
- 9.2 游戏中的模糊逻辑 235
  - 9.2.1 模糊的才是真实的 235
  - 9.2.2 如何在Android中将游戏模糊化 236
- 9.3 游戏的基本优化技巧 238
  - 9.3.1 代码上的小艺术 238
  - 9.3.2 Android中的查找表技术 239
  - 9.3.3 游戏的感觉和性能问题 241
- 9.4 多点触控技术的使用 242
  - 9.4.1 基本知识 242
  - 9.4.2 一个简单的案例 243
- 9.5 本章小结 247

第10章 JBox2D物理引擎 248

- 10.1 物理引擎很重要 248
  - 10.1.1 什么是物理引擎 248
  - 10.1.2 常见的物理引擎 248
- 10.2 2D的王者JBox2D 251
  - 10.2.1 基本的物理学概念 251
  - 10.2.2 JBox2D中常用类的介绍 252
- 10.3 木块金字塔被撞击案例 262
  - 10.3.1 案例运行效果 262
  - 10.3.2 案例的基本框架结构 263
  - 10.3.3 常量类——Constant 263
  - 10.3.4 物体类——MyBody 264
  - 10.3.5 圆形物体类——MyCircleColor 264
  - 10.3.6 矩形物体类——MyRectColor 265
  - 10.3.7 生成物理形状工具类——Box2DUtil 266
  - 10.3.8 主控制类——MyBox2dActivity 267
  - 10.3.9 显示界面类——GameView 269
  - 10.3.10 绘制线程类——DrawThread 270
- 10.4 简易打砖块案例 271
  - 10.4.1 案例运行效果 271
  - 10.4.2 需要了解的类 271
  - 10.4.3 碰撞监听器——MyContactListener 类 274
  - 10.4.4 碰撞检测工具类——BodySearchUtil 275
  - 10.4.5 绘制线程类——DrawThread 275
- 10.5 物体无碰撞下落案例 276
  - 10.5.1 案例运行效果 276
  - 10.5.2 碰撞过滤器——ContactFilter 类 277

10.5.3 碰撞过滤类的开发……277
10.5.4 多边形刚体类——
MyPolygonColor……278
10.5.5 生成刚体性状的工具类——
Box2DUtil……279
10.5.6 主控制类——
MyBox2dActivity……279
10.5.7 显示界面类——
GameView……281
10.6 关节——Joint……282
10.6.1 关节定义——JointDef 类……282
10.6.2 距离关节描述——
DistanceJointDef 类……282
10.6.3 距离关节案例——
小球下摆……283
10.6.4 旋转关节描述——
RevoluteJointDef 类……286
10.6.5 旋转关节案例——转动的
风扇与跷跷板……287
10.6.6 鼠标关节描述——
MouseJointDef 类……290
10.6.7 鼠标关节案例——
物体下落……290
10.6.8 移动关节描述——
PrismaticJointDef 类……294
10.6.9 移动关节案例——定向
移动的木块……295
10.6.10 齿轮关节描述——
GearJointDef 类……297
10.6.11 齿轮关节案例——转动的
齿轮……298
10.6.12 焊接关节描述——
WeldJointDef 类……301
10.6.13 焊接关节案例——
有弹性的木板……301
10.6.14 滑轮关节描述——
PulleyJointDef 类……304
10.6.15 滑轮关节案例——移动的
木块……304
10.6.16 车轮关节描述——
WheelJointDef 类……306
10.6.17 车轮关节案例——
运动的小车……307
10.6.18 绳索关节描述——
RopeJointDef 类……309

10.6.19 绳索关节案例——掉落的
糖果……309
10.7 模拟传送带案例……317
10.7.1 案例运行效果……317
10.7.2 碰撞监听器——
MyContactListener 类……318
10.7.3 主控制类——
MyBox2DActivity……320
10.7.4 线程类——DrawThread……321
10.8 光线投射案例……322
10.8.1 案例运行效果……322
10.8.2 RayCastInput 类与
RayCastOutput 类……322
10.8.3 光线检测类——
MyRayCast……323
10.8.4 主控制类——
MyBox2dActivity……324
10.8.5 显示界面类——
GameView……325
10.9 模拟爆炸案例……327
10.9.1 案例运行效果……327
10.9.2 光线投射回调接口——
RayCastCallback……327
10.9.3 自身的光线投射回调类——
RayCastClosestCallback……328
10.9.4 主控制类——
MyBox2dActivity……328
10.10 流体模拟……329
10.10.1 流体模拟的相关知识……330
10.10.2 波浪制造机案例……333
10.10.3 软体案例……336
10.10.4 固体案例……337
10.10.5 粉尘案例……339
10.11 本章小结……340

第 11 章 3D 应用开发基础……341

11.1 OpenGL 和 OpenGL ES 简介……341
11.2 3D 基本知识……343
11.3 OpenGL ES 2.0……344
11.3.1 OpenGL ES 2.0 的渲染
管线……345
11.3.2 不同的绘制方式……348
11.3.3 初识 OpenGL ES 2.0 应用
程序……350

11.3.4	着色语言	355	12.6.2	数据接收工具类的开发	428
11.3.5	正交投影	357	12.6.3	数据发送工具类的开发	429
11.3.6	透视投影	361	12.7	地图设计器	431
11.3.7	光照的3种组成元素	364	12.8	游戏的优化及改进	432

第13章 网络游戏开发——《风火三国》网络对战游戏 433

11.3.8	定向光与定位光	366
11.3.9	点法向量和面法向量	371
11.3.10	纹理映射	372

11.4 利用 OpenGL ES 2.0 绘制真实的流体 377

			13.1	游戏背景及功能概述	433
			13.1.1	背景概述	433
11.4.1	流体绘制的策略	377	13.1.2	功能简介	434
11.4.2	一个简单的案例	379	13.2	游戏策划及准备工作	436
11.4.3	流体计算流水线回顾	388	13.2.1	游戏的策划	436
11.5	OpenGL ES 3.x	389	13.2.2	Android 平台下游戏开发的准备工作	436
11.5.1	程序升级的要点	390	13.3	游戏的框架	437
11.5.2	一个简单的案例	390	13.3.1	各个类的简要介绍	437
11.6	用 OpenGL ES 实现 2D 绘制	392	13.3.2	游戏的框架简介	438
11.7	本章小结	394	13.4	共有类 SanGuoActivity 的实现	439

第12章 滚屏动作类游戏——《坦克大战》 395

			13.5	辅助界面相关类的实现	444
12.1	游戏的背景及功能概述	395	13.5.1	欢迎界面类	444
12.1.1	背景概述	395	13.5.2	主菜单界面类	446
12.1.2	功能简介	395	13.6	游戏界面相关类的实现	448
12.2	游戏的策划及准备工作	397	13.6.1	游戏界面框架	449
12.2.1	游戏的策划	397	13.6.2	界面刷帧线程类	457
12.2.2	安卓平台下游戏开发的准备工作	398	13.6.3	牌图分割类	457
			13.6.4	牌的控制类	459
12.3	游戏的架构	401	13.6.5	出牌规则类	460
12.3.1	程序结构的简要介绍	401	13.7	客户端代理线程	461
12.3.2	服务器端的简要介绍	401	13.8	服务器相关类	464
12.4	服务器端的开发	402	13.8.1	服务器主类	464
12.4.1	数据类的开发	402	13.8.2	服务器代理线程	466
12.4.2	服务线程的开发	403	13.8.3	发牌类	473
12.4.3	碰撞检测类的开发	405	13.8.4	初始化血点类	474
12.4.4	动作执行类的开发	407	13.8.5	判断装备牌类	474
12.4.5	状态更新类的开发	410	13.8.6	管理玩家距离类	475
12.5	Android 端的开发	411	13.9	本章小结	476

第14章 益智类游戏——《Wo!Water!》 477

12.5.1	数据类的开发	411	14.1	游戏背景和功能概述	477
12.5.2	TankActivity 类的开发	413	14.1.1	背景概述	477
12.5.3	MySurfaceView 类的开发	415	14.1.2	功能介绍	478
12.5.4	菜单类的开发	419	14.2	游戏的策划及准备工作	480
12.5.5	杂项类的开发	421	14.2.1	游戏的策划	480
12.5.6	物体绘制类的开发	425	14.2.2	安卓平台下游戏开发的准备工作	481
12.6	辅助工具类	426			
12.6.1	摇杆工具类的开发	426			

- 14.3 游戏的架构 ……………………… 483
  - 14.3.1 各个类的简要介绍 ………… 484
  - 14.3.2 游戏框架简介 ……………… 486
- 14.4 常量及公共类 …………………… 488
  - 14.4.1 游戏主控类 MainActivity …… 488
  - 14.4.2 游戏常量类 Constant ……… 490
  - 14.4.3 游戏常量类 SourceConstant ……………… 491
- 14.5 界面相关类 ……………………… 494
  - 14.5.1 游戏界面管理类 ViewManager ………………… 494
  - 14.5.2 主选关界面类 BNMainSelectView ……… 498
  - 14.5.3 游戏界面类 BNGameView … 502
  - 14.5.4 纹理矩形绘制类 RectForDraw ………………… 512
  - 14.5.5 屏幕自适应相关类 ………… 515
- 14.6 线程相关类 ……………………… 517
  - 14.6.1 物理刷帧线程类 PhysicsThread ………………… 517
  - 14.6.2 数据计算线程类 SaveThread ………………… 519
  - 14.6.3 火焰线程类 FireUpdateThread ………… 520
- 14.7 水粒子的相关类 ………………… 521
  - 14.7.1 水粒子物理封装类 WaterObject ………………… 521
  - 14.7.2 水纹理生成类 WaterForDraw ……………… 522
  - 14.7.3 计算类 PhyCaulate ………… 525
- 14.8 游戏中着色器的开发 …………… 528
  - 14.8.1 纹理的着色器 ……………… 528
  - 14.8.2 水纹理的着色器 …………… 529
  - 14.8.3 加载界面闪屏纹理的着色器 ………………………… 530
  - 14.8.4 烟火的纹理着色器 ………… 531
- 14.9 游戏地图数据文件介绍 ………… 531
- 14.10 游戏的优化及改进 …………… 533

第15章 3D塔防类游戏——《三国塔防》 …………………… 534

- 15.1 背景和功能概述 ………………… 534
  - 15.1.1 游戏背景概述 ……………… 534
  - 15.1.2 游戏功能简介 ……………… 534
- 15.2 游戏的策划及准备工作 ………… 538
  - 15.2.1 游戏的策划 ………………… 538
  - 15.2.2 手机平台下游戏的准备工作 ……………………… 538
- 15.3 游戏的架构 ……………………… 542
  - 15.3.1 各个类的简要介绍 ………… 542
  - 15.3.2 游戏框架简介 ……………… 545
- 15.4 公共类 TaFang_Activity ………… 546
- 15.5 界面显示类 ……………………… 548
  - 15.5.1 显示界面类 GlSurfaceView ………………… 549
  - 15.5.2 界面抽象父类 TFAbstractView ………………… 549
  - 15.5.3 加载资源界面类 LoadView ………………… 550
  - 15.5.4 选关设置界面类 SelectView ………………… 551
  - 15.5.5 武器界面类 WeaponView … 553
- 15.6 场景及相关类 …………………… 553
  - 15.6.1 总场景管理类 AllSence …… 554
  - 15.6.2 关卡场景类 SenceLevel1 … 555
  - 15.6.3 水面类 Water ……………… 556
  - 15.6.4 场景数据管理类 SenceData ………………… 556
- 15.7 辅助类 …………………………… 557
  - 15.7.1 按钮管理类 MenuButton … 557
  - 15.7.2 单个怪物类 SingleMonster1 ……………… 558
  - 15.7.3 单个炮弹类 SingleBullet1 … 561
  - 15.7.4 标志板管理类 BoardGroup ………………… 563
  - 15.7.5 炮台管理类 PaoGroup …… 564
- 15.8 工具线程类 ……………………… 565
  - 15.8.1 obj 模型加载类 LoadUtil … 565
  - 15.8.2 交点坐标计算类 IntersectantUtil ……………… 567
  - 15.8.3 纹理管理器类 TextureManager ……………… 567
  - 15.8.4 水流动线程类 WaterThread ………………… 568
  - 15.8.5 怪物炮弹控制线程类 MonPaoThread ……………… 569
- 15.9 粒子系统与着色器的开发 ……… 569
  - 15.9.1 粒子系统的开发 …………… 570

15.9.2　着色器的开发 ·················· 571
15.10　游戏的优化及改进 ··············· 573
15.11　本章小结 ······························ 574

第16章　策略游戏——《大富翁》 ···575

16.1　游戏的背景和功能概述 ········ 575
　　16.1.1　背景概述 ······················· 575
　　16.1.2　功能简介 ······················· 575
16.2　游戏的策划及准备工作 ········ 578
　　16.2.1　游戏的策划 ··················· 578
　　16.2.2　安卓平台下游戏开发的
　　　　　　准备工作 ······················· 579
16.3　游戏的架构 ··························· 585
　　16.3.1　程序结构的简要介绍 ···· 585
　　16.3.2　游戏各个类的简要介绍··· 585
16.4　地图设计器的开发 ················ 587
　　16.4.1　地图设计器的开发设计
　　　　　　思路 ······························· 587
　　16.4.2　地图设计器的框架介绍··· 588
　　16.4.3　底层地图设计器的
　　　　　　开发步骤 ······················· 588
16.5　Activity和游戏工具类的开发··· 592
　　16.5.1　主控制类——ZActivity 的
　　　　　　开发 ······························· 592
　　16.5.2　常量工具类 ConstantUtil 的
　　　　　　开发 ······························· 594
　　16.5.3　日期管理类 DateUtil 的
　　　　　　开发 ······························· 595
　　16.5.4　图片管理类 PicManager 的
　　　　　　开发 ······························· 596
16.6　数据存取模块的开发 ············ 597
　　16.6.1　地图层信息的封装类 ···· 597
　　16.6.2　数据存取相关类的
　　　　　　介绍 ······························· 600
16.7　人物角色模块的开发 ············ 604
　　16.7.1　Figure类的代码框架 ····· 604
　　16.7.2　Dice类的代码框架 ········ 606
　　16.7.3　FigureGoThread类的
　　　　　　代码框架 ······················· 607
16.8　表示层界面模块的开发 ········ 612
　　16.8.1　游戏界面 GameView 的框架
　　　　　　介绍 ······························· 612
　　16.8.2　游戏界面绘制方法 onDraw 的
　　　　　　介绍 ······························· 614

　　16.8.3　游戏界面屏幕监听方法
　　　　　　onTouch 的介绍 ············ 618
　　16.8.4　后台线程 GameViewThread 的
　　　　　　开发 ······························· 619
16.9　地图中可遇实体模块的开发··· 620
　　16.9.1　绘制类 MyDrawable 的
　　　　　　开发 ······························· 620
　　16.9.2　抽象类
　　　　　　MyMeetableDrawable 的
　　　　　　开发 ······························· 622
　　16.9.3　土地类
　　　　　　GroundDrawable 类的开发··· 623
　　16.9.4　可遇实体对象的调用
　　　　　　流程 ······························· 624
16.10　管理面板模块的开发 ·········· 625
16.11　游戏的优化及改进 ·············· 627

第17章　休闲类游戏——《切切乐》··· 629

17.1　游戏的背景和功能概述 ········ 629
　　17.1.1　背景描述 ······················· 629
　　17.1.2　功能介绍 ······················· 630
17.2　游戏的策划及准备工作 ········ 633
　　17.2.1　游戏的策划 ··················· 633
　　17.2.2　手机平台下游戏的
　　　　　　准备工作 ······················· 633
17.3　游戏的架构 ··························· 635
　　17.3.1　各个类的简要介绍 ········ 635
　　17.3.2　游戏框架简介 ··············· 637
17.4　显示界面类 ··························· 638
17.5　辅助工具类 ··························· 644
　　17.5.1　工具类 ··························· 645
　　17.5.2　辅助类 ··························· 648
17.6　绘制相关类 ··························· 658
　　17.6.1　BNObject 绘制类的
　　　　　　开发 ······························· 658
　　17.6.2　BNPolyObject 绘制类的
　　　　　　开发 ······························· 662
17.7　雪花粒子系统的开发 ············ 663
　　17.7.1　基本原理 ······················· 664
　　17.7.2　开发步骤 ······················· 664
17.8　本游戏中的着色器 ················ 666
17.9　游戏的优化及改进 ················ 668
17.10　本章小结 ····························· 669

第18章 休闲类游戏——《3D 冰球》…… 670

18.1 游戏的背景和功能概述…… 670
18.1.1 背景描述…… 670
18.1.2 功能介绍…… 671
18.2 游戏的策划及准备工作…… 674
18.2.1 游戏的策划…… 674
18.2.2 手机平台下游戏的准备工作…… 675
18.3 游戏的架构…… 677
18.3.1 各个类的简要介绍…… 677
18.3.2 游戏框架简介…… 680
18.4 显示界面类…… 681
18.4.1 显示界面 MySurfaceView 类…… 681
18.4.2 加载界面 LoadingView 类…… 682
18.4.3 主界面 MainView 类…… 683
18.4.4 转场界面 TransitionView 类…… 685
18.4.5 游戏界面 GameView 类…… 686
18.5 辅助工具类…… 689
18.5.1 工具类…… 689
18.5.2 辅助类…… 693
18.5.3 线程类…… 699
18.6 绘制相关类…… 702
18.6.1 3D 模型绘制类的开发…… 702
18.6.2 BN3DObject 绘制类的开发…… 704
18.7 粒子系统的开发…… 705
18.7.1 基本原理…… 706
18.7.2 开发步骤…… 706
18.8 本游戏中的着色器…… 708
18.9 游戏的优化及改进…… 710
18.10 本章小结…… 710

第 1 章 Android 平台简介

Android 是 Google 公司于 2007 年 11 月 5 日发布的基于 Linux 内核的移动平台。该平台由操作系统、中间件、用户界面和应用软件组成，是一个真正开放的移动开发平台。

本章将介绍 Android 系统的起源、特点、应用程序框架以及开发环境的搭建，让读者对 Android 平台有个初步的了解，之后将开发第一个 Android 程序 Sample_1_1，并通过对该程序的简单分析，带领读者步入 Android 开发的大门。

1.1 Android 的来龙去脉

Android 的创始人 Andy Rubin 是硅谷著名的"极客"，他离开 Danger 移动计算公司后不久便创立了 Android 公司，并开发了 Android 平台。他一直希望将 Android 平台打造成完全开放的移动终端平台。之后 Android 公司被 Google 公司收购。这样，号称全球最大的搜索服务商 Google 大举进军移动通信市场，并推出自主品牌的移动终端产品。

2007 年 11 月初，Google 正式宣布与其他 33 家手机厂商、软硬件供应商、手机芯片供应商、移动运营商联合组成开放手机联盟（Open Handset Alliance），并发布名为 Android 的开放手机软件平台，希望建立标准化、开放式的移动电话软件平台，在移动行业内形成一个开放式的生态系统。

1.2 掀起 Android 的盖头来

自从 Android 发布以来，越来越多的人关注 Android 的发展，越来越多的开发人员在 Android 系统平台上开发应用，是什么使 Android 备受青睐，并在众多移动平台中脱颖而出呢？

1.2.1 选择 Android 的理由

与其他手机平台上的操作系统相比，Android 具有如下优点。

1. 开放性

提到 Android 的优势，首先想到的一定是其真正的开放，其开放性包含底层的操作系统以及上层的应用程序等。Google 与开放手机联盟合作开发 Android 的目的就是建立标准化、开放式的移动软件平台，在移动产业内形成一个开放式的生态系统。

Android 的开放性也同样会使大量的程序开发人员投入到 Android 程序的开发中，这将为 Android 平台带来大量新的应用。

2. 平等性

在 Android 的系统上，所有的应用程序完全平等，系统默认自带的程序与自己开发的程序没有任何区别，程序开发人员可以开发个人喜爱的应用程序来替代系统的程序，构建个性化的 Android 手机系统，这些功能在其他的手机平台是没有的。

在开发之初，Android 平台就被设计成由一系列应用程序组成的平台，所有的应用程序都运行在一个虚拟机上面。该虚拟机提供了系列应用程序之间以及和硬件资源通信的 API。

3．无界性

Android 平台的无界性表现在应用程序之间的无界，开发人员可以很轻松地将自己开发的程序与其他应用程序进行交互，比如应用程序需要播放声音的模块，而正好你的手机中已经有一个成熟的音乐播放器，此时就不需要再重复开发音乐播放功能，只需简单地加上几行代码即可将成熟的音乐播放功能添加到自己的程序中。

4．方便性

在 Android 平台中开发应用程序是非常方便的，如果对 Android 平台比较熟悉，想开发一个功能全面的应用程序并不是什么难事。Android 平台为开发人员提供了大量的实用库及方便的工具，同时也将 Google Map 等强大的功能集成了进来，只需简单的几行调用代码即可将强大的地图功能添加到自己的程序中。

5．硬件的丰富性

由于平台的开放，众多的硬件制造商推出了各种各样的产品，但这些产品功能上的差异并不影响数据的同步与软件的兼容，例如，原来在诺基亚手机上的应用程序，可以很轻松地被移植到摩托罗拉手机上使用，联系人、短信息等资料更是可以方便地转移。

1.2.2 Android 的应用程序框架

从软件分层的角度来说，Android 平台由应用程序、应用程序框架、Android 运行时库层以及 Linux 内核共 4 部分构成，本节将分别介绍各层的功能，分层结构如图 1-1 所示。

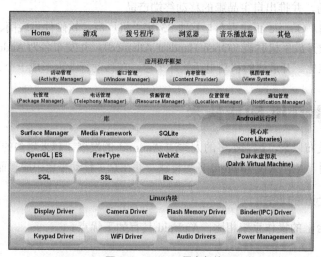

▲图 1-1 Android 平台架构

1．应用程序层

本层的所有应用程序都是用 Java 编写的，一般情况下，很多应用程序都是在同一系列的核心应用程序包中一起发布的，主要有拨号程序、浏览器、音乐播放器、通讯录等。该层的程序是完全平等的，开发人员可以任意将 Android 自带的程序替换成自己的应用程序。

2．应用程序框架层

对于开发人员来说，接触最多的就是应用程序框架层。该应用程序的框架设计简化了组件的重用，其中任何一个应用程序都可以发布自身的功能供其他应用程序调用，这也使用户可以很方便地替换程序的组件而不影响其他模块的使用。当然，这种替换需要遵循框架的安全性限制。

该层主要包含以下 9 个部分，如图 1-2 所示。

▲图 1-2　应用程序框架

- 活动管理（Activity Manager）：用来管理程序的生命周期，以及提供最常用的导航回退功能。
- 窗口管理（Window Manager）：用来管理所有的应用程序窗口。
- 内容供应商（Content Provider）：通过内容供应商，可以使一个应用程序访问另一个应用程序的数据，或者共享数据。
- 视图系统（View System）：用来构建应用程序的基本组件，包括列表、网格、按钮、文本框，甚至是可嵌入的 Web 浏览器。
- 包管理（Package Manager）：用来管理 Android 系统内的程序。
- 电话管理（Telephony Manager）：所有的移动设备的功能统一归电话管理器管理。
- 资源管理（Resource Manager）：资源管理器可以为应用程序提供所需要的资源，包括图片、文本、声音、本地字符串，甚至是布局文件。
- 位置管理（Location Manager）：用来提供位置服务，如 GPS 定位等。
- 通知管理（Notification Manager）：主要是对手机顶部状态栏的管理，开发人员在开发 Android 程序时会经常使用，如来短信提示、电量低提示，还有后台运行程序的提示等。

3. Android 运行时库

该层包含两部分，程序库及 Android 运行时库。

程序库为一些 C/C++库，这些库能够被 Android 系统中不同的应用程序调用，并通过应用程序框架为开发者提供服务。而 Android 运行时库包含了 Java 编程语言核心库的大部分功能，提供了程序运行时所需调用的功能函数。

程序库主要包含的功能库如图 1-3 所示。

- libc：是一个从 BSD 继承来的标准 C 系统函数库，专门针对移动设备优化过的。
- Media Framework：基于 PacketVideo 公司的 OpenCORE。支持多种常用音频、视频格式回放和录制，并支持多种图像文件，如 MPEG-4、H.264、MP3、AAC、AMR、JPG、PNG 等。
- Surface Manager：Surface Manager 主要管理多个应用程序同时执行时，各个程序之间的显示与存取，并且为多个应用程序提供了 2D 和 3D 图层无缝的融合。
- SQLite：所有应用程序都可以使用的轻量级关系型数据库引擎。
- WebKit：是一套最新的网页浏览器引擎。同时支持 Android 浏览器和一个可嵌入的 Web 视图。
- OpenGLIES：是基于 OpenGL ES 1.0 API 标准来实现的 3D 绘制函数库。该函数库支持软件和硬件两种加速方式执行。
- FreeType：提供位图（bitmap）和矢量图（vector）两种字体显示。
- SGL：提供了 2D 图形绘制的引擎。

Android 运行时库包括核心库及 Dalivik 虚拟机，如图 1-4 所示。

- 核心库（Core Libraries）：该核心库包括 Java 语言所需要的基本函数以及 Android 的核心库。与标准 Java 不一样的是，系统为每个 Android 的应用程序提供了单独的 Dalvik 虚拟机来执行，即每个应用程序拥有自己单独的线程。

▲图1-3 程序库框架　　　　　　　　　　▲图1-4 Android 运行时库

- Dalvik 虚拟机（Dalvik Virtual Machine）：大多数的虚拟机（包括 JVM）都是基于栈的，而 Dalvik 虚拟机则是基于寄存器的，它可以支持已转换为.dex 格式的 Java 应用程序的运行。.dex 格式是专门为 Dalvik 虚拟机设计的，更适合内存和处理器速度有限的系统。

4. Linux 内核

Android 平台中操作系统采用的是 Linux 2.6 内核，其安全性、内存管理、进程管理、网络协议栈和驱动模型等基本依赖于 Linux。对于程序开发人员，该层为软件与硬件之间增加了一层抽象层，使开发过程中不必时时考虑底层硬件的细节。而对于手机开发商而言，对此层进行相应的修改即可将 Android 平台运行到自己的硬件平台之上。

1.3　Android 开发环境的搭建

本节主要讲解基于 Android Studio 的 Android 开发环境的搭建、模拟器的创建和运行，以及 Android 开发环境搭建好之后，对其开发环境进行测试并创建第一个 Android 应用程序 Sample_1_1 等相关知识。

1.3.1　Android Studio 和 Android SDK 的下载

首先在浏览器中输入 "http://www.android-studio.org" 或者 "http://developer.android.com/sdk/index.html"，打开 Android Studio 的下载网站（笔者在这里选择的是 "http://www.android-studio.org"），如图 1-5 所示。单击网页中被椭圆圈中的区域，开始 Android Studio 的下载。

▲图1-5　Android Studio 下载首页

> 说明　进入如图 1-5 所示界面后，读者可以自行选择下载所需版本的 Android Studio，为更加方便，笔者选择下载第一项（包含 SDK）版本的 Android Studio。

1.3.2　Android Studio 和 Android SDK 的安装

下载完成后，会得到一个名称为 "android-studio-bundle-145.3276617-windows.exe"（随选择

1.3 Android 开发环境的搭建

下载版本的不同，此名称可能不同）的可执行文件，如图 1-6 所示。这时就可以开始安装了，具体步骤如下。

（1）双击下载的名称为"android-studio-bundle-145.3276617-windows.exe"的可执行文件，此时会出现如图 1-7 所示的界面。

▲图 1-6　Android Studio 下载成功得到的文件

▲图 1-7　Android Studio 安装

（2）进入如图 1-7 所示的 Android Studio 安装界面后，单击 Next 按钮，开始安装。此时会出现如图 1-8 所示的界面，在此界面中可以选择需要安装的组件。其中 Android Studio 软件已经默认选中，但同时也要勾选 Android SDK 和 Android Virtual Device 选项，然后单击 Next 按钮。

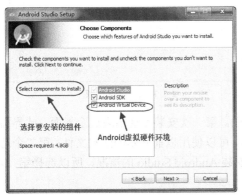

▲图 1-8　选择需要安装的组件

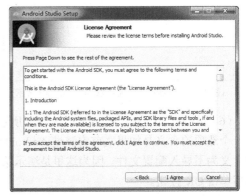

▲图 1-9　Android Studio 安装许可协议

（3）接着进入 Android Studio 安装许可协议界面，如图 1-9 所示。阅读完许可协议之后，单击"I Agree"按钮，就会出现如图 1-10 所示的界面。在此界面可以选择 Android Studio 和 Android SDK 的安装位置，选择好之后单击 Next 按钮，就会出现如图 1-11 所示的界面。

> **提示**　如果读者选择与笔者相同的 SDK 安装路径"D:\Android\sdk"，将有助于顺利地打开本书中案例项目。如果读者选用了不同的安装路径，书中案例项目导入时可能需要进行一些配置与修改。

（4）进入如图 1-11 所示的界面后，可以选择将 Android Studio 快捷图标放在开始菜单的哪个文件夹中。这里读者可以自行选择，作者在此处选择的是名称为 Android Studio 的文件夹，然后单击 Install 按钮，就会出现如图 1-12 所示的界面。

（5）进入如图 1-12 所示的界面后，说明 Android Studio 和 Android SDK 已经开始安装，等待几分钟之后（随网络速度不同而不同），Android Studio 和 Android SDK 的安装就会完成。此时会出现如图 1-13 所示的界面，然后单击 Next 按钮，就会出现如图 1-14 所示的界面。

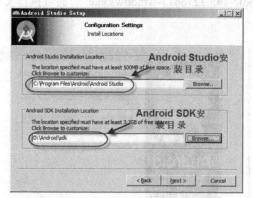
▲图 1-10　选择 Android Studio 和 Android SDK 安装位置

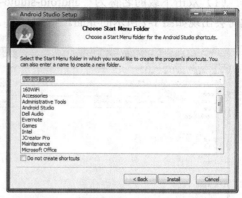
▲图 1-11　将快捷图标放在开始菜单文件夹中

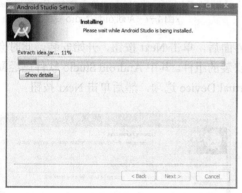
▲图 1-12　Android Studio 和 Android SDK 安装

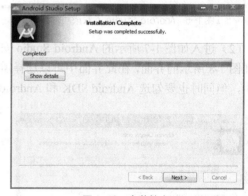
▲图 1-13　安装结束

（6）单击 Finish 按钮后出现如图 1-15 所示的界面。第一次安装都会出现这个界面，此界面中第一个选项的含义是如果之前安装过 Android Studio，可以使用以前版本的配置文件；第二个选项的含义为不导入配置文件。因为这里是演示第一次安装 Android Studio 的情况，所以选择第二项，然后单击 OK 按钮。

▲图 1-14　Android Studio 和 Android SDK 安装完成

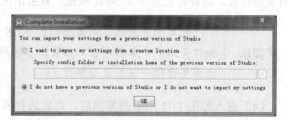
▲图 1-15　选择是否加载旧的 Android Studio 文件

（7）单击 OK 按钮之后，稍等几分钟可能会出现如图 1-16 所示的界面。这是 Android Studio 配置向导的第一个界面，在其中单击 Next 按钮之后，就会出现如图 1-17 所示的界面。

1.3 Android 开发环境的搭建

▲图 1-16 Android SDK 需要更新

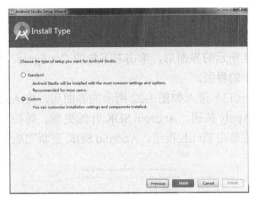

▲图 1-17 Android SDK 安装更新类型

（8）进入如图 1-17 所示的界面后，需要选择安装配置模式。其中第一个选项表示标准化安装，第二个选项表示自定义安装。笔者在这里选择的是第二个选项，然后单击 Next 按钮。

（9）接着进入如图 1-18 所示的界面，此界面显示了 Android SDK 需要更新的内容。单击 Finish 按钮，Android SDK 更新开始，此时进入如图 1-19 所示的界面。

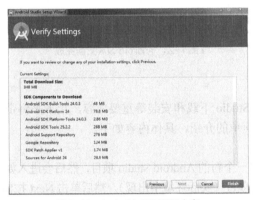

▲图 1-18 Android SDK 更新内容

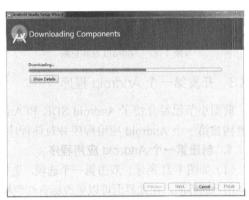

▲图 1-19 Android SDK 正在更新

（10）进入如图 1-19 所示的界面等待几分钟之后（随网络速度不同而不同），将会出现如图 1-20 所示的界面，说明 SDK 更新完成，然后单击 Finish 按钮。

（11）接着进入如图 1-21 所示的界面，至此，Android Studio 和 Android SDK 的安装完成，读者可以开始使用 Android Studio 进行开发了。

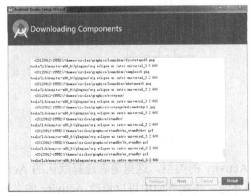

▲图 1-20 Android SDK 更新完成

▲图 1-21 Android SDK 更新完成

（12）因为当前市面上安卓手机的 Android 版本基本都是 4.4 及以上，但是在 Android Studio 中自动安装并更新的 Android SDK 版本不全，因此需要再一次手动更新 Android SDK。进入如图 1-21 所示的界面后，单击右下角的 Configure，然后选择"SDK Manager"选项，将进入如图 1-22 所示的界面。

（13）进入如图 1-22 所示的界面后，将 Android 4.4 及以上的 Android 版本全部勾选，然后单击 Apply 按钮，Android SDK 开始更新。等待几分钟后，更新完成进入到如图 1-23 所示的界面，然后单击 Finish 按钮，Android SDK 更新完成。

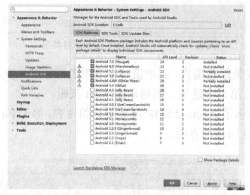

▲图 1-22　Android SDK 更新

▲图 1-23　Android SDK 更新完成

1.3.3　开发第一个 Android 程序

前面小节已经介绍了 Android SDK 和 Android Studio 下载和安装等重要内容，接下来将带领读者构建第一个 Android 应用程序并对该程序进行简单的介绍，具体内容如下。

1. 创建第一个 Android 应用程序

（1）如图 1-21 所示，双击第一个选项，选择创建一个新的 Android Studio 项目，然后会进入如图 1-24 所示的界面，在此界面可以更改标有红色标记的项目（实际环境中出现），然后单击 Next 按钮。

（2）单击 Next 按钮后会进入如图 1-25 所示的界面，在此界面中可以选择自己项目编译需要的 SDK 版本。这一步作者选择默认选项，然后单击 Next 按钮，就会进入如图 1-26 所示的界面。

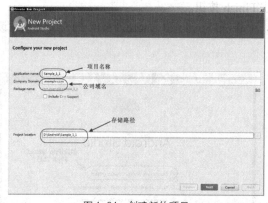

▲图 1-24　创建新的项目

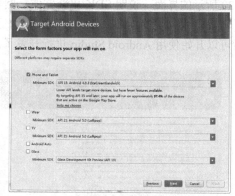

▲图 1-25　设置 SDK 版本

（3）进入如图 1-26 所示的界面后，可以选择 Activity 的类型，这里笔者选择默认的 Activity 样式，然后单击 Next 按钮，进入如图 1-27 所示的界面。在此界面中可以修改 Activity 的名称和 Activity 布局文件的名称，然后单击 Finish 按钮。

1.3 Android 开发环境的搭建

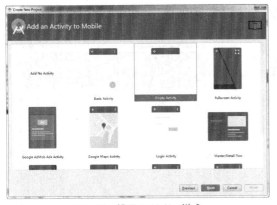
▲图 1-26　设置 Activity 样式

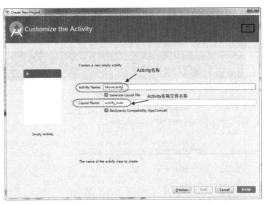
▲图 1-27　设置 Activity 和 Activity 布局文件名称

（4）接着进入如图 1-28 所示的界面，说明项目创建成功。此时单击工具栏中的 图标，打开 AVD 管理器，将会出现如图 1-29 所示的界面，然后单击图中被标记的"Create Virtual Device…"按钮，开始创建一个新的模拟器，此时将会出现如图 1-30 所示的界面。

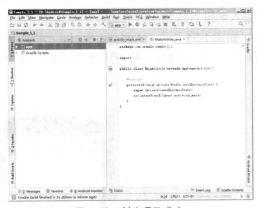
▲图 1-28　创建项目成功

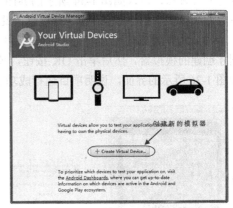
▲图 1-29　创建 Android 模拟器

（5）进入如图 1-30 所示的界面后，可以选择需要创建的目标设备类型以及设备的参数，笔者在此选择的是默认值，读者可以根据需要自行选择，然后单击 Next 按钮，将进入到如图 1-31 所示的界面。

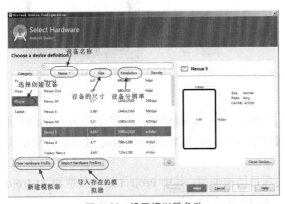
▲图 1-30　设置模拟器参数

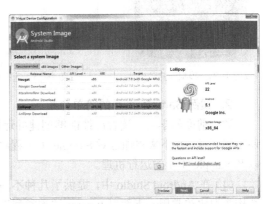
▲图 1-31　创建模拟器

（6）进入到如图 1-31 所示的界面后，可以自行选择想要创建的模拟器版本，并且在此界面还可以下载对应模拟器的配置文件。然后单击 Next 按钮，进入到如图 1-32 所示的界面，在此界面可以设置模

9

拟器的名称等信息，然后单击 Finish 按钮，进入到如图 1-33 所示的界面，说明模拟器创建成功。

▲图 1-32　设置模拟器名称等信息

▲图 1-33　模拟器创建成功

（7）模拟器创建成功之后，单击图 1-33 中的▶图标启动模拟器。启动模拟器需要一些时间，等待几分钟后，进入如图 1-34 所示的界面，说明模拟器已经启动成功。然后单击 Android Studio 主界面工具栏中的▶图标编译运行项目，此时将进入如图 1-35 所示的界面。

（8）此界面功能为选择项目运行的目标设备。如图 1-35 所示，Android Studio 已经默认选中刚才创建的模拟器。然后单击 OK 按钮，项目开始进行编译打包运行。等待几分钟后，就会出现如图 1-36 所示的界面，说明项目运行成功。

▲图 1-34　模拟器启动成功

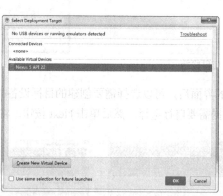
▲图 1-35　运行 Android Studio 项目

▲图 1-36　项目运行成功

2. 案例 Sample_1_1 的简单介绍

通过前面的学习，读者已经能够创建并运行简单的 Android 程序了，但可能对 Android 项目还不够了解，接下来将通过对 Sample_1_1 程序做详细介绍，使读者了解 Android 项目的目录结构以及 Sample_1_1 的运行机理。

（1）在 Android Studio 中，提供了几种不同的项目结构类型，其中 Project 结构类型和 Android 结构类型比较常用，下面对 Project 结构类型下的 Android 项目结构做详细的讲解。

- app 目录：项目中的 Android 模块，在 Android Studio 中，项目分为 Project（工作区间），Moudle（模块）两种概念，在创建项目时会默认创建一个模块，这里的 app 就是一个 Moudle，一个 Android 应用程序的文档结构。

1.3 Android 开发环境的搭建

- lib 目录：存放 Android 项目依赖的类库，例如项目中用到的.jar 文件。
- src 目录：Android 项目的源文件目录，存放应用程序中所有用到的资源文件。
- androidTest 目录：存放应用程序单元测试代码，读者可以在这里进行单元测试。
- main 目录：Android 项目的主目录，其中 java 目录用来存放.java 源代码文件，res 存放资源文件，包含图像、字符串、以及 Activity 布局等资源，AndroidManifest 是项目的配置文件。
- app 目录下的 build.gradle：Android 项目的 Gradle 构建脚本。
- build 目录：Android Studio 项目的编译目录。
- gradle 目录：存放项目用到的构建工具。
- gradle 目录下的 build.gradle：Android Studio 项目的构建脚本。
- External Libraries 目录：显示项目所依赖的所有类库。

（2）上面介绍了 Sample_1_1 各个目录和文件的作用，接下来介绍的是该项目的系统控制文件 AndroidManifest.xml。该文件的主要功能为定义该项目的使用架构、版本号及声明 Activity 组件等，其具体代码如下。

> 代码位置：见随书源代码/第 1 章/Sample_1_1 目录下的 AndroidManifest.xml。

```
1   <?xml version="1.0" encoding="utf-8"?><!--XML 的版本以及编码方式-->
2   <manifest xmlns:android="http://schemas.android.com/apk/res/android"
3       package="com.example.myapplication">
4       <application
5           android:allowBackup="true"
6           android:icon="@mipmap/ic_launcher"<!-- 定义了该项目在手机中的图标-->
7           android:label="@string/app_name"<!-- 定义了该项目在手机中的名称 -->
8           android:supportsRtl="true"
9           android:theme="@style/AppTheme">
10          <activity android:name=".MainActivity">
11              <intent-filter>
12                  <action android:name="android.intent.action.MAIN" />
13                  <category android:name="android.intent.category.LAUNCHER" />
14              </intent-filter><!-- 声明 Activity 可以接受的 Intent -->
15          </activity>
16      </application>
17  </manifest>
```

- 第 1~3 行定义了程序的版本、编码方式、用到的架构以及该程序所在的包。
- 第 5~9 行定义了程序在手机上的显示图标、显示名称以及显示风格。
- 第 10~15 行定义了一个名为 MainActivity 的 Activity 以及该 Activity 能够接受的 intent。

（3）上面介绍了 Sample_1_1 项目的系统控制文件 AndroidManifest .xml，接下来介绍的是该项目的布局文件 activity_main.xml，该文件的主要功能为声明 XML 文件的版本以及编码方式、定义布局并添加控件 TextView，其具体代码如下。

> 代码位置：见随书源代码/第 1 章/Sample_1_1/app/src/main/res/layout 目录下的 activity_main.xml。

```
1   <?xml version="1.0" encoding="utf-8"?><!-- XML 的版本以及编码方式 -->
2   <RelativeLayout xmlns:android="http://schemas.android.com/apk/res/android"
3       xmlns:tools="http://schemas.android.com/tools"
4       android:id="@+id/activity_main"
5       android:layout_width="match_parent"
6       android:layout_height="match_parent"
7       android:paddingBottom="@dimen/activity_vertical_margin"
8       android:paddingLeft="@dimen/activity_horizontal_margin"
9       android:paddingRight="@dimen/activity_horizontal_margin"
10      android:paddingTop="@dimen/activity_vertical_margin"
11      tools:context="com.example.myapplication.MainActivity">    <!--定义了一个布局-->
12      <TextView
13          android:layout_width="wrap_content"
14          android:layout_height="wrap_content"
15          android:text="Hello World!" /><!--向布局中添加一个 TextView 控件-->
16  </RelativeLayout>
```

- 第 2～11 行定义了布局方式为 RelativeLayout，且左右和上下的填充方式为 match_parent。
- 第 12～15 行中向该布局中添加了一个 TextView 控件，其宽度和高度模式都为 wrap_content，在 TextView 控件显示的内容为 Hellow World。

（4）接下来将为读者介绍的是项目的主控制类 MainActivity。该类为继承自 Android 系统 AppCompatActivity 的子类，其主要功能为调用父类的 onCreate 方法，并切换到 main 布局，其具体代码如下。

> 代码位置：见随书源代码/第 1 章/Sample_1_1/src/main/java/com.example.sample_1_1 目录下的 MainActivity.java。

```
1   package com.example.myapplication;
2   import android.support.v7.app.AppCompatActivity;    //引入相关类
3   import android.os.Bundle;
4   public class MainActivity extends AppCompatActivity {    //定义一个 Activity
5       @Override
6       protected void onCreate(Bundle savedInstanceState) {//重写的 onCreate 回调方法
7           super.onCreate(savedInstanceState);        //调用基类的 onCreate 方法
8           setContentView(R.layout.activity_main);    //指定当前显示的布局
9       }
10  }
```

- 第 4 行是对继承自 AppCompatActivity 子类的声明。
- 第 6～9 行重写了 AppCompatActivity 的 onCreate 回调方法，在 onCreate 方法中先调用基类的 onCreate 方法，然后指定用户界面为 R.layout.activity_main，对应的文件为 src/main/res/layout/activity_main。

（5）接下来将为读者介绍 app 目录下 Android 项目的 Gradle 构建脚本 build.gradle 文件。该文件声明了用于编译的 SDK 版本、用于 Gradle 编译项目的工具版本和项目引用的依赖等信息，其具体代码如下。

> 代码位置：见随书源代码/第 1 章/Sample_1_1 目录下的 build.gradle。

```
1   apply plugin: 'com.android.application'//使用 com.android.application 插件
2   android {
3       compileSdkVersion 24              //用于编译的 SDK 版本
4       buildToolsVersion "24.0.3"//用于 Gradle 编译项目的工具版本
5       defaultConfig {
6           applicationId "com.example.myapplication"//应用程序包名
7           minSdkVersion 15              //最低支持的 Android 版本
8           targetSdkVersion 24           //目标版本
9           versionCode 1                 //版本号
10          versionName "1.0"             //版本名称
11          testInstrumentationRunner "android.support.test.runner.
12          AndroidJUnitRunner"
13      }
14      buildTypes {
15          release {
16              minifyEnabled false
17              proguardFiles getDefaultProguardFile('proguard-android.txt'),
18              'proguard-rules.pro'
19          }
20      }
21  }                                      //编译类型
22  dependencies {
23      compile fileTree(dir: 'libs', include: ['*.jar'])
24      androidTestCompile('com.android.support.test.espresso:espresso-core:
25                         2.2.2', {
26          exclude group: 'com.android.support', module: 'support-annotations'
27      })
28      compile 'com.android.support:appcompat-v7:24.2.1'
29      testCompile 'junit:junit:4.12'
30  }                                      //用于配置项目引用的依赖
```

1.3 Android 开发环境的搭建

> **说明** Android Studio 是基于 gradle 来对项目进行构建的，因此 build.gradle 文件对开发人员来说非常重要，很多关于项目的配置都需要在其中完成。有兴趣的读者可以参考其他的书籍资料详细学习一下 gradle，将大有裨益。

1.3.4 Android 程序的监控与调试

本小节将介绍 Android SDK 中的重要工具 DDMS（Dalvik Debug Monitor Service）。DDMS 是一个非常强大的 Android 应用程序调试和监控工具。

依次选择 Android Studio 主界面中的 "Tools→Android→Android Device Monitor" 菜单项或者单击工具栏里面的 按钮，即可打开 DDMS 调试监控工具，如图 1-37 所示。

从上述介绍中可以想到，DDMS 的一大功能就是查看应用程序运行时的后台输出信息。实际的应用程序开发中既可以使用传统的 "System.out.println" 方法来打印输出调试信息，也可以使用 Android 特有的 "android.util.Log" 类来输出调试信息，这两种方法的具体使用情况如下。

1. System.out.println 方法

首先介绍 Java 开发人员十分熟悉的 System.out.println 方法，其在 Android 应用程序中的使用方法与传统 Java 相同，具体步骤如下。

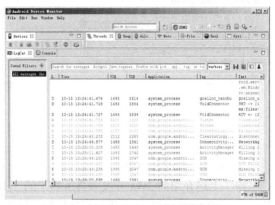

▲图 1-37 打开 DDMS 调试

> **提示** 在这里就不再创建新的 Android 项目了，直接使用的是上一小节已经创建的项目（Sample_1_1）。

（1）首先在 Android Studio 中打开 app\src\main\java\com.example.sample_1_1 下的 MainActivity.java 文件。

（2）然后在 "setContentView(R.layout.activity_main);" 语句后添加代码 "System.out.println("Hellow Andorid");"。待修改完成后，再次运行本应用程序。

（3）应用程序运行后打开 DDMS，找到 LogCat 面板，更改为 debug 界面，如图 1-38 所示。在 LogCat 面板下的 Log 选项卡中可以看到输出的打印语句，如图 1-39 所示。

▲图 1-38 debug 界面

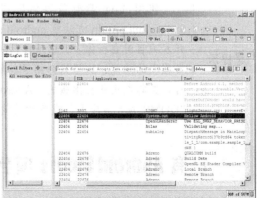

▲图 1-39 Log 选项卡

第1章 Android 平台简介

有时在 Log 中的输出信息太多，不便于查看。这时可在 LogCat 中添加一个专门输出 System.out 信息的面板。单击左边区域的 ➕（Create Filter）按钮，系统会弹出 Log Filter 对话框，在 Filter Name 输入框中输入过滤器的名称，在 by Log Tag 中输入用于过滤的标志，如图 1-40 所示。

> **提示**　由于输出的语句主要有 System.out.println（换行），System.out.print（不换行）两种，所以设置 by Log Tag 中的内容为 System.out 以进行过滤。

此时再次运行应用程序观察输出的情况，在 LogCat 下的 System 面板中将会只存在 System.out 的输出信息，效果如图 1-41 所示。

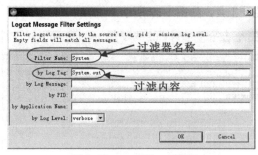

▲图 1-40　Log Filter 对话框

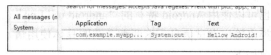

▲图 1-41　只查看 System.out 输出的信息

2. android.util.Log 类

除了上述介绍的 Java 开发人员所熟知的 System.out.println 方法外，Android 还专门提供了另外一个类 android.util.Log 来进行调试信息的输出。下面将介绍 Log 类的使用，具体步骤如下。

（1）在 MainActivity.java 中注释掉前面已经添加的打印输出语句"System.out.println("Hellow Android");"，然后在后面添加代码"Log.d("Log", "This is message!");"。

（2）运行本应用程序，在 DDMS 中找到 LogCat 面板，切换到 All messages 页面，观看打印的内容，如图 1-42 所示。

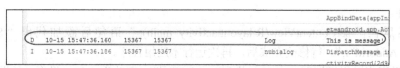

▲图 1-42　使用 Log 输出的信息

> **提示**　使用 Log 类时需要使用"import android.util.Log;"语句进行导入，使用 System.out.println 方法或 android.util.Log 类输出调试信息各有优缺点，读者可以在开发项目时自行体会，选择自己所需要的方式。同时需要注意的是，DDMS 还有很多强大的功能，这里只介绍了其最基本的用法，有兴趣的读者可以参考 2015 年 10 月人民邮电出版社出版的《Android 应用案例开发大全（第三版）》一书的第 1.4 节 "DDMS 的灵活应用" 或参考其他技术资料。

1.4　已有 Android Studio 项目的导入与运行

接下来将为读者详细地介绍已有 Android Studio 项目的导入与运行。为了方便起见，这里以书中游戏大案例"3D 三国塔防"项目为例进行讲解，具体步骤如下。

1.4 已有 Android Studio 项目的导入与运行

（1）打开 Android Studio，如果 Android Studio 中没有项目会进入如图 1-43 所示的界面，如果 Android Studio 中已有项目则会进入如图 1-44 所示的界面。

（2）进入如图 1-43 所示的界面后，单击 Open an existing Android Studio project 选项，进入如图 1-45 所示的界面，在其中选择需要导入的项目（笔者已经将 3D 三国塔防的项目放到 D:\Android\workspace 目录下），然后单击 OK 按钮。

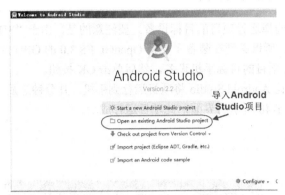
▲图 1-43 导入 Android Studio 项目

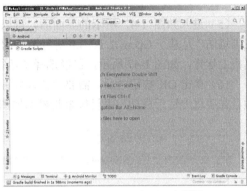
▲图 1-44 Android Studio 主界面

> **说明**　进入如图 1-44 所示的界面后，读者可以单击 File→New→Import Project...，也可以进入如图 1-45 所示的界面来选择需要导入的项目。

（3）单击 OK 按钮之后经过短暂的加载，进入如图 1-46 所示的界面。若没有打印错误日志，则说明导入成功。

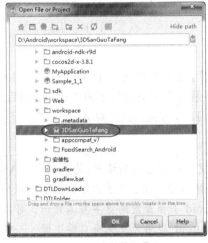
▲图 1-45 选择导入项目

▲图 1-46 成功导入项目

> **提示**　如果加载界面一直停在"Building gradle project info"，一般是由于导入项目中描述的 gradle 版本与 Android Studio 中目前的 gradle 版本不一致造成的。最简单的处理方法就是根据前面在 Android Studio 中新建项目的 gradle 版本修改要导入项目文件夹下的 gradle/wrapper/gradle-wrapper.properties 文件中的 distributionUrl 项目，然后再执行项目导入。

（4）接着用数据线将手机与 PC 连接，单击 Android Studio 导航栏中的 ▶ 图标，进入如图 1-47 所示的界面。

> **提示** 如果读者的手机不能正常连接到 Android Studio，一般是手机驱动问题，可以考虑安装豌豆荚软件帮助自动安装手机驱动。一般情况下，豌豆荚可以正常连接手机后，手机就可以正常连接到 Android Studio 了。

（5）进入如图 1-47 所示的界面后，可以选择运行项目的目标设备。要注意的是，由于"3D 三国塔防"是基于 OpenGL ES 3.0 进行渲染的，所以必须在装备了支持 OpenGL ES 3.0 的 GPU 的真机上运行。如图 1-47 所示，已经选择了运行项目的目标手机设备，然后单击 OK 按钮。

（6）单击 OK 按钮之后，需要等待几分钟让 Android Studio 将项目运行到手机。几分钟之后，项目在手机上运行成功，手机屏幕将显示如图 1-48 所示的界面，此项目运行成功。

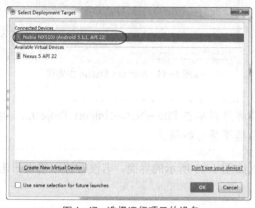

▲图 1-47 选择运行项目的设备

▲图 1-48 项目运行成功

1.5 本章小结

本章介绍了 Android 平台的来源及优点，并详细介绍了如何构建基于 Android Studio 的 Android 应用程序开发环境。然后创建了第一个 Android 的应用程序并对其进行了简要介绍，最后介绍了已有 Android Studio 项目的导入与运行。通过本章的学习，读者应该已经对 Android 平台下应用程序的开发步骤有了初步的了解。

> **提示** 由于本书的定位是对 Android 应用开发有一定基础的读者，故本书中对 Android 应用程序开发的基本知识并没有进行非常详细的介绍，主要的篇幅都是介绍和游戏开发相关的知识。若读者希望学习到 Android 平台开发的更多基本知识，可以参考由笔者编写，人民邮电出版社出版的《Android 应用开发完全自学手册——核心技术、传感器、2D/3D、多媒体与典型案例》一书。

第 2 章　Android 游戏开发中的前台渲染

正式动手开发游戏之前，有必要先对 Android 的前台渲染技术进行学习。掌握了这些知识，才能更好地学习游戏的开发。本章将对 Android 游戏开发的前台渲染技术进行详细介绍，为以后各章节的游戏开发做好技术储备。

2.1　创建 Android 用户界面

任何程序都少不了用户界面，游戏也不例外，本节将对 Android 应用中常用的用户界面、布局管理以及简单的事件处理进行介绍。

2.1.1　布局管理

Android 的控件有很多种，需要使用 Layout 对这些控件进行管理，以使这些控件显示在屏幕的正确位置。Android SDK 中已经内置了 5 种布局模型。开发人员通过对这几种布局模型进行组合，便可构建出各种复杂的用户界面。下面将对这 5 种布局模型进行详细的讲解。

1. 线性布局

线性布局（LinearLayout）是 Android 应用程序中最简单的布局方式，有水平和竖直两种排列方式。用户通过对参数的设置可以控制各个控件在布局中的相对大小。接下来将通过一个简单的例子来介绍线性布局的使用方法，最终的效果如图 2-1 所示，其开发步骤如下。

（1）创建一个新项目 Sample_2_1，然后在 res\layout 下创建 XML 布局文件 my_layout.xml，并在其中输入如下代码。

▲ 图 2-1　线性布局

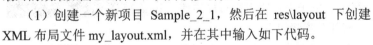
代码位置：见随书源代码\第 2 章\Sample_2_1\app\src\main\res\layout 目录下的 my_layout.xml。

```
1   <?xml version="1.0" encoding="utf-8"?>        <!-- XML 的版本以及编码方式 -->
2   <LinearLayout xmlns:android="http://schemas.android.com/apk/res/android"
3       android:orientation="vertical"
4       android:layout_width="fill_parent"
5       android:layout_height="wrap_content"
6       >                                         <!--定义了一个线性布局，方式是垂直的-->
7       <Button
8           android:layout_width="fill_parent"
9           android:layout_height="fill_parent"
10          android:text="上"
11      />                                        <!-- 向线性布局中添加一个普通按钮控件-->
12      <LinearLayout xmlns:android="http://schemas.android.com/apk/res/android"
13          android:orientation="horizontal"
14          android:layout_width="wrap_content"
15          android:layout_height="wrap_content"
16          >                                     <!-- 向线性布局中添加一个水平的线性布局-->
17          <Button
18              android:layout_width="wrap_content"
19              android:layout_height="wrap_content"
```

```
20                    android:text="左下"
21                />                              <!-- 向水平的线性布局中添加一个普通按钮控件-->
22                <Button
23                    android:layout_width="wrap_content"
24                    android:layout_height="wrap_content"
25                    android:text="右下"
26                />                              <!-- 向水平的线性布局中添加一个普通按钮控件-->
27            </LinearLayout>
28      </LinearLayout>
```

- 第2~6 行是一个垂直的线性布局，宽度填满整个屏幕，高度自动适应子控件的大小。
- 第7~11 行向线性布局中添加一个按钮控件，宽度和高度全部填满父控件。
- 第12~16 行向外层的线性布局中添加一个水平的线性布局，高度和宽度全部适应子控件。
- 第17~26 行向水平的线性控件中依次添加两个按钮控件。

（2）打开 app\src\main\java\wyf\ytl 目录下的 Sample_2_1.java，将其代码修改如下。

✎ 代码位置：见随书源代码\第 2 章\Sample_2_1\app\src\main\java\wyf\ytl 目录下的 Sample_2_1.java。

```
1   package wyf.ytl;
2   import android.app.Activity;                          //引入相关类
3   import android.os.Bundle;
4   public class Sample_2_1 extends Activity{             //定义一个 Activity
5      public void onCreate(Bundle savedInstanceState){   //重写 onCreate 回调方法
6         super.onCreate(savedInstanceState);             //调用父类的 onCreate 方法
7         setContentView(R.layout.my_layout);             //设置当前用户界面
8   }}
```

- 第5~8 行重写 Activity 的 onCreate 方法。该方法在 Activity 创建时被系统调用。
- 第7 行指定当前显示的主界面为 my_layout.xml。

> 提示：为了不干扰读者的思路，本章例子中按钮上的文字全部写在程序中，读者可以将这些文字提取到 strings.xml 文件中，为以后程序的维护与修改提供便利。

2. 表格布局

表格布局（TableLayout）是以行、列的形式来管理子控件的，在表格布局中的每一行可以是一个 View 控件或者是一个 TableRow 控件。而 TableRow 控件中还可以添加子控件。下面通过一个简单的例子来说明表格布局的使用方法，运行效果如图2-2所示，其开发步骤如下。

▲图 2-2 表格布局

（1）创建一个新项目 Sample_2_2，然后在 res\layout 下创建 XML 布局文件 my_layout.xml，并在其中输入如下代码。

✎ 代码位置：见随书源代码\第 2 章\Sample_2_2\app\src\main\res\layout 目录下的 my_layout.xml。

```
1   <?xml version="1.0" encoding="utf-8"?>                <!-- XML 的版本以及编码方式 -->
2   <TableLayout xmlns:android="http://schemas.android.com/apk/res/android"
3       android:layout_width="fill_parent"
4       android:layout_height="fill_parent"
5       >                                                 <!--定义一个表格布局，宽度和高度全部填满父控件-->
6       <TextView
7           android:layout_width="fill_parent"
8           android:layout_height="wrap_content"
9           android:gravity="center"
10          android:text="表头"
11      />                                                <!--在表格的第一行填充一个文本控件-->
12      <TableRow
13          android:gravity="center"
14      >                                                 <!--再向表格中添加一行-->
15          <TextView
16              android:layout_width="wrap_content"
```

2.1 创建 Android 用户界面

```
17              android:layout_height="wrap_content"
18              android:text="第 0 列"
19          >                           <!--在该行的第一列添加一个文本控件-->
20          </TextView>
21          <TextView
22              android:layout_width="wrap_content"
23              android:layout_height="wrap_content"
24              android:text="第 1 列"
25          >                           <!--在该行的第二列添加一个文本控件-->
26          </TextView>
27      </TableRow>
28      <TableRow
29          android:gravity="center"
30      >                               <!-- 向表格中添加一行，对齐方式为居中-->
31          <Button
32              android:layout_width="wrap_content"
33              android:layout_height="wrap_content"
34              android:text="按钮 1"
35          />                          <!--向该行的第一列添加一个按钮控件-->
36          <Button
37              android:layout_width="wrap_content"
38              android:layout_height="wrap_content"
39              android:text="按钮 2"
40          />                          <!-- 向第二列添加一个按钮控件-->
41      </TableRow>
42  </TableLayout>
```

- 第 2～5 行定义了一个宽度和高度全部填满屏幕的 TableLayout。
- 第 6～11 行向 TableLayout 中的第一行添加一个 TextView 控件，并且设置对齐方式为居中。
- 第 22～27 行添加 TableRow 控件，并继续添加两个自适应宽度和高度的 TextView 控件。
- 第 28～41 行再向 TableLayout 中添加一行，并直接向该行中添加两列，每列为一个按钮。

> **提示** 表格布局中，每行可以是其他的控件，而每列也可以是其他的控件，在程序的开发过程中常常使用表格布局来排版。

（2）和前面的例子一样，编写完布局文件后，应该将该布局文件设为当前显示的用户界面，设置方法与线性布局的例子一样，因本书篇幅有限，就不再赘述，读者可以参考线性布局的例子自行更改。

3. 相对布局

相对布局（RelativeLayout）也比较简单，其子控件是根据所设置的参照控件来进行布局的，设置的参照控件既可以是父控件，也可以是其他的子控件。下面通过一个简单的例子来介绍相对布局的使用方法，运行的效果如图 2-3 所示，其开发步骤如下。

（1）创建项目 Sample_2_3，在 res\layout 下添加布局文件 my_layout.xml，代码如下。

▲图 2-3 相对布局

📝 **代码位置**：见随书源代码\第 2 章\Sample_2_3\app\src\main\res\layout 目录下的 my_layout.xml。

```
1   <?xml version="1.0" encoding="utf-8"?>    <!-- XML 的版本以及编码方式 -->
2   <RelativeLayout xmlns:android="http://schemas.android.com/apk/res/android"
3       android:layout_width="fill_parent"
4       android:layout_height="fill_parent"
5   >                                   <!-- 定义一个相对布局，宽度和高度填满整个窗口 -->
6       <Button
7           android:id="@+id/button1"
8           android:layout_width="wrap_content"
9           android:layout_height="wrap_content"
10          android:text="中间的按钮,很长很长很长"
11          android:layout_centerInParent="true"
12      >
```

```
13        </Button>                              <!-- 添加一个 id 为 button1 的按钮,位于屏幕的正中间-->
14        <Button
15            android:id="@+id/button2"
16            android:layout_width="wrap_content"
17            android:layout_height="wrap_content"
18            android:text="上面的按钮"
19            android:layout_above="@id/button1"
20            android:layout_alignLeft="@id/button1"
21            >                                   <!-- 添加一个按钮,位于 button1 的左上方-->
22        </Button>
23        <Button
24            android:id="@+id/button3"
25            android:layout_width="wrap_content"
26            android:layout_height="wrap_content"
27            android:text="下面的按钮"
28            android:layout_below="@id/button1"
29            android:layout_alignRight="@id/button1"
30            >
31        </Button>                               <!-- 添加一个按钮,位于 button1 的右下方-->
32    </RelativeLayout>
```

- 第 2～5 行定义了一个相对布局,宽度和高度全部填满父控件,即填满整个屏幕。
- 第 6～12 行定义了一个参照按钮控件,宽度和高度自适应,位置为父控件的正中间。
- 第 14～22 行添加一个按钮控件,宽度和高度自适应,位于参照控件的左上方。
- 第 23～31 行继续添加一个按钮控件,宽高仍然是自适应,位于参照控件的右下方。

(2)接下来是更改 Sample_2_3.java 源代码,将刚刚编写的布局设为当前用户界面,设置方法同线性布局的例子一样,在此不再赘述,读者可查看随书源代码\第 2 章\Sample_2_3\app\src\main\java\wyf\ytl 下的 Sample_2_3.java 文件。

4. 单帧布局

单帧布局的使用方法更为简单,不需要任何特殊的配置,布局中的所有控件都被放置在布局的左上角。下面的例子是将 3 个 ImageView 控件添加到一个单帧布局中,运行的效果如图 2-4 所示,其开发步骤如下。

▲图 2-4 单帧布局

(1)创建一个名为 Sample_2_4 的新项目,在该项目的 app\src\main\res\layout 下添加名为 my_layout.xml 的布局文件,其代码如下。

> 代码位置:见随书源代码第 2 章\Sample_2_4\app\src\main\res\layout 目录下的 my_layout.xml。

```
1   <?xml version="1.0" encoding="utf-8"?>       <!-- XML 的版本以及编码方式 -->
2   <FrameLayout xmlns:android="http://schemas.android.com/apk/res/android"
3       android:layout_width="fill_parent"
4       android:layout_height="fill_parent"
5       >                                         <!-- 添加一个占满全屏幕的单帧布局 -->
6       <ImageView
7           android:layout_width="wrap_content"
8           android:layout_height="wrap_content"
9           android:src="@drawable/big"
10          >                                     <!-- 向单帧布局中添加一个 ImageView 控件-->
11      </ImageView>
12      <ImageView
13          android:layout_width="wrap_content"
14          android:layout_height="wrap_content"
15          android:src="@drawable/center"
16          >                                     <!-- 向单帧布局中添加一个 ImageView 控件-->
17      </ImageView>
18      <ImageView
19          android:layout_width="wrap_content"
20          android:layout_height="wrap_content"
21          android:src="@drawable/small"
22          >                                     <!-- 向单帧布局中添加一个 ImageView 控件--
23      </ImageView>
24  </FrameLayout>
```

● 第 2~5 行定义了一个单帧布局，宽度和高度全部填满父控件，即填满整个屏幕。
● 第 6~23 行向单帧布局中顺序添加 3 个 ImageView 控件。这些控件将全部对齐到布局的左上角，ImageView 控件的 "android:src="@drawable/big"" 属性设置为 res/drawable-mdpi 下的图片文件。

> **提示** Android 平台中，图片等资源文件不支持大写字母，如果读者希望自己的资源图片名称更简洁、清晰，则可以使用下划线来分割资源名中的单词。

（2）将刚编写的单帧布局设为当前显示的用户界面，设置方法同前面的例子完全相同，读者可以自行开发。

5. 网格布局

下面介绍最后一个布局——网格布局。该布局自 Android 4.0 开始应用，其中所有控件的位置是排列在一个指定的网格中的。GridLayout 布局使用虚细线将布局划分为行、列和单元格，也支持一个控件在行、列上都有交错排列。下面的例子介绍了该布局的使用方法，运行效果如图 2-5 所示。

（1）创建新项目 Sample_2_5，在 app\src\main\res\layout 下的 main.xml 中进行布局，其代码如下。

▲图 2-5　网格布局

> 代码位置：见随书源代码\第 2 章\Sample_2_5\app\src\main\res\layout 目录下的 main.xml。

```xml
1  <?xml version="1.0" encoding="utf-8"?>        <!-- XML 的版本以及编码方式 -->
2  <GridLayout xmlns:android="http://schemas.android.com/apk/res/android"
3      android:layout_width="wrap_content"
4      android:layout_height="wrap_content"
5      android:columnCount="4"                   <!-- 表示网格布局有 4 列-->
6      android:orientation="horizontal" >        <!-- 定义一个水平排列的网格布局 -->
7      <EditText
8          android:layout_columnSpan="3"         <!-- 控件占 3 列 -->
9          android:layout_gravity="fill" >       <!-- 控件充满 3 列 -->
10             <requestFocus />
11     </EditText>                               <!-- 添加一个 EditText 控件-->
12     <Button
13         android:layout_width="wrap_content"
14         android:layout_column="3"             <!-- 控件在第 4 列 -->
15         android:layout_row="0"
16         android:text="清除" />                 <!-- 添加一个 Button 控件 -->
17     <Button
18         android:layout_width="50dp"
19         android:text="1" />                   <!-- 添加一个 Button 控件 -->
20     ……//该处省略了部分相似的代码，读者可自行查看随书源代码
21     <Button
22         android:layout_width="50dp"
23         android:text="-" />                   <!-- 添加一个 Button 控件 -->
24     <Button
25         android:layout_width="50dp"
26         android:layout_column="0"
27         android:layout_row="4"
28         android:layout_columnSpan="2"
29         android:layout_gravity="fill"
30         android:text="0" />                   <!-- 添加一个 Button 控件 -->
31     <Button
32         android:layout_width="50dp"
33         android:text="." />                   <!-- 添加一个 Button 控件 -->
34     <Button
35         android:layout_rowSpan="2"            <!-- 控件占两行 -->
36         android:layout_gravity="fill"         <!-- 控件充满两行 -->
37         android:text="+" />                   <!-- 添加一个 Button 控件 -->
38     <Button
39         android:layout_columnSpan="3"         <!-- 控件占 3 列 -->
40         android:layout_gravity="fill"         <!-- 控件充满 3 列 -->
41         android:text="=" />                   <!-- 添加一个 Button 控件 -->
42 </GridLayout>
```

- 第 2~6 行定义了一个网格布局，设置该布局为水平排列，共 4 列。
- 第 7~16 行向网格布局添加一个占 3 列的 EditText 和一个名为 "清除" 的 Button。
- 第 17~23 行向网格布局添加了 12 个 Button。
- 第 24~41 行向网格布局中添加了 5 个 Button，其中，控件可以指定在网格布局的哪个网格，网格布局的行、列从 0 开始，也可以指定某个控件占几行或几列，如 "0" 或 "+"。

（2）设置当前显示的用户界面为刚才编写的布局界面，设置的方法与前面的例子相同，读者可查看随书源代码\第 2 章\Sample_2_5\app\src\main\java\com\bn\sample_2_5 下的 Sample_2_5.java 文件。

2.1.2 常用控件及其事件处理

Android 中提供了大量丰富多彩的常用控件，Android 平台已经完整地实现了这些控件功能，开发人员只需简单几个程序语句调用或参数设置的语句即可用其构建完整的用户界面。

Android 中控件的使用方法一般有两种，一种是在 XML 中配置，另一种是在 Java 程序中直接调用。在游戏的开发过程中，很少使用在 XML 中配置的方法，一般都是在 Java 源代码中直接使用。

常用的控件有 TextView、ImageView、CheckBox、RadioButton、Button、ImageButton、EditText、ToggleButton、AnalogClock 和 DigitalClock 等。这些控件的使用方法基本相同，接下来将通过一个简单的例子讲解控件的使用方法，以及 Android 平台的事件处理，具体开发步骤如下。

（1）创建一个名为 Sample_2_6 的新项目。

（2）打开 main.xml 布局文件，将其中的代码替换成下列代码。

> 代码位置：见随书源代码\第 2 章\Sample_2_6\app\src\main\res\layout 目录下的 main.xml。

```xml
1   <?xml version="1.0" encoding="utf-8"?>         <!-- XML 的版本以及编码方式 -->
2   <LinearLayout xmlns:android="http://schemas.android.com/apk/res/android"
3       android:orientation="vertical"
4       android:layout_width="fill_parent"
5       android:layout_height="fill_parent"
6       >                                           <!-- 定义一个垂直的线性布局并填满这个屏幕 -->
7       <TextView
8           android:id="@+id/textView"
9           android:layout_width="fill_parent"
10          android:layout_height="wrap_content"
11          android:text="您没有单击任何按钮"
12          />                                      <!-- 先添加一个文本控件-->
13      <Button
14          android:id="@+id/button"
15          android:layout_width="wrap_content"
16          android:layout_height="wrap_content"
17          android:text="普通按钮"
18          >                                       <!-- 添加一个普通按钮控件 -->
19      </Button>
20      <ImageButton
21          android:id="@+id/imageButton"
22          android:layout_width="wrap_content"
23          android:layout_height="wrap_content"
24          android:src="@drawable/img"
25          >                                       <!-- 添加一个 ImageButton 按钮控件 -->
26      </ImageButton>
27      <ToggleButton
28          android:id="@+id/toggleButton"
29          android:layout_width="wrap_content"
30          android:layout_height="wrap_content"
31          >                                       <!-- 添加一个 ToggleButton 按钮控件 -->
32      </ToggleButton>
33  </LinearLayout>
```

- 第 2~5 行定义了一个垂直的线性布局，宽度和高度全部填满整个屏幕。
- 第 7~12 行向线性布局中添加一个文本控件，宽度填满父控件，高度自适应子控件，用于显示被单击的按钮。

- 第 13～32 行为依次向布局中添加 3 种按钮，每个控件的宽度和高度全部设置为自适应子控件，并指定其控件的 ID，使 Java 程序可以找到该控件。

> **提示** 该程序中用到了图片资源，在使用图片之前，应该先将用到的图片资源放到 Sample_2_6\app\src\main\res\drawable-mdpi 文件夹下。

（3）打开系统自动创建的 Sample_2_6.java 文件，将其内容改为如下代码。

代码位置：见随书源代码\第 2 章\Sample_2_6\app\src\main\java\wyf\ytl 目录下的 Sample_2_6.java。

```
1   package wyf.ytl;                                          //声明包语句
2   import android.app.Activity;                              //引入相关类
3   import android.os.Bundle;                                 //引入相关类
4   import android.view.View;                                 //引入相关类
5   import android.view.View.OnClickListener;                 //引入相关类
6   import android.widget.Button;                             //引入相关类
7   import android.widget.ImageButton;                        //引入相关类
8   import android.widget.TextView;                           //引入相关类
9   import android.widget.ToggleButton;                       //引入相关类
10  public class Sample_2_6 extends Activity implements OnClickListener{
11      Button button;                                        //普通按钮
12      ImageButton imageButton;                              //图片按钮
13      ToggleButton toggleButton;                            //开关按钮
14      TextView textView;                                    //文本控件
15      /** Called when the activity is first created. */
16      @Override
17      public void onCreate(Bundle savedInstanceState){      //回调方法
18          super.onCreate(savedInstanceState);
19          setContentView(R.layout.main);                    //设置显示的View
20          textView = (TextView) this.findViewById(R.id.textView);//得到文本控件的引用
21          button = (Button) this.findViewById(R.id.button);
22          toggleButton = (ToggleButton) this.findViewById(R.id.toggleButton);
23          imageButton = (ImageButton) this.findViewById(R.id.imageButton);
24          imageButton.setOnClickListener(this);             //为 imageButton 添加监听器
25          button.setOnClickListener(this);                  //为 button 添加监听器
26          toggleButton.setOnClickListener(this);            //为 toggleButton 添加监听器
27      }
28      public void onClick(View v){                          //重写的事件处理回调方法
29          if(v == button){                                  //单击的是普通按钮
30              textView.setText("您单击的是普通按钮");
31          }
32          else if(v == imageButton){                        //单击的是图片按钮
33              textView.setText("您单击的是图片按钮");
34          }
35          else if(v == toggleButton){                       //单击的是开关按钮
36              textView.setText("您单击的是开关按钮");
37  }}}
```

- 第 11～14 行声明了 3 种按钮及文本控件的引用。
- 第 19 行是将 main 布局文件设置为当前显示的 View。
- 第 20～23 行通过布局文件中控件的 ID 得到各个控件的引用。
- 第 24～26 行为各个控件添加监听。
- 第 28～37 行重写了事件监听器的回调方法。当单击不同控件时分别做不同的处理。

（4）运行本例子，将看到如图 2-6 所示的效果，当用户单击按钮时，文本的内容会随之改变。

▲图 2-6 控件及事件监听

> **提示** 在此通过 3 种按钮控件来讲解 Android 中控件的使用方法以及控件事件的处理方法，Android 中各个控件的使用方法基本相同，读者可以模仿本例学习其他控件的使用。

2.2 图形与动画在 Android 中的实现

程序开发过程中，图形、动画是必不可少的。本节将详细讲解图形、动画在 Android 中的实现。通过对本节的学习，读者能够构建出简单的图形用户界面。

2.2.1 简单图形的绘制

本节将讲解简单图形的绘制，其具体内容如下。

（1）创建一个新项目 Sample_2_7，然后在 app\src\main\java\wyf\ytl 目录下创建文件 MyView.java，并在其中输入下面的代码。

> 代码位置：见随书源代码\第 2 章\Sample_2_7\app\src\main\java\wyf\ytl 目录下的 MyView.java。

```
1    package wyf.ytl;
2    ……//该处省略了部分类的引入代码，读者可自行查阅随书的源代码
3    public class MyView extends View{
4        public MyView(Context context, AttributeSet attrs){    //构造器
5            super(context, attrs);
6        }
7        protected void onDraw(Canvas canvas){                   //重写的绘制方法
8            super.onDraw(canvas);
9            canvas.drawColor(Color.BLACK);                      //绘制黑色背景
10           Paint paint = new Paint();                          //创建画笔
11           paint.setColor(Color.WHITE);                        //设置画笔颜色为白色
12           canvas.drawRect(10, 10, 330, 330, paint);           //绘制矩形
13           paint.setTextSize(50);                              //设置字体大小
14           canvas.drawText("这是字符串", 10, 450, paint);      //字符串
15           RectF rf1 = new RectF(10, 530, 210, 730);           //定义一个矩形
16           canvas.drawArc(rf1, 0, 45, true, paint);            //画弧，顺时针
17           canvas.drawLine(350, 10,550, 210, paint);           //画线
18           RectF rf2 = new RectF(450,550 , 650,750);           //定义一个矩形
19           canvas.drawOval(rf2, paint);                        //画圆
20       }}
```

- 第 4~6 行为该类的构造器。View 下构造器有 3 种重载方式，如果需在 XML 中配置应用该 View，则必须实现该构造器。
- 第 7 行重写负责绘制的 onDraw 方法。
- 第 9 行绘制 View 的背景色为黑色。
- 第 10~11 行创建并设置画笔。
- 第 12 行向 View 中绘制矩形，drawRect 的前 4 个参数分别为左上角的 x、y 和右下角的 x、y。
- 第 14 行向 View 中绘制字符串，需要注意的是，之后的两个参数为字符串所占矩形左下角的 x、y。
- 第 15~16 行先创建一个矩形对象，然后根据矩形对象的大小和位置绘制弧形，给出起始的角度和终止的角度。
- 第 17 行绘制直线，前 4 个参数为起始点的 x、y 以及终点的 x、y。
- 第 18~19 行同样创建一个矩形对象，并根据矩形绘制圆。

（2）上面介绍了继承自系统 View 的子类 MyView，接下来将介绍本应用的布局文件 main.xml，其功能为添加垂直的线性布局，并在线性布局中添加自定义的 View。在 app\src\main\res\layout 下的 main.xml 文件的代码修改如下。

2.2 图形与动画在 Android 中的实现

📝 **代码位置**：见随书源代码\第 2 章\Sample_2_7\app\src\main\res\layout 目录下的 main.xml。

```xml
1   <?xml version="1.0" encoding="utf-8"?>          <!-- XML 的版本以及编码方式 -->
2   <LinearLayout xmlns:android="http://schemas.android.com/apk/res/android"
3       android:orientation="vertical"
4       android:layout_width="fill_parent"
5       android:layout_height="fill_parent"
6       >                                            <!--添加一个垂直的线性布局，并填满屏幕-->
7       <wyf.ytl.MyView
8           android:id="@+id/myView"
9           android:layout_width="fill_parent"
10          android:layout_height="fill_parent"
11      />                                           <!-- 添加自定义的 View 到线性布局中-->
12  </LinearLayout>
```

📝 **说明**　代码的第 7～11 行在垂直的线性布局中添加自定义的 View，并为它指定 ID，宽度和高度全部填充父控件。

（3）在移动设备上运行该项目，观察运行的效果如图 2-7 所示。

📝 **提示**　在 XML 中配置自定义的 View 需要使用全称类名。在该例子中，也可以使用除线性布局之外其他布局，效果是一样的。

2.2.2 贴图的艺术

接下来通过一个贴图的小例子，读者将学会如何在 Android 平台下绘制图片，其详细步骤如下。

（1）创建一个新项目，取名为 Sample_2_8。

（2）将程序中用到的图片 img.png 放到 Sample_2_8\app\src\main\res\drawable-mdpi 文件夹下。

▲图 2-7　简单的图形的绘制

（3）在该项目的 java 下创建文件 MyView.java，并输入如下代码。

📝 **代码位置**：见随书源代码\第 2 章\Sample_2_8\app\src\main\java\wyf\ytl 目录下的 MyView.java。

```java
1   package wyf.ytl;                                          //声明包语句
2   import android.content.Context;                           //引入 Context 类
3   import android.graphics.Bitmap;                           //引入 Bitmap 类
4   import android.graphics.BitmapFactory;                    //引入 BitmapFactory 类
5   import android.graphics.Canvas;                           //引入 Canvas 类
6   import android.graphics.Color;                            //引入 Color 类
7   import android.graphics.Paint;                            //引入 Paint 类
8   import android.util.AttributeSet;                         //引入 AttributeSet 类
9   import android.view.View;                                 //引入 View 类
10  public class MyView extends View{                         //继承自 View
11      Bitmap myBitmap;                                      //图片的引用
12      Paint paint;                                          //画笔的引用
13      public MyView(Context context, AttributeSet attrs){   //构造器
14          super(context, attrs);
15          this.initBitmap();                                //调用初始化图片的方法
16      }
17      public void initBitmap(){
18          paint = new Paint();                              //创建一个画笔
19          myBitmap=BitmapFactory.decodeResource(getResources(),R.drawable.img);
20      }
21      protected void onDraw(Canvas canvas){                 //重写的绘制方法
22          super.onDraw(canvas);
23          paint.setAntiAlias(true);                         //打开抗锯齿
24          paint.setColor(Color.WHITE);                      //设置画笔的颜色
25          paint.setTextSize(15);
26          canvas.drawBitmap(myBitmap, 10, 10, paint);       //绘制图片
27          canvas.save();                                    //保存画布状态
```

```
28          Matrix m1=new Matrix();                              //创建 Matrix 对象
29          m1.setTranslate(500, 10);                            //平移矩阵
30          Matrix m2=new Matrix();                              //创建 Matrix 对象
31          m2.setRotate(15);                                    //以一定的角度旋转矩阵
32          Matrix m3=new Matrix();                              //创建 Matrix 对象
33          m3.setConcat(m1, m2);
34          m1.setScale(0.8f, 0.8f);                             //缩放矩阵
35          m2.setConcat(m3, m1);
36          canvas.drawBitmap(myBitmap, m2, paint);              //绘制图片
37          canvas.restore();                                    //恢复画布状态
38          canvas.save();                                       //保存画布状态
39          paint.setAlpha(180);                                 //设置透明度
40          m1.setTranslate(200,100);                            //平移矩阵
41          m2.setScale(1.3f, 1.3f);                             //缩放矩阵
42          m3.setConcat(m1, m2);
43          canvas.drawBitmap(myBitmap, m3, paint);              //绘制图片
44          paint.reset();                                       //恢复画笔设置
45          canvas.restore();                                    //恢复画布
46          paint.setTextSize(40);                               //设置字体的大小
47          paint.setColor(0xffFFFFFF);                          //设置画笔的颜色
48          canvas.drawText("图片的宽度:"+myBitmap.getWidth(),20,220,paint);
49          canvas.drawText("图片的高度:"+myBitmap.getHeight(),150,220,paint);
50          paint.reset();                                       //恢复画笔设置
51      }}
```

- 第 10 行自定义一个继承自 View 的子类。
- 第 13～17 行为 MyView 的构造器，在构造器中调用初始化图片的方法来初始化需要用到的图片。
- 第 18～19 行创建一个画笔，获取图片资源。
- 第 21 行重写了 onDraw 方法，用于绘制 View 中需要显示的内容。
- 第 23～24 行打开抗锯齿功能，并设置画笔的颜色为白色。
- 第 25 行设置字体的大小。
- 第 27～37 行首先保存画布状态，然后设置相应的平移、旋转以及缩放，调用 setConcat 方法，将对应的两个 Matrix 对象连接起来并绘制，最后恢复画布状态。
- 第 38～45 行首先保存画布状态，然后调用 setTranslate 方法平移矩阵，调用 setScale 方法缩放矩阵，调用 setConcat 方法链接两个 Matrix 对象并绘制图片，最后恢复画布状态。
- 第 46～50 行首先设置字体的大小和画笔的颜色，然后绘制两个字符串 "图片的宽度" 和 "图片的高度"，最后恢复画笔设置。

（4）打开 app\src\main\res\layout 下的 main.xml 文件，将其代码替换为如下代码。

代码位置：见随书源代码\第 2 章\Sample_2_8\app\src\main\res\layout 目录下的 main.xml。

```
1   <?xml version="1.0" encoding="utf-8"?>       <!-- XML 的版本以及编码方式 -->
2   <LinearLayout xmlns:android="http://schemas.android.com/apk/res/android"
3       android:orientation="vertical"
4       android:layout_width="fill_parent"
5       android:layout_height="fill_parent"
6       >                                        <!-- 定义一个线性布局 -->
7   <wyf.ytl.MyView
8       android:id="@+id/myView"
9       android:layout_width="fill_parent"
10      android:layout_height="fill_parent"
11      />                                       <!--将自定义的 View 添加到布局中 -->
12  </LinearLayout>
```

- 第 2～6 行定义一个垂直的线性布局，宽度和高度填满整个屏幕。
- 第 7～11 行向线性布局中添加一个自定义的 View 并填满父控件。

（5）运行该项目，其效果如图 2-8 所示。

▲图 2-8 贴图实例

2.2.3 剪裁功能

本小节将向读者介绍关于剪裁的知识。游戏或应用中经常需要将图片等剪裁成特殊的形状，而类 Canvas 提供了剪裁的功能。因此，本小节将详细地介绍 Canvas 的剪裁功能的基本知识和一个简单的应用程序案例。

1. 基本知识

剪裁是指在特定的区域显示想要显示的内容。类 Canvas 提供了 ClipPath、ClipRect 和 ClipRegion 等方法来裁剪。常用的剪裁方法如表 2-1 所示。

表 2-1　　　　　　　　　　　常用的剪裁方法

方法	含义
public boolean clipPath(Path path)	根据给定的路径剪裁一定的图形
public boolean clipRect(int left,int top,int right,int bottom)	根据给定的坐标剪裁出矩形。left 和 top 为矩形左上顶点的坐标，right 和 bottom 为右下顶点的坐标
public boolean clipRect(float left,float top,float right,float bottom,Region.Op op)	修改指定的矩形。left 和 top 为矩形左上顶点的坐标，right 和 bottom 为右下顶点的坐标，op 指定了运算种类

> **提示**　对于 Canvas 类中的其他剪裁方法，由于篇幅有限，作者将不再一一赘述，需要的读者请自行查阅相关的 API。

通过 Path、Rect 和 Region 的不同组合，Android 可以裁剪出很多不同形状的区域。其中，Path 提供了各种基本几何图形，Rect 提供了矩形的定义方法，Region 则支持区域的多种逻辑运算。Region.Op 定义了 Region 支持的区域间的运算种类，其运算种类如表 2-2 所示。

表 2-2　　　　　　　　　　　Region.Op 运算种类

逻辑运算	含义
DIFFERENCE	求 A 和 B 的差集范围，即 A-B，只有在此范围内绘制的内容才会被显示
REVERSE_DIFFERENCE	求 B 和 A 的差集范围，即 B-A，只有在此范围内绘制的内容才会被显示
REPLACE	无论 A 和 B 的集合状况如何，B 的范围将全部进行显示。如果 B 和 A 有交集，则覆盖交集范围
INTERSECT	A 和 B 的交集范围，只有在此范围内绘制的内容才会被显示
UNION	A 和 B 的并集范围，即两者所包括的范围内绘制的内容都会被显示
XOR	A 和 B 的补集范围，即 A 除去 B 以外的范围，只有在此范围内绘制的内容才会被显示

> **说明**　为了方便说明 Region.Op 逻辑运算的含义，作者将第一次绘制的范围简称为 A，将第二次绘制的范围简称为 B。

2. 一个简单的案例

通过前面的介绍，相信读者对 Canvas 的剪裁功能已经有了一个基本的了解。下面将通过一个简单的案例 Sample_2_9 使读者进一步掌握其应用。在介绍此案例的开发之前，首先请读者了解一下此案例的运行效果，如图 2-9～图 2-11 所示。

> **说明**　图 2-9 是设置画布为黑色时的效果图，图 2-10 是设置画布为灰色时的效果图，图 2-11 是设置画布为绿色时的效果图。图中剪裁处理了矩形、圆形、平行四边形以及矩形的并集等图形。

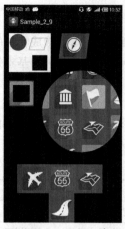 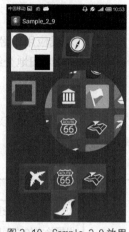 

 ▲图2-9　Sample_2_9效果1　　 ▲图2-10　Sample_2_9效果2　　▲图2-11　Sample_2_9效果3

了解了案例的运行效果后，下面将开始介绍本案例的开发，其具体步骤如下。

（1）首先为读者介绍的是此案例的界面显示类MySurfaceView。该类为继承自系统SurfaceView的子类，主要功能为初始化 Path 对象、Paint 对象，绘制矩形、圆形以及平行四边形等图形，其具体代码如下。

> 代码位置：见随书源代码\第 2 章\Sample_2_9\app\src\main\java\com\bn 目录下的 MySurfaceView.java。

```
1    package com.bn;
2    ……//该处省略了部分类的引入代码，读者可自行查阅随书的源代码
3    public class MySurfaceView extends SurfaceView implements SurfaceHolder.Callback{
4        ……//该处省略了成员变量声明的代码，读者可自行查阅随书的源代码
5        public MySurfaceView(Context context){
6            super(context);
7            this.activity=(Sample_2_9)context;              //初始化Activity对象
8            this.getHolder().addCallback(this);             //设置回调接口
9            paint=new Paint();                              //创建画笔
10           paint.setAntiAlias(true);                       //打开抗锯齿
11           mPath=new Path();
12           ……//该处省略了设置路径的代码，读者可自行查阅随书的源代码
13       }
14       protected void onDraw(Canvas canvas){               //重写onDraw方法
15           ……//该处省略了onDraw方法的代码，将在下面介绍
16       }
17       @Override
18       public void surfaceChanged(SurfaceHolder holder,int format,int width,
19                int height){}                              //改变时调用
20       @Override
21       public void surfaceCreated(SurfaceHolder holder){   //创建时调用
22           Canvas canvas=holder.lockCanvas();              //获取画布
23           try{
24               synchronized(holder){
25                   onDraw(canvas);                         //绘制
26           }}catch(Exception e){
27               e.printStackTrace();
28           }finally{
29               if(canvas!=null){                           //如果画布不为空
30                   holder.unlockCanvasAndPost(canvas);     //结束
31       }}}
32       @Override
33       public void surfaceDestroyed(SurfaceHolder holder){ //销毁时调用
34   }}
```

- 第 5～13 行为 MySurfaceView 类的含参构造器，主要功能为初始化 Activity 对象、设置回调接口、创建并设置画笔以及设置路径等。

- 第17～34行是实现SurfaceHolder.Callback需要重写的3个方法。surfaceChanged方法在surface改变时调用；surfaceCreated方法为surface创建时调用；surfaceDestroyed方法为销毁时调用。surfaceCreated方法的主要功能为获取画布，并绘制图形；当画布不为空，解锁表示绘制完毕。

（2）上面介绍了MySurfaceView类的主要功能和基本框架，接下来将要介绍的是上面省略的onDraw方法。该方法的功能主要是设置画布颜色，并在画布中绘制矩形、圆形、平行四边形以及矩形的交集和矩形的差集等，其具体代码如下。

代码位置：见随书源代码第2章\Sample_2_9\app\src\main\java\com\bn目录下的MySurfaceView.java。

```
1   protected void onDraw(Canvas canvas){                              // onDraw 方法
2       super.onDraw(canvas);
3       canvas.drawARGB(0,0,0,0);                                      //设置画布为黑色
4       //canvas.drawARGB(128,128,128,128);                             //设置画布为灰色
5       //canvas.drawARGB(255,122,255,0);                               //设置画布为绿色
6       canvas.save();
7       canvas.clipRect(30, 20,280, 250);                              //裁剪一个矩形
8       canvas.drawColor(Color.WHITE);                                 //设置画布为白色
9       paint.setColor(Color.RED);
10      canvas.drawCircle(85, 75, 50, paint);                          //绘制红色圆形
11      paint.setColor(Color.BLUE);
12      canvas.drawRect(170,150, 260, 240, paint);                     //绘制蓝色矩形
13      paint.setColor(Color.BLACK);
14      paint.setStyle(Style.STROKE);
15      canvas.drawPath(mPath1, paint);                                //绘制黑色平行四边形边框
16      canvas.restore();                                              //恢复之前的保存状态
17      canvas.save();                                                 //保存当前状态
18      canvas.clipPath(mPath);                                        //根据路径裁剪出平行四边形
19      Bitmap bm=BitmapFactory.decodeResource(
20              activity.getResources(),R.drawable.tubiao);
21      canvas.drawBitmap(bm, 10, 20, paint);                          //贴图
22      canvas.restore();
23      canvas.save();
24      canvas.clipRect(30, 300, 180, 450);                            //绘制矩形
25      canvas.clipRect(55, 325, 155, 425, Region.Op.DIFFERENCE);      //裁剪出回字形
26      canvas.drawBitmap(bm, 33, 130, paint);                         //贴图
27      canvas.restore();
28      canvas.save();
29      mPath.reset();                                                 //重置路径
30      mPath.addCircle(470, 479, 240, Path.Direction.CCW);            //设置圆形
31      canvas.clipPath(mPath, Region.Op.REPLACE);                     //根据路径剪裁出圆形
32      canvas.drawBitmap(bm, 130, 150, paint);                        //绘制图片
33      canvas.restore();
34      canvas.save();
35      canvas.clipRect(80, 790, 600, 960);                            //绘制矩形
36      canvas.clipRect(270, 790, 430, 1200, Region.Op.UNION);         //连接两个矩形
37      canvas.drawColor(Color.RED);                                   //超出图片的部分绘制成红色
38      canvas.drawBitmap(bm, 110, 450, paint);                        //绘制图片
39      canvas.restore();
40  }
```

- 第3～5行为设置画布的颜色，如黑色、灰色和绿色。
- 第6～16行为剪裁一个指定大小的矩形，将矩形区域的画布设置为白色；设置画笔颜色为红色，并绘制指定大小的红色圆形；设置画笔颜色为蓝色，并绘制指定大小的蓝色矩形。
- 第17～22行为根据路径剪裁出一个平行四边形，并初始化Bitmap对象和绘制图片，最后绘制图片中剪裁的平行四边形区域。
- 第23～27行为首先剪裁一个指定大小的矩形，然后再剪裁一个指定大小的矩形，将以上两个矩形进行差集计算，最后绘制出回字形区域。
- 第28～33行为重置路径，将路径设置为圆形，剪裁出圆形区域并绘制。
- 第34～39行为首先剪裁一个指定大小的矩形，然后再剪裁一个指定大小的矩形，将以

上两个矩形进行并集计算，最后绘制出 T 形区域。

2.2.4 自定义动画的播放

Android 中主要有两种动画模式，一种是渐变动画（tweened animation），即通过对场景里的对象不断做图像变换产生动画效果；另一种是帧动画（frame by frame），即按顺序播放事先配置好的动画帧。

渐变动画有 4 种动画类型，透明度（alpha）、尺寸伸缩（scale）、位置变换（translate）和图形旋转（rotate）。接下来通过一个动画播放的例子来介绍，如何在 Android 中构建并播放自己的动画，详细步骤如下。

（1）创建新项目 Sample_2_10，将项目中用到的图片 img.png 放到 app\src\main\res\drawable-mdpi 下。

（2）在 res 目录中新建 anim 文件夹，如图 2-12 所示。

（3）在新建的 anim 文件夹中新建文件 myanim.xml，如图 2-13 所示。

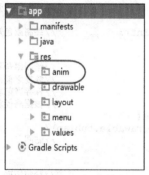
▲图 2-12 anim 文件夹

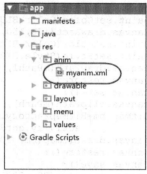
▲图 2-13 myanim.xml 文件

（4）打开 myanim.xml 文件，输入如下代码。

> 代码位置：见随书源代码\第 2 章\Sample_2_10\app\src\main\res\anim 目录下的 myanim.xml。

```
1    <?xml version="1.0" encoding="utf-8"?>              <!-- XML 的版本以及编码方式 -->
2    <set xmlns:android="http://schemas.android.com/apk/res/android">
3      <alpha
4        android:fromAlpha="0.1"
5        android:toAlpha="1.0"
6        android:duration="2000"
7      />                                                <!-- 透明度的变换 -->
8      <scale
9        android:interpolator= "@android:anim/accelerate_decelerate_interpolator"
10       android:fromXScale="0.0"
11       android:toXScale="1.4"
12       android:fromYScale="0.0"
13       android:toYScale="1.4"
14       android:pivotX="50%"
15       android:pivotY="50%"
16       android:fillAfter="false"
17       android:duration="3000"
18     />                                                <!-- 尺寸的变换 -->
19     <translate
20       android:fromXDelta="30"
21       android:toXDelta="0"
22       android:fromYDelta="30"
23       android:toYDelta="50"
24       android:duration="3000"
25     />                                                <!-- 位置的变换 -->
26     <rotate
```

```
27      android:interpolator="@android:anim/accelerate_decelerate_interpolator"
28      android:fromDegrees="0"
29      android:toDegrees="+350"
30      android:pivotX="50%"
31      android:pivotY="50%"
32      android:duration="3000"
33    />                                              <!-- 旋转变换 -->
34  </set>
```

- 第 1 行定义了 XML 的版本以及编码方式。
- 第 3~7 行定义透明度控制动画效果，fromAlpha 属性为动画起始时的透明度，toAlpha 属性为动画结束时的透明度，duration 为动画持续的时间。
- 第 8~18 行定义了尺寸变换动画。interpolator 指定一个动画的插入器；fromXScale 属性为动画起始时 x 坐标上的伸缩尺寸；toXScale 属性为动画结束时 x 坐标上的伸缩尺寸；fromYScale 属性为动画起始时 y 坐标上的伸缩尺寸；toYScale 属性为动画结束时 y 坐标上的伸缩尺寸；pivotX 和 pivotY 设置动画相对于自身的位置；fillAfter 表示动画的转换在动画结束后是否被应用。
- 第 19~25 行定义了位置的变换动画。fromXDelta 属性为动画起始时 x 坐标上的位置，toXDelta 属性为动画结束时 x 坐标上的位置；fromYDelta 属性为动画起始时 y 坐标上的位置，toYDelta 属性为动画结束时 y 坐标上的位置。
- 第 26~33 行定义了旋转动画。interpolator 同样为一个动画的插入器；fromDegrees 属性为动画起始时物件的角度，toDegrees 属性为动画结束时物件旋转的角度。

（5）打开 app\src\main\res\layout 下的 main.xml 文件，将其中的代码改为如下。

📝 代码位置：见随书源代码\第 2 章\Sample_2_10\app\src\main\res\layout 目录下的 main.xml。

```
1   <?xml version="1.0" encoding="utf-8"?>        <!-- XML 的版本以及编码方式 -->
2   <LinearLayout xmlns:android="http://schemas.android.com/apk/res/android"
3       android:orientation="vertical"
4       android:layout_width="fill_parent"
5       android:layout_height="fill_parent"
6   >                                             <!-- 定义一个垂直的线性布局-->
7   <ImageView
8       android:id="@+id/myImageView"
9       android:layout_width="fill_parent"
10      android:layout_height="fill_parent"
11      android:src="@drawable/img"
12  />                                <!--添加一个 id 为 myImageView 的 ImageView 控件-->
13  </LinearLayout>
```

- 第 2~6 行定义一个垂直的线性布局，且填满整个屏幕。
- 第 7~12 行添加一个 id 为 myImageView 的 ImageView 控件到线性布局中，并设置其填充方式为填满整个父控件。

（6）将 app\src\main\java\wyf\ytl 下的 Sample_2_10.java 文件代码改为如下。

📝 代码位置：见随书源代码\第 2 章\Sample_2_10\app\src\main\java\wyf\ytl 目录下的 Sample_2_10.java。

```
1   package wyf.ytl;                                     //声明包语句
2   import android.app.Activity;                         //引入 Activity 类
3   import android.os.Bundle;                            //引入 Bundle 类
4   import android.view.animation.Animation;             //引入 Animation 类
5   import android.view.animation.AnimationUtils;        //引入 AnimationUtils 类
6   import android.widget.ImageView;                     //引入 ImageView 类
7   public class Sample_2_10 extends Activity{
8       Animation myAnimation;                           //动画的引用
9       ImageView myImageView;                           //ImageView 的引用
10      /** Called when the activity is first created. */
11      @Override
12      public void onCreate(Bundle savedInstanceState){ //重写的 onCreate 回调方法
```

```
13            super.onCreate(savedInstanceState);
14            setContentView(R.layout.main);                          //设置当前显示的 View
15            myAnimation= AnimationUtils.loadAnimation(this,R.anim.myanim);//加载动画
16            myImageView =(ImageView)this.findViewById(R.id.myImageView);
17            myImageView.startAnimation(myAnimation);                //启动动画
18        }}
```

- 第 8 行声明一个动画的引用。
- 第 12 行重写了 onCreate 回调方法。该方法会在 Activity 第一次被创建时被调用。
- 第 15 行加载之前编写的动画。
- 第 16～17 行得到 main 中 ImageView 的引用并对其使用动画。

（7）运行该项目，运行效果如图 2-14～图 2-16 所示。

▲图 2-14　刚开始启动动画

▲图 2-15　动画运行过程中

▲图 2-16　动画结束后

2.3　Android 平台下的多媒体开发

前面的小节对 Android 中图形与动画进行了介绍，可是只有图形界面并不能满足游戏开发的需求，音频和视频在游戏开发过程中往往也会用得上，本节将对 Android 平台下的多媒体开发进行详细介绍。

2.3.1　音频的播放

Android 平台中关于音频的播放有两种方式，一种是 SoundPool，另一种是 MediaPlayer。SoundPool 适合短促但对反应速度要求较高的情况（如游戏中的爆炸声），而 MediaPlayer 则适合较长但对时间要求不高的情况。读者可以根据具体需求自行选择，下面将通过一个音频播放的例子详细介绍这两种声音播放的方式，具体步骤如下。

（1）创建一个新的 Android 项目，起名为 Sample_2_11。

（2）在 res 目录下创建名为 raw 的文件夹，然后将程序中所用到的声音资源全部放进该文件夹，如图 2-17 所示。

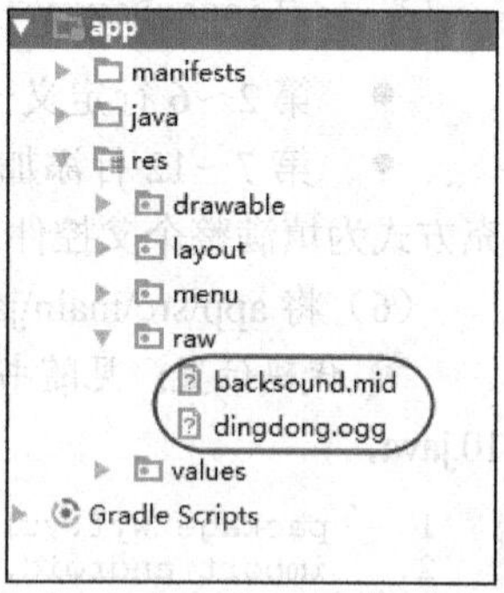

▲图 2-17　raw 文件夹

（3）打开 app\src\main\res\layout 下的 main.xml，将其代码替换如下。

　　代码位置：见随书源代码\第 2 章\Sample_2_11\app\src\main\res\layout 目录下的 main.xml。

```
1    <?xml version="1.0" encoding="utf-8"?>          <!-- XML 的版本以及编码方式 -->
2    <LinearLayout xmlns:android="http://schemas.android.com/apk/res/android"
3        android:orientation="vertical"
```

```
4          android:layout_width="fill_parent"
5          android:layout_height="fill_parent"
6     >                                          <!--定义一个垂直的线性布局 -->
7     <TextView
8          android:id="@+id/textView"
9          android:layout_width="fill_parent"
10         android:layout_height="wrap_content"
11         android:text="没有播放任何声音"
12    />                              <!-- 向线性布局中添加一个 TextView 控件 -->
13    <Button
14         android:id="@+id/button1"
15         android:layout_width="wrap_content"
16         android:layout_height="wrap_content"
17         android:text="使用 MediaPlayer 播放声音"
18    />                              <!-- 向线性布局中添加一个 Button 控件 -->
19    <Button
20         android:id="@+id/button2"
21         android:layout_width="wrap_content"
22         android:layout_height="wrap_content"
23         android:text="暂停 MediaPlayer 声音"
24    />                              <!-- 向线性布局中添加一个 Button 控件 -->
25    <Button
26         android:id="@+id/button3"
27         android:layout_width="wrap_content"
28         android:layout_height="wrap_content"
29         android:text="使用 SoundPool 播放声音"
30    />                              <!-- 向线性布局中添加一个 Button 控件 -->
31    <Button
32         android:id="@+id/button4"
33         android:layout_width="wrap_content"
34         android:layout_height="wrap_content"
35         android:text="暂停 SoundPool 声音"
36    />                              <!-- 向线性布局中添加一个 Button 控件 -->
37 </LinearLayout>
```

- 第 2~6 行定义一个垂直的线性布局，并将宽和高设置成自动填满父控件。
- 第 7~12 行向线性布局中添加一个 TextView 控件，并为其添加 ID。
- 第 13~36 行为向线性布局中添加 4 个按钮控件，并分别为其添加 ID、设置按钮上需要显示的文字。

（4）打开 app\src\main\java\wyf\ytl 下的 Sample_2_11.java 文件，将其代码替换如下。

代码位置：见随书源代码第 2 章\Sample_2_11\app\src\main\java\wyf\ytl 目录下的 Sample_2_11.java。

```
1   package wyf.ytl;                                        //声明包语句
2   import java.util.HashMap;                               //引入 HashMap 类
3   import android.app.Activity;                            //引入 Activity 类
4   import android.content.Context;                         //引入 Context 类
5   import android.media.AudioManager;                      //引入 AudioManager 类
6   import android.media.MediaPlayer;                       //引入 MediaPlayer 类
7   import android.media.SoundPool;                         //引入 SoundPool 类
8   import android.os.Bundle;                               //引入 Bundle 类
9   import android.view.View;                               //引入 View 类
10  import android.view.View.OnClickListener;               //引入 OnClickListener 类
11  import android.widget.Button;                           //引入 Button 类
12  import android.widget.TextView;                         //引入 TextView 类
13  public class Sample_2_11 extends Activity implements OnClickListener{
14      Button button1;                                     //4 个按钮的引用
15      Button button2;
16      Button button3;
17      Button button4;
18      TextView textView;                                  //TextView 的引用
19    MediaPlayer mMediaPlayer;                             // MediaPlayer 的引用
20    SoundPool soundPool;                                  // SoundPool 的引用
21    HashMap<Integer, Integer> soundPoolMap;
22      /** Called when the activity is first created. */
```

```java
23      @Override
24      public void onCreate(Bundle savedInstanceState){           //重写 onCreate 回调方法
25          super.onCreate(savedInstanceState);
26          initSounds();                                          //初始化声音
27          setContentView(R.layout.main);                         //设置显示的用户界面
28          textView = (TextView) this.findViewById(R.id.textView);//得到 TextView 的引用
29          button1 = (Button) this.findViewById(R.id.button1);//得到 button1 的引用
30          button2 = (Button) this.findViewById(R.id.button2);//得到 button2 的引用
31          button3 = (Button) this.findViewById(R.id.button3);//得到 button3 的引用
32          button4 = (Button) this.findViewById(R.id.button4);//得到 button4 的引用
33          button1.setOnClickListener(this);                      //为按钮添加监听
34          button2.setOnClickListener(this);                      //为按钮添加监听
35          button3.setOnClickListener(this);                      //为按钮添加监听
36          button4.setOnClickListener(this);                      //为按钮添加监听
37      }
38      public void initSounds(){                                  //初始化声音的方法
39          mMediaPlayer = MediaPlayer.create(this, R.raw.backsound);
                                                                   //初始化 MediaPlayer
40          soundPool = new SoundPool(4, AudioManager.STREAM_MUSIC, 100);
41          soundPoolMap = new HashMap<Integer, Integer>();
42          soundPoolMap.put(1, soundPool.load(this, R.raw.dingdong, 1));
43      }
44      public void playSound(int sound, int loop){                //用 SoundPool 播放声音的方法
45       AudioManager mgr=(AudioManager)this.getSystemService(Context.AUDIO_SERVICE);
46          float streamVolumeCurrent = mgr.getStreamVolume(AudioManager.STREAM_MUSIC);
47          float streamVolumeMax = mgr.getStreamMaxVolume(AudioManager.STREAM_MUSIC);
48          float volume = streamVolumeCurrent/streamVolumeMax;
49          soundPool.play(soundPoolMap.get(sound),volume,volume,1,loop,1f);//播放声音
50      }
51      public void onClick(View v){                               //实现接口中的方法
52          // TODO Auto-generated method stub
53          if(v == button1){                                      //单击使用 MediaPlayer 播放声音按钮
54              textView.setText("使用 MediaPlayer 播放声音");
55              if(!mMediaPlayer.isPlaying()){                     //如果当前没有音乐正在播放
56                  mMediaPlayer.start();                          //播放声音
57              }
58          }
59          else if(v == button2){                                 //单击了暂停 MediaPlayer 声音按钮
60              textView.setText("暂停了 MediaPlayer 播放的声音");
61              if(mMediaPlayer.isPlaying()){                      //如果当前有音乐正在播放
62                  mMediaPlayer.pause();                          //暂停声音
63              }
64          }
65          else if(v == button3){                                 //单击了使用 SoundPool 播放声音按钮
66              textView.setText("使用 SoundPool 播放声音");
67              this.playSound(1, 0);                              //播放声音
68          }
69          else if(v == button4){                                 //单击了暂停 SoundPool 声音按钮
70              textView.setText("暂停了 SoundPool 播放的声音");
71              soundPool.pause(1);                                //暂停 SoundPool 的声音
72      }}}
```

- 第 24 行为 onCreate 回调方法的开始。该方法在 Activity 第一次创建时被调用。
- 第 28~32 行得到程序中会用到的 TextView 及 Button 的引用。
- 第 33~36 行为各个按钮添加监听。
- 第 38~43 行初始化所有声音资源,使用 SoundPool 时一般将声音放进一个 HashMap 中,便于声音的管理与操作。
- 第 44~50 行为用 SoundPool 播放声音的方法,程序的其他地方需要播放声音时,只需调用该方法即可。在该方法中,先对声音设备进行配置,然后调用 SoundPool 的 play 方法来播放声音。
- 第 51~72 行是对各个按钮被按下的事件进行处理。

2.3 Android 平台下的多媒体开发

- 第 53～58 行为单击"使用 MediaPlayer 播放声音"按钮的处理代码，先判断当前 mMediaPlayer 是否正在播放，当没有在播放时，播放声音。

> **提示**　SoundPool 初始化的过程是异步的，也就是说，当对 SoundPool 初始化时系统会自动启动一个后台线程来完成初始化工作。因此，不会影响前台其他程序的运行，但也带来一个问题，当调用初始化操作后不能立即播放，则需要等待一下，否则可能会出错。另外，SoundPool 可以同时播放多个音频文件，但在 MediaPlayer 音频文件却只能播放一个。

（5）运行该程序得到的效果如图 2-18 所示，根据单击按钮的不同采用不同的声音播放方式播放声音。

2.3.2 视频的播放

前面已经介绍了音频的播放，本节将对 Android 中视频的播放进行简单的介绍，同样是通过一个例子来讲解视频的播放方法，详细步骤如下。

（1）运行模拟器或接入真机，单击 Android Studio 菜单栏中的

▲图 2-18　声音播放示例

图标，会弹出 DDMS 视图，找到 File Explorer 窗口，通过右上角的"Push a file onto the device"按钮向 sdcard 中添加程序中用到的视频文件 bbb.3gp，如图 2-19 所示。

▲图 2-19　DDMS 视图

（2）创建一个名为 Sample_2_12 的项目。

（3）打开 res/layout 下的 main.xml 文件，将其代码替换如下。

📎 代码位置：见随书源代码\第 2 章\Sample_2_12\app\src\main\res\layout 目录下的 main.xml。

```
1   <?xml version="1.0" encoding="utf-8"?>        <!-- XML 的版本以及编码方式 -->
2   <LinearLayout xmlns:android="http://schemas.android.com/apk/res/android"
3       android:orientation="vertical"
4       android:layout_width="fill_parent"
5       android:layout_height="fill_parent"
6       >                                          <!--添加一个垂直的线性布局 -->
7       <SurfaceView
8           android:id="@+id/surfaceView"
9           android:layout_width="320px"
10          android:layout_height="200px"
11      />                                         <!--添加一个 SurfaceView 用于播放视频 -->
12  <LinearLayout xmlns:android="http://schemas.android.com/apk/res/android"
13      android:layout_width="fill_parent"
```

```
14             android:layout_height="wrap_content"
15         >                                       <!--添加一个线性布局 -->
16         <Button
17             android:id="@+id/play2_Button"
18             android:layout_width="wrap_content"
19             android:layout_height="wrap_content"
20             android:text="播放"
21             />                                  <!--添加一个按钮 -->
22         <Button
23             android:id="@+id/pause2_Button"
24             android:layout_width="wrap_content"
25             android:layout_height="wrap_content"
26             android:text="暂停"
27             />                                  <!--添加一个按钮 -->
28     </LinearLayout>
29 </LinearLayout>
```

- 第 7~11 行向线性布局中添加一个 SurfaceView 控件。
- 第 12~28 行在一个线性布局中添加两个按钮。

（4）打开 src/wyf/ytl 下的 Sample_2_12.java 文件，改为如下代码。

代码位置：见随书源代码\第 2 章\Sample_2_12\app\src\main\java\wyf\ytl 目录下的 Sample_2_12.java。

```
1   package wyf.ytl;                                            //声明包语句
2   import android.app.Activity;                                //引入 Activity 类
3   ……//该处省略了部分类的引入代码，读者可自行查阅随书的源代码
4   import android.widget.Button;                               //引入 Button 类
5   public class Sample_2_12 extends Activity
6           implements OnClickListener,SurfaceHolder.Callback{
7       String path = "/sdcard/bbb.3gp";                        //视频的路径
8       Button play_Button;                                     //按钮的引用
9       Button pause_Button;
10      boolean isPause = false;
11      SurfaceHolder surfaceHolder;
12      MediaPlayer mediaPlayer;                                //MediaPlayer 的引用
13      SurfaceView surfaceView;
14      public void onCreate(Bundle savedInstanceState){        //重写的方法
15          super.onCreate(savedInstanceState);
16          setContentView(R.layout.main);                      //设置当前显示的用户界面
17          play_Button = (Button) findViewById(R.id.play2_Button);
18          play_Button.setOnClickListener(this);               //添加监听
19          pause_Button = (Button) findViewById(R.id.pause2_Button);
20          pause_Button.setOnClickListener(this);              //添加监听
21          getWindow().setFormat(PixelFormat.UNKNOWN);
22          surfaceView = (SurfaceView) findViewById(R.id.surfaceView);
23          surfaceHolder = surfaceView.getHolder();
24          surfaceHolder.addCallback(this);                    //添加回调
25          surfaceHolder.setFixedSize(176,144);
26          surfaceHolder.setType(SurfaceHolder.SURFACE_TYPE_PUSH_BUFFERS);
27          mediaPlayer = new MediaPlayer();                    //创建 MediaPlayer
28      }
29      public void onClick(View v){
30          if(v == play_Button){                               //按下播放电影按钮
31              isPause = false;
32              playVideo(path);
33          }
34          else if(v == pause_Button){                         //按下暂停按钮
35              if(isPause == false){                           //如果正在播放则将其暂停
36                  mediaPlayer.pause();
37                  isPause = true;
38              }
39              else{                                           //如果暂停中则继续播放
40                  mediaPlayer.start();
41                  isPause = false;
42              }
43          }
44      }
```

```
45        private void playVideo(String strPath){                   //自定义播放影片函数
46            if(mediaPlayer.isPlaying()==true){
47                mediaPlayer.reset();
48            }
49            mediaPlayer.setAudioStreamType(AudioManager.STREAM_MUSIC);
50            mediaPlayer.setDisplay(surfaceHolder);//设置Video影片以SurfaceHolder播放
51            try{
52                mediaPlayer.setDataSource(strPath);                //设置的路径
53                mediaPlayer.prepare();
54            }
55            catch (Exception e){
56                e.printStackTrace();                               //打印异常信息
57            }
58            mediaPlayer.start();                                   //开始播放视频
59        }
60        public void surfaceChanged(SurfaceHolder arg0,int arg1,int arg2,int arg3){}
61        public void surfaceCreated(SurfaceHolder arg0){}
62        public void surfaceDestroyed(SurfaceHolder arg0){}
63    }
```

- 第14~28行重写onCreate方法，在方法中得到所需要使用的控件的引用。
- 第29~44行为事件响应的方法。当单击"播放"按钮时，会播放视频；当单击"暂停"按钮时，就会暂停播放视频。
- 第45~59行为自定义的视频播放方法。如果视频正在播放时，则重置视频。当设置一些视频的参数后，则开始播放视频。
- 第60~62行为接口中方法的空实现。

（5）运行该项目可在模拟器中看到如图2-20所示的效果。

▲图2-20 视频播放

2.3.3 Camera 图像采集

本节将介绍如何制作一个简单的相机，步骤如下。

（1）创建一个名为Sample_2_13的新项目。

（2）为照相添加权限，添加方法是在AndroidManifest.xml文件中的</manifest>之前加上<uses-permission android:name="android.permission.CAMERA"/>即可。

（3）打开app\src\main\res\layout下的main.xml文件，将其代码替换如下。

> 代码位置：见随书源代码\第2章\Sample_2_13\app\src\main\java\wyf\ytl 目录下的main.xml。

```
1   <?xml version="1.0" encoding="utf-8"?>              <!-- XML 的版本以及编码方式 -->
2   <LinearLayout xmlns:android="http://schemas.android.com/apk/res/android"
3       android:orientation="vertical"
4       android:layout_width="fill_parent"
5       android:layout_height="fill_parent"
6       >                                                <!--添加一个垂直的线性布局 -->
7       <SurfaceView
8           android:id="@+id/surfaceView"
9           android:layout_width="320px"
10          android:layout_height="240px"
11      />                                               <!--添加一个SurfaceView用于浏览 -->
12      <LinearLayout xmlns:android="http://schemas.android.com/apk/res/android"
13          android:layout_width="fill_parent"
14          android:layout_height="wrap_content"
15      >                                                <!--添加一个线性布局 -->
16          <Button
17              android:id="@+id/button1"
18              android:layout_width="wrap_content"
19              android:layout_height="wrap_content"
20              android:text="打开"
21          />                                           <!--添加一个按钮 -->
22          <Button
```

```
23              android:id="@+id/button2"
24              android:layout_width="wrap_content"
25              android:layout_height="wrap_content"
26              android:text="关闭"
27          />                                      <!--添加一个按钮 -->
28      </LinearLayout>
29  </LinearLayout>
```

- 第 2~6 行定义一个垂直的线性布局。
- 第 12 行向垂直的线性布局内部添加一个线性布局。
- 第 16~27 行向线性布局中添加两个按钮。

（4）上面介绍了 Sample_2_13，打开 app\src\main\java\wyf\ytl 下的 Sample_2_13.java 文件，改为如下代码。

> 代码位置：见随书源代码第 2 章\Sample_2_13\app\src\main\java\wyf\ytl 目录下的 Sample_2_13.java。

```java
1   package wyf.ytl;
2   import java.io.IOException;                                     //引入相关类
3   import android.app.Activity;                                    //引入相关类
4   import android.hardware.Camera;                                 //引入相关类
5   import android.os.Bundle;                                       //引入相关类
6   import android.view.SurfaceHolder;                              //引入相关类
7   import android.view.SurfaceView;                                //引入相关类
8   import android.view.View;                                       //引入相关类
9   import android.widget.Button;                                   //引入相关类
10  public class Sample_2_13 extends Activity implements SurfaceHolder.Callback{
11      Camera myCamera;                                            //Camera 的引用
12      SurfaceView mySurfaceView;                                  //SurfaceView 的引用
13      SurfaceHolder mySurfaceHolder;                              //SurfaceHolder 的引用
14      Button button1;                                             //按钮的引用
15      Button button2;
16      boolean isPreview = false;                                  //是否在浏览中
17        public void onCreate(Bundle savedInstanceState){          //重写的 onCreate 方法
18          super.onCreate(savedInstanceState);
19          setContentView(R.layout.main);                          //设置显示的用户界面
20          mySurfaceView = (SurfaceView) findViewById(R.id.surfaceView);
21          button1 = (Button) findViewById(R.id.button1);
22          button2 = (Button) findViewById(R.id.button2);          //得到两个按钮的应用
23          mySurfaceHolder = mySurfaceView.getHolder();            //获得 SurfaceHolder
24          mySurfaceHolder.addCallback(this);
25          mySurfaceHolder.setType(SurfaceHolder.SURFACE_TYPE_PUSH_BUFFERS);
26          button1.setOnClickListener(new Button.OnClickListener(){ //打开的按钮监听
27              public void onClick(View arg0){                     //单击事件
28                  initCamera();                                   //调用初始化方法
29              }
30          });
31          button2.setOnClickListener(new Button.OnClickListener(){//关闭的按钮监听
32              public void onClick(View arg0){
33                  if(myCamera != null && isPreview){              //正在显示时
34                      myCamera.stopPreview();
35                      myCamera.release();                         //释放 myCamera
36                      myCamera = null;
37                      isPreview = false;                          //设成 false
38                  }
39              }
40          });
41      }
42      public void initCamera(){                                   //初始化相机资源
43          if(!isPreview){
44              myCamera = Camera.open();                           //打开 Camera
45          }
46          if(myCamera != null && !isPreview){
47              try {
48                  myCamera.setPreviewDisplay(mySurfaceHolder);
49                  myCamera.startPreview();                        //立即运行 Preview
```

```
50                  } catch (IOException e){
51                      e.printStackTrace();                //打印错误信息
52                  }
53                  isPreview = true;                        //将标记位设置成true
54              }
55          }
56          public void surfaceChanged(SurfaceHolder holder,int format,int width,int height){}
57          public void surfaceCreated(SurfaceHolder holder){//实现接口中的方法}
58          public void surfaceDestroyed(SurfaceHolder holder){//实现接口中的方法}
59      }
```

- 第17~41行为重写的onCreate回调方法。
- 第20~22行得到所需要的控件的引用。
- 第23~25行得到SurfaceHolder并对其进行类型设置。
- 第26~41行为按钮添加监听器。
- 第44行打开Camera，所调用的open方法的返回值是一个Camera的对象。
- 第48~49行将Preview画面呈现在SurfaceView里。

（5）运行该项目，在模拟器中得到的效果如图2-21所示。

▲图2-21　图像采集

2.4　本章小结

本章对Android游戏开发的前台渲染技术进行了详细介绍，通过本章的学习，读者应该能够构建出简单的图形界面。读者可以通过调试和编写本章的示例程序，从而加深对前台渲染技术的理解和熟练掌握Android中图形的绘制、剪裁以及声音的播放。

第3章 Android 游戏开发中的交互式通信

应用程序在 Android 平台下，可以方便地调用其他应用程序的功能来实现自己的功能，这是 Android 的特性之一。本章将向读者介绍 Android 程序内部或程序之间进行交互式通信的方式。在介绍这些通信方式之前，读者先了解 Android 应用程序的构成框架、各个组件的特性及使用方式。

3.1 Android 应用程序的基本组件

一个 Android 应用程序可以由几个不同的组件构成，本节就对 Android 应用程序的结构做一个完整的解析。同时，本节还将对体现各个组件之间关系的 AndroidManifest.xml 配置文件进行简单介绍。

Android 应用程序的基本组件包括 Activity、Service、Broadcast Receiver 和 Content Provider 等。不同组件具有不同的特性以及各自的生命周期，下面就对每个组件做一个简单的介绍。

3.1.1 Activity 组件

Activity 是最常见的一种 Android 组件，每个 Activity 都相当于一个屏幕，为用户提供进行交互的可视界面。应用程序可以根据需要包含一个或多个 Activity，这些 Activity 一般都继承自 android.app 包下的 Activity 类，并且这些 Activity 之间的运行是相互独立的。

Activity 的生命周期主要包含以下 3 个阶段。

- 运行态（running state）：此时 Activity 显示在屏幕前台，并且具有焦点，可以和用户的操作动作进行交互，如向用户提供信息、捕获用户单击按钮的事件并作处理。
- 暂停态（paused state）：此时 Activity 失去了焦点，并被其他的运行态的 Activity 取代，在屏幕前台显示。如果掩盖暂停态 Activity 的运行态，Activity 并不能铺满整个屏幕窗口或者具有透明效果，则该暂停态的 Activity 对用户仍然可见，但是不可以与其进行交互。

暂停态的 Activity 仍然保留其状态和成员等其他信息，当系统的内存非常匮乏时，暂停态的 Activity 会被结束掉以获得更多的资源。

- 停止态（stopped state）：停止态的 Activity 不仅没有焦点，而且是完全不可见的。虽然停止态的 Activity 也保留状态和成员等信息，但停止态的 Activity 会在系统需要的时候被结束。

当 Activity 在不同的状态之间切换时，可以通过重写相应的回调方法来编写状态改变时应该执行的动作，这些状态和相应的回调方法如图 3-1 所示。

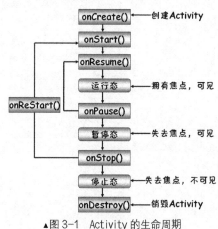

▲图 3-1 Activity 的生命周期

3.1 Android 应用程序的基本组件

Activity 显示的内容可以有两种声明方式，一种是通过 XML 配置文件来声明，另一种则是将屏幕设置为某一个继承自 View 类的对象。下面分别对这两种方式做一个简单介绍。

1. 通过 XML 配置文件声明

Activity 的配置文件位于 res 目录下的 layout 目录中，一个配置文件就相当于一个 View 容器，在其中既可以添加 Android 平台下的一些内置的 View，如 TextView、ImageView 等，也可以添加继承自 View 类的子类对象，还可以继续添加 View 容器。

布局文件还指定了 View 对象在 View 容器中的排布方式，如线性布局（LinearLayout）、表格布局（TableLayout）等。下面给出了一个简单的通过 XML 配置文件实现 Activity 显示的代码。

📝 **代码位置**：见随书源代码\第 3 章\Sample_3_1\app\src\main\java\wyf\wpf 目录下的 Sample_3_1.java。

```
1   package wyf.wpf;                                        //声明包语句
2   import android.app.Activity;                            //引入相关类
3   import android.os.Bundle;                               //引入相关类
4   public class Sample_3_1 extends Activity {
5       @Override
6       public void onCreate(Bundle savedInstanceState) {   //重写 onCreate 方法
7           super.onCreate(savedInstanceState);             //调用父类 onCreate 方法
8           setContentView(R.layout.main);                  //设置所要显示的 XML 配置文件
9       }}
```

第 8 行调用 setContentView 方法将屏幕设定为 R.layout.main，代表位于 res\layout 目录下的 main.xml 文件。由于篇幅有限，该文件代码不予列出，读者可以自行查阅随书的源代码。

2. 通过 View 的子类对象声明

通过 XML 配置文件将不同的 View 整合到一起非常方便，但是留给开发人员的自主性不够，尤其是当进行游戏编程时，往往 Android 系统中已经存在的 View 无法满足要求，这种情况下一般会通过继承和扩展 View 来开发自己想要的用户界面。下面的例子给出了通过 View 的子类对象来决定 Activity 显示内容的示例，首先给出的是本例中 Activity 的代码。

📝 **代码位置**：见随书源代码\第 3 章\Sample_3_2\app\src\main\java\wyf\wpf 目录下的 Sample_3_2.java。

```
1   package wyf.wpf;                                         //声明包语句
2   import android.app.Activity;                             //引入相关类
3   import android.os.Bundle;                                //引入相关类
4   public class Sample_3_2 extends Activity{
5       @Override
6       public void onCreate(Bundle savedInstanceState){
7           super.onCreate(savedInstanceState);              //调用父类 onCreate 方法
8           MyContentView mcv = new MyContentView(this);     //创建 View 对象
9           setContentView(mcv);                             //设置当前屏幕
10      }}
```

上述代码中使用 MyContentView 作为 Activity 的显示内容，其具体代码如下。

📝 **代码位置**：见随书源代码\第 3 章\Sample_3_2\app\src\main\java\wyf\wpf 目录下的 MyContentView.java。

```
1   package wyf.wpf;                                                              //声明包
2   import android.content.Context;import android.graphics.Canvas;                //引入相关类
3   import android.graphics.Color;import android.graphics.Paint;                  //引入相关类
4   import android.view.View;                                                     //引入相关类
5   //继承自 View 的子类
6   public class MyContentView extends View{
7       public MyContentView(Context context){                                    //构造器
8           super(context);
9       }
10      @Override
11      protected void onDraw(Canvas canvas){                                     //重写 View 类绘制时的回调方法
```

```
12        Paint paint = new Paint();                          //创建画笔
13        paint.setTextSize(18);                              //设置字体大小
14        paint.setAntiAlias(true);                           //设置抗锯齿
15        paint.setColor(Color.RED);                          //设置字体颜色
16        canvas.drawText("这是通过继承和扩展 View 类来显示的。",   //绘制字体到屏幕
17                        0, 50, paint);
18    }}
```

尽管一个 Android 应用程序中可以包含多个 Activity，但一般都选择一个作为程序启动后第一个显示在屏幕上的 Activity，其他的 Activity 可以通过当前 Activity 中的 startActivity 方法来启动，这个在之后的小节中将会详细讲解。

3.1.2　Service 组件

与 Activity 不同的是，Service 没有提供与用户进行交互的表示层。Service 是运行在后台的一种 Android 组件，当应用程序需要进行某种不需要前台显示的计算或数据处理时，就可以启动一个 Service 来完成，每个 Service 都继承自 android.app 包下的 Service 类。

Service 一般由 Activity 或其他 Context 对象来启动。当启动 Service 之后，该 Service 将会在后台运行，即使启动这个 Service 的 Activity 或其他组件的生命周期已经结束，Service 仍然会继续运行，直到自己的生命周期结束为止。每个 Service 都应该在 AndroidManifest.xml 中进行声明。Service 的启动方式有两种，对应的生命周期也各不相同。

- 通过 startService 方法启动。当系统调用 startService 方法时，如果该 Service 还未启动，则依次调用其 onCreate 方法和 onStart 方法来启动。当其他 Context 对象调用 stopService 方法、Service 调用自身的 stopSelf 或 stopService 方法时才会停止 Service 的执行。
- 通过 bindService 方法启动。当系统调用 bindService 方法时，如果该 Service 未启动，则会调用其 onCreate 方法完成初始化工作，然后会将该 Service 和 Context 对象（如 Activity）进行绑定。当被绑定的 Context 对象被销毁时，与之绑在一起的 Service 也会停止运行。

通过不同的方式启动 Service，其生命周期也不尽相同，两种启动 Service 的方式以及相应阶段会涉及的回调方法如图 3-2 和图 3-3 所示。

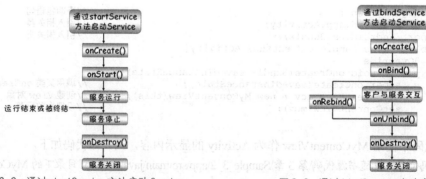

图 3-2　通过 startService 方法启动 Service　　　　▲图 3-3　通过 bindService 方法启动服务

需要注意的是，尽管存在两种方式启动 Service，但是无论 Service 是通过什么方式启动的，都可以将其与 Context 对象进行绑定。在 Android 平台下启动服务需要涉及 Intent 等方面的知识，本书将在后面的小节中做详细的介绍。

3.1.3　Broadcast Receiver 组件

Broadcast Receiver 同 Service 一样，并不提供与用户交互的表示层。它是一种负责接收广播消息并对消息作出反应的组件。在 Android 的系统中就存在许多这样的广播，比如电池电量过低

或信号过弱时，系统就会发出广播进行通知。

如果应用程序需要响应某一个广播消息，则应该注册对应的 BroadcastReceiver 对象。该对象继承自 BroadcastReceiver 类，该类位于 android.content 包下。这样一来，当系统或另外的应用程序发出特定广播时，则该应用程序就可以接收并作出回应，如启动 Activity 等。

1. BroadcastReceiver 发布广播的方式

发布一个广播比较容易，在需要的地方创建一个 Intent 对象，将信息的内容和用于过滤的信息封装起来，通过调用 Context.sendBroadcast 方法、Context.sendOrderedBroadcast 方法或者 Context.sendStickyBroadcast 方法将该 Intent 对象广播出去，3 种发布广播方式的区别如下。

- 通常使用 sendBroadcast 或 sendStickyBroadcast 发送出去的 Intent，所有满足条件的 BroadcastReceiver 都会执行其 onReceive 方法。但若有多个满足条件的 BroadcastReceiver，其执行 onReceive 方法的顺序是没有保证的。而通过 sendOrderedBroadcast 方法发送出去的 Intent，会根据 BroadcastReceiver 注册时 IntentFilter 设置的优先级的顺序来执行 onReceive 方法，相同优先级的 BroadcastReceiver 执行 onReceive 方法的顺序是没有保证的。
- sendStickyBroadcast 主要的不同是，Intent 在发送后会一直存在，并且在以后调用 registerReceiver 注册相匹配的 Receiver 时会把这个 Intent 对象直接返回给新注册的 Receiver。

2. BroadcastReceiver 接收广播的方式

发布广播的实体是 Intent，那么接收广播的时候就需要通过 IntentFilter 对象来进行过滤。Broadcast Receiver 的生命周期比较简单，只有一个回调方法——onReceive。该方法在应用程序接收到发给自己广播的时候调用，所以 Broadcast Receiver 的使用方法也相对简单，只需要对 onReceive 方法进行合理重写，在适当的地方注册该 Broadcast Receiver 即可。

注册 BroadcastReceiver 对象的方式有以下两种。

- 在 AndroidManifest.xml 文件中声明。注册信息包含在<receiver></receiver>标签中，并在<intent-filter>标签内设定过滤规则。
- 在代码中创建并设置 IntentFilter 对象。该 IntentFilter 对象包含了对广播的过滤规则，然后在需要的地方调用 Context.registerReceiver 方法和 Context.unregisterReceiver 方法进行注册和取消注册。如果采用这种方式注册，当 Context 对象被销毁时，该 BroadcastReceiver 也就不复存在了。

> **提示** 发布广播和使用 BroadcastReceiver 对象注册监听广播的内容涉及了后面的 Intent 对象的知识，将在后面的小节中进行详细探讨。

3.1.4 Content Provider 组件

Content Provider 和其他的应用程序组件有很大的不同，Content Provider 主要用于不同的应用程序之间进行数据共享。在 Android 平台下，每个应用程序都有独立的内存空间，如果某一个应用程序需要使用其他应用程序的数据，就必须采用 ContentProvider 对象。

每个 ContentProvider 都继承自 android.content 包下的 ContentProvider 类，其功能就是提供自己的数据给外部应用程序使用，提供的数据可以存储为 Android 文件、SQLite 数据库文件（将会在后面的章节中进行介绍）或其他合法的格式。

ContentProvider 提供数据和访问数据的接口，真正访问数据的是 ContentResolver 对象。该对象可以与 ContentProvider 对象进行通信，以达到共享数据的目的。

> **提示** ContentProvider 组件所涉及的知识超过了本章涵盖的范围，将会在后面的章节中进行详细介绍。

3.1.5 AndroidManifest.xml 文件简介

前面的小节介绍了 Android 平台下应用程序的基本组件，这些组件要想被应用程序使用，需要在 AndroidManifest.xml 配置文件中进行声明。但 AndroidManifest.xml 文件的作用远不止这些，每个 Android 应用程序都必须包含一个 AndroidManifest.xml 配置文件，而且文件名称不可改变。

除了 Broadcast Receiver 组件既可以在 AndroidManifest.xml 文件中声明，也可以在代码中直接创建之外，其他的应用程序组件必须在 AndroidManifest.xml 文件中进行声明，否则系统将无法使用该组件。AndroidManifest.xml 文件的主要内容包括以下几点。

- 声明应用程序的 Java 包名。该包名将作为该应用程序的唯一标识符。
- 描述应用程序所包含的组件，如 Activity 等。除了描述实现某种组件的类的名称外，还需要声明该组件对于 Intent 对象的过滤规则，即告知系统在何种状态下该组件可以被启动。
- 指出应用程序组件运行在哪个进程，默认情况下所有的组件都运行在主进程中。如果让其运行在其他的进程中，则需要在 AndroidManifest.xml 中进行设置。
- 声明应用程序必须具有的用来访问受保护的 API 或与其他应用程序交互的权限。
- 声明其他应用程序必须具有的用来访问自己组件的权限。
- 列出该应用程序中的 Instrumentation 对象，Instrumentation 的用途是对应用程序的运行进行监控，其只在应用程序的开发过程中起作用，在程序发布前会被移除。
- 声明应用程序所要求的最低 Android API 版本。
- 声明应用程序需要链接到的默认 Android 类库之外的库。

以下代码给出了一个普通项目的 AndroidManifest.xml 文件的结构。由于本书篇幅有限，故只将 AndroidManifest.xml 文件的代码列出。

> 代码位置：见随书源代码\第 3 章\Sample_3_3\app\src\main 目录下的 AndroidManifest.xml。

```
1   <?xml version="1.0" encoding="utf-8"?>
2   <manifest xmlns:android="http://schemas.android.com/apk/res/android"
3       package="wyf.wpf"
4       android:versionCode="1"
5       android:versionName="1.0">          <!-- 标记,记录应用程序的包及版本等信息 -->
6     <application android:icon="@drawable/icon" android:label="@string/app_name">
7       <activity android:name="wyf.wpf.Sample_3_3" android:theme="@style/AppTheme"
8           android:label="@string/app_name">    <!-- 声明Activity组件 -->
9         <intent-filter>
10          <action android:name="android.intent.action.MAIN" />
11          <category android:name="android.intent.category.LAUNCHER" />
12        </intent-filter>                  <!-- 为Activity设置IntentFilter -->
13      </activity>
14      <service android:name=".MyService"
15          android:process=":remote" >
16      </service>                          <!-- 声明Service组件 -->
17    </application>
18    <uses-sdk android:minSdkVersion="14"   <!-- 指定应用程序运行的最低SDK版本 -->
19        android:targetSdkVersion="17"/><!-- 指定应用程序运行的目标SDK版本 -->
20    <uses-permission android:name="android.permission.INTERNET" />
21                                          <!-- 指定应用程序的权限 -->
22  </manifest>
```

从以上的代码可以看出 AndroidManifest.xml 文件的基本结构，所有的信息写在根标记 `<manifest>` 中，`<manifest>` 标记所包含的属性及其说明如表 3-1 所示。

在根标记`<manifest>`中必须包含`<application>`标记,所有的组件如 Activity 等均在`<application>`标记中声明。除了`<application>`标记外,`<manifest>`标记中还可以包含`<uses-permission>`等标记。`<manifest>`标记中所包含的子标记及其属性和说明如表 3-2 所示。

3.1 Android 应用程序的基本组件

表 3-1 <Manifest>标记的属性及其说明

标记	属性	说明
<manifest>	package	应用程序的全称包名
	versionCode	内部版本号，值越大版本越新
	versionName	提供给用户的版本号
	sharedUserId	与其他应用程序共享的 Linux 用户 ID，默认每个应用程序拥有惟一的 ID，如果两个应用程序的 ID 相同，则其可以相互访问彼此的数据
	sharedUserLabel	sharedUserId 的可读形式，只有在 sharedUserId 被设置的情况下此属性才有效

表 3-2 <manifest>标记所包含的子标记及其属性和说明

标记	属性	说明
<application>	icon	应用程序的图标，其值既必须为 drawable 资源的引用
	label	应用程序的可读名称，其值既可以为 string 资源的引用，也可以为原始字符串
	theme	应用程序内部所有 Activity 组件的主题风格，其值为 style 资源的引用
	persistent	是否应用程序应该一直运行，默认为 false，一般对此不设置。该模式只用来描述系统级应用程序
	process	应用程序中所有组件运行的进程名，每个组件可以设置自己的 process 属性来覆盖此属性。默认情况下，应用程序在运行第一个组件时创建一个进程，之后其他的组件均运行在此进程中 可以设置该属性使两个应用程序的组件运行在同一个进程中，这两个应用程序必须具有相同的用户 ID 和 certificate
	permission	应用程序的调用者与应用程序交互所必须具有的权限
<uses-permission>	name	保证应用程序正常运行所必须授予的权限。该权限在应用程序安装时被授予，并不是运行时
<uses-sdk>	minSdkVersion	应用程序运行的最低 API 版本，默认值为 "1"，即与所有的 API 版本兼容
	targetSdkVersion	指明应用程序的目标版本
	maxSdkVersion	应用程序运行的最高 API 版本，如果系统的版本比该属性值高，应用程序将不会被安装

<application>组件中包含了应用程序包含的各种组件的标记，如<activity>和<service>等，这些组件的标记中很多属性值和<application>标记中的属性名称相同。如果进行了设置，将会覆盖掉<application>中的同名属性值；如果未设置，则取<application>中的同名属性值。<application>标记包含的子标记及其属性说明如表 3-3 所示。

表 3-3 <application>标记所包含的子标记及其属性和说明

标记	属性	说明
<activity>、<service>、<receiver>、<provider>共有的属性	name	实现组件类的子类名称，其值可以为子类的全称类名，也可以"."开头省略掉应用程序的包名，后面直接加上子类的类名
<activity>、<service>、<receiver>、<provider>共有的属性	process	组件应该运行在哪个进程中，一般情况下不设置时，所有的组件均运行在同一个进程中。如果该值以 ":" 开头，则会为该组件创建一个私有的新进程；如果以小写字母开头，则是一个全局的新进程
	permission	启动组件所必须具有的权限，如果该属性未设置，则以<application>标记中的 permission 属性为组件的权限
<activity>	screenOrientation	屏幕方向，其取值为 unspecified、landscape、portrait、user、behind、sensor 和 nosensor

续表

标记	属性	说明
<provider>	readPermission	应用程序的调用者查询 content provider 中数据所必须具有的权限
	writePermission	应用程序的调用者修改 content provider 中数据所必须具有的权限
<uses-library>	name	指明应用程序会链接到的除默认 Android 类库之外的库

在<activity>、<service>和<receiver>等标记中，还可以包含<intent-filter>标记。该标记指明了组件的 intent 过滤规则，<intent-filter>标记的属性及其说明如表 3-4 所示。

表 3-4　　　　　　　　　　　<intent-filter>标记的属性及说明

标记	属性	说明
<intent-filter>	icon	代表父组件的图标，必须为 drawable 资源的引用
	label	代表父组件的可读名称，可以为 string 资源的引用，也可以是原始字符串
	priority	在处理 Intent 时具有的优先级，对 Activity 和 broadcast receiver 有效。该属性值越高，优先级越高
		当一个 Intent 可以被多个优先级不同的 Activity 响应时，Android 只会将优先级最高的那些 activity 列入考虑范围。也就是若优先级最高的有多个，则列出来让用户选择，而优先级低的不会列出
		当一个 Intent 可以被多个 broadcast receiver 响应时，将会按照优先级从高到低的顺序执行 onReceive 方法，而相同优先级的 broadcast receiver 执行 onReceive 方法的顺序则没有保证

<intent-filter>标记中的子标记有<action>、<category>和<data>，其中<action>标记是必须包含的，并且可以为多个。这些子标记的属性值如表 3-5 所示。

表 3-5　　　　　　　　　<intent-filter>标记所包含的子标记及其属性和说明

标记	属性	说明
<action>	name	为 intent filter 添加一个 action，其值可以为 Intent 类的系统常量。如果为自定义的 action，则应该在 action 前加上包名作为前缀
<category>	name	为 intent filter 添加一个 category，其值可以为 Intent 类的系统常量。如果为自定义的 category，则应该在 category 前加上包名作为前缀
<data>	scheme	URI 中的 scheme 部分，必须至少设置一个 scheme 属性，否则其他的 URI 属性将会无效
	host	URI 中的 host 部分，必须为小写字母，该属性需要设置 scheme 属性才有效
	port	URI 中的 port 部分，该属性需要设置 scheme 和 host 属性才有效

以上为 AndroidManifest.xml 配置文件中常见的一些标记及其属性和说明，其中<intent-filter>标记中涉及的一些知识将会在随后的小节详细介绍。

3.2 应用程序的内部通信

在 Android 应用程序中，内部通信简单来讲是指主线程和自己开发的子线程之间的通信。在前面的小节中已经提到，在 Android 应用程序运行时，默认情况下会为第一个启动的组件创建一个进程，之后启动的组件都运行在这个进程中。

当为应用程序创建了一个进程后，一个主线程将会被创建。这个主线程主要负责维护组件对象和应用程序创建的所有窗口，如果应用程序中创建了自己的线程，这些线程将无法对主线程控制的内容进行修改，此时就需要使用 Handler 来同主线程进行交互，本节就来简单介绍 Handler 类及其基本的用法。

3.2.1 消息的处理者——Handler 类简介

Handler 类主要用于应用程序的主线程同用户自己创建的线程进行通信，应用程序在主线程中维护一个消息队列。Handler 机制使得线程间的通信通过 Message 和 Runnable 对象来传递和处理。

每个 Handler 对象都与一个线程及其消息队列相关联。当创建一个 Handler 对象时，即便它与创建这个 Handler 对象的线程的消息队列绑定之后，Handler 对象将会向消息队列传递 message 或 runnable 并处理执行队列中的元素。

Handler 最主要的用法就是安排 Message 和 Runnable 对象使其在未来的某个时刻被处理或运行。

1. 传递消息对象

使用 Handler 传递消息时，将消息内容封装到一个 Message 对象中，Message 类中包含了消息的描述和任何形式都可以被 Handler 发送的数据对象。一个 Message 对象中主要的字段及其说明如表 3-6 所示。

表 3-6　　　　　　　　　　Message 对象中的主要字段及其说明

字段	说明
arg1	int 类型，当传递的消息只包含整数时，可以填充该字段以降低成本。该字段可以通过成员方法
arg2	setData 和 getData 方法访问或修改
obj	Object 类型，可以为任意类型
what	int 类型，由用户定义的消息类型码，接收方可以根据该字段值来确定收到的消息是关于什么的

> **提示**　　getData 和 setData 返回和接收的都是 Bundle 对象。该对象是以 String 为键、以任意可封装的类型为值的 map。

Handler 发出消息时，既可以指定消息到达后立即被处理，也可以指定其经过特定的时间间隔后被处理，还可以指定一个绝对时间让消息在那之前被处理。不同的发送消息的方法如表 3-7 所示。

表 3-7　　　　　　　　　　不同的发送消息的方法及说明

方法名	说明
sendEmptyMessage(int what)	发送一个空的消息，只指定 Message 的 what 字段
sendMessage(Message message)	发送一个消息对象
sendMessageAtTime(Message message,long time)	在指定时间之前发送一个消息
sendMessageDelayed(Message message,long time)	在指定时间间隔之后发送一个消息

无论消息以何种方式发出，接受并处理消息的方法都是 handleMessage 方法。该方法接受的参数为一个 Message 对象，在其中可以根据程序需要对不同的消息进行不同的处理。

> **提示**　　虽然 Message 类提供了公有的构造方法，但最好是获得一个 Message 对象的途径，可调用 Message 类的静态方法 obtain 或者是 Handler 类的一系列方法，如 obtainMessage，这样创建的 Message 对象是可复用的。

2. 传递 Runnable 对象

传递 Runnable 对象与传递 Message 对象类似，Runnable 对象为实现了 Runnable 接口的对象，Handler 在传递 Runnable 对象时，也可以设置其经过指定的时间间隔或在指定的绝对时间之前被处理。由于篇幅有限，本书在此不再赘述，有兴趣的读者可以自行查阅相关书籍。

3.2.2　使用 Handler 进行内部通信

本小节就来举一个简单的例子说明 Handler 的具体用法。在本例中，用户通过单击屏幕上的按钮，启动一个线程与主线程通过 Handler 进行通信以更新显示数据。运行效果如图 3-4 所示。

本应用程序中只包含 Activity 一个组件，接收用户单击按钮事件和发送 Handler 等功能都在 Activity 中实现。整个程序分为如下 3 个步骤来完成。

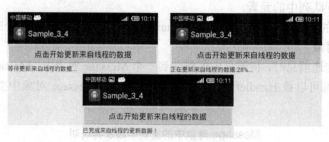

▲图 3-4　Sample_3_4 运行效果

（1）Activity 的主要代码。程序运行后的屏幕中包含一个 Button 和一个 TextView 对象，单击按钮后会在新启动的线程中向主线程发 Handler 消息，主线程收到消息后会根据消息的内容修改 TextView 的显示内容。Activity 的主要代码如下。

  代码位置：见随书源代码\第 3 章\Sample_3_4\app\src\main\java\wyf\wpf 目录下的 Sample_3_4.java。

```
1    package wyf.wpf;                                         //声明包语句
2    import android.app.Activity;                             //引入相关类
3    import android.os.Bundle;                                //引入相关类
4    import android.os.Handler;                               //引入相关类
5    import android.os.Message;                               //引入相关类
6    import android.view.View;                                //引入相关类
7    import android.widget.Button;                            //引入相关类
8    import android.widget.TextView;                          //引入相关类
9    //继承自 Activity 的子类
10   public class Sample_3_4 extends Activity {
11     public static final int UPDATE_DATA = 0;               //常量，代表更新数据
12     public static final int UPDATE_COMPLETED = 1;          //常量，代表更新数据
13     TextView tv;                                           //TextView 对象的引用
14     Button btnStart;                                       //Button 对象的引用
15       ……//此处省略创建 Handler 对象的相关代码，将在后面的步骤中补全
16     @Override
17     public void onCreate(Bundle savedInstanceState) {
18       super.onCreate(savedInstanceState);
19       setContentView(R.layout.main);                       //设置当前屏幕为 R.layout.main 布局文件
20       tv = (TextView)findViewById(R.id.tv);                //获得屏幕中 TextView 对象引用
21       btnStart = (Button)findViewById(                     //获得屏幕中 Button 对象引用
22             R.id.btnStart);
23       ……//此处省略为按钮添加单击事件监听器的相关代码，将在后面的步骤中补全
24   }}
```

- 第 11～12 行定义了用来表示消息类别的静态常量，这样代码的可读性和可维护性都好，建议读者在开发的过程中，也采用这种写法。
- 第 17～24 行为重写 Activity 的 onCreate 方法。该方法在创建 Activity 组件时被调用。
- 第 20～21 行通过调用 findViewById 方法获取布局文件中 Button 和 TextView 对象的引用，以便在后续的代码中修改其属性值。

（2）采用匿名内部类的方式声明并创建一个继承自 Handler 类的子类对象，并在该内部类中重写 handleMessage 方法，下述创建 Handler 对象的代码来自于步骤（1）代码中的第 15 行省略的部分。

代码位置：见随书源代码\第 3 章\Sample_3_4\app\src\main\java\wyf\wpf 目录下的 Sample_3_4.java。

```
1    Handler myHandler = new Handler(){
2      @Override
3      public void handleMessage(Message msg){            //重写处理消息方法
4        switch(msg.what){                                //判断消息类别
5        case UPDATE_DATA:                                //消息为更新的数据
6            tv.setText("正在更新来自线程的数据："         //更新 TextView 显示的内容
7                    +msg.arg1+"%...");
8            break;
9        case UPDATE_COMPLETED:                           //消息为更新完毕
10           tv.setText("已完成来自线程的更新数据！");     //改变 TextView 显示的内容
11           break;
12     }}};
```

> **说明** 上述代码创建了一个与主线程绑定的 Handler 对象，其中重写了 handleMessage (Message msg)方法用来接收和处理消息，主要是采用判断 Message 对象的 what 字段来确定消息类别。

（3）为按钮 btnStart 添加单击事件监听器。在步骤（1）中代码的第 23 行省略的部分添加如下代码，为按钮添加单击事件监听器。

代码位置：见随书源代码\第 3 章\Sample_3_4\app\src\main\java\wyf\wpf 目录下的 Sample_3_4.java。

```
1    btnStart.setOnClickListener(new View.OnClickListener(){//添加单击事件监听器
2      @Override
3      public void onClick(View v){
4        new Thread(){                                    //启动一个新线程
5          public void run(){
6            for(int i=0;i<100;i++){
7              try{                                       //睡眠一段时间
8                Thread.sleep(150);
9              }
10             catch(Exception e){
11               e.printStackTrace();
12             }
13             Message m = myHandler.obtainMessage();     //创建 Message 对象
14             m.what = UPDATE_DATA;                      //为 what 字段赋值
15             m.arg1=i+1;                                //为 arg1 字段赋值
16             myHandler.sendMessage(m);                  //发出 Message 对象
17           }
18           myHandler.sendEmptyMessage(UPDATE_COMPLETED);//发更新完毕消息
19         }
20       }.start();
21     }
22   });
```

● 第 3~21 行重写了 onClick(View view)方法。该方法主要的工作是在单击事件发生后，启动一个线程。该线程的主要工作是每隔一段时间向主线程发送 Handler 消息，主线程收到消息后，会根据其内容修改 TextView 的值。

● 第 16 行和第 18 行都是发送 Handler 消息的方法。当所发送的消息内容只需要 what 属性就可以时，就可采用 sendEmptyMessage 方法。

3.3 应用程序组件之间的通信

3.1 节介绍了 Android 应用程序的基本组件，这些基本组件除了 Content Provider 之外，几乎全部都是依靠 Intent 对象来激活和通信的。本节就来介绍 Intent 类的相关知识，并通过示例来说明 Intent 的一般用法。

3.3.1 Intent 类简介

Intent 类的对象是组件间通信的载体，组件之间进行通信就是一个个 Intent 对象在不断地传递。Intent 对象主要作用于运行在相同或不同应用程序的 Activity、Service 和 Broadcast Receiver 组件之间。对于这 3 种组件，其作用机制也不相同。

- 对于 Activity 组件，Intent 主要通过调用 Context.startActivity、Context.startActivityForResult 等方法实现传递，其结果是启动一个新的 Activity 或者使当前的 Activity 开始新的任务。
- 对于 Service 组件，Intent 主要通过调用 Context.startService 和 Context.bindService 方法实现传递，其作用结果是初始化并启动一个服务或者绑定服务到 Context 对象。
- 对于 Broadcast Receiver 组件，Intent 主要通过 sendBroadcast 等一系列发送广播的方法实现传递，其作用结果是将 Intent 组件以广播的形式发出，以便合适的组件接收。

一个 Intent 对象就是一组信息，其包含接收 Intent 组件所关心的信息（如 Action 和 Data）和 Android 系统关心的信息（如 Category 等），一般来讲，一个 Intent 对象包含如下内容。

1．Component Name 部分

组件名称指明了未来要处理 Intent 的组件，组件名称封装在一个 ComponentName 对象中，该对象用于惟一标识一个应用程序组件，如 Activity、Service 和 Content Provider 等。ComponentName 类包含两个 String 成员，分别代表组件的全称类名和包名，包名必须和 AndroidManifest.xml 中 <application> 标记中的对应信息一致。

对于 Intent 对象来说，组件名称不是必须的，如果添加了组件名称则该 Intent 为"显式 Intent"。这样 Intent 在传递的时候，会直接根据 ComponentName 对象的信息去寻找目标组件。如果不设置组件名称，则为"隐式 Intent"。Android 会根据 Intent 中的其他信息，来确定响应该 Intent 的组件是哪个。

2．Action 部分

Action 为一个字符串对象，其描述了该 Intent 会触发的动作。Android 系统中已经预先定义好了一些表征 Action 的常量，如 ACTION_CALL、ACTION_MAIN 等，同时，开发人员也可以自己定义 Intent 的动作描述，一般来讲，自己定义的 Action 字符串应以应用程序的包名为前缀，如可以定义一个 Action 为 "wyf.wpf.StartService"。

因为 Action 很大程度上决定了一个 Intent 的内容（主要是 Data 和 Extras 部分），所以定义自己的 Action 时应该做到见名知义。同时，如果应用程序比较复杂，则应该为其定义一个整体的 Action 协议，使所有的 Action 集中管理。

3．Data 部分

Data 描述 Intent 的动作所操作到的数据的 URI 及其类型，不同的 Action 对应不同的操作数据，比如 Action 为 ACTION_VIEW 的 Intent 的 Data 应该是"http:"格式的 URI。当为组件进行 Intent 的匹配检查时，正确设置 Data 的 URI 资源和数据类型很重要。

4．Category 部分

Category 为字符串对象，其包含可以处理 Intent 的组件的类别信息，Intent 中可以包含任意个 Category。同 Action 一样，Android 系统预先定义了一些 Category 常量，但是不可以自行定义 Category。

调用方法 addCategory 用来为 Intent 添加一个 Category，removeCategory 方法用来移除一个 Category，getCategories 方法返回已定义的 Category。

5．Extras 部分

Extras 是一组键值对，其包含需要传递给目标组件并由其处理的一些额外信息。

6. Flags 部分

一些有关系统如何启动组件的标志位，所有的标志位都已在 Android 系统中预先定义。

3.3.2 应用程序组件——IntentFilter 类简介

当 Intent 在组件之间进行传递时，组件如果需要告知 Android 系统自己能够响应和处理哪些 Intent，就需要使用 IntentFilter 对象。顾名思义，IntentFilter 对象负责过滤掉组件无法响应和处理的 Intent，只将自己关心的 Intent 接收进来进行处理。

IntentFilter 实行"白名单"管理，即只列出组件能接收的 Intent，IntentFilter 只会过滤隐式 Intent，显式的 Intent 会被直接传递到目标组件，一个隐式的 Intent 只有通过了组件的某一个 IntentFilter 的过滤，才可以被组件接收并处理。

诸如 Activity、Service 和 Broadcast Receiver 这些组件，可以有一个或多个 IntentFilter，每个 IntentFilter 相互独立，只需要通过一个即可。每个 IntentFilter 都是 android.content 包下的 IntentFilter 类的对象，除了用于过滤广播的 IntentFilter 可以在代码中动态创建外，其他组件的 IntentFilter 必须在 AndroidManifest.xml 文件中进行声明。

IntentFilter 中具有与 Intent 对应的用于过滤 Action、Data 和 Category 的字段。一个 Intent 对象要想被一个组件处理，必须通过以下这 3 个环节的检查。

1. 检查 Action

尽管一个 Intent 只可以设置一种 Action，但一个 IntentFilter 却可以持有一个或多个 Action 用于过滤，到达的 Intent 对象只需要匹配其中一个 Action 即可。但是 IntentFilter 的 Action 部分不可以为空。如果 Action 部分为空，则会阻塞掉所有的 Intent。相反，如果 Intent 的 Action 字段未设置，其将通过所有的 IntentFilter 的 Action 检查。

2. 检查 Data

同 Action 一样，IntentFilter 中的 Data 部分也是可以为一个或多个，而且可以没有。每个 Data 包含的内容为 URI 和数据类型，进行 Data 检查时，主要也是对这两点进行比较，比较规则如下。

- 如果 Intent 对象没有设置 Data，只有 IntentFilter 也未作设置时，才可通过检查。
- 如果 Intent 对象只设置了 URI，而没有指定数据类型。只有当其匹配 IntentFilter 的 URI，并且 IntentFilter 也没有设置数据类型时，则该 Intent 对象才可以通过检查。
- 如果 Intent 对象只指定了数据类型而没有设置 URI，只有当其匹配 IntentFilter 的数据类型，并且也没有设置 URI 时，则该 Intent 对象才可以通过检查。
- 如果 Intent 对象既包含 URI 又包含数据类型，只有当其数据类型匹配 IntentFilter 中的数据类型，并且通过了 URI 检查时，则该 Intent 对象才可以通过检查。

3. 检查 Category

IntentFilter 中可以设置多个 Category。在检查 Category 时，只有当 Intent 对象中所有的 Category 都匹配 IntentFilter 中的 Category 时该 Intent 对象才可以通过检查，并且 IntentFilter 中的 Category 可以比 Intent 中的 Category 多，但是必须都包含 Intent 对象中所有的 Category。如果一个 Intent 没有设置 Category，则其将通过所有 IntentFilter 的 Category 检查。

IntentFilter 既可以在 AndroidManifest.xml 中声明，也可以在代码中动态创建。如果是在 Android-Manifest.xml 中声明 IntentFilter，则需要使用 <intent-filter> 标记。该标记包含 <action>、<data> 和 <category> 子标记，每个子标记中包含的属性、说明以及对应的方法如表 3-8 所示。

表 3-8　　　　　　　　　<intent-filter>子标记的属性和说明以及对应的方法

子标记	属性	说明	对应方法
<action>	name	字符串，系统预定义或由自己定义	addAction(String)
<category>	name	字符串	addCategory(String)
<data>	mimeType	数据类型，可使用通配符	addDataType(String)
	scheme	这4个部分共同组成了URI，其格式为：scheme: //host:port/path，例如：content://wyf.wpf: 200/files	addDataScheme(String)
	host		addDataAuthority(String)
	port		addDataPath(String)
	path		

如果一个到来的 Intent 对象通过了不止一个组件（如 Activity、Service 等）的 IntentFilter 的检查，那么系统将会弹出提示，让用户选择激活哪个组件。

3.3.3　示例1：与 Android 系统组件通信

本小节将通过一个小例子来说明其用法，本例使用 Intent 和 IntentFilter 与 Android 系统预定义组件拨号程序进行通信。首先，通过 Intent 调用系统的拨号程序，程序的主要代码如下。

📄 代码位置：见随书源代码\第 3 章\Sample_3_5\app\src\main\java\wyf\wpf 目录下的 Sample_3_5.java。

```
1   package wyf.wpf;                                               //声明包
2   import android.app.Activity;                                   //引入相关类
3   import android.content.Intent;                                 //引入相关类
4   import android.os.Bundle;                                      //引入相关类
5   import android.view.View;                                      //引入相关类
6   import android.widget.Button;                                  //引入相关类
7   //继承自 Activity 的子类
8   public class Sample_3_5 extends Activity{
9     Button btnDial;
10      @Override
11      public void onCreate(Bundle savedInstanceState){            //重写 onCreate 方法
12        super.onCreate(savedInstanceState);
13        setContentView(R.layout.main);                            //设置屏幕显示内容
14        btnDial = (Button)this.findViewById(R.id.btDial);         //获得屏幕上按钮对象引用
15        btnDial.setOnClickListener(                               //为按钮添加单击事件的监听器
16          new  Button.OnClickListener(){
17            @Override
18            public void onClick(View v){                          //重写 onClick 方法
19              Intent myIntent = new Intent(                       //创建 Intent 对象
20                Intent.ACTION_DIAL);
21              //启动 Android 内置的拨号程序
22              Sample_3_5.this.startActivity(myIntent);
23      }});}}
```

- 第 14 行获取屏幕上按钮对象的引用。
- 第 15~23 行为按钮添加单击事件的监听器。
- 第 18~23 行为重写的 onClick 方法。在其中创建了一个 Intent 并设定其 Action 为 Android 的拨号程序。

以上代码运行后，单击按钮前后的屏幕如图 3-5 和图 3-6 所示。

下面继续完善这个程序，在 AndroidManifest.xml 中的<activity>标记中添加如下代码。

📄 代码位置：见随书源代码\第 3 章\Sample_3_5\app\src\main 目录下的 AndroidManifest.xml。

```
1   <activity android:name="wyf.wpf.Sample_3_5" android:label="@string/app_name">
2       ......<!--   省略不必要的代码，读者可以自行查阅随书源程序   -->
3       <intent-filter>                                             <!-- 声明一个 IntentFilter -->
4         <action android:name="android.intent.action.CALL_BUTTON" />
```

```
5                                                              <!-- 设定 Action -->
6          <category android:name="android.intent.category.DEFAULT" />
7                                                              <!-- 设定 Category -->
8      </intent-filter>
9  </activity>
```

> **说明** 上述代码的作用是为 Activity 添加一个 IntentFilter，即 Activity 将会对系统按下拨号键进行响应。

▲图 3-5　程序运行效果　　　　　　▲图 3-6　单击按钮后调用系统拨号程序

3.3.4　示例 2：应用程序组件间通信示例 Activity 部分的开发

前面的例子主要的功能是通过 Intent 来启动系统的拨号程序，以及在 AndroidManifest.xml 中设置应用程序的 IntentFilter 来使应用程序，可以响应手机拨号键按下的行为。下面是一个应用程序内部组件之间通过 Intent 和 Broadcast Receiver 组件通信的例子。

本例在 Activity 组件中，通过单击按钮启动一个 Service，Service 将会启动一个线程。该线程的工作是定时产生一个随机数，并将其封装到 Intent 对象中传递给 Activity，Activity 接收到 Intent 后提取其中的信息后，将其显示到 TextView 控件中。在服务运行的时候，可以单击 Activity 上的停止按钮来停止服务。

首先来开发应用程序的 Activity 部分。Activity 的开发是通过以下 3 个步骤来完成的。

（1）开发 Activity 的主要代码。在 Activity 中定义引用指向屏幕上的 Button 等控件，并为 Button 添加单击事件的监听器，Activity 的主要代码如下。

📝 代码位置：见随书源代码第 3 章\Sample_3_6\app\src\main\java\wyf\wpf 目录下的 Sample_3_6.java。

```
1   package wyf.wpf;                                         //声明包语句
2   import android.app.Activity;                             //引入相关类
3   import android.content.BroadcastReceiver;                //引入相关类
4   import android.content.Context;                          //引入相关类
5   import android.content.Intent;                           //引入相关类
6   import android.content.IntentFilter;                     //引入相关类
7   import android.os.Bundle;                                //引入相关类
8   import android.view.View;                                //引入相关类
9   import android.view.View.OnClickListener;                //引入相关类
10  import android.widget.Button;                            //引入相关类
11  import android.widget.TextView;                          //引入相关类
12  //继承自 Activity 的子类
13  public class Sample_3_6 extends Activity{
14      public static final int CMD_STOP_SERVICE = 0;
15      Button btnStart;                                     //开始服务 Button 对象应用
```

```
16      Button btnStop;                                     //停止服务 Button 对象应用
17      TextView tv;                                        //TextView 对象应用
18      DataReceiver dataReceiver;                          //BroadcastReceiver 对象
19      @Override
20       public void onCreate(Bundle savedInstanceState) {  //重写 onCreate 方法
21          super.onCreate(savedInstanceState);
22          setContentView(R.layout.main);                  //设置显示的屏幕
23          btnStart = (Button)findViewById(R.id.btnStart);
24          btnStop = (Button)findViewById(R.id.btnStop);
25          tv = (TextView)findViewById(R.id.tv);
26           btnStart.setOnClickListener(new OnClickListener(){//为按钮添加单击事件监听
27           @Override
28            public void onClick(View v) {                 //重写 onClick 方法
29                Intent myIntent = new Intent(Sample_3_6.this, wyf.wpf.MyService.class);
30                Sample_3_6.this.startService(myIntent);//发送 Intent 启动 Service
31            }
32          });
33          btnStop.setOnClickListener(new OnClickListener(){ //为按钮添加单击事件监听
34           @Override
35            public void onClick(View v){                  //重写 onClick 方法
36                Intent myIntent = new Intent();           //创建 Intent 对象
37                myIntent.setAction("wyf.wpf.MyService");
38                myIntent.putExtra("cmd", CMD_STOP_SERVICE);
39                sendBroadcast(myIntent);                  //发送广播
40            }
41          });
42      }
43      ……//此处省略重写的 Activity 的 onStart 和 onStop 方法,将在后面的步骤中补全
44      ……//此处省略声明 BroadcastReceiver 子类的代码,将在后面的步骤中补全
45  }
```

- 上述代码声明了 Activity 中按钮等控件的引用,同时重写了 onCreate 方法为控件对象的引用赋值并为按钮的单击事件添加监听器。
- 第 29 行和第 36~38 行分别创建了用于启动和停止 Service 的 Intent 对象,并通过 startService 方法和 sendBroadcast 方法发出去。

(2)服务启动后,也会向 Activity 发到 Intent,所以 Activity 也必须注册一个 Broadcast Receiver 组件用于接收 Intent,注册之前需要编写实现了 BroadcastReceiver 的子类。下面的代码即是来自于步骤(1)中第 44 行代码省略的部分。

📝 代码位置:见随书源代码\第 3 章\Sample_3_6\app\src\main\java\wyf\wpf 目录下的 Sample_3_6.java。

```
1   private class DataReceiver extends BroadcastReceiver{//继承 BroadcastReceiver 的子类
2       @Override
3        public void onReceive(Context context, Intent intent){ //重写 onReceive 方法
4            double data = intent.getDoubleExtra("data", 0);
5            tv.setText("Service 的数据为:"+data);             //将收到的数据显示在屏幕上
6   }}
```

> 💡 **说明** 实现 Broadcast 组件最重要的是重写 onReceive 方法,上述代码的第 4~5 行从接收到的 Intent 对象中提取出 Extra 部分的信息并将其作为 TextView 的显示内容。

(3)编写好 Broadcast Receiver 组件类的代码后,就应该在合适的地方对其进行注册和取消注册了。注册和取消 Broadcast Receiver 组件的代码写在 Activity 的 onStart 和 onStop 方法中。下面的代码即是步骤(1)中第 43 行代码省略的部分。

📝 代码位置:见随书源代码\第 3 章\Sample_3_6\app\src\main\java\wyf\wpf 目录下的 Sample_3_6.java。

```
1   @Override
2   protected void onStart(){                                //重写 onStart 方法
```

3.3 应用程序组件之间的通信

```
3         dataReceiver = new DataReceiver();
4         IntentFilter filter = new IntentFilter();      //创建 IntentFilter 对象
5         filter.addAction("wyf.wpf.Sample_3_6");
6         registerReceiver(dataReceiver, filter);        //注册 Broadcast Receiver
7         super.onStart();
8     }
9     @Override
10    protected void onStop(){                           //重写 onStop 方法
11        unregisterReceiver(dataReceiver);              //取消注册 Broadcast Receiver
12        super.onStop();
13    }
```

> **说明** 上述第 5 行代码定义了 IntentFilter 的 Action 为自定义的字符串,该字符串必须与发送 Intent 时定义的 Action 字符串一致。

3.3.5 示例 3：应用程序组件间通信示例 Service 部分的开发

到这里 Activity 部分的功能已经开发完毕，下面开发 Service 部分的代码，Service 部分的开发主要分为以下 3 个步骤。

（1）在 Service 的 onCreate 方法中进行一些初始化的工作，在 onStartCommand 和 onDestroy 方法中注册和取消注册 Broadcast Receiver 组件。Service 类中的主要代码如下。

代码位置：见随书源代码\第 3 章\Sample_3_6\app\src\main\java\wyf\wpf 目录下的 MyService.java。

```
1    package wyf.wpf;                                    //声明包语句
2    import android.app.Service;                         //引入相关类
3    import android.content.BroadcastReceiver;           //引入相关类
4    import android.content.Context;                     //引入相关类
5    import android.content.Intent;                      //引入相关类
6    import android.content.IntentFilter;                //引入相关类
7    import android.os.IBinder;                          //引入相关类
8    //继承自 Service 的子类
9    public class MyService extends Service{
10       CommandReceiver cmdReceiver;                    //继承自 BroadcastReceiver 的子类
11       boolean flag;                                   //线程执行的标志位
12       @Override
13       public void onCreate(){                         //重写 onCreate 方法
14           flag = true;                                //线程执行的标志位置为 true
15           cmdReceiver = new CommandReceiver();        //创建 BroadcastReceiver 子类的对象
16           super.onCreate();
17       }
18       @Override
19       public IBinder onBind(Intent intent){           //重写 onBind 方法
20           return null;
21       }
22       @Override
23       public int onStartCommand(Intent intent,        //重写 onStartCommand 方法
24                   int flags, int startId){
25           IntentFilter filter = new IntentFilter();   //创建 IntentFilter 对象
26           filter.addAction("wyf.wpf.MyService");
27           registerReceiver(cmdReceiver, filter);      //注册 Broadcast Receiver
28           doJob();                                    //调用方法启动线程
29           return super.onStartCommand(intent, flags, startId);
30       }
31       @Override
32       public void onDestroy(){                        //重写 onDestroy 方法
33           this.unregisterReceiver(cmdReceiver);       //取消注册 CommandReceiver
34           super.onDestroy();
35       }
36       ……//此处省略定义 doJob 方法的代码，将在后面的步骤中补全
37       ……//此处省略继承自 BroadcastReceiver 类的 CommandReceiver 类的代码，将在后面的步骤中补全
38    }
```

> **说明** 第 26 行代码 IntentFilter 定义的 Action 为自定义的字符串,其必须和 Activity 端发送 Intent 时设定的 Action 字符串一致。

（2）在步骤（1）中的第 28 行调用了 doJob 方法。该方法将启动一个新的线程定时发送 Intent,步骤（1）中的第 36 行省略的 doJob 方法代码如下。

> 代码位置：见随书源代码\第 3 章\Sample_3_6\app\src\main\java\wyf\wpf 目录下的 MyService.java。

```
1    public void doJob(){
2        new Thread(){                                              //新建一个线程
3            public void run(){                                     //重写线程的 run 方法
4                while(flag){
5                    try{                                           //睡眠一段时间
6                        Thread.sleep(1000);
7                    }
8                    catch(Exception e){
9                        e.printStackTrace();                       //捕获并打印异常
10                   }
11                   Intent intent = new Intent();                  //创建 Intent 对象
12                   intent.setAction("wyf.wpf.Sample_3_6");
13                   intent.putExtra(                               //以 data 为键,以随机数为值
14                       "data", Math.random());
15                   sendBroadcast(intent);                         //发送广播
16               }}
17       }.start();
18   }
```

- 在新启动的线程中,每隔 1s 就向 Activity 发一个 Intent,并将其 Action 设置为 wyf.wpf.Sample_3_6,与 Activity 注册的 IntentFilter 中所包含的 Action 字符串对应。
- 第 13 行和第 14 行产生一个随机数,并将其赋值给 Intent 的 Extra 部分。
- 第 15 行为调用 sendBroadcast 方法将广播发出。

（3）为了让 Activity 可以启动和停止 Service,必须为 Service 注册 Broadcast Receiver 组件。需要开发继承自 BroadcastReceiver 的子类,步骤（1）中的第 37 行代码省略的代码如下。

> 代码位置：见随书源代码\第 3 章\Sample_3_6\app\src\main\java\wyf\wpf 目录下的 MyService.java。

```
1    private class CommandReceiver extends                          //继承自 BroadcastReceiver 的子类
2            BroadcastReceiver{
3        @Override
4        public void onReceive(Context context, Intent intent){//重写 onReceive 方法
5            int cmd = intent.getIntExtra("cmd", -1);   //获取 Extra 信息
6            if(cmd == Sample_3_6.CMD_STOP_SERVICE){    //如果发来的消息是停止服务
7                flag = false;                          //停止线程
8                stopSelf();                            //停止服务
9    }}}
```

> **说明** 第 5 行代码从 Intent 对象中的 Extra 部分提取出以 "cmd" 为键的值,并判断是否为停止服务的消息。如果是,则设线程执行标志位为 false,并调用 stopSelf 方法停止服务。

程序运行后未启动服务时程序界面如图 3-7 所示,服务正在运行时的程序界面如图 3-8 所示。

需要注意的是,开发完 Activity 和 Service 部分的代码,还需要在 AndroidManifest.xml 文件中对组件进行声明。对于 Service,如果希望其在 Activity 退出后还能继续运行,则需要在<service>标记中添加如下内容。

> 代码位置：见随书源代码\第 3 章\Sample_3_6\app\src\main 目录下的 AndroidManifest.xml。

```
1    ……//省略掉不必要的代码,读者可以自行查阅随书源程序
2    <service android:name=".MyService"            <!-- 让 Service 运行在远端进程中 -->
3            android:process=":remote" >
4    ……//省略掉不必要的代码,读者可以自行查阅随书源程序
```

3.4 本章小结

▲图 3-7 未启动服务时的程序界面　　　　▲图 3-8 服务运行时的程序界面

这样就可以保证当管理并运行 Activity 等组件的主线程停止后，Service 仍然可以继续在后台运行。

3.4 本章小结

本章主要介绍了 Android 应用程序交互式通信的原理，首先介绍了 Android 应用程序的基本组件及程序中各线程和各组件之间是如何进行通信的，利用这些交互式通信机制，就可以开发出功能各异的 Android 应用程序。

第4章 Android 游戏开发中的数据存储和传感器

本章将向读者介绍 Android 平台下的应用程序如何对数据进行存储和读取,这些知识对于开发一个功能完备的应用程序非常有必要。同时,本章还将简单介绍 Android 平台的一个特色——传感器的相关知识,读者可以使用传感器开发出各种新奇的应用。

4.1 在 Android 平台上实现数据存储

本节将会对 Android 平台上的数据存取方式做简单介绍,主要包括基于文件的流读取、轻量级数据库 SQLite、Content Provider 和 Preference 的应用介绍。

4.1.1 私有文件夹文件的写入与读取

在介绍如何在 Android 平台上进行文件读取之前,有必要了解 Android 平台上的数据存储规则。在其他的操作系统,如 Windows 平台上,应用程序可以自由地或者在特定的访问权限基础上访问或修改其他应用程序名下的文件等资源。而在 Android 平台上,一个应用程序中所有的数据都是私有的,只对自己是可见的。

当应用程序被安装到系统中后,其所在的包会有一个文件夹用于存放自己的数据,仅这个应用程序才具有对这个文件夹的写入权限,这个私有文件夹位于 Android 系统的/data/data/<应用程序包名>目录下,其他的应用程序都无法在这个文件夹中写入数据。除了存放私有数据的文件夹外,应用程序也具有 SD 卡的写入权限。

使用文件 I/O 方法可以直接往手机中储存数据,默认情况下,这些文件不可以被其他的应用程序访问。Android 平台支持 Java 平台下的文件 I/O 操作,主要使用 FileInputStream 和 FileOutputStream 这两个类来实现文件的存储与读取。获取这两个类对象的方式有两种。

- 第一种方式就是像 Java 平台下的实现方式一样,通过构造器直接创建,如果需要向打开的文件末尾写入数据,可以通过使用构造器 FileOutputStream(File file,boolean append)将 append 设置为 true 来实现。需要注意的是,采用这种方式获得 FileOutputStream 对象时,如果文件不存在或不可以写入,则程序会抛出 FileNotFoundException 异常。
- 第二种获取 FileInputStream 和 FileOutputStream 对象的方式是调用 Context.openFileInput 和 Context.openFileOutput 两个方法来创建。除了这两个方法外,还有 Context 对象可提供其他几个用于对文件操作的方法,如表 4-1 所示。

表 4-1　　　　　　　　　Context 对象中文件操作的 API 及说明

方法名	说明
openFileInput(String filename)	打开应用程序私有目录下的指定私有文件以读入数据,返回一个 FileInputStream 对象
openFileOutput(String name,int mode)	打开应用程序私有目录下的指定私有文件以写入数据,返回一个 FileOutputStream 对象,如果文件不存在就创建这个文件

续表

方法名	说明
fileList()	搜索应用程序私有文件夹下的私有文件，返回所有文件名的 String 数组
deleteFile(String fileName)	删除指定文件名的文件，成功返回 true，否则返回 false

在使用 openFileOutput 方法打开文件用于写入数据时，需要指定打开模式。默认为零，即 MODE_PRIVATE。不同的模式对应的含义如表 4-2 所示。

表 4-2   openFileOutput 方法打开文件时的模式

常量	含义
MODE_PRIVATE	默认模式，文件只可以被调用该方法的应用程序访问
MODE_APPEND	如果文件已存在就向该文件的末尾继续写入数据，而不是覆盖原来的数据
MODE_WORLD_READABLE	赋予所有的应用程序对该文件读的权限
MODE_WORLD_WRITEABLE	赋予所有的应用程序对该文件写的权限

下面通过一个例子来说明 Android 平台上的文件 I/O 操作方式。本例主要的功能是在应用程序私有的数据文件夹下创建一个文件，并读取其中的数据显示到屏幕的 TextView 中。本例中应用程序的开发分为以下 4 个步骤。

（1）首先，在应用程序的布局文件 main.xml 中声明屏幕中要显示的 TextView 控件，代码如下。

代码位置：见随书源代码\第 4 章\Sample_4_1\app\src\main\res\layout 目录下的 main.xml。

```
1    <?xml version="1.0" encoding="utf-8"?>
2    <LinearLayout xmlns:android="http://schemas.android.com/apk/res/android"
3        android:orientation="vertical"
4        android:layout_width="fill_parent" android:layout_height="fill_parent"
5        >                    <!-- 声明一个 LinearLayout 线性布局 -->
6    <TextView android:id="@+id/tv"
7        android:layout_width="fill_parent" android:layout_height="wrap_content"
8        />                   <!-- 声明一个 TextView 控件，id 为 tv -->
9    </LinearLayout>
```

说明　　默认情况下，当新建一个工程时，会在 main.xml 中自动声明一个 TextView，不过该 TextView 是没有 ID 的，所以需要添加第 6 行的代码进行 ID 的声明。

（2）Activity 主要代码的开发。在 Activity 中主要进行的工作是，调用自己开发的文件写入和读取方法来获得数据信息，并将其内容显示在 TextView 中。其主要的代码如下。

代码位置：见随书源代码\第 4 章\Sample_4_1\app\src\main\java\wyf\wpf 目录下的 Sample_4_1.java。

```
1    package wyf.wpf;                                      //声明包语句
2    import java.io.FileInputStream;                       //引入相关类
3    import java.io.FileOutputStream;                      //引入相关类
4    import org.apache.http.util.EncodingUtils;            //引入相关类
5    import android.app.Activity;                          //引入相关类
6    import android.os.Bundle;                             //引入相关类
7    import android.widget.TextView;                       //引入相关类
8    //继承自 Activity 的子类
9    public class Sample_4_1 extends Activity {
10       public static final String ENCODING = "UTF-8";    //常量，为编码格式
11       String fileName = "test.txt";                     //文件的名称
12       String message = "你好，这是一个关于文件 I/O 的示例。";  //写入和读出的数据信息
13       TextView tv;                                      //TextView 对象引用
14       @Override
15       public void onCreate(Bundle savedInstanceState) { //重写 onCreate 方法
```

```
16              super.onCreate(savedInstanceState);
17              setContentView(R.layout.main);           //设置当前屏幕
18              writeFileData(fileName, message);        //创建文件并写入数据
19              String result = readFileData(fileName);  //根据id获取TextView对象的引用
20              tv = (TextView)findViewById(R.id.tv);    //设置TextView的内容
21              tv.setText(result);                      //获取从文件读入的数据
22          }
23          ……//此处省略writeFileData方法的代码,将在后面的步骤补全
24          ……//此处省略readFileData方法的代码,将在后面的步骤补全
25      }
```

- 第10行定义了一个常量"ENCODING"。该常量代表编码格式,在随后的读入文件数据并转换成字符串对象时会用到。
- 第11~12行为需要操作的文件名和要写入的数据信息。
- 第18~19行分别调用了writeFileData和readFileData方法用于向文件中写入数据和从文件中读取数据,在下面的步骤中将会编写这两个方法的具体代码。

(3)编写对文件进行写入的方法代码,步骤(1)中代码第23行省略的writeFileData方法的代码如下。

```
1   //方法:向指定文件中写入指定的数据
2   public void writeFileData(String fileName,String message){
3       try{
4           FileOutputStream fout = openFileOutput(fileName, MODE_PRIVATE);
                                                           //获取FileOutputStream
5           byte [] bytes = message.getBytes();            //将要写入的字符串转换为byte数组
6           fout.write(bytes);                             //将byte数组写入文件
7           fout.close();                                  //关闭FileOutputStream对象
8       }
9       catch(Exception e){
10          e.printStackTrace();                           //捕获异常并打印
11      }
12  }
```

> **说明**　writeFileData方法所做的工作比较简单,其接收表示文件名和数据信息的字符串,通过Context.openFileOutput方法打开输出流,将字符串转换成byte数组写入文件。

(4)最后来编写从文件中读取数据的readFileData方法的代码。该方法在Activity的onCreate方法中被调用,下面的代码即是步骤(1)中第24行省略的readFileData方法的代码。

```
1   //方法:打开指定文件,读取其数据,返回字符串对象
2   public String readFileData(String fileName){
3       String result="";
4       try{
5           FileInputStream fin = openFileInput(fileName);
                                                          //获得FileInputStream对象
6           int length = fin.available();                 //获取文件长度
7           byte [] buffer = new byte[length];            //创建byte数组用于读入数据
8           fin.read(buffer);                             //将文件内容读入到byte数组中
9           result = EncodingUtils.getString(buffer, ENCODING);
                                                          //将byte数组转换成指定格式的字符串
10          fin.close();                                  //关闭文件输入流
11      }
12      catch(Exception e){
13          e.printStackTrace();                          //捕获异常并打印
14      }
15      return result;                                    //返回读到的数据字符串
16  }
```

- 第5行调用Context.openFileInput打开指定文件名的文件,获取FileInputStream对象。
- 第6行调用其available方法获取文件的字节数。available方法返回文件输入流中从当前位置算起所剩的字节数。

- 第 7 行根据获取的字节数创建一个与之大小相等的 byte 数组。
- 第 8 行通过调用 FileInputStream 的 read 方法将文件中的数据读入到 byte 数组中。
- 第 9 行调用了 EncodingUtils 类的静态方法 getString，将接收到的 byte 转换成指定编码格式的字符串。EncodingUtils 中封装了用于字符串编码的一些静态方法。

程序运行后界面如图 4-1 所示。本例采用的是调用 Context 的 openFileInput 和 openFileOutput 方法来获取文件的输入/输出流对象，读者也可以采用构造器的方式来获取文件的输入/输出流对象，在此不再赘述。

▲图 4-1　程序运行界面

4.1.2　读取 Resources 和 Assets 中的文件

在 Android 平台上，除了对应用程序的私有文件夹中的文件进行操作之外，还可以从资源文件和 Assets 中获得输入流读取数据，这些文件分别存放在应用程序的 res/raw 目录和 assets 目录下，这些文件将会在编译的时候和其他文件一起被打包。

需要注意的是，来自 Resources 和 Assets 中的文件只可以读取而不能够进行写操作。下面就通过一个例子来说明如何从 Resource 和 Assets 中的文件中读取信息。首先，分别在 res\raw 目录和 assets 目录下新建两个文本文件 "test1.txt" 和 "test2.txt" 用以读取。

为避免字符串转码带来的麻烦，可以将这两个文本文件的编码格式设置为 UTF-8。设置编码格式的方法有多种，比较简单的一种是用 Windows 的记事本打开文本文件，在"另存为"对话框中的编码格式中选择"UTF-8"，如图 4-2 所示。

设置好文件的编码格式后，就可以开发源代码了，本例中的程序只包含一个 Activity，其开发步骤如下。

▲图 4-2　在记事本的"另存为"对话框中选择编码格式

（1）首先，在应用程序的 main.xml 中声明两个 TextView 控件，具体代码如下。

> 代码位置：见随书源代码\第 4 章\Sample_4_2\app\src\main\res\layout 目录下的 main.xml。

```
1   <?xml version="1.0" encoding="utf-8"?>
2   <LinearLayout xmlns:android="http://schemas.android.com/apk/res/android"
3     android:orientation="vertical"
4     android:layout_width="fill_parent" android:layout_height="fill_parent"
5     >                         <!-- 声明一个 LinearLayout 线性布局 -->
6     <TextView android:id="@+id/tv1"
7       android:layout_width="fill_parent" android:layout_height="wrap_content"
8       />                      <!-- 声明一个 TextView 控件，id 为 tv1 -->
9     <TextView android:id="@+id/tv2"
10      android:layout_width="fill_parent" android:layout_height="wrap_content"
11      />                      <!-- 声明一个 TextView 控件，id 为 tv2 -->
12  </LinearLayout>
```

> 说明　上述代码声明了两个 TextView 控件，将来在程序中还会分别显示读取自 res/raw 目录下的和读取自 asserts 目录下的文件数据。

（2）开发 Activity 的主要代码。Activity 的主要功能是调用方法分别读取来自 res/raw 目录下和 assets 目录下的文件的数据。其主要代码如下。

代码位置：见随书源代码\第 4 章\Sample_4_2\app\src\main\java\wyf\wpf 目录下的 Sample_4_2.java。

```
1   package wyf.wpf;                                    //声明包语句
2   import java.io.InputStream;                         //引入相关类
3   import org.apache.http.util.EncodingUtils;          //引入相关类
4   import android.app.Activity;                        //引入相关类
5   import android.os.Bundle;                           //引入相关类
6   import android.widget.TextView;                     //引入相关类
7   //继承自 Activity 的子类
8   public class Sample_4_2 extends Activity {
9     public static final String ENCODING = "UTF-8";   //常量，代表编码格式
10    TextView tv1;                                    //TextView 的引用
11    TextView tv2;                                    //TextView 的引用
12    @Override
13    public void onCreate(Bundle savedInstanceState) {
14      super.onCreate(savedInstanceState);
15      setContentView(R.layout.main);                 //设置显示屏幕
16      tv1 = (TextView)findViewById(R.id.tv1);
17      tv2 = (TextView)findViewById(R.id.tv2);
18      tv1.setText(getFromRaw("test1.txt"));          //将 tv1 的显示内容设置为
                                                       //Resource 中的 raw 文件夹的文件
19      tv2.setText(getFromAsset("test2.txt"));        //将 tv2 的显示内容设置为 Asset
                                                       //中的文件
20    }
21    ……//此处省略 getFromRaw 方法的代码
22    ……//此处省略 getFromAsset 方法的代码
23  }
```

- 代码第 16、17 行为调用 findViewById 方法获得屏幕上两个 TextView 控件的对象引用。
- 代码第 18、19 行为将 Activity 中的两个 TextView 的显示内容设置成两个方法 getFromRaw 和 getFromAsset 的返回值。这两个方法的具体代码将在后面的步骤中会详细介绍。

（3）编写 getFromRaw 方法的代码。getFromRaw 方法的功能是从 res\raw 目录下读取指定文件名的文件，将其信息以字符串的形式返回，其代码为步骤（1）中第 21 行省略掉的部分，代码如下。

```
1   //方法：从 resource 中的 raw 文件夹中获取文件并读取数据
2   public String getFromRaw(String fileName){
3     String result = "";
4     try{
5       InputStream in = getResources().openRawResource(R.raw.test1);
                                                       //从 raw 中的文件获取输入流
6       int length = in.available();                   //获取文件的字节数
7       byte [] buffer = new byte[length];             //创建 byte 数组
8       in.read(buffer);                               //将文件中的数据读取到 byte 数组中
9       result = EncodingUtils.getString(buffer, ENCODING);
                                                       //将 byte 数组转换成指定格式的字符串
10      }
11    catch(Exception e){
12      e.printStackTrace();                           //捕获异常并打印
13    }
14    return result;
15  }
```

- 第 5 行通过调用 Resources 的.openRawResource 方法从 raw 目录下的指定文件获取 InputStream 对象。
- 第 6~9 行与 4.1.1 小节的代码比较类似，都是先获取文件的字节数，然后创建相同长度的 byte 数组，并输入流中的数据读入到 byte 数组中，最后通过指定的编码格式将 byte 数组转换为字符串并将其返回。

（4）编写 getFromAsset 方法的代码。在步骤（1）中第 22 行省略的 getFromAsset 方法的代码与 getFromRaw 方法类似，只是获取输入流对象 InputStream 的方式不同，将步骤（2）中第 5 行改为以下代码就是 getFromAsset 方法的代码了。

```
1    InputStream in = getResources().getAssets().open(fileName);//从Assets中的文件获
                                                                //取输入流
```

程序运行后，会通过这两个方法读取文件中的数据显示到屏幕上，如图 4-3 所示。

4.1.3 轻量级数据库 SQLite 简介

SQLite 是一款开源的嵌入式数据库引擎，其对多数的 SQL92 标准都提供了支持。相比于同样开源的 MySQL 和 PostgreSQL 来说，SQLite 具有以下独特的功能。

▲图 4-3 程序运行后效果图

- 处理速度快。传统的数据库引擎采用的是客户端-服务端的访问方式；SQLite 的数据库引擎嵌入到程序中作为其一部分，所以运行的速度要快很多。
- 占用资源少。SQLite 源代码总共不到 3 万行，运行时所占内存不超过 250KB，而且不需要安装部署，并支持多线程访问。
- SQLite 中所有的数据库信息，如表、索引等全部集中存放在一个文件中。SQLite 支持事务，在开始一个新事务时会将整个数据库文件加锁。
- 支持 Windows、Linux 等主流操作系统，可以采用多种语言进行操作，如 Java、PHP 等。

总之，SQLite 的这些特性都非常适合作为移动设备的数据存储。Android 平台提供了对创建和使用 SQLite 数据库的支持，其装载了 sqlite3 组件；任何一个 SQLite 数据库对于创建该数据库的应用程序来说都是私有的；SQLite 的数据库文件位于\data\data\package-name\databases 目录下。

下面介绍在 Android 平台上如何对 SQLite 数据库进行操作。本书把对数据库的操作分成了 3 个步骤，分别是创建数据库对象、操作数据和检索数据。

1. 创建数据库对象

要想对数据库进行操作，首先要获得 SQLiteDatabase 对象。SQLiteDatabase 类提供了一些静态方法用于创建或打开一个数据库。这些方法及其说明如表 4-3 所示。

表 4-3　　　　　SQLiteDatabase 类提供的创建或打开数据库的方法

方法	说明
openDatabase(String path,SQLiteDatabase.CusorFactory factory,int flags)	以指定的模式打开指定路径名的数据库文件，使用指定的 Cusor 对象用于在查询中返回，如果传入 null，则使用默认
openOrCreateDatabase(File file, SQLiteDatabase.CusorFactory factory)	相当于 openDatabase(file.getPath(),factory, CREATE_IF_NECESSARY)
openOrCreateDatabase(String path, SQLiteDatabase. CusorFactory factory)	相当于 openDatabase(path,factory, CREATE_IF_NECESSARY)

其中，openDatabase 方法中可以通过参数 flags 指定打开的模式，不同的模式及其说明如表 4-4 所示。

表 4-4　　　　　　　openDatabase 可指定的打开模式及其说明

模式名称	说明
OPEN_READONLY	打开数据库的方式为只读
OPEN_READWRITE	打开数据库的方式为可读/可写
CREATE_IF_NECESSARY	如果指定的数据库文件不存在，则创建新的数据库
NO_LOCALIZED_COLLAORS	打开数据库时，不对数据进行基于本地化语言的排序

同在 4.1.1 小节中的文件 I/O 操作类似，Context 对象也提供了用于打开数据库的方法：openOrCreate Database (Sting name,int mode,SQLiteDatabase.CursorFactory factory)。该方法打开/创建指定名称的数据库文件，不过这里传入的 mode 并不是表 4-4 中的几种模式之一，而是 4.1.1 小

节中表 4-2 中的几种模式之一。

除了基于文件系统的数据库外，在 Android 中还可以通过创建内存数据库。调用 SQLiteDatabase 的静态方法 create(SQLiteDatabase.CursorFactory factory)创建内存数据库。如果对数据库的操作速度要求较高，则可以考虑采用内存数据库来实现。

除了上述几种创建或打开数据库的方式外，在实际开发过程中，为方便起见，还可以开发一个数据库辅助类来创建或打开数据库，这个辅助类继承自 SQLiteOpenHelper 类。在该类的构造器中，调用 Context 中的方法创建并打开一个指定名称的数据库对象。继承和扩展 SQLiteOpenHelper 类主要做的工作就是重写以下两个方法。

- onCreate(SQLiteDatabase db)：当数据库被首次创建时执行该方法。一般将创建表等初始化操作放在该方法中执行。
- onUpgrade(SQLiteDatabase dv,int oldVersion,int newVersion)：当打开数据库传入的版本号与当前版本号不同时，会调用该方法。

> **说明** 除了上述两个实现的方法外，还可以选择性地使用 onOpen 方法，该方法也会在每次打开数据库时被调用。

SQLiteOpenHelper 类的基本用法是：当需要创建或打开一个数据库并获得数据库对象时，首先根据指定的文件名创建一个辅助对象，然后再调用该对象的 getWritableDatabase 或 getReadableDatabase 方法获得 SQLiteDatabase 对象。

> **提示** 调用 getReadableDatabase 方法返回的并不总是只读的数据库对象，一般来说，该方法和 getWritableDatabase 方法的返回情况相同，只有在数据库仅开放只读权限或磁盘已满时才会返回一个只读的数据库对象。

2. 操作数据

对数据库的操作一般来讲就是增、删、改和查。SQLiteDatabase 类提供了很多方法用来对数据库进行操作，其中既含有直接接收 SQL 语句作为执行参数的方法，也含有专门用于增、删、改和查的方法。常用的数据库操作方法如表 4-5 所示。

表 4-5 常用的数据库操作方法及其参数说明

方法	方法说明	参数说明
（1）void execSQL(String sql) （2）void execSQL(String sql,Object[] bindArgs)	执行指定的 SQL 语句，不可以为查询语句，不可以传入以 ";" 隔开的多条 SQL 语句	sql：要执行的 SQL 语句 bindArgs：将来替换 SQL 表达式中 "?" 的参数列表，目前只支持 byte 数组、String、long 和 double 类型
（1）long insert (String table,String nullColumnHack, ContentValues values) （2）long insertOrThrow (String table,String nullColumnHack, ContentValues values)	向表中插入一行数据，返回插入行的 id 方法 insertOrThrow 会抛出 SQLException 异常	table：要操作的表名 nullColumnHack：如果传入的 values 参数为 null 或空时，就用参数所指定的列将会被赋值为 NULL 插入到表中 values：要插入的数据以 "列名-列值" 的键值对方式封装到 ContentValues 对象中
int update (String table,ContentValues values, String whereClause,String[] whereArgs)	向表中更新数据，返回更新的行数	table：要操作的表名 values：更新后 "列名-列值" 的键值对 whereClause：指明更新位置的 where 子句，如果为 null，则更新表中所有行 whereArgs：将来用于替换 whereClause 中 "?" 的参数列表

续表

方法	方法说明	参数说明
int delete (String table,String whereClause, String[] whereArgs)	删除表中满足指定条件的行,返回删除的个数	table:要操作的表名 whereClause:指明删除位置的 where 子句,如果传入"1",则会删除表中所有的行 whereArgs:将来用于替换 whereClause 中的"?"的参数列表

3. 检索数据

对数据的检索涉及的内容稍微多一些,所以在此单独介绍。SQLiteDatabase 中提供了直接解析 SQL 语句的查询方法和专门用于查询的方法,这些方法及其说明如表 4-6 所示。

表 4-6 用于查询数据的方法及其说明

方法	方法说明	参数说明
(1) Cursor rawQuery(String sql,String [] args) (2) Cursor rawQueryWithFactory(SQLiteDatabase.CursorFactory factory,String sql,String [] args, String editable)	执行指定的 SQL 查询语句,返回 Cursor 对象作为查询结果	sql:要执行的 SQL 查询语句 args:用于替换 SQL 查询语句中"?"的参数列表 factory:构造 Cursor 对象时所使用的 CursorFactory 对象,为 null 则使用默认 editTable:首个可编辑表的名称
(1) Cursor query(boolean distinct,String table, String[] columns,String selection,String[] selectionArgs, String groupBy,String having, String orderBy,String limit) (2) Cursor query (String table,String[] columns, String selection,String[] selectionArgs,String groupBy,String having,String orderBy) (3) Cursor query(String table,String[] columns, String selection,String[] selectionArgs,String groupBy, String having,String orderBy,String limit) (4) Cursor queryWithFactory(SQLiteDatabase.CursorFactory cursorFactory,boolean distinct, String table,String[] columns,String selection, String[] selectionArgs,String groupBy,String having,String orderBy,String limit)	查询指定的表,返回 Cursor 对象作为查询结果	distinct:是否要求每一行具有惟一性,true 表示要求 table:要操作的表名 columns:指明查询结果中需要返回的列,如果传入 null,则返回所有列 selection:对应 SQL 语句中 where 子句,指明查询结果需要返回的行数,传入 null 会返回所有行 selectionArgs:用于替换 selection 参数中的"?"的参数列表 groupBy:对应 SQL 语句中的 group by 子句,对查询结果分组,传入 null 表示不分类 having:对应 SQL 语句中的 having 子句,需要与 groupBy 参数配合使用,传入 null 表示不对分组结果附加条件 orderBy:对应 SQL 语句中的 order by 语句,传入 null 为默认排序 limit:对应 SQL 语句中的 limit 语句,对查询返回的行数进行限制,传入 null 表示不作限制

> 说明 表 4-6 列出的一系列 query 方法,其实是将 SQL 语句进行分解,让整个 SQL 语句的每个部分和子句都独立出来作为供调用者选择的参数。需要注意的是,如果这些参数对应 SQL 中的某个子句,则在传入参数的时候,就不应该包含这些子句的关键字,如 selection 参数中不应该包含"where"关键字。

4.1.4 SQLite 的使用示例

前面的小节简单介绍了 SQLite 的相关知识。本小节将会举一个简单的例子来说明 SQLite 的用法。本例中使用数据库的辅助类创建和打开数据库,并在 Activity 中调用方法对数据库进行插入、更新和查询等操作,整个程序分以下 4 个步骤来完成。

(1) 首先,在应用程序的 main.xml 中声明 TextView 控件。

> 代码位置:见随书源代码\第 4 章\Sample_4_3\app\src\main\res\layout 目录下的 main.xml。

```xml
1  <?xml version="1.0" encoding="utf-8"?>
2  <LinearLayout xmlns:android="http://schemas.android.com/apk/res/android"
3      android:orientation="vertical"
4      android:layout_width="fill_parent" android:layout_height="fill_parent"
5      >                     <!-- 声明一个 LinearLayout 线性布局 -->
6      <TextView android:id="@+id/tv"
7          android:layout_width="fill_parent" android:layout_height="wrap_content"
8          />                <!-- 声明一个 TextView 控件,id 为 tv -->
9  </LinearLayout>
```

> 说明:第 6~8 行声明的 TextView 控件将会在程序中负责显示从数据库中检索到的信息。

(2) 创建数据库的辅助类。该类继承自 SQLiteOpenHelper 类,并将重写其 onCreate 等方法,代码如下。

> 代码位置:见随书源代码\第 4 章\Sample_4_3\app\src\main\java\wyf\wpf 目录下的 MySQLiteHelper.java。

```java
1  package wyf.wpf;                                            //声明包语句
2  import android.content.Context;                             //引入相关类
3  import android.database.sqlite.SQLiteDatabase;              //引入相关类
4  import android.database.sqlite.SQLiteOpenHelper;            //引入相关类
5  import android.database.sqlite.SQLiteDatabase.CursorFactory;//引入相关类
6  //继承自 SQLiteOpenHelper 的子类
7  public class MySQLiteHelper extends SQLiteOpenHelper{
8      public MySQLiteHelper(Context context, String name, CursorFactory factory,
9              int version) {
10         super(context, name, factory, version);             //调用父类的构造器
11     }
12     @Override
13     public void onCreate(SQLiteDatabase db) {               //重写 onCreate 方法
14         db.execSQL("create table if not exists hero_info("//调用 execSQL 方法创
                                                             //建表
15                 + "id integer primary key,"
16                 + "name varchar,"
17                 + "level integer)");
18     }
19     ……//在此省略重写的 onUpgrade 方法,读者可以自行查阅随书源程序
20  }
```

- 第 10 行为调用了父类的构造器创建或打开数据库文件。
- 第 13~18 行为重写的 onCreate 方法。在该方法中创建了一张名为"hero_info"的表,表中有"id""name"和"level"3 个字段。onCreate 方法在第一次创建数据库文件时被调用。
- 第 14 行调用了 execSQL 方法。需要注意的是,传入的 SQL 语句字符串中不需要加上分号。

(3) 开发 Activity 部分的代码。创建完数据库的辅助对象后,就需要在 Activity 中开发针对数据库具体操作的方法了。Activity 中的主要代码如下。

> 代码位置:见随书源代码\第 4 章\Sample_4_3\app\src\main\java\wyf\wpf 目录下的 Sample_4_3.java。

```java
1  package wyf.wpf;                                 //声明包语句
2  import android.app.Activity;                     //引入相关类
3  import android.content.ContentValues;            //引入相关类
4  import android.database.Cursor;                  //引入相关类
```

```
5       import android.database.sqlite.SQLiteDatabase;      //引入相关类
6       import android.os.Bundle;                            //引入相关类
7       import android.widget.TextView;                      //引入相关类
8       //继承自 Activity 的子类
9       public class Sample_4_3 extends Activity {
10        MySQLiteHelper myHelper;                           //数据库辅助类对象的引用
11        TextView tv;                                       //TextView 对象的引用
12        @Override
13        public void onCreate(Bundle savedInstanceState) {
14             super.onCreate(savedInstanceState);
15             setContentView(R.layout.main);                //设置显示的屏幕
16             tv = (TextView)findViewById(R.id.tv);         //获得 TextView 对象的引用
17             myHelper = new MySQLiteHelper(this, "my.db", null, 1);
                                                             //创建数据库辅助类对象
18             insertAndUpdateData(myHelper);                //向数据库中插入和更新数据
19             String result = queryData(myHelper);          //向数据库中查询数据
20             tv.setText("名字\t等级\n"+result);            //将查询到的数据显示到屏幕上
21         }
22      ……//在此省略 insertAndUpdateData 方法的代码,将在随后补全
23      ……//在此省略 queryData 方法的代码,将在随后补全
24      @Override
25      protected void onDestroy () {
26          SQLiteDatabase db = myHelper.getWritableDatabase();//获取数据库对象
27          db.delete("hero_info", "1", null);               //删除 hero_info 表中的所有数据
28           super. onDestroy ();
29      }
30  }
```

- 第 17 行创建了数据库的辅助对象。其主要的作用是,在随后的代码中通过调用 getWritable Database 或 getReadableDatabase 方法来获得数据库对象。

- 第 25~29 行重写了 onDestroy 方法,即在程序退出时删除 hero_info 表中所有的数据。

(4) 编写 insertAndUpdateData 和 queryData 方法的代码。在步骤(2)中第 18 行和第 19 行分别调用了 insertAndUpdateData 和 queryData 方法。其功能是对数据库进行各种操作,代码如下。

```
1    //方法:向数据库中的表中插入和更新数据
2    public void insertAndUpdateData(MySQLiteHelper myHelper){
3        SQLiteDatabase db = myHelper.getWritableDatabase();    //获取数据库对象
4        //使用 execSQL 方法向表中插入数据
5        db.execSQL("insert into hero_info(name,level) values('Hero1',1)");
6        //使用 insert 方法向表中插入数据
7        ContentValues values = new ContentValues();
                                        //创建 ContentValues 对象存储"列名-列值"映射
8        values.put("name", "hero2");
9        values.put("level", 2);
10       db.insert("hero_info", "id", values);             //调用方法插入数据
11       //使用 update 方法更新表中的数据
12       values.clear();                                   //清空 ContentValues 对象
13       values.put("name", "hero2");
14       values.put("level", 3);
15       db.update("hero_info", values, "level = 2", null);
                                                           //更新表中 level 为 2 的那行数据
16       db.close();                                       //关闭 SQLiteDatabase 对象
17   }
18   //方法:从数据库中查询数据
19   public String queryData(MySQLiteHelper myHelper){
20       String result="";
21       SQLiteDatabase db = myHelper.getReadableDatabase();   //获得数据库对象
22       Cursor cursor = db.query("hero_info", null, null, null, null, null, "id asc");
                                                               //查询表中数据
23       int nameIndex = cursor.getColumnIndex("name");        //获取 name 列的索引
24       int levelIndex = cursor.getColumnIndex("level");      //获取 level 列的索引
25       for(cursor.moveToFirst();!(cursor.isAfterLast());cursor.moveToNext()){
                                                               //遍历结果集,提取数据
26           result = result + cursor.getString(nameIndex)+"    ";
27           result = result + cursor.getInt(levelIndex)+"    \n";
28       }
29       cursor.close();                                      //关闭结果集
```

```
    30          db.close();                                         //关闭数据库对象
    31          return result;
    32      }
```

- 第 5、10 行分别采用不同的方式向表中插入数据。
- 第 15 行通过调用 update 方法将之前插入 level 为 2 的那行数据进行修改。
- 第 22 行调用了 query 方法对表进行查询，由于传入的各项条件（如 where 等子句）都为 null。该方法返回的将是表中的所有行，返回的结果按 id 列的升序排列。
- 第 25 行是对查询返回的 Cursor 对象进行遍历的代码；moveToFirst 方法将 Cursor 移动到数据的第一行；isAfterLast 方法判断 Cursor 是否已经位于最后一行之后；moveToNext 方法将 Cursor 移动到下一行。
- 第 29、30 行分别调用 Cursor 和 SQLiteDatabase 的 close 方法将其关闭。程序运行后如图 4-4 所示。

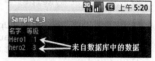

▲图 4-4　程序运行效果

> **提示**　由于本例中只是说明 SQLite 的用法，所以数据库中涉及的表名、列名并没有使用，而是将其定义为常量的做法，建议读者在开发的过程中，将这些信息定义为常量，这样代码的可读性和可维护性都会得到提高。

4.1.5　数据共享者——Content Provider 的使用

Content Provider 属于 Android 应用程序的组件之一，这点在本书的第 3 章已经有所介绍。作为应用程序之间惟一的共享数据的途径，Content Provider 主要的功能就是存储并检索数据以及向其他应用程序提供访问数据的接口。

Android 系统为一些常见的数据类型（如音频、视频、图像和手机通讯录中的联系人信息等）内置了一系列的 Content Provider，这些都位于 android.provider 包下。持有特定的许可，可以在自己开发的应用程序中访问这些 Content Provider。

让自己的数据和其他应用程序共享有两种方式：创建自己的 Content Provider（即继承自 ContentProvider 的子类）或者是将自己的数据添加到已有的 Content Provider 中去，后者需要保证现有的 Content Provider 和自己的数据类型相同，并且具有该 Content Provider 的写入权限。对于 Content Provider，最重要的就是数据模型（data model）和 URI。

1. 数据模型（data model）

Content Provider 将其存储的数据以数据表的形式提供给访问者，在数据表中每一行为一条记录，每一列为具有特定类型和意义的数据。每一条数据记录都包括一个"_ID"数值字段，该字段惟一标识一条数据。

2. URI

每一个 Content Provider 都对外提供一个能够惟一标识自己数据集（data set）的公开 URI。如果一个 Content Provider 管理多个数据集，其将会为每个数据集分配一个独立的 URI。所有的 Content Provider 的 URI 都以"content://"开头,其中,"content:"是用来标识数据是由 Content Provider 管理的 scheme。

在几乎所有的 Content Provider 的操作中都会用到 URI，因此，如果是自己开发 Content Provider，最好将 URI 定义为常量，这样在简化开发的同时也提高了代码的可维护性。

首先来介绍如何访问 Content Provider 中的数据，访问 Content Provider 中的数据主要通过 ContentResolver 对象，ContentResolver 类提供了成员方法可以用来对 Content Provider 中的数据进行查询、插入、修改和删除等操作。以查询为例，查询一个 Content Provider 需要掌握如下的信息。

- 惟一标识 Content Provider 的 URI。
- 需要访问的数据字段名称。
- 该数据字段的数据类型。

> **提示** 如果需要访问特定的某条数据记录，只需该记录的 ID 即可。

查询 Content Provider 的方法有两个：ContentResolver 的 query()和 Activity 对象的 managedQuery()，二者接收的参数相同，返回的都是 Cursor 对象。惟一的不同是，使用 managedQuery 方法可以让 Activity 来管理 Cursor 的生命周期。

被管理的 Cursor 会在 Activity 进入暂停态的时候调用自己的 deactivate 方法自行卸载，而在 Activity 回到运行态时会调用自己的 requery 方法重新查询生成 Cursor 对象。如果一个未被管理的 Cursor 对象想被 Activity 管理，可以调用 Activity 的 startManagingCursor 方法来实现。

下面通过一个例子来说明访问 Content Provider 的方式。本例中通过 ContentResolver 对象访问 Android 中，存储了联系人信息的 Content Provider 并将数据显示到 TextView 上。其开发步骤如下。

（1）首先在手机模拟器上运行"联系人(Contacts)"程序，在其中添加两个联系人"Tom"和"Jerry"，添加成功后如图 4-5 所示。

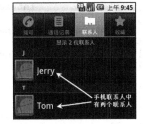

▲图 4-5 联系人（Contacts）程序中存在的联系人信息

（2）在应用程序的 main.xml 文件中声明 TextView 控件，代码如下。

> 代码位置：见随书源代码\第 4 章\Sample_4_4\app\src\main\res\layout 目录下的 main.xml。

```
1  <?xml version="1.0" encoding="utf-8"?>
2  <LinearLayout xmlns:android="http://schemas.android.com/apk/res/android"
3      android:orientation="vertical"
4      android:layout_width="fill_parent" android:layout_height="fill_parent"
5      >                       <!-- 声明一个 LinearLayout 线性布局 -->
6  <TextView android:id="@+id/tv"
7          android:layout_width="fill_parent" android:layout_height="wrap_content"
8      />                      <!-- 声明一个 TextView 控件，id 为 tv -->
9  </LinearLayout>
```

> **说明** 第 6~8 行声明的 TextView 控件将会在程序中负责显示从 Content Provider 中查询到的信息。

（3）开发 Activity 的代码。本程序中 Activity 的主要功能是得到持有联系人信息的 Content Provider 中的数据，代码如下。

> 代码位置：见随书源代码\第 4 章\Sample_4_4\app\src\main\java\wyf\wpf 目录下的 Sample_4_4.java。

```
1   package wyf.wpf;                                        //声明包语句
2   import android.app.Activity;                            //引入相关类
3   import android.content.ContentResolver;                 //引入相关类
4   import android.database.Cursor;                         //引入相关类
5   import android.net.Uri;                                 //引入相关类
6   import android.os.Bundle;                               //引入相关类
7   import android.provider.Contacts.People;                //引入相关类
8   import android.widget.TextView;                         //引入相关类
9   //继承自 Activity 的子类
10    public class Sample_4_4 extends Activity {
11        String [] columns = {                             //查询 Content Provider 时希望返回的列
12            People._ID,
13            People.NAME,
14        };
```

```
15        Uri contactUri = People.CONTENT_URI;          //访问 Content Provider 需要的 Uri
16        TextView tv;                                  //TextView 对象引用
17         @Override
18         public void onCreate(Bundle savedInstanceState) {      //重写 onCreate 方法
19           super.onCreate(savedInstanceState);
20           setContentView(R.layout.main);
21           tv = (TextView)findViewById(R.id.tv);      //获得 TextView 对象引用
22           String result = getQueryData();            //调用方法访问 Content Provider
23           tv.setText("ID\t名字\n"+result);            //将查询到的信息显示到 TextView 中
24         }
25        //方法：获取联系人列表信息，返回 String 对象
26        public String getQueryData(){
27           String result = "";
28           ContentResolver resolver = getContentResolver();
                                                        //获取 ContentResolver 对象
29           Cursor cursor = resolver.query(contactUri, columns, null, null, null);
                                                        //调用方法查询 Content Provider
30             int idIndex = cursor.getColumnIndex(People._ID);
                                                        //获得_ID 字段的列索引
31             int nameIndex = cursor.getColumnIndex(People.NAME);
                                                        //获得 NAME 字段的列索引
32             for(cursor.moveToFirst();(!cursor.isAfterLast());cursor.moveToNext()){
                                                        //遍历 Cursor，提取数据
33                result = result + cursor.getString(idIndex)+ "\t";
34                result = result + cursor.getString(nameIndex)+ "\t\n";
35             }
36             cursor.close();                          //关闭 Cursor 对象
37             return result;
38        }
39     }
```

- 第 11 行定义了一个 String 数组。该数组中包含了查询 Content Provider 时希望返回的列，其将会作为 ContentResolver 的 query 方法的一个参数传入。
- 第 15 行获取了存储联系人信息的 Content Provider 的数据表的 URI。URI 对于 Content Provider 很重要，ContentResolver 中几乎所有方法的第一个参数都是一个 URI 对象，URI 对象告诉了 ContentResolver 应该和哪个 Content Provider 交互、应该与其中的哪个数据表关联。
- 第 22 行调用了 getQueryData 方法。
- 第 25~38 行 6 定义了在 getQueryData 方法中首先获得 ContentResolver 对象，然后调用其 query 方法查询给定 URI 的数据表，最后遍历返回的 Cursor 对象，将内容提取并存储到一个字符串中并返回。

（4）最后还需要在 AndroidManifest.xml 中为应用程序声明访问联系人信息的权限，否则在运行时会抛出异常。声明权限的代码如下。

📄 代码位置：见随书源代码\第 4 章\Sample_4_4\app\src\main 目录下的 AndroidManifest.xml。

```
1     ……        //此处省略不相关代码，读者可以自行查阅随书源程序
2     <uses-permission android:name="android.permission.READ_CONTACTS" />
3     ……        //此处省略不相关代码，读者可以自行查阅随书源程序
```

程序运行后的效果如图 4-6 所示。

由上面的程序不难看出，访问一个 Content Provider 并不复杂，只需要牢牢掌握 3 个要素，即 URI、数据字段和数据类型即可。

▲图 4-6　程序运行后的效果

> 💡 提示　对于向 Content Provider 中添加新的数据记录、修改和删除数据记录，其实现方式同查询类似，只不过需要用到 ContentValues 对象来存放数据表的"列名-列值"的映射，在此不再赘述。

如果需要创建一个 Content Provider，则需要进行的工作主要分为以下 3 个步骤。

（1）建立数据的存储系统。

数据的存储系统可以由开发人员任意决定，一般来讲，大多数的 Content Provider 都通过 Android 的文件存储系统或 SQLite 数据库建立自己的数据存储系统。

（2）扩展 ContentProvider 类。

开发一个继承自 ContentProvider 类的子类代码来扩展 ContentProvider 类，这个步骤主要的工作是将要共享的数据包装并以 ContentResolver 和 Cursor 对象能够访问到的形式对外展示。具体来说需要实现 ContentProvider 类中的 6 个抽象方法。

- Cursor query(Uri uri,String[] projection,String selection,String[] selectionArgs,String sortOrder)：将查询的数据以 Cursor 对象的形式返回。
- Uri insert(Uri uri,ContentValues values)：向 Content Provider 中插入新数据记录，ContentValues 为数据记录的列名和列值的映射。
- int update(Uri uri,ContentValues values,String selection,String[] selectionArgs)：更新 Content Provider 中已存在的数据记录。
- int delete(Uri uri,String selection,String[] selectionArgs)：从 Content Provider 中删除数据记录。
- String getType(Uri uri)：返回 Content Provider 中数据的（MIME）类型。
- boolean onCreate( )：当 Content Provider 启动时被调用。

以上方法将会在 ContentResolver 对象中被调用，所以很好地实现这些抽象方法，会为 ContentResolver 提供一个完善的外部接口。除了实现抽象方法外，还可以做一些提高可用性的工作。

- 定义一个 URI 类型的静态常量，命名为 CONTENT_URI。必须为该常量对象定义一个惟一的 URI 字符串，一般的做法是将 ContentProvider 子类的全程类名作为 URI 字符串，如 "content://wyf.wpf.MyProvider"。
- 定义每个字段的列名，如果采用的数据存储系统为 SQLite 数据库，数据表列名可以采用数据库中表的列名。不管数据表中有没有其他的惟一标识一条记录的字段，都应该定义一个 "_id" 字段来惟一标识一条记录。一般将这些列名字符串定义为静态常量，如 "_id" 字段名定义为一个名为 "_ID" 值为 "_id" 的静态字符串对象。

（3）在应用程序的 AndroidManifest.xml 文件中声明 Content Provider 组件。

创建一个 Content Provider 必须要在应用程序的 AndroidManifest.xml 中进行声明，否则该 Content Provider 对于 Android 系统将是不可见的。声明一个 Content Provider 组件的方法在第 3 章已经有所介绍。如果有一个名为 MyProvider 的类扩展了 ContentProvider 类，则声明该组件的代码如下。

```
1   <provider name="wyf.wpf.MyProvider"
2           authorities="wyf.wpf.myprovider"
3           . . . />           <!-- 为<provider>标记添加 name、authorities 属性  -->
4   </provider>
```

其中，name 属性为 ContentProvider 子类的全称类名，authorities 属性惟一标识了一个 ContentProvider。除了这些，还有设置读写权限等内容，在此将不赘述，读者可以查阅第 3 章的相关知识或其他书籍。

> 提示：创建一个 Content Provider 所要进行的工作比较复杂，涉及的代码量较多，且不属于本书的研究范畴。由于篇幅有限，在此不对 Content Provider 的创建进行举例。

4.1.6 简单的数据存储——Preferences 的使用

Preferences 是一种应用程序内部轻量级的数据存储方案。Preferences 主要用于存储和查询简单数据类型的数据。这些简单数据类型包括 boolean、int、float、long 以及 String 等,存储方式为以键值对的形式存在应用程序的私有文件夹下。

Preferences 一般用来存储应用程序的设置信息,如应用程序的色彩方案和文字字体等。在应用程序中获取 Preferences 的方式有以下两种。

- 调用 Context 对象的 getSharedPreferences 方法获得 SharedPreferences 对象。需要传入 SharedPreferences 的名称和打开模式,名称为 Preferences 文件的名称,如果不存在,则创建一个以传入名称为名的新的 Preferences 文件;打开模式为 PRIVATE、MODE_WORLD_READABLE 和 MODE_WORLD_WRITEABLE 其中之一。
- 调用 Activity 对象的 getPreferences 方法获得 SharedPreferences 对象。需要传入打开模式,打开模式为 PRIVATE、MODE_WORLD_READABLE 和 MODE_WORLD_WRITEABLE 其中之一。

通过两种不同途径获得的 SharedPreferences 对象并不是完全相同的,区别如下。

- 通过 Context 对象的 getSharedPreferences 方法获得的 SharedPreferences 对象,可以被同一应用程序中的其他组件共享。
- 使用 Activity 对象的 getPreferences 方法获得的 SharedPreferences 对象,只能在相应的 Activity 中使用。

SharedPreferences 对象中提供了一系列的 get 方法用于接收键返回对应的值。如果需要对 Preferences 文件中存储的键值对进行修改,则需要调用 SharedPreferences 的 edit 方法获得一个 Editor 对象。该对象可以用来修改 Preferences 文件中存储的内容。下面将通过一个小例子来说明 Preferences 的用法,整个例子的开发分为以下几个步骤。

(1) 本例的 Activity 中有一个 EditText 控件,需要在布局文件 main.xml 中声明它,实现代码如下。

> 代码位置:见随书源代码\第 4 章\Sample_4_5\app\src\main\res\layout 目录下的 main.xml。

```
1   <?xml version="1.0" encoding="utf-8"?>
2   <LinearLayout xmlns:android="http://schemas.android.com/apk/res/android"
3       android:orientation="vertical"
4       android:layout_width="fill_parent" android:layout_height="fill_parent"
5       >                                  <!-- 创建一个线性布局 LinearLayout  -->
6     <EditText android:id="@+id/et"
7       android:layout_width="fill_parent" android:layout_height="wrap_content"
8       />                                 <!-- 创建一个 EditText 控件,id 为 "et"  -->
9   </LinearLayout>
```

> 说明 上述代码在线性布局中声明了一个 EditText 控件,并为 EditText 控件指定 id,以便在 Activity 的代码中可以通过 id 找到该 EditText 控件。

(2) 每次启动 Activity 时,会从应用程序的 Preferences 文件中读取数据并显示出来;每次退出 Activity 时,将 EditText 控件当前的内容存储到 Preferences 文件中。程序的 Activity 代码如下。

> 代码位置:见随书源代码\第 4 章\Sample_4_5\app\src\main\java\wyf\wpf 目录下的 Sample_4_5.java。

```
1   package wyf.wpf;                                      //声明包语句
2   import android.app.Activity;                          //引入相关类
3   import android.content.SharedPreferences;             //引入相关类
4   import android.os.Bundle;                             //引入相关类
5   import android.widget.EditText;                       //引入相关类
6   //继承自 Activity 的子类
7   public class Sample_4_5 extends Activity {
8       EditText etPre;                                   //EditText 对象的引用
9       SharedPreferences sp;                             //SharedPreference 对象的引用
10      public final String EDIT_TEXT_KEY = "EDIT_TEXT"; //定义 Preferences 文件中的键
```

```
11      @Override
12      public void onCreate(Bundle savedInstanceState) {   //重写 onCreate 方法
13          super.onCreate(savedInstanceState);
14          setContentView(R.layout.main);
15          etPre = (EditText)findViewById(R.id.et);       //获得屏幕中 EditText 对象引用
16          sp = getPreferences(MODE_PRIVATE);             //获得 SharedPreferences 对象
17          String result = sp.getString(EDIT_TEXT_KEY, null);
18          if(result != null){                            //判断获取的值是否为空
19              etPre.setText(result);                     //EditText 对象显示的内容设置为读取的数据
20          }
21      }
22      @Override
23      protected void onDestroy() {                       //重写 onDestroy 方法
24          SharedPreferences.Editor editor = sp.edit();
                                                           //获得 SharedPreferences 的 Editor 对象
25          editor.putString(EDIT_TEXT_KEY, String.valueOf(etPre.getText()));
                                                           //修改数据
26          editor.commit();                               //必须调用该方法以提交修改
27          super.onDestroy();
28      }
29  }
```

- 第9行声明了 SharedPreferences 对象的引用。
- 第10行定义了 String 类型的常量，用来表示 Preferences 中的一个键。
- 第16行调用 Activity 的 getPreferences 方法获得 SharedPreferences 对象，这种方式获得的 SharedPreferences 对象只能被 Activity 使用。
- 第17行调用 SharedPreferences 对象的 getString 方法读取以 EDIT_TEXT_KEY 为键的值，第二个参数 null 表示如果该键值对不存在，则返回 null。
- 第23～28行重写了 Activity 的 onDestroy 方法。在该方法中首先获得 Editor 对象，然后使用 Editor 对象修改 Preferences 中的数据。数据修改完毕后一定要调用 Editor 对象的 commit 方法类提交修改。

启动应用程序后，在 EditText 控件中输入一些内容，然后关闭程序，再次启动程序，EditText 控件中显示的内容为上次退出时的内容。两次启动程序时屏幕的显示内容如图 4-7 和图 4-8 所示。

▲图 4-7　第一次启动程序时屏幕的显示

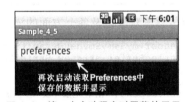

▲图 4-8　第二次启动程序时屏幕的显示

> **说明**　其实对于每个 SharedPreferences 对象，Android 都在应用程序的私有文件夹下建立了一个以 SharedPreferences 对象名称命名的 XML 文件（对于通过 Activity 的 getPreferences 创建的 Preferences 文件，其文件名为 Activity 的名称），键值对都存放在相应的标记中。

4.2　Android 平台下传感器应用的开发

Android 平台之所以吸引人，最重要的原因之一便是传感器的应用能带给人们奇妙的体验。开发者能够利用传感器探测到外界变化的物理量，开发出各种更加人性化的软件。Android 平台支持很多种传感器。本节将分别介绍光传感器、温度传感器、接近传感器、加速度传感器、磁场传感器、姿态传感器和陀螺仪传感器等。

4.2.1 基本开发步骤

虽然 Android 平台下有很多不同类型的传感器，这些传感器在应用程序开发中的使用细节各有不同，但无论哪种传感器，其开发的基本流程都是一致的。因此，在对 Android 平台下各种传感器进行详细介绍之前，首先对传感器的总体开发流程进行一下简单的介绍。其开发的主要步骤如下。

1. 获取 SensorManager 对象

开发传感器的应用第一步是获取 SensorManager 对象，具体代码如下。

```
1   SensorManager mysm = (SensorManager)getSystemService(SENSOR_SERVICE);
```

> 说明　从上述代码可以看出，只要调用 API 中提供的 Context 对象（包括 Activity 对象、Service 对象）下的 getSystemService 方法就可以获取 SensorManager 对象，可见其使用方法很简单。调用时传入的参数 SENSOR_SERVICE 是 Context 类下的常量。

2. 获取 Sensor 对象

获取 SensorManager 对象后就可以通过调用其 getDefaultSensor 方法来获取某种具体类型的传感器对象，调用 getDefaultSensor 方法时需要传入一个描述指定传感器类型的常量。常用的几个常量如表 4-7 所示。

表 4-7　　　　　　　　　　　常用描述传感器类型的常量

常量	传感器类型	常量	传感器类型
Sensor.TYPE_MAGNETIC_FIELD	磁场传感器	Sensor.TYPE_ACCELEROMETER	加速度传感器
Sensor.TYPE_TEMPERATURE	温度传感器	Sensor.TYPE_LIGHT	光传感器
Sensor.TYPE_ORIENTATION	姿态传感器	Sensor.TYPE_PROXIMITY	接近传感器
Sensor.TYPE_GYROSCOPE	陀螺仪传感器		

获取传感器对象以及各个方面的描述信息的基本代码如下。

```
1   Sensor myS=mySm.getDefaultSensor(Sensor.TYPE_LIGHT);
2   StringBuffer str=new StringBuffer();                    //创建 StringBuffer 对象
3   str.append("\n 名称: ");
4   str.append(myS.getName());                              //获取名称
5   str.append("\n 耗电量(mA): ");
6   str.append(myS.getPower());                             //获取耗电量
7   str.append("\n 类型编号: ");
8   str.append(myS.getType());                              //获取编号
9   str.append("\n 版本: ");
10  str.append(myS.getVersion());                           //获取版本
11  str.append("\n 最大测量范围:");
12  str.append(myS.getMaximumRange());                      //获取最大测量范围
```

> 说明　该代码是以光传感器为例开发的，读者可以参照此例获取其他类型的传感器各个方面的描述性信息。

3. 实现 SensorEventListener 接口

完成传感器对象的获取后，就要为传感器注册监听器了。注册监听器后，当监听的传感器所测量的物理量发生变化时，系统就会自动回调监听器中的特定方法。因此在介绍注册监听器之前，首先要介绍的是实现 SensorEventListener 接口的监听器的开发，主要是该接口中的两个方法。

● onAccuracyChanged 方法：此方法的签名为"public void onAccuracyChanged(Sensor sensor, int accuracy)"。该方法在传感器精度发生变化时被回调，第一个参数为 Sensor 对象，第二个参数为当前的精度。从第二个参数类型可以看出其类型是整型。实际开发中精度有 4 种可能的取值，都是 SensorManager 类下属的常量，按照精度由高到低的顺序如表 4-8 所示。

表 4-8　　　　　　　　　　　　SensorManager 下属的常量

常量	含义
SENSOR_STATUS_ACCURACY_HIGH	高精度
SENSOR_STATUS_ACCURACY_MEDIUM	中等精度
SENSOR_STATUS_ACCURACY_LOW	低精度
SENSOR_STATUS_UNRELIABLE	精度不可靠

- onSensorChanged 方法：此方法的签名为"public void onSensorChanged (SensorEvent event)"。该方法在传感器所测量的物理量发生变化时被回调，传入的参数为传感器事件对象的引用。通过此方法可以获取当前传感器测量值的数组 value。

根据传感器类型的不同，value 数组的长度也不尽相同。例如，光传感器对应的 value 数组长度为 1，如下面的代码所示。

```
1    private SensorEventListener mySel=new SensorEventListener(){    //传感器监听器
2        public void onAccuracyChanged(Sensor sensor,int accuracy){}
                                                                    //省略精度发生变化的代码
3        public void onSensorChanged(SensorEvent event){
4            float[] value=event.values;                            //获取 value 数组
5            tvl.setText("光照强度为："+value[0]);                   //数组长度为 1，获取光照值
6    }}
```

> 说明　　以上代码的功能就是获得传感器的 value 值，并放在 TextView 中显示出来。

4. 注册与注销监听器

完成了监听器的开发后就可以注册监听器了，这项工作一般在 Activity 中的 onResume 方法中实现，具体代码如下。

```
1    protected void onResume(){
2        super.onResume();
3        mySm.registerListener(                                     //注册监听器
4            mySel,                                                 //监听器引用
5            myS,                                                   //传感器的引用
6            SensorManager.SENSOR_DELAY_NORMAL);                    //传感器的采样频率
7    }
```

> 提示　　传感器采样频率都是用 SensorManager 类下的常量来表示的，一共有 4 种，具体信息如表 4-9 所示。

表 4-9　　　　　　　　　　　　SensorManager 下属的常量

常量	含义
SENSOR_DELAY_FASTEST	最快频率
SENSOR_DELAY_GAME	适合游戏的频率
SENSOR_DELAY_UI	适合普通用户界面的频率
SENSOR_DELAY_NORMAL	默认频率，适合屏幕横竖状态的自动切换

传感器是比较耗电的设备之一，因此，当不使用时要及时注销监听器来减少耗电量。注销监听器的工作一般在 Activity 中的 onPause 方法中进行，具体代码如下。

```
1   protected void onPause(){                              //重写 onPause()方法
2       super.onPause();
3       mySm.unregisterListener(mySel);                    //注销传感器监听器
4   }
```

> **提示**　以上给出的示例代码均来自光传感器案例 Sample4_6。此外，本节给出的传感器应用案例需要在真机上有对应的硬件才能正常运行。在没有相应传感器硬件的机器上，本案例可能不能正常运行。

4.2.2　光传感器

本小节将介绍光传感器，包括光传感器的一些基本知识和一个简单的应用案例 Sample4_6。

1．光传感器简介

光传感器主要是用来探测手机所处环境的光照强度，返回值是一个长度为 1 的数组（value），单位为勒克斯（lux）。灵活运用光传感器可以开发出非常人性化的应用程序。

设想如下场景，为了适应不同的光照强度，应用程序的显示模式分为两种：白天和黑夜。当应用程序不够人性化时，可能需要用户手动设定应用程序的工作模式。若采用光传感器，则可以根据当前光照情况自动切换工作模式，从而大大提高程序对用户的吸引力。

2．案例的开发

下面通过一个简单的案例 Sample4_6，使读者进一步掌握光传感器的相关开发。本案例的运行效果如图 4-9 所示。

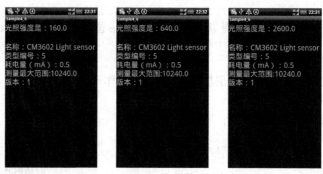

▲图 4-9　Sample4_6 的运行效果

> **说明**　从图 4-9 中可以看出，随着手机所处环境光照强度的不同，光传感器返回的数值也在不断发生变化。同时，该案例也获取了手机中光传感器的名称、类型编号、版本和耗电量等属性信息。

由于本案例涉及的传感器功能简单，仅有一个返回值，因此案例的核心代码很短，具体内容如下。

📄**代码位置**：见随书源代码\第 4 章\Sample4_6\app\src\main\java\com\bn\sample4_6 目录下的 Sample4_6Activity.java。

```
1   package com.bn.sample4_6;                              //声明包
2   ……//该处省略部分类的导入代码
3   public class Sample4_6Activity extends Activity{
4       SensorManager mySm;                                //声明 SensorManager 对象引用
5       Sensor myS;                                        //声明 Sensor 对象引用
6       TextView tv1;                                      //声明 TextView 对象 tv1
7       TextView tv2;                                      //声明 TextView 对象 tv2
8       @Override                                          //重写 onCreate 方法
9       public void onCreate(Bundle savedInstanceState){
```

```
10      super.onCreate(savedInstanceState);
11      setContentView(R.layout.main);                      //设置布局文件
12      //获取 SensorManager 对象
13      mySm=(SensorManager)this.getSystemService(SENSOR_SERVICE);
14      myS=mySm.getDefaultSensor(Sensor.TYPE_LIGHT);       //获取 Sensor 对象
15      tv1=(TextView)this.findViewById(R.id.textView1);    //获取 tv1 对象引用
16      tv2=(TextView)this.findViewById(R.id.textView2);    //获取 tv2 对象引用
17      StringBuffer str=new StringBuffer();                //声明并初始化 StringBuffer 对象 str
18      str.append("\n 名称: ");
19      str.append(myS.getName());                          //获取名称
20      str.append("\n 类型编号: ");
21      str.append(myS.getType());                          //获取类型编号
22      str.append("\n 耗电量(mA): ");
23      str.append(myS.getPower());                         //获取耗电量
24      str.append("\n 测量最大范围:");
25      str.append(myS.getMaximumRange());                  //获取测量最大范围
26      str.append("\n 版本: ");
27      str.append(myS.getVersion());                       //获取版本
28      tv2.setText(str);                                   //设置 tv2 显示的文字
29      tv2.setTextSize(25); }                              //设置字的大小
30      //实现 SensorEventListener 接口
31      private SensorEventListener mySel=new SensorEventListener(){
32          @Override                                       //重写 onAccuracyChanged 方法
33          public void onAccuracyChanged(Sensor sensor,int accuracy){}
34          @Override                                       //重写 onSensorChanged 方法
35          public void onSensorChanged(SensorEvent event){
36              float[] value=event.values;                 //获取 value 数组
37              tv1.setText("\n 光照强度是: "+value[0]);     //设置 tv1 显示的文字
38              tv1.setTextSize(25);} };                    //设置字的大小
39      @Override
40      protected void onResume(){
41          super.onResume();
42          mySm.registerListener(                          //注册监听器
43              mySel,
44              myS,
45              SensorManager.SENSOR_DELAY_NORMAL );}
46      @Override
47      protected void onPause(){
48          super.onPause();
49          mySm.unregisterListener(mySel);}}               //注销监听器
```

- 第 4~7 行为声明开发过程中要用到的对象的引用。
- 第 10~11 行为设置全屏和设置布局文件。
- 第 13~16 行为获得开发过程中用到的对象的引用。
- 第 17~27 行为创建 StringBuffer 对象 str,并把获得各种传感器信息添加到 str 中。
- 第 28~38 行的功能为设置 TextView 和实现 SensorEventListener 监听器并重写 onAccuracyChanged 方法和 onSensorChanged 方法。
- 第 42~45 行为注册监听器。
- 第 49 行为注销监听器。

4.2.3 温度传感器

本小节介绍温度传感器,包括温度传感器的一些基本知识和一个简单的应用案例 Sample4_7。

1. 温度传感器简介

温度传感器主要用于探测手机所处环境的温度,其返回值是一个长度为 1 的数组(value),单位为摄氏度。应用温度传感器可以开发出更人性化、实用化的程序,如温度计、与温度相关的健康指南等。读者可以充分发挥想象力来创造出各种各样有价值的应用程序。

2. 案例的开发

下面通过一个应用案例 Sample4_7 的介绍,使读者进一步掌握温度传感器的相关开发。本案例的运行效果,如图 4-10 所示。

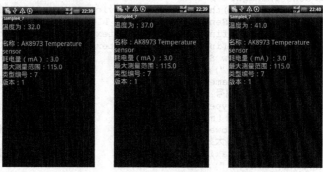

▲图 4-10　Sample4_7 的运行效果

> **说明**　从图 4-10 中可以看出,随着手机所处环境温度的不同,获得相应的温度值不断变化。同时,该案例也给出了手机中传感器的名称、耗电量和版本等信息。

由于本案例的基本开发思路与 4.22 小节中的案例的基本一致,因此,这里仅着重讲解有区别的两处,具体步骤如下。

(1) 首先给出的是案例中 Sample4_7Activity 类中的 onCreate 方法,具体代码如下。

📝 代码位置:见随书源代码\第 4 章\Sample4_7\app\src\main\java\com\bn\sample4_7 目录下 Sample4_7Activity.java。

```
1    public void onCreate(Bundle savedInstanceState){           //重写 onCreate 方法
2        super.onCreate(savedInstanceState);
3        setContentView(R.layout.main);                         //切换到主界面
4        //获取 SensorManager 对象
5        mySm=(SensorManager)this.getSystemService(SENSOR_SERVICE);
6        myS=mySm.getDefaultSensor(Sensor.TYPE_TEMPERATURE);    //获取 Sensor 对象
7        tv1=(TextView)this.findViewById(R.id.textView1);       //获取 tv1 对象引用
8        tv2=(TextView)this.findViewById(R.id.textView2);       //获取 tv2 对象引用
9        StringBuffer str=new StringBuffer();                   //声明并初始化 StringBuffer 对象 str
10       ……//该处省略了一些与前面案例相似的代码,读者可自行查看随书附带的源代码
11   }
```

> **说明**　相比 4.2.2 小节中的案例,主要区别就是调用 getDefaultSensor 方法时,获取传感器对象传入的参数改成 Sensor.TYPE_TEMPERATURE。

(2) 接下来开发实现 SensorEventListener 接口的传感器监听器,具体代码如下。

📝 代码位置:见随书源代码\第 4 章\Sample4_7\app\src\main\java\com\bn\sample4_7 目录下的 Sample4_7Activity.java。

```
1    //实现 SensorEventListener 接口
2    private SensorEventListener mySel=new SensorEventListener(){
3        @Override                                              //重写 onAccuracyChanged 方法
4        public void onAccuracyChanged(Sensor sensor, int accuracy){}
5        @Override                                              //重写 onSensorChanged 方法
6        public void onSensorChanged(SensorEvent event){
7            float[] value=event.values;                        //获取 value 数组
8            tv1.setText("\n 温度为: "+value[0]);                //设置 tv1 显示的文字
9            tv1.setTextSize(22);                               //设置字的大小
10       }};
```

> **说明**　第 7、8 行可以看出温度传感器的返回值只有一个,就是温度值(以摄氏度衡量),与前面的光传感器相同。

4.2.4 接近传感器

本小节介绍接近传感器，包括接近传感器的一些基本知识和一个简单的应用案例Sample4_8。

1. 接近传感器简介

接近传感器用于探测是否有物体离手机屏幕非常近（在 1cm 左右的范围内），其返回值是一个长度为 1 的数组（value），表示物体距手机屏幕的距离。返回值随着手机型号的不同会有所差异，但总的来说只有两种可能，一种表示有物体在离手机屏幕近的范围内，另一种表示不在近的范围内。

例如笔者使用的小米 2S 型号手机用 0 表示在近的范围内，用 5.000 305 表示不再近的范围内。而有些型号的手机是用 9.0 表示不在近的范围内，用 0 表示在近的范围内。

巧妙地应用接近传感器可以开发出很人性化的应用程序，如手机上的通话程序就是如此。当拿着手机贴近耳朵时，接近传感器探测到在近的范围内，则关闭手机屏幕以节约用电；当结束通话手机屏幕离开耳朵时，接近传感器探测到不在近的范围内，则自动打开手机屏幕。

> **提示**　有些资料中将此传感器错误地解释为距离传感器是不完全准确的，因为此传感器不能用于测量连续的距离值，仅可以返回两个离散值代表接近与非接近两种状态。另外，此传感器一般位于屏幕的左上侧。

2. 案例的开发

下面介绍案例 Sample4_8 的开发。本案例的运行效果，如图 4-11 所示。

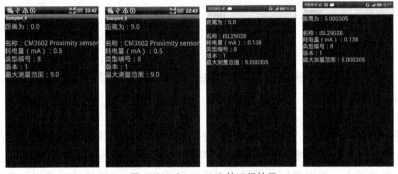

▲图 4-11　Sample4_8 的运行效果

> **说明**　从图 4-11 中可以看出随物体离手机距离的不同，接近传感器的返回值也不同，同一台手机只可能有两个值。不同型号的手机，其返回值也不相同，前两幅图为 HTC 纵横手机的运行效果，后两幅图为小米 2S 手机的运行效果。

由于本案例的基本开发思想与前面两个小节案例的基本一致，因此，这里仅着重讲解有区别的两处，具体步骤如下。

（1）首先给出的是本案例中 Sample4_8Activity 类的 onCreate 方法，具体代码如下。

> 📝 **代码位置**：见随书源代码\第 4 章\Sample4_8\app\src\main\java\com\bn\sample4_8 目录下的 Sample4_8Activity.java。

```
1    public void onCreate(Bundle savedInstanceState){
2        super.onCreate(savedInstanceState);
3        setContentView(R.layout.main);                    //设置布局文件
```

```
4           //获取 SensorManager 对象
5           mySm=(SensorManager)this.getSystemService(SENSOR_SERVICE);
6           myS=mySm.getDefaultSensor(Sensor.TYPE_PROXIMITY);       //获取 Sensor 对象
7           tv1=(TextView)this.findViewById(R.id.textView1);         //获取 tv1 对象引用
8           tv2=(TextView)this.findViewById(R.id.textView2);         //获取 tv2 对象引用
9           //声明并初始化 StringBuffer 对象 str
10          StringBuffer str=new StringBuffer();
```

> **说明** 相比前面的案例，主要区别就是调用 getDefaultSensor 方法时，获取传感器对象传入的参数改成 Sensor.TYPE_PROXIMITY。

（2）接下来开发实现 SensorEventListener 接口的传感器监听器，具体代码如下。

代码位置：见随书源代码\第 4 章\Sample4_8\app\src\main\java\com\bn\sample4_8 目录下的 Sample4_8Activity.java。

```
1    //实现 SensorEventListener 接口的传感器监听器
2    private SensorEventListener mySel=new SensorEventListener(){
3        @Override                                    //重写 onAccuracyChanged 方法
4        public void onAccuracyChanged(Sensor sensor, int accuracy){}
5        @Override                                    //重写 onSensorChanged 方法
6        public void onSensorChanged(SensorEvent event){
7            float[] value=event.values;              //获取 value 数组
8            tv1.setText("\n距离为: "+value[0]);       //设置 tv1 显示的文字
9            tv1.setTextSize(22);                     //设置字的大小
10       }};
```

> **说明** 从上述代码的第 7、8 行可以看出，与前面的光传感器、温度传感器相同，接近传感器仅有一个返回值，那就是距离。不过正像前面特别强调的那样，这里的距离仅仅是两个离散值，一个表示接近状态，另一个表示非接近状态。

4.2.5 加速度传感器

本小节主要介绍加速度传感器的使用。首先介绍加速度传感器的一些基本知识，然后再讲一个简单的案例 Sample4_9。

1. 加速度传感器简介

本节介绍的所有传感器中，加速度传感器是与游戏开发人员关系比较密切的一个了。很多智能手机中的体感游戏，如都市赛车、极品飞车等，都是采用加速度传感器进行操控的。具体来说就是玩家在游戏过程中，根据操控的需要改变手机的姿态，加速度传感器获得相应数据后传递给应用程序进行分析、计算，得出车辆等被操控物体的运动情况。

加速度传感器是用来感应手机加速度的，其返回值是一个长度为 3 的数组（value），数组中的 3 个元素（value[0]～value[2]）分别代表手机的加速度在 x 轴、y 轴和 z 轴上的分量，单位均为 m/s^2（米/平方秒），具体情况如表 4-10 所示。

表 4-10　　　　　　　　　　加速度传感器中 value 值的意义

value 中的元素	含义
value[0]	x 轴方向上的加速度减去重力加速度在 x 轴上的分量
value[1]	y 轴方向上的加速度减去重力加速度在 y 轴上的分量
value[2]	z 轴方向上的加速度减去重力加速度在 z 轴上的分量

表 4-10 中的介绍用到了基于手机的空间坐标系，如图 4-12 所示。下面简单介绍一下。

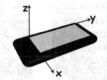

▲图 4-12　手机的空间坐标系

> **说明**　从图 4-12 中可以看出，整个空间坐标系的原点位于手机屏幕的左下角。x 轴平行于屏幕短边（从左到右）；y 轴平行于屏幕长边（从下到上）；z 轴垂直于屏幕与 x 轴、y 轴正交。另外需要注意的是，这 3 个坐标轴是绑定在手机上的，也就是说坐标轴不会随着手机姿态的变化而变化。

了解手机的空间坐标系后，下面举例说明各个坐标轴上加速度值的计算方法，如图 4-13 所示。

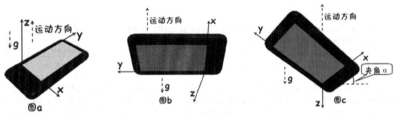

▲图 4-13　几种情况下的加速度值的计算

从图 4-13 中读者已经了解了手机不同的运动情况，接下来将详细介绍图 4-13 所示的不同运动状态下加速度的计算方法。

（1）图 4-13（a）的运动情况。

当手机屏幕与重力加速度方向垂直时，以图 4-13（a）中的姿态以加速度 a 向上运动时，z 轴的加速度值为(a+g) m/s^2。这是因为此时手机本身在 z 轴的加速度为 a，重力加速度方向沿 z 轴负方向，也就是重力加速度在 z 轴上的分量为-g，而"a-(-g)"的结果为 a+g。

（2）图 4-13（b）的运动情况。

当手机的短边与重力加速度方向平行时，以图 4-13（b）中的姿态以加速度 a 向上运动时，x 轴的加速度值为(a+g) m/s^2。这是因为此时手机本身在 x 轴的加速度为 a，重力加速度方向沿着 x 轴负方向，也就是重力加速度在 x 轴上的分量为-g，而"a-(-g)"的结果为 a+g。

（3）图 4-13（c）的运动情况。

当手机屏幕与重力加速度平行时，以图 4-13（c）中的姿态以加速度 a 向上运动时，x 轴的加速度值为（a*sinα+g*sinα）m/s^2，y 轴的加速度值为(a*cosα+g*cosα) m/s^2。此情况下的加速度计算与前面两种情况类似，只需要将加速度 a 与重力加速度 g 沿 x 轴与 y 轴两个方向分解。

2. 案例的开发

下面通过一个简单的案例 Sample4_9 使读者进一步掌握加速度传感器的相关开发，运行效果如图 4-14 所示。

> **说明**　从图 4-14 中可以看出，随着手机与重力加速度方向之间的关系不同，加速度在 x、y、z 坐标轴上的分量在不断发生变化。

由于本案例与前面的案例开发思想基本一致，只是细节有所不同。因此这里仅给出有特色的几处代码，具体如下。

第 4 章　Android 游戏开发中的数据存储和传感器

▲图 4-14　Sample4_9 的运行效果

（1）首先开发的是本案例中 Sample4_9Activity 类的 onCreate 方法，具体代码如下。

代码位置：见随书源代码\第 4 章\Sample4_9\app\src\main\java\com\bn\sample4_9 下的 Sample4_9Activity.java。

```
1   public void onCreate(Bundle savedInstanceState){        //重写的 onCreate 方法
2       super.onCreate(savedInstanceState);
3       setContentView(R.layout.main);                      //切换到主界面
4       mySm=(SensorManager)this.getSystemService(SENSOR_SERVICE);
                                                            //获取 SensorManager 对象
5       myS=mySm.getDefaultSensor(Sensor.TYPE_ACCELEROMETER);//传感器的类型为加速度传感器
6       tX=(TextView)this.findViewById(R.id.textViewX);//用于显示 x 轴方向的加速度值
7       tY=(TextView)this.findViewById(R.id.textViewY);//用于显示 y 轴方向的加速度值
8       tZ=(TextView)this.findViewById(R.id.textViewZ);//用于显示 z 轴方向的加速度值
9       ……//省略了一些与前面案例相似的代码，读者可自行查阅随书的源代码
10  }
```

说明　相比前面的案例，主要的区别是在调用 getDefaultSensor 方法获取传感器对象时，采用的参数变成了 Sensor.TYPE_ACCELEROMETER。

（2）接着给出的是实现了 SensorEventListener 接口的传感器监听器，具体代码如下。

代码位置：见随书源代码\第 4 章\Sample4_9\app\src\main\java\com\bn\sample4_9 目录下的 Sample4_9Activity.java。

```
1   //实现 SensorEventListener 接口的传感器监听器
2   private SensorEventListener mel=new SensorEventListener(){
3       @Override                                           //重写 onAccuracyChanged 方法
4       public void onAccuracyChanged(Sensor sensor, int accuracy){}
5       @Override                                           //重写 onSensorChanged 方法
6       public void onSensorChanged(SensorEvent event){
7           float []values=event.values;                    //获取 3 个轴方向上得加速度值
8           tX.setText("x 轴方向上的加速度为：\n"+values[0]);  //显示 x 轴方向的加速度值
9           tY.setText("y 轴方向上的加速度为：\n"+values[1]);  //显示 y 轴方向的加速度值
10          tZ.setText("z 轴方向上的加速度为：\n"+values[2]);  //显示 z 轴方向的加速度值
11  }};
```

说明　从上述代码的第 7～10 行中可以看出，与前面的光传感器与接近传感器不同，加速度传感器有 3 个返回值，分别为 x 轴方向上的加速度值、y 轴方向上的加速度值和 z 轴方向上的加速度值。

4.2.6　磁场传感器

本小节介绍磁场传感器的开发，包括磁场传感器的一些基本知识和一个简单的应用案例 Sample4_10。

4.2 Android 平台下传感器应用的开发

1. 磁场传感器简介

磁场传感器主要用于探测手机周围的磁场强度,其与加速度传感器类似,也是返回一个长度为 3 的数组(value),分别代表磁场强度在 x 轴、y 轴和 z 轴上的分量。返回值的单位是 uT,即微特斯拉。

磁场传感器使用的坐标系与加速度传感器的一样,x 轴平行于屏幕短边(从左到右);y 轴平行于屏幕长边(从下到上);z 轴垂直于屏幕与 x 轴、y 轴正交(见图 4-12)。3 个坐标轴是绑定在手机上的,即坐标轴不会随着手机姿态的改变而改变。

> **提示** 由于每个轴磁场强度的计算方法与加速度传感器的基本一致,因此这里不再赘述。

2. 案例的开发

下面通过一个案例的介绍,使读者进一步掌握磁场传感器的相关开发。其运行效果如图 4-15 所示。

▲图 4-15 Sample4_10 的运行效果

> **说明** 从图 4-15 中可以看出,随着手机姿态、朝向的变化,磁场在 x、y、z 坐标轴上的分量不断变化。同时,该案例也给出了手机中传感器的名称、耗电量、类型及版本等属性信息。

由于本案例的基本开发思想与前面案例的基本一致,因此,这里仅着重讲解有区别的两处,具体步骤如下。

(1)首先给出的是案例中 Sample4_10Activity 类中的 onCreate 方法,具体代码如下。

📝 代码位置:见随书源代码\第 4 章\Sample4_10\app\src\main\java\com\bn\sample4_10 目录下的 Sample4_10Activity.java。

```
1    public void onCreate(Bundle savedInstanceState){
2        super.onCreate(savedInstanceState);
3        setContentView(R.layout.main);                              //设置布局文件
4        //获取 SensorManager 对象
5        mySm=(SensorManager)this.getSystemService(SENSOR_SERVICE);
6        myS=mySm.getDefaultSensor(Sensor.TYPE_MAGNETIC_FIELD);    //获取 Sensor 对象
7        tvX=(TextView)findViewById(R.id.textView1);
8        tvY=(TextView)findViewById(R.id.textView2);              //获取 Textview 对象
9        tvZ=(TextView)findViewById(R.id.textView3);
10       tv=(TextView)findViewById(R.id.textView4);
11       ……//该处省略了一些与前面案例相似的代码,读者可自行查看随书附带的源代码
12   }
```

> 说明 相比前面的案例,主要区别就是调用 getDefaultSensor 方法时,获取传感器对象传入的参数改成 Sensor.TYPE_MAGNETIC_FIELD。

(2)接下来开发实现 SensorEventListener 接口的传感器监听器,具体代码如下。

代码位置:见随书源代码\第 4 章\Sample4_10\app\src\main\java\com\bn\sample4_10 目录下的 Sample4_10Activity.java。

```
1   //实现SensorEventListener接口
2   private SensorEventListener mySel=new SensorEventListener(){
3       @Override                                    //重写onAccuracyChanged方法
4       public void onAccuracyChanged(Sensor sensor, int accuracy){}
5       @Override                                    //重写onSensorChanged方法
6       public void onSensorChanged(SensorEvent event){
7           float []values=event.values;
8           tvX.setText("X轴方向上的磁场强度为: "+values[0]);//设置Textview显示的文字
9           tvY.setText("Y轴方向上的磁场强度为: "+values[1]);
10          tvZ.setText("Z轴方向上的磁场强度为: "+values[2]);
11  }};
```

> 说明 从第 7~10 行可以看出磁场传感器的返回值有 3 个,分别表示 x、y、z 3 个轴方向上的磁场强度。

4.2.7 姿态传感器

本小节介绍姿态传感器,包括姿态传感器的一些基本知识和一个简单的应用案例 Sample4_11。

1. 姿态传感器简介

姿态传感器也是与游戏开发人员关系比较密切的一个,有些智能手机中的体感游戏、应用就是采用姿态传感器进行操控的。具体来说就是玩家在玩游戏过程中,根据操控的需要改变手机的姿态,姿态传感器获得姿态数据后传递给应用程序进行分析、计算,得出具体的操控数据。

从上述介绍可以看出,姿态传感器主要用于感知手机姿态的变化,其每次读取的都是静态的状态值,表示当前的姿态。每组姿态值包括 3 个值(value),分别代表手机在 Yaw、Pitch、Roll 轴的旋转角度。Yaw、Pitch、Roll 轴与手机的关系比较复杂,详细情况如图 4-16 所示。

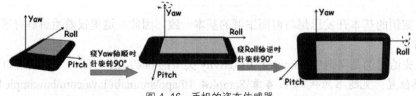

▲图 4-16 手机的姿态传感器

> 说明 图 4-16 中从左到右分别为手机在原始姿态,手机绕 Yaw 轴顺时针旋转 90°后的姿态,再绕 Roll 轴逆时针旋转 90°姿态。从几幅图的对比中可以看出,Yaw、Pitch、Roll 3 个轴与手机之间的关系不都是固定的。

Yaw、Pitch、Roll 3 个轴的详细情况如下所列。

(1)Yaw 轴。

无论手机处于何种姿态,此轴都是与重力加速度方向相反,竖直向上,即此轴是固定不变的,因此姿态传感器工作时,获得此轴的角度表示的是手机方位。

具体情况为:0°时手机指向北方,90°时手机指向东方,180°时指向南方,270°时指向西方,其他的方位都可以以此类推。因此，在原始状态时，手机屏幕水平向上（即屏幕的法向量与重力加速度方向相反），指向北方。

（2）Pitch 轴。

Pitch 轴的方向与当前手机的方位角度密切相关，原始情况下 Pitch 轴指向东方。当手机绕 Yaw 轴旋转一定角度后，Pitch 轴也绕 Yaw 轴旋转相同的角度。如图 4-16 中间的图所示，当手机绕 Yaw 轴顺时针旋转 90°后，Pitch 轴也绕 Yaw 轴旋转 90°，指向南方。

简单来说，可以将 Pitch 轴理解为焊死在 Yaw 轴上的。另外需要注意的是，Pitch 轴与手机之间的关系是不固定的。如图 4-16 中的右图所示，当手机又绕 Roll 轴旋转后，Pitch 轴与手机之间的关系就发生了变化。

（3）Roll 轴。

从图 4-16 中可以看出，Roll 轴的方向依赖于手机绕 Yaw 轴和 Pitch 轴旋转的情况，但是 Roll 轴的确定并不复杂。细心观察一下就可以看出 Roll 轴与手机之间的关系是固定的，就像焊死在手机上一样。

看完上面的介绍，读者可能会认为这 3 个轴很古怪，其实不然，这 3 个轴是来自数学上的欧拉角。欧拉角是一种表示物体姿态的方法，在飞机飞行中很常用，如图 4-17 所示。

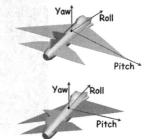

▲图 4-17 用欧拉角表示手机姿态

从图 4-17 中可以看出，Yaw 轴角度是飞机的方位角，Pitch 轴角度为飞机的俯仰角，Roll 轴角度为飞机左右的倾角。知道了这 3 个角度后，飞机的姿态就被惟一确定了。上述说法是从飞机的角度出发的，乘客也是如此。坐过飞机的读者可以很容易理解。

早期姿态传感器是 Android 手机上一种非常重要的传感器，但其实并不存在一个硬件传感器称为姿态传感器。姿态传感器并不是一个硬件，而是一个逻辑传感器，其返回值是由加速度传感器 3 个轴的值和磁场传感器 3 个轴的值 6 轴联算得到的。

> 说明：Yaw 轴在较新版本中已经更名为 Azimuth 轴了，Pitch 轴和 Roll 轴名称不变，所代表的含义也没有变化。

随着技术的发展，谷歌可能希望传感器就是代表实际存在的硬件，所以，姿态传感器在较新的 Android 版本中会被废弃（deprecated）。虽然姿态传感器会被废弃掉，但是这不代表姿态传感器的功能就不能使用了。这是因为加速度传感器和磁场传感器的硬件还是存在的，那 6 个轴的值还是可以获取的。

这就要求获取姿态传感器的返回值时，必须使用加速度传感器的 3 个值与磁场传感器的 3 个值，这 6 轴联算计算出姿态传感器的返回值。庆幸的是，在 SensorManager 类中提供了很多工具方法，其中比较重要的两个为 getRotationMatrix 方法和 getOrientation 方法，具体情况如表 4-11 所示。

表 4-11　　　　SensorManager 类提供的重要工具方法

方法签名	参数名称	方法说明
public static boolean getRotationMatrix(float[] R,float[] I,float[] gravity,float[] gromagnetic)	R 参数用于储存此方法计算出的世界坐标系恢复旋转矩阵；I 参数用于存储此方法计算出的将磁场传感器 3 个轴值所代表的向量变换到重力加速度坐标系中的旋转矩阵；返回值表示计算是否成功	根据传入的加速度传感器与磁场传感器的值数组计算出两个变换旋转矩阵
public static float[] getOrientation(float[] R,float[] values)	R 参数为旋转矩阵，由 getRotationMatrix 方法计算得到；values 参数为计算出的姿态传感器 3 个轴值的数组；返回值为传入的 values 数组元素值组成的数组	根据传入的参数计算出姿态传感器 Yaw、Pitch、Roll 轴的值

> 说明　表 4-11 中所列的只是两种重要的方法，辅助计算的工具方法还有其他，这里只用到以上两种方法，其他的方法在这里不做详细说明，感兴趣的读者可自行查阅 API。

2. 案例的开发

下面通过介绍案例 Sample4_11，使读者更进一步掌握姿态传感器的相关开发，运行效果如图 4-18 所示。

▲图 4-18　Sample4_11 的运行效果

> 说明　从图 4-18 所示的 3 幅图中可以看出，随着手机姿态的改变，姿态传感器的返回值不同。

由于本案例的基本开发思路与磁场传感器案例的基本一致，因此，这里仅着重讲解有区别的两处，具体步骤如下。

（1）首先给出的是案例中 Sample4_11Activity 类中的 onCreate 方法，具体代码如下。

　代码位置：见随书源代码第 4 章\Sample4_11\app\src\main\java\com\bn\sample4_11 目录下的 Sample4_11Activity.java。

```
1   public void onCreate(Bundle savedInstanceState) {
2       super.onCreate(savedInstanceState);
3       setContentView(R.layout.main);                              //设置布局文件
4       //获取 SensorManager 对象
5       mySm=(SensorManager)this.getSystemService(SENSOR_SERVICE);
6       myS=mySm.getDefaultSensor(Sensor.TYPE_ORIENTATION);         //获取 Sensor 对象
7       tvX=(TextView)findViewById(R.id.textView1);
8       tvY=(TextView)findViewById(R.id.textView2);                 //获取 Textview 对象
9       tvZ=(TextView)findViewById(R.id.textView3);
10      tv=(TextView)findViewById(R.id.textView4);
11      ……//该处省略了一些与前面案例相似的代码，读者可自行查看随书附带的源代码
12  }
```

> 说明　相比前面的案例，主要区别就是调用 getDefaultSensor 方法时，获取传感器对象传入的参数改成 Sensor.TYPE_ORIENTATION。

（2）接下来开发实现 SensorEventListener 接口的传感器监听器，具体代码如下。

　代码位置：见随书源代码第 4 章\Sample4_11\app\src\main\java\com\bn\sample4_11 目录下的 Sample4_11Activity.java。

```
1   //实现 SensorEventListener 接口
2   private SensorEventListener mySel=new SensorEventListener() {
3       @Override                                                   //重写 onAccuracyChanged 方法
4       public void onAccuracyChanged(Sensor sensor, int accuracy) {}
```

```
5        @Override                                              //重写 onSensorChanged 方法
6        public void onSensorChanged(SensorEvent event){
7            float []values=event.values;
8            tvX.setText("Yaw 轴的旋转角度: "+values[0]);//设置 Textview 显示的文字
9            tvY.setText("Picth 轴的旋转角度: "+values[1]);
10           tvZ.setText("Roll 轴的旋转角度: "+values[2]);
11      }};
```

> **说明** 从第 7~10 行可以看出姿态传感器的返回值有 3 个,分别表示 Yaw、Picth、Roll 3 个轴方向上的值。

4.2.8 陀螺仪传感器

本小节介绍陀螺仪传感器,包括陀螺仪传感器的一些基本知识和一个简单的应用案例 Sample4_12。

1. 陀螺仪传感器简介

陀螺仪传感器主要用于探测手机绕各个轴旋转的角速度,其使用的坐标轴与加速度传感器一样,x 轴平行于屏幕的短边（从左到右）;y 轴平行于屏幕的长边（从下到上）;z 轴垂直于屏幕与 x 轴与 y 轴正交（见图 4-12）。3 个坐标轴也是绑定在手机上的,也就是说,坐标轴与手机之间的关系不随着手机姿态的变化而变化。

陀螺仪传感器的返回值是一个长度为 3 的数组(value),数组中的 3 个元素(value[0]~value[2])分别表示手机绕 x、y、z 这 3 个轴旋转的角速度,单位为 rads/s（弧度每秒）。

2. 案例的开发

下面通过介绍案例 Sample4_12,使读者更进一步掌握陀螺仪传感器的相关开发,运行效果如图 4-19 所示。

▲图 4-19 Sample4_12 运行效果

> **说明** 从图 4-19 所示的 3 幅图中可以看出,随着手机的转动,陀螺仪传感器侦测出手机绕 x、y、z 轴旋转的角速度也在不断发生变化。同时,该案例还获取了手机中传感器的名称、类型、版本及耗电量等属性信息。

由于本案例的基本开发思路与姿态传感器案例的基本一致,因此,这里仅着重讲解有区别的两处,具体步骤如下。

（1）首先给出的是案例中 Sample4_12Activity 类中的 onCreate 方法,具体代码如下。

📌 代码位置：见随书源代码第 4 章\Sample4_12\app\src\main\java\com\bn\sample4_12 目录下的 Sample4_12Activity.java。

```
1   public void onCreate(Bundle savedInstanceState){
2       super.onCreate(savedInstanceState);
```

```
3        setContentView(R.layout.main);                          //设置布局文件
4        //获取 SensorManager 对象
5        mySm=(SensorManager)this.getSystemService(SENSOR_SERVICE);
6        myS=mySm.getDefaultSensor(Sensor.TYPE_GYROSCOPE);        //获取 Sensor 对象
7        tvX=(TextView)findViewById(R.id.textView1);
8        tvY=(TextView)findViewById(R.id.textView2);              //获取 Textview 对象
9        tvZ=(TextView)findViewById(R.id.textView3);
10       tv=(TextView)findViewById(R.id.textView4);
11       ……//该处省略了一些与前面案例相似的代码,读者可自行查看随书附带的源代码
12    }
```

> **说明** 相比前面的案例,主要区别就是调用 getDefaultSensor 方法时,获取传感器对象传入的参数改成 Sensor.TYPE_GYROSCOPE。

(2)接下来开发实现 SensorEventListener 接口的传感器监听器,具体代码如下。

代码位置:见随书源代码\第 4 章\Sample4_12\app\src\main\java\com\bn\sample4_12 目录下的 Sample4_12Activity.java。

```
1    //实现 SensorEventListener 接口
2    private SensorEventListener mySel=new SensorEventListener(){
3        @Override                                               //重写 onAccuracyChanged 方法
4        public void onAccuracyChanged(Sensor sensor,int accuracy){}
5        @Override                                               //重写 onSensorChanged 方法
6        public void onSensorChanged(SensorEvent event){
7            float []values=event.values;                        //获取 xyz3 个轴方向上的角速度的值
8            tvX.setText("绕 x 轴旋转的角速度为: \n"+values[0]);//设置 Textview 显示的文字
9            tvY.setText("绕 y 轴旋转的角速度为: \n"+values[1]);
10           tvZ.setText("绕 z 轴旋转的角速度为: \n"+values[2]);
11    }};
```

> **说明** 从第 7~10 行可以看出陀螺仪传感器的返回值有 3 个,分别表示绕 x、y、z 这 3 个轴旋转的角速度值。

4.2.9 加速度传感器综合案例

在实际的游戏开发中,加速度传感器用到的情况比较多。通过前面内容的学习,读者对如何获取加速度传感器 3 个轴的值应该都已经掌握了。但对于如何通过这些值来操控游戏场景中的物体可能还不熟悉。

本小节将通过一个案例向读者介绍,如何在实际开发中,通过加速度传感器操控物体,运行效果如图 4-20 所示。

▲图 4-20 Sample4_13 的运行效果

> **说明** 从图 4-20 中可以看出,本案例是一个水平仪,水平放置和竖直放置的管子里面的水滴分别显示加速度传感器测量值在 x 方向和 y 方向的分量,中间的圆形区域中的水滴显示的是 x 轴、y 轴叠加后的情况。

下面介绍案例具体的开发步骤。

4.2 Android 平台下传感器应用的开发

（1）首先开发的是案例 Sample4_13Activity 类，具体代码如下。

📝 代码位置：见随书源代码\第 4 章\Sample4_13\app\src\main\java\com\bn\sample4_13 目录下的 Sample4_13Activity.java。

```
1   package com.bn.sample4_13;
2   ……//该处省略了部分类的导入代码，读者可以自行查阅随书源代码
3   public class Sample4_13Activity extends Activity
4       ……//该处省略了声明成员变量的代码，读者可以自行查阅随书源代码
5       private SensorEventListener mel=new SensorEventListener(){
6           //实现 SensorEventListener 接口
7           @Override                                   //重写 onAccuracyChanged 方法
8           public void onAccuracyChanged(Sensor sensor, int accuracy){}
9           @Override                                   //重写 onSensorChanged 方法
10          public void onSensorChanged(SensorEvent event){
11              float []values=event.values;//获得加速度传感器的测量值
12              mv.dx=values[0];            //为 dx 赋值
13              mv.dy=values[1];            //为 dy 赋值
14              mv.dz=values[2];            //为 dz 赋值
15      }};
16      @Override
17      public void onCreate(Bundle savedInstanceState){
18          super.onCreate(savedInstanceState);
19          requestWindowFeature(Window.FEATURE_NO_TITLE);//全屏
20          getWindow().setFlags(WindowManager.LayoutParams.FLAG_FULLSCREEN ,
21                  WindowManager.LayoutParams.FLAG_FULLSCREEN);
22          setRequestedOrientation(ActivityInfo.SCREEN_ORIENTATION_LANDSCAPE);
                                                        //设置横屏
23          //获得 SensorManager 对象
24          mySensorManager= (SensorManager)getSystemService(SENSOR_SERVICE);
25          sensor=mySensorManager.getDefaultSensor(Sensor.TYPE_ACCELEROMETER);
26          yuan = BitmapFactory.decodeResource(getResources(), R.drawable.yuan);
27          ……//该处省略了 5 个获取图片资源的代码，读者可以自行查阅随书源代码
28          mv = new MyView(this);                      //初始化 MyView 对象
29          this.setContentView(mv);
30      }
31      @Override
32      protected void onResume(){                      //重写 onResume 方法注册监听器
33      mySensorManager.registerListener(mel, sensor, SensorManager.SENSOR_DELAY_UI);
34          mv.mvdt.pauseFlag=false;
35          super.onResume();
36      }
37      @Override
38      protected void onPause(){                       //重写 onPause 方法
39          mySensorManager.unregisterListener(mel);    //取消注册监听器
40          mv.mvdt.pauseFlag=true;
41          super.onPause();
42  }}
```

- 第 5～15 行实现了 SensorEventListener 接口的监听器，重写了该接口的 onAccuracyChanged 方法和 onSensorChanged 方法，并在 onSensorChanged 方法内获取加速度传感器的 3 个测量值。
- 第 17～30 行重写 onCreate 方法。本方法的功能为设置屏幕为全屏模式，并创建传感器对象，通过传感器对象获取其名称、耗电量和版本等属性信息，最后获取图片资源。
- 第 32～36 行的功能为重写 onResume 方法，并为加速度传感器注册监听器。
- 第 38～42 行的功能为重写 onPause 方法，并注销监听器。

（2）完成 Sample4_13Activity 的开发后，下面将介绍绘图类 MyView 的开发，具体代码如下。

📝 代码位置：见随书源代码\第 4 章\Sample4_13\app\src\main\java\com\bn\sample4_13 目录下的 MyView.java。

```
1   package com.bn.sample4_13;
2   ……//该处省略了部分类的导入代码，读者可以自行查阅随书源代码
3   public class MyView extends SurfaceView implements SurfaceHolder.Callback{
```

```
4            ……//该处省略了声明本类成员变量的代码，读者可以自行查阅随书源代码
5            public MyView(Sample4_13Activity activity){           //构造器
6                super(activity);
7                this.activity = activity;
8                this.getHolder().addCallback(this);
9                paint = new Paint();                              //创建画笔
10               paint.setColor(Color.WHITE);                      //设置颜色
11               paint.setTextSize(30);                            //设置字体颜色
12               paint.setAntiAlias(true);                         //打开抗锯齿
13               mvdt=new MyViewDrawThread(this);;                 //实例化MyViewDrawThread
14           @Override
15           public void draw(Canvas canvas){                      //重写draw方法
16               super.draw(canvas);
17               canvas.drawBitmap(activity.shang, 105, 0,paint);      //画上面的管子
18               canvas.drawBitmap(activity.yuan, 400, 150,paint);     //画中间圆形区域
19               canvas.drawBitmap(activity.zuo, 0, 0,paint);          //画左面的管子
20               x=dx*34;                                          //对在x轴上的位移赋值
21               if(x>200){x=200;}                                 //如果位移大于170，x值不再变化
22               if(x<-200){x=-200;}                               //如果位移小于-170，x值不再变化
23               canvas.drawBitmap(activity.qiuzuo, 10, 300+x,paint);   //画左面水滴
24               y=dy*34;                                          //对在y轴上的位移赋值
25               if(y>550){y=550;}                                 //如果位移大于170，y值不再变化
26               if(y<-550){y=-550;}                               //如果位移小于-170，y值不再变化
27               canvas.drawBitmap(activity.qiushang, 610+y,3,paint);   //画上面水滴
28               juli=(float) Math.sqrt((dx*34)*(dx*34)+(dy*34)*(dy*34));
   //求得坐标点到原点的距离
29               juli2=juli/170;                                   //单位化距离
30               if(juli2<=1){                                     //如果小于1，直接赋值
31                   rx=(dy*34)/170;
32                   ry=(dx*34)/170;
33               }else{                                            //如果大于1，求与单位圆的交点
34                   if(dy>0){                                     //再赋值
35                       rx=(float) Math.sqrt(2*dy*dy/(dx*dx+dy*dy));
36                   }else{rx=-(float) Math.sqrt(2*dy*dy/(dx*dx+dy*dy));}
37                 ry=dx/dy*rx;
38               }
39               canvas.drawBitmap(activity.qiuzhong,630+rx*110,380+ry*110,paint);
                                                                   //画中间水滴
40           public void surfaceChanged(SurfaceHolder arg0,int arg1,int arg2,int arg3){}
41           public void surfaceCreated(SurfaceHolder holder){
42               mvdt.start();}                                    //启动线程
43           public void surfaceDestroyed(SurfaceHolder arg0){}
44       }
```

- 第5~13行为本类的构造器，功能为初始化本类的成员变量，并创建画笔，设置画笔颜色、字体大小、设置抗锯齿等属性。

- 第15~38行为重写draw方法，功能为绘制场景中左面水滴、右面水滴等图片与绘制加速度传感器信息。

（3）最后要开发的是绘制图形的线程MyViewDrawThread类，具体代码如下。

  代码位置：见随书源代码第4章\Sample4_13\app\src\main\java\com\bn\sample4_13目录下的MyViewDrawThread.java。

```
1    package com.bn.sample4_13;
2    //定时重新绘制画面的线程
3    public class MyViewDrawThread extends Thread{
4        boolean flag = true;                                     //声明标志位
5        boolean pauseFlag=false;                                 //声明标志位
6        MyView mv;                                               //声明MyView引用
7        SurfaceHolder surfaceHolder;                             //声明SurfaceHolder引用
8        public MyViewDrawThread(MyView mv){                      //创建构造器
9            this.mv = mv;
10           this.surfaceHolder = mv.getHolder();
11       }
12       public void run(){
```

```
13          Canvas c;                                              //声明画布的引用
14          while (this.flag){
15              c = null;
16              f(!pauseFlag){
17                  try{
18                      c = this.surfaceHolder.lockCanvas(null);
19                      synchronized (this.surfaceHolder){
20                          mv.draw(c);                            //绘制
21                  }finally{
22                      if (c != null){                            //并释放锁
23                  this.surfaceHolder.unlockCanvasAndPost(c);     //睡眠指定毫秒数
24                  try{
25                      Thread.sleep(50);                          //睡眠 50ms
26                  }catch(Exception e){
27                      e.printStackTrace();                       //打印堆栈信息
28          }}}
```

- 第 8~11 行是 MyViewDrawThread 构造器，在其他 Java 类创建该类对象时调用。
- 第 11~28 行为重写 run 方法，实现的功能是根据标志位来实时绘制图形，并在绘制过程中休眠 50ms。

4.2.10 传感器的坐标轴问题

如果有 Android Pad 的读者可能会发现，在很多型号的 Pad 上，案例 Sample4_13 并不能正常运行。此案例在手机上运行时，水平仪中的水滴是一直向低处移动的。但在很多 Pad 上却不是如此，左右转动 Pad 水滴将上下移动，前后转动 Pad 水滴将左右移动。

这主要是由以下两个原因造成的。

- 手机的初始姿态是竖屏的，很多品牌 Pad 的初始姿态是横屏的。
- 重力传感器的坐标轴是与设备默认初始姿态绑定的，并不以设备当前显示状态（横屏或竖屏）的变化而变化，如图 4-21 所示。

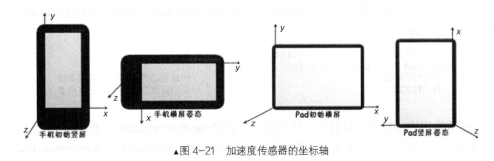

▲图 4-21 加速度传感器的坐标轴

这就造成了一个问题，同一种显示状态（横屏或竖屏）下，初始姿态不同的设备上，小水滴同一运动方向对应的加速度传感器的坐标轴是不同的，如图 4-22 所示。

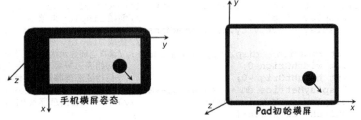

▲图 4-22 水滴运动对应的加速度传感器的坐标轴

从图 4-22 中可以看出：对于用户而言，感觉都是水滴向右下角运动；但对于开发人员而言，手机上水滴的运动方向应该是 x 轴正方向、y 轴正方向，Pad 上水滴运动方向应该是 x 轴正方向、y 轴负方向。另外，手机上 x 轴负责水滴的上下移动，y 轴负责水滴的左右移动，而 Pad 上 x 轴负责水滴的左右移动，y 轴负责水滴的上下移动。

从上面的讲解中可以看出，如果希望水平仪的案例 Sample4_13 能够在这些 Pad 上正常运行，只需要修改此案例中，加速度传感器监听器的两行代码即可。也就是将加速度传感器监听器中重写的 onSensorChanged 方法的代码修改如下：

```
1    public void onSensorChanged(SensorEvent event){    //重写 onSensorChanged 方法
2        float []values=event.values;                    //获取加速度传感器的测量值
3        mv.dx=values[1];                                //为 dx 赋值
4        mv.dy=(-1)*values[0];                           //为 dy 赋值
5        mv.dz=values[2];                                //为 dz 赋值
6    }
```

> **说明** 从上述代码中可以看出，主要就是修改了第 3、4 行的赋值语句，使得原来适应于手机初始姿态对应坐标系的代码，可以适应于 Pad 初始姿态对应的坐标系了。

到了这里，问题看似顺利解决了，但是开发人员还需要给不同的设备提供不同版本的软件，这并不是很好的解决方案，最好能够采用一套通用的代码。读者可能会想到，读取设备的初始姿态，根据初始姿态的不同，用 if 语句进行判断，并运行不同的代码片段即可。

但不幸的是，Android 平台下并没有直接提供能够读取设备初始姿态是横屏还是竖屏的 API。笔者经过研究发现，Android 平台下提供了读取当前显示状态相对于初始姿态旋转了多少角度的 API。同时，Android 平台下还提供了获取当前显示状态下屏幕宽度及高度的 API。组合使用上述两个 API 可以达到需要的效果。

为了读者开发的方便，笔者专门开发了两个工具类服务于解决这个问题，相关代码如下。

（1）首先给出的是表示结果的枚举类 DefaultOrientation 的代码，具体内容如下。

📄 **代码位置**：见随书源代码\第 4 章\Sample4_14\app\src\main\java\com\bn\orign\orientation\util 目录下的 DefaultOrientation.java。

```
1    package com.bn.orign.orientation.util;              //声明包
2    public enum DefaultOrientation{
3        LANDSCAPE,                                      //初始姿态为横屏的对应枚举值
4        PORTRAIT                                        //初始姿态为竖屏的对应枚举值
5    }
```

（2）接着给出的是自动计算获取设备初始姿态的 DefaultOrientationUtil 类，具体代码如下。

📄 **代码位置**：见随书源代码\第 4 章\Sample4_14\app\src\main\java\com\bn\orign\orientation\util 目录下的 DefaultOrientationUtil.java。

```
1    public class DefaultOrientationUtil{
2        public static DefaultOrientation defaultOrientation;
                                                        //声明 DefaultOrientation 引用
3        public static void calDefaultOrientation(Activity activity){
4            Display display;                           //创建 Display 对象
5            display = activity.getWindowManager().getDefaultDisplay();
                                                        //获取 Display 对象
6            int rotation = display.getRotation();//读取当前显示状态相对于初始姿态的旋转角度
7            int widthOrign=0;                          //初始姿态屏幕宽度存储变量
8            int heightOrign=0;                         //初始姿态屏幕高度存储变量
9            DisplayMetrics dm = new DisplayMetrics();//创建 DisplayMetrics 对象
10           display.getMetrics(dm);                    //将显示设备信息存入 DisplayMetrics 对象
11           switch (rotation){
12               case Surface.ROTATION_0:               //若当前显示状态相对于初始姿态旋转了 0°
13               case Surface.ROTATION_180:             //若当前显示状态相对于初始姿态旋转了 180°
14                   widthOrign=dm.widthPixels;
15                   heightOrign=dm.heightPixels;
```

```
16                break;
17              case Surface.ROTATION_90:    //若当前显示状态相对于初始姿态旋转了 90°
18              case Surface.ROTATION_270:   //若当前显示状态相对于初始姿态旋转了 270°
19                widthOrign=dm.heightPixels;
20                heightOrign=dm.widthPixels;
21                break;
22          }
23          if(widthOrign>heightOrign){      //若初始姿态下屏幕宽度大于高度则初始为横屏
24            defaultOrientation=DefaultOrientation.LANDSCAPE;
25          }
26          else{                            //若初始姿态下屏幕宽度不大于高度则初始为竖屏
27            defaultOrientation=DefaultOrientation.PORTRAIT;
28 }}}
```

- 第 4~10 行的功能为获取 Display 对象，读取当前显示状态相对于初始姿态的旋转角度，创建 DisplayMetrics 对象，将显示设备信息存入 DisplayMetrics 对象。
- 第 11~22 行的功能为根据当前显示状态，相对于初始姿态的旋转角度，以及当前显示状态的屏幕宽度、高度计算出初始姿态的屏幕宽度、高度。
- 第 23~27 行为根据初始姿态屏幕的宽度和高度来判断初始姿态是横屏还是竖屏，并记录结果。

> **提示**　如果当前显示状态相对于初始姿态旋转了 0°或者 180°，则存放到 DisplayMetrics 对象中的屏幕宽度、高度信息与初始姿态是一致的；如果当前显示状态相对于初始姿态旋转了 90°或者 270°，则存放到 DisplayMetrics 对象中的屏幕宽度、高度信息相对于初始姿态是宽度、高度互换的。

通过学习上面的两个工具类，读者对由于 Pad 和手机加速度坐标轴不同而导致的水滴不能正常移动问题的原因与解决方案有了进一步的认识。下面将通过一个具体的案例 Sample4_14 进一步介绍如何在实际项目中应用上述两个工具类。

案例 Sample4_14 修改自案例 Sample4_13，主要是在项目中增加了上述两个工具类，并修改了 Sample4_13Activity 类中不多的几行代码。两个工具类的代码在前面已经详细给出，因此，这里仅介绍本案例中被修改的 Sample4_14Activity 类，相关代码如下。

代码位置：见随书源代码\第 4 章\Sample4_14\app\src\main\java\com\bn\sample4_14 目录下的 Sample4_14Activity.java。

```
1  package com.bn.sample4_14;                                     //包声明
2  ……//此处省略部分相关类的引入代码，读者可自行查看随书的源代码
3  public class Sample4_14Activity extends Activity{
4    ……//此处省略一些成员变量的声明的引入代码，读者可自行查阅随书的源代码
5    private SensorEventListener mel=new SensorEventListener(){//重力传感器的监听器
6        @Override
7        public void onAccuracyChanged(Sensor sensor, int accuracy){}
8        @Override
9        public void onSensorChanged(SensorEvent event){
                                                        //重写 onSensorChanged 方法
10           float []values=event.values;                //获取加速度传感器的测量值
11           //若初始姿态是横屏 （指部分 Pad 设备）
12  if(DefaultOrientationUtil.defaultOrientation==DefaultOrientation.LANDSCAPE){
13             mv.dx=values[1];                         //为 dx 赋值
14             mv.dy=(-1)*values[0];                    //为 dy 赋值
15             mv.dz=values[2];                         //为 dz 赋值
16           }else{               //若原始姿态是竖屏 （指手机及另一部分 Pad 设备）
17             mv.dx=values[0];                         //为 dx 赋值
18             mv.dy=values[1];                         //为 dy 赋值
19             mv.dz=values[2];                         //为 dz 赋值
20  }}};
21    @Override
22    public void onCreate(Bundle savedInstanceState){
```

```
23        ……//此处省略了部分代码，与前面案例的基本相同，读者可自行查阅随书源代码
24        DefaultOrientationUtil.calDefaultOrientation(this);//计算设备原始屏幕姿态
25        ……//此处省略了部分代码，与前面案例的基本相同，读者可自行查阅随书的源代码
26    }
27    @Override
28    protected void onResume(){                              //重写 onResume 方法
29        ……//此处省略了部分代码，与前面案例的基本相同，读者可自行查阅随书的源代码
30    }
31    @Override
32    protected void onPause(){                               //重写 onPause 方法
33        ……//此处省略了部分代码，与前面案例的基本相同，读者可自行查阅随书的源代码
34    }}
```

> **说明** 从上述代码中可以看出，主要变化是修改了第 12~19 行的赋值语句，使得此案例能自适应于手机初始竖屏姿态对应的坐标系与 Pad 初始横屏姿态对应的坐标系，并且增加了第 24 行的代码用于计算设备的初始屏幕姿态。读者在不同的设备上运行本案例时，就会发现在所有的设备上水平仪中的水滴都可以正常移动了，问题顺利解决了。

4.3 本章小结

本章主要介绍了 Android 平台下数据的存储与共享以及 Android 平台下 7 种传感器的使用。在 7 种传感器中与游戏开发关系最为密切的是加速度传感器，4.2 节也针对该传感器给出了一个较为完整的案例。掌握该案例后，读者可以应对游戏开发中各种体感操控的需求了。

第5章 Android 游戏开发中的网络编程

如今的游戏基本上已经离不开网络了,手机游戏也逐步向网络型发展,网络编程能力对于一个游戏开发人员来说是必不可少的。本章将对 Android 平台下的网络编程进行简单介绍,希望通过本章的学习,读者能够了解到 Android 平台下网络开发的特点。

5.1 基于 Socket 套接字的网络编程

说到网络开发,首先想到的一定是 Socket 编程。在游戏开发中,应用最多的网络编程技术也是 Socket。本节将通过一个简单的实例,讲解如何在 Android 平台下完成基于 Socket 的网络应用开发。其具体开发步骤如下。

(1)首先是服务器端的开发,在 Eclipse 中新建一个名为 Sample_5_1Server 的普通 Java 项目。其创建方法是在 Eclipse 中依次单击菜单 "File\New\Java Project"。

(2)在新建的项目下的 src 上单击鼠标右键,在弹出的菜单中依次单击 "New\Class",在弹出的新建类的窗口中输入文件名 Sample_5_1Server 和包名 wyf.ytl,单击"Finish"按钮,如图 5-1 所示。

▲图 5-1 新建 Java 类

(3)开发 Sample_5_1Server 类,代码如下。

> 代码位置:见随书源代码/第 5 章/Sample_5_1Server/src/wyf/ytl 目录下的 Sample_5_1Server.java。

```
1   package wyf.ytl;                                    //声明包语句
2   import java.io.DataInputStream;                     //引入相关类
3   import java.io.DataOutputStream;                    //引入相关类
4   import java.net.ServerSocket;                       //引入相关类
5   import java.net.Socket;                             //引入相关类
6   public class Sample_5_1Server{
7       public static void main(String[] args){         //主方法
8           ServerSocket ss = null;                     //ServerSocket 的引用
9           Socket s = null;                            //Socket 的引用
10          DataInputStream din = null;
11          DataOutputStream dout = null;
12          try{
13              ss = new ServerSocket(8888);            //监听到 8888 端口
14              System.out.println("已监听到 8888 端口!");
15          }
16          catch(Exception e){
17              e.printStackTrace();                    //打印异常信息
18          }
19          while(true){
20              try{
21                  s = ss.accept();                    //等待客户端连接
22                  din = new DataInputStream(s.getInputStream());
```

```
23                    dout = new DataOutputStream(s.getOutputStream());
24                    String msg = din.readUTF();          //读一个字符串
25                    System.out.println("ip: " + s.getInetAddress());//打印 IP
26                    System.out.println("msg: " + msg);   //打印客户端发来的消息
27                    System.out.println("=====================");
28                    dout.writeUTF("Hello Client!");      //向客户端发送消息
29                }
30                catch(Exception e){
31                    e.printStackTrace();                 //打印异常信息
32                }
33                finally{                                 //用 finally 语句块确保动作执行
34                    try{
35                        if(dout != null){
36                            dout.close();                 //关闭输出流
37                        }
38                        if(din != null){
39                            din.close();                  //关闭输入流
40                        }
41                        if(s != null){
42                            s.close();                    //关闭 Socket 连接
43                        }
44                    }
45                    catch(Exception e){
46                        e.printStackTrace();              //打印异常信息
47 }}}}}
```

- 第 9~11 行为声明后面用到的 DataInputStream 和 DataOutputStream 等对象的引用。
- 第 13 行为创建一个 ServerSocket 并监听到 8888 端口。
- 第 19 行为进入死循环，等待接收客户端的连接请求。
- 第 21~23 行为接收客户端的连接请求，并根据连接的 Socket 创建输入/输出流。
- 第 24~26 行为接收客户端发来的消息并打印。
- 第 27 行为打印分割线。
- 第 28 行向客户端发送字符串 "Hello Client!"。
- 第 33~47 行为关闭输入/输出流以及 Socket。

（4）接下来是客户端的开发，首先新建一个名为 Sample_5_1 的 Android 项目。

（5）为新建的 Sample_5_1 项目添加网络权限，打开 AndroidManifest.xml，在其</manifest>标记之前添加语句<uses-permission android:name="android.permission.INTERNET"/>。

（6）开发 main.xml，代码如下。

> 代码位置：见随书源代码\第 5 章\Sample_5_1\app\src\main\res\layout 目录下的 main.xml。

```
1  <?xml version="1.0" encoding="utf-8"?>       <!-- XML 的版本以及编码方式 -->
2  <LinearLayout xmlns:android="http://schemas.android.com/apk/res/android"
3     android:orientation="vertical"
4     android:layout_width="fill_parent"
5     android:layout_height="fill_parent"
6     >                                          <!--添加一个垂直的线性布局-->
7     <EditText
8         android:id="@+id/editText"
9         android:layout_width="fill_parent"
10        android:layout_height="wrap_content"
11        android:text="Hello Server!"
12    />                                         <!--添加一个输入文本框-->
13    <Button
14        android:id="@+id/button1"
15        android:layout_width="wrap_content"
16        android:layout_height="wrap_content"
17        android:text="发送信息到服务器"
18    />                                         <!--添加一个发送按钮 -->
19    <TextView
20        android:id="@+id/textView"
21        android:layout_width="wrap_content"
```

```
22                android:layout_height="wrap_content"
23                android:text="服务器发来的消息: "
24            />                                        <!--添加一个文本控件显现服务器发来的信息-->
25      </LinearLayout>
```

- 第2~6行功能是添加一个垂直的线性布局。
- 第7~24行功能是向线性布局中添加3个控件，并为各个控件指定ID。

（7）开发Sample_5_1.java，用下面的代码代替Sample_5_1.java中原有的代码。

代码位置：见随书源代码\第5章\Sample_5_1\app\src\main\java\wyf\ytll 目录下的 Sample_5_1.java。

```
1   package wyf.ytl;                                        //引入包
2   ……//该处省略了部分类的导入代码，读者可自行查看随书源代码
3   public class Sample_5_1 extends Activity implements OnClickListener{
4       ……//此处省略了声明成员变量的代码，可自行查阅随书的源代码
5       public void onCreate(Bundle savedInstanceState){//重写的onCreate回调方法
6           super.onCreate(savedInstanceState);
7           setContentView(R.layout.main);                  //设置当前的用户界面
8           button1 = (Button) findViewById(R.id.button1);//得到布局中的按钮引用
9           editText = (EditText) findViewById(R.id.editText);
10          textView = (TextView) findViewById(R.id.textView);
11          button1.setOnClickListener(this);               //添加监听
12          this.handler=new Handler();                     //创建属于主线程的handler
13      }
14      public Runnable runnableUi=new  Runnable(){//构建Runnable对象，在runnable中更新界面
15          public void run(){                              //更新界面
16              textView.setText("服务器发来的消息: "+str);   //设置textView中的内容
17      }};
18      public void onClick(View v){
19          if(v==button1){                                 //单击的是按钮
20              new Thread(){
21                  boolean flag=false;                     //启动线程的标志位
22                  public void run(){
23                      try{
24                          s = new Socket("192.168.191.1", 8888);//连接服务器
25                          flag=true;                      //启动线程
26                      }catch (Exception e){
27                          e.printStackTrace();            //打印异常信息
28                      }
29                      while(flag){
30                          try{
31                              dout = new DataOutputStream(s.getOutputStream());//得到输出流
32                              din = new DataInputStream(s.getInputStream());//得到输入流
33                              dout.writeUTF(editText.getText().toString());//向服务器发送消息
34                              str=din.readUTF();          //接收服务器发来的消息
35                              if(dout!= null){
36                                  dout.close();           //关闭输入流
37                              }
38                              if(din != null){
39                                  din.close();            //关闭输入流
40                              }
41                              flag=false;                 //停止线程
42                              if(s!=null){
43                                  s.close();              //关闭Socket连接
44                              }
45                              Sample_5_1.this.handler.post(Sample_5_1.this.runnableUi);
46                                                          //更新界面
46                          }catch(Exception e){
47                              e.printStackTrace();        //打印异常信息
48          }}}}.start();
49      }}}
```

- 第5~13行为重写了onCreate方法。在该方法中得到各个控件的引用、为按钮添加监听器并创建了属于主线程的handler。
- 第14~17行为构建了Runnable对象，在runnaable中更新界面。其主要功能为更新界面

中的 textView 控件中的文本信息。
- 第 18 行实现了接口中的 onClick 方法。
- 第 24~25 行为单击按钮时，连接服务器的 8888 端口，并将线程标志位设置为 true，即启动线程。
- 第 31~34 行为得到输入/输出流，先向服务器发送 editText 中的文本信息，再接收服务器发来过来的消息，在 textView 控件中显示。
- 第 35~45 行为关闭输入/输出流及 Socket 连接，并停止线程以及通过 handler 更新界面。

（8）先运行 Sample_5_1Server，在 Console 窗口中会看到"已监听到 8888 端口！"的字样，说明服务器已经启动完毕，如图 5-2 所示。

（9）再运行 Sample_5_1，在模拟器或者真机中可看到如图 5-3 所示的效果。当单击按钮后，便观察到从服务器发送过来的信息，如图 5-4 所示，而在服务器端的 Console 窗口中，可看到客户端发来的消息，如图 5-5 所示。

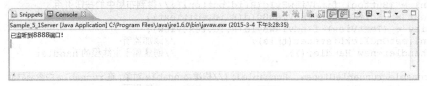

▲图 5-2 Console 窗口

▲图 5-3 网络编程

▲图 5-4 客户端接收到服务器发来的消息

▲图 5-5 服务端的打印信息客户端效果

5.2 基于 HTTP 的网络编程

本节将对另一种网络编程技术 HTTP 协议进行简单介绍。

5.2.1 通过 URL 获取网络资源

HTTP 协议最简单的应用就是通过 URL 获取网络资源，下面的例子是在 Android 平台下，通过 URL 获取百度主页的源代码并显示在可滚动的 View 中。该例子的开发过程如下。

（1）新建一个名为 Sample_5_2 的 Android 项目。

（2）为该项目添加网络权限，打开 AndroidManifest.xml 文件，在</manifest>标记之前加上<uses-permission android:name="android.permission.INTERNET"/>。

（3）开发 Sample_5_2.java 文件，打开 src\main\java\wyf\ytl 目录下的 Sample_5_2.java 文件，将原有代码替换成如下代码。

> 代码位置：见随书源代码\第 5 章\Sample_5_2\app\src\main\java\wyf\ytl 目录下的 Sample_5_2.java。

```
1    package wyf.ytl;
2    ……//该处省略了部分类的导入代码，读者可自行查看随书源代码
3    public class Sample_5_2 extends Activity{
4        TextView textView = null;              //声明一个 TextView 的引用
5        ScrollView scrollView = null;          //声明一个 ScrollView 的引用
6        Sample_5_2Thread th;                   //加载线程对象
7        public Handler handler=null;           //声明 Handler 对象
8        public String str=null;                //文本信息
```

```
9        public void onCreate(Bundle savedInstanceState){//重写的 onCreate 方法
10           super.onCreate(savedInstanceState);
11           textView = new TextView(this);              //初始化 textView
12           scrollView = new ScrollView(this);          //初始化 scrollView
13           textView.setText("正在加载……");              //设置文本信息
14           scrollView.addView(textView);               //将 textView 添加到 scrollView 中
15           this.setContentView(scrollView);            //设置当前显示的用户界面为 scrollView
16           this.handler=new Handler();                 //创建属于主线程的 handler
17           th=new Sample_5_2Thread(this);              //初始化加载线程
18           th.start();                                 //启动加载线程
19        }
20        public Runnable runnableUi=new  Runnable(){
                                                        // 构建 Runnable 对象,在 runnable 中更新界面
21            public void run(){                        //更新界面
22                textView.setText(str);                //设置 textView 中的内容
23        }};
24    }
```

- 第 4～8 行为声明 TextView 和 ScrollView 的引用以及声明加载线程对象、Handler 对象和文本信息变量。
- 第 9～19 行为重写的 onCreate 方法。在该方法中主要初始化 TextView 和 ScrollView,并将 TextView 添加到 ScrollView 中,显示 ScrollView,创建 Handler 以及初始化加载线程并启动该线程。
- 第 20～23 行为更新界面方法。在该方法中主要实现更新界面的功能。

(4) 开发完 Sample_5_2.java 文件后,接下来开发加载线程类 Sample_5_2Thread,用于加载从百度主页获取的各个数据。其具体代码如下。

✍ 代码位置: 见随书源代码\第 5 章\Sample_5_2\app\src\main\java\wyf\ytll 目录下的 Sample_5_2Thread.java。

```
1    package wyf.ytl;
2    ……//该处省略了部分类的导入代码,读者可自行查看随书源代码
3    public class Sample_5_2Thread extends Thread{       //加载线程
4        Sample_5_2 sp;                                   //Sample_5_2 对象
5        URLConnection ucon = null;
6        BufferedInputStream bin = null;                  //创建输入流
7        ByteArrayBuffer bab = null;
8        boolean flag=false;                              //是否启动线程标志位
9        public Sample_5_2Thread(Sample_5_2 sp){          //构造器
10           this.sp=sp;                                   //获取 Sample_5_2 对象
11       }
12       public void run(){
13           try{
14               URL myURL = new URL("http://www.baidu.com/");//初始化 URL
15               ucon = myURL.openConnection();           //打开连接
16               flag=true;                                //启动线程
17           }catch(Exception e){
18               e.printStackTrace();                      //打印异常信息
19           }
20           while(flag){
21               try{
22                   bin = new BufferedInputStream(ucon.getInputStream());
                                                          //通过连接得到输入流
23                   int current = 0;
24                   bab = new ByteArrayBuffer(1000);
25                   while((current=bin.read())!= -1){
26                       bab.append((char)current);
                         //将收到的信息添加到 ByteArrayBuffer 中
27                   }
28                   if(bin!= null){
29                       bin.close();                      //关闭输入流
30                   }
31                   flag=false;                           //停止线程
32                   sp.str=EncodingUtils.getString(bab.toByteArray(),"UTF-8");
```

```
33                    sp.handler.post(sp.runnableUi);        //更新界面
34               }catch(Exception e){
35                    e.printStackTrace();                   //打印异常信息
36  }}}}
```
//textView 中要显示的内容

- 第 4~8 行为声明该类中的各个变量。
- 第 14~16 行的功能为初始化 URL 资源，在构造器中传入的参数为百度主页的 URL 地址；打开连接，并通过连接获得输入流以及设置启动线程标志位为 true。
- 第 22~27 行为通过输入流接收数据，并将接收到的数据添加到 ByteArrayBuffer 中。
- 第 28~30 行为关闭并释放输入流。
- 第 31~33 行为设置启动线程标志位为 false，将 ByteArrayBuffer 中的数据转换成 UTF-8 编码形式后，赋值给 Sample_5_2 对象中的文本信息变量 str，更新界面。

（5）运行该项目，在真实手机中观察其运行效果，如图 5-6 所示，可通过手指上下触摸屏幕来滚动 scrollView 来查看更多信息。

▲图 5-6 获取百度主页源代码

> 提示　因为该例子需要通过网络获取主页的信息，所以在运行该例子时，应该保证所使用计算机的网络是良好的。

该例子中并没有像之前各章节的例子使用 XML 布局文件进行布局，而是直接在 Java 源代码中初始化各个 View，直接将初始化后的 View 设置成当前显示的用户界面。在游戏的开发过程中，这种方式使用较普遍，更灵活、更简单。

5.2.2　在 Android 中解析 XML

接下来将介绍在 Android 中如何对在网络上获取的 XML 文件的内容进行解析，得到所需要的内容。

XML 是一种通用的数据交换格式，它的平台无关性、语言无关性、系统无关性为数据集成与交换带来了很大的方便。XML 文件的解析对 Android 来说必不可少。

Android 中解析 XML 的方式有两种，一种叫 DOM，另一种叫 SAX。下面将对这两种解析方式进行简单的介绍。

- DOM 方式。DOM 是一种基于 XML 文档树结构的解析，解析之前通常需要加载整个 XML 文档和构造树结构，之后的解析就是在 Java 代码中通过 DOM 接口操作之前构造的树结构。DOM 方式解析 XML 的优点是，整个 XML 的树结构存在于内存中，可以很方便地操作，而且可以很轻松地删除和修改 XML 树结构。但是 DOM 方式每次必须将整个 XML 文档调入内存，而往往只是对其中很小一部分进行操作，这就浪费了很多资源。
- SAX 方式。SAX 是一种基于事件流的解析方式，解析之前不需要加载整个 XML 文档，而是当解析器遇到某些标记时，触发一些事件，开发人员编写响应这些事件的代码来做相应的处理。所以 SAX 方式解析 XML 比较迅速，而且节省资源。但因为在解析过程中并没有加载整个 XML，所以 SAX 方式解析的数据不持久，如果没有及时保存，很容易丢失。又因为 SAX 方法得到的文本并不知道属于哪个元素下的，所以操作有些局限。

> 提示　在游戏开发中，基本不会使用到 XML 的解析技术。本节也并没有深入地讲解，有兴趣的读者可以查看相关资料进行学习与研究。

5.3 蓝牙通信

百度地图 Android SDK 是一套基于 Android 2.1 及以上版本设备的应用程序接口。开发人员可以使用该套 SDK 开发适用于 Android 系统移动设备的地图应用，通过调用地图 SDK 接口，可以轻松访问百度地图服务和数据，构建功能丰富、交互性强的地图类应用程序。本节将详细介绍在 Android 平台中如何开发带有 Baidu Map 的应用程序。

5.3.1 基础知识

本小节为读者介绍的是蓝牙的基础知识。读者只有掌握了这些基础知识，才能更好地开发有关蓝牙的应用程序。

蓝牙是一种支持设备短距离通信（一般为 10m 之内）的无线技术，数据传输时不需要连线，且传输速率也比传统手持设备的红外模式更加迅速、高效。其优势主要如下。

（1）免费蓝牙无线技术规格供全球的成员公司免费使用。除了设备费用外，制造商不需要为使用蓝牙技术再支付任何知识产权费用，这大大降低了蓝牙技术的普及门槛。

（2）应用范围广蓝牙技术得到广泛的应用，集成该技术的产品从手机、汽车到医疗设备等应有尽有，使用该技术的用户从消费、工业市场到企业等，不一而足。

（3）易于使用蓝牙是一项即时技术，不要求固定的基础设施，且易于安装和设置，而且无须电缆即可实现连接，使用起来非常方便。

（4）全球通用的规格蓝牙无线技术是当今市场上支持范围最广泛，功能最丰富且安全的无线标准之一。全球范围内的资格认证程序可以测试成员的产品是否符合标准。

介绍完蓝牙技术的特点与优势之后，接下来简单介绍一下蓝牙设备的使用步骤，具体如下。

（1）开启要搜索的设备的蓝牙功能，开始搜索设备。
（2）在一个设备中开启搜索设备的功能，开始搜索设备。
（3）当搜索到其他设备后，会将搜索的设备显示在本设备的列表中。
（4）选择列表中的某一设备，请求匹配。
（5）被选中的设备收到匹配请求后，经双方验证同意，设备匹配成功。
（6）设备匹配成功后就可以建立连接，并收发数据了。

> **提示** 蓝牙通信与 Socket 网络通信的基本思想非常类似，都是连接成功后，建立双向数据流收发数据，但开发起来要比 Socket 复杂一些。这主要因为蓝牙设备的搜索功能和配对列表的显示需要开发人员自行编写代码实现，下面的案例将会对此进行详细介绍。

5.3.2 简单的案例

本小节为读者介绍的是两个设备使用蓝牙技术连接并发送字符串的简单案例。

在正式介绍案例的开发步骤之前，请读者先了解一些该案例的运行效果，有助于读者对本案例开发的理解，其主要效果如下所列。

（1）准备两部手机，打开蓝牙并设置可发现性。在两部手机上分别运行该程序，在其中一部手机上按下 Menu 键，效果如图 5-7 所示。

（2）按下"扫描设备"按钮，进入扫描界面，如图 5-8 所示，搜索结果如图 5-9 所示。按下其中的 LG-P990 设备，连接后的提示信息如图 5-10 所示。

▲图 5-7 效果 1

▲图 5-8 效果 2

▲图 5-9 效果 3

▲图 5-10 效果 4

（3）在编辑框编辑信息，按下"发送"按钮，在另一部手机上可收到信息，ME860 向 LG P990 发送信息的接收效果如图 5-11 所示，LG P990 向 ME860 发送信息的接收效果如图 5-12 所示。

▲图 5-11 效果 5

▲图 5-12 效果 6

> 提示：笔者使用的两部手机分别是摩托罗拉的 ME860 和 LG P990，其他支持蓝牙功能的 Android 手机均可使用。

了解了该案例的运行效果之后，读者对该案例的功能应该有了一个大概的了解，接下来介绍案例的开发，具体步骤如下。

（1）新建一个名为 Sample_5_3 的 Android 项目。

（2）为该项目添加权限，打开 AndroidManifest.xml 文件，在</manifest>标记之前加上 <uses-permission android:name="android.permission.BLUETOOTH_ADMIN" />和<uses-permission android:name="android.permission.BLUETOOTH" />。

（3）开发 main.xml，此布局文件是主界面的布局文件，代码如下。

代码位置：见随书源代码\第 5 章\Sample_5_3\app\src\main\res\layout 目录下的 main.xml。

```
1    <?xml version="1.0" encoding="utf-8"?>              <!-- XML 的版本以及编码方式 -->
2    <LinearLayout
3        xmlns:android="http://schemas.android.com/apk/res/android"
```

```
4          android:layout_width="fill_parent"
5          android:layout_height="fill_parent"
6          android:orientation="vertical" >              <!--添加一个垂直的线性布局-->
7       <EditText
8          android:id="@+id/editText"
9          android:layout_width="match_parent"
10         android:layout_height="wrap_content"/>        <!--添加一个输入文本框-->
11      <Button
12         android:id="@+id/btn_send"
13         android:layout_width="wrap_content"
14         android:layout_height="wrap_content"
15         android:text="发送"
16         android:layout_gravity="center" />             <!--添加一个发送按钮-->
17   </LinearLayout>
```

- 第2~6行为添加了一个垂直的线性布局。
- 第7~16行为向线性布局中，添加了输入文本框和发送按钮两个控件，并为两个控件设置了ID等属性。

（4）开发device_list.xml。该布局文件为按下Menu键后，显示设备列表的布局文件，代码如下。

代码位置：见随书源代码\第5章\Sample_5_3\app\src\main\res\layout目录下的device_list.xml。

```
1    <?xml version="1.0" encoding="utf-8"?>              <!-- XML的版本以及编码方式 -->
2    <LinearLayout
3        xmlns:android="http://schemas.android.com/apk/res/android"
4        android:orientation="vertical"
5        android:layout_width="match_parent"
6        android:layout_height="match_parent" >          <!--添加一个垂直的线性布局-->
7      <TextView android:id="@+id/title_paired_devices"
8          android:layout_width="match_parent"
9          android:layout_height="wrap_content"
10         android:text="已配对的设备"
11         android:visibility="gone"
12         android:background="#666"
13         android:textColor="#fff"
14         android:paddingLeft="5dp"/>                    <!--添加一个TextView -->
15     <ListView android:id="@+id/paired_devices"
16         android:layout_width="match_parent"
17         android:layout_height="wrap_content"
18         android:stackFromBottom="true"
19         android:layout_weight="1"/>                    <!--添加一个ListView -->
20     <TextView android:id="@+id/title_new_devices"
21         android:layout_width="match_parent"
22         android:layout_height="wrap_content"
23         android:text="其他可用设备"
24         android:visibility="gone"
25         android:background="#666"
26         android:textColor="#fff"
27         android:paddingLeft="5dp" />                   <!--添加一个TextView -->
28     <ListView android:id="@+id/new_devices"
29         android:layout_width="match_parent"
30         android:layout_height="wrap_content"
31         android:stackFromBottom="true"
32         android:layout_weight="2"/>                    <!--添加一个ListView -->
33     <Button android:id="@+id/button_scan"
34         android:layout_width="match_parent"
35         android:layout_height="wrap_content"
36         android:text="扫描设备"/>                       <!--添加一个Button -->
37   </LinearLayout>
```

- 第2~6行为添加了一个竖直的线性布局。
- 第7~36行为添加了5个控件，并设置了控件的ID等属性。

（5）开发device_name.xml。该布局文件是显示设备列表的ListView中的每一项的布局，其布局简单，只有一个TextView。由于篇幅所限，这里不再赘述，读者可自行查阅随书中的源代码。

（6）开发Constant.java。该类是案例中的常量类，代码如下。

代码位置：见随书源代码\第 5 章\Sample_5_3\app\src\main\java\com\bn\sample_5_3 目录下的 Constant.java。

```
1   package com.bn.sample_5_3;
2   public class Constant {
3       public static final int MSG_READ = 2;
4       public static final int MSG_DEVICE_NAME = 4;
6                                // 由 Service 中的 Handler 发送的消息类型
7       public static final String DEVICE_NAME = "device_name";
8                                // 从 Service 中的 Handler 发来的主键名
9       public static final int REQUEST_CODE=1;      //requestCode 标识
10  }
```

- 该类定义了一些常用的常量，其提供了案例中各个类用到的常量。
- 第 3～9 行为 Service 中的 Handler 发送的消息类型。

（7）开发 MyService.java。该类是蓝牙技术的后台服务类，首先介绍该类的整体框架，代码如下所示。

代码位置：见随书源代码\第 5 章\Sample_5_3\app\src\main\java\com\bn\sample_5_3 目录下的 MyService.java。

```
1   package com.bn.sample_5_3;
2   ……//该处省略了部分类的导入代码，读者可自行查看随书源代码
3   public class MyService {
4       // 本应用的唯一 UUID,全局唯一标识
5       private static final UUID MY_UUID = UUID.
6                       fromString("fa87c0d0-afac-11de-8a39-0800200c9a66");
7       // 成员变量
8       private final BluetoothAdapter btAdapter;
9       private final Handler myHandler;
10      private AcceptThread myAcceptThread;
11      private ConnectThread myConnectThread;
12      private ConnectedThread myConnectedThread;
13      private int myState;
14      // 表示当前连接状态的常量
15      public static final int STATE_NONE = 0;          // 什么也没做
16      public static final int STATE_LISTEN = 1;        // 正在监听连接
17      public static final int STATE_CONNECTING = 2;    // 正在连接
18      public static final int STATE_CONNECTED = 3;     // 已连接到设备
19      // 构造器
20      public MyService(Context context, Handler handler) {
21          btAdapter = BluetoothAdapter.getDefaultAdapter();
22          myState = STATE_NONE;
23          myHandler = handler;
24      }
25      ……//该处省略了该类的部分方法，将在下面进行介绍
26      ……//该处省略了该类的部分线程，将在下面进行介绍
27  }
```

- 第 4～18 行为该类用到的一些常量和成员变量的声明与定义。
- 第 20～24 行为该类的构造方法，在其他 Java 类创建该类对象时调用。

（8）开发第（7）步中省略的部分方法，代码如下。

代码位置：见随书源代码\第 5 章\Sample_5_3\app\src\main\java\com\bn\sample_5_3 目录下的 MyService.java。

```
1       private synchronized void setState(int state) {   //设置当前连接状态的方法
2           myState = state;
3       }
4       public synchronized int getState() {              //获取当前连接状态的方法
5           return myState;
6       }
7       public synchronized void start() {                //开启 Service 的方法
8           if (myConnectThread != null) {                // 关闭不必要的线程
```

```
9                myConnectThread.cancel(); myConnectThread = null;}
10           if (myConnectedThread != null) {         // 关闭不必要的线程
11                myConnectedThread.cancel(); myConnectedThread = null;}
12           if (myAcceptThread == null) {            // 开启线程监听连接
13                myAcceptThread = new AcceptThread();
14                myAcceptThread.start();
15           }
16           setState(STATE_LISTEN);
17      }
18      public synchronized void connect(BluetoothDevice device) {//连接设备的方法
19           if (myState == STATE_CONNECTING) {       // 关闭不必要的线程
20                if (myConnectThread != null) {
21                     myConnectThread.cancel(); myConnectThread = null;}
22           }
23           if (myConnectedThread != null) {         // 关闭不必要的线程
24                myConnectedThread.cancel(); myConnectedThread = null;}
25           // 开启线程连接设备
26           myConnectThread = new ConnectThread(device);
27           myConnectThread.start();
28           setState(STATE_CONNECTING);
29      }
30      //开启管理和已连接的设备间通话的线程的方法
31      public synchronized void connected(BluetoothSocket socket,
32           BluetoothDevice device) {
33           // 关闭不必要的线程
34           if (myConnectThread != null) {
35                myConnectThread.cancel(); myConnectThread = null;}
36           if (myConnectedThread != null) {
37                myConnectedThread.cancel(); myConnectedThread = null;}
38           if (myAcceptThread != null) {
39                myAcceptThread.cancel(); myAcceptThread = null;}
40           // 创建并启动 ConnectedThread
41           myConnectedThread = new ConnectedThread(socket);
42           myConnectedThread.start();
43           // 发送已连接的设备名称到主界面 Activity
44           Message msg = myHandler.obtainMessage(Constant.MSG_DEVICE_NAME);
45           Bundle bundle = new Bundle();
46           bundle.putString(Constant.DEVICE_NAME, device.getName());
47           msg.setData(bundle);
48           myHandler.sendMessage(msg);
49           setState(STATE_CONNECTED);
50      }
51      public synchronized void stop() {             //停止所有线程的方法
52           if (myConnectThread != null) {
53                myConnectThread.cancel(); myConnectThread = null;}
54           if (myConnectedThread != null) {
55                myConnectedThread.cancel(); myConnectedThread = null;}
56           if (myAcceptThread != null) {
57                myAcceptThread.cancel(); myAcceptThread = null;}
58           setState(STATE_NONE);
59      }
60      public void write(byte[] out) {               //向 ConnectedThread 写入数据的方法
61           ConnectedThread tmpCt;                   // 创建临时对象引用
62           synchronized (this) {                    // 锁定 ConnectedThread
63                if (myState != STATE_CONNECTED) return;
64                tmpCt = myConnectedThread;
65           }
66           tmpCt.write(out);                        // 写入数据
67      }
```

- 第 1~6 行为设置当前连接状态 setState 和获得当前连接状态的方法 getState。
- 第 7~29 行为开启 Service 的方法 start 和连接设备的方法 connect。
- 第 31~50 行是方法 connected，功能是管理已连接的设备间通话。
- 第 51~59 行是方法 stop，功能是停止所有线程。
- 第 60~67 行是方法 write，功能是向 ConnectedThread 写入数据。

（9）开发第（7）步中省略的部分线程中用于监听连接的线程 AcceptThread，代码如下。

代码位置：见随书源代码\第 5 章\Sample_5_3\app\src\main\java\com\bn\sample_5_3 目录下的 MyService.java。

```java
1    private class AcceptThread extends Thread {   //用于监听连接请求的线程
2        // 本地服务器端 ServerSocket
3        private final BluetoothServerSocket mmServerSocket;
4        public AcceptThread() {
5            BluetoothServerSocket tmpSS = null;
6            try {                                 // 创建用于监听的服务器端 ServerSocket
7                tmpSS = btAdapter.
8                    listenUsingRfcommWithServiceRecord("BluetoothChat", MY_UUID);
9            } catch (IOException e) {
10                e.printStackTrace();
11            }
12            mmServerSocket = tmpSS;
13        }
14        public void run(){
15            setName("AcceptThread");
16            BluetoothSocket socket = null;
17            while (myState != STATE_CONNECTED) {   //如果没有连接到设备
18                try {
19                    socket = mmServerSocket.accept();   //获取连接的 Sock
20                } catch (IOException e) {
21                    e.printStackTrace();
22                    break;
23                }
24                if (socket != null) {                   // 如果连接成功
25                    synchronized (MyService.this){
26                        switch (myState) {
27                        case STATE_LISTEN:
28                        case STATE_CONNECTING:
29                            // 开启管理连接后数据交流的线程
30                            connected(socket, socket.getRemoteDevice());
31                            break;
32                        case STATE_NONE:
33                        case STATE_CONNECTED:
34                            try {                       // 关闭新 Socket
35                                socket.close();
36                            } catch (IOException e){
37                                e.printStackTrace();
38                            }
39                            break;
40                }}}}}
41        public void cancel(){
42            try {
43                mmServerSocket.close();
44            } catch (IOException e){
45                e.printStackTrace();
46            }
47    }
```

- 第 4～13 行是构造方法 AcceptThread。创建该线程对象时，调用此方法。
- 第 14～40 行是重写的 run 方法。其在开启线程后，由系统自动调用。
- 第 41～46 行是方法 cancel。功能是关闭监听的服务器端 ServerSocket。

（10）开发第（7）步中省略的部分线程中用于尝试连接其他设备的线程 ConnectThread。其代码如下。

代码位置：见随书源代码\第 5 章\Sample_5_3\app\src\main\java\com\bn\sample_5_3 目录下的 MyService.java。

```java
1    private class ConnectThread extends Thread {      //用于尝试连接其他设备的线程
2        private final BluetoothSocket myBtSocket;
3        private final BluetoothDevice mmDevice;
4        public ConnectThread(BluetoothDevice device) {
5            mmDevice = device;
```

```
 6            BluetoothSocket tmp = null;
 7            try {                                // 通过正在连接的设备获取 BluetoothSocket
 8                tmp = device.createRfcommSocketToServiceRecord(MY_UUID);
 9            } catch (IOException e) {
10                e.printStackTrace();
11            }
12            myBtSocket = tmp;
13        }
14        public void run() {
15            setName("ConnectThread");
16            btAdapter.cancelDiscovery();         //取消搜索设备
17            try {                                //连接到 BluetoothSocket
18                myBtSocket.connect();            //尝试连接
19            } catch (IOException e) {
20                setState(STATE_LISTEN);          //连接断开后设置状态为正在监听
21                try {                            //关闭 socket
22                    myBtSocket.close();
23                } catch (IOException e2) {
24                    e.printStackTrace();
25                }
26                MyService.this.start();          //如果连接不成功，重新开启 service
27                return;
28            }
29            synchronized (MyService.this) {      //将 ConnectThread 线程置空
30                myConnectThread = null;
31            }
32            connected(myBtSocket, mmDevice);     //开启管理连接后数据交流的线程
33        }
34        public void cancel() {
35            try {
36                myBtSocket.close();
37            } catch (IOException e) {
38                e.printStackTrace();
39        }}}
```

- 第 4~13 行是构造方法 ConnectThread。创建该线程对象时调用此方法。
- 第 14~33 行是重写的 run 方法。其在开启线程后，由系统自动调用。
- 第 34~39 行是方法 cancel。功能是关闭监听的服务器端 ServerSocket。

（11）开发第（7）步中省略的部分线程中，用于管理连接数据交流的线程 ConnectedThread。其代码如下：

代码位置：见随书源代码\第 5 章\Sample_5_3\app\src\main\java\com\bn\sample_5_3 目录下的 MyService.java。

```
 1    private class ConnectedThread extends Thread {    //用于管理连接后数据交流的线程
 2        private final BluetoothSocket myBtSocket;
 3        private final InputStream mmInStream;
 4        private final OutputStream myOs;
 5        public ConnectedThread(BluetoothSocket socket) {
 6            myBtSocket = socket;
 7            InputStream tmpIn = null;
 8            OutputStream tmpOut = null;
 9            // 获取 BluetoothSocket 的输入、输出流
10            try {
11                tmpIn = socket.getInputStream();
12                tmpOut = socket.getOutputStream();
13            } catch (IOException e) {
14                e.printStackTrace();
15            }
16            mmInStream = tmpIn;
17            myOs = tmpOut;
18        }
19        public void run() {
20            byte[] buffer = new byte[1024];
21            int bytes;
22            while (true) {                                  //一直监听输入流
```

```
23                try {
24                    bytes = mmInStream.read(buffer);     //从输入流中读入数据
25                    //将读入的数据发送到主 Activity
26                    myHandler.obtainMessage(Constant.MSG_READ, bytes, -1, buffer)
27                            .sendToTarget();
28                } catch (IOException e) {
29                    e.printStackTrace();
30                    setState(STATE_LISTEN);              //连接断开后设置状态为正在监听
31                    break;
32                } }}
33        public void write(byte[] buffer) {              //向输出流中写入数据的方法
34            try {
35                myOs.write(buffer);
36            } catch (IOException e) {
37                e.printStackTrace();
38            }}
39        public void cancel() {
40            try {
41                myBtSocket.close();
42            } catch (IOException e) {
43                e.printStackTrace();
44            }}}
```

- 第 5～18 行是构造方法 ConnectedThread。创建该线程对象时，调用此方法。
- 第 19～32 行是重写的 run 方法。在开启线程后由系统自动调用，实现的功能是从输入流获得数据并发送给主 Activity。
- 第 33～38 行是方法 write，功能是向输出流中写入数据。
- 第 39～44 行是方法 cancel，功能是关闭 BluetoothSocket。

（12）开发 Sample_5_3Activity.java，这里先介绍该类中的重写方法，代码如下。

 代码位置：见随书源代码\第 5 章\Sample_5_3\app\src\main\java\com\bn\sample_5_3 目录下的 Sample_5_3 Activity.java。

```
1     package com.bn.sample_5_3;
2     ……//该处省略了部分类的导入代码，读者可自行查看随书源代码
3     public class Sample_5_4Activity extends Activity {
4         private BluetoothAdapter btAdapter = null;      // 本地蓝牙适配器
5         private MyService myService = null;             // Service 引用
6         private EditText outEt;                         // 布局中的控件引用
7         private Button sendBtn;
8         private String connectedNameStr = null;         // 已连接的设备名称
9         @Override
10        public void onCreate(Bundle savedInstanceState) {
11            super.onCreate(savedInstanceState);
12            setContentView(R.layout.main);
13            // 获取本地蓝牙适配器
14            btAdapter = BluetoothAdapter.getDefaultAdapter();
15        }
16        @Override
17        protected void onStart() {
18            super.onStart();
19            // 如果蓝牙没有开启，提示开启蓝牙，并退出 Activity
20            if(!btAdapter.isEnabled()){
21                Toast.makeText(this, "请先开启蓝牙！", Toast.LENGTH_LONG).show();
22                finish();
23            }else{                                      //否则初始化聊天控件
24                if(myService==null){
25                    initChat();
26                }
27            }
28        }
29        @Override
30        public synchronized void onResume() {
31            super.onResume();
32            if (myService == null) {                    // 创建并开启 Service
33                // 如果 Service 为空状态
```

```
34            if (myService.getState() == MyService.STATE_NONE) {
35                myService.start();                      // 开启 Service
36            }
37        }
38    }
39    @Override
40    public void onDestroy() {
41        super.onDestroy();
42        if (myService != null) {                        // 停止 Service
43            myService.stop();
44        }
45    }
46    @Override
47    public void onActivityResult(int requestCode, int resultCode, Intent data) {
48        switch (requestCode) {
49        case Constant.REQUEST_CODE:                     //data 包含了返回数据
50            // 如果设备列表 Activity 返回一个连接的设备
51            if (resultCode == Activity.RESULT_OK) {
52                // 获取设备的 MAC 地址
53                String address = data.getExtras().getString(
54                    MyDeviceListActivity.EXTRA_DEVICE_ADDR);
55                // 获取 BLuetoothDevice 对象,根据给出的 address
56                BluetoothDevice device = btAdapter.getRemoteDevice(address);
57                myService.connect(device);// 连接该设备
58            }
59            break;
60        }
61    }
62    @Override
63    public boolean onPrepareOptionsMenu(Menu menu) {
64        // 启动设备列表 Activity 搜索设备
65        Intent serverIntent = new Intent(this, MyDeviceListActivity.class);
66        startActivityForResult(serverIntent, Constant.REQUEST_CODE);
67        return true;
68    }
69 }
```

- 第 9～15 行是重写方法 onCreate,功能是设置布局文件并获得本地蓝牙适配器。
- 第 16～28 行是重写方法 onStart,功能是在蓝牙没有开启时提示开启蓝牙并退出程序、蓝牙开启时调用方法 initChat。
- 第 29～38 行是重写方法 onResume,功能是创建并开启 Service。
- 第 39～45 行是重写方法 onDestroy,功能是停止 Service。
- 第 46～61 行是重写方法 onActivityResult,功能是与另一个 Activity 实现数据交流。
- 第 62～68 行是方法 onPrepareOptionsMenu,功能是启动设备列表 Activity 搜索设备。

(13) 开发 Sample_5_3Activity.java,这里介绍第 (12) 步用到的方法和处理消息的 Handler,代码如下。

代码位置: 见随书源代码\第 5 章\Sample_5_3\app\src\main\java\com\bn\sample_5_3 目录下的 Sample_5_3Activity.java。

```
1    private void initChat(){
2        outEt=(EditText)this.findViewById(R.id.editText);   //获取编辑文本框的引用
3        sendBtn=(Button)this.findViewById(R.id.btn_send);   //获取按钮的引用
4        sendBtn.setOnClickListener(new OnClickListener(){   //为发送按钮添加监听器
5            @Override
6            public void onClick(View v) {
7                //获得编辑文本框的文本内容,并发送消息
8                String msg=outEt.getText().toString();
9                sendMessage(msg);
10           }});
11       myService = new MyService(this, mHandler);          // 创建 Service 对象
12   }
13   private void sendMessage (String msg){
```

```
14          // 先检查是否已经连接到设备
15          if (myService.getState() != MyService.STATE_CONNECTED) {
16              Toast.makeText(this, "未连接到设备！", Toast.LENGTH_SHORT)
17                  .show();
18              return;
19          }
20          if(msg.length()>0){//设备已经连接
21              byte[] send = msg.getBytes();                        //获取发送消息的字节数组
22              myService.write(send);                               //发送
23              outEt.setText("");                                   //清空编辑框
24          }
25      }
26      // 处理从 Service 发来的消息的 Handler
27      private final Handler mHandler = new Handler() {
28          @Override
29          public void handleMessage(Message msg) {
30              switch(msg.what){
31              case Constant.MSG_READ:
32                  byte[] readBuf = (byte[]) msg.obj;
33                  // 创建接收的信息的字符串
34                  String readMessage = new String(readBuf, 0, msg.arg1);
35                  Toast.makeText(Sample_5_4Activity.this,
36                      connectedNameStr + ":  " + readMessage,
37                      Toast.LENGTH_LONG).show();
                                //显示从哪个设备接收的什么样的字符串
38                  break;
39              case Constant.MSG_DEVICE_NAME:
40                  // 获取已连接的设备名称，并弹出提示信息
41                  connectedNameStr = msg.getData().getString(
42                      Constant.DEVICE_NAME);
43                  Toast.makeText(getApplicationContext(),
44                      "已连接到 " + connectedNameStr, Toast.LENGTH_SHORT)
45                      .show();
46                  break;
47              }
48          }
49      };
```

- 第 1~10 行是方法 initChat，功能是创建 Service 对象并获得编辑框的信息调用方法发送。
- 第 13~25 行是方法 sendMessage。在方法 initChat 中发送信息时调用，功能是在未连接设备时显示提示信息、已经连接到设备时发送信息。
- 第 27~49 行是处理从 Service 发来的消息的 Handler，收到的消息为另一个设备发来信息时，则显示收到的信息；收到的消息为已连接的设备名称，则弹出提示信息。

（14）开发 MyDeviceListActivity.java，这里先介绍该类的重写方法，代码如下。

代码位置：见随书源代码\第 5 章\Sample_5_3\app\src\main\java\com\bn\sample_5_3 目录下的 MyDeviceList Activity.java。

```
1   package com.bn.sample_5_3;
2   ……//该处省略了部分类的导入代码，读者可自行查看随书源代码
3   public class MyDeviceListActivity extends Activity {
4       public static String EXTRA_DEVICE_ADDR = "device_address";//extra 信息名称
5       private BluetoothAdapter myBtAdapter;                //蓝牙适配器
6       private ArrayAdapter<String> myAdapterPaired;        //已配对的
7       private ArrayAdapter<String> myAdapterNew;           //新发现的
8       @Override
9       protected void onCreate(Bundle savedInstanceState) {
10          super.onCreate(savedInstanceState);
11          // 设置窗口
12          requestWindowFeature(Window.FEATURE_INDETERMINATE_PROGRESS);
13          setContentView(R.layout.device_list);
14          // 设置为当结果是 Activity.RESULT_CANCELED 时，返回到该 Activity 的调用者
15          setResult(Activity.RESULT_CANCELED);
16          // 初始化搜索按钮
17          Button scanBtn = (Button) findViewById(R.id.button_scan);
18          scanBtn.setOnClickListener(new OnClickListener() {
```

```
19          public void onClick(View v) {
20              doDiscovery();
21              v.setVisibility(View.GONE);        // 使按钮不可见
22          }
23      });
24      // 初始化适配器
25      myAdapterPaired = new ArrayAdapter<String>(this,
26              R.layout.device_name);             // 已配对的
27      myAdapterNew = new ArrayAdapter<String>(this,
28              R.layout.device_name);             // 新发现的
29      // 将已配对的设备放入列表中
30      ListView lvPaired = (ListView) findViewById(R.id.paired_devices);
31      lvPaired.setAdapter(myAdapterPaired);
32      lvPaired.setOnItemClickListener(mDeviceClickListener);
33      // 将新发现的设备放入列表中
34      ListView lvNewDevices = (ListView) findViewById(R.id.new_devices);
35      lvNewDevices.setAdapter(myAdapterNew);
36      lvNewDevices.setOnItemClickListener(mDeviceClickListener);
37      // 注册发现设备时的广播
38      IntentFilter filter = new IntentFilter(BluetoothDevice.ACTION_FOUND);
39      this.registerReceiver(mReceiver, filter);
40      // 注册搜索完成时的广播
41      filter = new IntentFilter(BluetoothAdapter.ACTION_DISCOVERY_FINISHED);
42      this.registerReceiver(mReceiver, filter);
43      // 获取本地蓝牙适配器
44      myBtAdapter = BluetoothAdapter.getDefaultAdapter();
45      // 获取已配对的设备
46      Set<BluetoothDevice> pairedDevices = myBtAdapter.getBondedDevices();
47      // 将所有已配对设备信息放入列表中
48      if (pairedDevices.size() > 0) {
49          findViewById(R.id.title_paired_devices).
50                  setVisibility(View.VISIBLE);//设置TextView可见
51          for (BluetoothDevice device : pairedDevices) {
52              myAdapterPaired.add(device.getName() + "\n"
53                      + device.getAddress());
54          }
55      } else {
56          String noDevices = "没有配对的设备";
57          myAdapterPaired.add(noDevices);
58      }
59  }
60  @Override
61  protected void onDestroy() {
62      super.onDestroy();
63      if (myBtAdapter != null) {                     //确保不再搜索设备
64          myBtAdapter.cancelDiscovery();
65      }
66      this.unregisterReceiver(mReceiver);            //取消广播监听器
67  }
68 }
```

- 第8～59行是重写方法onCreate，功能是初始化显示设备名的Activity界面，并注册发现设备时的广播与搜索完成时的广播。
- 第60～67行是重写方法onDestroy，功能是取消广播监听器。

（15）开发MyDeviceListActivity.java，这里介绍该类的其他方法，代码如下。

代码位置：见随书源代码\第5章\Sample_5_3\app\src\main\java\com\bn\sample_5_3目录下的MyDeviceList Activity.java。

```
1  private void doDiscovery() {                              //使用蓝牙适配器搜索设备的方法
2      setProgressBarIndeterminateVisibility(true);          //在标题上显示正在搜索的标志
3      setTitle("正在扫描设备……");
4      // 显示搜索到的新设备的副标题
5      findViewById(R.id.title_new_devices).setVisibility(View.VISIBLE);
6      if (myBtAdapter.isDiscovering()) {                    //如果正在搜索，取消本次搜索
7          myBtAdapter.cancelDiscovery();
8      }
```

```
 9          myBtAdapter.startDiscovery();                    //开始搜索
10       }
11       // 列表中设备按下时的监听器
12       private OnItemClickListener mDeviceClickListener = new OnItemClickListener() {
13           public void onItemClick(AdapterView<?> av, View v, int arg2, long arg3) {
14               myBtAdapter.cancelDiscovery();               //取消搜索
15               // 获取设备的 MAC 地址
16               String msg = ((TextView) v).getText().toString();
17               String address = msg.substring(msg.length() - 17);
18               // 创建带有 MAC 地址的 Intent
19               Intent intent = new Intent();
20               intent.putExtra(EXTRA_DEVICE_ADDR, address);
21               // 设备结果并退出 Activity
22               setResult(Activity.RESULT_OK, intent);
23               finish();
24           }};
25       // 监听搜索到的设备的 BroadcastReceiver
26       private final BroadcastReceiver mReceiver = new BroadcastReceiver() {
27           @Override
28           public void onReceive(Context context, Intent intent) {
29               String action = intent.getAction();
30               // 如果找到设备
31               if (BluetoothDevice.ACTION_FOUND.equals(action)) {
32                   // 从 Intent 中获取 BluetoothDevice 对象
33                   BluetoothDevice device = intent
34                       .getParcelableExtra(BluetoothDevice.EXTRA_DEVICE);
35                   // 如果没有配对,将设备加入新设备列表
36                   if (device.getBondState() != BluetoothDevice.BOND_BONDED) {
37                       myAdapterNew.add(device.getName() + "\n"
38                               + device.getAddress());
39                   }
40               // 当搜索完成后,改变 Activity 的标题
41               } else if (BluetoothAdapter.ACTION_DISCOVERY_FINISHED
42                       .equals(action)) {
43                   setProgressBarIndeterminateVisibility(false);
44                   setTitle("选择要连接的设备");
45                   if (myAdapterNew.getCount() == 0) {
46                       String noDevices = "未找到设备";
47                       myAdapterNew.add(noDevices);
48           }}}};
```

- 第 1~10 行是方法 doDiscovery,功能是使用蓝牙适配器搜索设备。
- 第 12~24 行是设备列表中按下设备时的监听器,功能是取消搜索,并创建与发送带有 MAC 地址的 Intent,最后调用方法 setResult 与 finish,实现与主 Activity 的交互。
- 第 26~48 行是监听搜索到的设备的 BroadcastReceiver,功能是如果没有配对,将设备加入新设备列表,并且当搜索完成后,改变 Activity 的标题等。

5.4 简单的多用户并发网络游戏编程架构

随着移动互联网的发展和游戏技术的日益成熟,网络游戏逐渐成为游戏开发商争相参与的热点领域。因此如何开发出一款新颖、实时性强的网络游戏成为游戏开发人员能否在这个领域占有一席之地的重要因素。

本节将为读者详细地介绍一种简单的多用户并发网络游戏编程架构。掌握此架构后对于网络并发游戏的开发可以有一个基本的了解,为读者以后进一步的发展打下坚实的基础。

5.4.1 基本知识

本小节给出的简单多用户并发网络游戏编程架构并不复杂,其核心思想是多个在线客户端同时向服务器端发送操控动作请求,由服务器端不断地从动作队列中读取动作,并根据动作要求修

改相关数据,进而向每一个在线客户端发送修改后的数据,保证了不同客户端之间的数据一致性。其具体结构如图 5-13 所示。

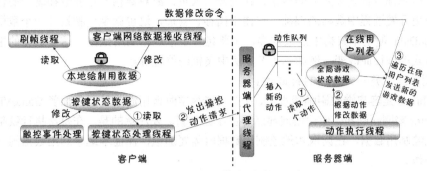

▲图 5-13 网络游戏架构

> **说明** 本网络游戏架构支持多个客户端同时在线操作,但本书由于篇幅原因,笔者只在架构图中展示了一个客户端与服务器端的交互,有兴趣的读者可自行完善。

1. 服务器端简介

服务器端的功能是根据客户端发送的操控动作请求执行相应动作,并更新全局游戏状态数据,将更新后的数据通过网络连接传送到客户端。游戏中的全局状态数据存储在服务器端且只被服务器端修改,保证了不同客户端之间画面的完整性和一致性。服务器端主要由以下几部分组成。

- 动作执行线程——ActionThread 类。

ActionThread 是服务器端的动作执行线程类,主要负责以下 3 项工作:①不断从动作队列中取出动作对象(获取动作对象时,需要为动作队列加锁,保证动作队列在同一时刻只被一个线程操作);②执行获取动作对象的 doAction 方法,根据动作要求修改服务器端的全局游戏状态数据;③遍历在线用户列表,并向每一个在线用户发送新的游戏数据。

- 服务器端代理线程——ServerAgentThread 类。

ServerAgentThread 是服务器端的代理线程类,主要功能是接收来自客户端的动作数据。接收数据时,先判断数据标识,然后进行数据处理。如果传送的是动作请求数据,则创建一个动作对象,并将其添加进动作队列(添加进动作队列时,需要为动作队列加锁,保证动作队列在同一时刻只被一个线程操作)。

- 服务器端主线程——ServerThread 类。

ServerThread 是服务器端的主线程类,主要功能为建立指定端口的网络监听,启动动作执行线程,接收客户端的连接请求并启动相应的代理线程等。

2. 客户端简介

客户端主要负责游戏的显示和与用户的交互,通过网络获取服务器端传送过来的绘制用数据,再通过刷帧线程根据绘制用数据定时地刷新游戏的显示界面。同时,还可以根据用户的操控(如对屏幕的触摸)修改按键状态,并定时将按键状态数据根据需要发送给服务器。客户端主要是由以下几部分构成。

- 客户端网络数据接收线程类——NetworkThread 类。

NetworkThread 是客户端的网络数据接收线程类,功能为与服务器端建立连接,连接成功后通过流对象不断地获取服务器端传送的数据,并进行本地绘制用数据的更新(数据更新包括更新游戏的状态标志值、物体的坐标值等)。此外,在更新本地绘制用数据时需要加锁,保证本地绘制用数据同一时刻仅被一个线程操作。

- 数据类——GameData 类。

一般的游戏都包含许多方面的数据，作为开发人员，游戏数据一定要放在统一的位置，这可以有效地避免开发过程中数据的混乱，也便于储存、管理，这也就是单独设计一个数据类的意义所在。GameData 便是本架构中的数据类，主要包含了本地绘制用数据，这些数据的主要特征是时刻随着游戏的进行而改变，例如本小节案例中飞机的位置等。

- 刷帧线程类——DrawThread 类。

DrawThread 是客户端的刷帧线程类，主要功能为定时调用游戏显示界面类 GameView 的重绘制方法 repaint 来刷新画布，使得游戏显示界面不断更新。要注意的是，在每次执行绘制前都首先要读取本地绘制用数据，在读取本地绘制用数据时需要加锁，保证本地绘制用数据同一时刻仅被一个线程操作。

- 游戏显示界面类——GameView 类。

GameView 是客户端的游戏显示界面类，包含了触控事件处理方法、重绘制方法等。其中触控事件处理方法负责与用户的交互，重绘制方法负责绘制游戏画面。

- 按键状态处理线程类——KeyThread 类。

KeyThread 是客户端的按键状态处理线程类，主要功能为定时读取按键状态数据并将读取的数据整理为动作数据，根据需要通过网络传送到服务器端。

5.4.2 双人联网操控飞机案例

通过上一小节对网络游戏架构的介绍，相信读者对于服务器端和客户端以及各自的功能有了一定的了解。本小节将给出一个具体的案例，便于读者正确理解和掌握 Android 平台下基于 Socket 套接字的网络游戏开发，具体内容如下。

> 提示：本案例为 Android 平台下的网络游戏案例，因此在运行此案例时，读者应该准备两部可以连接同一局域网的 Android 手机，笔者使用的两部手机分别是小米 2S 和 HTC One Mini，其他支持网络连接的 Android 手机均可使用。

1．案例运行效果

该案例演示的是，两个玩家分别点击各自手机上的菜单连接同一局域网，当网络连接成功后，两个手机的屏幕上同时呈现两架飞机，每个玩家控制一架飞机。当任一玩家移动摇杆操控自己控制的飞机时，两个手机屏幕都会同步更新飞机的位置，效果如图 5-14～图 5-16 所示。

▲图 5-14　游戏开始界面

▲图 5-15　黄飞机（右侧飞机）移动

▲图 5-16　红飞机（左侧飞机）移动

5.4 简单的多用户并发网络游戏编程架构

说明 图 5-14 为游戏开始时的效果，图 5-15 为玩家在小米 2S 手机上通过滑动摇杆使黄飞机（右侧飞机）移动的效果，图 5-16 为玩家在 HTC One Mini 手机上通过滑动摇杆使红飞机（左侧飞机）移动的效果。此外，图中飞机的移动范围为手机屏幕的大小。

2. 服务器端的实现

下面将为读者详细地介绍本案例服务器端的开发。

（1）首先介绍服务器端主线程类 ServerThread 的开发。本类的代码比较短，却是服务器端的核心，主要用于创建服务器。启动动作执行线程以及接收来自每一个客户端的数据信息等。其具体代码如下。

代码位置： 见随书源代码/第 5 章/PlaneGameServer/src/com/bn/server 目录下的 ServerThread.java。

```java
1   package com.bn.server;                              //声明包语句
2   import java.net.*;                                  //引入相关类
3   public class ServerThread extends Thread{           //服务器线程（接收客户端的端口号）
4       boolean flag=false;                             //是否启动服务器标志位
5       ServerSocket ss;                                //ServerSocket 类引用
6       public void run(){
7           try{
8               ss=new ServerSocket(9999);              //创建服务器,并开放 9999 端口
9               System.out.println("Server Listening on 9999...");
                                                        //打印服务器端口号
10              flag=true;                              //启动服务器
11              new ActionThread().start();             //启动动作执行线程
12          }catch(Exception e){
13              e.printStackTrace();                    //打印异常信息
14          }
15          while(flag){
16              try{
17                  //监听服务器端口，一旦有数据发送过来，那么就将数据封装成 socket 对象
18                  //如果没有数据发送过来，那么这时处于线程阻塞状态，不会向下继续执行
19                  Socket sc=ss.accept();              //接收端口号
20                  System.out.println(sc.getInetAddress()+" connect...");
                                                        //打印是哪台客服端连接上了
21                  new ServerAgentThread(sc).start();
                                                        //启动该台客户端的 SA 向服务器发动操控动作的线程
22              }catch(Exception e){
23                  e.printStackTrace();                //打印异常信息
24      }}}
25      public static void main(String args[]){
26          new ServerThread().start();                 //启动服务器线程
27  }}
```

- 第 4、5 行功能为声明本类的成员变量，包括 ServerSocket 类引用和 boolean 值。
- 第 6~24 行功能为创建服务器，开放 9999 端口，启动动作执行线程并不断监听服务器端口接收来自客户端的数据等。
- 第 25~27 行为本类的 main 方法。功能为创建并启动服务器端主线程。

（2）下面介绍服务器端动作类 Action 的开发。本案例中所有的动作均为 Action 类对象，服务器端每次接收到来自客户端的操控动作请求时，都会创建一个 Action 类对象，并将其插入动作队列。其具体代码如下。

代码位置： 见随书源代码/第 5 章/PlaneGameServer/src/com/bn/server 目录下的 Action.java。

```java
1   package com.bn.server;                              //声明包名
2   public class Action {                               //动作（修改游戏中的数据）
3       int redOrYellow;                                //0-red 1-yellow
4       float keyX;                                     //键 x 的状态值
5       float keyY;                                     //键 y 的状态值
6       int span=20;                                    //移动步进
7       public Action(int redOrYellow,float keyX,float keyY){   //构造器
8           this.redOrYellow=redOrYellow;               //给红色飞机或黄色飞机变量赋值
```

```
9              this.keyX=keyX;                              //给键 x 的状态赋值
10             this.keyY=keyY;                              //给键 y 的状态赋值
11         }
12         public void doAction(){                          //作出的动作方法
13             float xx=0;
14             float yy=0;
15             if(Math.sqrt(keyX*keyX+keyY*keyY)!=0){       //转化为单位向量值
16                 xx= (float)(keyX/Math.sqrt(keyX*keyX+keyY*keyY));
17                 yy=(float)(keyY/Math.sqrt(keyX*keyX+keyY*keyY));
18             }
19             if(redOrYellow==0){                          //红色飞机
20             if(ServerAgentThread.ry+yy*span>=0&&ServerAgentThread.ry+yy*span<=1100){
                                                            //设置飞机移动范围
21                 ServerAgentThread.ry+=yy*span;//红飞机 y 坐标改变
22             }
23             if(ServerAgentThread.rx+xx*span>=0&&ServerAgentThread.rx+xx*span<=600){
24                 ServerAgentThread.rx+=xx*span;  //红飞机 x 坐标改变
25             }}else{                                      //黄色飞机
26             if(ServerAgentThread.gy+yy*span>=0&&ServerAgentThread.gy+yy*span<=1100){
                                                            //设置飞机移动范围
27                 ServerAgentThread.gy+=yy*span;  //黄飞机 y 坐标改变
28             }
29             if(ServerAgentThread.gx+xx*span>=0&&ServerAgentThread.gx+xx*span<=600){
30                 ServerAgentThread.gx+=xx*span;  //黄飞机 x 坐标改变
31         }}}}
```

- 第 3~6 行功能为声明本类的成员变量，包括标识飞机类型的 redOrYellow 变量、表示按键状态的值 keyX 和 keyY，以及飞机移动步进 span 等。

- 第 21~31 行功能为开发飞机执行动作的方法。首先将按键状态值 keyX、keyY 单位化，然后判断 redOrYellow 的值。若 redOrYellow 为 0，则将红飞机的 x 和 y 坐标根据按键状态值 keyX 和 keyY 改变；若 redOrYellow 为 1，则将黄飞机的 x 和 y 坐标根据按键状态值 keyX 和 keyY 改变。

（3）接下来介绍动作执行线程类 ActionThread 的实现，主要功能是扫描动作队列，按先进先出的顺序从中读取一个动作并调用 doAction 方法。待动作执行完毕后，向每一个在线客户端发送修改后的数据信息。其具体代码如下。

代码位置：见随书源代码/第 5 章/PlaneGameServer/src/com/bn/server 目录下的 ActionThread.java。

```
1   package com.bn.server;                                  //声明包语句
2   public class ActionThread extends Thread{               //动作执行线程（提取动作）
3       static final int SLEEP=20;                          //休眠时间
4       boolean flag=true;                                  //是否启动线程标志位
5       public void run()
6           while(flag){
7               Action a=null;                              //创建动作类对象
8               synchronized(ServerAgentThread.lock){       //加锁
9                   a=ServerAgentThread.aq.poll();          //获取并移除动作元素
10              }
11              if(a!=null){                                //动作对象不为空时
12                  a.doAction();                           //作出相应的动作（修改数据）
13                  ServerAgentThread.broadcastState();//修改全局数据
14              }else{
15                  try{
16                      Thread.sleep(SLEEP);                //休眠
17                  }catch(Exception e){
18                      e.printStackTrace();                //打印异常信息
19   }}}}}
```

说明　本类的功能是从动作队列中获取一个动作（Action 类）对象，并调用 doAction 方法。通过调用 ServerAgentThread 类中的 broadcastState 方法向每一个在线客户端发送新数据。

5.4 简单的多用户并发网络游戏编程架构

（4）下面介绍服务器端的代理线程 ServerAgentThread 类的实现，主要功能为确定在线客户端的数量，并根据接收来自客户端的操控动作请求创建动作对象，将动作对象插入动作队列。其具体代码如下。

> 代码位置：见随书源代码/第 5 章/PlaneGameServer/src/com/bn/server 目录下的 ServerAgentThread.java。

```java
1   package com.bn.server;                              //声明包语句
2   ……//该处省略了部分类的导入代码，读者可自行查看随书源代码
3   public class ServerAgentThread extends Thread{
4       static int count=0;                             //客户端计数器
5       static List<ServerAgentThread> ulist=new ArrayList<ServerAgentThread>();
                                                        //客户端列表
6       //全局数据
7       static int rx=150;
8       static int ry=750;
9       static int gx=460;
10      static int gy=750;
11      static Queue<Action> aq=new LinkedList<Action>();//动作队列
12      static Object lock=new Object();                //动作队列锁
13      Socket sc;                                      //端口号
14      DataInputStream din;                            //读取数据对象
15      DataOutputStream dout;                          //写入数据对象
16      int redOrYellow;                                //是红色飞机还是黄色飞机
17      boolean flag=true;                              //是否启动线程
18      public static void broadcastState(){            //修改全局数据方法
19          for(ServerAgentThread sa:ulist){            //循环遍历客户端列表
20              try{
21                  sa.dout.writeUTF("<#GAME_DATA#>"+rx+"|"+ry+"|"+gx+"|"+gy);
                                                        //写入游戏中要改变的飞机坐标数据,以"|"分开。
22              }catch(Exception e){
23                  e.printStackTrace();                //打印异常信息
24      }}}
25      public ServerAgentThread(Socket sc){            //构造器
26          this.sc=sc;                                 //获取端口号
27          try{
28              din=new DataInputStream(sc.getInputStream());//初始化读取数据对象
29              dout=new DataOutputStream(sc.getOutputStream());
                                                        //初始化写入数据对象
30          }catch(Exception e){
31              e.printStackTrace();                    //打印异常信息
32      }}
33      public void run(){
34          while(flag){
35              try{
36                  String msg=din.readUTF();           //读取数据信息
37                  if(msg.startsWith("<#CONNECT#>")){
                                                        //如果读取的信息以"CONNECT"开始
38                      if(count==0){                   //客户端计数为 0 时
39                          dout.writeUTF("<#OK#>");    //写入"OK"
40                          redOrYellow=0;              //是红色飞机
41                          ulist.add(this);            //添加到客户端列表中
42                          count++;                    //客户端计算器加一
43                          System.out.println("==red connect...");
                                                        //打印红色飞机连接
44                      }else if(count==1){             //客户端计数为 1 时
45                          dout.writeUTF("<#OK#>");    //写入"OK"
46                          redOrYellow=1;              //是黄色飞机
47                          ulist.add(this);            //添加到客户端列表中
48                          count++;                    //客户端计算器加一
49                          System.out.println("==yellow connect...");
                                                        //打印黄色飞机连接
50                          for(ServerAgentThread sa:ulist){
                                                        //循环遍历客户端列表
51                              sa.dout.writeUTF("<#BEGIN#>");
                                                        //各个客服端都写入"BEGIN"
52                      }}else
```

117

```
53                        dout.writeUTF("<#FULL#>");//写入"FULL"
54                        break;
55                  }}else if(msg.startsWith("<#KEY#>")){
                                                       //如果读取的信息以"KEY"开始
56                      String iStr=msg.substring(7);    //读取操控动作信息
57                      String[] str=iStr.split("\\|");//转化为数组
58                      synchronized(lock){              //加锁
59                        aq.offer(new Action(this.redOrYellow,Integer.parseInt(str[0]),
60                            Integer.parseInt(str[1])));//将新动作加入队列
61                  }}}catch(Exception e){
62                      e.printStackTrace();             //打印异常信息
63                  }}
64                  try{
65                      din.close();                     //关闭数据
66                      dout.close();                    //关闭写入数据文件
67                      sc.close();                      //关闭 Socket 连接
68                  }catch(Exception e){
69                      e.printStackTrace();             //打印异常信息
70            }}}
```

- 第 4~17 行功能为声明本类的成员变量，包括存放 ServerAgentThread 对象的列表、存放 Action 对象的队列，以及表示游戏中的全局状态数据等。
- 第 18~24 行为静态方法 broadcastState，其功能为遍历在线客户端列表 ulist，并向每一个在线的客户端发送飞机的坐标数据等。
- 第 25~32 行为本类的构造器，功能为初始化 Socket 对象，并创建 DataInputStream 对象和 DataOutputStream 对象。
- 第 35~63 行功能为获取来自客户端的数据信息并进行相应处理。若数据以 "<#CONNECT#>" 开始，当 count 为 0，表示本游戏中有一个客户端与服务器端连接成功，并控制红色飞机。当 count 为 1，表示两个客户端均与服务器端连接成功，并向每个客户端发送 "<#BEGIN#>" 信息。若数据以 "<#KEY#>" 开始，则获取按键状态数据，并创建动作对象将其添加进动作队列。
- 第 64~69 行功能为在数据获取及处理完毕后，关闭所有流对象和 Socket 连接。

3. 客户端的实现

下面将为读者详细地介绍客户端的功能实现。

（1）首先介绍的是本案例主控制类 MainActivity 的开发，主要功能是初始化成员变量、切换界面布局、获取图片资源以及在 MainActivity 中添加选项菜单并为菜单添加监听方法等。其具体代码如下。

> 代码位置：见随书源代码\第 5 章\PlaneGameClient\app\src\main\java\com\example\client 目录下的 MainActivity.java。

```
1    package com.example.client;                          //声明包名
2    ……//此处省略了导入类的代码，读者可自行查阅随书源代码
3    public class MainActivity extends Activity {        //继承系统 Activity
4        public int KeyDispX=0;                           //按键 x 状态值
5        public int KeyDispY=0;                           //按键 y 状态值
6        public Bitmap planer;                            //获取图片的 Bitmap 对象
7        public Bitmap planeg;                            //获取图片的 Bitmap 对象
8        public GameData gd=new GameData();               //数据类对象
9        public KeyThread kt=new KeyThread(this);         //扫描键的线程对象
10       public NetworkThread nt;                         //网络数据接收线程对象
11       GameView gv;                                     //界面显示类对象
12       @Override
13       protected void onCreate(Bundle savedInstanceState){ //重写父类方法
14           super.onCreate(savedInstanceState);
15           setContentView(R.layout.main);               //切换布局
16           planer=BitmapFactory.decodeResource(getResources(), R.drawable.red);
                                                          //获取红飞机图片
17           planeg=BitmapFactory.decodeResource(getResources(), R.drawable.yellow);
```

```
18            gv=(GameView)this.findViewById(R.id.mf1);     //初始化GameView对象
19      }
20      @Override
21      public boolean onCreateOptionsMenu(Menu menu){          //创建选项菜单
22          getMenuInflater().inflate(R.menu.activity_main, menu);//初始化Menu对象
23          return true;
24      }
25      @Override
26      public boolean onOptionsItemSelected(MenuItem item) {   //菜单项的监听方法
27          if(item.getItemId()==R.id.menu_connect){            //判断item是否表示连接的选项
28              if(this.nt==null){
29                  this.nt=new NetworkThread(MainActivity.this);
                                                                //创建网络数据接收线程对象
30                  this.nt.start();                            //启动线程
31              }}
32          return true;
33  }}
```

- 第4~11行功能是声明本类的成员变量。
- 第13~19行是重写父类方法，功能为切换布局，获取图片资源并初始化GameView类对象。
- 第21~24行功能为重写的 onCreateOptionsMenu 方法。此方法用于初始化菜单，其中menu参数就是即将要显示的 Menu 实例，返回 true，表示显示该菜单选项。
- 第26~33行功能为重写的 onOptionsItemSelected 方法。此方法在菜单项被点击时调用，其功能是创建客户端网络数据接收线程对象，并启动该线程。

（2）下面将向读者介绍本案例的数据类 GameData，主要记录程序中用到的全局变量。其具体代码如下。

代码位置：见随书源代码\第 5 章\PlaneGameClient\app\src\main\java\com\example\util 目录下的 GameData.java。

```
1   package com.example.util;                    //声明包名
2   public class GameData {
3       public static int state=0;               //0--未连接  1---成功连接  2--游戏开始
4       public Object lock=new Object();         //表示锁的对象
5       public int rx=150;                       //第一架飞机的x坐标
6       public int ry=750;                       //第一架飞机的y坐标
7       public int gx=460;                       //第二架飞机的x坐标
8       public int gy=750;                       //第二架飞机的y坐标
9   }
```

> **说明** 本类记录了客户端的场景中飞机的坐标数据和表示游戏状态的变量等。数据类的建立方便了程序员对数据的统一管理和维护。

（3）接下来为读者介绍本案例的显示界面类 GameView 的开发，主要是绘制场景中的物体，并通过滑动摇杆来改变按键状态数据（按键状态数据表示物体将要运行的方向）。其具体代码如下。

代码位置：见随书源代码\第 5 章\PlaneGameClient\app\src\main\java\com\example\clinet\view 目录下的 GameView.java。

```
1   package com.example.clinet.view;                         //声明包名
2   ……//此处省略了导入类的代码，读者可自行查阅随书源代码
3   public class GameView extends SurfaceView implements SurfaceHolder.Callback{
4       ……//此处省略了声明成员变量的代码，可自行查阅随书源代码
5       public GameView(Context context){                    //构造器
6           super(context);
7       }
8       public GameView(Context context, AttributeSet attrs){ //构造器
9           super(context, attrs);
10          this.activity=(MainActivity)context;             //初始化MainActivity类对象
11          this.getHolder().addCallback(this);              //设置生命周期回调接口的实现者
```

```
12              this.drawThread=new DrawThread(this.getHolder(),this);//创建刷帧线程对象
13              this.paint=new Paint();                              //创建画笔
14              this.mJoystick=new Joystick(this,this.activity,xJoystick,yJoystick);
                                                                     //创建摇杆
15          }
16      ……//此处省略了屏幕的绘制方法 onDraw,将在后面给出
17          public boolean onTouchEvent(MotionEvent event){
18              float x=event.getX();                                //获取触点 x 值
19              float y=event.getY();                                //获取触点 y 值
20              switch(event.getAction()){
21                  case MotionEvent.ACTION_DOWN:                    //按下
22                      this.mJoystick.change(x-20, y-20);           //移动摇杆
23                      break;
24                  case MotionEvent.ACTION_MOVE:                    //滑动
25                      this.mJoystick.change(x-20, y-20);           //移动摇杆
26                  break;
27                  case MotionEvent.ACTION_UP:                      //抬起
28                      this.activity.KeyDispX=0;                    //KeyDispX 为 0
29                      this.activity.KeyDispY=0;                    //KeyDispY 为 0
30                      this.mJoystick.x=this.pCenter.x;             //回到中心点
31                      this.mJoystick.y=this.pCenter.y;
32                      break;
33              }
34              return true;
35          }
36          public void surfaceChanged(SurfaceHolder arg0, int arg1, int arg2, int arg3){}
37          public void surfaceCreated(SurfaceHolder holder) {    //在创建当前 View 时调用
38              this.drawThread.setFlag(true);                       //标志位置为 true
39              if(!drawThread.isAlive() {)                  //如果后台重绘线程没起来,就启动它
40                  try{
41                      drawThread.start();                          //启动线程
42                  }catch(Exception e){
43                      e.printStackTrace();                         //打印栈信息
44              }}}
45          public void surfaceDestroyed(SurfaceHolder holder) {//在摧毁当前 View 时调用
46              this.drawThread.setFlag(false);                      //标志位置为 false
47      }}
```

- 第 4~14 行为本类的两个构造器,主要功能为创建成员变量并设置生命周期回调接口的实现者。

- 第 16~28 行为重写的触控方法,功能是根据摇杆的移动修改按键状态数据 KeyDispX 和 KeyDispY。当手指按下时,调用 change 方法移动摇杆;当手指滑动时,也调用 change 方法移动摇杆;当手指抬起时,将键状态数据均修改为 0,并为摇杆的 x、y 坐标重新赋值。

- 第 39~49 行为实现 SurfaceHolder.Callback 接口必须重写的 3 个方法。surfaceCreated 方法在创建当前 View 时调用,主要功能是启动刷帧线程。surfaceDestroyed 方法在摧毁当前 View 时调用,其主要功能是将刷帧线程中的标志位置为 false,用于暂停刷帧线程。

(4) 上面省略了显示界面类中的绘制方法 onDraw,在此将为读者进行详细地介绍。onDraw 方法主要负责界面的绘制工作,包括场景中飞机的摆放、摇杆等。其具体代码如下。

代码位置:见随书源代码\第 5 章\PlaneGameClient\app\src\main\java\com\example\clinet\view 目录下的 GameView.java。

```
1       public void onDraw(Canvas canvas){
2           if(canvas==null){                                        //如果 canvas 为空
3               return;                                              //返回
4           }
5           if(GameData.state==0){                                   //游戏未连接
6               canvas.drawColor(Color.BLACK);                       //设置背景颜色
7               paint.setColor(Color.WHITE);                         //设置画笔颜色
8               paint.setTextSize(50);
9               canvas.drawText(str2,200,700,paint);                 //绘制字符串
10          }else if(GameData.state==1){                             //游戏未开始
```

```
11              canvas.drawColor(Color.BLACK);          //设置背景颜色
12              paint.setColor(Color.WHITE);            //设置画笔颜色
13              paint.setTextSize(100);                 //设置字体大小
14              str2="等待开始……";
15              canvas.drawText(str2,150,700,paint);    //绘制字符串
16          }else if(GameData.state==2){                //复制数据，准备绘制
17              int rx=0;                               //局部变量
18              int gx=0;
19              int ry=0;
20              int gy=0;
21              synchronized(this.activity.gd.lock){    //获取锁
22                  rx=this.activity.gd.rx;             //获取红飞机坐标数据
23                  ry=this.activity.gd.ry;
24                  gx=this.activity.gd.gx;             //获取黄飞机坐标数据
25                  gy=this.activity.gd.gy;
26              }
27              canvas.drawColor(Color.BLACK);          //设置画布颜色
28              canvas.drawBitmap(this.activity.planer, rx, ry, paint);//绘制飞机
29              canvas.drawBitmap(this.activity.planeg, gx, gy, paint);
30              this.mJoystick.drawJoystick(canvas);    //绘制摇杆
31          }}
```

- 第5~9行功能为当state值为0时，设置背景颜色、画笔颜色等，并在屏幕中绘制字符串。
- 第10~15行功能为当state值为1时，重新设置背景颜色、画笔颜色、字体大小等，并在屏幕指定位置绘制字符串。
- 第16~30行功能为当state值为2时，重新设置画笔颜色，分别获取红黄飞机的坐标位置，并在屏幕的指定位置绘制两架飞机，绘制摇杆。

（5）接下来将介绍客户端比较重要的一个线程——刷帧线程DrawThread，用于定时调用GameView类的onDraw方法刷新显示界面。其具体代码如下。

📝 代码位置：见随书源代码\第5章\PlaneGameClient\app\src\main\java\com\example\client\thread 目录下的DrawThread.java。

```
1   package com.example.client.thread;              //声明包名
2   ……//此处省略了导入类的代码，读者可自行查阅随书源代码
3   public class DrawThread extends Thread{
4       private int SLEEP_SPAN =50;                 //睡眠的毫秒数
5       private SurfaceHolder surfaceHolder;
6       private GameView view;
7       private boolean flag = true;
8       public DrawThread(SurfaceHolder surfaceHolder, GameView view) {//构造器
9           this.surfaceHolder = surfaceHolder;     //为SurfaceHolder类对象赋值
10          this.view = view;
11      }
12      public void setFlag(boolean flag) {         //设置循环标记位
13          this.flag = flag;
14      }
15      public void run(){                          //重写run方法
16          Canvas c;
17          while(flag){
18              c = null;
19              try {// 锁定整个画布，在内存要求比较高的情况下，建议参数不要为null
20                  c = this.surfaceHolder.lockCanvas(null);//获取Canvas对象
21                  synchronized (this.surfaceHolder){      //加锁
22                      this.view.onDraw(c);                //调用绘制方法
23                  }} finally {
24                      if (c != null) {                    //更新屏幕显示内容
25                          this.surfaceHolder.unlockCanvasAndPost(c);
26                  }}
27              try{
28                  Thread.sleep(SLEEP_SPAN);               //睡眠指定毫秒数
29              }catch(Exception e) {
30                  e.printStackTrace();                    //打印栈信息
31  }}}}
```

- 第 4~7 行功能为声明本类的成员变量，包括 SurfaceHolder 类对象、GameView 类对象以及睡眠毫秒数等。
- 第 8~11 行为本类的构造器，功能是初始化成员变量。
- 第 15~30 行为重写的 run 方法，功能是获取画布对象，并定时加锁调用 onDraw 方法刷新界面，待画面更新后解锁。如果出现异常，则捕获异常并打印栈信息。

（6）下面介绍客户端的按键状态处理线程类 KeyThread。本类主要功能是在游戏进行时，定时扫描游戏中按键状态数据并通过流对象向服务器端发送按键状态数据。其具体代码如下。

> 代码位置：见随书源代码\第 5 章\PlaneGameClient\app\src\main\java\com\example\client\thread 目录下的 KeyThread.java。

```
1    package com.example.client.thread;            //声明包名
2    ……//此处省略了导入类的代码，读者可自行查阅随书源代码
3    public class KeyThread extends Thread{
4        static final int TIME_SPAN=100;            //睡眠的毫秒数
5        MainActivity father;                        //MainActivity 对象
6        boolean flag=true;
7        public KeyThread(MainActivity father){    //构造器
8            this.father=father;
9        }
10       public void run(){                         //重写 run 方法
11           while(flag){
12               try{
13                   if(GameData.state==2){         //游戏进行时
14                       father.nt.dout.writeUTF("<#KEY#>"+father.KeyDispX+"|"+father.KeyDispY);
15                   }
16                   Thread.sleep(TIME_SPAN);       //睡眠
17               }catch(Exception e){
18                   e.printStackTrace();           //打印栈信息
19    }}}}
```

> !说明 本类主要功能为当 GameData 类中 state 值为 2 时，定时通过流对象向服务器端发送客户端的操控动作请求。

（7）接下来将为读者介绍本案例的最后一个线程类——客户端网络数据接收线程 NetworkThread 类。本类主要功能是与服务器端建立连接，并接收来自服务器端的数据信息。其具体代码如下。

> 代码位置：见随书源代码\第 5 章\PlaneGameClient\app\src\main\java\com\example\client\thread 目录下的 NetworkThread.java。

```
1    package com.example.client.thread;            //声明包名
2    ……//此处省略了导入类的代码，读者可自行查阅随书源代码
3    public class NetworkThread extends Thread{
4        MainActivity activity;
5        Socket sc;
6        DataInputStream din;
7        DataOutputStream dout;
8        public boolean flag=true;
9        public NetworkThread(MainActivity activity){   //构造器
10           this.activity=activity;
11       }
12       public void run(){
13           try{
14               sc=new Socket("192.168.191.1",9999);   //与服务端建立连接
15               din=new DataInputStream(sc.getInputStream());
                                                         //创建 DataInputStream 对象
16               dout=new DataOutputStream(sc.getOutputStream());
                                                         //创建 DataOutputStream 对象
17               dout.writeUTF("<#CONNECT#>");           //写入标识字符串
```

```
18              }catch(Exception e){
19                  e.printStackTrace();                    //打印栈信息
20                  return;
21              }
22              while(flag){
23                  try{
24                      String msg=din.readUTF();           //获取数据信息
25                      if(msg.startsWith("<#OK#>")){
26                          GameData.state=1;               //将 state 置为 1
27                      }else if(msg.startsWith("<#BEGIN#>")){
28                          GameData.state=2;               //将 state 置为 2
29                          this.activity.kt.start();
30                      }else if(msg.startsWith("<#FULL#>")){
31                          break;                          //客户端数量已达上限，退出
32                      }else if(msg.startsWith("<#GAME_DATA#>")){
33                          String nr=msg.substring(13);    //获取子串
34                          String[] strA=nr.split("\\|");  //转化为数组
35                          int temprx=Integer.parseInt(strA[0]);
36                          int tempry=Integer.parseInt(strA[1]);
37                          int tempgx=Integer.parseInt(strA[2]);
38                          int tempgy=Integer.parseInt(strA[3]);
39                          synchronized(this.activity.gd.lock){//获取锁
40                              this.activity.gd.rx=temprx;
41                              this.activity.gd.ry=tempry;
42                              this.activity.gd.gx=tempgx;
43                              this.activity.gd.gy=tempgy;
44              }}}catch(Exception e){                      //捕获异常
45                  e.printStackTrace();                    //打印栈信息
46              }}
47              try{
48                  din.close();                            //关闭数据输入流
49                  dout.close();                           //关闭数据输出流
50                  sc.close();                             //关闭 socket
51              }catch(Exception e){
52                  e.printStackTrace();
53  }}}
```

- 第 4~8 行功能为声明本类的成员变量，包括 DataInputStream 类对象、Socket 类对象等。
- 第 13~21 行功能为与服务器端建立连接，创建数据输入流对象和数据输出流对象，并将标识字符串"<#CONNECT#>"写入流对象，表示一个客户端与服务器端连接成功。如果出现异常，则在后台打印栈信息。
- 第 23~46 行功能为不断判断来自服务器端的标识字符串，并进行相应处理。如果标识字符串以"<#OK#>"开始，则将游戏状态值 state 置为 1；如果以"<#BEGIN#>"开始，则将游戏状态值 state 置为 2；如果以"<#FULL#>"开始，表示客户端数量达到上限并退出循环；如果以"<#GAME_DATA#>"开始，则获取两架飞机的坐标数据。
- 第 47~52 行功能为若数据接收完毕，关闭所有流对象。当捕获异常时，打印栈信息。

> **说明**　学习完整个案例后，读者可能会注意到一点，此案例中加锁同步的代码每次都不多，在每一个位置都仅仅包含了写入或读取数据的少量代码。这是为了尽量降低加锁对性能的影响，读者自己开发时也要注意这一点，可以不加锁执行的代码都不应该加锁，以免降低性能。

5.5　本章小结

本章对 Android 的网络编程的相关知识进行了简单介绍。通过本章的学习，读者应该了解了

开发网络应用程序的基本思路。基于 Socket 的网络编程技术一般应用于开发网络游戏、简单的商业程序等。基于 HTTP 协议的网络编程技术，则主要应用于从网络服务器获取信息的应用程序，如手机浏览器等。

本章还对非常有用的蓝牙技术进行了简要介绍，并给出了实用案例。此外，本章还为读者介绍了简单的多用户并发网络游戏编程架构，并给出了具体实例。

第6章 不一样的游戏，一样的精彩应用

目前，随着手持设备性能的逐步提升和移动网络的不断完善，手机游戏带给玩家的体验也越来越好，手机游戏已经成长为和电脑游戏同等重要的产业。

当今市面上流行的手机游戏类型繁多，不同类型的游戏都有其独特的设计方式和独到的能吸引玩家的地方。

本章将结合目前手机游戏产业的现状，介绍一些与游戏开发相关的知识，对主要的几种游戏类型做一个简单的介绍。

6.1 射击类游戏

射击类游戏（Shooting Game）是一种比较古老的游戏类型，手机游戏中的射击游戏也很流行，目前市面上的射击类游戏最多的是飞行射击游戏，比较著名的有雷电系列，还有一些是诸如坦克大战之类的操作性要求较高的射击游戏，本小节简单介绍一下射击类手机游戏的相关知识。

6.1.1 游戏玩法

下面从玩家人数、操作方式和取胜条件等几个方面分析射击类游戏的玩法。

- 玩家人数

射击类游戏通常为单人游戏，很少以二人对战或多人在线的方式进行，一般来说，射击游戏节奏快，要求玩家通过快速的反应与游戏进行交互，因此射击类游戏大都属于单机游戏。

- 操作方式

射击类游戏的操作方式比较单一，主要是控制游戏角色的行走方向以及向目标开火和施放特殊技能。有些射击类游戏为了提高游戏速度，会让玩家控制的角色自动射击或者提供选项让玩家选择是否开启自动射击，自动射击尤其在飞行类射击游戏中比较普遍。

- 取胜条件

射击类游戏一般在游戏开始时会为玩家分配若干条生命用以进行后续的游戏，当耗费光所给的生命数目后就会结束游戏。射击类游戏多数为关卡类游戏，即玩家用有限的生命挑战难度并不断提升关卡，关卡一般也是有限的，但是有些游戏的关卡可以在程序中生成。

6.1.2 视觉效果

- 视角问题

对于占多数的飞行类射击游戏来说，其视角几乎都是 2D 视角，玩家从高空俯瞰整个游戏界面，如著名的《雷电》系列（如图 6-1 所示）的游戏就是这样。还有一些游戏会像《永远的坦克大战》（如图 6-2 所示）这样采用 2.5D 视角进行游戏。

▲图 6-1　飞行射击游戏《雷电》的 2D 视角　　▲图 6-2　《永远的坦克大战》的 2.5D 视角

还有一些射击类游戏为第一人称视角的射击游戏（FPS）（如图 6-3 所示），FPS 起源于早期苹果机上的迷宫游戏和游戏机上的 ACT 游戏。在融合了两类游戏的特点后，通过引入第一视角和三维图形使得游戏的表现力得到极大提高。三维世界和第一视角的应用使得玩家第一次能够感受到他们"面对"着一个真实的三维世界。其次三维地图使得玩家们摆脱了 ACT 游戏由一个前进路线的限制，变成玩家可以沿多种路径到达终点，更增加了搜索前行的乐趣和不确定性。

▲图 6-3　《穿越火线》的第一视角画面

- 游戏背景

为射击游戏提供的最简单的游戏背景就是滚动的卷轴式背景。刚才提到的雷电等许多飞行射击类游戏都是采用的这种背景显示模式。卷轴式背景实现方法就是使用一幅比游戏屏幕长的图片首尾相接作为游戏背景，在游戏的过程中通过不断循环滚动显示来达到背景变换的效果。

对于飞行类射击游戏之外的射击游戏，其游戏背景由多个小图片拼接而成，如房子、树木的小图片，这些小图片被称为图元，采用图元技术可以轻易地搭建出 2D、斜 45°2.5D（如图 6-2 所示的游戏屏幕）、90°2.5D 的游戏场景。对于第一视角射击游戏来说，整个游戏由一系列关卡组成，每个关卡有自己独特的 3D 游戏场景（如图 6-3 所示的游戏屏幕）。

6.1.3　游戏内容设计

- 剧情设计

虽然射击类游戏要求玩家快速反应、游戏的快节奏发展、眼花缭乱的爆炸效果以及随之而来的音效，但是如果射击类游戏千篇一律地都是开枪"打兔子"，那么肯定不会吸引大批的玩家，所以为射击游戏设计合理的剧情也显得非常重要。

设计剧情的方式有很多，比如增加一段背景故事，塑造一个游戏主人公，在游戏中适当地出现人物的对话等，也可以把相互独立的关卡用背景故事串联起来。

- 游戏规则

由于射击类游戏的玩法比较单一，所以游戏规则也相对简单，除了限制玩家的生命数目之外，还要在游戏运行的过程中不断出现一些奖励，如增加生命数目、增加玩家控制角色的伤害输出等。同时对于这种操作比较简单的游戏，设置积分机制也是激励玩家不错的方法。

6.2 竞速类游戏

竞速类游戏不同于其他类型的游戏,竞速类游戏的内容比较单一,就是驾驶一种交通工具进行比赛。竞速游戏主要吸引玩家的地方在于令玩家体会到高速移动时所带来的视觉和听觉上的享受,以及冲破重重障碍到达终点的成就感。

对于目前手机平台下的竞速游戏来说,大部分使用的比赛交通工具为赛车,很少有竞速游戏会采用宇宙飞船或是舰艇等作为比赛工具。

6.2.1 游戏玩法

- 玩家个数

手机平台下的竞速游戏不能像电脑游戏那样方便地进行局域网互联,所以主要以单机版的竞速游戏为主,这也使得手机平台下的竞速游戏不像其他游戏类型那样火爆。

- 游戏模式

竞速游戏的趣味性不仅存在于驾驶,不同游戏模式下的竞速游戏也会给玩家带来不一样的体验,下面列举几个常见的游戏模式。

(1)夹杂打斗的竞速游戏,有些竞速游戏在进行中会允许玩家和其他的选手进行简单的战斗,这样可以使游戏更加紧张刺激。

(2)以模拟各种比赛为主的竞速游戏,诸如比赛杯赛、耐力赛、短程加速赛等,玩家每成功赢得一场比赛,其等级就会提升,高等级可以参加高级的比赛以获取更多的金钱和等级。如在手机游戏《城市飞车》(如图6-4所示)中就采用比赛的模式来进行游戏。

(3)以任务为驱动的竞速游戏,这种模式下的竞速游戏由任务系统来控制游戏流程,很多时候因为任务之间的前后关系,玩家并不能随心所欲地选择比赛。

- 取胜条件

要想在竞速游戏中取胜,方法只有一个:获得比赛的胜利,不过也有一些竞速游戏并不要求玩家的名次,只要完成了比赛就算获胜。

6.2.2 视觉效果

- 游戏视角

竞速游戏的视角最初为从正上方俯视赛场,这种方式很适合躲避障碍物。不过目前大部分的竞速游戏都将数据显示成为了第一人称视角,这样更容易给玩家带来身临其境的感觉(如图6-4所示)。

- 游戏画面

竞速游戏的画面一般分为两个部分,第一部分就是游戏的主画面,游戏的主画面渲染了赛场的情景,如驾驶赛车时屏幕不断后撤的效果;第二部分就是用模拟特定交通工具的操纵界面的控制面板。除了这两个部分,还有些竞速游戏会把任务列表或缩略地图也显示到屏幕上。

▲图6-4 《真实赛车3》游戏画面

6.2.3 游戏内容设计

- 交通工具的设计

交通工具的选择决定了整个游戏的发展方向,目前市面上以赛车为题材的竞速游戏较多,但是游戏的设计者不应该只看到赛车这一种交通工具，其他交通工具可能会更加具有可玩性。

（1）水上交通工具，水上的交通工具有很多游戏种类，如摩托艇、机动艇和帆船等，并且船类交通工具的驾驶对于玩家来说可能也会更加新鲜。对于赛道的设计也可以更具特色，为其添加一些有趣的障碍，如旋涡、台风甚至是水怪等。

（2）空中交通工具，主要是飞机和飞船两种，驾驶交通工具在赛道上不会有太多文章可做（除非驾驶飞船遇到小行星群），倒是这两种交通工具的驾驶方式可以好好设计一下，因为驾驶飞机尤其是飞船的方式比较复杂，可以将操作方式简化一下展示给玩家。

- 剧情设计

虽然竞速类游戏大部分时间都让玩家处于高度紧张的驾驶状态，但是，在游戏中适当地穿插剧情也会为整个游戏加分不少，尤其是对于那些任务驱动型的竞速游戏。

6.3 益智类游戏

益智游戏（Puzzle Game）是另外一种深受用户欢迎的游戏类型，很多人把益智游戏称作休闲游戏，但实际上很多益智游戏玩起来并不会很"休闲"，如一些需要频繁思考的诸如数独之类的游戏。而休闲游戏中很大一部分游戏并不属于"益智"的范畴，如后面会提到的养成类游戏一般也划为休闲游戏。

益智类游戏的特色就是，游戏中会更多地依靠智力去解决问题，而现实生活中能够锻炼智力的游戏有很多，如纸牌类游戏、棋类游戏等都属于益智类游戏。

6.3.1 游戏玩法

不同的益智类游戏由于设计的内容差很多，所以各自有各自的玩法，下面主要来谈谈益智类游戏中相同的地方。

- 玩家个数

一般来讲，益智解谜类的游戏大都为单人游戏，如目前比较的火热游戏《消灭星星》（如图6-5 所示）、《节奏大师》、《1024 数字拼图》和《迷宫》等，这类单人版游戏也有一个共同点，那就是都以关卡作为提升难度的手段。关卡可以是有限的，也可以是由程序自动生成的，如生成迷宫游戏中的地图就有很多成熟的算法。

还有一些益智类游戏要求多人对战的模式，如各种棋牌类游戏，经典游戏《大富翁》（如图6-6 所示）就是多人联网进行，这里的"人"不一定非得是玩家，也可以是电脑。

▲图6-5 火热游戏《消灭星星》

▲图6-6 经典游戏《大富翁》

- 取胜条件

益智游戏的取胜条件一般很简单，《逃出迷宫》、在棋（牌）局中赢得胜利等，很多的益智游戏都会有限时功能，或者把消耗的时间作为计算积分时考量的因素。不过也有一些益智类游戏取胜条件虽然简单，但是很难实现，如《大富翁》系列的游戏，很难在短时间内取得游戏的胜利。

6.3.2 视觉效果

- 游戏视角

很少有益智游戏的视角为第一人称，一般的益智游戏的视角可以看到整个游戏场景，通常都是平面游戏，近来很多平面游戏都被改造成为了具有 3D 效果的益智游戏，如 3D 版的手机《推箱子》，游戏视角的改变可以提高玩家的体验，相比于其他吸引玩家的手段，改变视角更容易实现。

- 游戏画面设计

除了刚才提到的手机游戏《大富翁》系列，普通的益智游戏的场景不会很大，一般为手机屏幕大小，如各种棋牌游戏的画面基本不需要滚屏，多数的关卡型益智游戏的关卡场景也不会超过手机屏幕的大小，如火热游戏《消灭星星》。当然也有例外，如曾风靡一时的《掘金者》(Gold Runner)游戏的每一关的场景都需要进行滚屏，这也和游戏节奏的快慢有关。

益智游戏场景比较固定（尤其是棋牌游戏），为了提高玩家的体验，应该根据手机平台的性能，尽量让画面为整个游戏加分，如欢迎动画、游戏中出现的各种提示和动作都可以尽量漂亮些。例如《消灭星星》中在玩家消灭星星的过程中不仅有漂亮的画面而且还出现各种时下流行词语"帅呆了"等（如图 6-5 所示）。

6.3.3 游戏内容设计

- 剧情设计

前面也已经提到，益智游戏最大的魅力在于对智力的挑战，所以玩益智游戏的玩家往往对游戏的剧情并不是非常的感兴趣。

- 难度调节

益智类游戏的难度等级必须是可调节的，这样才可以吸引玩家勇攀高峰。对于关卡类的益智游戏，一般通过关卡提升难度就足够了。而对于不设关卡的益智游戏来说，通常在游戏开始的时候提示玩家选择一个难度等级，如棋牌类游戏等。

- 游戏规则

益智游戏的游戏规则设计需要把握好 3 个方面：一是入门难易程度，游戏开始时不能让玩家感觉到太简单，也不能让玩家太沮丧；二是趣味性，益智游戏吸引人的地方不仅在于对智力的挑战，还必须在趣味性上有好的表现；三是耐玩度，怎样让玩家愿意再玩一次，也是需要在设计的时候多做考虑的。

6.4 角色扮演游戏

角色扮演游戏（Role Playing Game）是手机游戏中的另外一个大阵营，角色扮演游戏所构造的情感世界是所有游戏类型中最为强大的，能带给我们深刻的体验感。这种体验感来源于每个人内心深处对人生的感悟和迷茫、无奈与苛求、失意与希望，所有这些都可以在 RPG 游戏所构造的虚拟人生的情感世界中得到共鸣。

6.4.1 游戏玩法

- 玩家人数

电脑平台下的角色扮演游戏既有单机版的，也有局域网对战版和网络多人在线形式的，手机平台下角色扮演游戏也不局限于单人模式,很多的大型网络在线手机游戏都是角色扮演性质的,但是论数量,还是单击模式的 RPG 游戏占多数。

- 游戏主线

单机版的角色扮演游戏的主线比较明朗,单机模式的 RPG 往往会把玩家控制的角色定义成为"救世主"的形象,所以整个游戏都会围绕这个角色展开,由玩家控制的角色来串接故事情节并影响游戏的发展方向,任务系统在角色扮演游戏中比较常见,好的任务系统可以对游戏剧情起到推动的作用。

网络版的角色扮演游戏一般对单个玩家没有这么高的定位,所以对于玩家来说,游戏主线在于控制自己的玩家进行各种探险、战斗并以此来提升自己属性,网络游戏中也可以通过复杂的任务系统来让玩家体会到整个游戏剧情发展。

近几年随着网络游戏的兴起,一种新的 RPG 子类型出现了。这种 RPG 游戏的故事性已经被极度弱化,而交互性则得到了提高,包括玩家与玩家之间的交互。例如天晴数码公司出品的奇幻武侠类型的《征服》和奇幻宠物类型的《幻灵游侠》,见图 6-7 和图 6-8。

图 6-7 《EverQuest》　　　　　　图 6-8 《幻灵游侠》

- 取胜条件

网络版的角色扮演游戏一般没有取胜条件,而单机版的角色扮演游戏的取胜条件由剧情来决定,通常是以解除危机、打败最终魔王为游戏胜利的条件,有些角色扮演游戏还会有不同的结局。

6.4.2 视觉效果

- 游戏视角

角色扮演游戏基本上不会以 2D 的视角来呈现,通常游戏视角都是 2.5D 或者 3D,而对于 2.5D 又有斜 45°俯视和正 90°俯视两种。如一款移植自电脑游戏的《仙剑奇侠传》采用的就是斜 45°俯视视角,如图 6-9 所示,而手机游戏《游戏仙侣情缘之麒麟劫》的视角则是正 90°俯视,如图 6-10 所示。

▲图 6-9 《仙剑奇侠传》的游戏视角　　　▲图 6-10 《仙侣情缘之麒麟劫》的游戏视角

不管是斜 45°和正 90°,都是采用图元技术加上多个图层叠加实现的,所以这类角色扮演游戏中地图设计将会是一个非常重要的环节。目前的角色扮演游戏以正 90°俯视视角居多,实现方式也比斜 45°俯视要简单一些。

由于 2.5D 视角更容易让玩家习惯，很多 3D 视角的角色扮演游戏也会在其中穿插 2.5D 的场景。

- 游戏界面

角色扮演游戏的界面不应该只有游戏场景和菜单这么简单，出于剧情和玩家需要，必须为游戏创建不同用途的界面，如对于常见的武侠题材的 RPG 游戏，就需要为玩家创建角色属性面板、物品及装备面板、技能面板等界面。

6.4.3 游戏内容设计

- 情节设计

对于角色扮演游戏，故事情节的好坏在很大程度上影响了游戏带给玩家的体验，所以在游戏设计初期必须选好一个题材。

通常角色扮演游戏的题材背景会选择在一个不同于普通人生活的世界，比较多的是来自武侠文学如金庸等大师的作品，或者是西方的玄幻文学如《指环王》或《吸血鬼》题材，还有一批游戏是来自于电影或其他科幻小说。

确定了题材，还需要丰富整个游戏的剧情，一般来说，角色扮演的游戏方式主要包括探险、接收任务以及战斗，合理的分配这 3 种游戏方式，可使游戏的可玩性达到最高。

- 角色设计

角色扮演游戏中，尤其是单机模式下的角色扮演游戏，角色设计的重要性是不容忽视的，除了玩家控制的"救世主"角色，还要设计其他的辅助角色，如用来指引"救世主"走向强大的导师，一起进行探险的伙伴，要消灭的最终 Boss 等。

对于主要的角色，还需要设计其详细的属性，如为玩家控制的"救世主"以及并肩作战的伙伴设计战斗时用的属性。以武侠题材的 RPG 为例，需要为主要角色设计的属性有技能、血量、法力、等级等，对于大型的 RPG，还需要设计职业及装备等。

- 主角成长

玩家控制的角色在游戏中不断成长是游戏的趣味性之一，同时也是游戏情节发展的主线。所以在设计游戏时需要根据故事情节让主角不断成长，这种成长包括个人属性的提升以及游戏剧情的逐步铺开，主角的成长方向同时也是吸引玩家坚持玩到底的原因之一。

- 游戏存储

对于一般玩家来讲，角色扮演游戏很少能够在短时间内通关，所以必须为游戏增加存储功能。游戏中可以采用到指定地方才可以存储的模式，也可以用菜单选项让玩家随时存储。

6.5 闯关动作类游戏

本节将要介绍的是闯关动作类游戏，区别于射击类游戏和格斗游戏，它侧重于手眼协调和条件反射。每一关的敌人都是从固定的地方跳出来，按固定的轨迹运动，可以说没有任何智能可言。因此，玩家如果玩了足够多次之后，对整个游戏可以说是成竹在胸。这也是此类游戏的乐趣所在，通过不断的训练达到某种技巧上的娴熟，并培养出一定的条件反射，然后在玩游戏时达到下意识或者无意识的高超水平——一种行云流水似的流畅感觉。

闯关类动作游戏的设计重点不在战斗，而是在闯关，这样适应的玩家人群会更广，例如不少玩家的启蒙之作、经典的闯关类动作游戏——"超级玛丽"（如图 6-11 所示），更有综合射击游戏和冒险游戏特点的 3D 视角游戏《古墓丽影》系列（如图 6-12 所示）等。

▲图6-11　手机游戏《超级玛丽》画面　　▲图6-12　《古墓丽影》游戏画面

6.5.1　游戏玩法

- **玩家人数**

玩家玩闯关动作类游戏的主要目标一般都在于过关斩将，并不十分需要别的玩家的阻挠或协助，所以通常都为单机游戏。

- **操作方式**

闯关动作类游戏一般为老少皆宜的游戏，所以其操作方式不会太复杂，只是简单地控制游戏角色移动和释放技能即可。对于有些闯关类动作游戏，玩家大部分时间都在命令游戏角色不停地跳跃，如《超级玛丽》等游戏。

- **取胜条件**

闯关动作类游戏的取胜条件就是将一个个的关卡挑战成功，一般最后的关卡中会出现游戏的最终Boss，打败这个Boss，就宣告玩家成功通关。

6.5.2　视觉效果

对于闯关类动作游戏来说，其背景最为经典的游戏画面就是横向滚动式，这种游戏的视角可以让玩家做到"旁观者清"，能够较早地看到前面可能要遇到的障碍和挑战。当游戏的节奏比较快时，玩家可以有时间做好准备。

6.5.3　游戏内容设计

- **剧情设计**

闯关动作类游戏一般并不会大费周章地以华丽的背景故事去吸引玩家，但是也会有一个简单的背景故事，在背景故事中会向玩家简单介绍闯关的动机和玩家所要追求的终极目标。

- **关卡设计**

前面也曾提到，闯关动作类游戏的操作方式不会特别复杂，游戏剧情也不会特别引人入胜，那么要想让玩家在简单的游戏中获得乐趣，关卡的设计就显得尤为重要。

提到关卡设计，肯定要考虑其难易度的把握，增加难度的方式有多种，除了重新设计高难度的关卡之外，对游戏进行微小的改动也可以实现难易程度的改变，如给玩家更短时间来通过挑战、将游戏中的奖励物品放置在更危险的地方等。

除了在关卡的难易程度上做文章外，还可以根据关卡的不同制定和不同的游戏规则，这样不容易使玩家产生游戏疲劳感，如第一关中，游戏角色在森林中进行跑跳，而第二关就可以把场景设到水下，玩家可以在水中自由移动，但是要记得到水面上换气。

6.6　冒险游戏

冒险游戏（Adventure Game）是另外一种需要故事情节的游戏，冒险游戏与角色扮演游戏类似，不同的是冒险游戏是在故事中添加了游戏元素，而角色扮演或其他游戏是在游戏中穿插故事。

6.6.1 游戏玩法

- 冒险模式

传统的冒险游戏坚持的原则主要是"说故事",曾是非常热门的游戏类型。在传统的冒险游戏中,玩家主要任务是在充满了悬念的故事情节的指引下,一步步探索游戏中的未知世界,在探索过程中合理地使用道具,解开各种谜题,最终破解了整个故事的秘密。

随着游戏类型的不断衍变,很多其他类型的游戏中都会或多或少地添加一些冒险的成分,而冒险游戏中也出现了一些其他游戏类型的元素,如动作类冒险游戏就是一种,动作类冒险游戏在冒险过程中增加了快节奏的打斗等场景,使游戏更加刺激和紧张。

- 面临的挑战

不像动作游戏那样,玩家在冒险游戏中控制的角色不会具有太强的侵略性,而是更注重故事的流畅性和悬念,游戏节奏比较慢,但仍然会遇到一些冲突或阻碍。这些困难不会让玩家手忙脚乱,应接不暇,但也会使玩家将思绪投入其中,乐此不疲。

不管是解谜类的冒险游戏,如《福尔摩斯—罚与罪》(如图 6-13 所示),还是逃脱类的冒险游戏,如《密室逃脱》(如图 6-14 所示)。游戏中遇到的困难基本上类似,如打开一扇需要钥匙的门、需要完成 NPC 的任务和需要找齐全套的物品用于组合等。在冒险游戏中,玩家通常不是靠快速反应或长时间思考来解决问题的,而是依靠已获得的游戏线索或物品道具甚至技能来排除阻碍的。

▲图 6-13 《福尔摩斯——罚与罪》游戏画面

▲图 6-14 《密室逃脱》游戏画面

> **提示** 冒险类游戏有一个其他类型游戏所没有的特点,那就是很难让玩过一次的玩家再去经历一次冒险,就像是很少有人会去把看过的电影再看一遍一样。这也体现了故事情节对于冒险游戏的重要性,一旦故事情节已经了然于胸,冒险游戏就再也无法给人以刺激和惊奇了。

- 取胜条件

既然冒险游戏就像是在讲故事,故事讲完也就尘埃落定了。除非是为续集留悬念,一般的冒险游戏在最后会出现类似大团圆的结局,如逃出困境、解救了爱人或朋友、找到了丢失的宝藏等。

6.6.2 视觉效果

- 游戏视角

冒险游戏的视角很多情况下与角色扮演游戏的视角类似,如正 90°俯视的 2.5D 的视角,这样玩家可以对整个游戏场景有充分的掌握。不过也有很多手机上的冒险游戏以第一人称视角来呈现,前面曾提到的《黑暗沼泽庄园》,为的是增强玩家身临其境的感觉。

- 画面和地图

一个冒险游戏就是一个历险故事,而讲述这个故事时除了文字,还有画面,所以,游戏的画面不应该拖故事情节的后腿,应该尽量提高玩家的空间感。另外,不管是 2.5D 的俯视视角还是第一人称视角，在冒险游戏中增加一个缩略地图都不失为一种不错的选择，这样玩家不至于迷路，也不会重复探索已经走过的地方。

6.6.3 游戏内容设计

- 故事发展

冒险游戏如果没有跌宕起伏的故事内容，就基本失去了可玩性，而如果只是像念书那样讲故事，也会大大降低可玩性。游戏中展示的是场景而不是故事，所以在将故事改编成游戏或为游戏增加故事情节时，要注意规划游戏的故事结构，把各种剧情插入不同的场景之中，场景和场景之间又相互关联，最后形成相互关连的游戏场景。

- 关卡设计

如果冒险故事情节比较漫长，通常要将故事切成若干个关卡，或者称为章节。这些关卡的连接方式有多种，如单线索方式是将所有关卡连成一条线循序渐进地向玩家铺开，多线索方式则是在进入新关卡前让玩家选择，或者根据玩家现在的游戏状态进入相应的关卡。

- 对话设计

在游戏中主要的对话对象是 NPC，一般来说游戏中加入对话主要是为了增加趣味性，使玩家更能体会到游戏的互动性。而在冒险游戏中，对话还有另外的用途，那就是为玩家提供重要的游戏线索，所以在设计冒险游戏时应该对对话进行合理的设计。

6.7 策略游戏

手机平台下的策略游戏来源于电脑端的策略游戏，其最初是模拟类游戏的一个分支。随着策略游戏的不断发展，也衍生出了很多其他不同的形式，如回合制策略游戏和实时策略游戏。通常，即时战略游戏也被认为是从策略游戏发展而来。

所谓策略，包括两个含义。从广义的角度来说，策略是指运用政治、经济和军事手段来实现国家意志和维护国家利益。对游戏来说，一般是通过资源采集、生产、后勤、开拓和战争来振兴本种族或国家。从狭义角度讲，策略是指用来击败敌人的各种军事指挥手段。

6.7.1 游戏玩法

- 玩家个数

在其他游戏中，玩家往往通过在游戏中控制一个角色来参与游戏，而在策略游戏中，玩家常常没有具体的角色，或者说玩家控制不止一个角色。在策略游戏中玩家扮演的角色是统筹各个方面的总司令。这在一定程度上也增加了游戏的复杂度。

电脑平台下的策略游戏一般不会限制玩家的个数，玩家既可以同电脑对战，也可以和其他玩家一起游戏，或者合作，或者对抗。而在手机平台下，大部分策略游戏都是单人模式的，玩家主要和电脑中的敌人或朋友一起游戏。

- 操作方式

策略游戏的玩法非常简单，那就是探索、发展和征服。所以不管是回合制策略游戏、实时策略游戏还是即时战略游戏，玩家的目标和实现目标的方式都比较单一。简单地讲就是，在初期探索未知的世界，然后建立自己的基地并不断发展扩大，当然在发展的过程中也伴随着进攻和防守。

- 取胜条件

不同于其他类型的游戏，策略游戏更偏重于思考和谋划，因此，策略游戏所消耗的时间有可能会很长，要显示的信息量也很大。同时有些即时战略游戏包含任务系统，这些连续的任务也不是短时间内能够完成的。

按照策略游戏的原则，策略游戏的取胜条件在于征服，即完全消灭掉游戏中的敌人或者不幸地被敌人消灭掉则宣告游戏结束。

6.7.2 视觉效果

- 游戏视角

电脑平台下的策略游戏一般为 2.5D 视角，或者是可以在 2.5D 视角和第一人称视角之间切换。手机平台下的策略游戏由于不容易变换视角，所以通常都采用 2.5D 俯视视角，这样不仅玩家的视野会比较开阔，操作游戏中不同对象也比较容易，如《部落冲突》（如图 6-15 所示）采用的就是 2.5D 俯视视角。

▲图 6-15　手机游戏《部落冲突》的视角

- 缩略地图

策略游戏中的地图都非常大，这样能够保证开展游戏的多方阵营能够在初期平稳地生存。在这种情况下缩略地图对于玩家来说就是一个非常有用的工具了。利用缩略地图，玩家可以迅速把镜头从一个地方切换到另一个地方，同时也可以迅速了解游戏局势。

6.7.3 游戏内容设计

- 题材设计

策略游戏的题材形式并不多，一般都与战争有关，只是选择的背景不同，除了选用历史题材外，通常魔幻和玄幻题材的故事也比较多。往往一个成功的策略游戏，其引人入胜的背景故事功不可没，一些策略游戏的背景故事甚至还会改编成电影或其他文学作品。

- 游戏类型

随着策略游戏的发展除了上面介绍的类型，目前最火的是塔防 TD 类策略游戏。这类游戏主要要求玩家开动脑筋，用一种思考、排放方法达到最终胜利，其中的代表作如《植物大战僵尸》（如图 6-16 所示）、《保卫萝卜》等。

▲图 6-16　《植物大战僵尸》游戏画面

- 游戏平衡设计

策略游戏中往往会出现许多的阵营，如移植自电脑同名游戏的《文明》，不同的阵营之间所具有的游戏角色和发展路线也不一样，否则游戏的可玩性将会大大降低。而如何让不同阵营在游戏的进行中保持平衡就需要好好考虑的问题了，一款失衡的策略游戏将也会失去大批的玩家。

6.8 养成类游戏

养成类游戏是目前手机游戏中的新贵，养成类游戏来自于曾经风靡的电子宠物，但后来随着手机软、硬件性能的不断提升，加上手机这种随身携带的特性，养成类游戏慢慢成为了手机平台下不可忽视的一类游戏。

6.8.1 游戏玩法

- 玩家个数

养成类游戏一般强调主人（即玩家自己）同被养者之间的关系亲密程度，所以一般这类游戏都是单人模式。不过有些养成类游戏为了给玩家一个展示成果的机会，增加了联网的模块来让不同的玩家带着自己的宠物进行各个方面的PK。

- 游戏过程

养成类游戏一般不要求玩家费过多的脑筋，游戏节奏也很慢，因为一个优秀的宠物不是一朝一夕培养出来的。玩家玩这类游戏主要的乐趣来源于宠物在自己的照料下一点一点地成长，接受训练并且能够和玩家进行一些简单的情感交流等。

- 取胜条件

除了网络版的养成类游戏时不时地会把宠物搬出来进行PK，一般情况下养成类游戏没有获胜的概念，这点是和其他类型游戏的最大不同。不过还是会有失败的情况，比如在培养的过程中一时疏忽使宠物死掉了。

6.8.2 视觉效果

- 宠物造型

养成游戏中玩家基本上不会出现在游戏中，所以主要显示的内容就是宠物，对于宠物的造型就需要多花些功夫雕琢了。在养成游戏中的宠物不一定是现实中能直接找得到宠物，宠物或者是一些经过改造过的地球生物，或者干脆是科幻的产物，有些养成类游戏的被养对象还可能是人。

▲图6-17 《宠物小恐龙》游戏主界面

- 游戏画面

通常情况下养成类游戏的显示元素比较单一，主要为被养的对象，所以为了提高玩家的视觉体验，应该把游戏的画面做好规划。同时在游戏中还需要设计管理面板等界面，如宠物属性面板的布局等。图6-17显示的是PC端养成类游戏《宠物小恐龙》的游戏主界面。

6.8.3 游戏内容设计

- 宠物设计

宠物的设计是养成类游戏的设计重点，因为其相当于是整个游戏的招牌。设计宠物时除了要设计其外在形象，还需要设计其各种属性，如宠物所具有的技能和宠物的成长路线等。

- 培养方式设计

养成类游戏的培养方式设计也很重要，否则玩家就会发现其宠物过于迟钝或是聪明，无法从中体会到成就感。一般来说游戏通过以下几种方式来留住玩家。

（1）把事件变复杂，这里并不是把事件变得困难，只是将其分解得更细致一些。如想要提高宠物的快乐值，游戏并不会提供一个菜单选项叫作"提高快乐值"那样简单，相反，玩家可能需要先喂饱宠物，给宠物洗个澡再和宠物聊天玩耍……这么做不仅会让玩家有事可做，同时也会丰富游戏的内容。

（2）用时间控制游戏过程，如要让宠物学会一项技能，宠物不可能马上就学会，而是需要经过一定的时间后才能学会，这样用时间也可以留住玩家。

（3）多让玩家介入游戏，有了时间来控制游戏过程，游戏的过程中也不应该把玩家晾在一边太长时间，应该尽量让玩家参与更多的决策，可以设计宠物不同的成长路线来让玩家来选择，这样让玩家深度介入，会更容易留住玩家。

- AI设计

游戏中的人工智能（AI）也是不得不考虑的设计内容，宠物如何在玩家不干涉的情况下自动衰减自身的诸如饥饿、心情等属性，如何响应主人（玩家）的诸如问候之类的交互等，这些都需要开发相应的人工智能算法。

- 其他游戏元素的设计

看了上面的介绍，读者朋友可能会觉得对于玩家来讲，养成游戏或许显得太简单了。的确是这样，但是目前，市面上的一些养成游戏会在游戏中加入其他的游戏元素，如带领宠物和怪物进行战斗、与宠物一起玩益智游戏等。这样一来养成类游戏的可玩性就会大大提高。

6.9 经营类游戏

经营类游戏是另外一种需要玩家长时间关注的游戏，经营类游戏一般模拟现实世界中的某种行业。如餐馆、公司或城镇等。如 PC 端游戏《模拟饭店》（如图 6-18 所示）。

模拟饭店以全球各大城市为背景，在纽约、洛杉矶、巴黎、东京、悉尼、维也纳等 23 个不同风情的城市中，从一家小型旅馆，拥有着家庭式温馨布置，供应自制早餐等服务开始，逐步扩张旅馆事业的规模，到最后玩家有可能是经营一间跨国连锁大饭店，专门提供商务往来人士和度假胜地游客等下塌的饭店。

▲图 6-18　《模拟饭店》游戏画面

游戏开始时并不一定要选择选单内的预设旅馆，玩家可以从 19 种预设的旅馆类型中选择所想要的类型，包括都会、乡间民宿等各种不同的形式都可依自己的喜好作设定。一旦选定类型，饭店内的规划及布置就是玩家需要伤脑筋的重头戏，从一个有限的空间中，逐步规划出大厅、卧房、餐厅、健身房和游泳池等各种不同机能的空间配置，旅馆内各区域动线是否顺畅、空间位置关系等都会影响到将来消费的客人。

6.9.1　游戏玩法

- 玩家个数

随着移动互联网的发展，现在手机平台下的经营类游戏大多是网络模式，在有些经营类游戏中玩家主要关心的是如何管理好自己，并通过与网络中的其他玩家比拼来增加游戏性。而比拼的内容包括游戏中的金钱、等级或者建筑的规模等。

- 获胜条件

对于一些不太具有侵略性的经营类游戏（如经营餐馆），往往没有一个确定的取胜条件，玩家的乐趣在于经营中的收获。有些经营类游戏则需要向策略类游戏那样不断发展扩张自己的势力，最后打败其他的竞争对手赢得胜利。

6.9.2　视觉效果

- 游戏视角

经营类游戏中，玩家要关注的地方很多，所以在手机平台下一般都采用 45°（或 90°）的 2D 俯视视角来呈现游戏的画面。

- 游戏界面

不管是侵略性的经营游戏还是简单管理类的经营游戏，都需要为玩家提供一个可以浏览其所经营项目的运作情况的界面，一般来说这些界面就是一些游戏属性的展示。同时还要为玩家提供一个管理面板来对其所掌握的资源进行分配等操作。

6.9.3 游戏内容设计

- 游戏流程的发展

不同于策略游戏,在经营类游戏中玩家对于整个游戏进程的影响不是特别大(除非是到了玩家已经很强大的时候),所以游戏中大部分时间需要在程序中控制游戏的发展流程,如调动 AI 去和玩家竞争或随机产生突发事件。

- 资源的平衡设计

经营类游戏从本质上讲,就是玩家不断收集资源发展自己的过程,所以每个经营类游戏内部都会有一个资源系统,这种资源可以是最普通的金钱,也可以是人(如"实况俱乐部"),还可以是土地(如《地产大亨》)等其他东西。

有些资源会在游戏中被玩家消耗掉,然后产生新的,有的则是在不同人的手中来回交换或交易,还有的则是自动产生自动消耗。所以在设计游戏的时候需要对涉及的资源进行详细分类,并在游戏进行中进行合理的管理。

6.10 体育类游戏

体育类游戏(Sports Game)是面向体育爱好者的一类游戏,其可以涵盖 3 个层次:管理、战术和技能。技能方面,单纯的模拟某项运动,比如滑雪。战术,比如足球的团队配合和排兵布阵。管理,包括俱乐部的管理和球员的培训。该类型游戏虽然拥有的玩家群体不如角色扮演或益智类游戏多,但是体育类游戏还是在众多的手机游戏种类中因独特的内容题材占有一席之地。

6.10.1 游戏玩法

- 玩家人数

由于手机平台下的局限性,一般的体育类游戏都为单机模式,即玩家进行体育竞技的对象是电脑 AI,这时游戏的可玩性很大程度上取决于 AI 的真实程度。

- 取胜方式

体育类游戏主要是模仿现实中体育竞技运动,所以取胜方式就是赢得比赛的胜利,或根据剧情需要赢得一系列比赛的胜利,如《NBA2k16》(如图 6-19 所示)。在这类游戏中玩家主要操控的对象是一个或多个运动员。

有一种体育类游戏融合了经营管理类游戏的元素,使游戏的乐趣不在于取得竞技上的胜利,而是把一个俱乐部经营管理好,玩家扮演的角色,也不再是运动员,而是教练或经理之类的管理职务,如《实况足球》(如图 6-20 所示)这样的游戏。

▲图 6-19 《NBA2k16》游戏画面

▲图 6-20 《实况足球》游戏画面

6.10.2 视觉效果

- 游戏视角

体育类游戏的视角应该取决于竞技项目,如果是一对一的比赛,如网球或摔跤等,那么既可以取第一人称视角,也可以取其他视角,因为只要能够看到对手就行。但是对于团队竞技项目(如篮球、足球等),一般不会选择第一人称视角,因为玩家需要实时掌握场上的局面。

而对于一些竞速性质或带有跑道的竞技项目(如滑雪、游泳等),一般采用背后视角来设计游戏,有一些也会采用类似闯关类动作游戏的横向滚屏式。

- 动画设计

对于需要模拟真实竞技场景的体育类游戏,对于人物造型和人物动作的设计也很重要,否则玩家会因为生硬的人物线条和扭曲的人物动作提前放弃游戏。

6.10.3 游戏内容设计

- 操作游戏的设计

在体育类游戏中,由于竞技方式的多样化,往往需要向所控制角色下达很多命令。而手机的操作接口是有限的,只有方向键或其他数字按键等,所以在设计游戏时需要对游戏的操作接口进行详细的研究,确保玩家能够感觉到完整的运动体验。

- 人工智能设计

对于单机模式下的体育类游戏,除了模仿真实运动场景的动画外,人工智能的设计也算是比较重要的环节。对于体育类游戏的 AI,可以采用记录状态的方式来设计 AI,比如在多人球类竞技比赛中,当电脑控制的角色处于不同的状态时(如进攻态和防守态),所采取的对策也不一样。

6.11 本章小结

本章对目前流行的手机游戏类型逐一进行了介绍。希望读者对这些游戏的主要玩法和不同于其他游戏类型的独到之处有所了解,以便自己在开发相应类型的手机游戏时能够做到心中有数。

虽然本章将各种游戏类型分开介绍,其实随着手机产业的不断发展,一些手机游戏类型之间的分类也越来越模糊,很多手机游戏中融合了不同游戏类型的风格。还有一些新的游戏类型在悄然出现,读者在实际开发中也需要注意这些问题。

总之,游戏类型的分类是一种习惯和约定俗成,不是百分之百科学的,其实用性大于理论性。正如任何行业都有自己的行话一样,游戏类型及其各种古怪的缩写的主要作用是有利于业界人士之间以及业界和玩家之间的沟通。

第 7 章 游戏背后的数学与物理

本章将会对游戏中的数学和物理知识做一个简单介绍。在游戏开发中除了要对开发语言和设计模式等知识熟悉外,还必须对数学和物理方面的知识有所了解,因为决定一款游戏视觉效果和玩家体验的,恰恰是这些看似和编程毫不相关的理论知识。

7.1 编程中经常用到的数理知识

数学和物理知识对于程序开发人员尤其是游戏开发人员来说是不可或缺的,开发人员不需要做到精通,只需要掌握游戏开发中经常会遇到的数学和物理方面的知识即可。本节简单介绍一下在编程中经常用到的一些数学和物理方面的知识。

7.1.1 数学方面

造就一款优秀的游戏,仅仅依靠新奇的创意和缜密的业务逻辑还是不够的,数学知识在游戏编程中也起到了不容忽视的作用,这里简单列举一些游戏开发中经常用到的数学知识。

1. 坐标系

如果读者曾经设计过简单的小游戏,对于坐标系这个概念肯定不会感到陌生。不论采用什么开发语言,通过写程序在屏幕上绘制图形都必须使用坐标,这些坐标代表所绘制元素在屏幕上的位置,其将会对应到屏幕的坐标系。

这些坐标系有一个共同的名字:笛卡儿坐标系。在游戏编程中,常用到的笛卡儿坐标系统就是二维坐标系(如图7-1所示)和三维坐标系(如图7-2所示)。二维坐标系是两条交于一点的垂直数轴,而三维坐标系则在二维坐标系中增加了一条垂直于 x、y 轴所确定的平面且过原点的数轴 z。

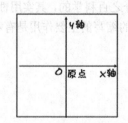

▲图 7-1 笛卡儿二维坐标系

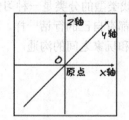

▲图 7-2 笛卡儿三维坐标系

笛卡儿二维坐标系确定了一个平面,如 2D 游戏中的游戏屏幕就是一个平面。当需要表达一个三维的立体空间时就需要采用笛卡儿三维坐标系了。二维坐标系中需要两个坐标值(x,y)来唯一确定平面上的一点,三维坐标系则需要 3 个坐标值(x,y,z)。

在一个游戏场景中,往往有一个绝对的坐标系统,所有的元素都在其中有唯一的位置。这看似已经满足开发需要了,但是很多情况下绝对坐标系统使用起来并不方便。例如,如图 7-3 所示的一个游戏场景,方块代表玩家控制的角色,方块上的箭头指向代表人物朝向,三角形代表敌人。玩家需要检测在其前方有无敌人以及敌人的方位。

如果在检测前方敌人的算法中使用绝对坐标系,那么计算起来将会非常繁琐,这时候如果建立一个局部的坐标系,以玩家中心为原点,分别以玩家的朝向和过原点且垂直于朝向的向量为 y 轴和 x 轴,如图 7-4 所示。使用这个局部坐标系进行计算将会简化很多工作,而且这个局部坐标系可以和绝对坐标系进行变换。

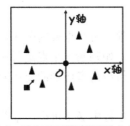 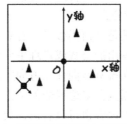

▲图 7-3 玩家需要侦测附近敌人的方位　　　▲图 7-4 以玩家为原点建立局部坐标系

使用局部坐标系可以在很多场合下简化计算,其与绝对坐标系之间的转换也比较简单,可以利用向量的知识来完成。

2. 距离的计算

在游戏编程中肯定少不了一种计算,就是两个物体之间的距离的计算,距离计算应用于诸如碰撞检测和搜索路径等很多场合。在距离计算中,比较常用的就是两点间坐标公式,即 $\sqrt{(x_1-x_2)^2+(y_1-y_2)^2}$,该公式由勾股定理推导而来,如图 7-5 所示。

但是一般情况下,为了节省开销,通常编程计算到最后一步时不进行开方操作,而是直接对平方值进行比较得出结果。这样简化了计算,在运算频度高的情况下对性能有一定的优化作用。有些时候距离计算的目的只是用于比较,这时候就可以使用更省力的办法,那就是门特卡罗距离。

门特卡罗距离不需要平方,如图 7-5 中所示。计算 A、B 两点间的门特卡罗距离时只需要对直角三角形 ABC 的两个直角边求和即可。这种算法虽然并不是很准确,但是在大多数情况下这种算法可以很好地满足游戏编程要求。

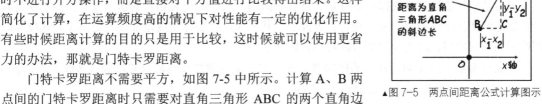

▲图 7-5 两点间距离公式计算图示

3. 向量

向量在进行人工智能的设计时经常会用到,向量的概念想必读者朋友们都很熟悉,这里不再赘述。在游戏开发过程中,用到向量的地方主要有以下几种情况。

- 计算投影和夹角

很多时候游戏中需要的向量操作就是将向量投影到某个特定的平面上,或者对两个向量进行计算,求得两个向量之间的夹角。

- 判断方向

向量也可以用来判断方向。如在游戏中也经常将两个向量相乘,这两个向量分别代表两个游戏角色的朝向。对这两个向量进行点乘,如果结果为正,则说明二者之间的夹角小于 90°,大致位于同一个方向;如果结果为负,说明两个游戏角色之间面朝不同的方向。

- 参与复杂计算

向量的另外一个重要作用就是参与复杂的数学计算。在有些游戏编程中,需要进行大规模的

4. 设计游戏中的各种公式

往往一个具有一定规模的游戏都需要设计游戏公式。例如，一款以古代战争为题材的策略游戏就需要设计很多的公式，这些公式包括战斗力计算公式、防御力计算公式、战斗胜负计算公式、玩家经验等属性增长公式等。

要想设计好这些游戏公式，除了对游戏的业务逻辑了解透彻之外，数学的功底如果不够扎实，那么设计出来的公式肯定会闹出笑话。

5. 其他数学公式

数学中（尤其是几何类数学）有着数不清的公式和定理，有些重要的公式是通过集中学习掌握的，也有一些有用的公式或定理主要靠自己平时的积累。如判断一个点是否在多边形内部可以采用射线法，即从待测点向任意方向发出一条射线，如果射线与多边形的交点为奇数，则该点在多边形内部，否则点在多边形的外部。

从本节介绍的内容也可以看出，数学知识的确在开发过程中必不可少。本节只是将一些常见的数学知识列举出来，希望各位读者多注意积累和实践。

7.1.2 物理方面

在介绍了游戏中经常用到的数学知识后，本小节将介绍物理知识在游戏中的表现形式。之所以先介绍数学知识，就是因为数学是物理的基础，物理公式都是依赖数学实现的。

物理研究的是客观世界的各种规律，游戏中不管题材如何，对于客观世界的模拟肯定不会少，而模拟客观世界的画面，就必须用到物理方面的知识。具体说来，游戏开发中主要运用的是物理学中与运动有关的知识。

- 速度、加速度、位移

速度是表征物体运动快慢的物理量，是有方向的，该方向代表物体的运动方向；而加速度则是表征速度变化快慢的物理量，也是有方向的，其方向代表物体速度是增加还是减少。速度与时间的乘积形成位移。这些知识想必读者朋友们都非常熟悉。

真正在游戏中运用的，还是那些物理公式，如计算匀速直线运动位移的公式 $2aS = v_t^2 - v_0^2$ 和 $S = v_0 t + 1/2 at^2$，计算加速度的公式 $a = F/m$ 和 $a = \Delta v / \Delta t$ 等。

- 游戏中的物理运动

游戏中经常会出现的物理运动除了简单的匀速直线运动外，还有抛物运动，如平抛、上抛等。在现实世界中会采用重力加速度 g 来计算，在编程中由于各个物理量的单位不同等原因，重力加速度在数值上并不一定和 g 相等。

对于非直线类的运动的处理方式也很简单，采用笛卡儿坐标系，将运动分解到两个方向轴上，在计算位移时分别进行，最后求得的坐标自然是合成后的运动轨迹。

- "非物理"现象

虽然在游戏中应用物理知识会收到很好的效果，但是物理引擎太过于模仿现实也并不总是好事，应该适当允许"非物理"现象的出现，"非物理"现象指的是那些游戏中明显违背常理的运动方式。

例如，让玩家控制的角色在下落的时候可以在空中改变方向水平移动，或者是允许玩家在跳跃的时候在最高点二次起跳等。这些现象显然已经违反了物理学的定律，但是加入到游戏中却会收到更好的效果，读者需要注意。

7.2 碰撞检测技术

本节将进一步介绍游戏开发中常用的一些碰撞检测技术。碰撞检测对于大部分游戏而言必不可少,如玩家是否捡到了地图中的宝物、怪物发射的子弹是否击中了玩家等这些功能都需要使用碰撞检测。

碰撞检测技术的实现是基于数学和物理方面的知识来进行计算和判断的。在游戏开发中,不同的场合有不同的碰撞检测方式,本节将主要讲解碰撞检测在游戏中的使用方式以及使用碰撞检测时的基本原则,最后会具体地介绍几种常用的碰撞检测技术。

> **提示** 本节介绍的碰撞检测技术主要是用于没有采用独立物理引擎(如后面的章节中要介绍的 JBox2D 物理引擎)的游戏中。对于采用独立物理引擎的游戏,游戏过程中的碰撞检测一般直接由物理引擎完成计算。

7.2.1 碰撞检测技术基础

一般情况下,碰撞检测只会发生在游戏中实体对象的位置发生了变化之后,如怪物走动、炮弹沿轨道移动、玩家跳起等。不同的碰撞检测其目的也不尽相同,如怪物走动后检测是否遇到玩家,炮弹移动后检测是否打中目标等。

对于移动之后进行碰撞检测的场合,程序中通常按照以下的流程来应用碰撞检测:

- 更新实体对象的位置;
- 进行碰撞检测;
- 如果碰到了,进行相应处理。

> **说明** 上述流程是针对单个实体对象来说的,即每个实体在自己位置更新了之后就进行碰撞检测。还有一种方法是在一类实体的位置全部更新完毕,再逐个进行碰撞检测。如将屏幕中所有炮弹全部移动位置,然后判断每个炮弹是否碰到目标,这种方法并不能适用于所有场合。

上述流程中的第三步是对碰撞检测进行处理,最简单的一种处理就是让实体对象后退回到原来的位置,除去这种简单的情况,通常碰撞检测环节和处理碰撞环节是结合在一起的。实现碰撞检测所涉及的内容主要有如下 3 个方面。

(1)确定检测对象。

游戏在运行中会产生很多实体对象,在进行碰撞检测时并不需要对所有的实体对象都检测一遍,如玩家没必要检测是否和自己发出的子弹碰撞,静止的宝箱也没必要检测是否和另外的宝箱碰撞。所以在开始碰撞检测之前,首先要确定检测的对象是什么。

(2)检测是否碰撞。

这是碰撞检测的核心环节,在这个环节需要综合考虑游戏本身需求和运行平台的性能问题,合理地选择碰撞检测的算法。

(3)处理碰撞。

当检测到有碰撞发生时,就需要根据碰撞的类型进行相应的处理,如炮弹在碰到目标后会爆炸并给目标造成伤害。

考虑到游戏的最佳用户体验问题,通常在开发游戏的碰撞检测模块时需要遵循以下原则。

- 尽量避免碰撞检测，如果无法避免就尽量减少检测的次数。由于进行碰撞检测基本上都会进行一些数学计算，所以应该尽量少用，减少检测的机会。
- 采用不影响游戏性能的算法尽快检测。对于碰撞检测来说，精确和速度就像是算法设计中的空间复杂度和时间复杂度，二者很难达到两全。所以在游戏开发时要多做衡量，选择一种对于精确程度和执行速度来说都比较适中的算法。
- 碰撞处理要柔和，不要让玩家感到不适应。碰撞检测的处理不能过于生硬，如物体从地面抛向远处，在飞行的时候如果检测到与地面发生了碰撞，不应该立刻让其停止运动，而是就着惯性向前滑动一段距离。

> **提示** 对于以上所介绍的碰撞检测时需要遵循的原则，在随后的小节中将会在需要的位置具体地讲解。

7.2.2 游戏中实体对象之间的碰撞检测

具体来讲，碰撞检测主要分为游戏实体对象（如玩家控制的英雄、怪物、发射的炮弹等）之间的碰撞检测以及游戏实体对象与环境（如游戏场景中的墙、台阶、树等）之间的碰撞检测。本小节将介绍有关游戏中实体对象间碰撞检测的技术。

游戏中实体对象与环境之间的碰撞检测无法偷工减料（否则将会出现怪物穿墙而过的奇怪现象），但是实体间的碰撞检测可以稍加优化。所以在研究实体间碰撞的算法前，需要考虑如何减少待检测实体的个数，一般有如下几种可考虑的方案。

- 静止的实体不负责碰撞检测

如游戏中静止的宝箱不应该定时检测玩家控制的英雄有没有与自己发生碰撞，这项工作应该交给二者中进行移动的一方即玩家来负责。

- 只进行单向碰撞检测

如射击游戏中，不应该出现这样的检测算法：敌人射出的子弹会在移动中检测是否遇到了玩家控制的英雄，而玩家控制的英雄在移动中也会检测是否有子弹打中了自己。这种算法首先是多此一举，降低游戏的性能；其次还会出现玩家被一颗子弹打中，受到双倍伤害（进行了两次碰撞处理）的奇怪现象。

一般来说，碰撞检测应该由两个实体对象中主动的一方来进行。如对于子弹和英雄，是子弹击中英雄而不是英雄迎接子弹，所以应该由子弹负责二者的碰撞检测，而不是"被碰撞"的英雄。

- 距离远的实体对象不进行碰撞检测

在游戏中，如果某两个实体之间的距离太远，在检测碰撞时会将较远的实体忽略，这样会对游戏的执行速度提高不少，实现这种策略主要有如下两种方式。

（1）划分网格法。

将游戏地图划分为若干个格子，每个实体隶属于一个格子单元（如果有横跨多个格子的实体，其隶属格子也只能有一个，如中心点所在的格子）。这样进行碰撞检测时，实体对象只需要检测隶属格子及相邻格子中的实体对象是否与自己发生碰撞即可，如图7-6所示。

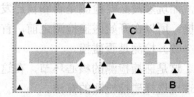

▲图7-6 采用划分网格法对游戏地图进行划分

在图7-6中所示的游戏地图中，方块代表需要进行碰撞检测的实体，三角形代表被检测的实体，采用网格划分法对游戏地图进行划分后。方块所在的格子为A，与其相邻的格子为B和C，那么方块在进行碰撞检测的时候只需要与格子A、B和C中的三角进行碰撞检测即可。

（2）实体排序法。

这种方法的实现途径首先是保持被检测实体是有序的，如按照实体某个方向轴的坐标大小排列，这样在对实体序列中某一个实体进行碰撞检测时，只需要检测与该实体在实体序列中相邻的实体即可。不过这种方式需要消耗一定的性能来维护实体的有序性。

在尽可能减少了碰撞检测的次数后，下面将会讲解必须要进行碰撞检测时通常采用的检测算法，主要有矩（圆柱）形检测和圆（球）形检测两种。

1. 矩（圆柱）形检测

这种检测算法是给实体外层套上矩形（二维游戏中采用）或圆柱形（三维游戏中采用），下面以二维游戏为例说明矩形检测的用法。首先为实体套上一个外接矩形框，如图7-7所示，在进行实体间碰撞检测时，只需要检测两个实体的外接矩形是否发生了碰撞，如图7-8所示。

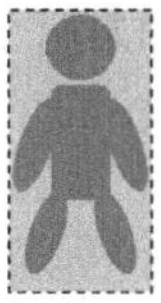

▲图 7-7 为实体套上矩形框 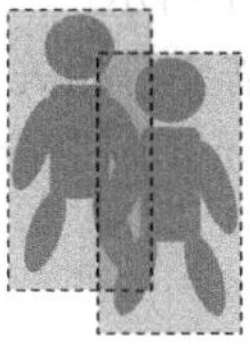　　▲图 7-8 对实体进行矩形检测

具体检测的算法可描述为如下。

- 取两个实体的左上角坐标(x_1,y_1)和(x_2,y_2)以及实体宽度w和高度h。
- 声明4个变量 $maxX$、$minX$、$maxY$ 和 $minY$，并将其分别赋值为两实体中 x 坐标的较大值、x 坐标较小值、y 坐标较大值和 y 坐标较小值。
- 判断是否 $maxX<minX+w$，且 $maxY<minY+h$。如果满足这两个条件，则说明两个实体发生了碰撞，进行碰撞处理。

上述算法实现比较简单，但是前提条件是进行检测的两个实体的宽度和高度必须相同，有些游戏中并不满足这个前提条件。那么就应该在上述第二个步骤中多记录几个变量 $maxWidth$、$minWidth$、$maxHeight$ 和 $minHeight$。或者应该采用下面的第二种算法。

- 取两个实体的左上角坐标(x_1,y_1)和(x_2,y_2)以及二者的宽度 w_1、w_2 和高度 h_1、h_2。
- 判断是否 $x_1<x_2+w_2$，且 $x_2<x_1+w_1$，且 $y_1<y_2+h_2$，且 $y_2<y_1+h_1$。如果满足这4个条件，则说明两个实体发生了碰撞，进行碰撞处理。

对于二维游戏中的矩形检测，又可以称为边界检测，这种检测在大多数情况能够很好地满足游戏的需要。但是有些情况下两个实体的边界发生碰撞后，实体并没有发生碰撞。

解决图7-9出现的误差问题的一个办法就是，在发生碰撞后计算重合面积，即当检测到实体的矩形框碰撞时，计算两个矩形框的重合面积，只有重合比例（即重合部分面积占整个矩形框面积的百分比）达到一定数值时才认定两个实体发生了碰撞。以上面介绍的第一种矩形框碰撞检测算法为例，检测到矩形框碰撞后重合面积的计算可以按照如下的步骤来进行。

- 计算重合部分的宽度 w，其值为 $minX+w-maxX$。
- 计算重合部分的高度 h，其值为 $minY+h-maxY$。
- 计算重合部分的面积 $S=w \cdot h$。
- 计算重合比例，如果超过某个值，则说明两个实体之间发生了碰撞，进行碰撞处理。

读者可以参考图7-10的说明来理解上述的算法步骤中公式的含义。在矩形框碰撞检测的基础上加入重合面积的判断，这样一来碰撞检测就会比较真实可靠，本书后面要讲解的游戏案例中有一部分正是采用这种算法。

 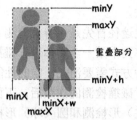

▲图 7-9 矩形碰撞产生的误差   ▲图 7-10 计算重合面积示意图

2. 圆（球）形检测

另外一种碰撞检测的算法是给实体对象套上圆形（二维游戏中采用）或球形（三维游戏中采用）的边框，下面以二维游戏为例说明圆形检测的用法。圆形检测就是在需要进行检测的实体上套上一个外接圆，如图 7-11 所示。

进行碰撞检测时，只需要对相关实体的圆形框进行检测，如果两个圆相交，则这两个实体就发生了碰撞，如图 7-12 所示。圆形检测的碰撞检测算法可描述如下。

 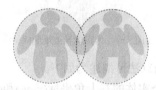

▲图 7-11 为实体外层套上圆框   ▲图 7-12 对实体间进行圆形检测

- 取两个实体的中心点坐标(x_1,y_1)和(x_2,y_2)。
- 取两个实体的半径，求其和为 R。
- 计算两个实体中心点间的距离 D，使用 $\sqrt{(x_1-x_2)^2+(y_1-y_2)^2}$ 公式。
- 将 D 与 R 对比，如果 D 小于 R，则二者发生了碰撞，进行碰撞处理。

在实际开发中，为了提高性能，往往比较 D 和 R 的平方，这样免去了开方的计算。圆形检测实现起来比较简单，速度也够快，但是不够准确。例如，有一类如图 7-13 所示形状特殊的实体，当对这些实体进行碰撞检测时会出现如图 7-14 的误差。

 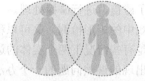

▲图 7-13 为特殊实体外层套上圆框   ▲图 7-14 使用圆形检测出现的误差

在图 7-14 中，两个实体的圆框已经碰上，但是实体之间并没有发生碰撞，这样就产生了误差。这种误差可能会带给玩家比较糟糕的体验，如游戏中玩家还没有碰到怪物可能就已经受到伤害了。解决这种误差带来的问题，可以在使用圆形检测到碰撞后进行更深入、更全面的碰撞检测。

7.2.3 游戏实体对象与环境之间的碰撞检测

本小节简单介绍一些常用的游戏实体与环境的碰撞检测技术。

很多时候游戏的地图都是由图元（Tile）组成的，而游戏中的实体对象与环境的检测就是以所遇到的地图中的图元进行判断。一般的做法是为实体对象设定一个定位点（如定位点在实体中心位置）。在与地图进行碰撞检测时，先计算并获得定位点所在的位置对应地图中的那个格子，然后判断该格子是否属于不可通过的图元对象,如果是,则发生碰撞,进行碰撞处理。

这种算法有一个缺点,就是碰撞检测的可靠程度完全取决于定位点的选取。例如,将定位点选在实体的中心位置,那么可能会出现如图 7-15 所示的情况。实体明明都已经陷入墙里面了,但是由于定位点隶属的地图图元仍然还是可通过的,碰撞检测的结果将会是没有发生碰撞。

如果将实体对象的定位点设置为左上角,则其在判断左上方向上的墙壁时会比较灵敏,而在其他方向上就变得不够灵敏。因此,这种碰撞检测方式不适合所有的场合,如果希望实体与环境之间的碰撞检测足够真实,就得采用如下的解决方案了。

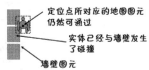

▲图 7-15 采用定位点的方式产生的误差

- 移动实体对象的位置。
- 求出实体对象的左上、左下、右下、右上 4 个角的坐标。
- 分别检测这 4 个点所对应的地图图元是否可以通过。只要有一个点检测到了不可通过的地图图元,则发生碰撞,进行碰撞处理。

> **说明** 上述的碰撞检测算法不仅适合于由图元构成的地图场合,对于其他场合也是适用的。有些情况下是不必对 4 个角上的点都进行检测的(如向左上运动),所以该算法还可以进行优化。

一般情况下,实体对象与环境发生碰撞之后,实体对象的处理方式通常是退回到移动前的位置,这种算法并不十分完美。如实体对象当前的位置靠在墙边,运动方向为向左下方运动,那么其在移动单位距离时必然会与墙壁发生碰撞,如图 7-16 所示。

▲图 7-16 实体处理碰撞时产生的误差

这时,如果让实体退回到移动前的位置就显得太不合逻辑了,正确的处理方式是让实体沿着墙壁向下移动一段距离。要想实现这种处理方式,在碰撞检测时就必须将 x、y 方向的判断单独进行。其检测步骤如下所示。

- 根据指令先在 x 方向上移动指定的距离。
- 进行碰撞检测,如果发生碰撞,退回原位,x 方向上的移动无效。
- 根据指令在 y 方向上移动指定的距离。
- 进行碰撞检测,如果发生碰撞,退回原位,y 方向上的移动无效。

采用上述算法来处理图 7-16 中的情况,实体在检测到 x 方向上无法向左移动后,并不影响其在 y 方向上的移动,实体会沿着墙壁向下滑动,而不是留在原位。对于实体不紧靠墙壁但是仍然会在一个单位移动距离内与墙壁发生碰撞的情况,其处理方式与实体紧靠墙壁时比较类似,只是需要对 x 方向上的位置进行修正,使其在本次移动过程结束后 x 方向上紧靠墙壁。

7.2.4 穿透效应问题

前面介绍的碰撞检测技术都是基于离散的位置进行计算的,若速度等参数设置不合理时就可能会产生穿透效应,本小节将对这方面的内容进行简单介绍。

现实世界中是不可能出现像神话故事《茅山道士》里的穿墙术,但在虚拟的游戏世界中若计算参数设置不合理,则可能会产生被称之为"穿透效应"的不合理效应。产生该效应的根本原因是,虽然应用程序运行时物体看起来是连续的,但实际上貌似连续的过程是由一系列离散的位置组成的。

因此,有可能会产生这样的情况,两次离散位置之间有需要进行碰撞检测的物体,由于步进设置得比较大，正好跨过了此物体，如图7-17所示。

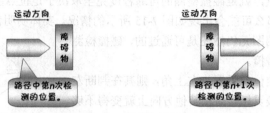

▲图7-17　穿透效应的成因

因此，在开发中要特别注意与步进相关的一些参数的设置，如速度、每一步的时间等，只要设置合理就不会产生穿透效应，如图7-18所示。

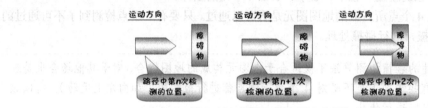

▲图7-18　步进变小后不再有穿透效应

7.3　必知必会的计算几何

本节将向读者介绍游戏开发中经常可能涉及的计算几何相关技术，最近比较热门的休闲游戏《快刀切木》等就使用了计算几何。

由于计算几何本身的数学知识相对学习周期较长，理解掌握起来较难，因此本节并不直接介绍与计算几何相关的数学知识及算法，而是向读者介绍一个可以方便地用于游戏开发的计算几何开源库——GeoLib。

> **提示**　由于本书主要是介绍使用 Android SDK 进行游戏开发，因此本节介绍的是 GeoLib 的 Java 版本。期望使用 C++版本的读者不用担心，GeoLib 也有 C++实现，感兴趣的读者可自行下载。

7.3.1　GeoLib库中常用基础类的介绍

在学习新技术时，首先要学习的就是该技术的一些基本知识，这对于顺利使用相关技术有非常重要的作用。因此本小节将首先向读者介绍一些 GeoLib 库中常用的基础类，主要内容如下。

> **说明**　由于 GeoLib 库中的类非常多，故本节中能列出笔者觉得重要的一些。如果读者想进一步了解其他的类可以去查看 GeoLib 库中的源代码，笔者自己通过阅读源代码就学到了很多有用的知识。

1. 基础父类——C2DBase

C2DBase 类是 GeoLib 库中点、线、向量等所有类的父类。此类为抽象类，其方法均为抽象方法，且均在非抽象子类中实现。在此介绍本类中的方法之后，相同的方法便不在其子类中重复介绍，所以请读者务必认真学习，其方法如表 7-1 所示。

表 7-1　　　　　　　　　　　　　　C2DBase 类的方法

方法签名	含义
public abstract void Move(C2DVector Vector)	根据给定的向量移动 C2DBase 子类对象，vector 参数为指定的向量
public abstract void RotateToRight(double dAng, C2DPoint Origin)	C2DBase 子类对象绕指定点逆时针旋转指定角度，dAng 参数表示旋转角，单位为弧度。Origin 参数为指定点
public abstract void Grow(double dFactor, C2DPoint Origin)	绕指定点将 C2DBase 子类对象大小变为原来的 dFactor 倍，dFactor 参数表示变化的倍数，Origin 参数为指定点
public abstract void Reflect(C2DPoint Point)	将 C2DBase 子类对象关于指定点对称，Point 参数为指定点
public abstract void Reflect(C2DLine Line)	将 C2DBase 子类对象关于指定线对称，Line 参数为指定线
public abstract double Distance(C2DPoint Point)	获取 C2DBase 子类对象到指定点的最短距离，返回值为计算出的最短距离。Point 参数为指定点
public abstract void GetBoundingRect(C2DRect Rect)	获取 C2DBase 子类对象的包围边框。Rect 参数为 C2DRect 类对象，表示获取的矩形边框

2. 点类——C2DPoint

C2DPoint 类表示二维坐标，由两个 double 型的变量组成，支持+=、-=、*=和/=操作符。本类继承自 C2DBase 类，顾不在此重复介绍父类中的方法。本类重要属性包括 x 坐标和 y 坐标，构造器含有无参构造器和含参构造器等。其属性、构造器如表 7-2 所示。

表 7-2　　　　　　　　　　　　C2DPoint 类的属性、构造器

属性或构造器	含义	类型
double x	表示点在坐标系中的 x 坐标值	属性
double y	表示点在坐标系中的 y 坐标值	属性
public C2DPoint ()	创建 C2DPoint 类对象	构造器
public C2DPoint(C2DPoint Other)	创建 C2DPoint 类对象。Other 参数表示另一个 C2DPoint 类对象	构造器
public C2DPoint(C2DVector Vector)	创建 C2DPoint 类对象。Vector 参数表示向量对象	构造器
public C2DPoint(double dx,double dy)	创建 C2DPoint 类对象，dx（dy）参数为 C2DPoint 类对象的 x（y）值	构造器

上面介绍了 C2DPoint 类的属性以及构造器，下面将向读者介绍本类的常用方法，例如，获取两点之间距离的方法、测试两个点是否是同一个点的方法、将点移动的方法以及将一个点绕着某一点旋转的方法等，其具体方法如表 7-3 所示。

表 7-3　　　　　　　　　　　　　C2DPoint 类的常用方法

方法签名	含义
public void Set (double dx, double dy)	设置 x、y 值，dx（dy）参数为 C2DPoint 类对象的 x（y）值
public void Set(C2DPoint pt)	设置 C2DPoint 类对象，参数 pt 表示另一个 C2DPoint 类对象
public C2DPoint GetMidPoint(C2DPoint Other)	计算两个点的中点，返回值为计算出的两点的中点。Other 参数表示另一个 C2DPoint 类对象
public C2DVector MakeVector(C2DPoint PointTo)	计算两点之间的向量，返回值为计算出的两点之间的向量，PointTo 参数表示另一个 C2DPoint 类对象
public C2DPoint GetPointTo(C2DVector V1)	获取点与向量运算之后的点，返回值为 C2DPoint 类对象，V1 参数表示与 C2DPoint 类对象进行运算的向量
public static C2DPoint Add(C2DPoint P1, C2DPoint P2)	计算两点相加之后的点，返回值为 C2DPoint 类对象，P1 参数表示第一个点，P2 参数表示第二个点

续表

方法签名	含义
public static C2DPoint Minus(C2DPoint P1, C2DPoint P2)	计算两点相减之后的点，返回值为 C2DPoint 类对象，P1 参数表示第一个点，P2 参数表示第二个点
public void Multiply(double dFactor)	点对象的 x、y 坐标均乘以 dFactor，dFactor 参数表示 x、y 值变化的倍数
public void Divide(double dFactor)	点对象的 x、y 坐标均除以 dFactor，dFactor 参数表示除数
public boolean PointEqualTo(C2DPoint Other)	判断两个点是否相同，如果相同返回 true，否则返回 false。Other 参数表示另一个 C2DPoint 类对象
public void ReflectY()	将点的 x 坐标关于 y 轴对称
public void ReflectX()	将点的 y 坐标关于 x 轴对称

3. 向量类——C2DVector

前面介绍了 C2DPoint 类中的构造器以及方法，接下来将为读者介绍 C2DPoint 类中提到的向量 C2DVector 类。本类表示二维向量或者二维笛卡儿坐标，由两个 double 类型的数组成，支持+=、-=和*=等操作符。该类的构造器与属性如表 7-4 所示。

表 7-4　　　　　　　　　　　C2DVector 类的属性、构造器

属性或构造器	含义	类型
public double i	表示 x 方向分量	属性
public double j	表示 y 方向分量	属性
public C2DVector()	创建 C2DVector 类对象	构造器
public C2DVector(double di, double dj)	创建 C2DVector 类对象。di 参数被赋值给 i，dj 参数被赋值给 j	构造器
public C2DVector(C2DVector Other)	创建 C2DVector 类对象。Other 参数表示另一个 C2DVector 类对象	构造器
public C2DVector(C2DPoint PointFrom, C2DPoint PointTo)	创建 C2DVector 类对象。PointFrom 参数表示向量起点，PointTo 参数表示向量终点	构造器
public C2DVector(C2DPoint Point)	创建 C2DVector 类对象。Point 参数被赋值给向量对象	构造器

上面介绍了 C2DVector 类的属性和 5 个构造器，接下来将为读者继续介绍本类常用的方法，例如旋转向量、获取向量长度以及向量的加减运算等方法，该类的常用方法如表 7-5 所示。

表 7-5　　　　　　　　　　　C2DVector 类的常用方法

方法签名	含义
public void Set(C2DVector Other)	设置向量，Other 参数表示另一个 C2DVector 类对象，被赋值给当前向量
public void Reverse()	逆转方向向量，即 i=-I，j=-j
public void TurnRight()	将向量顺时针旋转 90°
public void TurnRight(double dAng)	将向量顺时针旋转指定角度，dAng 参数表示旋转角，单位为弧度
public void TurnLeft()	将向量逆时针旋转 90°
public void TurnLeft(double dAng)	将向量逆时针旋转指定角度，dAng 参数表示旋转角，单位为弧度
public double GetLength()	获取向量长度，返回值为向量长度
public void SetLength(double dDistance)	设置向量长度。dDistance 参数表示指定长度
public void MakeUnit()	向量单位化

续表

方法签名	含义
public static C2DVector Add(C2DVector V1, C2DVector V2)	将两个向量进行加法运算，返回值为和向量，V1 参数表示第一个向量，V2 参数表示第二个向量
public static C2DVector Minus(C2DVector V1, C2DVector V2)	将两个向量进行减法运算，返回值为差向量，V1 参数表示第一个向量，V2 参数表示第二个向量
public void Multiply(double dFactor)	向量与数值进行乘法运算，dFactor 参数表示被乘的数值
public double Dot(C2DVector Other)	向量的点乘，即当前 C2DVector 类对象与指定向量点乘。Other 参数表示指定向量
public boolean VectorEqualTo(C2DVector Other)	判断两个向量是否相等，如果相等，则返回 true，否则返回 false。Other 参数表示另一个 C2DVector 类对象
public double AngleFromNorth()	获取向量角，返回值为弧度。竖直向上为 0°，顺时针方向为正

4. 各种线型的父类——C2DLineBase

GeoLib 库中除了点类之外，还有直线、弧等线型类。在此首先为读者介绍直线、弧等线型类的父类 C2DLineBase，本类为抽象类，此方法均为抽象，并且在其子类中具体实现。该类中的方法主要有判断线型子类对象与点、线是否相交等，具体方法如表 7-6 所示。

表 7-6　　　　　　　　　　C2DLineBase 类的方法

方法签名	含义
public abstract boolean Crosses(C2DLineBase Other, ArrayList<C2DPoint> IntersectionPts)	判断当前 C2DLineBase 子类对象与另一个 C2DLineBase 子类对象是否相交。如果相交，则返回 true，并将交点存入 IntersectionPts 对象中；否则返回 false。Other 参数表示另一个 C2DLineBase 子类对象，IntersectionPts 参数为 ArrayList<C2DPoint> 对象，用于存储两个 C2DLineBase 子类对象的交点
public abstract boolean Crosses(C2DLineBase Other)	判断当前 C2DLineBase 子类对象与另一个 C2DLineBase 子类对象是否相交。如果相交，则返回 true，否则返回 false。Other 参数表示另一个 C2DLineBase 子类对象
public abstract double Distance(C2DPoint TestPoint, C2DPoint ptOnThis)	计算 C2DLineBase 子类对象与指定点之间的最短距离，返回值为计算的最短距离。TestPoint 参数为指定点，ptOnThis 参数为输出值，表示 C2DLineBase 子类对象上到指定点最近的点
public abstract double Distance(C2DLineBase Other, C2DPoint ptOnThis, C2DPoint ptOnOther)	计算 C2DLineBase 子类对象与另一个 C2DLineBase 子类对象之间的最短距离，返回值为计算的最短距离。Other 参数为另一个 C2DLineBase 子类对象，ptOnThis 参数表示当前 C2DLineBase 子类对象上的点，ptOnOther 参数为 Other 上的点，此两点均为输出值，表示两点之间的距离最短
public abstract C2DPoint GetPointFrom()	获取 C2DLineBase 子类对象的起点，返回值为 C2DPoint 类对象
public abstract C2DPoint GetPointTo()	获取 C2DLineBase 子类对象的终点，返回值为 C2DPoint 类对象
public abstract double GetLength()	获取 C2DLineBase 子类对象的长度，返回值为获取的长度
public abstract void ReverseDirection()	反转方向线，即将原来的起点作为终点，原来的终点作为起点
public abstract void GetSubLines(ArrayList<C2DPoint> PtsOnLine, ArrayList<C2DLineBase> LineSet)	根据 PtsOnLine 获取其子线，PtsOnLine 参数为输入值，表示线的点集合，LineSet 参数为输出值，表示子线的集合
public abstract C2DLineBase CreateCopy()	创建 C2DLineBase 子类对象的副本，返回值为 C2DLineBase 子类对象

5. 线段类——C2DLine

前面介绍了父类 C2DLineBase，下面将介绍其子类 C2DLine。本类含有含参构造器、无参构造器以及常用方法等，父类中提到的方法将不在其子类中继续介绍，需要的读者可认真查看

C2DLineBase 类中的相关方法。C2DLine 类构造器和常用方法如表 7-7 所示。

表 7-7　　C2DLine 类的构造器和常用方法

构造器或方法签名	含义	类型
public C2DLine()	创建 C2DLine 类对象	构造器
public C2DLine(double dPt1x, double dPt1y, double dPt2x, double dPt2y)	创建 C2DLine 类对象，dPt1x 参数表示线段起点的 x 值，dPt1y 参数表示线段起点的 y 值，dPt2x 参数表示线段终点的 x 值，dPt2y 参数表示线段终点的 y 值	构造器
public C2DLine(C2DPoint PointFrom, C2DVector VectorTo)	创建 C2DLine 类对象，PointFrom 参数表示线段的起点，VectorTo 参数表示线段终点的矢量	构造器
public C2DLine(C2DPoint PointFrom, C2DPoint PointTo)	创建 C2DLine 类对象，PointFrom 参数表示线段的起点，PointTo 参数表示线段终点	构造器
public C2DLine(C2DLine Other)	创建 C2DLine 类对象，Other 参数表示另一个 C2DLine 对象	构造器
public void Set(C2DLine Other)	设置线段，Other 参数表示另一个 C2DLine 对象	方法
public void Set(C2DPoint PointFrom, C2DPoint PointTo)	设置线段的起点和终点，PointFrom 参数表示线段的起点，PointTo 参数表示线段的终点	方法
public void Set(C2DPoint PointFrom, C2DVector VectorTo)	设置线段的起点和终点，PointFrom 参数表示线段的起点，VectorTo 参数表示线段终点的矢量	方法
public void SetPointTo(C2DPoint PointTo)	将线段的终点设置为 PointTo，PointTo 参数表示 C2DPoint 类对象	方法
public void SetPointFrom(C2DPoint PointFrom)	将线段的起点设置为 PointFrom，PointFrom 参数表示 C2DPoint 类对象	方法
public boolean IsOnRight(C2DPoint OtherPoint)	判断 OtherPoint 点是否在线段的右侧，如果是，返回 true；否则返回 false。OtherPoint 参数表示测试点	方法

C2DLine 类中除了前面提到的几种常见构造器和常用方法之外，还有诸多方法，例如设置线段长度、计算两条线之间距离、移动线段及获取线段的点等，这对于设置 C2DLine 类对象的姿态，获取其状态等起着重要作用，其主要方法如表 7-8 所示。

表 7-8　　C2DLine 类的常用方法

方法签名	含义
public double DistanceAsRay(C2DPoint TestPoint)	假设当前 C2DLine 类对象为射线，计算线与指定点之间的最短距离。返回值为计算出的线与点之间的最短距离，TestPoint 参数为指定点
public double DistanceAsRay(C2DPoint TestPoint, C2DPoint ptOnThis)	假设当前 C2DLine 类对象为射线，计算线与指定点之间的最短距离。返回为计算出的线与指定点之间的最短距离，TestPoint 参数为指定点，ptOnThis 参数为输出值，表示计算出最短距离时所对应线上的点
public double Distance(C2DPoint TestPoint)	计算线与点之间的最短距离，返回值为计算出的最短距离。TestPoint 参数表示指定点
public void SetLength (double dLength)	将线段长度设置为 dLength，此时线段的起点位置不变，dLength 参数为 double 型
public C2DPoint GetMidPoint()	获取线段的中点，返回值为 C2DPoint 对象
public double GetY(double dx)	假设线无限长，根据 dx 获取对应的 y 值，返回值为获取的 y 值，dx 参数为 double 型
public C2DPoint GetPointFrom()	获取线段的起点，返回值为 C2DPoint 类对象
public void Move(C2DVector vector)	根据给定的向量移动线段，vector 参数为指定的向量
public void Grow(double dFactor, C2DPoint Origin)	以 Origin 为固定点，线段长度变为原来的 dFactor 倍，dFactor 参数表示变化的倍数，Origin 参数表示固定点
public void GrowFromCentre(double dFactor)	表示线段从中心开始变化，dFactor 参数表示变化的倍数

该类除了表 7-8 中所列的常用方法外,还有其他诸多方法。这些方法对于判断线与线是否相交、设置线段旋转以及获取最小包围边框等有着很大的帮助,其中主要的方法如表 7-9 所示。

表 7-9　　　　　　　　　　　　　C2DLine 类的其他方法

方法签名	含义
public boolean WouldCross(C2DLine Other)	判断当前线段与一条无限长的线是否会相交,如果是,则返回 true;否则返回 false。Other 参数表示 C2DLine 类对象
public boolean Crosses(C2DLine Other, ArrayList<C2DPoint> IntersectionPts , boolean bOnThis, boolean bOnOther, boolean bAddPtIfFalse)	判断两条线段是否相交,如果相交,则返回 true;否则返回 false。Other 参数表示另一条线段,IntersectionPts 参数表示 ArrayList 对象,用于存储交点,bOnThis 参数为输出值,如果交集会在当前线上,则 bOnThis 为 true,否则为 false。bOnOther 参数为输出值,如果交集会在另一条线段上,则 bOnOther 为 true,否则为 false。bAddPtIfFalse 参数为输入值,用于表示当两条直线不平行时是否添加交点
public boolean CrossesRay(C2DLine Ray, ArrayList<C2DPoint> IntersectPts)	判断当前线段是否与 Ray 相交,如果相交,则返回 true,并将交点存入 IntersectPts 中;否则返回 false。Ray 参数为射线,IntersectPts 参数为 ArrayList<C2DPoint>对象,用于存储交点
public void GetBoundingRect(C2DRect Rect)	获取边界矩形。Rect 参数为输出值,表示边界矩形
public void RotateToRight(double dAng, C2DPoint Origin)	线段绕指定点逆时针旋转指定角度,dAng 参数表示旋转角,单位为弧度。Origin 参数表示指定点
public void Reflect(C2DPoint Point)	将线段关于指定点对称,Point 参数表示指定点
public void Reflect(C2DLine Line)	将线段关于指定线对称,Line 参数表示指定线

6. 圆弧类——C2DArc

前面详细地介绍了 C2DLineBase 类的子类 C2DLine,接下来将继续介绍 C2DLineBase 类的另一个子类 C2DArc。C2DArc 类可用于设置圆弧弧长,判断圆弧与指定线的关系等,其具体属性、构造器以及常见方法如表 7-10 所示。

表 7-10　　　　　　　　　C2DArc 类的属性、构造器和常见方法

属性、构造器或方法签名	含义	类型
public double Radius	圆弧半径	属性
public boolean CentreOnRight	判断相关圆的中心是否在线的右侧	属性
public boolean ArcOnRight	判断圆弧是否在线的右侧	属性
protected C2DLine line	被用来定义圆弧起点和终点的直线	属性
public C2DArc()	创建 C2DArc 类对象	构造器
public C2DArc(C2DArc Other)	创建 C2DArc 类对象。Other 参数表示另一个 C2DArc 类对象	构造器
public C2DArc(C2DPoint PtFrom, C2DPoint PtTo, double dRadius, boolean bCentreOnRight, boolean bArcOnRight)	创建 C2DArc 类对象。PtFrom 参数表示圆弧的起点,PtTo 参数表示圆弧的终点,dRadius 参数为圆弧对应圆的半径,bCentreOnRight 参数表示圆弧对应圆的圆心是否在直线右侧,bArcOnRight 参数表示圆弧是否在直线右侧	构造器
public C2DArc(C2DPoint PtFrom, C2DVector Vector, double dRadius, boolean bCentreOnRight, boolean bArcOnRight)	创建一个 C2DArc 类对象。PtFrom 参数表示圆弧的起点,Vector 参数定义圆弧终点的向量,dRadius 参数表示圆弧对应圆的半径,bCentreOnRight 参数表示圆弧对应圆的圆心是否在直线右侧,bArcOnRight 参数表示圆弧是否在直线右侧	构造器
public C2DArc(C2DLine Arcline, double dRadius, boolean bCentreOnRight, boolean bArcOnRight)	创建一个 C2DArc 类对象。Arcline 参数表示定义圆弧起点和终点的直线,dRadius 参数表示圆弧对应圆的半径,bCentreOnRight 参数表示圆弧对应圆的圆心是否在直线右侧,bArcOnRight 参数表示圆弧是否在直线右侧	构造器
public void Set(C2DArc other)	设置当前 C2DArc 类对象。other 参数为另一个 C2DArc 类对象	方法

属性、构造器或方法签名	含义	类型
public void Set(C2DPoint PtFrom, C2DPoint PtTo, double dRadius, boolean bCentreOnRight, boolean bArcOnRight)	设置当前 C2DArc 类对象。PtFrom 参数表示圆弧的起点，PtTo 参数表示圆弧的终点，dRadius 参数为圆弧对应圆的半径，bCentreOnRight 参数表示对应圆的中心是否在直线的右侧，bArcOnRight 参数表示是否在直线的右侧	方法
public void Set(C2DPoint PtFrom, C2DVector Vector, double dRadius, boolean bCentreOnRight, boolean bArcOnRight)	设置当前 C2DArc 类对象。PtFrom 参数表示圆弧的起点，Vector 参数表示定义圆弧终点的向量，dRadius 参数表示圆弧对应圆的半径，bCentreOnRight 参数表示圆弧对应的圆心是否在直线右侧，bArcOnRight 参数表示圆弧是否在直线右侧	方法
public void Set(C2DLine Arcline, double dRadius, boolean bCentreOnRight, boolean bArcOnRight)	设置当前 C2DArc 类对象。Arcline 参数表示定义圆弧起点和终点的直线，dRadius 参数表示圆弧对应圆的半径，bCentreOnRight 参数表示圆弧对应圆的圆心是否在直线右侧，bArcOnRight 参数表示圆弧是否在直线右侧	方法
public void Set(C2DLine Arcline, C2DPoint ptOnArc)	设置当前 C2DArc 类对象。Arcline 参数表示定义圆弧起点和终点的直线，ptOnArc 参数表示圆弧边缘上的点	方法

上面介绍了圆弧类 C2DArc 的构造器、属性及几个常用方法，接下来将继续介绍本类的一些方法。本类是 C2DLineBase 类的子类，C2DLineBase 类含有的方法就不在其子类中重复介绍。如果不清楚被省略父类中的方法，读者可自行参考前面的介绍。其具体方法如表 7-11 所示。

表 7-11　　　　　　　　　　C2DArc 类的其他方法

方法签名	含义
public boolean IsValid()	判断半径是否足够长，以至于连接弧的终点。如果是，则返回 true；否则返回 false
public C2DPoint GetCircleCentre()	获取圆弧对应圆的圆心，返回值为 C2DPoint 类对象
public double GetSegmentAngle()	获取最小的角，单位为弧度，返回值为 double 型
public C2DPoint GetPointFrom()	获取圆弧的起点，返回值为 C2DPoint 类对象
public C2DPoint GetPointTo()	获取圆弧的终点，返回值为 C2DPoint 类对象
public boolean CrossesRay(C2DLine Ray, ArrayList<C2DPoint> IntersectionPts)	判断当前 C2DArc 类对象与指定线是否相交，如果相交，则返回 true，并将交点存入 IntersectionPts 中；否则返回 false。Ray 参数为指定线，且此时该对象为射线，IntersectionPts 参数为用于存储交点的列表
public C2DPoint GetMidPoint()	获取圆弧中点，返回值为 C2DPoint 类对象
public C2DPoint GetPointOn(double dFactorFromStart)	获取曲线上的点，返回值为 C2DPoint 类对象。dFactorFromStart 参数用于具体确定圆弧的某一点
public void Reflect(C2DPoint point)	将圆弧关于指定点进行对称操作，point 参数表示指定点
public void Reflect(C2DLine Testline)	将圆弧关于指定线进行对称操作，Testline 参数表示指定线
public void GetBoundingRect(C2DRect Rect)	获取圆弧的矩形边框，Rect 参数为 C2DRect 类对象，表示圆弧的矩形边框

7. 圆形类——C2DCircle

C2DCircle 类为继承自 C2DBase 类的子类，本类用于设置圆形半径、创建圆形对象、获取圆的半径与圆心等。本类中常用的属性为 double 型的变量，表示圆的半径。常见方法包含设置圆对象、判断圆与圆、圆与线的关系等，其具体属性、构造器以及常用方法如表 7-12 所示。

7.3 必知必会的计算几何

表 7-12　　　　　　　　　　C2DCircle 类的属性、构造器和方法

属性、构造器或方法签名	含义	类型
public double Radius	圆的半径	属性
public C2DCircle()	创建 C2DCircle 类对象	构造器
public C2DCircle(C2DCircle Other)	创建 C2DCircle 类对象，Other 参数为另一个 C2DCircle 类对象	构造器
public C2DCircle(C2DPoint Point, double New Radius)	创建 C2DCircle 类对象，Point 参数表示圆心，NewRadius 参数表示圆的半径	构造器
public boolean Contains(C2DPoint pt)	判断指定点是否被包含在圆内，如果是，则返回 true；否则返回 false，Pt 参数为指定点，表示参考点	方法
public void Set(C2DCircle Other)	设置圆，Other 参数表示另一个 C2DCircle 类对象	方法
public void Set(C2DPoint Point, double New Radius)	设置圆的圆心和半径，Point 参数表示圆心，NewRadius 参数表示圆半径	方法
public boolean Crosses(C2DCircle Other, ArrayList<C2DPoint> IntersectionPts)	判断圆是否与指定圆相交，如果相交，返回 true，并将交点存入 IntersectionPts 中；否则返回 false，Other 参数表示指定圆，IntersectionPts 参数用于存储交点	方法
public boolean Crosses(C2DLine Line, ArrayList<C2DPoint> IntersectionPts)	判断圆是否与指定线相交，如果相交，返回 true，并将交点存入 IntersectionPts 中；否则返回 false，Line 参数表示指定线，IntersectionPts 参数用于存储交点	方法
public boolean CrossesRay(C2DLine Ray, ArrayList<C2DPoint> IntersectionPts)	判断圆是否与指定射线相交，如果相交，返回 true，并将交点存入 IntersectionPts 中；否则返回 false，Ray 参数表示指定射线，IntersectionPts 参数用于存储交点	方法

本类除了表 7-12 所列方法之外，还有一些方法对于设置圆形类对象属性有着重要作用。例如用于计算圆与圆、圆与直线、圆与点之间的最短距离的方法，设置内切圆、外接圆的方法等。其中主要的方法如表 7-13 所示。

表 7-13　　　　　　　　　　C2DCircle 类的其他方法

方法签名	含义
public double Distance(C2DCircle Other, C2DPoint ptOnThis, C2DPoint ptOnOther)	计算圆与另一个圆之间的最短距离，返回值为计算出的最短距离，Other 参数表示另一个圆，ptOnThis 参数表示当获取最短距离时当前圆上的点，ptOnOther 参数表示当获取最短距离时另一个圆上的点
public double Distance(C2DLine Line, C2DPoint ptOnThis, C2DPoint ptOnOther)	计算圆与指定线之间的最短距离，返回值为计算出的最短距离。Line 参数表示指定线，ptOnThis 参数表示当获取最短距离时当前圆上的点，ptOnOther 参数表示当获取最短距离时指定线上的点
public double Distance(C2DPoint TestPoint, C2DPoint ptOnThis)	计算圆到指定点的最短距离，返回值为计算出的最短距离。TestPoint 参数表示指定点，ptOnThis 参数表示当获取最短距离时圆上的点
public double GetArea()	获取圆的面积，返回值为圆的面积
public C2DPoint getCentre()	获取圆的圆心，返回值为圆心
double GetPerimeter()	获取圆的周长，返回值为周长
public boolean IsWithinDistance(C2DPoint pt, double dRange)	判断指定点到圆心的距离是否小于圆的半径与 dRange 之和，如果小于，则返回 true，否则返回 false。pt 参数表示指定点，dRange 为 double 型
public boolean SetCircumscribed(C2DPoint Point1, C2DPoint Point2, C2DPoint Point3)	设置外接圆，如果 Point1、Point2 和 Point3 三个点可以组成三角形，则返回 true，并设置三角形的外接圆；否则返回 false。Point1、Point2 和 Point3 参数为三角形的 3 个点
public boolean SetCircumscribed (C2DTriangle Triangle)	设置三角形的外接圆，判断三角形的 3 个点是否共线，如果共线，则返回 false；否则返回 true。Triangle 参数表示指定三角形
public void SetInscribed(C2DPoint Point1, C2DPoint Point2, C2DPoint Point3)	设置内切圆，Point1、Point2 和 Point3 参数为三角形的 3 个点
public void SetInscribed(C2DTriangle Triangle)	设置三角形的内切圆，Triangle 参数为指定三角形

8. 三角形类——C2DTriangle

前面介绍了继承自 C2DBase 类的子类——点和圆，下面将继续介绍继承自 C2DBase 类的另一个子类——三角形。本类的重要属性为组成三角形的三个点，其常用方法包含获取三角形面积，判断三角形三个点是否共线等。C2DTriangle 类的属性、构造器以及常见方法如表 7-14 所示。

表 7-14　　　　　　　　C2DTriangle 类的属性、构造器和常见方法

属性、构造器或方法签名	含义	类型
public C2DPoint p1	表示三角形的第一个点	属性
public C2DPoint p2	表示三角形的第二个点	属性
public C2DPoint p3	表示三角形的第三个点	属性
public C2DTriangle()	创建 C2DTriangle 类对象	构造器
public C2DTriangle(C2DPoint pt1, C2DPoint pt2, C2DPoint pt3)	创建 C2DTriangle 类对象，pt1、pt2 和 pt3 三个参数表示构成三角形的 3 个点	构造器
public double GetArea()	获取三角形的面积，返回值为三角形的面积	方法
public boolean Collinear()	判断三角形的 3 个点是否共线，如果共线返回 true；否则返回 false	方法
public boolean Contains(C2DPoint ptTest)	判断指定点是否被包含在三角形中，如果是，则返回 true；否则返回 false。ptTest 参数表示指定点	方法
public double Distance(C2DPoint ptTest, C2DPoint ptOnThis)	计算三角形到指定点的最短距离，返回值为计算出的最短距离。ptTest 参数为指定点，ptOnThis 参数表示当获得最短距离时三角形上的点	方法
public double Distance(C2DTriangle Other, C2DPoint ptOnThis, C2DPoint ptOnOther)	计算当前三角形与另一个三角形之间的最短距离，返回值为计算出的最短距离。Other 参数表示另一个三角形，ptOnThis 参数表示当获取最短距离时，当前三角形上的点，ptOnOther 参数表示当获取最短距离时，另一个三角形上的点	方法
public boolean IsClockwise()	判断三角形的 3 个点是否是顺时针顺序，如果是，则返回 true；否则返回 false	方法
public C2DPoint GetCircumCentre()	获取三角形的外心，返回值为 C2DPoint 类对象	方法
public C2DPoint GetFermatPoint()	获取三角形的费尔马点，即到三角形的 3 个顶点的距离之和最短的点。返回值为 C2DPoint 类对象	方法
public C2DPoint GetInCentre()	获取三角形的内心，返回值为 C2DPoint 类对象	方法
public double GetPerimeter()	获取三角形的周长，返回值为三角形周长	方法
public C2DPoint getp1()	获取三角形的第一个点	方法
public C2DPoint getp2()	获取三角形的第二个点	方法
public C2DPoint getp3()	获取三角形的第三个点	方法
public void Set(C2DPoint pt1, C2DPoint pt2, C2DPoint pt3)	设置三角形的 3 个点，pt1、pt2 和 pt3 参数表示组成三角形的 3 个点	方法

7.3.2　无孔多边形的相关知识

下面向读者详细介绍 GeoLib 库中的各个无孔多边形类。该库中包含了无孔多边形基础类、无孔多边形类等，具体内容如下。

1. 无孔多边形基础类——C2DPolyBase

首先向读者介绍的是 GeoLib 库中的无孔多边形基础类 C2DPolyBase。该类为无孔多边形类的父类，包含了基本方法、基本属性以及自身的构造器，下面将介绍该类的构造器和属性。该类的

构造器及属性如表 7-15 所示。

表 7-15　　　　　C2DPolyBase 类的属性及构造器

属性或构造器	含义	类型
protected C2DLineBaseSet Lines	表示基础线条	属性
protected C2DRect BoundingRect	表示包围矩形对象	属性
protected ArrayList<C2DRect> LineRects	表示包围矩形中的各个小矩形对象列表	属性
public C2DPolyBase()	创建 C2DPolyBase 对象	构造器
public C2DPolyBase(C2DPolyBase Other)	创建 C2DPolyBase 对象，Other 为另一个 C2DPolyBase 对象	构造器

介绍完了无孔多边形基础类 C2DPolyBase 的构造器和属性后，下面向读者详细介绍无孔多边形基础类 C2DPolyBase 中的常用方法，首要介绍的是无孔多边形基础类 C2DPolyBase 中物体之间的关系方法，例如物体之间的最短距离、关于点或线的对称等方法。这些方法如表 7-16 所示。

表 7-16　　　　　C2DPolyBase 类中物体之间的关系方法

方法签名	含义
public void Reflect(C2DPoint Point)	物体关于点对称，Point 为对称点
public void Reflect(C2DLine Line)	物体关于线对称，Line 为对称线
public double Distance(C2DPoint pt)	获取指定点到物体的最短距离，pt 为指定点，返回值为最短距离
public double Distance(C2DLineBase Line)	获取指定线到物体的最短距离，Line 为指定线，返回值为最短距离
public double Distance(C2DPolyBase Other, C2DPoint ptOnThis, C2DPoint ptOnOther)	获取当前物体到指定物体的最短距离，Other 为指定物体，ptOnThis 为接收当前物体上的最近点，ptOnOther 为接收 Other 物体上的最近点，最短距离即为该两点间的距离，返回值为最短距离
public boolean IsWithinDistance(C2DPoint pt, double dRange)	判断指定点到物体的距离是否在指定的范围内，若是则返回 true，否则返回 false，pt 为指定点，dRange 为指定的距离范围
public boolean Contains(C2DPoint pt)	判断物体是否包含指定点，若是则返回 true，否则返回 false，pt 为指定点
public boolean Contains(C2DLineBase Line)	判断物体是否包含指定直线，若是则返回 true，否则返回 false，Line 为指定的直线
public boolean Contains(C2DPolyBase Other)	判断物体是否包含指定物体，若是则返回 true，否则返回 false，Other 为指定的物体
public boolean Contains(C2DRect rect)	判断物体是否包含指定矩形，若是则返回 true，否则返回 false，rect 为指定的矩形
public void GetOverlaps(C2DPolyBase Other, ArrayList<C2DHoledPolyBase> Polygons, CGrid grid)	获取物体与指定物体的重叠部分，Other 为指定的物体，Polygons 参数为存储重叠部分的列表，grid 为 CGrid 对象
public void GetNonOverlaps(C2DPolyBase Other, ArrayList<C2DHoledPolyBase> Polygons, CGrid grid)	获取物体与指定物体的未重叠部分，Other 为指定的物体，Polygons 参数为存储未重叠部分的列表，grid 为 CGrid 对象
public void GetUnion(C2DPolyBase Other, ArrayList<C2DHoledPolyBase> Polygons, CGrid grid)	获取物体与指定物体合并的部分，Other 为指定的物体，Polygons 参数为存储合并部分的列表，grid 为 CGrid 对象
public boolean Overlaps(C2DPolyBase Other)	判断物体与指定物体是否重叠，若是则返回 true，否则返回 false，Other 为指定物体
public boolean Crosses(C2DLineBase Line)	判断指定直线是否穿过物体，若是则返回 true，否则返回 false，Line 为指定直线
public boolean Crosses(C2DPolyBase Other)	判断物体是否穿过指定物体，若是则返回 true，否则返回 false，Other 为指定物体

介绍完了无孔多边形基础类 C2DPolyBase 中的物体之间的关系方法后，下面详细介绍无孔多边形基础类 C2DPolyBase 中剩下的常用方法，其包含了计算物体的周长，物体的移动，旋转，缩放和对称等方法，这些方法如表 7-17 所示。

表 7-17　　　　　　　　　　　C2DPolyBase 类的其他常用方法

方法签名	含义
public void Set(C2DPolyBase Other)	设置当前对象为指定对象，Other 为指定的多边形基础类对象
public void Clear()	清空所有物体对象
public void RotateToRight(double dAng, C2DPoint Origin)	绕指定点逆时针旋转指定的角度，dAng 为指定的旋转角，单位为弧度，Origin 为指定点
public void Move(C2DVector vector)	以指定方向向量移动，vector 为移动的方向向量
public void Grow(double dFactor, C2DPoint Origin)	以指定中心点使物体大小变为原来的 dFactor 倍，dFactor 为物体变化的倍数，Origin 为指定的中心点
public double GetPerimeter()	获取物体的周长，返回值为物体的周长
public boolean HasCrossingLines()	判断是否有交叉线，若有则返回 true，否则返回 false
public void GetBoundingRect(C2DRect Rect)	获取物体的包围矩形，Rect 为接收获取的包围矩形
public C2DRect getBoundingRect()	获取物体的包围矩形，返回值为物体的包围矩形
public ArrayList<C2DRect> getLineRects()	获取包围矩形中的各个小矩形对象列表，返回值为存放各个小矩形的列表
public boolean IsClosed()	判断物体是否封闭，若是则返回 true，否则返回 false
public void RandomPerturb()	使物体按很小的随机向量移动
public C2DLineBaseSet getLines()	获取基础线条，返回值为获取的线条

2. 无孔多边形类——C2DPolygon

无孔多边形类 C2DPolygon 是应用广泛的类，该类继承了无孔多边形基础类 C2DPolyBase。下面将具体介绍该类，首先介绍该类的构造器及属性，其具体构造器和属性如表 7-18 所示。

表 7-18　　　　　　　　　　　C2DPolygon 类的属性及构造器

属性或构造器	含义	类型
protected C2DPolygon subArea1	表示当前多边形的凸子区域 1	属性
protected C2DPolygon subArea2	表示当前多边形的凸子区域 2	属性
public C2DPolygon()	创建 C2DPolygon 对象	构造器
public C2DPolygon(ArrayList<C2DPoint> Points, boolean bReorderIfNeeded)	创建 C2DPolygon 对象，Points 为用于存储多边形点数据的列表，bReorderIfNeeded 表示是否重新排列 Points 中的各个点的顺序	构造器
public C2DPolygon(C2DPolygon Other)	创建 C2DPolygon 对象，Other 为 C2DPolygon 对象	构造器
public C2DPolygon(C2DPolyBase Other)	创建 C2DPolygon 对象，Other 为 C2DPolyBase 对象	构造器

介绍完了无孔多边形类 C2DPolygon 的构造器和属性后，下面详细介绍无孔多边形类 C2DPolygon 中的常用方法，包含了计算多边形的面积，多边形的旋转，缩放，移动以及关于点或者线的对称等方法，其常用方法如表 7-19 所示。

表 7-19　　　　　　　　　　　　　　　C2DPolygon 类的常用方法

方法签名	含义
public void Set(C2DPolygon Other)	设置该多边形对象为指定的多边形对象，Other 为指定的多边形对象
public boolean Create(ArrayList<C2DPoint> Points, boolean bReorderIfNeeded)	判断是否能构建多边形，若能则创建多边形，并返回 true，否则返回 false，Points 为用于存储多边形点数据的列表，bReorderIfNeeded 表示是否需要重新排列各个点的顺序
public boolean CreateRegular(C2DPoint Centre, double dDistanceToPoints, int nNumberSides)	判断是否能构建规则多边形，若能则创建规则多边形，并返回 true，否则返回 false，Centre 为多边形的中心点，dDistanceToPoints 为多边形上相邻两点之间的距离，即边长。nNumberSides 为多边形的边数
public boolean CreateConvexHull(C2DPolygon Other)	判断是否能构建指定多边形凸包，若能则创建多边形凸包，并返回 true，否则返回 false，Other 为要构建凸包的多边形对象
public boolean CreateConvexSubAreas()	当前多边形为凸多边形时，返回 true；否则创建当前凹多边形的凸子区域，并返回 false
public void ClearConvexSubAreas()	除去当前多边形的凸子区域
public boolean IsConvex()	判断当前多边形是否为凸多边形，若是则返回 true，否则返回 false
public void RotateToRight(double dAng)	以多边形的中心点逆时针旋转指定角度，dAng 为指定角，单位为弧度
public void Grow(double dFactor)	使物体大小变为原来的 dFactor 倍，dFactor 为物体变化的倍数
boolean HasRepeatedPoints()	判断是否有重复点，若有则返回 true，否则返回 false
public boolean IsClockwise()	判断当前多边形的点序列是否按顺时针方向卷绕，若是则返回 true，否则返回 false
public void GetConvexSubAreas(ArrayList<C2DPolygon> SubAreas)	获取多边形的凸子区域，SubAreas 为存放凸子区域的列表
public void Avoid(C2DPolygon Other)	避免当前多边形与指定多边形重叠，Other 为指定的多边形
public C2DPoint GetCentroid()	获取当前多边形的重心，返回值为获取的重心
public double GetArea()	获取当前多边形的面积，返回值为获取的面积
public void GetPointsCopy(ArrayList<C2DPoint> PointCopy)	将当前多边形的各个顶点数据复制到指定的点集列表中，PointCopy 为指定的点列表，用于存放复制顶点数据
public int GetLeftMostPoint()	获取多边形最左边的顶点的索引值，返回值为获取的索引值
public void Smooth()	使多边形平滑
public void GetBoundingCircle(C2DCircle Circle)	获取包围圆，Circle 为获取的包围圆的对象
public boolean CanPointsBeJoined(int nStart, int nEnd)	判断在连接多边形时，是否产生了交叉线，若是则返回 true，否则返回 false，nStart 为起始点的索引值，nEnd 为最后一个点的索引值
public boolean Reorder()	判断是否能减少顶点数来使周长变短，若能则返回 true,否则返回 false
public C2DPolygon getSubArea1()	获取当前多边形的凸子区域 1，返回值为获取的凸子区域 1
public C2DPolygon getSubArea2()	获取当前多边形的凸子区域 2，返回值为获取的凸子区域 2

7.3.3　有孔多边形的相关知识

下面将要详细介绍 GeoLib 库中的各个有孔多边形类。该库中包含了有孔多边形基础类和有孔多边形类等，具体内容如下。

1. 有孔多边形基础类——C2DHoledPolyBase

首先介绍的是 GeoLib 库中的有孔多边形基础类 C2DHoledPolyBase。该类为有孔多边形类的父类，包含了基本方法、基本属性以及自身的构造器，下面将介绍该类的构造器和属性。该类的构造器及属性如表 7-20 所示。

表 7-20　　　　　C2DHoledPolyBase 类的属性及构造器

属性或构造器	含义	类型
protected C2DPolyBase Rim	表示多边形基础类对象	属性
protected ArrayList<C2DPolyBase> Holes	表示多边形基础类列表	属性
public C2DHoledPolyBase()	创建 C2DHoledPolyBase 对象	构造器
public C2DHoledPolyBase(C2DHoledPolyBase Other)	创建 C2DHoledPolyBase 对象,Other 为另一个 C2DHoledPolyBase 对象	构造器
public C2DHoledPolyBase(C2DPolyBase Other)	创建 C2DHoledPolyBase 对象,Other 为 C2DPolyBase 对象	构造器

上面介绍了有孔多边形基础类 C2DHoledPolyBase 的构造器和属性后,下面详细介绍有孔多边形基础类 C2DHoledPolyBase 的常用方法,首先介绍 C2DHoledPolyBase 类中物体之间的关系方法,例如物体之间的最短距离,关于点或线的对称等方法。这些方法如表 7-21 所示。

表 7-21　　　　　C2DHoledPolyBase 类中物体之间的关系方法

方法签名	含义
public void Reflect(C2DPoint Point)	物体关于指定点对称,Point 为指定的对称点
public void Reflect(C2DLine Line)	物体关于指定直线对称,Line 为指定的指定直线
public double Distance(C2DPoint TestPoint)	获取指定点到物体的最短距离,TestPoint 为指定点,返回值为最短距离
public double Distance(C2DLineBase Line)	获取指定线到物体的最短距离,Line 为指定线,返回值为最短距离
public double Distance(C2DPolyBase Poly, C2DPoint ptOnThis, C2DPoint ptOnOther)	获取当前物体到指定物体的最短距离,Poly 为指定物体,ptOnThis 参数为接收当前物体上的最近点,ptOnOther 参数为接收 Poly 物体上的最近点,最短距离即为该两点间的距离,返回值为获取的最短距离
public boolean IsWithinDistance(C2DPoint TestPoint, double dDist)	判断指定点到物体的距离是否在指定的长度内,若是则返回 true,否则返回 false,TestPoint 为指定点,dDist 为指定长度
public boolean Contains(C2DPoint pt)	判断物体是否包含指定点,若是则返回 true,否则返回 false,pt 为指定点
public boolean Contains(C2DLineBase Line)	判断物体是否包含指定直线,若是则返回 true,否则返回 false,Line 为指定直线
public boolean Contains(C2DPolyBase Polygon)	判断物体是否包含指定物体,若是则返回 true,否则返回 false,Polygon 为指定物体
public void GetOverlaps(C2DHoledPolyBase Other, ArrayList<C2DHoledPolyBase> HoledPolys, CGrid grid)	获取当前物体与指定物体的重叠部分,Other 为指定物体,HoledPolys 参数为存储重叠部分的列表,grid 为 CGrid 对象
public void GetNonOverlaps(C2DHoledPolyBase Other, ArrayList<C2DHoledPolyBase> HoledPolys, CGrid grid)	获取当前物体与指定物体的未重叠部分,Other 为指定物体,HoledPolys 参数为存储未重叠部分的列表,grid 为 CGrid 对象
public void GetUnion(C2DHoledPolyBase Other, ArrayList<C2DHoledPolyBase> HoledPolys,CGrid grid)	获取当前物体与指定物体的合并部分,Other 为指定物体,HoledPolys 参数为存储合并部分的列表,grid 为 CGrid 对象
public boolean Overlaps(C2DHoledPolyBase Other)	判断当前物体与指定物体是否重叠,若是则返回 true,否则返回 false,Other 为指定物体
public boolean Crosses(C2DLineBase Line)	判断指定直线是否穿过当前物体,若是则返回 true,否则返回 false,Line 为指定直线
public boolean Crosses(C2DPolyBase Poly)	判断当前物体是否穿过指定物体,若是则返回 true,否则返回 false,Poly 为指定物体

介绍完了有孔多边形基础类 C2DHoledPolyBase 中的物体之间的关系方法后,下面详细介绍有孔多边形基础类 C2DHoledPolyBase 中剩下的常用方法,包含了计算物体的周长,物体的移动,

缩放和旋转等方法，这些方法如表 7-22 所示。

表 7-22　　　　　　　　C2DHoledPolyBase 类的其他常用方法

方法签名	含义
public void Set(C2DHoledPolyBase Other)	设置多边形基础类对象，Other 为 C2DHoledPolyBase 对象
public int GetLineCount()	获取该类中所有多边形基础类对象的线条数量，返回值为总线条数
public void Clear()	清空所有多边形基础类对象
public void RotateToRight(double dAng, C2DPoint Origin)	以指定点为中心逆时针旋转指定角度，dAng 为指定的旋转角度，单位为弧度，Origin 为指定的旋转中心点
public void Move(C2DVector Vector)	以指定的方向向量移动，Vector 为指定的方向向量
public void Grow(double dFactor, C2DPoint Origin)	以固定点使物体大小变为原来的 dFactor 倍，dFactor 为物体变化的倍数，Origin 为固定点
public double GetPerimeter()	获取该类中所有多边形基础类对象的周长，返回值为周长
public boolean HasCrossingLines()	判断是否有交叉线，若有则返回 true，否则返回 false
public void GetBoundingRect(C2DRect Rect)	获取物体的包围矩形，Rect 为 C2DRect 类对象，表示获取的包围边框
public void RemoveHole(int i)	列表中移除与指定索引值相对应的多边形基础类对象，i 为索引值
public void AddHole(C2DPolyBase Poly)	将指定的 C2DPolyBase 对象添加到 Holes 列表中，Poly 为指定的 C2DPolyBase 对象
public void SetHole(int i, C2DPolyBase Poly)	在 Holes 列表的指定索引值处插入或替换多边形基础类对象，i 为指定的索引值，Poly 为 C2DPolyBase 对象
public C2DPolyBase GetHole(int i)	获取 Holes 列表中索引为 i 的多边形基础类对象，i 为索引值，返回值为 C2DPolyBase 对象
public int getHoleCount()	获取 Holes 列表的长度，返回值为 Holes 列表的长度
public void setRim(C2DPolyBase rim)	设置多边形基础类对象，rim 为 C2DPolyBase 对象
public C2DPolyBase getRim()	获取多边形基础类对象对象，返回值为 C2DPolyBase 对象

2. 有孔多边形类——C2DHoledPolygon

有孔多边形类 C2DHoledPolygon 是使用较多的类，该类继承了有孔多边形基础类 C2DHoledPolyBase。下面将具体介绍该类，该类的常用方法有获取物体的重心、面积以及添加物体等。其构造器与常用方法如表 7-23 所示。

表 7-23　　　　　　　　C2DHoledPolygon 类的构造器与常用方法

方法签名或构造器	含义	类型
public C2DHoledPolygon()	创建 C2DHoledPolygon 对象	构造器
public C2DHoledPolygon(C2DHoledPolyBase Other)	创建 C2DHoledPolygon 对象，Other 为 C2DHoledPolyBase 对象	构造器
public C2DHoledPolygon(C2DHoledPolygon Other)	创建 C2DHoledPolygon 对象，Other 为另一个 C2DHoledPolygon 对象	构造器
public C2DHoledPolygon(C2DPolyBase Other)	创建 C2DHoledPolygon 对象，Other 为 C2DPolyBase 对象	构造器
public C2DHoledPolygon(C2DPolygon Other)	创建 C2DHoledPolygon 对象，Other 为 C2DPolygon 对象	构造器
public void Set(C2DHoledPolygon Other)	设置多边形基础类对象，Other 为 C2DHoledPolygon 对象	方法
public void RotateToRight(double dAng)	绕中心点逆时针旋转 dAng 角度，dAng 为指定的旋转角，单位为弧度	方法
public void Grow(double dFactor)	使物体大小变为原来的 dFactor 倍，dFactor 为物体变化的倍数	方法

续表

方法签名或构造器	含义	类型
public C2DPoint GetCentroid()	获取有孔多边形的重心，返回值为重心	方法
public double GetArea()	获取有孔多边形的面积，返回值为面积	方法
public void SetHole(int i, C2DPolygon Poly)	在 Holes 列表的指定索引值处插入或替换指定多边形对象，i 为指定的索引值，Poly 为指定的 C2DPolygon 对象	方法
public void AddHole(C2DPolygon Poly)	将指定多边形对象添加到 Holes 列表中，Poly 为多边形对象	方法

7.3.4 有孔多边形案例

学习完有孔多边形的相关知识之后，这里将给出使用有孔多边形开发的案例 GeoLib_S0，以便于读者能够正确地使用有孔多边形，同时也利于读者加深对有孔多边形的理解。其运行效果如图 7-19 所示。

> 说明　图 7-19 为有孔多边形案例的运行效果图，从图中可看出，在手机屏幕上放有一个有孔多边形，有孔多边形中的孔是由三角形、五角星、五边形组成。有孔多边形中的孔可以为任意形状，读者可自行设置孔的形状。

1. 案例的基本框架结构

详细介绍本案例之前，首先需要向读者介绍本案例的框架结构，理解框架结构有助于读者对本案例的学习。本案例的框架结构如图 7-20 所示。

▲图 7-19　有孔多边形案例的运行效果

▲图 7-20　框架结构

- **MyGeoDraw 类**

此类为本案例的绘制类。此类的主要功能为绘制几何形状，该类中包含了创建多边形的各个点序列，绘制实心的有孔多边形以及真实坐标点与屏幕坐标点的转换等方法。

- **Constant 类**

此类为本案例自定义的常量类，包含诸多常用方法。其主要是声明屏幕的大小、屏幕到现实的比例和屏幕自适应方法、要创建的几何形状的各个顶点数据数组、创建无孔多边形以及创建测试用的有孔多边形方法等。

- **MainActivity 类**

此类为本案例的主控制类。案例运行开始时首先调用此类中的 onCreate 方法，在该方法中主要是初始化 DisplayView 对象以及初始化程序中需要的各个多边形对象。

- **DisplayView 类**

此类为本案例要显示的界面类。此类的主要功能是创建画笔，获得画布，创建和初始化 MyGeoDraw 类对象，并且调用 MyGeoDraw 类中相应的绘制方法来绘制案例中的场景物体以及创建刷帧线程对象，并启动刷帧线程来定时刷帧更新界面。

2. 常量类——Constant

此常量类的主要作用是声明本案例中使用到的常量以及常用方法，包括声明目标屏幕的大小、屏幕到现实世界的比例和屏幕自适应方法，几何形状的顶点数据数组以及创建测试用的多边形方法等，这样有利于开发人员对常量类数据的维护与管理。其具体代码如下。

代码位置：见随书源代码\第 7 章\GeoLib_S0\app\src\main\java\com\example\util 目录下的 Constant.java。

```
1    package com.example.util;                              //声明包名
2    ……//此处省略了导入类的代码，需要的读者请查看源代码
3    public class Constant {
4        public static int SCREEN_WIDTH=720;                //目标屏幕宽度
5        public static int SCREEN_HEIGHT=1280;              //目标屏幕高度
6        public static float x;                             //声明当前屏幕左上方 x 值的变量
7        public static float y;                             //声明当前屏幕左上方 y 值的变量
8        public static float ratio;                         //声明缩放比例的变量
9        public static ScreenScaleResult screenScaleResult;
                                                            //声明 ScreenScaleResult 类的引用
10       public static void ScaleSR(){                      //屏幕自适应方法
11           screenScaleResult=ScreenScaleUtil.calScale(SCREEN_WIDTH,SCREEN_HEIGHT);
                                                            //屏幕自适应
12           x=screenScaleResult.lucX;                      //获取当前屏幕左上方的 x 值
13           y=screenScaleResult.lucY;                      //获取当前屏幕左上方的 y 值
14           ratio=screenScaleResult.ratio;                 //获取缩放比例
15       }
16       public static float[] polyData={
17               200,200,300,100,1100,100,1100,600,300,600,200,500};
                                                            //测试用的有孔多边形的顶点数据
18       ……//此处省略了其他无孔多边形的顶点数据代码，请自行查阅随书的源代码
19       public static C2DHoledPolygon createHoledPoly(float[] polyData){
                                                            //创建测试用的有孔多边形
20           C2DHoledPolygon chp=new C2DHoledPolygon(createPoly(polyData));
                                                            //创建有孔多边形
21           C2DPolygon cp=createPoly(polyData0);           //创建无孔多边形
22           chp.AddHole(cp);                               //将无孔多边形添加到有孔多边形中
23           ……//此处省略了其他无孔多边形的创建和添加，请自行查阅随书的源代码
24           return chp;                                    //返回该有孔多边形
25       }
26       public static C2DPolygon createPoly(float[] polyData){//创建无孔多边形
27           ArrayList<C2DPoint> al=new ArrayList<C2DPoint>();
                                                            //创建并初始化存放多边形的各个顶点的列表
28           for(int i=0;i<polyData.length/2;i++){          //循环遍历多边形的顶点数组
29               C2DPoint tempP=new C2DPoint(polyData[i*2],polyData[i*2+1]);
                                                            //初始化多边形的顶点
30               al.add(tempP);                             //将该顶点添加到列表中
31           }
32           C2DPolygon p = new C2DPolygon();               //创建多边形对象
33           p.Create(al, true);                            //创建多边形
34           return p;                                      //返回该多边形
35       }}
```

- 第 4~17 行为规定目标屏幕的宽度和高度，通过屏幕自适应方法计算出缩放比例，获得实际屏幕左上方的 x、y 坐标值，实现屏幕自适应和声明测试用的有孔多边形的各个顶点数据。

- 第 19~25 行为创建测试用的有孔多边形方法，该方法主要功能为创建有孔多边形并且向该有孔多边形中加入无孔多边形，作为多边形的孔。

- 第 26~35 行为创建无孔多边形方法，该方法中先将多边形顶点数据转换成 C2DPoint 对象，并且存入到点的列表中，再通过调用多边形类 C2DPolygon 中的 Create 方法来创建了一个新的多边形对象，并将其返回。

3. 绘制类——MyGeoDraw

绘制类 MyGeoDraw 是该案例中不可缺少的类，在该类中实现了对不同物体的绘制。当绘制几何物体时，便可通过调用该类中相对应的绘制方法来绘制该物体。该类包含了绘制实心有孔多边形、创建多边形的各个点序列以及真实坐标点与屏幕坐标点的转换等方法，具体代码如下。

第7章 游戏背后的数学与物理

> 代码位置：见随书源代码\第 7 章\GeoLib_S0\app\src\main\java\com\example\util 目录下的 MyGeoDraw.java。

```java
1    package com.example.util;                              //声明包名
2    ……//此处省略了导入类的代码，读者可自行查看的源代码
3    public class MyGeoDraw {
4        public Path CreatePath(C2DPolyBase Poly){         //创建多边形的各个点序列
5            Path gp = new Path();//创建并初始化路线对象
6            if(Poly.getLines().size()==0){                //线条为 0 时
7                return gp;                                //返回空路线
8            }
9            C2DPoint firstPt=Poly.getLines().get(0).GetPointFrom();
                                                            //第一条线的起始点
10           ScaleAndOffSet(firstPt);                      //坐标转换
11           gp.moveTo((float)firstPt.x,(float)firstPt.y); //移到起始点
12           for(int i=0;i<Poly.getLines().size();i++){    //循环遍历各个线条
13               C2DLineBase line=Poly.getLines().get(i);  //获取线条
14               if(line instanceof C2DLine){              //该线条属于 C2DLine 类时
15                   C2DPoint ptTo=line.GetPointTo();      //获取该线条的终止点
16                   ScaleAndOffSet(ptTo);                 //坐标转换
17                   gp.lineTo((float)ptTo.x,(float)ptTo.y);//添加该线条的终止点
18               }else if(line instanceof C2DArc){         //该线条属于 C2DArc 类时
19                   C2DArc arc=(C2DArc)line;              //创建圆弧
20                   C2DPoint mid=arc.GetMidPoint();       //获取曲线上的点
21                   C2DPoint ptTo=arc.GetMidPoint();      //获取曲线上的点
22                   gp.quadTo((float)mid.x,(float)mid.y,(float)ptTo.x,(float)ptTo.y);
23               }}
24           gp.close();                                   //关闭路线对象
25           return gp;                                    //返回该路线对象
26       }
27       public void DrawFilled(C2DHoledPolyBase Poly,int color,Canvas canvas){
                                                            //绘制实心的多边形
28           Paint paint=new Paint();                      //创建并初始化画笔
29           paint.setColor(ColorUtil.getColor(color));    //设置画笔颜色
30           if(Poly.getRim().getLines().size()==0)        //线条为 0 时
31               return;                                   //返回
32           Path gp=CreatePath(Poly.getRim());            //获取路线对象
33           for(int h=0; h<Poly.getHoleCount();h++){      //循环遍历 C2DHoledPolygon
34               if(Poly.GetHole(h).getLines().size()>2){  //该对象的线条数大于 2 时
35                   gp.addPath(CreatePath(Poly.GetHole(h)));//添加路线
36           }}
37           gp.setFillType(Path.FillType.EVEN_ODD);       //设置路线对象的样式
38           canvas.drawPath(gp,paint);                    //绘制实心多边形
39       }
40       private void ScaleAndOffSet(C2DPoint pt){         //真实坐标转换为屏幕上的坐标方法
41           pt.x=(pt.x+Constant.x)*Constant.ratio;        //转换 x 坐标
42           pt.y=(pt.y+Constant.y)*Constant.ratio;        //转换 y 坐标
43       }
44       public C2DPoint Scale = new C2DPoint(1, 1);//缩放比例
45   }
```

- 第 4~26 行为创建多边形的各个点序列方法，在该方法中主要是创建并初始化 Path 对象，多边形的线条为 0 时，则返回空 Path 对象，获取多边形线条上的各个点，通过坐标转换为屏幕上的坐标，并且添加到 Path 对象中，关闭 Path 对象，并返回 Path 对象等。

- 第 27~39 行为绘制实心有孔多边形方法，在该方法中主要是创建并初始化画笔，设置画笔的颜色，获取 Path 对象，循环遍历有孔多边形中的孔，即无孔多边形，并将其线路添加到 Path 对象中，设置 Path 对象得绘制样式并绘制该无孔多边形。

- 第 40~43 行为真实坐标转换为屏幕上的坐标方法，在该方法中主要是将现实中的坐标 x、y 转换为手机屏幕上的坐标 x、y，转换后的 x、y 坐标用于绘制方法中来绘制相应物体。

- 第 44 行功能为声明并初始化缩放比例 Scale，Scale 为 C2DPoint 对象。

> **说明** 绘制类 MyGeoDraw 中设置画笔颜色时,调用了 com.example.util 包下 ColorUtil 工具类的 getColor 方法来获取颜色,因为 ColorUtil 工具类主要就是创建一个存储颜色的二维数组,通过数字索引返回颜色的 RGB 组合,代码比较简单,且与 GeoLib 库中相关类关系不大,所以在此不再单独讲解,读者可自行查看源代码。

4. 主控制类——MainActivity

介绍完绘制类 MyGeoDraw 后,下面将具体介绍主控制类 MainActivity,其主要功能为创建场景对象。包括调用屏幕自适应的方法,由于屏幕自适应已经封装好,只需调用 Constant 类的 ScaleSR 方法即可,此处不再具体介绍,读者可自行查看源代码。其具体代码如下。

代码位置:见随书源代码\第 7 章\GeoLib_S0\app\src\main\java\com\example\holedpoly 目录下的 MainActivity.java。

```
1   package com.example.convexhull;                          //声明包名
2   ……//此处省略了导入类的代码,需要的读者请查看源代码
3   public class MainActivity extends Activity{
4       DisplayView view;                                     //显示界面
5       @Override
6       protected void onCreate(Bundle savedInstanceState){
7           super.onCreate(savedInstanceState);               //调用父类
8           requestWindowFeature(Window.FEATURE_NO_TITLE);
9           getWindow().setFlags(WindowManager.LayoutParams. FLAG_FULLSCREEN ,
10                      WindowManager.LayoutParams. FLAG_FULLSCREEN);//设置为全屏
11          setRequestedOrientation(ActivityInfo.SCREEN_ORIENTATION_LANDSCAPE);
                                                              //设置为横屏模式
12          DisplayMetrics dm=new DisplayMetrics();
13          getWindowManager().getDefaultDisplay().getMetrics(dm);//获取屏幕尺寸
14          if(dm.widthPixels<dm.heightPixels){               //屏幕宽度小于屏幕高度时
15              SCREEN_WIDTH=dm.widthPixels;                  //重新设置屏幕宽度
16              SCREEN_HEIGHT=dm.heightPixels;                //重新设置屏幕高度
17          }else{
18              SCREEN_WIDTH=dm.heightPixels;                 //重新设置屏幕宽度
19              SCREEN_HEIGHT=dm.widthPixels;                 //重新设置屏幕高度
20          }
21          ScaleSR();                                        //屏幕自适应
22          setContentView(R.layout.activity_main);           //切换布局
23          view=(DisplayView)this.findViewById(R.id.View01);//初始化 DisplayView 对象
24          view.cpg=createHoledPoly(polyData);               //创建有孔多边形
25  }}
```

- 第 4~21 行为声明显示界面 DisplayView 的对象 view,设置屏幕为全屏和屏幕的自适应。设置屏幕显示方式为全屏显示并且为横屏模式,然后获得屏幕尺寸并设置屏幕的宽度和高度,最后调用 ScaleSR 方法实现屏幕的自适应。
- 第 22~24 行功能为切换布局、初始化 DisplayView 对象和创建有孔多边形。

5. 显示界面类——DisplayView

上面介绍了案例中的 MainActivity 类,下面将详细介绍 MainActivity 类中声明的显示界面类 DisplayView,该界面的功能为对本案例中的场景进行渲染。该类需要继承 Android 系统中的 SurfaceView 类,实现 SurfaceHolder.Callback 接口,并自带有刷帧线程。其具体代码如下。

代码位置:见随书源代码\第 7 章\GeoLib_S0\app\src\main\java\com\example\view 目录下的 DisplayView.java。

```
1   package com.example.view;                                //声明包名
2   ……//此处省略了导入类的代码,读者可自行查阅随书源代码
3   public class DisplayView extends SurfaceView implements SurfaceHolder.Callback{
4       ……//此处省略变量定义的代码,请自行查看源代码
5       public DisplayView(Context context,AttributeSet attrs){//构造器
6           super(context, attrs);                            //调用父类
```

```
7              paint=new Paint();                    //初始化画笔
8              getHolder().addCallback(this);        //设置生命周期回调接口的实现者
9              this.thread=new TutorialThread(getHolder(),this);//初始化刷帧线程
10         }
11         public void onDraw(Canvas canvas){        //绘制方法
12             if(canvas==null){                     //画笔为空时
13                 return;                           //返回
14             }
15             canvas.drawRect(0,0,SCREEN_WIDTH,SCREEN_HEIGHT,paint);//绘制包围框
16             MyGeoDraw drawer = new MyGeoDraw();   //创建并初始化绘制物体对象
17             drawer.DrawFilled(cpg,10,canvas);     //绘制多边形
18         }
19         public class TutorialThread extends Thread{//刷帧线程
20             ……//此处省略变量定义的代码,请自行查看源代码
21             public TutorialThread(SurfaceHolder surfaceHolder,DisplayView displayView){
                                                     //构造器
22                 this.surfaceHolder=surfaceHolder; //得到回调接口的对象
23                 this.displayView=displayView;     //初始化显示界面对象
24             }
25             public void run(){                    //重写 run 方法
26                 Canvas c;                         //创建画布对象
27                 while (this.flag){
28                     c = null;                     //初始化画布
29                     try{
30                         c=this.surfaceHolder.lockCanvas(null);//锁定整个画布
31                         synchronized(this.surfaceHolder){//同步处理
32                         displayView.onDraw(c);    //绘制
33                     }} finally{
34                         if(c!=null){              //判断 canvas 是否为空
35                             this.surfaceHolder.unlockCanvasAndPost(c);//解锁
36                         }
37                     try{
38                         Thread.sleep(span);       //线程睡眠
39                     }catch(Exception e){          //捕获异常
40                         e.printStackTrace();      //打印堆栈信息
41             }}}}
42             public void surfaceChanged(SurfaceHolder holder,int format,
43                         int width,int height){}
44             public void surfaceCreated(SurfaceHolder holder){//创建时被调用
45                 this.thread.flag=true;            //设置启动线程标志位为 true
46                 this.thread.start();              //启动线程
47             }
48             public void surfaceDestroyed(SurfaceHolder holder){//销毁时被调用
49                 this.thread.flag=false;           //停止线程
50     }}
```

- 第 5~10 行为显示界面类的构造器,在该类的构造器中主要是设置了生命周期回调接口的实现者,初始化画笔和初始化刷帧线程等。

- 第 11~18 行为绘制方法,在该方法中主要是绘制包围框,创建并初始化绘制物体对象并绘制有孔多边形。

- 第 25~41 行为刷帧线程重写的 run 方法,在该方法中主要是创建并初始化画布对象,然后使用同步控制绘制方法。如果画布不为空,则需要为画布解锁,最后不断地定时刷帧更新界面。

- 第 42~50 行为创建实现回调接口类的必须重写的 3 个方法,在创建 SurfaceView 界面需调用的方法中设置启动线程标志位为 true 并启动刷帧线程,在销毁 SurfaceView 界面需调用的方法中停止刷帧线程。

7.3.5 显示凸壳案例

介绍完有孔多边形案例后,相信读者对于有孔多边形的基本知识及方法的使用有了一定的了解,下面将给出计算多边形凸壳的案例,该案例用到了多边形类中的 CreateConvexHull 方法和 ClearConvexSubAreas 方法等,具体内容如下。

> **提示**　简单来说，凸多边形的凸壳就是其自身，凹多边形的凸壳是可以紧紧包裹其的一个凸多边形。这一点从后面案例的运行效果图中可以很容易地看出，同时读者若对凸壳的严格数学定义感兴趣可以去查阅相关的技术资料。

1. 案例的运行效果

显示凸壳案例主要演示的是，在屏幕上放有一个五角星和一个五边形，当用户选中屏幕上的显示凸壳复选框后，五角星和五边形则会显示各自的凸壳，其中五边形的凸壳是自身，五角星的凸壳是其五个顶点组成的五边形。其运行效果如图 7-21、图 7-22 及图 7-23 所示。

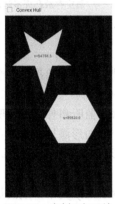
▲图 7-21　案例运行开始

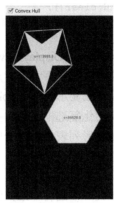
▲图 7-22　显示凸壳

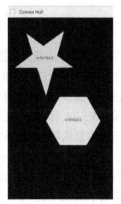
▲图 7-23　不显示凸壳

> **说明**　图 7-21 为案例刚开始运行时的效果图，图 7-22 为用户选中显示凸壳复选框后，五角星和五边形显示其凸壳，其中五边形的凸壳为其本身的效果图，图 7-23 为用户未选中显示凸壳复选框时，五角星和五边形没有凸壳的效果图。

2. 主控制类——MainActivity

下面将向读者具体介绍主控制类 MainActivity，其主要功能为创建场景对象。在该类中创建并初始化 DisplayView 对象，创建程序中所要的多边形对象，创建并初始化复选框对象并为其添加监听事件等。其具体代码如下。

✍ 代码位置：见随书源代码\第 7 章\GeoLib_S1\app\src\main\java\com\example\convexhull 目录下的 MainActivity.java。

```
1   package com.example.convexhull;                           //声明包名
2   ……//此处省略了导入类的代码，需要的读者请查看源代码
3   public class MainActivity extends Activity{
4       DisplayView view;                                      //显示界面
5       @Override
6       protected void onCreate(Bundle savedInstanceState){
7           super.onCreate(savedInstanceState);                //调用父类
8           ……//此处省略了屏幕自适应的相关代码，需要的读者请查看源代码
9           setContentView(R.layout.activity_main);            //切换布局
10          view=(DisplayView)this.findViewById(R.id.View01);//初始化 DisplayView 对象
11          C2DPolygon cp=createPoly(polyData0);              //创建多边形
12          view.alP.add(cp);                                  //将该多边形添加到列表中
13          cp=createPoly(polyData1);                         //创建多边形
14          view.alP.add(cp);                                  //将该多边形添加到列表中
15          final CheckBox cb=(CheckBox) this.findViewById(R.id.checkBox1);
                                                              //创建并初始化复选框对象
16          cb.setOnClickListener(                            //为复选框添加监听事件
17              new OnClickListener(){
18                  @Override
```

```
19                  public void onClick(View v){           //触控事件
20                      view.isCheck=!view.isCheck;        //为是否选中的标志位赋值
21                      if(cb.isChecked()){                //选中复选框
22                          for(C2DPolygon chp:view.alP){  //循环遍历存放多边形的列表
23                              C2DPolygon c1=new C2DPolygon();//创建多边形对象
24                              if(chp!= null){
25                                  c1.CreateConvexHull(chp);  //创建凸壳
26                              }
27                              view.cH.add(c1);           //加入列表
28                      }}else{
29                          for(C2DPolygon chp:view.cH){   //循环遍历存放凸壳多边形的列表
30                              if(chp!= null){            //多边形对象不为空时
31                                  chp.ClearConvexSubAreas(); //清除凸壳
32                              }}
33                          view.cH.clear();               //清空存放凸壳多边形的列表
34                      }}});
35              }}
```

- 第9～10行功能为切换布局和初始化DisplayView对象。
- 第11～14行功能为创建程序中使用的多边形对象。创建了一个五角星和一个五边形，并将其添加到存放多边形的列表中，用于在显示界面DisplayView中绘制。
- 第15～34行功能为创建并初始化复选框对象，并为其添加监听事件。在监听事件中实现了当用户选中复选框时，循环遍历多边形列表，为列表中的各个多边形添加凸壳，并添加到存放凸壳对象的列表中，当用户未选中复选框时，则清除各个多边形的凸壳。

3. 显示界面类——DisplayView

上面介绍了案例中的MainActivity类，下面将详细介绍MainActivity类中声明的显示界面类DisplayView，该界面的功能为对本案例中的场景进行渲染。该类需要继承Android系统中的SurfaceView类，实现SurfaceHolder.Callback接口，并自带有刷帧线程。其具体代码如下。

📄 代码位置：见随书源代码\第7章\GeoLib_S1\app\src\main\java\com\example\view目录下的DisplayView.java。

```
1       package com.example.view;                                   //声明包名
2       ……//此处省略了导入类的代码，读者可自行查阅源代码
3       public class DisplayView extends SurfaceView implements SurfaceHolder.Callback{
4           ……//此处省略变量定义的代码，请自行查看源代码
5           public DisplayView(Context context, AttributeSet attrs){//构造器
6               super(context, attrs);                              //调用父类
7               paint=new Paint();                                  //初始化画笔
8               getHolder().addCallback(this);                      //设置生命周期回调接口的实现者
9               this.thread = new TutorialThread(getHolder(), this);//初始化刷帧线程
10          }
11          public void onDraw(Canvas canvas){                      //绘制方法
12              if(canvas==null){                                   //画布为空时
13                  return;                                         //返回
14              }
15              MyGeoDraw drawer=new MyGeoDraw();                   //创建并初始化绘制物体对象
16              drawer.Draw(rect,22,true,canvas);                   //绘制包围框
17              int i=0;                                            //颜色数组的索引
18              for(C2DPolygon chp:alP){                            //循环遍历多边形列表
19                  drawer.DrawFilled(chp,cIndext[i], canvas);      //绘制多边形
20                  if(!isCheck){                                   //不显示多边形凸壳时
21                      drawString(canvas,chp.GetCentroid(),"s="+chp.GetArea());
                                                                    //绘制多边形的面积
22                  }
23                  i++;                                            //颜色数组的索引加1
24              }
25              for(C2DPolygon chp:cH){                             //循环遍历凸壳多边形列表
26                  drawer.Draw(chp,0, canvas);                     //绘制凸壳
27                  drawString(canvas,chp.GetCentroid(),"s="+chp.GetArea());
                                                                    //绘制凸壳多边形的面积字符串
28              }}
29          public void drawString(Canvas canvas,C2DPoint point,String string){
```

```
30              paint.setARGB(255, 42, 48, 103);                    //设置字体颜色
31              paint.setAntiAlias(true);                            //打开抗锯齿
32              paint.setTextSize(24*ratio);                         //设置文字大小
33              canvas.drawText(string,((float)point.x-60+x)*ratio,
34                      ((float)point.y+y)*ratio, paint);            //绘制文字
35          }
36          ……//此处刷帧线程类的代码与前面案例中的相似,故省略,请自行查看源代码
37          ……//此处省略了创建实现回调接口类的必须重写的3个方法,请自行查看源代码
38      }
```

- 第5～10行为显示界面类的构造器,在该类的构造器中主要是设置了生命周期回调接口的实现者,初始化画笔和初始化刷帧线程等。
- 第18～27行功能为循环遍历多边形列表并绘制各个多边形,如果不显示凸壳,则绘制多边形的真实面积,并将颜色索引值加1。此后循环遍历凸壳多边形列表并绘制各个凸壳多边形和绘制该凸壳多边形的面积。
- 第29～35行为绘制给定的字符串到物体上的方法,在该方法中主要是设置字体颜色,打开抗锯齿,设置文字大小以及绘制文字等。

7.3.6 多边形切分案例

介绍完多边形凸壳案例后,相信读者对于GeoLib库中相关类有了一定了解。下面将给出另外一个关于多边形切分的案例GeoLib_S2,便于读者能够正确使用多边形切分的方法,同时也利于读者对多边形切分原理的理解,具体内容如下。

1. 案例运行效果

本案例主要演示的是,通过手指在屏幕上滑动将屏幕中央的多边形切分为颜色不同的几部分,并且随着手指滑动在屏幕上会显示用于切分多边形的割线。效果如图7-24、图7-25及图7-26所示。

▲图7-24 案例运行开始

▲图7-25 切分为两部分

▲图7-26 切分为三部分

> **说明** 图7-24为案例运行开始时多边形的效果图,图7-25为手指在屏幕上滑动将多边形切分为两部分时的效果图,图7-26为多手指在屏幕上滑动将多边形切分为三部分时的效果图。

2. 常量类——Constant

在详细介绍本案例前,需要向读者介绍本案例的一个重要类——常量类Constant。本类主要用于设置屏幕自适应、创建多边形对象以及切分多边形等,其具体代码如下。

第 7 章 游戏背后的数学与物理

> 代码位置：见随书源代码\第 7 章\GeoLib_S1\app\src\main\java\com\example\util 目录下的 Constant.java。

```
1    package com.bn.util;                                          //声明包名
2    ……//此处省略了导入类的代码，读者可自行查阅随书源代码
3    public class Constant{
4        public static C2DPolygon createPoly(float[] polyData){//创建测试用的多边形
5            ArrayList<C2DPoint> al=new ArrayList<C2DPoint>();
                                                                   //创建 ArrayList<C2DPoint>对象
6            for(int i=0;i<polyData.length/2;i++){
7                C2DPoint tempP=new C2DPoint(polyData[i*2],polyData[i*2+1]);
                                                                   //创建 C2DPoint 类对象
8                al.add(tempP);                                    //将 C2DPoint 对象放入 al 中
9            }
10           C2DPolygon p = new C2DPolygon();                      //创建 C2DPolygon 对象
11           p.Create(al, true);                                   //创建可选的重新排序的多边形点
12           return p;                                             //返回多边形对象
13       }
14       public static ArrayList<ArrayList<float[]>> calParts(float xmin,float
15           xmax,float ymin,float ymax,float sx,float sy,float ex,float ey){
16           int currIndex=0;                                      //点索引值，表示计算点数量
17           ArrayList<float[]> al=new ArrayList<float[]>();//用于存放点的列表
18           al.add(new float[]{xmin,ymin});                       //将点加入 al 集合中
19           currIndex++;                                          //点索引值自加
20           int jd1Index=-1;                                      //索引值 jd1Index
21           int jd2Index=-1;                                      //索引值 jd2Index
22           //求 0-1 线段与传入切割线的交点 X=xmin
23           float t=(xmin-sx)/(ex-sx);
24           float y=(ey-sy)*t+sy;                                 //计算交点的 y 值
25           if(y>ymin&&y<ymax){                                   //交点的 y 值在指定区间内
26               jd1Index=currIndex;
27               al.add(new float[]{xmin,y});                      //将交点添加进列表
28               currIndex++;                                      //点数量加 1
29           }
30           al.add(new float[]{xmin,ymax});                       //将点加入 al 列表中
31           currIndex++;                                          //总索引值自加
32       ……//此处省略计算传入割线与其他 3 条线段交点的代码，读者可自行查阅随书源代码
33           //卷绕第一个多边形
34           ArrayList<float[]> p1=new ArrayList<float[]>();//创建存储多边形点的列表
35           int startIndex=jd1Index;                              //索引值
36           while(true){
37               p1.add(al.get(startIndex));                       //获取第一个多边形的点
38               if(startIndex==jd2Index){
39                   break;                                        //退出循环
40               }
41               startIndex=(startIndex+1)%al.size();              //索引值加 1
42           }
43       ……//此处省略了卷绕第二个多边形的代码，读者可自行查阅随书源代码
44           ArrayList<ArrayList<float[]>>result=
45                   new ArrayList<ArrayList<float[]>>();//创建 ArrayList 对象
46           result.add(p1);                                       //将第一个多边形的点集合存入 result
47           result.add(p2);                                       //将第二个多边形的点集合存入 result
48           return result;                                        //返回多边形列表
49       }
50       public static C2DPolygon[] createPolys(
51               ArrayList<ArrayList<float[]>> alIn){//创建切割后的多边形
52           C2DPolygon[] cps=new C2DPolygon[2];                   //创建多边形数组
53           int index=0;                                          //索引值，记录多边形个数
54           for(ArrayList<float[]> p:alIn){
55               cps[index]=new C2DPolygon();                      //创建 C2DPolygon 类对象
56               ArrayList<C2DPoint> al=new ArrayList<C2DPoint>();
                                                                   //创建存放 C2DPoint 的集合
57               for(float[] fa:p){
58                   C2DPoint tempP=new C2DPoint(fa[0],fa[1]);
                                                                   //创建 C2DPoint 对象
59                   al.add(tempP);                                //将点添加进列表
60               }
61               cps[index].Create(al, true);                      //创建可选的重新排序的多边形点
```

```
62                  index++;                              //多边形个数加1
63              }
64              return cps;                               //返回C2DPolygon数组
65      }}
```

- 第4~13行功能为根据点序列创建多边形对象。通过创建ArrayList<C2DPoint>对象al，遍历点序列，并将所有的点添加进al列表中。根据al对象创建多边形对象，并将其返回。
- 第14~49行主要功能为切分多边形，返回值为多边形点集合的列表。首先构造矩形框，4个点的顺序按逆时针顺序排列，左上角为零号点，右上角为三号点。然后计算传入的割线与矩形4条边的交点，并将交点添加进点列表。最后将两个多边形的点存入对应的点集合p1和p2中，将p1和p2添加进ArrayList<ArrayList<float[]>>对象，并将其返回。
- 第50~65行主要功能为创建切割后的多边形，返回值为多边形对象数组。遍历多边形点集合ArrayList<ArrayList<float[]>>对象，根据点集合创建对应多边形对象，最后将多边形数组返回。

> **说明** 在此只给出了割线与第一条边交点的计算代码，而割线与矩形框其他三条边交点的计算原理与计算第一个交点的原理类似，因此不再重复介绍，需要的读者可自行查看随书源代码。

3. 绘制类——MyGeoDraw

开发完本案例的常量类，接下来就是开发本案例的绘制类MyGeoDraw，本类含有绘制多边形的方法。其方法为根据多边形对象的点构建路径，通过画笔绘制在画布上，在屏幕上显示。其具体代码如下。

代码位置：见随书源代码\第7章\GeoLib_S2\app\src\main\java\com\bn 目录下的MyGeoDraw.java。

```
1   package com.bn;                                       //声明包名
2   ……//此处省略了导入类的代码，读者可自行查阅随书源代码
3   public class MyGeoDraw{
4       public void drawPoly(C2DPolygon cp,int index,Canvas canvas){//绘制单个多边形
5           Paint p=new Paint();                          //创建画笔
6           p.setColor(ColorUtil.getColor(index));        //设置画笔颜色
7           ArrayList<C2DPoint> al=new ArrayList<C2DPoint>();//创建列表
8           cp.GetPointsCopy(al);                         //拷贝点序列
9           if(al.size()>0){
10              int[] xs=new int[al.size()];              //创建存储x的数组
11          int[] ys=new int[al.size()];                  //创建存储y的数组
12          for(int i=0;i<al.size();i++){
13              xs[i]=(int)(al.get(i).x);                 //获取点的x坐标
14              ys[i]=(int)(al.get(i).y);                 //获取点的y坐标
15          }
16          Path path=new Path();                         //用于绘制多边形路径
17          path.moveTo(xs[0], ys[0]);                    //移动到此点作为起点
18          for(int i=1;i<al.size();i++){
19              path.lineTo(xs[i], ys[i]);                //移动到当前点
20          }
21          path.close();                                 //形成闭合图形
22          canvas.drawPath(path, p);                     //绘制路径
23      }}}
```

- 第5~8行功能为创建画笔并设置画笔颜色，创建ArrayList<C2DPoint>对象，并将多边形的点序列存入集合对象。
- 第16~23行功能为创建Path对象，遍历所有的点并调用moveTo方法和lineTo方法形成线段，最后调用close方法将开始的点和最后的点连接在一起，构成一个封闭图形，通过画笔绘制图案。

4. 显示界面类——DisplayView

依次介绍了本案例常量类、绘制类的开发，接下来将介绍显示界面类的开发。本类功能主要

为显示场景对象，添加触控等。其与显示凸壳案例显示界面类结构大致类似，因此这里不再赘述重复的内容，在此只介绍本类的绘制方法和触控回调事件。其具体开发代码如下。

✎ 代码位置：见随书源代码第 7 章\GeoLib_S2\app\src\main\java\com\bn 目录下的 DisplayView.java。

```
1    package com.bn;                                        //声明包名
2    ……//此处省略了导入类的代码，读者可自行查阅随书源代码
3    public class DisplayView extends SurfaceView implements SurfaceHolder.Callback{
4        ……//此处省略了本类的全局变量的代码，读者可自行查阅随书源代码
5        public void onDraw(Canvas canvas){                 //绘制方法
6            if(canvas==null){                              //如果canvas为空
7                return;
8            }
9            canvas.drawRGB(0, 0, 0);                       //设置画布颜色为黑色
10           mgd.drawPoly(cpMain,index,canvas);             //绘制被切割的主多边形
11           for(C2DHoledPolygon chp:alP){                  //绘制切割后的多边形，并绘制
12               mgd.drawPoly(chp.getRim(),Math.abs(random.nextInt()),canvas);
13           }
14           Paint paint=new Paint();                       //创建画笔
15           paint.setColor(Color.WHITE);                   //设置颜色
16           canvas.drawLine((float)start.x,(float)start.y,
17                   (float)end.x, (float)end.y, paint);//绘制线段
18           paint.reset();                                 //重置画笔
19       }
20       public boolean onTouchEve;                         //获取触控点x坐标
22           float y=event.getY();                          //获取触控点y坐标
23           switch(event.getAction()){
24               case MotionEvent.ACTION_DOWN:              //按下
25                   alP.clear();                           //清空列表
26                   start=new C2DPoint(x,y);               //起点
27                   break;
28               case MotionEvent.ACTION_MOVE:              //移动
29                   end=new C2DPoint(x,y);                 //终点
30                   break;
31               case MotionEvent.ACTION_UP:                //抬起
32                   ArrayList<ArrayList<float[]>> tal=Constant.calParts(
                                                           //获取切分后多边形的点集合
33                       xmin,xmax,ymin,ymax,(float)start.x,(float)start.y,
34                       (float)end.x,(float)end.y);
35                   C2DPolygon[] cpA=Constant.createPolys(tal);//创建多边形
36                   index=Math.abs(random.nextInt());      //获取随机数
37                   alP.clear();                           //清除列表
38                   for(C2DPolygon cpTemp:cpA){
39                       ArrayList<C2DHoledPolygon> polys =
40                           new ArrayList<C2DHoledPolygon>();
41                       cpTemp.GetOverlaps(cpMain, polys, new CGrid());
                                                           //获取多边形
42                       for(C2DHoledPolygon chp:polys){
43                           alP.add(chp);                  //将多边形添加进列表
44                   }}
45                   break;
46           }
47           return true;                                   //返回true
48       }
49       ……//此处省略了内部线程类和Callback接口中方法的代码，请自行查阅源代码
50   }
```

- 第 5~19 行为本类的绘制方法。首先判断画布是否为空，如果为空，则不在绘制场景；否则设置画布背景颜色，绘制未被切分的多边形。然后遍历 alP 集合中 C2DHoledPolygon 对象，并在场景中绘制显示。此外通过设置画笔，在场景中绘制分割线。

- 第 20~48 行为重写父类的触控方法。首先获取触控点的 x 和 y 坐标并记录，然后判断触控的方式，如果是 ACTION_DOWN，则清除 alP 列表并记录触控起点。如果是 ACTION_MOVE，则记录触控终点。如果是 ACTION_UP，则根据起点和终点获取割线切分多边形并将切分后的多边形点数据添加进 tal 列表。此外，创建多边形数组，通过多边形的 GetOverlaps 方法获取 cpTemp

与 cpMain 重叠的多边形,并将其添加进 polys 列表。

> **说明** 由于篇幅有限,本案例中还有部分类没有介绍,这些类基本与 GeoLib 库中相关类方法的使用关系不大,只是起到辅助控制的作用,因此这里就不再介绍了,读者可自行查阅随书源代码学习。

7.3.7 显示包围框以及多边形的矩形组合案例

游戏开发中经常会用到碰撞检测技术,本章前面也已经有所介绍。在碰撞检测的时候,用到了包围框,但是对于某些特殊形状,简单包围框检测就不是很精确,这就要用到多边形的矩形组合碰撞检测,其具体情况如下。

- 在粗略计算多边形碰撞时,可以采用多边形的包围矩形,如果两个包围框矩形相交,则认为这两个多边形发生了碰撞。这种策略进行碰撞检测的计算误差较大,如图 7-27 所示。
- 在需要较为精确计算多边形碰撞时,就要采用多边形的矩形组合,只有当一个多边形的矩形组合与另一个多边形的矩形组合相交时,才表明这两个多边形发生了碰撞。这种碰撞检测策略比包围框矩形碰撞检测更为精准,如图 7-28 所示。

▲图 7-27 外接矩形碰撞

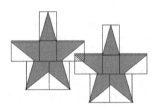
▲图 7-28 矩形组合碰撞

幸运的是,GeoLib 库中的多边形类提供了获取多边形包围框的方法和获取多边形矩形组合的方法,这对以上两种碰撞检测技术的开发有着重要的辅助作用。下面介绍显示几何形状的包围框以及多边形矩形组合的案例,具体内容如下。

1. 案例运行效果

本案例主要演示的是,当按下显示包围圆按钮后,五角星则会显示其外接圆;当按下显示包围矩形后,五角星和圆弧则会显示各自的包围矩形;当按下显示矩形组合按钮后,五角星则会显示其矩形组合。其运行效果如图 7-29、图 7-30 及图 7-31 所示。

▲图 7-29 按中显示外接圆按钮

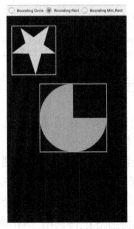
▲图 7-30 按中显示外接矩形按钮

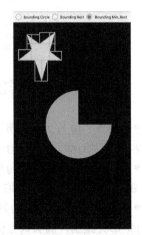
▲图 7-31 按中显示矩形组合按钮

> **说明** 图 7-29 为用户按下显示外接圆按钮时，五角星则显示其外接圆的效果图，图 7-30 为用户按下显示外接矩形按钮时，五角星和圆弧则显示各自的外接矩形的效果图，图 7-31 为用户按下显示矩形组合按钮时，五角星则显示矩形组合的效果图。

2. 显示界面类——DisplayView

下面将详细介绍本案例中的显示界面类 DisplayView，该类的功能为对本案例中的场景进行渲染，并与前面介绍的显示凸壳案例中的显示界面类 DisplayView 的结构大致类似，因此这里不再赘述重复的内容。其具体代码如下。

代码位置： 见随书源代码\第 7 章\GeoLib_S3\app\src\main\java\com\example\view 目录下的 DisplayView.java。

```java
1   package com.example.view;                                    //导入包
2   ……//此处省略了导入类的代码，读者可自行查阅随书源代码
3   public class DisplayView extends SurfaceView implements SurfaceHolder.Callback{
4       ……//此处省略变量定义的代码，请自行查看源代码
5       public DisplayView(Context context, AttributeSet attrs){//构造器
6           super(context, attrs);                               //调用父类
7           paint=new Paint();                                   //初始化画笔
8           getHolder().addCallback(this);                       //设置生命周期回调接口的实现者
9           this.thread = new TutorialThread(getHolder(), this);//初始化刷帧线程
10      }
11      public void onDraw(Canvas canvas){                       //绘制方法
12          if(canvas==null){                                    //画笔为空时
13              return;                                          //返回
14          }
15          MyGeoDraw drawer=new MyGeoDraw();                    //创建并初始化绘制物体对象
16          drawer.Draw(rect, 22, true, canvas);                 //绘制包围框
17          drawer.DrawFilled(cpg,cIndext[0],canvas);            //绘制多边形
18          drawer.Draw(ca,cIndext[1], canvas);                  //绘制圆弧
19          if(isBoundingCircle){                                //显示外接圆时
20              if(cpg != null){                                 //多边形不为空时
21                  C2DCircle c = new C2DCircle();               //创建并初始化圆对象
22                  cpg.GetBoundingCircle(c);                    //获取多边形的外接圆
23                  drawer.Draw(c, 0,false,canvas);              //绘制外接圆
24          }}
25          if(isBoundingRect){                                  //显示外接矩形时
26              if (cpg != null){                                //多边形不为空时
27                  drawer.Draw(cpg.getBoundingRect(),0,false, canvas);//绘制外接矩形
28              }
29              if (ca != null){                                 //圆弧不为空时
30                  C2DRect Rect=new C2DRect();                  //创建并初始化矩形
31                  ca.GetBoundingRect(Rect);                    //获取外接矩形
32                  drawer.Draw(Rect,0,false,canvas);            //绘制外接矩形
33          }}
34          if(isBoundingMinRect){                               //显示多边形的矩形组合
35              if(cpg != null){                                 //多边形不为空时
36                  for(C2DRect rect:cpg.getLineRects()){        //循环遍历矩形组合中的各个小矩形
37                      drawer.Draw(rect,0,false,canvas);        //绘制各个小矩形
38      } } } }
39      ……//此处刷帧线程类的代码与前面案例中的相似，故省略，请自行查看源代码
40      ……//此处省略了创建实现回调接口类的必须重写的 3 个方法，请自行查看源代码
41  }
```

- 第 5～10 行为显示界面类的构造器，在该类的构造器中主要是设置了生命周期回调接口的实现者，初始化画笔和初始化刷帧线程等。
- 第 19～24 行功能为判断是否绘制外接圆，若是则创建并初始化圆对象，然后五角星调用 GetBoundingCircle 方法获取外接圆，圆对象为获取的外接圆，最后绘制该外接圆。
- 第 25～33 行功能为判断是否绘制外接矩形。若是则五角星调用 getBoundingRect 方法获取外接矩形并绘制，圆弧则先创建矩形对象，再调用 GetBoundingRect 方法获取外接矩形，矩形

对象为获取的外接矩形，并绘制该矩形。
- 第 34~38 行功能为判断是否绘制多边形的矩形组合，若是则五角星调用 getLineRects 方法获取矩形组合中的各个小矩形并绘制。

7.3.8 旋转与凸子区域案例

游戏开发中使用到的几何形状有可能是凸多边形也有可能是凹多边形，但在很多情况下直接使用凹多边形进行计算、绘制会比较困难。此时就需要将一个凹多边形拆分成多个凸多边形的组合来处理问题。

> 提示：所谓凸多边形就是把一个多边形任意一边向两方无限延长成为一条直线，如果多边形的其他各边均在此直线的同旁，那么这个多边形就叫作凸多边形，如三角形、正五边形、正六边形等都是凸多边形。一个非凸的多边形被称作凹多边形，如五角星就是凹多边形。

GeoLib 在设计时也考虑到了这种需要，其提供了获取多边形凸子区域的功能，在开发中若善加利用可以取得很好的效果。关于任意多边形的凸子区域，具体情况如下。
- 若某一个多边形是凸多边形，则其凸子区域是其本身，效果如图 7-32 所示。
- 若某一个多边形是凹多边形，则其凸子区域是多个不重叠的子区域的组合（多个不重叠子区域正好组成该多边形，且任意子区域都是凸多边形），效果如图 7-33 所示。

  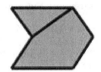

图 7-32　凸多边形的凸子区域　　　　图 7-33　凹多边形的凸子区域

介绍完了关于凸子区域的基本知识，下面将给出一个旋转多边形和获取多边形凸子区域的案例——旋转与凸子区域，便于读者能够在开发中正确使用多边形旋转和获取凸子区域的方法，同时也利于读者加深理解，具体内容如下。

1．案例运行效果

本案例给出的是一个类似松树的多边形物体，通过单击屏幕上的按钮对多边形进行旋转以及计算多边形的凸子区域。当单击 Rotate 按钮时多边形逆时针旋转 45 度；当单击另一按钮时屏幕会显示该多边形凸子区域的轮廓。具体运行效果如图 7-34、图 7-35 及图 7-36 所示。

▲图 7-34　案例运行开始　　▲图 7-35　多边形旋转　　▲图 7-36　多边形凸子区域

第 7 章　游戏背后的数学与物理

> **说明**　图 7-34 为案例运行开始时多边形物体的效果图，该多边形为颜色多边形。图 7-35 为多边形物体旋转时的效果图，通过单击 Rotate 按钮将多边形物体逆时针旋转 45 度。图 7-36 为多边形物体获取凸子区域的效果图，通过单击 Convex Sub-areas 按钮获取该多边形的凸子区域，并将其轮廓绘制在屏幕中。

2. 显示界面类——DisplayView

由于本案例中的显示界面类与前面其他案例的基本一致，因此这里不再赘述。这里主要介绍显示界面类的绘制方法、触控方法以及获取多边形凸子区域的方法，即 DisplayView 类中 onDraw 方法和 toggleConvexSubAreas 方法的开发，其具体代码如下。

代码位置：见随书源代码\第 7 章\GeoLib_S4\app\src\main\java\zsx\geolib 目录下的 DisplayView.java。

```
1    package zsx.geolib;                                      //声明包名
2    ……//此处省略了导入类的代码，读者可自行查阅随书源代码
3    public class DisplayView extends SurfaceView implements SurfaceHolder.Callback{
4        ……//此处省略了声明全局变量的代码，读者可自行查阅随书源代码
5        public DisplayView(Context context, AttributeSet attrs) {//构造器
6            super(context, attrs);                            //调用父类方法
7            this.getHolder().addCallback(this);               //设置生命周期回调接口的实现者
8            drawThread=new DrawThread(this.getHolder(),this);//创建线程对象
9            color=Math.abs(new Random().nextInt());//随即产生颜色数组
10           cpMain=Constant.createPoly(polyData);    //创建多边形对象
11           cpMain.Move(new  C2DVector((100+x)*ratio,(270+y)*ratio));//移动多边形
12           mgd=new MyGeoDraw();                              //创建绘制类对象
13       }
14       ……//此处省略了单个参数构造器代码，读者可自行查阅随书源代码
15       public void onDraw(Canvas canvas){                    //绘制方法
16           ……//此处省略了与前面案例中相似的代码，读者可自行查阅随书源代码
17           if(isRotate){                                     //Rotate按钮被单击
18               subAreas.clear();                             //清空列表
19               this.cpMain.RotateToRight(Math.PI/4);         //旋转45°
20               isRotate=false;                               //标志位置false
21           }
22           if(isSubAreas){                                   //Convex Sub-areas按钮被单击
23               toggleConvexSubAreas(cpMain);                 //调用toggleConvexSubAreas方法
24               for(int i=0;i<subAreas.size();i++){
25                   mgd.drawPoly(subAreas.get(i),2,true,canvas);//绘制子多边形
26           }}else{
27               subAreas.clear();                             //清空列表
28               mgd.drawPoly(cpMain,color,false,canvas);      //绘制多边形1
29       }}
30       ……//此处省略了内部线程类和Callback接口中方法的代码，请自行查阅随书源代码
31       private void toggleConvexSubAreas(C2DPolygon polygon) {//获取凸子区域的方法
32           if (polygon != null&&isSubAreas) {//如果polygon不为空且isSubAreas为true
33               polygon.GetConvexSubAreas(subAreas);//获取子区域并存入subAreas中
34               if (subAreas.size() > 1) {
35                   polygon.ClearConvexSubAreas();   //移除
36               }else{
37                   polygon.CreateConvexSubAreas();  //创建
38       }}}
```

● 第 5～13 行为本类含两个参数的构造器，其功能为初始化本类的成员变量并设置生命周期回调接口的实现者。

● 第 15～29 行为本类的绘制方法，其功能为绘制场景的多边形物体，并根据其对应标志位设置多边形姿态等。如果 isRotate 为 true，则清空凸子区域列表，并将多边形逆时针旋转 45 度。如果 isSubAreas 为 true，则调用获取凸子区域的方法，将子区域绘制在屏幕中。

● 第 31～38 行功能为获取指定多边形的凸子区域，如果 polygon 不为空且 isSubAreas 为 true，则调用多边形对象的 GetConvexSubAreas 方法获取凸子区域列表。

7.3.9 平滑与计算最短距离案例

本小节将介绍多边形的平滑与计算最短距离案例，便于读者能够正确的使用平滑与计算最短距离的方法，同时也利于读者加深对以上方法的理解，具体内容如下。

1. 案例运行效果

本案例中屏幕上将绘制出两个多边形，通过手指拖动可以改变多边形的位置，通过单击Smooth按钮可以将多边形平滑化，通过单击Min-Dis按钮可以计算出两个多边形的最短距离并绘制出来。具体运行效果如图7-37、图7-38及图7-39所示。

▲图 7-37　案例运行开始

▲图 7-38　平滑

▲图 7-39　最短距离

> 说明　图 7-37 为案例运行开始时的情况，图 7-38 是单击了 Smooth 按钮后两个多边形被平滑化以后的情况，图 7-39 是单击了 Min-Dis 按钮后计算并绘制出了两个多边形的最短距离的情况。

2. 绘制类——MyGeoDraw

本类与多边形切分案例的主绘制类结构和功能大致类似，因此这里不再赘述重复的内容，需要的读者可自行查看随书源代码。这里主要介绍本案例 MyGeoDraw 类中绘制 C2DLine 类对象的方法，其具体代码如下。

代码位置：见随书源代码\第 7 章\GeoLib_S5\app\src\main\java\com\bn\geolib 目录下的 MyGeoDraw.java。

```
1   public void drawLine(C2DLine Line, int color, Canvas canvas){
2       Paint paint=new Paint();                                //创建画笔
3       paint.setColor(ColorUtil.getColor(color));              //设置画笔颜色
4       PathEffect effect = new DashPathEffect(new float[]{5,5,5,5},1);
                                                                //用于设置虚线
5       paint.setAntiAlias(true);                               //打开抗锯齿
6       paint.setPathEffect(effect);                            //开启虚线
7       paint.setStrokeWidth(6);                                //设置线条宽度
8       C2DPoint pt1 = Line.GetPointFrom();                     //获取线的起点
9       C2DPoint pt2 = Line.GetPointTo();                       //获取线的终点
10      canvas.drawLine((float)pt1.x,(float)pt1.y,
11                      (float)pt2.x,(float)pt2.y,paint);       //绘制线段
12  }
```

> 说明　本类中用于绘制单个多边形的方法和旋转与凸子区域案例绘制，类中绘制单个多边形的方法一致，故不再进行重复介绍，需要的读者可自行查看随书源代码。

3. 显示界面类——DisplayView

本案例的显示界面类和旋转与凸子区域案例的绘制界面类的结构和功能大致类似，因此这里不再赘述重复的内容，需要的读者可自行查看随书源代码。这里主要介绍本类中的构造器和绘制方法，具体的代码如下。

> 📖 **代码位置**：见随书源代码\第 7 章\GeoLib_S5\app\src\main\java\com\bn\geolib 目录下的 DisplayView.java。

```
1   public DisplayView(Context context, AttributeSet attrs){    //构造器
2       super(context, attrs);                                   //调用父类方法
3       this.getHolder().addCallback(this);                      //设置生命周期回调接口的实现者
4       this.drawThread=new DrawThread(this.getHolder(),this);   //创建内部线程对象
5       this.cpMain[0]=Constant.createPoly(polyData);            //创建第一个多边形
6       this.cpMain[1]=Constant.createPoly(polyData2);           //创建第二个多边形
7       mgd=new MyGeoDraw();                                     //创建绘制类对象
8       for(int i=0;i<2;i++){
9           colors[i]=Math.abs(new Random().nextInt());          //创建两种颜色
10      }}
11  public void onDraw(Canvas canvas){                           //绘制方法
12      if(canvas==null){                                        //如果 canvas 为空
13          return;                                              //返回
14      }
15      canvas.drawRGB(0, 0, 0);                                 //设置背景颜色
16      mgd.drawPoly(cpMain[0],colors[0],canvas);                //绘制多边形 1
17      mgd.drawPoly(cpMain[1],colors[1],canvas);                //绘制多边形 2
18      if(isMinDis){                                            //若 true,计算最短距离
19          cpMain[0].Distance(cpMain[1], cp1, cp2);             //获取最短距离
20          C2DLine l = new C2DLine(cp1, cp2);                   //创建 C2DLine 对象
21          mgd.drawLine(l, colors[1]+100, canvas);              //调用绘制线段方法
22      }
23      if(isSmooth){                                            //若 true,使多边形平滑
24          this.cpMain[0].Smooth();                             //使第一个多边形平滑
25          this.cpMain[1].Smooth();                             //使第二个多边形平滑
26      }}
```

- 第 1~10 行为显示界面类的构造器，其主要功能为创建本类的成员变量并设置生命周期回调接口的实现者。
- 第 11~26 行功能为本类的绘制方法，首先设置屏幕的背景颜色，通过绘制类对象 mgd 的 drawPoly 方法将两个多边形绘制在屏幕中。然后判断 isMinDis 标志位的真值，如果 isMinDis 为 true，则通过 Distance 方法计算两个多边形之间的最短距离，并将最短线段绘制在屏幕中。再判断 isSmooth 标志位的真值，如果 isSmooth 为 true，则调用 Smooth 方法使多边形趋于平滑。

7.3.10 多边形缩放与不重叠案例

接下来将介绍多边形缩放与不重叠案例，以便于读者能够正确的使用缩放和避免多边形重叠的方法，同时也利于读者加深对以上方法的理解，具体内容如下。

1. 案例运行效果

本案例中屏幕上会绘制出两个多边形，可以通过手指拖动改变多边形的位置。当单击 Grow 按钮时多边形被放大，当单击 Littile 按钮时多边形被缩小，当单击 Avoid 按钮时多边形会自动避免发生重叠。具体运行效果如图 7-40、图 7-41 及图 7-42 所示。

> 📝 **说明**　图 7-40 为案例运行后单击 Grow 按钮放大多边形的情况，图 7-41 为单击 Little 按钮后多边形被缩小的情况，图 7-42 为单击 Avoid 按钮后两个多边形自动避免重叠的情况（在单击 Avoid 按钮前读者需要拖动多边形使之发生重叠才能看到效果）。

7.3 必知必会的计算几何

▲图 7-40　多边形放大

▲图 7-41　多边形缩小

▲图 7-42　不可重叠

2. 显示界面类——DisplayView

本案例和平滑与最短距离案例的显示界面类结构大致类似，因此这里不再赘述重复的内容。这里主要介绍本案例中的 DisplayView 类的 avoid 方法和 onDraw 方法。具体的代码如下。

代码位置：见随书源代码\第 7 章\GeoLib_S6\app\src\main\java\com\example 目录下的 DisplayView.java。

```
1   public void onDraw(Canvas canvas){                      //绘制方法
2       if(canvas==null){                                   //如果画布为空
3           return;
4       }
5       canvas.drawRGB(0, 0, 0);                            //设置背景颜色
6       if(isGrow){                                         //增大
7           cp1.Grow(1.11);                                 //整体变为原来的1.11倍
8           cp2.Grow(1.11);                                 //整体变为原来的1.11倍
9           mgd.drawPoly(cp1,Color.YELLOW,canvas);          //绘制多边形
10          mgd.drawPoly(cp2,Color.LTGRAY,canvas);          //绘制多边形
11          isGrow=false;                                   //标志位置false
12      }else{
13          mgd.drawPoly(cp1,Color.YELLOW,canvas);          //绘制多边形
14          mgd.drawPoly(cp2,Color.LTGRAY,canvas);          //绘制多边形
15      }
16      if(isDecrease){                                     //减小
17          cp1.Grow(0.65);                                 //整体变为原来的0.65倍
18          cp2.Grow(0.65);                                 //整体变为原来的0.65倍
19          mgd.drawPoly(cp1,Color.YELLOW,canvas);          //绘制多边形
20          mgd.drawPoly(cp2,Color.LTGRAY,canvas);          //绘制多边形
21          isDecrease=false;                               //标志位置false
22      }
23      if(isAvoid){
24          avoid();                                        //调用方法
25  }}
26  public void setSelectedPolygon(C2DPolygon p){
27      selectedPolygon=p;                                  //确定被选中的多边形
28  }
29  public C2DPolygon getSelectedPolygon() {
30      return selectedPolygon;                             //返回被选中的多边形
31  }
32  public void avoid(){                                    //避免多边形重叠的方法
33      if (isAvoid) {                                      //如果 isAvoid 为 true
34          if(getSelectedPolygon()==cp1 && cp2!=null){
35              cp2.Avoid(getSelectedPolygon());            //调用多边形的 Avoid 方法
36          }else if(getSelectedPolygon()==cp2&&cp1!=null){
37              cp1.Avoid(getSelectedPolygon());            //调用多边形的 Avoid 方法
38  }}}
```

- 第 1~25 行功能为绘制方法，首先设置屏幕的背景颜色，再判断 isGrow 和 isDecrease

的真值，根据 isGrow 和 isDecrease 的值判断多边形的大小是否变化，最后判断 isAvoid 的真值，若为 true，则调用避免多边形重叠的方法。

- 第 26~28 行功能为确定当前被选中的多边形对象。
- 第 29~31 行功能为返回当前被选中的多边形对象。
- 第 32~38 行功能为避免多边形重叠的方法，如果 isAvoid 为 true，获取当前被选中的多边形对象并调用 Avoid 方法使两个多边形避免重叠。

7.3.11 求多边形对称案例

下面将介绍求多边形对称的案例 GeoLib_S7。该案例用到了 GeoLib 库中的点类、线类和多边形类以及其关于点或线对称的方法 Reflect 等，实现了求多边形关于点或线对称后的图形，具体内容如下。

1. 案例运行效果

本案例中屏幕上会首先绘制出一个多边形，当选中 Point Symmetry 选项时程序将自动求出多边形关于指定点的对称图形并绘制出来，当选中 Line Symmetry 选项时程序将自动求出多边形关于指定直线的对称图形并绘制出来。具体运行效果如图 7-43、图 7-44 及图 7-45 所示。

▲图 7-43 案例运行开始

▲图 7-44 关于点对称

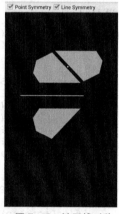
▲图 7-45 关于线对称

> 说明　图 7-43 为案例开始运行时的情况，图 7-44 是选中了 Point Symmetry 选项后程序求出多边形关于指定点的对称图形的情况，图 7-45 是选中了 Line Symmetry 选项后程序求出多边形关于指定直线的对称图形的情况。

2. 显示界面类——DisplayView

下面将详细介绍本案例中的显示界面类 DisplayView，该类的功能为对本案例中的场景进行渲染，且与前面介绍的显示凸壳案例中的显示界面类 DisplayView 的结构大致类似，因此这里不再赘述重复的内容。其具体代码如下。

代码位置：见随书源代码\第 7 章\GeoLib_S7\app\src\main\java\com\example\view 目录下的 DisplayView.java。

```
1    package com.example.view;                              //导入包
2    ……//此处省略了导入类的代码，读者可自行查阅源代码
3    public class DisplayView extends SurfaceView implements SurfaceHolder.Callback{
4        ……//此处省略变量定义的代码，请自行查看源代码
5        public DisplayView(Context context, AttributeSet attrs){//构造器
6            super(context, attrs);                         //调用父类
```

```
7           paint=new Paint();                              //初始化画笔
8           getHolder().addCallback(this);                  //设置生命周期回调接口的实现者
9           this.thread = new TutorialThread(getHolder(), this);//初始化刷帧线程
10      }
11      public void onDraw(Canvas canvas){                  //绘制方法
12          if(canvas==null){                               //画笔为空时
13              return;                                     //返回
14          }
15          MyGeoDraw draw=new MyGeoDraw();                 //绘制类对象
16          draw.Draw(rect, 22, true, canvas);              //绘制包围框
17          draw.DrawFilled(cp, 4, canvas);                 //绘制实心多边形
18          if(isPoint){                                    //若isPoint为true
19              C2DPoint point=new C2DPoint(pointData[0],pointData[1]);
                                                            //创建并初始化对称点
20              paint.setColor(Color.YELLOW);               //设置画笔颜色
21              paint.setStrokeWidth(8);                    //设置画笔的粗细度
22              canvas.drawPoint((pointData[0]+x)*ratio,(pointData[1]+y)*ratio,paint);
                                                            //绘制对称点
23              C2DPolygon cpp=new C2DPolygon(cp);          //创建并初始化多边形对象
24              cpp.Reflect(point);                         //多边形关于对称点对称
25              draw.DrawFilled(cpp, 4, canvas);            //绘制对称后多边形
26          }
27          if(isLine){                                     //若isLine为true
28              draw.Draw(line, 12, canvas);                //绘制对称线
29              C2DPolygon cpp=new C2DPolygon(cp);          //创建并初始化多边形对象
30              cpp.Reflect(line);                          //多边形关于对称线对称
31              draw.DrawFilled(cpp, 4, canvas);            //绘制对称后多边形
32      }}
33      ......//此处刷帧线程类的代码与前面案例中的相似,故省略,请自行查看源代码
34      ......//此处省略了创建实现回调接口类的必须重写的3个方法,请自行查看源代码
35  }
```

- 第5~10行为显示界面类的构造器,在该类的构造器中主要是设置了生命周期回调接口的实现者,初始化画笔和初始化刷帧线程等。

- 第18~26行功能为判断是否显示点对称后的图像,若是,则创建并初始化对称点,设置画笔颜色,粗细度和绘制对称点,创建新的三角形接收原三角形调用Reflect方法后得到的图像并绘制。

- 第27~32行功能为判断是否显示线对称后的图像,若是则绘制对称线和创建新的三角形接收原三角形对称后的图像并绘制。

7.3.12 多边形集合运算案例

下面将具体介绍多边形集合运算案例 GeoLib_S8,该案例用到了 GeoLib 库中的矩形类 C2DRect、点类 C2DPoint、向量类 C2DVector、有孔多边形类 C2DHoledPolygon 和多边形类 C2DPolygon 及其相对应的各个不同相交方法等,具体内容如下。

1. 案例运行效果

本案例中屏幕上将绘制出两个多边形,可以通过手指拖动改变多边形的位置。当选中 Union 选项时,程序求出两个多边形并操作后的图形并用一种颜色绘制出来。当选中 Difference 选项时,程序求出两个多边形减操作后的图形,并用不同颜色绘制出来。

当选中 Include 选项时,程序计算出两个多边形相交的部分,并用不同颜色绘制出来。具体运行效果如图 7-46、图 7-47 及图 7-48 所示。

> **说明** 图 7-46 是选中 Union 选项后两个多边形求并的情况,图 7-47 是选中 Difference 选项后两个多边形求减的情况,图 7-48 是选中 Include 选项后两个多边形求交的情况。另外,由于本书正文中的插图采用的是灰度印刷,本案例看起来可能不是很清楚,此时请读者用真机运行查看,效果会好很多。

第 7 章 游戏背后的数学与物理

▲图 7-46 选中 Union 选项　　▲图 7-47 选中 Difference 选项　　▲图 7-48 选中 Include 选项

2. 显示界面类——DisplayView

下面将详细介绍本案例中的显示界面类 DisplayView，该类的功能为对本案例中的场景进行渲染，且与前面介绍的显示凸壳案例中的显示界面类 DisplayView 的结构大致类似，因此这里不再赘述重复的内容。其具体代码如下。

代码位置：见随书源代码\第 7 章\GeoLib_S8\app\src\main\java\com\example\view 下的 DisplayView.java。

```
1   package com.example.view;                              //导入包
2   ……//此处省略了导入类的代码,读者可自行查阅随书源代码
3   public class DisplayView extends SurfaceView implements SurfaceHolder.Callback{
4       ……//此处省略变量定义的代码,请自行查看源代码
5       public DisplayView(Context context, AttributeSet attrs){  //构造器
6           super(context, attrs);                          //调用父类
7           paint=new Paint();                              //初始化画笔
8           draw=new MyGeoDraw();                           //初始化绘制物体对象
9           getHolder().addCallback(this);                  //设置生命周期回调接口的实现者
10          this.thread = new TutorialThread(getHolder(), this);//初始化刷帧线程
11      }
12      public void onDraw(Canvas canvas){                  //绘制方法
13          if(canvas==null){                               //画笔为空时
14              return;                                     //返回
15          }
16          draw.Draw(rect, 22, true, canvas);              //绘制包围框
17          int i=0;                                        //颜色数组的索引值
18          for(C2DPolygon chp:alP){                        //循环遍历多边形列表
19              draw.DrawFilled(chp,cIndext[i],canvas);     //绘制实心多边形
20              i++;                                        //颜色数组的索引值加 1
21          }
22          if (type.trim().equals("Union")){               //物体相交为合并时
23              ArrayList<C2DHoledPolygon> polys =
24                      new ArrayList<C2DHoledPolygon>();   //临时列表
25              alP.get(0).GetUnion(alP.get(1), polys, new CGrid());
                                                            //设置两个物体的相交为合并
26              for (C2DHoledPolygon p : polys){            //循环遍历临时多边形列表
27                  draw.DrawFilled(p.getRim(),6,canvas);   //绘制多边形
28              }
29          }else if (type.trim().equals("Difference")){    //物体相交为不同时
30              ArrayList<C2DHoledPolygon> polys =
31                      new ArrayList<C2DHoledPolygon>();
32              alP.get(0).GetNonOverlaps(alP.get(1), polys, new CGrid());
                                                            //设置两个物体的相交为不同
33              for (C2DHoledPolygon p : polys){            //循环遍历临时多边形列表
34                  draw.DrawFilled(p.getRim(),4,canvas);   //绘制多边形
35              }
```

```
36              }else if (type.trim().equals("Include")){    //物体相交为包含时
37                  ArrayList<C2DHoledPolygon> polys =
38                          new ArrayList<C2DHoledPolygon>();
39                  alP.get(0).GetOverlaps(alP.get(1), polys, new CGrid());
                                                                //设置两个物体的相交为包含
40                  for (C2DHoledPolygon p : polys){            //循环遍历临时多边形列表
41                      draw.DrawFilled(p.getRim(),8,canvas);   //绘制多边形
42          }}}
43          public boolean onTouchEvent(MotionEvent event){    //触控方法
44              switch (event.getAction()){
45                  case MotionEvent.ACTION_DOWN:              //当按下时
46                      oldPoint=new C2DPoint((event.getX()/ratio-x),
47                              (event.getY()/ratio-y));        //获取触控点
48                      break;
49                  case MotionEvent.ACTION_MOVE:              //当移动时
50                  case MotionEvent.ACTION_UP:                //当抬起时
51                      newPoint=new C2DPoint((event.getX()/ratio-x),
52                              (event.getY()/ratio-y));        //获取触控点
53                      C2DVector v = new C2DVector(oldPoint, newPoint);//移动方向
54                      for(C2DPolygon chp:alP){                //循环遍历多边形列表
55                          if(chp.Contains(oldPoint)){         //判断多边形是否包含点
56                              chp.Move(v);                    //移动该多边形
57                              break;
58                      }}
59                      oldPoint=newPoint;                      //给触屏时的点赋新值
60                      break;
61              }
62              return true;
63          }
64          ……//此处刷帧线程类的代码与前面案例中的相似,故省略,请自行查看源代码
65          ……//此处省略了创建实现回调接口类的必须重写的3个方法,请自行查看源代码
66      }
```

- 第5～11行为显示界面类的构造器,在该类的构造器中主要是设置了生命周期回调接口的实现者,初始化画笔,初始化绘制物体对象和初始化刷帧线程等。
- 第22～28行功能为判断物体相交时是否为合并,若是,则创建临时存放多边形列表,第一个五角星调用GetUnion方法设置两物体的相交为合并,循环遍历临时列表来绘制各个多边形。
- 第29～35行为判断物体相交时是否为不同,若是,则创建临时存放多边形列表,第一个五角星调用GetNonOverlaps方法设置两物体的相交为不同,循环遍历临时列表来绘制各个多边形。
- 第36～42行功能为判断物体相交时是否为包含点,若是,则创建临时存放多边形列表,第一个五角星调用GetOverlaps方法设置两物体的相交为包含点,循环遍历临时列表来绘制各个多边形。
- 第43～63行为触控方法,在该方法中实现了通过触屏来移动物体的功能。

> 提示：由于本书正文中的插图采用灰度印刷,因此,本节案例中的运行效果图不是很好,请读者用真机自行运行本节中的案例,效果会更好。同时,本节部分案例中没有介绍到的类与本节的第一个案例显示凸壳中相对应的类基本相似,因此就没有重复介绍。如果需要查看这些类的代码,读者可自行查阅随书源代码。

7.4 本章小结

本章主要介绍了在游戏开发中需要了解并掌握的数学和物理方面的知识,希望读者在以后的学习和工作中注意积累。同时不仅要明白这些数学、物理知识,还要懂得如何在开发过程中正确地使用这些知识,使开发的游戏效果更加逼真。

第 8 章 游戏地图必知必会

随着当前移动互联网的发展迅速发展，人们的生活趋于多元化，手机游戏越来越受到人们的追捧，而地图是游戏开发中非常重要的一个环节。了解游戏地图的开发成为了手机游戏开发人员必备的能力。本章将介绍一些地图开发中必知必会的知识，以便读者在以后的开发中能够轻松应对。

8.1 两种不同单元形状的地图

读者都知道很多游戏都不是单场景游戏，如小时候玩的《魂斗罗》和后来流行的《仙剑奇侠传》。这些大场景游戏中的地图都是由多个地图单元拼接而成的，例如《仙剑奇侠传》中的地面单元就是如此。细心的玩家和读者应该能发现这些单元是按照需要重复出现的。

而在实际开发中，一般地图单元的形状有两种选择：正方形和正六边形。因为是正方形和正六边形都能够无缝地铺满整个屏幕，而其他形状的图形却很难做到这一点，本节将对这两种不同单元形状的地图进行介绍。

8.1.1 正方形单元地图

本小节将对正方形单元地图进行介绍。用正方形单元地图进行开发时，计算规则很简单，通常是一个典型的选择。有不少流行的游戏中就是采用正方形单元地图，如《地产大亨》、经典版的《超级玛丽》等。

1. 基本知识

对于一个正方形地图单元，有两种常见的邻居定义规则。邻居要么必须有一条共同的边（4-邻居，如图 8-1 中左图所示），要么有共用的一个顶点或一条边（8-邻居，如图 8-1 中右图所示）。以一个基于正方形单元地图的策略游戏为例，任何人物或怪物的行动将被分解成一系列的步骤，其中的每个步骤意味着从一个地图单元到另一个邻居地图单元的移动。

（1）4-邻居的移动距离分析。

对于采用 4-邻居规则的游戏，只允许玩家和怪物在上、下、左、右 4 个方向上进行移动。虽然这种策略可以一定程度上降低游戏开发的难度，但是当需要移动到当前所处地图单元的左斜上、左斜下、右斜上、右斜下时，沿纵向加横向轴移动将比直接沿对角线移动多走 41%的距离。

有些情况下多走 41%的距离并不影响游戏的整体效果，但是有些情况下这 41%的距离可能使游戏的可玩性打一些折扣，开发人员需要在设计时考虑到这个问题。

（2）8-邻居的移动距离分析

对于采用 8-邻居规则的游戏，可以允许玩家和怪物在 8 个方向上进行移动。此时要注意到的一个问题是，从当前所处地图单元出发，到达 8 个邻居地图单元的距离是不一致的，到达左斜上、左斜下、右斜上、右斜下地图单元的距离比到达上、下、左、右地图单元的距离远 41%。

如果在 8 个方向上移动的速度一致,则移动到斜向的地图单元会多用 41% 的时间。若希望移动的时间一致,则需要在斜向移动时,将速度提高到垂直或水平方向移动速度的 141%。这个问题开发人员在设计时,需要考虑到这个问题。

2. 两个特点

为了使读者更加深入地了解正方形单元地图,接下来将从两个方面来介绍正方形地图的特点。

(1)外观。

游戏中网格往往用来代表游戏场,这对外观模拟有重大的影响。正方形单元的地图网格适合于模拟城市和室内场景,在地图中通过切分正方形网格,可以很容易地实现街道和商店等一系列的场景效果,如图 8-2 所示。

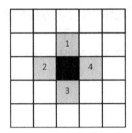
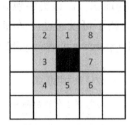
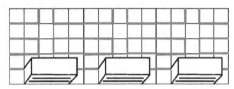

▲图 8-1 正方形单元地图 4-邻居和 8-邻居示意图　　　　▲图 8-2 正方形贴片适合城市地图

(2)自然轴对称。

正方形地图单元网格可以很容易地被映射到一个普通的笛卡儿坐标系,如图 8-3 所示,可以用二维数组的索引替代网格的坐标位置。由图 8-3 所示可以知道,正方形单元地图的坐标轴方向有平行于正方形两侧的两个方向,以及两个对角线方向(在实践中很少见到,但对角线方向也可以用作坐标轴)。

当开发人员选择以对角线为坐标轴方向的正方形单元地图时,相关的各项计算将会变得复杂不少,为后续游戏的开发增加了难度。若没有特殊的需求,建议读者不要采用此类坐标轴方式。

3. 实现策略

接下来介绍正方形单元地图在实际游戏开发中的实现策略。正方形单元地图一般采用二维数组存储地图数据,如图 8-3 所示,0 代表该地图单元采用白色方块绘制,1 代表该地图单元采用黑色方块绘制,绘制出来的对应效果如图 8-4 所示。

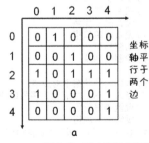
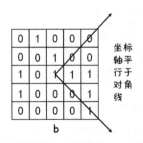
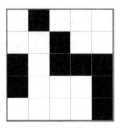

▲图 8-3 正方形地图网格映射到笛卡儿坐标系　　　　▲图 8-4 采用黑白色块绘制正方形单元地图

> **提示**　上述是最简单的情况,地图单元可能有很多种不同的外观,例如草皮、石子路、沙土地、池塘等。只要将地图单元对应的数字取值范围扩大即可,例如 0 代表草皮、1 代表石子路、2 代表沙土地、3 代表池塘。实际上大部分策略游戏的地图都是用这种方式完成的。

实际开发中可以很方便地根据地图单元的行列号计算出地图单元的绘制用 x、y 坐标,具体计算公式如下。

$x = \text{span} * i$　　　　$y = \text{span} * j$

> **说明** 　上述公式中 i 代表地图单元的列号，j 代表地图单元的行号，span 代表正方形地图单元的边长。

8.1.2 正方形单元地图案例

本小节将开发一个小案例来呈现正方形单元地图。此案例中的地图单元为画笔绘制的黑白色块（如图 8-4 所示），读者掌握后可以改为用贴图来呈现更丰富的地图内容，详细开发步骤如下。

（1）首先开发的是存放正方形单元地图信息的地图类。该类中包含地图的可行走方格与障碍物，即数组中 0 代表该方格可以通过，1 代表该方格不可以通过，详细开发代码如下。

代码位置：见随书源代码第 8 章\Sample_8_1\app\src\main\java\wyf\hl 目录下的 MapList.java。

```
1    package wyf.hl;                              //类所在包
2    public class MapList {                       //该类为地图类
3        static int[][] map = new int[][]{        //地图数组
4            {0,1,0,0,0},                         //数字 1 代表障碍物
5            {0,0,1,0,0},                         //数字 0 代表可以通过
6            {0,0,1,1,1},                         //数组中可以随时根据需要，增加其他数字
7            {0,0,0,0,1},                         //丰富地图显示的内容，这里读者只需要知道
8            {0,0,0,0,1}                          //一个数字对应于地图的一个方格，如图 8-3 所示，后面会
9        };                                       //列出详细的开发步骤
10   }
```

> **说明** 　第 3~9 行为呈现地图的二维数组，数组中可以随时根据需要，增加其他数字来丰富地图显示的内容，读者只需要知道一个数字对应于地图的一个方格，如图 8-3 所示，后面将会列出详细的开发步骤。

（2）接下来开发的是用于呈现正方形单元地图的 MapView 类，这里只讲解开发该类的 onDraw 方法和详细代码，读者可自行查阅源程序。

代码位置：见随书源代码第 8 章\Sample_8_1\app\src\main\java\wyf\hl 目录下的 MapView.java。

```
1    protected void onDraw(Canvas canvas) {                              //实现绘制方法
2        super.onDraw(canvas);                                           //实现父类方法
3        canvas.drawColor(Color.GRAY);                                   //绘制背景色
4        paint.setColor(Color.BLACK);                                    //设置画笔颜色
5        paint.setStyle(Style.STROKE);                                   //设置画笔风格
6        canvas.drawRect(5, 5, 436, 436, paint);                         //绘制矩形
7        for(int i=0; i<row; i++){                                       //绘制地图块
8            for(int j=0; j<col; j++){
9                switch(map[i][j]){                                      //得到地图数组中对应值
10                   case 0:                                             //当为 0 时，绘制该方格为白色
11                       paint.setColor(Color.WHITE);                    //设置画笔颜色
12                       paint.setStyle(Style.FILL);                     //设置画笔风格
13                       canvas.drawRect(6+j*(span+1), 6+i*(span+1), 6+j*(span+1)+span,
14                           6+i*(span+1)+span, paint);
15                   break;
16                   case 1:                                             //当为 1 时，绘制该方格为黑色
17                       paint.setColor(Color.BLACK);                    //设置画笔颜色
18                       paint.setStyle(Style.FILL);                     //设置画笔风格
19      canvas.drawRect(6+j*(span+1), 6+i*(span+1), 6+j*(span+1)+span,
              6+i*(span+1)+span,paint);
20                   break;
21                   default:     //以后根据需要加入其他数据来控制地图的显示内容，这里只给出两种
22                   break;
23   } } } }
```

> **说明** 第 3～6 行为设置背景相关代码，第 7～23 行为地图的绘制，其中第 7、8 行为循环地图数组，第 9～23 行为根据数组中数据绘制相关方格。

8.1.3 正六边形单元地图

接下来介绍正六边形单元地图的相关知识。正六边形单元地图在计算时，比正方形单元地图要复杂一些，但实际开发中也用的很多。在流行的游戏中，就有不少是采用正六边形单元地图的，如炫光塔防、天使帝国、文明等。

1. 基本知识

对于一个正六边形地图单元，基本上只有一种邻居定义规则，也就是邻居之间必须有一条共同的边，如图 8-5 所示。

从图中 8-5 中可以看出，在使用正六边形单元的地图上，每个地图单元有 6 个邻居。在这种情况下，从一个地图单元到其 6 个邻居的距离是相等的。

2. 特点

接下来将从 3 个方面介绍正六边形单元地图的特点，使读者更加深入地了解正六边形单元地图。

（1）堆积密度大。

由于正六边形地图单元紧凑的形状，正六边形可以用最高的堆积密度来覆盖指定的面积。例如，一个放在正方形之内的圆盘占有其面积的 79%，而放在正六边形中的圆盘占其面积的 91%。因此，用一个正六边形网格可以用少 10% 的单元达到方形网格的准确性，这不仅可以减少内存的消耗，还能提高基于网格的相关算法的执行速度。

（2）各向同性。

所有可以作为二维地图单元的形状中，覆盖同样的面积时，正六边形的周长最小，这意味着没有比其"更圆"的地图单元形状了。因此，每当一个网格要代表一个连续，且没有内在首选方向的结构时，则正六边形地图单元往往是最好的。

（3）适合描述自然外观。

由于正六边形的边形成 120°的钝角，所以可以达到更加平滑，连接的效果。由于没有平行线段被直接连接，正六边形地图单元集合的轮廓，具有轻微的锯齿状外观。正是由于此特性以及没有锋利的边，使正六边形单元地图更适合于模拟自然场景，如图 8-6 所示。

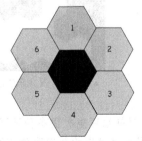
▲图 8-5 正六边形地图单元的 6 个邻居

▲图 8-6 正六边形地图单元更适合海岛等自然形状

（4）单元锯齿分布。

正六边形单元地图有两种基本的布局，分别是水平缩进和垂直缩进（偶数排或列比奇数排或列缩进半个地图单元的宽度或高度），如图 8-7 和图 8-8 所示。

▲图 8-7 水平缩进

▲图 8-8 垂直缩进

（5）相关坐标轴不能都是直线。

从图 8-7 与图 8-8 中可以看出，正六边形单元地图的网格根据其行列号很难直接被映射到普通的笛卡儿坐标系中。一般对于图 8-7 的情况，使得 x 轴为直线而 y 轴需要采用折线，而对于图 8-8 的情况一般使得 y 轴为直线，而 x 轴需要采用折线，如图 8-9 所示。

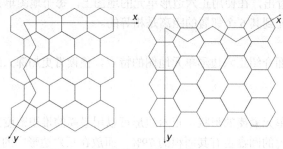
▲图 8-9 水平缩进与垂直缩进的坐标轴选择

3. 实现策略

接下来介绍正六边形单元地图在实际游戏开发中的实现策略。正六边形单元地图同样可以使用二维数组存储地图数据，如图 8-10 所示。另外，二维数组中的元素与地图单元的对应情况如图 8-11 所示。

如图 8-10 与图 8-11，0 代表该地图单元采用白色方块绘制，1 代表该地图单元采用黑色方块绘制，则绘制出来的对应效果如图 8-12 所示。

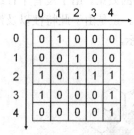
▲图 8-10 地图数据二维数组

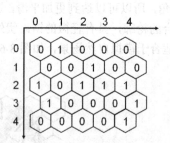
▲图 8-11 数组元素与地图单元的对应

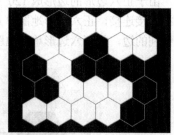
▲图 8-12 采用黑白色块绘制

> 提示：上述是最简单的只有两种图元的情况，地图单元可能有很多种不同的外观，例如草皮、石子路、沙土地、池塘等。只要将地图单元对应的数字取值范围扩大即可，例如 0 代表草皮、1 代表石子路、2 代表沙土地、3 代表池塘。实际上大部分策略游戏的地图都是用这种方式完成的。

从图 8-11 与图 8-12 中可以看出，实际开发中可以根据六边形地图单元的行列号，计算出地图单元的绘制用 x、y 坐标，具体计算公式如下：

$x=((row\%2==0)?0:h)+col*2*h \qquad y= row*(a+b)+a$

> **提示** 上述公式中 row 代表地图单元的行号，col 代表地图单元的列号，a 为正六边形的边长，b 代表正六边形边长的一半，h 代表 $a\times\cos(30°)$。

从公式中可以看出，与正方形单元地图的绘制不同，正六边形单元地图绘制时，会因为奇数行和偶数行不同，而产生不同的 X 偏移量，奇数行的 X 偏移量为 0，则偶数行的 X 偏移量为 h（以六边形边长为边长的正三角形的高），这样绘制出的正六边形地图就会交错排列。

> **说明** 由于水平缩进与垂直缩进的原理是一样的，因此这里只给出了水平缩进的实现策略，有兴趣的读者可以根据需要自行推导出垂直缩进的实现策略。本章中后面给出的案例，也都是以水平缩进为例的，需要采用垂直缩进方式的，读者也请自行修改。

8.1.4 正六边形单元地图案例

本小节将为读者开发一个案例来呈现正六边形单元地图。与前面正方形单元地图的案例一样，此案例中，地图单元为使用画笔绘制的黑白色块（如图 8-12 所示）。读者掌握后，可以改为用贴图来呈现更丰富的地图内容，详细开发步骤如下。

（1）首先开发的是存放正六边形单元地图信息的 Map 类，该类中包含地图的可行走方格与障碍物，即数组中 0 代表该方格可以通过，1 代表该方格不可以通过，其详细开发代码如下。

代码位置：见随书源代码\第 8 章\Sample_8_2\app\src\main\java\com\wyf\hl 目录下的 Map.java。

```
1   package com.wyf.hl;
2   public class Map {
3       final static float a=50;                //正六边形的边长
4       final static float h=(float) (a*Math.cos(Math.toRadians(30)));
5                                               //六边形切分为 6 个正三角形后，三角形的高
6       final static float b=(float) (a*Math.sin(Math.toRadians(30)));
7                                               //六边形边长的一半
8       final static int[][] MAP_DATA={         //由于绘制地图数组
9           {0,1,0,0,0},                        //数组中可以随时根据需要，增加其他数字
10          {0,0,1,0,0},                        //来丰富地图显示的内容，这里读者只需要知道
11          {1,0,1,1,1},                        //一个数字对应于地图的一个方格，如图 8-10、图 8-11 所示，后面会
12          {1,0,0,0,1},                        //列出详细的开发步骤
13          {0,0,0,0,1}                         //0 代表该方格可以通过，1 代表该方格为障碍物
14      };
15  }
```

- 第 3~7 行为绘制正六边形网格时，用到的常量 a 为正六边形的边长，h 为正六边形切分为 6 个正三角形时三角形的高，b 为正六边形边长的一半。
- 第 8~14 行为正六边形网格的数组，每个数组单元对应于地图的位置，读者可以查看图 8-11，绘制步骤后面将会详细讲解。

（2）接下来开发的是用于绘制正六边形单元地图的 LBX 类，这里开发了正六边形单元地图的绘制方法和得到数组中，某个元素对应于屏幕的像素点位置，详细开发代码如下。

代码位置：见随书源代码\第 8 章\Sample_8_2\app\src\main\java\com\wyf\hl 目录下的 LBX.java。

```
1   package com.wyf.hl;
    ...//此处省略相关包的导入代码，读者可以自行查阅源程序
2   public class LBX {//表示六边形的类
3       final float yGlobalOffset=8;            //地图全局总 y 偏移量
4       final float xGlobalOffset=200;
```

```java
5          final float xStartA=0;                    //六边形奇数行的偏移
6          final float xStartB=0+h;                  //六边形偶数行的偏移
7          Path mPatha = new Path();                 //多边形路径（六边形）
8          public LBX(){                             //初始化六边形路径
9              mPatha.moveTo(0, -a);                 //              (0,a)
10             mPatha.lineTo(h, -b);                 //               *
11             mPatha.lineTo(h, b);                  //       (-h, b)*        *( h, b)
12             mPatha.lineTo(0, a);                  //       (-h, -b)*       *( h, -b)
13             mPatha.lineTo(-h, b);                 //               *
14             mPatha.lineTo(-h, -b);                //              (0, -a)
15             mPatha.lineTo(0, -a);
16         }
17         public void drawSelf(Canvas canvas,Paint paint,float xOffset,float yOffset,int[]
           color){
18             canvas.save();                        //保存画布
19             canvas.translate(xOffset, yOffset);   //移动画布
20             //绘制多边形
21             paint.setARGB(color[0], color[1], color[2], color[3]);//设置画笔颜色
22             paint.setStyle(Style.FILL);           //设置画笔风格
23             canvas.drawPath(mPatha, paint);       //绘制六边形
24             paint.setARGB(255, 128, 128, 128);    //设置画笔颜色
25             paint.setStyle(Style.STROKE);         //设置画笔风格
26             paint.setStrokeWidth(2);              //设置画笔粗度
27             canvas.drawPath(mPatha, paint);       //绘制六边形框
28             canvas.restore();                     //恢复画布
29         }
30         public void drawMap(Canvas canvas,Paint paint){
31             int[] colorBlack=new int[]{255,0,0,0};      //黑色
32             int[] colorWhite=new int[]{255,255,255,255};//白色
33             for(int row=0;row<MAP_DATA.length;row++){
34                 float yOffset=row*(a+b)+a+yGlobalOffset;//计算对应六边形 y 坐标偏移量
35                 float xStart=(row%2==0)?xStartA:xStartB;
                                                     //计算六边形对应行的 x 坐标偏移量
36                 for(int col=0;col<MAP_DATA[row].length;col++){
37                     float xOffset=xStart+col*2*h+xGlobalOffset;
                                                     //计算六边形的 x 坐标偏移量
38                     int[] color=null;
39                     if(MAP_DATA[row][col]==1){    //根据数组数据给予颜色
40                         color=colorBlack;
41                     }else{
42                         color=colorWhite;
43                     }                             //调用绘制方法
44                     drawSelf(canvas,paint,xOffset,yOffset,color);
45         } } }
46         //根据行、列给定六边形中心点坐标
47         public float[] getPosition(int row,int col){
48             float yOffset=row*(a+b)+a+yGlobalOffset;//由 row 得到 y 坐标偏移
49             float xStart=(row%2==0)?xStartA:xStartB;//计算六边形对应行的 x 坐标偏移量
50             float xOffset=xStart+col*2*h+xGlobalOffset;    //由 col 得到 x 坐标偏移
51             return new float[]{xOffset,yOffset};  //返回屏幕位置
52     }}
```

- 第 4~7 行为计算正六边形位置用到的常量。
- 第 8~16 行为该类构造器，作用是初始化正六边形路径。
- 第 17~29 行为在画布的相应位置绘制正六边形的方法。首先保存画布，平移后绘制实心正六边形，绘制正六边形框，最后恢复画布。
- 第 30~45 行为绘制整个地图的方法。执行过程为循环地图数组，分别计算每个正六边形对应于屏幕的像素位置，并进行绘制。
- 第 46~51 行为对给定数组位置的格子进行屏幕位置的计算。返回值为该正六边形的屏幕位置，这里的计算实际上就是前面介绍开发正六边形位置计算公式的逆运算。

（3）接下来开发的是用于呈现正六边形单元地图的 MySurfaceView 类。这里只详细介绍 onDraw 方法的开发，对其他程序的开发感兴趣的读者，可以自行查阅源程序。

代码位置：见随书源代码\第 8 章\Sample_8_2\app\src\main\java\com\wyf\hl 目录下的 MySurfaceView.java。

```
1    public void onDraw(Canvas canvas){
2        lbx.drawMap(canvas, paint);              //绘制地图
3        paint.setPathEffect(null);               //绘制结束将路径绘制设置为空
4    }
```

> **说明** 第 2 行为传入画布与画笔，可调用 LBX 类中的绘制地图的方法，第 3 行为将画笔的路径绘制设置为空，避免影响后续画笔的操作。

8.1.5 正方形单元和正六边形单元地图的比较

学习完正方形单元和正六边形单元地图后，读者已经大致了解了这两种不同形状单元地图的优缺点。下面将集中对正方形单元地图和正六边形单元地图进行一些比较，以帮助读者进一步加深理解，具体内容如下。

● 在一个平面中，只有正三角形、正方形、正六边形这 3 种正多边形可以完全填满平面，既不互相重叠，也不留下空隙。但是在这 3 种图形中，如果同样的周长，正六边形所占的面积最大。也就是说，正六边形具有"完全填充"和"最具效率"的双重优势。

● 正方形单元地图通过水平或垂直缩进，也可以进行六向寻路，这样的地图布局比正六边形构造简单不少，但效果却基本相同。市面上六向的 SLG 游戏大多还是采用传统的正六边形单元形状，如经典的《天使帝国》和《文明》。当然，具体地图类型的选择还要看实际开发的需要。

● 基于正方形地图单元的地图具有局限性，从每个单元格的中心到相邻单元格的中心距离不尽相等，沿纵、横方向上相同，但不同于对角线方向上的距离，即对角线移动比直线移动更快。从策略上讲，这是非常不公平的。

● 使用正六边形单元形状的地图，从一个地图单元到其相邻单元的距离都是相同的，这一特点使得游戏可以更加真实。基于此类单元形状地图的游戏能体现单元与其临接单元之间绝对公平的相互作用关系。

● 正六边形单元地图是最饱满，且边、角交汇最省的单元地图，加上前文所述完全填充且最具效率的双重优势，游戏中使用六向网格结构比传统正方形网格结构更具立体层次感。且比基于四边八向地图更能体现游戏的公平性，因此其构建的地图最贴近真实世界。

● 当然，SLG 中的正六边形蜂窝结构地图并非是十全十美的，其在移动及战斗(范围)方面的灵活性与趣味性表现相对较差。这也是开发人员在以后的游戏开发中选择地图单元形状时，需要考虑的重要因素。

8.2 正六边形单元地图的路径搜索

接下来运用人工智能方法，着重开发正六边形单元地图中怪物寻找路线的算法，以增加游戏的可玩性。本节将通过一个完整的演示程序，对游戏中能够让怪物聪明运动的各种算法进行详细介绍。

8.2.1 路径搜索示例基本框架的搭建

在正式介绍搜索算法之前，需要先将示例的框架搭建出来，这样在介绍各个搜索算法时，才能够看到算法的运行效果。具体各个相关类的详细开发步骤如下。

（1）新建一个名为 Sample_8_3 的项目，并创建 SurfaceViewExampleActivity 类，将程序中用到的 3 张图片 a.png、t.png 和 dialog.9.png 放入到 drawable-mdpi 目录下。

代码位置：见随书源代码\第 8 章\Sample_8_3\app\src\main\java\com\wyf\hl 目录下的 SurfaceViewExampleActivity.java。

```java
1   package com.wyf.hl;
2   ……//此处省略了部分类的引入代码，读者可以自行查阅随书的源代码
3   public class SurfaceViewExampleActivity extends Activity {
4       MySurfaceView mv;
5       public void onCreate(Bundle savedInstanceState) {
6           super.onCreate(savedInstanceState);        //实现父类方法
7           …//此处省略设置为横屏模式且全屏的程序
8           mv = new MySurfaceView(this);
9           this.setContentView(mv);                   //设置当前显示界面
10      }
11      static final int MAIN_GROUP=0;                 //menu 中编号用到的常量
12      ……//此处省略其他常量的编号
13      static final int MENU_ALGORITHM_5=8;
14      public boolean onCreateOptionsMenu(Menu menu) {
15          //目标单选菜单项组,以下是为主菜单添加子菜单
16          SubMenu subMenuTarget = menu.addSubMenu(MAIN_GROUP,
17                              MENU_TARGET,0,"目标选择");
18          subMenuTarget.setIcon(R.drawable.t);       //子菜单的显示图片设置
19          MenuItem target=subMenuTarget.add(TARGET_GROUP,
20                              MENU_TARGET_A, 0, "目标1");
21          target.setChecked(true);                   //目标菜单的子菜单设置,以下是设置监听
22          target.setOnMenuItemClickListener(new OnMenuItemClickListener(){
23              public boolean onMenuItemClick(MenuItem item) {
24                  item.setChecked(true);             //此菜单项设置为默认选中
25                  mv.targetId=0;                     //选择目标 0
26                  mv.game=new Game(mv);              //创建 game 对象
27                  mv.repaint();                      //重绘界面
28                  mv.doSearch();                     //算法开始
29                  return true;
30              }});
31          ……//此处省略其他目标的添加代码
32          subMenuTarget.setGroupCheckable(TARGET_GROUP, true,true);//目标组是可选择、互斥
33          ……//此处省略算法单选菜单项组代码
34          return true;
35      }
36      Handler hd=new Handler() {                     //创建 handler 对象
37          public void handleMessage(Message msg){    //实现接收消息后调用的方法
38              switch(msg.what){
39                  case 0:                            //返回到菜单主界面
40                      showDialog(RESULT_DIALOG_ID);
41                  break;
42      } } };
43      static final int RESULT_DIALOG_ID=0;           //Dialog 编号
44      Dialog resultdialog;
45      String msg="";
46      @Override
47      public Dialog onCreateDialog(int id) {         //创建对话框
48          Dialog result=null;
49          switch(id){
50              case RESULT_DIALOG_ID:                 //MyDialog 对话框
51                  resultdialog=new MyDialog(this);
52                  result=resultdialog;
53              break;
54          }
55          return result;                             //返回该 Dialog 对象
56      }
57      //每次弹出对话框时被回调以动态更新对话框内容的方法
58      public void onPrepareDialog(int id, final Dialog dialog){
59          switch(id){
60              case RESULT_DIALOG_ID:                 //MyDialog 对话框
61                  ……//此处省略为按钮增加监听代码
62              break;
63      } } }
```

- 第 3~10 行为一些常规的设置。

- 第 11~13 行为一些常量的声明。
- 第 14~35 行为设置 menu 单击之后产生的菜单选项，这里代码设置是，首先产生目标和算法两个选项，然后用户单击这两个选项，会接着弹出相应的菜单，进行目标点和算法的选择。
- 第 36~41 行为 handler 的设置，用于更新界面。本段程序用于产生一个 Dialog，显示算法最后生成的路径长短。
- 第 43~56 行为 Dialog 产生系统调用的方法的实现。
- 第 57~62 行为 Dialog 弹出时，被回调以动态更新对话框内容的方法。

（2）上面介绍了本案例的 SurfaceViewExampleActivity 类，下面将介绍用于呈现正六边形地图的绘制类 MySurfaceView 的框架代码，详细代码如下。

*代码位置：见随书源代码\第 8 章\Sample_8_3\app\src\main\java\com\wyf\hl 目录下的 MySurfaceView.java。

```
1    package com.wyf.hl;
2    ……//此处省略了部分类的引入代码，读者可以自行查阅随书的源代码
3    public class MySurfaceView extends SurfaceView
4    implements SurfaceHolder.Callback {                    //实现生命周期回调接口
5        SurfaceViewExampleActivity activity;
6        Paint paint;                                        //画笔
7        LBX lbx=new LBX();                                  //地图绘制类
8        int sfId=0;//0-深度优先算法, 1-广度优先算法、2-广度优先 A*算法、3-Dijkstra 算法、
                    //4-Dijkstra A*算法
9        int targetId=2;                                     //目标编号
10       Game game=new Game(this);                           //game 引用
11       public MySurfaceView(SurfaceViewExampleActivity activity){
12           super(activity);                                //实现父类方法
13           this.activity = activity;
14           this.getHolder().addCallback(this);             //设置生命周期回调接口的实现者
15           paint = new Paint();                            //创建画笔
16           paint.setAntiAlias(true);                       //打开抗锯齿
17       }
18       public void onDraw(Canvas canvas){                  //实现绘制方法
22           ……//此处省略相关绘制的代码
23       }
25       public void surfaceChanged(SurfaceHolder arg0, int arg1, int arg2, int arg
3){ }
26       public void surfaceCreated(SurfaceHolder holder){   //创建时被调用
27           repaint();
28       }
29       public void doSearch(){
30           game.algorithmId=sfId;                          //设置算法
31           game.runAlgorithm();                            //开始运行算法
32       }
33       public void repaint(){                              //重绘界面
34           SurfaceHolder holder=this.getHolder();          //获取画布
35           Canvas canvas = holder.lockCanvas();            //锁定画布
36           try{
37               synchronized(holder){
38                   onDraw(canvas);                         //执行绘制
39               }}catch(Exception e){
40                   e.printStackTrace();
41           }finally{
42               if(canvas != null){                         //如果画布非空则解锁画布
43                   holder.unlockCanvasAndPost(canvas);
44       } } }
45       public void surfaceDestroyed(SurfaceHolder arg0){ } //销毁时被调用
46   }
```

- 第 5~10 行为该类用到的成员变量。
- 第 11~17 行为 SurfaceView 创建时调用的方法，作用是设置生命周期回调接口的实现者并设置画笔。

- 第 18～28 行为实现父类方法，分别为绘制界面、窗体变化和界面创建时调用的方法，这里根据需要实现即可。
- 第 29～41 行为开始运行算法和重新绘制界面的方法。doSearch 方法的执行将在后续章节中给予介绍。repaint 方法首先得到 SurfaceHolder，然后锁定画布进行画布的操作，之后解锁画布。

（3）接下来完善 MySurfaceView 类中的 onDraw 方法，用于绘制本案例中的地图及路径搜索过程路线，详细开发代码如下。

代码位置：见随书源代码\第 8 章\Sample_8_3\app\src\main\java\com\wyf\hl 目录下的 MySurfaceView.java。

```java
1   public void onDraw(Canvas canvas){
2       lbx.drawMap(canvas, paint);                                      //绘制地图
3       ArrayList<int[][]> searchProcess=game.searchProcess;             //绘制寻找过程
4       for(int k=0;k<searchProcess.size();k++){                         //循环路径列表
5           int[][] edge=searchProcess.get(k);                           //得到边
6           paint.setARGB(255,0, 0, 0);                                  //设置画笔颜色
7           float[] p1=lbx.getPosition(edge[0][1], edge[0][0]);          //得到屏幕坐标
8           float[] p2=lbx.getPosition(edge[1][1], edge[1][0]);          //得到屏幕坐标
9           canvas.drawLine(p1[0],p1[1], p2[0], p2[1], paint);           //绘制直线
10      }
12      if(sfId==0||sfId==1||sfId==2){                                   //绘制结果路径
13          if(game.pathFlag){           //"深度优先""广度优先""广度优先 A*" 绘制
14              paint.setPathEffect(PathUtil.getDirectionDashEffect());
15              HashMap<String,int[][]> hm=game.hm;                      //结果路径集合
16              int[] temp=game.target;                                  //目标点
17              int count=0;                                             //路径长度计数器
18              while(true){
19                  int[][] tempA=hm.get(temp[0]+":"+temp[1]);           //得到点
20                  paint.setARGB(255,0, 0, 0);                          //以下设置画笔
21                  paint.setStrokeWidth(9);
22                  paint.setStrokeCap(Cap.ROUND);
23                  paint.setStrokeJoin(Join.ROUND);                     //得到屏幕坐标
24                  float[] p1=lbx.getPosition(tempA[0][1], tempA[0][0]);
25                  float[] p2=lbx.getPosition(tempA[1][1], tempA[1][0]);
26                  canvas.drawLine(p2[0], p2[1],p1[0],p1[1],paint);
27                  count++;                                             //计数器自加
28                  //判断有否到出发点
29                  if(tempA[1][0]==game.source[0]&&tempA[1][1]==game.source[1]){
30                      break;                                           //找到则退出循环
31                  }
32                  temp=tempA[1];
33              }
34              if(!activity.msg.contains("\n")){
35                  activity.msg=activity.msg+"\n 路径长度: "+count;
36                  activity.hd.sendEmptyMessage(0);                     //发送消息
37              }}
38          }else if( sfId==3||sfId==4){
39              //此处省略"Dijkstra"绘制的代码，读者可以查阅源程序
40          }
41      paint.setPathEffect(null);                                       //设置画笔
42      paint.setARGB(255, 255, 0, 0);                                   //绘制起点
43      float[] position=lbx.getPosition(source[1], source[0]);          //得到屏幕坐标
44      paint.setStyle(Style.FILL);                                      //设置画笔
45      paint.setTextSize(40);
46      canvas.drawText("S",position[0]-10, position[1]+12, paint);      //绘制终点
47      paint.setARGB(255, 0, 255, 0);                                   //绘制终点
48      position=lbx.getPosition(target[targetId][1], target[targetId][0]);
49                                                                       //得到屏幕坐标
50      paint.setStyle(Style.FILL);                                      //设置画笔
51      paint.setTextSize(40);
52      canvas.drawText("T",position[0]-10, position[1]+14, paint);//绘制字体
    }
```

- 第 2～10 行为绘制地图与绘制寻找路径。
- 第 12～40 行为绘制结果路径：首先得到结果路径集合，将每个点定位于屏幕坐标，然

后进行绘制路径并更新界面。
- 第 41~51 行为绘制起始点与目标点，分别为字母 S 与 T。

（4）接下来开发结果路径绘制类 PathUtil。用该类绘制的结果路径，将会呈现类似于箭头的效果，读者可以运行该项目之后加以体会。

📝 **代码位置**：见随书中源代码\第 8 章\Sample_8_3\app\src\main\java\com\wyf\hl 目录下的 PathUtil.java。

```
1   package com.wyf.hl;
2   ……//此处省略了部分类的引入代码，读者可以自行查阅随书的源程序
3   public class PathUtil {
4       static  Path makePathDash() {                    //创建用于绘制虚线的单元路径的方法
5           Path p = new Path();                         //创建路径对象并进行路径设置
6           p.moveTo(4, 0);       p.lineTo(0, -4);       p.lineTo(8, -4);
7           p.lineTo(12, 0);      p.lineTo(8, 4);        p.lineTo(0, 4);
8           return p;                                    //返回路径单元
9       }
10      static PathEffect  getDirectionDashEffect(){
11          PathEffect result=null;
12          result=new PathDashPathEffect(               //设置形状间首绘制偏移量
13              makePathDash(),13, 0,PathDashPathEffect.Style.ROTATE);
14          return result;
15  } }
```

💡 **提示**：本工具类中两个静态方法，第一个创建用于绘制虚线的单元路径；第二个返回单元路径，并且执行相关设置。

（5）接下来开发前面用到的 MyDialog 类。该类继承自 Dialog，用来显示路径搜索完成之后的行走步数等。这里用到的配置文件 dialog_name_input.xml 和 styles.xml 比较简单，读者自行查阅源程序。

📝 **代码位置**：见随书中源代码\第 8 章\Sample_8_3\app\src\main\java\com\wyf\hl 目录下的 MyDialog.java。

```
1   package com.wyf.hl;
2   ……//此处省略了部分类的引入代码，读者可以自行查阅随书的源代码
3   public class MyDialog extends Dialog {
4       public MyDialog(Context context) {                      //构造方法
5           super(context,R.style.FullHeightDialog);
6       }
7       @Override
8       public void onCreate (Bundle savedInstanceState) {      //重写 onCreate 方法
9           this.setContentView(R.layout.dialog_name_input);
10      }
11      @Override
12      public String toString() {                              //重写 toString 方法
13          return "MyDialog";
14  } }
```

💡 **提示**：该类中实现父类的构造器，调用父类构造器按照配置文件来创建窗口，界面创建时调用 onCreate 方法，界面内容按照配置文件 dialog_name_input.xml 呈现。

（6）前面已经将该案例的基本框架搭建完成，但是还有部分控件没有内容，接下来创建算法类的框架，地图绘制相关类前面小节已经有介绍，这里不再累赘，读者可以自行查阅源程序。

📝 **代码位置**：见随书源代码\第 8 章\Sample_8_3\app\src\main\java\com\wyf\hl 目录下的 Game.java。

```
1   package com.wyf.hl;
2   ……//此处省略了部分类的引入代码，读者可以自行查阅随书的源代码
3   public class Game{
4       MySurfaceView gp;
5       int algorithmId=0;                              //算法代号，0--深度优先
```

```
6      ArrayList<int[][]> searchProcess=new ArrayList<int[][]>();      //搜索过程
7      Stack<int[][]> stack=new Stack<int[][]>();              //深度优先所用栈
8      Queue<int[][]> queue=new LinkedList<int[][]>();
                                                      //广度优先所用队列,下面为 A*,用优先级队列
9      PriorityQueue<int[][]> astarQueue=new PriorityQueue<int[][]>
10             (100,new AStarComparator(this));
11     HashMap<String,int[][]> hm=new HashMap<String,int[][]>();    //结果路径记录
12     int[][] visited=new int[MAP_DATA.length][MAP_DATA[0].length];
                                              //0 代表未去过,1 代表去过
13     int[][] length=new int[MAP_DATA.length][MAP_DATA[0].length];
                                              //Dijkstra 算法记录路径长度
14     // Dijkstra 算法记录到每个点的最短路径
15     HashMap<String,ArrayList<int[][]>> hmPath=new HashMap<String,ArrayList<int
       [][]>>();
16     boolean pathFlag=false;                      //true 表示找到了路径
17     int timeSpan=10;                             //时间间隔
18     int[][] map=Map.MAP_DATA;                    //需要搜索的地图
19     int[] source=Map.source;                     //出发点: col、row
20     int[] target;                                //目标点: col、row
21     int[][][] sequenceZ={                        //col,row
22             {{-1,-1},{0,-1},{1,0},{-1,0},{-1,1},{0,1}},      //偶数行
23             {{0,-1},{1,-1},{-1,0},{1,0},{0,1},{1,1}}};       //奇数行
24     public Game(MySurfaceView gp){
25             this.gp=gp;
26             target=Map.target[gp.targetId];              //目标点: col、row
27     }
28     public void clearState(){
29             searchProcess.clear();                       //清空所有集合中数据
30             stack.clear();
31             queue.clear();
32             astarQueue.clear();
33             hm.clear();
34             visited=new int[MAP_DATA.length][MAP_DATA[0].length];
35             pathFlag=false;
36             hmPath.clear();
37             for(int i=0;i<length.length;i++){            //循环数组
38                     for(int j=0;j<length[0].length;j++){
39                             length[i][j]=9999;           //初始路径长度为最大距离
40     } } }
41     public void runAlgorithm(){                          //运行算法
42             clearState();
43             switch(algorithmId){
44                     case 0:
45     ……//此处省略了所有算法的执行方法,之后会详细介绍
46     } } }
```

- 第 4～22 行为案例算法中用到的集合数组等成员变量,用来存放搜索路径及结果路径、搜索方向等。
- 第 23～26 行为构造器。
- 第 27～39 行为清空所有集合及数组的方法,为下次调用算法做准备。
- 第 41～46 行为执行算法的方法,决定具体调用的算法。

(7) 运行该项目得到的效果如图 8-13 所示,单击菜单键效果如图 8-14 所示。

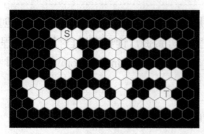

▲图 8-13 运行效果

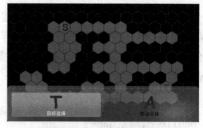

▲图 8-14 单击菜单效果

8.2.2 深度优先路径搜索 DFS

深度优先路径搜索（Depth First Search，DFS）在搜索过程中不考虑各个边的开销，只考虑路径的选择。其思路是站在一个连通图的节点上，然后尽可能地沿着一条边深入，当遇到死胡同时进行回溯，然后继续搜索，直到找到目标为止。

下面将通过图 8-15 来介绍深度优先的搜索过程，首先出发点是节点 1，搜索过程如下。

（1）从节点 1 出发，按人为规定的顺序选择一条路径到达节点 2，如图 8-15 中 A 所示。

（2）在节点 2 处按之前的规定选择一条路径到达节点 3，如图 8-15 中 B 所示。

（3）在节点 3 处仍然继续深入搜索到达节点 4，如图 8-15 中 C 所示。

（4）当到达节点 4 时发现没有路可以走了，则回溯到节点 3 查看。当发现节点 3 仍然没有路可以走时，则继续回溯到节点 2。在节点 2 发现通往节点 5 的边，且没有访问过，所以访问节点 5，如图 8-15 中 D 所示。

（5）在节点 5 处无路可走回溯到节点 2，经过判断后再回溯到节点 1，此时发现节点 6 没有访问过，则访问节点 6，如图 8-15 中 E 所示。

（6）接着因节点 6 没有子节点，所以从节点 6 回溯到节点 1，之后发现节点 7 没有访问过，则访问节点 7，此时图中所有节点全部访问完成，搜索结束，如图 8-15 中 F 所示。

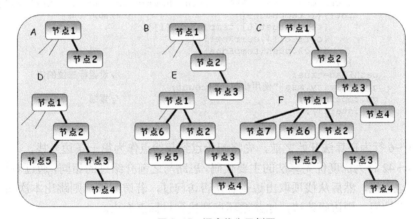

▲图 8-15 深度优先示例图

深度优先算法在程序中一般用栈来存储待访问的边，接下来运用之前开发的搜索示例框架实现 Android 平台中的深度搜索算法，实现步骤如下。

（1）打开 src\wyf\hl 下的 Game 类，为该类添加一个表示深度优先算法的方法，具体的开发代码如下所示。

代码位置：见随书中源代码\第 8 章\Sample_8_3\app\src\main\java\com\wyf\hl 目录下的 Game.java。

```
1    public void DFS(){                                        //深度优先算法
2      new Thread(){                                           //创建一个线程
3        public void run(){
4          boolean flag=true;
5          int[][] start={{source[0],source[1]},{source[0],source[1]}};//开始状态
6          stack.push(start);
7          int count=0;                                        //步数计数器
8          while(flag){
9            int[][] currentEdge=stack.pop();                  //从栈顶取出边
10           int[] tempTarget=currentEdge[1];                  //取出此边的目的点
11           //判断目的点是否去过，若去过则直接进入下次循环
```

```
12              if(visited[tempTarget[1]][tempTarget[0]]==1){
13                  continue;
14              }
15              count++;
16              visited[tempTarget[1]][tempTarget[0]]=1;         //标识目的点为访问过
17              searchProcess.add(currentEdge);                  //将临时目的点加入搜索过程中
18              //记录此临时目的点的父节点
19              hm.put(tempTarget[0]+":"+tempTarget[1],new int[][]{currentEdge[1],
                    currentEdge[0]});
20              gp.repaint();
21              try{Thread.sleep(timeSpan);}catch(Exception e){e.printStackTrace();}
22              if(tempTarget[0]==target[0]&&tempTarget[1]==target[1]){
                                                                 //判断是否找到目的点
23                  break;
24              }
25              int currCol=tempTarget[0];                       //将所有可能的边入栈
26              int currRow=tempTarget[1];
27              int[][] sequence=null;
28              if(currRow%2==0){
29                  sequence=sequenceZ[0];
30              }else{
31                  sequence=sequenceZ[1];
32              }
33              for(int[] rc:sequence){                          //对 sequence 进行循环
34                  int i=rc[1];int j=rc[0];
35                  if(i==0&&j==0){continue;}                    //都为零时跳出本次循环
36                  if(currRow+i>=0&&currRow+i<MAP_DATA.length&&currCol+j>=0
37                      &&currCol+j<MAP_DATA[0].length&&map[currRow+i][currCol+j]!=1){
38                      int[][] tempEdge={                        //都为 1 时
39                          {tempTarget[0],tempTarget[1]},
40                          {currCol+j,currRow+i}};
41                      stack.push(tempEdge);
42              }}}
43              pathFlag=true;                                    //设置标志位的值
44              gp.activity.msg="使用步数: "+count;
45              gp.repaint();                                     //重绘
46          } }.start();
47      }
```

- 第 5~6 行为在算法开始之前,先将起始点到起始点作为第一条边入栈。
- 第 8~42 行为深度优先算法的主要代码,思路与之前介绍过的相同,通过对栈进行操作,逐渐将遇到的边入栈,然后从栈顶取出边查看是否访问过,若访问了,则跳出本次循环继续下一次循环;若没有访问,则访问该边,如此循环直到找到目标点为止。

> **提示** 因为此算法运行可能需要很长时间,为了使用户界面能够正常响应,故将耗时的算法代码放到单独的线程中执行。

(2) 在 src\wyf\hl 下 Game 类的第 77~93 行的 runAlgorithm 方法中的 switch 中添加如下几行代码(见 8.2.1 小节 Game 类代码的第 45 行)来调用深度优先算法。

代码位置: 见随书中源代码\第 8 章\Sample_8_3\app\src\main\java\com\wyf\hl 目录下的 Game.java。

```
1   case 0:                                                 //深度优先算法
2       DFS();                                              //调用深度优先算法计算
3       break;
```

> **说明** 上述代码的功能为调用刚开发的深度优先算法,计算从出发点到目标点的路径。

(3) 运行该案例,选择目标 1,得到的运行效果如图 8-16 所示,粗线为搜索结果,细线为搜索过程。之后再选择目标 2,运行结果如图 8-17 所示。

8.2 正六边形单元地图的路径搜索

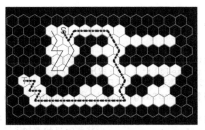

▲图 8-16 搜索目标 1 的深度优先

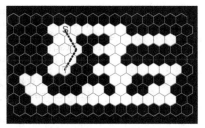

▲图 8-17 搜索目标 2 的深度优先

8.2.3 广度优先路径搜索

广度优先路径搜索（Breadth First Search，BFS）是游戏中使用较多的一种搜索算法，其基本思路是站在一个节点上，先将所有连接到该节点的节点访问到，然后再继续访问下一层，直到找到目标为止。下面同样通过几个简单的示意图来介绍广度优先搜索的过程，出发点为节点 1，具体步骤如下。

（1）站在节点 1 处，检测所有与节点 1 相连的边，按一定规则访问到节点 2，检测并记录所有与节点 2 相连的边，如图 8-18 中 A 所示。

（2）之后再访问节点 3，同样检测并记录所有与节点 3 相连的节点，如图 8-18 中 B 所示。

（3）接下来访问节点 4，如图 8-18 中 C 所示。

（4）然后访问节点 5，并记录与节点 5 相连的边，如图 8-18 中 D 所示。

（5）同样的原理依次再访问节点 6、节点 7 和节点 8，如图 8-18 中 E、F、G 所示。

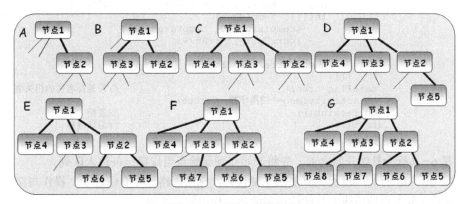

▲图 8-18 广度优先算法搜索过程

广度优先在编程方面与深度优先基本相同，只是深度优先使用的是栈存储待访问的边，而广度优先使用的是队列。接下来继续对之前的例子进行改善，加上广度优先算法的实现，具体步骤如下。

（1）打开 src\wyf\hl 下的 Game 类，在该类中添加一个名为 BFS 的方法，实现广度优先搜索算法，代码如下。

代码位置：见随书源代码\第 8 章\Sample_8_3\app\src\main\java\com\wyf\hl 目录下的 Game.java。

```
1    public void BFS(){                                    //广度优先算法
2        new Thread(){
3            public void run(){
4                int count=0;                              //步数计数器
5                boolean flag=true;
6                int[][] start={                           //开始状态
```

```
7                          {source[0],source[1]},
8                          {source[0],source[1]}};
9                   queue.offer(start);
10                  while(flag){
11                      int[][] currentEdge=queue.poll();           //从队首取出边
12                      int[] tempTarget=currentEdge[1];            //取出此边的目的点
13                      //判断目的点是否去过,若去过则直接进入下次循环
14                      if(visited[tempTarget[1]][tempTarget[0]]==1){continue;}
15                      count++;
16                      visited[tempTarget[1]][tempTarget[0]]=1;    //标识目的点为访问过
17                      searchProcess.add(currentEdge);             //将临时目的点加入搜索过程中
18                      //记录此临时目的点的父节点
19                      hm.put(tempTarget[0]+":"+tempTarget[1],
20                          new int[][]{currentEdge[1],currentEdge[0]});
21                      gp.repaint();
22                      try{Thread.sleep(timeSpan);}catch(Exception e){e.printStackTrace();}
23                      //判断是否找到目的点
24                      if(tempTarget[0]==target[0]&&tempTarget[1]==target[1]){break;}
25                      int currCol=tempTarget[0];                  //将所有可能的边入队列
26                      int currRow=tempTarget[1];
27                      int[][] sequence=null;
28                      if(currRow%2==0){                           //偶数行的操作
29                          sequence=sequenceZ[0];
30                      }else{
31                          sequence=sequenceZ[1];                  //奇数行的操作
32                      }
33                      for(int[] rc:sequence){                     //对 sequence 进行循环
34                          int i=rc[1];
35                          int j=rc[0];
36                          if(i==0&&j==0){continue;}
37                          if(currRow+i>=0&&currRow+i<MAP_DATA.length&&
38                              currCol+j>=0&&currCol+j<MAP_DATA[0].length&&
39                              map[currRow+i][currCol+j]!=1){      //都为 1 时
40                              int[][] tempEdge={
41                                  {tempTarget[0],tempTarget[1]},
42                                  {currCol+j,currRow+i}
43                              };
44                              queue.offer(tempEdge);
45                      }}}
46                      pathFlag=true;                              //设置标志位的相关值
47                      gp.activity.msg="使用步数:"+count;
48                      gp.repaint();                               //重绘
49              }}.start();                                         //启动线程
50      }
```

- 第 6～9 行为算法开始之前,先将起始点到起始点当作第一条边入队列。
- 第 10～42 行为广度优先算法的主要代码,算法思路已经介绍过了,操作与深度优先基本相同,只是此处不再使用栈来存储待访问的边,使用的是队列。

> **提示**: 同深度优先算法相同,此处也需要将耗时的算法代码放在单独的线程中执行。

(2) 在 src\wyf\hl 下 Game 类中的第 77～93 行的 runAlgorithm 方法中的 switch 中添加如下几行代码(见 8.2.1 小节 Game 类中代码的第 45 行)。

> 代码位置:见随书源代码\第 8 章\Sample_8_3\app\src\main\java\com\wyf\hl 目录下的 Game.java。

```
1       case 1:                                                    //广度优先算法
2           BFS();                                                 //调用广度优先算法计算
3           break;
```

(3) 最后运行该示例,选择广度优先算法,得到的运行效果如图 8-19 和图 8-20 所示,粗线为搜索结果,细线为搜索过程。读者可以再选择其他目标点比较搜索的过程。

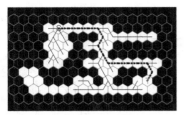
▲图 8-19 广度优先搜索过程 1

▲图 8-20 广度优先搜索过程 2

8.2.4 路径搜索算法——Dijkstra 算法

Dijkstra 算法是典型的最短路径算法,一般用于求出从一点出发到达另一点的最优路径。由于其遍历运算的节点较多,所以运行效率较低。

下面将详细介绍 Dijkstra 路径搜索算法的执行思路,出发点(源节点)为节点 1,如图 8-21 所示。

(1)将节点 1 加入到最短路径树中,并且将从它出发的所有边加到搜索边界中,如图 8-22 所示。

(2)查找所有在计算搜索边界中的各个边所指向的节点中到源节点距离最近的点(节点 2),将节点 2 加入到最短路径树,然后将由节点 2 出发且到达点不在最短路径树上的边加入到搜索边界,如图 8-23 所示。

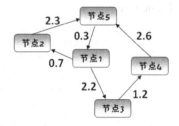
▲图 8-21 Dijkstra 算法示例图 1

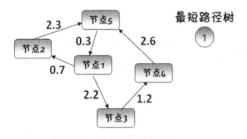
▲图 8-22 Dijkstra 示例图 2

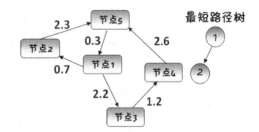
▲图 8-23 Dijkstra 算法示例图 3

(3)检查搜索边界上的边所指向的点,计算各点到源节点的距离,节点 5 距离是 3,节点 3 距离是 2.2,因此,将节点 3 加入到最短路径树,同时将节点 3 出发的边加入到搜索边界中,如图 8-24 所示。

(4)检查搜索边界上的边所指向的点,节点 5 到源节点的距离是 3,节点 4 到源节点的距离是 3.4,因此,将节点 5 加入到最短路径树,从节点 5 出发的边只有一条,但是,这条边指向的节点为节点 1,所以,不需要加入到搜索边界中,如图 8-25 所示。

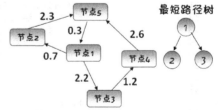
▲图 8-24 Dijkstra 算法示例图 4

(5)此时,再检测搜索边界中的边所指向的点,发现只有节点 4 没有访问,且节点 4 到源节点的距离是 3.4,所以,将节点 4 加入到最短路径树,而从节点 4 出发的边只有一条,指向节点 5,而距源节点的距离为 6,比最短路径树中到节点 5 的距离大,所以,不用继续考虑,如图 8-26 所示。

(6)此时已经访问到所有节点,搜索完成。

接下来,根据上面的原理,继续对之前的案例进行完善,添加一个表示 Dijkstra 算法的方法,操作步骤如下。

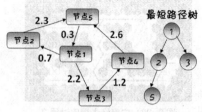
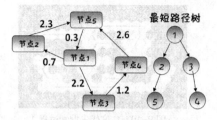

▲图 8-25 Dijkstra 算法示例图 5　　　　▲图 8-26 Dijkstra 算法示例图 6

（1）打开 src\wyf\hl 下的 Game 类，在该类中添加一个新方法，即为 Dijkstra 搜索算法，具体代码如下。

代码位置：见随书源代码\第 8 章\Sample_8_3\app\src\main\java\com\wyf\hl 目录下的 Game.java。

```java
1   public void Dijkstra(){                          //Dijkstra算法
2       new Thread(){
3           public void run(){
4               int count=0;                         //步数计数器
5               boolean flag=true;                   //搜索循环控制
6               int[] start={source[0],source[1]};   //开始点
7               visited[source[1]][source[0]]=1;
8               int[][] sequence=null;               //计算此点所有可以到达点的路径及长度
9               if(start[1]%2==0){
10                  sequence=sequenceZ[0];
11              }else{
12                  sequence=sequenceZ[1];
13              }
14              for(int[] rowcol:sequence){
15                  int trow=start[1]+rowcol[1];
16                  int tcol=start[0]+rowcol[0];
17   if(trow<0||trow>=MAP_DATA.length||tcol<0||tcol>=MAP_DATA[0].length)continue;
18                  if(map[trow][tcol]!=0)continue;
19                  length[trow][tcol]=1;            //记录路径长度
20                  String key=tcol+":"+trow;        //计算路径
21                  ArrayList<int[][]> al=new ArrayList<int[][]>();
22                  al.add(new int[][]{{start[0],start[1]},{tcol,trow}});
23                  hmPath.put(key,al);
24                  searchProcess.add(new int[][]{{start[0],start[1]},{tcol,trow}});
                                                     //将去过的点记录
25                  count++;
26              }
27              gp.repaint();
28              outer:while(flag){
29   //找到当前扩展点K，要求扩展点K为从开始点到此点目前路径最短且此点未考察过
30                  int[] k=new int[2];
31                  int minLen=9999;
32                  for(int i=0;i<visited.length;i++){
33                      for(int j=0;j<visited[0].length;j++){
34                          if(visited[i][j]==0){
35                              if(minLen>length[i][j]){
36                                  minLen=length[i][j];
37                                  k[0]=j;//col
38                                  k[1]=i;//row
39              }}}}
40                  visited[k[1]][k[0]]=1;           //设置去过的点
41                  gp.repaint();                    //重绘
42                  int dk=length[k[1]][k[0]];       //取出开始点到K的路径长度
43                  ArrayList<int[][]> al=hmPath.get(k[0]+":"+k[1]);
                                                     //取出开始点到K的路径
44                  sequence=null;
45                  if(k[1]%2==0){
46                      sequence=sequenceZ[0];
47                  }else{
48                      sequence=sequenceZ[1];
49                  }
```

8.2 正六边形单元地图的路径搜索

```
50              for(int[] rowcol:sequence){
                            //循环计算所有 K 点能直接到的点到开始点的路径长度
51                  int trow=k[1]+rowcol[1];//计算出新的要计算的点的坐标
52                  int tcol=k[0]+rowcol[0];
53                            //若要计算的点超出地图边界或地图上此位置为障碍物,则舍弃考察此点
54      if(trow<0||trow>=MAP_DATA.length||tcol<0||tcol>=MAP_DATA[0].length)continue;
55                  if(map[trow][tcol]!=0)continue;
56                  int dj=length[trow][tcol];         //取出开始点到此点的路径长度
57                  int dkPluskj=dk+1;                 //计算经 K 点到此点的路径长度
58                  if(dj>dkPluskj){//若经 K 点到此点的路径长度比原来的小,则修改到此点的路径
59                      String key=tcol+":"+trow;
60                      @SuppressWarnings("unchecked")//克隆开始点到 K 的路径
61                      ArrayList<int[][]> tempal=(ArrayList<int[][]>)al.clone();
62                   tempal.add(new int[][]{{k[0],k[1]},{tcol,trow}});
                                                  //将路径中加上一步从 K 到此点
63                      hmPath.put(key,tempal);    //将此路径设置为从开始点到此点的路径
64                      length[trow][tcol]=dkPluskj;   //修改从开始点到此点的路径长度
65                  //若此点从未计算过路径长度,则将此点加入考察过程记录
66                  if(dj==9999){                  //将去过的点记录
67                      searchProcess.add(new int[][]{{k[0],k[1]},{tcol,trow}});
68                      count++;
69                  }}
70                  if(tcol==target[0]&&trow==target[1]){  //看是否找到目的点
71                      pathFlag=true;
72                      gp.activity.msg="使用步数: "+count;
73                      gp.repaint();                      //重绘
74                      break outer;
75                  }}
76              try{Thread.sleep(timeSpan);}catch(Exception e){e.printStackTrace();}
77              }}}.start();                              //启动线程
78          }
```

- 第 14～26 行为计算源节点到所有可以到达点路径及长度。
- 第 28 行开始检测找到当前扩展点,要求扩展点为从开始点到此点的路径是最短,且此点尚未被考察过。
- 第 31～39 行为计算点与点之间的距离。
- 第 50～68 行为循环计算所有 K 点能直接到的点到开始点的路径的长度。
- 第 70～74 行为查看到达是否是目的点。如果找到目的点,则设置 pathFlag 为 true,记录相应的步数,并且重新绘制界面。

(2) 在 src\wyf\hl 下 Game 类中的第 77～93 行的 runAlgorithm 方法中的 switch 中添加如下几行代码(见 8.2.1 小节 Game 类中代码的第 45 行)。

代码位置:见随书源代码第 8 章\Sample_8_3\app\src\main\java\com\wyf\hl 目录下的 Game.java。

```
1       case 3:                          //Dijkstra 算法
2           Dijkstra();                  //调用 Dijkstra 算法计算
3           break;
```

(3) 再运行该示例,选择 Dijkstra 算法,可得到如图 8-27 和图 8-28 所示的运行效果,粗线为搜索结果,细线为搜索过程。读者可以再选择其他目标点比较搜索的过程。

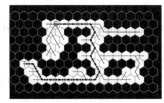

▲图 8-27 Dijkstra 算法搜索过程 1

▲图 8-28 Dijkstra 算法搜索过程 2

8.2.5　用A*算法优化算法

A*算法是一种启发式搜索。所谓启发式搜索就是利用一个启发因子评估每次寻找的路线的优劣，再决定往哪个节点走。实际上，A*只是一种思想，可以运用这种思想对之前实现的搜索算法进行优化。之前已经开发出启发因子 AStarComparator 类，为优先级队列设置比较器 AStarComparator 即可。

下面将给出 AStarComparator 类的开发的代码，具体代码如下。

> 代码位置：见随书源代码\第 8 章\Sample_8_3\app\src\main\java\com\wyf\hl 目录下的 AStarComparator.java。

```
1   package com.wyf.hl;
2   import java.util.*;
3   public class AStarComparator implements Comparator<int[][]>{
4       Game game;                                              //Game 类引用
5       public AStarComparator(Game game){                      //构造器
6           this.game=game;
7       }
8       public int compare(int[][] o1,int[][] o2){
9           int[] t1=o1[1];                                     //col
10          int[] t2=o2[1];                                     //row
11          int[] target=game.target;
12          //直线物理距离
13      int a=(t1[0]-target[0])*(t1[0]-target[0])+(t1[1]-target[1])*(t1[1]-  target[1]);
14      int b=(t2[0]-target[0])*(t2[0]-target[0])+(t2[1]-target[1])*(t2[1]-  target[1]);
15          return a-b;                                         //返回距离值
16      }
17      public boolean equals(Object obj){
18          return false;
19  } }
```

> 说明　第 8~16 行为实现了 Comparator 的 compare 方法，进行节点比较时调用。这里比较的是当前节点与目标点的距离。

接下来将用 A*算法对广度优先、Dijkstra 算法进行优化。

1. 用 A*算法优化广度优先算法

运用 A*算法对广度优先算法优化很简单，只需将广度优先中使用的广度优先队列改为 A*优先级队列即可，具体步骤如下。

（1）之前已经将 A*优先级队列创建，下面对其进行简单介绍，代码如下。
priorityQueue<int[][]> astarQueue = new PriorityQueue<int[][]>(100,new AStarComparator(this));
该句为 Game 类的成员变量，创建优先级队列并将创建的比较器 AStarComparator 传入。

（2）打开 src/wyf/ytl 下的 Game 类，为该类添加一个名为 BFSAStar 的方法。

（3）将之前开发的 BFS 方法中的代码复制到 BFSAStar 方法内，然后将其中使用到的队列全部替换成 astarQueue 即可，读者可以查看的该方法程序。

（4）在 src\wyf\hl 下 Game 类的第 77~93 行的 runAlgorithm 方法中的 switch 中添加如下几行代码（见 8.2.1 小节 Game 类中代码的第 45 行）。

> 代码位置：见随书源代码\第 8 章\Sample_8_3\app\src\main\java\com\wyf\hl 目录下的 Game.java。

```
1       case 2:                                                 //广度优先 A*算法
2           BFSAStar();                                         //调用广度优先 A*算法计算
3           break;
```

（5）再运行该程序选择广度优先 A*算法，得到的运行效果如图 8-29 和图 8-30 所示。

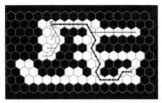
▲图 8-29　广度优先 A*效果 1

▲图 8-30　广度优先 A*效果 2

> **提示**　用 A*优化的广度优先搜索算法得到的路径基本上是最优路径，但是并不能保证一定是最优路径，其执行效率较高，所以在游戏中引用较多。

2．用 A*算法优化 Dijkstra 算法

前面已经对广度优先算法进行了 A*优化，明显看到运行效率有所提升，接下来将继续对 Dijkstra 算法进行优化，具体步骤如下。

（1）打开 src\wyf\ytl\hl 下的 Game 类，为该类添加一个名为 DijkstraAStar 的方法。

（2）将 8.2.4 小节开发的 Dijkstra 方法中的内容复制到 DijkstraAstar 中。

（3）将 8.2.4 小节代码中的第 34～39 行代码替换成下列代码。

代码位置：见随书源代码\第 8 章\Sample_8_3\app\src\main\java\com\wyf\hl 目录下的 Game.java。

```
1   if(length[i][j]!=9999){
2       if(iniFlag){                            //第一个找到的可能点
3           minLen=length[i][j]+                //第一个找到的可能点
4   (int)Math.sqrt((j-target[0])*(j-target[0])+(i-target[1])*(i-target[1]));
5           k[0]=j;                             //col
6           k[1]=i;                             //row
7           iniFlag=!iniFlag;
8       }else{                                  //不是第一个找到的可能点
9           int tempLen=length[i][j]+
10  (int)Math.sqrt((j-target[0])*(j-target[0])+(i-target[1])*(i-target[1]));
11          if(minLen>tempLen){                 //当 minLen 大于 tempLen 时
12              minLen=tempLen;
13              k[0]=j;                         //col
14              k[1]=i;                         //row
15  } } }
```

（4）在 src\wyf\hl 下 Game 类的第 77～93 行的 runAlgorithm 方法中的 switch 中添加如下几行代码（见 8.2.1 小节 Game 类中代码的第 45 行）。

代码位置：见随书源代码\第 8 章\Sample_8_3\app\src\main\java\com\wyf\hl 目录下的 Game.java。

```
1       case 4:                                 // Dijkstra A*算法
2           DijkstraAstar();                    //调用 Dijkstra A*算法计算
3           break;
```

（5）再运行该程序，选择 Dijkstra A*算法，并且选择不同目标点即得到运行效果，如图 8-31 和图 8-32 所示。

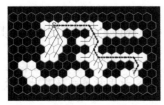
▲图 8-31　Dijkstra A*效果图 1

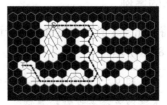
▲图 8-32　Dijkstra A*效果图 2

> **提示** 用 A*优化的 Dijkstra 搜索算法得到的路径一定是最优路径,在真正的游戏开发中,应用该算法的次数比较多。

8.3 正六边形单元地图的网格定位

本节将对正六边形单元地图的网格定位算法进行介绍,并通过一个简单的案例向读者讲解正六边形单元地图的网格定位算法的使用。

8.3.1 基本知识

由前面介绍的知识可知,在正方形网格中知道了一个点的坐标后,可以非常方便地通过除法计算出此点对应的正方形网格中的行列号。但是对于正六边形网格而言,想要确定坐标点所在网格的行列号就没有那么简单了。

在计算坐标点在正六边形网格中的行列号之前,先为读者介绍一下在正六边形网格中各个六边形行列号的排布情况,如图 8-33 所示。

根据图 8-33 所示的排布情况,可将正六边形网格分成边长如图 8-34 所示的小矩形网格。由观察图 8-34 可知,这些矩形分为 A 和 B 两种类型,并且每个小矩形都关联了两个正六边形,效果如图 8-35 和图 8-36 所示。

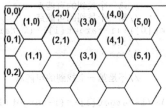

▲图 8-33 正六边形网格坐标系

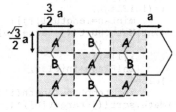

▲图 8-34 正六边形网格坐标系

▲图 8-35 A 类型矩形

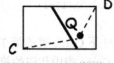

▲图 8-36 B 类型矩形

- 对于 A 类型矩形来说,左上角 A 顶点和右下角 B 顶点分别是其关联的正六边形的中心点,而中间的分割线正好是两个正六边形中心点连接线的垂直平分线。因此只要计算出给定坐标点距离哪个中心点近,则给定坐标点就在哪个正六边形中。
- 对于 B 类型矩形而言,左下角 C 顶点和右上角 D 顶点分别是其关联的正六边形的中心点。计算给定坐标点在哪个正六边形的方法与 A 类型的相同。

8.3.2 简单的案例

接下来将给出一个具体的案例,便于读者正确理解和掌握该定位算法的应用,其运行效果如图 8-37 和图 8-38 所示。

> **说明** 图 8-37 为案例开始运行时的效果,图 8-38 为手指单击屏幕时的效果。此外,本案例支持多点触控事件。

8.3 正六边形单元地图的网格定位

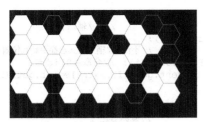

▲图 8-37 案例开始运行时的效果

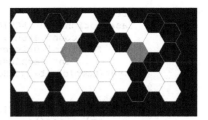

▲图 8-38 手指点击屏幕时的效果

了解完本案例的运行效果后，下面将进一步介绍本案例代码的开发。由于本案例的基本套路与本章 Sample_8_2 案例的基本一致，因此只着重讲解有区别的代码片段，具体步骤如下。

（1）由于本案例着重介绍正六边形单元地图的网格定位算法的应用，因此首先向读者介绍正六边形单元地图的网格定位算法的代码实现，即 getHotCell 方法。该方法的主要功能为根据触控点的 x、y 坐标获取该点所在正六边形网格中的行列号，具体代码如下。

📝 代码位置：见随书源代码\第 8 章\Sample_8_HexLocation\app\src\main\java\com\bn 目录下的 LBX.java。

```
1    public Integer[] getHotCell(int xTouch,int yTouch){        //触控点坐标
2        Integer[] temp=new Integer[2];                         //存放行列号的数组
3        int hang=(int) ((yTouch-yGlobalOffset)/Map.Rect_Height);//触点所在矩形网格行号
4        int lie =(int) ((xTouch-xGlobalOffset)/Map.Rect_Width)-1;//触点所在矩形网格列号
5        float y=yTouch-hang*Map.Rect_Height;                   //在矩形网格中的 y 偏移量
6        float x=xTouch-lie*Map.Rect_Width;                     //在矩形网格中的 x 偏移量
7        if(((lie+hang)&1)!=0){                                 //偶数行
8            if(x*Map.Rect_Width -y*Map.Rect_Height >Map.TEMP_1){
9                lie++;
10       }}else{                                                //奇数行
11           if(x*Rect_Width+y* Map.Rect_Height>Map.TEMP_2){
12               lie++;
13       }}
14       lie=(lie+(1-(hang&1)))/2;                              //计算列号
15       temp[0]=hang;                                          //从第 0 行开始
16       temp[1]=lie-1;                                         //从第 0 列开始
17       return temp;
18   }
```

- 第 3、4 行为根据 xTouch、yTouch 坐标值计算该点所在矩形网格中的行列号，矩形网格中的行号即正六边形网格中的行号。
- 第 5、6 行为计算触控点在矩形网格内部的坐标 x、y。
- 第 7～13 行为判断触控点的行号是奇数还是偶数，并计算触控点在正六边形网格中的列号，最后将行列号存放在数组中，将数组返回。

（2）下面将介绍 MySurfaceView 类中实现多点触控的方法 onTouchEvent，具体代码如下。

📝 代码位置：见随书源代码\第 8 章\Sample_8_HexLocation\app\src\main\java\com\bn 目录下的 MySurfaceView.java。

```
1    public boolean onTouchEvent(MotionEvent event){            //触控事件
2        int action=event.getAction()&MotionEvent.ACTION_MASK;  //获取触控的动作编号
3        int index=(event.getAction()&MotionEvent.ACTION_POINTER_INDEX_MASK)
4            >>>MotionEvent.ACTION_POINTER_INDEX_SHIFT;         //>>>的意思是无符号右移
5        int id=event.getPointerId(index);                      //获取主、辅点 id
6        switch(action){
7            case MotionEvent.ACTION_DOWN:                      //主点 down
8                Integer[]temp=lbx.getHotCell((int)event.getX(id), (int)event.getY(id));
9                hml.put(id, temp);                             //向 Map 中记录一个新点的行列号
10               break;
11           case MotionEvent.ACTION_POINTER_DOWN:              //辅点 down
12               Integer[]temp1=lbx.getHotCell((int)event.getX(id), (int)event.getY(id));
13               hml.put(id, temp1);                            //向 Map 中记录一个新点的行列号
```

```
14                break;
15            case MotionEvent.ACTION_MOVE:                    //主/辅点 move
16                int count=event.getPointerCount();
17                for(int i=0;i<count;i++){                    //不论主/辅点 Move 都更新其位置的行列号
18                    int tempId=event.getPointerId(i);        //获取点的 id 号
19            hml.put(tempId, lbx.getHotCell((int)event.getX(i), (int)event.getY(i)));
20                }
21                break;
22            case MotionEvent.ACTION_UP:                      //主点 up
23                hml.clear();                                 //清空 Map
24                break;
25            case MotionEvent.ACTION_POINTER_UP:               //辅点 up
26                hml.remove(id);                              //从 Map 中删除对应 id 的辅点的行列号
27                break;
28        }
29        return true;
30    }
```

- 第 2~5 行为获取触控的动作编号和主、辅点的 id 号。
- 第 7~10 行为当主点 down 时，获取主点在正六边形网格中的行列号，并将行列号加入到 Map 对象 hml 中。
- 第 11~14 行为当辅点 down 时，获取辅点在正六边形网格中的行列号，并将行列号加入 Map 对象 hml 中。
- 第 15~21 行为当主点或辅点 move 时，获取点的 id 号并更新其行列号。
- 第 22~27 行为当主点或辅点 up 时，删除点对应的行列号。

8.4 地图编辑器与关卡设计

本节将对关卡、地图的重要性进行说明，之后再介绍地图编辑器的设计与使用，并通过一个简单的地图编辑器的开发实例向读者讲解地图编辑器的开发要领。

8.4.1 关卡地图的重要性

对于一个可玩性好的游戏来说，关卡地图的好坏是最关键的。下面通过一些成功游戏的例子来说明，关卡地图设计的重要性。

例如，大家耳熟能详的《超级玛丽》游戏地图和关卡绝对是非常优秀的，如图 8-39 和图 8-40 所示。

益智类游戏《大富翁》的地图也是典型的例子，如图 8-41 和图 8-42 所示。

经典 RPG 游戏《三国英雄传》的地图设计也是比较美观、合理的，如图 8-43 所示。

▲图 8-39　《超级玛丽》游戏画面 1

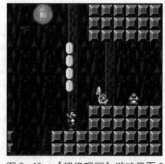

▲图 8-40　《超级玛丽》游戏画面 2

8.4 地图编辑器与关卡设计

读者可能很想知道像这些成熟游戏的地图是怎么设计出来的，其实任何一款具有较大地图的游戏，在开发之前一定会开发适合自己的地图编辑器，即地图设计器。有了地图编辑器才能使游戏的开发事半功倍。现在网上有很多成熟的游戏地图编辑器，如果是简单游戏的开发可以直接使用，而稍复杂一些的，则必须自己开发或者基于成熟的地图编辑器进行改进。

 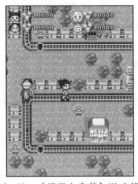 

▲图 8-41　手机《大富翁》游戏截图　　▲图 8-42　《超级大富翁》游戏截图　　▲图 8-43　《三国英雄传》

优秀的地图编辑器有很多，下面列出其中几种。

- Mappy 地图编辑器（如图 8-44 所示）是最出名的地图编辑器，其功能强大，可以编辑 2D 和 3D 地图。
- Tiled 地图编辑器也非常有名，但其只能编辑 2D 地图。Tiled 完全由 Java 语言写成，小巧玲珑且功能强大，最重要的是可以免费使用，是本书推荐的地图编辑器。其程序运行截图如图 8-45 所示。

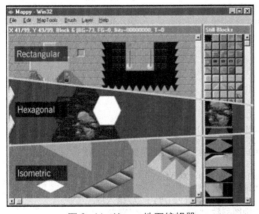 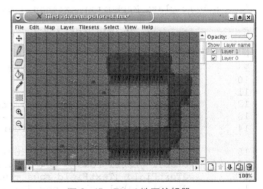

▲图 8-44　Mappy 地图编辑器　　　　　　▲图 8-45　Tiled 地图编辑器

- Tile Studio 也是一个不错的地图编辑器，它不但具有自定义地图的输出格式，而且还能对图片进行简单编辑。其界面如图 8-46 所示。
- 还有很多其他的地图编辑器，如 Open tUME、Games Factory Pack 3.1 等。

> **提示**　在一个游戏开发时，如果现存的地图编辑器能够满足该游戏的地图设计需求，建议使用已经存在的地图编辑器，而大多数情况下并不能满足设计需求，这就需要单独开发满足需求的地图编辑器，但开发时，可以参考或基于成熟的地图编辑器来简化开发。

第 8 章　游戏地图必知必会

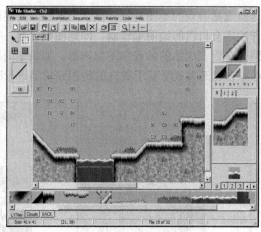

▲图 8-46　Tile Studio 地图编辑器

8.4.2　图片分割界面的实现

在很多时候，别人的地图编辑器并不适合自己，基本上所有的带有地图的游戏，在开发之前都会开发专用的地图编辑器。接下来将带领读者开发一个简单的地图编辑器，开发步骤如下。

（1）启动 Eclipse，创建新的 Java Project 名为 Sample_8_4。

（2）在 src 目录下创建 MapEditor 类，创建时添加的包为 wyf.ytl。

（3）打开刚创建的 MapEditor 类，用下列代码替换已有的代码。

代码位置：见随书源代码第 8 章\Sample_8_4\src\wyf\ytl 目录下的 MapEditor.java。

```
1       package wyf.ytl;                                    //声明包语句
2       import java.awt.event.ActionEvent;                  //引入相关类
3       ……//此处省略了各个类的引用代码，读者可自行查看源代码
4       import javax.swing.event.ChangeListener;            //引入相关类
5       public class MapEditor extends JFrame implements ActionListener,ChangeListener{
6           private JMenu[] jMenu = {                       //菜单项
7               new JMenu("文件"),
8           };
9           private JMenuItem[] jFileItem = {               //子菜单项
10              new JMenuItem("打开"),
11          };
12          private JMenuBar jMenuBar = new JMenuBar();     //菜单栏
13          JFileChooser jFileChooser = new JFileChooser(); //文件选择窗口
14          JSlider jSliderX = new JSlider(JSlider.HORIZONTAL,10,70,60);
                                                            //创建两个 JSlider 控件
15          JSlider jSliderY = new JSlider(JSlider.VERTICAL,10,70,60);
16          JLabel jLabel_rows = new JLabel("地图行数:");    //文本
17          JTextField jTextField_rows = new JTextField("10"); //输入框
18          JLabel jLabel_cols = new JLabel("地图列数:");    //文本
19          JTextField jTextField_cols = new JTextField("10"); //输入框
20          JButton jButton = new JButton("确定");          //确定按钮
21          JSpinner jSpinnerX = new JSpinner();            //创建两个 JSpinner 控件
22          JSpinner jSpinnerY = new JSpinner();
23          JScrollPane jsp;                                //滚动窗口
24          //SplitPanel sp;
25          public MapEditor(){                             //构造器
26              for(JMenuItem item : jFileItem){            //将子菜单添加到文件菜单下
27                  jMenu[0].add(item);
28                  item.addActionListener(this);
29              }
30              for(JMenu temp: jMenu){                     //将菜单项添加到菜单栏
31                  jMenuBar.add(temp);
32              }
33              this.setJMenuBar(jMenuBar);
```

```
34              //初始化垂直分割拖拉条
35              jSliderY.setBounds(560,10,40,100);              //设置位置和大小
36              jSliderY.setMinorTickSpacing(2);
37              jSliderY.setMajorTickSpacing(20);
38              jSliderY.setPaintTicks(true);
39              jSliderY.setPaintLabels(true);
40              this.add(jSliderY);                             //添加到窗口中
41              jSliderY.setValue(30);                          //设置初始值
42              jSliderY.addChangeListener(this);               //添加监听
43              //初始化水平分割拖拉条
44              jSliderX.setBounds(10,410,100,40);              //设置位置和大小
45              jSliderX.setMinorTickSpacing(2);
46              jSliderX.setMajorTickSpacing(20);
47              jSliderX.setPaintTicks(true);
48              jSliderX.setPaintLabels(true);
49              this.add(jSliderX);                             //添加到窗口中
50              jSliderX.setValue(30);                          //设置初始值
51              jSliderX.addChangeListener(this);               //添加监听
52              jSpinnerX.setBounds(120, 410, 50, 20);          //设置位置和大小
53              this.add(jSpinnerX);                            //添加到窗口中
54              jSpinnerX.setValue(30);                         //设置初始值
55              jSpinnerX.addChangeListener(this);              //添加监听
56              jSpinnerY.setBounds(560,120,40,20);             //设置大小和位置
57              this.add(jSpinnerY);                            //添加到窗口中
58              jSpinnerY.setValue(30);                         //设置初始值
59              jSpinnerY.addChangeListener(this);              //添加监听
60              //输入自定义地图行数的文本框
61              jLabel_rows.setBounds(190,410,60,20);           //设置大小和位置
62              this.add(jLabel_rows);                          //添加到窗口中
63              jTextField_rows.setBounds(245,410,60,20);       //设置大小和位置
64              this.add(jTextField_rows);                      //添加到窗口中
65              //输入自定义地图列数的文本框
66              jLabel_cols.setBounds(320,410,60,20);           //设置大小和位置
67              this.add(jLabel_cols);                          //添加到窗口中
68              jTextField_cols.setBounds(375,410,60,20);       //设置大小和位置
69              this.add(jTextField_cols);                      //添加到窗口中
70              jButton.setBounds(450,410,60,20);               //确定按钮
71              this.add(jButton);                              //添加按钮到窗口
72              jButton.addActionListener(this);                //为按钮添加监听
73              this.setTitle("地图设计器 V0.1");                //设置标题
74              this.setLayout(null);                           //设置窗口的布局
75              his.setDefaultCloseOperation(JFrame.EXIT_ON_CLOSE);  //关闭按钮
76              this.setBounds(100, 100, 640, 500);             //设置窗口的大小和位置
77              this.setVisible(true);                          //设置窗口的可见性
78          }
79          public void actionPerformed(ActionEvent e){         //实现接口中的方法
80              ……//该处省略了方法的实现,将在之后给出
81          }
82          public void stateChanged(ChangeEvent e){            //实现接口中的方法
83              ……//该处省略了方法的实现,将在之后给出
84          }
85          public static void main(String[] args){             //主方法,整个程序的入口
86              new MapEditor();
87          }}
```

- 第6~11行创建两个数组,分别表示菜单项以及菜单子项,通过数组管理以后再添加新的菜单是很方便的,直接添加即可,并不需要修改其他代码。
- 第12~13行为创建一个菜单栏及文件选择窗口。
- 第14~15行创建一个水平、一个竖直的滑块JSlider控件。
- 第16~29行创建两个文本控件、两个文本框控件以及一个按钮。
- 第24行为因为SplitPanel类没有开发,所以先将此处注释掉,以后会在适当的地方取消注释。
- 第26~33行为初始化窗口的菜单栏。
- 第34~42行为初始化垂直分割拖拉条。

- 第 44~51 行为初始化水平分割拖拉条。
- 第 61~67 行为定义了用于输入自定义地图行列数的文本框。
- 第 75 行设置窗口的关闭按钮的事件处理。
- 第 79 行为单击按钮和菜单的事件处理方法。其内容将在之后的步骤中进行开发。
- 第 80 行为滑块 JSlider 与 JSpinner 控件状态改变的监听方法，同样稍后进行开发。此时运行该项目将得到如图 8-47 所示的效果。

▲图 8-47 地图编辑器

（4）在 src\wyf\ytl 下创建 SplitPanel 类，并在其中输入以下代码。

代码位置：见随书源代码\第 8 章\Sample_8_4\src\wyf\ytl 目录下的 SplitPanel.java。

```
1    package wyf.ytl;                                       //声明包语句
2    import java.awt.Color;                                 //引入相关类
3    import java.awt.Dimension;                             //引入相关类
4    import java.awt.Graphics;                              //引入相关类
5    import java.awt.Image;                                 //引入相关类
6    import javax.swing.ImageIcon;                          //引入相关类
7    import javax.swing.JPanel;                             //引入相关类
8    public class SplitPanel extends JPanel{
9        Image bigImage;                                    //图元总图片
10       MapEditor father;                                  //MapEditor 的引用
11       public SplitPanel(String path,MapEditor father){   //构造器
12           this.father=father;
13           //加载图元总图片
14           ImageIcon ii=new ImageIcon(path);
15           bigImage=ii.getImage();
16           //设置面板大小为图元总图片大小
17           this.setPreferredSize(
18               new Dimension(
19                   bigImage.getWidth(this),               //图片的宽度
20                   bigImage.getHeight(this)               //图片的高度
21               )
22           );
23       }
24       public void paint(Graphics g){                     //重写的绘制方法
25           //在面板中绘制图元总图片
26           g.drawImage(bigImage,0,0,Color.white,this);
27           int imageWidth=bigImage.getWidth(this);        //图元总图片宽度
28           int imageHeight=bigImage.getHeight(this);      //图元总图片高度
29           int xSpan=father.jSliderX.getValue();          //图元宽度
30           int ySpan=father.jSliderY.getValue();          //图元高度
31           //自动绘制竖线
32           g.setColor(Color.green);
33           int countS=imageWidth/xSpan+((imageWidth%xSpan==0)?0:1)+1;
34           for(int i=0;i<countS;i++){                     //循环绘制
35               if(xSpan*i<=imageWidth){
36                   g.drawLine(xSpan*i,0,xSpan*i,imageHeight);//画线
37               }
38           }
39           //自动绘制横线
40           g.setColor(Color.green);
41           int countH=imageHeight/ySpan+((imageHeight%ySpan==0)?0:1)+1;
42           for(int i=0;i<countH;i++){                     //循环绘制
43               if(ySpan*i<=imageHeight){
44                   g.drawLine(0,ySpan*i,imageWidth,ySpan*i);//画线
45               }
46   }}}
```

- 第 14、15 行为加载程序中所用到的图元的总图片。

8.4 地图编辑器与关卡设计

- 第 17～22 行为设置面板大小为图元总图片的大小。
- 第 32～38 行为设置画笔的颜色，然后根据图元的宽度和高度循环绘制各条竖线。
- 第 40～46 行为设置画笔的颜色，然后根据图元的宽度和高度循环绘制各条横线。

（5）接下来开发"开始"菜单按下的事件响应，首先需要将第（3）步代码中的第 24 行注释取消，然后将下列代码添加到第（3）步代码中的第 80 行。

📝 代码位置：见随书源代码\第 8 章\Sample_8_4\src\wyf\ytl 目录下的 MapEditor.java。

```
1    if(e.getSource() == jFileItem[0]){                    //单击打开菜单项
2        jFileChooser.showOpenDialog(this);
3        if(jFileChooser.getSelectedFile() != null){
4            String path=jFileChooser.getSelectedFile().getAbsolutePath();
5            sp=new SplitPanel(path,this);                  //创建 SplitPanel
6            //将图片分割线面板摆放到滚动窗体中
7            jsp=new JScrollPane(sp);
8            jsp.setBounds(5,5,550,400);                    //设置 SplitPanel 的大小和位置
9            this.add(jsp);                                 //添加到窗口
10           this.setVisible(true);                         //设置可见性
11       }
12   }
```

> 💡 说明　第 1 行当单击菜单中的"打开"菜单时，先显示一个文件选择窗口，第 4 行根据选择的文件得到路径，然后创建 SplitPanel 并将其显示在 JScrollPane 中。

（6）接下来开发拖动滑块后的事件响应，同样需要将下列代码加入到第（3）步代码中的第 83 行。

📝 代码位置：见随书源代码\第 8 章\Sample_8_4\src\wyf\ytl 目录下的 MapEditor.java。

```
1    if(sp!= null){                                         //当 SplitePanel 引用不为空时
2        if(e.getSource() == jSliderX){
3            sp.repaint();
4            jSpinnerX.setValue(jSliderX.getValue());       //设置 jSpinnerX 的值
5        }
6        else if(e.getSource() == jSliderY){                //拖动的是 jSliderY
7            sp.repaint();
8            jSpinnerY.setValue(jSliderY.getValue());       //设置 jSpinnerY 的值
9        }
10       else if(e.getSource() == jSpinnerX){               //拖动的是 jSpinnerX
11           sp.repaint();
12           jSliderX.setValue((Integer)jSpinnerX.getValue()); //设置 jSliderX 的值
13       }
14       else if(e.getSource() == jSpinnerY){               //拖动的是 jSpinnerY
15           sp.repaint();
16           jSliderY.setValue((Integer)jSpinnerY.getValue()); //设置 jSliderY 的值
17       }
18   }
19   else{
20       if(e.getSource() == jSliderX){                     //拖动的是 jSliderX
21           jSpinnerX.setValue(jSliderX.getValue());       //设置 jSpinnerX 的值
22       }
23       else if(e.getSource() == jSliderY){                //拖动的是 jSliderY
24           jSpinnerY.setValue(jSliderY.getValue());       //设置 jSpinnerY 的值
25       }
26       else if(e.getSource() == jSpinnerX){
27           jSliderX.setValue((Integer)jSpinnerX.getValue()); //设置 jSliderX 的值
28       }
29       else if(e.getSource() == jSpinnerY){
30           jSliderY.setValue((Integer)jSpinnerY.getValue()); //设置 jSliderY 的值
31       }
32   }
```

> 💡 说明　该段代码很简单，只是将表示宽度的 JSlider 控件与表示宽度的 JSpinner 中的数值同步。当 SplitePanel 不为空时，则需要重新绘制 SplitePanel，同时，也让 SplitePanel 中的横线和竖线的间隔与 JSlider 的数值同步。

（7）此时运行该项目，在界面中依次单击"文件/打开"菜单项，然后选择一张图元图片，调整线条的间隔后得到的效果如图 8-48 所示。

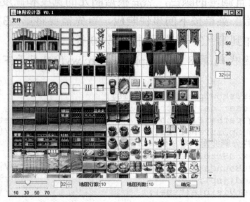

▲图 8-48　选择图片后的效果

8.4.3　地图设计界面的实现

接下来将继续对地图编辑器进行完善，添加地图设计功能和代码生成功能。

1．地图设计界面的实现

首先应该为项目增加地图设计界面，主要步骤如下。

（1）在 src\wtf\ytl 下创建 MapEditorMinor 类，然后先开发 MapEditorMinor 类的框架。其框架的代码如下。

> 代码位置：见随书源代码\第 8 章\Sample_8_4\src\wyf\ytl 目录下的 MapEditorMinor.java。

```
1    package wyf.ytl;                                      //声明包语句
2    import java.awt.Color;                                //引入相关类
3    ……//该处省略了部分类的引入代码，读者可自行查阅随书的源代码
4    import javax.swing.JSplitPane;                        //引入相关类
5    public class MapEditorMinor extends JFrame
6            implements MouseListener, ActionListener{    //实现监听接口
7        Image imageZ;                                     //图元总图片
8        Image imageTemp;                                  //临时图片引用
9        int xSpan;                                        //图元宽度
10       int ySpan;                                        //图元高度
11       int imageWidth;                                   //图元总图片宽度
12       int imageHeight;                                  //图元总图片高度
13       int countCols;                                    //图元列表列数
14       int countRows;                                    //图元列表行数
15       int rows;                                         //地图行数
16       int cols;                                         //地图列数
17       Icon tempii;                                      //Icon 临时引用
18       JPanel jps;                                       //上侧显示自定义地图的面板
19       JPanel jpx;                                       //下侧显示图元列表的面板
20       JScrollPane jsps;                                 //上侧的滚动窗体
21       JScrollPane jspx;                                 //下侧的滚动窗体
22       JSplitPane jspz;                                  //总分割窗体
23       JLabel jpas[][];                                  //上侧地图块数组
24       JLabel jpax[][];                                  //下侧图元块数组
25       int result[][];
26       int tempNumber;
27       private JMenu[] jMenu = {                         //菜单项数组
28           new JMenu("文件"),
29       };
30       private JMenuItem[] jFileItem = {                 //文件菜单中的子菜单
31           new JMenuItem("生成"),
32       };
33       private JMenuBar jMenuBar = new JMenuBar();       //菜单栏
```

```
34          public MapEditorMinor(Image imageZ,int xSpan,int ySpan,int rows,int cols){
                                                                //构造器
35              ……//该处省略了方法的实现,将在之后的步骤中给出
36          }
37          public void mouseClicked(MouseEvent e){              //单击鼠标键方法
38              ……//该处省略了方法的实现,将在之后的步骤中给出
39          }
40          public void actionPerformed(ActionEvent e){
41              ……//该处省略了方法的实现,将在之后的步骤中给出
42          }
43          public void mousePressed(MouseEvent e){              //空实现接口中的方法
44          }
45          public void mouseReleased(MouseEvent e){             //空实现接口中的方法
46          }
47          public void mouseEntered(MouseEvent e){              //空实现接口中的方法
48          }
49          public void mouseExited(MouseEvent e){               //空实现接口中的方法
50          }}
```

> **说明** 该段代码对程序中所使用到的各个对象进行了声明,并给出了该类中各个方法的框架。

（2）在 **MapEditorMinor** 的框架搭建完成之后,需要对其中的各个方法进行完善,接下来首先对该类的构造方法进行完善,构造方法主要的工作是界面的搭建,只需将下列代码添加到第（1）步代码中的第 35 行即可。

📝 代码位置：见随书源代码\第 8 章\Sample_8_4\src\wyf\ytl 目录下的 MapEditorMinor.java。

```
1    this.imageZ=imageZ;                                     //图片的引用
2    this.xSpan=xSpan;
3    this.ySpan=ySpan;
4    this.cols=cols;                                         //列
5    this.rows=rows;                                         //行
6    for(JMenuItem item : jFileItem){                        //将子菜单添加到文件菜单下
7        jMenu[0].add(item);
8        item.addActionListener(this);                       //添加监听
9    }
10   for(JMenu temp: jMenu){
11       jMenuBar.add(temp);                                 //将菜单添加到菜单栏
12   }
13   this.setJMenuBar(jMenuBar);                             //设置窗口的菜单栏
14   imageWidth=imageZ.getWidth(this);                       //得到图片的宽
15   imageHeight=imageZ.getHeight(this);                     //得到图片的高
16   countCols=imageWidth/xSpan+((imageWidth%xSpan==0)?0:1);
17   countRows=imageHeight/ySpan+((imageHeight%ySpan==0)?0:1);
18   //初始化上边界面
19   jps=new JPanel();
20   jps.setPreferredSize(new Dimension((xSpan+2)*cols,(ySpan+2)*rows));
21   jps.setLayout(null);                                    //设置布局为 null
22   jpas=new JLabel[rows][cols];                            //创建 JLabel 数组
23   result = new int[rows][cols];                           //创建 int 型数组
24   for(int i=0;i<rows;i++){
25       for(int j=0;j<cols;j++){
26           jpas[i][j]=new JLabel();                        //创建一个 JLabel 对象
27           jpas[i][j].setBackground(Color. RED);           //设置 JLabel 的背景色
28           jpas[i][j].setOpaque(true);
29           jpas[i][j].setBounds(j*(xSpan+2),i*(ySpan+2),xSpan,ySpan);
                                                             //设置大小和位置
30           jpas[i][j].addMouseListener(this);              //为刚创建的 JLabel 添加监听
31           jps.add(jpas[i][j]);                            //添加到 jps 中
32       }
33   }
34   jsps=new JScrollPane(jps);
35   //初始化下边界面
36   jpx=new JPanel();
37   jpx.setPreferredSize(new Dimension((xSpan+2)*countCols,(ySpan+2)*countRows));
38   jpx.setLayout(null);
```

```
39    jpax=new JLabel[countRows][countCols];
40    for(int i=0;i<countRows;i++){
41        for(int j=0;j<countCols;j++){
42            jpax[i][j]=new JLabel();                        //创建 JLabel 对象
43            jpax[i][j].setBackground(Color.BLUE);           //设置背景色
44            jpax[i][j].setBounds(j*(xSpan+2),i*(ySpan+2),xSpan,ySpan);
                                                              //设置位置和大小
45            jpax[i][j].addMouseListener(this);              //添加监听
46            jpx.add(jpax[i][j]);                            //添加到 jpx 中
47        }
48    }
49    jspx=new JScrollPane(jpx);
50    //总界面
51    jspz=new JSplitPane(JSplitPane.VERTICAL_SPLIT,jsps,jspx); //创建 JSplitPane 控件
52    jspz.setDividerLocation(250);                           //设置分割位置
53    jspz.setDividerSize(4);                                 //设置分割线的宽度
54    this.add(jspz);                                         //添加到窗口
55    //窗体
56    this.setTitle("地图设计器 V0.1");
57    this.setBounds(10,10,640,500);                          //设置窗口的大小和位置
58    this.setVisible(true);                                  //设置窗口的可见性
59    this.setDefaultCloseOperation(JFrame.EXIT_ON_CLOSE);    //关闭按钮
60    //初始化图片
61    for(int i=0;i<countRows;i++){
62        for(int j=0;j<countCols;j++){
63            imageTemp=this.createImage(xSpan,ySpan);        //创建图片
64            Graphics g=imageTemp.getGraphics();             //得到图片的画笔
65            g.drawImage(imageZ,0,0,xSpan,ySpan,j*xSpan,i*ySpan,(j+1)*xSpan,
                  (i+1)* ySpan,this);
66            ImageIcon ii=new ImageIcon(imageTemp);          //通过 imageTemp 创建 ImageIcon
67            jpax[i][j].setIcon(ii);
68    }}
```

- 第 6～13 行设置了窗口菜单栏的内容。
- 第 18～34 行为初始化上边的界面，先创建一个 JPanel，然后对其大小和布局进行设置，再创建一个 JLabel 的数组，添加到窗口的上半部分。
- 第 35～49 行为初始化下边的界面，同样是先创建一个 JPanle，对其大小和布局进行设置，然后将新建的 JLabel 数组中的 JLabel 添加到 JPanle。
- 第 50～54 行设置总体界面，通过一个 JSplitPane 控件将界面分成上下两部分。
- 第 55～59 行设置窗口的属性，包括标题、大小、位置、可见性，以及窗口关闭按钮的使用。
- 第 60～68 行为初始化所有的图片，然后根据图片创建出各个 ImageIcon 并显示到 JLabel 上。

（3）用户界面搭建完成之后应该观察一下其运行效果，所以应该为图片分割界面的确定按钮添加事件响应，当单击"确定"按钮后会创建并显示该界面。在 MapEditor 类的 actionPerformed 方法中添加下列代码。

代码位置：见随书源代码\第 8 章\Sample_8_4\src\wyf\ytl 目录下的 MapEditor.java。

```
1   else if(e.getSource() == jButton){                       //单击"确定"按钮
2       if(sp != null){
3           this.dispose();                                  //释放此界面
4           new MapEditorMinor(                              //创建一个 MapEditorMinor 窗口
5               sp.bigImage,                                 //图元的引用
6               jSliderX.getValue(),
7               jSliderY.getValue(),
8               Integer.parseInt(jTextField_rows.getText()), //行
9               Integer.parseInt(jTextField_cols.getText())  //列
10  );}}
```

> **说明** 该段代码的作用是，当单击"确定"按钮时，将图片分割界面释放，紧接着创建地图设计界面并将其显示。

（4）此时即可再次运行该项目，在图片分割界面中依次单击"文件/打开"菜单项，通过文件选择窗口选择一张图片，然后单击"确定"按钮即可切换到地图设计界面，运行效果如图 8-49 所示。

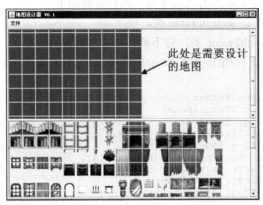

▲图 8-49　地图设计界面的效果

（5）前面已经将地图设计界面搭建完成，接下来需要为上半部分界面和下半部分界面加上鼠标监听，只需要在第（1）步代码中的第 53 行处加入以下代码。

　　📎代码位置：见随书源代码\第 8 章\Sample_8_4\src\wyf\ytl 目录下的 MapEditorMinor.java。

```
1    Object o=e.getSource();
2    if(o instanceof JLabel){                            //如果单击的是 JLabel
3        boolean iss=false;                              //单击的是上面的地图元素
4        //判断是否为地图元素
5        for(int i=0;i<rows;i++){
6            for(int j=0;j<cols;j++){                    //循环
7                if(jpas[i][j]==o){
8                    iss=true;                           //将 iss 设成 true
9    } } }
10       if(iss){                                        //单击上面地图元素
11           if(tempii!=null){
12               ((JLabel)o).setIcon(tempii);            //为选中的 JLable 设置 Icon
13               tempii=((JLabel)o).getIcon();           //得到选择 JLable 的 Icon
14               for(int i=0;i<rows;i++){
15                   for(int j=0;j<cols;j++){            //循环
16                       if(jpas[i][j]==o){
17                           result[i][j] = tempNumber;
18   } } } } }
19       else{                                           //单击下面图元元素
20           tempii=((JLabel)o).getIcon();               //得到选择 JLable 的 Icon
21           for(int i=0;i<countRows;i++){
22               for(int j=0;j<countCols;j++){           //循环
23                   if(jpax[i][j]==o){
24                       tempNumber = i*countCols + j + 1;     //得到单击的格数
25   } } } } }
```

● 第 3 行为一个布尔类型的变量，表示单击的是否是上半部分的地图元素。

● 第 5~9 行通过对上半部分的元素循环，来判断单击的是否是上半部分的元素。

● 第 10~18 行为单击上半部分元素后的处理代码，先判断之前是否选中过下半部分的元素，当选中时，将之前选中的下半部分的图标赋给刚选中的 JLable，然后将结果存储在存放结果数组中。

● 第 19~25 行为单击下半部分元素的处理代码，先得到选中的 JLbale 的图标，然后计算表示该位置的数值。

2．生成代码界面的实现

前面已经将地图设计的基本功能开发完成，但是使用地图编辑器的目的是生成地图文件或者是生成地图代码，所以，还需要为地图编辑器添加上生成代码的功能。在整个项目的开发之前就已经考虑到了地图的保存操作，所以，已经将表示地图元素的数组存储到了一个结果数组中，现在只需根据结果数组生成特定格式的代码即可，具体步骤如下。

（1）在 src\wyf\ytl 下创建 ResultFrame 类。

（2）打开刚创建的 ResultFrame 类，将下列代码添加到该类中。

代码位置：见随书源代码第 8 章\Sample_8_4\src\wyf\ytl 目录下的 ResultFrame.java。

```java
1    package wyf.ytl;
2    import javax.swing.JFrame;                                //添加相关类
3    import javax.swing.JScrollPane;                           //添加相关类
4    import javax.swing.JTextArea;                             //添加相关类
5    public class ResultFrame extends JFrame{
6        JTextArea jta = new JTextArea();                      //创建一个文本区控件
7        JScrollPane jsp = new JScrollPane(jta);               //创建一个可滚动窗口
8        public ResultFrame(int[][] result){
9            this.setTitle("结果");                             //设置标题
10           jta.setText("int map[][] = \n {");                 //添加到文本区控件
11           for(int i=0;i<result.length;i++){
12               String temp = "";                              //创建临时变量
13               jta.setText(jta.getText()+"\n\t{");            //向文本区添加内容
14               for(int j=0;j<result[0].length;j++){
15                   temp += result[i][j] + ",";
16               }
17               temp = temp.substring(0, temp.length()-1);//将最后的逗号去掉
18               jta.setText(jta.getText()+temp);
19               jta.setText(jta.getText()+")");
20           }
21           jta.setText(jta.getText()+"\n);");
22           this.add(jsp);                                    //添加到窗口中
23           this.setBounds(100,50,400,500);                   //设置窗口的大小和位置
24           this.setVisible(true);                            //设置窗口的可见性
25           this.setDefaultCloseOperation(JFrame.DISPOSE_ON_CLOSE);  //关闭按钮
26       }
27   }
```

> **说明** 该类比较简单，根据之前生成的结果数组组织成指定格式的字符串显示在文本区中，然后将文本区放在可滚动的 JScrollPane 中显示出来。

（3）为地图设计界面的菜单添加响应，使得单击生成菜单后显示结果窗口。打开 src/wyf/ytl 下的 MapEditorMinor 类，在其 actionPerformed 方法中（8.4.3 小节地图设计界面的实现中第（1）步的 actionPerformed 方法中）加入以下代码。

代码位置：见随书源代码第 8 章\Sample_8_4\src\wyf\ytl 目录下的 MapEditorMinor.java。

```java
1    if(e.getSource() == jFileItem[0]){                 //单击打开菜单项
2        new ResultFrame(result);                        //创建结果界面
3    }
```

> **说明** 在单击打开菜单项时创建一个 ResultFrame 界面即可。

（4）再次运行该项目，选择一张图片后进入地图设计界面，然后随便设计一些地图用来调试，依次单击"文件/生成"菜单项，将看到弹出的结果界面，如图 8-50 所示。

到此，整个地图编辑器就已经开发完成。使用此地图编辑器可以可视化地设计简单的地图，然后生成需要的地图矩阵。

> **提示** 该地图编辑器只是将生成的地图代码显示在文本区中，有兴趣的读者可以运用之前讲过的 I/O 技术将生成的地图信息存储到文件中。

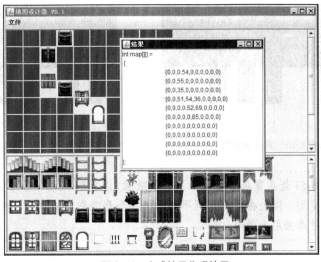

▲图 8-50 生成结果代码效果

8.5 多分辨率屏幕的自适应

本节将着重介绍如何使游戏自适应多分辨率屏幕的知识。

不同平台的手机分辨率很多都不一样,而且就算是同一平台的手机分辨率也不尽相同。为了使游戏能够有自动适应多种不同分辨率屏幕的能力,笔者提出了几种解决方案。本节将对这几种解决方案的原理进行介绍,并给出相应的案例,便于读者理解和掌握这几种解决方案。

8.5.1 非等比例缩放

最简单的一种不同屏幕分辨率的自适应策略就是非等比例缩放。它将画面横向和纵向进行拉伸,以填满整个屏幕。使用这种策略可能会造成画面变形,具体情况如图 8-51 和图 8-52 所示。

▲图 8-51 原始效果

▲图 8-52 缩放后产生变形

> **说明** 图 8-51 给出的是在目标分辨率手机上运行时画面不变形充满整个屏幕的情况;图 8-52 是在窄屏手机上运行时进行横向和纵向非等比例拉伸充满屏幕后,画面产生变形的情况。

从图 8-51 和图 8-52 中可以看出,此自适应策略在屏幕长宽比不同的手机上会产生画面变形的效果。如果产生变形后对游戏的体验没有太大的影响,可以采用此策略。例如,热门游戏《极品钢琴》采用的就是这种策略,具体效果如图 8-53 和图 8-54 所示。

 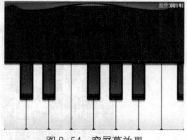

▲图 8-53　宽屏幕效果　　　　　　　　▲图 8-54　窄屏幕效果

> 说明　图 8-53 是在宽屏幕手机上运行的效果，图 8-54 是在窄屏幕手机上运行的效果。虽然有变形，但是在两部不同手机上并不会影响用户的体验，这种情况下开发人员就可以考虑采用此策略。

8.5.2　非等比例缩放案例

本小节将给出一个具体的实现案例 Sample_8_5，便于读者正确理解和掌握非等比例缩放策略的使用，运行效果如图 8-55 和图 8-56 所示。

 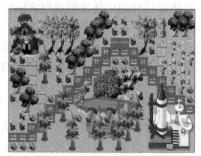

▲图 8-55　原始效果　　　　　　　　▲图 8-56　非等比例缩放产生变形

> 说明　图 8-55 为在目标分辨率手机上全屏显示时的效果；图 8-56 为在长宽比较小的手机上非等比例缩放产生变形时的效果。

由于本案例主要介绍非等比例缩放策略在程序中的开发与使用，因此只着重介绍该策略的开发及使用的代码，具体步骤如下。

（1）首先给出的是本案例中屏幕自适应的工具类 ScreenScaleResult，其主要功能是为当前屏幕左上方 *x* 值、当前屏幕左上方 *y* 值、高度缩放比 ratio1、宽度缩放比 ratio2 以及枚举变量 so 等赋值，具体代码如下。

代码位置：见随书源代码\第 8 章\Sample_8_5\app\src\main\java\com\bn\util 下的 ScreenScaleResult.java。

```
1    package com.bn.util;                    //声明包名
2    enum ScreenOrien{
3        HP,                                 //横屏
4        SP                                  //竖屏
5    }
6    public class ScreenScaleResult{
7        public int lucX;                    //当前屏幕左上方 x 值的变量
8        public int lucY;                    //当前屏幕左上方 y 值的变量
9        public float ratio1;                //高度缩放比
```

```
10        public float ratio2;                //宽度缩放比
11        ScreenOrien so;                     //枚举变量
12        public ScreenScaleResult(int lucX,int lucY,float ratio1,
13            float ratio2,ScreenOrien so{
14            this.lucX=lucX;                 //为 lucX 赋值
15            this.lucY=lucY;
16            this.ratio1=ratio1;             //为 ratio1 赋值
17            this.ratio2=ratio2;
18            this.so=so;                     //为 so 赋值
19    }}
```

> **说明** 本类主要功能是为变量 *lucX*、*lucY*、*ratio1*、*ratio2* 以及枚举变量 *so* 赋值。

（2）接下来介绍屏幕自适应的另外一个工具类 ScreenScaleUtil，主要用于计算当前分辨率手机在横屏或竖屏模式下的宽、高分别与目标分辨率手机在横屏或者竖屏模式下的宽、高比值以及当前屏幕左上方的 *x*、*y* 值，具体代码如下。

代码位置：见随书源代码\第 8 章\Sample_8_5\app\src\main\java\com\bn\util 目录下的 ScreenScaleUtil.java。

```
1     package com.bn.util;
2     public class ScreenScaleUtil{
3         static final float sHpWidth=1280;                        //横屏宽度
4         static final float sHpHeight=720;                        //横屏高度
5         static final float whHpRatio=sHpWidth/sHpHeight;         //横屏下的缩放比
6         static final float sSpWidth=720;                         //竖屏宽度
7         static final float sSpHeight=1280;                       //竖屏高度
8         static final float whSpRatio=sSpWidth/sSpHeight;         //竖屏下的缩放比
9         public static ScreenScaleResult calScale(float targetWidth,
10            float targetHeight){
11            ScreenScaleResult result=null;                       //声明 ScreenScaleResult 类变量
12            ScreenOrien so=null;                                 //声明 ScreenOrien 变量
13            if(targetWidth>targetHeight){
14                so=ScreenOrien.HP;                               //横屏
15            }else{
16                so=ScreenOrien.SP;                               //竖屏
17            }
18            if(so==ScreenOrien.HP){                              //横屏情况下
19                float ratio1=targetHeight/sHpHeight;//计算高度缩放比
20                float ratio2=targetWidth/sHpWidth;  //计算宽度缩放比
21                int lucX=0;                                      //计算当前屏幕左上方 x
22                int lucY=0;                                      //计算当前屏幕左上方 y
23                result=new ScreenScaleResult(lucX,lucY,ratio1,ratio2,so);
24            }
25            if(so==ScreenOrien.SP){                              //竖屏情况下
26                float ratio1=targetHeight/sSpHeight;//计算高度缩放比
27                float ratio2=targetWidth/sSpWidth;  //计算宽度缩放比
28                int lucX=0;                                      //计算当前屏幕左上方 x
29                int lucY=0;                                      //计算当前屏幕左上方 y
30                result=new ScreenScaleResult(lucX,lucY,ratio1,ratio2,so);
31            }
32            return result;
33    }}
```

- 第 3~8 行声明本类的成员变量，并计算目标分辨率手机在横竖屏情况时的长宽比。
- 第 13~17 行为判断当前分辨率手机是横屏还是竖屏，并为枚举变量 so 赋值。
- 第 18~24 行为横屏情况下，分别计算高度缩放比和宽度缩放比以及当前屏幕左上方 *x*、*y* 值，并创建 ScreenScaleResult 类对象。
- 第 25~32 行为竖屏情况下，分别计算高度缩放比和宽度缩放比以及当前屏幕左上方 *x*、*y* 值，创建 ScreenScaleResult 类对象，并将其返回。

（3）下面将介绍本案例的常量类 Constant，主要用于声明本案例所用的静态常量以及静态方法 ScaleSR 等，便于程序员对各个常量的管理和维护，具体代码如下。

代码位置：见随书源代码\第 8 章\Sample_8_5\app\src\main\java\com\bn\util 目录下的 Constant.java。

```
1   package com.bn.util;
2   public class Constant {
3       public static int MAP_ROWS=16;                          //行数
4       public static int MAP_COLS=21;                          //列数
5       public static int TILE_SIZE_X=64;                       //地图格子宽度
6       public static int TILE_SIZE_Y=48;                       //地图格子高度
7       public static int SCREEN_WIDTH=720;                     //目标屏幕宽度
8       public static int SCREEN_HEIGHT=1280;                   //目标屏幕高度
9       public static float x;                                  //声明当前屏幕左上方x值的变量
10      public static float y;                                  //声明当前屏幕左上方y值的变量
11      public static float ratio;                              //声明缩放比例的变量
12      public static ScreenScaleResult screenScaleResult;
                                                                //声明ScreenScaleResult类的引用
13      public static void ScaleSR(){
14          screenScaleResult=ScreenScaleUtil.calScale(SCREEN_WIDTH,
15              SCREEN_HEIGHT);                                 //屏幕自适应
16          x=screenScaleResult.lucX;                           //获取当前屏幕左上方的x值
17          y=screenScaleResult.lucY;                           //获取当前屏幕左上方的y值
18          ratio=screenScaleResult.ratio;                      //获取缩放比例
19      }}
```

> **说明** 本类主要用于声明地图及屏幕自适应相关的静态常量，例如，目标屏幕宽度、目标屏幕高度、当前屏幕左上方的 *x*、*y* 值以及缩放比例值 *ratio* 等。ScaleSR 方法为静态方法，功能是为 *x*、*y*、*ratio* 等赋值。

（4）接下来将向读者介绍屏幕自适应在主控制类 MainActivity 的 onCreate 方法中的具体实现，具体代码如下。

代码位置：见随书源代码\第 8 章\Sample_8_5\app\src\main\java\com\sample_8_5 目录下的 MainActivity.java。

```
1   protected void onCreate(Bundle savedInstanceState){
2       super.onCreate(savedInstanceState);
3       requestWindowFeature(Window.FEATURE_NO_TITLE);          //全屏
4       getWindow().setFlags(WindowManager.LayoutParams.FLAG_FULLSCREEN ,
5           WindowManager.LayoutParams.FLAG_FULLSCREEN);
6       setRequestedOrientation(ActivityInfo.SCREEN_ORIENTATION_LANDSCAPE);//设置横屏
7       DisplayMetrics dm=new DisplayMetrics();                 //获取屏幕尺寸
8       getWindowManager().getDefaultDisplay().getMetrics(dm);
9       Constant.SCREEN_WIDTH=dm.widthPixels;                   //获取当前分辨率手机的宽度
10      Constant.SCREEN_HEIGHT=dm.heightPixels;                 //获取当前分辨率手机的高度
11      Constant.ScaleSR();                                     //屏幕自适应方法
12      ……//此处省略了加载地图层的代码，读者可自行查看随书源代码
13      view=new MySurfaceView(this);                           //初始化view
14      setContentView(view);                                   //切换界面
15  }
```

> **说明** 在 onCreate 方法中，首先通过 DisplayMetrics 类对象获取当前分辨率手机的宽度值和高度值，然后调用工具类 Constant 的 ScaleSR 方法计算屏幕的缩放比值和当前屏幕左上方的 *x*、*y* 值等，实现了屏幕自适应功能。

（5）下面将继续介绍实现屏幕自适应时需要在显示界面类 MySurfaceView 的绘制方法 onDraw 中必须添加的几行代码，具体代码如下。

代码位置：见随书源代码\第 8 章\Sample_8_5\app\src\main\java\com\bn\view 目录下的 MySurfaceView.java。

```
1   public void onDraw(Canvas canvas){
2       if(canvas==null){                                       //如果canvas为空
```

```
3                return;                                      //返回
4        }
5        canvas.save();                                       //保存画布
6        canvas.translate(Constant.x, Constant.y);            //移动画布
7        canvas.scale(Constant.ratio, Constant.ratio);        //将画布按比例缩放
8        canvas.clipRect(0,0,1280,720);                       //绘制目标分辨率大小的矩形
9        ……//此处省略了绘制地图层的代码,读者可自行查看随书源代码
10   }
```

> **说明** 在 onDraw 方法中将画布移动到 x、y 处,并按比例值缩放,绘制目标分辨率大小的矩形用于显示画面。此外,本方法省略了绘制地图底层和上层的代码,读者可自行查看源代码。

8.5.3 等比例缩放并剪裁

本小节将介绍的是等比例缩放并剪裁的策略。这种策略不会造成画面的变形,但是有可能会减少玩家看见的游戏区域,具体情况如图 8-57 和图 8-58 所示。

▲图 8-57 原始效果

▲图 8-58 按宽度缩放

> **说明** 图 8-57 是在目标分辨率下运行能看到设定区域全部的情况;图 8-58 是在屏幕长宽比小一些的手机上运行按照宽度进行等比例缩放后的效果,此时画面被裁减掉了一部分。

很显然,这种自适应方案很容易影响用户的体验,因此并不适合所有的游戏类型。但是对于一些滚屏类的游戏,采用这种策略比较合适。例如,热门游戏《跳跃忍者 NinJump》就是采用了这种策略,具体情况如图 8-59 和图 8-60 所示。

▲图 8-59 宽屏幕手机

▲图 8-60 非宽屏幕手机

> **说明** 图 8-59 是在宽屏幕手机上看到的场景，此时能见到的内容较多。图 8-60 是在非宽屏幕手机上运行的效果，此时场景中最上面的部分内容被剪裁掉了。但是由于此游戏是滚屏游戏，被剪裁掉的部分随着英雄的爬升会陆续出现，因此对用户体验的影响不大。

从图 8-59 和图 8-60 中可以看出，此游戏是按照屏幕宽度进行等比例缩放，在任何一部手机上都可以让游戏场景正好充满场景。实际开发中有类似情况时，可以采用此种策略。

8.5.4 等比例缩放并剪裁案例

本小节将给出一个具体的实现案例 Sample_8_6，便于读者正确理解和掌握等比例缩放并剪裁策略的使用，运行效果如图 8-61 和图 8-62 所示。

▲图 8-61 原始效果　　　　　　　　　　　▲图 8-62 等比例缩放并剪裁效果

> **说明** 图 8-61 为在目标分辨率手机上全屏显示时的效果图；图 8-62 为在屏幕长宽比较小的手机上按照高度进行等比例缩放后的效果，此时画面左侧被裁减掉了一部分。

了解完本小节案例的运行效果后，下面将进一步向读者介绍本案例核心代码的开发。由于本案例的基本套路与前面非等比例缩放案例的基本一致，因此只着重讲解有区别的两部分，具体内容如下。

（1）首先给出的是本案例的屏幕自适应工具类 ScreenScaleResult，其主要功能是为当前屏幕左上方 x 值，当前屏幕左上方 y 值、高度缩放比 ratio 以及枚举变量 so 等赋值，具体代码如下。

　　代码位置：见随书源代码\第 8 章\Sample_8_6\app\src\main\java\com\bn\util 目录下的 ScreenScaleResult.java。

```
1    package com.bn.util;                                  //声明包名
2    enum ScreenOrien{                                     //枚举类型
3        HP,                                               //横屏
4        SP                                                //竖屏
5    }
6    public class ScreenScaleResult{
7        public int lucX;                                  //当前屏幕左上方 x 值的变量
8        public int lucY;                                  //当前屏幕左上方 y 值的变量
9        public float ratio;                               //缩放比例的变量
10       ScreenOrien so;                                   //枚举变量
11       public ScreenScaleResult(int lucX,int lucY,float ratio,ScreenOrien so){
12           this.lucX=lucX;                               //为 lucX 赋值
13           this.lucY=lucY;
14           this.ratio=ratio;                             //为 ratio 赋值
15           this.so=so;
17    }}}
```

> **说明** 相比于非等比缩比例案例中的 ScreenScaleResult 类，本类只有一个 float 型变量 ratio，表示当前宽度或高度的缩放比例值。

（2）接下来介绍屏幕自适应的另一个工具类 ScreenScaleUtil，主要用于计算当前分辨率手机在横屏或竖屏模式下的宽、高分别与目标分辨率手机在横屏或者竖屏模式下的宽、高比值以及当前屏幕左上方的 x、y 值，具体代码如下。

代码位置：见随书源代码\第 8 章\Sample_8_6\app\src\main\java\com\bn\util 目录下的 ScreenScaleUtil.java。

```
1   public static ScreenScaleResult calScale(float targetWidth,float targetHeight){
2       ScreenScaleResult result=null;              //声明 ScreenScaleResult 类引用
3       ScreenOrien so=null;                         //声明 ScreenOrien 类引用
4       if(targetWidth>targetHeight){
5           so=ScreenOrien.HP;                       //横屏
6       }else{
7           so=ScreenOrien.SP;                       //竖屏
8       }
9       if(so==ScreenOrien.HP){                      //横屏情况下
10          float ratio=targetHeight/sHpHeight;      //计算当前高度与目标高度的比值
11          float realTargetWidth=sHpWidth*ratio;    //计算宽度值
12          float lcuX=0;                            //计算当前屏幕左上方 x
13          float lcuY=0;                            //计算当前屏幕左上方 y
14          if(targetWidth<realTargetWidth){         //若当前宽度小于计算出的宽度
15              lcuX=targetWidth-realTargetWidth;    //重新计算左上方 x
16          }
17          result=new ScreenScaleResult((int)lcuX,(int)lcuY,ratio,so);
18      }
19      if(so==ScreenOrien.SP){                      //竖屏情况下
20          float ratio=targetWidth/sSpWidth;        //计算当前宽度与目标宽度的比值
21          float realTargetHeight=sSpHeight*ratio;  //计算高度值
22          float lcuX=0;                            //计算当前屏幕左上方 x
23          float lcuY=0;                            //计算当前屏幕左上方 y
24          if(targetHeight<realTargetHeight){       //若当前高度小于计算出的高度
25              lcuY=targetHeight-realTargetHeight;  //重新计算当前屏幕左上方 y
26          }
27          result=new ScreenScaleResult((int)lcuX,(int)lcuY,ratio,so);
28      }
29      return result;                               //返回 ScreenScaleResult 类对象
30  }
```

- 第 4~8 行为判断当前屏幕为横屏模式还是竖屏模式。
- 第 9~18 行表示在横屏情况下，计算当前高度与目标高度的比值以及左上方的 x、y 值，并创建 ScreenScaleResult 类对象。
- 第 19~29 行表示在竖屏情况下，计算当前宽度与目标宽度的比值以及左上方的 x、y 值，并创建 ScreenScaleResult 类对象，将其返回。

8.5.5 等比例缩放并留白

本小节将介绍一个适应范围更大的策略，这就是等比例缩放并留白。此策略是将画面按照不同的情况进行等比例缩放，然后再在不同屏幕分辨率的手机上，采用上下或左右留白的方式来显示，如图 8-63 和图 8-64 所示。

> **说明** 图 8-63 是在目标分辨率手机上全屏显示的情况；图 8-64 是在长宽比较大的手机上等比例缩放后左右留白显示的情况。

这种策略的好处是在任何分辨率的手机上都可以不变形地显示画面，如笔者自己开发的《3D 极品桌球》采用的就是这种策略，如图 8-65 和图 8-66 所示。

▲图 8-63 原始效果

▲图 8-64 长宽比较大的手机效果图

▲图 8-65 原始屏幕

▲图 8-66 目标屏幕比原始屏幕窄

> **说明** 图 8-65 是在目标分辨率手机上全屏显示的情况；图 8-66 是在长宽比较小的手机上等比例缩放后，上下留白显示的情况，很多的视频播放器也是采用的此种策略。

从前面的几幅图中可以看出，这种策略的适应范围比较广泛，对游戏类型没有特殊要求。但这种策略也不是很完美，最大的一个缺点就是不能完全利用屏幕的所有面积，有浪费的情况。实际开发中，读者应该根据游戏的类型等方面确定采用哪一种具体的策略完成多分辨率屏幕自适应。

8.5.6 等比例缩放并留白案例

本小节将给出一个具体的实现案例 Sample_8_7，便于读者正确理解和掌握等比例缩放并留白策略的使用，运行效果如图 8-67 和图 8-68 所示。

▲图 8-67 原始效果

▲图 8-68 等比例缩放并留白效果

> **说明** 图 8-67 为在目标分辨率手机上全屏显示时的效果；图 8-68 为在长宽比较小的手机上等比例缩放后显示上下留白的效果。

下面将进一步向读者介绍本案例核心代码的开发。由于本案例的基本套路与前面等比例缩放并剪裁案例的基本一致，因此只着重讲解有区别的一部分，具体代码如下。

代码位置：见随书源代码\第 8 章\Sample_8_7\app\src\main\java\com\bn\util 目录下的 ScreenScaleUtil.java。

```
1   public static ScreenScaleResult calScale(float targetWidth,float targetHeight){
2       ScreenScaleResult result=null;                      //声明 ScreenScaleResult 类变量
3       ScreenOrien so=null;                                //声明 ScreenOrien 变量
4       if(targetWidth>targetHeight){
5           so=ScreenOrien.HP;                              //横屏
6       }else{
7           so=ScreenOrien.SP;                              //竖屏
8       }
9       if(so==ScreenOrien.HP){                             //若为横屏
10          float targetRatio=targetWidth/targetHeight;     //计算当前分辨率的宽高比
11          if(targetRatio>whHpRatio){                      //若 targetRatio 大于 whHpRatio
12              float ratio=targetHeight/sHpHeight;         //计算高度缩放比
13              float realTargetWidth=sHpWidth*ratio;       //计算宽度
14              float lcuX=(targetWidth-realTargetWidth)/2.0f;//计算左上方 x
15              float lcuY=0;                               //计算左上方 y
16              result=new ScreenScaleResult((int)lcuX,(int)lcuY,ratio,so);
17          }else{
18              float ratio=targetWidth/sHpWidth;           //计算宽度缩放比
19              float realTargetHeight=sHpHeight*ratio;     //计算高度
20              float lcuX=0;                               //计算左上方 x
21              float lcuY=(targetHeight-realTargetHeight)/2.0f; //计算左上方 y
22              result=new ScreenScaleResult((int)lcuX,(int)lcuY,ratio,so);
23      }}
24      if(so==ScreenOrien.SP){                             //若为竖屏
25          float targetRatio=targetWidth/targetHeight;     //计算当前分辨率的宽高比
26          if(targetRatio>whSpRatio){                      //若 targetRatio 大于 whHpRatio
27              float ratio=targetHeight/sSpHeight;         //计算高度缩放比
28              float realTargetWidth=sSpWidth*ratio;       //计算宽度
29              float lcuX=(targetWidth-realTargetWidth)/2.0f; //计算左上方 x
30              float lcuY=0;                               //计算左上方 y
31              result=new ScreenScaleResult((int)lcuX,(int)lcuY,ratio,so);
32          }else{
33              float ratio=targetWidth/sSpWidth;           //计算宽度缩放比
34              float realTargetHeight=sSpHeight*ratio;     //计算高度
35              float lcuX=0;                               //计算左上方 x
36              float lcuY=(targetHeight-realTargetHeight)/2.0f; //计算左上方 y
37              result=new ScreenScaleResult((int)lcuX,(int)lcuY,ratio,so);
38      }}
39      return result;
40  }
```

- 第 4～8 行为判断当前分辨率手机是横屏还是竖屏，并为枚举变量 so 赋值。
- 第 8～23 行为若当前屏幕为横屏模式时，计算当前分辨率手机的宽高比。若该比值大于 whHpRatio，则计算高度缩放比以及左上角的 x、y 值，此时会出现左右留白现象；若该比值小于 whHpRatio，则计算宽度缩放比以及左上角的 x、y 值，此时会出现上下留白现象。
- 第 24～38 行为若当前屏幕为竖屏模式时，计算当前分辨率手机的宽高比。若该比例值大于 whSpRatio，则计算高度缩放比以及左上角的 x、y 值，此时会出现左右留白现象；若该比值小于 whSpRatio，则计算宽度缩放比以及左上角的 x、y 值，此时会出现上下留白现象。

8.6 本章小结

本章介绍了游戏中用到的地图相关知识，主要介绍了正方形单元地图与正六边形单元地图的知识。同时还以正六边形地图为例，介绍了地图的路径搜索。此外，还向读者简单介绍了正六边形单元地图的网格定位算法及其使用，地图编辑器的使用以及关卡的设计。

本章的最后向读者介绍了多分辨率屏幕自适应的 3 种解决方案，这些都是作为游戏开发人员必知必会的知识。通过本章的学习，读者可以了解并学会地图的相关开发知识。

第 9 章 游戏开发小秘技

本章主要介绍游戏开发的一些技巧,包括有限状态机、模糊逻辑、一些游戏的优化技巧,以及多点触控等。这些问题对于游戏开发者来说非常重要。

9.1 有限状态机

本节将对人工智能的有限状态机进行简单介绍,并通过几个案例介绍有限状态机在 Android 中是如何实现的。

9.1.1 什么是有限状态机

有限状态机就是一个具有有限数量状态,并且能够根据相应的操作,从一个状态变换到另一个状态,而在同一时刻只能处在一种状态下的智能体。

下面通过一个电视机的状态迁移来介绍什么是有限状态机,如图 9-1 所示。

例如,读者在家学习累了想看电视时,会先打开电视开关才能观看,那么,这时电视的状态会因为打开开关的操作,从关闭状态变换成观看状态。

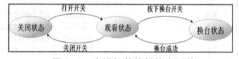

▲图 9-1 电视机的简单状态迁移

当想看其他节目时又会按下换台开关,电视的状态会从观看状态变换成换台状态(黑屏一瞬间),而当换台成功时,又会从换台状态变换成观看状态。此时读者就会想了,这变来变去的真讨厌索性不看了,那么就需要按下关闭开关,将电视机的状态从观看状态切换到关闭状态。

这不断切换状态的电视就是一个有限状态机,当然,一个游戏中的智能体的行为往往要比电视换台复杂得多,但所体现的有限状态机原理是一样的。

> 提示 当然,现在电视的实际状态要比这个多,这里只是为了解释说明什么是有限状态机,从而进行了简化。

在游戏的开发过程中有很多地方会应用有限状态机,下面是一些应用了有限状态机的游戏例子。

- 《魔兽世界》中的 NPC 就应用了有限状态机,它会根据不同的情况具有移动到位、巡逻、沿路前进等状态。
- 《QQ 宠物》也是一个典型的有限状态机的例子,很久没有喂食,它会饥饿;很久没有理它,它会心情不好;而如果饲养不好,它还会生病。
- 雷电中的导弹也可以理解成是一个有限状态机,具有移动、碰撞、消失等状态。
- 冒险类游戏中的怪物也应用了有限状态机,在怪物与玩家战斗中,当玩家比较强时,怪物会选择逃跑;而当玩家比较弱时,怪物会选择攻击。

9.1.2 有限状态机的简单实现

首先看一个有限状态机简单实现的案例。该案例是一个养成游戏简化版，完成后运行效果如图 9-2 所示。

游戏中的宠物有 3 种状态，分别为高兴、普通以及出走。玩家可通过按钮完成相关操作，宠物会根据玩家的相关操作与自身的状态的综合情况来改变状态。当长时间无人搭理宠物，宠物会自动切换到出走状态，出走状态下只能对其执行寻找操作。该案例的有限状态机原理如图 9-3 所示。

▲图 9-2　宠物饲养程序

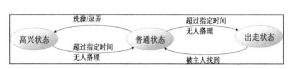
▲图 9-3　养成游戏宠物的状态迁移

> 💡 提示　　实际游戏中宠物的状态会比这个多得多，在这里只是为了介绍有限状态机的应用，所以进行了简化。

该案例的开发步骤如下。

（1）新建一个名为 Sample_9_1 的 Android 项目。

（2）将所需要的 3 张表情图片放到 res/drawable-mdpi 目录下。

（3）打开 res\layout 下的 main.xml 文件，将其代码替换成如下代码。

📄 代码位置：见随书源代码\第 9 章\Sample_9_1\app\src\main\java\wyf\ytl 目录下的 main.xml。

```xml
1   <?xml version="1.0" encoding="utf-8"?>          <!-- XML 的版本以及编码方式 -->
2   <LinearLayout xmlns:android="http://schemas.android.com/apk/res/android"
3       android:orientation="vertical"
4       android:layout_width="fill_parent"
5       android:layout_height="fill_parent"
6       >                                           <!-- 添加一个线性布局 -->
7       <ImageView
8           android:id="@+id/myImageView"
9           android:layout_width="wrap_content"
10          android:layout_height="wrap_content"
11          android:src="@drawable/common"
12          android:layout_gravity="center"
13      />                                          <!-- 添加一个 ImageView 控件 -->
14      <TextView
15          android:id="@+id/myTextView"
16          android:layout_width="wrap_content"
17          android:layout_height="wrap_content"
18          android:layout_gravity="center"
19          android:textSize="40px"
20          android:text="状态：普通"
21      />                                          <!-- 添加一个 TextView 文本控件 -->
22      <LinearLayout xmlns:android="http://schemas.android.com/apk/res/android"
23          android:orientation="horizontal"
```

```
24                  android:layout_width="fill_parent"
25                  android:layout_height="fill_parent"
26                  android:layout_gravity="center"
27              >                                           <!--添加一个水平的线性布局 -->
28              <Button
29                  android:id="@+id/bath"
30                  android:layout_width="240px"
31                  android:layout_height="wrap_content"
32                  android:layout_gravity="bottom"
33                  android:textSize="40px"
34                  android:text="洗澡"
35              />                                          <!-- 添加洗澡按钮-->
36              <Button
37                  android:id="@+id/engage"
38                  android:layout_width="240px"
39                  android:layout_height="wrap_content"
40                  android:text="逗弄"
41                  android:textSize="40px"
42                  android:layout_gravity="bottom"
43              />                                          <!-- 添加逗弄按钮-->
44              <Button
45                  android:id="@+id/find"
46                  android:layout_width="240px"
47                  android:layout_height="wrap_content"
48                  android:text="寻找"
49                  android:textSize="40px"
50                  android:layout_gravity="bottom"
51              />                                          <!-- 添加寻找按钮-->
52          </LinearLayout>
53      </LinearLayout>
```

- 第 2~6 行为添加一个垂直的线性布局。
- 第 7~13 行在线性布局中添加一个 ImageView 控件，并设置其对齐方式为居中。
- 第 14~21 行添加一个文本控件，设置对齐方式为居中，字体大小为 40px。
- 第 22~27 行为添加一个水平的线性布局，对齐方式为居中。
- 第 28~51 行依次添加 3 个按钮控件，并分别设置了对齐方式和按钮上文字的大小等属性。

（4）定义两个表示状态和表示主人动作的枚举类型。定义方法是在 src\wyf\ytl 下的 Sample_9_1.java 文件中定义两个枚举类，即在 Sample_9_1 的最后加上以下代码。

> 代码位置：见随书源代码第 9 章\Sample_9_1\app\src\main\java\wyf\ytl 目录下的 Sample_9_1.java。

```
1   enum DogState {                         //表示状态的枚举类型
2       HAPPY_STATE,                        //高兴状态
3       COMMON_STATE,                       //普通状态
4       AWAY_STATE;                         //出走状态
5   }
6   enum MasterAction {                     //表示主人动作的枚举
7       BATH_ACTION,                        //洗澡
8       ENGAGE_ACTION,                      //逗弄
9       FIND_ACTION,                        //寻找
10       ALONE_ACTION;                      //无人搭理
11  }
```

> **提示** 在正常的游戏开发中，应该将枚举类型单独放在一个文件中，此处考虑到演示的简单性，将其放在了 Activity 的文件中。

（5）在 src\wyf\ytl 下创建 GameDog 类，实现的代码如下。

> 代码位置：见随书源代码第 9 章\Sample_9_1\app\src\main\java\wyf\ytl 目录下的 GameDog.java。

```
1   package wyf.ytl;                        //声明包语句
2   public class GameDog {
3       Sample_9_1 activity = null;         //activity 的引用
```

9.1 有限状态机

```
4       private DogState currentState=DogState.COMMON_STATE;    //设置宠物
5       public GameDog(Sample_9_1 activity){                    //构造器
6           this.activity = activity;
7       }
8       public boolean updateState(MasterAction ma){            //接收条件，更新状态的方法
9           boolean result=true;
10          switch(currentState){
11              case HAPPY_STATE:                               //当前为高兴状态
12                  switch(ma){
13                      case ALONE_ACTION:                      //超过指定时间无人搭理
14                          currentState=DogState.COMMON_STATE;//切换状态
15                          activity.myImageView.setImageResource(    //换图
16                              R.drawable.common);
17                          activity.myTextView.setText("状态：普通");
18                          break;
19                      default:
20                          result=false;                       //返回false 表示状态切换出错
21                  }
22                  break;
23              case COMMON_STATE:                              //当前为普通状态
24                  switch(ma){
25                      case ALONE_ACTION:                      //超过指定时间无人搭理
26                          currentState=DogState.AWAY_STATE;   //切换状态
27                          activity.myImageView.setImageResource//换图
28                              (R.drawable.away);
29                          activity.myTextView.setText("状态：出走");
30                          break;
31                      case BATH_ACTION:                       //洗澡
32                      case ENGAGE_ACTION:                     //逗弄
33                          currentState=DogState.HAPPY_STATE;  //切换状态
34                          activity.myImageView.setImageResource //换图
35                              (R.drawable.happy);
36                          activity.myTextView.setText("状态：高兴");
37                          break;
38                      default:
39                          result=false;                       //返回false 表示状态切换出错
40                  }
41                  break;
42              case AWAY_STATE:                                //当前为出走状态
43                  switch(ma){
44                      case FIND_ACTION:                       //寻找
45                          currentState=DogState.COMMON_STATE; //切换状态
46                          activity.myImageView.setImageResource //换图
47                              (R.drawable.common);
48                          activity.myTextView.setText("状态：普通");
49                          break;
50                      default:
51                          result=false;                       //返回false 表示状态切换出错
52                  }
53                  break;
54          }
55          return result;                                      //返回true 表示状态切换成功
56      }}
```

- 第 4、5 行设置宠物的当前初始状态为普通状态。
- 第 8 行为接收玩家的动作，更新状态的方法开始运行。
- 第 10~20 行表示当前状态为高兴状态时，只能接收无人搭理动作，而当接收到无人搭理动作后，切换宠物状态到普通，然后改变图片和文字的内容。
- 第 23~41 行表示当前状态为普通状态时，当接收无人搭理动作时，切换宠物状态为出走，然后改变图片和文字；当接收挑逗或洗澡动作时，切换宠物状态为高兴，然后改变图片和文字。
- 第 42~53 行表示当前状态为出走状态时，只能接收寻找动作；而当接收到寻找动作时，切换宠物状态为普通，然后改变图片和文字。

（6）再开发 Activity 的代码，打开 src/wyf/ytl 目录下的 Sample_9_1.java 文件，将 Activity 类

的代码替换成如下的代码,但之前添加的枚举类不需替换。

> 代码位置:见随书源代码\第 9 章\Sample_9_1\app\src\main\java\wyf\ytl 目录下的 Sample_9_1.java。

```java
1   package wyf.ytl;                                         //声明包语句
2   import android.app.Activity;                             //引入相关类
3   import android.os.Bundle;                                //引入相关类
4   import android.os.Handler;                               //引入相关类
5   import android.os.Message;                               //引入相关类
6   import android.view.View;                                //引入相关类
7   import android.view.View.OnClickListener;                //引入相关类
8   import android.widget.Button;                            //引入相关类
9   import android.widget.ImageView;                         //引入相关类
10  import android.widget.TextView;                          //引入相关类
11  public class Sample_9_1 extends Activity implements OnClickListener{
12      ImageView myImageView = null;                        //ImageView 控件的引用
13      TextView myTextView = null;                          //TextView 控件的引用
14      Button bath = null;                                  //"洗澡"按钮
15      Button engage = null;                                //"逗弄"按钮
16      Button find = null;                                  //"寻找"按钮
17      GameDog gameDog = null;                              //GameDog 的引用
18      //ActionThread actionThread = null;                  //后台线程的引用
19      Handler myHandler = new Handler(){                   //用来更新 UI 线程中的控件
20          public void handleMessage(Message msg){
21              switch(msg.what){
22                  case 1:                                  //为后台线程发来的消息
23                      gameDog.updateState(                 //长时间无人搭理
24                              MasterAction.ALONE_ACTION);
25                      break;
26              }
27          }
28      };
29      public void onCreate(Bundle savedInstanceState) {    //重写的 onCreate 方法
30          super.onCreate(savedInstanceState);
31          setContentView(R.layout.main);
32          myImageView = (ImageView) this.findViewById(     //得到 myImageView 的引用
33                  R.id.myImageView);
34          myTextView = (TextView) this.findViewById(       //得到 myTextView 的引用
35                  R.id.myTextView);
36          bath = (Button) this.findViewById(R.id.bath);    //得到 bath 的引用
37          engage = (Button) this.findViewById(R.id.engage);//得到 engage 的引用
38          find = (Button) this.findViewById(R.id.find);    //得到 find 的引用
39          bath.setOnClickListener(this);                   //添加监听
40          engage.setOnClickListener(this);                 //添加监听
41          find.setOnClickListener(this);                   //添加监听
42          gameDog = new GameDog(this);
43          //actionThread = new ActionThread(this);
44          //actionThread.start();                          //启动后台线程
45      }
46      public void onClick(View v){                         //实现监听器中的方法
47          if(v == bath){                                   //按下的是"洗澡"按钮
48              gameDog.updateState(MasterAction.BATH_ACTION);
49          }
50          else if(v == engage){                            //按下的是"逗弄"按钮
51              gameDog.updateState(MasterAction.ENGAGE_ACTION);
52          }
53          else if(v == find){                              //按下的是"查找"按钮
54              gameDog.updateState(MasterAction.FIND_ACTION);
55  }}}
```

- 第 12~18 行声明了各个对象的引用。
- 第 19~27 行定义一个 Handler,用来根据接收到的后台线程发来的消息,来更改前台宠物的状态值。
- 第 29~45 行为重写的 onCreate 方法。设置当前用户界面,然后得到各个控件的引用并为按钮控件添加监听器。
- 第 43~44 行因为后台线程 ActionThread 类此时还没有开发,所以先将其注释掉。

- 第 46~55 行实现了监听接口中的 onClick 方法，根据出发的按钮不同执行不同的动作。

（7）接下来最后一步，就是开发后台线程 ActionThread.java 类。后台线程的作用是每隔一段时间对宠物的状态更新一次，例如，在高兴状态长时间无人搭理时，会变成普通状态；而在普通状态又长时间无人搭理时，则会变成出走状态。后台线程类的代码如下。

代码位置：见随书源代码\第 9 章\Sample_9_1\app\src\main\java\wyf\ytl 目录下的 ActionThread.java。

```
1   package wyf.ytl;                                      //声明包语句
2   public class ActionThread extends Thread{
3       private int sleepSpan = 5000;                     //睡眠的毫秒数
4       boolean flag = true;                              //循环标记位
5       Sample_9_1 activity;                              //activity 的引用
6       public ActionThread(Sample_9_1 activity){         //构造器
7           this.activity = activity;
8       }
9       public void run(){                                //重写的 run 方法
10          while(flag){                                  //循环
11              try{
12                  Thread.sleep(sleepSpan);              //睡眠指定毫秒数
13              }
14              catch(Exception e ){
15                  e.printStackTrace();                  //打印异常信息
16              }
17              activity.myHandler.sendEmptyMessage(1);//想 activity 发生 handler 消息
18  }}}
```

> **说明** 该类非常简单，只是定时向 activity 的 myHandler 发送类型为 1 的消息即可。

（8）最后将第（6）步的代码中的第 18、43、44 行注释取消。

到此，整个例子已经开发完成，运行该案例，得到的运行效果如图 9-4 和图 9-5 所示。

▲图 9-4 出走状态下的宠物

▲图 9-5 普通状态下的宠物

> **说明** 这种实现方式的优点是状态转移很简单，开发也简单，但缺点很明显，所有状态转移的管理都在一个方法中，若状态很多转移复杂，则维护困难。

9.1.3 有限状态机的 OO 实现

前一节已将对有限状态机的简单实现进行了介绍，读者可能已经发现，宠物的状态越多，开发和维护的难度也随之越大。想象一下，如果宠物的状态有几十种，那么 GameDog 类的 updateState 方法就会有几十种分支，而在真实的游戏中，每次状态的改变还会再伴随着一系列的操作，那么

updateState 方法将会长得难以为继,这就需要使用新的设计模式来进行开发。

这种新的有限状态机是通过 OO(Object Oriented)来实现的,在面向对象的设计模式中,将宠物的状态封装成单个类,状态的切换由状态类来决定,这样结构更清晰,也更好管理。

下面通过一个案例来说明如何采用 OO 思想实现有限状态机。因本书篇幅有限,本小节只给出了与前一节案例的不同之处,如有需要,读者可自行查阅随书的源代码。本案例的具体开发步骤如下。

(1)首先需要新建一个名为 Sample_9_2 的 Android 项目。
(2)接着将案例中用到的的 3 张表情图片放到 res/drawable-mdpi 目录下。
(3)编写 main.xml 布局文件,其代码与前一节的完全相同。
(4)打开 Sample_9_2.java 文件,在其最后加入动作的枚举类型以及各个状态类,具体代码如下。

> 代码位置:见随书源代码\第 9 章\Sample_9_2\app\src\main\java\wyf\ytl 目录下的 Sample_9_2.java。

```
1   enum MasterAction{                                          //表示主人动作的枚举
2       BATH_ACTION,                                            //洗澡
3       ENGAGE_ACTION,                                          //逗弄
4       FIND_ACTION,                                            //寻找
5       ALONE_ACTION;                                           //无人搭理
6   }
7   abstract class State{                                       //所有状态类型的基类
8       public Sample_9_2 activity;
9       public State(Sample_9_2 activity){                      //构造器
10          this.activity = activity;
11      }
12      public abstract State toNextState(MasterAction ma);
13  }
14  class HappyState extends State{                             //表示高兴状态的类
15      ……    //省略了该类的全部代码。其实现与 CommonState 的实现方式相同,读者可自行开发
16            //或者查看随书的代码。
17  }
18  class CommonState extends State{                            //表示普通状态的类
19      public CommonState(Sample_9_2 activity){                //构造器
20          super(activity);
21      }
22      public State toNextState(MasterAction ma){              //进入下一状态
23          State result=this;
24          switch(ma){
25          case ALONE_ACTION:                                  //超过指定时间无人搭理
26              result= new AwayState(activity);
27              activity.myImageView.setImageResource(R.drawable.away);    //换图
28              activity.myTextView.setText("状态:出走");      //设置文本内容
29              break;
30          case BATH_ACTION:                                   //洗澡
31          case ENGAGE_ACTION:                                 //逗弄
32              result= new HappyState(activity);
33              activity.myImageView.setImageResource(R.drawable.happy);//换图
34              activity.myTextView.setText("状态:高兴");      //设置文本内容
35              break;
36          }
37          return result;
38      }
39  }
40  class AwayState extends State {                             //表示出走状态的类
41      ……//省略了该类的全部代码。其实现与 CommonState 的实现方式相同,读者可自行开发
42        //或者查看随书的代码。
43  }
```

- 第 1~6 行与前一节的相同,定义表示主人动作的枚举类型。
- 第 7~13 定义所有状态类型的基类。
- 第 18~39 行定义表示宠物普通状态的类,其中只有一个方法 toNextState,根据得到的动作创建新状态并做换图等相关操作。

（5）在 src/wyf/ytl 下创建 GameDog 类，实现的代码如下。

> 代码位置：见随书源代码\第 9 章\Sample_9_2\app\src\main\java\wyf\ytl 目录下的 GameDog.java。

```
1    package wyf.ytl;                                    //声明包语句
2    public class GameDog {
3        Sample_9_2 activity = null;                     //activity 的引用
4        private State currentState;                     //宠物的初始当前状态
5        public GameDog(Sample_9_2 activity){            //构造器
6            this.activity = activity;
7            currentState=new CommonState(activity);//设置宠物的初始当前状态为普通状态
8        }
9        public boolean updateState(MasterAction ma){//接收条件，更新状态的方法
10           State beforeState=currentState;
11           currentState=currentState.toNextState(ma);
12           return !(beforeState==currentState);        //返回 true 表示状态切换成功
13       }}
```

- 第 7 行将初始化宠物的当前状态为普通状态。
- 第 9～13 行一样是接收动作改变状态，只是改变状态的操作不在此处出来，而是全部交给当前状态对象自身。

（6）之后的 3 步与前一节案例的最后 3 步完全相同，读者可参考前一节案例的步骤来完成开发。

到此，有限状态机的 OO 实现案例也已经开发完成，虽然运行效果与简单实现没有任何区别，但是后台所应用的设计模式是完全不同的。

> **提示** 这种实现方式的好处是，游戏中的智能体不需要管理状态转移，状态的转移由状态对象自己管理，增加新状态也比较简单。

9.2 游戏中的模糊逻辑

本节主要对游戏中经常应用的模糊逻辑进行介绍，并通过简单的案例介绍，如何在 Android 中，将游戏模糊化和模糊化所带来的好处。

9.2.1 模糊的才是真实的

"模糊逻辑"是 1965 年美国工程师扎得在其改进计算机程序的论著《模糊集合理论》中提出的一个概念。日常生活中，人们经常将事物划分为难易、长短、好坏、高矮、远近等。而对于传统的计算机而言，只能识别是与否、对与错、0 与 1，而对这些模糊的概念就无能为力了。

一般来讲，模糊是相对于精准而言的。在一些受多因素影响的复杂状况下，模糊往往能够显示出更高层次的"精准"。有时，过于硬性精准则会导致过于刻板、缺乏灵活性。实际上，日常生活中有很多事情都是模糊的。例如，进行满意度的调查，如果只给出"满意"与"不满意"这种绝对精准的选项是很不科学的。这种情况下，表面上精准了，实际上结果是没有太大意义的。

而如果给出一定的"模糊度"，增加"一般""有待改进"等不是很精准的选项，就可以在精准和效率之间做出平衡，达到更好的调查效果。

下面通过小强的年龄分段简单介绍什么是模糊逻辑。首先，人的年龄可以分为少年、青年、中年、老年，而小强的年龄是 29，那么小强算是青年还是中年呢？如果没有模糊逻辑，小强应该算是青年，可如果小强今天过生日，难道过完生日就突然变成中年么？这显然不是很合理，在现实生活中，对于青年和中年的分界也没有那么精准。

首先看图 9-6 中的 A，其表示的是青年阶段人的年龄分布。如果一个人的年龄在 20 岁左右，那么一定是青年人。可随着岁数的增大，其属于青年的隶属度就越来越低，到达一定程度后就完

全不属于青年。

再看图 9-6 中 B 小强的年龄为 29 岁，即图中的虚线位置，其隶属于青年的隶属度为 0.6，隶属于中年的隶属度为 0.4，也就是说，大部分人们认为小强是青年，而少许人认为小强是中年。而如果没用应用模糊逻辑的情况如图 9-7 所示，如果小强是 29 岁就一定属于青年，而当其到 30 岁时（过了那一秒），马上就变成了中年，这显然过于生硬，不太科学。

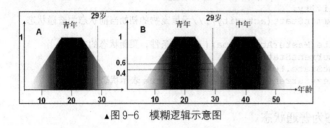

▲图 9-6　模糊逻辑示意图

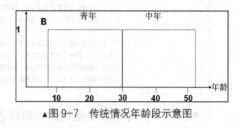

▲图 9-7　传统情况年龄段示意图

> 💡说明　所谓模糊逻辑，一般来说只是让事物分类不那么生硬、绝对，就像小强所属的年龄段一样，不会这一秒是青年，下一秒就变成了中年。在这变化期间，需要一个过渡的灰色时段。

一般情况下，在游戏中应用模糊逻辑的过程如下，如图 9-8 所示。

（1）得到游戏中的一个普通值，然后通过模糊集合分类规则，将这个值分配到近似的集合。

（2）使用这个模糊值，计算机就能够根据设定的规则产生一个结果。

▲图 9-8　基于规则的模糊逻辑

（3）这个结果可能是普通的，但更多的情况下仍然是模糊的，这时可以通过一定规则进行模糊化以得到一个普通值。

（4）在游戏中应用得到的这个普通值。

9.2.2　如何在 Android 中将游戏模糊化

接下来通过一个简单的例子来说明模糊逻辑在 Android 中的实现。本案例是"砸金花"游戏的简化，每次只发一张扑克牌。游戏开始时，系统随机发一张扑克牌，然后根据所发的牌自动判断输赢的概率（隶属度）。为了使读者的思路清晰，此处不考虑平局和花色的情况，且假设扑克牌的值的大小从 2～A 逐渐增大。

首先看一下各张扑克牌的输赢隶属度，如图 9-9 所示。随着所发扑克牌值的增大，玩家输的概率就

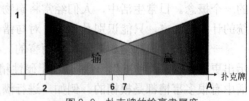

▲图 9-9　扑克牌的输赢隶属度

越小、赢的概率就越大。例如，玩家所发的牌为 7，则隶属于输集合的隶属度为 0.59，而隶属于赢集合的隶属度为 0.41。

下面就根据上述简化的"砸金花"模型开发一个小应用，具体步骤如下。

（1）创建一个名为 Sample_9_3 的 Android 项目。

（2）然后打开 main.xml 文件，用下列代码代替已有的代码。

> 📝代码位置：见随书源代码\第 9 章\Sample_9_3\app\src\main\res\layout 目录下的 main.xml。

```
1    <?xml version="1.0" encoding="utf-8"?>          <!-- XML 的版本以及编码方式 -->
2    <LinearLayout xmlns:android="http://schemas.android.com/apk/res/android"
```

9.2 游戏中的模糊逻辑

```
3        android:orientation="vertical"
4        android:layout_width="fill_parent"
5        android:layout_height="fill_parent"
6        >                                                  <!-- 添加一个垂直的线性布局 -->
7    <TextView
8        android:id="@+id/myTextView1"
9        android:layout_width="fill_parent"
10       android:layout_height="wrap_content"
11       android:text="请通过发牌按钮发牌"
12       android:textSize="40px"/>                           <!-- 添加一个表示扑克牌的文本 -->
13   <TextView
14       android:id="@+id/myTextView2"
15       android:layout_width="fill_parent"
16       android:layout_height="wrap_content"
17       android:text="赢的概率为："
18       android:textSize="40px"/>                           <!-- 添加一个输赢概率的文本 -->
19   <Button
20       android:id="@+id/button"
21       android:layout_width="wrap_content"
22       android:layout_height="wrap_content"
23       android:text="发牌"
24       android:textSize="40px"/>                           <!-- 添加一个发牌按钮 -->
25   </LinearLayout>
```

- 第2~6行定义一个垂直的线性布局。
- 第7~18行向垂直的线性布局中添加两个文本控件，分别用来显示扑克牌和输赢的概率。
- 第19~24行添加一个发牌按钮。

（3）开发完布局文件之后，接下来开发 Activity，打开 src\wyf\ytl 目录下的 Sample_9_3.java 文件，用下列代码代替原有代码。

代码位置：见随书源代码\第 9 章\Sample_9_3\app\src\main\java\wyf\ytl 目录下的 Sample_9_3.java。

```
1    package wyf.ytl;                                          //声明包语句
2    import android.app.Activity;                              //引入相关类
3    import android.os.Bundle;                                 //引入相关类
4    import android.view.View;                                 //引入相关类
5    import android.view.View.OnClickListener;                 //引入相关类
6    import android.widget.Button;                             //引入相关类
7    import android.widget.TextView;                           //引入相关类
8    public class Sample_9_3 extends Activity implements OnClickListener{
9        TextView myTextView1;                                 //表示扑克牌的
10       TextView myTextView2;                                 //表示输赢的概率
11       Button button;                                        //发牌按钮
12       String[] puKePai = new String[]{                      //表示扑克牌的数组
13           "2","3","4","5","6","7","8","9","10","J","Q","K","A"
14       };
15       int[] liShuDu = new int[]{                            //表示胜利的隶属度
16           0,8,16,24,32,41,49,
17           58,66,75,84,91,100
18       };
19       public void onCreate(Bundle savedInstanceState){      //重写的 onCreate 回调方法
20           super.onCreate(savedInstanceState);
21           setContentView(R.layout.main);
22           myTextView1 = (TextView) this.findViewById(       //得到文本控件的引用
23               R.id.myTextView1);
24           myTextView2 = (TextView) this.findViewById(       //得到文本控件的引用
25               R.id.myTextView2);
26           button = (Button) this.findViewById(R.id.button); //得到按钮的引用
27           button.setOnClickListener(this);
28       }
29       public void onClick(View v){
30           if(v == button){                                                  //单击了发牌按钮
31               int temp = (int)(Math.random()*puKePai.length);               //得到随机数
32               myTextView1.setText("您的牌为："+puKePai[temp]);               //取扑克牌
33               myTextView2.setText("赢的概率为： "+liShuDu[temp]+"%");//取隶属度
34   }}}
```

- 第 12 行为初始化扑克牌数组,用来表示 13 张扑克牌。
- 第 15 行为初始化各张牌的胜利的隶属度数组,考虑到演示的目的,此隶属度事先已经算好,而在实际的游戏开发中,可能需要非常复杂的算法来计算隶属度。
- 第 22~25 行得到各个控件的引用。
- 第 29~34 行为监听方法。当单击"发牌"按钮时,得到 0~12 的随机数,然后根据随机数得到扑克牌与赢的隶属度。

(4)运行该项目,单击"发牌"按钮将得到如图 9-10 所示的效果。

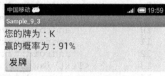

▲图 9-10 简单的模糊逻辑示例

9.3 游戏的基本优化技巧

本节先介绍游戏开发过程中的一些编程技巧,以及针对 Android 平台下游戏开发的一些常用的优化技术,然后对游戏的感知性能进行讨论,希望读者在学习本节之后,在代码开发方面能更上一层楼。

9.3.1 代码上的小艺术

代码也有其独有的艺术,而且每个开发人员都有其独特的编程风格,在程序员中流行一句话叫"欣赏高人写的代码也是一种享受"。要想编写出优美的代码也不是一件容易的事情,下面列出一些编程过程中最应该注意的问题。

1. 代码格式

在项目开发过程中,保持代码格式的整齐是一个良好的编程习惯。

2. 添加注释

为代码添加适当的注释是非常必要的,就算非常简单的代码也应该加上适当的注释,这样才能保证在日后对代码进行维护时,能快速理解代码的意图。

3. 编程要严谨

在项目的开发过程中,严谨的思维是很重要的,往往许多初学者并不注重此点,例如下列代码,读者可能不会发现什么不妥的地方。

```
1   public void test(){                                              //方法
2       File f = new File("c:\\test1.txt");                          //初始化 File 对象
3       int msg = 0;                                                 //创建临时变量
4       try {
5           FileOutputStream fout = new FileOutputStream(f);         //输出流
6           FileInputStream fin = new FileInputStream(f);            //输入流
7           fout.write(1);                                           //向文件写入 1
8           msg = fin.read();                                        //从文件中读取数据
9           System.out.println(msg);                                 //将读取的数据打印
10          fin.close();                                             //关闭输入流
11          fout.close();                                            //关闭输出流
12      } catch (FileNotFoundException e){                           //捕获异常
13          e.printStackTrace();                                     //打印异常信息
14      } catch(IOException e){
15          e.printStackTrace();                                     //打印异常信息
16      }}
```

其实,上面的代码是不太严谨的。可以想象,如果代码的第 8 行抛出异常,那么输入/输出流将永远不会被关闭。因此,实际开发时应该编写类似下列具有严谨风格的代码。

```
1   public void test(){                                              //方法
2       File f = new File("c:\\test1.txt");                          //初始化 File 对象
3       FileOutputStream fout = null;                                //声明输出流的引用
```

```
4            FileInputStream fin = null;                //声明输入流的引用
5            int msg = 0;                               //创建临时变量
6            try{
7                fout = new FileOutputStream(f);        //初始化文件输出流
8                fin = new FileInputStream(f);          //初始化文件输入流
9                fout.write(1);                         //向文件写入1
10               msg = fin.read();                      //从文件中读取数据
11               System.out.println(msg);               //将读取的数据打印
12           }catch(FileNotFoundException e){           //捕获异常
13               e.printStackTrace();                   //打印异常信息
14           }catch(IOException e){
15               e.printStackTrace();                   //打印异常信息
16           }finally{
17               try{
18                   if(fin != null){                   //当输入流不为空时
19                       fin.close();                   //关闭流
20                       fin = null;                    //并将输入流的引用置空
21                   }
22               }catch(IOException e){
23                   e.printStackTrace();               //打印异常信息
24               }
25               try{
26                   if(fout!= null){                   //当输出流不为空时
27                       fout.close();                  //关闭输出流
28                       fout = null;                   //将输出流的引用置空
29                   }
30               }catch(IOException e){                 //捕获异常
31                   e.printStackTrace();               //打印异常信息
32   }}}
```

> **提示** 读者可能会发现，正确严谨的代码会比普通的代码长出很多，但只有这样代码才是最安全的。

4. 尽量使用常量而非字面常量

开发过程中应该尽量避免直接重复使用同样的字面常量，需要时应该将其声明为常量（由 public、static、final 修饰）。一般在项目中，都应该设计一个常量类，将项目中所有类用到的常量放在其中统一管理。

> **提示** 开发一段实现指定功能的代码很容易，但是要想开发出既优美、又严谨的代码就不那么容易了，只有在平时练习时养成良好的编程习惯，才有可能在真正的项目中开发出优秀的、易维护的代码。

9.3.2 Android 中的查找表技术

本节将针对 Android 平台介绍在游戏开发中最常用的优化技巧——查找表技术。

查找表是一个比较古老的优化技巧，其基本思想是，事先对需要大量计算的算法进行运算并将结果存放在一个表中。在游戏中使用时，只要直接从表中取值，而不是每次重新运算，这样就可以大大提高运行速度。

例如，在游戏开发中，会经常需要计算三角函数值。这时，就可以通过查找表技术对游戏进行优化，提高游戏的运行速度。下面给出一个正弦三角函数查找表应用的例子，详细步骤如下。

（1）首先确定查找表的长度，即事先需要计算出多少个正弦三角函数值。本例中计算一周 8 个正弦值，如图 9-11 所示。

（2）为每个正弦三角函数计算其值并填写查找表，为了程序中使用方便，给 8 个值编上号，之后便可按编号顺序生成相应的数组

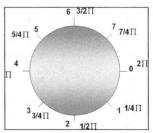

▲图 9-11 查找表示意图

代码，new double[]{0,0.707,1,0.707,0,–0.707,–1,–0.707}。

（3）新建名为 Sample_9_4 目录下的 Android 项目。

（4）打开 res/layout 目录下的 main.xml 文件，用下列代码代替已有代码。

代码位置：见随书源代码\第 9 章\Sample_9_4\app\src\main\res\layout 目录下的 main.xml。

```xml
1   <?xml version="1.0" encoding="utf-8"?>          <!-- XML 的版本以及编码方式 -->
2   <LinearLayout xmlns:android="http://schemas.android.com/apk/res/android"
3       android:orientation="vertical"
4       android:layout_width="fill_parent"
5       android:layout_height="fill_parent"
6       >                                            <!-- 添加一个垂直的线性布局 -->
7       <TextView
8           android:layout_width="fill_parent"
9           android:layout_height="wrap_content"
10          android:text="请输入需要计算的角度"
11          android:textSize="40px"/>                 <!-- 添加一个文本控件 -->
12      <EditText
13          android:id="@+id/myEditText1"
14          android:layout_width="150px"
15          android:layout_height="wrap_content"
16      />                                            <!-- 添加一个 EditText 控件 -->
17      <Button
18          android:id="@+id/myButton"
19          android:layout_width="wrap_content"
20          android:layout_height="wrap_content"
21          android:text="计算正弦"
22          android:textSize="40px"/>                 <!-- 添加一个 Button 控件 -->
23      <TextView
24          android:id="@+id/myEditText2"
25          android:layout_width="fill_parent"
26          android:layout_height="wrap_content"
27          android:text="运算结果为："
28          android:textSize="40px"/>                 <!-- 添加一个文本控件 -->
29  </LinearLayout>
```

- 第 2～6 行为添加一个垂直的线性布局。
- 第 7～28 行向垂直的线性布局中添加几个控件并为其设置 ID。

（5）开发完布局文件之后，应该开发 Activity 的代码，打开 src\wyf\ytl 目录下的 Sample_9_4.java 文件，在其中输入如下代码。

代码位置：见随书源代码\第 9 章\Sample_9_4\app\src\main\java\wyf\ytl 目录下的 Sample_9_4.java。

```java
1   package wyf.ytl;                                    //声明包语句
2   import android.app.Activity;                        //引入相关类
3   import android.os.Bundle;                           //引入相关类
4   import android.view.View;                           //引入相关类
5   import android.view.View.OnClickListener;           //引入相关类
6   import android.widget.Button;                       //引入相关类
7   import android.widget.TextView;                     //引入相关类
8   public class Sample_9_4 extends Activity implements OnClickListener{
9       TextView myTextView1;                           //TextView 的引用
10      TextView myTextView2;                           //TextView 的引用
11      Button myButton;//Button 的引用
12      double[] values = new double[]{0,0.707,1,       //查找表数组
13                  0.707,0,-0.707,-1,-0.707};
14      public void onCreate(Bundle savedInstanceState){ //重写的 onCreate 方法
15          super.onCreate(savedInstanceState);
16          setContentView(R.layout.main);
17          myTextView1 = (TextView) findViewById(       //得到 myTextView1 的引用
18                  R.id.myEditText1);
19          myTextView2 = (TextView) findViewById(       //得到 myEditText2 的引用
20                  R.id.myEditText2);
21          myButton = (Button) findViewById(R.id.myButton); //得到 myButton 的引用
22          myButton.setOnClickListener(this);           //添加监听
23      }
24      public void onClick(View v){
```

```
25              if(v == myButton){                        //按下"计算"按钮
26                  int temp = 0;                         //用户输入角度
27                  int index = 0;
28                  try{
29                      temp = Integer.parseInt(          //将myTextView1中的值转换成整数
30                          myTextView1.getText().toString());
31                  }
32                  catch(Exception e){}                  //如果不能转换成整数,则不转换
33                  temp = temp%360;                      //将角度换算成0°～360°
34                  index = temp/45;                      //得到索引值
35                  myTextView2.setText("运算结果为: "+values[index]);
36              }}}
```

- 第12～13行为之前生成的查找表数组。
- 第14～23行先得到各个控件的引用,然后为按钮控件添加监听器。
- 第25～35行先得到用户输入的角度,然后根据输入的角度计算出所属范围的编号,从查找表的数组中直接取得结果。

(6)最后运行该项目,在文本框中输入角度后单击"计算正弦"按钮,得到的结果如图9-12所示。

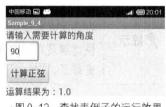

▲图9-12 查找表例子的运行效果

9.3.3 游戏的感觉和性能问题

游戏开发中主要影响可玩性的问题,就是感觉和性能的问题,可往往这两个问题最不容易解决。因为一个游戏可玩性的高低不仅与程序员开发的代码有关,同时与美工设计、音效设计以及情节设计都有很大关系,而且还与游戏的类型、性能有关。下面列举了几种可能的情况。

- 棋牌类的游戏可玩性的高低主要取决于程序员采用的AI算法,也就是说机器要有恰当的"智商",太聪明或太笨都不合适。
- RPG游戏程序员编程所起的作用要相对小一些,反而情节设计和美工设计占据的重要性要相对大一些。
- 实时对战类游戏不但要有精美的画面,恰当的音效、性能也是决定其可玩性的重要方面。玩家显然不希望在大量对战的游戏中看到不流畅的画面,因为画面中绘制的元素增多后,FPS(Frames Per Second,帧速率)就急速下降。

其实,性能中直接影响用户感觉的主要就是游戏的FPS。因为FPS的设置直接影响视觉效果,而往往这些参数的设置需要多年的经验以及反复的尝试。下面来通过一个FPS设置的例子简单介绍人眼对动画的感觉问题。

后面章节的太空战役游戏中,背后需要有一个大场景淡入/淡出的动画,而飞机飞行时需要在屏幕中按指定路线移动。如果采用相对较低的FPS,后面大场景的效果看起来会很好,而移动的飞机则会有些停顿。其实有经验的游戏开发人员都知道,淡入/淡出的动画在帧频很低时(10FPS左右)效果就不错,而移动物体的帧频则必须较高时(25FPS左右),才足以让人眼感觉不到生硬。

下面列出了一些游戏中常用的优化技术。

- 进度条的使用。

在游戏适当的地方添加上进度条,如后台需要长时间加载某些资源时,不应该使画面停顿,而是应该先将屏幕切换成进度条状态,然后在后台去加载需要的资源,当加载完成后通知前台界面切换屏幕至需要的屏幕。

- 后台线程的使用。

这种技术的目的也是使用户感觉到程序运行流畅,将耗时的工作从主线程中提取出来,放到后台线程中,使前台的用户界面不会失去响应,以提高用户体验。

- 对图片文件进行合并。

该技术对于内存较小、性能较低的移动设备尤其有用。将图片文件合并为一个大图文件会节省内存，在加载图片时，先将图元图片加载进内存，然后按照一定规则将图片分成适当的大小，并存储在图片数组中，再将大图片释放掉。

- 只绘制有用部分。

该技术提高游戏性能的效果是最明显的，按照一定的规则，每次需要绘制屏幕时，只绘制有用的部分，而没有用的地方一律不绘制，如屏幕外的图片不需绘制；绘制多层的场景时，下层中被上层遮住的部分不需要绘制等。

> **提示** 很多情况下"性能"的好坏与原始数据和编程使用的算法关系不大，而是与用户的感觉有很大关系。例如，上述将耗时的工作放在后台线程进行，让前台线程能快速满足用户界面响应的策略，并不一定提高了系统的实际整体性能。但用户体验变好了，"性能"也就提高了。

9.4 多点触控技术的使用

多点触控技术在日常生活中经常用到，比如众所周知的动态切水果游戏就是利用多点触控技术实现的。本节将为读者介绍的是直接重写 View 类中的 onTouchEvent 方法实现多点触控。其主要内容包括多点触控的一些基本知识以及一个简单的应用程序案例。

9.4.1 基本知识

首先需要说明的是多点触控需要 LCD 和应用软件两个支持才能实现，所以 Android2.0 以后的新款机型固件才在屏幕驱动中支持，同时模拟器无法实现多点触控的测试。

本小节介绍的 View 类中的方法 onTouchEvent 签名为：public boolean onTouchEvent(MotionEvent e)，参数 MotionEvent 继承树如图 9-13 所示。

在开发中首先需要说明的是：应用程序是多点触控还是单点触控，Android 2.2 以后可以用 event.getActionMasked() 表示用于多点触控检测点，而在 Android 1.6 和 Android 2.1 中并没有 getActionMasked 方法，而是用 event.getAction() &MotionEvent.Action_Mask 表示的。

▲图 9-13 MotionEvent 继承树

多点触控在开发的过程中需要使用 MotionEvent 类中的常量，其中常用的如表 9-1 所示。

表 9-1　　　　　　　　　　　MotionEvent 中常用的常量

属性名称	描述
ACTION_DOWN	触屏按下动作，表示触屏开始，单点触控与多点触控共用常量
ACTION_POINTER_DOWN	非主点触屏按下动作，表示触屏开始，多点触控常量
ACTION_MOVE	触屏按下并移动，单点触控与多点触控共用常量
ACTION_UP	离开屏幕，表示触屏结束，单点触控与多点触控共用常量
ACTION_POINTER_UP	一个非主点离开屏幕，表示触屏结束，多点触控常量

> **提示** 对于 MotionEvent 中的一些方法以及其他常量，由于篇幅有限，笔者将不再一一赘述，请读者自行查阅相关的 API。

9.4.2 一个简单的案例

下面将通过一个简单的案例 Sample_9_5，使读者进一步掌握多点触控的开发。在正式介绍此案例的开发步骤之前，首先请读者了解一下此案例的运行效果，如图 9-14、图 9-15 及图 9-16 所示。

▲图 9-14　案例运行效果 1

▲图 9-15　案例运行效果 2

▲图 9-16　案例运行效果 3

> 说明　图 9-14 为运行本案例后的初始界面效果，图 9-15 是初始放上 5 个手指后的效果，图 9-16 是再放上 5 个手指后的效果。

下面将向读者详细介绍本案例的具体开发，包括对记录触控点坐标及绘制触控点的 BNPoint 类、主控制类 Sample_9_5Activity 以及用于实现多点触控的显示界面类 MySurfaceView 等的开发，具体步骤如下。

（1）首先开发的是用于记录触控点坐标及绘制触控点的 BNPoint 类，该类包含了有参构造器、修改触控点位置的方法 setLocation 以及绘制触控点的方法 drawSelf，实现了对触控点的记录与绘制等功能，具体代码如下。

代码位置：见随书源代码\第 9 章\Sample_9_5\app\src\main\java\com\bn\sample_9_5 目录下的 BNPoint.java。

```
1    package com.bn.sample_9_5;                              //引入包
2    ……    //此处省略了导入类的代码，读者可自行查阅源代码
3    public class BNPoint{                                   //用于记录触控点坐标及绘制触控点的类
4        static final float RADIS=80;                        //触控点绘制半径
5        float x;                                            //触控点 x 坐标
6        float y;                                            //触控点 y 坐标
7        int color[];                                        //颜色 Alpha 通道、红色、绿色与蓝色值
8        int countl;                                         //记录按下的是第几个点
9        public BNPoint(float x,float y,int color[],int countl){//构造器
10           this.x=x;                                       //为触控点 x 坐标赋值
11           this.y=y;                                       //为触控点 y 坐标赋值
12           this.color=color;                               //为颜色数组赋值
13           this.countl=countl;                             //为记录点计数器赋值
14       }
15       public void setLocation(float x,float y){           //修改触控点位置的方法
16           this.x=x;                                       //重新为触控点 x 坐标赋值
17           this.y=y;                                       //重新为触控点 y 坐标赋值
18       }
19       public void drawSelf(Paint p,Paint p1,Canvas c){    //绘制触控点的方法
20           p.setARGB(180,color[1],color[2],color[3]);      //设置画笔颜色
21           c.drawCircle(x,y,RADIS,p);                      //绘制最外层的圆环
22           p.setARGB(150,color[1],color[2],color[3]);      //设置画笔颜色
23           c.drawCircle(x,y,RADIS-10,p);                   //绘制中间的圆环
24           c.drawCircle(x,y,RADIS-18,p1);                  //绘制最里面的圆环
25           c.drawText(countl+1+"",x,y-100,p1);             //绘制数字
26   }}
```

- 第 9～14 行为 BNPoint 类的有参构造器。在构造器中主要是为触控点的 x、y 坐标赋值，为颜色数组赋值以及为记录点计数器赋值。
- 第 15～18 行为修改触控点位置的方法，方法主要作用为修改触控点的 x、y 坐标的值。
- 第 19～26 行为绘制方法。该方法主要作用为设置画笔颜色，绘制最外层的、中间的、最里面的各个圆环并绘制其对应的数字。

（2）上面完成了记录触控点坐标和绘制触控点的 BNPoint 类的开发后，下面将要开发的是本案例中 Activity 对应的主控制类 Sample_9_5Activity。该类的主要功能为设置当前屏幕为全屏并为竖屏模式、获取当前屏幕的尺寸以及创建 MySurfaceView 对象等，具体代码如下。

代码位置：见随书源代码\第 9 章\Sample_9_5\app\src\main\java\com\bn\sample_9_5 目录下的 Sample_9_5Activity.java。

```
1    package com.bn.sample_9_5;                              //声明包
2    ……//此处省略了导入类的代码，读者可自行查阅随书源代码
3    public class Sample_9_5Activity extends Activity{
4        static float screenHeight;                          //屏幕高度
5        static float screenWidth;                           //屏幕宽度
6        public void onCreate(Bundle savedInstanceState){    //重写 onCreate 方法
7            super.onCreate(savedInstanceState);
8            //设置为全屏
9            requestWindowFeature(Window.FEATURE_NO_TITLE);
10           getWindow().setFlags(WindowManager.LayoutParams.FLAG_FULLSCREEN,
11                   WindowManager.LayoutParams.FLAG_FULLSCREEN);
12           //设置为竖屏模式
13           setRequestedOrientation(ActivityInfo.SCREEN_ORIENTATION_PORTRAIT);
14           DisplayMetrics dm=new DisplayMetrics();
15           getWindowManager().getDefaultDisplay().getMetrics(dm);  //获取屏幕尺寸
16           screenHeight=dm.heightPixels;                    //获取显示屏幕的高度
17           screenWidth=dm.widthPixels;                      //获取显示屏幕的宽度
18           MySurfaceView mySurfaceView=new MySurfaceView(this); //创建显示界面类对象
19           this.setContentView(mySurfaceView);              //设置要显示的 View
20       }}
```

说明　Sample_9_5Activity 类的开发相当简单，第 8～11 行设置为全屏显示，第 12～13 行设置为竖屏模式，第 14～17 行为获得当前屏幕的尺寸，第 18 行为创建 MySurfaceView 对象，第 19 行设置该 MySurfaceView 为显示的 View。

（3）接下来将要开发的就是实现多点触控的 MySurfaceView 类。该类包含了有参构造器、重新绘制的 repaint 方法、重写 View 类中的 onDraw 方法以及获取颜色编号的 getColor 方法等，具体代码如下。

代码位置：见随书源代码\第 9 章\Sample_9_5\app\src\main\java\com\bn\sample_9_5 目录下的 MySurfaceView.java。

```
1    package com.bn.sample_9_5;                              //声明包
2    ……//此处省略了导入类的代码，读者可自行查阅随书源代码
3    public class MySurfaceView extends SurfaceView implements SurfaceHolder.Callback{
4        ……//此处省略变量定义的代码，请自行查看源代码
5        public MySurfaceView(Sample_9_5Activity activity){//构造器
6            super(activity);
7            this.activity = activity;                      //初始化 Sample_9_5Activity 对象
8            this.getHolder().addCallback(this);            //设置生命周期回调接口的实现者
9            paint = new Paint();                           //创建画笔 paint
10           paint.setAntiAlias(true);                      //打开抗锯齿
11           paint1=new Paint();                            //创建画笔 paint1
12           paint1.setAntiAlias(true);                     //打开抗锯齿
13           paint1.setTextSize(35);                        //设置绘制字的大小
```

```
14          }
15          public void onDraw(Canvas canvas){              //绘制方法
16              canvas.drawColor(Color.BLACK);              //绘制背景颜色
17              paint.setStrokeWidth(10);                   //设置画笔 paint 的粗细度
18              paint.setStyle(Style.STROKE);               //设置画笔 paint 的风格
19              ……//此处省略了对画笔 paint1 的设置代码，请自行查看源代码
20              Set<Integer> ks=hm.keySet();                //获取 HashMap 对象 hm 键的集合
21              for(int i:ks){                              //遍历触控点 Map，对触控点一一进行绘制
22                  bp=hm.get(i);                           //取出第 i 个元素
23                  bp.drawSelf(paint,paint1, canvas);      //绘制触控点
24          }}
25          ……//此处省略了 onTouchEvent 方法，下面将详细介绍
26          public int[] getColor(){                        //获取颜色编号的方法
27              int[] result=new int[4];                    //创建存放颜色 RGBA 的数组
28              result[0]=(int)(Math.random()*255);         //随机获取颜色的 R 值
29              result[1]=(int)(Math.random()*255);         //随机获取颜色的 G 值
30              result[2]=(int)(Math.random()*255);         //随机获取颜色的 B 值
31              result[3]=(int)(Math.random()*255);         //随机获取颜色的 A 值
32              return result;                              //返回数组
33          }
34          public void repaint(){                          //自己为 SurfaceView 写的重绘方法
35              SurfaceHolder holder=this.getHolder();
36              Canvas canvas = holder.lockCanvas();        //获取画布
37              try{
38                  synchronized(holder){                   //上锁
39                      onDraw(canvas);                     //绘制
40              }}catch(Exception e){                       //捕获异常
41                  e.printStackTrace();                    //打印异常信息
42              }
43              finally{
44                  if(canvas != null){                     //画布不为 null 时
45                      holder.unlockCanvasAndPost(canvas); //解锁
46          }}}
47          public void surfaceChanged(SurfaceHolder arg0,int arg1,int arg2,int arg3){
48              this.repaint();                             //重绘画面
49          }
50          public void surfaceCreated(SurfaceHolder holder){  //创建时被调用}
51          public void surfaceDestroyed(SurfaceHolder arg0){  //销毁时被调用}
52      }
```

● 第 5～14 行为 MySurfaceView 类的有参构造器。该构造器的主要作用为设置生命周期回调接口的实现者、初始化 Sample_9_5Activity 对象以及创建画笔并打开抗锯齿等。

● 第 15～24 行为重写 View 类中的 onDraw 方法。该方法的主要作用为绘制背景颜色、设置画笔 paint 的粗细度和风格、获取 HashMap 对象 hm 键的集合并循环遍历触控点 Map，对触控点一一进行绘制。

● 第 26～33 行为获取颜色编号的 getColor 方法。该方法的主要作用为创建存放颜色 RGBA 的数组，随机获取颜色的 RGBA 值并返回该数组。

● 第 34～46 行为重新绘制的 repaint 方法。该方法实现的功能主要为获取画布并锁上该画布，然后调用 onDraw 方法进行绘制，绘制结束后为画布解锁。

● 第 47～51 行为重写 SurfaceHolder.Callback 生命周期回调接口中的抽象方法。在改变时被调用的 surfaceChanged 方法中调用了 repaint 方法进行绘制界面。

（4）下面将向读者开发的是上面代码中第 25 行省略的 onTouchEvent 方法，该方法为 MySurfaceView 类中的重要方法之一，是本案例的重点。请读者详细解读下面的开发，进一步加深对多点触控的了解与掌握，具体代码如下。

代码位置：见随书源代码\第 9 章\Sample_9_5\app\src\main\java\com\bn\sample_9_5 目录下的 MySurfaceView.java。

```
1   public boolean onTouchEvent(MotionEvent e){                 //触控方法
2       int action=e.getAction()&MotionEvent.ACTION_MASK;       //获取触控的动作编号
```

```
3          //获取主、辅点id(down时主辅点id皆正确,up时辅点id正确)
4          int id=(e.getAction()&MotionEvent.ACTION_POINTER_ID_MASK)
5                  >>>MotionEvent.ACTION_POINTER_ID_SHIFT;      //>>>的意思是无符号右移
6          switch(action){
7              case MotionEvent.ACTION_DOWN:                    //主点down
8                  //向Map中记录一个新点
9                  hm.put(id, new BNPoint(e.getX(id),e.getY(id),getColor(),count1++));
10                 break;
11             case MotionEvent.ACTION_POINTER_DOWN:            //辅点down
12                 if(id<e.getPointerCount()-1){
13                     HashMap<Integer,BNPoint> hmTemp=new HashMap<Integer,BNPoint>();
14                     Set<Integer> ks=hm.keySet();    //获取HashMap对象hm键的集合
15                     for(int i:ks){                  //遍历触控点Map,对点进行排序
16                         if(i<id){                   //当前触控点大于i
17                             hmTemp.put(i, hm.get(i));       //点保持不变
18                         }else{                              //当前触控点小于等于i
19                             hmTemp.put(i+1, hm.get(i));     //点向后移一位
20                         }}
21                     hm=hmTemp;                              //重新为hm赋值
22                 }
23                 //向Map中记录一个新点
24                 hm.put(id, new BNPoint(e.getX(id),e.getY(id),getColor(),count1++));
25                 break;
26             case MotionEvent.ACTION_MOVE:                   //主/辅点move
27                 Set<Integer> ks=hm.keySet();        //获取HashMap对象hm键的集合
28                 for(int i:ks){                      //遍历触控点Map,更新其位置
29                     hm.get(i).setLocation(e.getX(i), e.getY(i));//更新点的位置
30                 }
31                 break;
32             case MotionEvent.ACTION_UP:                     //主点up
33                 hm.clear();                                 //清空hm
34                 count1=0;                                   //计数器为0
35                 break;
36             case MotionEvent.ACTION_POINTER_UP:             //辅点up
37                 hm.remove(id);                              //从Map中删除对应id的辅点
38                 HashMap<Integer,BNPoint> hmTemp=new HashMap<Integer,BNPoint>();
39                 ks=hm.keySet();                 //获取HashMap对象hm键的集合
40                 for(int i:ks){                  //遍历触控点Map,将编号往前顺,不空着
41                     if(i>id){                   //当前触控点小于i
42                         hmTemp.put(i-1, hm.get(i));     //点向前移一位
43                     }else{                              //当前触控点大于等于i
44                         hmTemp.put(i, hm.get(i));       //点位置不变
45                     }}
46                 hm=hmTemp;                              //重新为hm赋值
47                 break;
48         }
49         repaint();                                          //重绘画面
50         return true;                                        //返回true
51     }
```

- 第2~5行为首先获取触控的动作编号,然后获取主、辅点id,其中down时主辅点id皆正确,up时辅点id正确,主点id要查询Map中剩下的一个点的id。
- 第7~10行为获取的触控动作编号为主点down时,向Map中记录一个新点。
- 第11~25行为获取的触控动作编号为辅点down时,首先将Map中的编号往后顺,即相当于给触控点进行排序,然后向Map中记录一个新点。
- 第26~31行为获取的触控动作编号为主/辅点move时,更新Map中触控点的位置。
- 第32~35行为获取的触控动作编号为主点up时,清空Map,并将计数器设置为0。
- 第36~47行为获取的触控动作编号为辅点up时,首先从Map中删除对应id的辅点,然后将Map中的编号往前顺,不空着。
- 第49~50行为调用重新绘制的repaint方法进行绘制界面,并返回true。

9.5 本章小结

本章主要介绍了游戏开发的几个小秘技,包括有限状态机的开发实现、模糊逻辑、游戏的性能优化以及多点触控,使读者了解到游戏开发所涉及的几个重要领域。同时提醒读者,开发一款优秀的游戏是需要对游戏相关各个领域知识进行综合运用的。

第 10 章 JBox2D 物理引擎

汽车引擎是汽车的心脏。它决定了汽车的性能和稳定性,是人们在购车时最关注的因素之一。而游戏中的物理引擎就如汽车引擎一样,占据了非常重要的位置。一款好的物理引擎可以非常真实地模拟现实世界,使得游戏更加逼真,提供更好的娱乐体验。

10.1 物理引擎很重要

本节将为读者简单介绍物理引擎的一些基本概念,例如什么是物理引擎、常见的物理引擎有哪些以及涉及的基本物理学概念有哪些等。

10.1.1 什么是物理引擎

物理引擎通过给物体赋予真实的物理属性来模拟物体的运动,包括碰撞、移动、旋转等。并不是所有的游戏都必须使用独立的物理引擎,一些简单的游戏的物理功能可以通过自行开发碰撞检测及实现力学公式来实现对刚体及质点的模拟,就像前面的某些案例。

当游戏需要实现比较复杂的刚体碰撞、滚动或者弹跳时,通过全部自行编程的方式实现就非常困难,成本也很高。遇到这种情况时,就可以使用独立的物理引擎来模拟物体的运动。使用物理引擎不仅可以得到更加真实的结果,对于开发人员来说,也比自行开发要耗时短、效率高。

一款好的物理引擎不仅会帮助实现碰撞检测、力学公式模拟,而且还会提供很多机械结构的实现,如滑轮、齿轮、铰链等。这些主要是通过关节来实现的,详细内容在后续部分进行介绍。更高级的物理引擎不但可以提供刚体的模拟,甚至还可以提供软件和流体的模拟,这些都能帮助游戏大大提升真实感和吸引力。

10.1.2 常见的物理引擎

市面上存在的物理引擎数量是很多的,著名的物理引擎有 Havok、Bullet、PhysX、ODE 以及 Box2D 等。其中 ODE、Bullet、Box2D 是开源的物理引擎,而 PhysX 的前身是 Novodex。当被 Ageia 收购之后改名为 PhysX,是一款可以免费用于非商业用途的引擎,商业用途及源代码需要付费,Havok 在许可方面也是如此。上述几种物理引擎的基本信息如表 10-1 所示。

表 10-1　　　　　　　　　知名物理引擎的基本信息

物理引擎名称	Havok	PhysX	Bullet	Box2D	ODE
持有公司/人员	Intel	Nvidia	AMD	Erin Catto	Russell Smith
是否开源	否	否	是	是	是
是否支持 C/C++	是	是	是	是	是
最新版本	5.5	9.13.1220	2.82	2.3.0	2.1
文档情况	详细	详细	尚可	尚可	一般

> **提示** 三大 3D 物理引擎为 Havok、PhysX 和 Bullet。另外，2008 年 2 月 4 日，NVIDIA 成功收购 AGEIA，支援 CUDA 技术的显卡，就可以启动硬件 PhysX 加速。

1. Havok

Havok 成立于 1998 年，总部位于都柏林。在 2000 年的游戏开发者大会上发布了 Havok 1.0，最新版本为 Havok 5.5。该引擎基于 C/C++。2007 年 9 月，Intel 宣布成功收购 Havok。之后，Intel 宣布 Havok 引擎开放源代码，并允许游戏开发人员免费用于非商业用途。

因为 Havok 全面为多线程与多平台优化，所以 Havok 对各种先进的游戏平台提供了全面的支持，其中包括 XBOX360 数字游戏娱乐系统、PlayStation3 娱乐系统、Windows 系列、iOS 以及 Mac OS 与 Linux 等顶尖的平台。2011 年 3 月 6 日，Intel 宣布 Havok 引擎开始支持 Android 平台。

由于 Havok 的开放性和不依赖于特定硬件的特点，很多大型游戏均使用 Havok 引擎，如著名的有《星际争霸 2》《暗黑破坏神 3》等，效果分别如图 10-1 和图 10-2 所示。

▲图 10-1 星级争霸 2

▲图 10-2 暗黑破坏神 3

2. PhysX

PhysX 不仅可以由 CPU 计算，而且其程序本身在设计上可以使用独立的浮点处理器来计算（如 PhysX 技术可利用 GPU 的处理能力来执行复杂的物理特效计算）。正是由于这个原因，它可以非常轻松地完成像流体力学那样计算量非常大的物理模拟计算。该引擎可以在 Windows、Linux、XBOX360、Playstation3 以及 Mac 等多种平台上运行。

《无知之地 2》《地铁：最后光芒》等流行游戏均采用 PhysX 技术。该技术可为游戏带来充满动感的爆炸、撞击破坏效果、基于粒子的流体效果以及逼真的动画，令游戏场景仿真度极高，给玩家身临其境的感觉。脍炙人口的游戏《雪域危机》和《虚幻竞技场 3》采用的就是 PhysX 引擎，运行效果如图 10-3 和图 10-4 所示。

▲图 10-3 《雪域危机》

▲图 10-4 《虚幻竞技场 3》

3. Bullet

Bullet 是一款开源的 3D 物理引擎，是 AMD 开放物理计划的成员之一。同时其也是一个跨平台的物理引擎，支持 Windows、Linux、MAC、PlayStation3、XBOX360 以及 Nintendo wii 等主流游戏平台。主要特色包括支持滚动摩擦、齿轮约束、力和力矩的联合反馈、可选的科里奥利力以及快速移动物体的投机性接触等，便于进行高质量的物理模拟。

使用 Bullet 物理引擎开发的游戏主要有《激流 GP2》，其运行效果如图 10-5 所示，从画面中可以看出。同时使用该引擎制作的电影也不乏好莱坞大作，如电影《2012》就是使用的该引擎，效果如图 10-6 所示。

▲图 10-5　《激流 GP2》　　　　　　　　　　▲图 10-6　电影《2012》场景

4. ODE

ODE（Open Dynamic Engine）是一款免费的具有工业品质的刚体动力学引擎。它可以非常好地仿真现实中物体的移动、旋转等，具有快速、强健和可移植性的特点，并且内置碰撞检测系统。

ODE 目前可以支持球窝、铰链、滑块、定轴、角电机和 hinge-2 等连接类型，还可以支持各种碰撞形式（如球面碰撞和平面碰撞）和多个碰撞空间。使用 ODE 来进行物理模拟的游戏有《泰坦之旅》《粘粘世界》等，运行效果如图 10-7 和图 10-8 所示。

▲图 10-7　《泰坦之旅》　　　　　　　　　　▲图 10-8　《粘粘世界》

5. Box2D

Box2D 是一款非常著名的 2D 物理引擎，主要用于 2D 刚体仿真，有 C++、Flash 和 Java 等版本。它可以使物体的运动更加真实、可信，让世界看起来更具有交互性。Box2D 最早是用可移植的 C++开发的，后来随着需求的变化陆续推出了 Java 与 Flash 的版本。同时，Box2D 也是本书准备详细介绍的物理引擎。

出自于法国设计师之手的游戏《搬运鼠》，一经推出便风靡欧洲。它就是基于该物理引擎开发的。此外，由 RovioMobile 开发的《愤怒的小鸟》，相对于前者更是风靡全球，其物理引擎同样是 Box2D，运行效果如图 10-9 和图 10-10 所示。

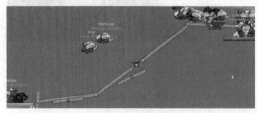 

▲图 10-9　《搬运鼠》　　　　　　　　　　▲图 10-10　《愤怒的小鸟》

10.2 2D 的王者 JBox2D

JBox2D 是一款开源的 2D 物理引擎（可以理解为 Box2D 的 Java 版）。它能够根据开发人员设定的参数，如重力、密度、摩擦系数和恢复系数等，自动地进行 2D 刚体物理运动的全方位模拟。

学习物理引擎时，首先需要弄明白的就是其中需要用到的一些基本概念。因此，本节将首先复习一些物理学中的基本概念。回顾了几个基本的物理学概念后，还会介绍一些 JBox2D 中的常用类，为后面在实际应用中使用 JBox2D 打下基础。

10.2.1 基本的物理学概念

很多游戏都是对现实世界的仿真，其中用到了许多物理学知识，如密度、质量、质心、摩擦力、扭矩以及恢复系数等。接下来本小节将简要介绍用 JBox2D 开发游戏时，经常涉及的一些物理学概念。

1. 密度

物理学中密度指的是单位体积的质量，符号为"ρ"，常用单位为 kg/m^3。它是物质的一种物理属性，不随物体形状和空间地理位置的变化而变化，但会随着物质的状态、温度和压强的变化而变化。不同物质的密度一般不同，而同种物质在相同状态下的密度则是相同的。

2. 质量

质量指的是物体中所含物质的量，即物体惯性的大小，国际单位为 kg。同一物体的质量通常是个常量，不因高度、经度或者纬度的变化而变化。但是根据爱因斯坦的相对论，同一物体的质量会随着速度的改变而改变。只有运动接近光速，才能感觉到这种变化，因此在游戏中一般不考虑速度对质量的影响。

3. 质心

物体（或物体系）的质量中心，是研究物体（或物体系）机械运动的一个重要参考点。当作用力（或合力）通过该点时，物体只作移动而不发生转动，否则在发生移动的同时，物体将绕该点转动。研究质心的运动时，可将物体的质量看作集中于质心。理论上，质心是对物体的质量分布用"加权平均法"求出的平均中心。

4. 摩擦力

当两个互相接触的物体，如果要发生或者已经发生相对运动，就会在接触面上产生一种阻碍该相对运动的力，这种力就称之为摩擦力。其基本情况如图 10-11 所示。

5. 扭矩

扭矩在物理学中就是力矩的大小，等于力与力臂的乘积，国际单位是 N·m（牛·米）。在力臂不变的情况下，力越大，扭矩越大。扭矩示意图如图 10-12 所示。

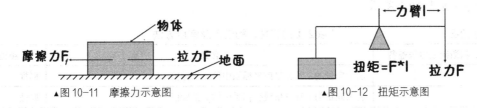

▲图 10-11 摩擦力示意图　　　　　　▲图 10-12 扭矩示意图

6. 恢复系数

两物体碰撞后的总动能与碰撞前的总动能之间的比称之为恢复系数，其取值范围为 0~1。如果恢复系数为 1，则碰撞为完全弹性碰撞，满足机械能守恒；如果恢复系数小于 1 并且大于 0，则为非完全弹性碰撞,不满足机械能守恒,这种情况时最常见的;如果恢复系数为 0,则为完全非弹性碰撞,两个物体会粘在一起。两物体各种碰撞情况如图 10-13 所示。

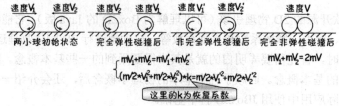

▲图 10-13　各种碰撞情况

> **说明**　在图 10-13 中,两个小球质量相等,小球的初速度 V_1 大于 V_2。

10.2.2　JBox2D 中常用类的介绍

俗话说得好"基础不牢,地动山摇"。在学习新技术时,首先要学习的就是该技术的一些基本概念和知识,这对于使用 JBox2D 物体引擎有着非常重要的作用,因此本小节将主要介绍 JBox2D 中一些必知必会的类。

> **提示**　由于 JBox2D 中的类非常多,故本节中仅仅能列出笔者觉得重要的一些。如果读者想进一步了解其他的类可以去查看 JBox2D 源代码,这也是开源项目的一大好处。笔者自己通过阅读源代码就学到了很多有用的知识。

1. 二维向量——Vec2 类

Vec2 类表示二维向量或者二维笛卡儿坐标,由两个 float 类型的数组成,支持+=、—=和*=操作符。同时还包括一些方法,例如获取向量长度的方法、将向量设置为零向量的方法等。二维向量 Vec2 类的基本含义如图 10-14 所示。

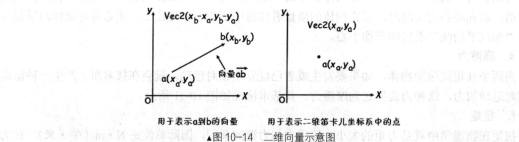

▲图 10-14　二维向量示意图

该类在 JBox2D 中的使用频率非常高,通常用于表示物体的位置、速度等,其属性、构造器及常用方法如表 10-2 所示。

表 10-2　　　　　　　　　　Vec2 类的属性、构造器及常用方法

属性、构造器或方法签名	含义	类型
float x	表示向量的 x 轴分量或坐标系中的 x 坐标值	属性
float y	表示向量的 y 轴分量或坐标系中的 y 坐标值	属性
Vec2()	创建 Vec2 类对象	构造器
Vec2 (float x, float y)	创建 Vec2 类对象,x(y) 参数表示向量的 x(y) 轴分量或坐标系中的 x(y) 坐标值	构造器

续表

属性、构造器或方法签名	含义	类型
void setZero()	将向量设置为零向量	方法
Vec2 set (float x, float y)	设置两个分量值，x 参数为向量的 x 轴分量或坐标系中的 x 坐标值，y 参数为向量的 y 轴分量或坐标系中的 y 坐标值	方法
float length()	计算向量的长度，返回值为计算出的长度值	方法
float lengthSquared()	计算向量长度的平方，返回值为计算出的长度的平方	方法
float normalize()	将此向量转化为单位向量，返回值为原向量的长度值	方法
Vec2 skew()	计算向量的垂直向量，返回值为向量的垂直向量（其 x 分量为原向量的 -y，y 分量为原向量的 x 值）	方法
boolean isValid()	检测向量的数据是否合法，若合法则返回 true，否则返回 false	方法

2. 包围盒——AABB 类

该类表示轴对齐的包围盒，也就是边界盒子。所谓的轴对齐是指盒子左、右边界与 y 轴平行，同时上、下侧边界与 x 轴平行，基本情况如图 10-15 所示。因为其主要功能为加速碰撞检测，所以包围盒应该永远大于等于物体实际所占的区域。

该类中除了包括包围盒的左下角顶点坐标和右上角顶点坐标，同时也包括了计算中心点坐标的方法、计算包围盒周长的方法等，其属性及常用方法如表 10-3 所示。

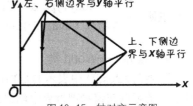

▲图 10-15 轴对齐示意图

表 10-3　　　　　　　　　　AABB 类的属性及常用方法

属性或方法签名	含义	类型
Vec2 lowerBound	表示包围盒的左下角顶点	属性
Vec2 upperBound	表示包围盒的右上角顶点	属性
Vec2 getCenter()	计算包围盒的中心点坐标，返回值为计算出的中心点坐标值	方法
Vec2 getExtents()	计算出从包围盒中心点指向包围盒右上角的向量，返回值为计算出的向量	方法
float getPerimeter()	计算包围盒的周长，返回值为计算出的周长值	方法
boolean isValid()	判断包围盒的数据是否合法，合法则返回 true，否则返回 false	方法

3. 刚体描述——BodyDef 类

该类的实例主要用于存储一些刚体的属性信息，在创建刚体时一般要通过该类的实例给出刚体的相关属性信息。这些属性信息主要包括刚体位置的坐标值、线速度值、角速度值、线性阻尼值以及角度阻尼值等，常用属性及构造器如表 10-4 所示。

表 10-4　　　　　　　　　　BodyDef 类的属性及构造器

属性或构造器	含义	类型
BodyType type	表示刚体类型，默认值是静态的（staticBody）	属性
Vec2 position	表示刚体位置的坐标值，默认值是 Vec2 (0.0f,0.0f)	属性
float angle	表示姿态（弧度值），默认值是 0.0f	属性
Vec2 linearVelocity	表示线速度值，默认值是 Vec2 (0.0f, 0.0f)	属性
float angularVelocity	表示角速度值，默认值是 0.0f	属性
float linearDamping	表示线性阻尼值，默认值是 0.0f	属性

续表

属性或构造器	含义	类型
float angularDamping	表示角度阻尼值,默认值是 0.0f	属性
boolean allowSleep	表示是否允许休眠,默认值是 true	属性
boolean awake	表示是否被唤醒,默认值是 true	属性
boolean fixedRotation	表示是否锁定旋转,默认值是 false	属性
boolean bullet	表示刚体是否充当类似子弹等运行速度很快的物体,默认值是 false。此属性只应被动态物体设置	属性
boolean active	表示是否被激活,默认值是 true	属性
float gravityScale	表示加在刚体上的重力值系数,默认值是 1.0f	属性
Object userData	用来存储用户数据,默认值是 NULL	属性
BodyDef()	用于创建刚体描述对象	构造器

> **说明** BodyType 表示刚体类型。刚体类型有 3 种,分别是静态物体(staticBody)、动态物体(dynamicBody)和不受重力影响匀速直线运动的物体(kinematicBody)。

4. 世界——World 类

该类在 JBox2D 中表示的是物理世界。一个物理世界就是物体、形状和约束相互作用的集合,开发人员可以在该物理世界中创建或者删除所需的刚体或关节以实现所需的物理模拟。要注意的是,创建一个物理世界对象,必须要给出其重力向量(若没有重力可以给 0 值)。

World 类的构造器及常用方法如表 10-5 所示。

表 10-5　　　　　　　　　　World 类的构造器及常用方法

构造器或方法签名	含义	类型
World (Vec2 gravity)	创建 World 对象,gravity 参数表示要设置的重力向量	构造器
Body createBody (BodyDef def)	创建刚体,返回值为刚体对象,def 参数表示对应刚体描述类的引用	方法
void destroyBody (Body body)	删除刚体,body 参数表示要删除刚体对象的引用	方法
Joint createJoint (JointDef def)	创建一个关节,返回值表示所创建关节的对象,def 参数表示对应关节描述类的引用	方法
void destroyJoint (Joint joint)	删除指定关节,joint 参数表示要删除关节对象的引用	方法
Body getBodyList()	获取刚体的列表,返回值为刚体列表第一个元素的引用	方法
Joint getJointList()	获取关节的列表,返回值为关节列表第一个元素的引用	方法
Contact getContactList()	获取碰撞的列表,返回值为碰撞列表第一个元素的引用	方法
int getProxyCount()	获取代理的数量,返回值为获取的代理数量值	方法
int getBodyCount()	获取刚体的数量,返回值为获取的刚体数量值	方法
int getJointCount()	获取关节的数量,返回值为获取的关节数量值	方法
int getContactCount()	获取碰撞的数量,返回值为获取的碰撞数量值	方法
int getTreeHeight()	获取嵌入树的高度,返回值为获取的嵌入树的高度值	方法
int getTreeBalance()	获取嵌入树的平衡值,返回值为获取的嵌入树的平衡值	方法
float getTreeQuality()	获取嵌入树的质量,返回值为获取的嵌入树的质量值	方法
void setGravity (Vec2 gravity)	设置物理世界的重力向量	方法

续表

构造器或方法签名	含义	类型
Vec2 getGravity()	获取物理世界的重力向量，返回值为获取的重力向量值	方法
Profile getProfile()	获取当前配置	方法
void step (float timeStep, int velocityIterations, int positionIterations)	进行一轮迭代模拟，timeStep 参数为模拟的时间步进，velocityIterations 参数为速度模拟计算的迭代次数，positionIterations 参数为位置模拟计算的迭代次数	方法

该类除了表 10-5 所示的常用方法，还有其他诸多方法。这些方法对于注册监听器和过滤器、实现开发人员特定的功能有着很大的帮助，World 类的其他常用方法如表 10-6 所示。

表 10-6　　　　　　　　　　　　　World 类的其他常用方法

方法	含义
void setDestructionListener (DestructionListener listener)	注册摧毁监听器，listener 参数表示要设置的摧毁监听器对象的引用
void setContactFilter (ContactFilter filter)	注册碰撞过滤器，filter 参数表示要设置的碰撞过滤器对象的引用
void setContactListener (ContactListener listener)	注册碰撞监听器，listener 参数表示要设置的碰撞监听器对象的引用
void clearForces()	清除作用力
void setAllowSleeping (boolean flag)	开启/禁用物体休眠，flag 参数为 true 则表示开启，否则表示禁用
boolean getAllowSleeping()	查看是否开启物体休眠，若开启了物体休眠则返回 true，否则返回 false
void setWarmStarting (boolean flag)	开启/禁用用于测试的热启动，flag 参数为 true 则表示开启，否则表示禁用
boolean getWarmStarting()	查看是否开启了用于测试的热启动，若开启了热启动则返回 true，否则返回 false
void setContinuousPhysics (boolean flag)	开启/禁用连续物理模拟，flag 参数为 true 则表示开启，否则表示禁用
boolean getContinuousPhysics()	查看是否开启了连续物理模拟，若开启则返回 true，否则返回 false
void setSubStepping (boolean flag)	开启/禁用连续单步物理模拟，flag 参数为 true 则表示开启，否则表示禁用。这个仅用于测试，不应该在正式发布的产品中使用
boolean getSubStepping()	查看是否开启了连续单步物理模拟，若开启了则返回 true，否则返回 false
void setAutoClearForces (boolean flag)	设置每一个时间步后是否自动清除力，flag 参数为 true 表示自动清除力，为 false 则表示不自动清除力
boolean getAutoClearForces()	获取在每个时间步之后是否自动清除力，若是则返回 true，否则返回 false
boolean isLocked()	检测世界是否被锁定，若被锁定则返回 true，否则返回 false
void shiftOrigin(Vec2 newOrigin)	改变世界的原点坐标，newOrigin 参数为新的坐标原点
ContactManager getContactManager()	获取碰撞管理器，返回值为获得的碰撞管理器对象
void queryAABB(QueryCallback callback, AABB aabb)	查询物理世界中所有可能与指定 AABB 包围盒重叠的刚体，callback 参数表示查询回调对象的引用，aabb 参数为指定的 AABB 包围盒
void rayCast(RayCastCallback callback, Vec2 point1, Vec2 point2)	查询物理世界中所有可能被指定射线射中的刚体，callback 参数表示查询回调对象的引用，point1 为射线的起点坐标，point2 为射线的终点坐标

5. 形状——Shape 类

JBox2D 物理引擎中，刚体都需要有指定的形状。形状有 4 种可能的选择，包括圆形、多边形、线段形和链形。这 4 种形状对应的实现类都继承自 Shape，相关继承树如图 10-16 所示。

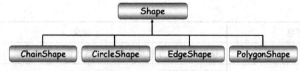

▲图 10-16　Shape 类的继承树

从图 10-16 中可以看出，圆形、多边形、线段形和链形对应的形状实现类分别为 CircleShape、PolygonShape、EdgeShape 和 ChainShape。可以推测出，Shape 类中包含了一些 4 种形状类都需要的属性和方法，常用的如表 10-7 所示。

表 10-7　Shape 类的常用属性和方法

属性或方法签名	含义	类型
ShapeType m_type	表示形状类型	属性
float m_radius	表示形状的半径	属性
Shape clone ()	使用分配器来克隆形状，返回值为克隆的形状对象的引用。	方法
ShapeType getType()	获取当前形状的类型，返回值为形状类型	方法
int getChildCount()	获取孩子顶点元素的数量，返回值为获取的孩子顶点元素的数量	方法
boolean testPoint(final Transform xf, final Vec2 p)	判断指定点是否在形状包含的区域范围内，若在则返回 true，否则返回 false。xf 参数为给定的变换，p 参数为指定的点	方法
boolean rayCast(RayCastOutput output, RayCastInput input, Transform transform, int childIndex)	判断形状是否与指定的射线相交，若是则返回 true，否则返回 false。output 参数为计算结果类对象的引用，此类中包含了交点对应的射线参数、方程参数值以及射线与形状相交的法线 input 参数为射线的相关信息类的对象，其中包含了射线的起点、终点以及允许的相交时射线参数方程的最大参数值 transform 为给定的变换，childIndex 参数为孩子的索引值	方法
void computeAABB(AABB aabb, Transform xf, int childIndex)	计算形状的 AABB 包围盒，aabb 参数为计算结果对象的引用，xf 参数为给定的变换，childIndex 参数为孩子的索引值	方法
void computeMass(MassData massData, float density)	计算形状的质量，massData 参数为计算结果对象的引用，density 为给定的密度值	方法

6. 圆形——CircleShape 类

圆形的实现类是 CircleShape，其对象主要用于存储描述圆形形状所需的一些信息，同时其中还提供了一些实用方法，常用的方法和属性如表 10-8 所示。

表 10-8　CircleShape 类属性、构造器及常用方法

属性、构造器或方法签名	含义	类型
Vec2 m_p	表示位置坐标	属性
CircleShape()	创建圆形类的对象	构造器
int getVertexCount()	获取顶点的数量，对于圆形返回值总为 1	方法
Vec2 getVertex (int index)	根据指定索引值获取对应顶点的坐标，返回值为获取的顶点坐标，index 参数表示要获取顶点的索引值	方法
int getSupport (Vec2 d)	根据给出的方向向量获取指定方向上的支撑点索引，参数 d 为给定的方向向量	方法
Vec2 getSupportVertex (Vec2 d)	根据给出的方向向量获取指定方向上的支撑点，返回值为支撑点的坐标，参数 d 为给定的方向向量	方法

7. 多边形——PolygonShape 类

多边形的实现类是 PolygonShape，其对象主要用于存储描述多边形形状所需的一些信息，同时其中还提供了一些实用方法，常用的方法和属性如表 10-9 所示。

表 10-9　　　　　　　　　　PolygonShape 类属性、构造器及常用方法

属性、构造器或方法签名	含义	类型
Vec2 m_centroid	表示多边形的质心坐标	属性
Vec2 m_vertices[]	表示构成多边形的顶点数组	属性
Vec2 m_normals[]	表示多边形的法线数组	属性
int m_count	表示多边形的顶点总数	属性
PolygonShape()	创建多边形类的对象	构造器
void set (Vec2 points, int3 count)	根据指定的顶点序列和顶点数量创建多边形对象，points 参数表示顶点序列中第一个顶点坐标的引用，count 参数表示顶点的数量	方法
void setAsBox (float hx, float hy)	将多边形设置为矩形，hx 参数表示表示矩形的半宽，hy 参数表示表示矩形的半高	方法
void setAsBox (float hx, float hy, Vec2 center, float angle)	将多边形设置为指定位置、姿态的矩形，hx 参数表示矩形的半宽，hy 参数表示矩形的半高，center 参数表示矩形的中心点坐标（以局部坐标系计），angle 参数表示矩形的旋转角度（以局部坐标系计）	方法
int getVertexCount()	获取顶点数量，返回值为获取的顶点数量	方法
Vec2 getVertex (int index)	获取给定索引对应顶点的坐标，返回值为获取的顶点坐标，index 参数为给定的顶点索引值	方法
boolean validate()	检测是否为凸多边形，若是，则返回 true，否则返回 false	方法

> **提示**　需要特别注意的是，多边形的顶点数在 3～maxPolygonVertices 的范围内，maxPolygonVertices 是 JBox2D 中预定义的一个静态常量，其值为 8。如果觉得 8 不够，可以通过自行修改 org.jbox2d.common 包下的 Settings 类中静态常量 maxPolygonVertices。另外需要注意的是，此值在满足需要的情况下越小越好，否则会增加很多计算量。

了解了多边形实现类的一些常用方法和属性后，还需要强调的一个问题就是：JBox2D 中支持的多边形必须是凸多边形，不可以是凹多边形，否则不能进行正确的碰撞计算。凸多边形是指任意两个顶点的连线，不会划过多边形外部区域的多边形，基本情况如图 10-17 所示。

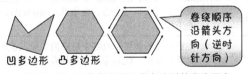

▲图 10-17　凹凸多边形及凸多边形的卷绕顺序

另外需要注意的一点就是，在初始化多边形时，给出的多边形顶点坐标需要按照逆时针的顺序进行卷绕（如图 10-17 所示），否则也会影响计算的正确性，请读者多加注意。

8. 线段形状——EdgeShape 类

线段形状的实现类是 EdgeShape。其对象主要用于存储描述线段形状所需的一些信息，同时其中还提供了一些实用方法，常用的方法和属性如表 10-10 所示。

表 10-10　EdgeShape 类属性、构造器及常用方法

属性、构造器或方法签名	含义	类型
Vec2 m_vertex0	表示可选的相邻顶点 1，其用于平滑碰撞检测	属性
Vec2 m_vertex1	表示线段的一个端点	属性
Vec2 m_vertex2	表示线段的另一个端点	属性
Vec2 m_vertex3	表示可选的相邻顶点 2，其用于平滑碰撞检测	属性
boolean m_hasVertex0	表示是否有相邻顶点 1，为 true 则表示有，为 false 则表示没有	属性
boolean m_hasVertex3	表示是否有相邻顶点 2，为 true 则表示有，为 false 则表示没有	属性
EdgeShape()	创建线段形状类的对象	构造器
void set (Vec2 v1, Vec2 v2)	设置线段的两个端点，v1、v2 参数分别表示两个端点的坐标	方法

9. 链形——ChainShape 类

链形是一个自由形式的线段序列，就像链条这一类由多段首尾相连构成的形状。JBox2D 中的链形是可以首尾相连构成闭环的，支持双面碰撞，利用其可以开发出闭环内部和外部都有碰撞的应用。

链形的实现类是 ChainShape。其对象主要用于存储描述链形所需的一些信息，同时其中还提供了一些实用方法，常用的方法和属性如表 10-11 所示。

表 10-11　ChainShape 类属性、构造器及常用方法

属性、构造器或方法签名	含义	类型
Vec2 m_vertices	表示链形顶点序列中第一个顶点	属性
int m_count	表示顶点的数量	属性
Vec2 m_prevVertex	表示第一个顶点的前导顶点	属性
Vec2 m_nextVertex	表示最后一个顶点的后继顶点	属性
boolean m_hasPrevVertex	表示是否存在第一个顶点的前导顶点	属性
boolean m_hasNextVertex	表示是否存在最后一个顶点的后继顶点	属性
ChainShape()	创建链形状类的对象	构造器
void createLoop (Vec2 vertices, int count)	将链条对象创建为环，vertices 参数表示链形顶点序列中第一个顶点的坐标，count 参数表示顶点的数量	方法
void createChain (Vec2 vertices, int count)	将链条对象创建为非闭环的链，vertices 参数表示链形顶点序列中第一个顶点的坐标，count 参数表示顶点的数量	方法
void setPrevVertex (Vec2 prevVertex)	设置第一个顶点的前导顶点，prevVertex 参数表示前导顶点坐标	方法
void setNextVertex (Vec2 nextVertex)	设置最后一个顶点的后继顶点，nextVertex 参数表示后继顶点的坐标	方法
void getChildEdge (EdgeShape edge, int index)	根据给定的索引获取链中对应的线段。edge 参数表示线段形状对象的引用，此对象用于存储获取的结果。index 参数表示给定的索引值	方法

> **提示**　关于链形有一点请读者注意，初始给出的顶点数据不能形成自身交叉的情况，也就是说给出的顶点数据构成的线段相互之间不可以有交叉。

10. 刚体——Body 类

刚体在 JBox2D 中是最重要的一个概念，其由 Body 类实现。使用 JBox2D 进行物理模拟时，

主要是通过刚体进行的，常用方法如表 10-12 所示。

表 10-12　　Body 类的常用方法

方法签名	含义
Fixture createFixture (FixtureDef def)	创建刚体物理信息对象，返回值为刚体物理信息的对象，def 参数表示刚体物理描述类对象的引用
Fixture createFixture (Shape shape, float density)	创建刚体物理信息对象，返回值为刚体物理信息的对象，shape 参数表示形状类对象的引用，density 参数表示密度值
void destroyFixture (Fixture fixture)	销毁刚体物理信息对象，fixture 参数表示要摧毁的刚体物理信息对象的引用
Vec2 getPosition()	获取位置坐标，返回值为获取的位置坐标
float getAngle()	获取刚体的姿态角（以弧度计），返回值为获取的姿态角弧度值
void setLinearVelocity (Vec2 v)	设置线速度，v 参数表示要设置的线速度向量
Vec2 getLinearVelocity()	获取线速度，返回值为获取的线速度向量
void setAngularVelocity (float omega)	设置角速度，omega 参数表示要设置的角速度
float getAngularVelocity()	获取角速度，返回值为获取的角速度
float getMass()	获取刚体的质量，返回值为获取的刚体质量值
void setMassData (MassData data)	设置刚体的质量数据，data 参数为质量数据类对象的引用
void getMassData (MassData data)	获取刚体的质量数据，data 参数为质量数据类对象的引用
void resetMassData()	重置刚体的质量数据
float getInertia()	获取刚体的转动惯量，返回值为获取的转动惯量值
float getGravityScale()	获取重力比例值，返回值为获取的重力比例值
void setGravityScale (float scale)	设置重力比例，scale 参数表示要设置的重力比例值
void setType (BodyType type)	设置刚体类型，type 参数表示要设置的刚体类型
BodyType getType()	获取刚体类型，返回值为获取的刚体类型的对象
Object getUserData()	获取用户数据，返回值为获取的用户数据类的对象
void setUserData (Object data)	设置用户数据，data 参数表示要设置的用户数据对象的引用
Vec2 getWorldCenter()	获取刚体质心在世界坐标系中的位置，返回值为获取的世界坐标系中的位置坐标
Vec2 getLocalCenter()	获取在刚体局部坐标系中的质心坐标，返回值为获取的质心坐标

该类除了表 7-12 中所示的常用方法，还有其他诸多方法。这些方法对于设置或获取刚体物理属性和诸多状态有着很大的帮助，Body 类的其他方法如表 10-13 所示。

表 10-13　　Body 类的其他方法

方法签名	含义
void setTransform (Vec2 position, float angle)	设置刚体位置和姿态角，position 参数表示要设置的位置坐标，angle 参数表示要设置的姿态角（以弧度计）
Transform getTransform()	获取刚体的变换信息，返回值为获取的变换信息类的对象
float getLinearDamping()	获取线性阻尼值，返回值为获取的线性阻尼值
void setLinearDamping (float linearDamping)	设置线性阻尼值，linearDamping 参数表示要设置的线性阻尼值
float getAngularDamping()	获取角度阻尼值，返回值为获取的角度阻尼值
void setAngularDamping (float angularDamping)	设置角度阻尼值，angularDamping 参数表示要设置的角度阻尼值

续表

方法签名	含义
void setBullet (boolean flag)	设置刚体是否充当类似子弹等运行速度很快的物体，flag 参数为 true 时，表示充当；为 false 时，则表示不充当
boolean isBullet()	获取刚体是否充当类似子弹等运行速度很快的物体，返回值为 true 时，表示充当；为 false 时，则表示不充当
void setSleepingAllowed (boolean flag)	设置是否允许休眠，flag 参数为 true 表示允许休眠，为 false 表示不允许休眠
boolean isSleepingAllowed ()	获取是否允许休眠，若允许休眠，则返回 true，否则返回 false
void setAwake (boolean flag)	设置是否唤醒，flag 参数为 true 表示唤醒，否则表示不唤醒
boolean isAwake()	获取唤醒状态，若唤醒，则返回 true，否则返回 false
void setActive (boolean flag)	设置是否激活，flag 参数为 true 表示激活，为 false 表示未激活
boolean isActive()	查看是否激活，若激活则返回 true，否则返回 false
void setFixedRotation (boolean flag)	设置是否锁定旋转，flag 参数为 true 表示锁定，为 false 表示不锁定
boolean isFixedRotation()	查看是否锁定旋转，若锁定旋转则返回 true，否则返回 false
void applyTorque(float torque, boolean wake)	给刚体加力矩，torque 参数表示要施加的力矩；wake 参数表示是否唤醒刚体，其值为 true 则表示唤醒，为 false 则表示不进行唤醒
void applyLinearImpulse(Vec2 impulse, Vec2 point, boolean wake)	给刚体加冲量，impulse 参数表示要施加的冲量；point 参数表示施加冲量点的坐标（以世界坐标系计）；wake 参数表示是否唤醒刚体，其值为 true 则表示唤醒，为 false 则表示不进行唤醒
void applyAngularImpulse(float impulse, boolean wake)	给刚体施加角冲量，impulse 参数表示要施加的角冲量；wake 参数表示是否唤醒刚体，为 true 则表示唤醒，为 false 则表示不进行唤醒
Fixture getFixtureList()	获取刚体物理信息对象列表，返回值为刚体物理信息列表中的第一个对象
JointEdge getJointList()	获取关节列表，返回值为关节列表中的第一个对象
ContactEdge getContactList()	获取碰撞列表，返回值为碰撞列表中的第一个对象
Body getNext()	获取世界刚体列表中的下一个刚体对象，并将其返回
void applyForce (Vec2 force, Vec2 point, boolean wake)	给刚体施加力，force 参数表示要施加的力；point 参数表示施加力的点的坐标（以世界坐标系计）；wake 参数表示是否唤醒刚体，其值为 true 则表示唤醒，为 false 则表示不进行唤醒
void applyForceToCenter(Vec2 force, boolean wake)	给刚体的质心施加力，force 参数表示要施加的力；wake 参数表示是否唤醒刚体，其值为 true 则表示唤醒，为 false 则表示不进行唤醒

实际开发中，还经常有将相关的向量、坐标点等在世界坐标系和刚体自己的局部坐标系中，进行转换的需求。Box2D 在设计时也考虑到了这一点，这些相关的方法如表 10-14 所示。

表 10-14　世界坐标系和局部坐标系转换的相关方法

方法签名	含义
Vec2 getWorldPoint (Vec2 localPoint)	获取提供的局部坐标点在世界坐标系中的位置，返回值为世界坐标系中的位置，localPoint 参数为提供的局部坐标点
Vec2 getWorldVector (Vec2 localVector)	获取提供的局部向量在世界坐标系中的对应向量，localVector 参数为局部向量
Vec2 getLocalPoint (Vec2 worldPoint)	获取提供的世界坐标系中的坐标点在局部坐标系中对应的坐标点，worldPoint 参数为在世界坐标系中的坐标点
Vec2 getLocalVector (Vec2 worldVector)	获取提供的世界坐标系中的向量在局部坐标系中对应的向量，worldVector 参数为在世界坐标系中的向量
Vec2 getLinearVelocityFromWorldPoint(const Vec2 worldPoint)	获取关联到此刚体的指定点在世界坐标系中的线速度，worldPoint 参数表示世界坐标系中的坐标点
Vec2 getLinearVelocityFromLocalPoint(const Vec2 localPoint)	获取关联到此刚体的指定点在世界坐标系中的线速度，localPoint 参数表示刚体局部坐标系中的坐标点

通过上面的 3 个表格，读者应该对 Body 类提供的方法有了一定的了解。但细心的读者会发现，上述 3 个表格中并没有给出创建刚体对象的工具方法或构造器。确实如此，这是因为刚体的创建需要用到 World 类对象的 CreateBody 方法。关于此方法的细节请参考前面介绍 World 类时给出的表格，以上所有方法的参考点都是 Body 类对象的相关坐标值。

11. 刚体物理描述——FixtureDef 类

刚体物理描述的实现是由 FixtureDef 类完成的，其中主要是包含一些记录不同物理属性的成员，如摩擦系数、恢复系数以及密度等。该类的常用属性及构造器如表 10-15 所示。

表 10-15　　　　　　　　　　FixtureDef 类的常用属性及构造器

属性或构造器	含义	类型
Shape shape	表示刚体的形状，默认值为 null	属性
void userData	表示用户数据，默认值为 null	属性
float friction	表示刚体的摩擦系数值，默认值为 0.2f	属性
float restitution	表示刚体的恢复系数值，默认值为 0.0f	属性
float density	表示刚体的密度值，默认值为 0.0f	属性
boolean isSensor	表示刚体碰撞后是否由 JBox2D 进行物理模拟，还是采用自定义物理模拟。默认值为 false，表示由 JBox2D 进行物理模拟；若为 true，则表示仅由 JBox2D 进行碰撞检测，而不模拟碰撞后的物理运动。通过将此属性设置为 true，开发人员就可以自定义刚体碰撞后的物理模拟方式了	属性
Filter filter	表示刚体过滤信息	属性
FixtureDef()	创建刚体物理描述类的对象	构造器

12. 刚体物理信息——Fixture 类

刚体相关的一些物理信息的管理组织工作是由 Fixture 类完成的，例如设置刚体的密度、摩擦系数值和恢复系数等。该类的常用方法如表 10-16 所示。

表 10-16　　　　　　　　　　Fixture 类的常用方法

方法签名	含义
ShapeType getType()	获取刚体的形状，返回值为形状类型类的对象
Shape getShape()	获取刚体的形状，返回值为形状类的对象
void setSensor (boolean sensor)	设置刚体碰撞后，是否由 JBox2D 进行物理模拟。sensor 参数为 true 时表示仅由 JBox2D 进行碰撞检测，而不模拟碰撞后的物理运动；为 false 时表示完全由 JBox2D 进行物理模拟
boolean isSensor()	获取刚体碰撞后是否由 JBox2D 进行物理模拟，返回值为 true 时表示不完全由 JBox2D 进行物理模拟，为 false 则表示完全由 JBox2D 进行物理模拟
void setFilterData(Filter filter)	设置刚体的碰撞过滤信息，filter 参数为刚体过滤信息
Filter getFilterData()	获取刚体的碰撞过滤信息，返回值为获取的刚体过滤信息
void refilter()	当希望把先前由 ContactFilter 接口中 ShouldCollide 方法禁用的碰撞重新建立时，可以调用此方法
Body getBody()	获取刚体的父刚体，返回值为父刚体的对象
Fixture getNext()	获取刚体物理信息列表的下一刚体物理信息对象，返回值为下一刚体物理信息类的对象
Object getUserData()	获取用户数据，返回值为获取的用户数据类的对象
void setUserData (Object data)	设置用户数据，data 参数表示要设置的用户数据类对象的引用
void getMassData (MassData massData)	获取刚体的质量数据，data 参数为指向质量数据的引用

第 10 章 JBox2D 物理引擎

续表

方法签名	含义
void setDensity (float density)	设置密度，density 参数表示要设置的密度值
float getDensity()	获取密度，返回值为获取的密度值
void setFriction (float friction)	设置摩擦系数，friction 参数表示要设置的摩擦系数值
float getFriction()	获取摩擦系数，返回值为获取的摩擦系数值
void setRestitution (float restitution)	设置恢复系数，restitution 参数表示要设置的恢复系数值
float getRestitution()	获取恢复系数，返回值为获取的恢复系数值
boolean testPoint(Vec2 p)	判断指定点是否在此对象包含的区域范围内，p 参数为指定的点坐标
boolean rayCast(RayCastOutput output, RayCastInput input, int childIndex)	判断形状是否与指定的射线相交，若是则返回 true，否则返回 false。output 参数为计算结果类对象的引用，此类中包含了交点对应的射线参数方程参数值以及射线与形状相交的法线。input 参数为射线的相关信息类对象的引用，其中包含了射线的起点、终点以及允许的相交时射线参数方程的最大参数值。childIndex 参数为孩子的索引值
AABB getAABB(int childIndex)	获取此对象的 AABB 包围盒，childIndex 参数为孩子的索引值

> **提示**　通过本节的学习，读者应该对 JBox2D 中的一些常用类有了一定的了解，但是对很多概念及实际用法读者可能还是不太理解。不用担心，有些问题后面还需要进一步讲解，有些问题可以通过后面的相关案例来掌握。这里可以先了解一下，等学习了后面的内容后，有需要的读者还可以进一步回看本节内容，以加深理解。

10.3 木块金字塔被撞击案例

上一节主要介绍的是 JBox2D 的一些基本类，下面提供几个小案例，以供读者灵活运用这些基本类。物理世界中物体与物体之间难免会发生相互碰撞，因此首先给出一个基本碰撞的例子——木块金字塔被撞击的案例。

10.3.1 案例运行效果

本小节给出的是一个木块金字塔被撞击的案例。案例演示的是，从屏幕上方有一个钢球按照一定的加速度以一定的初速度开始下落，并撞击下方的金字塔，组成金字塔的木块被撞飞。其运行效果如图 10-18～图 10-21 所示。

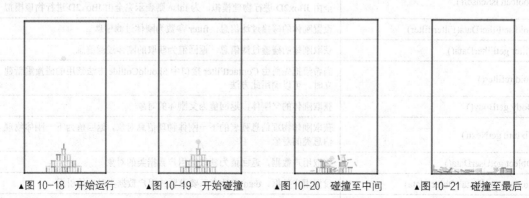

▲图 10-18　开始运行　　▲图 10-19　开始碰撞　　▲图 10-20　碰撞至中间　　▲图 10-21　碰撞至最后

> 提示
>
> 图 10-18 为随机颜色的钢球即将自由落体的效果。图 10-19 为随机颜色的钢球向下运动，即将与木块金字塔发生碰撞的效果。图 10-20 为随机颜色钢球碰撞至木块金字塔中间，木块被撞飞的效果。图 10-21 为随机颜色钢球碰撞至木块金字塔底层的效果。另外，由于本书正文中的插图都是采用灰度印刷，因此有些细节可能看不清楚，效果会比实际运行差一些。建议读者采用真机运行本章的案例进行观察，效果会更好。

10.3.2 案例的基本框架结构

下面介绍本案例的框架结构、本案例的框架结构，理解本案例的框架结构有助于读者对本案例的学习。如图 10-22 所示。

▲图 10-22 框架结构

- DrawThread 类：此类为本案例的线程类。该类在继承 Thread 类的基础上，重写了 run 方法。当程序运行启动该线程后调用该 run 方法，进行数据模拟和画面的实时绘制。
- MyBox2dActivity 类：此类为本案例的主控制类。案例运行开始时，首先调用此类中的 onCreate(Bundle savedInstanceState) 方法，然后在此方法中主要是生成 MyRectColor 类与 MyCircleColor 类的对象，并存入 ArrayList<MyBody>集合中，最后跳转至 GameView 界面。
- GameView 类：此类为本案例要显示的界面类。主要功能是创建画笔、获得画布以及开启刷帧线程，并绘制案例中的场景物体等。
- Box2DUtil 类：此类为本案例自定义的生成物体形状的工具类，包括自定义的创建矩形物体的 createBox 方法和创建圆形物体的 createCircle 方法。其中 createBox 方法定义了矩形物体的所有信息，包括物体中心点的坐标，物体的半宽和半高，是否为静止的标志位，物理世界和颜色。createCircle 方法定义了圆形物体的所有信息，包括圆心的坐标、半径，物理世界和颜色。
- MyBody 类：此类为本案例自定义的抽象物体类，其有两个子类，分别为 MyCircleColor 类和 MyRectColor 类。其定义了物体所有的信息，包括物体对应的刚体、刚体的颜色等物理属性。此外还包括了绘制物体的 drawSelf 方法，为其子类进行了极好的封装。
- MyCircleColor 类：此类为本案例自定义的圆形类。该类在继承 MyBody 类的基础上，定义了自己的构造器。其将圆形与刚体结合，给予刚体特定的物理信息，并实现了 drawSelf 方法。
- MyRectColor 类：此类为本案例自定义的矩形类。该类在继承 MyBody 类的基础上，定义了自己的构造器。其将矩形与刚体结合，给予刚体特定的物理信息，并实现了 drawSelf 方法。
- Constant 类：此类为本案例自定义的常量类。其主要是声明屏幕的大小、物理数据模拟的频率、迭代次数、绘制线程的标志位、屏幕到现实的比例和屏幕自适应方法等。

10.3.3 常量类——Constant

此常量类的主要作用是声明本案例中使用到的常量，包括声明目标屏幕的大小、物理数据模拟的频率、迭代次数、绘制线程的标志位、屏幕到现实世界的比例和屏幕自适应方法等，这样有利于开发人员对常量类数据的调整。其具体代码如下。

代码位置：见随书源代码\第 10 章\Sample10_1\app\src\main\java\com\bn\box2d\bheap 目录下的 Constant.java。

```
1    package com.bn.box2d.bheap;                             //声明包名
2    ……//此处省略了导入类的代码，需要的读者请查看源代码
3    public class Constant{
4        public static final float RATE = 10;                //屏幕到现实世界的比例 10px:1m
5        public static final boolean DRAW_THREAD_FLAG=true;  //绘制线程工作标志位
6        public static final float TIME_STEP = 2.0f/60.0f;   //模拟的频率
7        public static final int ITERA = 10;                 //迭代数
8        public static int SCREEN_WIDTH=720;                 //目标屏幕宽度
9        public static int SCREEN_HEIGHT=1280;               //目标屏幕高度
10       public static float x;                              //声明当前屏幕左上方 x 值的变量
11       public static float y;                              //声明当前屏幕左上方 y 值的变量
12       public static float ratio;                          //声明缩放比例的变量
13       public static ScreenScaleResult screenScaleResult;
                                                             //声明 ScreenScaleResult 类的引用
14       public static void ScaleSR(){                       //屏幕自适应
15           screenScaleResult=ScreenScaleUtil.calScale(SCREEN_WIDTH, SCREEN_HEIGHT);
16           x=screenScaleResult.lucX;                       //获取当前屏幕左上方的 x 值
17           y=screenScaleResult.lucY;                       //获取当前屏幕左上方的 y 值
18           ratio=screenScaleResult.ratio;                  //获取缩放比例
19       }}
```

> **说明** 此常量类中规定了目标屏幕的宽度和高度，通过计算出缩放比例，获得实际屏幕左上方的 x、y 坐标值，实现屏幕自适应。同时值得说明的就是，迭代数越大，模拟越精确，但性能越低，请读者根据自己的需求自行设置。

10.3.4 物体类——MyBody

该类是所有自定义物体类的基类，对物体和绘制进行了极好封装。它有两个自定义的子类，分别为 MyCircleColor 类（圆形物体类）和 MyRectColor 类（矩形物体类）。其继承关系如图 10-23 所示。

开发物体父类 MyBody 类，需要声明物体的所有信息，其中不仅仅需要声明对应物理引擎中刚体对象的引用和表示刚体颜色的变量，还要声明抽象的绘制 drawSelf 方法。drawSelf 方法是 MyBody 类及其两个子类中最重要的部分，具体开发步骤如下。

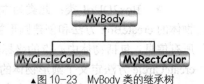

▲图 10-23 MyBody 类的继承树

代码位置：见随书源代码\第 10 章\Sample10_1\app\src\main\java\com\bn\box2d\bheap 目录下的 MyBody.java。

```
1    package com.bn.box2d.bheap;                             //声明包名
2    ……//此处省略了导入类的代码，需要的读者请查看源代码
3    public abstract class MyBody{                           //自定义刚体根类
4        Body body;                                          //对应物理引擎中的刚体
5        int color;                                          //刚体的颜色
6        public abstract void drawSelf(Canvas canvas,Paint paint); //绘制方法
7    }
```

> **说明** 此类是自定义的抽象物体类，定义了物体所有的信息，包括物体对应的刚体、刚体的颜色等物理属性。此外还包括绘制物体的 drawSelf 方法，为其子类进行了极好的封装。

10.3.5 圆形物体类——MyCircleColor

该类为物体类 MyBody 的子类——圆形物体类，主要功能是将圆形物体与绘制进行封装。开

发圆形物体类 MyCircleColor 需开发其构造器和实现 drawSelf 方法，其中 drawSelf 方法主要是根据现实世界刚体的坐标值画圆，具体的开发步骤如下。

代码位置：见随书源代码\第 10 章\Sample10_1\app\src\main\java\com\bn\box2d\bheap 目录下的 MyCircleColor.java。

```
1    package com.bn.box2d.bheap;                                //声明包名
2    ……//此处省略了导入类的代码，需要的读者请查看源代码
3    public class MyCircleColor extends MyBody{                 //自定义的圆形类
4        float radius;                                          //半径
5        public MyCircleColor(Body body,float radius,int color){    //构造器
6            this.body=body;                                    //给刚体引用赋值
7            this.radius=radius;                                //给圆形物体半径变量赋值
8            this.color=color;                                  //给颜色变量赋值
9        }
10       public void drawSelf(Canvas canvas,Paint paint){       //绘制方法
11           paint.setColor(color&0x8CFFFFFF);                  //设置画笔颜色
12           float x=body.getPosition().x*RATE;                 //获得现实世界刚体的 x 坐标
13           float y=body.getPosition().y*RATE;                 //获得现实世界刚体的 y 坐标
14           canvas.drawCircle(x, y, radius, paint);            //画圆
15           paint.setStyle(Paint.Style.STROKE);                //设置画笔类型
16           paint.setStrokeWidth(1);                           //设置线条宽度
17           paint.setColor(color);                             //设置画笔颜色
18           canvas.drawCircle(x, y, radius, paint);            //画圆
19           paint.reset();                                     //重置画笔
20       }}
```

- 第 5～8 行为圆形物体类的构造器，主要是给变量赋值，包括给刚体引用的赋值、给圆形物体的半径赋值和给物体颜色赋值等。
- 第 10～19 行为实现父类的 drawSelf 方法，主要是设置画笔的颜色、类型和线条的宽度，获得现实世界刚体的坐标值，根据刚体的坐标值和半径值画圆，最后重置画笔。

> **说明** MyCircleColor 类为 MyBody 类的子类，功能主要是为其父类中声明的变量赋值和实现其中的抽象绘制方法，将圆形物体与绘制进行封装。

10.3.6 矩形物体类——MyRectColor

该类为物体类 MyBody 的子类——矩形物体类，主要功能是将矩形物体与绘制进行封装。开发矩形物体类 MyRectColor 需开发其构造器和实现 drawSelf 方法，其与 MyCircleColor 类的结构一致，只是具体内容有所不同。具体的开发步骤如下。

代码位置：见随书源代码\第 10 章\Sample10_1\app\src\main\java\com\bn\box2d\bheap 目录下的 MyRectColor.java。

```
1    package com.bn.box2d.bheap;                                //声明包名
2    ……//此处省略了导入类的代码，需要的读者请查看源代码
3    public class MyRectColor extends MyBody{                   //自定义的矩形类
4        float halfWidth;                                       //半宽
5        float halfHeight;                                      //半高
6        public MyRectColor(Body body,float halfWidth,float halfHeight,int color){
                                                                //构造器
7            this.body=body;                                    //给刚体引用赋值
8            this.halfWidth=halfWidth;                          //给矩形物体的半宽赋值
9            this.halfHeight=halfHeight;                        //给矩形物体的半高赋值
10           this.color=color;                                  //给颜色变量赋值
11       }
12       public void drawSelf(Canvas canvas,Paint paint){       //绘制方法
13           paint.setColor(color&0x8CFFFFFF);                  //设置画笔颜色
14           float x=body.getPosition().x*RATE;                 //获得现实世界刚体的 x 坐标
15           float y=body.getPosition().y*RATE;                 //获得现实世界刚体的 y 坐标
16           float angle=body.getAngle();                       //获得刚体的旋转角度
17           canvas.save();                                     //保存画布的状态
```

```
18          Matrix m1=new Matrix();                              //创建矩阵
19          m1.setRotate((float)Math.toDegrees(angle),x, y);     //设置变换矩阵
20          canvas.setMatrix(m1);                                //根据矩阵设置画布状态
21          canvas.drawRect(x-halfWidth, y-halfHeight, x+halfWidth, y+halfHeight,
            paint);//画矩形
22          paint.setStyle(Paint.Style.STROKE);                  //设置画笔类型
23          paint.setStrokeWidth(1);                             //设置线条宽度
24          paint.setColor(color);                               //设置画笔颜色
25          canvas.drawRect(x-halfWidth, y-halfHeight, x+halfWidth, y+halfHeight,
            paint);//画矩形
26          paint.reset();                                       //重置画笔
27          canvas.restore();                                    //取出保存的状态
28      }}
```

- 第4～10行为声明变量并对其赋值，主要为声明矩形物体一半宽度的变量和一半高度的变量，并在构造器中为其赋值，同时也为刚体的引用赋值和对刚体颜色赋值。

- 第12～27行实现父类的drawSelf方法，主要功能包括设置画笔颜色、画笔类型、线条宽度，获得现实世界刚体的坐标值，获得刚体的旋转角度，保存、取出画布状态，创建并设置变换矩阵和根据矩阵设置画布状态等。

> **说明** 第18～20行为关于矩阵的操作，首先是创建变换矩阵，然后根据刚体的旋转角度和现实世界刚体的坐标值设置变换矩阵，最后根据设置好的变换矩阵设置画布状态。

10.3.7 生成物理形状工具类——Box2DUtil

该类为生成物理形状的工具类，主要功能是创建矩形物体和圆形物体并返回对应类的对象。其中创建矩形物体的createBox方法会返回MyRectColor类的对象，创建圆形物体的createCircle方法则会返回MyCircleColor类的对象。本小节将介绍Box2DUtil类的实现，具体代码如下。

代码位置：见随书源代码\第10章\Sample10_1\app\src\main\java\com\bn\box2d\bheap 目录下的Box2DUtil.java。

```
1   package com.bn.box2d.bheap;                              //声明包名
2   ……//此处省略了导入类的代码，需要的读者请查看源代码
3   public class Box2DUtil{                                  //生成物理形状的工具类
4       public static MyRectColor createBox(                 //创建矩形物体
5           float x,                                         //x坐标
6           float y,                                         //y坐标
7           float halfWidth,                                 //半宽
8           float halfHeight,                                //半高
9           boolean isStatic,                                //是否为静止的
10          World world,                                     //世界
11          int color                                        //颜色
12      ){
13          BodyDef bd=new BodyDef();                        //创建刚体描述
14          if(isStatic){                                    //判断是否为可运动刚体
15              bd.type=BodyType.STATIC;
16          }else{
17              bd.type=BodyType.DYNAMIC;
18          }
19          bd.position.set(x/RATE, y/RATE);                 //设置位置
20          Body bodyTemp= world.createBody(bd);             //在世界中创建刚体
21          PolygonShape ps=new PolygonShape();              //创建刚体形状
22          ps.setAsBox(halfWidth/RATE, halfHeight/RATE);    //设定边框
23          FixtureDef fd=new FixtureDef();                  //创建刚体物理描述
24          fd.density = 1.0f;                               //设置密度
25          fd.friction = 0.05f;                             //设置摩擦系数
26          fd.restitution = 0.6f;                           //设置恢复系数
27          fd.shape=ps;                                     //设置形状
28          if(!isStatic){                                   //将刚体物理描述与刚体结合
29              bodyTemp.createFixture(fd);
30          }else{
```

```
31                     bodyTemp.createFixture(ps, 0);
32             }
33             return new MyRectColor(bodyTemp,halfWidth,halfHeight,color);
                                                                            //返回 MyRectColor 类对象
34     }
35     public static MyCircleColor createCircle(         //创建圆形
36             float x,                                  //x 坐标
37             float y,                                  //y 坐标
38             float radius,                             //半径
39             World world,                              //世界
40             int color                                 //颜色
41     ){
42             BodyDef bd=new BodyDef();                 //创建刚体描述
43             bd.type=BodyType.DYNAMIC;                 //设置为可运动刚体
44             bd.position.set(x/RATE, y/RATE);          //设置位置
45             Body bodyTemp= world.createBody(bd);      //在世界中创建刚体
46             CircleShape cs=new CircleShape();         //创建刚体形状
47             cs.m_radius=radius/RATE;                  //获得物理世界圆的半径
48             FixtureDef fd=new FixtureDef();           //创建刚体物理描述
49             fd.density = 2.0f;                        //设置密度
50             fd.friction = 0.05f;                      //设置摩擦系数
51             fd.restitution = 0.95f;                   //设置恢复系数
52             fd.shape=cs;                              //设置形状
53             bodyTemp.createFixture(fd);               //将刚体物理描述与刚体结合
54             return new MyCircleColor(bodyTemp,radius,color); //返回MyCircleColor 类对象
55     }}
```

- 第 5～11 行为创建矩形物体 createBox 方法的参数列表，包括矩形物体的中心点坐标、矩形物体的半宽和半高、是否为静止的标志位、物理世界和颜色等参数。

- 第 13～33 行创建矩形物体 createBox 方法功能的实现。首先是创建刚体描述对象并判断刚体是否为静止的，然后设置刚体的位置、在世界中创建刚体、设定其边框，其次创建刚体物理描述对象并设置其密度、摩擦系数、恢复系数、形状等属性值，最后将刚体物理描述与刚体结合并返回 MyRectColor 类的对象。

- 第 36～40 行为创建圆形物体 createCircle 方法的参数列表，包括圆形物体的中心点坐标、圆形物体的半径、物理世界和颜色等参数。

- 第 42～54 行为创建圆形物体 createCircle 方法功能的实现。首先是创建刚体描述、设置为可运动刚体并设置刚体的位置，然后在世界中创建刚体并创建刚体形状，其次在获得物理世界圆的半径后创建刚体描述，设置其密度、摩擦系数、恢复系数和形状，将刚体物理描述与刚体结合，最后返回 MyCircleColor 类的对象。

> 说明：本类中创建矩形物体的 createBox 方法与创建圆形物体的 createCircle 方法的内容类似，都包括创建刚体物理描述，设置密度、摩擦系数、恢复系数和形状等参数值。

10.3.8 主控制类——MyBox2dActivity

接下来介绍开发本案例的主控制类 MyBox2dActivity 了，主要功能为创建场景对象，包括调用屏幕自适应的方法。由于屏幕自适应已经封装好，只需调用 Constant 类的 ScaleSR 方法即可，读者可自行查看源代码。其具体的开发步骤如下。

代码位置：见随书源代码\第 10 章\Sample10_1\app\src\main\java\com\bn\box2d\bheap 目录下的 MyBox2dActivity.java。

```
1   package com.bn.box2d.bheap;                         //声明包名
2   ……//此处省略了导入类的代码，需要的读者请查看源代码
3   public class MyBox2dActivity extends Activity{
```

第10章 JBox2D 物理引擎

```
4        World world;                                             //创建一个管理碰撞的世界
5        Random random=new Random();                              //生成随机数
6        ArrayList<MyBody> bl=new ArrayList<MyBody>();            //物体列表
7        public void onCreate(Bundle savedInstanceState){
8            super.onCreate(savedInstanceState);
9            requestWindowFeature(Window.FEATURE_NO_TITLE);
10           getWindow().setFlags(WindowManager.LayoutParams. FLAG_FULLSCREEN ,
11               WindowManager.LayoutParams. FLAG_FULLSCREEN);    //设置为全屏
12           setRequestedOrientation(ActivityInfo.SCREEN_ORIENTATION_PORTRAIT);
                                                                  //设置为横屏模式
13           DisplayMetrics dm=new DisplayMetrics();
14           getWindowManager().getDefaultDisplay().getMetrics(dm);
                                                                  //获取屏幕尺寸
15           if(dm.widthPixels<dm.heightPixels){
16               Constant.SCREEN_WIDTH=dm.widthPixels;
17               Constant.SCREEN_HEIGHT=dm.heightPixels;
18           }else{
19               Constant.SCREEN_WIDTH=dm.heightPixels;
20               Constant.SCREEN_HEIGHT=dm.widthPixels;
21           }
22           Constant.ScaleSR();                                  //屏幕自适应
23           Vec2 gravity = new Vec2(0.0f,10.0f);                 //设置重力加速度
24           world = new World(gravity);                          //创建世界
25           //创建墙壁
26           final int kd=40;//宽度或高度
27           MyRectColor mrc=Box2DUtil.createBo(kd/4,Constant.SCREEN_HEIGHT/2,kd/4,
28               Constant.SCREEN_HEIGHT/2,true,world,0xCD000000);
                                                                  //创建左边的矩形框
29   ……//此处省略了创建其余3面墙壁的代码,其与创建左面的代码相似,需要的读者可参考源代码
30           bl.add(mrc);                                         //将墙壁添加进物体列表
31           //创建砖块
32           final int bs=20;                                     //行间距
33           final int bw=10;                                     //模块宽度
34           final int starW=(int)(720-4*kd-350)/2;
35           for(int i=2;i<10;i++){
36               if((i%2)==0){
37                   for(int j=0;j<9-i;j++){                      //左侧木块
38                       mrc=Box2DUtil.createBox(
39                           (starW+kd/2+bs+bw/2+i*(kd+5)/2+j*(kd+5)+3+Constant.x)*
                             Constant.ratio, (1280+bw-i*(bw+kd)/2+Constant.y)*Constant.
40                           ratio,//x、y坐标
41                           (bw/2)*Constant.ratio,               //木块宽度
42                           (kd/2)*Constant.ratio,               //木块高度
43                           false,                               //是否静止
44                           world,                               //世界
45                           ColorUtil.getColor(Math.abs(random.nextInt()))
                             //颜色
46                       );
47                       bl.add(mrc);                             //将砖块添加进物体列表
48                   }
49       ……//此处省略了创建右侧木块的代码,需要的读者可参考源代码
50               }
51               if((i%2)!=0){
52                   for(int j=0;j<10-i;j++){
53       ……//此处省略了创建右上面横放木块的代码,需要的读者可参考源代码
54           }}}
55   ……//此处省略了创建最上面木块的代码,需要的读者可参考源代码
56           MyCircleColor ball=Box2DUtil.createCircle((starW+5*kd+bs+20+Constant.
                 x)*Constant.ratio,(kd+Constant.y)*Constant.ratio, (kd/2)*Constant. ratio,
57
58               world,ColorUtil.getColor(Math.abs(random.nextInt())));//创建球
59           bl.add(ball);                                        //将球添加进物体列表
60           ball.body.setLinearVelocity(new Vec2(0,60));         //添加监听
61           GameView gv= new GameView(this);                     //创建GameView类的对象
62           setContentView(gv);                                  //切换到GameView
63   }}
```

- 第4~6行为变量的声明,包括对物理世界的声明,对产生随机数对象的声明、创建,对存放 MyBody 类对象的物体列表的声明和创建,因此在 GameView 中绘制的时候可以遍历物体列表。

- 第 9～21 行为设置屏幕为全屏和屏幕的自适应。设置屏幕显示方式为全屏显示，然后获得屏幕尺寸并设置屏幕的宽度和高度，最后调用 ScaleSR 方法实现屏幕的自适应。
- 第 23～59 为相关刚体的创建，其中包括重力加速度的设置和物体世界对象的创建。其中包括对四面墙壁的创建、被撞击木块的创建和最上面一个被撞击木块的创建、从屏幕上方下落的球的创建。因为 4 面墙壁的创建方法相似，被撞击木块的创建方法也相同，所以此处省略了重复的代码，有需要的读者请自行查看源代码。同时，所创建的物体均添加进物体列表。
- 第 60～62 行为给球添加监听并切换到 GameView 界面。其中给从屏幕上方下落的球一个初速度，然后创建 GameView 类的对象并切换到 GameView 界面。

> **说明**　MyBox2dActivity 类的主要功能是创建相应的场景对象，因为本案例是下落的球撞击下方的金字塔木块，所以要设置球下落的初速度和重力加速度。值得说明的一点，物体的颜色都是通过 ColorUtil 工具类的 getColor 方法随机获取的，因为 ColorUtil 工具类主要就是创建一个存储颜色的二维数组，通过数字索引返回颜色的 RGB 组合，代码比较简单，所以在此不再单独讲解，读者可自行查看源代码。

10.3.9　显示界面类——GameView

下面介绍开发本案例的显示界面类 GameView。GameView 类主要是显示场景对象，其中包括设置生命周期回调接口的实现者、创建画笔、启动线程进行物理数据的模拟和画面的实时绘制等。其具体开发步骤如下。

代码位置：见随书源代码\第 10 章\Sample10_1\app\src\main\java\com\bn\box2d\bheap 目录下的 GameView.java。

```
1    package com.bn.box2d.bheap;                          //声明包名
2    ……//此处省略了导入类的代码，需要的读者请查看源代码
3    public class GameView extends SurfaceView implements SurfaceHolder.Callback{
4        MyBox2dActivity activity;                        //MyBox2dActivity 类的引用
5        Paint paint;                                     //画笔
6        DrawThread dt;                                   //绘制线程
7        public GameView(MyBox2dActivity activity){
8            super(activity);
9            this.activity = activity;
10           this.getHolder().addCallback(this);          //设置生命周期回调接口的实现者
11           paint = new Paint();                         //创建画笔
12           paint.setAntiAlias(true);                    //打开抗锯齿
13           dt=new DrawThread(this);                     //创建线程
14           dt.start();                                  //启动绘制线程
15       }
16       public void onDraw(Canvas canvas){
17           if(canvas==null){                            //画布对象为空则返回
18               return;
19           }
20           canvas.drawARGB(255,255, 255, 255);          //设置屏幕背景颜色
21           for(MyBody mb:activity.bl){                  //绘制场景中的物体
22               mb.drawSelf(canvas, paint);
23       }}
24       public void surfaceChanged(SurfaceHolder arg0, int arg1, int arg2, int arg3){
25       }
26       public void surfaceCreated(SurfaceHolder holder){//创建时被调用
27           repaint();
28       }
29       public void surfaceDestroyed(SurfaceHolder arg0){//销毁时被调用
```

```
30        }
31        public void repaint(){                              //重绘
32            SurfaceHolder holder=this.getHolder();
33            Canvas canvas = holder.lockCanvas();              //获取画布
34            try{
35                synchronized(holder){                         //上锁
36                    onDraw(canvas);                           //绘制
37            }}catch(Exception e){
38                e.printStackTrace();
39            }finally{
40                if(canvas != null){
41                    holder.unlockCanvasAndPost(canvas);       //解锁
42        }}}}
```

- 第 7～14 行为布景类 GameView 的构造器。其功能是给 MyBox2dActivity 类的引用赋值，设置生命周期回调接口的实现者，创建画笔，打卡抗锯齿，创建并启动线程。
- 第 16～22 行为绘制场景中的物体。首先要判断画布对象是否为空，不为空则设置画布的背景颜色，通过遍历物体列表绘制场景中的物体。
- 第 24～30 行为与显示界面有关的方法。当显示界面被创建、销毁或改变的时候会调用相应的方法。本案例中当显示界面创建后会调用 repaint 方法进行绘制。
- 第 31～41 行为重绘 repaint 方法的实现。首先获得画布对象、上锁，保证任何时刻只有一个线程使用画布，然后调用 onDraw 方法进行绘制，最后解锁。

10.3.10 绘制线程类——DrawThread

该类为线程类，是本案例中重要的一个组成部分，主要功能是进行物理数据的模拟和画面的重绘。因为本案例的运行速度已经很快了，所以只有一个线程类。如果开发有大数据模拟的程序时，可以将物理数据的模拟和画面的重绘分开到两个线程类。其具体开发步骤如下。

代码位置：见随书源代码\第 10 章\Sample10_1\app\src\main\java\com\bn\box2d\bheap 目录下的 GameView.java。

```
1    package com.bn.box2d.bheap;                              //声明包名
2    ……//此处省略了导入类的代码，需要的读者请查看源代码
3    public class DrawThread extends Thread{                  //绘制线程
4        GameView gv;                                         //GameView 类的引用
5        public DrawThread(GameView gv){
6            this.gv=gv;                                      //赋值
7        }
8        @Override
9        public void run(){                                   //重写 run 方法
10           while(DRAW_THREAD_FLAG){
11               gv.activity.world.step(TIME_STEP, ITERA,ITERA);  //开始物理数据模拟
12               gv.repaint();                                //画面重绘
13       }}}
```

> **说明**　此类的重点是重写 run 方法。当绘制线程的标志位为 true 时，开始物理数据模拟，然后调用 repaint 方法进行画面的绘制。如果开发的程序存在对大量数据的操作，则应该将物理数据模拟和画面重绘分开到两个独立的线程，提高程序的运行效率。

> **提示**　请读者特别注意一点，Box2D 物理引擎在设计时各方面的物理参数都是采用的国际度量衡，如长度单位为 m，密度单位为 kg/m^3，力单位为 N 等。而物理引擎的作用是在计算机当中对现实世界进行仿真，因此在开发应用程序时对于程序中的物体各项物理参数应该力求贴近所需模拟的真实世界。如果随意给出，很容易造成效果不真实的问题，这也是初学者易犯的错误之一。

10.4 简易打砖块案例

上一节中介绍了木块金字塔被撞击的例子，相信读者已经对 JBox2D 的开发有了一定的了解，但这是远远不够的。木块金字塔被撞击案例只是向读者讲解了基本碰撞，但是有些时候某些物体相互碰撞还需要做一些特殊的处理，这时就要用到碰撞监听。本节将通过简易打砖块案例向读者讲解碰撞监听。

10.4.1 案例运行效果

该案例主要演示的是，在一个平面内，钢球从下边缘中心点以一定的初速度撞向摆在上边缘的 4×4 排列的砖块，一旦钢球与砖块发生碰撞，砖块则立即消失。其运行效果如图 10-24～图 10-27 所示。

▲图 10-24 案例开始运行　　▲图 10-25 碰撞 10s　　▲图 10-26 碰撞 35s　　▲图 10-27 碰撞 50s

> 说明　图 10-24 为案例开始运行的效果，图 10-25 为碰撞已经持续 10s 的效果，图 10-26 为碰撞已经持续 35s 的效果，图 10-27 为碰撞已经持续 50s 的效果。

10.4.2 需要了解的类

我们需要先了解与碰撞监听及处理相关的类，如 ContactFeature 类、Manifold 类、Contact 类和 ContactListener 类等。本小节将对这些相关的类进行简要的介绍，具体内容如下。

1. 碰撞 ID——ContactID 联合

该联合用于存储碰撞的 ID 信息。Jbox2D 的物理世界中，每一次碰撞都有其独特的 ID，采用 ContactID 联合的实例来存储，包括参与碰撞的两个物体的形状类型和参与碰撞的物体的索引等，属性如表 10-17 所示。

表 10-17　　　　　　　　　　ContactID 联合的属性

属性或方法	含义
ContactID()	表示无参构造器
ContactID(final ContactID c)	表示有参构造器，c 参数为要设置的物体的 ID 值
oolean isEqual(final ContactID cid)	表示判断碰撞的 ID 值是否相等，cid 参数是参与判断的 ID 值
void set(final ContactID c)	表示设置参与碰撞的物体的索引值和形状类型值，c 参数为要设置的物体的 ID 值
void flip()	表示交换参与碰撞的物体的索引值和形状类型值
void zero()	表示将参与碰撞的物体的索引值和形状类型值置零

续表

属性或方法	含义
int compareTo()	表示比较碰撞的 ID 值
int getKey()	表示碰撞的 ID 值,常用于与其他碰撞 ID 进行快速比较
byte indexA	表示参与碰撞的物体 A 的索引值
byte indexB	表示参与碰撞的物体 B 的索引值
byte typeA	表示参与碰撞的物体 A 的形状类型值
byte typeB	表示参与碰撞的物体 B 的形状类型值

2. 碰撞接触点群组——Manifold 类

该类用于存储碰撞接触点群组的信息。所谓碰撞接触点群组是指刚体碰撞时的所有碰撞接触点组成的群组,此群组中最少有一个碰撞接触点,也可以有多个碰撞接触点,具体的情况如图 10-28 所示。

▲图 10-28　多种碰撞情况

> **说明**　从图 10-28 中可以看出,右侧的两个子图都是有圆形参与的碰撞,因此只有一个碰撞接触点。但最左侧的是两个多边形发生的碰撞,且碰撞发生在多边形的一条边上,因此碰撞接触点就不止一个。

接着需要了解的是碰撞时刚体受到的冲量,分为法向冲量和切向冲量。

(1) 法向冲量是正对碰撞接触面的冲量,其是由碰撞时的法向力与时间步进相乘而计算出来的。所谓法向力是指正对碰撞接触面的作用力,现实世界中是由于碰撞物体被挤压产生的反作用力,JBox2D 中是由程序计算出来的,主要功能是防止一个物体穿透另一个物体。

(2) 切向冲量是平行于碰撞面的冲量,其作用于碰撞接触点。切向冲量为切向力与时间步进的乘积,主要功能用于模拟摩擦。

> **说明**　上述法向冲量和切向冲量在图 10-28 中也有给出,都是使用箭头表示的,读者可以观察。

了解了上述基本概念后,下面就可以进一步介绍 Manifold 类的常用属性了,如表 10-18 所示。

表 10-18　　　　　　　　　　　　Manifold 类的常用属性

属性	含义
Vec2 localNormal	表示碰撞法向量
Vec2 localPoint	实际开发中的具体含义取决于碰撞接触点群组类型
ManifoldType type	表示碰撞接触点群组类型
int pointCount	表示碰撞接触点群组中点的总数
ManifoldPoint[ ] points	表示碰撞接触点数组

对表 10-18 还有两个问题需要单独说明。

- 碰撞接触点群组的类型有 3 种，分别为圆与圆之间的碰撞接触点群组、圆与多边形之间的碰撞接触点群组和多边形与多边形之间的碰撞接触点群组。
- localPoint 属性根据碰撞类型的不同会有不同的含义：若是两个圆形物体的碰撞，则其为一个圆的局部中心点；若是圆形与多边形的碰撞，则其为圆的局部中心点或多边形的夹点（clip point）；若是两个多边形物体的碰撞，则其为一个多边形的夹点（clip point）。读者不要误认为是碰撞点的坐标。

3. 碰撞接触点——ManifoldPoint 类

每一个该类的实例表示一个碰撞点，其中存储了与碰撞点相关的一些几何及动力学信息，如碰撞的法向冲量、切向冲量等。ManifoldPoint 类的常用属性如表 10-19 所示。

表 10-19　　　　　　　　　　　　　ManifoldPoint 类的属性

属性	含义
Vec2 localPoint	具体含义取决于碰撞类型
float normalImpulse	表示碰撞的法向冲量
float tangentImpulse	表示碰撞的切向冲量
ContactID id	表示碰撞的 ID

> **说明**　localPoint 属性根据碰撞类型的不同会有不同的含义：若是两个圆形物体的碰撞，则其为一个圆的局部中心点；若是圆形与多边形的碰撞，则其为圆的局部中心点或多边形的夹点（clip point）；若是两个多边形物体的碰撞，则其为一个多边形的夹点（clip point）。读者不要误认为是碰撞点的坐标。

4. 碰撞冲量——ContactImpulse 类

该类实例用于存储碰撞中的一个或多个冲量信息，主要分为法向冲量和切向冲量两方面，常用属性如表 10-20 所示。

表 10-20　　　　　　　　　　　　　ContactImpulse 类的属性

属性	含义
Float[ ] normalImpulses	表示碰撞法向冲量的数组
Float[ ] tangentImpulses	表示碰撞切向冲量的数组
int count	表示碰点接触点的数量

> **提示**　从前面的介绍中已经知道，一次碰撞中的碰撞点可能不止一个。因此 ContactImpulse 类中用于存储法向冲量、切向冲量的成员是两个数组。

5. 碰撞——Contact 类

该类是 JBox2D 物理引擎中用于获取碰撞相关信息的类，从其对象中可以获取多项与碰撞有关的重要信息。此类在与碰撞相关的应用开发中非常重要，常用方法如表 10-21 所示。

表 10-21　　　　　　　　　　　　　Contact 类的常用方法

方法	含义
Manifold getManifold()	获取碰撞相关的碰撞接触点群组，返回值为碰撞接触点群组类的对象
boolean isTouching()	查看碰撞是否在接触中，若是则返回 true，否则返回 false
void setEnabled (boolean flag)	设置碰撞是否有效，flag 参数为 true 表示有效，为 false 则表示无效

续表

方法	含义
boolean isEnabled()	查看碰撞是否有效,若有效则返回 true,否则返回 false
Contact getNext()	获取物理世界碰撞列表中的下一个碰撞,返回值为下一个碰撞的对象
Fixture getFixtureA()	获取参与碰撞的一个刚体的物理信息,返回值为获取的刚体物体信息类对象的引用
int getChildIndexA()	获取参与碰撞的一个刚体物理信息的索引值
Fixture getFixtureB()	获取参与碰撞的另一个刚体的物理信息,返回值为获取的刚体物体信息类对象的引用
int getChildIndexB()	获取参与碰撞的另一个刚体物理信息的索引值
void setFriction (float friction)	设置摩擦系数,friction 参数表示要设置的摩擦系数值
float getFriction()	获取摩擦系数,返回值获取的摩擦系数值
void resetFriction()	重置摩擦系数
void setRestitution (float restitution)	设置恢复系数,restitution 参数表示要设置的恢复系数值
float getRestitution()	获取恢复系数,返回值为获取的恢复系数值
void resetRestitution()	重置恢复系数
void setTangentSpeed(float speed)	设置像传送带那样情况对物体期望的切向作用速度,speed 参数为要设置的切线速度,单位为米/秒
float getTangentSpeed()	获取期望的切线方向的速度
void evaluate (Manifold manifold, Transform xfA, Transform xfB)	使用自定义的碰撞接触点群组以及变换来对碰撞进行计算,manifold 参数为自定义碰撞接触点群组类对象的引用,xfA 参数表示碰撞涉及的一个刚体的变换,xfB 参数表示碰撞涉及的另一个刚体的变换

6. 碰撞监听器——ContactListener 类

与碰撞处理有关的应用开发中,必然会用到 ContactListener 类,子类对象用于充当物理世界的碰撞监听器。当有碰撞发生时,系统会回调其中的相应方法。因此,开发时一般需要继承并重写此类当中的有关方法,具体内容如表 10-22 所示。

表 10-22　　　　　　　　　　ContactListener 类的常用方法

方法	含义
void beginContact(Contact contact)	当两个物体开始碰撞时被回调,contact 参数为碰撞类对象的引用
void endContact(Contact contact)	当两个物体结束碰撞时被回调,contact 参数为碰撞类对象的引用
void preSolve (Contact contact, Manifold oldManifold)	当碰撞被更新后,在求解前被回调,开发人员可以在重写此方法时根据需要给出修改碰撞信息的代码。contact 参数为碰撞类对象的引用,oldManifold 参数为旧的碰撞接触点群组对象的引用。通过新旧数据的比较可以判断出变化
void postSolve (Contact contact, ContactImpulse impulse)	当碰撞被求解后回调,可以用于检查冲量情况,contact 参数为碰撞类对象的引用,impulse 参数为碰撞冲量类对象的引用

10.4.3 碰撞监听器——MyContactListener 类

了解完与碰撞监听及处理相关的一些类后,就可以进行本节案例的开发了。由于此案例的基本框架结构与前面木块金字塔被撞击案例的基本一致,下面主要介绍本案例的重点,首先介绍的是继承自 ContactListener 的 MyContactListener 类,充当碰撞监听器。其具体代码如下。

代码位置：见随书源代码\第 10 章\Sample10_2\app\src\main\java\com\bn\box2d\blockl 目录下的 MyContactListener.java。

```
1   package com.bn.box2d.blockl;                                  //声明包名
2   ……//此处省略了导入类的代码，需要的读者请查看源代码
3   public class MyContactListener implements ContactListener{    //实现 ContactListener 接口
4       @Override
5       public void beginContact(Contact contact){                //重写 beginContact 方法
6         BodySearchUtil.doAction(contact.m_fixtureA.getBody(), contact.m_fixtureB.getBody(),
7                 MyBox2dActivity.bl,MyBox2dActivity.tempbl);     //调用碰撞方法
8       }
9       @Override                                                 //实现 ContactListener 接口必须重写的方法
10      public void endContact(Contact contact){}
11      @Override                                                 //实现 ContactListener 接口必须重写的方法
12      public void preSolve(Contact contact, Manifold oldManifold){}
13      @Override                                                 //实现 ContactListener 接口必须重写的方法
14      public void postSolve(Contact contact, ContactImpulse impulse){}
15  }
```

- 第 4~8 行为重写 ContactListener 类中的 beginContact 方法。功能为调用 BodySearchUtil 工具类的 doAction 方法实现碰撞检测，判断碰撞到的物体是否为矩形。如果是，则将该矩形设为不可见。
- 第 9~15 行为重写 ContactListener 类中的其他方法。由于本案例只用到 beginContact 方法，因此其他几个方法重写的内容均为空。

10.4.4 碰撞检测工具类——BodySearchUtil

在开发上面碰撞监听器的时候，用到 BodySearchUtil 工具类，它是本案例中重要的一部分，因此下面详细介绍碰撞检测工具类 BodySearchUtil 类。此类是本案例中的重点，主要介绍的是实现对碰撞物体对象的检测和设置的 doAction 方法。其具体的开发步骤如下。

代码位置：见随书源代码\第 10 章\Sample10_2\app\src\main\java\com\bn\box2d\blockl 目录下的 BodySearchUtil.java。

```
1   package com.bn.box2d.blockl;                                  //声明包名
2   ……//此处省略了导入类的代码，需要的读者请查看源代码
3   public class BodySearchUtil{
4     public static void doAction(Body body1,Body body2,ArrayList<MyBody> bl,ArrayList<MyBody> tempbl){
5       for(MyBody mpi:bl){                                       //遍历物体列表
6         if(body1==mpi.body||body2==mpi.body){
7           if(mpi instanceof MyRectColor){                       //判断是否为矩形
8             MyRectColor mrc=(MyRectColor)mpi;                   //给 MyRectColor 类对象赋值
9             if(mrc.isBlock){                                    //判断是否为砖块
10              mrc.isLive=false;                                 //将该矩形设为不可见
11              tempbl.add(mrc);                                  //将该矩形放入到删除集合中
12  }}}}}}
```

> **说明**　在此工具类中，主要是实现 doAction 方法，通过遍历物体列表，判断相撞的两物体是否都存在于物体列表中，如果存在继续判断被撞物体是否为矩形，确定为矩形则继续判断是否为砖块，最后将砖块设为不可见并添加进删除列表中。

10.4.5 绘制线程类——DrawThread

本线程类与木块金字塔被撞击案例中的 DrawThread 类似，都包括 GameView 类的对象的声明和赋值、物理数据的模拟和画面的重绘。但是由于本案例中被撞击的砖块会消失，所以本线程

类增加了删除已经碰撞的砖块的部分。其具体步骤如下。

代码位置：见随书源代码\第 10 章\Sample10_2\app\src\main\java\com\bn\box2d\blockl 目录下的 DrawThread.java。

```
1   package com.bn.box2d.blockl;                              //声明包名
2   ……//此处省略了导入类的代码，需要的读者请查看源代码
3   public class DrawThread extends Thread{                   //绘制线程
4       GameView gv;                                          //声明 GameView 类的对象
5       public DrawThread(GameView gv){
6           this.gv=gv;                                       //为 GameView 类对象赋值
7       }
8       @Override
9       public void run(){                                    //重写 run 方法
10          while(DRAW_THREAD_FLAG){
11              gv.activity.world.step(TIME_STEP, ITERA,ITERA);  //开始模拟
12              if(gv.activity.tempbl.size()>0){              //删除已经碰撞的砖块
13                  for(MyBody bb:gv.activity.tempbl){        //遍历删除集合
14                      gv.activity.world.destroyBody(bb.body);  //删除砖块
15                      bb=null;                              //将物体对象置空
16                  }
17                  gv.activity.bl.removeAll(gv.activity.tempbl);  //移除删除集合
18                  gv.activity.tempbl.clear();               //清除删除集合
19              }
20              gv.repaint();                                 //画面重绘
21   }}}
```

- 第 4~6 行为声明 GameView 类的对象并为 GameView 类的对象赋值。
- 第 8~20 行为重写的 run 方法。首先判断绘制线程标志位是否为 true，为 true 则开始进行物理数据的模拟，然后遍历删除集合删除已经被撞击了的砖块，移除删除集合，最后进行画面重置。

> 说明　本案例是将物理数据模拟、清除删除集合和实时画面重绘 3 部分放在了一个线程里。如果物理数据的模拟工作量比较繁重，就应该将其拆分到两个线程，增加运行效率。

10.5 物体无碰撞下落案例

通过对上一节的简易打砖块案例的学习，相信读者已经对碰撞有了一定的了解。但在游戏中其实有些情况下某些物体之间是不需要碰撞的，这时就可以采用碰撞过滤来实现。本节将通过一个具体的案例来介绍碰撞过滤的使用。

10.5.1 案例运行效果

该案例主要演示的是，从屏幕上方有多边形石块、钢球、矩形木块和椭圆形石块由静止下落。若这些物体发生了碰撞，则其各自不受到碰撞的影响；若这些物体与地面或两侧的墙壁发生碰撞，则其将受到碰撞的影响。其运行效果如图 10-29~图 10-32 所示。

> 说明　图 10-29 为案例刚开始运行的效果，演示的是物体从屏幕上方坠落。图 10-30 和图 10-31 为物体在碰撞过程中的效果。图 10-32 为物体全部静止在地面的效果。

10.5 物体无碰撞下落案例

▲图10-29 案例运行开始 ▲图10-30 物体碰撞过程中 ▲图10-31 物体碰撞过程中 ▲图10-32 物体静止在地面

10.5.2 碰撞过滤器——ContactFilter 类

ContactFilter 的对象可以充当物理世界内的碰撞过滤器。然后通过继承并重写该类中的 shouldCollide 方法即可以实现自定义的碰撞过滤，其详细信息如表 10-23 所示。

表 10-23　　　　　　　　　　ContactFilter 类的方法

方法	含义
boolean shouldCollide(Fixture fixtureA, Fixture fixtureB)	判断物体是否允许碰撞，若两个物体允许碰撞则返回 true，否则返回 false。fixtureA 参数表示参与碰撞的物体 A 的刚体物理信息，fixtureB 参数表示参与碰撞的物体 B 的刚体物理信息

10.5.3 碰撞过滤类的开发

了解了与碰撞过滤相关类的基础知识后，就可以进行本小节案例的开发了。由于此案例的基本框架结构与前面木块金字塔被撞击案例的基本一致，因此这里不再赘述重复的内容。这里主要介绍本案例中的重点：碰撞监听器的实现类，具体代码如下。

代码位置：见随书源代码第 10 章\Sample10_3\app\src\main\java\com\bn\box2d\util 目录下的 MyContactFilter.java。

```
1    package com.bn.box2d.util;                             //声明包名
2    ……//此处省略导入类的代码，读者可自行查阅随书源代码
3    public class MyContactFilter extends ContactFilter{    //碰撞过滤相关类
4        public MyContactFilter(Activity activity){}       //构造器
5        @Override
6        public boolean shouldCollide(Fixture fixtureA, Fixture fixtureB){
                                                           //检验是否碰撞的方法
7            Body bodyA= fixtureA.getBody();               //获得碰撞刚体 A
8            Body bodyB= fixtureB.getBody();               //获得碰撞刚体 B
9            if((Integer)(bodyA.getUserData())==-1||(Integer)(bodyB.getUserData())
             ==-1){
10               return true;                              //允许碰撞
11           }else{
12               return false;                             //不允许碰撞
13    }}}
```

> 说明　本类主要是创建了 MyContactFilter 类的带参构造器，并且通过继承 ContactFilter 类的 shouldCollide 方法，来判断传入的参与碰撞的两个物体 fixtureA 和 fixtureB 是否允许碰撞。获得碰撞刚体后，根据刚体的属性进行相应的判断，如果允许碰撞，则返回 true；如果不允许碰撞，则返回 false。

10.5.4 多边形刚体类——MyPolygonColor

在这里不再赘述。本小节中主要介绍的是其子类 MyPolygonColor。该类的主要作用是对多边形刚体的功能进行封装，具体代码如下。

代码位置：见随书源代码\第 10 章\Sample10_3\app\src\main\java\com\bn\box2d\blockfall 目录下的 MyPolygonColor.java。

```
1   package com.bn.box2d.blockfall;                                     //声明包名
2   ……//此处省略导入类的代码，读者可自行查阅随书源代码
3   public class MyPolygonColor extends MyBody{                         //自定义多边形类
4   ……//此处省略变量定义的代码，请自行查看源代码
5       public MyPolygonColor(Body body,int color,int indext,float[][] points){
        //构造器
6           this.body=body;                                             //给 Body 类对象赋值
7           this.color=color;                                           //给 Color 对象赋值
8           this.indext=indext;                                         //给索引值赋值
9           this.body.setUserData(this.indext);                         //设置数据
10          path=new Path();                                            //创建 Path 对象
11          this.points=points;                                         //给点序列赋值
12      }
13      public void drawSelf(Canvas canvas,Paint paint){                //绘制多边形
14          paint.setColor(color&0x8CFFFFFF);                           //给画笔设置颜色
15          float x=body.getPosition().x*RATE;                          //获得刚体 x 坐标
16          float y=body.getPosition().y*RATE;                          //获得刚体 y 坐标
17          float angle=body.getAngle();
18          canvas.save();                                              //保存画布
19          Matrix ml=new Matrix();                                     //创建矩阵
20          ml.setRotate((float)Math.toDegrees(angle),x, y);            //矩阵设置旋转
21          canvas.setMatrix(ml);                                       //给画布设置矩阵
22          path.reset();                                               //画笔重置
23          path.moveTo(x+points[0][0], y+points[0][1]);                //将路径移到起点
24          for(int i=1;i<points.length;i++){                           //遍历点序列
25              path.lineTo(x+points[i][0], y+points[i][1]);            //画线
26          }
27          path.lineTo(x+points[0][0], y+points[0][1]);                //将路径移到终点
28          canvas.drawPath(path, paint);                               //画路径
29          paint.setStyle(Paint.Style.STROKE);                         //画的是空心
30          paint.setStrokeWidth(1);                                    //设置空心线宽
31          paint.setColor(color);                                      //设置画笔颜色
32          canvas.drawPath(path, paint);                               //画路径
33          paint.reset();                                              //画笔重置
34          canvas.restore();                                           //保存画布
35      }
36      public void drawBitmap(Canvas canvas,GameView gv,Paint paint){  //贴图
37          paint.setColor(color&0x8CFFFFFF);                           //设置画笔颜色
38          float x=body.getPosition().x*RATE;                          //获得刚体 x 坐标
39          float y=body.getPosition().y*RATE;                          //获得刚体 y 坐标
40          float angle=body.getAngle();                                //获得刚体旋转角度
41          canvas.save();                                              //保存画布
42          Matrix ml=new Matrix();                                     //创建矩阵
43          ml.setRotate((float)Math.toDegrees(angle),x, y);            //旋转矩阵
44          canvas.setMatrix(ml);                                       //画布设置矩阵
45          canvas.drawBitmap(gv.activity.stones[indext],x,y,paint);    //画图
46      }}
```

- 第 5～12 行为此类的构造器，主要作用是初始化相关成员变量。
- 第 13～35 行为本类的多边形绘制方法。首先设置颜色，通过物体的 x、y 坐标和角度，找到起点，利用传进的点序列参数，确定路径，绘制多边形，接着设置画笔的样式和颜色为多边形绘制边框。最后恢复画笔的设置，以免影响后继的绘制。
- 第 36～46 行为本类的多边形贴图方法。首先设置画笔的颜色，然后通过获得物体的 x 坐标、y 坐标和角度，进行矩阵的变换，然后再对多边形进行贴图。

10.5.5 生成刚体性状的工具类——Box2DUtil

上一小节介绍了自定义的圆形刚体类，可以看出其中有一个成员变量 body 是 JBox2D 中的刚体。由于创建 Body 的代码并不十分简单，因此，为了使用方便，本案例中开发了一个工具类 Box2DUtil，它负责提供一个工厂方法，接收参数生成 MyPolygonColor 类的对象。具体代码如下。

代码位置：见随书源代码\第 10\Sample10_3\app\src\main\java\com\bn\box2d\util 目录下的 Box2DUtil.java。

```java
1    package com.bn.box2d.util;                        //声明包名
2    ……//此处省略导入类的代码，读者可自行查阅随书源代码
3    public class Box2DUtil{                           //生成物理形状的工具类
4        public static MyPolygonColor createPolygon(  //构造器
5            float x,                                  //x坐标
6            float y,                                  //y坐标
7            float[][] points,                         //点序列
8            boolean isStatic,                         //是否为静止的
9            World world,                              //世界
10           int color,                                //颜色
11           int indext                                //物体索引
12       ){
13           BodyDef bd=new BodyDef();                 //创建刚体描述
14           if(isStatic){                             //是否为可运动刚体
15               bd.type=BodyType.STATIC;              //若true,则将刚体状态设置为静止
16           }else{
17               bd.type=BodyType.DYNAMIC;             //若false,则将刚体状态设置为运动
18           }
19           bd.position.set(x/RATE, y/RATE);          //设置位置
20           Body bodyTemp= world.createBody(bd);      //在世界中创建刚体
21           PolygonShape ps=new PolygonShape();       //创建刚体形状
22           Vec2[] vec=new Vec2[points.length];
23           for(int i=0;i<vec.length;i++){            //遍历点序列
24               vec[i] =new Vec2(points[i][0]/RATE,points[i][1]/RATE);
25           }
26           ps.set(vec, vec.length);
27           FixtureDef fd=new  FixtureDef();          //创建刚体物理描述
28           fd.density = 1.0f;                        //设置密度
29           fd.friction = 0.05f;                      //设置摩擦系数
30           fd.restitution = 0.6f;                    //设置恢复系数
31           fd.shape=ps;                              //设置形状
32           if(!isStatic){                            //将刚体物理描述与刚体结合
33               bodyTemp.createFixture(fd);
34           }else{
35               bodyTemp.createFixture(ps, 0);
36           }
37           return new MyPolygonColor(bodyTemp,color,indext,points);
                                                       //生成MyPolygonColor类
38   }}
```

- 第 4~12 行为 createPolygon 方法的参数，主要有 x 坐标、y 坐标、点序列、是否静止标志、刚体所属 World 类对象、颜色及刚体的索引值等。
- 第 13~26 行为创建刚体描述，同时设置其是否为可运动刚体、位置等。在世界中创建刚体，并创建其形状，遍历点序列后，再对刚体的位置进行设置。
- 第 27~38 行为生成 MyPolygonColor 类对象，创建刚体物理描述，同时设置其密度、摩擦系数、恢复系数及形状，再将刚体物理描述与刚体结合，返回 MyPolygonColor 类对象。

10.5.6 主控制类——MyBox2dActivity

接下来详细介绍本案例的主控制类 MyBox2dActivity 了，其与木块金字塔被撞击案例的主控制类结构大致类似。下面主要介绍各个刚体的创建和游戏运行界面内图片的加载，具体代码如下。

代码位置:见随书源代码\第 10 章\Sample10_3\app\src\main\java\com\bn\box2d\blockfall 目录下的 MyBox2dActivity.java。

```java
1    package com.bn.box2d.blockfall;                           //声明包名
2    ……//此处省略导入类的代码,读者可自行查阅随书源代码
3    public class MyBox2dActivity extends Activity{            //主控制类
4        public World world;                                    //创建 World 对象
5        ArrayList<MyBody> bl=new ArrayList<MyBody>();//创建 ArrayList 对象放 MyBody 对象
6        public Bitmap[] stones=new Bitmap[3];                  //创建 Bitmap 数组
7        public void onCreate(Bundle savedInstanceState){//继承 Activity 需要重写的方法
8            super.onCreate(savedInstanceState);                //调用父类
9            ……//此处省略了与前面案例中相似的代码,请自行查看源代码
10           initBitmap(this.getResources());                   //初始化图片
11           Vec2 gravity = new Vec2(0.0f,10.0f);               //创建 Vec2 对象
12           world = new World(gravity);                        //创建世界
13           world.setContactFilter(new MyContactFilter(this)); //给世界添加碰撞过滤相关类
14           final int kd=20;                                   //定义宽度或高度
15           MyPolygonColor mrc=Box2DUtil.createPolygon(        //创建最底部的包围框
16               0,                                             //x 坐标
17               SCREEN_HEIGHT-kd,                              //y 坐标
18               new float[][]{                                 //点序列
19                   {0,0},{SCREEN_WIDTH,0},{SCREEN_WIDTH,SCREEN_HEIGHT},{0,SCREEN_HEIGHT}
20               },
21               true,                                          //静止
22               world,
23               Color.YELLOW,                                  //颜色为黄色
24               -1);                                           //物体索引值为-1
25           bl.add(mrc);                                       //将包围框添加进 ArrayList 中
26           ……//此处其他包围框的创建与上述相似,故省略,请自行查阅随书的源代码
27           mrca=Box2DUtil.createPolygon(                      //创建石头 1
28               (200+x)*ratio,                                 //x 坐标
29               (kd+62+y)*ratio,                               //y 坐标
30               new float[][]{                                 //点序列
31                   {0,18},{22,1},{75,31},{31,69}
32               },
33               false,                                         //非静止
34               world,
35               Color.WHITE,                                   //颜色为白色
36               0);
37           bl.add(mrca);                                      //将石头 1 添加进 ArrayList 中
38           ……//此处其他多边形的创建与上述相似,故省略,请自行查阅随书的源代码
39           GameView gv= new GameView(this);                   //创建 GameView 对象
40           setContentView(gv);                                //跳转到 GameView 界面
41       }
42       public void initBitmap(Resources r){                   //初始化图片
43           stones[0]=BitmapFactory.decodeResource(r, R.drawable.stone);
                                                                //加载石头 1 的图片
44           ……//此处省略了加载其他图片的代码,与上述代码相似,请自行查看源代码
45   }}
```

- 第 4~13 行为创建各个变量,并将屏幕设置为全屏且横屏,调用加载图片的方法,初始化需要的所有贴图,还创建了 World 类的对象,并给它添加了碰撞过滤的监听器。
- 第 14~26 行为创建游戏运行界面内的包围框以及矩形和三角形等多边形,通过设置其 x 坐标、y 坐标、点序列、是否静止和颜色等属性,即可确定各个多边形的状态以及对其进行绘制。生成多边形的工具类在上一小节已经进行了详细介绍,这里不再赘述。
- 第 27~38 行为创建游戏运行界面内的石头等多边形不规则物体,确定各个顶点后,还要进行贴图,使其更加生动。部分相似代码省略,读者可自行查阅随书源代码。
- 第 39~40 行表示的是获得 GameView 类的对象,并跳转至 GameView 界面。
- 第 42~45 为加载游戏中需要的所有图片方法,部分相似的代码进行了省略,读者可自行查阅随书源代码。

10.5.7 显示界面类——GameView

上一小节中最后要跳转的目标是 GameView 界面，该界面的功能为对本案例中的场景进行渲染。该类继承 Android 系统中的 SurfaceView 类，并实现了 SurfaceHolder.Callback 接口，具体代码如下。

代码位置：见随书源代码第 10 章\Sample10_3\app\src\main\java\com\bn\box2d\blockfall 目录下的 GameView.java。

```
1    package com.bn.box2d.blockfall;
2    ……//此处省略导入类的代码，读者可自行查阅随书源代码
3    public class GameView extends SurfaceView
4        implements SurfaceHolder.Callback{                        //实现生命周期回调接口
5        public MyBox2dActivity activity;                          //创建 MyBox2dActivity 对象
6        Paint paint;                                              //创建画笔
7        DrawThread dt;                                            //创建绘制线程
8        public GameView(MyBox2dActivity activity){                //构造器
9            super(activity);
10           this.activity = activity;                             //赋值
11           this.getHolder().addCallback(this);                   //设置生命周期回调接口的实现者
12           paint = new Paint();                                  //初始化画笔
13           paint.setAntiAlias(true);                             //打开抗锯齿
14           dt=new DrawThread(this);                              //创建绘制线程
15           dt.start();                                           //启动绘制线程
16       }
17       public void onDraw(Canvas canvas){                        //绘制方法
18           if(canvas==null){    return;     }                    //确认画布不为空
19           canvas.drawARGB(255, 255, 255, 255);                  //设置画笔颜色
20           for(MyBody mb:activity.bl){                           //遍历场景中的物体
21               if(mb.indext>=0){                                 //如果物体索引值大于等于 0
22                   mb.drawBitmap(canvas, this, paint);           //绘制图片贴图
23               }else{                                            //如果物体索引值小于 0
24                   mb.drawSelf(canvas, paint);                   //直接绘制物体
25       }}}
26       public void surfaceChanged(SurfaceHolder arg0, int arg1, int arg2, int arg3){ }
27       public void surfaceCreated(SurfaceHolder holder) {repaint();}//创建时被调用
28       public void surfaceDestroyed(SurfaceHolder arg0) {}        //销毁时被调用
29       public void repaint(){                                    //重新绘制
30           SurfaceHolder holder=this.getHolder();
31           Canvas canvas = holder.lockCanvas();                  //获取画布
32           try{
33               synchronized(holder){                             //同步
34                   onDraw(canvas);                               //调用绘制方法
35               }
36           }catch(Exception e){                                  //捕获异常
37               e.printStackTrace();                              //打印栈信息
38           }finally{
39               if(canvas != null){                               //如果画布不为空
40                   holder.unlockCanvasAndPost(canvas);           //释放画布
41       }}}}
```

- 第 8~16 行为该类的构造器。在该类的构造器中主要是初始化成员变量，同时创建画笔，打开抗锯齿，创建 DrawThread 类对象，并开启线程。
- 第 17~25 行为程序运行时需要的绘制方法。首先判断 canvas 是否为空，如果为空，则返回。然后设置背景颜色为白色。最后再绘制本案例中的其他物体，如果刚体的索引值大于等于 0，则对多边形进行贴图处理；如果小于 0，则直接绘制多边形。
- 第 26~28 行为创建实现回调接口的类必须重写的 3 个方法。在创建 Surface 界面需调用的方法中，调用重新绘制的方法。此方法在下面详细介绍。
- 第 29~41 行为刷帧方法。首先获得 SurfaceHolder 的对象，并获取画布，然后使用同步控制绘制方法，最后如果画布不为空，则需要为画布解锁。

10.6 关节——Joint

前面的内容中已经讲解了 JBox2D 物理引擎的一些基本知识和案例，但是这对于学习 JBox2D 物理引擎是远远不够的。下面将讲解该引擎中的一个重要的概念：关节（Joint）。

简单来说，关节是两个物体之间的约束，其可以将两个物体以一定的方式约束在一起。有些关节提供了限制（limit），物体运动被限制在一定的范围。有些关节还提供了马达（motor），物体可以以指定的速度驱动关节运动，直到达到指定的最大力或最大扭矩来抵消这种运动。

合理地使用关节可以创造出许多有趣并且符合常理的运动，比如旋转的风扇、摇摆的小球、转动的齿轮以及转动的车轮等。

10.6.1 关节定义——JointDef 类

该类实例用于储存关节的属性信息，主要包括关节关联的两个刚体实例、是否允许关联的刚体发生碰撞等信息。但是在创建具体关节时，一般不直接使用该类来创建，因为每个具体的关节都有其自己的关节定义，都继承自父类 JointDef 类。其属性如表 10-24 所示。

表 10-24　　　　　　　　　　　　JointDef 类的属性

属性	含义
Body bodyA	表示关节关联的刚体对象 A，默认值为 null
Body bodyB	表示关节关联的刚体对象 B，默认值为 null
boolean collideConnected	表示是否允许关联的两个刚体发生碰撞，为 true 表示允许碰撞，否则表示不允许碰撞，默认值为 false
JointType type	表示关节类型
void userData	用来存储用户数据，默认值为 null

10.6.2 距离关节描述——DistanceJointDef 类

接下来介绍各个具体的关节。首先要介绍的是较为简单的距离关节。距离关节是指两个刚体之间保持着固定不变的距离，同时刚体可以任意运动和旋转。这里说的保持固定不变的距离，是指关联着的两个刚体的锚点之间的距离，具体情况如图 10-33 所示。

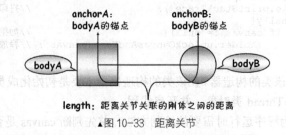

▲图 10-33　距离关节

距离关节描述的属性及方法如表 10-25 所示。

表 10-25　　　　　　　　　　　　DistanceJointDef 类的属性及方法

属性或方法	含义
Vec2 localAnchorA	表示关节关联的 bodyA 的本地锚点坐标，默认值为 Vec2(0.0f,0.0f)
Vec2 localAnchorB	表示关节关联的 bodyB 的本地锚点坐标，默认值为 Vec2(0.0f,0.0f)

10.6 关节——Joint

续表

属性或方法	含义
float length	表示关联刚体之间的距离，默认值为 1.0f
float frequencyHz	表示关节频率，可以理解为柔韧度，值为 0 时表示禁用柔韧度，值越大柔韧度越大，默认值为 0.0f
float dampingRatio	表示阻尼系数，值为 0 时表示没有阻尼，值为 1 时表示临界阻尼，默认值为 0.0f
void initialize (Body bodyA, Body bodyB, Vec2 anchorA, Vec2 anchorB)	距离关节的初始化方法，参数 bodyA 表示关节关联的刚体 bodyA 的引用，参数 bodyB 表示关节关联的刚体 bodyB 的引用，参数 anchorA 表示刚体 bodyA 的锚点坐标，参数 anchorB 表示刚体 bodyB 的锚点坐标

10.6.3 距离关节案例——小球下摆

学习完距离关节基本知识之后，这里将给出使用距离关节开发的案例——小球下摆案例，以便于读者能够正确使用距离关节，同时也利于读者加深对距离关节的理解。

1. 案例运行效果

该案例主要演示的是在一个平面内，两个不同位置的小球从同一高度下落，并且两个小球同时与同一固定点保持相同的距离，以实现小球下摆的效果。其运行效果如图 10-34～图 10-37 所示。

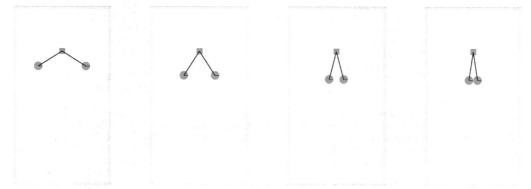

▲图 10-34 案例运行开始 ▲图 10-35 小球下落状态 ▲图 10-36 小球碰撞反弹 ▲图 10-37 小球静止

> 说明　图 10-34 为案例开始运行的效果，图 10-35 为小球下落时的效果，图 10-36 为小球碰撞过后被反弹的效果，图 10-37 为小球静止时的效果。

2. 案例的基本框架结构

在介绍本案例之前，首先需要介绍本案例的框架结构，了解本案例的框架结构有助于读者对本案例的学习和理解。本案例的框架结构如图 10-38 所示。

▲图 10-38 框架结构

MyBody 类、MyCircleColor 类、MyRectColor 类、MyPolygonColor 类、Constant 类、Box2DUtil 类以及 DrawThread 类的功能在木块金字塔被撞击案例中已经向读者介绍，这里不再重复赘述。这里重点介绍 MyDistanceJoint 类、MyBox2dActivity 类和 GameView 类。

MyDistanceJoint 类表示自定义的距离关节类。该类对距离关节进行了封装，定义了自身的构造器，以便于在物理世界中创建距离关节以及设置距离关节的属性。

MyBox2dActivity 类表示主控制类。该类主要功能为设置屏幕模式、设置屏幕自适应以及调用 Box2DUtil 类的方相应方法在物理世界创建和添加刚体的功能。

GameView 类表示显示界面类。该类的功能为对本案例中的场景进行渲染。该类需要调用 Android 系统中的 SurfaceView 类，并实现 SurfaceHolder.Callback 接口。下面将为读者详细地介绍以上 3 个类的开发。

3. 距离关节类——MyDistanceJoint

了解完本案例的基本框架结构后，接下来将对距离关节类的开发进行详细介绍。该类主要包括声明物理世界类的引用、声明距离关节的引用以及通过构造器在物理世界添加距离关节等，具体代码如下。

代码位置：见随书源代码\第 10 章\Sample10_4\app\src\main\java\com\bn\box2d\ballfall 目录下的 MyDistanceJoint.java。

```
1    package com.bn.box2d.ballfall;                           //声明包
2    ...//此处省略了本类中导入类的代码，读者可自行查阅随书源代码
3    public class MyDistanceJoint{                            //距离关节类
4        World world;                                         //物理世界引用
5        DistanceJoint dj;                                    //距离关节引用
6        public MyDistanceJoint(                              //构造器
7            String id,                                       //关节 id
8            World world,                                     //物理世界引用
9            boolean collideConnected,                        //是否允许碰撞
10           MyBody poA,                                      //刚体 A
11           MyBody poB,                                      //刚体 B
12           Vec2 anchorA,                                    //锚点 A
13           Vec2 anchorB,                                    //锚点 B
14           float frequencyHz,                               //为 0 表示禁柔度
15           loat dampingRatio                                //  阻尼系数
16       ){
17           this.world=world;                                //给 World 类对象赋值
18           DistanceJointDef djd=new DistanceJointDef();//创建关节描述对象
19           djd.collideConnected=collideConnected;           //给是否允许碰撞标志赋值
20           djd.userData=id;                                 //给关节描述的用户数据赋予关节 id
21           djd.initialize(poA.body, poB.body, anchorA, anchorB);
                                                              //调用距离关节描述的初始化方法
22           djd.frequencyHz=frequencyHz;                     //给关节频率赋值
23           djd.dampingRatio=dampingRatio;                   //给关节阻尼赋值
24           dj=(DistanceJoint) world.createJoint(djd); //在物理世界里增添距离关节
25    }}
```

- 第 4~5 行为在 MyDistanceJoint 类中声明物理世界引用和距离关节引用。
- 第 6~16 行为 MyDistanceJoint 类中构造器的参数，分别表示关节 id、物理世界引用、是否允许碰撞、刚体 A 引用、刚体 B 引用、锚点 A、锚点 B、关节频率以及关节阻尼系数。
- 第 17~21 行为设置物理世界、关节描述的用户数据以及调用距离关节描述的初始化方法。
- 第 22~25 行为设置距离关节频率和阻尼系数以及在物理世界添加距离关节。

4. 主控制类——MyBox2dActivity

接下来介绍本案例的主控制类 MyBox2dActivity 的开发。该类的主要功能为设置屏幕模式、设置屏幕自适应以及调用 Box2DUtil 类中创建场景所需刚体的方法。该类继承自 Android 系统中的 Activity 类，具体的开发代码如下。

代码位置：见随书源代码\第 10 章\Sample10_4\app\src\main\java\com\bn\box2d\ballfall 目录下的 MyBox2dActivity.java。

```
1    package com.bn.box2d.ballfall;                           //声明包
2    ……//此处省略了导入类的代码，读者可自行查阅随书源代码
```

```
3    public class MyBox2dActivity extends Activity{
4        World world;                                              //声明物理世界引用
5        ArrayList<MyBody> al=new ArrayList<MyBody>();             //创建存储物体的集合
6        @Override
7        protected void onCreate(Bundle savedInstanceState) {
                                                                   //继承Activity需要重写的方法
8            super.onCreate(savedInstanceState);                   //调用父类
9            ……//此处省略设置屏幕模式以及设置屏幕自适应的代码,需要的读者可参考源代码
10           Vec2 gravity=new Vec2(0.0f,10.0f);                    //创建重力加速度
11           world=new World(gravity);                             //创建世界
12           final int kd=20;                                      //宽度或高度
13           ……//此处省略了创建4个墙壁的代码,需要的读者可参考源代码
14           MyRectColor mrcRect=Box2DUtil.createBox((360+x)*ratio,   //创建长方形物体
15                    (320+y)*ratio,20*ratio,20*ratio,true,world,0,0,0,Color.RED);
16           al.add(mrcRect);                                      //将物体添加进集合
17           MyCircleColor ballA=Box2DUtil.createCircle((180+x)*ratio,  //创建左圆物体
18                    (420+y)*ratio, 30*ratio, world,0,0,0, Color.RED);
19           al.add(ballA);                                        //将左圆物体添加进集合
20           new MyDistanceJoint("one",world,false,mrcRect,ballA,  //创建左圆关节对象
21                    mrcRect.body.getPosition(),ballA.body.getPosition(),0,0);
22           ……//此处省略了右圆物体以及关节的代码,需要的读者可参考源代码
23           GameView gv=new GameView(this);                       //创建GameView类对象
24           setContentView(gv);                                   //跳转至GameView界面
25    }}
```

- 第4、5行为本类的成员变量,主要是声明World类的引用,并创建ArrayList<MyBody>的集合对象,该集合对象中存放MyBody及其子类的对象。
- 第10~12行为创建物理世界的重力加速度向量以及创建World类的对象。
- 第13~22行为通过调用Box2DUtil类中创建刚体的方法创建墙壁和左右圆,并将之存入ArrayList<MyBody>集合中,然后在物理世界创建添加距离关节。
- 第23~24行为创建GameView类的对象,并跳转至GameView界面。

5. 显示界面类——GameView

接下来开发本案例的显示界面类GameView。启动物理模拟和绘制场景物体等功能都将在此类中声明和实现。此外,GameView类中repaint方法的实现与木块金字塔被撞击案例的显示界面类中该方法的实现基本一致,这里不再重复讲解。具体代码如下。

代码位置:见随书源代码\第10章\Sample10_4\app\src\main\java\com\bn\box2d\ballfall目录下的GameView.java。

```
1    package com.bn.box2d.bheap;                                   //声明包
2    ...//此处省略了本类中导入类的代码,读者可自行查阅随书源代码
3    public class GameView extends SurfaceView implements SurfaceHolder.Callback {
4        MyBox2dActivity activity;                                 //成员变量activity
5        Paint paint;                                              //成员变量画笔
6        DrawThread dt;                                            //成员变量绘制线程
7        public GameView(MyBox2dActivity activity) {
8            super(activity);                                      //调用父类
9            this.activity = activity;                             //赋值activity
10           this.getHolder().addCallback(this);                   //设置生命周期回调接口的实现者
11           paint = new Paint();                                  //创建画笔
12           paint.setAntiAlias(true);                             //打开抗锯齿
13           dt=new DrawThread(this);                              //创建线程对象
14           dt.start();                                           //启动绘制线程
15       }
16       public void onDraw(Canvas canvas){                        //绘制方法
17           if(canvas==null){                                     //判断canvas是否为空
18               return;                                           //如果canvas为空,则返回
19           }
20           canvas.drawARGB(255,140, 140, 140);                   //设置背景颜色
21           for(MyBody mb:activity.bl){                           //遍历刚体列表
22               mb.drawSelf(canvas, paint);                       //绘制刚体
```

```
23                drawLine(canvas,activity.al.get(4),activity.al.get(5));
                                                                         //更新线段位置
24                drawLine(canvas,activity.al.get(4),activity.al.get(6));
                                                                         //更新线段位置
25          }}
26          public void drawLine(Canvas canvas,MyBody mb1,MyBody mb2){   //绘制线段
27              Paint paint=new Paint();                                  //创建画笔
28              paint.setColor(Color.BLUE);                               //设置画笔颜色
29              paint.setStyle(Paint.Style.STROKE);                       //设置画笔风格
30              int width=(int) (6*Constant.ratio);                       //线段粗细
31              paint.setStrokeWidth(width);                              //设置画笔线条宽度
32              Vec2 start=mb1.body.getPosition();                        //获得刚体 mb1 的位置
33              Vec2 stop=mb2.body.getPosition();                         //获得刚体 mb2 的位置
34              canvas.drawLine(start.x*Constant.RATE, start.y*Constant.RATE,   //绘制线段
35                              stop.x*Constant.RATE,stop.y*Constant.RATE, paint);
36          }
37          public void surfaceChanged(SurfaceHolder arg0, int arg1, int arg2, int arg3){
38          }
39          public void surfaceCreated(SurfaceHolder holder){            //创建时被调用
40              repaint();
41          }
42          public void surfaceDestroyed(SurfaceHolder arg0){            //销毁时被调用
43          }
44          public void repaint(){                                        //刷帧方法
45              ……//此处省略调用 onDraw 方法的代码，需要的读者可参考源代码
46          }}
```

- 第 4～6 行主要功能为声明 activity 引用、画笔引用以及绘制线程 DrawThread 引用。
- 第 7～15 行为该类的构造器。在该类的构造器中主要是初始化成员变量，同时创建画笔，打开抗锯齿，创建 DrawThread 对象，并开启线程。
- 第 16～25 行为设置背景颜色、绘制场景刚体以及更新两条线段。
- 第 26～36 行为创建画笔、设置画笔颜色、风格以及画笔线条宽度，并获得两个圆形刚体的位置作为线段端点，更新线段姿态。
- 第 37～43 行为创建实现回调接口类的必须重写的 3 个方法。
- 第 44、45 行表示调用 onDraw 方法。此方法的实现与木块金字塔被撞击案例的显示界面类中的方法实现基本一致，故不在此详细介绍。

10.6.4　旋转关节描述——RevoluteJointDef 类

顾名思义，旋转关节就是约束两个刚体旋转的关节。该关节描述提供了旋转锚点、两个关联刚体的本地锚点坐标、两个刚体之间的角度差、旋转角度限制以及旋转马达。所谓旋转锚点，是指刚体发生旋转时所围绕的中心点，具体情况如图 10-39 所示。

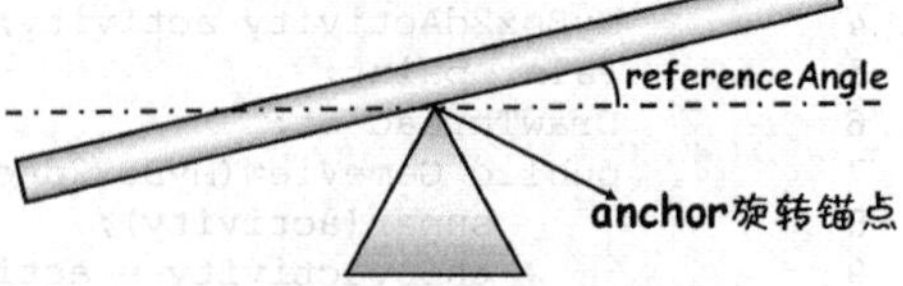

▲图 10-39　旋转关节

接下来具体介绍旋转关节描述的属性及方法，具体如表 10-26 所示。

表 10-26　RevoluteJointDef 类的属性及方法

属性或方法	含义
Vec2 localAnchorA	表示关节关联的 bodyA 的本地锚点坐标，默认值为 Vec2(0.0f,0.0f)
Vec2 localAnchorB	表示关节关联的 bodyB 的本地锚点坐标，默认值为 Vec2(0.0f,0.0f)
float referenceAngle	表示 bodyB 与 bodyA 的角度差（弧度），默认值为 0.0f
boolean enableLimit	表示是否开启关节限制，为 true 表示开启，否则表示关闭，默认值为 false

续表

属性或方法	含义
float lowerAngle	表示关节限制的逆时针的最大弧度角，默认值为 0.0f（弧度制）
float upperAngle	表示关节限制的顺时针的最大弧度角，默认值为 0.0f（弧度制）
boolean enableMotor	表示是否开启马达，默认值为 false
float motorSpeed	表示马达转速，单位通常为弧度每秒，默认值为 0.0f
float maxMotorTorque	表示马达的最大力矩，单位通常为 N·m，默认值为 0.0f
void initialize(final Body b1, final Body b2, final Vec2 anchor)	旋转关节的初始化函数，参数 bodyA 表示关节关联的刚体 bodyA 对象的引用，参数 bodyB 表示关节关联的刚体 bodyB 对象的引用，参数 anchor 表示旋转锚点

> **说明** 旋转关节限制的逆时针的最大弧度角 lowerAngle 是指若在开启旋转关节限制的前提下，刚体逆时针旋转时的最大弧度角。旋转关节限制的顺时针的最大弧度角 upperAngle 是指若在开启旋转关节限制的前提下，刚体顺时针旋转时的最大弧度角。

10.6.5 旋转关节案例——转动的风扇与跷跷板

下面介绍使用旋转关节开发的案例——转动的风扇与跷跷板案例，以便于读者能够正确使用旋转关节，同时也利于读者加深对旋转关节的理解。

1. 案例运行效果

该案例主要演示的是，在一个平面内，固定在墙上的风扇以一定的角速度转动；两个质量不同的小球从同一高度下落，两小球下落至跷跷板被弹起的物理效果。其运行效果如图 10-40～图 10-43 所示。

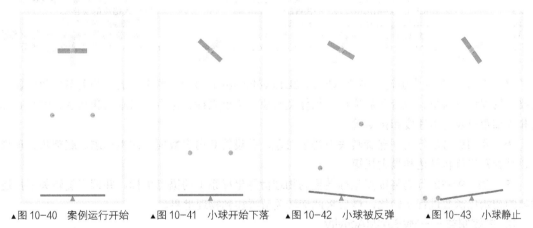

▲图 10-40　案例运行开始　　▲图 10-41　小球开始下落　　▲图 10-42　小球被反弹　　▲图 10-43　小球静止

> **说明** 图 10-40 为案例开始运行时的效果；图 10-41 为风扇以一定角速度转动，小球开始下落并且未与跷跷板发生碰撞时的效果；图 10-42 为风扇以一定角速度转动，小球被跷跷板反弹起来时的效果；图 10-43 为风扇以一定角速度转动，小球静止时的效果。

由于此案例的基本框架结构与前面小球下摆案例基本一致，因此这里不再赘述重复的内容。这里主要介绍本案例中的重点，包括旋转关节类 MyBox2DRevoluteJoint 和主控制类 MyBox2dActivity 的开发。

2. 旋转关节类——MyBox2DRevoluteJoint

下面将介绍旋转关节类 MyBox2DRevoluteJoint 的开发，主要包括物理世界的创建、旋转关节对象的创建以及旋转关节描述对象相关属性的设置，具体代码如下。

代码位置：见随书源代码\第 10 章\Sample10_5\app\src\main\java\com\bn\box2d\revolute 目录下的 MyBox2DRevoluteJoint.java。

```
1    package com.bn.box2d.revolute;                            //导入包
2    ……//此处省略导入类的代码，读者可自行查阅随书源代码
3    public class MyBox2DRevoluteJoint {
4        World world;                                          //物理层里的物理世界
5        RevoluteJoint rjoint;                                 //创建旋转关节对象
6        public MyBox2DRevoluteJoint(String id,                //关节 id
7            World world,                                      //物理层里的物理世界
8            boolean collideConnected,                         //是否允许碰撞
9            Body A,                                           //刚体 A
10           Body B,                                           //刚体 B
11           Vec2 anchor,
12           boolean enableLimit,                              //是否开启限制
13           float lowerAngleScale,                            //底部角度，弧度制
14           float upperAngleScale,                            //顶部角度，弧度制
15           boolean enableMotor,                              //是否开启马达
16           float motorSpeed,                                 //马达速度 n*Math.PI
17           float maxMotorTorque                              //马达扭矩
18       ){
19           this.world=world;
20           RevoluteJointDef rjd=new RevoluteJointDef();      //创建旋转关节描述对象
21           rjd.collideConnected=collideConnected;            //给是否允许碰撞标志赋值
22           rjd.userData=id;                                  //给关节描述的用户数据赋予关节 id
23           rjd.enableLimit = enableLimit;                    //给是否开启旋转限制赋值
24           rjd.lowerAngle = (float) (lowerAngleScale*Math.PI);  //给底部角赋值
25           rjd.upperAngle = (float) (upperAngleScale*Math.PI);  //给顶部角赋值
26           rjd.enableMotor = enableMotor;                    //给是否开启旋转马达赋值
27           rjd.motorSpeed = motorSpeed;                      //给关节马达速度赋值
28           rjd.maxMotorTorque = maxMotorTorque;              //给关节马达的最大扭矩赋值
29           anchor.x=anchor.x / RATE;                         //更改锚点的 x 坐标
30           anchor.y=anchor.y / RATE;                         //更改锚点的 y 坐标
31           rjd.initialize(A, B, anchor);                     //调用旋转关节描述的初始化函数
32           rjoint=(RevoluteJoint)world.createJoint(rjd);     //在物理世界里增添旋转关节
33       }}
```

- 第 7～17 行为旋转关节类 MyBox2DRevoluteJoint 的构造器声明的一些关节参数对象，主要有物理世界对象、是否开启碰撞、物体类对象、锚点坐标、是否开启限制和马达、限制底部角和顶部角以及马达速度和扭矩等。

- 第 19～28 行为创建旋转关节描述对象，并设置其用户数据、碰撞标志、底部角、顶部角、是否开启旋转马达和最大扭矩。

- 第 29～32 行为将锚点坐标转换为物理世界坐标系下的锚点坐标，并调用旋转关节描述对象的初始化函数进行初始化，最后将此旋转关节添加到物理世界。

3. 主控制类——MyBox2dActivity

接下来介绍本案例的主控制类 MyBox2dActivity，在场景中所有刚体摆放位置都在该类中实现，具体代码如下。

代码位置：见随书源代码\第 10 章\SSample10_5\app\src\main\java\com\bn\box2d\revolute 目录下的 MyBox2dActivity.java。

```
1    package com.bn.box2d.revolute;                            //导入包
2    ……//此处省略导入类的代码，读者可自行查阅随书源代码
3    public class MyBox2dActivity extends Activity{
4        World world;                                          //物理世界引用
5        ArrayList<MyBody> bl=new ArrayList<MyBody>();         //物体列表
6        public void onCreate(Bundle savedInstanceState){
```

10.6 关节——Joint

```
7              ……//此处省略与前面案例中类似的代码，读者可自行查阅随书源代码
8              MyPolygonColor mrca=Box2DUtil.createPolygon (              //创建三角形
9                  (720/2-16+x)*ratio,  (1280-kd-32+y)*ratio,            //x、y坐标
10                 new float[][]{                                         //点序列
11                         {(16+x)*ratio,(0+y)*ratio},                   //三角形边框的第一个坐标
12                         {(32+x)*ratio,(32+y)*ratio},                  //三角形边框的第二个坐标
13                         {(0+x)*ratio,(32+y)*ratio}},                  //三角形边框的第三个坐标
14                 true,                                                  //静止
15                 world,
16                 Color.RED,                                             //颜色为红色
17                 2.0f,                                                  //密度
18                 0.1f,                                                  //摩擦系数
19                 0.9f                                                   //恢复系数
20             );
21             bl.add(mrca);
22             MyRectColor mrcb=Box2DUtil.createBox( (720/2+x)*ratio, (1280-kd-32-kd/4+y)*ratio, 223*ratio,
23                 kd/4*ratio, false, world,  Color.BLUE,  0.5f,0.1f,0.9f); //创建板
24             bl.add(mrcb);
25             MyCircleColor ball2=Box2DUtil.createCircle(ratio*(720/2-140+x), ratio*(1280/2+50+y), ratio*15,
26                 world, Color.MAGENTA,3.0f,0.1f,0.9f);                  //创建球1
27             bl.add(ball2);
28             MyCircleColor ball1=Box2DUtil.createCircle(ratio*(720/2+140+x), ratio*(1280/2+50+y), ratio*15,
29                 world, Color.MAGENTA,2.0f,0.1f,0.9f);                  //创建球2
30             bl.add(ball1);
31             String id="MQ";                                            //设置旋转关节ID
32             new MyBox2DRevoluteJoint(id,world,false,mrca.body,mrcb.body,new Vec2(ratio*(720/2+x),
33                 ratio*(1280-kd-32+y)),true,-0.05f,0.05f,false,0.0f,0.0f);
                                                                          //创建跷跷板旋转关节
34             MyRectColor po=Box2DUtil.createBox((720/2+x)*ratio,(260+y)*ratio,15*ratio, 15*ratio,
35                 true, world, Color.RED,0.0f,0.0f,0.0f);               //创建固定物(钉子)
36             bl.add(po);
37             MyRectColor mrcw1=Box2DUtil.createBox((720/2+x)*ratio,(260+y)*ratio,(100)*ratio,(15)*ratio, false, world, Color.RED,0.01f,0.1f,0.9f);   //创建风扇1
38
39             bl.add(mrcw1);
40             id="W1";                                                   //设置旋转关节ID
41             //创建约束风扇1和固定物体的旋转关节对象
42             new MyBox2DRevoluteJoint(id,world,false,po.body,mrcw1.body,new Vec2(ratio*(720/2+x), ratio*(260+y)),false, 0.0f, 0.0f, true,(float)(1.0f*Math.PI), 5000.0f);
43
44             MyRectColor mrcw2=Box2DUtil.createBox((720/2+x)*ratio,(260+y)*ratio,(15)*ratio,(100)*ratio, false,world, Color.YELLOW,0.01f,0.1f,0.9f);
                //创建风扇2
45
46             bl.add(mrcw2);
47             id="M2";                                                   //设置旋转关节ID
48             //创建约束风扇2和固定物体的旋转关节对象
49             new MyBox2DRevoluteJoint(id,world,false,po.body,mrcw2.body,new Vec2(ratio*(720/2+x), ratio*(260+y)),false, 0.0f, 0.0f, true, (float)(1.0f*Math.PI), 5000.0f);
50
51             //创建约束风扇1和风扇2的旋转关节对象
52             id="MM";                                                   //设置旋转关节ID
53             new MyBox2DRevoluteJoint(id,world,false,mrcw1.body, mrcw2.body, new Vec2(ratio*(720/2+x), ratio*(260+y)),false,0.0f, 0.0f, false,0.0f, 0.0f);
54
55             GameView gv= new GameView(this);                          //创建GameView类对象
56             setContentView(gv);                                        //跳转至GameView界面
57         }}
```

- 第4、5行为创建物理世界对象，声明一个 MyBody 类型的列表对象 bl，用于存放物理世界中创建的所有刚体对象。
- 第8~24行为创建跷跷板所需的基本组件即一个固定三角形对象和一个木板对象，通过

对其基本数据的设置来实现，如初始坐标的设置、是否为静态刚体、刚体颜色、刚体密度、摩擦系数以及恢复系数的设置等，并将三角形以及木板刚体对象添加到 bl 列表里。

- 第 25～30 行为在跷跷板上的某一高度增添两个质量不同的小球，使小球能够下落至木板上实现跷跷板的效果。
- 第 31～33 行为先声明一个旋转关节 ID，然后创建跷跷板所需的旋转关节对象，通过对其一些属性如是否开启马达、最大扭矩等的设置，来获得所需要的旋转关节对象。
- 第 34～54 行为创建风扇所需的基本组件，声明相应的旋转关节 ID，并通过创建约束风扇的旋转关节对象来实现风扇转动的效果。

10.6.6 鼠标关节描述——MouseJointDef 类

鼠标关节是指给刚体设置一个世界目标点，刚体上的锚点自动与提供的世界目标点的坐标保持一致。使用该关节就可以实现拖动刚体的功能。其属性如表 10-27 所示。

表 10-27　　　　　　　　　　　　　MouseJointDef 类的属性

属性	含义
Vec2 target	表示刚体的世界目标点，默认值为 Vec2(0.0f,0.0f)
float maxForce	表示拖动刚体时允许的最大力，默认值为 0.0f
float frequencyHz	表示刚体的响应速度值，默认值为 5.0f
float dampingRatio	表示阻尼系数，值为 0 时表示没有阻尼，值为 1 时表示临界阻尼，默认值为 0.7f

10.6.7 鼠标关节案例——物体下落

下面介绍使用鼠标关节开发的案例——可触摸的下落物体案例，以便于读者能够正确使用鼠标关节，同时也利于读者加深对鼠标关节的理解。

1. 案例运行效果

该案例主要演示的是，在一个平面内，几个形状不同的物体以一定的重力下落。用户可以在屏幕上任意拖拉这几个物体以改变其位置。其运行效果如图 10-44～图 10-47 所示。

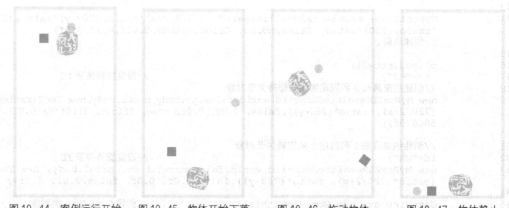

▲图 10-44　案例运行开始　　▲图 10-45　物体开始下落　　▲图 10-46　拖动物体　　▲图 10-47　物体静止

> 说明　　图 10-44 为案例运行开始时的效果，图 10-45 为物体开始下落时的效果，图 10-46 为拖动物体时的效果，图 10-47 为物体静止时的效果。

10.6 关节——Joint

下面主要介绍本案例中的重点，包括鼠标关节类 MyMouseJoint 的开发、主控制类 MyBox2dActivity 的开发、显示界面类 GameView 的开发和绘制线程类 DrawThread 的开发。

2. 鼠标关节类——MyMouseJoint

下面介绍鼠标关节类 MyMouseJoint 的开发，主要包括物理世界的创建、鼠标关节对象的创建以及鼠标关节描述对象相关属性的设置，具体代码如下。

代码位置：见随书源代码\第 10 章\Sample10_6\app\src\main\java\com\bn\box2d\util 目录下的 MyMouseJoint.java。

```
1    package com.bn.box2d.util;                              //声明包名
2    ……//此处省略导入类的代码，读者可自行查阅随书源代码
3    public class MyMouseJoint{                              //鼠标关节类
4        public MouseJoint mJoint;                          //声明鼠标关节对象
5        public World mWorld;                               //声明物理世界类对象
6        public MyMouseJoint(
7            String id,                                     //关节 id
8            World world,                                   //物理世界对象
9            boolean collideConnected,                      //是否允许两个刚体碰撞
10           MyBody poA,                                    //指向物体类对象 A
11           MyBody poB,                                    //指向物体类对象 B
12           Vec2 target,                                   //刚体的世界目标点
13           float maxForce,                                //约束可以施加给移动候选体的最大力
14           float frequencyHz,                             //刚体的响应的速度
15           float dampingRatio                             //阻尼系数
16       ){
17           this.mWorld=world;                             //给物理世界类对象赋值
18           MouseJointDef mjd = new MouseJointDef();       //创建鼠标关节描述
19           mjd.userData=id;                               //设置用户数据
20           mjd.collideConnected=collideConnected;         //给是否允许碰撞标志赋值
21           mjd.bodyA=poA.body;                            //设置关节关联的刚体 bodyA
22           mjd.bodyB=poB.body;                            //设置关节关联的刚体 bodyB
23           mjd.target=target;                             //设置刚体世界目标点
24           mjd.maxForce=maxForce;                         //设置拖动刚体时允许的最大力
25           mjd.frequencyHz=frequencyHz;                   //设置刚体的响应速度
26           mjd.dampingRatio=dampingRatio;                 //设置阻尼系数
27           mJoint=(MouseJoint)world.createJoint(mjd);     //物理世界里增添这个关节
28       }}
```

> **说明**　该类主要声明了鼠标关节对象 mJoint、物理世界类对象 mWorld 和 MyMouseJoint 类的构造器。构造器的参数列表中主要提供了距离关节所需的关节 id、物理世界对象、物体类对象、世界目标点、最大力、响应速度和阻尼系数等。在构造器中创建了鼠标关节描述对象后，即对其各个变量进行相应的赋值，并在最后给物理世界添加了鼠标关节。

3. 主控制类——MyBox2dActivity

接下来介绍的是本案例的主控制类 MyBox2dActivity，它与小球下摆案例中的主控制类的结构大致类似，因此这里不再赘述重复的内容。这里主要介绍的是各个物体的创建和图片的加载，具体代码如下。

代码位置：见随书源代码\第 10 章\Sample10_6\app\src\main\java\com\bn\box2d\mousejoint 目录下的 MyBox2dActivity.java。

```
1    package com.bn.box2d.mousejoint;                       //声明包名
2    ……//此处省略导入类的代码，读者可自行查阅随书源代码
3    public class MyBox2dActivity extends Activity{
4        ……//此处省略变量定义的代码，请自行查看源代码
5        public void onCreate(Bundle savedInstanceState){   //继承Activity需要重写的方法
6            ……//此处省略了与前面案例中相似的代码，请自行查看源代码
7            initBitmap(this.getResources());               //初始化图片
8            Vec2 gravity = new Vec2(0.0f,10.0f);
```

第 10 章 JBox2D 物理引擎

```
9         world = new World(gravity);                          //创建世界
10        final int kd=20;                                     //定义宽度或高度
11        MyPolygonColor mrc=Box2DUtil.createPolygon(          //创建最底部包围框
12            0,                                               //x 坐标
13            SCREEN_HEIGHT-kd,                                //y 坐标
14            new float[][]{                                   //点序列
15                {0,0},{SCREEN_WIDTH,0},{SCREEN_WIDTH,SCREEN_HEIGHT},{0,SCREEN_HEIGHT}
16            },
17            true,                                            //静止
18            world,                                           //世界
19            Color.YELLOW,                                    //颜色为黄色
20            -1                                               //索引值
21        );
22        bl.add(mrc);                                         //将物体加进 ArrayList 中
23        ……//此处其他包围框的创建与上述相似,故省略,请自行查阅随书源代码
24        MyPolygonColor mrca=Box2DUtil.createPolygon(         //创建矩形
25            (150+x)*ratio,                                   //x 坐标
26            (kd+62+y)*ratio,                                 //y 坐标
27            new float[][]{                                   //点序列
28                {30,30},{90,30},{90,90},{30,90}
29            },
30            false,                                           //非静止
31            world,                                           //世界
32            Color.RED,                                       //颜色为红色
33            -2                                               //索引值
34        );
35        bl.add(mrca);                                        //将物体加进 ArrayList 中
36        ……//此处其他物体的创建与上述相似,故省略,请自行查阅随书源代码
37        GameView gv= new GameView(this);                     //创建 GameView 对象
38        setContentView(gv);                                  //跳转到 GameView 界面
39    }
40    public void initBitmap(Resources r){……/*此处省略的代码与前面案例的代码相似,故省略*/}
41 }
```

- 第 6~9 行为初始化加载图片的方法。创建重力加速度向量,并创建 World 类的对象。
- 第 10~23 行为创建游戏运行界面内的包围框,通过设置其 x 坐标、y 坐标、点序列、是否静止、颜色和物体的索引值等属性,即可确定各个边框的状态以及对其进行相应的绘制,部分相似代码省略,读者可自行查阅随书源代码。
- 第 24~36 行为创建游戏运行界面内的矩形、圆和石头等多边形物体,创建的代码和创建包围框的代码大致相同。部分相似代码省略,读者可自行查阅随书源代码。
- 第 37、38 行表示的是获得 GameView 类的对象,并跳转至 GameView 界面。
- 第 40 行为加载游戏中需要的所有图片方法。因为此方法在上面的案例中已经详细介绍,所以在这里不再赘述,读者可自行查阅随书源代码。

4. 显示界面类——GameView

上一小节中最后要跳转的目标是 GameView 界面。该界面的功能为对本案例中的场景进行渲染。该类继承 Android 系统中的 SurfaceView 类,并实现了 SurfaceHolder.Callback 接口,本类中还重写了 onTouchEvent 方法,具体代码如下。

代码位置:见随书源代码\第 10 章\Sample10_6\app\src\main\java\com\bn\box2d\mousejoint 目录下的 GameView.java。

```
1  package com.bn.box2d.mousejoint;                            //声明包名
2  ……//此处省略导入类的代码,读者可自行查阅随书源代码
3  public class GameView extends SurfaceView
4      implements SurfaceHolder.Callback{                      //实现生命周期回调接口
5      ……//此处省略变量定义的代码,请自行查看源代码
6      public boolean istouch=false;                           //是否触控的判断标志位
7      public GameView(MyBox2dActivity activity){
```

10.6 关节——Joint

```
8            ……//此处省略了与前面案例中相似的代码,请自行查看源代码
9        }
10       public void onDraw(Canvas canvas){
11           ……//此处省略了与前面案例中相似的代码,请自行查看源代码
12       }
13       @Override
14       public boolean onTouchEvent(MotionEvent event){
15           float x=event.getX();                           //获得触控的x坐标
16           float y=event.getY();                           //获得触控的y坐标
17           switch (event.getAction()){
18               case MotionEvent.ACTION_DOWN:               //动作为按下
19                   istouch=true;                           //允许触控
20                   Vec2 locationWorld0=new Vec2(x/RATE,y/RATE);
                                                             //计算触控点在本地坐标系上的坐标
21                   for(MyBody bd:activity.bl){             //遍历所有物体
22                       if(this.activity.mj==null&&bd.body.getFixtureList().
                             testPoint(locationWorld0)){
23                           activity.mj=new MyMouseJoint    //创建鼠标关节
24                               (bd.indext+"", activity.world,true,activity.bl.get(0),bd,
25                               locationWorld0,1000.0f*bd.body.getMass(),100.0f,0.7f);
26                   }}
27                   break;
28               case MotionEvent.ACTION_MOVE:               //动作为滑动
29                   istouch=true;                           //允许触控
30                   Vec2 locationWorld1=new Vec2(x/RATE,y/RATE);
                                                             //计算触控点在本地坐标系上的坐标
31                   for(int i=0;i<activity.bl.size();i++){
32                       if(activity.mj!=null){              //判断鼠标关节是否为空
33                           if(activity.mj.mJoint!=null){
34                               activity.mj.mJoint.setTarget(locationWorld1);
                                                             //设置鼠标关节的世界目标点
35                   }}}
36                   break;
37               case MotionEvent.ACTION_UP:                 //动作为抬起时
38                   for(int i=0;i<activity.bl.size();i++){  //遍历activity中的集合bl
39                       if(activity.mj!=null){              //判断鼠标关节是否为空
40                           if(activity.mj.mJoint!=null){
41                               activity.world.destroyJoint(activity.mj.mJoint);
                                                             //删除鼠标关节对象
42                               activity.mj.mJoint=null; //将activity.mj.mJoint置为null;
43                           }
44                           activity.mj=null;               //给鼠标关节赋值为NULL
45                   }}
46                   this.activity.mj=null;                  //将this.activity.mj置为null
47                   istouch=false;                          //不再触控
48                   break;
49           }
50           return true;                                    //返回true
51       }
52       ……//此处省略的是继承类要重写的3个方法,与前面案例中相同,请自行查看源代码
53       public void repaint(){……/*此处省略了与前面案例中相似的代码,请自行查看源代码*/}
54   }}}
```

- 第5~12行为该类的构造器方法和绘制方法。构造器中主要是初始化成员变量、创建画笔、打开抗锯齿、创建线程以及开启线程等。由于此处的代码和上述的案例均相同,因此在这里不再进行赘述,读者可自行查阅随书源代码。

- 第14~27行为重写的onTouchEvent方法。当动作为按下时,将是否允许触摸的标志位设为true,并计算出触控点在本地坐标系上的坐标,遍历所有物体并判断其是否在触摸范围内,如果有物体在触摸范围内,便给其创建鼠标关节。

- 第28~36行为当动作为滑动时,将是否允许触摸的标志位设为true,并计算出触控点在本地坐标系上的坐标,遍历物体列表内的所有物体,同时判断其鼠标关节是否为空,如果鼠标关节不为空,便需要设置鼠标关节的世界目标点。

293

- 第37~51 行为当动作为抬起时，遍历所有物体，判断鼠标关节是否为空，如果鼠标关节不为空，则需删除鼠标关节对象，将是否允许触摸的标志位设为 false。
- 第52~54 行为省略的实现回调接口的类必须重写的 3 个方法和重新绘制的方法。由于此处代码和上述案例均相同，因此在这里不再进行赘述，读者可自行查阅随书源代码。

5. 绘制线程类——DrawThread

在本小节中将为读者介绍如何是 JBox2D 的物理引擎动起来并实时控制鼠标关节事件。此任务主要由一个线程定时完成，具体代码如下。

代码位置：见随书源代码\第 10 章\Sample10_6\app\src\main\java\com\bn\box2d\thread 目录下的 DrawThread.java。

```
1   package com.bn.box2d.thread;
2   ……//此处省略导入类的代码，读者可自行查阅随书源代码
3   public class DrawThread extends Thread{              //绘制线程
4       GameView gv;                                      //定义 GameView 对象
5       public DrawThread(GameView gv){this.gv=gv;}       //构造器 给 GameView 对象赋值
6       @Override
7       public void run(){                                //重写方法
8           while(DRAW_THREAD_FLAG){                      //判断标志位是否为 true
9               gv.activity.world.step(TIME_STEP, ITERA,ITERA);  //开始模拟
10              if(!gv.istouch)                           //不是触控时
11                  while(gv.activity.world.getJointCount()>0){  //还有鼠标关节事件
12                      Joint jj = gv.activity.world.getJointList();
13                      gv.activity.world.destroyJoint(jj);      //销毁鼠标关节
14                  }
15          }
16          gv.repaint();                                 //重新绘制
17  }}}
```

> **说明** DrawThread 类中主要是创建了本类的构造器，初始化相应的成员变量，还有继承了 Thread 类必须要重写的 run 方法。在该方法中需要调用 step(float dt,int iterations)方法使得 JBox2D 开始模拟，如果 GameView 类中是否允许触摸的标志位为 false，并且还有鼠标关节事件，则将对鼠标关节进行销毁，还要不断地定时刷帧更新画面。

10.6.8 移动关节描述——PrismaticJointDef 类

移动关节是约束刚体移动的关节，其能够将刚体约束到固定的轴上。也就是说，被移动关节约束的刚体只能够在提供的轴上进行平移移动，不可以旋转，具体情况如图 10-48 所示。

移动关节描述的属性及方法如表 10-28 所示。

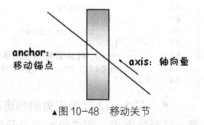

▲图 10-48 移动关节

表 10-28　　　　　PrismaticJointDef 类的属性及方法

属性或方法	含义
Vec2 localAnchorA	表示关节关联的 bodyA 的本地锚点坐标，默认值为 Vec2(0.0f,0.0f)
Vec2 localAnchorB	表示关节关联的 bodyB 的本地锚点坐标，默认值为 Vec2(0.0f,0.0f)
Vec2 localAxisA	表示刚体移动的轴向量，此向量为单位向量，默认值为 Vec2(1.0f,0.0f)
float referenceAngle	表示 bodyB 与 bodyA 的角度差（弧度），默认值为 0.0f
boolean enableLimit	表示是否开启关节限制，为 true 表示开启，否则表示关闭，默认值 false
float lowerTranslation	表示关节限制的底部距离，默认值为 0.0f

续表

属性或方法	含义
float upperTranslation	表示关节限制的顶部距离，默认值为 0.0f
boolean enableMotor	表示是否开启马达，默认值为 false
float maxMotorForce	表示马达的最大力矩，默认值为 0.0f
float motorSpeed	表示马达转速，单位通常为弧度每秒，默认值为 0.0f
void initialize(Body b1, Body b2, Vec2 anchor, Vec2 axis)	移动关节的初始化函数，参数 bodyA 表示关节关联的刚体 bodyA 对象的引用，参数 bodyB 表示关节关联的刚体 bodyB 对象的引用，参数 anchor 表示移动刚体的锚点，参数 axis 表示移动的轴向量

10.6.9 移动关节案例——定向移动的木块

下面介绍使用移动关节开发的案例——定向移动的木块案例，以便于读者能够正确使用移动关节，同时也利于读者加深对移动关节的理解。

1. 案例运行效果

该案例主要演示的是在一个平面内，两个木块按照固定的轴运动，一个是受自身重力和移动关节的轴限制的影响而运动，另一个是受自身重力、移动关节轴限制和移动关节驱动的影响而运动。此外用户还可以拖动这两个木块以便观看其运动效果。运行效果如图 10-49～图 10-52 所示。

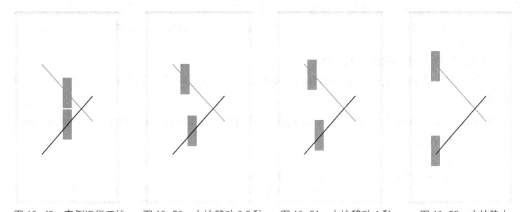

▲图 10-49　案例运行开始　　▲图 10-50　木块移动 0.5 秒　　▲图 10-51　木块移动 1 秒　　▲图 10-52　木块静止

> 说明　　图 10-49 为案例运行开始时的效果，图 10-50 为经过 0.5 秒后木块移动的效果，图 10-51 为经过 1 秒后木块移动的效果，图 10-52 为木块静止时的效果。

由于此案例的基本框架结构与前面讲述鼠标关节的物体下落案例基本一致，因此这里不再赘述重复的内容。这里主要介绍本案例中的重点，包括移动关节类 MyBox2DPrismaticJoint 的开发和主控制类 MyBox2dActivity 的开发。

2. 移动关节类——MyBox2DPrismaticJoint

下面将介绍移动关节类 MyBox2DPrismaticJoint 的开发，主要包括物理世界的创建、移动关节对象的创建以及移动关节描述对象相关属性的设置，具体代码如下。

代码位置：见随书源代码\第 10 章\Sample10_7\app\src\main\java\com\bn\box2d\prismatic 目录下的 MyBox2DPrismaticJoint.java。

```
1   package com.bn.box2d.prismatic;
2   ……//此处省略导入类的代码，读者可自行查阅随书源代码
```

第10章 JBox2D 物理引擎

```
3   public class MyBox2dActivity extends Activity{
4       World world;                                        //物理层里的物理世界
5       PrismaticJoint pjoint;                              //创建移动关节对象
6       public MyBox2DPrismaticJoint(String id,World world,boolean collideConnected,
        Body A,Body B,
7           Vec2 anchor,Vec2 localAxisA,float referenceAngle,boolean enableLimit,float
            lowerTranslation, float upperTranslation,boolean enableMotor,float
8           motorSpeed,float maxMotorForce){
9           this.world=world;
10          PrismaticJointDef pjd=new PrismaticJointDef();  //创建移动关节描述对象
11          pjd.userData=id;                                //给关节描述的用户数据赋予关节id
12          pjd.collideConnected=collideConnected;          //给是否允许碰撞标志赋值
13          localAxisA.normalize();                         //单位化
14          pjd.localAxisA=localAxisA;                      //设置移动关节的轴向量
15          pjd.referenceAngle=referenceAngle;              //设置刚体B与刚体A的角度差
16          pjd.enableMotor=enableMotor;                    //给是否开启移动马达赋值
17          pjd.motorSpeed = motorSpeed;                    //给关节马达速度赋值
18          pjd.maxMotorForce=maxMotorForce;                //给关节马达的最大扭矩赋值
19          pjd.lowerTranslation = lowerTranslation / RATE; //最小变换
20          pjd.upperTranslation = upperTranslation / RATE; //最大变换
21          pjd.enableLimit=enableLimit;                    //给是否开启关节限制赋值
22          pjd.initialize(A, B, anchor, localAxisA);       //调用移动关节描述对象的初始化函数
23          pjoint=(PrismaticJoint)world.createJoint(pjd);  //在物理世界里增添移动关节
24      }}
```

> **说明** 该类中声明了移动关节对象 pjoint,物理世界类对象 world。在该类的构造器的参数列表中主要提供了移动关节所需的关节 id、物理世界对象、轴向量、限制的最小变换和最大变换以及马达速度和扭矩等。对于轴向量,需将其进行单位化。

3. 主控制类——MyBox2dActivity

接下来介绍本案例的主控制类 MyBox2dActivity,在场景中所有刚体摆放位置都在该类中实现,具体代码如下。

代码位置:见随书源代码\第 10 章\Sample10_7\app\src\main\java\com\bn\box2d\prismatic 目录下的 MyBox2dActivity.java。

```
1   package com.bn.box2d.prismatic;                         //导入包
2   ……//此处省略导入类的代码,读者可自行查阅随书源代码
3   public class MyBox2dActivity extends Activity{          //继承Android系统的Activity
4       World world;                                        //物理世界引用
5       ArrayList<MyBody> bl=new ArrayList<MyBody>();       //物体列表
6       public void onCreate(Bundle savedInstanceState){
7           ……//此处省略与前面案例中类似的代码,读者可自行查阅随书源代码
8           MyRectColor mrc1=Box2DUtil.createBox((720/2+x)*ratio,(1280/2+100+10+y)*
            ratio,(30)*ratio,(100)*ratio,false,world,Color.RED,0.5f,0.1f,0.9f);
9           //创建矩形1--下面的
10          String mrc2ID="4";                              //移动关节 ID
11          Vec2 vanchor1=new Vec2(-1.0f,1.0f);             //创建轴向量
12          bl.add(mrc1);                                   //将矩形1添加进集合
13          new MyBox2DPrismaticJoint(mrc2ID, world, false, mrclow.body, mrc1.body,
14              mrc1.body.getPosition(), vanchor1, 0, true, (-250.0f)*ratio,
15                  250.0f*ratio, false, 0, 0.0f);          //创建约束木板物体的移动关节对象
16          MyRectColor mrc2=Box2DUtil.createBox((720/2+x)*ratio, (1280/2-100+y)*ratio,
17              (30)*ratio,(100)*ratio,false,world,Color.RED,0.01f,0.1f,0.9f);
                                                            //创建矩形 2
18          mrc2ID="5";                                     //移动关节 ID
19          bl.add(mrc2);                                   //将矩形 2 添加进集合
20          Vec2 vanchor2=new Vec2(-1.0f,-1.0f);            //创建锚点
21          new MyBox2DPrismaticJoint(mrc2ID, world, false, mrclow.body, mrc2.body,
22              mrc2.body.getPosition(), vanchor2, 0, true, (-250.0f)*ratio,
23                  250.0f*ratio, true,10.0f,1000.0f);      //创建约束木板物体的移动关节对象
24          GameView gv= new GameView(this);                //创建 GameView 类
```

```
25            setContentView(gv);                              //跳转至 GameView 界面
26    }}
```

- 第 8~11 行为创建实现移动关节的下侧的木板，设置了其刚体的一些基本属性，声明了移动关节 ID 的引用并为其赋值，随后创建实现移动关节所需的轴向量。
- 第 13~15 行在创建约束下侧木块移动的移动关节对象时，对于其对象的参数设置中，开启移动马达，并为关节的马达速度和最大扭矩赋予一定的初始值。
- 第 21~23 行在创建约束上侧木块移动的移动关节对象时，对于其对象的参数设置中，不开启移动马达，并将马达速度和最大扭矩初始化为 0。

> **说明** 在创建约束木块的移动关节对象时，在设置其一些基本参数时，其一个物体类对象为下（上）侧的木块，另一个为省略了的创建的地面刚体。创建地面刚体的具体代码实现，读者若需要可自行查阅随书源代码。

4. 绘制线程类——DrawThread

由于需滑动木块来实现移动关节的效果，所以本案例中也使用了鼠标关节，但之前的案例已对鼠标关节做了详细的介绍，在此将不再对鼠标关节进行叙述。下面只对绘制线程中重写的 run() 方法进行介绍，主要实现在滑动木块时对鼠标关节的删除功能。

代码位置：见随书源代码\第 10 章\Sample10_7\app\src\main\java\com\bn\box2d\prismatic 目录下的 DrawThread.java。

```
1   public void run(){
2       while(DRAW_THREAD_FLAG){                                 //判断标志位是否为 true
3           gv.activity.world.step(TIME_STEP, Vec_ITERA,POSITON_ITERA);//开始模拟
4           if(!gv.isTouch){                                     //不是触控时
5               if(gv.activity.world.getJointCount()>2){         //存在鼠标关节时
6                   for(int i=0;i<gv.activity.world.getJointCount();i++){
7                       Joint jj=gv.activity.world.getJointList();//从物理世界获得关节
8                       if(jj.getUserData().equals("M")){        //根据 id 来判断是否为鼠标关节
9                           gv.activity.world.destroyJoint(jj);  //从物理世界删除指定关节
10                      }
11                      jj=null;                                 //将 jj 置为 null
12              }}}
13          gv.repaint();                                        //刷帧
14      }}
```

> **说明** 在未滑动木块时，应将所有的鼠标关节删除以免木块在运动的过程中停止运动，但由于物理世界中还存在两个移动关节，所以在删除鼠标关节时应判断其是否为鼠标关节，即判断关节总数是否大于 2，并且其关节数据 ID 是否匹配于相应的鼠标关节数据 ID。

10.6.10 齿轮关节描述——GearJointDef 类

齿轮关节就是为了使两个物体实现齿轮滑动的效果。创建齿轮关节需要两个辅助关节，辅助关节既可以是移动关节，也可以是旋转关节，开发人员可以依据自己的需求来创建齿轮关节。具体情况如图 10-53 所示。

此外创建该关节还需要提供一个齿轮距离比，用来将运动结合在一起，满足一个刚体的锚点坐标与齿轮距离比的乘积加上另一刚体的锚点坐标为一个常量坐标，通过改变该距离比的大小来调整当一个刚体移动或旋转时，另一个刚体对应的移动距离或旋转角的大小。

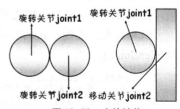

▲图 10-53 齿轮关节

齿轮关节描述的属性如表 10-29 所示。

表 10-29　　　　　　　　　　　　　GearJointDef 类的属性

属性	含义
Joint joint1	表示齿轮关节关联的关节 joint1
Joint joint2	表示齿轮关节关联的关节 joint2
float ratio	表示齿轮距离比

10.6.11　齿轮关节案例——转动的齿轮

下面介绍使用齿轮关节的案例——转动的齿轮案例，以便于读者能够正确地使用齿轮关节，同时也利于读者加深对齿轮关节的理解。

1．案例运行效果

该案例主要演示的是，在一个平面内，固定着半径不同的两个齿轮和一块与大齿轮关联着的木板，当木块因其自身重力的影响而下落时，另外两个齿轮相应做出旋转。此外，用户还可以上下拖拉木块以便更改其位置。其运行效果如图 10-54～图 10-57 所示。

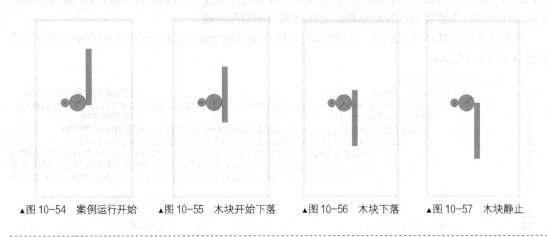

▲图 10-54　案例运行开始　　▲图 10-55　木块开始下落　　▲图 10-56　木块下落　　▲图 10-57　木块静止

> 说明　　图 10-54 为案例运行开始时的效果，图 10-55 为木块开始下落时的效果，图 10-56 为木块下落时的效果，图 10-57 为木块静止时的效果。

由于此案例的基本框架结构与前面小球下摆案例基本一致，因此这里不再赘述重复的内容。这里主要介绍本案例中的重点，包括齿轮关节类 MyGearJoint 的开发、生成刚体性状的工具类 Box2DUtil 的开发和主控制类 MyBox2dActivity 的开发。

2．齿轮关节类——MyGearJoint

开发齿轮关节主要是通过构造器传进部分参数，创建齿轮关节描述后，并对其进行相应的赋值，然后在物理世界里增添齿轮关节，具体代码如下。

代码位置：见随书源代码第 10 章\Sample10_8\app\src\main\java\com\bn\box2d\util 目录下的 MyGearJoint.java。

```
1    package com.bn.box2d.util;                              //声明包名
2    ……//此处省略导入类的代码，读者可自行查阅随书源代码
3    public class MyGearJoint{                               //齿轮关节类
4        public GearJoint mJoint;                           //声明齿轮关节对象
5        public World mWorld;                               //声明物理世界类对象
6        public MyGearJoint(
7            String id,                                     //关节 id
```

10.6 关节——Joint

```
8            World world,                                //物理世界对象
9            boolean collideConnected,                   //是否允许两个刚体碰撞
10           MyBody poA,                                 //物体类对象A
11           MyBody poB,                                 //物体类对象B
12           Joint joint1,                               //齿轮关节关联的关节joint1
13           Joint joint2,                               //齿轮关节关联的关节joint2
14           float ratio                                 //齿轮距离比
15       ){
16           this.mWorld=world;                          //给物理世界类对象赋值
17           GearJointDef gjd = new GearJointDef();      //创建齿轮关节描述
18           gjd.userData=id;                            //给关节描述的用户数据赋予关节id
19           gjd.collideConnected=collideConnected;      //给是否允许碰撞标志赋值
20           gjd.bodyA=poA.body;                         //给齿轮关节关联的刚体bodyA赋值
21           gjd.bodyB=poB.body;                         //给齿轮关节关联的刚体bodyB赋值
22           gjd.joint1=joint1;                          //给齿轮关节关联的关节joint1赋值
23           gjd.joint2=joint2;                          //给齿轮关节关联的关节joint2赋值
24           gjd.ratio=ratio;                            //给齿轮关节的齿轮距离比赋值
25           mJoint=(GearJoint)world.createJoint(gjd);   //在物理世界里增添齿轮关节
26       }}
```

> **说明**
>
> 该类主要声明了齿轮关节对象 mJoint，物理世界类对象 mWorld 和 MyGearJoint 类的构造器。构造器的参数列表中主要提供了齿轮关节所需的关节 id、物理世界对象、是否允许两个刚体碰撞、物体类对象、齿轮关节关联的关节对象和齿轮距离比等。在构造器中创建了齿轮关节描述对象后，即对其各个变量进行相应的赋值，并在最后给物理世界添加了齿轮关节。

3. 生成刚体性状的工具类——Box2DUtil

为了使用方便，本案例中开发了一个工具类 Box2DUtil，它负责提供两个工厂方法，接收参数生成 MyRectColor 类和 MyCircleColor 类的对象，具体代码如下。

代码位置：见随书源代码\第 10 章\Sample10_8\app\src\main\java\com\bn\box2d\util 目录下的 Box2DUtil.java。

```
1    package com.bn.box2d.util;                          //声明包名
2    ……//此处省略导入类的代码，读者可自行查阅随书源代码
3    public class Box2DUtil{                             //生成物理形状的工具类
4        public static MyRectColor createBox(            //创建矩形物体
5            float x,                                    //x坐标
6            float y,                                    //y坐标
7            float halfWidth,                            //半宽
8            float halfHeight,                           //半高
9            boolean isStatic,                           //是否为静止的
10           World world,                                //世界
11           int color,                                  //颜色
12           int indext,                                 //索引值
13           float density,                              //物体密度
14           float friction,                             //物体摩擦系数
15           float restitution                           //物体恢复系数
16       ){
17           ……//此处省略了与前面案例中相似的代码，请自行查看源代码
18           FixtureDef fd=new  FixtureDef();            //创建刚体物理描述
19           fd.density =density;                        //设置密度
20           fd.friction =friction;                      //设置摩擦系数
21           fd.restitution =restitution;                //设置能量损失率（反弹）
22           fd.shape=ps;                                //设置形状
23           ……//此处省略了与前面案例中相似的代码，请自行查看源代码
24           return new MyRectColor(bodyTemp,halfWidth,halfHeight,color,indext);
25       }
26       public static MyCircleColor createCircle(       //创建圆形
27           ……//此处省略的代码和上面创建矩形的相同，故省略
28       ){    ……/*此处创建圆的代码和上面创建矩形的代码大致相同，请自行查看源代码*/
29       }}
```

> **说明** 上述代码主要介绍了生成矩形和圆的工具类,通过参数列表中的物体密度、摩擦系数以及恢复系数,设置相应的刚体物理描述中的系数,并返回矩形类对象和圆形对象。由于代码大致相似,所以省略了一些代码,读者可自行查阅随书源代码。

4. 主控制类——MyBox2dActivity

接下来开发本案例的主控制类 MyBox2dActivity,其与小球下摆案例的主控制类结构大致类似,因此这里不再赘述重复的内容。下面主要介绍本案例中的重点,即各个物体的创建和各个物体间关节的创建,具体代码如下。

代码位置:见随书源代码\第 10 章\Sample10_8\app\src\main\java\com\bn\box2d\gearjoint 目录下的 MyBox2dActivity.java。

```
1   package com.bn.box2d.gearjoint;                        //声明包名
2   ……//此处省略导入类的代码,读者可自行查阅随书源代码
3   public class MyBox2dActivity extends Activity{
4       ……//此处省略变量定义的代码,请自行查看源代码
5       public void onCreate(Bundle savedInstanceState) {
6           ……//此处省略了与前面案例中相似的代码,请自行查看源代码
7           final int kd=40;                               //定义宽度或高度
8           MyRectColor mrc=Box2DUtil.createBox(kd/4,SCREEN_HEIGHT/2,kd/4,
9                           SCREEN_HEIGHT/2,true,world,Color.YELLOW,0,0,0,0);
10          bl.add(mrc);                                   //将包围框加进物体列表
11          ……//此处其他包围框的创建与上述相似,故省略,请自行查阅书的源代码
12          MyCircleColor ball=Box2DUtil.createCircle      //创建圆
13                  ((310+x)*ratio,(600+y)*ratio, 5*ratio,true, world,Color.RED,4,0,0,0);
14          bl.add(ball);                                  //将圆加进物体列表
15          ……//此处其他圆的创建与上述相似,故省略,请自行查阅书的源代码
16          MyRevoluteJoint r1 = new MyRevoluteJoint
17                  ("R1",world,false,bl.get(4),bl.get(7),new Vec2((310+x)*ratio,
18                      (600+y)*ratio),false,0,0,false,0,0);
                                    //创建固定圆形物体和大齿轮之间的旋转关节
19          MyRevoluteJoint r2 = new MyRevoluteJoint
20                  ("R2",world,false,bl.get(5),bl.get(6),new Vec2((220+x)*ratio,
21                      (600+y)*ratio),false,0,0,false,0,0);
                                    //创建固定圆形物体和小齿轮之间的旋转关节
22          MyPrismaticJoint p1 = new MyPrismaticJoint("P1",world,false,bl.get(3),
23                  bl.get(8),bl.get(8).body.getPosition(),new Vec2(0,1),0,
24                  true,0,400.0f*ratio,false,0,0);        //创建约束木块的移动关节
25          new MyGearJoint("G1",world,false, bl.get(6),bl.get(7),
26                  r2.mJoint,r1.mJoint,2.0f);             //创建约束两个齿轮的齿轮关节
27          new MyGearJoint("G2",world,false,bl.get(7),bl.get(8),
28                  r1.mJoint,p1.mJoint,1.0f/60.0f*RATE);
                                    //创建约束大齿轮和木块齿轮关节
29          GameView gv= new GameView(this);               //创建 GameView 对象
30          setContentView(gv);                            //跳转到 GameView 界面
31      }}
```

- 第 6~15 行为创建游戏运行界面内的包围框和圆、矩形等,通过设置其 x 坐标、y 坐标、半宽、半高、是否静止和颜色、物体密度、物体摩擦系数和物体恢复系数等属性,即可确定各个边框的状态以及对其进行绘制,部分相似代码省略,读者可自行查阅随书源代码。
- 第 16~24 行为创建固定圆形物体和小齿轮之间的旋转关节、创建固定圆形物体和小齿轮之间的旋转关节和创建约束木块的移动关节,旋转关节和移动关节在上面已经进行了详细介绍,这里不再赘述,读者可自行查阅随书源代码。
- 第 25~31 行为创建约束两个齿轮之间的齿轮关节和创建约束大齿轮和木块之间的齿轮关节。齿轮关节在前面的小节已经进行了详细的介绍,这里不再进行赘述,读者可自行查阅随书

10.6.12 焊接关节描述——WeldJointDef 类

焊接关节为实现两个物体能够焊接在一起，典型的例子是可以通过诸多物体相邻焊接，以实现跷跷板的物理效果。具体情况如图 10-58 所示。

焊接关节描述的属性及方法如表 10-30 所示。

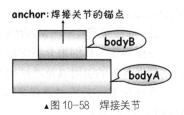

▲图 10-58 焊接关节

表 10-30　　　　　　　　　　WeldJointDef 类的属性及方法

属性或方法	含义
Vec2 localAnchorA	表示关节关联的 bodyA 的本地锚点坐标
Vec2 localAnchorB	表示关节关联的 bodyB 的本地锚点坐标
float referenceAngle	表示 bodyB 与 bodyA 的角度差（弧度），默认值为 0.0f
float frequencyHz	表示关节频率，可以理解为柔韧度，值为 0 时表示禁用柔韧度，值越大，柔韧度越大
float dampingRatio	表示阻尼系数，值为 0 时表示没有阻尼，值为 1 时表示临界阻尼
void initialize (Body bodyA, Body bodyB, Vec2 anchor)	焊接关节的初始化方法，参数 bodyA 表示关节关联的刚体 bodyA 对象的引用，参数 bodyB 表示关节关联的刚体 bodyB 对象的引用，参数 anchor 表示焊接关节的锚点坐标

10.6.13 焊接关节案例——有弹性的木板

下面介绍使用焊接关节的案例——有弹性的木板案例，以便于读者能够正确地使用焊接关节，同时也利于读者加深对焊接关节的理解。

1. 案例运行效果

该案例主要演示的是在一个平面内固定着 3 个不同长度的有弹性的木板，一个小球从上空下落，分别与木板发生碰撞，小球因碰撞而发生反弹。运行效果如图 10-59～图 10-62 所示。

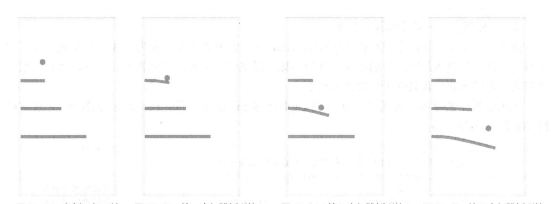

▲图 10-59　案例运行开始　▲图 10-60　第一次与跳板碰撞　▲图 10-61　第二次与跳板碰撞　▲图 10-62　第三次与跳板碰撞

> **说明**　图 10-59 为案例运行开始时的效果，图 10-60 为小球第一次与跳板碰撞时的效果，图 10-61 为小球第二次与跳板碰撞时的效果，图 10-62 为小球第三次与跳板碰撞后被反弹时的效果。

由于此案例的基本框架结构与本章前面小球下摆案例基本一致，因此这里不再赘述重复的内容。这里主要介绍本案例中的重点,包括焊接关节类 MyWeldJoint 的开发和主控制类 MyBox2dActivity 的开发。

2. 焊接关节类——MyWeldJoint

下面为读者详细地介绍焊接关节类 MyWeldJoint。该类主要功能为声明焊接关节的引用、声明物理世界类的引用以及通过构造器在物理世界添加焊接关节等,具体的开发代码如下。

代码位置:见随书源代码\第 10 章\Sample10_9\app\src\main\java\com\bn\box2d\hj 目录下的 MyWeldJoint.java。

```
1    package com.bn.box2d.hj;                              //声明包
2    ……//此处省略了导入类的代码,读者可自行查阅随书源代码
3    public class MyWeldJoint{
4        World world;                                      //声明物理世界对象
5        WeldJoint wj;                                     //声明焊接关节对象
6        public MyWeldJoint(                               //构造器
7            String id,                                    //关节 id
8            World world,                                  //物理世界对象
9            boolean collideConnected,                     //是否允许两个刚体碰撞
10           MyBody poA,                                   //刚体 A
11           MyBody poB,                                   //刚体 B
12           Vec2 anchor,                                  //焊接关节的锚点
13           float frequencyHz,                            //关节频率
14           float dampingRatio                            //阻尼系数
15       ){
16           this.world=world;                             //给物理世界类对象赋值
17           WeldJointDef wjd=new WeldJointDef();          //声明焊接关节描述对象
18           wjd.userData=id;                              //给关节描述的用户数据赋予关节 id
19           wjd.collideConnected=collideConnected;        //给是否允许碰撞标志赋值
20           wjd.initialize(poA.body,poB.body,anchor);     //调用焊接关节的初始化方法
21           wjd.frequencyHz = frequencyHz;                //给关节频率赋值
22           wjd.dampingRatio = dampingRatio;              //给关节阻尼系数赋值
23           wj=(WeldJoint) world.createJoint(wjd);        //在物理世界添加焊接关节
24       }}
```

> 说明 该类声明了焊接关节引用 wj,物理世界类引用 world 和 WeldJoint 类的构造器。构造器的参数列表中主要提供了焊接关节所需的关节 id、物理世界对象引用、物体类对象引用、锚点坐标、角度差、关节频率和阻尼系数等。

3. 主控制类——MyBox2dActivity

接下来开发本案例的主控制类 MyBox2dActivity。该类的主要功能为设置屏幕模式、设置屏幕自适应以及创建场景所需的刚体等。其与小球下摆案例的主控制类结构大致类似,因此这里不再赘述重复的内容。其具体的开发代码如下。

代码位置:见随书源代码\第 10 章\Sample10_9\app\src\main\java\com\bn\box2d\hj 目录下的 MyBox2dActivity.java。

```
1    package com.bn.box2d.hj;                              //声明包
2    ……//此处省略了导入类的代码,读者可自行查阅随书源代码
3    public class MyBox2dActivity extends Activity {
4        World world;                                      //声明物理世界引用
5        ArrayList<MyBody> al=new ArrayList<MyBody>();     //存储物体的集合
6        String id;                                        //关节 id 引用
7        @Override
8        protected void onCreate(Bundle savedInstanceState) {
                                                           //继承 Activity 需要重写的方法
9            super.onCreate(savedInstanceState);           //调用父类
10           ……//此处省略了与前面案例中相似的代码,需要的读者可参考源代码
11           for(int i=0;i<3;i++){
12               mrc=Box2DUtil.createBox((50+i*60+x)*ratio,( 450+y)*ratio,
                                                           //创建木块物体类对象
```

```
13                      30*ratio,10*ratio,false,world,0.5f-i*0.09f,0.0f,0.9f, Color.RED);
14              mrc.body.setAwake(false);              //禁止唤醒
15              al.add(mrc);                           //将木块添加进集合
16              id=i+"";                               //设置焊接关节 id
17              new MyWeldJoint(id,world,false,al.get(i+3),mrc,
                //创建约束木块和木块的焊接关节对象
18                      mrc.body.getPosition(),17,0);
19          }
20          for(int i=0;i<5;i++){
21              mrc=Box2DUtil.createBox((50+i*60+x)*ratio, (650+y)*ratio,
                //创建木块物体类对象
22                      30*ratio,10*ratio,false,world,0.5f-i*0.09f,0.0f,0.9f, Color.RED);
23              mrc.body.setAwake(false);              //禁止唤醒
24              al.add(mrc);                           //将木块添加进集合
25              if(i==0){
26                  id="ww";                           //设置焊接关节 id
27                  new MyWeldJoint(id,world,false,al.get(3),
                    //创建约束木块和木块的焊接关节对象
28                          mrc,mrc.body.getPosition(),17,0);
29              }else{
30                  id=i+6+"";                         //设置焊接关节 id
31                  new MyWeldJoint(id,world,false,//创建约束木块和木块的焊接关节对象
32                          al.get(i+6),mrc,mrc.body.getPosition(),17,0);
33          }}
34          for(int i=0;i<8;i++){
35              mrc=Box2DUtil.createBox((50+i*60+x)*ratio,(850+y)*ratio,
                //创建木块物体类对象
36                      30*ratio,10*ratio,false,world,1.25f-i*0.09f,0.0f,0.9f,
                        Color.RED);
37              mrc.body.setAwake(false);              //禁止唤醒
38              al.add(mrc);                           //将木块添加进集合
39              if(i==0){
40                  id="hh";                           //设置焊接关节 id
41                  new MyWeldJoint(id,world,false,al.get(3),
                                                       //创建约束木块和木块的焊接关节对象
42                          mrc,mrc.body.getPosition(),17,0);
43              }else{
44                  id=i+11+"";                        //设置焊接关节 id
45                  new MyWeldJoint(id,world,false,//创建约束木块和木块的焊接关节对象
46                          al.get(i+11),mrc,mrc.body.getPosition(),17,0);
47          }}
48          MyCircleColor ballA=Box2DUtil.createCircle((183+x)*ratio,//创建圆形刚体
49                  (235+y)*ratio,20*ratio, world, Color.RED);
50          al.add(ballA);                             //将球添加进集合
51          GameView gameView=new GameView(this);      //创建 GameView 类对象
52          setContentView(gameView);                  //跳转至 GameView 界面
53      }}
```

- 第 4~6 行为本类的成员变量,主要是声明 World 类的引用,并创建 ArrayList<MyBody> 的集合对象,该集合对象中存放 MyBody 及其子类的对象以及生命关节 id 引用。

- 第 11~19 行为创建 3 个木块对象,并且创建出木块与左壁或木块与木块之间的焊接关节,以实现最上侧的木板。

- 第 20~33 行为创建 5 个木块对象,并且创建出木块与左壁或木块与木块之间的焊接关节,以实现中间的木板。

- 第 34~47 行为创建 8 个木块对象,并且创建出木块与左壁或木块与木块之间的焊接关节,以实现最下侧的木板。

- 第 48~50 行为创建圆形物体对象,充当掉落的圆球,并将其添加进集合。

- 第 51 行为创建 GameView 类的对象,并跳转至 GameView 界面。

10.6.14 滑轮关节描述——PulleyJointDef 类

滑轮关节用于创建理想的滑轮,其可以通过约束两个物体,实现当一个物体上升时,另一个物体就会下降的效果。在创建滑轮关节时,除了需要提供两个刚体对象,还需要提供的是刚体的本地锚点坐标以及刚体的支撑点坐标。

此外,还需要提供两个刚体对应的滑轮长度和一个滑轮长度比。所谓滑轮长度比是为了调节刚体发生移动时的上下移动比,具体情况如图 10-63 所示。

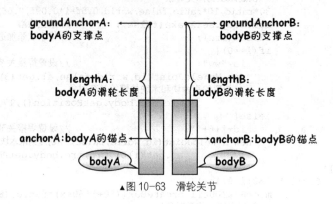

▲图 10-63 滑轮关节

滑轮关节描述属性及方法如表 10-31 所示。

表 10-31　　　　　　　　　　PulleyJointDef 类的属性及方法

属性或方法	含义
Vec2 localAnchorA	表示关节关联的 bodyA 的本地锚点坐标,默认值为 Vec2(-1.0f,0.0f)
Vec2 localAnchorB	表示关节关联的 bodyB 的本地锚点坐标,默认值为 Vec2(1.0f,0.0f)
Vec2 groundAnchorA	表示关节关联的 bodyA 的支撑点的坐标,默认值为 Vec2(-1.0f,1.0f)
Vec2 groundAnchorB	表示关节关联的 bodyB 的支撑点的坐标,默认值为 Vec2(1.0f,1.0f)
float lengthA	表示关节关联的 bodyA 对应的滑轮长度,默认值为 0.0f
float lengthB	表示关节关联的 bodyB 对应的滑轮长度,默认值为 0.0f
float ratio	表示滑轮长度比
void initialize (Body b1, Body b2, Vec2 ga1, Vec2 ga2, Vec2 anchor1, Vec2 anchor2, float r);	滑轮关节的初始化函数,参数 bodyA 表示关节关联的刚体 bodyA,参数 bodyB 表示关节关联的刚体 bodyB,参数 groundAnchorA 表示刚体 bodyA 对应的支撑点坐标,参数 groundAnchorB 表示刚体 bodyB 对应的支撑点坐标,参数 anchorA 表示刚体 bodyA 对应的锚点坐标,参数 anchorB 表示刚体 bodyB 对应的锚点坐标,参数 ratio 表示滑轮长度比

10.6.15 滑轮关节案例——移动的木块

下面介绍使用滑轮关节的案例——移动的木块案例,以便于读者能够正确的使用滑轮关节,同时也利于读者加深对滑轮关节的理解。

1. 案例运行效果

该案例主要演示的是,在一个平面内,有两个质量不同的木块通过绳子连接着,质量相对大的木块自动下落,质量相对小的木块自动上升。其运行效果如图 10-64~图 10-67 所示。

> 说明　图 10-64 为案例运行开始时的效果,图 10-65 为案例运行 0.5 秒时的效果,图 10-66 为案例运行 1 秒时的效果,图 10-67 为木块静止时的效果。

10.6 关节——Joint

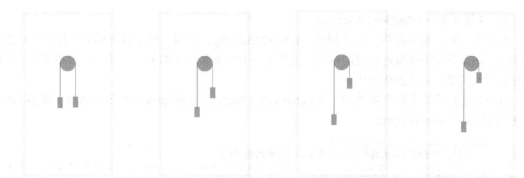

▲图 10-64 案例运行开始　　▲图 10-65 案例运行 0.5s　　▲图 10-66 案例运行 1s　　▲图 10-67 木块静止

由于此案例的基本框架结构与前面小球下摆案例基本一致，因此这里不再赘述重复的内容。这里主要介绍本案例中的重点，包括滑轮关节类 MyPulleyJoint 的开发和主控制类 MyBox2dActivity 的开发。

2. 滑轮关节类——MyPulleyJoint

开发滑轮关节，主要是通过构造器传进部分参数，在创建滑轮关节描述后，并对其进行相应的赋值，最后在物理世界里添加滑轮关节，具体代码如下。

代码位置：见随书源代码\第 10 章\Sample10_10\app\src\main\java\com\bn\box2d\util 目录下的 MyPulleyJoint.java。

```
1    package com.bn.box2d.util;                                    //声明包名
2    ……//此处省略导入类的代码，读者可自行查阅随书源代码
3    public class MyPulleyJoint{                                   //滑轮关节类
4        public PulleyJoint mJoint;                                //声明滑轮关节对象
5        public World mWorld;                                      //声明物理世界类对象
6        public MyPulleyJoint(
7                String id,                                        //关节 id
8                World world,                                      //物理世界对象
9                boolean collideConnected,                         //是否允许两个刚体碰撞
10               MyBody poA,                                       //物体类对象 A
11               MyBody poB,                                       //物体类对象 B
12               Vec2 groundAnchorA,                               //物体类对象 A 的支撑点坐标
13               Vec2 groundAnchorB,                               //物体类对象 B 的支撑点坐标
14               Vec2 anchorA,                                     //物体类对象 A 的锚点坐标
15               Vec2 anchorB,                                     //物体类对象 B 的锚点坐标
16               float ratio                                       //滑轮长度比
17       ){
18           this.mWorld=world;                                    //给物理世界类对象赋值
19           PulleyJointDef pjd = new PulleyJointDef();            //创建滑轮关节描述
20           pjd.collideConnected=collideConnected;                //给是否允许碰撞标志赋值
21           pjd.userData=id;                            //给关节描述的用户数据赋予关节 id
22           groundAnchorA.x = groundAnchorA.x / RATE;//将锚点的x坐标改为物理世界下的x坐标
23           groundAnchorA.y = groundAnchorA.y / RATE;//将锚点的y坐标改为物理世界下的y坐标
24           groundAnchorB.x = groundAnchorB.x / RATE;//将锚点的x坐标改为物理世界下的x坐标
25           groundAnchorB.y = groundAnchorB.y / RATE;//将锚点的y坐标改为物理世界下的y坐标
26           anchorA.x = anchorA.x / RATE;           //将锚点的 x 坐标改为物理世界下的 x 坐标
27           anchorA.y = anchorA.y / RATE;           //将锚点的 y 坐标改为物理世界下的 y 坐标
28           anchorB.x = anchorB.x / RATE;           //将锚点的 x 坐标改为物理世界下的 x 坐标
29           anchorB.y = anchorB.y / RATE;           //将锚点的 y 坐标改为物理世界下的 y 坐标
30           pjd.initialize(poA.body, poB.body,groundAnchorA, groundAnchorB,
31                   anchorA, anchorB, ratio);          //调用滑轮关节描述的初始化函数
32           mJoint=(PulleyJoint)world.createJoint(pjd);//在物理世界里添加滑轮关节
33       }}
```

> **说明**
> 该类主要声明了滑轮关节对象 mJoint,物理世界类对象 mWorld 和 MyGearJoint 类的构造器。构造器的参数列表中主要提供了滑轮关节所需的关节 id、物理世界对象、是否允许两个刚体碰撞、物体类对象、支撑点坐标、锚点坐标和滑轮距离比等。在构造器中创建了滑轮关节描述对象后，即对其各个变量进行相应的赋值，并在最后给物理世界添加了滑轮关节。

3. 主控制类——MyBox2dActivity

接下来介绍开发本案例的主控制类 MyBox2dActivity，其与小球下摆案例的主控制类结构大致类似，因此这里不再赘述重复的内容。这里主要介绍本案例中的重点，即创建圆和矩形，并给其添加滑轮关节，实现的代码如下。

代码位置：见随书源代码\第 10 章\Sample10_10\app\src\main\java\com\bn\box2d\pulleyjoint 目录下的 MyBox2dActivity.java。

```
1    package com.bn.box2d.pulleyjoint;                    //声明包名
2    ……//此处省略导入类的代码，读者可自行查阅随书源代码
3    public class MyBox2dActivity extends Activity{        //继承 Android 系统的 Activity
4    ……//此处省略变量定义的代码，请自行查看源代码
5        public void onCreate(Bundle savedInstanceState){ //继承 Activity 需要重写的方法
6        ……//此处省略了与前面案例中相似的代码，请自行查看源代码
7            Vec2 gravity = new Vec2(0.0f,8.0f);
8            world = new World(gravity);                  //创建世界
9            final int kd=40;                             //定义宽度或高度
10           MyRectColor mrc=Box2DUtil.createBox(kd/4,SCREEN_HEIGHT/2, kd/4,
11                           SCREEN_HEIGHT/2,true,world,Color.YELLOW,0,0,0,0);
12           bl.add(mrc);                                 //将包围框添加进物体列表
13       ……//此处其他包围框的创建与上述相似，故省略，请自行查阅随书源代码
14           MyCircleColor ball=Box2DUtil.createCircle((360+x)*ratio,(400+y)*ratio,
                 60*ratio, true, world,Color.RED,4,0,0,0); //创建固定圆
15
16           bl.add(ball);                                //将圆添加进物体列表
17       ……//此处其他矩形的创建与上述相似，故省略，请自行查阅随书源代码
18           new MyPulleyJoint("P1",world,false,bl.get(5),bl.get(6),
                                                         //创建约束两个木块的滑轮关节
19               new Vec2((300+x)*ratio,(430+y)*ratio),new Vec2((420+x)*ratio,(430+
                 y)*ratio),
20               new Vec2((300+x)*ratio,(620+y)*ratio),new Vec2((420+x)*ratio,(620+
                 y)*ratio),1.0f);
21           GameView gv= new GameView(this);             //创建 GameView 界面
22           setContentView(gv);                          //跳转到 GameView 界面
23       }}
```

> **说明**　本类中主要介绍了创建游戏运行界面内的包围框和圆、矩形等，由于代码大致相同，故省略，读者可自行查阅随书源代码。然后创建约束两个木块的滑轮关节，滑轮关节类在上一小节已经进行了详细介绍，这里不再赘述，最后获得 GameView 类的对象，并跳转至 GameView 界面。

10.6.16 车轮关节描述——WheelJointDef 类

车轮关节是指一个刚体可以围绕着另一刚体的某个轴进行转动，其可以实现车轮旋转的效果。定义车轮关节时，除了需要提供两个刚体对象和车轮关节的锚点，还需要提供一个轴向量。具体情况如图 10-68 所示。

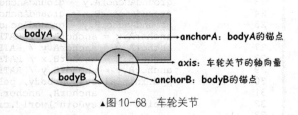

▲图 10-68　车轮关节

车轮关节描述的属性及方法如表 10-32 所示。

表 10-32　WheelJointDef 类的属性及方法

属性或方法	含义
Vec2 localAnchorA	表示关节关联的 bodyA 的本地锚点坐标
Vec2 localAnchorB	表示关节关联的 bodyB 的本地锚点坐标
Vec2 localAxisA	表示车轮关节的本地轴向量，此向量为单位向量，默认值为 Vec2(1.0f,0.0f)

续表

属性或方法	含义
boolean enableMotor	表示是否开启马达，默认值为 false
float maxMotorTorque	表示马达的最大力矩，默认值为 0.0f
float motorSpeed	表示马达转速，单位通常为弧度每秒，默认值为 0.0f
float frequencyHz	表示关节频率，可以理解为柔韧度，值为 0 时表示禁用柔韧度，值越大，柔韧度越大
float dampingRatio	表示阻尼系数，值为 0 时表示没有阻尼，值为 1 时表示临界阻尼
void initialize (Body b1, Body b2, Vec2 anchor, Vec2 axis)	车轮关节的初始化方法，参数 b1 表示关节关联的刚体 bodyA 对象的引用；参数 b2 表示关节关联的刚体 bodyB 对象的引用；参数 anchor 表示车轮关节的锚点；参数 axis 表示车轮关节的轴向量

10.6.17 车轮关节案例——运动的小车

下面介绍使用车轮关节的案例——运动的小车案例，以便于读者能够正确使用车轮关节，同时也利于读者加深对车轮关节的理解。

1. 案例运行效果

该案例主要演示的是，在一个平面内，一个开启着后轮驱动的小车从左侧高坡下落，一直运动到最右侧。其运行效果如图 10-69～图 10-72 所示。

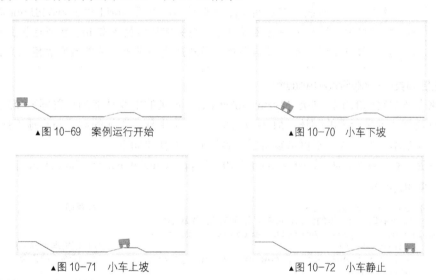

▲图 10-69　案例运行开始　　　　　　▲图 10-70　小车下坡

▲图 10-71　小车上坡　　　　　　▲图 10-72　小车静止

> **说明**　图 10-69 为案例运行开始时的效果，图 10-70 为小车下坡时的效果，图 10-71 为小车上坡时的效果，图 10-72 为小车静止时的效果。

由于此案例的基本框架结构与小球下摆案例类似，因此这里不再赘述重复的内容。在此主要为读者介绍本案例中的重点，即车轮关节类 MyWeldJoint 的开发和主控制类 MyBox2dActivity 的开发。

2. 车轮关节类——MyWeldJoint

下面将为读者展示了本案例的运行效果读者介绍车轮关节类 MyWeldJoint。该车轮关节类的主要功能为声明车轮关节的引用、物理世界类的引用以及通过构造器在物理世界添加车轮关节等，具体的代码如下。

第10章 JBox2D 物理引擎

代码位置：见随书源代码\第 10 章\Sample10_11\app\src\main\java\com\bn\box2d\gj\cl 目录下的 MyWeeelJoint.java。

```
1    package com.bn.box2d.gj.cl;                              //声明包
2    ……//此处省略了导入类的代码，读者可自行查阅源代码
3    public class MyWeelJoint{
4        World world;                                         //声明物理世界对象
5        WeldJoint wj;                                        //声明焊接关节对象
6        public MyWeelJoint(                                  //构造器
7            String id,                                       //关节 id
8            World world,                                     //物理世界对象
9            boolean collideConnected,                        //是否允许两个刚体碰撞
10           MyBody poA,                                      //刚体 A
11           MyBody poB,                                      //刚体 B
12           Vec2 anchor,                                     //焊接关节的锚点
13           float frequencyHz,                               //关节频率
14           float dampingRatio                               //阻尼系数
15       ){
16           his.world=world;                                 //给物理世界类对象赋值
17           WeldJointDef wjd=new WeldJointDef();             //声明焊接关节描述对象
18           wjd.userData=id;                                 //给关节描述的用户数据赋予关节 id
19           wjd.collideConnected=collideConnected;           //给是否允许碰撞标志赋值
20           wjd.initialize(poA.body,poB.body,anchor);        //调用焊接关节的初始化方法
21           wjd.frequencyHz = frequencyHz;                   //给关节频率赋值
22           wjd.dampingRatio = dampingRatio;                 //给关节阻尼系数赋值
23           wj=(WeldJoint) world.createJoint(wjd);           //在物理世界添加焊接关节
24       }}
```

> **说明** 该类声明了车轮关节引用 wj，物理世界类引用 world 和 MyWeldJoint 类的构造器。构造器的参数列表中主要提供了车轮关节所需的关节 id、物理世界引用、物体类引用、锚点坐标、是否开启马达、马达速度和扭矩、关节频率和阻尼系数等。

3. 主控制类——MyBox2dActivity

接下来介绍本案例的主控制类 MyBox2dActivity。该类的主要功能为设置屏幕模式、设置屏幕自适应以及创建场景所需的刚体。MyBox2dActivity 类中部分刚体的创建与小球下摆案例中部分刚体的创建基本一致，这里不再重复讲解。具体的开发代码如下。

代码位置：见随书源代码\第 10 章\Sample10_11\app\src\main\java\com\bn\box2d\gj\cl 目录下的 MyBox2dActivity.java。

```
1    package com.bn.box2d.gj.cl;                              //声明包
2    ……//此处省略了导入类的代码，读者可自行查阅随书源代码
3    public class MyBox2DActivity extends Activity {
4        World world;                                         //声明物理世界引用
5        ArrayList<MyBody> al=new ArrayList<MyBody>();        //存储物体的集合
6        @Override
7        protected void onCreate(Bundle savedInstanceState) { //继承 Activity 需要重写的方法
8            super.onCreate(savedInstanceState);              //调用父类方法
9            ……//此处省略了与前面案例中相似的代码，需要的读者可参考源代码
10           MyPolygonColor mpc=Box2DUtil.createPolygon(      //创建多边形物体类对象
11               (20+y)*ratio,                                //设置多边形物体类对象的起点 x 坐标
12               (620+x)*ratio,                               //设置多边形物体类对象的起点 y 坐标
13               new float[][]{                               //点序列
14                   {(0+y)*ratio,(0+x)*ratio},               //多边形边框的第一个坐标
15                   {(130+y)*ratio,(0+x)*ratio},             //多边形边框的第二个坐标
16                   {(130+y)*ratio,(2+x)*ratio},             //多边形边框的第三个坐标
17                   {(0+y)*ratio,(2+x)*ratio}                //多边形边框的第四个坐标
18               },
19               true,                                        //isStatic 标志位
20               world,                                       //World 类对象
21               Color.BLUE                                   //设置多边形物体类对象颜色
22           );
```

```
23           al.add(mpc);                              //将多边形类对象添加进集合
24           ……//此处省略了创建其他6个线性物体类对象的代码,需要的读者可参考源代码
25           MyRectColor mrcB=Box2DUtil.createBox((70+y)*ratio,//创建矩形车身物体类对象
26           (580+x)*ratio,40*ratio, 20*ratio, false, world, 0.2f,0.1f,0.9f, Color.RED);
27           al.add(mrcB);                             //将矩形车身物体类对象添加进集合
28           MyCircleColor ballA=Box2DUtil.createCircle((45+y)*ratio,
                                                       //创建圆形车轮物体类对象
29                            (610+x)*ratio, 13*ratio, world, Color.RED);
30           al.add(ballA);                            //创建圆形车轮物体类对象
31           MyCircleColor ballB=Box2DUtil.createCircle((95+y)*ratio,//创建圆形车轮物体类对象
32                            (610+x)*ratio, 13*ratio, world, Color. RED);
33           al.add(ballB);                            //创建圆形车轮物体类对象
34           new MyWheelJoint("one",world,false,mrcB,  //创建车轮关节
35               ballA,ballA.body.getPosition(),new Vec2(0,1),true,10.0f,7,4.0f,0.7f);
36           new MyWheelJoint("two",world,false,mrcB,  //创建车轮关节
37               ballB,ballB.body.getPosition(),new Vec2(0,1),false,0.0f,3,4.0f,0.7f);
38           GameView gv=new GameView(this);           //创建GameView类对象
39           setContentView(gv);                       //跳转至GameView界面
40       }}
```

- 第4、5行为本类的成员变量,主要是声明World类的引用,并创建ArrayList<MyBody>的集合对象,该集合对象中存放MyBody。
- 第10~24行为创建构建高地不平的地面所需的7个线性物体类对象。
- 第25~27行为创建矩形物体类对象,并将其添加进集合中,充当小车的车身。
- 第28~30行为创建圆形物体类对象,并将其添加进集合中,充当小车的后车轮。
- 第31~33行为创建圆形物体类对象,并将其添加进集合中,充当小车的前车轮。
- 第34~37行为创建两个车轮关节对象,以用来约束车身和两个车轮。
- 第38、39行为创建GameView类的对象,并跳转至GameView界面。

10.6.18 绳索关节描述——RopeJointDef类

顾名思义,绳索关节就是为了实现两个物体之间有着像绳索一样的约束。创建绳索关节时比较简单,只需要提供两个指向刚体的指针和一个最大长度maxLength。最大maxLength是指两个刚体之间最大的间隔距离,具体情况如图10-73所示。

绳索关节描述的属性如表10-33所示。

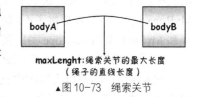

▲图10-73 绳索关节

表10-33 RopeJointDef类的属性

属性	含义
Vec2 localAnchorA	表示关节关联的bodyA的本地锚点坐标,默认值为b2Vec2(-1.0f,0.0f)
Vec2 localAnchorB	表示关节关联的bodyB的本地锚点坐标,默认值为b2Vec2(1.0f,0.0f)
float maxLength	绳索关节的最大距离,默认值为0.0f

10.6.19 绳索关节案例——掉落的糖果

本小节将介绍一个使用了绳索关节的实际案例——掉落的糖果案例,以便于读者能够正确地使用滑轮关节,同时也利于读者加深对滑轮关节的理解。

1. 案例运行效果

该案例主要演示了两个固定在墙面上的木块,糖果与此两固定木块用绳索相连,由于糖果比木块高,糖果会受自身重力和两个绳索的牵引而运动。具体情况如图10-74~图10-77所示。

第 10 章 JBox2D 物理引擎

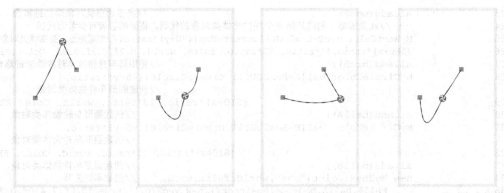

▲图 10-74 案例运行开始　　▲图 10-75 小球下落　　▲图 10-76 小球向右摇摆　　▲图 10-77 小球向左摇摆

> 说明　图 10-74 为案例运行开始时的效果，图 10-75 为小球下落时的效果，图 10-76 为小球向右摇摆时的效果，图 10-77 为小球向左摇摆时的效果。

2. 案例的基本框架结构

介绍本案例之前，首先需要介绍本案例的框架结构，理解本案例的框架结构有助于读者对本案例的学习。本案例的框架结构如图 10-78 所示。

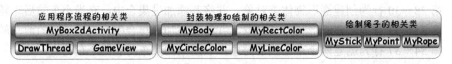

▲图 10-78 框架结构

DrawThread 类、MyBody 类、MyRectColor 类和 MyLineColor 类的功能在木块金字塔被撞击案例中已经向读者介绍，这里不再重复赘述。其他的相关类将在接下来的小节中一一向读者介绍。MyRope 类为绳索类，提供了不同的方法来实现绳索的绘制，具体功能将在后文具体讲解。MyPoint 类和 MyStick 类为 MyRope 类所需要的工具类，其中 MyMath 类为封装的一个数学公式类。

3. 圆形刚体类——MyCircleColor

在木块金字塔被撞击案例中已经介绍过自定义的刚体抽象类 MyBody 及其子类的代码实现，但由于在本案例中，其子类——MyCircleColor 类的实现方式有所不同，则在本小节中将介绍 MyCircleColor 类的代码开发，具体的代码如下。

代码位置：见随书源代码\第 10 章\Sample10_12\app\src\main\java\com\bn\box2d\rope\shape 目录下的 MyCircleColor.java。

```
1   package com.bn.box2d.rope.shape;
2   ……//此处省略导入类的代码，读者可自行查阅随书源代码
3   public class MyCircleColor extends MyBody{                    //自定义的圆形类
4       float radius;                                              //半径
5       public MyCircleColor(Body body,float radius,int color){
6           this.body=body;                                        //刚体
7           this.radius=radius;                                    //给圆半径赋值
8           this.color=color;                                      //颜色
9       }
10      @Override
11      public void drawSelf(Canvas canvas,Paint paint){
12          paint.setColor(color&0x8CFFFFFF);                      //设置画笔的颜色
13          float x=body.getPosition().x*RATE;                     //获得圆形刚体的位置
14          float y=body.getPosition().y*RATE;
15          canvas.drawCircle(x, y, radius, paint);                //绘制圆
16          paint.setStyle(Paint.Style.STROKE);                    //设置画笔样式
```

10.6 关节——Joint

```
17              paint.setStrokeWidth(1);                        //设置画笔的粗细
18              paint.setColor(color);                           //设置画笔的颜色
19              canvas.drawCircle(x, y, radius, paint);          //绘制边
20              paint.reset();                                   //画笔重置
21          }
22          @Override
23          public void drawBitmap(Canvas canvas, GameView gv, Paint paint) {
24              float x=(body.getPosition().x)*RATE-radius;      //获得圆形刚体的位置
25              float y=(body.getPosition().y)*RATE-radius;
26              canvas.save();
27              canvas.drawBitmap(gv.bitmap,x,y,null);            //绘制图片
28      }}
```

- 第 10~21 行为此类的绘制圆形的方法。首先设置颜色，并计算圆形位置，然后绘制图形，接着设置画笔的样式和颜色为圆形绘制边框。最后恢复画笔的设置，以免影响后继的绘制。
- 第 22~28 行为绘制圆形时贴糖果图片的方法。首先获得糖果刚体的位置，然后保存当前的画布状态，最后绘制从显示界面类获得的糖果图片。

4. 绳索绘制类——MyLineColor

下面将为读者介绍绳索绘制类 MyLineColor。由于本案例中的绳子需要色彩渲染效果，并且该绳子伴有一定的颜色渐变，所以将绳子绘制的方法单独封装成一个类，具体的代码实现如下。

代码位置：见随书源代码\第 10 章\Sample10_12\app\src\main\java\com\bn\box2d\rope\shape 目录下的 MyLineColor.java。

```
1   package com.bn.box2d.rope.shape;
2   ……//此处省略导入类的代码，读者可自行查阅随书源代码
3   public class MyLineColor{
4       float startX;float startY;                               //起始点 x、y 坐标
5       float endX;float endY;                                   //结束点 x、y 坐标
6       public MyLineColor(float startX,float startY,float endX,float endY){
7           this.startX=startX;                                  //给开始的 x 赋值
8           this.startY=startY;                                  //给开始的 y 赋值
9           this.endX=endX;                                      //给结束的 x 赋值
10          this.endY=endY;                                      //给结束的 y 赋值
11      }
12      public void drawSelf(Canvas canvas, Paint paint){
13          paint.setAntiAlias(true);                            //设置抗锯齿
14          paint.setStyle(Style.STROKE);                        //平滑
15          paint.setStrokeWidth(6*ratio);                       //线条粗细
16          int colors[] = new int[3];                           //创建存放颜色数组
17          float positions[] = new float[3];
18          colors[0] = 0xFFFF0000;                              //渐变的第 1 个点
19          positions[0] = 0;
20          colors[1] = 0xFF00FF00;                              //渐变的第 2 个点
21          positions[1] = 0.5f;
22          colors[2] = 0xFF0000FF;                              //渐变的第 3 个点
23          positions[2] = 1;
24          LinearGradient shader = new LinearGradient           //创建梯度渲染对象
25          (
26              0, 0,                                            //渐变起始点 x、y 坐标
27              30, 30,                                          //渐变结束点 x、y 坐标
28              colors,                                          //颜色 的 int 数组
29              positions,                                       //指定颜色数组的相对位置
30              Shader.TileMode.REPEAT                           //渲染模式
31          );
32          paint.setShader(shader);                             //为画笔设置渲染对象
33          canvas.drawLine(startX, startY, endX, endY, paint);  //绘制绳索
34          paint.reset();                                       //重置画笔
35      }}
```

> **说明** 该类中的 drawSelf()方法中通过创建一个长度为 3 的一维的颜色数组以及相对位置的颜色数组，赋予其相应的 int 值，并且创建一个 LinearGradient 线性渐变对象，然后通过画笔设置该渲染对象，最后呈现出来的就具有一定颜色的渐变效果。

第 10 章 JBox2D 物理引擎

5. 绳索类——MyRope

（1）本小节采用的是一个开源的工具类 MyRope，其构造器和功能方法如表 10-34 所示。

表 10-34　　　　　　　　　　　MyRope 类的构造器及功能方法

构造器或功能方法	含义	类型
MyRope()	创建 MyRope 类对象，无参数	构造器
MyRope(RopeJoint joint)	创建 MyRope 类对象，参数 joint 为创建的绳索关节对象	构造器
void update(float dt)	更新方法，参数 dt 为更新的间隔时间	功能方法
void createRope(MyPoint point1,MyPoint point2,float distance)	创建绳索对象的方法，参数 point1 为绳索关联的刚体上的点；参数 point2 为绳索关联的另一刚体上的点；参数 distance 为两个刚体之间的距离	功能方法
void updateWithPoints(MyPoint point1, MyPoint point2, float dt)	更新点方法，参数 point1 为绳索关联的刚体上的点；参数 point2 为绳索关联的另一刚体上的点；参数 dt 为更新的间隔时间	功能方法
void drawrope(Canvas canvas,Paint paint)	绘制绳索	功能方法

> **说明**
> 由于本案例中绘制的绳子的始末端是和绳索关联的两个刚体上的点，所以在创建绳子时只需要获得绳索关节对象即可。若读者想要绘制任意两个刚体间关联着的绳子，就只需要提供两个刚体的初始位置(X 与 Y 坐标)就行，即在创建 MyRope 类对象时，其参数可为两个 MyPoint 类的对象。

（2）接下来详细介绍 MyRope 类的具体实现，具体的代码如下。

代码位置：见随书源代码\第 10 章\Sample10_12\app\src\main\java\com\bn\box2d\ropeutil 目录下的 MyRope.java。

```
1    package com.bn.box2d.ropeutil;                          //导入包
2    ……//此处省略导入类的代码，读者可自行查阅随书源代码
3    public class MyRope {
4        ……//此处省略一些变量的声明，若需要的读者可自行查阅随书源代码
5        public MyRope(){}                                   //无参构造器
6        public MyRope(RopeJoint joint){
7            this.joint=joint;                               //给 joint 赋值
8            MyPoint pointa=new MyPoint(joint.getBodyA().getPosition().x*rate,
9                    joint.getBodyA().getPosition().y*rate)
                                                             //获得绳索关节关联的一个刚体坐标
10           MyPoint pointb=new MyPoint(joint.getBodyB().getPosition().x*rate,
11                   joint.getBodyB().getPosition().y*rate) ;
                                                             //获得绳索关节关联的另一个刚体坐标
12           float distance=MyMath.MyDistance(pointa, pointb);  //两个刚体间的距离
13           createRope(pointa,pointb,distance);             //创建绳索对象
14       }
15       public void createRope(MyPoint point1,MyPoint point2,float distance){
16           int segments=20;                    //此参数越小节点数越多，绳子看起来更柔软
17           numPoints=(int)distance/segments;                //绳子的节点数
18           MyPoint pointA=new MyPoint(point2.x-point1.x,point2.y-point1.y);
19           float multiplier = distance / (numPoints-1);    //绳子每一节的长度
20           antiSagHack = 0.1f;                              //点的凹陷程度
21           for(int i=0;i<numPoints;i++) {                   //获得绳索的每个节点坐标值
22               MyPoint tmpVector =MyMath.MyAdd(point1, MyMath.MyMult(MyMath.
23                       MyNormalize(pointA),multiplier*i*(1-antiSagHack)));
24               MyPoint tmpPoint = new MyPoint();           //创建 MyPoint 的对象
25               tmpPoint.setPos(tmpVector.x, tmpVector.y);  //设置点的 x、y 坐标值
26               vPoints.add(tmpPoint);          //将节点对象添加到 VPoints 列表里
27           }
28           for(int i=0;i<numPoints-1;i++) {   //一个 MyStick 对象由两个 MyPoint 对象组成
29               MyStick tmpStick = new MyStick(vPoints.get(i), vPoints.get(i+1));
30               vSticks.add(tmpStick);
```

```
31             }}
32         public void drawrope(Canvas canvas,Paint paint){    //绘制绳索
33             for(int i=0;i<vSticks.size();i++){
34                 MyPoint pointA = vSticks.get(i).getPointA();//获得MyStick对象的一个端点
35                 MyPoint pointB = vSticks.get(i).getPointB();//获得MyStick对象的另一个端点
36                 MyLineColor mc=new MyLineColor(pointA.x,pointA.y,pointB.x,pointB.y);
37                 mc.drawSelf(canvas, paint);         //用MyLineColor绘制类的方法来绘制绳索
38             }
39             paint.reset();                          //重置画笔
40         }
41         public void updateWithPoints(MyPoint point1, MyPoint point2, float dt){
                                                        //更新组成绳子的节点位置
42             for(int i=1;i<vSticks.size();i++) {     //更新VPoints值
43                 vPoints.get(i).applyGravity(dt);    //以dt时间单位来更新
44                 vPoints.get(i).update();
45             }
46             int iterations=4;                       //更新次数
47             for(int j=0;j<iterations;j++) {
48                 for(int i=0;i<vSticks.size();i++) { //更新VSticks值
49                     vSticks.get(i).contract();      //调用MyStick类的contract()方法
50             }}
51             vPoints.get(0).setPos(point1.x, point1.y);      //设置绳索的第一个点
52             vPoints.get(vSticks.size()).setPos(point2.x, point2.y);//设置绳索的最后一个点
53         }
54         public void update(float dt){               //更新绳子的位置
55             MyPoint pointsA=new MyPoint(joint.getBodyA().getPosition().x*rate,
56                     joint.getBodyA().getPosition().y*rate);//获得关节关联的一个刚体位置
57             MyPoint pointsB=new MyPoint(joint.getBodyB().getPosition().x*rate,
58                     joint.getBodyB().getPosition().y*rate);//获得关节关联的另一个刚体位置
59             updateWithPoints(pointsA, pointsB, dt);  //调用更新绳索的方法
60     }}
```

- 第6～14行为MyRope类的构造器其参数为绳索关节的对象。通过该绳索关节对象来获得与之关联的两个刚体位置并将其转换为屏幕下的坐标,然后计算两个刚体间的距离,随后调用createRope方法创建绳索对象。

- 第16～20行为初始化一系列变量,对于segments,其值越大,绳子被分成的部分越少,而multiplier为每小段绳子的长度,antiSagHack为组成每段绳子的点凹陷的最大值为0.1。

- 第22～23行为创建的MyPoint对象的坐标是通过一系列计算获得,先将两个刚体间的距离组成一个MyPoint对象并将其单位化,然后乘以一个浮点数并加上第一个点的坐标值来获得组成绳子的另一点坐标,即在第一个点的基础上获得其他点的坐标值。

- 第28～31行为通过一个for循环语句来获得MyStick对象的值,然后将该对象添加到对应的列表里。一个MyStick对象由两个MyPoint对象组成。

- 第32～40行为绘制绳子的方法。通过创建的MyStick的对象来获得对应的两个MyPoint对象的点,然后调用MyLineColor类里的drawSelf方法将其绘制出来。

- 第41～60行为定时更新绳子位置的方法。对于VPoints列表里的对象通过调用MyPoint类里的applyGravity()和update()方法来更新其坐标值；VSticks列表里的对象是通过调用MyStick类里的contract()来更新相应的坐标值。

(3)接下来详细介绍MyPoint工具类的代码实现,具体的代码如下。

代码位置：见随书源代码\第10章\Sample10_12\app\src\main\java\com\bn\box2d\ropeutil 目录下的MyPoint.java。

```
1       package com.bn.box2d.ropeutil;
2       public class MyPoint{
3           public float x=0.0f,y=0.0f;
4           private float oldx=0.0f,oldy=0.0f;              //先前的x,y值
5           public float vPointGravityX = 0.0f;             //x方向的变化量
6           public float vPointGravityY = 9.8f;             //y方向的变化量
```

第 10 章　JBox2D 物理引擎

```
7       public MyPoint(){}                              //无参构造器
8       public MyPoint(float f,float g){
9           x=f;                                        //初始化 x 变量
10          y=g;                                        //初始化 y 变量
11      }
12      public void setPos(float ax,float ay){          //设置 x, y 坐标值
13          x = oldx = ax;                              //为 x, oldx 赋值
14          y = oldy = ay;                              //为 y, oldy 赋值
15      }
16      public void update(){                           //更新 x, y 坐标值
17          float tempx = x;                            //获得当前的 x 值
18          float tempy = y;                            //获得当前的 y 值
19          x += x - oldx;                              //更新当前的 x 值
20          y += y - oldy;                              //更新当前的 y 值
21          oldx = tempx;                               //更新旧的 x 坐标值
22          oldy = tempy;                               //更新旧的 y 坐标值
23      }
24      public void applyGravity(float dt){             //定时根据 x, y 的变化量来更新 x, y 值
25          x -= vPointGravityX*dt;                     //更新 x 值
26          y += 2*vPointGravityY*dt;                   //更新 y 值
27  }}
```

> **说明** MyPoint 类为 MyRope 类实现的辅助工具类，提供组成一段绳子的节点对象，其包括设置点的位置（x, y 变量值）和定时更新每个点的 x 和 y 值等方法。对于 x, y 值的变化，在 MyRope 类里通过调用 update()和 applyGravity(float dt)方法来实现。

（4）接下来将继续介绍 MyRope 类的另一个辅助工具类 MyStick 类的开发，一个 MyStick 对象由两个 MyPoint 对象组成，具体的代码实现如下。

代码位置：见随书源代码\第 10 章\Sample10_12\app\src\main\java\com\bn\box2d\ropeutil 目录下的 MyStick.java。

```
1   package com.bn.box2d.ropeutil;
2   public class MyStick{
3       public MyPoint pointA;                          //声明 pointA 对象的引用
4       public MyPoint pointB;                          //声明 pointB 对象的引用
5       public float hypotenuse;                        //两点之间的距离
6       public MyStick(MyPoint argA, MyPoint argB){
7           pointA=argA;                                //初始化 pointA 变量
8           pointB=argB;                                //初始化 pointB 变量
9           hypotenuse=MyMath.MyDistance(argA,argB);    //两点之间的距离
10      }
11      public void contract(){
12          float dx = pointB.x - pointA.x;             //获得两点间 x 的差值
13          float dy = pointB.y - pointA.y;             //获得两点间 y 的差值
14          float h =MyMath.MyDistance(pointA, pointB); //两点之间的距离
15          float diff = hypotenuse - h;
16          float offx = (diff * dx / h) * 0.5f;        //x 变化率
17          float offy = (diff * dy / h) * 0.5f;        //y 变化率
18          pointA.x-=offx;                             //更新 pointA 的 x 坐标值
19          pointA.y-=offy;                             //更新 pointA 的 y 坐标值
20          pointB.x+=offx;                             //更新 pointB 的 x 坐标值
21          pointB.y+=offy;                             //更新 pointB 的 y 坐标值
22      }
23      public MyPoint getPointA(){                     //获得 pointA 的坐标值
24          return pointA;                              //返回 pointA 对象
25      }
26      public MyPoint getPointB(){                     //获得 pointB 的坐标值
27          return pointB;;                             //返回 pointB 对象
28  }}
```

> **说明** MyStick 类的一个对象主要用于表示一小段绳子的两端点，即一个 MyStick 对象由两个 MyPoint 对象组成，其 contract()方法用于同步更新两端点的坐标位置，getPointA()用于获得一小段绳子的一端点，而 getPointB()用于获得绳子的另一个端点。

10.6 关节——Joint

（5）由于本案例中要涉及许多数学计算，例如，计算两点之间的距离、点坐标的单位化、点间的加减法等，所以在此封装了一个 MyMath 类，以便于使用。具体的代码如下。

代码位置：见随书源代码\第 10 章\Sample10_12\app\src\main\java\com\bn\box2d\ropeutil 目录下的 MyMath.java。

```java
1   package com.bn.box2d.ropeutil;
2   ……//此处省略导入类的代码，读者可自行查阅随书源代码
3   public class MyMath {
4       public static MyPoint MyNormalize(MyPoint point){       //单位化
5           float ax=point.x*point.x;                            //获得 x 的平方值
6           float ay=point.y*point.y;                            //获得 y 的平方值
7           float all=(float) Math.sqrt(ax+ay);                  //开平方
8           return new MyPoint(point.x/all,point.y/all);//返回单位化后的 MyPoint 对象
9       }
10      public static MyPoint MyMult(MyPoint point ,float s){
                                                //向量乘法(一个向量乘以一个浮点数)
11          float ax=point.x*s;                 //获得 x 乘以一个浮点数后的值
12          float ay=point.y*s;                 //获得 y 乘以一个浮点数后的值
13          return new MyPoint(ax,ay);          //返回运用乘法运算后的 MyPoint 对象
14      }
15      public static MyPoint MyAdd(MyPoint point1,MyPoint point2){   //向量加法
16         return new MyPoint(point1.x+point2.x,point1.y+point2.y);
                                                //返回运用加法运算后的 MyPoint 对象
17      }
18      public static MyPoint MySub(MyPoint point1,MyPoint point2){   //向量减法
19         return new MyPoint(point1.x-point2.x,point1.y-point2.y);
                                                //返回运用减法运算后的 MyPoint 对象
20      }
21      public static float MyDistance(MyPoint pointa, MyPoint pointb){
                                                //通过点来获得两点间的距离
22          float dx = pointa.x - pointb.x;                  //获得两点间的 x 差值
23          float dy = pointa.y - pointb.y;                  //获得两点间的 y 差值
24          float xdistance=dx*dx;                           //获得 x 差值的平方值
25          float ydistance=dy*dy;                           //获得 y 差值的平方值
26          float h =(float) Math.sqrt(xdistance+ydistance); //两点之间的距离
27          return h;                                        //返回两点之间的距离
28      }
29      public static float MyDistance(Vec2 v1,Vec2 v2){ //通过向量来获得两点间的距离
30          float fx=v1.x-v2.x;                          //获得两向量间的 x 差值
31          float fy=v1.y-v2.y;                          //获得两向量间的 y 差值
32          float distance=(float) Math.sqrt(fx*fx+fy*fy);//通过开平方获得两向量间的距离
33          return distance;                             //返回两向量间的距离
34      }
35      public static MyPoint MyMiddPoint(MyPoint point1,MyPoint point2){
                                                         //两点间的中点
36          return new MyPoint((point1.x+point2.x)/2,(point1.y+point2.y)/2);
                                                         //返回两点间的中点
37   }}
```

> **说明** 此 MyMath 类为封装的一些数学计算方法，将点坐标单位化、获得两点间的中点、获得两点间的距离，向量乘法等方法。具体方法实现的功能请读者仔细阅读以上代码或查看随书源代码。

6. 绳索关节类——MyBox2DRopeJoint

下面将介绍绳索关节类 MyBox2DRopeJoint 的开发，主要包括物理世界的创建、绳索关节对象的创建以及对绳索关节描述对象一些属性的设置，具体的代码如下。

代码位置：见随书源代码\第 10 章\Sample10_12\app\src\main\java\com\bn\box2d\ropejoint 目录下的 MyBox2DRopeJoint.java。

```java
1   package com.bn.box2d.ropejoint;
2   ……//此处省略导入类的代码，读者可自行查阅随书源代码
3   public class MyBox2DRopeJoint {
```

第10章 JBox2D 物理引擎

```
4        RopeJoint rjoint;                                    //创建绳索关节对象
5        World world;                                         //创建的物理世界对象
6        public MyBox2DRopeJoint(
7                MyBox2dActivity activity,                    //主控制类对象
8                World world,                                 //物理层里的物理世界
9                String id,                                   //关节ID
10               Body bodyA,                                  //物体类对象A
11               Body bodyB,                                  //物体类对象B
12               Vec2 anchorA,                                //锚点A
13               Vec2 anchorB,                                //锚点B
14               float sag                                    //最大距离的系数
15       ){
16           this.world=world;                                //给物理世界对象赋值
17           RopeJointDef jd=new RopeJointDef();              //创建绳索关节描述对象
18           jd.userData=id;                                  //设置用户数据
19           jd.bodyA = bodyA;                                //物体类对象
20           jd.bodyB = bodyB;
21           jd.localAnchorA.set(anchorA.x*ratio,anchorA.y*ratio);
                                                              //绳索关节关联的bodyA的本地锚点
22           jd.localAnchorB.set(anchorB.x*ratio,anchorB.y*ratio);
                                                              //绳索关节关联的bodyB的本地锚点
23           jd.collideConnected=true;                        //允许关节关联的刚体发生碰撞
24           float ropeLength =(MyMath.MyDistance(bodyA.getWorldPoint(anchorA),
25                   bodyB.getWorldPoint(anchorB))) * sag;    //计算两个刚体之间的绳索距离
26           jd.maxLength = ropeLength;                       //给关节关联的最大距离赋值
27           rjoint=(RopeJoint)world.createJoint(jd);         //在物理世界里增添绳索关节
28           //通过绳索关节对象来获得MyRope的对象并将其添加到MyRope类的对象列表中
29           activity.rope.add(new MyRope(rjoint));
30       }}
```

- 第16~23 行为设置绳索关节描述对象的一些基本属性，如绳索关节关联的两个刚体的本地锚点的设置以及允许关节关联的刚体发生碰撞等。

- 第24~26 行为给关节关联的最大距离赋值，首先通过两个锚点来获得两个刚体在世界坐标系中的位置并且计算出其两点间的距离，然后通过乘以一个系数来获得与关节关联的最大距离。

- 第27~30 行为首先在物理世界里增添绳索关节，然后通过绳索关节对象来获得 MyRope 的对象并将其添加到在主控制类 MyBox2dActivity 中声明的 MyRope 类对象的列表中。

7. 主控制类——MyBox2dActivity

接下来介绍本案例的主控制类 MyBox2dActivity 的开发。该类的主要功能为设置屏幕模式、设置屏幕自适应以及调用 Box2DUtil 类中创建场景所需刚体的方法。该类继承自 Android 系统中的 Activity 类，具体的开发代码如下。

代码位置：见随书源代码\第10章\Sample10_12\app\src\main\java\com\bn\box2d\rope 目录下的 MyBox2dActivity.java。

```
1    package com.bn.box2d.rope;
2    ……//此处省略导入类的代码，读者可自行查阅随书源代码
3    public class MyBox2dActivity extends Activity{
4        World world;                                         //物理世界类引用
5        ArrayList<MyBody> bl=new ArrayList<MyBody>();        //物体列表
6        public ArrayList<MyRope> rope=new ArrayList<MyRope>();  //存放绳索类对象
7        public void onCreate(Bundle savedInstanceState) {    //继承Activity需要重写的方法
8            ……//此处省略与前面案例中类似的代码，读者可自行查阅随书源代码
9            MyRectColor mrc1=Box2DUtil.createBox((720/2-200+x)*ratio, (1280/2+y)
                 *ratio,15*ratio, 15*ratio, true,world,Color.RED,0,0,0);  //定点1 左下
10
11           bl.add(mrc1);                                    //将长方形物体添加进集合
12           MyRectColor mrc2=Box2DUtil.createBox((720/2+100+x)*ratio,(1280/2-200+
                 y)*ratio,
13               15*ratio,15*ratio,true,world,Color.RED,0,0,0); //定点2 右上
14           bl.add(mrc2);                                    //将长方形物体添加进集合
15           MyCircleColor mcc=Box2DUtil.createCircle((720/2+x)*ratio, (1280/2-400+y)
                 *ratio, 25.0f*ratio,
```

```
16                  world, Color.WHITE, 0.5f,0.1f,0.8f);        //创建糖果
17              bl.add(mcc);                                    //将糖果添加进集合
18              String str="R1";                                //绳索关节 ID
19              new MyBox2DRopeJoint(this,world,str,mrc1.body, mcc.body,
20                  mrc1.body.getLocalCenter(),mcc.body.getLocalCenter(),1.0f);
21              str="R2";                                       //绳索关节 ID
22              new MyBox2DRopeJoint(this,world,str, mrc2.body, mcc.body,
23                  mrc2.body.getLocalCenter(),mcc.body.getLocalCenter(),1.1f);
24              GameView gv= new GameView(this);                //创建 GameView 类对象
25              setContentView(gv);                             //跳转至 GameView 界面
26          }}
```

- 第 8 行省略的代码功能为设置屏幕自适应、创建物理世界、设置物理世界的相关属性，以及创建和增添物理世界中地面对象和其他墙壁对象等。
- 第 9~17 行为创建的一些物理对象，包括固定在墙面的两个木块对象以及掉落的糖果对象，并将其添加到 bl 物体类列表中。
- 第 8~23 行为创建绳索关节对象的方法，包括绳索关节关联刚体和相关属性的设置，通过关联刚体的 getLocalCenter()方法来获得绳索关节关联刚体的本地锚点坐标。其最后一个参数表示绳子的下垂程度，用于设置绳子的最大长度，此参数越大，绳子越长，下垂程度越明显。

8. 显示界面类——GameView

由于本案例中的显示界面类与其他案例基本一致，因此这里不再赘述重复的内容。这里主要介绍显示界面类的绘制方法，即 GameView 类里的 onDraw()方法开发，具体的代码如下。

代码位置：见随书源代码\第 10 章\Sample10_12\app\src\main\java\com\bn\box2d\rope 目录下的 GameView.java。

```
1   public void onDraw(Canvas canvas){
2       if(canvas==null){                                       //确认画布不为空
3           return;
4       }
5       canvas.drawARGB(255, 255, 255, 255);
6       for(MyRope mr:activity.rope){                           //绘制绳子
7           MyRope mrope=mr;
8           mrope.update(tt);                                   //定时更新绳子的位置
9           mrope.drawrope(canvas, paint);                      //绘制绳索
10      }
11      for(MyBody mb:activity.bl){                             //绘制场景中的物体
12          mb.drawSelf(canvas, paint);
13          if(mb instanceof MyCircleColor){                    //如果物体为圆形类物体
14              mb.drawBitmap(canvas, this, paint);             //绘制糖果图片
15  }}}
```

> **说明**　由于在绘制本案例的场景中的物体时，需要绘制绳索，所以在绘制场景中的物体之前先绘制绳索，并且定时更新绳索的位置，通过调用 MyRope 类的 update()方法来定时更新绳索的位置坐标。

10.7 模拟传送带案例

讲解完 JBox2D 中的关节之后，相信读者已经对 JBox2D 的大部分知识已经有所了解和掌握，这里还要介绍一个灵活运用 JBox2D 物理引擎的例子——模拟传送带案例。其目的为希望读者在今后的开发中能够灵活应用该物理引擎，以实现现实世界中有趣的运行效果。

10.7.1 案例运行效果

该案例主要演示的是，被放置在传送带上的 5 个小木块按照一定的速度滑动，因为传送带有

高有低，所有小木块将会从低处被传送到高处，再从高处做平抛运动。其运行效果如图 10-79～图 10-82 所示。

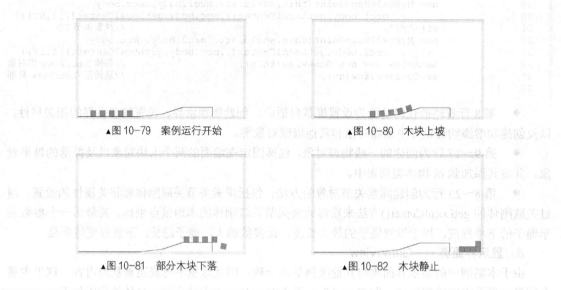

▲图 10-79　案例运行开始　　　　　　　　▲图 10-80　木块上坡

▲图 10-81　部分木块下落　　　　　　　　▲图 10-82　木块静止

> **说明**　　图 10-79 为案例运行开始时的效果，图 10-80 为木块被传送带传送上坡的效果，图 10-81 为部分木块下落时的效果，图 10-82 为木块静止时的效果。

由于此案例的基本框架结构与本章前面小球下摆案例基本一致，因此这里不再赘述重复的内容。这里主要介绍本案例中的重点，包括碰撞监听器 MyContactListener 的开发、主控制类 MyBox2dActivity 的开发和线程类 DrawThread 的开发。

10.7.2　碰撞监听器——MyContactListener 类

本小节主要介绍本案例中的重点，首先介绍继承自 ContactListener 的 MyContactListener 类，其充当碰撞监听器，具体的开发代码如下。

代码位置：见随书源代码\第 10 章\Sample10_13\app\src\main\java\com\bn\box2d_mncsd 目录下的 MyContactListener.java。

```
1   package com.bn.box2d_mncsd;                                        //声明包
2   ……//此处省略了导入类的代码，读者可自行查阅随书源代码
3   public class MyContactListener implements ContactListener{
4       MyBox2DActivity activity;                                      //声明 MyBox2DActivity 引用
5       public MyContactListener(MyBox2DActivity activity){  //构造器
6           this.activity=activity;                                    //为 activity 赋值
7       }
8       @Override
9       public void endContact(Contact contact){
10          final Body bodyA=contact.getFixtureA().getBody();//获取指向参与碰撞的刚体 A
11          final Body bodyB=contact.getFixtureB().getBody();//获取指向参与碰撞的刚体 B
12          String aid=(String) bodyA.getUserData();          //获取指向刚体 A 的用户数据
13          String bid=(String) bodyB.getUserData();          //获取指向刚体 B 的用户数据
14          char preFixA = aid.charAt(0);                     //获取用户数据 A 的第一个字符
15          char preFixB = bid.charAt(0);                     //获取用户数据 B 的第一个字符
16          if((preFixB=='C'&&preFixA=='M')){  //若 bodyB 为传送带刚体，bodyA 为木块刚体
17              if(aid.charAt(1)=='1'){activity.isRG[0]=-1;}
                                      //若 aid 的第二个字母为 1，则将对应的数组元素赋值
18              if(aid.charAt(1)=='2'){activity.isRG[1]=-1;}
                                      //若 aid 的第二个字母为 2 则将对应的数组元素赋值
19              if(aid.charAt(1)=='3'){activity.isRG[2]=-1;}
                                      //若 aid 的第二个字母为 3 则将对应的数组元素赋值
```

10.7 模拟传送带案例

```
20              if(aid.charAt(1)=='4'){activity.isRG[3]=-1;}
                                        //若aid的第二个字母为4则将对应的数组元素赋值
21              if(aid.charAt(1)=='5'){activity.isRG[4]=-1;}
                                        //若aid的第二个字母为5则将对应的数组元素赋值
22          }else if(preFixB=='M'&&preFixA=='C'){
                                        //若bodyA为传送带刚体，bodyB为木块刚体
23              if(bid.charAt(1)=='1'){activity.isRG[0]=-1;}
                                        //若bid的第二个字母为1则将对应的数组元素赋值
24              if(bid.charAt(1)=='2'){activity.isRG[1]=-1;}
                                        //若bid的第二个字母为2则将对应的数组元素赋值
25              if(bid.charAt(1)=='3'){activity.isRG[2]=-1;}
                                        //若bid的第二个字母为3则将对应的数组元素赋值
26              if(bid.charAt(1)=='4'){activity.isRG[3]=-1;}
                                        //若bid的第二个字母为4则将对应的数组元素赋值
27              if(bid.charAt(1)=='5'){activity.isRG[4]=-1;}
                                        //若bid的第二个字母为5则将对应的数组元素赋值
28          }}
29      @Override
30      public void beginContact(Contact contact){
31          final Body bodyA=contact.getFixtureA().getBody();//获取指向参与碰撞的刚体A
32          final Body bodyB=contact.getFixtureB().getBody();//获取指向参与碰撞的刚体B
33          String aid=(String) bodyA.getUserData();       //获取指向刚体A的用户数据
34          String bid=(String) bodyB.getUserData();       //获取指向刚体B的用户数据
35          char preFixA = aid.charAt(0);                  //获取用户数据A的第一个字符
36          char preFixB = bid.charAt(0);                  //获取用户数据B的第一个字符
37          if((preFixB=='C'&&preFixA=='M')){
                                        //若bodyB为传送带刚体，bodyA为木块刚体
38              if(aid.charAt(1)=='1'){activity.isRG[0]=1;}
                                        //若aid的第二个字母为1，则将对应的数组元素赋值
39              if(aid.charAt(1)=='2'){activity.isRG[1]=2;}
                                        //若aid的第二个字母为2，则将对应的数组元素赋值
40              if(aid.charAt(1)=='3'){activity.isRG[2]=3;}
                                        //若aid的第二个字母为3，则将对应的数组元素赋值
41              if(aid.charAt(1)=='4'){activity.isRG[3]=4;}
                                        //若aid的第二个字母为4，则将对应的数组元素赋值
42              if(aid.charAt(1)=='5'){activity.isRG[4]=5;}
                                        //若aid的第二个字母为5，则将对应的数组元素赋值
43          }else if(preFixB=='M'&&preFixA=='C'){
                                        //若bodyA为传送带刚体，bodyB为木块刚体
44              if(bid.charAt(1)=='1'){activity.isRG[0]=1;}
                                        //若bid的第二个字母为1，则将对应的数组元素赋值
45              if(bid.charAt(1)=='2'){activity.isRG[1]=2;}
                                        //若bid的第二个字母为2，则将对应的数组元素赋值
46              if(bid.charAt(1)=='3'){activity.isRG[2]=3;}
                                        //若bid的第二个字母为3，则将对应的数组元素赋值
47              if(bid.charAt(1)=='4'){activity.isRG[3]=4;}
                                        //若bid的第二个字母为4，则将对应的数组元素赋值
48              if(bid.charAt(1)=='5'){activity.isRG[4]=5;}
                                        //若bid的第二个字母为5，则将对应的数组元素赋值
49          }}
50      @Override
51      public void preSolve(Contact contact, Manifold oldManifold){
52          contact.setTangentSpeed(-7);            //设置切向速度
53      }
54      @Override
55      public void postSolve(Contact contact, ContactImpulse impulse){}
56  }
```

- 第10～15行为通过获取两个参与碰撞的刚体对象，进而获取两个刚体中的用户数组，得到用户数据中的第一个字符。
- 第16～28行为判断参与碰撞的两个物体的用户数据的第一个字符，对MyBox2DActivity类对象中的isRG数组中对应的元素赋值。
- 第31～36行为通过获取两个参与碰撞的刚体对象，进而获取两个刚体中的用户数组，得到用户数据中的第一个字符。
- 第37～49行为判断参与碰撞的两个物体的用户数据的第一个字符，对MyBox2DActivity类对象中的isRG数组中对应的元素赋值。

- 第 51~53 行为碰撞求解前被调用的方法。主要功能为修改碰撞信息,即给碰撞设置切向速度,实现了木块在传送带上的移动。

10.7.3 主控制类——MyBox2DActivity

开发完碰撞监听器后,就可以来开发本案例中的主控制类 MyBox2DActivity 了,其与小球下摆案例中主控制类 MyBox2DActivity 的结构类似,因此这里不再赘述重复的内容。这里主要介绍本案例中的重点,包括场景中刚体的创建以及碰撞监听器的使用。具体的开发代码如下。

代码位置:见随书源代码\第 10 章\Sample10_13\app\src\main\java\com\bn\box2d_mncsd 目录下的 MyBox2DActivity.java。

```
1    package com.bn.box2d_mncsd;                              //声明包
2    ……//此处省略了导入类的代码,读者可自行查阅随书源代码
3    public class MyBox2DActivity extends Activity {
4        World world;                                          //声明物理世界引用
5        ArrayList<MyBody> al=new ArrayList<MyBody>();         //存储物体的集合
6        public int[] isRG={-1,-1,-1,-1,-1};                   //声明起到标志作用的标志数组并初始化
7        public Map<String,MyBody> mp=new HashMap<String,MyBody>();//创建 map
8        String id;                                            //声明 id
9        @Override
10       protected void onCreate(Bundle savedInstanceState) {  //继承 Activity 需要重写的方法
11           super.onCreate(savedInstanceState);               //调用父类
12           ……//此处省略了与前面案例中相似的代码,需要的读者可参考源代码
13           world=new World(gravity);                         //创建物理世界
14           MyContactListener mcl=new MyContactListener(this);//创建碰撞监听器
15           world.setContactListener(mcl);                    //在物理世界中增添碰撞监听器
16           id="1";                                           //设置墙壁 id
17           MyRectColor mrc=Box2DUtil.createBox(id, ratio*kd/2,SCREEN_WIDTH/2,
                                                                 //创建墙壁对象
18               ratio*kd/2, SCREEN_WIDTH/2, true, world, density, friction, restitution,
                 Color.YELLOW);
19           al.add(mrc);                                      //将长方形物体类对象添加进集合
20           mp.put(id, mrc);                                  //将长方形物体类对象及其数据添加进 map
21           ……//此处省略了 3 个长方形物体类对象的代码,需要的读者可参考源代码
22           id="C1";                                          //设置传送带的 id
23           MyPolygonColor mpc=Box2DUtil.createPolygon(       //创建传送带对象
24               id, (20+x)*ratio, (700+y)*ratio,              //设置传送带对象的 id 以及起点坐标
25               new float[][]{                                //点序列
26                   {(0+x)*ratio,(0+y)*ratio},                //传送带物体边框第一个点的坐标
27                   {(470+x)*ratio,(0+y)*ratio},//传送带物体边框第二个点的坐标
28                   {(470+x)*ratio,(2+y)*ratio},//传送带物体边框第三个点的坐标
29                   {(0+x)*ratio,(2+y)*ratio}   //传送带物体边框第四个点的坐标
30               },
31               true, world, Color.BLUE   //设置 isStatic 标志位、World 类对象以及颜色
32           );
33           mp.put(id, mpc);                                  //将传送带对象添加进集合
34           al.add(mpc);                                      //将传送带对象及其数据添加进 map
35           ……//此处省略了创建其他 3 个传送带对象的代码,需要的读者可参考源代码
36           id="9";                                           //设置传送带的 id
37           mpc=Box2DUtil.createPolygon(                      //创建传送带对象
38               id,(1030+x)*ratio, (633+y)*ratio,             //设置传送带对象的 id 以及起点坐标
39               new float[][]{                                //点序列
40                   {(0+x)*ratio,(0+y)*ratio},                //传送带物体边框第一个点的坐标
41                   {(2+x)*ratio,(0+y)*ratio},                //传送带物体边框第二个点的坐标
42                   {(2+x)*ratio,(65+y)*ratio},               //传送带物体边框第三个点的坐标
43                   {(0+x)*ratio,(65+y)*ratio}                //传送带物体边框第四个点的坐标
44               },
45               true,world, Color.BLUE  //设置 isStatic 标志位、World 类对象以及颜色
46           );
47           mp.put(id, mpc);                                  //将传送带对象添加进集合
48           al.add(mpc);                                      //将传送带对象及其数据添加进 map
49           id="M1";                                          //设置木块的 id
50           mrc=Box2DUtil.createBox(id, (50+x)*ratio, (690+y)*ratio,
                                                                 //创建木块对象
51               20*ratio, 20*ratio, false, world, 0.8f, 0.1f, 0.25f, Color.RED);
52           mp.put(id, mrc);                                  //将木块对象添加进集合
```

```
53              al.add(mrc);                                //将木块对象及其数据添加进 map
54              ……//此处省略了创建其他 4 个木块对象的代码,需要的读者可参考源代码
55              GameView gv=new GameView(this);             //创建 GameView 类对象
56              setContentView(gv);                         //跳转至 GameView 界面
57      }}
```

- 第 4~8 行为本类的成员变量,主要是声明 World 类的引用,创建 ArrayList<MyBody> 的集合对象,该集合对象中存放 MyBody 及其子类对象,声明 int 型标志数组以及创建用于存储物体 id 和物体的 Map 类对象。
- 第 13~15 行为创建物理世界对象、碰撞监听器对象,并给物理世界增添碰撞监听器。
- 第 16~21 行为在物理世界中创建和增添地面对象和其他墙壁对象,并将其存入到 ArrayList 集合和 Map 类对象中。
- 第 22~48 行为在物理世界中创建和添加 5 段传送带对象,并将其添加进 ArrayList 集合和 Map 类对象中。
- 第 49~54 行为在物理世界中创建和添加 5 个木块对象对象,并将其添加进 ArrayList 集合和 Map 类对象中。
- 第 55、56 行为创建 GameView 类对象,并跳转至 GameView 界面。

10.7.4 线程类——DrawThread

本小节将为读者介绍如何使 JBox2D 的物理引擎动起来、场景中刚体的绘制以及如何设置场景中木块的线速度等。此任务主要由一个线程来定时完成。具体的开发代码如下。

代码位置:见随书源代码\第 10 章\Sample10_13\app\src\main\java\com\bn\box2d_mncsd 目录下的 DrawThread.java。

```
1    package com.bn.box2d_mncsd;                            //声明包
2    ……//此处省略了导入类的代码,读者可自行查阅随书源代码
3    public class DrawThread extends Thread{                //绘制线程
4        GameView gv;                                       //声明 GameView 类引用
5        public DrawThread(GameView gv){                    //构造器
6            this.gv=gv;                                    //初始化成员变量
7        }
8        @Override
9        public void run(){                                 //重写 run 方法
10           while(DRAW_THREAD_FLAG){                       //判断标志位是否为 trye
11               gv.activity.world.step(TIME_STEP, ITERA,ITERA);    //开始模拟
12               updateBody();                              //调用更新刚体线速度的方法
13               gv.repaint();                              //刷帧
14           }}
15       public void updateBody(){                          //更新木块的线速度
16           for(int i=0;i<5;i++){                          //遍历 5 个木块
17               if(gv.activity.isRG[i]==5){
18                   gv.activity.mp.get("M5").body.setLinearVelocity(new Vec2(7,0));
                                                            //给木块设置线速度
19               }else if(gv.activity.isRG[i]==4){
20                   gv.activity.mp.get("M4").body.setLinearVelocity(new Vec2(7,0));
                                                            //给木块设置线速度
21               }else if(gv.activity.isRG[i]==3){
22                   gv.activity.mp.get("M3").body.setLinearVelocity(new Vec2(7,0));
                                                            //给木块设置线速度
23               }else if(gv.activity.isRG[i]==2){
24                   gv.activity.mp.get("M2").body.setLinearVelocity(new Vec2(7,0));
                                                            //给木块设置线速度
25               }else if(gv.activity.isRG[i]==1){
26                   gv.activity.mp.get("M1").body.setLinearVelocity(new Vec2(7,0));
                                                            //给木块设置线速度
27       }}}}
```

- 第 5~7 行为本类的构造器。主要作用是初始化相应成员变量。

- 第 9～14 行为继承 Thread 类必须重写的 run()方法。在该方法中需要调用 step(float dt,int iterations)方法使得 JBox2D 开始模拟，并不断地定时刷帧和更新场景中木块的线速度。
- 第 15～27 行为自定义更新木块线速度的方法。遍历场景中的 5 个木块并为每个木块设置相应的线速度。

10.8 光线投射案例

讲解完模拟传送带的案例之后，接下来将向读者讲解光线投射案例。该案例模拟的是现实世界中光线的真实投射反射效果，主要效果为光线遇到障碍物时会发生反射，入射线和反射线的对称效果等。

10.8.1 案例运行效果

该案例主要演示的是，在屏幕正中心有一个圆形发射区域，从该区域发射出一条红色光线，并按照一定角速度逆时针旋转，当光线遇到障碍物时会发生反射。其运行效果如图 10-83～图 10-86 所示。

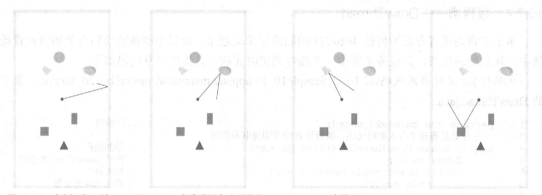

▲图 10-83　案例运行开始　　▲图 10-84　光线遇到多边形物体　　▲图 10-85　光线遇到四边形　　▲图 10-86　光线遇到正方形物体

> 说明　图 10-83 为案例刚开始运行时的效果，图 10-84 为当光线遇到多边形物体时发生反射的效果，图 10-85 为当光线遇到四边形物体时发生反射的效果，图 10-86 为当光线遇到正方形物体时发生反射的效果。

10.8.2　RayCastInput 类与 RayCastOutput 类

在介绍本案例之前，需要介绍关于光线检测的两个类，分别为光线输入类 RayCastInput 和光线输出类 RayCastOutput。RayCastInput 类的属性包括光线的起始点、终止点和最大距离参数。RayCastOutput 类的属性包括光线反射面上的单位法向量和距离参数。具体情况如图 10-87 所示。

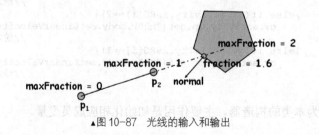

▲图 10-87　光线的输入和输出

RayCastInput 类的属性如表 10-35 所示。

表 10-35　　　　　　　　　　RayCastInput 类的属性

属性	含义
Vec2 p1	表示光线的起始点
Vec2 p2	表示光线的终止点
float maxFraction	最大距离系数

RayCastOutput 类的属性如表 10-36 所示。

表 10-36　　　　　　　　　　RayCastOutput 类的属性

属性	含义
Vec2 normal	表示反射面上的单位法向量
float fraction	表示距离系数

10.8.3　光线检测类——MyRayCast

由于此案例的基本框架结构与前面木块金字塔被撞击案例的基本一致，因此这里不再赘述重复的内容。本小节主要介绍本案例中的重点，这里首先讲解光线检测类——MyRayCast 类。该类实现了光线的反射效果，且提供了画线的 drawRay 方法和光线更新的 update 方法等，具体代码如下。

代码位置：见随书源代码\第 10 章\Sample10_14\app\src\main\java\com\bn\box2d\util 目录下的 MyRayCast.java。

```
1   package com.bn.box2d.util;
2   ……//此处省略了导入类的代码，读者可自行查阅随书源代码
3   public class MyRayCast//光线检测类{
4       ……//此处省略变量定义的代码，请自行查看源代码
5       public MyRayCast(
6           String idSTemp,                 //光线 id
7           World worldTemp,                //指向物理世界对象
8           Vec2 p1Temp,                    //光线的起始点
9           float rayLengthTemp             //光线的总线长
10      ){
11          this.idS=idSTemp;               //给光线的 id 赋值
12          this.world=worldTemp;           //给物理世界对象赋值
13          this.p1=p1Temp;                 //给光线起始点赋值
14          this.p1.x/=RATE;                //将光线起始点的 x 坐标改为物理世界的 x 坐标
15          this.p1.y/=RATE;                //将光线起始点的 y 坐标改为物理世界的 y 坐标
16          this.rayLength=rayLengthTemp/RATE;   //将光线长度改为物理世界下的长度
17          this.currentRayAngle=0;         //光线当前角度初始化为 0
18      }
19      public void drawRay(Vec2 p1,Vec2 p2,Canvas canvas){      //画线的方法
20          Vec2 v1=p1;                     //创建 v1 临时点存储光线起始点
21          Vec2 v2=p2;                     //创建 v2 临时点存储光线终止点
22          Paint paint=new Paint();        //创建画笔
23          paint.setColor(Color.RED);      //设置画笔颜色
24          paint.setStyle(Paint.Style.STROKE);  //设置画笔风格
25          paint.setStrokeWidth(3);        //设置画笔粗细
26          canvas.drawLine(v1.x*RATE,v1.y*RATE,v2.x*RATE,v2.y*RATE,paint);
                                            //绘制光线
27      }
28      public void update(Canvas canvas){  //光线位置的更新方法
29          Vec2 p2=p1.add(new Vec2((float)Math.sin(currentRayAngle),
30              (float)Math.cos(currentRayAngle)).mul(rayLength));
                                            //光线在没有阻碍物时对应的终止点
31          RayCastInput input=new RayCastInput();   //表示入射光线的输入类
32          input.p1=p1;                    //入射光线的默认起始点
```

```
33                input.p2=p2;                                    //入射光线的默认终止点
34                input.maxFraction=1;                            //光线最大距离系数
35                float closestFraction=1;                        //光线最小距离系数
36                Vec2 intersectionNormal=new Vec2(0,0);          //法向量
37                for(Body b=world.getBodyList();b!=null;b=b.getNext()){
                                                                  //遍历物理世界中的每一个刚体
38                    for(Fixture f=b.getFixtureList();f!=null;f=f.getNext()){
                                                                  //遍历所有的刚体物理信息
39                        RayCastOutput output =new RayCastOutput();
                                                                  //反射光线的输出类
40                        if(!f.raycast(output,input ,1)){        //判断光线是否被阻挡物阻挡
41                            continue;                            //若没有被阻挡则进行内层循环
42                        }
43                        if(output.fraction<closestFraction ){
44                            closestFraction=output.fraction;     //给光线最小距离系数赋值
45                            intersectionNormal=output.normal;    //交点的法向量
46                }}}
47                Vec2 intersectionPoint=p1.add(p2.sub(p1).mul(closestFraction));
                                                                  //计算入射线的终止点
48                drawRay(p1,intersectionPoint,canvas);            //调用画线方法,绘制出入射线
49                Vec2 remainingRay=p2.sub(intersectionPoint);
                                                                  //计算交点和终止点之间的 remainingRay 向量
50                Vec2 projectedOntoNormal=intersectionNormal.mul(remainingRay.dot(
51                    remainingRay,intersectionNormal));//计算 remainingRay 点与反射平面的垂直向量
52                Vec2 nextp2=p2.sub(projectedOntoNormal.mul(2));//计算反射线的终止点
53                drawRay(intersectionPoint,nextp2,canvas);        //调用画线方法,绘制出反射线
54    }}
```

- 第 5~18 行为 MyRayCast 类中的构造器,主要功能为对光线 id、物理世界对象、光线的起始点和光线当前角度进行赋值,并将光线的起始点坐标和光线长度改为物理世界下的长度。

- 第 19~27 行为 MyRayCast 类中的画线方法。该方法中创建了光线的起始点和终止点的临时存储点 v1 和 v2,同时也创建了画笔,并设置了该画笔的颜色、方式、粗细度等属性,最后绘制该光线。

- 第 29~36 行为计算出光线在没有任何阻碍物时对应的终止点 p2,创建了入射光线的输入对象,并且为该入射光线的起始点、终止点和光线的最大距离系数赋值。同时也声明了光线的最小距离系数和创建了该光线反射的法向量对象。

- 第 37~46 行为通过遍历所有的刚体物理信息,并创建了反射光线的输出对象,判断光线是否有障碍物阻挡,若有障碍物阻挡,则给光线最小距离系数赋值和给交点的法向量赋值。

- 第 47~54 行为计算光线的入射线和反射线的终止点位置,并调用画线方法来绘制出入射线和反射线。

10.8.4 主控制类——MyBox2dActivity

开发完光线检测类之后,就可以来开发本案例中的主控制类 MyBox2dActivity 了,其与木块金字塔被撞击案例的主控制类结构大致类似,因此这里不再赘述重复的内容。此类的主要任务为,初始化整个物理世界中的各个物体,并将物体放入列表中,具体代码如下。

代码位置:见随书源代码\第 10 章\Sample10_14\app\src\main\java\com\bn\box2d\lightrefraction 目录下的 MyBox2dActivity.java。

```
1    package com.bn.box2d.lightrefraction;
2    ……//此处省略了导入类的代码,读者可自行查阅随书源代码
3    public class MyBox2dActivity extends Activity{
4        ……//此处省略变量定义的代码,请自行查看源代码
5        public void onCreate(Bundle savedInstanceState){  //继承Activity需要重写的方法
6            super.onCreate(savedInstanceState);           //调用父类
7            ……//此处省略了与前面案例中相似的代码,请自行查看源代码
8            initBitmap(this.getResources());              //初始化图片
9            Vec2 gravity = new Vec2(0.0f,0.0f);           //重力加速度向量
10           world = new World(gravity);                   //创建世界
11           final int kd=20;                              //宽度或高度
12           MyPolygonColor mrc=Box2DUtil.createPolygon(   //最底部
```

```
13                  0,                                       //墙壁的左上角坐标x
14                  SCREEN_HEIGHT-kd,                        //墙壁的左上角坐标y
15                  new float[][]{
16                      {0,0},{SCREEN_WIDTH,0},{SCREEN_WIDTH,kd},{0,SCREEN_HEIGHT}},
                                                             //墙壁的四点
17                  true,                                    //静止
18                  world,                                   //物理世界
19                  Color.YELLOW,                            //墙壁的颜色
20                  -1                                       //墙壁的索引值
21              );
22              bl.add(mrc);                                 //加入物体列表
23              ……//此处其他墙壁的创建与上述相似,故省略,请自行查阅随书的源代码
24              mrc=Box2DUtil.createPolygon(                 //设置木块1
25                  (200+x)*ratio,                           //物体的左上角坐标x
26                  (840+y)*ratio,                           //物体的左上角坐标y
27                  new float[][]{
28                      {0,0},{60,0},{60,60},{0,60}},        //物体的各个点
29                  true,                                    //静止
30                  world,                                   //物理世界
31                  Color.RED,                               //物体的颜色
32                  -1                                       //物体的索引值
33              );
34              bl.add(mrc);                                 //加入物体列表
35              ……//此处其他物体的创建与上述相似,故省略,请自行查阅随书的源代码
36              MyCircleColor mcc=Box2DUtil.createCircle((360+x)*ratio,(640+y)*ratio,
37                  10*ratio,true,world,Color.BLUE,-1,0,0,0); //创建圆
38              bl.add(mcc);                                 //加入物体列表
39              ……//此处圆的创建与上述相似,故省略,请自行查阅随书的源代码
40              mrc1=new MyRayCast("M",world,new Vec2((360+x)*ratio,(640+y)*ratio),
                    (440.0f)*ratio);
41              GameView gv= new GameView(this);             //初始化显示界面
42              setContentView(gv);                          //跳到显示界面
43          }
44          public void initBitmap(Resources r){             //图片加载方法
45              stones[0]=BitmapFactory.decodeResource(r, R.drawable.stone);//石头图片1
46              stones[1]=BitmapFactory.decodeResource(r, R.drawable.stone2);//石头图片2
47      }}
```

- 第8~10行为初始化程序中要用到的图片资源和创建物理世界,并设置了物理世界中重力加速度向量为0。
- 第11~23行为在物理世界中创建和增添地面对象和其他墙壁对象,并设置了地面对象的绘制坐标、各个点坐标、是否静止、颜色、索引等属性。
- 第24~35行为创建了5个静态的多边形物体对象,并添加到物体列表中。
- 第36~39行为创建了两个静态的圆形物体对象,设置了圆的中心点、半径、是否静止、颜色、索引、密度、摩擦系数、恢复系数等属性。
- 第40~42行为创建光线类对象和初始化显示界面,并跳转到显示界面。
- 第44~47行为图片加载方法,该方法加载了两张石头图片,供程序在绘制贴图中使用。

10.8.5 显示界面类——GameView

下面详细介绍上一小节中主控制类 MyBox2dActivity 最后要跳转的 GameView 界面。该界面功能为对本案例中的场景进行渲染。该类需要继承 Android 系统中的 SurfaceView 类,并实现 SurfaceHolder.Callback 接口,具体代码如下。

代码位置: 见随书源代码\第 10 章\Sample10_14\app\src\main\java\com\bn\box2d\lightrefraction 目录下的 GameView.java。

```
1    package com.bn.box2d.lightrefraction;
2    ……//此处省略了导入类的代码,读者可自行查阅随书源代码
3    public class GameView extends SurfaceView
4        implements SurfaceHolder.Callback{               //实现生命周期回调接口
```

```
5          ……//此处省略变量定义的代码,请自行查看源代码
6          public GameView(MyBox2dActivity activity){                    //构造器
7              super(activity);                                          //调用父类
8              this.activity = activity;
9              this.getHolder().addCallback(this);                       //设置生命周期回调接口的实现者
10             paint = new Paint();                                      //创建画笔
11             paint.setAntiAlias(true);                                 //打开抗锯齿
12             dt=new DrawThread(this);                                  //创建绘制线程对象
13             dt.start();                                               //启动绘制线程
14         }
15         public void onDraw(Canvas canvas){                            //绘制方法
16             if(canvas==null){                                         //判断 canvas 是否为空
17                 return;                                               //canvas 为空则返回
18             }
19             canvas.drawARGB(255, 255, 255, 255);                      //设置背景颜色
20             for(MyBody mb:activity.bl){                               //绘制场景中的物体
21                 if(mb.indext>=0){
22                     mb.drawBitmap(canvas, this, paint);               //绘制石头图片
23                 }else {
24                     mb.drawSelf(canvas, paint);                       //绘制多边形和圆
25                 }}
26             activity.mrc1.currentRayAngle+=Math.PI/720.0f ;            //设置光线的旋转角度
27             activity.mrc1.update(canvas);                              //调用光线的更新方法
28         }
29         public void surfaceChanged(SurfaceHolder arg0,int arg1,int arg2,int arg3){}
30         public void surfaceCreated(SurfaceHolder holder){             //创建时被调用
31             repaint();
32         }
33         public void surfaceDestroyed(SurfaceHolder arg0){}             //销毁时被调用
34         public void repaint(){
35             SurfaceHolder holder=this.getHolder();                     //得到回调接口的对象
36             Canvas canvas = holder.lockCanvas();                       //获取画布
37             try{
38                 synchronized(holder){                                  //同步处理
39                     onDraw(canvas);                                    //绘制
40             }}catch(Exception e){                                      //捕获异常
41                 e.printStackTrace();                                   //打印堆栈信息
42             }finally{
43                 if(canvas != null){                                    //判断 canvas 是否为空
44                     holder.unlockCanvasAndPost(canvas);                //解锁
45         }}}}
```

● 第 6~14 行为 GameView 类的构造器。该构造器中设置了生命周期回调接口的实现者,创建画笔,打开抗锯齿,创建绘制线程对象,并启动绘制线程。

● 第 15~25 行为绘制场景中物体。首先判断 canvas 是否为空,如果为空,则返回。然后设置背景颜色为白色。最后再绘制本案例中的墙壁、多边形以及圆,根据物体的索引值判断,有的物体则需要贴图。

● 第 24~35 行为创建了 5 个静态的多边形物体对象,并添加到物体列表中。

● 第 26~28 行为设置光线的旋转角度和调用光线的更新方法,在光线的更新方法中绘制光线。

● 第 29~33 行为创建实现回调接口的类必须重写的 3 个方法。

● 第 34~45 行为刷帧方法。首先获得 SurfaceHolder 的对象,并获取画布,然后使用同步控制绘制方法,最后如果画布不为空,则需要为画布解锁。

> 说明 本案例中还没有讲到的类,如常量类 Constant、抽象类 MyBody、圆形刚体类 MyCircleColor、多边形刚体类 MyPolygonColor、生成刚体形状的工具类 Box2DUtil 等,由于这些类与前面有的案例中相对应的类基本一致,因此,这里就不再重复介绍了。如果需要的话,读者可自行查阅随书源代码。

10.9 模拟爆炸案例

本节将向读者介绍 JBox2D 中模拟爆炸的案例，事实上，模拟爆炸是研究到底有哪些刚体在爆炸范围内，并且若刚体在爆炸范围内，则给予这些刚体合理的冲量，使其向推离爆炸点的方向运动。

由于此案例的基本框架结构与前面鼠标关节案例基本一致，因此这里不再赘述重复的内容。这里主要介绍本案例中的重点，包括案例运行效果、光线投射回调接口 RayCastCallback 的介绍、自身的光线投射回调类 RayCastClosestCallback 的开发和主控制类 MyBox2dActivity 的开发。

10.9.1 案例运行效果

该案例主要演示的是，有一个表示爆炸物的小球，其有一定的爆炸范围，当有其他物体进入到该爆炸物的爆炸范围后，会显示出一条线段连接爆炸物和进入爆炸范围的物体。其运行效果如图 10-88～图 10-91 所示。

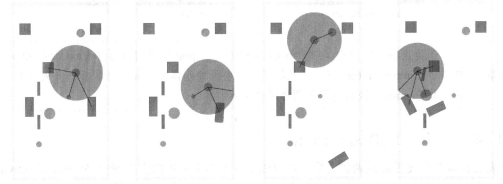

▲图 10-88 案例运行开始　　▲图 10-89 爆炸物运动　　▲图 10-90 爆炸物继续运动　　▲图 10-91 手动拖动爆炸物

> **说明**　图中淡粉红色的区域表示爆炸范围，线表示显示出受到爆炸影响的物体。图 10-88 为案例刚开始运行的效果，图 10-89 为爆炸物运动时的效果，图 10-90 为爆炸物继续运动时的效果，图 10-91 为手动拖动爆炸物时的效果。实际开发中掌握了此案例涉及的知识后可以开发出爆炸效果的场景，简单来说从爆炸物指向在爆炸范围内物体的线段方向就是爆炸的冲量方向。

10.9.2 光线投射回调接口——RayCastCallback

在具体介绍该案例之前，首先需要介绍光线投射回调接口——RayCastCallback 接口。该接口提供了 reportFixture 方法，主要功能为对光线进行计算，且该方法返回一个浮点类型的常量，具体的含义如表 10-37 所示。

表 10-37　　　　　　　　　　　　RayCastCallback 接口的方法

方法	含义
float reportFixture(Fixture fixture, Vec2 point, Vec2 normal, float fraction)	对光线进行计算，参数 fixture 为指向光线投射到的刚体物理信息对象，参数 point 为光线投射到反射面的初始交点坐标，参数 normal 为反射面上的单位法向量，参数 fraction 若为 -1，则表示光线忽略指定的刚体物理信息，为 0 则表示停止光线投射，为 1 则表示光线继续进行投射，否则表示光线投射起始点到交点的距离系数。返回值为-1，表示光线忽略指定的刚体物理信息，返回值为 0 表示停止光线投射，返回值为 1 表示光线继续进行投射，返回值为 fraction 表示光线投射起始点到交点的距离系数

10.9.3 自身的光线投射回调类——RayCastClosestCallback

下面向读者讲解继承自 RayCastCallback 接口的 RayCastClosestCallback 类。该类重写了 RayCastCallback 接口中的 reportFixture 方法，实现了光线投射回调的效果，是本案例中的重点之一。其具体代码如下。

代码位置：见随书源代码\第 10 章\Sample10_15\app\src\main\java\com\bn\box2d\util 目录下的 RayCastClosestCallback.java。

```
1   package com.bn.box2d.util;
2   ……//此处省略了导入类的代码，读者可自行查阅随书源代码
3   public class RayCastClosestCallback implements RayCastCallback{
                                                //实现 RayCastCallback 接口
4       ……//此处省略变量定义的代码，请自行查看源代码
5       public RayCastClosestCallback(){
6           body = null;                        //将刚体赋值为 null
7       }
8       @Override                               //实现 RayCastCallback 接口必须重写的方法
9       public float reportFixture(Fixture fixture,Vec2 point,Vec2 normal,float fraction){
10          body = fixture.getBody();           //获取光线投射到的刚体
11          this.point = point;                 //获取光线投射到的初始交点
12          return fraction;                    //返回距离系数
13  }}
```

> **说明** 该类声明了指向刚体对象 body 和初始交点 point，通过重写了 RayCastCallback 接口中的 reportFixture 方法来获取光线投射到的刚体和初始交点坐标，并返回其距离系数 fraction。该构造器将刚体赋值为 null。

10.9.4 主控制类——MyBox2dActivity

开发完自身的光线投射回调类之后，就可以来开发本案例中的主控制类 MyBox2dActivity 了，其与木块金字塔被撞击案例的主控制类结构大致类似，因此这里不再赘述重复的内容。这里主要介绍本案例中的重点，即更新圆和线的方法。该方法将在 GameView 类中被调用，具体代码如下。

代码位置：见随书源代码\第 10 章\Sample10_15\app\src\main\java\com\bn\box2d\explode 目录下的 MyBox2dActivity.java。

```
1   package com.bn.box2d.explode;
2   ……//此处省略了导入类的代码，读者可自行查阅随书源代码
3   public class MyBox2dActivity extends Activity{
4       ……//此处省略变量定义的代码，请自行查看源代码
5       public void onCreate(Bundle savedInstanceState){//继承 Activity 需要重写的方法
6           super.onCreate(savedInstanceState);
7           ……//此处省略了与前面案例中相似的代码，请自行查看源代码
8           mrc=Box2DUtil.createBox((100+x)*ratio,(190+y)*ratio,40*ratio,40*ratio,
9                   false,world,Color.BLUE,4,1.0f,0.1f,0.9f);    //创建矩形
10          bl.add(mrc);                                //放入物体列表
11          ……//此处其他矩形的创建与上述相似，故省略，请自行查阅随书源代码
12          MyCircleColor mccr=Box2DUtil.createCircle((360+x)*ratio,(280+y)*ratio,
                    30*ratio, false,world,Color.RED,11,1.0f,0.1f,0.9f);    //创建爆炸圆
13
14          bl.add(mccr);                               //放入物体列表
15          mccr.body.setLinearVelocity(new Vec2(5,10));    //设置物体的线速度
16          ……//此处其他圆的创建与上述相似，故省略，请自行查阅随书源代码
17          GameView gv= new GameView(this);            //初始化显示界面
18          setContentView(gv);                         //跳到显示界面
19      }
20      public void update(Canvas canvas){              //更新检测各个刚体是否进入爆炸范围
```

```
21                Vec2 center;                                    //爆炸中心点(光线的中心点)
22                center=bl.get(11).body.getPosition();           //设置爆炸中心点
23                int blastRadius=(int)(200/RATE);                //爆炸半径
24                for(int i=0;i<numRays;i++){                     //遍历 numRays 条光线
25                    float angle=(i/(float)numRays)*360*0.01745329f;  //光线旋转角
26                    Vec2 rayDir=new Vec2((float)Math.sin(angle),(float)Math.cos(angle));
27                    Vec2 rayEnd =center.add(rayDir.mul(blastRadius));  //光线的终点
28                    RayCastClosestCallback callback=new RayCastClosestCallback();
29                    world.raycast(callback,center,rayEnd);      //物理世界调用光线投射方法
30                    if(callback.body!=null){                    //若光线遇到了刚体
31                        for(int iPom=0;iPom<bl.size();iPom++){  //遍历刚体
32                            if(callback.body==bl.get(iPom).body){  //判断是否有对应刚体
33                                edgeUpdateXian(center,callback.body.getPosition(),bl.
                                    get(iPom),canvas);
34                                break;
35                }}}}}
36            public void edgeUpdateXian(Vec2 v1,Vec2 v2,MyBody by,Canvas canvas){
                                                                  //更新线条并绘制
37                Paint paint=new Paint();                        //创建画笔
38                paint.setColor(Color.BLACK);                    //设置画笔颜色
39                paint.setStyle(Paint.Style.STROKE);
40                paint.setStrokeWidth(3);                        //设置画笔的粗细度
41                canvas.drawLine(v1.x*RATE, v1.y*RATE, v2.x*RATE, v2.y*RATE, paint);
                  //绘制线条
42            }}
```

- 第 8~11 行为创建了 7 个动态的矩形物体对象，设置了矩形的中心点、半宽、半高、是否静止、颜色、索引、密度、摩擦系数、恢复系数等属性。
- 第 12~15 行为创建一个爆炸圆形刚体以及加入到物体列表中，并且设置该圆的线速度。
- 第 17~19 行为初始化显示界面并跳转到显示界面。
- 第 11~16 行为创建圆形精灵和诸多线性精灵，并将其添加到布景中。
- 第 20~23 行为设置爆炸的中心点和设置爆炸范围的半径。
- 第 24~35 行为遍历所有的光线。若爆炸区域内有刚体接触，则调用更新光线的方法。
- 第 36~42 行为更新线条并绘制的方法，主要功能为创建画笔和绘制线条。

> **说明** 本案例中的圆形刚体类 **MyCircleColor**、矩形刚体类 **MyRectColor** 和生成刚体形状的工具类 **Box2DUtil** 与前面齿轮关节案例中相对应的类基本一致，因此，这里就不再重复介绍了。如果需要的话，读者可自行查阅随书源代码。

10.10 流体模拟

经过本章节前面知识的学习，相信读者已经认识到 JBox2D 物理引擎的强大之处。但也有一点缺憾，那就是前面的知识仅仅涉及了刚体，对流体、软体没有涉及。幸运的是，本章介绍的这一版本的 JBox2D 不但实现了 Box2D 物理引擎的刚体模拟功能，还进一步实现了 LiquidFun 流体物理引擎的功能。下面本节将向读者介绍如何使用 JBox2D 进行流体、软体的模拟。

> **提示** LiquidFun 流体物理引擎是 Google 员工组成的团队对 Box2D 物理引擎进行的扩展，主要是提供了流体以及软体的模拟能力。LiquidFun 本身是采用 C++语言开发，本版的 JBox2D 开发团队在用 Java 实现 Box2D 时就顺便也实现了 LiquidFun 的功能，因此使用起来就方便多了。

10.10.1 流体模拟的相关知识

介绍具体的案例开发之前,有必要对 JBox2D 中涉及流体、软体的相关类做一个基本的了解,主要包括 ParticleDef 类、ParticleType 类、ParticleColor 类、ParticleSystem 类、ParticleGroupDef 类和 ParticleGroupType 类等,具体内容如下。

1. 粒子描述——ParticleDef 类

首先向读者介绍的是 org.jbox2d.particle 包下的粒子描述类 ParticleDef。粒子是组成物体的最小单位,同时也是粒子系统的最小单元。粒子描述类的属性包括粒子的类型、粒子的位置、速率、颜色属性和存储用户数据等。其具体属性如表 10-38 所示。

表 10-38　　　　　　　　　　ParticleDef 类的属性

属性	含义
int flags	表示粒子的类型,值为 b2_waterParticle 表示粒子具有水的属性,值为 b2_elasticParticle 表示具有弹性、易伸缩属性的粒子,更多取值见表 10-40 所示,默认值为 b2_waterParticle
Vec2 position	表示粒子的位置,默认值为 Vec2(0.0f,0.0f)
Vec2 velocity	表示粒子的速率,默认值为 Vec2(0.0f,0.0f)
ParticleColor color	表示粒子的颜色属性
Object userData	用来存储用户数据,默认值是 null

2. 粒子类型——ParticleType 类

接下来向读者介绍 ParticleDef 类中提到的粒子类型 flags 属性的取值,粒子类型 flags 属性的取值范围只能是 org.jbox2d.particle 包下的 ParticleType 类中已经定义好的静态常量,常用的静态常量如表 10-39 所示。

表 10-39　　　　　　　　　　ParticleType 类的常用静态常量

静态常量	含义
b2_waterParticle	表示具有水属性的粒子
b2_zombieParticle	表示静止具有无弹性、无重力、可被穿透属性的粒子
b2_wallParticle	表示静止具有弹性、无重力属性的粒子
b2_springParticle	表示具有弹簧属性的粒子
b2_elasticParticle	表示具有弹性、易伸缩属性的粒子
b2_viscousParticle	表示具有黏性属性的粒子
b2_powderParticle	表示具有面粉属性的粒子
b2_tensileParticle	表示具有拉伸属性的粒子
b2_colorMixingParticle	表示具有颜色混合属性的粒子

3. 粒子颜色——ParticleColor 类

介绍完 ParticleDef 类中粒子类型 flags 的属性后,接下来要具体介绍 ParticleDef 类中粒子颜色 color 的创建与设置。粒子颜色类 ParticleColor 属于 org.jbox2d.particle 包,其对象用于设置和存储粒子的颜色信息。该类的构造器与方法以及属性如表 10-40 所示。

表 10-40　　　　　　　　　　ParticleColor 类的构造器与方法

方法、属性或构造器签名	含义	类型
public ParticleColor()	创建一个默认为灰色属性的 ParticleColor	构造器
public ParticleColor(byte r, byte g, byte b, byte a)	创建一个指定颜色的 RGBA 的 ParticleColor	构造器

续表

方法、属性或构造器签名	含义	类型
public ParticleColor(Color3f color)	创建一个指定颜色值得 ParticleColor	构造器
public byte r, g, b, a	表示颜色的 RGBA 值	属性
public void set(Color3f color)	表示设置粒子颜色，被只有一个参数的构造器调用	方法
public void set(ParticleColor color)	表示设置粒子颜色，被 ParticleColor 对象调用	方法
public void set(byte r, byte g, byte b, byte a)	表示设置粒子颜色，被有 4 个参数的构造器调用	方法
public boolean isZero()	该方法将返回颜色是否为黑色的判断值，返回 true，则颜色为黑色，反之，则为其他色	方法

4. 粒子系统——ParticleSystem 类

下面将向读者介绍 org.jbox2d.particle 包下的粒子系统 ParticleSystem。粒子系统是由一堆属性已被定义好的粒子组成的系统，描述了各种物理参数，以计算出粒子与其周围的世界是如何相互作用的。ParticleSystem 类中常用的方法如表 10-41 所示。

表 10-41　　　　　　　　　ParticleSystem 类的常用方法

方法	含义
int createParticle(ParticleDef def)	创建一个粒子，参数 ParticleDef 为粒子描述类实例，返回值为粒子的索引值
void destroyParticle(int index, boolean call DestructionListener)	删除一个粒子，参数 index 为所删粒子的索引值
ParticleGroup createParticleGroup(ParticleGroupDef groupDef)	创建一个属性已定义好的粒子群，参数 ParticleGroupDef 为粒子群描述类实例，返回值为创建的粒子群实例的对象
ParticleGroup[] getParticleGroupList()	获取粒子群列表，返回值为粒子群列表对象
int getParticleGroupCount()	获取粒子群的数量，返回值为粒子群的数量
int getParticleCount()	获取粒子数，返回值为获取的粒子数
void setParticleDensity(float density)	设置粒子的密度，参数 density 为要设置的粒子的密度
float getParticleDensity()	获取粒子的密度，返回值为获取的粒子密度
void setParticleGravityScale(float gravityScale)	设置重力系数，参数 gravityScale 表示重力系数
float getParticleGravityScale()	获取重力系数，返回值为获取的重力系数
void setParticleDamping(float damping)	设置潮湿因子，参数 damping 为要设置的潮湿因子
float getParticleDamping()	获取潮湿因子，返回值为获取的潮湿因子
void setParticleRadius(float radius)	设置粒子系统中粒子的半径，参数 radius 为要设置的粒子系统半径
float getParticleRadius()	获取粒子系统中粒子的半径，返回值为获取的粒子半径
Vec2[] getParticlePositionBuffer()	获取粒子系统中所有粒子的位置缓冲区，返回值为粒子系统中所有粒子的位置
Vec2[] getParticleVelocityBuffer()	获取粒子系统中所有粒子的速度缓冲区，返回值为粒子系统中所有粒子的速度
void raycast(ParticleRaycastCallback callback, final Vec2 point1, final Vec2 point2)	对粒子系统进行光线检测，参数 callback 为指向光线检测类对象，参数 point1 表示光线的起点，参数 point2 表示光线的终止点

5. 粒子群描述——ParticleGroupDef 类

下面将向读者介绍 org.jbox2d.particle 包下的粒子群描述 ParticleGroupDef。顾名思义，粒子群由一组粒子构成的，所有的粒子都具有相同的属性。粒子群可以统一管理这些离散的粒子，比如设置其位置、线速度、角速度、颜色和凝聚强度等属性。其具体属性如表 10-42 所示。

表 10-42　　　　　　　　　　ParticleGroupDef 类的属性

属性	含义
int flags	表示粒子的类型，值为 b2_waterParticle 表示粒子具有水的属性，值为 b2_elasticParticle 表示具有弹性、易伸缩属性的粒子，更多取值如表 10-40 所示，默认值为 b2_waterParticle
int groupFlags	表示粒子群的类型，默认值为 0
Vec2 position	表示粒子群的中心位置，默认值为 Vec2(0.0f,0.0f)
float angle	表示粒子群的旋转角，默认值为 0.0f
Vec2 linearVelocity	表示粒子群的线速度，默认值为 Vec2(0.0f,0.0f)
float angularVelocity	表示粒子群的角速度，默认值为 0.0f
ParticleColor color	表示粒子群中粒子的颜色信息
float strength	表示粒子群中粒子的凝聚强度，默认值为 1.0f
Shape shape	表示粒子群的形状，默认值为 null
boolean destroyAutomatically	表示最后一个粒子被删除时是否删除该粒子群对象，默认值为 true
Object userData	用来存储用户数据，默认值为 null

6. 粒子群类型——ParticleGroupType 类

下面向读者具体介绍 ParticleGroupDef 类中粒子群的类型 groupFlags 属性的取值。该粒子群的类型取值范围只能是 org.jbox2d.particle 包下的 ParticleGroupType 类中已经定义好的静态常量，具体的静态常量如表 10-43 所示。

表 10-43　　　　　　　　　　ParticleGroupType 类的静态常量

静态常量	含义
b2_solidParticleGroup	表示防止粒子重叠或泄露的粒子群
b2_rigidParticleGroup	表示保持形状的粒子群

7. 粒子群——ParticleGroup 类

下面将向读者介绍 org.jbox2d.particle 包下的粒子群 ParticleGroup。顾名思义，粒子群是由一堆属性已经被定义好的粒子组成，描述了各种物理参数，以计算出粒子群与其周围的世界是如何相互作用的。ParticleGroup 类中常用的方法如表 10-44 所示。

表 10-44　　　　　　　　　　ParticleGroup 类的常用方法

方法	含义
ParticleGroup getNext()	获取下一个粒子群，返回值为粒子群对象
int getParticleCount()	获取粒子数，返回值为获取的粒子数
int getGroupFlags()	获取粒子群类型，返回值为粒子群的类型
setGroupFlags(int flags)	设置粒子群的类型，参数 flags 为要设置的粒子群类型
float getMass()	获取粒子群的质量，返回值为粒子群的质量值
Vec2 getCenter()	获取中心点，返回值为获取的中心点
Vec2 getLinearVelocity()	获取粒子群的线速度，返回值为粒子群的线速度
float getAngularVelocity()	获取粒子群的角速度，返回值为粒子群的角速度
Vec2 getPosition()	获取粒子群的位置，返回值为粒子群的位置

续表

方法	含义
float getAngle()	获取粒子群的旋转角度，返回值为粒子群的旋转角度
void updateStatistics()	更新粒子群的状态
Object getUserData()	获取用户数据
setUserData(Object data)	存储用户数据

10.10.2 波浪制造机案例

介绍完 JBox2D 物理引擎中流体的相关知识后，这里将介绍波浪制造机案例，以便于读者能够灵活运用 JBox2D 物理引擎中的流体，进而在游戏中创建出生动的流体。该案例的主要效果为，一定体积的水从上自由下落到木箱中，落入木箱后水随着木箱的左右摇动而向左右晃动。

1. 案例运行效果

> 说明：图 10-92 为案例运行开始时水开始自由下落时的效果，图 10-93 为水完全落入木箱中的效果，图 10-94 为木箱向右摇动时水随之向右晃动时的效果，图 10-95 为木箱向左摇动时水随之向左晃动时的效果。

▲图 10-92　案例运行开始

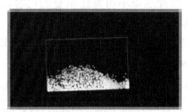

▲图 10-93　水完全落入木箱中

▲图 10-94　水向右摇摆

▲图 10-95　水向左摇摆

2. 水物体类——WaterObject

在详细介绍本案例前，需要向读者介绍本案例的重要类——水物体类 WaterObject。水物体类 WaterObject 的开发分为两部分，第一部分为开发圆形的水，第二部分为开发矩形的水。由于这两部分的代码基本一致，因此，下面只着重介绍圆形水的开发，具体代码如下。

代码位置：见随书源代码\第 10 章\Sample10_16\app\src\main\java\com\bn\box2d\util 目录下的 WaterObject.java。

```
1    package com.bn.box2d.util;
2    ……//此处省略了导入类的代码，读者可自行查阅随书源代码
3    public class WaterObject{
4        public static void createWaterCycleObject(      //创建圆形的水
5            float x,                                     //圆形的中心坐标 x
6            float y,                                     //圆形的中心坐标 y
7            float radis,                                 //圆形的半径
8            float strength,                              //粒子的凝聚强度
```

```
9              int ptype,                                //粒子群中粒子的类型
10             int gtype,                                //粒子群的类型
11             ParticleSystem m_particleSystem           //粒子系统
12      ){
13          CircleShape shape = new CircleShape();       //创建圆形
14          shape.m_p.set(x/RATE, y/RATE);               //设置圆形的中心位置
15          shape.m_radius =radis/RATE;                  //设置圆形的半径
16          ParticleGroupDef pd = new ParticleGroupDef();//创建粒子群描述
17          pd.flags =ptype;                             //设置粒子群中粒子的类型
18          pd.groupFlags=gtype;                         //设置粒子群的类型
19          pd.strength=strength;                        //设置粒子群的凝聚强度
20          pd.shape =shape;                             //设置粒子群的形状
21          m_particleSystem.m_groupList=m_particleSystem.createParticleGroup(pd);
                                                         //创建粒子群对象
22      }
23      ……//此处矩形水的创建代码与上述相似，故省略，请自行查阅随书源代码
24  }
```

- 第 5~11 行为创建圆形水方法的各个参数。
- 第 13~15 行为创建圆形，设置了圆形的中心位置和半径。
- 第 16~21 行为创建粒子群对象，设置了粒子群中粒子的类型和凝聚强度的属性和粒子群的类型和形状属性。

3. 主控制类——MyBox2dActivity

接下来开发本案例的主控制类 MyBox2dActivity，其与木块金字塔被撞击案例的布景类结构大致类似，因此这里不再赘述重复的内容。此类的主要任务为创建各个焊接和旋转关节以及矩形水对象。其具体代码如下。

代码位置：见随书源代码\第 10 章\Sample10_16\app\src\main\java\com\bn\box2d\wavemakingmachine 目录下的 MyBox2dActivity.java。

```
1   package com.bn.box2d.wavemakingmachine;              //导入包
2   ……//此处省略了导入类的代码，读者可自行查阅随书源代码
3   public class MyBox2dActivity extends Activity{
4       ……//此处省略变量定义的代码，请自行查看源代码
5       public void onCreate(Bundle savedInstanceState){ //继承Activity需要重写的方法
6           super.onCreate(savedInstanceState);          //调用父类
7           ……//此处省略了与前面案例中相似的代码，请自行查看源代码
8           new MyWeldJoint("W1",world,false,bl.get(4),bl.get(6),
9               new Vec2((290+x)*ratio,(210+y)*ratio),0.0f,15,0.0f);
                                                         //创建焊接关节对象
10          ……//此处其他焊接关节的创建代码与上述相似，故省略，请自行查看源代码
11          rj=new MyRevoluteJoint("R1",world,false,bl.get(0),bl.get(5),new Vec2
            ((590+x)*ratio, (573+y)*ratio),false,0,0,true,(float)(-0.042f*Math.PI),
12          1e8f);                                       //创建旋转关节对象
13          m_particleSystem=world.m_particleSystem;     //初始化流体粒子系统
14          m_particleSystem.setParticleRadius(0.28f);   //设置粒子的半径
15          m_particleSystem.setParticleDamping(0.2f);   //设置粒子的潮湿因子
16          WaterObject.createWaterRectObject((580+x)*ratio,(380+y)*ratio,200*ratio,
            150*ratio,1, ParticleType.b2_waterParticle,0,m_particleSystem);
17                                                       //创建矩形水对象
18          GameView gv= new GameView(this);             //初始化显示界面
19          setContentView(gv);                          //跳到显示界面
20      }
21      ……//此处图片加载方法的代码与前面案例中的相似，故省略，请自行查看源代码
22  }
```

- 第 8~10 行为创建 4 个焊接关节对象，以约束 4 个矩形，使其焊接为一个空心的矩形木箱。
- 第 11~12 行为创建一个旋转关节对象，以使得矩形木块能够旋转。
- 第 13~17 行为创建流体粒子系统描述，设置粒子的半径和潮湿因子，并创建出矩形水对象。
- 第 18、19 行为初始化显示界面并跳转到显示界面。

10.10 流体模拟

4. 绘制线程类——DrawThread

在本小节中将为读者介绍绘制线程类 DrawThread。本案例的所有绘制工作将在该绘制线程类中实现。该线程通过定时调用显示界面类 GameView 的重绘制方法来不断地刷新画布使得显示界面时时更新。其具体代码如下。

代码位置：见随书源代码\第 10 章\Sample10_16\app\src\main\java\com\bn\box2d\thread 目录下的 DrawThread.java。

```
1   package com.bn.box2d.thread;
2   ……//此处省略了导入类的代码，读者可自行查阅随书源代码
3   public class DrawThread extends Thread{                //绘制线程
4       GameView gv;                                       //GameView 对象
5       public DrawThread(GameView gv){                    //构造器
6           this.gv=gv;                                    //初始化成员变量
7       }
8       @Override
9       public void run(){                                 //重写 run 方法
10          while(DRAW_THREAD_FLAG){
11              if(gv.point.length<=10){                   //创建一次后就不再创建
12                  gv.point=new MyPoint[gv.b2ps1.length]; //声明临时存储各个粒子的位置数组
13                  for(int i=0;i<gv.point.length;i++){    //遍历数组
14                      gv.point[i]=new MyPoint();         //创建存储粒子位置的对象
15              }}
16              synchronized(gv.lock){                     //同步处理
17                  if(gv.b2ps1.length>10&&gv.flag){       //复制各个水粒子的位置
18                      for(int i=0;i<gv.b2ps1.length;i++){//遍历所有水粒子的位置
19                          gv.point[i].x=gv.b2ps1[i].x;   //获取水粒子的 x 坐标
20                          gv.point[i].y=gv.b2ps1[i].y;   //获取水粒子的 y 坐标
21              }}}
22              gv.repaint();                              //调用绘制方法
23              try{
24                  Thread.sleep(17);                      //线程睡眠
25              } catch (InterruptedException e){          //异常处理
26                  e.printStackTrace();
27  }}}}
```

- 第 3～7 行为该线程类的构造器，其主要作用是初始化相应成员变量。
- 第 11～15 行为在满足条件时创建一个临时存储各个粒子的位置数组。
- 第 16～21 行为使用同步控制获取各个粒子的位置，使界面中各个粒子的位置随着物理世界中改变而不断改变。
- 第 22～26 行为不断地定时刷帧更新界面。

5. 物理模拟线程类——PhysicsThread

下面介绍本案例中的第二个线程类——物理模拟线程类 PhysicsThread。该线程类的主要任务为模拟物理世界、改变旋转关节的角速度、缓存水粒子的各个点等，使画面更加符合现实世界，具体代码如下。

代码位置：见随书源代码\第 10 章\Sample10_16\app\src\main\java\com\bn\box2d\thread 目录下的 PhysicsThread.java。

```
1   package com.bn.box2d.thread;
2   ……//此处省略了导入类的代码，读者可自行查阅随书源代码
3   public class PhysicsThread extends Thread{             //物理模拟线程
4       GameView gv;                                       //GameView 对象
5       public PhysicsThread(GameView gv){                 //构造器
6           this.gv=gv;                                    //初始化成员变量
7       }
8       @Override
9       public void run(){                                 //重写 run 方法
10          while(DRAW_THREAD_FLAG){
11              gv.activity.world.step(TIME_STEP, ITERA,ITERA);   //开始模拟
12              if(gv.activity.rj.mJoint.getJointAngle()>(float)(Math.PI/24)){
```

```
13                gv.activity.rj.mJoint.setMotorSpeed((float)(-0.042f*Math.PI));
                                                                //改变旋转关节的角速度
14            }else if(gv.activity.rj.mJoint.getJointAngle()<(float)(-Math.PI/24)){
15                gv.activity.rj.mJoint.setMotorSpeed((float)(0.042f*Math.PI));
                                                                //改变旋转关节的角速度
16            }
17            synchronized(gv.lock){                              //缓存水粒子的各个点
18              gv.b2ps1=gv.activity.m_particleSystem.getParticlePositionBuffer();
                                                                //获取粒子位置的缓冲区
19            }
20            try{
21                Thread.sleep(17);                               //线程睡眠
22            }catch (InterruptedException e){
23                e.printStackTrace();                            //异常处理
24    }}}}
```

- 第 3~7 行为该线程类的构造器。主要作用是初始化相应成员变量。
- 第 11~16 行为开始模拟物理世界和改变旋转关节的角速度的值。
- 第 17~19 行为使用同步控制缓存各个水粒子的位置。
- 第 20~23 行为线程睡眠并异常捕获。

> **说明** 由于篇幅有限，还有部分工具类没有介绍，这些工具类基本与 LiquidFun 流体物理引擎的使用关系不大，只是起到辅助控制的作用，因此，这里就不再介绍了，读者可自行查阅随书源代码学习。

10.10.3 软体案例

上一小节的案例中通过 JBox2D 物理引擎中的流体实现了波浪制造机，体现了 JBox2D 在流体模拟方面的强大能力。其实通过 JBox2D 物理引擎还可以方便地实现对 2D 软体的模拟。本小节将给出一个流体与软体结合的案例。

下面主要介绍案例的运行效果和本案例中的主控制类——MyBox2dActivity。如果需要查看其他类的代码，读者可自行查阅随书源代码。

1. 案例运行效果

本小节案例给出的是一个具有易伸缩性质的圆形软体，一个具有弹簧性质的圆形软体与一定体积的流体从空中开始自由下落直至容器底部的场景，实行了软体在流体中的运动效果。其运行效果如图 10-96~图 10-99 所示。

▲图 10-96 案例运行开始

▲图 10-97 水开始下落

▲图 10-98 软体开始进入水中

▲图 10-99 软体静止

> **说明** 图 10-96 为案例运行开始时物体自由下落时的效果，图 10-97 为水和两个软体继续下落并且水碰到容器底部时的效果，图 10-98 为软体开始进入水中，并与水发生物理碰撞时的效果，图 10-99 为软体静止在水中时的效果。

2．主控制类——MyBox2dActivity

本案例与本章前面木块金字塔被撞击案例的主控制类结构大致类似，因此这里不再赘述重复的内容。这里主要介绍本案例中的 MyBox2dActivity 类中创建粒子系统并设置各个粒子的属性，创建具有易伸缩性质的软体，创建具有弹簧性质的软体和创建具有水属性的流体的代码。其具体代码如下。

代码位置：见随书源代码\第 10 章\Sample10_17\app\src\main\java\com\bn\box2d\software 目录下的 MyBox2dActivity.java。

```
1   package com.bn.box2d.software;                              //导入包
2   ……//此处省略了导入类的代码，读者可自行查阅随书源代码
3   public class MyBox2dActivity extends Activity{              //继承系统的 Activity
4       ……//此处省略变量定义的代码，请自行查阅源代码
5       public void onCreate(Bundle savedInstanceState){        //继承 Activity 需要重写的方法
6           super.onCreate(savedInstanceState);                 //调用父类
7           ……//此处省略了与前面案例中相似的代码，请自行查阅源代码
8           m_particleSystem=world.m_particleSystem;            //初始化流体粒子系统
9           m_particleSystem.setParticleRadius(0.37f);          //设置粒子的半径
10          m_particleSystem.setParticleDamping(0.2f);          //设置粒子的潮湿因子
11          WaterObject.createWaterCycleObject((540+x)*ratio,(250+y)*ratio,60*ratio,2,
12          ParticleType.b2_elasticParticle,ParticleGroupType.b2_solidParticleGroup,
            m_particleSystem,0);
13          WaterObject.createWaterCycleObject((200+x)*ratio,(250+y)*ratio,60*ratio,2,
14          ParticleType.b2_springParticle,ParticleGroupType.b2_solidParticleGroup,m_
            particleSystem,1);
15          WaterObject.createWaterRectObject((380+x)*ratio,(680+y)*ratio,200*ratio,
            200*ratio,2,
16          ParticleType.b2_waterParticle,ParticleGroupType.b2_solidParticleGroup,
            m_particleSystem,2);
17          GameView gv= new GameView(this);                    //初始化显示界面
18          setContentView(gv);                                 //跳到显示界面
19      }
20      ……//此处图片加载方法与前面案例中的相似，故省略，请自行查阅源代码
21  }
```

- 第 8~10 行为创建粒子系统描述，设置了粒子的半径和潮湿因子。
- 第 11~14 行为创建创建具有易伸缩性质的、弹簧性质的圆形软体。
- 第 15、16 行为创建具有水属性的矩形流体。
- 第 17、18 行为初始化显示界面并跳转到显示界面。

10.10.4　固体案例

上一小节介绍了软体案例，下面将向读者介绍与之对应的固体案例。由于此案例的基本框架结构与波浪制造机案例基本一致，因此这里不再赘述重复的内容。下面主要介绍案例的运行效果和案例中的主控制类 MyBox2dActivity。如果需要查看其他类的代码，读者可自行查阅随书源代码。

1．案例运行效果

本小节案例给出的是一个具有拉伸性质的圆形固体，一个具有黏性性质的圆形固体与一定体积的流体从空中自由下落至容器底部，并且容器底部中间放有一个静止具有弹性、无重力属性的隔板，实行了固体在流体中的运动效果。其运行效果如图 10-100~图 10-103 所示。

第 10 章 JBox2D 物理引擎

▲图 10-100　案例运行开始

▲图 10-101　水开始下落

▲图 10-102　固体进入水中

▲图 10-103　固体静止

> **说明**　图 10-100 为案例运行开始时物体自由下落时的效果；图 10-101 为水和两个固体继续下落并且水碰到容器底部隔板时的效果；图 10-102 为固体进入水中，并与水发生物理碰撞时的效果图；图 10-103 为固体静止在水中时的效果。

2. 主控制类——MyBox2dActivity

本案例与本章前面木块金字塔被撞击案例的主控制类结构大致类似，因此这里不再赘述重复的内容。这里主要介绍本案例中的 MyBox2dActivity 类中创建粒子系统并设置各个粒子的属性，创建了两个固体和具有水属性的流体，实现了固体在水中运动的效果。其具体代码如下。

代码位置：见随书源代码第 10 章\Sample10_18\app\src\main\java\com\bn\box2d\solid 目录下的 MyBox2dActivity.java。

```
1   package com.bn.box2d.software;                      //导入包
2   ……//此处省略了导入类的代码，读者可自行查看随书源代码
3   public class MyBox2dActivity extends Activity{       //继承系统的 Activity
4       ……//此处省略变量定义的代码，请自行查看源代码
5       public void onCreate(Bundle savedInstanceState){  //继承 Activity 需要重写的方法
6           super.onCreate(savedInstanceState);           //调用父类
7           ……//此处省略了与前面案例中相似的代码，请自行查看源代码
8           m_particleSystem=world.m_particleSystem;      //初始化流体粒子系统
9           m_particleSystem.setParticleRadius(0.37f);    //设置粒子的半径
10          m_particleSystem.setParticleDamping(0.2f);    //设置粒子的潮湿因子
11          WaterObject.createWaterCycleObject((540+x)*ratio,(250+y*ratio,60*ratio,2,
                                                          //创建拉伸性质固体
12              ParticleType.b2_tensileParticle,ParticleGroupType.b2_rigidParticleGroup,
            m_particleSystem,0);
13          WaterObject.createWaterCycleObject((200+x)*ratio,(250+y*ratio,60*ratio,2,
                                                          //创建黏性性质固体
14              ParticleType.b2_viscousParticle,ParticleGroupType.b2_rigidParticleGroup,m_
            particleSystem,1);
15          WaterObject.createWaterRectObject((450+x)*ratio,(680+y*ratio,400*ratio,
            100*ratio,2,                                  //创建流体
16              ParticleType.b2_waterParticle,ParticleGroupType.b2_solidParticleGroup,
            m_particleSystem,2);
17          WaterObject.createWaterRectObject((380+x)*ratio,(1180+y*ratio,20*ratio,
            100*ratio,2,                                  //静止固体
18              ParticleType.b2_wallParticle,ParticleGroupType.b2_solidParticleGroup,m_
            particleSystem,2);
19          GameView gv= new GameView(this);              //初始化显示界面
20          setContentView(gv);                           //跳到显示界面
21      }
22      ……//此处图片加载方法的代码与前面案例中的相似，故省略，请自行查看源代码
23  }
```

- 第 8~10 行为创建粒子系统描述，设置了粒子的半径和潮湿因子。

- 第11～14行为创建具有拉伸性质的和具有黏性性质的两个圆形固体。
- 第15、16行为创建具有水属性的矩形流体和创建静止具有弹性、无重力属性的矩形固体。
- 第17、18行为初始化显示界面并跳转到显示界面。

10.10.5 粉尘案例

上一小节介绍了固体案例，下面将向读者具体介绍粉尘案例。由于此案例的基本框架结构与波浪制造机案例基本一致，因此这里不再赘述重复的内容。在此主要为读者介绍案例的运行效果和案例中的主控制类MyBox2dActivity。如果需要查看其他类的代码，读者可自行查阅随书源代码。

1. 案例运行效果

本小节案例给出的是一个具有面粉属性的圆形粉团和一个具有黏性属性的圆形粉团从空中开始自由下落，并且发生碰撞，又与空中具有弹性、无重力属性的挡板发生碰撞，继续运动直至容器底部的场景效果。其运行效果如图10-104～图10-107所示。

▲图10-104 案例运行开始

▲图10-105 粉尘与障碍物碰撞

▲图10-106 粉尘落入底部

▲图10-107 粉尘继续运动

> **说明** 图10-104为案例运行开始时物体自由下落，并且发生相互碰撞时的效果；图10-105为粉尘和空中障碍物开始发生碰撞时的效果；图10-106为粉尘落入容器底部时的效果；图10-107为粉尘落入底部后继续运动的效果。

2. 主控制类——MyBox2dActivity

本案例与本章前面木块金字塔被撞击案例的主控制类结构大致类似，因此这里不再赘述重复的内容。这里主要介绍本案例中的MyBox2dActivity类中创建粒子系统并设置各个粒子的属性，创建了两个固体和具有水属性的流体，实现了固体在水中运动的效果。其具体代码如下。

代码位置：见随书源代码\第10章\Sample10_19\app\src\main\java\com\bn\box2d\dust目录下的MyBox2dActivity.java。

```
1    package com.bn.box2d.dust;                                    //导入包
2    ……//此处省略了导入类的代码，读者可自行查阅随书源代码
3    public class MyBox2dActivity extends Activity{                //继承系统的Activity
4        ……//此处省略变量定义的代码，请自行查看源代码
5        public void onCreate(Bundle savedInstanceState){          //继承Activity需要重写的方法
6            super.onCreate(savedInstanceState);                   //调用父类
7            ……//此处省略了与前面案例中相似的代码，请自行查看源代码
8            m_particleSystem=world.m_particleSystem;              //初始化流体粒子系统
9            m_particleSystem.setParticleRadius(0.37f);            //设置粒子的半径
10           m_particleSystem.setParticleDamping(0.2f);            //设置粒子的潮湿因子
```

```
11          WaterObject.createWaterCycleObject((300+x)*ratio,(80+y)*ratio,60*ratio,1,
                                                                          //创建面粉属性粉尘
12              ParticleType.b2_powderParticle,ParticleGroupType.b2_solidParticleGroup,
                m_particleSystem,0);
13          WaterObject.createWaterCycleObject((300+x)*ratio,(150+y)*ratio,60*ratio,2,
                                                                          //创建黏性属性粉尘
14              ParticleType.b2_viscousParticle,ParticleGroupType.b2_solidParticleGroup,
                m_particleSystem,1);
15          WaterObject.createWaterRectObject((350+x)*ratio,(850+y)*ratio,150*ratio,
                50*ratio,2,                                               //静止固体
16              ParticleType.b2_wallParticle,ParticleGroupType.b2_solidParticleGroup,m_
                particleSystem,0);
17          GameView gv= new GameView(this);                              //初始化显示界面
18          setContentView(gv);                                           //跳到显示界面
19        }
20        ……//此处图片加载方法的代码与前面案例中的相似,故省略,请自行查看源代码
21    }
```

- 第8~10行为创建粒子系统描述,设置了粒子的半径和潮湿因子。
- 第11~14行为创建具有面粉属性的粉尘和具有黏性属性的粉尘。
- 第15、16行为创建静止具有弹性、无重力、不可被穿透属性的固体。
- 第17、18行为初始化显示界面并跳转到显示界面。

10.11 本章小结

　　本章向读者介绍了 JBox2D 物理引擎的大部分基础知识,同时给出了一些简单易懂的案例,本章最后的一节简单地介绍了扩展的 Box2D 物理引擎 LiquidFun,同样也给出了一些相应的简单的案例,方便了读者对物理引擎的开发的认识和理解。这些都对读者更好地认识物理引擎的丰富多彩的世界打下了夯实的基础,对游戏的开发有着功不可没的作用和不可忽视的影响。

第 11 章 3D 应用开发基础

OpenGL ES（OpenGL for Embendded Systems）是 OpenGL 三维图形 API 的子集，是针对手机、PDA 和游戏主机等嵌入式设备而设计的。本章将介绍 OpenGL ES 在 Android 平台上的简单应用。通过本章的学习，读者可以基本掌握 OpenGL ES 的开发。

11.1 OpenGL 和 OpenGL ES 简介

OpenGL 的前身是 SGI 公司为其图形工作站开发的 IRIS GL。IRIS GL 是一个工业标准的 3D 图形软件接口，功能虽然强大，但可移植性不好，于是 SGI 公司便在 IRIS GL 的基础上开发了 OpenGL。本节将简要介绍 OpenGL 及 OpenGL ES 的发展史。通过本节的学习，读者可以对 OpenGL 和 OpenGL ES 有一个初步的认识。

OpenGL 具有体系结构简单、使用方便、与操作系统平台无关等优点，因而使其迅速成为一种 3D 图形接口的工业标准，并陆续在各种平台上得以实现。具体情况如下：

- 作为一个性能优越的图形应用程序编程接口，其适用于广泛的计算机环境，小到个人计算机，大到工作站和超级计算机，OpenGL 都能很好地实现高性能的 3D 图形运算。
- 许多在 IT 界具有领导地位的公司都采用 OpenGL 作为其 3D 图形应用程序的编程接口，使得 OpenGL 应用程序具有非常好的可移植性。

OpenGL ES 是根据手持及移动设备平台的特点从 OpenGL 3D 图形 API 裁剪定制而来的。该 API 由 Khronos 组织定义推广。该组织关注手持及移动平台上 3D 应用的 API，并致力于为这些 API 建立无权限费用的标准。OpenGL ES 主要有以下优势：

- 需要 3D UI 的移动嵌入式应用，对电能的要求较高，而移动设备的电能储备是有限的。如何以更低的功耗完成 3D 场景的渲染，是 OpenGL 必须要面对的问题。而 OpenGL ES 正是由此产生，其在高效渲染 3D 场景的同时，达到了降低功耗的效果。
- 其 API 更加灵活，比如，现在一些用不到的功能可以暂时删除，当内嵌硬件发展到一定的水平后，相应的功能可以重新添加进来。

当前 OpenGL ES 主要有 3 个版本，分别是 OpenGL ES 1.x、OpenGL ES 2.0 和 OpenGL ES 3.x。OpenGL ES 2.0 和 OpenGL ES 3.x 采用的是可编程的渲染管线，更加灵活，给了开发者很大的发挥空间。3 个版本的具体情况如下。

- OpenGL ES 1.x 采用固定渲染管线，虽然也能满足不少渲染需求，但留给开发人员自由发挥的空间很有限，不利于实现各种吸引人的光影效果。
- OpenGL ES 2.0 采用的是可编程的渲染管线，大大地提高了渲染能力。因此 OpenGL ES 2.0 是需要设备中的硬件 GPU 进行支持的，目前还不能在设备上用软件模拟实现。
- OpenGL ES 3.x 向后兼容 2.0，其中 OpenGL ES 3.0 要求 Android 设备中必须有 4.3 或以上的 Android 版本和相应的 GPU 硬件支持。而 OpenGL ES 3.1 要求 Android 设备中必须有 5.0 或

以上的 Android 版本和相应的 GPU 硬件支持。

目前市面上的手机 3D 游戏基本都是采用 OpenGL ES 渲染技术实现的，笔者自己也做过不少这方面的工作。通过 OpenGL ES 可以渲染出真实感很强的游戏场景，如图 11-1 和图 11-2 所示的画面都是用 OpenGL ES 渲染出来的。

▲图 11-1 笔者开发的《WebGL 模拟飞行 2》

▲图 11-2 《极品飞车 11 街头狂飙》

> 说明　图 11-1 为笔者开发的《WebGL 模拟飞行 2》游戏，可以看到游戏场景是很细腻的，每座山在河中都呈现着倒影，随着山的形状不同，倒影也是各尽其态。图 11-2 为 EA 公司开发的《极品飞车 11 街头狂飙》。该游戏中路面上的树木和围栏的真实感都很强，足见 OpenGL ES 功能的强大。

OpenGL ES 3.x 在场景的渲染上比 OpenGL ES 2.0 更加细腻，真实感更强。下面将通过对 EA 的《极品飞车 14 热力追踪》（见图 11-3）和 Gameloft 的《狂野飙车 8：极速凌云》（见图 11-4）两款游戏的对比，帮助读者了解 OpenGL ES 2.0 与 OpenGL ES 3.x 渲染效果的差距。

▲图 11-3 《极品飞车 14 热力追踪》

▲图 11-4 《狂野飙车 8：极速凌云》

> 说明　图 11-3 为 OpenGL ES 2.0 渲染的《极品飞车 14 热力追踪》的场景，图 11-4 为 OpenGL ES 3.x 渲染的《狂野飙车 8：极速凌云》的场景。从基于 OpenGL ES 3.x 渲染的《狂野飙车 8：极速凌云》的场景中可以看出渲染的路面和远处的建筑效果更加真实。

下面向读者介绍两款深受玩家喜爱的 3D 游戏：《激流赛艇 2》和《Touch 舞动全城》，这两款游戏都是用 OpenGL ES 2.0 开发的，渲染效果细腻，如图 11-5 和图 11-6 所示。

> 说明　图 11-5 中的《激流赛艇 2》和图 11-6 中的《Touch 舞动全城》说明了 OpenGL ES 2.0 渲染场景时的细腻与逼真，通过其渲染的游戏真实感已经很强了。

▲图 11-5 《激流赛艇 2》

▲图 11-6 《Touch 舞动全城》

11.2 3D 基本知识

3D 技术主要用于模拟现实世界的立体场景，本节将对 3D 基础知识进行介绍，逐渐向读者解开 3D 的神秘面纱。在此之前读者可能不太清楚虚拟 3D 世界中的立体物体是如何搭建出来的。其实这与现实世界搭建建筑物并没有本质区别，请读者观察图 11-7 和图 11-8 中的悉尼歌剧院远景和近景的图片。

▲图 11-7 悉尼歌剧院远景图

▲图 11-8 悉尼歌剧院近景图

从两幅图片中可以对比出，现实世界的某些建筑远看是平滑的曲面，其实近看是由一个个小的平面组成的。3D 虚拟世界中也是如此，任何立体物体都是由多个小平面搭建而成的。这些小平面切分得越小，越细致，搭建出来的物体就越平滑。

当然，OpenGL ES 的虚拟世界与现实世界还是有区别的，现实世界中可以用任意形状的多边形来搭建建筑物，例如，图 11-7 中的悉尼歌剧院就是用四边形搭建的，而 OpenGL ES 中仅仅允许采用三角形来搭建物体。其实这从构造能力上说并没有区别，因为多边形都可以拆分为多个三角形，只需开发时稍微注意一下即可。

> 说明：OpenGL ES 中之所以仅支持三角形而不支持任意多边形是出于性能的考虑，就目前移动嵌入式设备的硬件性能情况来看，这是必然的选择了。

了解了 OpenGL ES 中立体物体的搭建方式后，下面就需要了解 OpenGL ES 中的坐标系统了。OpenGL ES 采用的是三维笛卡儿坐标系，如图 11-9 所示。

在 OpenGL ES 中，通常将物体的 x、y、z 坐标值以顶点数组的形式给出。一个顶点数组包括场景中部分或所有顶点坐标数据。如果场景中有 n 个顶点，则坐标值有 $3 \times n$ 个，顶点数组的大小为 3n。前面已经提过，OpenGL ES 中只允许使用三角形进行填充。图 11-10 给出了用平面三角形搭建立体图形的原理。

第 11 章　3D 应用开发基础

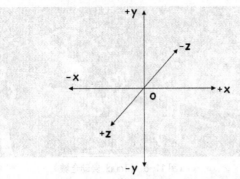
▲图 11-9　OpenGL ES 采用的三维笛卡儿坐标系

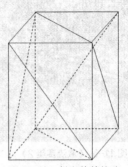
▲图 11-10　长方体的构建

> **说明**　图 11-10 为一个长方体，一共 6 个面，每个面都是一个矩形，都可以分成两个三角形，因此在 OpenGL ES 中，长方体可以用 12 个三角形填充。

OpenGL ES 还有一项背景剪裁功能，打开背景剪裁后，视角在三角形的背面时不渲染此三角形。该功能可以提高渲染效率。

背面剪裁功能实现时要确定在观察者的角度渲染三角形，否则很可能看不到图形。因此要确定三角形的正反面。在三角形中顶点卷绕顺序为逆时，针时则为三角形正面，反之则为反面，如图 11-11 所示。

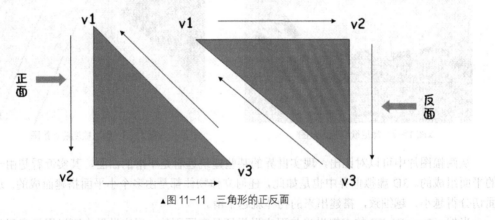
▲图 11-11　三角形的正反面

> **说明**　图 11-11 中左侧三角形为逆时针卷绕，右侧三角形为顺时针卷绕，默认情况下，若打开了背面剪裁则左侧三角形可见；右侧三角形不可见；如果关闭了背面剪裁，则两个三角形均可见。

11.3　OpenGL ES 2.0

由于 OpenGL ES 1.x 的渲染能力有限，随着时代的发展已经逐渐不能满足娱乐、游戏应用渲染的需要。因此本节将直接向读者介绍 OpenGL ES 的当下最主流版本——OpenGL ES 2.0。

> **说明**　OpenGL ES 2.0 博大精深，本节由于篇幅有限，介绍的都是一些入门的基础知识。若是想对 OpenGL ES 2.0 进行深入研究，强烈建议读者阅读笔者编写的《OpenGL ES 2.0 游戏开发（上、下卷）》。该书对 OpenGL ES 2.0 进行了深入全面的介绍。

11.3.1 OpenGL ES 2.0 的渲染管线

渲染管线也称为渲染流水线，或像素流水线，或像素管线，是显示芯片内部处理图形信号相互独立的并行处理单元。这些并行处理单元两者之间是相互独立的，在不同型号的硬件上独立处理单元的数量也有很大的差异。一般越高端型号的硬件，其独立处理单元的数量也就越多。

> **说明** 在有些没有 GPU 硬件的设备上，也有采用软件模拟实现管线中的各个处理单元的情况，一般多见于廉价的低端设备。

用渲染管线中多个相互独立的处理单元进行并行处理，可以极大地提升渲染效率。OpenGL ES 2.0 中的渲染管线实质上指的是一系列的绘制过程。这些绘制过程输入的是待渲染 3D 物体的相关数据，经过渲染管线，输出一帧想要的图像。OpenGL ES 2.0 渲染管线如图 11-12 所示。

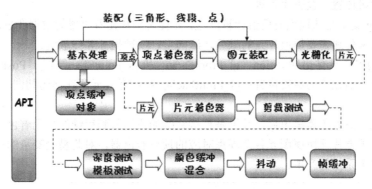

▲图 11-12 OpenGL ES 2.0 可编程渲染管线

1. 基本处理

该阶段设定 3D 空间中物体的顶点坐标、顶点对应的颜色、顶点的纹理坐标等属性，并且指定绘制方式，如点绘制、线段绘制或者三角形绘制等。

2. 顶点缓冲对象

该功能在应用程序中是可选的。可以在初始化阶段将顶点数据经过基本处理后，送入顶点缓冲对象。在绘制每一帧想要的图像时，可以直接从顶点缓冲对象中获取顶点数据。相比于每次绘制时单独将顶点数据送入 GPU 的方法，可以在一定程度上节省 GPU 的 IO 带宽，提高渲染效率。

3. 顶点着色器

顶点着色器是可编程的处理单元，其功能为执行顶点的变换、光照，材质的应用与计算等顶点的相关操作，每顶点执行一次。在工作时，首先将顶点的几何信息以及其他属性传到顶点着色器，经过自己开发的顶点着色器处理产生纹理坐标、颜色、位置等各顶点属性信息，然后将其传递到图元装配阶段。

顶点着色器的使用大大增加了程序的灵活性，但同时也增加了开发的难度，这也是初学者感觉 OpenGL ES 2.0 不容易上手的原因。顶点着色器的工作原理如图 11-13 所示。

- 顶点着色器输入的主要是待处理的顶点所对应的 attribute（属性）变量、uniform（全局）变量、采样器以及一些临时变量，输出的主要为经过着色器后生成的 varying（易变）变量和一些内建输出变量。
- attribute 变量是指 3D 物体中每个顶点各自不同的信息所属的变量。例如，顶点的位置、颜色、法向量等每个顶点各自不同的信息，一般都以 attribute 变量的方式送入顶点着色器。

▲图 11-13 OpenGL ES 2.0 顶点着色器工作原理

- uniform 变量是指对于同一组顶点组成的 3D 物体中，所有顶点都相同的量，如场景中的光源位置、摄像机位置、投影矩阵等。
- varying 变量是从顶点着色器计算产生，并传递到片元着色器的数据变量。顶点着色器可以使用易变变量来传递需要插值片元的颜色、法向量、纹理坐标等任意值。
- 内建输出变量有 gl_Position、gl_FrontFacing 和 gl_PointSize 等。gl_Position 是指经过变换矩阵变换、投影后顶点的最终位置；gl_FrontFacing 指的是片元所在面的朝向；gl_PointSize 指的是点的大小。

易变变量在顶点着色器赋值后，并不是直接将赋的值送入到后继的片元着色器中，而是在光栅化阶段由管线根据片元所属图元各个顶点对应的顶点着色器，对此易变变量的赋值情况及片元与各顶点的位置关系插值产生。

> **说明** 有些读者可能会想到这个问题，对每个片元进行插值计算会非常耗费时间，严重影响性能。对于这个问题，OpenGL ES 2.0 设计时考虑到这方面的影响，这些插值操作都是由 GPU 中的专用硬件实现的，因此运行速度很快，不影响性能。

4. 图元装配

这一阶段主要有两个任务，一个是图元组装，另一个是图元处理。图元组装是指顶点数据根据设置的绘制方式被结合成完整的图元。例如，点绘制方式仅需要一个顶点，因此每个顶点为一个图元；线段绘制方式则是两个顶点构成一个图元。

图元处理最重要的工作是剪裁，其任务是消除位于半空间（half-space）之外的部分几何图元，这个半空间是由一个剪裁平面所定义的。例如线段或多边形剪裁可能需要增加额外的顶点，具体取决于直线或者多边形与剪裁平面之间的位置关系，如图 11-14 所示。

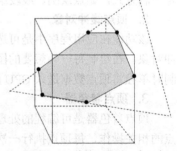

▲图 11-14 裁剪三角形 3 个顶点生成 6 个新的顶点

> **说明** 图 11-14 给出了一个三角形图元（图中为点画线绘制）被 4 个剪裁平面剪裁的情况。4 个剪裁平面分别为上面、左侧面、右侧面和后面。

之所以进行剪裁是因为随着观察位置、角度的不同，并不总能看到 3D 物体某图元的全部。例如，当观察一个正四面体并离某个三角形面很近时，可能只看到此面的一部分，如图 11-15 所示。

5. 光栅化

虽然虚拟 3D 世界中的几何信息是三维的，但由于目前用于显示的设备都是二维的。因此在真正执行光栅化工作之前,首先要将虚拟 3D 世界中的物体投影到视平面上。然后需要注意的是,由于观察者位置的不同,相同物体投影到视平面可能会产生不同的效果,如图 11-16 所示。

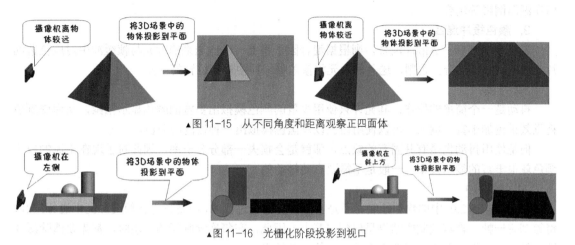

▲图 11-15　从不同角度和距离观察正四面体

▲图 11-16　光栅化阶段投影到视口

6. 片元着色器

片元着色器是用来处理片元值及其相关数据的可编程单元,其可以执行纹理的采样、颜色的汇总、雾颜色的计算等操作,每片元执行一次。片元着色器的主要功能为通过重复执行,将 3D 物体中的图元光栅化后产生的每个片元的颜色等属性计算出来送入后继阶段,如剪裁测试、深度测试、模板测试、颜色缓冲混合和抖动等。片元着色器工作原理如图 11-17 所示。

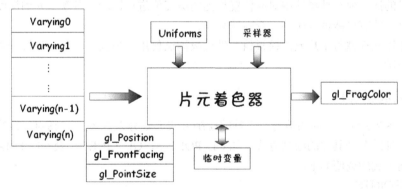

▲图 11-17　OpenGL ES 2.0 片元着色器的工作原理

- Varying0～n 指的是从顶点着色器传递到片元着色器的易变数据变量,由系统在顶点着色器后的光栅化阶段自动插值产生。其个数是不一定的,取决于具体的需要。
- gl_FragColor 指的是计算后此片元的颜色。一般在片元着色器的最后都需要对其进行赋值。

经过对顶点着色器与片元着色器的介绍,可以看出顶点着色器的每顶点一执行,片元着色器的每片元一执行,片元着色器的执行次数明显大于顶点着色器。因此,在开发中要尽量减少片元着色器的运算量,一些复杂的运算尽量放在顶点着色器中执行。

7. 剪裁测试

如果程序中启用了剪裁测试,OpenGL ES 2.0 会检查每个片元的帧缓冲中对应的位置。若对应位置在剪裁窗口中,则将此片元送入下一阶段,否则丢弃此片元。

8. 深度测试和模板测试

深度测试是指将输入片元的深度值与帧缓冲区中存储的对应位置片元的深度进行比较。若输入片元的深度值小，则将输入片元送入下一阶段，准备覆盖帧缓冲中的原片元或与帧缓冲中的原片元混合，否则会丢弃输入片元。模板测试的主要功能为将绘制区域限定在一定的范围内，一般用在湖面倒影等场合。

9. 颜色缓冲混合

若程序中开启了 Alpha 混合，则根据混合因子将上一阶段送来的片元与帧缓冲中对应位置的片元进行 Alpha 混合；否则，送入的片元将覆盖帧缓冲中对应位置的片元。

10. 抖动

抖动是一个简单的操作，其允许只使用少量的颜色模拟出更宽的颜色显示范围，从而使颜色视觉效果更加丰富。例如，可以使用白色以及黑色模拟出一种过滤的灰色。

但是使用抖动也是有其固有的缺点，那就是会损失一部分分辨率，因此对于现在主流的原生颜色就很丰富的显示设备，一般是不需要启动抖动的。

11. 帧缓冲

OpenGL ES 2.0 中的物体绘制并不是直接在屏幕上进行的，而是预先在帧缓冲区中进行绘制，每绘制完一帧，再将绘制的结果呈现到屏幕上。因此，在每次绘制新的一帧时，都需要清除缓冲区中的相关数据，否则有可能产生不正确的绘制效果。

同时需要了解的是为了应对不同方面的需要，帧缓冲是由一套组件组成的，主要包括颜色缓冲、深度缓冲以及模板缓冲。各组件的具体用途如下：

- 颜色缓冲用于存储每个片元的颜色值，每个颜色值包括 RGBA（红、绿、蓝、透明度）4 个色彩通道，应用程序运行时在屏幕上看到的就是颜色缓冲区中的内容。
- 深度缓冲用来存储每个片元的深度值。在启用深度测试的情况下，新片元想进入帧缓冲时，要将自己的深度值与帧缓冲中对应位置片元的深度值进行比较。若新片元的深度值小于对应位置的深度值，才有可能进入缓冲，否则被丢弃。

模板缓冲用来存储每个片元的模板值，供模板测试使用。模板测试是几种缓冲测试中最为灵活和复杂的一种。

11.3.2 不同的绘制方式

OpenGL ES 2.0 针对不同的情况，支持的绘制方式大致分为 3 类，包括点、线段、三角形，每类中包括一种或多种具体的绘制方式，如 GL_POINTS、GL_LINES 以及 GL_TRIANGLES 等。各种具体绘制方式的说明如下。

1. GL_POINTS

把顶点数组中每个顶点作为一个点绘制，索引数组中第 n 个顶点，即定义了点 n，共绘制 N 个点，例如，索引数组{0,1,2,3,4,5}，如图 11-18 所示。

> 说明 在介绍 GL_POINTS 绘制方式这一部分时，提到了 n 和 N 两个量，这里的 n 表示顶点数组中第 n 个点，N 则表示顶点数组中的顶点数。

2. GL_LINES

把两个顶点作为一条直线进行绘制，索引数组中第 $2n$ 个顶点与第 $2n+1$ 个顶点绘制第 n 条直线，共绘制 $N/2$ 条直线。如果 N 为奇数，则忽略最后一个点。例如，索引数组{4,5,2,3,0,1}，如图 11-19 所示。

3. GL_LINE_STRIP

把索引数组从第 0 个顶点到最后一个顶点，依次连接，则第 n 个顶点与第 $n+1$ 个顶点定义了线段 n，共绘制 $N–1$ 条直线。例如，索引数组{1,4,0,3,2}，如图 11-20 所示。

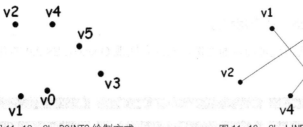

▲图 11-18 GL_POINTS 绘制方式　　　　　▲图 11-19 GL_LINES 绘制方式

4. GL_LINE_LOOP

GL_LINE_LOOP 类似于 GL_LINE_STRIP。该方式把索引数组从第 0 个顶点开始依次连接，区别在于最后一个顶点与第 0 个顶点连接。第 n 个顶点与第 $n+1$ 个顶点定义了线段 n，共绘制 N 条直线。例如，索引数组{0,1,2,3,4}，如图 11-21 所示。

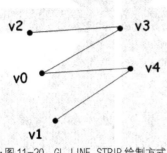 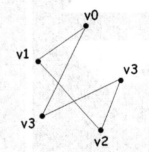

▲图 11-20 GL_LINE_STRIP 绘制方式　　　▲图 11-21 GL_LINE_LOOP 绘制方式

5. GL_TRIANGLES

索引数组中每 3 个顶点定义一个三角形，也就是第 $3n$、$3n+1$ 和 $3n+2$ 个顶点构成第 n 个三角形，共绘制 $N/3$ 个三角形。例如，索引数组{0,2,1,1,2,3}，如图 11-22 所示。

6. GL_TRIANGLE_STRIP

索引数组中每连续的 3 个点定义一个三角形，对于第 n 个点。若 n 为偶数，则第 n、$n+1$ 和 $n+2$ 顶点定义第 n 个三角形；若 n 为奇数，则第 $n+1$、n 和 $n+2$ 顶点定义第 n 个三角形，共绘制 $N-2$ 个三角形。例如，索引数组{0,1,2,3,4}，如图 11-23 所示。

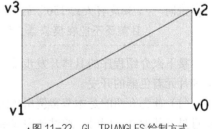

▲图 11-22 GL_TRIANGLES 绘制方式

7. GL_TRIANGLE_FAN

由索引数组第 0 个顶点及后面的顶点确定一系列相连的三角形。顶点 0、$n+1$ 和 $n+2$ 定义第 n 个三角形，共绘制 $N-2$ 个三角形。例如，索引数组{0,1,2,3,4}，如图 11-24 所示。

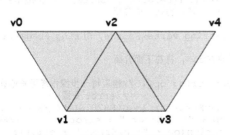 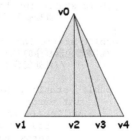

▲图 11-23 GL_TRIANGLE_STRIP 绘制方式　　▲图 11-24 GL_TRIANGLE_FAN 绘制方式

11.3.3 初识 OpenGL ES 2.0 应用程序

本小节将介绍一个三角形绕轴旋转的案例,向读者展现 OpenGL ES 2.0 的开发。该案例的运行效果如图 11-25 所示。

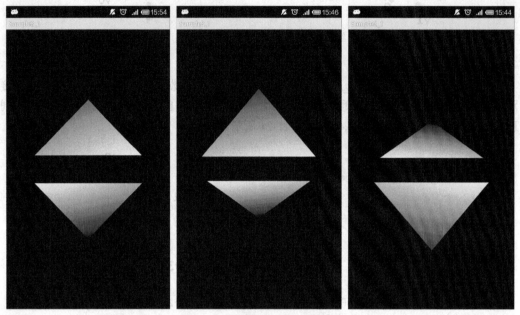

▲图 11-25 案例 Sample_1 运行效果

> **说明** 图 11-25 中从左到右依次为程序初始状态图、绕 x 轴旋转大约 30°的效果、绕 x 轴旋转大约 150°的效果。读者要特别注意的是,基于 OpenGL ES 2.0 的 3D 程序目前还不能在模拟器上运行,必须要使用配置了 GPU 的真机才能运行。

接下来介绍程序的具体开发步骤。其中包括案例中用到工具类、图形类、场景类、顶点着色器和片元着色器的开发。

(1)首先介绍的是本节案例用到的工具类——ShaderUtil,功能是将着色器(Shader)脚本加载进显卡并编译,同时,通过调用 checkGlError 方法检查每一步操作是否正确,具体代码如下。

代码位置:见随书源代码\第 11 章\Sample11_1\app\src\main\java\com\bn\sample_1 目录下的 ShaderUtil.java。

```
1   package com.bn.Sample_1;                                          //声明包名
2   ……//此处省略了部分类的导入代码,读者可自行查看随书的源代码
3   public class ShaderUtil{                                           //加载 Shader 的工具类
4       public static int loadShader(int shaderType,String source){   //加载指定着色器的方法
5           ……//此处省略了加载指定着色器的方法体,将在下面介绍
6       }
7       public static int createProgram(String vertexSource, String fragmentSource) {
            //创建着色器程序的方法
8           ……//此处省略了创建着色器程序的方法体,将在下面介绍
9       }
10      public static void checkGlError(String op){ //检查每一步操作是否有错误的方法
11          int error;                                                //error 变量
12          while ((error = GLES20.glGetError()) != GLES20.GL_NO_ERROR) {
13              Log.e("ES20_ERROR", op + ": glError " + error);       //后台打印错误
14              throw new RuntimeException(op + ": glError " + error); //抛出异常
15      }}
```

```
16      public static String loadFromAssetsFile(String fname,Resources r){
        //从sh脚本中加载shader内容
17          String result=null;                             //声明String类型的变量
18          try{
19              InputStream in=r.getAssets().open(fname);//从assets文件夹读取信息
20              int ch=0;                                   //定义int变量
21              ByteArrayOutputStream baos = new ByteArrayOutputStream();
                //创建字节数组输出流
22              while((ch=in.read())!=-1){
23                  baos.write(ch);                         //获取信息，写入输出流
24              }
25              byte[] buff=baos.toByteArray();             //将数据存入字节数组
26              baos.close();                               //关闭输出流
27              in.close();                                 //关闭输入流
28              result=new String(buff,"UTF-8");            //转化为UTF-8编码
29              result=result.replaceAll("\\r\\n","\n");
30          }catch(Exception e){e.printStackTrace();}       //捕获并处理异常
31          return result;                                  //返回结果
32      }}
```

- 第10～15行为checkGlError方法的作用是在向GPU着色程序中，加入顶点着色器或片元着色器时，检查每一步操作是否有错误。因为在开发着色器脚本文件的代码时，没有一个开发器实时地进行编译差错，因此开发一个检查错误的方法是十分必要的。

- 第16～32行的loadFromAssetsFile方法的作用为从assets文件夹下加载着色器代码脚本。其通过输入流将脚本信息读入，然后交给createProgram方法创建着色器程序。

（2）下面介绍上面省略的loadShader方法。loadShader方法主要是加载着色器编码进GPU并进行编译，具体开发代码如下。

代码位置：见随书源代码\第11章\Sample11_1\app\src\main\java\com\bn\sample_1目录下的Shader Util.java。

```
1   public static int loadShader(int shaderType,String source ){//加载制订shader的方法
2       int shader = GLES20.glCreateShader(shaderType);     //创建一个新shader
3       if (shader != 0){                                   //若创建成功，则加载shader
4           GLES20.glShaderSource(shader, source);          //加载shader的源代码
5           GLES20.glCompileShader(shader);                 //编译shader
6           int[] compiled = new int[1];                    //存放编译成功shader数量的数组
7           //获取Shader的编译情况
8           GLES20.glGetShaderiv(shader, GLES20.GL_COMPILE_STATUS, compiled, 0);
9           if (compiled[0] == 0){          //若编译失败，则显示错误日志并删除此shader
10              Log.e("ES20_ERROR", "Could not compile shader " + shaderType + ":");
11              Log.e("ES20_ERROR", GLES20.glGetShaderInfoLog(shader));
12              GLES20.glDeleteShader(shader);              //删除shader
13              shader = 0;                                 //shader的id置零
14          }}
15      return shader;                                      //返回shader的id
16  }
```

> 说明
>
> 第2行通过调用glCreateShader方法创建了一个着色器；第3～16行为当着色器创建成功后，加载着色器的源代码，并编译着色器，同时检测编译的情况。若编译成功，则返回着色器id，反之，删除着色器并将着色器的id置零，打印错误信息。

（3）接下来介绍的是createProgram方法。createProgram方法主要是创建着色器程序，具体开发代码如下。

代码位置：见随书源代码\第11章\Sample11_1\app\src\main\java\com\bn\sample_1目录下的Shader Util.java。

```
1   public static int createProgram(String vertexSource, String fragmentSource) {
    //创建shader程序的方法
```

```
2        int vertexShader = loadShader(GLES20.GL_VERTEX_SHADER, vertexSource);//加载顶点着色器
3        if (vertexShader == 0){
4            return 0;                                                      //加载顶点着色器失败
5        }
6        int pixelShader = loadShader(GLES20.GL_FRAGMENT_SHADER, fragmentSource);//加载片元着色器
7        if (pixelShader == 0){
8            return 0;                                                      //加载片元着色器失败
9        }
10       int program = GLES20.glCreateProgram();                             //创建程序
11       if (program != 0) {          //若程序创建成功则向程序中加入顶点着色器与片元着色器
12           GLES20.glAttachShader(program, vertexShader);   //向程序中加入顶点着色器
13           checkGlError("glAttachShader");
14           GLES20.glAttachShader(program, pixelShader);    //向程序中加入片元着色器
15           checkGlError("glAttachShader");
16           GLES20.glLinkProgram(program);                  //链接程序
17           int[] linkStatus = new int[1];                  //存放链接成功program数量的数组
18           //获取program的链接情况
19           GLES20.glGetProgramiv(program, GLES20.GL_LINK_STATUS, linkStatus, 0);
20           if (linkStatus[0] != GLES20.GL_TRUE) {  //若链接失败则报错并删除程序
21               Log.e("ES20_ERROR", "Could not link program: ");
22               Log.e("ES20_ERROR", GLES20.glGetProgramInfoLog(program));
23               GLES20.glDeleteProgram(program);    //删除程序
24               program = 0;
25       }}
26       return program;                                                     //返回结果
27   }
```

- 第 2~9 行为调用 loadShader 方法。通过调用 loadShader 方法，分别加载顶点着色器与片元着色器的源代码进 GPU，并分别进行编译。如果加载不成功，则直接返回 0。

- 第 10~27 行首先创建一个着色器程序。若着色器创建成功，则向程序中加入顶点着色器与片元着色器。

- 第 16~25 行为连接程序，最后将两个着色器链接为一个整体的着色器程序。

（4）下面介绍用来创建图形的类 Triangle。其中包括顶点坐标数据的初始化、着色器的初始化和绘制方法，具体开发代码如下。

代码位置：见随书源代码\第 11 章\Sample11_1\app\src\main\java\com\bn\sample_1 目录下的 Triangle.java。

```
1    package com.bn.Sample_1;                                              //声明包名
2    ……//此处省略了部分类的导入代码，读者可自行查看随书的源代码
3    public class Triangle{                                                //三角形
4        public static float[] mProjMatrix = new float[16];//4x4矩阵投影用
5        public static float[] mVMatrix = new float[16];   //摄像机位置朝向9参数矩阵
6        public static float[] mMVPMatrix;                 //最后起作用的总变换矩阵
7        ……//此处省略了一些成员变量声明的代码，读者可自行查看随书的源代码
8        public Triangle(MyTDView mv){
9            initVertexData();                                            //调用初始化顶点数据的方法
10           initShader(mv);                                              //调用初始化着色器的方法
11       }
12       public void initVertexData(){                                    //初始化顶点数据的方法
13           vCount=6;                                                    //顶点数量为6
14           final float UNIT_SIZE=0.2f;                                  //设置单位长度
15           float vertices[]=new float[]{                                //创建顶点坐标数组
16               -4*UNIT_SIZE,-UNIT_SIZE,0,0,-5*UNIT_SIZE,0,4*UNIT_SIZE,-UNIT_SIZE,0,
17               -4*UNIT_SIZE,UNIT_SIZE,0,4*UNIT_SIZE,UNIT_SIZE,0,0,5*UNIT_SIZE,0
18           };
19           ByteBuffer vbb = ByteBuffer.allocateDirect(vertices.length*4);
20           vbb.order(ByteOrder.nativeOrder());                          //设置字节顺序为本地操作系统顺序
21           mVertexBuffer = vbb.asFloatBuffer();                         //将数组转换为浮点缓冲
22           mVertexBuffer.put(vertices);                                 //将数据写入缓冲区
23           mVertexBuffer.position(0);                                   //设置缓冲区起始位置
24           float colors[]=new float[]{                                  //创建顶点着色数组
25               1,1,1,0,0,0,1,0,0,1,1,0,0,1,1,0,1,1,1,0,0,1,1
26           };
27           ByteBuffer cbb = ByteBuffer.allocateDirect(colors.length*4);
```

```
28              cbb.order(ByteOrder.nativeOrder());      //设置字节顺序为本地操作系统顺序
29              mColorBuffer = cbb.asFloatBuffer();      //将数组转换为浮点缓冲
30              mColorBuffer.put(colors);                //将数据写入缓冲区
31              mColorBuffer.position(0);                //设置缓冲区起始位置
32          }
33          ……//此处省略了初始化着色器的方法 initShader 和 drawSelf 方法，将在下面介绍
34          public static float[] getFianlMatrix(float[] spec){    //产生变换矩阵方法
35              mMVPMatrix=new float[16];                //初始化总变换矩阵
36              Matrix.multiplyMM(mMVPMatrix, 0, mVMatrix, 0, spec, 0);
37              Matrix.multiplyMM(mMVPMatrix, 0, mProjMatrix, 0, mMVPMatrix, 0);
38              return mMVPMatrix;                       //返回总变换矩阵
39      }}
```

- 第 4~7 行为本类成员变量的声明，包括先关矩阵的引用、顶点位置和着色数据的引用、顶点的数量以及绕轴旋转的角度等，这里省略了变量的声明，读者可自行查看随书的源代码。
- 第 8~11 行为本类的构造器。在构造器中主要是调用 initVertexData 方法来初始化顶点的相关数据，调用 initShader 方法来初始化着色器。
- 第 12~32 行为初始化顶点数据的方法。该方法需要指定顶点坐标数据以及顶点着色数据，并将数据写入对应的缓冲区，并设置缓冲区的起始位置。
- 第 33~39 行为初始化总变换矩阵的方法。该方法首先初始化总变换矩阵，通过物体的 3D 变换矩阵、摄像机参数矩阵、投影矩阵产生最终总变换矩阵。

（5）接下来介绍上面创建图形 Triangle 类中省略的初始化着色器的方法 initShader 和绘制方法 drawSelf。具体开发代码如下。

代码位置：见随书源代码第 11 章\Sample11_1\app\src\main\java\com\bn\sample_1 目录下的 Triangle.java。

```
1   public void initShader(MyTDView mv){                 //初始化 shader
2       //加载顶点着色器的脚本内容
3       mVertexShader=ShaderUtil.loadFromAssetsFile("vertex.sh", mv.getResources());
4       //加载片元着色器的脚本内容
5       mFragmentShader=ShaderUtil.loadFromAssetsFile("frag.sh", mv.getResources());
6       //基于顶点着色器与片元着色器创建程序
7       mProgram = ShaderUtil.createProgram(mVertexShader, mFragmentShader);
8       //获取程序中顶点位置属性引用 id
9       maPositionHandle = GLES20.glGetAttribLocation(mProgram, "aPosition");
10      //获取程序中顶点颜色属性引用 id
11      maColorHandle= GLES20.glGetAttribLocation(mProgram, "aColor");
12      //获取程序中总变换矩阵引用 id
13      muMVPMatrixHandle = GLES20.glGetUniformLocation(mProgram, "uMVPMatrix");
14  }
15  public void drawSelf(){
16      GLES20.glUseProgram(mProgram);                   //指定使用某套着色器程序
17      Matrix.setRotateM(mMMatrix,0,0,0,1,0);           //初始化变换矩阵
18      Matrix.translateM(mMMatrix,0,0,0,1);             //设置沿 z 轴正向位移 1
19      Matrix.rotateM(mMMatrix,0,xAngle,1,0,0);         //设置绕 x 轴旋转
20      GLES20.glUniformMatrix4fv(muMVPMatrixHandle, 1, false,
21              Triangle.getFianlMatrix(mMMatrix), 0);
22      GLES20.glVertexAttribPointer(                    //将顶点位置数据传送进渲染管线
23              maPositionHandle,3,GLES20.GL_FLOAT,false,3*4,mVertexBuffer
24      );
25      GLES20.glVertexAttribPointer(                    //将顶点颜色数据传送进渲染管线
26          maColorHandle,4,GLES20.GL_FLOAT,false,4*4,mColorBuffer
27      );
28       GLES20.glEnableVertexAttribArray(maPositionHandle);  //启用顶点坐标数据
29       GLES20.glEnableVertexAttribArray(maColorHandle);     //启用顶点着色数据
30       GLES20.glDrawArrays(GLES20.GL_TRIANGLES, 0, vCount); //绘制三角形
31  }
```

- 第 1~14 行为初始化着色器的方法。该方法中首先要加载相应的着色器脚本，然后创建自己定义的渲染管线着色器程序，并保留程序 id 到 mProgram 中。最后通过 GLES20 类调用相应的方法获取着色器中顶点坐标数据的引用、顶点颜色数据的引用及总变换矩阵的引用。

- 第 15~31 行为绘制图形方法。
- 第 16~19 行为指定要使用的着色器程序，并初始化变换矩阵，设置 z 轴正向的位移值和绕 x 轴旋转的角度值。
- 第 20~27 行为通过 GLES20 的 glVertexAttribPointer 方法将顶点坐标数据和顶点着色数据送入渲染管线。
- 第 28~30 行为通过 GLES20 的 glEnableVertexAttribArray 方法来启用顶点坐标数据与顶点着色数据，最后通过 GLES20 类的 glDrawArrays 方法绘制三角形。

（6）接下来介绍本案例中用于显示 3D 场景的类 MyTDView。在该类中通过内部类的形式创建了渲染器，具体开发代码如下。

代码位置：见随书源代码\第 11 章\Sample11_1\app\src\main\java\com\bn\sample_1 目录下的 MyTDView.java。

```
1   package com.bn.Sample_1;                                        //声明包名
2   ……//此处省略了部分类的导入代码，读者可自行查看源代码
3   public class MyTDView extends GLSurfaceView{
4       final float ANGLE_SPAN = 0.375f;                            //旋转角度
5       RotateThread rthread;                                       //自定义 RotateThread 线程的引用
6       SceneRenderer mRenderer;                                    //自定义 SceneRenderer 的引用
7       public MyTDView(Context context){                           //构造器
8           super(context);                                         //实现父类的方法
9           this.setEGLContextClientVersion(2);                     //使用 OpenGL ES 2.0 时需要设置值为 2
10          mRenderer=new SceneRenderer();                          //创建 SceneRenderer 类对象
11          this.setRenderer(mRenderer);                            //设置渲染器
12          //设置渲染模式为主动渲染
13          this.setRenderMode(GLSurfaceView.RENDERMODE_CONTINUOUSLY);
14      }
15      private class SceneRenderer implements GLSurfaceView.Renderer{
16          Triangle tle;                                           //声明 Triangle 类的引用
17          public void onDrawFrame(GL10 gl){                       //重写 onDrawFrame 方法
18              GLES20.glClear( GLES20.GL_DEPTH_BUFFER_BIT |
19                  GLES20.GL_COLOR_BUFFER_BIT);                    //清除深度缓冲与颜色缓冲
20              tle.drawSelf();                                     //绘制三角形对
21          }
22          public void onSurfaceChanged(GL10 gl, int width, int height){
23              GLES20.glViewport(0, 0, width, height);             //设置视口大小及位置
24              float ratio = (float) width / height;               //计算 GLSurfaceView 的宽高比
25              //调用此方法计算产生透视投影矩阵
26              Matrix.frustumM(Triangle.mProjMatrix, 0, -ratio, ratio, -1, 1, 1, 10);
27              //调用此方法产生摄像机 9 参数位置矩阵
28              Matrix.setLookAtM(Triangle.mVMatrix, 0, 0,0,3,0f,0f,0f,0f,1.0f,0.0f);
29          }
30          public void onSurfaceCreated(GL10 gl, EGLConfig config){
31              GLES20.glClearColor(0,0,0,1.0f);                    //设置屏幕背景色 RGBA
32              tle=new Triangle(MyTDView.this);                    //创建三角形对象
33              GLES20.glEnable(GLES20.GL_DEPTH_TEST);              //打开深度检测
34              rthread=new RotateThread();                         //创建 RotateThread 类对象
35              rthread.start();                                    //启动线程
36      }}
37      public class RotateThread extends Thread{                   //自定义线程
38          public boolean flag=true;                               //线程标志位
39          @Override
40          public void run(){                                      //重写 run 方法
41              while(flag){
42                  mRenderer.tle.xAngle=mRenderer.tle.xAngle+ANGLE_SPAN;
                                                                    //实现图形绕 x 轴旋转
43                  try{
44                      Thread.sleep(20);                           //休息 20ms
45                  }catch(Exception e){e.printStackTrace();}       //捕获并处理异常
46  }}}}
```

- 第 4~6 行为本类中用到的成员变量。其中包括设置绕 x 轴每次的旋转角度、自定义 RotateThread 类引用的声明以及自定义 SceneRenderer 类引用的声明。

- 第 7~14 行为本类的构造器。构造器中创建了 SceneRenderer 类的对象，设置了渲染器，并设置渲染模式为主动渲染。
- 第 17~21 行为重写的 onDrawFrame 方法。该方法中首先清除深度缓冲和颜色缓冲，然后调用 drawSelf 方法来绘制三角形对。
- 第 22~29 行为重写的 onSurfaceChanged 方法。该方法中设置了视口的大小、位置以及产生透视投影矩阵和产生摄像机 9 参数位置矩阵。
- 第 30~36 行为重写的 onSurfaceCreated 方法，其中包括设置背景色、创建三角形对象、打开深度检测、启动线程。
- 第 37~46 行为自定义的线程。该线程主要是实现两个三角形的实时旋转。方法中重写了 run 方法，当线程标志位为 true 时，在原有旋转角度上增加一定角度，每个 20ms 转动一次。

（7）下面我们将用着色器语言开发着色器，着色器语言可以写在后缀为 .sh 的文件中，这些文件存放在项目的 assets 目录下。首先开发的是顶点着色器，主要作用为执行顶点变换、纹理坐标变换等顶点的相关操作，具体代码如下。

代码位置：见随书源代码\第 11 章\Sample11_1\app\src\main\assets 目录下的 vertex.sh 文件。

```
1    uniform mat4 uMVPMatrix;                              //总变换矩阵
2    attribute vec3 aPosition;                             //顶点位置
3    attribute vec4 aColor;                                //顶点颜色
4    varying  vec4 aaColor;                                //用于传递给片元着色器的变量
5    void main(){
6       gl_Position = uMVPMatrix * vec4(aPosition,1);//根据总变换矩阵计算此次绘制此顶点位置
7       aaColor = aColor;                                  //将接收的颜色传递给片元着色器
8    }
```

> **说明**　本段代码主要介绍的是顶点着色器，首先要初始化顶点位置数据与顶点颜色数据，然后创建 aaColor 变量用于传递给片元着色器的变量。根据总变换矩阵计算此次绘制的此顶点位置，最后将接收的颜色传递给片元着色器。

（8）下面介绍片元着色器的开发，主要作用为执行纹理的访问、颜色的汇总以及雾效果等操作，具体代码如下。

代码位置：见随书源代码\第 11 章\Sample11_1\app\src\main\assets 目录下的 frag.sh 文件。

```
1    precision mediump float;
2    varying  vec4 aaColor;                                //接收从顶点着色器过来的参数
3    void main() {
4       gl_FragColor = aaColor;                            //给此片元颜色值
5    }
```

> **说明**　本段代码介绍的是片元着色器。该段代码中主要是接收从顶点着色器传递过来的参数，然后在下面的代码中给这个片元设定颜色值。

11.3.4　着色语言

对于上一节的顶点着色器及片元着色器，读者可能比较生疏，本小节将介绍 OpenGL ES 2.0 的着色语言。OpenGL ES 2.0 的着色语言是一种高级的图形编程语言，其具有 RenderMan 以及其他着色语言的一些优良特性，易于被开发人员掌握。

与传统的通用编程语言不同，OpenGL ES 2.0 着色语言提供了更加丰富的原生类型，如向量、矩阵等。这些新特性的加入使得 OpenGL ES 2.0 着色语言在处理 3D 图形方面更加高效、易用。OpenGL ES 2.0 着色语言主要有以下特性。

- OpenGL ES 着色语言是一种高级的过程语言。
- 对顶点着色器、片元着色器使用的是同样的语言。
- 完美支持向量与矩阵的各种操作。
- 通过类型限定符来管理输入与输出。
- 拥有大量的内置函数来提供丰富的功能。

总之，OpenGL ES 着色语言是一种易于实现、易于使用、功能强大、完美支持硬件灵活性，并且可以高度并行处理、性能优良的高级图形编程语言。OpenGL ES 可以使开发人员在不浪费大量时间的基础上，开发出更加丰富多彩的 3D 游戏场景。

着色器程序主要由 3 个部分组成，主要包括全局变量声明、自定义函数和 main 函数。下面将介绍一个完整的顶点着色器程序的代码。

```
1   uniform mat4 uMVPMatrix;                                //总变换矩阵
2   attribute vec3 aPosition;                               //顶点位置
3   attribute vec4 aColor;                                  //顶点颜色
4   varying vec4 aaColor;                                   //用于传递给片元着色器的变量
5   void getPosition(){
6       gl_Position = uMVPMatrix * vec4(aPosition,1);//根据总变换矩阵计算此次绘制此顶点位置
7   }
8   void main(){
9       getPosition();                                      //调用 getPosition 函数计算此次绘制的顶点位置
10      aaColor = aColor;                                   //将接收的颜色传递给片元着色器
11  }
```

> **说明** 第 1～4 行为全局变量的声明，根据情况的不同可能会增加或者减少。第 5～7 行为自定义的函数，在有些情况下可能没有自定义的函数。第 8～11 行为主函数，这在每个着色器中是必须存在的。

看完上述代码后读者可能在疑惑 "uniform" "attribute" 和 "varying" 是什么，这些都是着色器语言中的限定符。这些限定符大部分只能用来修饰全局变量，功能主要如表 11-1 所示。

表 11-1　　　　　　　　　　　　　　4 种限定符及其说明

限定符	说明
attribute	一般用于每个顶点各不相同的量，如顶点坐标、颜色等
uniform	一般用于对同一组顶点组成的单个 3D 物体中所有顶点都相同的量，如当前光源位置
varying	用于从顶点着色器传递到片元着色器的量
const	用于声明常量

代码中的 "vec3" "vec4" 都是指向量，基本类型分别为 bool、int 和 float 这 3 种。每个向量可以由 2 个、3 个或者 4 个相同的标量组成，具体如表 11-2 所示。

表 11-2　　　　　　　　　　　　　　各向量类型及说明

向量类型	说明	向量类型	说明
vec2	包含 2 个浮点数的向量	ivec4	包含 4 个整数的向量
vec3	包含 3 个浮点数的向量	bvec2	包含 2 个布尔数的向量
vec4	包含 4 个浮点数的向量	bvec3	包含 3 个布尔数的向量
ivec2	包含 2 个整数的向量	bvec4	包含 4 个布尔数的向量
ivec3	包含 3 个整数的向量		

代码中 "mat4" 是指矩阵，3D 场景中的位移、旋转缩放等都是由矩阵的运算来实现的。OpenGL

ES 中提供了对矩阵类型的支持,大大方便了开发,免去了自建矩阵的麻烦。矩阵尺寸分别为 2×2 矩阵、3×3 矩阵和 4×4 矩阵,具体情况如表 11-3 所示。

表 11-3　　　　　　　　　　　各矩阵类型及其说明

矩阵类型	说明
mat2	2×2 浮点数矩阵
mat3	3×3 浮点数矩阵
mat4	4×4 浮点数矩阵

> **提示**　着色语言是一门很深的学问,这里不进行深入探讨,有兴趣的读者可以通过笔者的《OpenGL ES 2.0 游戏开发(上、下卷)》来深入学习着色语言。

11.3.5　正交投影

1. 基本知识

OpenGL ES 2.0 中,根据应用程序中提供的投影参数,管线会确定一个可视空间区域,称为视景体。视景体是由 6 个平面确定的,这 6 个平面分别为:上平面(up)、下平面(down)、左平面(left)、右平面(right)、远平面(far)和近平面(near)。

场景中处于视景体内的物体会被投影到近平面上,再将近平面上投影出来的内容映射到屏幕上的视口中。对于正交投影而言,视景体及近平面的情况如图 11-26 所示。

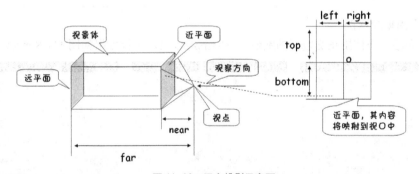

▲图 11-26　正交投影示意图

从图 11-26 中可以看出,正交投影是平行投影的一种,物体的顶点与近平面上相应的投影点的连线是平行的,因此视景体是一个长方体。投影到近平面的图形不会产生真实世界中的"近大远小"效果,图 11-27 更好地说明了这个问题。

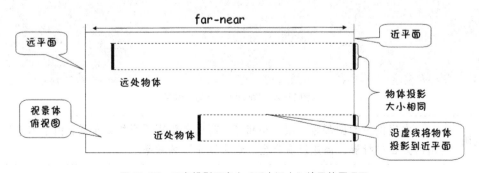

▲图 11-27　正交投影不产生"近大远小"效果的原理图

> 说明　通过图 11-27 可以看到，尽管大小相同的物体与近平面的距离不同，但其投影出来的物体的大小是相同的，并未产生真实世界中的"近大远小"的效果。

本书中案例都是通过 Matrix 类中的 orthoM 方法来设置正交投影，具体代码如下。

```
1  Matrix.orthoM(
2      mProjMatrix,                    //存储生成矩阵元素的数组
3      0,                              //起始偏移量
4      left, right,                    //near 面的 left、right
5      bottom, top,                    //near 面的 bottom、top
6      near, far                       //near 面的 near、far
7  );
```

- Matrix 类中 orthoM 方法的功能为根据接收的 6 个相关参数产生投影矩阵，并将投影矩阵的元素填充到指定的数组中。
- orthoM 方法中的参数 left、right 为近平面左右侧对应的 x 坐标，参数 bottom、top 为近平面上下侧对应的 y 坐标，这 4 个参数实际上就是确定了视景体的左右面和上下面。near 为近平面与视点的距离，far 表示远平面与视点的距离。

视景体中的物体投影到近平面上后最终要映射到屏幕的视口中。视口是屏幕上指定的显示区域，设置视口的具体代码如下。

```
1  GLES20.glViewport(x, y, width, height);         //设置视口
```

> 说明　上述代码中参数 x、y 为视口在屏幕坐标系的位置，width、height 为视口的大小。OpenGL ES 不支持无限可视区域，视口可以看做手机屏幕上的指定区域。

2. 一个简单的案例

接下来介绍一个使用正交投影的案例——Sample11_2，运行效果如图 11-28 所示。

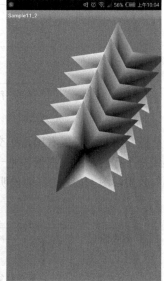

▲图 11-28　Sample11_2 运行效果

> 说明　本案例中的图形为一组大小相等、离视点距离不同的五角星，由于本案例中采用的为正交投影，因此没有产生"近大远小"的效果。

下面来进行案例的开发，主要包括场景渲染类 MySurfaceView 和图形类 Hexagon 的开发，具

11.3 OpenGL ES 2.0

体步骤如下。

（1）首先进行渲染 3D 场景的 MySurfaceView 类的开发，主要包括触摸事件回调方法、继承场景渲染类需重写的 3 个方法，具体代码如下。

代码位置：见随书源代码\第 11 章\Sample11_2\app\src\main\java\com\bn\sample_2 目录下的 MySurfaceView.java。

```
1    package com.bn.sample_2;                              //声明包名
2    ……//此处省略了部分类的导入代码，读者可自行查阅随书附带的源代码
3    class MySurfaceView extends GLSurfaceView{
4        private final float TOUCH_SCALE_FACTOR = 180.0f/320;//角度缩放比例
5        private SceneRenderer mRenderer;                   //场景渲染器
6        private float mPreviousY;                          //上次的触控位置 y 坐标
7        private float mPreviousX;                          //上次的触控位置 x 坐标
8        public MySurfaceView(Context context) {            //构造器
9            super(context);
10           this.setEGLContextClientVersion(2);            //设置使用 OPENGL ES 2.0
11           mRenderer = new SceneRenderer();               //创建场景渲染器
12           setRenderer(mRenderer);                        //设置渲染器
13           setRenderMode(GLSurfaceView.RENDERMODE_CONTINUOUSLY);//设置模式为主动渲染
14       }
15       @Override
16       public boolean onTouchEvent(MotionEvent e){        //触摸事件回调方法
17           float y = e.getY();                            //触摸时 x 坐标
18           float x = e.getX();                            //触摸时 y 坐标
19           switch (e.getAction()) {
20           case MotionEvent.ACTION_MOVE:
21               float dy = y - mPreviousY;                 //计算触控笔 Y 位移
22               float dx = x - mPreviousX;                 //计算触控笔 X 位移
23               for(Hexagon h:mRenderer.ha){
24                   h.yAngle += dx * TOUCH_SCALE_FACTOR;//设置各个五角星绕 y 轴旋转角度
25                   h.xAngle+= dy * TOUCH_SCALE_FACTOR;  //设置各个五角星绕 x 轴旋转角度
26           }}
27           mPreviousY = y;                                //记录触控笔位置
28           mPreviousX = x;                                //记录触控笔位置
29           return true;
30       }
31       private class SceneRenderer implements GLSurfaceView.Renderer{
32           Hexagon[] ha=new Hexagon[6];                   //创建五角星数组
33           public void onDrawFrame(GL10 gl){
34               GLES20.glClear(GLES20.GL_DEPTH_BUFFER_BIT|GLES20.GL_COLOR_BUFFER_BIT);
35               for(Hexagon h:ha){
36                   h.drawSelf();                          //绘制各个五角星
37               }
38           }
39           public void onSurfaceChanged(GL10 gl, int width, int height){
40               GLES20.glViewport(0, 0, width, height);    //设置视窗大小及位置
41               float ratio= (float) width / height;       //计算 GLSurfaceView 的宽高比
42               MatrixState.setProjectOrtho(-ratio, ratio, -1, 1, 1, 10);//设置正交投影
43               MatrixState.setCamera(                     //调用此方法产生摄像机 9 参数位置矩阵
44                   0, 0, 3f, 0, 0, 0f, 0f, 1.0f, 0.0f);
45           }
46           public void onSurfaceCreated(GL10 gl, EGLConfig config){
47               GLES20.glClearColor(0.5f,0.5f,0.5f, 1.0f); //设置屏幕背景色 RGBA
48               for(int i=0;i<ha.length;i++){              //创建五角星数组中的各个对象
49                   ha[i]=new Hexagon(MySurfaceView.this,-(float)i/2);
50               }
51               GLES20.glEnable(GLES20.GL_DEPTH_TEST);     //打开深度检测
52   }}}
```

- 第 4~7 行为本类中用到的成员变量的声明，包括角度缩放比例、对场景渲染器的引用以及上次触控时的 x、y 坐标。

- 第 8~14 行为本类的构造器方法。在构造器中主要设置使用 OPENGL ES 2.0 版本，创建并设置了场景渲染器，设置渲染模式为主动渲染。

- 第 15~30 行为触摸事件回调方法。该方法把触摸事件时触点沿 x、y 方向的位移转换成

y 轴、x 轴的旋转角度，实现五角星的绕轴旋转。

- 第 31~38 行为重写 onDrawFrame 方法，创建了五角星数组，用来设置场景中五角星的数量。绘制前清除深度缓冲与颜色缓冲，然后通过 for 循环依次绘制设置的数量的五角星。
- 第 39~52 行为重写的 onSurfaceChanged 方法和 onSurfaceCreated 方法。onSurfaceChanged 方法中设置了视窗大小及位置，计算 GLSurfaceView 的宽高比，然后设置正交投影并设置摄像机 9 参数位置矩阵。onSurfaceCreated 方法中创建了五角星数组中每个五角星对象。循环时使得每次绘制的图形比上一个图形沿 z 轴负方向移动。

（2）下面介绍图形类 Hexagon 的开发，主要包括初始化顶点数据、初始化着色器以及图形的绘制方法，具体代码如下。

代码位置：见随书源代码\第 11 章\Sample11_2\app\src\main\java\com\bn\sample_2 目录下的 Hexagon.java。

```
1   package com.bn.sample_2;
2   ……//此处省略了部分类的导入代码，读者可自行查阅随书附带的源代码
3   public class Hexagon{
4       ……//此处省略了成员变量声明的代码，读者可自行查阅随书附带的源代码
5       public Hexagon(MySurfaceView mv,float zOffset){
6           initVertexData(zOffset);             //调用初始化顶点数据方法
7           initShader(mv);                      //调用初始化着色器方法
8       }
9       public void initVertexData(float zOffset){   //自定义初始化顶点数据方法
10          ……//此处省略初始化顶点数据的方法，将在下面进行介绍
11      }
12      public void initShader(MySurfaceView mv){    //自定义初始化着色器方法
13          ……//此处省略初始化着色器的方法，读者可自行查阅随书附带的源代码
14      }
15      public void drawSelf(){
16          GLES20.glUseProgram(mProgram);           //指定使用某套 shader 程序
17          Matrix.setRotateM(mMMatrix,0,0,0,1,0);   //初始化变换矩阵
18          Matrix.translateM(mMMatrix,0,0,0,1);     //设置沿 Z 轴正向位移 1
19          Matrix.rotateM(mMMatrix,0,yAngle,0,1,0); //设置绕 y 轴旋转
20          Matrix.rotateM(mMMatrix,0,xAngle,1,0,0); //设置绕 z 轴旋转
21          GLES20.glUniformMatrix4fv(muMVPMatrixHandle, 1, false,
22                  MatrixState.getFinalMatrix(mMMatrix), 0);//将最终变换矩阵传入 shader 程序
23          GLES20.glVertexAttribPointer (maPositionHandle,3,
24                  GLES20.GL_FLOAT,false,3*4,mVertexBuffer); //为画笔指定顶点位置数据
25          GLES20.glVertexAttribPointer(maColorHandle,4,   //为画笔指定顶点着色数据
26                  GLES20.GL_FLOAT,false,4*4,mColorBuffer);
27          GLES20.glEnableVertexAttribArray(maPositionHandle);//允许顶点位置数据数组
28          GLES20.glEnableVertexAttribArray(maColorHandle); //允许顶点颜色数据数组
29          GLES20.glDrawElements(GLES20.GL_TRIANGLES, iCount,
30                  GL10.GL_UNSIGNED_BYTE, mIndexBuffer);    //索引法绘制五角星
31      }}
```

- 第 5~8 行为本类的构造器。在此构造器中调用了初始化顶点数据的 initVertexData 方法和初始化着色器的 initShader 方法。
- 第 9~14 行为初始化顶点数据的 initVertexData 方法和初始化着色器的 initShader 方法。由于篇幅原因，initVertexData 方法将在下面进行介绍，initShader 方法则不再进行赘述，读者可自行查阅随书附带的源代码。
- 第 15~31 行为图形类的绘制方法。在该方法中指定使用了某套程序，初始化变换矩阵并设置其绕轴旋转，为画笔指定顶点数据，并允许顶点数据数组，最后用索引法绘制五角星。

（3）下面对初始化顶点数据的 initVertexData 方法进行开发，主要包括初始化顶点坐标数据、初始化顶点颜色数据和初始化顶点索引数据，具体代码如下。

代码位置：见随书源代码\第 11 章\Sample11_2\app\src\main\java\com\bn\sample_2 目录下的 Hexagon.java。

```
1   public void initVertexData(float zOffset){           //初始化顶点数据方法
```

```
2            vCount=11;                                          //顶点数
3            float vertices[]=new float[]{
4                0*UNIT_SIZE,0*UNIT_SIZE,zOffset*UNIT_SIZE,//第一个顶点的 x、y、z 坐标
5                0*UNIT_SIZE,0.4f*UNIT_SIZE,zOffset*UNIT_SIZE,//第二个顶点的 x、y、z 坐标
6                0.2f*UNIT_SIZE*(float)Math.sin(Math.toRadians(36)),//第三个顶点的 x、y、z 坐标
7                    0.2f*UNIT_SIZE*(float)Math.cos(Math.toRadians(36)),zOffset*UNIT_SIZE,
8                ……//此处省略定义其他顶点坐标 x、y、z 值的代码,请自行查阅
9            };
10           ByteBuffer vbb = ByteBuffer.allocateDirect(vertices.length*4);//创建顶点坐标数据缓冲
11           vbb.order(ByteOrder.nativeOrder());              //设置字节顺序
12           mVertexBuffer = vbb.asFloatBuffer();             //转换为 float 型缓冲
13           mVertexBuffer.put(vertices);                     //向缓冲区中放入顶点坐标数据
14           mVertexBuffer.position(0);                       //设置缓冲区起始位置
15           float colors[]=new float[]{                      //顶点颜色值数组,每个顶点 4 个色彩值 RGBA
16               0,0,1,0,0,1,0,0,0,1,1,0,1,0,1,0,0,0,1,0,1,1,0,0,
17               1,1,0,1,0,0,1,0,1,1,0,0,1,1,1,0};
18           ByteBuffer cbb = ByteBuffer.allocateDirect(colors.length*4); //创建顶点着色数据缓冲
19           cbb.order(ByteOrder.nativeOrder());              //设置字节顺序
20           mColorBuffer = cbb.asFloatBuffer();              //转换为 float 型缓冲
21           mColorBuffer.put(colors);                        //向缓冲区中放入顶点着色数据
22           mColorBuffer.position(0);                        //设置缓冲区起始位置
23           iCount=30;
24           byte indices[]=new byte[]{                       //顶点索引数组
25               0,2,1,0,3,2,0,4,3,0,5,4,0,6,5,
26               0,7,6,0,8,7,0,9,8,0,10,9,0,1,10};
27           mIndexBuffer = ByteBuffer.allocateDirect(indices.length); //创建三角形构造索引数据缓冲
28           mIndexBuffer.put(indices);                       //向缓冲区中放入三角形构造索引数据
29           mIndexBuffer.position(0);                        //设置缓冲区起始位置
30       }
```

- 第 3~14 行为初始化五角星的顶点坐标数据。首先创建顶点坐标数据缓冲,然后设置字节顺序后转换为 float 型缓冲,并向缓冲区中放入顶点坐标数据,最后设置了缓冲区起始位置。
- 第 15~22 行为初始化五角星的顶点颜色数据。首先创建顶点着色数据缓冲,然后设置字节顺序后转换为 float 型缓冲,并向缓冲区中放入顶点着色数据,最后设置了缓冲区起始位置。
- 第 23~30 行为初始化五角星的顶点索引数据。首先创建三角形构造索引数据缓冲,然后向缓冲区中放入三角形构造索引数据,最后设置了缓冲区起始位置。

11.3.6 透视投影

本小节将对透视投影进行简单地介绍,与上一小节相似,主要包括基本知识与一个简单案例的讲解两部分。

1. 基本知识

相比于正交投影,透视投影能够模拟人眼观察事物时的"近大远小"效果,因此其能更好地模拟显示世界中的场景。透视投影不是平行的,投影线相交于视点。正因为其能更好地模拟现实世界,大部分游戏都采用透视投影。与正交投影的长方形视景体不同,透视投影的视景体为锥台形,如图 11-29 所示。

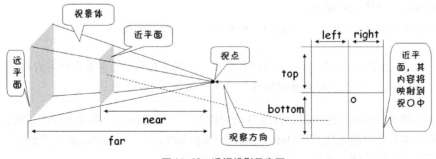

▲图 11-29 透视投影示意图

> 说明　视点为摄像机位置，距离视点 near 垂直于观察方向的平面为近平面，距离视点距离为 far 垂直于观察方向的平面为远平面。近平面距上下左右 4 条边的距离分别为：top、bottom、left、right。近平面与远平面之间的锥台形空间为视景体。

从图 11-29 我们看到，透视投影的投影线互不平行，全部相交于视点。因此，同样大小的物体，距离近的投影出来的大，距离远的投影出来的小，图 11-30 更直观地说明了这个问题。

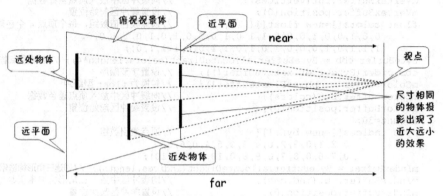

▲图 11-30　透视投影产生"近大远小"效果的原理图

> 说明　通过图 11-30 我们可以很直观地看出，尽管物体的大小相同，但距离比较近的物体的投影明显大于距离较远的，说明产生了"近大远小"的效果。

本书中案例都是通过 Matrix 类中的 frustumM 方法来设置透视投影，具体代码如下。

```
1    Matrix.frustumM(
2        mProjMatrix,              //存储生成矩阵元素的数组
3        0,                        //起始偏移量
4        left, right,              //near 面的 left、right
5        bottom, top,              //near 面的 bottom、top
6        near, far                 //near 面和 far 面与视点的距离
7    );
```

- Matrix 类中 frustumM 方法的功能为根据接收的 6 个相关参数产生投影矩阵，并将投影矩阵的元素填充到指定的数组中。
- frustumM 方法中的参数 left、right 为近平面左右侧对应的 x 坐标，参数 bottom、top 为近平面上下侧对应的 y 坐标，这 4 个参数实际上就是确定了视景体的左右面和上下面。near 为近平面与视点的距离，far 表示远平面与视点的距离。

视景体中的物体投影到近平面上后，最终要映射到屏幕的视口中。视口是屏幕上指定的显示区域，设置视口的具体代码如下。

```
1    GLES20.glViewport(x, y, width, height);        //设置视口
```

> 说明　上述代码中参数 x、y 为视口矩形左下侧点在视口用屏幕坐标系内的坐标，width 和 height 为视口的宽度和高度，具体情况如图 11-31 所示。

从近平面到视口的映射是由渲染管线自动完成的，一般情况下，要让视口的长宽比与屏幕的长宽比相等，也就是满足表达式：（left+right）/（top+bottom）=width/height。否则，显示在屏幕上会呈现不同程度的拉伸，这在一般情况下是不期望的。

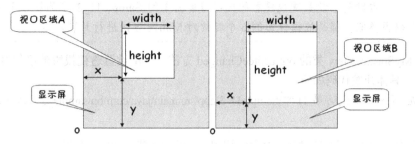

▲图 11-31 视口示意图

2. 一个简单的案例

接下来介绍一个使用透视投影的案例——Sample11_3，运行效果如图 11-32 所示。

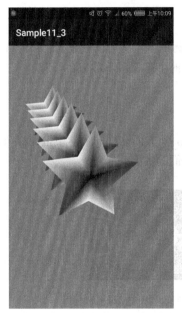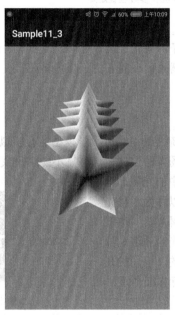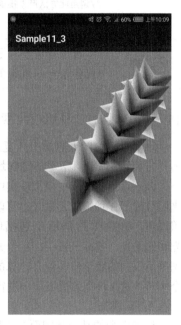

▲图 11-32 Sample11_3 运行效果图

读者可以看出本案例是由案例 Sample11_2 改写成的，因此有很大一部分代码都是相同的，下面仅介绍代码有区别的地方。

（1）首先，在 MatrixState 类中添加了设置透视投影的 setProjectFrustum 方法。该方法主要是设置透视投影的 6 个参数。其具体开发代码如下。

代码位置：见随书源代码\第 11 章\Sample11_3\app\src\main\java\com\bn\sample_3 目录下的 MatrixState.java。

```
1    public static void setProjectFrustum(           //设置透视投影参数
2        float left,                                  // near 面的 left
3        float right,                                 // near 面的 right
4        float bottom,                                // near 面的 bottom
5        float top,                                   // near 面的 top
6        float near,                                  // near 面距离
7        float far                                    // far 面距离
8    ){
9        Matrix.frustumM(mProjMatrix, 0, left, right, bottom, top, near, far);
10   }
```

> 说明　本案例中设置透视投影的代码与前面案例 Sample11_2 中的设置正交投影的代码很类似，都是依据投影的 6 个参数对 Matrix 方法进行封装。

（2）在 MySurfaceView 类的 onSurfaceChanged 方法中，用设置透视投影的语句替换设置正交投影的语句，具体开发代码如下。

代码位置：见随书源代码\第 11 章\Sample11_3\app\src\main\java\com\bn\sample_3 目录下的 MySurfaceView.java。

```
1   public void onSurfaceChanged(GL10 gl, int width, int height) {
2       GLES20.glViewport(0, 0, width, height);   //设置视窗大小及位置
3       float ratio= (float) width / height;      //计算 GLSurfaceView 的宽高比
4       MatrixState.setProjectFrustum(-ratio*0.4f, ratio*0.4f, -1*0.4f, 1*0.4f, 1, 50);
        //设置透视投影
5       MatrixState.setCamera(0,0,6,0f,0f,0f,0f,1.0f,0.0f);
        //调用此方法产生摄像机 9 参数位置矩阵
6   }
```

> 说明　通过与前面例子的对比，读者可以发现，本案例中第 4 行的设置透视投影的语句代替了上一个案例中的设置正交投影的语句，其他内容基本不用变。

11.3.7　光照的 3 种组成元素

现实世界中的光照是十分复杂的，很难用数学模型进行模拟，一方面这样的数学模型很复杂，另一方面计算量太大，影响 3D 场景的性能，这显然不能满足我们的需要。

OpenGL ES 2.0 中模拟现实中的光照，将光照分成了 3 种组成元素（也可以称为 3 种光照通道，如图 11-33 所示），包括环境光、散射光和镜面光。实际开发中，3 个光照通道是分别采用不同的数学模型独立计算的，下面的几个小节将对 3 种光照通道一一进行详细介绍。

▲图 11-33　光的 3 种组成元素

1．环境光

环境光指的是光从四面八方照射到物体上，全方位 360°都均匀的光。其模拟的是现实世界中从光源射出，经过多次反射后，各个方面基本均匀的光。其最大的特点是不依赖于光源的位置，而且没有方向性。图 11-34 简单地说明了这个问题。

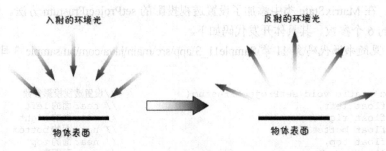

▲图 11-34　环境光的基本情况

计算环境光的数学模型很简单，公式如下。

环境光照射效果=材质的反射系数×环境光强度

2. 散射光

仅有环境光效果肯定不能满足我们对 3D 场景的要求，因为仅有环境光是没有层次感。本小节将介绍另外一种真实感好很多的光照效果——散射光（Diffuse），指的是从物体表面向各个方向均匀反射的光。散射光具体代表的是现实世界中粗糙的物体表面被光照射时，反射光在各个方向基本均匀（也称为"漫反射"）的情况，如图 11-35 所示。

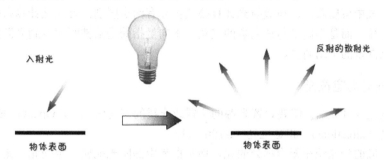

▲图 11-35　散射光示意图

虽然反射后的散射光在各个方向是均匀的，但散射光反射的强度与入射光的强度和入射的角度密切相关。因此当光源的位置发生变化时，散射光的效果会发生明显的变化，主要体现为当光垂直地照射到物体表面时，则比斜照时要亮，具体计算公式如下。

散射光照结果=材质的反射系数×散射光强度×max(cos(入射角),0)

实际开发中往往分两步进行计算，此时公式被拆解为如下情况。

散射光最终强度=散射光强度×max(cos(入射角),0)
散射光照射结果=材质的反射系数×散射光最终强度

> **说明**　材质的反射系数实际指的就是物体被照射处的颜色，散射光强度指的是散射光中 RGB（红、绿、蓝）3 个色彩通道的强度。

对比环境光与散射光的计算公式，可以看到，区别在于散射光多了"max(cos(入射角),0)"其说明反射角越大，反射越弱。当入射角大于 90°时，则反射强度为 0。由于入射角为入射光与法向量的夹角，因此余弦值的计算不需要调用三角函数，只需要将两个向量进行规格化，然后计算点击即可。

3. 镜面光

使用了上面两种光效后，场景光照效果已经有了很大的提升。但在现实世界中，当光滑的表面被照射时，则会有方向很集中的反射光，这里就要用镜面反射了。镜面反射来自特定的方向，也会被反射到特定的方向。因此，镜面光的最终强度还依赖于观察者的位置，即如果从摄像机到被照射点的向量不在反射光方向集中的范围内，观察者就不会看到镜面反射光，具体情况如图 11-36 所示。

▲图 11-36　镜面反射光示意图

下面将对镜面光的计算模型进行详细的介绍，具体公式如下。

镜面光照射结果=材质的反射系数×镜面光强度×max(0, (cos(半向量与法向量的夹角))^{粗糙度})

实际开发中往往分两步进行计算，此时公式被拆解为如下情况。

镜面光最终强度=镜面光强度×max(0, (cos(半向量与法向量的夹角))^{粗糙度})

镜面光照射结果=材质的反射系数×镜面光最终强度

从上述公式中可以看出，与散射光计算公式主要有两点区别，首先是计算余弦值时，对应的角不再是入射角，而是半向量与法向量的夹角。半向量指的是从被照射点到光源的向量与从被照射点到观察点向量的平均向量。

11.3.8 定向光与定位光

为光源设定 3 种光后，就要设置光源的位置或光线的方向信息了。OpenGL ES 中光源分为两种，即定向光（directional）和定位光（positional）。

定向光对应的为光源在无穷远处的光，现实世界中的阳光就属于定向光。定向光的特点是在场景中光照的位置是相同的。其效果如图 11-37 所示。

▲图 11-37　定位光与定向光效果

1. 定位光

定位光光源类似于现实世界中的白炽灯灯泡，其在某个固定的位置，发出的光向四周发散。定位光照射的一个明显特点就是，在给定光源的情况下，对不同位置的物体产生的光照效果不同。

下面介绍一个采用定位光光源的案例，加深读者对 OpenGL ES 2.0 中定位光的理解，案例运行效果如图 11-38 所示。

▲图 11-38　Sample11_4 运行效果

> 💡说明　图 11-38 中的拖拉条用来设置光源的位置，其中左图光源更靠近左侧球位置，右侧光源更靠近右侧球。两种情况下两个球的光照效果都是不同的，体现出了定位光的特点。

了解了定位光的基本原理及案例运行效果后，就可以进行案例开发了，主要包括渲染球体的 Ball 类、顶点着色器以及片元着色器，具体开发步骤如下。

（1）首先需要介绍的是负责按照切分规则生成球面上顶点的坐标，并渲染球体的 Ball 类，主要介绍了图形类的绘制方法。其具体代码框架如下。

代码位置：见随书源代码\第 11 章\Sample11_4\app\src\main\java\com\bn\sample_4 目录下的 Ball.java。

```
1   package com.bn.sample_4;
2   ……//此处省略了部分类的导入代码，请读者自行查阅随书源代码
3   public class Ball {
4       ……//此处省略了一些成员变量声明的代码，请读者自行查阅随书源代码
5       public Ball(MySurfaceView mv) {
6           initVertexData();              //初始化顶点坐标与着色数据
7           initShader(mv);                //初始化 shader
8       }
9       public void initVertexData() {     //初始化顶点坐标数据的方法
10          ……//此处省略了初始化顶点数据的方法体，将在下面进行介绍
11      }
12      public void initShader(MySurfaceView mv) {/*此处省略了初始化 shader 的方法体，请自行查阅*/}
13      public void drawSelf(){
14          ……//此处省略了部分代码与前面章节的类似，请读者自行查阅
15          GLES20.glUniformMatrix4fv(muMMatrixHandle, 1, false, MatrixState.getMMatrix(), 0);
16          GLES20.glUniform1f(muRHandle, r * UNIT_SIZE);   //将半径尺寸传入着色器程序
17          GLES20.glUniform3fv(maLightLocationHandle, 1, MatrixState.lightPositionFB);
18          GLES20.glUniform3fv(maCameraHandle, 1, MatrixState.cameraFB);
19          GLES20.glVertexAttribPointer(maPositionHandle, 3, GLES20.GL_FLOAT,
20                  false, 3 * 4, mVertexBuffer);    //将顶点位置数据传入渲染管线
21          GLES20.glVertexAttribPointer(maNormalHandle, 3, GLES20.GL_FLOAT, false,
22                  3 * 4, mNormalBuffer);           //将顶点法向量数据传入渲染管线
23          GLES20.glEnableVertexAttribArray(maPositionHandle); //启用顶点位置数据
24          GLES20.glEnableVertexAttribArray(maNormalHandle);   //启用顶点法向量数据
25          GLES20.glDrawArrays(GLES20.GL_TRIANGLES, 0, vCount);  //绘制球
26      }}
```

- 第 4 行为 Ball 类中成员变量的声明，这里由于篇幅原因，没有对其进行叙述，有兴趣的读者可自行查看随书附带的源代码进行了解和学习。

- 第 5~8 行为 Ball 类构造器的声明。该构造器主要为对初始化顶点坐标数据的 initVertexData 方法和初始化 shader 的 initShader 方法。

- 第 13~25 行为 drawSelf 绘制球的方法实现，与前面案例中此方法的主要区别是，多了将法向量数据和光源位置数据送入渲染管线的部分，增加了启用顶点法向量数据的代码。

（2）接下来介绍上一小节省略了的初始化顶点坐标数据 initVertexData 方法，具体代码开发如下。

代码位置：见随书源代码\第 11 章\Sample11_4\app\src\main\java\com\bn\sample_4 目录下的 Ball.java。

```
1   public void initVertexData(){                       //初始化顶点坐标数据的方法
2       ArrayList<Float> alVertix = new ArrayList<Float>();//存放顶点坐标的 ArrayList
3       final int angleSpan = 10;                       //将球进行单位切分的角度
4       for (int vAngle = -90; vAngle < 90; vAngle = vAngle + angleSpan){
                                                        //垂直方向 angleSpan 度一份
5           for (int hAngle = 0; hAngle <= 360; hAngle = hAngle + angleSpan){
                                                        //水平方向 angleSpan 度一份
6               float x0 = (float) (r * UNIT_SIZE* Math.cos(Math.toRadians(vAngle))
                        * Math.cos(Math
7                       .toRadians(hAngle)));   //获得第一个顶点的 x 值
8               float y0 = (float) (r * UNIT_SIZE* Math.cos(Math.toRadians(vAngle))
                        * Math.sin(Math
9                       .toRadians(hAngle)));   //获得第一个顶点的 y 值
10              float z0 = (float) (r * UNIT_SIZE * Math.sin(Math.toRadians(vAngle)));
11              float x1 = (float) (r * UNIT_SIZE* Math.cos(Math
                        * Math.cos(Math
12                      .toRadians(hAngle + angleSpan)));//获得第二个顶点的 x 值
```

```
13              float y1 = (float) (r * UNIT_SIZE* Math.cos(Math.toRadians(vAngle))
                   * Math.sin(Math
14                      .toRadians(hAngle + angleSpan)));  //获得第二个顶点的y值
15              float z1 = (float) (r * UNIT_SIZE * Math.sin(Math.toRadians(vAngle)));
16              float x2 = (float) (r * UNIT_SIZE* Math.cos(Math.toRadians(vAngle +
                   angleSpan))
17                      *Math.cos(Math.toRadians(hAngle + angleSpan)));
                      //获得第三个顶点的x值
18              float y2 = (float) (r * UNIT_SIZE* Math.cos(Math.toRadians(vAngle
                   + angleSpan))
19                      *Math.sin(Math.toRadians(hAngle + angleSpan)));
                      //获得第三个顶点的y值
20              float z2 = (float) (r * UNIT_SIZE * Math.sin(Math.toRadians(vAngle
                   + angleSpan)));
21              float x3 = (float) (r * UNIT_SIZE* Math.cos(Math.toRadians(vAngle +
                   angleSpan))
22                      *Math.cos(Math.toRadians(hAngle)));    //获得第四个顶点的x值
23              float y3 = (float) (r * UNIT_SIZE* Math.cos(Math.toRadians(vAngle+
                   angleSpan))
24                      *Math.sin(Math.toRadians(hAngle)));    //获得第四个顶点的y值
25              float z3 = (float) (r * UNIT_SIZE * Math.sin(Math.toRadians(vAngle
                   + angleSpan)));
26              alVertix.add(x1);alVertix.add(y1);alVertix.add(z1);
                //将x、y、z坐标值添加到列表中
27              alVertix.add(x3);alVertix.add(y3);alVertix.add(z3);
                //将x、y、z坐标值添加到列表中
28              alVertix.add(x0);alVertix.add(y0);alVertix.add(z0);
                //将x、y、z坐标值添加到列表中
29              alVertix.add(x1);alVertix.add(y1);alVertix.add(z1);
                //将x、y、z坐标值添加到列表中
30              alVertix.add(x2);alVertix.add(y2);alVertix.add(z2);
                //将x、y、z坐标值添加到列表中
31              alVertix.add(x3);alVertix.add(y3);alVertix.add(z3);
                //将x、y、z坐标值添加到列表中
32          }}
33          vCount = alVertix.size() / 3;  //顶点的数量为坐标值数量的1/3,因为一个顶点有3个坐标
34          float vertices[] = new float[vCount * 3]; //将alVertix中的坐标值转存到一个float数组中
35          for (int i = 0; i < alVertix.size(); i++) {
36              vertices[i] = alVertix.get(i);      //将顶点数据放入数组中
37          }
38          ByteBuffer vbb = ByteBuffer.allocateDirect(vertices.length*4); //创建顶点坐标数据缓冲
39          vbb.order(ByteOrder.nativeOrder());     //设置字节顺序
40          mVertexBuffer = vbb.asFloatBuffer();    //转换为int型缓冲
41          mVertexBuffer.put(vertices);            //向缓冲区中放入顶点坐标数据
42          mVertexBuffer.position(0);              //设置缓冲区起始位置
43          ByteBuffer nbb = ByteBuffer.allocateDirect(vertices.length*4);
                                                    //创建绘制顶点法向量缓冲
44          nbb.order(ByteOrder.nativeOrder());     //设置字节顺序
45          mNormalBuffer = nbb.asFloatBuffer();    //转换为float型缓冲
46          mNormalBuffer.put(vertices);            //向缓冲区中放入顶点坐标数据
47          mNormalBuffer.position(0);              //设置缓冲区起始位置
48      }
```

- 第3行中的angleSpan为将球进行经纬度方向单位切分的角度,角度越小,切分得就越细,绘制出来的形状就越接近于球。
- 第4~32行用双层for循环将球按照一定的角度跨度沿纬度、经度方向进行切分。每次循环到一组纬度、经度时都将对应顶点看作小四边形的左上侧点,然后按照规律计算出小四边形中其他3个顶点的坐标,最后按照需要将用于卷绕两个三角形的6个顶点的坐标依次存入列表。
- 第33~47行为首先获得顶点的数量,然后通过for循环将顶点坐标数据存入到数组中,最后将顶点坐标数据和法向量存放到对应的缓冲区中。

(3)接着进行着色器的开发。本小节首先进行顶点着色器的开发,具体代码实现如下。

代码位置:见随书源代码\第11章\Sample11_4\app\src\main\assets目录下的vertex.sh。

```
1   uniform mat4 uMVPMatrix;                        //总变换矩阵
```

11.3 OpenGL ES 2.0

```
2       uniform mat4 uMMatrix;                      //变换矩阵
3       uniform vec3 uLightLocation;                //光源位置
4       uniform vec3 uCamera;                       //摄像机位置
5       attribute vec3 aPosition;                   //顶点位置
6       attribute vec3 aNormal;                     //法向量
7       varying vec3 vPosition;                     //用于传递给片元着色器的顶点位置
8       varying vec4 vAmbient;                      //用于传递给片元着色器的环境光最终强度
9       varying vec4 vDiffuse;                      //用于传递给片元着色器的散射光最终强度
10      varying vec4 vSpecular;                     //用于传递给片元着色器的镜面光最终强度
11      void pointLight(                            //定位光光照计算的方法
12          in vec3 normal,                         //法向量
13          inout vec4 ambient,                     //环境光最终强度
14          inout vec4 diffuse,                     //散射光最终强度
15          inout vec4 specular,                    //镜面光最终强度
16          in vec3 lightLocation,                  //光源位置
17          in vec4 lightAmbient,                   //环境光强度
18          in vec4 lightDiffuse,                   //散射光强度
19          in vec4 lightSpecular                   //镜面光强度
20      ){
21          ambient=lightAmbient;                   //直接得出环境光的最终强度
22          vec3 normalTarget=aPosition+normal;     //计算变换后的法向量
23          vec3 newNormal=(uMMatrix*vec4(normalTarget,1)).xyz-(uMMatrix*vec4(aPosition,1)).xyz;
24          newNormal=normalize(newNormal);         //对法向量规格化
25          vec3 eye= normalize(uCamera-(uMMatrix*vec4(aPosition,1)).xyz);
            //计算从表面点到摄像机的向量
26          vec3 vp= normalize(lightLocation-(uMMatrix*vec4(aPosition,1)).xyz);
            //计算从表面点到光源位置的向量
27          vp=normalize(vp);                       //规格化 vp
28          vec3 halfVector=normalize(vp+eye);      //求视线与光线的半向量
29          float shininess=50.0;                   //粗糙度,越小越光滑
30          float nDotViewPosition=max(0.0,dot(newNormal,vp));  //求法向量与 vp 的点积与 0 的最大值
31          diffuse=lightDiffuse*nDotViewPosition;  //计算散射光的最终强度
32          float nDotViewHalfVector=dot(newNormal,halfVector); //法线与半向量的点积
33          float powerFactor=max(0.0,pow(nDotViewHalfVector,shininess));//镜面反射光强度因子
34          specular=lightSpecular*powerFactor;     //计算镜面光的最终强度
35      }
36      void main(){
37          gl_Position = uMVPMatrix * vec4(aPosition,1); //根据总变换矩阵计算此次绘制此顶点位置
38          vec4 ambientTemp,diffuseTemp,specularTemp;    //用来接收 3 个通道最终强度的变量
39          pointLight(normalize(aNormal),ambientTemp,diffuseTemp,specularTemp,uLightLocation,
40          vec4(0.15,0.15,0.15,1.0),vec4(0.8,0.8,0.8,1.0),vec4(0.7,0.7,0.7,1.0));
41          vAmbient=ambientTemp;                   //将环境光最终强度传给片元着色器
42          vDiffuse=diffuseTemp;                   //将散射光最终强度传给片元着色器
43          vSpecular=specularTemp;                 //将镜面光最终强度传给片元着色器
44          vPosition = aPosition;                  //将顶点的位置传给片元着色器
45      }
```

- 第 1~10 行为一些全局变量的声明。

- 第 7~10 行为一些传递给片元着色器的易变变量的声明,包括顶点位置、环境光最终强度、散射光最终强度和镜面光最终强度。

- 第 11~35 行为计算 3 种光照通道的最终强度的 pointLight 方法。对于定位光的光照,需计算出从表面点到光源位置的向量。

- 第 36~45 行为顶点着色器的 main 方法。首先根据总变换矩阵计算此次绘制此顶点位置,并通过调用 pointLight 方法来获得最终传给片元着色器的 3 种光照通道强度,最后将顶点的位置传给片元着色器。

(4) 在上边我们讲解了顶点着色器的开发,完成顶点着色器的开发后,就可以开发片元着色器了,具体代码如下。

代码位置:见随书源代码\第 11 章\Sample11_4\app\src\main\assets 目录下的 frag.sh。

```
1       precision mediump float;
2       uniform float uR;
3       varying vec3 vPosition;                     //接收从顶点着色器过来的顶点位置
4       varying vec4 vAmbient;                      //接收从顶点着色器过来的环境光分量
```

```
5       varying vec4 vDiffuse;                          //接收从顶点着色器过来的散射光分量
6       varying vec4 vSpecular;                         //接收从顶点着色器过来的镜面反射光分量
7       void main(){
8           vec3 color;
9           float n = 8.0;                              //一个坐标分量分的总份数
10          float span = 2.0*uR/n;                      //每一份的长度
11          int i = int((vPosition.x + uR)/span);       //x轴方向
12          int j = int((vPosition.y + uR)/span);       //y轴方向
13          int k = int((vPosition.z + uR)/span);       //z轴方向
14          int whichColor = int(mod(float(i+j+k),3.0));//计算所处位置的颜色
15          if(whichColor == 1) {                       //奇数时为红色
16              color = vec3(0.678,0.231,0.129);        //红色
17          }else if(whichColor == 2){                  //偶数时为白色
18              color = vec3(1.0,1.0,1.0);              //白色
19          }else{
20              color = vec3(0,0.2,0.8);                //蓝色
21          }
22          vec4 finalColor=vec4(color,0);              //最终颜色
23          gl_FragColor=finalColor*vAmbient + finalColor*vDiffuse + finalColor*vSpecular;
//给此片元颜色值
24      }
```

- 第 3～6 行为声明的 4 个易变变量。用于接收从顶点着色器传递过来的 3 种光照的最终强度分量和顶点位置数据。

- 第 7～24 行为片元着色器的 main 方法。首先计算出每一维在立方体内的行列数，并根据所处的不同位置将小块颜色设置成红、白、蓝 3 种颜色，最后综合 3 个通道光的最终强度及片元颜色计算出最终片元的颜色值并传递给管线。

2. 定向光

现实世界中并不都是定位光，例如照射到地面的阳光，光线之间是平行的，这种光称为定向光。定向光照射的明显特点是，在给定光线方向的情况下，场景中不同位置的物体反映出的光照效果完全一致。

接下来通过一个案例 Sample11_5 介绍定向光效果的开发，案例运行效果如图 11-39 所示。

▲图 11-39　Sample11_5 运行效果

> 说明　图 11-39 中左侧的图表示定点光方向从左向右照射的情况，右侧的图表示定向光方向从右向左照射的情况。从左右两幅效果图的对比中可以看出，在定向光方向确定的情况下，对场景中任何物体都产生相同的光照效果。

对比上一个定位光案例，很容易看出两个案例很类似，主要是光源照射的效果不同，一个是从一个方向照射，一个是平行照射。对于本案例中与上一案例相似的内容就不再赘述，这里仅介绍顶点着色器的开发，具体代码如下。

代码位置：见随书源代码\第 11 章\Sample11_5\app\src\main\assets 目录下的 vertex.sh。

```
1    uniform mat4 uMVPMatrix;                           //总变换矩阵
```

```glsl
2      uniform mat4 uMMatrix;                           //变换矩阵
3      uniform vec3 uLightDirection;                    //光源方向
4      uniform vec3 uCamera;                            //摄像机位置
5      attribute vec3 aPosition;                        //顶点位置
6      attribute vec3 aNormal;                          //法向量
7      varying vec3 vPosition;                          //用于传递给片元着色器的顶点位置
8      varying vec4 vAmbient;                           //用于传递给片元着色器的环境光最终强度
9      varying vec4 vDiffuse;                           //用于传递给片元着色器的散射光最终强度
10     varying vec4 vSpecular;                          //用于传递给片元着色器的镜面光最终强度
11     void directionalLight(                           //定向光光照计算的方法
12         in vec3 normal,                              //法向量
13         inout vec4 ambient,                          //环境光最终强度
14         inout vec4 diffuse,                          //散射光最终强度
15         inout vec4 specular,                         //镜面光最终强度
16         in vec3 lightDirection,                      //定向光方向
17         in vec4 lightAmbient,                        //环境光强度
18         in vec4 lightDiffuse,                        //散射光强度
19         in vec4 lightSpecular                        //镜面光强度
20     ){
21         ambient=lightAmbient;                        //直接得出环境光的最终强度
22         vec3 normalTarget=aPosition+normal;          //计算变换后的法向量
23         vec3 newNormal=(uMMatrix*vec4(normalTarget,1)).xyz-(uMMatrix*vec4
           (aPosition,1)).xyz;
24         newNormal=normalize(newNormal);              //对法向量规格化
25         vec3 eye= normalize(uCamera-(uMMatrix*vec4(aPosition,1)).xyz);
           //计算从表面点到摄像机的向量
26         vec3 vp= normalize(lightDirection);          //规格化定向光方向向量
27         vp=normalize(vp);                            //规格化
28         vec3 halfVector=normalize(vp+eye);           //求视线与光线的半向量
29         float shininess=50.0;                        //粗糙度,越小越光滑
30         float nDotViewPosition=max(0.0,dot(newNormal,vp));//求法向量与vp的点积与0的最大值
31         diffuse=lightDiffuse*nDotViewPosition;       //计算散射光的最终强度
32         float nDotViewHalfVector=dot(newNormal,halfVector);   //法线与半向量的点积
33         float powerFactor=max(0.0,pow(nDotViewHalfVector,shininess));  //镜面反射光强度因子
34         specular=lightSpecular*powerFactor;          //计算镜面光的最终强度
35     }
36     void main(){
37         gl_Position = uMVPMatrix * vec4(aPosition,1); //根据总变换矩阵计算此次绘制此顶点位置
38         vec4 ambientTemp,diffuseTemp,specularTemp;   //用来接收三个通道最终强度的变量
39         directionalLight(normalize(aNormal),ambientTemp,diffuseTemp,specularTemp,
           uLightDirection,
40         vec4(0.15,0.15,0.15,1.0),vec4(0.8,0.8,0.8,1.0),vec4(0.7,0.7,0.7,1.0));
41         vAmbient=ambientTemp;                        //将环境光最终强度传给片元着色器
42         vDiffuse=diffuseTemp;                        //将散射光最终强度传给片元着色器
43         vSpecular=specularTemp;                      //将镜面光最终强度传给片元着色器
44         vPosition = aPosition;                       //将顶点的位置传给片元着色器
45     }
```

- 第1～19行为顶点着色器中一些变量的声明。其中第3行将原来定位光光源位置一致变量的声明替换成了定向光方向向量一致变量的声明。

- 第11～35行将原来计算定位光光照的 pointLight 方法替换成了计算定向光光照的 directionalLight 方法。上述两个方法主要有两点不同,首先是原来表示定位光光源位置的参数 lightLocation 被换成了表示定向光方向的参数 lightDirection。另一个是计算时所需的光方向向量直接规格化 lightDirection 向量获得,不需要再通过光源位置与被照射点位置进行计算了。

11.3.9 点法向量和面法向量

将光源的一系列参数设置完毕后,要让光照起作用还需要指定每个顶点的法向量。顶点的法向量决定了光照时的反射情况。如果没有设置顶点法向量,就光照系统是不能工作的。

点的法向量指点所在物体表面的法向量方向,用向量来表示。OpenGL ES 中向量用三元组表示,格式为 (x,y,z),表示从 (0,0,0) 到 (x,y,z) 点确定的方向,如图11-40所示。

> 说明　某个点的法向量三元组与坐标三元组是不同的,开发过程中不要混淆。

球上某点的法向量方向就是球心到这一点的连线构成的向量。若球心在原点,则球面上点的法向量与坐标数据是相同的,因此进行设计时都是将球心置于原点,方便计算,如图 11-41 所示。

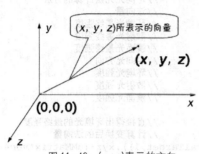

▲图 11-40　(x,y,z)表示的方向

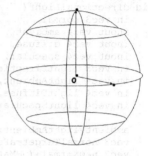

▲图 11-41　球面上的点

球面是处处可微的,因此每个顶点都可以方便地计算出来。但很多有棱角的三维物体虽然处处连续,但特定的地方不可微,这就不能直接计算了,如图 11-42 所示的长方体的顶点。

图 11-42 中的 k 点同时位于 3 个平面,这时候就不能直接计算了,开发中有两种方法来处理。

- 将 k 点处的 3 个法向量求平均值。
- 将 k 处看成 3 个点,分别位于不同面,分别计算法向量。

另外,需要注意的是,顶点向量尽量使用规范化向量,也就是长度为单位长度的向量。如果给出的不是规范化的向量,系统在运行时,还要对其进行规范化,这样无形间对性能产生了影响。

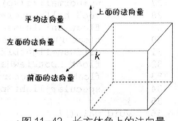

▲图 11-42　长方体角上的法向量

将向量进行规范化很简单。例如,向量(x,y,z)要规范化为($x1,y1,z1$),则规范化公式如下。

$$\text{length}=\sqrt{(x^2+y^2+z^2)}$$

$$x1=x/\text{length} \quad y1=y/\text{length} \quad z1=z/\text{length}$$

> 说明　开发中给出规范化向量要用 float 型,否则很可能不能正常工作。

11.3.10　纹理映射

1. 基本知识

本小节将介绍纹理映射的知识,有了纹理映射以后,3D 场景中的物体真实感将大大地提升。

启用纹理映射功能后,如果把一幅纹理图片应用到相应的几何图形,就要告知渲染系统如何进行纹理映射。告知的方式就是为图元中的顶点指定恰当的纹理坐标,纹理坐标用浮点数来表示,范围从 0.0 到 1.0。图 11-43 介绍纹理映射的基本原理。

- 图 11-43a 的纹理图位于纹理坐标系中。纹理坐标系的原点在左上角,向右为 S 轴,向下为 T 轴,每个轴的取值范围为 0.0~1.0。不论纹理图的尺寸大小,其横纵坐标的最大值都是 1.0。
- 图 11-43b 则是一个三角形图元,3 个顶点 A、B、C 都指定了纹理坐标,三组纹理坐标正好在右侧的纹理图中确定了需要映射的三角形纹理区域。

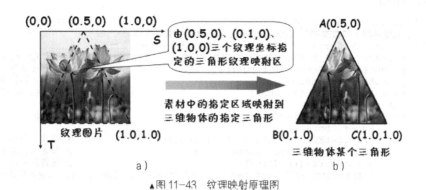

▲图 11-43　纹理映射原理图

> **说明**　纹理图片的宽度和高度必须为 2^n，即 $64×64$、$256×512$ 等，否则效果可能会有偏差。

从上述两点可以看出，纹理映射的基本思想就是，首先为图元中的每个顶点指定恰当的纹理坐标，然后通过纹理坐标在纹理图中可以确定选中的纹理区域，最后将选中的纹理区域中的内容根据纹理坐标映射到指定的图元上。

进行纹理映射的过程实际上就是为右侧三角形图元中的每个片元着色，用于着色的颜色要从左侧图中的三角形区域中获取，具体过程如下。

- 首先图元中的每个顶点都需要在顶点着色器中通过易变变量将纹理坐标注入片元着色器。
- 然后经过顶点着色器后渲染管线的固定功能部分会根据情况进行插值计算，产生对应到每个片元的用于记录纹理坐标的易变变量值。
- 最后每个片元在片元着色器中根据其接收到的记录纹理坐标的易变变量值到纹理图中提取出对应位置的颜色即可，提取颜色的过程一般称为纹理采样。

2. 一个简单的案例

下面介绍一个将绿草荷花纹理映射到场景中，三角形的案例 Sample11_6。本案例采用的纹理如图 11-44 所示，案例运行结果如图 11-45 所示。

▲图 11-44　纹理图片

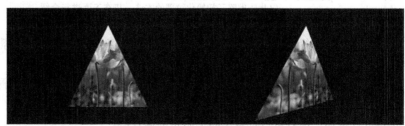

▲图 11-45　Sample11_6 运行效果

> **说明**　图 11-52 中左图为程序运行时的初始状态，右图为转了一定角度的效果。

下面进行程序的开发，主要包括绘制场景的 MySurfaceView 类、图形类 Triangle、顶点着色器和片元着色器，具体开发步骤如下。

（1）首先开发用于场景绘制的 MySurfaceView 类。主要包括其构造器方法和内部继承场景渲染类需要重写的 3 个方法，具体代码如下。

代码位置：见随书源代码\第 11 章\Sample11_6\app\src\main\java\com\bn\sample_6 目录下的 MySurfaceView.java。

```
1   package com.bn.sample_6;                                      //声明包名
2   ……//此处省略了部分类的导入代码，读者可自行查阅随书源代码
3   public class MySurfaceView extends GLSurfaceView{
4       private final float TOUCH_SCALE_FACTOR = 180.0f/320;      //角度缩放比例
5       private SceneRenderer renderer;                           //场景渲染器
6       private float mPreviousX;                                 //上次的触控位置 x 坐标
7       private float mPreviousY;                                 //上次的触控位置 y 坐标
8       int textureId;                                            //纹理 id
9       public MySurfaceView(Context context) {                   //构造器
10          super(context);
11          this.setEGLContextClientVersion(2);                   //设置使用 OPENGL ES2.0
12          renderer=new SceneRenderer();                         //创建场景渲染器
13          setRenderer(renderer);                                //设置渲染器
14          setRenderMode(GLSurfaceView.RENDERMODE_CONTINUOUSLY); //设置模式为主动渲染
15      }
16      @Override
17      public boolean onTouchEvent(MotionEvent e){               //触摸事件回调方法
18          ……//此处省略了触摸事件回调方法，读者可自行查阅随书源代码
19      }
20      private class SceneRenderer implements GLSurfaceView.Renderer{
21          Triangle texTriangle;                                 //创建三角形对象
22          @Override
23          public void onDrawFrame(GL10 gl){                     //绘制方法
24              GLES20.glClear(GLES20.GL_DEPTH_BUFFER_BIT|GLES20.GL_COLOR_BUFFER_BIT);
25              texTriangle.drawSelf(textureId);                  //绘制纹理矩形
26          }
27          @Override
28          public void onSurfaceChanged(GL10 gl, int width, int height){
29              GLES20.glViewport(0, 0, width, height);           //设置视窗大小及位置
30              float ratio=(float)width/height;                  //计算 GLSurfaceView 的宽高比
31              MatrixState.setProjectFrustum(-ratio, ratio, -1, 1, 1, 10);
                //计算产生透视投影矩阵
32              MatrixState.setCamera(0, 0, 3, 0, 0, 0, 0f, 1.0f, 1.0f);
                //摄像机 9 参数位置矩阵
33          }
34          @Override
35          public void onSurfaceCreated(GL10 gl, EGLConfig config) {
36              GLES20.glClearColor(0,0,0,1.0f);                  //设置屏幕背景色 RGBA
37              texTriangle=new Triangle(MySurfaceView.this);     //创建三角形对象
38              GLES20.glEnable(GLES20.GL_DEPTH_TEST);            //打开深度检测
39              initTexture();                                    //初始化纹理
40              GLES20.glDisable(GLES20.GL_CULL_FACE);            //关闭背面剪裁
41          }}
43      public void initTexture(){
44          ……//此处省略了初始化纹理的方法，将在下面进行介绍
45      }}
```

● 第 4~8 行为该类中成员变量的声明。包括角度缩放比例、场景渲染器的引用、上次的触控位置 xy 坐标和纹理 id 等内容。

● 第 9~19 行为本类的构造器方法和触摸事件回调方法。其中设置使用 OpenGL ES 2.0，创建并设置场景渲染器，还将渲染模式设置为主动渲染。由于篇幅原因，在这里触摸事件回调方法不再进行赘述，读者可自行查阅随书附带的源代码。

● 第 23~33 行为重写的 onDrawFrame 方法和 onSurfaceChanged 方法。onDrawFrame 的方法中清除深度缓冲和颜色缓冲后，绘制纹理矩形。onSurfaceChanged 方法中设置视窗大小及位置、计算 GLSurfaceView 的宽高比、通过方法计算产生透视投影矩阵、产生摄像机 9 参数矩阵。

● 第 34~45 行为初始化纹理的方法和重写的 onSurfaceCreated 方法。onSurfaceCreated 方法中设置背景色、创建三角形对象、打开深度检测和关闭背面剪裁并调用的初始化纹理的方法。由于偏于原因，初始化纹理的方法将在下面进行介绍。

（2）下面介绍上面代码中所省略的初始化纹理 initTexture 方法，主要是通过流加载图片，并

对纹理进行绑定,具体代码如下。

代码位置:见随书源代码\第 11 章\Sample11_6\app\src\main\java\com\bn\sample_6 目录下的 MySurface View.java。

```
1    public void initTexture(){                          //初始化纹理
2        int[] textures=new int[1];
3        GLES20.glGenTextures(
4            1,                                          //产生的纹理 id 的数量
5            textures,                                   //纹理 id 的数组
6            0                                           //偏移量
7        );
8        textureId=textures[0];                          //获取产生的纹理 Id
9        GLES20.glBindTexture(GLES20.GL_TEXTURE_2D, textureId);     //绑定纹理 Id
10       GLES20.glTexParameterf(GLES20.GL_TEXTURE_2D,   //设置 MIN 采样方式
11               GLES20.GL_TEXTURE_MAG_FILTER, GLES20.GL_LINEAR);
12       GLES20.glTexParameterf(GLES20.GL_TEXTURE_2D,   //设置 MAG 采样方式
13               GLES20.GL_TEXTURE_MIN_FILTER, GLES20.GL_NEAREST);
14       GLES20.glTexParameterf(GLES20.GL_TEXTURE_2D,   //设置 S 轴拉伸方式
15               GLES20.GL_TEXTURE_WRAP_S, GLES20.GL_CLAMP_TO_EDGE);
16       GLES20.glTexParameterf(GLES20.GL_TEXTURE_2D,   //设置 T 轴拉伸方式
17               GLES20.GL_TEXTURE_WRAP_T, GLES20.GL_CLAMP_TO_EDGE);
18       InputStream is=this.getResources().openRawResource(R.drawable.flower);
         //通过流加载图片
19       Bitmap bitmap;
20       try{
21           bitmap=BitmapFactory.decodeStream(is);      //从输入流加载图片内容
22       }finally{
23           try{
24               is.close();                             //关闭输入流
25           }catch(Exception e){e.printStackTrace();}}
26       GLUtils.texImage2D(
27           GLES20.GL_TEXTURE_2D,       //纹理类型,在 OpenGL ES 中必须为 GL10.GL_TEXTURE_2D
28           0,                          //纹理的层次,0 表示基本图像层,可以理解为直接贴图
29           bitmap,                     //纹理图像
30           0);                         //纹理边框尺寸
31       bitmap.recycle();               //纹理加载成功后释放图片
32   }
```

- 第 2~17 行为创建一维数组,然后从系统中获取分配的纹理 id,绑定纹理 id,最后对 MIN 采样方式、MAG 采样方式、S 轴拉伸方式和 T 轴拉伸方式进行相应设置。
- 第 18~31 行为通过流将纹理图加载进内存,然后将纹理图加载进显存,并释放内存中的副本。

> **说明** 纹理类型,在 OpenGL ES 中必须为 GL10.GL_TEXTURE_2D。还有最后内存副本的释放请读者务必记住,否则在纹理较多的项目中可能引起内存崩溃。

(3)下面进行图形类 Triangle 的开发,主要包括初始化顶点数据、初始化着色器和图形绘制的方法,具体代码如下。

代码位置:见随书源代码\第 11 章\Sample11_6\app\src\main\java\com\bn\sample_6 目录下的 Triangle.java。

```
1    package com.bn.sample_6;                            //声明包名
2    ……//此处省略了部分类的导入代码,读者可自行查阅随书源代码
3    public class Triangle{
4        ……//此处省略了声明变量的代码,读者可自行查阅随书附带的源代码
5        public Triangle(MySurfaceView mv){              //构造器
6            initVertexData();                           //调用初始化顶点数据方法
7            initShader(mv);                             //调用初始化着色数据方法
8        }
9        public void initVertexData(){                   //初始化顶点数据
10           vCount=3;                                   //顶点个数
11           final float UNIT_SIZE=0.2f;
```

```
12              float vertices[]=new float[]{                  //初始化顶点坐标数组
13                  0,7*UNIT_SIZE,0,-7*UNIT_SIZE,-7*UNIT_SIZE,0,
14                  7*UNIT_SIZE,-7*UNIT_SIZE,0
15              };
16              ByteBuffer vbb=ByteBuffer.allocateDirect(vertices.length*4);
                //创建顶点坐标数据缓冲
17              vbb.order(ByteOrder.nativeOrder());             //设置字节顺序
18              mVertexBuffer=vbb.asFloatBuffer();              //转换为Float型缓冲
19              mVertexBuffer.put(vertices);                    //向缓冲区中放入顶点坐标数据
20              mVertexBuffer.position(0);                      //设置缓冲区起始位置
21              float texCoor[]=new float[]{                    //初始化顶点纹理坐标数据
22                  0.5f,0,0,1,1,1};
23              ByteBuffer cbb=ByteBuffer.allocateDirect(texCoor.length*4);
                //创建顶点纹理坐标数据缓冲
24              cbb.order(ByteOrder.nativeOrder());             //设置字节顺序
25              mTexCoorBuffer=cbb.asFloatBuffer();             //转换为Float型缓冲
26              mTexCoorBuffer.put(texCoor);                    //向缓冲区中放入顶点着色数据
27              mTexCoorBuffer.position(0);                     //设置缓冲区起始位置
28          }
29          public void initShader(MySurfaceView mv){
30              ……//此处省略初始化着色器的方法,将在下面进行介绍
31          }
32          public void drawSelf(int texId){
33              ……//此处省略了图形绘制的方法,读者可自行查阅随书源代码
34      }}
```

- 第5~8行为该类的构造器方法。在此构造器中分别调用了初始化顶点数据的initVertexData方法和初始化着色数据的initShader方法。
- 第9~28行为初始化顶点数据的initVertexData方法的实现。该方法中分别给出了顶点坐标数据和顶点纹理坐标数据,并分别将两种数据放入缓冲区。
- 第29~34行为初始化着色器的initShader方法和图形绘制的drawSelf方法的实现。由于篇幅有限,图形绘制的drawSelf方法在这里不再赘述,读者可自行查阅随书附带的源代码。

(4)接下来开发的是初始化着色器的initShader方法,主要为加载顶点着色器和片元着色器的脚本代码,获得各个引用的id,具体代码如下。

代码位置:见随书源代码\第11章\Sample11_6\app\src\main\java\com\bn\sample_6目录下的Triangle.java。

```
1   public void initShader(MySurfaceView mv){                   //初始化着色器方法
2       mVertexShader=ShaderUtil.loadFromAssetsFile
3           ("vertex.sh", mv.getResources());                   //加载顶点着色器的脚本内容
4       mFragmentShader=ShaderUtil.loadFromAssetsFile
5           ("frag.sh", mv.getResources());                     //加载片元着色器的脚本内容
6       //基于顶点着色器与片元着色器创建程序
7       mProgram=createProgram(mVertexShader,mFragmentShader);
8       //获取程序中顶点位置属性引用id
9       maPositionHandle=GLES20.glGetAttribLocation(mProgram, "aPosition");
10      //获取程序中顶点纹理坐标属性引用id
11      maTexCoorHandle=GLES20.glGetAttribLocation(mProgram, "aTexCoor");
12      //获取程序中总变换矩阵引用id
13      muMVPMatrixHandle = GLES20.glGetUniformLocation(mProgram, "uMVPMatrix");
14  }
```

> **说明** 上述代码中的初始化着色器initShader方法的主要作用为加载顶点着色器、片元着色器的脚本代码,基于顶点着色器和片元着色器创建着色程序,从着色程序中获取顶点坐标位置引用、顶点纹理属性引用和总变换矩阵引用。

(5)下面将要开发的是顶点着色器,具体代码如下。

代码位置:见随书源代码\第11章\Sample11_6\app\src\main\assets目录下的vertex.sh文件。

```
1   uniform mat4 uMVPMatrix;                                    //总变换矩阵
2   attribute vec3 aPosition;                                   //顶点位置
```

```
3        attribute vec2 aTexCoor;                           //顶点纹理坐标
4        varying vec2 vTextureCoord;                        //用于传递给片元着色器的变量
5        void main(){
6            gl_Position=uMVPMatrix*vec4(aPosition,1);      //根据总变换矩阵计算此次绘制此顶点位置
7            vTextureCoord=aTexCoor;                        //将接收的纹理坐标传递给片元着色器
8        }
```

> **说明** 第 7 行将被处理顶点的纹理坐标从属性变量 aTexCoor 赋值给了易变变量 vTextureCoord，供渲染管线固定功能部分进行插值计算后传递给片元着色器使用。

（6）下面将要开发的是片元着色器，具体代码如下。

代码位置：见随书源代码\第 11 章\Sample11_6\app\src\main\assets 目录下的 frag.sh 文件。

```
1    precision mediump float;                               //指定默认浮点精度
2    varying vec2 vTextureCoord;                            //接收从顶点着色器过来的参数
3    uniform sampler2D sTexture;                            //纹理内容数据
4    void main(){
5        gl_FragColor=texture2D(sTexture,vTextureCoord);    //给此片元从纹理中采样出颜色值
6    }
```

> **说明** 此片元着色器的主要功能为，根据接收的记录片元纹理坐标的易变变量中的纹理坐标，调用 texture2D 内建函数，从采样器中进行纹理采样，得到此片元的颜色值。最后，将采样到的颜色值传给内建变量 gl_FragColor，完成片元的着色。

11.4 利用 OpenGL ES 2.0 绘制真实的流体

本书前面 JBox2D 物理引擎章已经为读者介绍了采用单个粒子进行绘制的流体，由于当时还未学习 OpenGL ES 2.0 的相关知识，采用粒子绘制的流体呈现出离散化的特点，没有自然界中流体的整体感，视觉效果不够好。通过本章前面几节的学习，可以采用 OpenGL ES 2.0 技术绘制出更为逼真的流体，本节将对这方面的知识进行介绍。

11.4.1 流体绘制的策略

本小节将向读者介绍利用 OpenGL ES 2.0 技术绘制流体的基本策略，主要包含普通绘制、X 模糊绘制、Y 模糊绘制和去模糊绘制等 4 个大的阶段，具体情况如图 11-46 所示。

▲图 11-46 绘制原理的流程

从图 11-46 中可以看出，除了最开始的普通绘制阶段外，后继绘制阶段都是基于先导绘制阶段的结果进行进一步绘制处理的，下面对这 4 个绘制阶段一一进行介绍，具体内容如下。

1．普通绘制

普通绘制是指从数据缓冲队列中获取最新一帧画面的粒子的顶点数据，并将这一帧画面中所有粒子的位置缓冲和纹理缓冲等数据传送进渲染管线，通过顶点着色器、片元着色器等一系列处理输出一幅流体纹理，最后将流体纹理通过纹理贴图技术呈现到手持设备的屏幕上。其效果如图 11-47 和图 11-48 所示。

> **说明** 纹理贴图的基本思想是将一幅流体纹理用作纹理贴图的内容，通过纹理贴图技术将流体纹理投射到整个场景。在采用 OpenGL ES 2.0 绘制流体过程中均采用了纹理贴图的策略，后面将不再介绍。

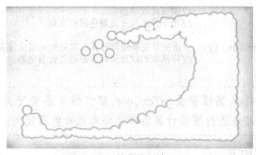 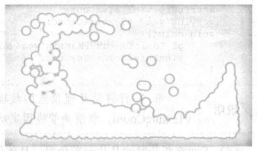

▲图 11-47　普通绘制效果 1　　　　　　　▲图 11-48　普通绘制效果 2

2. X 模糊绘制

模糊处理是数字图像处理的一种，X 模糊是指将单个流体粒子的纹理进行横向模糊，即从纹理中心至纹理左右边缘的透明度是逐渐变化的。

X 模糊效果是通过顶点着色器和片元着色器处理实现的。在顶点着色器中计算 X 模糊后的纹理坐标，并将其传送到片元着色器进行计算；在片元着色器中使用模糊的卷积内核进行卷积计算，最终将 X 模糊后的流体绘制到手持设备的屏幕上，实现了横向模糊效果的滤镜。其效果如图 11-49 和图 11-50 所示。

▲图 11-49　X 模糊绘制效果 1　　　　　　▲图 11-50　X 模糊绘制效果 2

3. Y 模糊绘制

与上述 X 模糊类似，Y 模糊是指将单个流体粒子的纹理进行纵向模糊，即从纹理中心至纹理上下边缘的透明度是逐渐变化的。

Y 模糊效果也是通过顶点着色器和片元着色器处理实现的。在顶点着色器中计算 Y 模糊后的纹理坐标，并将其传送到片元着色器进行计算；在片元着色器中同样也使用了模糊的卷积内核进行卷积计算，最终在手持设备屏幕上绘制出的流体实现了纵向模糊效果。其效果如图 11-51 和图 11-52 所示。

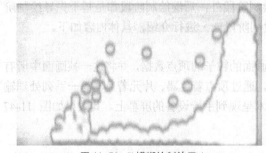 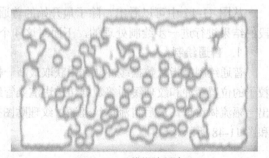

▲图 11-51　Y 模糊绘制效果 1　　　　　　▲图 11-52　Y 模糊绘制效果 2

4. 去模糊绘制

绘制流体时，如果只进行 X 模糊和 Y 模糊处理，而未进行去模糊处理，那么呈现在手持设备屏幕上的单个流体粒子会出现模糊、不清晰的现象，这是违背自然现象的。为了实现单个粒子分离时清晰呈现，多个粒子聚集时模糊呈现的效果，需要对流体粒子再进行去模糊处理。

去模糊是给定一个阈值，当片元所映射的片元透明度小于阈值时，将该片元设为全透明；否则改变其颜色。该效果是通过片元着色器完成的，经过该处理后，不仅实现了单个粒子分离时清晰呈现，多个粒子聚集时模糊呈现的效果，而且还实现了相邻粒子之间粘连的效果。其效果如图 11-53 和图 11-54 所示。

▲图 11-53　去模糊绘制效果 1

▲图 11-54　去模糊绘制效果 2

> **说明**　本小节中的所有效果图均以 11.5.2 小节中的简单案例为基础，通过对流体的不同绘制处理而得到的效果图。由于本书正文采用单色灰度印刷的原因，效果图可能看起来不是很清楚，读者可以使用真机运行查看。

11.4.2　一个简单的案例

接下来向读者介绍一个具体的简单案例，便于读者正确理解和掌握该原理的应用，同时，学会该原理也能绘制出更漂亮、更流畅和更逼真的流体。该案例的运行效果如图 11-55 和图 11-56 所示。

▲图 11-55　开始时效果

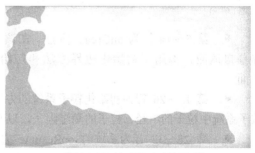
▲图 11-56　向左晃动时效果

> **说明**　图 11-62 为案例开始运行时的效果，此时屏幕上出现矩形面积的蓝色流体。图 11-56 为向左晃动手机时的效果，此时屏幕上的蓝色矩形流体受加速度传感器的作用向左晃动。

下面将进一步向读者详细介绍本案例代码的开发。本案例的开发主要包含了流体纹理的普通处理、X 模糊处理、Y 模糊处理、去模糊处理、多线程并发和加速度传感器等，具体步骤如下。

（1）首先向读者详细介绍的是本案例的主控制类 MainActivity。在该类中实现了屏幕自适应和初始化物理世界中的粒子系统，声明并创建了设置加速度传感器的类的对象以及声明、创建了显示界面类并跳转到该界面，具体内容如下。

代码位置：见随书源代码\第 11 章\Sample11_7\app\src\main\java\com\bn 目录下的 MainActivity.java。

```
1    package com.bn;                                        //引入包
2    ……//此处省略了部分类的导入代码，读者可自行查看随书的源代码
3    public class MainActivity extends Activity{
4    ……//该处省略了声明成员变量的代码，读者可以自行查阅随书源代码
5        protected void onCreate(Bundle savedInstanceState){
6            super.onCreate(savedInstanceState);
7            mController = new Controller(this);      //创建 Controller 对象
8            ……//该处省略了设置屏幕模式和屏幕自适应的代码，读者可以自行查阅随书源代码
9            initBoundary();                          //初始化边界方法
10           initParticleSystem();                    //初始化粒子系统方法
11           view=new MySurfaceView(this);            //创建显示界面对象
12           view.requestFocus();                     //获取焦点
13           setContentView(view);                    //跳到显示界面
14       }
15       public void initParticleSystem(){
16           m_particleSystem=mController.world.m_particleSystem;//初始化粒子系统对象
17           m_particleSystem.setParticleRadius(0.6f); //设置粒子的半径
18           m_particleSystem.setParticleDamping(0.8f); //设置粒子的潮湿因子
19           WaterObject.createWaterRectObject(        //创建矩形流体
20               630, StandardScreenWidth-300,         //矩形流体的位置
21               300,200,                              //矩形流体的半宽、半高
22               0,                                    //粒子的凝聚强度
23               ParticleType.b2_waterParticle,        //粒子类型
24               ParticleGroupType.b2_solidParticleGroup,    //粒子群类型
25               m_particleSystem                      //粒子系统
26       );}
27       ……//该处省略了初始化边界的 initBoundary 方法，较简单，读者可以自行查阅随书源代码
28       protected void onResume(){                    //重写 onResume 方法
29           super.onResume();
30           mController.onResume();                   //调用 Controller 的 onResume 方法
31           view.onResume();                          //调用 MySurfaceView 的 onResume 方法
32       }
33       protected void onPause(){                     //重写 onPause 方法
34           super.onPause();
35           mController.onPause();                    //调用 Controller 的 onPause 方法
36           view.onPause();                           //调用 MySurfaceView 的 onPause 方法
37   }}
```

- 第 5～14 行为 onCreate 方法。在该方法中创建了 Controller 对象，设置屏幕模式和屏幕自适应，调用了初始化边界方法和初始化粒子系统方法，创建显示界面对象并跳到该界面。

- 第 15～26 行为初始化粒子系统的方法。该方法主要作用为初始化粒子系统对象，设置粒子系统中粒子的半径、粒子的潮湿因子，以及创建矩形流体。

- 第 28～37 行为系统的 onResume 方法和 onPause 方法。在 onResume 方法中调用了 Controller 类和 MySurfaceView 类的 onResume 方法，在 onPause 方法中调用了 Controller 类和 MySurfaceView 类的 onPause 方法。

（2）接下来向读者介绍本案例的常量类 Constant。该类主要用于存放本案例中的静态常量，以供其他类方便地调用这些公共常量。例如物理世界中的一些静态常量、流体粒子的静态常量等，具体内容如下。

代码位置：见随书源代码\第 11 章\Sample11_7\app\src\main\java\com\bn\util 目录下的 Constant.java。

```
1    package com.bn.util;                               //引入包
2    ……//此处省略了部分类的导入代码，读者可自行查看随书的源代码
3    public class Constant{
4        public static final float RATE=30;            //真实世界与物理世界的比例值
5        public static final boolean PHYSICS_THREAD_FLAG=true; //绘制线程工作标志位
```

11.4 利用 OpenGL ES 2.0 绘制真实的流体

```
6       public static final float TIME_STEP = 1.0f/60.0f;        //模拟的频率
7       public static final int ITERA =5;                //迭代越大,模拟越精确,但性能越低
8       public  static Queue<float[]> aq=new LinkedList<float[]>();//物理顶点计算队列
9       public static Queue<float[]> saveQ=new LinkedList<float[]>();//绘制顶点队列
10      public static Object lockA=new Object();         //锁 A
11      public static Object lockB=new Object();         //锁 B
12      public static TextureRect tBack;                 //背景矩形纹理
13      public static TextureRect trX;                   //X 模糊矩形纹理
14      public static TextureRect trY;                   //Y 模糊矩形纹理
15      public static TextureRect tr;                    //最终矩形纹理
16      public static BNWaterObject bnwo;   //用于绘制一帧粒子画面的对象
17      ……//该处省略了屏幕自适应的相关代码,读者可以自行查阅随书源代码
18      public static final int WATER_TEX_ONE=256;       //标准纹理图的大小
19      public static final int WATER_TEX_TWO=128;       //X 模糊生成的纹理图的大小
20      public static final float S_MAX=1.0f;            //纹理坐标 S
21      public static final float T_MAX=1.0f;            //纹理坐标 T
22      public static float RADIUS=30.0f;                //流体纹理图片边长
23      public static float fromScreenXToNearX(float x){ //屏幕坐标 x 转换为视口坐标 x
24          return (x-StandardScreenHeight/2)/(StandardScreenWidth/2);
25      }
26      public static float fromScreenYToNearY(float y){ //屏幕坐标 y 转换为视口坐标 y
27          return -(y-StandardScreenWidth/2)/(StandardScreenWidth/2);
28      }
29      public static float X_GRAVITY=0;                 //重力加速度 x 方法上的值
30      public static float Y_GRAVITY=0;                 //重力加速度 y 方法上的值
31  }
```

- 第 4~7 行为声明物理世界中用到的静态常量,如真实世界与物理世界的比例值,物理世界模拟的频率,物理世界的迭代值等,迭代值越大,模拟越精确,但性能越低。
- 第 8~16 行为声明连接线程之间的两个队列对象、两把锁,以及用来绘制流体纹理的各个矩形对象和绘制一帧粒子画面的对象。
- 第 18~22 行为声明程序中生成一帧画面的流体纹理图的大小值,绘制的纹理坐标以及单个流体纹理图片的大小。
- 第 23~28 行为屏幕坐标转换为视口坐标的两个方法。
- 第 29~30 行为声明重力加速度 x、y 方向的值。

(3)下面将详细介绍本案例的重力加速度类 Controller。该类的主要作用为根据手机姿态的改变,获取加速度传感器中的值,来改变物理世界中的重力加速度,使屏幕上的流体根据手机的姿态改变而运动起来。其详细代码如下。

代码位置:见随书源代码\第 11 章\Sample11_7\app\src\main\java\com\bn 目录下的 Controller.java。

```
1   package com.bn;                                              //引入包
2   ……//此处省略了部分类的导入代码,读者可自行查看随书的源代码
3   public class Controller implements SensorEventListener {
4       ……//该处省略了声明成员变量的代码,读者可以自行查阅随书源代码
5       public Controller(Activity activity) {                   //构造器
6           //获取手机的旋转角度并根据角度设置 x,y 方向上的重力加速度
7           switch (activity.getWindowManager().getDefaultDisplay().getRotation()){
8               case Surface.ROTATION_0:                 //旋转角度为 0 时
9                   mGravityVec[0] = -GRAVITY;           //设置 x 方向上的重力加速度
10                  break;
11              case Surface.ROTATION_90:                //旋转角度为 90 时
12                  mGravityVec[1] = -GRAVITY;           //设置 y 方向上的重力加速度
13                  break;
14              case Surface.ROTATION_180:               //旋转角度为 180 时
15                  mGravityVec[0] = GRAVITY;            //设置 x 方向上的重力加速度
16                  break;
17              case Surface.ROTATION_270:               //旋转角度为 270 时
18                  mGravityVec[1] = GRAVITY;            //设置 y 方向上的重力加速度
19                  break;
20          }
21          //获取 SensorManager 对象
22          mManager = (SensorManager) activity.getSystemService(Activity.SENSOR_SERVICE);
```

```
23              //获取指定类型的传感器对象
24              mAccelerometer = mManager.getDefaultSensor(Sensor.TYPE_ACCELEROMETER);
25          }
26          protected void onResume(){                           //重写 onResume 方法
27              mManager.registerListener(                       //注册监听器
28                  this,                                        //监听器引用
29                  mAccelerometer,                              //被监听的传感器引用
30                  SensorManager.SENSOR_DELAY_GAME              //传感器采样的频率
31              );}
32          protected void onPause() {                           //重写 onPause 方法
33              mManager.unregisterListener(this);               //注销监听器
34          }
35          public void onSensorChanged(SensorEvent event) {
36              if (event.sensor.getType() == Sensor.TYPE_ACCELEROMETER){
37                  float x = event.values[0];                   //获取 x 方向上的加速度值
38                  float y = event.values[1];                   //获取 y 方向上的加速度值
39                  X_GRAVITY=mGravityVec[0] * x - mGravityVec[1] * y;//设置 x 方向上的加速度
40                  Y_GRAVITY=mGravityVec[1] * x +mGravityVec[0] * y;//设置 y 方向上的加速度
41          }}}
```

- 第 5~25 行为 Controller 类的有参构造器。在该构造器中获取手机的旋转角度并根据角度设置 x、y 方向上的重力加速度，获取 SensorManager 对象和获取加速度传感器对象。
- 第 26~34 行为 onResume 方法和 onPause 方法。在 onResume 方法中注册 SensorManager 的监听器，在 onPause 方法中注销该监听器。
- 第 35~41 行为 SensorManager 的 onSensorChanged 方法。在该方法中获取重力加速度值并计算 x、y 方向上相应的加速度。

（4）接下来介绍绘制一帧画面中所有流体粒子的类 BNWaterObject 的开发，本类为封装好的绘制类，主要功能是初始化纹理数据的方法、初始化着色器和更新顶点数据的方法。首先介绍本类的基本框架，具体代码如下。

代码位置：见随书源代码\第 11 章\Sample11_7\app\src\main\java\com\bn\object 下的 BNWaterObject.java。

```
1   package com.bn.object;                                      //声明包名
2   ……//此处省略了部分类的导入代码，读者可自行查阅随书源代码
3   public class BNWaterObject {
4       ……//此处省略了声明成员变量的代码，读者可自行查阅随书附带的源代码
5       public BNWaterObject(MySurfaceView mv,int texId){        //构造器
6           this.mv=mv;
7           this.texId=texId;                                    //纹理 id
8       }
9       public void updateVertexData(float[] data){              //初始化顶点数据
10          vCount=data.length/3;                                //顶点数量
11          ByteBuffer vbb=ByteBuffer.allocateDirect(data.length*4);  //创建顶点坐标数据缓冲
12          vbb.order(ByteOrder.nativeOrder());                  //设置字节顺序
13          mVertexBuffer=vbb.asFloatBuffer();                   //转换为 Float 型缓冲
14          mVertexBuffer.clear();                               //清除缓冲
15          mVertexBuffer.put(data);                             //向缓冲区中放入顶点坐标数据
16          mVertexBuffer.position(0);                           //设置缓冲区起始位置
17          if(initVertexData){                                  //若未初始化纹理数据
18              initTexCoorData();                               //初始化纹理数据
19              initVertexData=false;                            //标志位置为 false
20          }}
21      public void initTexCoorData(){                           //初始化纹理数据
22          float[] texCoorL=new float[vCount*2];                //创建数组
23          for(int i=0;i<vCount/6;i++){                         //初始化纹理坐标
24              texCoorL[i*12]=0;texCoorL[i*12+1]=0;texCoorL[i*12+2]=0;
25              texCoorL[i*12+3]=1;texCoorL[i*12+4]=1;texCoorL[i*12+5]=1;
26              texCoorL[i*12+6]=1;texCoorL[i*12+7]=1;texCoorL[i*12+8]=1;
27              texCoorL[i*12+9]=0;texCoorL[i*12+10]=0;texCoorL[i*12+11]=0;
28          }
29          ByteBuffer cbb=ByteBuffer.allocateDirect(texCoorL.length*4);//创建纹理坐标数据缓冲
30          cbb.order(ByteOrder.nativeOrder());                  //设置字节顺序
31          mTexCoorBuffer=cbb.asFloatBuffer();                  //转换为 Float 型缓冲
```

11.4 利用 OpenGL ES 2.0 绘制真实的流体

```
32              mTexCoorBuffer.put(texCoorL);            //向缓冲区中放入顶点着色数据
33              mTexCoorBuffer.position(0);              //设置缓冲区起始位置
34          }
35      public void initShader(MySurfaceView mv){
36          ……//此处省略初始化着色器的代码,将在下面进行介绍
37      }
38      public void drawSelfForWater(){
39          ……//此处省略了绘制流体的代码,读者可自行查阅随书源代码
40      }}
```

- 第5~8行为本类的含参构造器,主要功能为初始化 MySurfaceView 类引用和纹理 id。
- 第9~20行为更新顶点数据的 updateVertexData 方法。该方法中首先计算顶点数量,然后指定顶点的坐标数据,并将数据写入到顶点数据所对应的缓冲区中,并设置缓冲区的起始位置。
- 第21~34行为初始化纹理数据的 initTexCoorData 方法。该方法在更新顶点数据的方法中被调用。该方法中需要指定纹理数据,并将纹理数据写入所对应的缓冲区中,并设置缓冲区的起始位置。
- 第35~40行为初始化着色器的 initShader 方法和绘制流体的 drawSelfForWater 方法的实现。由于篇幅有限,绘制流体的 drawSelfForWater 方法在这里不再赘述,读者可自行查阅随书附带的源代码。

(5)接下来开发 BNWaterObject 类中的初始化着色器的方法 initShaderForWater。该方法的功能主要是根据指定的顶点着色器和片元着色器创建程序,并从程序中获取相应属性的引用,具体代码如下。

代码位置:见随书源代码第 11 章\Sample11_7\app\src\main\java\com\bn\object 目录下的 BNWaterObject.java。

```
1   public void initShaderForWater(){                    //创建并初始化着色器的方法
2       mProgramFoWater=ShaderManager.getShader(0)       //基于顶点着色器与片元着色器创建程序
3       maPositionHandleForWater = GLES20.glGetAttribLocation(
4           mProgramFoWater, "aPosition");               //获取程序中顶点位置属性引用
5       maTexCoorHandleForWater= GLES20.glGetAttribLocation(
6           mProgramFoWater, "aTexCoor");                //获取程序中顶点纹理坐标属性引用
7       muMVPMatrixHandleForWater = GLES20.glGetUniformLocation(
8           mProgramFoWater, "uMVPMatrix");              //获取程序中总变换矩阵引用
9   }
```

> **说明** 上述代码中的初始化着色器 initShader 方法的主要作用为基于顶点着色器和片元着色器创建着色程序,从着色程序中获取顶点坐标位置引用、顶点纹理属性引用和总变换矩阵引用。

(6)接下来将详细介绍用于显示场景的 MySurfaceView 类。该类继承自 GLSurfaceView,并且在该类中通过内部类的形式创建了渲染器。其具体代码如下。

代码位置:见随书源代码第 11 章\Sample11_7\app\src\main\java\com\bn 目录下的 MySurfaceView.java。

```
1   package com.bn;                                      //声明包名
2   ……//此处省略了部分类的导入代码,读者可自行查阅随书源代码
3   public class MySurfaceView extends GLSurfaceView {
4       ……//此处省略了成员变量的声明,读者可自行查阅随书源代码
5       public MySurfaceView(Context context) {          //构造器
6           super(context);
7           this.activity=(MainActivity)context;
8           this.setEGLContextClientVersion(2);          //设置使用 OPENGL ES2.0
9           mRenderer = new SceneRenderer();             //创建场景渲染器
10          setRenderer(mRenderer);                      //设置渲染器
11          setRenderMode(GLSurfaceView.RENDERMODE_CONTINUOUSLY);//设置渲染模式为主动渲染
12      }
13      private class SceneRenderer implements GLSurfaceView.Renderer {
```

```
14        int[] frameBufferId=new int[3];                    //动态产生的帧缓冲 id
15        int[] shadowId=new int[3];                         //动态产生的流体纹理 id
16        int[] renderDepthBufferId=new int[3];              //动态产生的渲染缓冲 id
17        float ratio=0;
18        boolean[] isOk={true,true,true};
19        ……//此处省略了 initFRBuffers 方法,将在下面介绍
20        ……//此处省略了普通绘制、XY 模糊绘制和去模糊绘制的代码,将在下面介绍
21        public void onDrawFrame(GL10 gl) {                 //绘制流体
22            generateWaterImage();                          //绘制流体矩形图
23            generateWaterImageX(1,0);                      // x 模糊绘制
24            generateWaterImageY(2,1);                      // y 模糊绘制
25            drawShadowTexture();                           //去模糊绘制
26        }
27        public void onSurfaceChanged(GL10 gl, int width, int height) {
28            GLES20.glViewport(0,0,width,height);           //设置视窗大小及位置
29            ratio = (float) width / height;                //计算比例值
30        }
31        public void onSurfaceCreated(GL10 gl, EGLConfig config) {
32            GLES20.glClearColor(0,0,0,0);                  //设置屏幕背景色 RGBA
33            TextureManager.loadingTexture(MySurfaceView.this);//初始化纹理
34            ShaderManager.loadingShader(MySurfaceView.this);//加载着色器
35            MatrixState.setInitStack();                    //初始化变换矩阵
36            ……//此处省略了创建其他类对象的代码,读者可自行查阅随书附带的源代码
37        }}
38        public void onDraw(){                              //绘制粒子
39            float[] tsTempA=null;                          //临时粒子位置存储数组
40            synchronized(lockB) {                          //获取锁
41                while(saveQ.size()>0){                     //获取最新数据
42                    tsTempA=saveQ.poll();
43                }}
44            if(tsTempA!=null){
45                tsTempB=tsTempA;                           //缓存数据
46            }
47            if(tsTempB!=null){
48                bnwo.updateVertexData(tsTempB);            //更新顶点数据
49                bnwo.drawSelfForWater();                   //绘制粒子
50        }}}
```

- 第 5~12 行为本类的含参构造器。在该构造器中初始化了 SceneRenderer 类对象,并设置了渲染器且设置渲染模式为主动渲染。

- 第 14~18 行为声明私有类 SceneRenderer 的成员变量,用于在一系列绘制中记录帧缓冲 id、渲染缓冲 id 和纹理 id。

- 第 21~26 行为重写 onDrawFrame 方法。在该方法中调用普通绘制、X 模糊绘制、Y 模糊绘制以及最终的去模糊绘制等方法。

- 第 27~30 行为重写 onSurfaceChanged 方法。在该方法中设置视口位置和大小。

- 第 31~37 行为重写 onSurfaceCreated 方法。在方法中主要完成初始化功能,包括设置屏幕背景颜色、初始化纹理、加载着色器、初始化变换矩阵以及创建并开启相应线程等。

- 第 38~50 行为绘制粒子的方法。在 generateWaterImage 方法内被调用。其功能为从队列 saveQ 中获取最新一帧画面中所有流体粒子的位置数据,并更新顶点数据进行绘制。

(7)下面将介绍私有类 SceneRenderer 中省略的 generateWaterImage 方法和 initFRBuffers 方法。generateWaterImage 方法主要是通过绘制产生一幅流体纹理用于 X 模糊回贴绘制使用;initFRBuffers 方法主要是初始化帧缓冲和渲染缓冲,具体代码如下。

代码位置:见随书源代码第 11 章\Sample11_7\app\src\main\java\com\bn 目录下的 MySurfaceView.java。

```
1    public void generateWaterImage(){                      //通过绘制产生流体纹理
2        initFRBuffers(0,WATER_TEX_ONE,WATER_TEX_ONE);      //初始化帧缓冲和渲染缓冲
3        GLES20.glViewport(0,0,WATER_TEX_ONE,WATER_TEX_ONE);//设置视窗大小及位置
4        GLES20.glBindFramebuffer(GLES20.GL_FRAMEBUFFER, frameBufferId[0]);
5        GLES20.glBindTexture(GLES20.GL_TEXTURE_2D, shadowId[0]);    //绑定纹理
```

11.4 利用 OpenGL ES 2.0 绘制真实的流体

```
6          ……//此处省略了设置纹理采样与拉伸方式的代码，读者可自行查阅随书附带的源代码
7          GLES20.glFramebufferTexture2D(              //设置自定义帧缓冲的颜色附件
8              GLES20.GL_FRAMEBUFFER,
9              GLES20.GL_COLOR_ATTACHMENT0,            //颜色附件
10             GLES20.GL_TEXTURE_2D,                   //类型为 2D 纹理
11             shadowId[0],                            //纹理 id
12             0                                       //层次
13         );
14         GLES20.glTexImage2D(                        //设置颜色附件纹理图的格式
15             GLES20.GL_TEXTURE_2D,
16             0,                                      //层次
17             GLES20.GL_RGBA,                         //内部格式
18             WATER_TEX_ONE,                          //宽度
19             WATER_TEX_ONE,                          //高度
20             0,                                      //边界宽度
21             GLES20.GL_RGBA,                         //格式
22             GLES20.GL_UNSIGNED_BYTE,                //每像素数据格式
23             null
24         );
25         GLES20.glFramebufferRenderbuffer(           //设置自定义帧缓冲的深度缓冲附件
26             GLES20.GL_FRAMEBUFFER,
27             GLES20.GL_DEPTH_ATTACHMENT,             //深度缓冲
28             GLES20.GL_RENDERBUFFER,                 //渲染缓冲
29             renderDepthBufferId[0]                  //渲染缓冲 id
30         );
31         GLES20.glClear( GLES20.GL_DEPTH_BUFFER_BIT |
32             GLES20.GL_COLOR_BUFFER_BIT);            //清除深度缓冲与颜色缓冲
33         onDraw();                                   //绘制
34     }
35     public void initFRBuffers(int id,int width,int height){//初始化帧缓冲和渲染缓冲
36         int[] tia=new int[1];                       //用于存放产生的帧缓冲 id 的数组
37         GLES20.glGenFramebuffers(1, tia, 0);        //产生一个帧缓冲 id
38         frameBufferId[id]=tia[0];                   //将帧缓冲 id 记录到成员变量
39         if(isOk[id]){                               //若没有产生过深度渲染缓冲对象，则产生一个
40             GLES20.glGenRenderbuffers(1, tia, 0);   //产生一个渲染缓冲 id
41             renderDepthBufferId[id] =tia[0];        //将渲染缓冲 id 记录到成员变量
42             GLES20.glBindRenderbuffer(GLES20.GL_RENDERBUFFER,
                    renderDepthBufferId[id]);
43             GLES20.glRenderbufferStorage(GLES20.GL_RENDERBUFFER,
44                 GLES20.GL_DEPTH_COMPONENT16, width,height);   //为渲染缓冲初始化存储
45             isOk[id]=false;                         //标志位置为 false
46         }
47         int[] tempIds = new int[1];                 //用于存放产生纹理 id 的数组
48         GLES20.glGenTextures(1,tempIds, 0);         //产生一个纹理 id
49         shadowId[id]=tempIds[0];                    //将产生的纹理 id 记录到流体纹理 id 成员变量
50     }
```

- 第 2~6 行为初始化帧缓冲和渲染缓冲，设置视口，绑定帧缓冲和纹理，此外省略了关于纹理采样和拉伸方式的代码，读者可自行查看随书的源代码。
- 第 7~30 行对自定义帧缓冲进行各方面设置的代码。首先将自定义帧缓冲的颜色附件设置为纹理图，然后对此纹理图的各方面进行设置，接着设置自定义帧缓冲的深度缓冲附件。
- 第 31~33 行为清除深度缓冲与颜色缓冲，绘制一帧流体画面。
- 第 35~50 行功能为初始化帧缓冲和渲染缓冲的方法。
- 第 36~38 行产生了自定义缓冲的 id，并记录进成员变量以备后面的方法使用。
- 第 39~46 行初始化了用于实现深度缓冲的渲染缓冲对象，并为其初始化了存储。
- 第 47~49 行产生了普通绘制产生的流体纹理所对应的纹理 id，并将其记录到成员变量以备后面的方法使用。

> **提示** 由于 X、Y 模糊绘制产生流体纹理和去模糊绘制的方法与普通绘制的类似，就不再重复介绍。上述方法主要是着色器执行的任务不同，关于一系列绘制流体的着色器的开发将在后面为读者介绍。

（8）接下来将介绍物理模拟线程类 PhysicsThread 的开发。该类主要为物理世界服务。在该类中实现了对物理世界的模拟，流体粒子位置的更新等，具体代码如下。

代码位置：见随书源代码\第 11 章\Sample11_7\app\src\main\java\com\bn\thread 目录下的 PhysicsThread.java。

```java
1   package com.example.thread;                              //导入包
2   ……//此处省略了部分类的导入代码，读者可自行查看随书的源代码
3   public class PhysicsThread extends Thread{               //物理计算线程
4       ……//该处省略了声明成员变量的代码，读者可以自行查阅随书源代码
5       public PhysicsThread(MySurfaceView mv){              //构造器
6           this.mv=mv;                                      //初始化界面显示类的引用
7       }
8       public void run(){                                   //重写 run 方法
9           while(PHYSICS_THREAD_FLAG){
10              ……//该处省略了线程限速的代码，读者可以自行查阅随书源代码
11              mv.activity.world.step(TIME_STEP, ITERA,ITERA);   //物理模拟
12              update();                                    //更新粒子位置的方法
13      }}
14      public void update(){                                //更新方法
15          mv.activity.mController.world.setGravity(new Vec2(X_GRAVITY,Y_GRAVITY));//更新
16          b2Position=mv.activity.m_particleSystem.getParticlePositionBuffer();
            //获取粒子位置缓冲
17          if(b2Position==null){                            //粒子位置缓存为空时
18              return;                                      //返回
19          }
20          countReal=mv.activity.m_particleSystem.getParticleCount();//获取粒子个数
21          float[] buf=new float[countReal*2];              //流体粒子的位置数组
22          for(int i=0;i<countReal;i++){                    //循环遍历各个粒子
23              buf[i*2]=b2Position[i].x*RATE;               //将坐标转化为屏幕坐标
24              buf[i*2+1]=b2Position[i].y*RATE;
25          }
26          synchronized(lockA) {                            //加锁
27              aq.offer(buf);                               //将位置数据加入到位置队列中
28  }}}
```

- 第 5~7 行为本类的含参构造器，功能为初始化 MySurfaceView 类对象。
- 第 8~13 行为重写 run 方法，功能为进行物理模拟、调用更新流体粒子位置的方法。
- 第 14~28 行为从物理世界获取流体粒子位置缓冲并将其存放进队列 aq。首先重新设置 World 对象的重力加速度，再从物理世界获取位置缓冲，并将其转化为屏幕坐标加锁存储进位置队列 aq。

（9）接下来介绍本案例的数据生成线程类 SaveThread 的开发。该类主要负责将流体粒子的真实坐标转化为视口坐标，时时刷新流体粒子的位置，提供流体粒子的最新顶点数据，详细代码如下。

代码位置：见随书源代码\第 11 章\Sample11_7\app\src\main\java\com\bn\thread 目录下的 SaveThread.java。

```java
1   package com.example.thread;                              //导入包
2   ……//此处省略了部分类的导入代码，读者可自行查看随书的源代码
3   public class SaveThread extends Thread{                  //数据计算线程
4       ……//该处省略了声明成员变量的代码，读者可以自行查阅随书源代码
5       public SaveThread(MySurfaceView mv){                 //构造器
6           this.mv=mv;                                      //初始化界面显示类的引用
7       }
8       public void run(){                                   //重写 run 方法
9           while(true){                                     //如果标志位为 true，启动线程
10              float[] temp=null;                           //临时位置数据数组
11              synchronized(lockA){                         //获取新数据
12                  while(aq.size()>0){                      //循环遍历位置队列
13                      temp=aq.poll();                      //获取最新位置数据
14              }}
15              if(temp!=null){                              //如果新数据不为空
16                  tempA=temp;                              //赋值给缓存上一帧位置数据
17              }
18              if(tempA!=null){     //缓存位置数据与缓存颜色数据都不为空时
```

```
19              int count=tempA.length/2;  //计算流体粒子的个数
20              float[] tempB=new float[count*18]; //临时存放各个顶点位置数据
21              for(int i=0;i<count;i++){  //获取一个点,并计算出其他五个点的坐标
22                  //计算流体粒子的第一个点的坐标
23                  tempB[i*18]=fromScreenXToNearX(tempA[i*2]-RADIUS*ratio);
24                  tempB[i*18+1]=fromScreenYToNearY(tempA[i*2+1]-RADIUS*ratio);
25                  tempB[i*18+2]=0;
26              ……//该处省略了其他5个点的计算代码,读者可以自行查阅随书源代码
27              }
28              synchronized(lockB)//MySurfaceView{  //加锁
29                  saveQ.offer(tempB);         //将顶点数据加入到顶点队列中
30     }}}}}
```

- 第5~7行主要为SaveThread类的含参构造器。在构造器中初始化界面显示类的引用。
- 第8~17行为创建临时位置数据数组,加锁从位置队列aq中获取最新位置数据并赋值给临时位置数据数组。如果数据不为null,则赋值给缓存上一帧位置的数组。
- 第18~30行为当缓存位置数据不为空时,则获取一个流体粒子位置数据,并计算出其他5个点的坐标,加锁将顶点数据数组加入到顶点队列saveQ中。

(10)接下来介绍本案例的相关着色器。由于流体纹理的X模糊、Y模糊的片元着色器都需要执行相同的任务,因此X、Y模糊的片元着色器是相同的。下面首先给出的是X模糊绘制的顶点着色器的开发过程,具体代码如下。

代码位置:见随书源代码\第11章\Sample11_7\app\src\main\assets\shader目录下的vertex_x.sh。

```
1   uniform mat4 uMVPMatrix;                     //总变换矩阵
2   attribute vec3 aPosition;                    //顶点位置
3   attribute vec2 aTexCoor;                     //顶点纹理坐标
4   varying vec2 vTextureCoord;                  //用于传递给片元着色器的变量
5   varying vec2 vBlurTexCoords[5];              //用于传递给片元着色器的变量
6   void main(){
7       gl_Position = uMVPMatrix * vec4(aPosition,1);//根据总变换矩阵计算此次绘制此顶点位置
8       vTextureCoord = aTexCoor;                //将接收的纹理坐标传递给片元着色器
9       const float factor=1.0/ 128.0;           //模糊比例
10      vBlurTexCoords[0] = vTextureCoord + vec2(-2.0 * factor, 0.0); //根据模糊比例计算纹理坐标
11      vBlurTexCoords[1] = vTextureCoord + vec2(-1.0 * factor, 0.0); //根据模糊比例计算纹理坐标
12      vBlurTexCoords[2] = vTextureCoord;
13      vBlurTexCoords[3] = vTextureCoord + vec2( 1.0 * factor, 0.0); //根据模糊比例计算纹理坐标
14      vBlurTexCoords[4] = vTextureCoord + vec2( 2.0 * factor, 0.0); //根据模糊比例计算纹理坐标
15  }
```

> **说明** 上述顶点着色器的作用主要是根据顶点位置和总变换矩阵计算gl_Position,将接收的纹理坐标传递给对应的片元着色器。此外,根据顶点纹理坐标和模糊比例计算X模糊后的纹理坐标,并将其传递给X模糊的片元着色器。

(11)接下来介绍Y模糊的顶点着色器的开发过程,Y模糊顶点着色器的框架与X模糊的类似,因此只给出有区别的几处,需要的读者可自行查看随书的源代码,具体代码如下。

代码位置:见随书源代码\第11章\Sample11_7\app\src\main\assets\shader目录下的vertex_y.sh。

```
1   const float factor=1.0/128.0;                        //模糊比例
2   vBlurTexCoords[0] = vTextureCoord + vec2(0.0,-2.0 * factor); //根据模糊比例计算纹理坐标
3   vBlurTexCoords[1] = vTextureCoord + vec2(0.0,-1.0 * factor); //根据模糊比例计算纹理坐标
4   vBlurTexCoords[2] = vTextureCoord;
5   vBlurTexCoords[3] = vTextureCoord + vec2( 0.0,1.0 * factor); //根据模糊比例计算纹理坐标
6   vBlurTexCoords[4] = vTextureCoord + vec2( 0.0,2.0 * factor); //根据模糊比例计算纹理坐标
```

> **说明** 上述顶点着色器的代码片段的作用主要是根据模糊比例和纹理坐标计算Y模糊后的纹理坐标,并将其传递给Y模糊的片元着色器,每个顶点执行一次。

（12）接下来介绍 X 模糊与 Y 模糊所共用的片元着色器的开发过程。该着色器主要是通过接收来自顶点着色器的纹理坐标和模糊后的坐标，根据卷积公式计算该片元的最终颜色，具体代码如下。

代码位置：见随书源代码\第 11 章\Sample11_7\app\src\main\assets\shader 目录下的 frag_water.sh。

```
1    precision mediump float;                              //声明精度
2    varying vec2 vTextureCoord;                           //接收从顶点着色器过来的参数
3    varying vec2 vBlurTexCoords[5];                       //接收从顶点着色器传过来的参数
4    uniform sampler2D sTexture;                           //纹理内容数据
5    void main(){
6        vec4 sum = vec4(0.0);                             //存放颜色值的临时变量
7        sum += texture2D(sTexture, vBlurTexCoords[0]) * 0.164074;
8        sum += texture2D(sTexture, vBlurTexCoords[1]) * 0.216901; //进行卷积计算——模糊处理
9        sum += texture2D(sTexture, vBlurTexCoords[2]) * 0.23805;
10       sum += texture2D(sTexture, vBlurTexCoords[3]) * 0.216901; //进行卷积计算——模糊处理
11       sum += texture2D(sTexture, vBlurTexCoords[4]) * 0.164074;
12       gl_FragColor=sum;                                 //最终颜色值
13   }
```

> **说明** 上述片元着色器的作用主要为计算每个片元的最终颜色。首先创建临时变量用于存放颜色值，然后通过卷积计算经过模糊后的颜色，将计算后的颜色值作为该片元的最终颜色。这样在显示界面中就可以看到 X、Y 模糊后的效果。

（13）下面介绍实现去模糊和半透明效果的片元着色器的开发过程，具体代码如下。

代码位置：见随书源代码\第 11 章\Sample11_7\app\src\main\assets\shader 目录下的 frag_tex.sh。

```
1    precision mediump float;                              //设置精度
2    varying vec2 vTextureCoord;                           //接收从顶点着色器过来的参数
3    uniform sampler2D sTexture;                           //纹理内容数据
4    void main(){
5        vec4 fc=texture2D(sTexture, vTextureCoord);       //给此片元从纹理中采样出颜色值
6        if(fc.a<=0.78){                                   //透明度小于等于 0.78 时
7            gl_FragColor=vec4(0.0,0.0,0.0,0.0);           //将颜色设置为全透明
8        }else{                                            //透明度大于 0.78 时
9            gl_FragColor=vec4(0.0,0.8,1.0,0.6);           //重新设置颜色值
10       }}
```

> **说明** 上述片元着色器的作用主要为从纹理中采样出颜色值。如果颜色值的 a 值小于等于 0.78 时，则将该片元设置为透明；否则重新设置该片元的颜色值。这样在界面中就可以看到半透明的天蓝色流体的效果。

由于本案例中有的类与 JBox2D 物理引擎章节的波浪制造机案例相关类类似，有的着色器与本章前面案例中相应的着色器类似，所以这里就不再赘述，读者可自行查阅随书的源代码来学习。

11.4.3 流体计算流水线回顾

前面 11.5.2 小节中所介绍的简单案例采用了多线程并发技术，即物理模拟线程、数据生成线程以及数据绘制线程（即绘制线程）并发执行，共同协作来完成流体的绘制，多线程并发技术的采用极大地提高了程序的运行速度，更好地释放出了多核设备的计算潜能，工作原理如图 11-57 所示。

从图 11-57 所示的计算及流水线架构中，可以看出工作线程有物理模拟线程、数据生成线程和数据绘制线程。然而多线程之间是如何工作，在多线程并发执行过程中又有哪些需要注意的问题？具体内容如下。

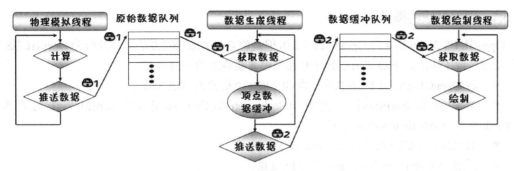

▲图 11-57　计算及流水线架构

1. 流水线过程

从图 11-57 中各个线程分别负责不同的工作，通过多个线程并发执行，共同协作，提高了程序的运行速度和流体的流畅度，各线程负责的工作如下。

（1）物理模拟线程：物理模拟线程先进行物理世界的模拟计算，因为物理世界的计算量较大，因此将物理模拟计算与绘制线程分离，可提高程序的帧速率。再通过从物理世界获取粒子位置缓冲数据，并将其物理世界的位置坐标转换为真实世界的位置坐标，最后加锁 1，将转换后的位置坐标数据存储进原始数据队列。

（2）数据生成线程：数据生成线程先加锁 1，遍历原始位置数据队列获取最新一帧画面中所有粒子的位置缓冲数据，再将获取的顶点位置数据转化为视口坐标，最后加锁 2，将其转换后的顶点位置数据存储进数据缓冲队列。

（3）数据绘制线程：数据绘制线程先加锁 2，从数据缓冲队列获取最新一帧画面的顶点位置数据，再将获取的最新的顶点数据送入渲染管线，最后形成一帧纹理绘制到手机屏幕上。

2. 流水线过程应该注意的问题

从图 11-57 中可看到该流水线需要两个数据队列，有的读者可能会有一个疑问？为什么要用两个队列（流体粒子的原始位置、缓冲绘制），而不是直接遍历绘制所有粒子列表中的粒子即可。

这是因为若是如此，同时就会有物理模拟线程、数据生成线程和绘制线程都要访问所有粒子列表，可能会产生由于无限制并发访问引发的画面撕裂问题。若通过直接加一把锁解决的话，3 个线程实际就不是并行了，影响效率。因此，本案例采用了两个数据队列和两把锁，形成了如图 11-57 所示的流水线，即避免了多线程并发访问带来的问题，又保证了效率。

> **提示**　图 11-57 的流水线中加锁区域涉及的任务很少，执行时间短（也就是临界区小），使得 3 个线程几乎不受影响，不影响效率。这是一种常用的多线程开发技巧，读者也可以在自己的项目中采用。

11.5　OpenGL ES 3.x

随着 Android 系统版本以及智能手机硬件水平的提升，OpenGL ES 的版本也由原来支持自定义渲染管线的 2.0 版逐渐升级为同样是支持自定义渲染管线的 3.x 版。OpenGL ES 3.x 向后兼容 OpenGL ES 2.0，同时增加了很多新特性，使得渲染时不但效率得到了提升，视觉效果也进一步增强。

有一些开发经验的读者都知道，将 OpenGL ES 1.x 的程序升级为 OpenGL ES 2.0 版本的过程是非常艰辛的。但将 OpenGL ES 2.0 的程序升级为 OpenGL ES 3.x 版的是比较平滑自然的。本节将着重介绍如何将基于 OpenGL ES 2.0 的程序升级为 OpenGL ES 3.x 版的。

11.5.1 程序升级的要点

OpenGL ES 3.x 虽然兼容 OpenGL ES 2.0，但是将 OpenGL ES 2.0 的程序升级为 OpenGL ES 3.x 还是要做少量工作的，下面列出了升级时程序中需要修改的一些地方。

- 将 OpenGL ES 2.0 程序中所有的 GLES20 类更改为 GLES30 类。
- 继承的 GLSurfaceView 类中的"this.setEGLContextClientVersion(2);"语句要改为"this.setEGLContextClie ntVersion(3);"。
- 着色器程序的开头要加上"#version 300 es"。
- 顶点着色器中 attribute 变量变为 in 变量。
- 顶点着色器中 varying 变量变为 out 变量。
- 片元着色器中的 varying 变量变为 in 变量。
- 片元着色器中 gl_FragColor 内建变量不存在了，要自己声明一个 out 变量代替，如"out vec4 fragColor"。
- texture2D 采样函数更名为 texture 函数。

从上述列出的修改点中读者可以看出，将基于 OpenGL ES 2.0 版本的程序升级为基于 OpenGL ES 3.x 版的工作量不太大。

> **说明** OpenGL ES 3.x 博大精深，本书由于篇幅有限，介绍的都是些非常基础的知识。若希望对 OpenGL ES 3.x 进行深入研究，强烈建议读者阅读笔者编写的《OpenGL ES 3.x 游戏开发（上、下卷）》，其对 OpenGL ES 3.x 进行了深入全面的讨论。

11.5.2 一个简单的案例

下面给出一个具体的案例。此案例实际上就是将前面的案例 Sample11_6 升级为基于 OpenGL ES 3.x 渲染的，具体步骤如下。

（1）将 Sample11_6\src\com\bn 下的包名 sample_6 改为 sample_8，然后把项目名改为 Sample11_8。

（2）将 OpenGL ES 2.0 程序中所有的 GLES20 类改为 GLES30 类。如将 MySurfaceView.java 中所有的 GLES20 类改为 GLES30 类，具体内容如下。

代码位置：见随书源代码\第 11 章\Sample11_8\app\src\main\java\com\bn\sample_8 目录下的 MySurfaceView.java。

```
1   public void initTexture(){                              //初始化纹理
2       int[] textures=new int[1];
3       GLES30.glGenTextures(
4           1,                                              //产生的纹理id的数量
5           textures,                                       //纹理id的数组
6           0                                               //偏移量
7       );
8       textureId=textures[0];                              //获取产生的纹理Id
9       GLES30.glBindTexture(GLES30.GL_TEXTURE_2D, textureId);//绑定纹理Id
10      GLES30.glTexParameterf(GLES30.GL_TEXTURE_2D,        //设置MIN采样方式
11          GLES30.GL_TEXTURE_MAG_FILTER, GLES30.GL_LINEAR);
12      GLES30.glTexParameterf(GLES30.GL_TEXTURE_2D,        //设置MAG采样方式
13          GLES30.GL_TEXTURE_MIN_FILTER, GLES30.GL_NEAREST);
14      GLES30.glTexParameterf(GLES30.GL_TEXTURE_2D,        //设置S轴拉伸方式
15          GLES30.GL_TEXTURE_WRAP_S, GLES30.GL_CLAMP_TO_EDGE);
16      GLES30.glTexParameterf(GLES30.GL_TEXTURE_2D,        //设置T轴拉伸方式
17          GLES30.GL_TEXTURE_WRAP_T, GLES30.GL_CLAMP_TO_EDGE);
18      ……//此处省略了部分加载图片的代码，读者可自行查阅随书附带的源代码
19      GLUtils.texImage2D(
20          GLES30.GL_TEXTURE_2D,                           //纹理类型,在OpenGL ES中必须为GL10.GL_TEXTURE_2D
```

```
21                    0,                        //纹理的层次，0表示基本图像层，可以理解为直接贴图
22                    bitmap,                   //纹理图像
23                    0);                       //纹理边框尺寸
24           bitmap.recycle();                  //纹理加载成功后释放图片
25      }
```

> **说明** 将第2行中GLES20类改为GLES30，指定一个用来存储纹理名的数组textures，第9～17行将其中的GLES20类改为GLES30，绑定纹理id并且设置了纹理的采样方式和拉伸方式，第20行中GLES20类改为GLES30，声明了纹理的类型。

(3) 继承自GLSurfaceView类的MySurfaceView类中的this.setEGLContextClientVersion(2)要改成this.setEGLContextClientVersion(3)，具体内容如下。

代码位置：见随书源代码\第11章\Sample11_8\app\src\main\java\com\bn\sample_8目录下的MySurfaceView.java。

```
1    public MySurfaceView(Context context) {        //构造器
2         super(context);
3         this.setEGLContextClientVersion(3);       //设置使用OPENGL ES3.0
4         renderer=new SceneRenderer();             //创建场景渲染器
5         setRenderer(renderer);                    //设置渲染器
6         setRenderMode(GLSurfaceView.RENDERMODE_CONTINUOUSLY);//设置模式为主动渲染
```

> **说明** 第1～6行为本类的构造器。其中设置使用OpenGL ES 3.0，创建并设置场景渲染器，还将渲染模式设置为主动渲染。

(4) 将顶点着色器代码一开始加上"#version 300 es"，并且将顶点着色器中attribute变量更改为in变量，然后把顶点着色器的varying变量更改为out变量，具体内容如下。

代码位置：见随书源代码\第11章\Sample11_8\app\src\main\assets目录下的vertex.sh文件。

```
1    #version 300 es
2    uniform mat4 uMVPMatrix;                      //总变换矩阵
3    in vec3 aPosition;                            //顶点位置
4    in vec2 aTexCoor;                             //顶点纹理坐标
5    out vec2 vTextureCoord;                       //用于传递给片元着色器的变量
6    ……//此处省略了部分main方法的代码，读者可自行查阅随书附带的源代码
```

> **说明** 第1行加上了#version 300 es，第3～5行分别将attribute变量更改为in变量，将varying变量更改为out变量。

(5) 将片元着色器代码一开始加上"#version 300 es"，并且将片元着色器中varying变量更改为in变量，然后声明变量fragColor来替代内建变量gl_FragColor，最后将纹理采样函数更名为texture，具体内容如下。

代码位置：见随书源代码\第11章\Sample11_8\app\src\main\assets目录下的frag.sh文件。

```
1    #version 300 es
2    precision mediump float;
3    in vec2 vTextureCoord;                        //接收从顶点着色器过来的参数
4    uniform sampler2D sTexture;                   //纹理内容数据
5    out vec4 fragColor;                           //输出到的片元颜色
6    void main() {
7         fragColor=texture(sTexture,vTextureCoord);//给此片元从纹理中采样出颜色值
8    }
```

> **说明** 第1行加上了"#version 300 es"；第3行中将varying变量更改为in变量；第5行声明了vec4类型的out变量fragColor；第7行将纹理采样函数更改为texture，并且将采样到的颜色值传给输出变量fragColor。

由于本案例是从前面的 Sample11_6 案例升级为基于 OpenGL ES 3.0 渲染的,纹理图和运行效果与 Sample11_6 中的纹理图和运行效果完全相同,故这里不再赘述。

11.6 用 OpenGL ES 实现 2D 绘制

通过前面的学习,读者应该已经掌握了基本的 OpenGL ES 3D 渲染技术。但是不要局限于认为 OpenGL ES 仅可以用于 3D 场景的渲染,还可以用于 2D 游戏画面的渲染。比如脍炙人口的游戏愤怒的小鸟,画面就是通过 OpenGL ES 使用 GPU 进行渲染的。

实现在市面上的大部分 2D 游戏都已经采用 OpenGL ES 通过 GPU 进行渲染了,很少有还使用 CPU 执行渲染任务的。本节通过一个简单的案例向读者介绍笔者自己使用的带屏幕自适应功能的基于 OpenGL ES 技术的 2D 渲染框架。

> **提示** 本案例中使用的屏幕自适应思路与前面本书第 8 章中介绍的屏幕自适应策略相同,仅是渲染改为使用 OpenGL ES 通过 GPU 执行而已。

接下来介绍此案例,便于读者正确理解和掌握使用 OpenGL ES 进行 2D 图形的绘制,同时,可以使读者进一步体会 OpenGl ES 的强大之处。此案例的运行效果如图 11-58 所示。

▲图 11-58　2D 绘制效果

> **说明** 图 11-58 中给出了一个通过 OpenGL ES 渲染的 2D 游戏界面。实际运行时读者还可以触摸开始与关闭按钮,程序将弹出相应信息的 Toast。

下面详细介绍本案例代码的开发。本案例中的大部分代码与之前的使用 CPU 绘制 2D 图片相似,这里只介绍本案例中特有的加载纹理类、纹理绘制类和图片数据管理类等,有兴趣的读者可以自行比对书中 8.5 节用 CPU 实现带屏幕自适应功能 2D 绘制的代码。具体步骤如下。

(1) 首先介绍的是本案例中的纹理管理类 TexManager。该类通过调用 OpenGL ES3.0 实现了生成纹理 ID、绑定纹理 ID、设置采样信息与 ST 轴的拉伸方式、通过输入流将图片加载入 Bitmap、将纹理加载入显存等功能,具体内容如下。

```
1   package com.bn.Sample11_9;//声明包名
2   ……//此处略了部分类的导入代码,读者可自行查看随书的源代码
3   public class TexManager{
4       private static Map<String,Integer> tex=new HashMap<String, Integer>();//创建Map对象
5       private static List<String> texName=new ArrayList<String>();//创建列表
6       ……//此处省略了加载纹理的方法代码,读者可自行查看随书的源代码
7       public static void addTex(String tn){
8           texName.add(tn);                                              //增添纹理
9       }
10      public static void addTexArray(String[] tna){
11          for(String tn:tna){texName.add(tn);}                          //遍历数组并添加纹理
12      }
13      public static void loadTextures(Resources r){
14          for(String tn:texName){tex.put(tn,initTexture(r,tn))};       //将纹理存入 Map
15      }
```

```
16        public static int getTex(String tn){
17            return tex.get(tn);                                  //返回纹理
18        }
```

● 第 4、5 行为创建 Map 对象以键值对的形式来存储纹理名称与纹理 ID，使得纹理名称与纹理 ID 一一对应，方便调用，然后创建列表用来存储纹理名称。

● 第 7~12 行为增添纹理与遍历纹理并添加纹理的方法，调用 addTex 方法，然后将获取的纹理名称添加进列表。通过 addTexArray 方法，遍历纹理名称数组然后将所有纹理添加进列表。

● 第 13~18 行为加载纹理的方法与获取纹理的方法，调用 loadTextures 方法可以将纹理以键值对的形式存入 Map 对象。通过 getTex 可以返回初始化后的纹理。

（2）接下来介绍的是本案例中的纹理绘制类 TexDrawer。在该类中通过使用着色器，并将纹理顶点坐标数据、顶点位置数据等送入渲染管线，来实现 2D 图形绘制，具体内容如下。

```
1   package com.bn.Sample11_9;                                     //声明包名
2   ……//此处省略了部分类的导入代码，读者可自行查看随书的源代码
3   public class TexDrawer{
4       ……//此处省略了成员变量声明的代码，读者可自行查阅随书附带的源代码
5       public TexDrawer(MySurfaceView mv){
6           initVertexData();                                      //初始化顶点数据的方法
7           initShader(mv);                                        //初始化着色器的方法
8       }
9       ……//此处省略了初始化顶点数据的方法代码，读者可自行查阅随书附带的源代码
10      ……//此处省略了着色器的方法代码，读者可自行查阅随书附带的源代码
11      public void drawSelf(int texId,int x,int y,int width,int height){
12          GLES30.glEnable(GLES30.GL_BLEND);                      //开启混合
13          GLES30.glBlendFunc(GLES30.GL_SRC_ALPHA,                //设置混合因子
14                            GLES30.GL_ONE_MINUS_SRC_ALPHA);
15          GLES30.glUseProgram(mProgram);                         //指定使用某套 shader 程序
16          float wScale=ScreenScaleUtil.fromPixSizeToScreenSize(width,Constant.ssr);
            //获取缩放宽度
17          float hScale= ScreenScaleUtil.fromPixSizeToScreenSize(height,Constant.ssr);
            //获取缩放高度
18          float xDraw=ScreenScaleUtil.from2DZBTo3DZBX(x,Constant.ssr);//屏幕绘制 x 坐标
19          float yDraw=ScreenScaleUtil.from2DZBTo3DZBY(y,Constant.ssr);//屏幕绘制 y 坐标
20          MatrixState.pushMatrix();                              //保护现场
21          MatrixState.translate(xDraw,yDraw,0);                  //平移
22          MatrixState.scale(wScale,hScale,1.0f);                 //缩放
23          GLES30.glUniformMatrix4fv(muMVPMatrixHandle, 1, false,
24                       MatrixState.getFinalMatrix(), 0);//将最终变换矩阵传入渲染管线
25          ……//此处省略了将顶点位置与纹理坐标送入管线代码，读者可自行查阅随书附带的源代码
26          ……//此处省略了设置纹理编号并绑定纹理等代码，读者可自行查阅随书附带的源代码
27          MatrixState.popMatrix();                               //恢复现场
28          GLES30.glDisable(GLES30.GL_BLEND);                     //关闭混合
29      }}
```

● 第 5~8 行为本类的构造器方法代码。本类构造器的主要功能是初始化顶点数据与着色器。

● 第 12~15 行为进行绘制前的准备工作代码。首先开启混合并设置混合因子，然后指定进行 2D 绘制所使用的着色器程序。

● 第 16~19 行为获取缩放后屏幕的宽度与高度的代码，然后对当前绘制的 2D 物体在对应屏幕中的 x 坐标与 y 坐标进行赋值。

● 第 20~22 行为保护现场，并根据物体 x、y 坐标将当前绘制的 2D 物体平移到屏幕指定位置，然后设置该 2D 物体的缩放系数。

（3）接下来介绍的是本案例中的图片属性类 PicOrignData。该类的主要功能是存储图片的名称和图片的长宽等信息，并创建方法实现对图片相关信息的调用，具体代码如下。

```
1   package com.bn.Sample11_9;                                     //声明包名
2   ……//此处省略了部分类的导入代码，读者可自行查看随书的源代码
3   public class PicOrignData{
4       public static String[] picName={"jieshu.png","kaishi.png","sgtf.png"};//图片名称
5       public static int[][] picSize={{277,103},{277,103},{720,280}};//图片大小
```

```
 6      public static Map<String,int[]> picInfo=new HashMap<String,int[]>();//创建 Map 对象
 7      static{
 8          for(int i=0;i<picName.length;i++){
 9              picInfo.put(picName[i],picSize[i]);         //存入图片属性信息
10      }}
11      public static int getPicWidth(String pn){           //获取图片宽度
12          return picInfo.get(pn)[0];                      //返回图片宽度
13      }
14      public static int getPicHeight(String pn){          //获取图片高度
15          return picInfo.get(pn)[1];                      //返回图片高度
16  }}
```

- 第 4、5 行为分别创建 String 类型的数组用来存储图片的名称，创建 int 类型的数组存储图片的大小，然后声明 Map 对象将图片名称与大小以键值对的形式存储。
- 第 7~10 行为遍历数组中的图片，并将每个图片的名称与长宽属性以键值对的形式一一对应的存入 Map 对象中，以便于调用。
- 第 11~16 行为获取图片的宽度与高度的方法，分别创建获取图片高度与宽度的方法，并将 Map 对象中图片对应的高度与宽度返回。

（4）接下来介绍的是本案例中的屏幕自适应类 ScreenScaleResult。该类的主要功能是对屏幕自适应后的图片的绘制信息和视口的大小进行赋值，并返回图片的绘制信息与缩放比例等属性，具体代码如下。

```
 1  package com.bn.screen.auto;                             //声明包名
 2  public class ScreenScaleResult{
 3      public int lucX; public int lucY;                   //左上角 x、y 坐标
 4      public float ratio;                                 //缩放比例
 5      public ScreenOrien so;                              //横竖屏情况
 6      public int skWidth;    public int skHeight;         //视口宽度、高度
 7      public float vpRatio;                               //视口宽高比
 8      public ScreenScaleResult(int lucX,int lucY,float ratio,ScreenOrien so,int skWidth,int skHeight){
 9          this.lucX=lucX;   this.lucY=lucY;               //初始化左上角 x、y 坐标
10          this.ratio=ratio;                               //初始化缩放比例
11          this.so=so;                                     //声明横竖屏状态
12          this.skHeight=skHeight; this.skWidth=skWidth;//设置视口宽度、高度
13          this.vpRatio=1.0f*skWidth/skHeight;             //计算视口宽高比
14  }}
```

- 第 5~7 行为声明屏幕缩放后的左上角 x 与 y 坐标、屏幕缩放比例、当前屏幕的横竖屏情况、视口的高度、宽度以及视口的长宽比等变量。
- 第 8~14 行为初始化屏幕缩放后的左上角 x 与 y 坐标、当前屏幕缩放比例、当前屏幕的横竖屏状态，设置视口的高度、宽度以及计算视口的宽高比。

> **提示** 通过对比本案例与前面第 8 章的案例 Sample_8_5，细心的读者会发现本案例的大部分代码与案例 Sample_8_5 中的代码相似，而对于屏幕自适应的算法思路也基本相同，不同之处就是为了使用 OpenGL ES 进行 2D 渲染而开发了相应的纹理管理类、纹理绘制类等。

11.7 本章小结

本章主要介绍了基于 OpenGL ES 2.0 开发 3D 应用的基础知识，主要包括 OpenGL 和 OpenGL ES 的简介、3D 基本知识、投影、光照、纹理映射以及利用 OpenGL ES 2.0 绘制真实流体的相关知识。最后，还介绍了如何将基于 OpenGL ES 2.0 的程序升级为 OpenGL ES 3.x 版本和如何使用 OpenGL ES 进行 2D 画面的渲染。

第 12 章　滚屏动作类游戏——《坦克大战》

随着 Android 平台上的软件变得越来越丰富，单机游戏再也无法满足游戏玩家的需求，游戏更加需求玩家之间的交流或者互动。主要考验玩家的协作能力和操作技巧，如何准确射中目标、躲避敌军子弹十分必要，而团结协作更是通过关卡重中之重。

本章将向读者介绍 Android 平台上双人联网的滚屏动作类游戏《坦克大战》的设计与实现，希望读者能对 Android 平台下游戏的开发步骤有深入的了解，并学会该类游戏的开发，掌握网络类游戏开发的技巧，从而在游戏开发中有更进一步的理解和提高。

12.1　游戏的背景及功能概述

在开发《坦克大战》游戏之前，首先需要了解该游戏的背景和功能。本节主要围绕该游戏的背景和功能进行简单的介绍，通过对《坦克大战》的简单介绍，相信读者对该游戏有了一个整体的了解，进而为后续的游戏开发工作做好准备。

12.1.1　背景概述

随着近年来 Android 的应用风靡全球，人们的休闲活动更多地放在了 Android 应用上。而原来风靡一时的游戏，也逐渐被移植到 Android 系统上。比如热门的射击类游戏《坦克大战》，因为其画面丰富精美，游戏简单易操作，在各年龄段的用户中都受到了热捧，如图 12-1 和图 12-2 所示。

▲图 12-1　《坦克大战》1

▲图 12-2　《坦克大战》2

本章所介绍的就是一款使用 Java 编写的 Android 端射击类坦克小游戏，与上述游戏不同的是，本游戏为设有服务器的联机游戏。本游戏的画面极大地丰富了游戏的视觉效果，增强了用户体验，而玩法也非常简单。

12.1.2　功能简介

《坦克大战》游戏主要包括欢迎界面、菜单界面、帮助界面和游戏界面，所有界面都在 Surface

中实现。在 Surface 的绘制方法中，根据不同界面的编号进行不同界面的绘制，触控和返回键的监听同样根据界面编号进行响应。

（1）在 Android 上单击该游戏的图标，运行游戏。首先进入的是游戏的欢迎界面，加载中闪烁几次，效果如图 12-3 所示。

（2）进入欢迎界面后，在该界面中可以看到 4 个菜单按钮，分别为"开始游戏""游戏帮助"和"声音设置"等按钮。其效果如图 12-4 所示。

▲图 12-3　欢迎界面　　　　　　　　　　▲图 12-4　菜单界面

（3）在欢迎界面中单击"声音设置"按钮，进入声音设置界面，如图 12-5 所示。在该界面中可以看到，声音和音效的开关。当单击打开声音，则自动开始播放背景音乐，同时打开音效被关闭音乐字样替换。音效指的是按键音效、爆炸音效等。

（4）当单击了菜单界面的"游戏帮助"按钮后，进入游戏的帮助界面，该界面介绍了游戏的玩法。左右滑动可翻页，单击"返回菜单"按钮返回菜单界面。左右滑动屏幕可以翻页，下方的 5 个蓝色圆点标识了帮助图片的页数，如图 12-6 所示。

 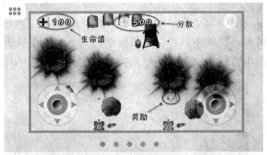

▲图 12-5　声音设置界面　　　　　　　　▲图 12-6　帮助界面

（5）当单击了菜单界面的"开始游戏"按钮后，则进入游戏的选关界面，被选中的关卡图片呈为彩色图片。为了保障游戏正常运行，只能由一个玩家进行选关操作，非房主玩家触控关卡无效并且无开始游戏的按钮，如图 12-7 所示。房主玩家界面如图 12-8 所示。

（6）当服务器未开启或者未与服务器在同一局域网下时，则界面中只有等待连接的字样，单击左上角的"返回菜单"按钮返回菜单界面，如图 12-9 所示。

（7）当单击了欢迎界面的"开始游戏"按钮后，则进入游戏界面。在游戏界面中，玩家需要通过左右摇杆对坦克进行操作。在游戏界面的左上角是玩家坦克生命值，初始为 100；中间是金币标志和金币数，玩家可通过攻击敌方目标获得金币，如图 12-10 所示。

（8）在游戏界面中单击右上角的"暂停"按钮弹出菜单，有继续游戏、声音设置、返回菜单和退出游戏 4 个按钮，如图 12-11 所示。当单击暂停后，左右摇杆均为不可用状态，画面暂停。

单击声音设置可以跳转到声音设置的菜单项。

▲图 12-7 选关界面 1

▲图 12-8 选关界面 2

▲图 12-9 选关界面 3

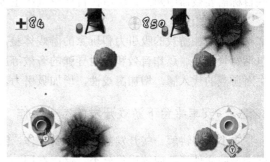

▲图 12-10 游戏界面

（9）每关的最后都有一个 boss，boss 左右移动并定时发送子弹。当玩家命中 boss 足够多次时，则取得游戏胜利；当双方玩家生命值均为 0 时，则游戏失败，效果如图 12-12 所示。无论游戏成功还是游戏失败，均会在屏幕中心弹出相应字样，然后自动切换到菜单界面。

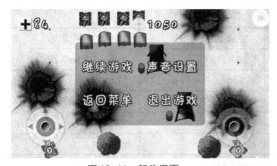

▲图 12-11 暂停界面

▲图 12-12 boss 界面

12.2 游戏的策划及准备工作

读者对本游戏的背景和基本功能有一定了解以后，本节将着重讲解游戏开发的前期准备工作。策划和前期的准备工作是软件开发必不可少的步骤，它们指明了研发的方向，只有明确的方向才能产生优秀的产品，这里主要包含游戏的策划和游戏中资源的准备。

12.2.1 游戏的策划

本游戏的策划主要包含游戏类型定位、呈现技术和目标平台的确定等工作。一个好的策划保证了游戏的界面风格、规则玩法、系统功能等一系列的游戏内容易于被大众接受；能在第一时间发觉游戏中所欠缺的、不妥的各方面游戏内容。

1. 游戏类型

该游戏的操作方式为触屏，通过操纵两个摇杆来控制坦克的移动方向以及炮筒朝向。坦克每时每刻都在发射子弹，当敌方坦克或物体被击中后会发生爆炸。击毁物体会产生奖励，坦克碰到对应的奖励会增加坦克对应的属性，属于休闲射击类游戏。

2. 运行的目标平台

游戏目标平台为 Android 4.3 及以上平台。

3. 操作方式

本游戏所有关于游戏的操作为触屏操作，玩家通过摇杆控制坦克的移动方向，子弹的发射位置。坦克自动发射子弹，通过控制左右两个摇杆使子弹命中目标。子弹命中目标后产生爆炸，有些目标需要被命中两次，然后在目标位置产生废墟。

4. 音效设计

为了增加游戏的吸引力和玩家的游戏体验，本款游戏中根据界面的效果添加了适当的音效，包括背景音乐、爆炸音效和发射导弹的音效等。一个好的背景音乐和音效的设置更容易使玩家产生对游戏的代入感，增加游戏性，增加吸引力。

12.2.2 安卓平台下游戏开发的准备工作

本小节将讲解一些开发前做的准备工作，包括搜集和制作图片、声音和字体等。对于相似的、同类型的文件资源应该进行分类，储存在同一文件子目录中，以便于对大量、繁杂的文件资源进行查找、使用。其详细开发步骤如下。

（1）首先为读者介绍的是游戏界面中用到的图片资源，系统将所有图片资源都放在项目文件下的 assets 目录下的 pic 文件夹下。如表 12-1 所示，此表展示的是有关于游戏界面中所有物体的图片，图片清单仅用于说明，不必深究。

表 12-1　　　　　　　　　　　图片清单

图片名	大小（KB）	像素（w×h）	用途
boss3.png	1380	1764×1136	"第一关 boss" 图片
boss1bullet.png	0.76	26×55	"第一关 boss 子弹" 图片
boss5.png	1380	1926×1156	"第二关 boss" 图片
boss2bullet.png	9.23	46×160	"第二关 boss 子弹" 图片
center.png	8.48	128×128	摇杆图片
decoration.png	409	1038×656	欢迎界面图片
direction.png	85.1	384×384	摇杆底座图片
enemyBazooka.png	6.66	38×112	敌方坦克导弹图片
enemybody1.png	15.9	102×112	敌方坦克底座 1
enemybody2.png	11.4	102×112	敌方坦克底座 2
enemybody3.png	13.0	102×112	敌方坦克底座 3
enemybody4.png	16.3	102×112	敌方坦克底座 4
enemyBullet.png	2.79	8×18	敌方子弹
enemygun1.png	17.5	132×136	敌方坦克炮筒 1
enemygun2.png	17.9	132×136	敌方坦克炮筒 2

续表

图片名	大小（KB）	像素（w×h）	用途
enemygun3.png	16.6	132×136	敌方坦克炮筒3
enemygun4.png	17.7	132×136	敌方坦克炮筒4
explosion1.png	381	640×640	大尺寸爆炸
explosion2.png	381	640×640	小尺寸爆炸
fire.png	0.72	32×32	粒子系统图片
levels.png	4.22	96×48	显示帮助图片位置
load.png	60	485×127	加载中
lose.png	19.6	265×70	游戏失败
malnbodyg.png	8.9	100×100	绿方玩家坦克底座
mainbodyr.png	8.9	100×100	红方玩家坦克底座
maingun.png	10.3	132×136	玩家坦克炮筒
mark1.png	43.7	140×127	小尺寸废墟
marik2.png	144	280×254	大尺寸废墟
nums.png	51.6	600×100	数字
propsC.png	7.54	80×66	引爆全图敌军
propsH.png	7.16	80×66	增加生命值
propsP.png	7.33	80×66	增加坦克速度
redbox.png	3.39	100×100	生命值图片
score_icon.png	15.4	100×100	分数图片
tankBazooka.png	4.96	19×64	玩家导弹
tankBullet.png	1.22	20×20	玩家子弹
title.png	145	835×240	游戏标题
tower.png	32.8	226×220	地方塔楼
tree1.png	37.9	204×202	树木（暗）
tree2.png	38.4	204×202	树木（亮）
wait.png	17.2	540×100	等待网络连接
win.png	12.7	254×70	恭喜胜利

（2）接下来介绍游戏界面中的具体物体图片，本部分介绍程序中各种按钮的图片。程序中所有的菜单按钮都是加载图片实现的，通过加载菜单按钮正常状态和选中状态的图片来实现其按下抬起的效果，具体内容如表 12-2 所示。

表 12-2　　　　　　　　　　　按钮图片清单

图片名	大小（KB）	像素（w×h）	用途
back_menu.png	59.3	456×121	返回菜单按钮
back_menu_select.png	53.7	456×121	返回菜单按钮
close_effect.png	63.5	456×121	关闭音效按钮
close_effect_select.png	55.3	456×121	关闭音效按钮
close_music.png	54.2	456×120	关闭声音按钮
close_music_select.png	52.7	456×120	关闭声音按钮

续表

文件名	大小(KB)	尺寸	用途
continue_game.png	20.4	189×50	继续游戏按钮
continue_game_select.png	19.3	189×50	继续游戏按钮
exit_game.png	61.6	456×121	退出游戏
exit_game_select.png	55.5	456×120	退出游戏
help.png	63.3	456×120	游戏帮助按钮
help_select.png	57.4	456×120	游戏帮助按钮
one.png	15.1	400×100	第一关
one_select.png	17.5	400×100	第一关
oneP.png	240	640×400	第一关图片
oneP_select.png	479	640×400	第一关图片
open_effect.png	54.2	418×120	打开音效
open_effect_select.png	49.5	418×120	打开音效
open_music.png	52.9	418×120	打开声音
open_music_select.png	49.4	418×120	打开声音
pause.png	6.97	128×128	暂停
pause_select.png	5.93	128×128	暂停
pausebackground.png	4.01	480×300	暂停界面背景
soundset.png	57.2	458×120	声音设置
soundset_select.png	52.4	458×120	声音设置
start_game.png	61.4	458×120	开始游戏
start_game_select.png	56.0	458×120	开始游戏
two.png	12.9	400×100	第二关
two_select.png	14.9	400×100	第二关
twoP.png	106	640×400	第二关图片
twoP_select.png	231	640×400	第二关图片
gameBackground.png	986	1920×1080	背景图片
help111.png	1410	1600×880	帮助1
help222.png	1500	1600×880	帮助2
help333.png	1500	1600×880	帮助3
help444.png	1240	1600×880	帮助4
help555.png	1330	1600×880	帮助5

（3）接下来介绍游戏中用到的声音资源，音效与背景音乐的作用是为了增强玩家的代入感，本游戏对音效的使用略少，有兴趣的读者可自行添加音效。系统将声音资源放在项目目录中的assets/sound 文件夹下，详细情况如表 12-3 所示。

表 12-3 声音清单

声音文件名	大小（KB）	格式	用途	声音文件名	大小	格式	用途
background	512	mp3	游戏界面背景音乐	eatprops	8.71	wav	吃掉奖励
grenada	20.3	ogg	爆炸音效	lose	5.49	mp3	游戏失败
rocket_shoot2	5.57	ogg	玩家发射导弹	select	49.5	wav	选择菜单项

> 说明　本项目中同样需要将所有的图片资源都存储项目的 assets 文件夹下，并且对于不同的文件资源应该进行分类，储存在不同的文件目录中，这是程序员需要养成的一个良好习惯。

12.3　游戏的架构

本节对该游戏的架构进行简单介绍，包括服务器端和 Android 端，使读者对本游戏的开发有更深层次的认识。构架是任何程序的灵魂，一个好的游戏构架可以极大地减少 bug 的产生，提高游戏的运行速度。

12.3.1　程序结构的简要介绍

网络游戏的基本框架如图 12-13 所示，核心思想是并行操作转变为串行操作，保证了数据在任意时刻只做出一种改变。在这个构架中，Android 客户端只负责根据数据进行界面的绘制以及精灵的摆放，基本运算在服务器端进行，例如碰撞检测。

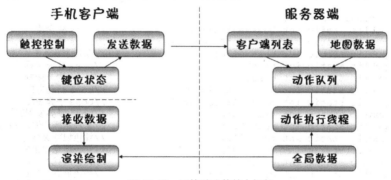

▲图 12-13　网络游戏的基本框架

《坦克大战》的基本流程：玩家操控摇杆，开启定时回调方法检测键位状态，将摇杆的 x 方向与 y 方向偏移量发送至服务器。服务器将发送的数据与 Android 客户端列表编号加入动作队列，并且将其他数据改变（如地图偏移、敌军发射子弹）加入动作队列。最后经过处理发回 Android 端。

12.3.2　服务器端的简要介绍

本小节将对服务器端进行简要介绍，服务器端负责游戏的一切计算。但本书为介绍 Android 客户端开发的书籍，所以只对服务器端的重点功能进行简要介绍，如有需要的读者可自行查阅随书附带的源代码，具体代码如下。

- 碰撞检测类——Collision：该类为碰撞检测类，其中包含了检测两个物体是否发生碰撞、敌方子弹与玩家坦克碰撞检测和检测物体是否与其他物体中的一个发生碰撞等，碰撞后出现的爆炸以及奖励也在这个类里添加。正是这些算法才使完成对游戏的操作及按正常逻辑运行。
- 数据交换类——ServerAgent：该类为数据交换类，主要负责 Android 客户端与服务器端的数据交换，包含了发送数据与接收数据方法。发送数据的格式为先发送数据标识字符串，再依次发送具体数据。接收数据时，先判断数据标识，然后判断并进行数据处理。
- 动作执行类——ActionThread：该类为动作执行类，所有的动作均为 Action 类的子类并重写 doAction 方法，之后由 ActionThread 执行。发生任何一个动作，首先创建一个新的动作子类，然后将动作子类加入 Queue<Action>，动作执行类每次取出一个 Action 并执行 doAction 方法。

12.4 服务器端的开发

从本节开始正式进入游戏的开发过程，网络游戏最重要的环节是服务器端的开发，一切关于游戏的计算都将在服务器端进行。如何接收、发送、处理数据内容，如何进行物理计算，如何更替物体、发射子弹是本节的重点内容。

12.4.1 数据类的开发

首先介绍数据类 GameData 的开发。任何游戏都是由许多数据构成的，作为开发人员，游戏数据一定要放在统一的位置，可以有效地避免开发过程中混乱，便于储存、管理，这就是数据类的意义所在。数据分为两种类型，即临时数据和固定数据。

（1）临时数据。这一部分数据的特征是随着游戏的进行而改变的，例如坦克的位置、坦克的生命、敌军的子弹等。这些数据在支撑起游戏的进程的同时，还负责控制游戏中的一些特效，同时保证了游戏的平衡，具体代码如下。

代码位置：见随书源代码/第 12 章/TankServer/src/com/bn/gp/data 目录下的 GameData.java。

```
1   public class GameData{
2       public static int bossHealth=10;          //boss 生命值
3       public static boolean bossFlag=false;     //boss 是否存在的标识
4       public static int bossNum=0;              //第几个 boss
5       public static int bossX;                  //boss 的 x 坐标
6       public static int bossY;                  //boss 的 y 坐标
7       public static int bossDirection=2;        //boss 行动方向
8       public static int bossbulletSpeed=5;      //boss 子弹速度
9       public static int timecount=0;            //boss 子弹发射时间间隔
10      public static int redOrGreen;             //客户端标志位，0 红色，1 绿色
11      public static int redX=310;               //红色坦克 x 坐标
12      public static int redY=400;               //红色坦克 Y 坐标
13      public static int greenX=620;             //绿色坦克 x 坐标
14      public static int greenY=400;             //绿色坦克 Y 坐标
15      public static int tankFlag[]={0,0};       //坦克是否随地图下落标志位
16      ……//由于服务器端数据过多，在此不一一列举
17  }
```

> **说明** 此类包含着各种游戏数据，与游戏有关的一切计算都在此基础上。有些数据可能会使读者不明所以，这些数据都是为解决一些问题服务的，用法各有不同，之后笔者将为大家详细讲述。解决问题的方法绝不仅此一种，读者也可自行探索。

（2）固定数据。这一部分数据并不随游戏的进行而改变，程序需要将这部分数据读取并经过计算转化为临时数据，才能使游戏顺利进行。例如在本游戏中，地图游戏、boss 的生命值为固定数据，固定数据一般由设计器设计，具体代码如下。

```
1   package com.bn.gp.data;
2   public class LevelData{
3       public static int[][] mapData={/*具体数据内容已省略*/};   //地图上的物体
4       public static int[][] mapTree={/*具体数据内容已省略*/};   //地图上的地方坦克
5       public static int[][] mapTank={/*具体数据内容已省略*/};   //地图上的树
6       public static int [] bossHealth={/*具体数据内容已省略*/}; //各关 boss 的生命值
7   }
```

> **说明** 数据格式一般为 3 个值：物体编号、x 坐标和 y 坐标。具体数据由地图设计器批量产生，请读者自行查阅随书附带的源代码。

12.4.2 服务线程的开发

下面介绍服务线程的开发。服务主线程接收 Android 端发来的请求，将请求交给代理线程处理。代理线程按数据内容将数据封装为动作类，并且压入动作队列，等待动作执行线程执行，最后将改变后的数据反馈给 Android 端。

（1）下面首先介绍一下主线程类 ServerThread 的开发。主线程类部分的代码比较短，但却是服务器端最重要的一部分，也是实现服务器功能的基础。每有一个客户端连接到服务器端时，都将会产生一个 ServerAgent 用来接收信息，具体代码如下。

代码位置：见随书源代码/第 12 章/TankServer/src/com/bn/gp/server 目录下的 ServerThread.java。

```
1    package com.bn.gp.server;
2    ……//此处省略了导入类的代码，读者可自行查阅随书附带的源代码
3    public class ServerThread extends Thread{   //创建一个名为 ServerThread 的继承线程的类
4        boolean flag=false;                     //ServerSocket 是否创建成功的标志位
5        ServerSocket ss;                        //定义一个 ServerSocket 对象
6        public void run(){                      //重写 run 方法
7            try{                                //因用到网络，需要进行异常处理
8                ss=new ServerSocket(9999);      //创建一个绑定到端口 9999 的 ServerSocket 对象
9                System.out.println("Server Listening on 9999...");
10               flag=true;
11               ServerAgent.count=0;            //客户端计数器重置为 0
12           }catch(Exception e){
13               e.printStackTrace();            //打印错误信息
14           }
15           while(flag){
16               try{
17                   Socket sc=ss.accept();      //接收客户端的请求，返回连接对应的 Socket 对象
18                   System.out.println(sc.getInetAddress()+" connect...");
19                   ServerAgent.flag=true;
20                   new ServerAgent(this,sc).start();    //创建接收线程
21               }catch(Exception e){
22       }}}
23       public static void main(String args[]){
24           new ServerThread().start();         //开启网络线程
25           new ActionThread().start();         //开启动作执行线程
26       }}
```

- 第 7～14 行为创建连接端口的方法。首先创建一个绑定端口到端口 9999 上的 ServerSocket 对象，然后打印连接成功的提示信息。
- 第 15～22 行为开启服务线程的方法。该方法将接受客户端请求 Socket，成功后调用并启动代理线程对接收的请求进行具体的处理。
- 第 23～26 行为程序启动的方法。是程序的入口，用来开启对应线程。

（2）下面介绍代理线程 ServerAgent 的开发。首先介绍的接收数据部分，服务器端每接收一组数据，先通过数据头判断传入数据的类型，然后接收数据并保存，最后处理数据，具体代码如下。

代码位置：见随书源代码/第 12 章/TankServer/src/com/bn/gp/server 目录下的 ServerAgent.java。

```
1    package com.bn.gp.server;
2    ……//此处省略了导入类的代码，读者可自行查阅随书附带的源代码
3    public class ServerAgent extends Thread{
4        ……//此处省略变量定义的代码，请自行查看源代码
5        public ServerAgent(ServerThread st,Socket sc){
6            this.sc=sc;                         //拿到 Socket 对象，便于关闭、重启服务器
7            ServerAgent.st=st;                  //拿到 Server 线程对象，便于重启
8            try{
9                din=new DataInputStream(sc.getInputStream());    //创建新数据输入流
10               dout=new DataOutputStream(sc.getOutputStream()); //创建新数据输出流
11           }catch(Exception e)
12               e.printStackTrace();                              //打印异常
13       }}
14       public void run(){
```

```
15            while(flag){                                      //数据接收标志位
16                try{
17                    String msg=readStr(din);                  //读取数据标识
18                    if(msg.startsWith("<#KEY#>")){             //判断是否为tank信息
19                        float leftOffsetX,leftOffsetY,rightOffsetX,rightOffsetY;
20                        leftOffsetX=readFloat(din);            //读取float数据
21                        leftOffsetY=readFloat(din);
22                        rightOffsetX=readFloat(din);           //右摇杆X偏移量
23                        rightOffsetY=readFloat(din);
24                        MainTank m=new MainTank(               //创建坦克动作
25                            redOrGreen,leftOffsetX,leftOffsetY,rightOffsetX,
                             rightOffsetY);
26                        synchronized(GameData.lock){           //同步方法语句块
27                            aq.offer(m);                       //加入动作执行队列
28                        }}
29                    ……//由于其他msg动作代码与上述相似，故省略，读者可自行查阅源代码
30                }catch(Exception e){
31                    closeGame();                               //关闭服务器的方法
32                    break;
33    }}}}
```

- 第5～13行为ServerAgent的构造方法。拿到了Socket对象，创建了数据的输入/输出流，以便重启服务器以及传输、接收数据。

- 第15～28行为接收数据的方法。首先根据标志位判断是否能够接收数据。之后接收数据头，根据数据头判断接收到的消息类型。然后将数据依次从数据输入流读取。最后根据数据将需要执行的动作加入动作执行队列。

- 第30～32行为异常处理的方法。如果客户端和服务器端连接断开，则执行进行关闭服务器的方法，具体方法在下一部分进行介绍。

（3）下面介绍服务器的关闭方法，需要将socket关闭、将数据类内容初始化，最后重新调用ServerThread线程将服务器重新启动。服务器的关闭方法并不复杂，主要的目的是使游戏成功或者游戏失败时能重新进行游戏，具体代码如下。

代码位置：见随书源代码/第12章/TankServer/src/com/bn/gp/server目录下的ServerAgent.java。

```
1     public static void closeGame() {
2         LevelChange.resetLevel();                             //重置关卡
3         flag=false;                                           //接收线程标志位
4         st.flag=false;                                        //服务器连接线程标志位
5         ulist.clear();                                        //清空客户端列表
6         try {
7             st.ss.close();                                    //关闭socket
8         } catch (IOException e) {                             //异常处理
9             e.printStackTrace();
10        }
11        new ServerThread().start();                           //重新打开服务器连接线程
12    }
```

> **说明** 首先将游戏数据重置，将服务器的循环标志位置否，使网络线程自动关闭。之后将客户端列表清空，关闭socket。最后将ServerThread重新开启。其中将游戏数据重置的方法十分简单，有需要的读者请自行查阅随书附带的源代码。

（4）下面介绍数据的发送。为了减少不必要的时间，所以发送数据的宗旨是改变什么发送什么。发送数据时一定要在同步方法中进行，保证发送此段数据时不会有其他类型的数据被发送，具体代码如下。

代码位置：见随书源代码/第12章/TankServer/src/com/bn/gp/server目录下的ServerAgent.java。

```
1     public static void broadcastTank(){
2         for(ServerAgent sa:ulist){                            //向所有客户端发送
3             try{
```

```
4              synchronized(GameData.lock){
5                   sendStr(sa.dout, "<#GAME_TANK#>");         //坦克数据标识符
6                   sendInt(sa.dout, GameData.redX);            //红色坦克X偏移量
7                   sendInt(sa.dout, GameData.redY);            //红色坦克Y偏移量
8                   sendInt(sa.dout, GameData.greenX);          //绿色坦克X偏移量
9                   sendInt(sa.dout, GameData.greenY);          //绿色坦克Y偏移量
10                  sendFloat(sa.dout, GameData.redTankAngle);  //红色坦克旋转角度
11                  sendFloat(sa.dout, GameData.greenTankAngle);//绿色坦克旋转角度
12                  sendFloat(sa.dout, GameData.redGunAngle);   //红色坦克炮筒旋转角度
13                  sendFloat(sa.dout, GameData.greenGunAngle); //绿色坦克炮筒旋转角度
14              }}catch(Exception e){
15                  e.printStackTrace();
16      }}}
```

> **说明** 此方法为发送坦克移动数据和炮筒旋转数据的方法,将数据标识符、各种数据依次发送。发送数据的数量和接收数据数量必须严格匹配。

12.4.3 碰撞检测类的开发

碰撞检测是游戏的重中之重,双方坦克不能互相碾压,检测子弹是否命中目标都需要碰撞检测。碰撞检测的实现方法有很多,例如,计算碰撞两物体的重叠面积,超过重叠面积阀值则判定为两物体碰撞,本小节将介绍碰撞检测的实现。

如图12-14所示,两物体的位置关系无非3种,即部分重叠、完全重叠和完全不重叠。为了便于计算,将游戏中所有物体近似为矩形。根据平面几何原理,两物体中点之间距离大于两物体外接圆半径之和,是完全不可能重叠的;而小于两物体内接圆半径之和是肯定重叠的。

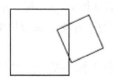

▲图12-14 两物体的3种位置关系

以上方法用于缩小计算范围,减少计算量,并且涵盖了两物体完全重叠的判断,所以,之后的重点是如何判断两物体部分重叠。观察部分重叠的图,不难发现,如果两物体部分重叠,必有边长相交,问题便简化为如何判断两线段相交的问题。

如图12-15所示,想判断两直线相交十分简单,只需证明p1与p2两点在线段p3p4两端,并且p3与p4两点在线段p1p2两端即可。证明两点在一条直线两侧需要用到跨立定理。关于两直线相交算法的原理和跨立定理的内容,有兴趣的读者可查阅相关资料。

(1)检测两物体是否发生碰撞被整合为一个方法,需要提供两物体的x,y坐标,旋转角度以及物体编号,返回布尔值。此部分主要负责将碰撞检测所需的数据处理成需要的格式,详细的物理计算将在之后的部分介绍,具体代码如下。

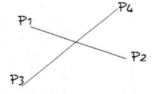

▲图12-15 两直线相交的判断

代码位置:见随书源代码/第12章/TankServer/src/com/bn/gp/server目录下的Collision.java。

```
1   public static boolean checkCollision(int redX,int redY,int greenX,
2           int greenY,float redAngle,float greenAngle,int whichA, int whichB){
3       //初始化用于计算的变量
4       redAngle=450-redAngle;                       //换算红方物体角度
5       greenAngle=450-greenAngle;
6       double redRadian=Math.toRadians(redAngle);   //换算弧度
7       double greenRadian=Math.toRadians(greenAngle);
```

```
8              int dx1=redX-greenX;                            //中心点 x 坐标之差
9              int dy1=redY-greenY;                            //中心点 y 坐标之差
10             int redSide=redWhich[whichA]/2;                 //计算红色物体半径
11             int greenSide=greenWhich[whichB]/2;
12             //两物体中点之间距离大于两物体外接圆半径和
13             if((dx1*dx1+dy1*dy1)>(redSide+greenSide)*(redSide+greenSide)*2){  //用距离的平方比较
14                 return false;
15             }
16             //两物体中点之间距离小于两物体内接圆半径和
17             if((dx1*dx1+dy1*dy1)<(redSide-greenSide)*(redSide-greenSide)){    //用距离的平方比较
18                 return true;
19             }else{
20                 float redPoint[][]=getPoint(redX, redY, redRadian, redSide);
                   //计算撞击物体 4 点坐标
21                 float greenPoint[][]=getPoint(greenX, greenY, greenRadian, greenSide);
22                 for(int i=0;i<4;i++){
23                     for(int j=0;j<4;j++){                   //检测是否有边长相交
24                         if(checkIntersect(redPoint[i],greenPoint[j],redPoint[i+
                           1],greenPoint[j+1])){
25                             if(checkIntersect(greenPoint[j],redPoint[i],green
                               Point[j+1],redPoint[i+1])){
26                                 return true;
27             }}}}
28             return false;
29     }}
```

- 第 4～13 行为计算变量。将数据转化为碰撞检测所需的值，redWhich 与 greenWhich 数组为物体边长的数组，给予对应物体编号可获取边长。
- 第 14～19 行为计算两物体中点之间距离，并与两物体外接圆半径之和以及两物体内接圆半径之和进行比较，大于外接圆半径不可能碰撞，小于内接圆半径必然碰撞。
- 第 20～29 行为计算两物体是否有边长相交。首先根据物体 x、y 坐标、边长以及旋转角度计算出矩形 4 顶点的坐标，最后循环检测是否有边长相交。为了方便计算边长是否相交，4 顶点坐标数组长度为 5，第一个数据与第五个数据为同一点。

（2）这一部分为读者讲解如何计算矩形 4 顶点的坐标。同样方法不唯一，希望读者能够进一步探索，找到更好的方法。首先通过物体边长计算出外接圆半径，然后通过旋转角度和中心点位置计算出两点坐标，最后利用中心对称原理获得其他两点坐标，具体代码如下。

代码位置：见随书源代码/第 12 章/TankServer/src/com/bn/gp/server 目录下的 Collision.java。

```
1     private static float[][] getPoint(int X, int Y, double Radian, int Side) {
2         //根据中心点坐标、旋转角度、半边长长度计算 4 点坐标
3         float Point[][]=new float[5][2];                         //每个顶点有两个值
4         double pointRadian=Math.PI/4;
5         double redR=Side/Math.sin(pointRadian);
6         Point[0][0]=(float) (redR*Math.cos(pointRadian+Radian)+X);//计算第一个点 X 值
7         Point[0][1]=(float) (-redR*Math.sin(pointRadian+Radian)+Y);//计算第一个点 Y 值
8         Point[1][0]=(float) (redR*Math.cos(Math.PI-pointRadian+Radian)+X);//计算第二个点 X 值
9         Point[1][1]=(float) (-redR*Math.sin(Math.PI-pointRadian+Radian)+Y);//计算第二个点 Y 值
10        Point[2][0]=2*X-Point[0][0];                             //第三个点与第一个点中心对称
11        Point[2][1]=2*Y-Point[0][1];
12        Point[3][0]=2*X-Point[1][0];                             //第四个点与第二个点中心对称
13        Point[3][1]=2*Y-Point[1][1];
14        Point[4]=Point[0];                                       //5 号点与 1 号点相同，方便后续计算
15        return Point;
16    }
```

> 说明 根据物体 x, y 坐标、边长和旋转角度计算出矩形顶点的坐标。由于物体的旋转弧度与三角函数所需弧度不一致，因此引入 pointRadian。为了方便计算边长是否相交，4 顶点坐标数组长度为 5，第一个数据与第五个数据为同一点。

（3）下面讲解判断两直线相交方法的基础——跨立定理。跨立定理利用了叉积的性质，选定

线段的一点,将线段看为一个向量,并且做出由选定点指向两点的两个向量,用叉积判断这两向量是否在线段两侧。具体代码如下。

代码位置:见随书源代码/第 12 章/TankServer/src/com/bn/gp/server 目录下的 Collision.java。

```
1    private static boolean checkIntersect(float[] s1, float[] p1, float[] s2, float[] p2){
2        //检测p1与p2是否在s1s2所确定直线的两侧
3        float s1x=p1[0]-s1[0];                              //第一组向量x坐标
4        float s1y=p1[1]-s1[1];                              //第一组向量y坐标
5        float s2x=s2[0]-s1[0];                              //第二组向量x坐标
6        float s2y=s2[1]-s1[1];                              //第二组向量y坐标
7        float s3x=p2[0]-s1[0];                              //第三组向量x坐标
8        float s3y=p2[1]-s1[1];                              //第三组向量y坐标
9        float c1=s1x*s2y-s2x*s1y;                           //第一、二组向量叉积
10       float c2=s2x*s3y-s3x*s2y;                           //第二、三组向量叉积
11       if(c1*c2>0){                                        //如果叉积同号
12           return true;
13       }
14       return false;
15   }
```

- 第 3~8 行为计算 3 条向量的坐标。传入参数中 s1 与 s2 为线段的端点,p1 与 p2 为两点,则这 3 条向量为 s1s2、s1p1、s1p2。
- 第 9~14 行为叉积定理判断两向量是否在线段两侧。

12.4.4 动作执行类的开发

动作的实现利用了 Java 的多态性,多态对程序的扩展具有非常大的作用。游戏里所有的物体均为 Action 类的子类,并重写 doAction 方法来实现物体的移动或消失。本小节介绍父类 Action 的开发、动作执行线程以及其中一种物体全部动作的实现。

1. 动作父类

游戏中所有的动作都需要继承动作父类。例如坦克的移动,子弹的发射。通过使用 Action 类的指针指向 Action 类的子类对象,使所有动作可以加入动作队列。同时,也必须写动作的执行线程来执行,接下来介绍动作父类和动作的执行线程。

(1)父类 Action 的开发,父类 Action 并没有具体的功能,仅是包含一个需要子类重写的抽象方法,同时也使各种不同的动作加入动作队列。其具体代码如下。

代码位置:见随书源代码/第 12 章/TankServer/src/com/bn/gp/action 目录下的 Action.java。

```
1    package com.bn.gp.action;
2    public abstract class Action{
3        public abstract void doAction();                    //执行动作的抽象方法
4    }
```

(2)动作执行线程。用来将动作队列的动作取出并执行,用队列的方法能保证同一时间只有一个动作进行,保障了程序的稳定。动作执行线程任何时刻都在运转,游戏暂停时只需要停止生成动作的代码即可,具体代码如下。

代码位置:见随书源代码/第 12 章/TankServer/src/com/bn/gp/action 目录下的 ActionThread.java。

```
1    package com.bn.gp.util;
2    ……//此处省略了导入类的代码,读者可自行查阅随书附带的源代码
3    public class ActionThread extends Thread{
4        public void run(){
5            while(true){
6                Action a=null;                              //声明Action对象。
7                synchronized(GameData.lock){                //同步方法拿到lock对象
8                    a=ServerAgent.aq.poll();                //读取动作列表里的动作
9                }
10               if(a!=null){                                //判断动作是否为空
11                   try{
```

```
12                        a.doAction();                        //执行动作
13                    }catch(Exception e){
14                        break;                                //发生异常则关闭动作线程
15    }}}}}
```

> **说明** 需要读者注意第 7 行 synchoronized 的使用，这是一个同步方法，执行此语句块的时候，同样持有 GameData.lock 对象的语句块无法被执行。同步方法用来保证同一时间数据只能被一个进程修改，保障了数据的完整性。

2．玩家坦克子弹动作

此部分以地图上的玩家坦克的子弹为例，详细介绍具体动作子类的实现。其中包括了子弹类、子弹控制类和子弹动作线程。通过这 3 个类的协同工作，实现了坦克子弹的创建、移动以及消失。此部分将对 3 个类分别进行介绍，具体实现如下。

（1）单个子弹类。包含了子弹的基本信息：坐标、方向和威力。同时还有一个子弹动作的方法，玩家坦克子弹动作由每一个子弹的动作组合而成。子弹动作的方法十分简单，通过计算使子弹沿一个固定的方向移动固定的距离，具体代码如下。

代码位置：见随书源代码/第 12 章/TankServer/src/com/bn/gp/server 目录下的 MainBullet.java。

```
1    package com.bn.gp.server;
2    ……//此处省略了导入类的代码，读者可自行查阅随书附带的源代码
3    public class MainBullet{
4        public float bulletX;                                //x坐标
5        public float bulletY;                                //y坐标
6        public float angle;                                  //发射方向
7        public int sort;                                     //子弹伤害值
8        public MainBullet(int bulletX, int bulletY, float angle){  //新建子弹构造方法
9            this.bulletX=bulletX+(float) (40*Math.cos(Math.toRadians(450-angle)));
10           this.bulletY=bulletY-(float) (40*Math.sin(Math.toRadians(450-angle)));
11           this.angle=angle;
12       }
13       public void go(){                                    //单个子弹的动作
14           bulletX=bulletX+(float)(GameData.bulletSpeed*Math.cos(Math.toRadians(450-angle)));
15           bulletY=bulletY-(float)(GameData.bulletSpeed*Math.sin(Math.toRadians(450-angle)));
16   }}
```

- 第 4~7 行为子弹的基本信息，包括坐标、方向和威力。
- 第 8~12 行为子弹的构造类，用于创建一个新子弹，将子弹信息保存进新子弹中。
- 第 13~16 行为子弹的动作，玩家坦克子弹动作由每一个子弹动作组合而成，动作为让子弹沿着子弹方向根据子弹的速度移动一定距离。

（2）子弹控制类。负责定时产生新子弹，控制每个子弹进行移动，销毁应该消失的子弹，检测子弹是否撞击到物体。子弹的消失有很多种情况，比如撞击到物体和飞出屏幕，需要用不同的判断方法判断，具体代码如下。

代码位置：见随书源代码/第 12 章/TankServer/src/com/bn/gp/server 目录下的 MainBulletControl.java。

```
1    package com.bn.gp.server;
2    ……//此处省略了导入类的代码，读者可自行查阅随书附带的源代码
3    public class MainBulletControl extends Action{
4        public void doAction(){
5            createBullet();                                  //创建新子弹
6            ArrayList<MainBullet> alTemp;                    //临时子弹列表
7            ArrayList<MainBullet> alDel=new ArrayList<MainBullet>();  //待删子弹列表
8            ArrayList<Float> mainbullet=new ArrayList<Float>();  //子弹数据列表
9            synchronized(GameData.lock){
10               alTemp=new ArrayList<MainBullet>(GameData.mainBulletList);//读取子弹列表
11           }
12           for(MainBullet mb:alTemp){
```

```
13              mb.go();                              //让每个子弹根据自己的方向前进
14              if(GameData.bossFlag){                //如果 boss 存在检测是否撞击到 boss
15                  int bossX,bossY;
16                  synchronized(GameData.lock){      //读取 boss 坐标值
17                      bossX=GameData.bossX;
18                      bossY=GameData.bossY;
19                  }
20                  if(Collision.checkCollision((int)mb.bulletX,(int)mb.bulletY,
                        bossX,bossY,0,0,1,10)){
21                      synchronized(GameData.lock){
22                          GameData.bossHealth--;           //减少 boss 生命值
23                          GameData.explosion.add(25);      //子弹撞击到物体发生爆炸
24                          GameData.explosion.add((int)mb.bulletX);//爆炸位置 x 值
25                          GameData.explosion.add((int)mb.bulletY);//爆炸位置 y 值
26                      }
27                      alDel.add(mb);                //加入销毁列表
28                      continue;
29              }}                                    //将出地图的子弹加入销毁列表
30              if(mb.bulletX<0||mb.bulletX>GameData.baseWidth||
31                  mb.bulletY<0||mb.bulletY>GameData.baseHeight){
32                  alDel.add(mb);
33              }                                     //将撞击到物体的子弹加入销毁列表
34              else if(Collision.checkCollision((int)mb.bulletX, (int)mb.bulletY, 0, 1)){
35                  alDel.add(mb);
36              }else{                                //合格子弹加入新列表等待发送和保存
37                  mainbullet.add(mb.bulletX);       //保存子弹 x 坐标
38                  mainbullet.add(mb.bulletY);       //保存子弹 y 坐标
39          }}
40          synchronized(GameData.lock){
41              GameData.mainBullet=mainbullet;       //重新设置子弹列表
42              for(MainBullet mb:alDel){             //循环待删子弹列表
43                  GameData.mainBulletList.remove(mb);//将过期子弹销毁
44          }}
45          ServerAgent.broadcastBullet();            //发送子弹数据
46  }}
```

- 第 4~11 行为需要的数据读取、复制入临时数组，并在复制数据时加入同步方法，防止数据中途被改变导致程序错误。创建子弹的方法在之后的部分进行详细介绍。
- 第 12~29 行为控制所有子弹动作的方法。遍历所有子弹，先让子弹执行子弹动作。判断 boss 是否存在，接着判断子弹是否撞击到 boss 上，如果撞到，则减少 boss 的生命值，然后将子弹所在位置加入爆炸效果，并将子弹加入待删除列表。
- 第 30~39 行为分别检测子弹是否移动到地图之外，子弹是否撞击到地图上的物体。如果两者均无，则将子弹的 x、y 坐标加入子弹数据发送列表。
- 第 40~45 行为根据待删除列表将子弹列表中的子弹销毁，最后将子弹信息发送。

（3）下面主要讲述子弹的创建。创建子弹首先通过计数器判断是否需要创建，然后更改炮筒状态，最后将子弹加入子弹列表。子弹的位置为发射子弹的坦克的位置，角度为坦克炮筒的角度，具体代码如下。

代码位置：见随书源代码/第 12 章/TankServer/src/com/bn/gp/server 目录下的 MainBulletControl.java。

```
1   private void createBullet() {
2       int redState,redTimeCount,redTimeSpan,redHealth;
3       synchronized(GameData.lock){                  //读取数据
4           redState=GameData.redState;               //炮筒状态
5           redTimeCount=GameData.redTimeCount;       //子弹发射计数器
6           redTimeSpan=GameData.redTimeSpan;         //子弹发射阀值
7           redHealth=GameData.redHealth;             //坦克生命值
8       }
9       redState=(redState==0)?0:(redState-1);        //标识炮筒状态，0 为正常状态的炮筒
10      if(redTimeCount==redTimeSpan&&redHealth>0){   //判断是否需要创建红色坦克子弹
11          redTimeCount=0;                           //重置坦克子弹计数器
12          redState=5;
13          MainBullet temp=new MainBullet(GameData.redX,GameData.redY,GameData.redGunAngle);
```

```
14              synchronized(GameData.lock){
15                  GameData.mainBulletList.add(temp);  //将新子弹加入子弹列表
16              }}
17          redTimeCount++;                              //红色坦克子弹计数器加1
18          synchronized(GameData.lock){                 //重新保存回数据类
19              GameData.redState=redState;
20              GameData.redTimeCount=redTimeCount;
21      }}
```

- 第4~8行为从数据类中读取数据。
- 第9~18行为创建坦克子弹的主要语句。判断子弹是否需要添加有两个变量，一个值随着时间变大，一个值固定。每次两个值相等时将第一个值置零，并创建新子弹。子弹 x、y 坐标与坦克的坐标一致。
- 第19~22行为保存数据进数据类。

（4）子弹动作线程。负责定时将坦克子弹的控制者加入动作列表，每隔20毫秒加入一次，加入动作列表需要用同步方法，防止发生异常。其具体代码如下。

代码位置：见随书源代码/第12章/TankServer/src/com/bn/gp/server 目录下的 MainBulletThread.java。

```
1   package com.bn.gp.server;
2   ……//此处省略了导入类的代码，读者可自行查阅随书附带的源代码
3   public class MainBulletThread extends Thread{
4       public MainBulletThread(){                       //构造器
5           this.setName("MainBullet");                  //给线程设置名称
6       }
7       public void run(){
8           while(GameData.threadFlag){                  //线程状态标志位
9               if(GameData.gameState==2){               //判断是否为游戏状态
10                  Action a=new MainBulletControl();//创建坦克子弹控制者
11                  synchronized(GameData.lock){
12                      ServerAgent.aq.offer(a);//将动作加入动作列表
13              }}
14              try{
15                  Thread.sleep(20);                    //使线程睡眠20毫秒
16              }catch(Exception e){
17                  e.printStackTrace();
18      }}}}
```

> **说明**　子弹移动线程十分简单，如果游戏状态为正在游戏，则每隔20毫秒创建一个新的坦克子弹控制者加入动作列表。需要注意的是，切勿将创建类的语句放入同步方法中，类的创建耗时较长，放入同步方法中影响游戏速度。使用同步方法的原则是执行代码的时间尽量短。

12.4.5 状态更新类的开发

由于类似生命值的数据有可能在程序中的许多地方进行更改，所以笔者将生命值、分数和游戏状态等数据的发送封装为一个类。基本原理是该类保存着这些数据，一旦数据类中的数据与该类中的数据不相等，则向客户端发送数据并将该类中的数据进行更改。

（1）状态更新类分为两部分，其中负责发送数据的 Updata 类继承于 Action，同样需要重写 doAction 方法，在其中调用发送数据的方法。状态更新类负责发送两种不同类型的数据，需要传入枚举类型来判断将要发送的数据为什么类型。其具体代码如下。

代码位置：见随书源代码/第12章/TankServer/src/com/bn/gp/server 目录下的 Update.java。

```
1   package com.bn.gp.server;
2   ……//此处省略了导入类的代码，读者可自行查阅随书附带的源代码
3   public class Update extends Action{
4       UpdateEnum updateEnum;                           //枚举类型成员变量
```

```
5       public Update(UpdateEnum updateEnum){          //构造器
6           this.updateEnum=updateEnum;                //传入更新类型
7       }
8       public void doAction() {
9           switch(updateEnum){                        //判断类型
10          case date:
11              ServerAgent.broadcastData();           //发送生命值数据
12              break;
13          case gameState:
14              ServerAgent.broadcastGameState();      //发送游戏状态
15              break;
16      }}
17      public enum UpdateEnum{                        //创建枚举类型
18          date,gameState
19  }}
```

- 第 1~7 行为导入了相关类。声明了相关变量，并编写了构造类的方法，构造类需要传入一个枚举类型来确定发送什么类型的数据。
- 第 8~16 行为重写 doAction 的方法。根据该类的成员变量 updateEnum 来判断发送什么类型的数据，若变量为 date，则发送生命值数据；若为 gameState，则发送游戏状态数据。
- 第 17~19 行为定义枚举类型的方法。

（2）状态更新类的第二部分为 UpdataThread 类，功能为定时检测是否有数据发生变化。如果变化则将更新相应数据的 Updata 加入动作列表。具体发送的数据为什么类型，由 Update 构造器中传入的枚举类型确定，具体代码如下。

代码位置：见随书源代码/第 12 章/TankServer/src/com/bn/gp/server 目录下的 UpdateThread.java。

```
1   public void run(){
2       while(GameData.threadFlag){
3           if(check()){                                              //检测生命值是否变化
4               Action a=new Update(Update.UpdateEnum.date);//父类指针指向子类对象
5               synchronized(GameData.lock){
6                   ServerAgent.aq.offer(a);                          //加入动作列表
7           }}
8           if(checkState()){                                         //检测游戏状态是否变化
9               Action a=new Update(Update.UpdateEnum.gameState);//父类指针指向子类对象
10              synchronized(GameData.lock){
11                  ServerAgent.aq.offer(a);                          //加入动作列表
12          }}
13          try{
14              Thread.sleep(200);                                    //使线程休眠 20ms
15          }catch(Exception e){                                      //异常处理
16              e.printStackTrace();
17  }}}
```

> **说明** 其中 check 为检测是否更新生命值和分数的方法，checkState 为检测是否更新游戏状态的方法。如果需要更新，就将相应的 Updata 类添加进动作列表。具体实现过程十分简单，有需要的读者可自行查阅随书附带的源代码。

12.5 Android 端的开发

12.5.1 数据类的开发

首先介绍的是游戏中经常用到的数据类 GameData。该类保存了与游戏有关的一切数据，大部分为物体的位置信息，这些信息决定了物体放置的位置，支撑了游戏的正常进行。通过数据对画面进行更新，形成了丰富多彩的游戏界面，详细代码如下。

第12章 滚屏动作类游戏——《坦克大战》

代码位置：见随书源代码/第12章/Tank/app/src/main/java/com.bn/data 目录下的 GameData.java。

```java
1   package com.bn.data;                                  //把 GameData 类纳入 com.bn.data 包中
2   import java.util.ArrayList;                           //导入 ArrayList 支持类
3   public class GameData{
4       public Object lock=new Object();                  //用于同步方法的对象
5       public int redX=-50;                              //红色坦克的 X 坐标
6       public int redY=-50;                              //红色坦克的 Y 坐标
7       public int greenX=-50;                            //绿色坦克的 X 坐标
8       public int greenY=-50;                            //绿色坦克的 Y 坐标
9       public int redGunState=0;                         //红色坦克炮筒的状态
10      public int greenGunState=0;                       //绿色坦克炮筒的状态
11      public int redHealth=-1;                          //红色坦克的生命值
12      public int greenHealth=-1;                        //绿色坦克的生命值
13      public int score=-1;                              //坦克得分
14      public int levelNumber=0;                         //关卡编号
15      public int loadTime=0;                            //欢迎界面中的计数器
16      public float redTankAngle=0;                      //红色坦克的旋转角度
17      public float greenTankAngle=0;                    //绿色坦克的旋转角度
18      public float redGunAngle=0;                       //红色坦克炮筒的旋转角度
19      public float greenGunAngle=0;                     //绿色坦克炮筒的旋转角度
20      public int State=0;                               //敌方坦克炮筒的状态
21      public ArrayList<Float> mainBullet;               //玩家坦克子弹的数据集合
22      public ArrayList<Float> otherBullet;              //敌方坦克子弹的数据集合
23      public ArrayList<Float> mainMissile;              //玩家坦克导弹的数据集合
24      public ArrayList<Float> bossbullet;               //boss 子弹的数据集合
25      public int[] mapData;                             //地图数据（沙包、塔楼）数组
26      public int[] mapTree;                             //地图数据（树木）数组
27      public int[] mapTank;                             //地图数据（坦克）数组
28      public int[] explosion;                           //爆炸位置的数据数组
29      public int[] award;                               //奖励位置的数据数组
30      public int offset=0;                              //地图偏移量
31      public boolean bossFlag=false;                    //boss 是否存在的标志位
32      public int bossX=480;                             //boss 的 X 坐标
33      public int bossY=270;                             //boss 的 Y 坐标
34      public int bossNum=1;                             //boss 编号
35      public float ratio=1;                             //记录屏幕分辨率的换算比例
36      public static int redOrGreen;                     //客户端编号
37      public final static float baseWidth=1920;         //基础分辨率宽度
38      public final static float baseHeight=1080;        //基础分辨率高度
39      public static int state=0;        //0--未连接,1---成功连接,2--游戏开始,3--游戏失败
40      public final static int STATE_UNCONNECTED=0;      //未连接状态编号
41      public final static int STATE_WAITING=1;          //等待连接状态编号
42      public final static int STATE_CONNECTED=2;        //连接中状态编号
43      public final static int EAT=1;                    //得到奖励音效的编号
44      public final static int EXPLOSION=2;              //爆炸音效的编号
45      public final static int LOSE=3;                   //失败音效的编号
46      public final static int SHOOT=4;                  //发射导弹音效的编号
47      public final static int SELECT=5;                 //按下按钮音效的编号
48      public final static int BACKGROUND=6;             //背景音乐的编号
49      public static int viewState=Game_down;            //当前显示界面编号
50      public final static int Game_down=1;              //加载界面编号
51      public final static int Game_menu=2;              //游戏菜单界面编号
52      public final static int Game_palying=3;           //游戏开始界面编号
53      public final static int Game_pause=4;             //游戏暂停编号
54      public final static int Game_select=5;            //选择关卡界面编号
55      public static boolean GAME_SOUND=true;            //游戏音乐标志位
56      public static boolean GAME_EFFECT=true;           //游戏音效标志位
57      public static int start;                          //游戏帮助界面记录按下位置
58      public static int end;                            //游戏帮助界面记录抬起位置
59      public static int offsetX;                        //游戏帮助界面记录触控偏移量
60      public static int position=0;                     //游戏帮助界面记录图片索引
61      public static int helpNum=5;                      //游戏帮助界面记录图片张数
62  }
```

● 第4行为声明了同步方法需要获得的对象锁。

● 第5~34行为声明了游戏中各种数据的变量，其中包括玩家的生命值、得分等玩家信息、玩家坦克的位置、旋转角度。同时还有包含坐标、编号的物体数据信息，以及 boss 的坐标和 boss

编号。这些数据都需要根据相应的规则绘制在屏幕上。

- 第35~38行为声明了游戏的相关数据，用于标识玩家控制坦克的颜色，同时还利用游戏基础分辨率与屏幕分辨率换算游戏界面的放大比例。
- 第39~56行为声明了一下游戏中需要的静态常量，将容易混淆的"魔法数字"用容易记忆的"常量名"替换，便于游戏的开发和后续的修改。
- 第57~61行为声明了帮助界面的相关变量。用于滑动翻页的实现。

12.5.2 TankActivity 类的开发

下面介绍 TankActivity 类的开发，此程序中 TankActivity 类仅是 Android 程序的入口并负责一些简单的加载功能、触控控制和一些通用的方法，并不涉及绘制。具体的绘制功能在其中加载的 SurfaceView 中实现，将在后文中进行详细介绍。

（1）首先介绍的是 TankActivity 类中所需的基本变量和方法。读者可以通过这部分介绍大概了解 Activity 类的功能和各个变量的含义，便于对程序的理解。其中本程序的音效并不多，加载时间较短，为了读者看到加载的效果，延长了 3s，具体代码如下。

代码位置：见随书源代码/第 12 章/Tank/app/src/main/java/com.bn/tank 目录下的 TankActivity.java。

```java
1   package com.bn.tank;
2   ……//此处省略了导入类的代码，读者可自行查阅随书附带的源代码
3   public class TankActivity extends Activity {
4       public MySurfaceView mySurfaceView;                 //声明 SurfaceView
5       public KeyThread kt;                                 //声明数据发送线程
6       SoundPool soundPool;                                 //声明声音池
7       MediaPlayer mediaPlayer;                             //声明音乐播放器
8       HashMap<Integer, Integer> soundPoolMap;              //声明 HashMap
9       public static Handler handler;                       //声明 UI 处理者
10      int completeFlag=0;                                  //声明音效加载计数器
11      protected void onCreate(Bundle savedInstanceState){//创建程序窗口
12          super.onCreate(savedInstanceState);              //调用父类此方法
13          requestWindowFeature(Window.FEATURE_NO_TITLE);//设置程序无标题
14          DisplayMetrics metric = new DisplayMetrics();    //获取屏幕信息
15          getWindowManager().getDefaultDisplay().getMetrics(metric);//获取屏幕信息
16          final int width = metric.widthPixels;            //获取屏幕宽度
17          final int height = metric.heightPixels;          //获取屏幕高度
18          mySurfaceView = new MySurfaceView(this,width,height);//创建新的 SurfaceView
19          kt=new KeyThread(mySurfaceView);                 //创建新的数据发送线程
20          kt.start();                                      //开启数据发送线程
21          initSounds();                                    //调用音效初始化方法
22          setContentView(mySurfaceView);                   //切换显示的 View
23          soundPool.setOnLoadCompleteListener(             //设置音效加载完成监听
24              new SoundPool.OnLoadCompleteListener() {    //创建音效加载完成监听
25                  public void onLoadComplete(SoundPool soundPool,int sampleId,int status){
26                      completeFlag++;                      //更新音效加载计数器
27                      if(completeFlag==5){                 //如果音效加载完成 5 个
28                          try {
29                              Thread.sleep(3000);          //等待 3s
30                          }catch (Exception e){            //捕获异常
31                              e.printStackTrace();
32                          }
33                          GameData.viewState=2;            //切换界面
34          }}});
35          handler=new Handler(){                           //创建 UI 处理者
36              public void handleMessage(Message msg){     //接受信息的方法
37                  switch(msg.what){                        //判断信息编号
38                      case 1:  Toast.makeText(TankActivity.this, "连接失败",
39                              Toast.LENGTH_SHORT).show();//弹出连接失败提示框
40                      case 2:  Toast.makeText(TankActivity.this, "连接断开",
41                              Toast.LENGTH_SHORT).show();//弹出连接断开提示框
42          }}};}
43      public void exit(){                                  //退出程序的方法
44          kt.broadcastExit();                              //发送退出信息
```

```
45              mediaPlayer.release();                          //释放音乐播放器
46              System.exit(0);                                  //退出程序
47          }
48      public boolean onKeyDown(int keyCode, KeyEvent event) {}  //触控监听
49      private void initSounds() {}                              //音效声音初始化方法
50      public void playBackground() {}                           //播放背景音乐
51      public void playSound(int sound, int loop) {}             //播放音效
52  }
```

- 第 1~22 行声明了相关变量和相关类的引用，并且对屏幕的显示进行了相关操作。其中包括了声明网络线程、声音池及 UI 处理者，同时进行了一些对象的创建。

- 第 23~34 行为音效加载完成的监听。因为音乐文件一般较大而且数量可能较多，所以加载时间较长。为了保证游戏中声音的正常播放，需要程序等待音效加载完成再进入下一层对面。SoundPool 每加载一个调用一次加载完成方法，用计数器是否全部加载完成。

- 第 35~42 行为 Handler 的实现。Android 为了保障程序的安全性，除了主线程和 UI 线程，其他任何线程都不能对 UI 进行操作，只能通过 handler 进行操作。例如其他的线程需要程序弹出提示框，先发送信息（可以携带数据），根据信息进行处理。

- 第 43~51 行为 TankActivity 类中的其他方法。退出方法较为简答所以直接列出，其他方法将在下一部分进行详细介绍。

（2）下面介绍程序返回键的实现。由于本程序的所有界面均在同一个 Surface 中进行切换，且每个界面按下返回键实现的功能并不相同，如何处理不同界面间的返回键，详细的实现代码如下。

代码位置：见随书源代码/第 12 章/Tank/app/src/main/java/com.bn/tank 目录下的 TankActivity.java。

```
1   public boolean onKeyDown(int keyCode, KeyEvent event){          //物理按键监听
2       int gameState=GameData.viewState;                           //获取界面编号
3       if(keyCode==KeyEvent.KEYCODE_BACK){                         //判断是否为返回键
4           switch(gameState){                                      //switch 判断
5           case GameData.Game_load:                                //游戏加载界面
6               break;                                              //跳出 switch
7           case GameData.Game_menu:                                //游戏菜单界面
8               return mySurfaceView.menu.onKeyDown(keyCode, event); //调用方法
9           case GameData.Game_palying:                             //游戏界面
10              if(GameData.state==4){                              //暂停状态时
11                  GameData.state=2;                               //恢复游戏状态
12                  return true;
13              }else if(GameData.state==2){                        //游戏状态时
14                  GameData.state=4;                               //进入暂停状态
15                  return true;                                    //阻止触控下传
16              }
17              break;
18          case GameData.Game_select:                              //关卡选择界面
19              GameData.viewState=GameData.Game_menu;              //跳转到菜单界面
20              break;
21          }}
22      return false;                                               //监听未处理并下传
23  }
```

> **说明** 不同界面返回键的实现方法比较简单，首先判断是否单击到返回键，之后判断在哪个程序界面，然后进一步判断游戏状态，最后进行处理。其中在第 8 行调用了在 MySurfaceView 中实现的按键处理方法，将代码归类整理可以使代码不冗长、易读懂。

（3）下面读者需要掌握的是声音、音效的加载和播放。加载音乐需要在程序的最初进行，之后在需要的地方进行调用。笔者将相关代码进一步整合为播放音乐和音效的代码，只需要给出音效编号即可播放音效，减少代码的重复，具体代码如下。

代码位置：见随书源代码/第 12 章/Tank/app/src/main/java/com.bn/tank 目录下的 TankActivity.java。

```
1   private void initSounds() {                                     //初始化声音、音效
```

```
2          AssetManager assetManager = getAssets();              //获取assets管理器
3          AssetFileDescriptor temp;                              //获取文件描述符
4          mediaPlayer=new MediaPlayer();                         //创建音乐播放器
5          try{
6              temp=assetManager.openFd("sound/background.mp3");  //读取背景音乐文件
7              mediaPlayer.setDataSource(                         //设置音乐播放器数据源
8                  temp.getFileDescriptor(),                      //获取文件描述符
9                  temp.getStartOffset(),                         //获取文件起始点
10                 temp.getLength()                               //获取文件长度
11             );
12             mediaPlayer.setLooping(true);                      //设置为循环播放
13             mediaPlayer.prepare();                             //准备播放器
14         }catch(Exception e){
15             e.printStackTrace();
16         }
17         mediaPlayer.start();                                   //播放背景音乐
18         soundPool=new SoundPool(                               //创建声音池
19             6,                                                 //最大加载数量
20             AudioManager.STREAM_MUSIC,                         //数据流的类型
21             100                                                //采样率转化质量
22         );
23         soundPoolMap=new HashMap<Integer, Integer>();          //创建HashMap
24         AssetFileDescriptor descriptor[]=new AssetFileDescriptor[5]; //创建文件描述符
25         String path[]={                                        //创建文件路径数组
26             "sound/eatprops.wav",                              //获得奖励音效
27             "sound/grenada.ogg",                               //爆炸音效
28             "sound/lose.mp3",                                  //游戏失败音效
29             "sound/rocket_shoot2.ogg",                         //发射导弹音效
30             "sound/select.wav"                                 //单击按钮音效
31         };
32         try {
33             for(int i=0;i<5;i++){                              //循环加载音效
34                 descriptor[i] = assetManager.openFd(path[i]);  //获取文件描述符
35                 soundPoolMap.put(i+1, soundPool.load(descriptor[i], 1));
                   //将音效id保存进HashMap
36         }}catch (IOException e){
37             e.printStackTrace();
38     }}
```

● 第2~17行为初始化音乐播放器的方法。首先拿到用于打开文件的Assets管理器,然后通过文件的相对路径读取到文件,最后设置为播放器的文件源。需要注意的是,音乐播放器一定要执行prepare方法才能进行播放。

● 第18~38行为初始化声音池的方法。首先创建声音池并设置其相关属性,之后将所有音效的文件路径放到一个字符串数组中便于之后的循环加载。音效文件加载完成后,会返回一个音乐id。由于此id并无规律,所以将其保存在HashMap中,设置为便于处理的key值。

12.5.3 MySurfaceView类的开发

接下来讲解的是MySurfaceView类的开发,包括屏幕自适应的方法,初始化游戏中物体类方法,打开Android端接收数据线程的方法,打开绘制界面线程的方法,游戏中界面的切换方法和绘制游戏界面的方法实现。

(1)首先我们介绍游戏中初始化游戏中的物体。初始化游戏中需要绘制的物体,包括玩家与敌方的子弹、玩家坦克、摇杆、物体爆炸、BOSS类、菜单类、欢迎类和选择类。详细代码如下。

代码位置:见随书源代码/第12章/Tank/app/src/main/java/com.bn/tank目录下的MySurfaceView.java。

```
1   public void onSurfaceCreated(GL10 gl, EGLConfig config) {
2       GLES30.glClearColor(0.0f,0.0f,0.0f, 1.0f);              //设置背景色
3       GLES30.glDisable(GLES30.GL_CULL_FACE);                  //关闭背面剪裁
4       Tree t1=new Tree(MySurfaceView.this,0);                 //初始化树
5       Tree t2=new Tree(MySurfaceView.this,1);                 //初始化树2
```

第12章 滚屏动作类游戏——《坦克大战》

```
6           Mark m1=new Mark(MySurfaceView.this,0);              //初始化坑1
7           Mark m2=new Mark(MySurfaceView.this,1);              //初始化坑2
8           Barrier b=new Barrier(MySurfaceView.this);           //初始化沙包
9           Tower t=new Tower(MySurfaceView.this);               //初始化防御塔
10          OtherTank et1=new OtherTank(MySurfaceView.this,0);   //初始化敌方坦克1
11          OtherTank et2=new OtherTank(MySurfaceView.this,1);
12          OtherTank et3=new OtherTank(MySurfaceView.this,2);
13          OtherTank et4=new OtherTank(MySurfaceView.this,3);
14          Award ac=new Award(MySurfaceView.this,0);            //初始化奖励爆炸
15          Award ah=new Award(MySurfaceView.this,1);
16          Award ap=new Award(MySurfaceView.this,2);
17          thing=new Thing[]{t1,t2,m1,m2,b,b,t,t,et1,et2,et3,et4,ac,ah,ap};
            //父类引用指向子类对象
18          mainBullet=new MainBullet(MySurfaceView.this);       //初始化子弹
19          mainTank=new MainTank(MySurfaceView.this);           //初始化玩家坦克
20          yaogan=new Yaogan(MySurfaceView.this);               //初始化摇杆
21          explosion=new Explosion(MySurfaceView.this);         //初始化爆炸
22          about=new OtherView(MySurfaceView.this);             //初始化杂项类
23          boss=new Boss(MySurfaceView.this);                   //初始化BOSS
24          menu=new MenuView(MySurfaceView.this,father);        //初始化菜单类
25          down=new WelcomeView(MySurfaceView.this);            //初始化欢迎类
26          select=new SelectView(MySurfaceView.this);           //初始化选择类
27          backGround=new Back(MySurfaceView.this);             //初始化背景类
28      }
```

- 第4~17行为初始化游戏中需要绘制的物体,包括沙包、防御塔和敌方坦克,玩家获得奖励和物体消失产生的坑。让这些物体继承了Thing类,这样可以初始化父类数组,把需要绘制的物体添加到初始化中,间接的给物体排序,在下面的物体绘制中调用更加方便。

- 第18~27行为初始化子弹、玩家坦克、摇杆、爆炸等游戏界面需要绘制的东西。还初始化了杂项类、BOSS类、菜单类、欢迎类和选择游戏关卡类。

(2)接下来介绍游戏中是如何切换游戏界面的。Android程序中坐标原点在屏幕的左上角,x轴向右为正方向,y轴向下为正方向。其详细代码如下。

代码位置:见随书源代码/第12章/Tank/app/src/main/java/com.bn/tank目录下的MySurfaceView.java。

```
1   public void onDrawFrame(GL10 gl){
2       GLES30.glClear( GLES30.GL_DEPTH_BUFFER_BIT | GLES30.GL_COLOR_BUFFER_BIT);
3       GLES30.glEnable(GLES30.GL_BLEND);
4       GLES30.glBlendFunc(GLES30.GL_SRC_ALPHA,GLES30.GL_ONE_MINUS_SRC_ALPHA);
5       switch(GameData.viewState){
6           case GameData.Game_load:                    //加载界面
7               down.drawView(gl);                      //绘制加载界面
8               break;
9           case GameData.Game_menu:                    //菜单
10              menu.drawView(gl);                      //绘制菜单界面
11              break;
12          case GameData.Game_palying:                 //游戏开始
13              drawSelf(gl);                           //绘制游戏开始界面
14              break;
15          case GameData.Game_select:                  //选关界面
16              select.drawView(gl);                    //绘制选关界面
17              break;
18      }
19      GLES30.glDisable(GLES30.GL_BLEND);
20  }
```

- 第2~4行为清除了颜色缓冲和深度缓冲,并且打开混合,给出了目标因子和源因子。

- 第19行为关闭了混合。

- 第5~18行为根据数据类中的游戏状态值判断当前的游戏状态,是加载界面、菜单界面、游戏界面还是选关界面等,同时绘制出相应的游戏界面。

(3)接下来介绍如何改变游戏的触摸监听,每一个界面都有自己的触摸监听方法。根据游戏状态去切换游戏的触摸监听,已达到每个界面都可以实现各自的功能。其详细代码如下。

12.5 Android 端的开发

代码位置：见随书源代码/第 12 章/Tank/app/src/main/java/com.bn/tank 目录下的 MySurfaceView.java。

```
1   public boolean onTouchEvent(MotionEvent event){
2       int gameState=GameData.viewState;            //获取游戏状态
3       switch(gameState){
4           case GameData.Game_load:                 //游戏加载界面
5               break;
6           case GameData.Game_menu:                 //游戏菜单界面
7               menu.onTouchEvent(event);            //添加菜单界面监听
8               break;
9           case GameData.Game_palying:              //游戏中的状体
10              mainTouch(event);                    //添加游戏中界面监听
11              break
12          case GameData.Game_pause:                //游戏暂停状态
13              break;
14          case GameData.Game_select:               //游戏选关界面
15              select.onTouchEvent(event);          //添加选关界面监听
16              break;
17          }
18      return true;
19  }
```

> **说明** 上述代码为游戏界面添加触摸监听，根据玩家在游戏中的当前状态去更改游戏界面的触摸监听，包括加载界面触摸监听、菜单界面触摸监听、游戏进行时界面触摸监听、暂停界面触摸监听以及选关界面的触摸监听。

（4）接下来介绍当玩家游戏时的界面监听的方法。由于游戏中我们用到了摇杆，所以我们用的是多点触控监听，包括控制玩家坦克移动摇杆的监听，控制玩家坦克炮筒旋转的摇杆监听和暂停按钮的监听，详细代码如下。

代码位置：见随书源代码/第 12 章/Tank/app/src/main/java/com.bn/tank 目录下的 MySurfaceView.java。

```
1   private void mainTouch(MotionEvent event){                  //游戏中的摇杆触摸监听
2       int index=event.getActionIndex();                       //获取当前action索引值
3       int id=event.getPointerId(index);                       //获取当前触摸坐标索引值
4       int pCount=event.getPointerCount();                     //获取当前触摸数量
5       int x=(int)event.getX(index);                           //获取触摸点x坐标
6       int y=(int)event.getX(index);                           //获取触摸点y坐标
7       int[] xy=ScreenScaleUtil.touchFromTargetToOrigin(x,y,Constant.ssr);
        //转换为目标屏坐标
8       x=xy[0];
9       y=xy[1];
10      switch (event.getAction()&MotionEvent.ACTION_MASK){     //多点触控
11          case MotionEvent.ACTION_DOWN:                       //单点触摸
12          case MotionEvent.ACTION_POINTER_DOWN:               //多点触摸
13              if(GameData.state==4){                          //游戏为暂停状态
14                  about.pauseTouchDown(x, y);                 //添加暂停的监听
15              }
16              if(GameData.state<3&&about.isPause(x, y)){      //触摸暂停图片
17                  GameData.state=4;                           //转到暂停状态
18              }
19              int temp1=yaogan.isYaoGan(x,y);                 //是否单击到摇杆
20              if(temp1!=0){                                   //如果单击到摇杆
21                  pointNumber[temp1-1]=id;                    //给摇杆赋索引值
22              }
23              break;
24          case MotionEvent.ACTION_MOVE:                       //触摸点移动
25              if(GameData.state==4){                          //暂停状态
26                  about.pauseTouchDown(x, y);                 //暂停触摸监听
27              }
28              for(int i=0;i<pCount;i++){                      //遍历触摸点
29                  int pid=event.getPointerId(i);              //获取触摸点索引值
30                  float xTemp=changeTouchX(event.getX(i));    //获取坐标X值
31                  float yTemp=changeTouchY(event.getY(i));    //获取坐标Y值
32                  if(pointNumber[0]==pid){                    //如果是左面摇杆
33                      yaogan.changeLeftYaoGan(xTemp, yTemp);  //改变左面摇杆的位置
```

```
34                     }else if(pointNumber[1]==pid){         //如果是右面摇杆
35                         yaogan.changeRightYaoGan(xTemp, yTemp);//改变右面摇杆位置
36                 }}
37                 break;
38             case MotionEvent.ACTION_UP:                     //抬起触摸点
39             case MotionEvent.ACTION_POINTER_UP:             //抬起多点触控
40                 if(GameData.state==4){                      //暂停状态
41                     about.pauseTouchUp(x, y);               //暂停状态
42                 }
43                 if(pointNumber[0]==id){                     //如果是左摇杆
44                     pointNumber[0]=-1;                      //左摇杆索引值为-1
45                     yaogan.leftOffsetX=0;                   //左摇杆X位移置为0
46                     yaogan.leftOffsetY=0;                   //左摇杆Y位移置为0
47                 }else if(pointNumber[1]==id){               //如果是右摇杆
48                     pointNumber[1]=-1;                      //右摇杆索引值为-1
49                     yaogan.rightOffsetX=0;                  //右摇杆X位移置为0
50                     yaogan.rightOffsetY=0;                  //右摇杆Y位移置为0
51                 }
52                 break;
53     }}
```

- 第 1~23 行为获取当前动作的索引值。当前触摸点的索引值和数量，游戏界面的触摸点开始监听。如果游戏状态为暂停状态就添加暂停监听。如果在游戏进行时，且触摸到暂停图片时，则把游戏状态改为暂停状态；如果触摸点在摇杆范围内，就把触摸索引值赋给摇杆索引值。

- 第 24~37 行为游戏界面的触摸点移动监听。如果当前状态为暂停状态就添加暂停监听。遍历所有的触摸点，获取触摸点索引值和坐标值，如果摇杆的触摸索引值与遍历的触摸点索引值相同，就改变摇杆位置。

- 第 38~52 行为游戏界面的触摸点抬起监听。当前游戏状态为暂停状态就添加暂停监听。如果抬起时是左摇杆，就把左摇杆索引值置为-1，左摇杆坐标偏移量置为 0。如果抬起时是右摇杆，就把右摇杆索引值置为-1，右摇杆坐标偏移量置为 0。

（5）接下来介绍游戏进行时绘制游戏界面的方法。绘制开始游戏后的界面物体。如玩家坦克、敌方坦克、滚动的背景、暂停按钮、玩家的摇杆、玩家的生命值、玩家的总得分以及游戏中出现的爆炸效果，详细代码如下。

代码位置：见随书源代码/第 12 章/Tank/app/src/main/java/com.bn/tank 目录下的 **MySurfaceView.java**。

```
1   private void drawSelf(Canvas canvas){                       //绘制游戏进行的界面
2       GLES30.glClear( GLES30.GL_DEPTH_BUFFER_BIT | GLES30.GL_COLOR_BUFFER_BIT);
3       GLES30.glEnable(GLES30.GL_BLEND);
4       GLES30.glBlendFunc(GLES30.GL_SRC_ALPHA,GLES30.GL_ONE_MINUS_SRC_ALPHA);
5       int offset;                                             //绘制面偏移量
6       synchronized(gd.lock){                                  //对数据库进行操作添加锁
7           offset=gd.offset;                                   //获取游戏的偏移量
8       }
9       backGround.drawSelf(gl);                                //绘制背景
10      int []tempMap;                                          //地图数组
11      int []tempTree;                                         //树数组
12      int []tempTank;                                         //坦克数组
13      int []tempAward;                                        //奖励数组
14      synchronized(gd.lock){                                  //对数据库进行操作添加锁
15          tempMap=gd.mapData;                                 //地图数组
16          tempTree=gd.mapTree;                                //树数组
17          tempTank=gd.mapTank;                                //坦克数组
18          tempAward=gd.award;                                 //奖励数组
19      }
20      if(tempMap!=null){                                      //如果地图数组不为空
21          int count=0;                                        //定义计数器
22          while(count<tempMap.length){                        //遍历地图数组
23              thing[tempMap[count++]].drawSelf(gl,
24                  tempMap[count++],tempMap[count++],0);       //调用方法绘制地图
25      }}
```

```
26              if(tempTank!=null){                              //如果坦克数组不为空
27                  int count=0;                                 //定义计数器
28                  while(count<tempTank.length){                //遍历坦克数组
29                      thing[tempTank[count++]].drawSelf(gl,tempTank[count++],
30                          tempTank[count++],tempTank[count++]);//调用方法绘制坦克
31              }}
32              ……//此处省略了绘制奖励和树的相关代码，需要的读者可参考源代码
33              explosion.drawSelf(gl,0,0,0);                    //绘制爆炸
34              yaogan.drawSelf(gl);                             //绘制摇杆
35              about.drawSelf(gl);                              //绘制分数和生命
36              GLES30.glDisable(GLES30.GL_BLEND);/              /关闭混合
37          }
```

- 第 2~4 行为清除颜色缓冲和深度缓冲，并且打开混合，给出了目标因子和混合因子。
- 第 9 行为绘制背景图。
- 第 36 行为关闭了混合。
- 第 10~32 行为绘制游戏开始后的界面。首先从数据类中获取游戏界面需要绘制的数据，包括游戏中的地图数据、坦克数据、游戏中产生的奖励数据、地图中树木数据。如果这些数据有不为空的，则在游戏界面绘制该物体。
- 第 33~35 行为绘制玩家游戏中产生的爆炸效果，玩家的左右摇杆，玩家获得的总分数，玩家的生命值和绘制游戏进行时的暂停图片。

12.5.4　菜单类的开发

接下来讲解的是菜单类的开发，包括绘制声音设置界面，绘制游戏帮助界面以及绘制游戏初始界面的方法。此类中通过添加触摸监听实现了游戏菜单中的主界面、声音设置界面、帮助界面的转换以及帮助界面通过滑屏切换图片的实现。

（1）首先我们介绍的是帮助界面的绘制方法。帮助界面一共有 5 幅包含帮助信息的图片，我们通过左右滑动屏幕进行逐个浏览。下面向大家介绍帮助图片的绘制和下面的点提示图片的绘制方法。其详细代码如下。

代码位置：见随书源代码/第 12 章/Tank/app/src/main/java/com.bn/tank 目录下的 MenuView.java。

```
1   package com.bn.tank;
2   ……//此处省略导入类的代码，读者可自行查阅随书附带的源代码
3   protected void drawView(GL10 gl){                            //绘制菜单界面
4       //此处省略画背景图部分代码，读者可自行查阅随书附带的源代码
5       switch(MenuState){                                       //判断菜单状态
6           case MENU_HELP:                                      //绘制帮助界面
7               int end,start,offsetX,position;                  //定义
8               int distanceX=180;                               //X 方向的位移
9               int distanceY=60;                                //Y 方向的位移
10              synchronized(father.gd.lock){                    //同步方法
11                  end=2*GameData.end;
12                  start=2*GameData.start;
13                  offsetX=GameData.offsetX;
14                  position=GameData.position;
15                  num=GameData.helpNum;
16              }
17              if(!anim){                                       //如果没有滑动的时候
18                  if(end!=0&&start!=0){                        //如果起始和终点坐标不为 0
19                      offsetX=end-start;                       //获取滑动偏移量
20                  }else
21                      offsetX=0;                               //偏移量定为 0
22              }}
23              int viewX=offsetX;                               //定义画面便宜量
24              if(position==0){                                 //如果是第一幅图
25                  if(offsetX>0){                               //如果向右滑动
26                      viewX=0;                                 //画面偏移量为 0
27              }}else if(position==num-1){                      //如果是最后一张图
28                  if(offsetX<0){                               //如果向左滑动
```

```
29                          viewX=0;                          //画面偏移量为 0
30                      }}
31                      MatrixState.pushMatrix();
32                      textRect.drawSelf(TexManager.getTex(help_name[position]),
33                      viewX+distanceX,
                        distanceY,PicOrignData.getPicWidth(help_name[position]),
34                      PicOrignData.getPicHeight(help_name[position]),0);
35                      MatrixState.popMatrix();
36                      if(offsetX<0)                          //向左滑动
37                      {
38                          if(position<num-1){                //如果不是最后一张图
39                              MatrixState.pushMatrix();
40                              textRect.drawSelf(TexManager.getTex(help_name
                                [position+1]),
41                              offsetX+GameData.baseWidth+distanceX,distanceY,
42                              PicOrignData.getPicWidth(help_name[position+1]),
43                              PicOrignData.getPicHeight(help_name[position+1]),0);
44                              MatrixState.popMatrix();
45                      }}else if(offsetX>0){                  //如果向右滑动
46                          if(position>0){                    //如果不是第一张
47                              MatrixState.pushMatrix();
48                              textRect.drawSelf(TexManager.getTex(help_name
                                [position-1])
49                              ,offsetX-GameData.baseWidth+distanceX,distanceY,
50                              PicOrignData.getPicWidth(help_name[position-1]),
51                              PicOrignData.getPicHeight(help_name[position-1]),0);
52                              MatrixState.popMatrix();
53                      }}
54                      for(int i=0;i<5;i++){
55                          if(i==position){                   //画移动的帮助界面
56                              MatrixState.pushMatrix();
57                              textRect.drawSelf(TexManager.getTex("levels.png"),
                                (350+i*50)*2,1000,
58                      PicOrignData.getPicWidth("levels.png"),PicOrignData.
                        getPicHeight("levels.png"),0);
59                              MatrixState.popMatrix();
60                              continue;
61                          }
62                          MatrixState.pushMatrix();
63                          textRect.drawSelf(TexManager.getTex("levels.png"),
                            (350+i*50)*2,1000,PicOr
64                          ignData.getPicWidth("levels.png"),PicOrignData.
                            getPicHeight("levels.png"),0);
65                          MatrixState.popMatrix();
66                      }
67                      MatrixState.pushMatrix();
68                      textRect.drawSelf(TexManager.getTex("help_back.png"),0,0,
69                      PicOrignData.getP
                        icWidth("help_back.png"),PicOrignData.getPicHeight("help_
                        back.png"),0);
70                      MatrixState.popMatrix();
71                      synchronized(father.gd.lock){          //同步方法
72                          GameData.offsetX=offsetX;          //更改位移量
73                          GameData.position=position;//更改当前的帮助位置
74                      }
75                      break;
76              }}
```

- 第 6～16 行为从数据类中获取触摸的起始坐标，结束坐标，移动距离，当前帮助位置以及帮助图片的数目。第 10 行为同步方法，这样做的目的是保护数据类中的变量不会被随时更改，保证了游戏的绘制保持一致。

- 第 17～35 行为判断是否有滑动。如果有滑动，则不做任何处理，给偏移量赋值为 0。如果滑动结束，则获取滑动的偏移量。判断当前帮助图片的位置，如果是第一张，玩家进行向右滑动，或者是最后一张，玩家进行向左滑动，则绘制当前位置的图片。

- 第 36～53 行为如果向左滑动，只要满足不是最后一张，就绘制下一张图片。如果向右滑动，只要满足不是第一张图片，就绘制上一张图片。
- 第 54～74 行为绘制显示帮助的图片的提示点，当前帮助图片的提示点，以及绘制返回菜单的按钮，向数据类中同步位移量，帮助图片的位置信息。

（2）接下来介绍给主菜单界面添加触摸监听的方法。通过添加的触摸监听可以实现主界面与其他界面之间的切换功能，还能给玩家更好的游戏体验。其详细代码如下。

代码位置：见随书源代码/第 12 章/Tank/app/src/main/java/com.bn/tank 目录下的 MenuView.java。

```
1   public boolean onTouchEvent(MotionEvent event){
2       float x=father.changeTouchX(event.getX());       //获取触摸坐标 x
3       float y=father.changeTouchY(event.getY());       //获取触摸坐标 y
4       switch(event.getAction()){
5           case MotionEvent.ACTION_DOWN:                //当单击屏幕
6               if(MenuState--MENU_HELP){                //如果是帮助界面
7                   synchronized(father.gd.lock){        //同步方法
8                       GameData.start=(int) x;          //存入触摸起始点
9                   }}
10              break;
11          case MotionEvent.ACTION_MOVE:                //触摸点移动
12              switch(MenuState){                       //当前的状态
13                  case MENU_START:                     //菜单初始界面
14                      if(x>menuX&&x<menuX+200){
15                          if(y>menuY&&y<menuY+game[0].getHeight()){
16                              game[0]=start_game_select[0];//更改开始游戏图标
17                          }else if(y>(menuY+distance)
18                                  &&y<(menuY+distance+game[0].getHeight())){
19                              game[1]=start_game_select[1];//更改声音设置图标
20                          }else if(y>(menuY+distance*2)
21                                  &&y<(menuY+distance*2+game[0].getHeight())){
22                              game[2]=start_game_select[2];//更改帮助信息图标
23                          }else if(y>(menuY+distance*3)
24                                  &&y<(menuY+distance*3+game[0].getHeight())){
25                              game[3]=start_game_select[3];//更改退出游戏图标
26                          }else{                       //如果不在触摸范围
27                              for(int i=0;i<4;i++){
28                                  game[i]=start_game[i];   //设置为抬起图片
29                          }}}
30                      break;
31                      ……//此处省略了声音设置和帮助界面的相关代码，需要的读者可参考源代码
32          break;
33          ……//此处省略了触摸点抬起的动作的相关代码，需要的读者可参考源代码
34  }
```

- 第 2～10 行为获取触摸点的坐标值。如果当前为触摸点开始且游戏处于帮助界面，则把触摸点的 x 坐标值存入数据类中，用来作为帮助界面的触摸起始坐标 x 值，以实现在帮助界面滑动屏幕后绘制帮助图片的偏移量的计算。
- 第 11～33 行为触摸点移动时且游戏处于主菜单界面，如果触摸点在开始游戏、声音设置、帮助信息、退出游戏的某个图片上，则改变该图片。由于声音设置和帮助界面的触摸移动方法和主菜单的监听方法类似，在这里就不多解释。

12.5.5 杂项类的开发

接下来介绍的是杂项类的开发，包括游戏中绘制玩家的生命值的方法、绘制玩家总分数的方法、绘制游戏暂停界面的方法、绘制暂停后的音乐及音效设置的界面和暂停界面的监听等方法的实现。

第 12 章 滚屏动作类游戏——《坦克大战》

（1）首先我们介绍的是根据开始游戏后根据游戏中的状态去绘制相应界面的方法，其中有准备进入游戏界面的绘制、游戏失败界面的绘制、暂停按钮的绘制、绘制暂停界面绘制的方法、绘制游戏中生命值的方法和分数方法。其详细代码如下。

代码位置：见随书源代码/第 12 章/Tank/app/src/main/java/com.bn/tank 目录下的 OtherView.java。

```
1    package com.bn.tank;
2        ……//此处省略导入类的代码，读者可自行查阅随书附带的源代码
3        public class OtherView{
4            ……//此处省略定义各个变量的代码，读者可自行查阅随书附带源代码
5            public void drawSelf(GL10 gl){              //绘制方法
6                if(GameData.state==1){                  //如果准备游戏状态
7                }else if(GameData.state>=2){            //游戏进行中，绘制生命和得分
8                    drawHealth(gl);                     //绘制玩家生命值方法
9                    drawScore(gl);                      //绘制玩家分数方法
10               }else if(GameData.state==4){            //暂停状态
11                   if(!soundFlag){                     //判断是那个界面
12                       pauseMenu1(gl);                 //暂停界面
13                   }else{
14                       pauseMenu2(gl);                 //设置音乐界面
15                   }
16               }else if(GameData.state==3){            //游戏失败界面
17                   MatrixState.pushMatrix();
18                   textRect.drawSelf(TexManager.getTex(loseBitmap),screenX-
19                   loseWidth/2,screenY-loseHeight/2,PicOrignData.getPicWidth(lo
20                   seBitmap),PicOrignData.getPicHeight(loseBitmap),0);
21                   MatrixState.popMatrix();
22               }
23               MatrixState.pushMatrix();
24               textRect.drawSelf(TexManager.getTex(pauseSelect),pauseX-pauseWidth/2,
                 pauseY-pauseHe
25               ight/2,PicOrignData.getPicWidth(pauseSelect),PicOrignData.getPicHeight
                 (pauseSelect),0);
26               MatrixState.popMatrix();
27          }}
```

- 第 8~9 行为当玩家进行游戏时，绘制玩家生命值和玩家分数方法的调用。最后绘制游戏界面中的暂停按钮图片。
- 第 10~15 行为当游戏处于失败状态时，则绘制游戏失败图片；当游戏处于暂停状态时，则判断是暂停界面还是暂停后选择声音的界面，再调用相应的方法，进行绘制。

（2）接下来介绍游戏中绘制分数的方法和绘制生命值的方法。其详细代码如下。

代码位置：见随书源代码/第 12 章/Tank/app/src/main/java/com.bn/tank 目录下的 OtherView.java。

```
1    private void drawScore(GL10 gl){                    //绘制玩家分数
2        int score;                                      //定义一个分数
3        synchronized(father.gd.lock){                   //同步方法
4            score=father.gd.score;                      //获取玩家分数
5        }
6        if(score<0){return;}                            //如果分数为 0，返回
7        MatrixState.pushMatrix();
8        textRect.drawSelf(TexManager.getTex(scoreBitmap),800,60,
             PicOrignData.getPicWidth
9        (scoreBitmap),PicOrignData.getPicHeight(scoreBitmap),0);
10       MatrixState.popMatrix();
11       String scoreStr=String.valueOf(score);          //分数转换成字符串
12       scoerDraw.drawSelf(scoreStr,TexManager.getTex("nums.png"),"nums.png",920);
13   }
14   private void drawHealth(GL10 gl){                   //绘制生命值
15       int health;
16       synchronized(father.gd.lock){                              //同步方法
17           health=(GameData.redOrGreen==0)?father.gd.redHealth:father.gd.
             greenHealth;
```

```
18              }
19              if(health<0){        return;}                    //如果生命值为0
20                      MatrixState.pushMatrix();
21                      textRect.drawSelf(TexManager.getTex(healthBitmap),80,60,PicOrignData.g
22                      etPicWidth(healthBitmap),PicOrignData.getPicHeight(healthBitmap),0);
23                      MatrixState.popMatrix();
24                      String scoreStr=String.valueOf(health);//分数转换成字符串
25                      scoerDraw.drawSelf(scoreStr,TexManager.getTex("nums.png"),
                        "nums.png",200);
26      }
```

- 第1～13行为绘制玩家得分的方法。从数据类中获取玩家的得分。判断分数是否为0，如果为0，则返回。如果不为0，则绘制分数图片。根据玩家得分转换成字符串，遍历字符串，取出一位数字，移动画布位置，绘制该数字。

- 第14～26行为绘制玩家生命值的方法。从数据类中获取玩家的生命值。判断分数是否为0，如果为0，则返回。如果不为0，则绘制分数图片。根据玩家生命值转换成字符串，遍历字符串，取出一位数字，移动画布位置，绘制该数字。

(3) 接下来介绍绘制暂停界面的方法。其详细代码如下。

代码位置：见随书源代码/第12章/Tank/app/src/main/java/com/bn/tank 目录下的 OtherView.java。

```
1       private void pauseMenu1(GL10 gl){                        //绘制暂停界面
2               MatrixState.pushMatrix();                        //绘制暂停背景图片
3               textRect.drawSelf(TexManager.getTex(pauseBackground),screenX/2,
                screenY/2,PicOrignData.
4               getPicWidth(pauseBackground),PicOrignData.getPicHeight(pauseBackground),0);
5               MatrixState.popMatrix();
6               MatrixState.pushMatrix();                        //绘制继续游戏图片
7               textRect.drawSelf(TexManager.getTex(((buttonFlag&8)!=8)?
                continueDefault:continueSelect),sc
8               reenX-190-paddingX,screenY-50-paddingY,PicOrignData.getPicWidth((
                (buttonFlag&8)!=8)?con
9               tinueDefault:continueSelect),PicOrignData.getPicHeight((
                (buttonFlag&8)!=8)?continueDefault:c
10              ontinueSelect),0);
11              MatrixState.popMatrix();
12              MatrixState.pushMatrix();                        //绘制选择声音图片
13              textRect.drawSelf(TexManager.getTex(((buttonFlag&4)!=4)?
                soundsetDefault:soundsetSelect),
14              screenX-190+paddingX,screenY-paddingY-50,PicOrignData.getPicWidth(
                ((buttonFlag&4)!=4)?
15              soundsetDefault:soundsetSelect),PicOrignData.getPicHeight(
                ((buttonFlag&4)!=4)?soundsetD
16              efault:soundsetSelect),0);
17              MatrixState.popMatrix();
18              MatrixState.pushMatrix();                        //绘制返回图片
19              textRect.drawSelf(TexManager.getTex(((buttonFlag&2)!=2)?
                backDefault:backSelect),screenX-1
20              90-paddingX,screenY+paddingY-50,PicOrignData.getPicWidth(
                ((buttonFlag&2)!=2)?backDefau
21              lt:backSelect),PicOrignData.getPicHeight(((buttonFlag&2)!=2)?
                backDefault:backSelect),0);
22              MatrixState.popMatrix();
23              MatrixState.pushMatrix();                        //绘制退出图片
24              textRect.drawSelf(TexManager.getTex(((buttonFlag&1)!=1)?
                exitDefault:exitSelect),screenX-190+
25              paddingX,screenY+paddingY-50,PicOrignData.getPicWidth(
                ((buttonFlag&1)!=1)?exitDefault:exit
26              Select),PicOrignData.getPicHeight(((buttonFlag&1)!=1)?exitDefault:
                exitSelect),0);
27              MatrixState.popMatrix();
28      }
```

> **说明**　上述方法为绘制游戏的暂停界面,包括暂停界面的背景图片、继续游戏图片、声音设置图片、返回游戏图片和退出游戏图片。对于绘制单击前还是单击后的图片我们是通过定义一个整型数去记录当前的单击状态,通过该整型数的二进制运算,获取 4 个图片的绘制信息。我们会在下面的监听方法给该整型数的处理方法。

(4)接下来介绍如何在触摸监听中给该整型数进行二进制运算改变它的值,实现暂停界面的按钮效果。其详细代码如下。

代码位置:见随书源代码/第 12 章/Tank/app/src/main/java/com.bn/tank 目录下的 Other View.java。

```
1    public void pauseTouchDown(float tx, float ty){           //暂停界面单击监听
2        if(!soundFlag){                                        //如果是暂停界面
3            if(Math.abs(tx-(screenX-paddingX))<buttonWidth/2
4                &&Math.abs(ty-(screenY-paddingY))<buttonHeight/2){
                                                                //单击继续游戏
5                buttonFlag=buttonFlag|8;                       //改变该标志位的值
6            }else if(Math.abs(tx-(screenX+paddingX))<buttonWidth/2
7                &&Math.abs(ty-(screenY-paddingY))<buttonHeight/2){
                                                                //单击选择声音
8                buttonFlag=buttonFlag|4;                       //改变该标志位的值
9            }else if(Math.abs(tx-(screenX-paddingX))<buttonWidth/2
10               &&Math.abs(ty-(screenY+paddingY))<buttonHeight/2){
                                                                //单击返回菜单
11               buttonFlag=buttonFlag|2;                       //改变该标志位的值
12           }else if(Math.abs(tx-(screenX+paddingX))<buttonWidth/2&&
13               Math.abs(ty-(screenY+paddingY))<buttonHeight/2){
                                                                //单击退出游戏
14               buttonFlag=buttonFlag|1;                       //改变标志位的值
15           }else{                                             //如果没有单击
16               buttonFlag=0;                                  //标志值设为 0
17       }}
18       ……//此处省略暂停后选择声音界面按下监听的代码,读者可自行查阅随书附带源代码
19   }
20   public void pauseTouchUp(float tx, float ty){              //暂停界面抬起监听
21       if(!soundFlag){                                        //如果是暂停界面
22           if(Math.abs(tx-(screenX-paddingX))<buttonWidth/2
23               &&Math.abs(ty-(screenY-paddingY))<buttonHeight/2){//抬起继续游戏
24               father.father.playSound(GameData.SELECT,0);//播放选择声音
25               GameData.state=2;                             //游戏状态设为游戏中
26           }else if(Math.abs(tx-(screenX+paddingX))<buttonWidth/2
27               &&Math.abs(ty-(screenY-paddingY))<buttonHeight/2){
                                                                //抬起选择声音
28               father.father.playSound(GameData.SELECT,0);//播放选择声音
29               soundFlag=true;                               //更改暂停标志位
30           }else if(Math.abs(tx-(screenX-paddingX))<buttonWidth/2
31               &&Math.abs(ty-(screenY+paddingY))<buttonHeight/2){
                                                                //抬起为返回菜单
32               father.father.playSound(GameData.SELECT,0);//播放选择声音
33               father.father.kt.broadcastExit();  //向服务器发送退出游戏
34               father.nt.flag=false;                         //更改接收线程标志
35           }else if(Math.abs(tx-(screenX+paddingX))<buttonWidth/2
36               &&Math.abs(ty-(screenY+paddingY))<buttonHeight/2){
                                                                //抬起为退出游戏
37               father.father.playSound(GameData.SELECT,0);//播放选择声音
38               father.father.exit();                         //退出游戏
39           }
40           buttonFlag=0;
41       ……//此处省略暂停后选择声音界面抬起监听的代码,读者可自行查阅随书附带源代码
42   }}
```

- 第 1~19 行为暂停界面添加触摸点开始回调方法。如果单击继续游戏、声音设置、返回

菜单、退出游戏图片、更新暂停标志位的值。

- 第 20~42 行为暂停界面添加触摸点移动回调方法。如果抬起为继续游戏图片，更改游戏状态为游戏中。如果抬起为声音设置图片，则更改暂停标志位；如果抬起为返回菜单图片，则向服务器发送退出游戏信息，更改接收线程的标志位；如果抬起为退出游戏图片，则退出游戏。最后把按钮标志位置为 0。

12.5.6 物体绘制类的开发

物体绘制的实现同样利用了 Java 的多态性，游戏里所有绘制在的物体均为 Thing 类的子类，并重写 drawself 方法来实现物体的绘制。将不同的物体封装为不同的物体类，使程序易读、易懂和易改。本小节介绍父类 Thing 的开发以及其中一种物体全部绘制的实现。

（1）物体父类。父类 Thing 并没有具体的功能，仅是包含一个需要子类重写的抽象方法 drawSelf，用于物体的绘制。其具体代码如下。

代码位置：见随书源代码/第 12 章/Tank/app/src/main/java/com.bn/object 目录下的 Thing.java。

```
1    public abstract class Thing{
2        public abstract void drawSelf(GL10 gl,int x,int y,int angle);//绘制物体的抽象方法
3    }
```

> **说明** 按物体的不同将其封装为一个类，绘制的方法均在此类中实现，需要绘制物体的地方只需要调用相应物体的 drawSelf 方法即可。

（2）下面来介绍物体绘制类的其中一个子类——爆炸绘制类。此类继承了 Thing 父类，实现了 drawSelf 方法。爆炸效果分为大、小两种，通过爆炸编号进行判断，0~24 号为大范围爆炸，25~49 号为小范围爆炸，具体代码如下。

代码位置：见随书源代码/第 12 章/Tank/app/src/main/java/com.bn/object 目录下的 Explosion.java。

```
1    package com.bn.object;
2    ……//此处省略了导入类的代码，读者可自行查阅随书附带的源代码
3    public class Explosion extends Thing{
4        MySurfaceView father;                    //声明 MySurfaceView 的引用
5        TexDrawer textRect;                      //声明 TexDrawer 的引用
6        String explosion1;
7        String explosion2;
8        TexDrawer explosion[]=new TexDrawer[50];
9        int size[]=new int[2];
10       public Explosion(MySurfaceView father){
11           this.father=father;                  //获取引用
12           textRect=new TexDrawer(father);      //获取引用
13           explosion1="explosion1.png";
14           explosion2="explosion2.png";
15           size[0]=PicOrignData.getPicWidth(explosion1)/5;  //计算边长
16           size[1]=PicOrignData.getPicHeight(explosion2)/5;
17           for(int i=0;i<50;i++){               //循环从爆炸图片中切割图片
18               int j=i%25;
19               if(i/25==0){
20                   explosion[i]=new TexDrawer(
21                       new float[]{
22                           0.2f*(j%5),0.2f*(j/5),0.2f*(j%5),0.2f*(j/5)+
                            0.2f,0.2f*(j%5)+0.2f,0.2f*(j/5)+0.2f,
23                           0.2f*(j%5),0.2f*(j/5),0.2f*(j%5)+0.2f,0.2f*
                            (j/5)+0.2f,0.2f*(j%5)+0.2f,0.2f*(j/5)
24                       },father);
25               }else{
26                   explosion[i]=new TexDrawer(
27                       new float[]{
28                           0.2f*(j%5),0.2f*(j/5),0.2f*(j%5),0.2f*(j/5)+0.2
                            f,0.2f*(j%5)+0.2f,0.2f*(j/5)+0.2f,
```

```
29                          0.2f*(j%5),0.2f*(j/5),0.2f*(j%5)+0.2f,0.2f*(j/
                            5)+0.2f,0.2f*(j%5)+0.2f,0.2f*(j/5)
30                          },father);
31      }}}
32      @Override
33      public void drawSelf(GL10 gl, int x, int y, int angle) {   //绘制物体的方法
34          if(father.gd.explosion==null){                          //如果数据不存在则退出
35              return;
36          }
37          int temp[];                                             //声明临时数据数组
38          int count=0;                                            //赋值计数器
39          synchronized(father.gd.lock){                           //同步方法
40              temp=new int[father.gd.explosion.length];           //创建长度为数据长度的数组
41              while(count<father.gd.explosion.length){            //循环读取并将计数器加一
42                  temp[count]=father.gd.explosion[count++];
43          }}
44          count=0;                                                //重置计数器并重用
45          while(count<temp.length){
46              int flag=temp[count]/25;                            //计算并判断爆炸大小
47              MatrixState.pushMatrix();                           //按照数据绘制爆炸
48              explosion[temp[count++]].drawSelf(TexManager.getTex("explosion1.png"),
49                  2*temp[count++]-size[flag]/2,2*temp[count++]-size[flag]/2,
50          PicOrignData.getPicWidth("explosion1.png")/5,PicOrignData.getPicHeight
            ("explosion1.png")/5,0);
51              MatrixState.popMatrix();
52      }}}
```

- 第 1～9 行为声明了有关于爆炸的相关变量和引用，用于爆炸的绘制。
- 第 10～31 行为用于处理爆炸的图片，主要是将图片读取、剪裁，最后创建不同的 TexDrawer 对象。爆炸图有两张，每张有 25 幅小图，通过快速换图实现爆炸动画。将读取到的爆炸图按横向顺序编号，之后通过增加编号实现换图，换图的时间间隔由服务器端控制。
- 第 34～43 行为用于读取地图数据，地图数据保存在数据类中。为了防止在绘制期间数据出现变动而导致不可预知的错误，需要将数据读取之后再进行绘制，并且将数据的读取、写入部分放入同步方法，保证其只能被单独一个线程调用。
- 第 44～51 行为根据数据绘制物体的操作。通过从服务器发来的爆炸图编号找到对应图片，最后根据 x、y 坐标将物体绘制在屏幕上。

12.6 辅助工具类

接下来讲解的是游戏的辅助类。本程序的辅助类有 4 个，分别负责摇杆的计算、图片的处理和网络数据的收发。辅助工具也是程序必不可少的一部分，读者应该学会将单独的功能进行整合，为日后的开发、研究提供便利。

12.6.1 摇杆工具类的开发

本游戏的一切操作均利用摇杆进行，需要用摇杆控制坦克的移动以及炮筒的旋转，所以摇杆的开发是本游戏的重中之重。在摇杆类中，实现了摇杆图片的准备、绘制，以及是否单击到摇杆的判断和摇杆位置的计算，下面进行详细的介绍。

（1）首先介绍的是摇杆类中所需的基本变量和方法。读者可以通过这部分介绍大概了解摇杆类的功能以及各个变量的含义，便于对程序的理解，具体代码如下。

代码位置：见随书源代码/第 12 章/Tank/app/src/main/java/com.bn/util 目录下的 Yangan.java。

```
1   package com.bn.util;
2   ……//此处省略了导入类的代码，读者可自行查阅随书附带的源代码
3   public class Yaogan{
4       MySurfaceView father;                                       //传入 SurfaceView 引用
```

```
5           Bitmap direction;                                   //摇杆底座图片
6           Bitmap center;                                      //摇杆中心图片
7           public int directionR;                              //摇杆底座半径
8           public int centerR;                                 //摇杆中心半径
9           public float leftDirectionX;                        //左摇杆底座中心点 x 坐标
10          public float leftDirectionY;                        //左摇杆底座中心点 y 坐标
11          public float rightDirectionX;                       //右摇杆底座中心点 x 坐标
12          public float rightDirectionY;                       //右摇杆底座中心点 y 坐标
13          float leftCenterX;                                  //左摇杆中心中心点 x 坐标
14          float leftCenterY;                                  //左摇杆中心中心点 y 坐标
15          float rightCenterX;                                 //右摇杆中心中心点 x 坐标
16          float rightCenterY;                                 //右摇杆中心中心点 y 坐标
17          public float leftOffsetX=0;                         //左摇杆 x 偏移量
18          public float leftOffsetY=0;                         //左摇杆 y 偏移量
19          public float rightOffsetX=0;                        //右摇杆 x 偏移量
20          public float rightOffsetY=0;                        //右摇杆 y 偏移量
21          public Yaogan(MySurfaceView father){}               //摇杆构造类
22          public void drawSelf(GL10 gl){}                     //摇杆绘制方法
23          public void changeLeftYaoGan(float tx, float ty){}//左摇杆计算方法
24          public void changeRightYaoGan(float tx, float ty){}//右摇杆计算方法
25          public int isYaoGan(float tx,float ty){}            //点击到左右摇杆的判断方法
26      }
```

- 第 4~20 行为声明了摇杆所需的相关变量。摇杆半径用来判断是否触控到摇杆范围，以及确定图片内中心点的坐标；摇杆底座和摇杆中心的中心点坐标用来确定摇杆在屏幕中的位置；偏移量为摇杆中心点与底座中心点的 x、y 方向距离。

- 第 21~25 行为声明了摇杆所需的相关方法。首先利用勾股定理判断触摸点是否在摇杆盘半径范围内，然后移动事件中调用摇杆计算方法改变摇杆中心的位置，最后根据摇杆中心点坐标进行摇杆的绘制。其中传入 SurfaceView 引用用于获取图片。

（2）上一部分主要为读者展示了摇杆类的大概框架，包括相关变量以及相关方法。下面将为读者讲解具体方法的实现。首先说明的是摇杆的构造类和绘制方法，主要讲解相关变量的计算、图片的读取和绘制方法，具体代码如下。

代码位置：见随书源代码/第 12 章/Tank/app/src/main/java/com.bn/util 目录下的 Yangan.java。

```
1   public Yaogan(MySurfaceView father)
2   {
3       this.father=father;                                 //拿到引用
4       textRect=new TexDrawer(father);                     //拿到引用
5       direction="direction.png";                          //摇杆底盘
6       center="center.png";                                //摇杆中心
7       directionR=PicOrignData.getPicWidth(direction)/2;//计算底盘半径
8       centerR=PicOrignData.getPicHeight(center)/2;        //计算中心半径
9       leftDirectionX=60+directionR;                       //左摇杆 x 坐标
10      leftDirectionY=1080-(60+directionR);                //左摇杆 y 坐标
11      rightDirectionX=1920-60-directionR;                 //右摇杆 x 坐标
12      rightDirectionY=1080-(60+directionR);               //右摇杆 y 坐标
13  }
14  public void drawSelf(GL10 gl)
15  {
16      MatrixState.pushMatrix();                           //绘制左摇杆底座
17      textRect.drawSelf(TexManager.getTex(direction),60,leftDirectionY-directionR,
18      PicOrignData.getPicWidth(direction),PicOrignData.getPicHeight(direction),0);
19      MatrixState.popMatrix();
20      leftCenterX=leftDirectionX+leftOffsetX;             //左摇杆中心 x 坐标
21      leftCenterY=leftDirectionY+leftOffsetY;             //左摇杆中心 y 坐标
22      float leftYaoganX=leftCenterX-centerR;              //左摇杆中心绘制坐标
23      float leftYaoganY=leftCenterY-centerR;
24      MatrixState.pushMatrix();                           //绘制左摇杆中心
25      textRect.drawSelf(TexManager.getTex(center),leftYaoganX,leftYaoganY,
26      PicOrignData.getPicWidth(center),PicOrignData.getPicHeight(center),0);
27      MatrixState.popMatrix();
28      ……//下边代码与上面代码相似，不再在此赘述，读者可查看随书源代码//
29  }
```

- 第1~12行为摇杆的构造类。其中读取了摇杆中心和底座的图片，并根据图片边长（图片为正方形）计算半径。之后通过计算确定摇杆位置，左摇杆距左边界、下边界60个单位长度，右摇杆距右边界、下边界60个单位长度。

- 第12~28行为绘制摇杆的方法。首先通过给出摇杆底座图片的纹理id和图片的实际大小，图片在手机屏幕的位置进行绘制，然后再绘制摇杆的中心，绘制方法与绘制底座方法相同。

（3）接下来向读者讲解触控检测和摇杆偏移量的计算，这是摇杆的核心功能。触控检测通过判断触控点与摇杆中心的距离是否超过摇杆半径来实现，计算摇杆偏移量需要计算当触控移到摇杆之外时，摇杆中心所在的位置，具体代码如下。

代码位置：见随书源代码/第12章/Tank/app/src/main/java/com/bn/util目录下的Yangan.java。

```java
1   public void changeLeftYaoGan(float tx, float ty) {
2       float x=leftDirectionX,y=leftDirectionY,r=directionR-centerR;
        //获取摇杆盘中心坐标及半径
3       float dir=(tx-x)*(tx-x)+(ty-y)*(ty-y);       //勾股定理计算第三边
4       if(dir<r*r) {                                 //判断是否超出半径
5           leftOffsetX=tx-x;                         //触控位置与摇杆盘中心点X偏移量Δx
6           leftOffsetY=ty-y;                         //触控位置与摇杆盘中心点Y偏移量Δy
7       }else{
8           float angle=(float) Math.atan((ty-y)/(tx-x));   //根据Δx与Δy计算角度
9           if(tx-x>0){                               //判断Δx正负
10              leftOffsetX=(float) (r*Math.cos(angle));//根据半径、角度计算X偏移量
11              leftOffsetY=(float) (r*Math.sin(angle));//根据半径、角度计算Y偏移量
12          }else{
13              leftOffsetX=(float) (-r*Math.cos(angle));//根据半径、角度计算X偏移量
14              leftOffsetY=(float) (-r*Math.sin(angle));//根据半径、角度计算Y偏移量
15      }}}
16  public int isYaoGan(float tx,float ty){           //检测是否单击到摇杆盘
17      if(tx<father.screenWidth/2){                  //判断单击位置
18          float x=leftDirectionX,y=leftDirectionY,r=directionR;//获取左摇杆坐标及半径
19          float dir=(tx-x)*(tx-x)+(ty-y)*(ty-y);//勾股定理计算第三边
20          if(dir<r*r){                              //判断是否超出半径
21              leftOffsetX=tx-x;                     //初始化X偏移量
22              leftOffsetY=ty-y;                     //初始化Y偏移量
23              return 1;                             //返回1表示触控左摇杆
24          }else{
25          float x=rightDirectionX,y=rightDirectionY,r=directionR;//获取左摇杆坐标及半径
26          float dir=(tx-x)*(tx-x)+(ty-y)*(ty-y);//勾股定理计算第三边
27          if(dir<r*r) {                             //判断是否超出半径
28              rightOffsetX=tx-x;                    //初始化X偏移量
29              rightOffsetY=ty-y;                    //初始化Y偏移量
30              return 2;                             //返回2表示触控右摇杆
31      }}
32      return 0;                                     //返回0表示未触控摇杆
33  }
```

- 第1~15行为改变左摇杆参数的方法，主要操作为改变摇杆的X、Y方向偏移量，实现摇杆中心的位置改变。首先判断触控点是否移出摇杆范围，移出摇杆范围后，通过根据平面几何的相关知识进行计算，使摇杆中心与摇杆底盘内切。

- 第16~33行为检测触控是否在摇杆范围的方法。触控的按下事件需要判断当前触控点是否在摇杆范围内，不在范围内的触控点不能响应触控的移动事件。通过触控点在屏幕的哪一侧来判断有可能点击到哪一侧的摇杆，勾股定理判断是否在范围内。

12.6.2 数据接收工具类的开发

本游戏为网络游戏，将数据发送、接收是游戏中不可或缺的部分，下面为读者讲解数据接收工具类，其中包括创建连接、接收数据及保存数据。需要注意的是，Android端在进行网络数据通信时，必须在AndroidManifest.xml下添加网络访问权限。其详细代码如下。

代码位置：见随书源代码/第 12 章/Tank/app/src/main/java/com/bn/util 目录下的 NetworkThread.java。

```java
1   package com.bn.util;
2   ……//此处省略了导入类的代码，读者可自行查阅随书附带的源代码
3   public class NetworkThread extends Thread{
4       MySurfaceView father;                              //传入 SurfaceView 引用
5       Socket sc;                                          //声明 Socket
6       DataInputStream din;                                //声明数据输入流
7       public DataOutputStream dout;                       //声明数据输出流
8       public boolean flag=true;                           //声明线程标志位
9       public NetworkThread(MySurfaceView father){         //构造类
10          this.father=father;                             //获取 SurfaceView 引用
11      }
12      public void run(){                                  //重写线程的 run 方法
13          try{
14              sc=new Socket();                            //创建新的 Socket
15              sc.connect(new InetSocketAddress("192.168.253.1",9999),10000); //创建连接
16              din=new DataInputStream(sc.getInputStream());//创建数据输入流
17              dout=new DataOutputStream(sc.getOutputStream());//创建数据输出流
18              dout.writeUTF("<#CONNECT#>");               //发送连接成功信息
19          }catch(Exception e){
20              TankActivity.handler.sendEmptyMessage(1);   //发送信息给 Handler
21              GameData.viewState=GameData.Game_menu;      //退回菜单界面
22              return;                                     //退出线程
23          }
24          while(flag){                                    //判断标志位
25              try{
26                  String msg=din.readUTF();               //接收 UTF-8 的数据头
27                  if(msg.startsWith("<#OK#>")){           //检测数据
28                      int redOrGreen=din.readInt();       //接收客户端编号
29                      int level=din.readInt();            //接收关卡编号
30                      synchronized(father.gd.lock){       //同步方法
31                          father.gd.levelNumber=level;    //保存关卡编号
32                          GameData.redOrGreen=redOrGreen; //保存客户端编号
33                          GameData.state=GameData.STATE_WAITING;//更改游戏状态
34                      }
35                  ……//此处省略了其他数据接收的代码，读者可自行查阅随书附带的源代码
36              }}catch(Exception e){
37                  GameData.state=0;                       //重置游戏状态
38                  GameData.viewState=GameData.Game_menu;  //更改显示界面
39                  father.gd=new GameData();               //重新创建数据类
40                  TankActivity.handler.sendEmptyMessage(2);//发送信息给 Handler
41                  break;                                  //退出循环
42              }}
43              try{
44                  din.close();                            //关闭数据输入流
45                  dout.close();                           //关闭数据输出流
46                  sc.close();                             //关闭 Socket
47              }catch(Exception e){
48                  e.printStackTrace();
49      }}}
```

- 第 1~11 行为导入了相关类、声明了相关变量，用于数据的输入、输出以及线程的循环。
- 第 13~23 行为创建了 Socket 与数据输入/输出流。若创建成功，则发送 CONNECT 信息。如果创建失败，则会抛出异常。在异常处理中向 Handler 发送信息、切回菜单界面并退出线程。需要注意的是第 15 行，读者需将 ip 地址改为服务器端所在 ip，10000 控制超时时间，若 10s 内连接不上，则自动抛出异常断开连接。
- 第 25~41 行为对网络接收到的数据进行处理的相关操作，需要根据 UTF-8 格式的数据头进入相应的处理部分。处理部分的代码基本相似，先建立临时数组用来接收网络数据信息，之后在同步方法中更新数据类中的相应数据。如果网络发生异常，则执行 37~41 行的代码。
- 第 43~48 行为关闭网络相关功能的实现。

12.6.3 数据发送工具类的开发

下面将向大家讲解数据的发送类，主要涉及摇杆操控和游戏状态操控的传输，主要是将摇杆

的 x、y 方向偏移量以及游戏的状态编号发送到服务器端，还要循环发送检测连接信息的数据。

（1）首先介绍的是与此线程类的相关变量、构造类和其中一种发送数据的方法。相关变量用于控制发送数据的间隔并时刻监测连接是否畅通。发送数据的方法十分简单，利用上一小节中提到的 DataOutputStream 类中的相应方法即可，详细代码如下。

代码位置：见随书源代码/第 12 章/Tank/app/src/main/java/com/bn/util 目录下的 KeyThread.java。

```
1    package com.bn.util;
2    ……//此处省略了导入类的代码，读者可自行查阅随书附带的源代码
3    public class KeyThread extends Thread{
4        static final int TIME_SPAN=50;           //设定线程休眠常量
5        MySurfaceView father;                     //传入 SurfaceView 引用
6        public boolean flag=true;                 //线程标志位
7        int gameState=0;                          //保存游戏状态
8        int testCount=0;                          //检测连接的计数器
9        public KeyThread(MySurfaceView father){   //构造器
10           this.father=father;                   //获取 SurfaceView 引用
11           gameState=GameData.state;             //获取游戏状态
12       }
13       public void broadcastExit(){
14           father.gd=new GameData();             //重新创建数据类对象
15           try{
16               synchronized(father.gd.lock){     //同步方法
17                   father.nt.dout.writeUTF("<#EXIT#>");//发送退出游戏的信息
18           }}catch (Exception e){                //异常处理
19               e.printStackTrace();
20   }}}
```

● 第 1~8 行为导入了相关类，声明了线程所需的相关变量，包括线程的标志位和休眠时间。发送检测连接是否正常的信息并不需要像发送键位数据一样频繁，所以加入计数器，线程每循环 20 次，发送一次检测连接是否正常的信息。

● 第 9~20 行为构造器和发送退出信息的方法。构造器保存了游戏状态，用于游戏状态改变后进行相应操作，第 17 行为发送 UTF-8 编码的字符串。

（2）数据发送工具类继承了 Thread 类，是一个单独的线程，需要重写 run 方法。下面将向读者讲解中的主要 run 方法，主要包括了发送检测连接的信息、发送游戏状态改变的信息和发送摇杆改变的信息。具体代码如下。

代码位置：见随书源代码/第 12 章/Tank/app/src/main/java/com/bn/util 目录下的 KeyThread.java。

```
1    public void run(){                            //重写线程的 run 方法
2        while(flag){                              //判断线程标志位
3            try{
4                if(gameState!=GameData.state){    //如果游戏状态发生改变
5                    gameState=GameData.state;     //更新游戏状态
6                    broadcastState(gameState);    //发送游戏状态
7                }
8                if(GameData.state==2){            //如果游戏状态为正在游戏
9                    if(father.yaogan.leftOffsetX!=0||father.yaogan.leftOffsetY!=0//判断摇杆
10                           ||father.yaogan.rightOffsetX!=0||father.yaogan.rightOffsetY!=0){
11                       synchronized(father.gd.lock){//同步方法
12                           father.nt.dout.writeUTF("<#KEY#>"); //发送数据头
13                           father.nt.dout.writeFloat(father.yaogan.leftOffsetX); //发送左摇杆 X
14                           father.nt.dout.writeFloat(father.yaogan.leftOffsetY); //发送左摇杆 Y
15                           father.nt.dout.writeFloat(father.yaogan.rightOffsetX); //发送右摇杆 X
16                           father.nt.dout.writeFloat(father.yaogan.rightOffsetY); //发送右摇杆 Y
17                   }}
18                   testCount=(testCount+1)%20;   //更新连接检测计数器
19                   if(testCount==0){             //如果计数器值为 0
20                       father.nt.dout.writeUTF("<#TEST#>"); //发送检测信息
```

```
21                        }
22                        Thread.sleep(TIME_SPAN);
23                }catch(Exception e){
24                        e.printStackTrace();
25      }}}
```

- 第 4~7 行为发送游戏状态的操作。如果当前游戏状态跟本类保存的游戏状态不同时，就更新保存的游戏状态并将其发送。
- 第 8~17 行为发送摇杆键位的操作。为了提高游戏速度，需要先判断是否有摇杆值的变化，如果值全部为 0，则不进行发送操作。
- 第 18~21 行为发送检测连接的操作。只发送数据头，不发送任何数据信息。目的是不停地向服务器发送信息，如果发送不成功，则会抛出异常并进行相应操作。

12.7 地图设计器

在本章 4.1 小节中的第二部分提到过固定数据，本软件中固定数据的主要内容为地图数据。为了设计简单、明了，均需要开发相应的地图设计器来完成。开发地图设计器需要注意以下几点：简洁、方便、高自由度、所见即所得。下面将为大家介绍地图设计器的使用。

> **提示** 由于本书为介绍 Android 客户端开发的书籍，故不进一步对地图设计器的开发进行详细介绍。地图设计器在随书源代码/第 12 章/地图设计器中，打开 run.bat 文件便打开地图设计器。同时源代码也在此文件夹中，有需要的读者请自行查阅。

（1）打开地图设计器后，首先弹出的是设置地图大小的界面，如图 12-16 所示。本游戏地图长度固定为 960 个单位，宽度可以根据游戏的时长需要自行设计。本游戏 1s 滚动地图 50 个单位，有兴趣的读者可以自己设计游戏地图。

（2）地图设计器如图 12-17 所示，首先需要导入物体元素，物体元素在其中的 res 目录下，需要读者根据物体编号加载元素。加载完元素后，单击地图编辑区的点可以绘制物体，将左键设置区的选项改为删除地图，单击到物体附近可以删除物体。

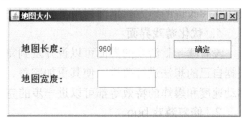

▲图 12-16 设置地图大小

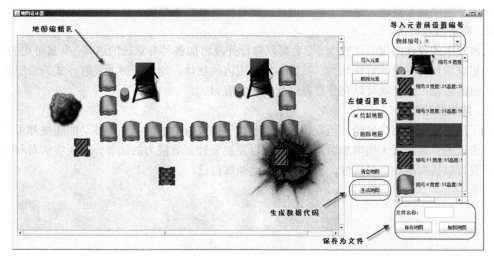

▲图 12-17 设计器主界面

（3）地图编辑完成后，单击生成按钮可以生成图 12-18 所示的地图数据，将数据拷入 TankServer 中的 LevelData 类中，便可以完成地图的更改。单击保存地图可以将正在编辑的地图保存，单击加载地图可以保存成文件的地图加载，便于修改。

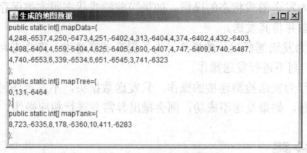

▲图 12-18　生成的地图数据

> **说明**　通过以上三部分的讲述，想必读者已经了解了地图设计器的基本用法以及好处。设计方便、所见即所得，能直接生成程序所需的代码。

12.8　游戏的优化及改进

到此为止，《坦克大战》的开发已经基本开发完成，也实现了最初设计的功能。但不可能有完美无缺的程序，也不可能没有 bug 的游戏。通过开发后的试玩测试发现，游戏中仍然存在一些需要优化和改进的地方，下面列举笔者想到的一些方面。

1. 优化游戏界面

没有哪一款游戏的界面可以说开发到完美无缺的地步，所以对本游戏的界面，读者可以自行根据自己的想法进行改进，使其更加完善、完美。如游戏界面的搭建、敌方势力的种类、坦克的移动速度和爆炸的特效等都可以进一步的完善。

2. 修复游戏 bug

现在众多的 Android 游戏在公测之后也有很多的 bug，需要玩家不断的发现以此来改进游戏。比如，本游戏中在接受网络数据过多时会卡顿，虽然我们已经测试改进了大部分问题，但是还有很多 bug 是需要玩家发现，这对于游戏的可玩性有极其重要的帮助。

3. 完善游戏玩法

此游戏中的设计的道具比较少，读者可以自行开发增加各种有意思的道具，丰富游戏的体验。例如为坦克增加有限量的特殊炸弹，摧毁一定范围内的物体；增加子弹的发射方式。希望读者能发挥自己的思维，这样就可以充分发掘这款游戏的潜力。

4. 增强游戏体验

为了满足更好的用户体验，坦克移动的速度，子弹发射的速度，地图移动的速度都可以进行更改，合适的参数会极大地增加游戏的可玩性以及视觉性。有能力的读者一定要尝试对程序的修改，不仅可以提高游戏的可玩性，更能够有效地锻炼自己。

第 13 章 网络游戏开发——《风火三国》网络对战游戏

《三国杀》游戏一直是比较受欢迎的网络游戏之一，其可玩性强，并且操作简单。本章将通过介绍《风火三国》网络对战游戏在 Android 平台上的设计与实现，使读者可以了解到《三国杀》卡牌类游戏的开发过程。该游戏采用的是联网对战方式，使玩家可以在闲暇之余邀请朋友一起来分享游戏的乐趣。

13.1 游戏背景及功能概述

本节将要对《风火三国》游戏进行简单的介绍，通过本节的学习，可以使读者对《风火三国》网络对战游戏有整体了解，知道本章开发案例的具体功能。

13.1.1 背景概述

卡牌作为一种游戏工具，距今已有几百年的历史。关于卡牌游戏的起源有多种说法，现在较被大家普遍接受的观点就是现代卡牌游戏起源于我国唐代一种名叫《叶子戏》的游戏纸牌。

近年来，大家对卡牌游戏可玩性要求更是越来越高，各种优秀的卡牌游戏层出不穷。其中最普遍且最具代表性的就是《扑克牌》游戏，卡牌图片如图 13-1 所示，还有用于占卜娱乐的《塔罗牌》游戏，其卡牌图片如图 13-2 所示，以及休闲小游戏 UNO 牌，卡牌图片如图 13-3 所示，最后是近几年风靡全国的卡牌游戏《三国杀》，卡牌图片如图 13-4 所示。

▲图 13-1 《扑克》游戏卡牌

▲图 13-2 《塔罗牌》卡牌

▲图 13-3 《UNO 牌》卡牌

▲图 13-4 《三国杀》卡牌

以上这些优秀且受欢迎的卡牌游戏作品已经被广泛呈现于电脑和手机上，方便大家娱乐。本章案例《风火三国》就是一款基于《三国杀》卡牌游戏而开发的网络对战式游戏,以中国历史中的三国时期为背景,以卡牌为形式,集合历史、文学和美术等元素于一身。大家在亲身体验的同时,一定会得到多方位的感官享受。

13.1.2 功能简介

本节将要对《风火三国》卡牌网络对战游戏的功能和操作方法进行简单介绍,使读者对该游戏有一定的感性认识,具体的操作方法如下。

(1)运行该游戏。首先进入的是游戏欢迎界面,游戏欢迎界面实现了动态显示的效果,如图13-5和图13-6所示。当欢迎界面结束后,将要进入的是游戏菜单界面,效果如图13-7所示。

▲图 13-5 欢迎界面画面 1

▲图 13-6 欢迎界面画面 2

(2)在游戏菜单界面,单击"帮助"按钮即可进入游戏帮助界面,效果如图13-8所示。在主菜单界面,单击"关于"按钮即可进入游戏关于界面,效果如图13-9所示。单击"开始"按钮即将进入网络连接界面,效果如图13-10所示。单击"退出"按钮可退出游戏。

▲图 13-7 游戏菜单界面

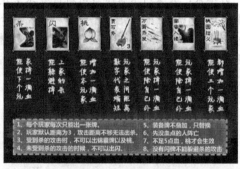

▲图 13-8 游戏帮助界面

▲图 13-9 关于界面

▲图 13-10 网络连接界面

（3）在网络连接界面，玩家可以在 IP 地址文本框中输入服务器的 IP 地址以在端口号文本框中输入服务器端口号。如果玩家人数少于 3 人，单击"连接"按钮即可进入玩家等待界面，效果如图 13-11 所示，反之则进入游戏界面，效果如图 13-12 所示。在网络连接界面单击"返回"按钮可以返回到游戏菜单界面。

▲图 13-11　玩家等待界面

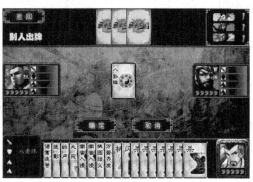

▲图 13-12　游戏界面

（4）在游戏界面玩家单击卡牌后，单击"确定"按钮，同时其他玩家可以在屏幕中央看到该玩家所出的牌。单击"取消"按钮即可放弃出牌的权利，等待其他玩家出牌。

（5）当游戏一方的血点数为 0 后，此玩家为本局的失败者，则会出现"阵亡"界面，效果如图 13-13 所示，而其他两方获胜，会出现"胜利"界面，效果如图 13-14 所示。

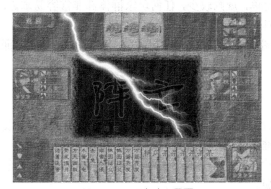

▲图 13-13　玩家阵亡界面

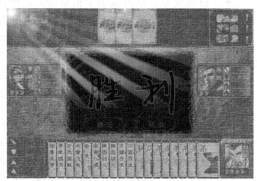

▲图 13-14　玩家胜利界面

（6）游戏过程中，玩家可以随时通过单击"返回"按钮退出游戏，同时所有玩家由游戏界面切换到有玩家退出界面，此局游戏结束，效果如图 13-15 所示。

（7）当游戏已经开始后，其他玩家再次连接，则进入玩家已满界面，效果如图 13-16 所示。

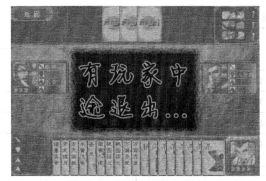

▲图 13-15　有玩家退出界面

▲图 13-16　玩家已满界面

经过上述功能简介，读者已经对该游戏的界面以及操作流程有了大致的了解。下面即将开始具体介绍游戏的策划，准备以及开发，希望读者认真学习。

13.2 游戏策划及准备工作

了解了本案例的运行效果后，本章将介绍游戏的策划及开发前的准备工作，读者可能会感觉学习这些是枯燥的，但是本节所介绍的知识在真实游戏开发过程中作用是极大的。

13.2.1 游戏的策划

接下来对本游戏的策划进行简单介绍，在真实的游戏开发中，该步骤还需要更具体、更细致、更全面。下面将游戏策划分为 5 个部分，分别为游戏类型的设定、运行的目标平台、操作方式、目标受众和呈现技术的介绍，具体内容如下。

- 游戏类型：该游戏属于卡牌类游戏的一种，并且采用网络对战方式，可以达到玩家与玩家进行对战的效果，以增强游戏的可玩性。
- 运行的目标平台：该游戏的目标平台为 Android 2.1 或更高的 Android 版本。
- 操作方式：该游戏采用屏幕事件进行操作，玩家可使用触控笔单击游戏界面的"确定"按钮来完成出牌操作。如果玩家打算放弃一次出牌权利，可以单击"取消"按钮。游戏中也有部分操作可以通过键盘操控完成。
- 目标受众：该游戏属于益智游戏，操作简单，规则较少，任何玩家群体都非常容易掌握。游戏的设计新颖，玩法富有创意，使得游戏更加具有吸引力。
- 呈现技术：该游戏界面采用的是 2D 贴图技术，界面美观，综合了艺术和历史等多方面元素，大大增强了该游戏的可玩性。

13.2.2 Android 平台下游戏开发的准备工作

该游戏开发之前需要做好相应的准备工作，做好细致并且全面的准备工作是每一项工作的良好开始，可以促使游戏开发顺利进行。该游戏的准备工作主要包括以下两个方面。

- 首先该游戏采用的是 2D 贴图技术，图片素材必不可少。该游戏需要根据游戏界面的设计，为其绘制不同图片素材，以达到游戏效果美观。
- 其次是为出牌的动作添加个性化声音，增加游戏的可玩性。该游戏主要有两种声音，一种为按钮声音，一种为出牌声音。

首先介绍的是该游戏中所用到的大部分图片资源，如表 13-1 所示。这些图片资源全部存储在的 res/drawable-nodpi 文件夹下。

表 13-1　　　　　　　　　　　　　图片清单

图片名	大小（KB）	像素（w×h）	用途
icon.png	31.6	128×128	游戏图标
card2.png	5.88	49×69	卡牌背面图
blood.png	0.321	9×10	血点图片
helpjm.png	133	480×320	游戏帮助界面背景图
back.png	221	480×320	游戏菜单背景图
backg.png	221	480×320	游戏界面背景图
wait.png	308	480×320	等待界面背景图

续表

图片名	大小（KB）	像素（w×h）	用途
win.png	320	480×320	胜利界面背景图
die.png	324	480×320	失败界面背景图
full.png	324	480×320	玩家已满背景图
exit.png	328	480×320	有玩家退出界面图
fc.png	2.15	82×29	确定按钮图
giveup.png	1.59	82×29	取消按钮图
start.png	3.15	95×34	开始游戏按钮图
help.png	2.29	95×34	帮助按钮图
about.png	2.09	95×34	关于按钮图
peopleone.png	2.80	47×45	人物头像1
peopletwo.png	2.78	47×45	人物头像2
down1.png	2.84	47×45	人物头像3

接下来介绍的是该游戏用的卡牌总图的图片资源。该图片为所有牌面的汇总，其中包括 54 张牌面，如表 13-2 所示。这些图片资源存储在的 res/drawable-nodpi 文件夹下。

表 13-2　　　　　　　　　　图片清单

图片名	大小（KB）	像素（w×h）	用途
cards.png	156	414×441	存储的是一整幅牌面图

最后的介绍是该游戏出牌时所用到的声音文件，如表 13-3 所示。这些声音资源存放在项目目录 res/raw 文件夹下。

表 13-3　　　　　　　　　　声音清单

声音文件名	大小（KB）	格式	用途
tweet.wav	44	wav	出牌时的声音
sound.wav	5.41	wav	按钮的声音

13.3　游戏的框架

本节将对该游戏的整体架构进行介绍，使读者在整体上对该游戏的设计有一个详细的了解，有益于读者在后面的学习中更容易地理解接收各部分开发的内容。

13.3.1　各个类的简要介绍

为了让读者可以更好地理解各个类的作用，下面将该游戏分成 5 个部分进行整体介绍，而各个类的详细代码将在后面的章节中介绍。

1．共有类

● SanGuoActivity 主控制类：Activity 的实现类 SanGuoActivity。该类是通过扩展基类 Activity 得到的，是整个游戏的控制器，负责控制欢迎界面、主菜单界面、网络连接界面和输赢界面等界面之间的相互转换，同时还负责对出牌声音的控制，IP 地址、端口号的验证和客户端代理线程的启动。

- 常量类 Constant：Constant 为常量类。该类声明了该游戏中的各个类所用到的一些常量，在做游戏的过程中还需要更改一些位置、大小的常量全部存放在常量类中，便于以后根据需要随时更改。

2. 辅助界面类

- 欢迎界面类 WelcomeView：该类为游戏开始时出现的界面，界面美观大方，采用的是图片渐变技术，给用户不一样的视觉享受，但是在欢迎界面不支持任何键盘或者触控操作。
- 主菜单类 MainMenuView：该类为游戏主菜单的实现类，主要负责绘制游戏的开始、游戏的帮助、游戏关于以及游戏的退出按钮，监听触摸事件，并做出相应的判断。

3. 游戏界面相关类

- 游戏界面类 GameView：该类为游戏程序中最主要的类，负责绘制游戏过程中所有的信息，对游戏屏幕进行监控，并控制"确定"出牌按钮和"取消"放弃出牌的功能实现。
- 界面刷帧类 GameViewDrawThread：该类主要服务于游戏界面，游戏开始时调用该类对游戏界面不断的刷帧，使游戏界面不断更新，以达到动态更新的效果，增强游戏可玩性。

4. 客户代理线程

这部分为客户端代理线程类 ClientAgent，主要负责客户端与服务器的交互工作，需要不断接收发送游戏开始、游戏进行和游戏结束过程中的大量消息，以达到 3 个玩家互动的效果。

5. 服务器相关类

- 服务器主类 Server：该服务器主类负责向客户端发送信息，并且控制加入的客户端的个数，控制游戏的开始，控制客户端的发牌以及发送初始化血点信息和初始化装备信息。
- 服务器代理线程类 ServerAgent：该类接收客户端发送给服务器的信息，处理信息并作出相应的判断，客户端与服务器的一切信息交互工作全部都是从该类发出的。
- 发牌类 FPUtil：该类为每个客户端随机生成初始牌的索引值，并且将其存放在以 <#START#> 开头的字符串中。通过服务器发送给客户端，即可体现随机生成牌的效果。
- 管理人物装备牌类 CardsUtil：该类主要管理 3 个人物的装备，主要包括武器、防具、加一马和减一马四项。该类在运行过程中可根据玩家所出的牌型，为玩家配备不同装备，以达到不同的攻击效果。
- 初始化人物血点类 MoodUtil：该类主要用来初始化 3 个人物的血点，血点数初始为 5，随着游戏的进行会有所变化。根据玩家所出的牌型，以及配备的装备，玩家血点数会不断更新。
- 管理人物攻击距离类 FarUtil：该类主要用于管理 3 个人物相互之间的距离变化，以及攻击距离和防御距离的变更，从而根据出牌状况改变血点数。

13.3.2 游戏的框架简介

前面已经对该游戏中用到的所有类进行了介绍，可能读者还是没有完全理解该游戏的架构以及游戏的运行原理。下面分为两个阶段进行，一是游戏开发之前，设计游戏整体框架。二是设计框架完成后，必须对游戏各个类的代码进行逐个开发。

首先从整体框架进行介绍，使读者对该游戏有基本的了解。游戏总体框架分为 5 个部分，游戏界面相关类是重中之重。其框架如图 13-17 所示。

接下来，按照程序运行的顺序介绍各个类的作用以及整体的运行框架，具体步骤如下。

（1）启动游戏。首先被创建的是 SanGuoActivity，而在 SanGuoActivity 中首先运行的是欢迎界面，之后跳转到主菜单界面 MainMenu，并且对菜单界面的按钮进行监听。

（2）进入主菜单界面 MainMenuView。在菜单界面会根据玩家不同的选择执行不同的操作，其中包括"开始游戏"按钮,"关于"按钮,"帮助"按钮以及"退出游戏"按钮。

▲图13-17 游戏框架图

(3)在主菜单界面单击"开始游戏"按钮进入网络连接界面,网络连接界面中单击"连接"按钮进入游戏等待界面,单击"返回"按钮返回到游戏主菜单界面。

(4)网络连接的同时,由服务器主类 Server 发送给客户端是否可以加入游戏的信息,一旦出错,会提示无法连接。

(5)玩家人数达到指定的人数后服务器主类 Server 发送给信息给客户端代理线程 ClientAgent 并开始游戏,进入 GameView 游戏界面,同时发送随即生成的牌的索引值组成的字符串。

(6)进入游戏界面的同时,启动游戏界面的刷帧线程类 GameViewDrawThread,同时根据得到的牌的索引值组成的字符串,由 CardForControl 牌的控制类为每个玩家绘制出牌面。

(7)当玩家出牌时,会根据规则类 RuleUtil 进行判断是否可以出牌。当有玩家中途退出的时候,游戏终止。当有玩家血点为零的时候,游戏结束。

13.4 共有类 SanGuoActivity 的实现

从本节开始将正式进入游戏的开发过程,首先介绍的是游戏的控制器 SanGuoActivity 类。该类的主要作用是在适当的时间初始化相应的用户界面,并根据其他界面的要求切换到需要的界面。

(1)首先介绍的是共有类 SanGuoActivity 的整个框架,只有设计完这个框架才能开发其详细代码,并能更好地理解后续的内容。SanGuoActivity 框架详细代码如下。

> 代码位置:见随书源代码\第 13 章\sanguo\src\com\bn\sanguo 目录下的 SanGuoActivity.java。

```
1    package com.bn.sanguo;                                     //声明包名
2    import java.io.DataInputStream;                            //引入相关的包
3    ……//该处省略了部分类的引入代码,读者可自行查看随书的源代码
4    import android.view.WindowManager;                         //引入相关的包
5    enum WhichView {WELCOMEVIEW,MAIN_MENU,IP_VIEW,GAME_VIEW,
6       WAIT_OTHER,WIN,LOST,EXIT,FULL,ABOUT,HELP}              //枚举所有的界面
7    public class SanGuoActivity extends Activity{              //继承 Activity 的类
8    ……//该处省略了部分类对象的声明,读者可自行查看随书的源代码
9       HashMap<Integer, Integer>  soundPoolMap;                //创建 HashMap 集合的引用
10      static String cardListStr;                              //创建构成的字符串
11      Handler hd=new Handler(){                               //创建 Handler 对象 hd
12   ……//该处省略了跳转界面的方法,将在后面的步骤中介绍
13      static ScreenScaleResult ssr;
14      static int SW;                                          //声明宽度
15      static int SH;                                          //声明高度
16      public void onCreate(Bundle savedInstanceState){        //重写的 onCreate 方法
17          super.onCreate(savedInstanceState);                 //调用父类
```

```
18    requestWindowFeature(Window.FEATURE_NO_TITLE);           //设置全屏显示
19    getWindow().setFlags(
20      WindowManager.LayoutParams.FLAG_FULLSCREEN ,
21      WindowManager.LayoutParams.FLAG_FULLSCREEN);            //强制为横屏
22    this.setRequestedOrientation(ActivityInfo.SCREEN_ORIENTATION_LANDSCAPE);
23    initSounds();                                             //声音缓冲池初始化
24    DisplayMetrics metric = new DisplayMetrics();
25    getWindowManager().getDefaultDisplay().getMetrics(metric);
26    SW=metric.widthPixels;                                    // 屏幕宽度(像素)
27    SH=metric.heightPixels;                                   // 屏幕高度(像素)
28    ssr=ScreenScaleUtil.calScale(SW, SH);
29    goToWelcomeView();}                                       //调用该方法
30    public void initSounds(){                                 //声音初始化方法
31    ……//该处省略声音缓冲池初始化方法,将在后面的步骤中给出}
32    public void playSound(int sound, int loop){               //播放声音的方法
33    ……//该处省略播放声音的方法,将在后面的步骤中给出}
34    public boolean onKeyDown(int keyCode,KeyEvent e){         //键盘监听方法
35    ……//该处省略键盘监听方法,将在后面的步骤中给出}
36    public void goToWelcomeView(){
37      WelcomeView mySurfaceView = new WelcomeView(this);      //创建对象
38      this.setContentView(mySurfaceView);                     //设置跳转
39      curr=WhichView.WELCOMEVIEW; }
40    public void goToMainMenu(){                               //跳转到主界面的方法
41      if(mmv==null) {                                         //对象为空时
42      mmv=new MainMenuView(this); }                           //创建对象
43      setContentView(mmv);                                    //设置界面为MainMenu界面
44      curr=WhichView.MAIN_MENU; }
45    public void gotoIpView(){                                 //网络连接界面方法
46    ……//该处省略网络连接界面的方法,将在后面的步骤中给出}
47    public void gotoGameView(){                               //进入游戏界面的方法
48      ameview=new GameView(this);                             //创建对象
49      setContentView(gameview);                               //设置游戏界面
50      curr=WhichView.GAME_VIEW;
51    }}
```

- 第5、6行为枚举界面。在跳转界面时起到非常大的作用。这其中包括菜单界面、网络连接界面、关于界面、帮助界面、等待界面、玩家已满界面和有玩家中途退出界面等。
- 第11~33行为接收跳转界面信息的Handler,同时强制执行横屏,并且初始化声音池以及播放声音的方法,声音池中可存放游戏中所用的声音素材,以方便后续使用。
- 第34~35行为该类对手机返回键盘的监听方法,此方法起跳转界面作用。将在后面代码中详细介绍。
- 第36~50行为该类首先调用的欢迎界面方法,其次是跳转到主菜单界面的方法,最后是网络连接界面方法,包含要验证IP地址及要验证端口的信息。

(2)下面介绍的是接收跳转界面信息的Handler的代码,通过此方法实现不同界面之间的转换。将下列代码插入到SanGuoActivity类的第12行。

🔖 代码位置:见随书源代码/第13章/sanguo/src/com/bn/sanguo目录下的SanGuoActivity.java。

```
1   Handler hd=new Handler()                                   //声明消息处理器
2   {@Override
3     public void handleMessage(Message msg) {                 //重写方法
4       switch(msg.what) {
5         case 0:  setContentView(R.layout.wait);              //进入等待界面
6                  curr=WhichView.WAIT_OTHER;                  //当前界面为等待界面
                   blj.setClickable(true);                     //解锁按钮
7                  break;
8         case 1:  gotoGameView();                             //进入游戏界面
9                  break;
10        case 2:  setContentView(R.layout.win);               //进入你赢了的界面
11                 curr=WhichView.WIN;                         //当前界面为胜利界面
12                 break;
13        case 3:  setContentView(R.layout.die);               //进入你输了的界面
14                 curr=WhichView.LOST;                        //当前界面为失败界面
15                 break;
```

13.4 共有类 SanGuoActivity 的实现

```
16          case 4: setContentView(R.layout.exit);              //进入有玩家退出界面
17                  curr=WhichView.EXIT;                         //当前为有玩家退出界面
18                  break;
19          case 5: setContentView(R.layout.full);              //人数已满
20                  curr=WhichView.FULL;                         //当前为人数已满界面
21                  break;
22          case 6: setContentView(R.layout.help);              //进入帮助页面
23                  curr=WhichView.HELP;                         //当前界面为帮助界面
24                  break;
25          case 7: setContentView(R.layout.about);             //进入关于界面
26                  curr=WhichView.ABOUT;                        //当前界面为关于界面
27                  break;
28          case 8: goToMainMenu();                             //进入欢迎界面
29                  curr=WhichView.WELCOMEVIEW;                  //当前界面为欢迎界面
30                  break;
31          case 9:                                             //界面弹出 Toast 显示信息
32                  Toast.makeText(SanGuoActivity.this,"联网失败,请稍后再试!",
33                  Toast.LENGTH_SHORT).show();
34                  break;
35      }}};
```

- 第 1～31 行为接收跳转界面信息的 Handler,这部分代码可实现,当用户单击指定按钮,客户端就会进行相应的跳转功能。
- 第 5～15 行为处理编号 0～3 的消息的相关代码。当消息编号为 0 时,则程序开始游戏进入等待界面;当消息编号为 1 时,则程序进入游戏界面;当消息编号为 2 时,则程序进入游戏胜利界面;当消息编号为 3 时,则程序进入游戏失败界面。
- 第 15～35 行为处理编号 4～8 的消息的相关代码;当消息编号为 4 时,则程序进入有玩家退出的界面;当消息编号为 5 时,则程序进入玩家已满界面;当消息编号为 6 时,则程序进入游戏帮助界面;当消息编号为 7 时,则程序进入游戏关于界面;当消息编号为 8 时,则游戏启动并进入欢迎界面;当消息编号为 9 时,则界面弹出 Toast 显示信息。

(3)下面是声音缓冲池的初始化方法 initSounds 和播放声音方法 playSound 的详细代码。在播放声音时只需要调用播放声音方法 playSound 方法即可,将下列两段代码分别插入到 SanGuoActivity 类的第 23 行和第 25 行。

✎ 代码位置:见随书源代码\第 13 章\sanguo\src\com\bn\sanguo 目录下的 SanGuoActivity.java。

```
1   soundPool = new SoundPool(                                  //创建声音缓冲池
2       4,                                                       //同时能最多播放的个数
3       AudioManager.STREAM_MUSIC,                               //音频的类型
4       100                                                      //声音的播放质量,目前无效
5   );
6   soundPoolMap = new HashMap<Integer, Integer>();             //创建声音资源 Map
7   soundPoolMap.put(1, soundPool.load(this, R.raw.tweet, 1));//声音资源 id 放进此 Map
8   soundPoolMap.put(2, soundPool.load(this, R.raw.sound, 1));//声音资源 id 放进此 Map
```

- 第 1～5 行为创建声音缓冲池,其中包含 3 个变量,分别为同时能最多播放的个数、音频的类型和播放质量。
- 第 6～8 行为首先创建用于存储加载声音资源编号的 Map 对象。本案例主要有两个声音资源,故调用两次 put 方法,将加载后的声音资源编号存入 Map。由于加载后 load 系统返回编号不定,所以将其存入 Map,从而使声音资源按顺序编号。

✎ 代码位置:见随书源代码\第 13 章\sanguo\src\com\bn\sanguo 目录下的 SanGuoActivity.java。

```
1   AudioManager mgr=(AudioManager)this.getSystemService(Context.AUDIO_SERVICE);
2   float streamVolumeCurrent = mgr.getStreamVolume(AudioManager.STREAM_MUSIC);
3   float streamVolumeMax = mgr.getStreamMaxVolume(AudioManager.STREAM_MUSIC);
4   float volume = streamVolumeCurrent / streamVolumeMax;
5   soundPool.play (
6       soundPoolMap.get(sound),                                //声音资源 id
7       volume,                                                  //左声道音量
```

```
 8         volume,                                            //右声道音量
 9         1,                                                 //优先级
10         loop,                                              //循环次数 -1 带表永远循环
11         0.5f                                               //播放速度 0.5f~2.0f
12    );
```

- 第 1~3 行分别代表初始化的音量控制器，然后通过控制器获取手机的当前音量和最大音量。
- 第 5~11 行为控制播放声音方法的代码，其中第 6 行表示播放固定编号的声音资源，第 7 行和第 8 行为左声道音量和右声道音量。第 9 行为该声音资源的优先级，数值越大优先级越高。第 10 行和 11 行代表该声音资源的循环次数和播放速率，其中–1 代表永远循环。

（4）下面介绍手机键盘监听 onKeyDown 方法的代码，该部分代码直接关系到用户的切身体验。将下列代码插入到 SanGuoActivity 类的第 27 行。

📖 代码位置：见随书源代码\第 13 章\sanguo\src\com\bn\sanguo 目录下的 SanGuoActivity.java。

```
 1    if(keyCode==4) {                                                       //跳到上一个界面的键
 2      if(curr==WhichView.WIN||curr==WhichView.LOST||curr==WhichView.EXIT){
 3        goToMainMenu();                                                    //跳转到主菜单界面
 4        return true; }
 5      if(curr==WhichView.WELCOMEVIEW) {                                    //不跳转
 6        return true; }
 7      if(curr==WhichView.IP_VIEW) {                                        //跳转到网络连接界面
 8        goToMainMenu();                                                    //跳转到主菜单界面
 9        return true; }
10      if(curr==WhichView.GAME_VIEW){                                       //跳转到有玩家退出界面
11        try{
12            ca.dout.writeUTF("<#EXIT#>");                                  //发送以<#EXIT#>开头的信息
13          }catch (IOException e1) {                                        //捕获异常
14            e1.printStackTrace();}
15        return true;                                                       //返回 true
16      if(curr==WhichView.WAIT_OTHER){                                      //不跳转
17        return true; }
18      if(curr==WhichView.MAIN_MENU){                                       //如果当前界面为主界面
19        System.exit(0); }                                                  //退出游戏
20      if(curr==WhichView.FULL){                                            //当前界面为"人满"界面
21        gotoIpView();                                                      //跳转到网络连接界面
22        return true; }
23      if(curr==WhichView.HELP){                                            //当前界面为帮助界面
24        goToMainMenu();                                                    //跳转到主界面
25        return true; }
26      if(curr==WhichView.ABOUT){                                           //当前界面为关于界面
27        goToMainMenu();                                                    //跳转到主界面
28        return true; }}
29    return false;
```

- 第 1~29 行为当用户单击了返回上一界面的按键的时候，游戏判断如何从一个界面跳转到另一个界面的代码。
- 第 2~4 行为当前界面为胜利界面、失败界面和退出界面的时候，按下返回键游戏界面将跳转到主菜单面。
- 第 5、6 行为当前界面为欢迎界面的时候，用户按下返回键，界面不跳转。
- 第 7~9 行为当前界面为网络连接界面的时候，用户按下返回键，则返回主菜单界面。
- 第 10~15 行为当前界面为有玩家中途退出的时候，客户端通过服务器发送以<#EXIT#>开头的信息，并结束本轮游戏。
- 第 16~28 行为等待界面不发生跳转，若从主界面返回，则选择退出游戏；若玩家已满的界面，就跳转到网络连接界面；若当前界面为帮助和关于界面，则跳转到主菜单界面。

（5）接下来介绍的是调转到网络连接界面的 gotoIpView 方法和对网络连接界面中的按钮进行监听的方法，将下列代码插入到 SanGuoActivity 类的第 38 行。

13.4 共有类 SanGuoActivity 的实现

> 代码位置：见随书源代码\第 13 章\sanguo\src\com\bn\sanguo 目录下的 SanGuoActivity.java。

```
1   public void gotoIpView(){                              //跳转到网络连接界面的方法
2     setContentView(R.layout.main);                       //设置布局
3     final Button blj=(Button)this.findViewById(R.id.Button01);//声明连接引用
4     bfh=(Button)this.findViewById(R.id.Button02);        //声明返回引用
5     blj.setOnClickListener(                              //连接监听方法
6       new  OnClickListener(){
7         public void onClick(View v) {
8         ……//此处省略了连接按钮的监听方法，将在后面的步骤中给出
9       }});
10      bfh.setOnClickListener(                            //对返回按钮设置监听
11        new  OnClickListener(){
12         public void onClick(View v){                    //重写方法
13           blj.setClickable(false);                      //单击完成后锁住按钮
14         playSound(2, 0);                                //播放按钮声音
15           goToMainMenu();                               //返回主菜单界面
16         }
17       }
18     );
19     curr=WhichView.IP_VIEW;                             //当前的 view 为 IP_VIEW
20   }  }
```

- 第 1~20 行为跳转到服务器主机 IP 和端口号设置界面的方法，即跳转到网络连接界面。
- 第 3~9 行分别为声明连接引用和声明返回引用，此处省略了连接按钮的方法，将在后面代码中详细给出。
- 第 10~19 行表示对返回按钮的监听。当用户单击返回按钮的时候，播放音效的同时跳转到主菜单界面，并设定当前界面的 WhichView 为 IP_VIEW，方便在页面跳转的时候进行判断。

（6）下面实现的是"连接"按钮的监听方法 onClick。该方法通过对用户输入的 IP 地址和端口号合法性的判断从而实现网络连接。将此代码插入到上述代码的第 8 行。

> 代码位置：见随书源代码\第 13 章\sanguo\src\com\bn\sanguo 目录下的 SanGuoActivity.java。

```
1   public void onClick(View v) {                          //重写方法
2     playSound(2, 0);                                     //播放按钮声音
3     final EditText eta=(EditText)findViewById(R.id.EditText01);
4     final EditText etb=(EditText)findViewById(R.id.EditText02);
5     final String ipStr=eta.getText().toString();         //取出 IP 地址
6     String portStr=etb.getText().toString();             //取出端口号
7     String[] ipA=ipStr.split("\\.");
8     if(ipA.length!=4){                                   //判断 IP 地址是否合法
9     Toast.makeText (                                     //弹出提示框
10          SanGuoActivity.this,
11          "服务器 IP 地址不合法",                          //提示信息
12          Toast.LENGTH_SHORT).show();                    //显示时间长短
13    return;  }                                           //显示提示信息对话框
14     for(String s:ipA) {try{                             //循环 IP 字符串
15       int ipf=Integer.parseInt(s);
16     if(ipf>255||ipf<0) {                                //判断 IP 合法性
17     Toast.makeText (                                    //界面弹出 Toast 显示信息
18     SanGuoActivity.this,
19          "服务器 IP 地址不合法",                          //提示信息
20          Toast.LENGTH_SHORT).show();                    //显示时间长短
21        return; }                                        //显示提示信息对话
22     }catch(Exception e){
23       Toast.makeText (                                  //界面弹出 Toast 显示信息
24          SanGuoActivity.this,
25          "服务器 IP 地址不合法!",                         //提示信息
26          Toast.LENGTH_SHORT).show();                    //显示时间长短
27     return; }                                           //显示提示信息对话框
28        finally{
29        blj.setClickable(true); }                        //出错后解锁按钮
30      } try{                                             //捕获异常
31       int port=Integer.parseInt(portStr);               //转换整数
32       if(port>65535||port<0) {                          //判断端口号是否合法
```

```
33              Toast.makeText (                         //界面弹出 Toast 显示信息
34                  SanGuoActivity.this,
35                  "服务器端口号不合法!",                    //提示信息
36                  Toast.LENGTH_SHORT).show();          //显示时间长短
37              return; }                                //显示提示信息对话框
38          }catch(Exception e){
39              Toast.makeText (                         //界面弹出 Toast 显示信息
40                  SanGuoActivity.this,
41                  "服务器端口号不合法!",                    //提示信息
42                  Toast.LENGTH_SHORT).show();          //显示时间长短
43              return;       }                          //显示提示信息对话框
44          finally{
45              blj.setClickable(true); }                //出错后解锁按钮
46      final int port=Integer.parseInt(portStr);        //端口号转换整数
47      new Thread(){
48      @Override
49      public void run(){
50          try{//验证过关后启动代理的客户端线程
51              Socket sc=new Socket(ipStr,port);        //创建 socket 对象
52              DataInputStream din=new DataInputStream(sc.getInputStream());
53              DataOutputStream dout=new DataOutputStream(sc.getOutputStream());
54              ca=new ClientAgent(SanGuoActivity.this,sc,din,dout);
55              ca.start();
56          }catch(Exception e){
57              hd.sendEmptyMessage(9);
58              e.printStackTrace();
59              return;
60      }}}.start();
61      }
```

- 第 3~6 行表示 IP 文本框和端口号文本框的初始化,并截取字符串取出两个文本框内容,以方便后续进行判断和操作使用。
- 第 8~30 行是对 IP 地址合法性的判断,一是必须满足字符串的个数,二是每个字符串有其固定的长度范围。一旦判断结果为错误,就会弹出 Toast 提示用户重新输入 IP 和端口号。
- 第 31~43 行是对端口号的判断,要求范围为 0~65535。如果超出范围,就会提示用户"服务器端口号不合法"。
- 第 47~60 行是初始化并启动客户端代理线程。通过启动该线程,可以使客户端和服务器进行高效的信息传递。

13.5 辅助界面相关类的实现

接下来将要对辅助界面相关类进行介绍,包括欢迎界面类和主菜单界面类两部分。

13.5.1 欢迎界面类

(1) 首先介绍的是欢迎界面 WelcomeView 类。该类是本游戏的第一个界面。该界面采用了更改透明度以达到动态显示效果的技术,详细代码如下。

代码位置:见随书源代码\第 13 章\sanguo\src\com\bn\sanguo 目录下的 WelcomeView.java。

```
1   package com.bn.sanguo;                               //声明包名
2   import android.view.SurfaceView;                     //引入相关类
3   ……//这部分省略了部分类的引入代码,读者可自行查看随书的源代码
4   public class WelcomeView extends SurfaceView implements SurfaceHolder.Callback{
5       SanGuoActivity activity;
6       Paint paint;                                     //画笔
7       int currentAlpha=0;                              //当前的不透明值
8       int screenWidth=480;                             //屏幕宽度
9       int screenHeight=320;                            //屏幕高度
10      int sleepSpan=50;                                //动画的时延 ms
11      Bitmap[] logos=new Bitmap[2];                    //logo 图片数组
```

```
12    Bitmap currentLogo;                                //当前logo图片引用
13    int currentX;                                      //图片x坐标
14    int currentY;                                      //图片y坐标
15    public WelcomeView(SanGuoActivity activity) {
16    ……//这部分省略该构造器代码,将在后面详细给出 }
17    public void onDraw(Canvas canvas){                  //绘制黑填充矩形,清除背景
18    ……//这部分省略绘制方法代码,将在后面详细给出 }
19    public void surfaceChanged(SurfaceHolder arg0, int arg1, int arg2, int arg3) {
20    }
21    public void surfaceCreated(SurfaceHolder holder) {//创建时被调用
22    ……//这部分省略创建方法代码,将在后面详细给出 }
23        public void surfaceDestroyed(SurfaceHolder arg0) {  //销毁时被调用
24 }}
```

- 第 7~14 行为对该类成员变量的声明,其中包括屏幕高度和宽度、动画时延时间、界面图片的引用和欢迎界面图片的 x、y 坐标等。
- 第 17~19 行为绘制界面方法。首先设置矩形黑色背景,然后进行平面贴图。贴图分为两张,按先后顺序显示,都采用了动画效果,具体代码将在后面详细介绍。
- 第 21、22 行为开启一个新的线程,在线程里改变透明度的值,并且随时重新绘制。

(2)下面介绍上述欢迎界面类 WelcomeView 中省略的构造器代码,这部分代码通过调用 BitmapFactory 方法加载了欢迎界面的两幅素材图。将下列代码插入到上述代码的 16 行。

代码位置:见随书源代码\第 13 章\sanguo\src\com\bn\sanguo 目录下的 WelcomeView.java。

```
1    super(activity);                                    //调用父类
2    this.activity = activity;
3    this.getHolder().addCallback(this);                 //设置生命周期回调接口的实现者
4    paint = new Paint();                                //创建画笔
5    paint.setAntiAlias(true);                           //打开抗锯齿
6    logos[0]=BitmapFactory.decodeResource(activity.getResources(),
7                 R.drawable.dukea);
8    logos[1]=BitmapFactory.decodeResourc(activity.getResources(),
9                 R.drawable.dukeb);                     //加载图片
```

- 第 1~5 行为设置生命周期回调接口,同时创建画笔。而抗锯齿方法可以使绘制的图片更加圆滑,赋有美感。
- 第 6~9 行为通过调用 BitmapFactory 方法加载欢迎界面两幅素材图片。

(3)下面介绍上述欢迎界面类 WelcomeView 中省略的绘制方法 onDraw 的详细代码,这部分将主要的介绍如何进行正确贴图。将下列代码插入到上述代码的第 18 行。

代码位置:见随书源代码\第 13 章\sanguo\src\com\bn\sanguo 目录下的 WelcomeView.java。

```
1    paint.setColor(Color.BLACK);                        //设置画笔颜色
2    paint.setAlpha(255);                                //设置透明度
3    canvas.drawRect(0, 0, screenWidth, screenHeight, paint);//进行平面贴图
4    if(currentLogo==null)return;
5    paint.setAlpha(currentAlpha);
6    ScreenScaleResult ssr=SanGuoActivity.ssr;
7    canvas.save();
8    canvas.translate(ssr.lucX,ssr.lucY);
9    canvas.scale(ssr.ratio, ssr.ratio);
10   canvas.drawBitmap(currentLogo, currentX, currentY, paint);
11   canvas.restore();
```

> **说明** 上述代码为绘制界面的方法,主要介绍了正确的贴图步骤。首先设置画笔颜色为黑色,设置透明度,然后进行平面贴图。

(4)下面介绍上述欢迎界面类 WelcomeView 中省略的 surfaceCreated 方法的代码。该方法将开启一个线程随时改变透明度的值并重新绘制,以达到动态显示界面的效果。将下列代码插入到欢迎界面类 WelcomeView 代码的第 22 行。

代码位置：见随书源代码\第13章\sanguo\src\com\bn\sanguo 目录下的 WelcomeView.java。

```
1    new Thread(){
2      public void run(){
3        for(Bitmap bm:logos){
4          currentLogo=bm;
5          currentX=screenWidth/2-bm.getWidth()/2;      //计算图片位置
6          currentY=screenHeight/2-bm.getHeight()/2;    //计算图片位置
7          for(int i=255;i>-10;i=i-10){                 //动态更改图片的透明度值
8            currentAlpha=i;                            //设置透明度
9            if(currentAlpha<0){
10             currentAlpha=0; }
11         SurfaceHolder myholder=WelcomeView.this.getHolder();
12         Canvas canvas = myholder.lockCanvas();       //获取画布
13         try{
14           synchronized(myholder){
15             onDraw(canvas);                          //绘制
16           }catch(Exception e){
17             e.printStackTrace();}                    //打印信息
18         finally{
19           if(canvas != null){                        //canvas 不为空时
20             myholder.unlockCanvasAndPost(canvas);} } //画布解锁
21         try{
22           if(i==255){                                //若是新图片,多等待一会
23             Thread.sleep(1000); }                    //线程休眠时间
24           Thread.sleep(sleepSpan);
25         }catch(Exception e){
26             e.printStackTrace();                     //打印信息
27       }}}
28         activity.hd.sendEmptyMessage(8);}            //发送消息跳转界面
29     }.start();                                       //线程开启
```

- 第1~29行为开启一个新的线程。在线程里面改变透明度的值，并随时根据更改的透明度进行重新绘制，以达到动态显示界面的效果。

- 第5~10行为计算该类绘制界面图片的位置，并更改图片的透明度值，也要判断透明度值是否小于零，如果小于零，则设置为零。

- 第13~29行为捕获异常，为避免部分代码出现异常，需要及时捕获并打印异常信息。

13.5.2 主菜单界面类

下面开始对辅助界面相关类中的主菜单界面类 MainMenuView 进行介绍。

（1）主菜单界面分为4个菜单项，即开始按钮、帮助按钮、关于按钮和退出按钮。4个按钮分别执行不同功能，跳转到不同界面。按钮开发的详细代码如下。

代码位置：见随书源代码\第13章\sanguo\src\com\bn\sanguo 目录下的 MainMenuView.java。

```
1    package com.bn.sanguo;                             //声明包名
2    import android.view.SurfaceHolder;                 //引入相关包
3    ……//这部分省略了部分类的引入代码,读者可自行查看随书的源代码
4    public class MainMenuView extends SurfaceView implements SurfaceHolder.Callback{
5      SanGuoActivity activity;                         //主控制类
6      Paint paint;                                     //创建画笔引用
7      Bitmap bitmapStart;                              //开始图片
8      Bitmap bitmapHelp;                               //帮助图片
9      Bitmap bitmapAbout;                              //关于图片
10     Bitmap bitmapBack;                               //背景图片
11     Bitmap bitmapOut;                                //退出图片
12     public MainMenuView(SanGuoActivity activity) {
13       Super(activity);                               //调用父类
14           this.activity=activity;
15       this.getHolder().addCallback(this);            //设置回调方法
16           paint=new Paint();                         //创建新画笔
17       paint.setAntiAlias(true);                      //打开抗锯齿
18       initBitmap();}                                 //加载图片资源方法的调用
```

13.5 辅助界面相关类的实现

```
19      public void initBitmap(){                              //加载图片资源方法
20      ……//该处省略了加载图片的方法代码,将在后面给出}
21      public void onDraw(Canvas canvas){                    //绘制方法
22      ……//该处省略了绘制方法代码,将在后面给出}
23      public boolean onTouchEvent(MotionEvent e){           //发生触摸事件
24      ……//该处省略了触摸事件方法的代码,将在后面给出}
25  public void surfaceChanged(SurfaceHolder holder, int format, int width,int height)
26  {    }                                                     //重写方法
27  public void surfaceCreated(SurfaceHolder holder){          //调用刷帧方法
28  this.repaint();}
29  public void surfaceDestroyed(SurfaceHolder holder){    }//销毁时调用此方法
30  public void repaint(){                                     //刷帧方法
31  SurfaceHolder holder=this.getHolder();
32  Canvas canvas=holder.lockCanvas();                         //锁定整个画布
33  try{
34      synchronized(holder){                                  //给这个方法加锁
35          onDraw(canvas); }
36  }catch(Exception e){
37      e.printStackTrace();                                   //打印堆栈信息
38  }finally{                                                  //最后一定执行
39      if(canvas!=null){                                      //释放画布
40          holder.unlockCanvasAndPost(canvas); }}}}
```

- 第 7~11 行是对该类中所用到的图片资源的声明,其中包括开始、关于、帮助和退出 4 个按钮的图片资源的声明以及主界面背景图片的声明。
- 第 19~20 行是该类图片加载的方法。在此方法中初始化所用到的 4 个按钮图片资源和一幅背景图资源,其加载过程的详细代码将在后面介绍。
- 第 30~40 行是对主菜单界面的重绘方法。锁定整个画布,进行绘制,详细内容请读者见注释部分。

(2)下面介绍上述主菜单界面类 MainMenuView 中省略的加载按钮图片和背景图片的代码,希望大家认真学习这部分用到的加载图片的方法。将下列代码插入到上述代码的第 20 行。

📎 **代码位置**:见随书源代码\第 13 章\sanguo\src\com\bn\sanguo 目录下的 MainMenuView.java。

```
1   bitmapStart=BitmapFactory.decodeResource(              //加载开始按钮的图片
2       getResources(),R.drawable.start);
3   bitmapHelp=BitmapFactory.decodeResource(               //加载帮助按钮的图片
4       getResources(), R.drawable.help);
5   bitmapAbout=BitmapFactory.decodeResource(              //加载关于按钮的图片
6       getResources(), R.drawable.about);
7   bitmapOut=BitmapFactory.decodeResource(                //加载退出按钮的图片
8       getResources(), R.drawable.out);
9   bitmapBack=BitmapFactory.decodeResource(               //加载背景的图片
10      getResources(), R.drawable.back);
```

> **说明** 上述代码表示加载主菜单中开始、帮助、关于和退出 4 个按钮图片素材,以及背景图片素材。只有先通过调用 BitmapFactory 方法加载才可以对其进行绘制。

(3)下面介绍上述主菜单界面类 MainMenuView 中省略的绘制方法 onDraw 的代码。在该方法中绘制了背景和按钮图片,将下列代码插入到上述代码的 22 行。

📎 **代码位置**:见随书源代码\第 13 章\sanguo\src\com\bn\sanguo 目录下的 MainMenuView.java。

```
1   ScreenScaleResult ssr=SanGuoActivity.ssr;
2   canvas.save();
3   canvas.translate(ssr.lucX,ssr.lucY);                   //绘制图转换横纵坐标
4   canvas.scale(ssr.ratio, ssr.ratio);
5   canvas.drawBitmap(bitmapBack,                          //绘制背景图片
6       BACK_XOFFSET,BACK_YOFFSET, paint);
7   canvas.drawBitmap(bitmapStart,                         //绘制开始按钮
8       BUTTON_START_XOFFSET, BUTTON_START_YOFFSET, null);
9   canvas.drawBitmap(bitmapHelp,                          //绘制帮助按钮
```

```
10          BUTTON_HELP_XOFFSET, BUTTON_HELP_YOFFSET, null);
11     canvas.drawBitmap(bitmapAbout,                                //绘制关于按钮
12          BUTTON_ABOUT_XOFFSET, BUTTON_ABOUT_YOFFSET, null);
13     canvas.drawBitmap(bitmapOut,                                  //绘制退出按钮
14          BUTTON_OUT_XOFFSET, BUTTON_OUT_YOFFSET, null);
15     canvas.restore();
```

- 第 1~15 行代码是对该类所用到的图片的绘制，其中有背景图片和开始、关于、退出、帮助 4 幅按钮图片。

- 第 5、6 行为绘制背景图片的代码，这部分的绘制起点为两个固定的 *x*、*y* 坐标，通过常量类 Constant 进行初始化定义。

- 第 7~14 行即为绘制 4 个按钮的具体代码。其中用到的绘制位置都是常量类里定义的常量。

（4）下面介绍主菜单界面类 MainMenuView 中省略的触摸事件 onTouchEvent 方法的代码，将下列代码插入到上述代码的第 24 行。

代码位置：见随书源代码\第 13 章\sanguo\src\com\bn\sanguo 目录下的 MainMenuView.java。

```
1      int x=(int) (e.getX());                                    //获取单击 x 坐标
2      int y=(int) (e.getY());                                    //获取单击 y 坐标
3      ScreenScaleResult ssr=SanGuoActivity.ssr;
4      int[] ca=ScreenScaleUtil.touchFromTargetToOrigin(x, y, ssr);
5      x=ca[0];
6      y=ca[1];
7      switch(e.getAction()){                                      //选择分支
8        case MotionEvent.ACTION_DOWN:
9         if(x>BUTTON_START_XOFFSET&&                              //对开始按钮的监听
10           x<BUTTON_START_WIDTH+BUTTON_START_XOFFSET              //单击在开始按钮范围内
11           &&y>BUTTON_START_YOFFSET&&
12           y<BUTTON_START_YOFFSET+BUTTON_START_HEIGHT){
13             activity.playSound(2, 0);                           //播放按钮声音
14             activity.gotoIpView();}                             //跳转到网络连接界面
15        if(x>BUTTON_HELP_XOFFSET&&                               //对帮助按钮的监听
16           x<BUTTON_HELP_XOFFSET+BUTTON_HELP_WIDTH               //单击在帮助按钮范围内
17           &&y>BUTTON_HELP_YOFFSET&&
18           y<BUTTON_HELP_YOFFSET+BUTTON_HELP_HEIGHT){
19             activity.playSound(2, 0);                           //播放按钮声音
20             activity.hd.sendEmptyMessage(6); }                  //发送跳转界面消息
21        if(x>BUTTON_ABOUT_XOFFSET&&                              //对关于按钮的监听
22           x<BUTTON_ABOUT_XOFFSET+BUTTON_ABOUT_WIDTH             //单击在关于按钮范围内
23           &&y>BUTTON_ABOUT_YOFFSET&&
24           y<BUTTON_ABOUT_YOFFSET+BUTTON_ABOUT_HEIGHT){
25             activity.playSound(2, 0);                           //播放按钮声音
26             activity.hd.sendEmptyMessage(7); }                  //发送跳转界面信息
27        if(x>BUTTON_OUT_XOFFSET&&                                //对退出按钮的监听
28           x<BUTTON_OUT_XOFFSET+BUTTON_OUT_WIDTH                 //单击在退出按钮范围内
29           &&y>BUTTON_OUT_YOFFSET&&
30           y<BUTTON_OUT_YOFFSET+BUTTON_OUT_HEIGHT){
31             activity.playSound(2, 0);                           //播放按钮声音
32             System.exit(0); }                                   //退出
33        break; }return true;
```

- 第 1~6 行为获取用户单击手机屏幕时的 *x*、*y* 坐标，方便后续判断是哪个按钮，从而使得客户端进行相应操作。

- 第 9~26 行为当用户选择开始、帮助和关于 3 个按钮的时候，播放音效的同时发送跳转界面的 msg，然后游戏界面就会进行相应的跳转。

- 第 27~33 行表示单击了退出游戏按钮，播放音效的同时，游戏如何实现退出功能，并且跳出该选择选择分支。

13.6 游戏界面相关类的实现

从本节开始将进入游戏开发中最重要的部分，即游戏界面的开发。本节需要分步进行讲解，首

13.6 游戏界面相关类的实现

先要对游戏界面框架进行初步介绍，然后再通过对相关类的学习，逐步完成整个游戏界面的开发。

13.6.1 游戏界面框架

游戏界面为本节的重点，本节将分步进行详细介绍。游戏界面相关类关系复杂，使用框架图可以使读者更容易加深理解。然而只理解框架是纸上谈兵，不切实际，在后面将介绍游戏界面相关类的详细代码。下面开始对游戏界面相关类的框架进行介绍，如图 13-18 所示。

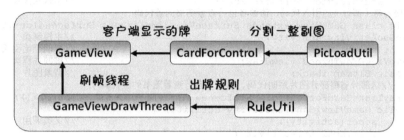

▲图 13-18　游戏界面的框架

上述游戏界面的框架介绍了每个类的相互关系。这个框架由 5 个类构成，每个类都服务于 GameView 类，下面分别介绍其具体的功能。

（1）首先初始化 GameView，调用 GameViewDrawThread 刷帧线程类不断地刷帧绘制界面。

（2）在初始化 GameView 的同时调用 PicLoadUtil 分割总牌图得到所有牌的数组，然后会通过 CardForControl 牌的控制类绘制出每个客户端的牌。

（3）当玩家选中牌，单击"确定"按钮时，调用 RuleUtil 规则类判断此牌是否可以打出，如果不合规则，将会提示相应错误的信息。

介绍 GameView 游戏界面框架代码之前，同样需要做好准备工作，下面为常量类的两个方法，其与游戏界面类有着密切的关系，详细代码如下。

> 代码位置：见随书源代码\第 13 章\sanguo\src\com\bn\sanguo 目录下的 Constant.java。

```
1   public static int[][] MAP_CARDS={              //代表每张卡牌的索引值
2     {1,2,3,4,5,6},
3     {7,8,9,10,11,12},                            //牌图分为 9 行 6 列
4     {13,14,15,16,17,18},
5     {19,20,21,22,23,24},
6     {25,26,27,28,29,30},
7     {31,32,33,34,35,36},
8     {37,38,39,40,41,42},
9     {43,44,45,46,47,48},
10    {49,50,51,52,53,54}
11  };
12    public static int[] fromNumToAB(int num){    //生成对应图标的 x、y 坐标
13      int[] result=new int[2];                   //创建数组
14      outer:for(int i=0;i<MAP_CARDS.length;i++){ //代表标志的循环
15        for(int j=0;j<MAP_CARDS[0].length;j++){  //里层的 for 循环
16          if(MAP_CARDS[i][j]==num){              //判断 num 与索引中哪个相等
17            result[0]=i;
18            result[1]=j;
19            break outer;                         //返回 for 前的 out 位置
20    }}}
21    return result; }                             //返回 result
```

- 第 2～10 行为卡牌的索引值，每张卡牌都有自己固定的索引值，这样方便后续对其判定操作。
- 第 12～21 行为根据牌的索引值，计算该牌对应的坐标值。通过循环操作，可以为固定位置上的卡牌确定一个二维数组的坐标值。

接下来，将要对游戏界面 GameView 类的开发代码进行具体介绍，这部分是游戏界面最重要的部分，详细代码如下。

（1）首先要介绍的是游戏界面 GameView 框架。该框架对读者进行后续学习有铺垫作用，同时，对该游戏的呈现和运行起到重要作用，详细代码如下。

代码位置：见随书源代码\第 13 章\sanguo\src\com\bn\sanguo 目录下的 GameView.java。

```java
1   package com.bn.sanguo;                                             //声明包名
2   import android.view.SurfaceHolder;                                 //引入相关包
3   //该处省略了部分类的引入代码，请读者自行查看随书的源代码
4   public class GameView extends SurfaceView implements SurfaceHolder.Callback{
5       SanGuoActivity activity;                                        //主控制类
6       Paint paint;                                                    //声明画笔引用
7       GameViewDrawThread viewdraw;                                    //刷帧线程类
8       static Bitmap iback;                                            //背景图片
9       ……//这部分省略部分图片声明代码，读者可自行查看随书的源代码
10      ArrayList<CardForControl> alcfc=new ArrayList<CardForControl>();
11      public GameView(SanGuoActivity activity) {
12          super(activity);                                            //父类调用
13          this.activity=activity;
14          this.getHolder().addCallback(this);
15          paint=new Paint();                                          //创建新画笔
16          paint.setAntiAlias(true);        }
17      public static void initBitmap(Resources r) {                    //加载图片方法
18          ……//该处省略图片资源初始化方法，读者可自行查看随书源代码}
19      public static void initCards(Resources r){                      //分割牌图的方法
20          Bitmap srcPic=PicLoadUtil.LoadBitmap(r,R.drawable.cards);
21          cards=PicLoadUtil.splitPic(6, 9, srcPic, CARD_WIDTH, CARD_HEIGHT); }
22      public boolean onTouchEvent(MotionEvent e) {                    //触摸事件
23          ……//该处省略该类的触摸事件,将在后面的步骤中给出}
24      public void initCardsForControl(String cardListStr){            //牌的控制方法
25          ……//该处省略牌的控制对象方法,将在后面的步骤中给出}
26      public void onDraw(Canvas canvas){                              //主绘制方法
27          ……//该处省略了绘制界面的方法,将在后面的步骤中给出}
28      public void surfaceChanged(SurfaceHolder holder,
29          int format, int width, int height){}
30      public void surfaceCreated(SurfaceHolder holder){
31          initCardsForControl(SanGuoActivity.cardListStr);            //调用控制牌对象的方法
32          if(viewdraw==null) {
33              viewdraw=new GameViewDrawThread(this);
34              viewdraw.flag=true;
35              viewdraw.start();}}                                     //开启刷帧线程
36      public void surfaceDestroyed(SurfaceHolder holder){             //重写销毁方法
37          boolean reatry=true;                                        //设定 reatry 为 true
38          viewdraw.flag=false;
39          while(reatry){                                              //当 reatry 为 true 时
40              try{
41                  viewdraw.join();                                    //此线程等待
42                  reatry=false;                                       //改变 reatry 为 false
43              }catch(InterruptedException e){                         //捕获异常
44                  e.printStackTrace();}}}
45      public void repaint(){                                          //重绘方法
46          SurfaceHolder surfaceholder=this.getHolder();
47          Canvas canvas=surfaceholder.lockCanvas();                   //锁定画布
48          try{
49              synchronized(surfaceholder){
50                  onDraw(canvas); }}                                  //调用 onDraw 方法
51          catch(Exception e){
52              e.printStackTrace();      }                             //打印信息
53          finally{
54              if(canvas!=null){
55                  surfaceholder.unlockCanvasAndPost(canvas); }}} //画布解锁
```

- 第 8、9 行是该类用到的所有图片资源的声明，包括背景图、卡牌图、身份图标、人物头像、各种按钮图、各种装备文字图以及血点图等。
- 第 17、18 行是该类的图片加载方法。在此方法中初始化所用到的图片资源，其中包括背景

13.6 游戏界面相关类的实现

图、卡牌背景图、若干按钮图片、身份图片、血点图片、提示自己和别人出牌的图片，以及 3 个玩家的身份图和装备图。这些图片是通过调用 BitmapFactory 方法加载的，前面已经详细介绍过。

- 第 19～20 行是该类调用 initCards 方法分割总牌图为单张牌。由于总牌图是卡牌旋转 90 度构成，方法中需要进行详尽的切割。
- 第 45～55 行为该类的重新绘制界面的方法，此方法同时被刷帧线程类调用。

（2）接下来介绍的是该类触摸事件 onTouchEvent 方法的代码，此方法为该类重点，直接关系到用户的切身体验，将下列代码插入到 GameView 类的第 23 行。

📝 **代码位置**：见随书源代码\第 13 章\sanguo\src\com\bn\sanguo 目录下的 GameView.java。

```
1      int x=(int)(e.getX());                                    //触控点 x 坐标
2      int y=(int)(e.getY());                                    //触控点 y 坐标
3      ScreenScaleResult ssr=SanGuoActivity.ssr;
4      int[] ca=ScreenScaleUtil.touchFromTargetToOrigin(x, y, ssr);
5      x=ca[0];
6      y=ca[1];
7      int one=activity.ca.oneMoodNum;                           //1 号玩家血点
8      int two=activity.ca.twoMoodNum;                           //2 号玩家血点
9      int three=activity.ca.threeMoodNum;                       //3 号玩家血点
10     int far;                                                  //初始化玩家距离
11     if((activity.ca.selfNum-1)<=0){                           //如果是 1 号玩家
12         far=activity.ca.onefartwo;                            //距离即为 1 号和 2 号距离
13     }else if((activity.ca.selfNum+1)>3){                      //如果是 3 号玩家
14         far=activity.ca.threefarone;                          //距离即为 3 号和 1 号距离
15     }else{far=activity.ca.twofarthree; }                      //2 号玩家距离即为 2 号和 3 号距离
16         switch(e.getAction())       {
17            case MotionEvent.ACTION_DOWN:
18     if(x>CARD_SMALL_XOFFSET&&x<CARD_BIG_XOFFSET
19        &&y>DOWN_Y-MOVE_YOFFSET&&y<CARD_LEFT_YOFFSET&&activity.ca.perFlag){
20         int size=alcfc.size();                                //设置 size 大小
21         for(int i=size-1;i>=0;i--){
22            CardForControl cfcTemp=alcfc.get(i);               //得到在单击范围内的牌的引用
23               if(cfcTemp.isIn(x, y)){                         //判断是哪张牌并向上移动
24                  break; } } }                                 //跳出该 if 语句
25     if(x>LEFT_RETURN_XOFFSET&&x<LEFT_RETURN_XOFFSET+BUTTON_RETURN_WIDTH
26        &&y>LEFT_RETURN_YOFFSET&&y<LEFT_RETURN_YOFFSET+BUTTON_RETURN_HEIGHT){
27        try{                                                   //单击返回按钮
28        activity.playSound(2, 0);                              //播放声音
29        activity.ca.dout.writeUTF("<#EXIT#>");                 //输出<#EXIT#>信息
30        }catch (IOException e1) {                              //捕获异常
31        e1.printStackTrace();}}                                //打印错误信息
32     if(x>RIGHT_FCARD_XOFFSET&&x<RIGHT_FCARD_XOFFSET+BUTTON_FCARD_WIDTH
33        &&y>RIGHT_FCARD_YOFFSET&&y<RIGHT_FCARD_YOFFSET+BUTTON_RETURN_HEIGHT)
34        {……//此处省略 "确定" 出牌按钮的方法，将在后面给出}
35     if(x>RIGHT_GIVEUP_XOFFSET&&x<RIGHT_GIVEUP_XOFFSET+BUTTON_GIVEUP_WIDTH
36        &&y>RIGHT_GIVEUP_YOFFSET&&y<RIGHT_GIVEUP_YOFFSET+BUTTON_GIVEUP_HEIGHT) {
37        {……//此处省略 "取消" 放弃出牌按钮的方法，将在后面给出}
38        return true; }
```

- 第 1～10 行为触摸屏幕时，获得的触摸点的 x 坐标和 y 坐标，同时为 3 家血点赋值，方便后面代码中使用。
- 第 11～15 行是根据当前玩家编号，通过服务器和客户端的发送接收数据，以得到 3 个玩家之间的不同的距离，以便后续进行操作使用。
- 第 16～24 行是单击某张牌时的处理代码。若卡牌对象的标志位为 true 时，则卡牌绘制时会向 y 轴正方向移动一定距离。
- 第 25～31 行为返回按钮代码，单击该按钮，会退出游戏。同时，其他客户端程序界面会显示有玩家中途退出界面。
- 第 32～37 行省略了该处开发的两个按钮的代码。包括确认出牌按钮，放弃出牌按钮，将在后面给出，请读者详细学习。

（3）接下来介绍的是触摸事件 onTouchEvent 方法中省略的"确定"出牌按钮的代码。该部分的开发关系到游戏进行中最重要的动作——出牌。将下列代码插入到触摸事件 onTouchEvent 方法代码的第 34 行。

代码位置：见随书源代码\第 13 章\sanguo\src\com\bn\sanguo 目录下的 GameView.java。

```
1    if(activity.ca.perFlag) {
2        String lastCards=activity.ca.lastCards;              //上一个玩家出的牌
3        String currCards="";
4        ArrayList<CardForControl> currSelected=new ArrayList<CardForControl>();
5        for(CardForControl cfc:alcfc) {
6            if(cfc.flag){
7                currSelected.add(cfc); }}          //遍历手中的单击到的牌,并且将牌号存入 String 中
8        for(CardForControl cfc:currSelected){
9            currCards+=","+cfc.num; }
10       if(currCards.length()>0){                             //若有出牌,去掉前导逗号
11           currCards=currCards.substring(1);}
12       int Card=Integer.parseInt(currCards);                 //整数化当前牌值
13       if(Card>=0&&Card<=15){                                //如果出牌为装备牌
14           try {                                              //要更改玩家距离
15               activity.ca.dout.writeUTF("<#FAR#>"+Card+","+far);
16           } catch (IOException e2) {                         //捕获异常
17               e2.printStackTrace();}}
18       if(activity.ca.selfNum==activity.ca.lastNum){
19       ……//此处省略若别人不要又轮到自己出牌的代码,在后面步骤中给出
20       } else {                                               //若不是自己则按照规则出牌
21           try {if(RuleUtil.rule(lastCards, currCards,far)){  //检查牌是否合规则
22               try {                                          //发送<#PLAY#>消息
23                   activity.ca.dout.writeUTF("<#PLAY#>"+currCards);
24                   activity.ca.perFlag=false;                 //设定标志位为 false
25                   activity.playSound(1,0);                   //播放声音
26                   int n;
27           if(lastCards!=null&currCards!=null) {
28           ……//此处省略上家下家出牌都不为空的代码,在后面步骤中给出
29           }else {
30           ……//此处省略上家下家出牌不都为空的代码,在后面步骤中给出
31           } } catch (IOException e1) {                       //捕获异常
32               e1.printStackTrace();}
33       }else{                                                 //否则弹出 Toast 对话框
34       Toast.makeText(activity,"不合规则,不允许出牌!",Toast.LENGTH_SHORT).show();
35           }} catch (IOException e1) {                        //捕获异常
36               e1.printStackTrace();    }}}
```

● 第 2、3 行为获取上家出的牌，转换成字符串，设定当前玩家出牌为空，同时顶一个 ArrayList，方便存储当前玩家选定的牌。

● 第 8~17 行遍历手中的单击到的牌，并且将牌号存入 String 中。同时根据装备牌发消息给服务器，更改玩家距离。

● 第 18、19 行行为上家放弃出牌机会的出牌方法，篇幅有限，这里不再赘述，将在后面进行详尽介绍。

● 第 20~36 行为正常出牌过程中的出牌方法。这其中包括两种，一种是上家下家出牌都不为空，一种是本家出牌可能为空的情况。

（4）接下来介绍的是"确定"出牌按钮的代码中省略的其他玩家放弃牌权后自己出牌的情况，将下列代码插入到上述确定出牌代码的第 19 行。

代码位置：见随书源代码\第 13 章\sanguo\src\com\bn\sanguo 目录下的 GameView.java。

```
1    if(RuleUtil.ruleSelf(currCards,far)) {                    //判断牌是否合法
2        try {
3            activity.ca.dout.writeUTF("<#PLAY#>"+currCards);
4            activity.ca.perFlag=false;
5            activity.playSound(1, 0);                          //播放声音
6            int currCard=Integer.parseInt(currCards);
```

13.6 游戏界面相关类的实现

```
7        if(currCard>=25&currCard<=28){                      //如果使用桃
8        activity.ca.dout.writeUTF("<#PLUSMOOD#><#TAO#>"+    //为该玩家加一滴血
9                            one+","+two+","+three);}
10          if(currCard>=16&currCard<=21) {                  //如果使用攻击锦囊牌
11            activity.ca.dout.writeUTF("<#PLUSMOOD#><#PLUS#>"+
12                            one+","+two+","+three);}      //为玩家减血
13       if(currCard>=22&currCard<=24) {                     //如果使用桃园结义锦囊
14                activity.ca.dout.writeUTF("<#PLUSMOOD#><#ALLADD#>"+
15                            one+","+two+","+three); }
16       for(CardForControl cfc:currSelected) {              //将发的牌从 ArrayList 中移除
17           alcfc.remove(cfc); }
18            for(int i=0;i<alcfc.size();i++){              //玩家手中还有的牌的 X 位移量
19              alcfc.get(i).xOffset=DOWN_X+MOVE_SIZE*i; }
20       activity.ca.dout.writeUTF("<#COUNT#>"+alcfc.size()
21                                  +","+activity.ca.selfNum);
22       } catch (IOException e1) {
23            e1.printStackTrace();}
24  }else {                                                  //否则弹出 Toast 对话框
25   Toast.makeText(activity,"不合规则, 不允许出牌! ",Toast.LENGTH_SHORT).show();
26  }
```

- 第 1~26 行为用户单击 "确定" 出牌按钮的代码中的一种情况，其他玩家放弃牌权后自己出牌的代码。
- 第 3~6 行为客户端发送以<#PLAY#>开头的消息，并且播放音效，同时将要出的牌整型化，方便后续使用。
- 第 7~15 行为根据玩家出的牌，进行相应的操作。如果使用桃，则发送以<#PLUSMOOD#><#TAO#>开头的信息，判断是否为该玩家加一滴血；如果使用攻击锦囊牌，则发送以<#PLUSMOOD#><#PLUS#>开头的信息，判断是否为该玩家减一滴血；如果使用桃园结义锦囊，发送以<#PLUSMOOD#><#ALLADD#>开头的信息，为其他两个玩家加一滴血。
- 第 16~25 行为从自己的牌中移除所出的牌。如果不合规则，就会显示 Toast 信息，提示玩家出牌不合规则。

（5）接下来介绍的是 "确定" 出牌按钮代码中省略的上家下家出牌都不为空的情况，将下列代码插入到上述确定出牌代码的第 28 行。

📝 代码位置：见随书源代码\第 13 章\sanguo\src\com\bn\sanguo 目录下的 GameView.java。

```
1  int lastCard=Integer.parseInt(lastCards);               //将上家牌整型化
2  int currCard=Integer.parseInt(currCards);               //把本家牌整型化
3  if(lastCard>=33&lastCard<=54) {                         //如果上家为杀
4     if(currCard>=29&currCard<=32) {                      //本家出闪则可以避免掉血
5     n=0;}else{                                           //否则发送信息
6     activity.ca.dout.writeUTF("<#PLUSMOOD#>"+one+","+two+","+three);
7     }}
8      if(currCard>=16&currCard<=21) {                     //如果是攻击锦囊牌
9      activity.ca.dout.writeUTF("<#PLUSMOOD#><#PLUS#>"+one+","+two+","+three);
10     }                                                   //发送信息
11     if(currCard>=22&currCard<=24) {                     //如果使用桃园结义锦囊
12     activity.ca.dout.writeUTF("<#PLUSMOOD#><#ALLADD#>"+one+","+two+","+three);
13     }
14     if(currCard>=25&currCard<=28) {                     // 如果使用桃
15         activity.ca.dout.writeUTF("<#PLUSMOOD#><#TAO#>"+one+","+two+","+three);
16     }                                                   //检查玩家血点并加血
17     for(CardForControl cfc:currSelected) {  //将发的牌从存牌的 ArrayList 中移除
18         alcfc.remove(cfc); }
19  for(int i=0;i<alcfc.size();i++) {                      //玩家手中还有的牌的 X 位移量
20         alcfc.get(i).xOffset=DOWN_X+MOVE_SIZE*i; }
21  activity.ca.dout.writeUTF("<#COUNT#>"+alcfc.size()+","+activity.ca.selfNum);
```

- 第 1、2 行为整型化上家所出的牌和本家所出的牌的索引值，方便后续使用。
- 第 3~7 行为判断如果上家出杀，则本家该如何处理的代码。如果本家出闪，则可以躲避杀的攻击，否则就要通过客户端服务器的交互，使玩家掉一滴血。

- 第8～10行为当玩家出牌为攻击型锦囊牌的时候；要使除了本家外的其他两家都各自掉一滴血。
- 第11～13行为当玩家出牌为桃园结义锦囊牌的时候，就要为3个玩家同时加一滴血。
- 第14～16行为当玩家出牌为桃的时候，要向服务器发送消息，检查是否为玩家加一滴血。
- 第17～21行为将发的牌从存牌的ArrayList中移除，同时将用到的牌的x轴位移量，会使玩家出牌后，剩余的牌进行定向移动，这样能保证游戏界面的美感。

（6）接下来介绍的是"确定"出牌按钮代码中省略的上家下家出牌不都为空的情况，将下列代码插入到上述确定出牌代码的第30行。

代码位置：见随书源代码\第13章\sanguo\src\com\bn\sanguo目录下的GameView.java。

```
1   int currCard=Integer.parseInt(currCards);                        //整数化本家牌
2   if(currCard>=25&currCard<=28) {                                  // 如果使用桃
3       activity.ca.dout.writeUTF("<#PLUSMOOD#><#TAO#>"+one+","+two+","+three);}
4   if(currCard>=16&currCard<=21) {                                  //如果使用攻击牌
5       activity.ca.dout.writeUTF("<#PLUSMOOD#><#PLUS#>"+one+","+two+","+three); }
6   if(currCard>=22&currCard<=24) {                                  //如果使用桃园结义锦囊牌
7       activity.ca.dout.writeUTF("<#PLUSMOOD#><#ALLADD#>"+one+","+two+","+three); }
8   for(CardForControl cfc:currSelected) {                           //将发的牌从存牌中移除
9       alcfc.remove(cfc); }
10  for(int i=0;i<alcfc.size();i++) {                                //玩家手中还有的牌的X位移量
11      alcfc.get(i).xOffset=DOWN_X+MOVE_SIZE*i; }                   //发送<#COUNT#>信息
12  activity.ca.dout.writeUTF("<#COUNT#>"+alcfc.size()+","+activity.ca.selfNum);
```

- 第1行为整型化本家要出的牌，方便后续使用。
- 第2、3行为如果使用桃，发送以<#PLUSMOOD#><#TAO#>开头的消息，判断是否为该玩家增加一滴血点。
- 第4、5行为如果使用攻击牌，发送以<#PLUSMOOD#><#PLUS#>开头的消息，判断是否为下一个玩家减一滴血。
- 第6、7行为如果使用桃园结义锦囊牌，发送以<#PLUSMOOD#><#ALLADD#>开头的消息，判断是否为大家增加一滴血点。
- 第8～12行为移除本家手中所出的牌，并且发送<#COUNT#>信息。

（7）接下来介绍的是触摸事件onTouchEvent方法中省略的"取消"出牌按钮的代码，用户点击这个按钮将放弃出牌的权利。将下列代码插入到触摸事件onTouchEvent方法代码的第37行。

代码位置：见随书源代码\第13章\sanguo\src\com\bn\sanguo目录下的GameView.java。

```
1   if(activity.ca.perFlag) {
2    if(activity.ca.lastNum==activity.ca.selfNum||activity.ca.lastNum==-1) {
3     Toast.makeText(activity,"不合规则,不允许放弃！",Toast.LENGTH_SHORT).show();
4         return true; }                                             //显示Toast消息
5     int lastCard=Integer.parseInt(activity.ca.lastCards);
6     if(lastCard>=33&lastCard<=54) {                                //如果上家出杀
7    Toast.makeText(activity,"不允许躲避杀的攻击！请迎战！",Toast.LENGTH_SHORT).show();
8         return true; }                                             //不允许放出牌
9       for(CardForControl cfc:alcfc) {                              //遍历玩家手中的牌 设定标志位
10            cfc.flag=false;
11        }try {
12            activity.ca.dout.writeUTF("<#NO_PLAY#>");              //发送信息
13            activity.ca.perFlag=false;                             //更改标志位,让出牌权
14        } catch (IOException e1) {                                 //捕获异常
15            e1.printStackTrace();}}
```

- 第1～15行为用户单击放弃出牌按钮的时候，进行相应处理的代码。
- 第2～4行为当前玩家为第一个出牌的人，就不允许放弃出牌，或者，自己出牌后其他两家都放弃出牌，不允许放弃。此时，第一个人出一张牌，才可以使游戏进行下去。
- 第5～8行为整型化上家所出的牌。如果上家出了杀牌，本家是不允许放弃的，就会显

示 Toast 提示信息，提示 "不允许躲避杀的攻击！请迎战！"。

（8）接下来介绍的是 GameView 框架代码中省略的牌的控制对象 initCardsForControl 方法的代码，将下列代码插入到 GameView 框架的第 25 行。

> 代码位置：见随书源代码\第 13 章\sanguo\src\com\bn\sanguo 目录下的 GameView.java。

```
1    alcfc.clear();                                           //首先清空alcfc
2    String[] cardNums=cardListStr.split("\\,");
3    int c=cardNums.length;                                   //定义牌的长度
4    int numsTemp[]=new int[18];
5    for(int i=0;i<c;i++){                                    //把牌整型化
6        numsTemp[i]=Integer.parseInt(cardNums[i]);}
7    Arrays.sort(numsTemp);                                   //进行排序
8    for(int i=0;i<c;i++){
9        int num=numsTemp[i];
10        int[] ab=Constant.fromNumToAB(num);                 //转换坐标
11   CardForControl cc=new CardForControl(cards[ab[0]][ab[1]],DOWN_X+MOVE_SIZE*i,num);
12       alcfc.add(cc); }
```

- 第 1～12 行介绍了牌的控制对象 initCardsForControl 方法的代码。该方法会将每个玩家手里的牌进行统一控制，方便管理。
- 第 2～11 行为定义牌的长度的同时，把牌面索引整型化，并对每个玩家手里的牌进行排序，然后将牌转换成坐标形式的二维数值，方便后续使用。

（9）接下来介绍的是 GameView 框架代码中省略的绘制界面方法 onDraw 的代码，界面中有很多必要又美观的元素都是通过下列代码进行绘制的。将下列代码插入到 GameView 框架的第 27 行。

> 代码位置：见随书源代码\第 13 章\sanguo\src\com\bn\sanguo 目录下的 GameView.java。

```
1    super.onDraw(canvas);
2    ScreenScaleResult ssr=SanGuoActivity.ssr;
3    canvas.save();
4    canvas.translate(ssr.lucX,ssr.lucY);
5    canvas.scale(ssr.ratio, ssr.ratio);                      //设置背景图片
6    canvas.drawBitmap(iback, BACK_XOFFSET, BACK_YOFFSET, paint);
7    for(int i=0;i<3;i++){                                    //上面的卡牌
8        canvas.drawBitmap(card2, UP_X,UP_Y,paint);
9        UP_X=UP_X+30;   }  UP_X=180;
10   canvas.drawBitmap(personface[0],                          //右侧上角身份图片
11     RIGHT_UP_HEAD1_XOFFSET, RIGHT_UP_HEAD1_YOFFSET, paint);
12   canvas.drawBitmap(personface[1],
13     RIGHT_UP_HEAD2_XOFFSET, RIGHT_UP_HEAD2_YOFFSET, paint);
14   canvas.drawBitmap(personface[2],
15     RIGHT_UP_HEAD3_XOFFSET, RIGHT_UP_HEAD3_YOFFSET, paint);
16   canvas.drawBitmap(life,LIFE1_XOFFSET,LIFE1_YOFFSET,paint);//人物存活情况
17   canvas.drawBitmap(life,LIFE2_XOFFSET,LIFE2_YOFFSET,paint);//1代表存活
18   canvas.drawBitmap(life,LIFE3_XOFFSET,LIFE3_YOFFSET,paint);
19   canvas.drawBitmap(out,                                    //左上角的按钮
20     LEFT_RETURN_XOFFSET, LEFT_RETURN_YOFFSET,paint);
21   canvas.drawBitmap(fcard, RIGHT_FCARD_XOFFSET,
22       RIGHT_FCARD_YOFFSET,paint);                           //确定
23   canvas.drawBitmap(giveup, RIGHT_GIVEUP_XOFFSET,
24       RIGHT_GIVEUP_YOFFSET,paint);                          //取消
25   for(CardForControl cc:alcfc){ //循环手中的排得控制量并且绘制自己手中的牌
26       cc.drawSelf(canvas); }
27   if((activity.ca.selfNum-1)<=0){                           //绘制玩家头像和血点图片
28   ……//这部分省略了1号玩家绘制头像和血点代码，在后面步骤中给出
29   }else if((activity.ca.selfNum+1)>3){
30   ……//这部分省略了3号玩家绘制头像和血点代码，请读者自行查看随书源代码
31   }else{
32   ……//这部分省略了2号玩家绘制头像和血点代码，请读者自行查看随书源代码}
33   if(activity.ca.perFlag){                                  //绘制自己还是别人出牌的提示
34       canvas.drawBitmap(own, TIP_OWN_XOFFSET, TIP_OWN_YOFFSET, paint);
35   }else{
36       canvas.drawBitmap(other, TIP_OWN_XOFFSET, TIP_OTHER_YOFFSET, paint); }
37   if((activity.ca.selfNum-1)<=0){
```

```
38        ……//这部分省略了1号玩家的界面上需要绘制的3家的装备图的代码,将在后面给出
39        }else if((activity.ca.selfNum+1)>3){
40        ……//这部分省略了绘制3号玩家装备图的代码,请读者自行查看随书源代码
41        }else{
42        ……//这部分省略了绘制2号玩家装备图的代码,请读者自行查看随书源代码 }
43        String lastTemp=activity.ca.lastCards;            //获取上家出牌字符串
44        if(lastTemp!=null){                               //若不为空
45        String[] saTemp=lastTemp.split("\\,");
46        for(int i=0;i<saTemp.length;i++){
47             int nTemp=Integer.parseInt(saTemp[i]);       //整型化牌索引
48             int[] abTemp=Constant.fromNumToAB(nTemp);    //进行排序
49             canvas.drawBitmap(
50                  cards[abTemp[0]][abTemp[1]],            //按指定位置绘制
51                  MIDDLE_CARD1_XOFFSET+i*MIDDLE_CARD_SPAN,
52             MIDDLE_CARD1_YOFFSET,
53             paint);}
54     canvas.restore();}
```

- 第6~18行为绘制游戏界面的背景图片,绘制游戏界面上方的3张卡牌反面图片,增加界面美观,绘制游戏界面右上角三家身份标识图。同时绘制了3个玩家的存活状况。
- 第19~24行为绘制了游戏界面上的3个按钮图片,分别是返回按钮,确定出牌按钮和取消出牌按钮。
- 第25~32行为绘制每个玩家手中不同的牌。同时绘制了3个玩家不同的头像,包括孙权,刘备和曹操。也绘制了每个玩家的血点图片。
- 第33~42行为绘制了游戏界面左上角提示是自己出牌还是别人出牌的标志,同时绘制了每个玩家的装备文字图。

(10)接下来介绍绘制玩家头像和血点的代码,在这部分代码里将同样用到常量类来初始化定义每幅图的绘制起点,将下列代码插入到绘制界面方法onDraw代码的第28行。

代码位置:见随书源代码\第13章\sanguo\src\com\bn\sanguo目录下的GameView.java。

```
1   canvas.drawBitmap(down1, LEFT_DOWN_X, LEFT_DOWN_Y,paint);//绘制当前玩家头像
2   canvas.drawBitmap(people1, LEFT_X, LEFT_Y,paint);        //绘制上家玩家头像
3   canvas.drawBitmap(people2,
4        RIGHT_PERSON_XOFFSET, RIGHT_PERSON_YOFFSET,paint); //绘制下家玩家头像
5   for(int i=0;i<activity.ca.threeMoodNum;i++){             //绘制上家玩家血点
6        canvas.drawBitmap(blood, UP_MOOD_X+i*MOOD_MOVE,UP_MOOD_Y,paint); }
7   UP_MOOD_X=5;
8   for(int i=0;i<activity.ca.oneMoodNum;i++){               //绘制当前玩家血点
9        canvas.drawBitmap(blood, ME_MOOD_X+i*MOOD_MOVE,ME_MOOD_Y,paint); }
10  ME_MOOD_X=425;
11  for(int i=0;i<activity.ca.twoMoodNum;i++){               //绘制下家玩家血点
12        canvas.drawBitmap(blood, DOWN_MOOD_X+i*MOOD_MOVE,DOWN_MOOD_Y,paint); }
13  DOWN_MOOD_X=373;
```

- 第1~13行绘制了部分游戏界面所需的元素。根据3个玩家客户端的不同,每个人绘制的位置都不同。
- 第1~4行为绘制3个玩家的头像,分别为当前玩家,上家和下家的头像。3个头像分别为刘备,孙权和曹操的头像。
- 第5~13行绘制了3个玩家的血点。由于每个客户端都要显示3个玩家的血点,所以要根据当前客户端进行判断。

(11)接下来介绍绘制玩家装备文字的代码,在这里为了保证游戏可玩性,每个玩家客户端都要绘制其他两个玩家的装备文字图。将下列代码插入到绘制界面方法onDraw代码的第38行。

代码位置:见随书源代码\第13章\sanguo\src\com\bn\sanguo目录下的GameView.java。

```
1  canvas.drawBitmap(words[activity.ca.onewuqi],
2        ME_WUQI_X,ME_WUQI_Y,paint);                        //绘制当前玩家武器
3  canvas.drawBitmap(words[activity.ca.onefangju],          //绘制当前玩家防具
```

```
4                         ME_FANGJU_X,ME_FANGJU_Y,paint);
5  canvas.drawBitmap(words[activity.ca.oneplushorse],        //绘制当前玩家加一马
6                         ME_PLUSHORSE_X,ME_PLUSHORSE_Y,paint);
7  canvas.drawBitmap(words[activity.ca.onejianhorse],        //绘制当前玩家减一马
8                         ME_JIANHORSE_X,ME_JIANHORSE_Y,paint);
9  canvas.drawBitmap(words[activity.ca.twowuqi],             //绘制下家武器
10                        DOWN_WUQI_X,DOWN_WUQI_Y,paint);
11 canvas.drawBitmap(words[activity.ca.twofangju],           //绘制下家防具
12                        DOWN_FANGJU_X,DOWN_FANGJU_Y,paint);
13 canvas.drawBitmap(words[activity.ca.twoplushorse],        //绘制下家加一马
14                        DOWN_PLUSHORSE_X,DOWN_PLUSHORSE_Y,paint);
15 canvas.drawBitmap(words[activity.ca.twojianhorse],        //绘制下家减一马
16                        DOWN_JIANHORSE_X,DOWN_JIANHORSE_Y,paint);
17 canvas.drawBitmap(words[activity.ca.threewuqi],           //绘制上家武器
18                        UP_WUQI_X,UP_WUQI_Y,paint);
19 canvas.drawBitmap(words[activity.ca.threefangju],         //绘制上家防具
20                        UP_FANGJU_X,UP_FANGJU_Y,paint);
21 canvas.drawBitmap(words[activity.ca.threeplushorse],      //绘制上家加一马
22                        UP_PLUSHORSE_X,UP_PLUSHORSE_Y,paint);
23 canvas.drawBitmap(words[activity.ca.threejianhorse],      //绘制上家减一马
24                        UP_JIANHORSE_X,UP_JIANHORSE_Y,paint);
```

- 第1~8行为绘制当前玩家的武器、防具、加一马和减一马的图片。其中words[]为当前玩家所出的装备牌号的索引，索引对应装备文字图，即可绘制上相应的装备文字图。
- 第9~24行为绘制下家和上家的装备文字图。根据3个玩家客户端的不同，每个人装备的绘制位置不同。每个客户端都绘制出3个玩家的装备，这样有助于游戏的进行。

13.6.2 界面刷帧线程类

界面刷帧线程类随着GameView的创建被启动，游戏界面运行时调用此界面刷帧类，不断地重新绘制界面，GameView游戏界面退出后销毁此界面刷帧线程类。界面刷帧线程类服务于游戏界面，接下来将进行详细介绍，代码如下所示。

代码位置：见随书源代码\第13章\sanguo\src\com\bn\sanguo目录下的GameView Draw Thread.java。

```
1  package com.bn.sanguo;                                    //声明包名
2  import static com.bn.sanguo.Constant.*;                   //引入相关包
3  public class GameViewDrawThread extends Thread{           //此类继承Thread线程类
4      GameView gameview;                                    //声明GameView引用
5      boolean flag=true;                                    //设置标志位为true
6      public GameViewDrawThread(GameView gameview){         //此类的构造器
7          this.gameview=gameview;}
8      public void run(){                                    //继承线程类的重写方法
9          while(flag){
10             gameview.repaint();                           //调用此方法定时刷帧
11             try{                                          //捕获异常
12                 Thread.sleep(sleeptime);                  //线程休眠
13             }catch(Exception e){
14                 e.printStackTrace();                      //打印信息
15 }}}}
```

> **说明** 该类的作用是每隔一段时间重新绘制游戏界面，由于游戏界面时刻变化，必须开启一个刷帧线程类为GameView游戏界面重新绘制，达到操作方式与界面的相统一。

13.6.3 牌图分割类

牌图分割类为一个工具类。功能是把一张总牌图分割成单张牌，对得到的每张牌的图再顺时针旋转90°并返回结果，总牌图如图13-19所示。

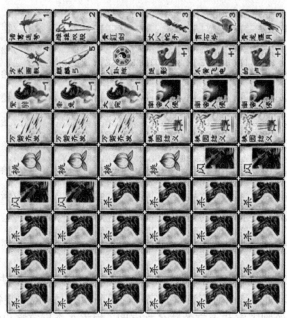

▲图13-19 总牌图

（1）接下来开始对工具类 PicLoadUtil 进行详细的介绍。由于游戏过程中，每张牌都需要独立操作，所以要对其进行分割。其详细代码如下。

代码位置：见随书源代码\第 13 章\sanguo\src\com\bn\sanguo 目录下的 PicLoadUtil.java。

```
1   package com.bn.sanguo;                              //声明包名
2   import android.content.res.Resources;              //相关类的引入
3   ……//该处省略了部分类的引入代码，读者可自行查看随书的源代码
4   public class PicLoadUtil{                           //从资源中加载一幅图片
5       public static Bitmap LoadBitmap(Resources res,int picId){
6           Bitmap result=BitmapFactory.decodeResource(res, picId);
7           return result;}
8       public static Bitmap scaleToFit(Bitmap bm,int dstWidth,int dstHeight){
9           float width = bm.getWidth();                //图片宽度
10          float height = bm.getHeight();              //图片高度
11          float wRatio=dstWidth/height;
12          float hRatio=dstHeight/width;
13          Matrix m1 = new Matrix();                   //创建矩阵 m1
14          m1.postScale(wRatio, hRatio);
15          Matrix m2= new Matrix();                    //创建矩阵 m2
16          m2.setRotate(90, dstWidth/2, dstHeight/2);
17          Matrix mz=new Matrix();
18          mz.setConcat(m1, m2);
19          Bitmap bmResult = Bitmap.createBitmap(bm, 0, 0, (int)width,
20                          (int)height, mz, true);     //声明位图
21          return bmResult;}
22      public static Bitmap[][] splitPic                //图片分割方法
23          ……//该处省略图片分割方法代码，将在后面给出}}
24          return result;}                              //返回结果值
25  }
```

- 第 4~7 行为从资源中加载一幅图片。该图片为总牌图，在游戏中采取的方法为将总牌图分割开来，每个玩家分得同等的牌，然后进行游戏。
- 第 9~21 行为获取此图片的宽度和高度，通过此类的功能，把此图分割为单张牌后，再顺时针旋转 90 度图片，然后把这 54 张图片存入二维数组中。
- 第 22~23 行为将此图片分割的方法。此处省略其代码，将在后面具体给出。

（2）下面介绍牌图分割方法 splitPic 的代码。该处采用简单的数学计算，将整副图按照固定列

13.6 游戏界面相关类的实现

数和行数进行剪裁分割。将下列代码插入到上述代码的第 23 行。

> 📄 代码位置: 见随书源代码\第 13 章\sanguo\src\com\bn\sanguo 目录下的 PicLoadUtil.java。

```
1   (int cols,                                          //切割的行数
2    int rows,                                          //切割的列数
3    Bitmap srcPic,                                     //被切割的图片
4    int dstWitdh,                                      //切割后调整的目标宽度
5    int dstHeight){                                    //切割后调整的目标高度
6       final float width=srcPic.getWidth();            //图片宽度
7       final float height=srcPic.getHeight();          //图片高度
8       final int tempWidth=(int)(width/cols);          //每列宽度
9       final int tempHeight=(int)(height/rows);        //每列高度
10      Bitmap[][] result=new Bitmap[rows][cols];       //声明数组
11      for(int i=0;i<rows;i++){
12          for(int j=0;j<cols;j++){
13              Bitmap tempBm=Bitmap.createBitmap(      //图片资源
14                  srcPic, j*tempWidth, i*tempHeight,tempWidth, tempHeight);
15              result[i][j]=scaleToFit(tempBm,dstWitdh,dstHeight);
```

● 第 1~5 行为调取图片分割方法时候传入的参数，包括切割的行数和列数、图片索引、以及切割调整后的目标宽度和目标高度。

● 第 6~15 行为对总牌图进行分割的简单数学计算方法。通过固定的列数和行数，对总牌图进行分割。

13.6.4 牌的控制类

这部分我们要介绍牌的控制类 CardForControl。该类随着游戏界面 GameView 的创建被启动。运行过程中，通过标志位的判断决定每个玩家游戏界面的绘制情况，详细代码如下。

> 📄 代码位置: 见随书源代码\第 13 章\sanguo\src\com\bn\sanguo 目录下的 PicLoadUtil.java。

```
1   package com.bn.sanguo;                              //声明包名
2   import static com.bn.sanguo.Constant.*;             //引入相关包
3   import android.graphics.Bitmap;                     //引入相关包
4   import android.graphics.Canvas;                     //引入相关包
5   public class CardForControl {
6   Bitmap bitmapTmp;                                   //牌的 Bitmap
7   int xOffset;                                        //牌的 x 轴偏移量
8   boolean flag=false;                                 //是否出牌的标志
9   int num;                                            //0-53 牌号
10  public CardForControl(Bitmap bitmapTmp,int xOffset, int num){  //构造器
11      this.bitmapTmp=bitmapTmp;
12      this.xOffset=xOffset;
13      this.num=num;          }
14  public void drawSelf(Canvas canvas){                //绘制方法
15      if(!flag) {
16          canvas.drawBitmap(bitmapTmp, xOffset, DOWN_Y, null);//绘制牌
17      }else{
18          canvas.drawBitmap(bitmapTmp, xOffset, DOWN_Y-MOVE_YOFFSET, null);}
19  }                                                   //绘制弹出的牌
20   public boolean isIn(int x,int y){                  //判定要出的是哪张牌
21      boolean result=false;                           //初始值为 false
22      int yUp=(flag)?DOWN_Y-MOVE_YOFFSET:DOWN_Y;
23      if(x>xOffset&&x<xOffset+CARD_WIDTH              //判断单击范围
24          && y>yUp&&y<yUp+CARD_HEIGHT){
25          flag=!flag;
26          result=true;                                //标志位设为 true
27      }
28      return result;                                  //返回结果
29  }}
```

● 第 6~9 行为声明牌图的 Bitmap，牌的 x 轴偏移量，偏移量用来绘制出牌后，其他牌偏移的距离。同时声明是否出牌的标志和牌图的索引。

● 第 14~19 行为绘制方法。如果出牌标志位为 false，则绘制手中的牌，否则还要绘制弹

出的牌。

- 第 20～29 行为判断要出的是哪张牌，获取用户单击手机屏幕的位置，判断是哪张牌，同时设定标志位为 true。

13.6.5 出牌规则类

如果想要了解该游戏出牌的规则，首先要了解牌的种类和游戏的玩法。下面，将介绍该卡牌网络对战游戏的牌面和基本玩法。该游戏的卡牌种类分为 3 种，样式如图 13-20 所示。

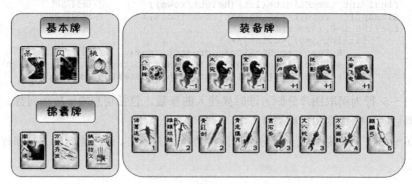

▲图 13-20 《风火三国》牌种

- 基本牌，包括杀、闪和桃。
- 锦囊牌，包括南蛮入侵、桃园结义和万箭齐发。
- 装备牌，包括防具（八卦阵）、攻击牌（诸葛连弩，青虹剑等）、加一马（的卢、绝影、爪黄飞电）和减一马（赤兔、大宛、紫骍）。

下面将介绍一下《风火三国》卡牌的牌面寓意和功能。该游戏使用的牌面分为 3 种，其中包括 3 种用于基本操作的基本牌，3 种升级操作的锦囊牌和 15 种攻击防御必备的装备牌。每种牌有各自特定的使用方法和作用效果。这 3 种牌的使用方法和牌面介绍见图 13-21。

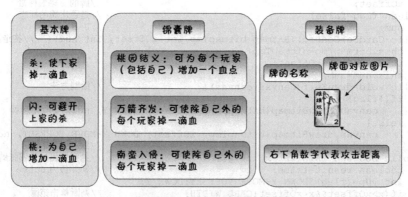

▲图 13-21 《风火三国牌面》介绍

下面将要介绍一下出牌规则，出牌规则是本游戏的重中之重。正因为有一定的规则，游戏才能顺利进行下去，并且让大家感受到游戏的特点和乐趣。《风火三国》网络对战游戏的具体规则如下。

- 每个玩家每次只能出一张牌。
- 玩家默认距离为 3，攻击距离达不到就无法出杀。
- 受到杀的攻击时，不可以出锦囊牌和桃。
- 未受到杀的攻击的时候，不可以出闪。

- 装备牌分为防具、武器、加一马和减一马 4 种，不可以重复叠加，只会替换。
- 使用桃的时候，只可以在本人血点少于 5 的时候加血。
- 每个人 5 个血点，最先没有血点的人阵亡。

通过对上述规则的了解，大家很容易就看出游戏的规则较少，并不难接受理解。但是出牌规则代码的开发是游戏的重中之重。下面将继续学习规则开发的内容，详细代码如下。

📝 **代码位置**：见随书源代码\第 13 章\sanguo\src\com\bn\sanguo 目录下的 RuleUtil.java。

```
1  package com.bn.sanguo;                              //声明包名
2  import java.io.DataInputStream;                     //引入相关包
3  public class RuleUtil{
4    public static final int N_A=5;                    //不支持
5    public static boolean ruleSelf(String curr){      //检查是否符合出牌条件
6     String[] sa=curr.split("\\,");
7     int[] cards=new int[sa.length];
8     for(int i=0;i<sa.length;i++){
9        try{
10           cards[i]=Integer.parseInt(sa[i]);
11           if(cards[i]>=29&cards[i]<=32){             //未受到杀，不能出闪
12              return false; }                         //否则返回 false
13        } catch(Exception e){
14              return false; } }
15     if(sa.length>1){                                 //一次同时只允许出一张牌
16         return false;}                               //否则返回 false
17     return true; }
18  public static boolean rule(String last,String curr) throws IOException{
19    if(last==null){                                   //如果上家为空
20         if(ruleSelf(curr)){                          //如果该玩家出牌正确，返回 false
21            return true;
22         }else{
23            return false; } }                         //否则返回 false
24   if(curr.length()==0){                              //如果出牌长度为 0
25         return false; }                              //返回 false
26     int lastCard=Integer.parseInt(last)              //将上家牌转换为整型
27     int currCard=Integer.parseInt(curr);             //将本家牌转换为整型
28     if(lastCard<33||lastCard>54) {                   //未受到杀，不能出闪
29           if(currCard>=29&currCard<=32){
30              return false; }}                        //否则返回 false
31     if(lastCard>=33&lastCard<=54){                   //判断是否符合规则
32       if(currCard>=25&currCard<=28) {                //如果上家出杀，不能出桃
33       return false;                                  //否则返回 false
34       }else if(currCard>=22&currCard<=24) {          //如果上家出杀，不能出桃园结义
35       return false;                                  //否则返回 false
36     }else if(currCard>=16&currCard<=21) {            //如果上家出杀，不能出万箭齐发、南蛮入侵
37     return false;                                    //否则返回 false
38   }}
39    return true;}}
```

- 第 5～17 行为检查上家出牌为空的时候，本家出牌是否符合条件，或者是本家为第一个玩家的时候，出牌是否符合条件。
- 第 11、12 行为第一个出牌的人不可以出闪，因为未受到杀的攻击。牌型要求，闪可以躲掉杀的一次攻击，所以第一个人不可以出闪。一轮攻击下来，第一个获得牌权的人也不可以出闪。
- 第 15、16 行为出牌不可以超过一张，否则返回错误消息，提示用户不合规则。
- 第 31～37 行为检查出牌，上家若是出杀，本家不可以出桃和锦囊牌。由于这是一个实质性攻击，而桃和锦囊牌不可以作为攻击的回应和防备，所以不允许。

13.7 客户端代理线程

客户端代理线程类的功能是接收服务器发送来的消息并对其进行相应的判断和操作。下面将其开发代码详细给出，为后续的学习做好准备。

(1) 首先开始对客户端代理线程 ClientAgent 的框架进行基本的介绍。该框架需要读者仔细阅读，为后续的学习做好铺垫，详细代码如下。

代码位置：见随书源代码\第 13 章\sanguo\src\com\bn\sanguo 目录下的 ClientAgent.java。

```
1  package com.bn.sanguo;                              //引入相关包
2  import java.io.DataInputStream;                     //引入相关类
3  ……//该处省略部分相关包的引入，读者可自行查看随书的源代码
4  public class ClientAgent extends Thread{
5      SanGuoActivity father;                          //主控制类
6      Socket sc;
7      DataInputStream din;                            //声明输入流
8      DataOutputStream dout;                          //声明输出流
9      boolean flag=true;
10     int selfNum=0;                                  //自己的玩家编号
11     String lastCards;                               //上一次打的牌
12     boolean perFlag;                                //出牌权标志
13     int oneMoodNum=0;                               //1号玩家初始化血点
14     int twoMoodNum=0;                               //2号玩家初始化血点
15     int threeMoodNum=0;                             //3号玩家初始化血点
16     int onewuqi=0;                                  //1号玩家武器初始化索引值
17     int onefangju=0;                                //1号玩家防具初始化索引值
18     int oneplushorse=0;                             //1号玩家加一马初始化索引值
19     int onejianhorse=0;                             //1号玩家减一马初始化索引值
20     ……//该处省略部分武器防具装备初始化数值，请读者自行查看随书的源代码
21     int onefartwo=0;
22     ……//该处省略部分玩家之间距离的初始化数值，请读者自行查看随书的源代码
23     int lastNum=-1;                                 //上一次出牌的玩家编号
24     int shangjiaCount=18;                           //上家牌数
25     int xiajiaCount=18;                             //下家牌数
26     public ClientAgent(SanGuoActivity father,Socket sc,
27         DataInputStream din,DataOutputStream dout){
28     ……//该处省略了构造器里面的代码，请读者自行查看随书的源代码}
29     public void run(){
30     ……//该处省略了线程重写方法，将在后面的步骤中介绍}}
```

● 第 5~8 行为声明主控制类，并声明输入流和输出流。

● 第 10~25 行为声明当前玩家编号，定义上一次玩家出的牌，初始化每个玩家血点索引，初始化 3 个玩家的装备索引，同时还要定义上家和下家的牌数。

● 第 26~30 行为省略了构造器里的代码，同时开启客户端代理线程。该线程通过协议与服务器交互，并控制游戏的全部工作过程，详细代码将在后面介绍。

(2) 下面介绍客户端代理线程类的重写 run 方法的代码。该线程不断接收发送客户端与服务器之间的消息，是该游戏的重要基础。作将下面的代码放在 ClientAgent 类的第 30 行。

代码位置：见随书源代码\第 13 章\sanguo\src\com\bn\sanguo 目录下的 ClientAgent.java。

```
1  while(flag){                                        //flag 标志位为 true 时
2    try{
3      final String msg=din.readUTF();                 //将输入流转换为字符串
4      System.out.println("msg:"+msg);
5      if(msg.startsWith("<#ACCEPT#>")){               //msg 以<#ACCEPT#>开头
6        String numStr=msg.substring(10);              //截取字符串
7        selfNum=Integer.parseInt(numStr);}            //字符串转换为整型
8      else if(msg.startsWith("<#START#>")){           //msg 以<#START#>开头
9        new Thread(){                                 //开启一个新线程
10         public void run(){                          //重写 run 方法
11           GameView.initBitmap(father.getResources());//初始化加载图片的方法
12           GameView.initCards(father.getResources()); //初始化得到卡牌的方法
13           SanGuoActivity.cardListStr=msg.substring(9);//截取字符串
14           father.hd.sendEmptyMessage(1);}
15       }.start();}
16       else if(msg.startsWith("<#ONEMOOD#>")){       //msg 得到 1 号玩家血点数
17         oneMoodNum=Integer.parseInt(msg.substring(11));}
18       ……//该处省略了 2 号和 3 号玩家血点数的获取代码，与 1 号玩家重复，请读者自行查看随书源代码
19       else if(msg.startsWith("<#ONEWUQI#>")){       //msg 得到 1 号玩家武器索引值
```

```
20     onewuqi=Integer.parseInt(msg.substring(11));}    //整型化武器牌索引值
21     ……//该处省略部分 3 个玩家的装备防具加一马以及减一马的代码，读者可自行查看随书的源代码
22     else if(msg.startsWith("<#ONEFARTWO#>")){         //1 号和 2 号玩家距离数值
23     onefartwo=Integer.parseInt(msg.substring(13));}//整型化距离数值
24     ……//该处省略部分 3 个玩家之间的距离的类似重复代码，读者可自行查看随书的源代码
25     else if(msg.startsWith("<#YOU#>")){               //获得牌权
26        perFlag=true;
27  }else if(msg.startsWith("<#CURR#>")){              // <#CURR#>+玩家编号
28     lastNum=Integer.parseInt(msg.substring(8));
29  }else if(msg.startsWith("<#CARDS#>")){             //得到上一次玩家出的牌的信息
30     lastCards=msg.substring(9);
31  }
32  ……//这部分省略 run 方法后半部分代码，将在后面给出
33  }
```

- 第 5~7 行为接收到以<#ACCEPT#>开头的信息，截取字符串并发出相应信息。
- 第 8~15 行为接收到以<#START#>开头的信息，得到该信息得知将要开始游戏，初始化图片加载的方法和初始化得到卡牌的方法，并发送信息。
- 第 16~18 行为接收到 3 个玩家血点的信息，得到 3 家血点的信息。得到信息后存储下来，方便其他类使用。
- 第 19~24 行为接收到 3 家武器、防具、加一马和减一马的信息，将截取的字符串转换为整型，并发送相应的消息。同时接收到 3 个玩家之间的距离的消息，将截取的字符串转换为整型，并发送相应的消息。
- 第 25、26 行为接收到以<#YOU#>开头的信息，得到该信息的客户端，将其的出牌标志位设置为 true，即代表其为第一个出牌的玩家。
- 第 27、28 行为接收到以<#CURR#>开头的信息，并将出牌玩家的编号赋值给 lastNum，方便后续使用。
- 第 29~31 行为接收到以<#CARDS#>开头的信息，并将上次玩家出牌的编号赋值给 lastCards，即得到玩家上次出的牌。

（3）下面介绍上述 run 方法省略的后半部分代码，将下面的代码放在客户端代理线程类的重写 run 方法代码的第 32 行。

*代码位置：见随书源代码\第 13 章\sanguo\src\com\bn\sanguo 目录下的 ClientAgent.java。

```
1  else if(msg.startsWith("<#COUNT#>")){              //得到以<#COUNT#>为开头的信息
2     String temps=msg.substring(9);                  //截取字符串
3     String[] ta=temps.split("\\,");                 //分割字符串
4     int tempNum=Integer.parseInt(ta[1]);            //将 ta[1]转换为整型
5     int tempCount=Integer.parseInt(ta[0]);          //将 ta[2]转换为整型
6     if(tempNum!=selfNum){                           //判断二者是否相等
7         int ifShang=((tempNum+1)>3)?1:(tempNum+1);  //tempNum 值是否大于 2
8         if(ifShang==selfNum){                       //如果出牌的上家是自己
9             shangjiaCount=tempCount;}
10        int ifXia=((tempNum-1)==0)?3:(tempNum-1);
11        if(ifXia==selfNum){                         //如果自己为下家
12            xiajiaCount=tempCount;
13   } } }
14  else if(msg.startsWith("<#FINISH#>")){            //得到游戏结束的信息
15     int tempNum=Integer.parseInt(msg.substring(10));//截取字符串
16     if(tempNum==selfNum){                          //判断二者是否相等
17         father.hd.sendEmptyMessage(3);             //发送消息
18     }else{
19         father.hd.sendEmptyMessage(2);             //发送消息
20     }this.father.gameview.viewdraw.flag=false;     //设置绘制标志位为 false
21     this.flag=false;
22     this.din.close();                              //关闭输入流
23     this.dout.close();                             //关闭输出流
24     this.sc.close();}                              //关闭网络套接字
25  else if(msg.startsWith("<#EXIT#>")){              //得到有玩家退出游戏结束
26     father.hd.sendEmptyMessage(4);                 //发送消息
```

```
27       this.father.gameview.viewdraw.flag=false;//设置绘制标志位为false
28       this.flag=false;                          //当前类的循环标志位为false
29       this.din.close();                         //关闭输入流
30       this.dout.close();                        //关闭输出流
31       this.sc.close();}}                        //关闭网络套接字
32   else if(msg.startsWith("<#FULL#>")){          //得到玩家已满的信息
33       father.hd.sendEmptyMessage(5);
34       this.father.gameview.viewdraw.flag=false; //设置标志位为false
35       this.flag=false;                          //当前类的循环标志位为false
36       this.din.close();                         //关闭输入流
37       this.dout.close();                        //关闭输出流
38       this.sc.close();                          //关闭网络套接字
39   }}catch(Exception e){                         //捕获异常
40       e.printStackTrace();                      //打印信息
41   }
```

- 第1～13行为接收到以<#COUNT#>开头的信息，并判断出牌玩家和要出牌玩家的关系。
- 第14～24行为接收到以<#FINISH#>开头的信息，即得到游戏正常结束，并发送信息。同时，根据<#FINISH#>后携带的数字，判断赢家输家，每个客户端跳转到不用界面。
- 第25～31行为接收到以<#EXIT#>开头的信息，得知有玩家退出游戏，从而导致该局游戏结束，关闭程序虚拟服务器端线程，并且关闭输入/输出流和网络套接字。
- 第32～38行为接收到以<#FULL#>开头的信息，得到玩家已满的消息，无法加入游戏。本游戏设定玩家为3人，一旦再有人连接入网，将不可以参与游戏。

13.8 服务器相关类

从本节介绍该游戏的基础，即服务器的开发。由于该游戏是联网对战方式，所以游戏开发过程中最基础的就是服务器类。

13.8.1 服务器主类

服务器端的开发是该游戏里的重中之重，所以分块进行。首先进行服务器主类Server的开发，服务器主类是该网络对战游戏的最基础的部分。具体步骤如下。

（1）该类为服务器主类Server，大家在学习服务器的时候，一定要了解服务器的基本原理和使用方法。首先介绍其基本框架，详细代码如下。

代码位置：见随书源代码\第13章\SanGuoAgent\src\com\bn目录下的Server.java。

```
1  package com.bn;                                               //声明包名
2  import java.io.*;                                             //引入相关包
3  import java.net.*;                                            //引入相关包
4  public class Server{
5    static int count=0;                                         //玩家数量
6    static ServerAgent player1;                                 //客户端1
7    static ServerAgent player2;                                 //客户端2
8    static ServerAgent player3;                                 //客户端3
9    static ServerAgent currPlayer;                              //当前玩家
10   public static void main(String args[]) throws Exception{//main方法
11     ServerSocket ss=new ServerSocket(9998);                   //创建套接字
12     System.out.println("L"stening on 9998...")"               //打印提示
13     while(true){
14       Socket sc=ss.accept();
15       DataInputStream din=new DataInputStream(sc.getInputStream());   //输入流
16       DataOutputStream dout=new DataOutputStream(sc.getOutputStream()); //输出流
17       ……//该处省略了该类判断语句的代码，将在后面给出。
18   }}
```

- 第10～18行为main方法。是程序执行的主体，在程序一开始执行。
- 第11行创建了服务器端套接字ServerSocket对象，并打开了9998端口。

- 第 13~18 行为监听 9998 端口的方法,创建了 Socket 对象,同时,也创建了输入流对象 din 和输出流对象 dout,用于接收和传送信息。

(2) 服务器主类 Server 中省略的判断部分代码如下,这部分为服务器主类的重要部分,将下列代码插入到 Server 类代码的第 17 行。

代码位置: 见随书源代码\第 13 章\SanGuoAgent\src\com\bn 目录下的 Server.java。

```
1       if(count==0){                                           //进来的是第一个人
2         System.out.println("<"ACCEPT#>1")"                    //打印提示
3         dout.writeUTF("<"ACCEPT#>1")"                         //将<#ACCEPT#>1 写入输出流
4         player1=new ServerAgent(sc,din,dout);                 //创建 player1 对象
5         player1.start();                                      //开启代理线程 player1
6         count++;                                              //count+1
7       }else if(count==1){                                     //进来的是第二个人
8         System.out.println("<"ACCEPT#>2")"                    //打印提示
9         dout.writeUTF("<"ACCEPT#>2")"                         //将<#ACCEPT#>2 写入输出流
10            player2=new ServerAgent(sc,din,dout),             //创建 player2 对象
11            player2.start();                                  //开启代理线程 player2
12            count++;                                          //count+1
13      }else if(count==2){                                     //进来的是第三个人
14        System.out.println("<"ACCEPT#>3")"                    //打印提示
15        dout.writeUTF("<"ACCEPT#>3")"                         //将<#ACCEPT#>3 写入输出流
16        player3=new ServerAgent(sc,din,dout);                 //创建 player3 对象
17        player3.start();                                      //开启代理线程 player3
18        count++;                                              //count+1
19        String[] cards=FPUtil.newGame();                      //调用发牌方法
20        player1.dout.writeUTF(cards[0]);                      //player1 将 cards[0]写入输出流
21        player2.dout.writeUTF(cards[1]);                      //player2 将 cards[1]写入输出流
22        player3.dout.writeUTF(cards[2]);                      //player3 将 cards[2]写入输出流
23        String[] moods=MoodUtil.checkmood();                  //赋给三家默认血点信息
24        player1.dout.writeUTF(moods[0]);                      //给玩家一分配 1 号玩家血点
25        player1.dout.writeUTF(moods[1]);                      //给玩家一分配 2 号玩家血点
26        player1.dout.writeUTF(moods[2]);                      //给玩家一分配 3 号玩家血点
27        ……//该处省略了给 3 家分配初始化血点的代码,读者可自行查看随书的源代码
28        player1.dout.writeUTF("<"WUQI#>0")"                   //赋给 3 家默认装备图片信息
29        player2.dout.writeUTF("<"WUQI#>0")"
30        player3.dout.writeUTF("<"WUQI#>0")"
31        ……//该处省略了给 3 家分配初始化装备的代码,读者可自行查看随书的源代码
32        player1.dout.writeUTF("<"ONEFARTWO#>3")"              //赋给 3 家默认距离信息
33        player2.dout.writeUTF("<"TWOFARTHREE#>3")"
34        player3.dout.writeUTF("<"THREEFARONE#>3")"
35        player1.dout.writeUTF("<"YOU#>")"                     //给玩家 1 牌权
36        currPlayer=player1;                                   //当前玩家为玩家 1
37      }else if(count==3){                                     //客户端人数已满
38        System.out.println("<"FULL#>")"                       //打印提示
39        dout.writeUTF("<"FULL#>")"                            //将<#FULL#>写入到输出流中
40        dout.close();                                         //关闭输出流
41        din.close();                                          //关闭输入流
42        sc.close();                                           //关闭网络套接字
43    }
```

- 第 1~6 行验证的是第一个客户端连接服务器时,并且将消息<#ACCEPT#>1 写入到输出流中,同时启动线程代理客户端线程 player1。

- 第 7~12 行验证的是第二个客户端连接服务器时,并且将消息<#ACCEPT#>2 写入到输出流中,同时启动线程代理客户端线程 player2。

- 第 13~34 行验证的是第三个客户端连接服务器时,并且将消息<#ACCEPT#>3 写入到输出流中,同时启动线程代理客户端线程 player3。同时将 FPUtil 类生成的 3 个字符串发送给 3 个客户端,同时将发牌的权利给 player1。并且将 MoodUtil 类生成的 3 个字符串分发给 3 个客户端,以及为 3 个客户端初始化装备索引。同时为 3 个玩家分配默认距离信息。

- 第 37~43 行验证的是第四个客户端连接服务器时,由于人数已达上限,则会发送给该客户端以<#FULL#>开头的消息,并且关闭输入、输出流和网络套接字。

13.8.2 服务器代理线程

接下来要对服务器代理线程进行介绍。该类随着客户端连接服务器而启动，在运行的过程中不断地接收消息和转发消息，当客户端退出后即刻被销毁。

（1）首先对服务器代理线程 ServerAgent 类的基本框架进行介绍。该类对服务器与客户端的交互有至关重要的作用，不仅起到传送接收消息的功能，也起到推进游戏进行的作用。其详细代码如下。

代码位置：见随书源代码\第 13 章\SanGuoAgent\src\com\bn 目录下的 ServerAgent.java。

```
1   package com.bn;                                          //声明包名
2   import java.io.*;                                        //引入相关包
3   ……//该处省略了部分引入的相关类，读者可自行查看随书的源代码
4   public class ServerAgent extends Thread{                 //创建继承 Thread 类
5       Socket sc;                                           //网络套接字
6       DataInputStream din;                                 //输入流
7       DataOutputStream dout;                               //输出流
8       boolean flag=true;                                   //循环标志位
9       ……//该处省略了部分声明变量的代码，读者可自行查看随书的源代码
10      public ServerAgent(Socket sc,DataInputStream din,DataOutputStream dout){
11      ……//该处省略了构造器代码，读者可自行查看随书的源代码
12      }
13      public void run(){                                   //重写 run 方法
14          while(flag){                                     //当标志位为 flag 时
15              try{
16                  String msg=din.readUTF();                //获取输入流中的字符串
17                  System.out.println(msg);
18                  if(msg.startsWith("<#PLAY#>")){          //<#PLAY#>开头的信息
19      ……//该处省略收到<#PLAY#>消息后服务器做出的判断代码，将在后面给出
20              }else if(msg.startsWith("<#COUNT#>")){       //<#COUNT#>开头的信息
21      ……//该处省略收到<#COUNT#>消息后服务器做出的判断代码，将在后面给出
22              } else if(msg.startsWith("<#FAR#>")){        //<#FAR#>开头的消息
23      ……//该处省略收到<#FAR#>消息后服务器做出的判断代码，将在后面给出
24              }else if(msg.startsWith("<#PLUSMOOD#>")){    //<#PLUSMOOD#>开头的信息
25      ……//该处省略收到<#PLUSMOOD#>消息后服务器做出的判断代码，将在后面给出
26              }else if(msg.startsWith("<#NO_PLAY#>")){     //<#NO_PLAY#>开头的信息
27      ……//该处省略收到<#NO_PLAY#>消息后服务器做出的判断代码，将在后面给出
28              }else if(msg.startsWith("<#EXIT#>")) {       //<#EXIT#>开头的信息
29      ……//该处省略收到<#EXIT#>消息后服务器做出的判断代码，将在后面给出
30              }catch(Exception e) {                        //捕获异常
31                  e.printStackTrace();
32      }}}}
```

- 第 4 行表示的是继承 Thread 类。表示是一个线程的类。服务器代理线程需要为游戏随时提供数据交互和信息交流，以方便游戏照常运行。
- 第 10~12 行表示构造器。使当前类的成员变量与构造器中传入的对象相等。
- 第 13~32 行表示重写的 run 方法。继承 Thread 类的线程必须重写 run 方法。包括大量信息的接收，以及接收后的相应操作，将在后面详细讲解。
- 第 18~29 行表示客户端传给服务器的消息，代理服务器接收信息并做出相应的判断。

（2）下面详细介绍一下客户端与服务器传送及接收信息的时序问题，这部分有助于读者了解客户端与服务器的交互工作细节，协议时序图如 13-22 所示。

- 玩家的血量信息需要分开记录。3 个玩家的血量信息分别为<#ONEMOOD#><#TWOMOOD#>和<#THREEMOOD#>。
- 记录玩家装备索引值中，分别包括 3 个玩家每个人的武器值信息<#ONEWUQI#><#TWOWUQI#>和<#THREEWUQI#>，防具值信息<#ONEFANGJU#><#TWOFANGJU#>和<#THREEFANGJU#>，"加一马"信息<#ONEPLUSHORSE#><#TWOPLUSHORSE#>和<#THREEPLUSHORSE#>，"减一马"信息<#ONEJIANHORSE#><#TWOJIANHORSE#>和<#THREEJIANHORSE#>。

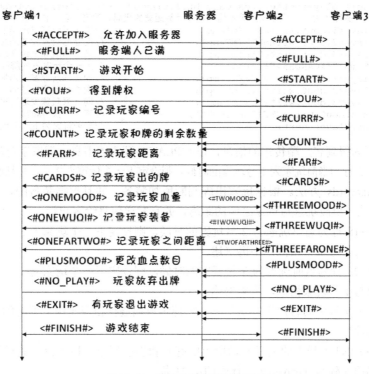

▲图 13-22　服务器客户端协议时序图

- 记录玩家之间的距离的信息包括<#ONEFARTWO#><#ONEFARTHREE#><#TWOFARONE#><#TWOFARTHREE#><#THREEFARONE#>和<#THREEFARTWO#>。
- 更改血点数目<#PLUSMOOD#>的信息中，包括使用杀的时候的信息<#PLUSMOOD#>；使用桃时候的信息<#PLUSMOOD#><#TAO#>；使用锦囊牌南蛮入侵和万箭齐发时候的<#PLUSMOOD#><#PLUS#>和使用锦囊牌桃园结义时候的<#PLUSMOOD#><#ALLADD#>。

（3）以<#PLAY#>开头的消息是游戏开始的标志，客户端向服务器发送该游戏信息的同时，将指定下一个玩家，并且为每个玩家做好接下来的准备工作。相关处理代码如下，将下列代码插入到 ServerAgent 类代码的第 19 行。

 代码位置：见随书源代码\第 13 章\SanGuoAgent\src\com\bn 目录下的 ServerAgent.java。

```
1     String cards=msg.substring(8);                    //得到截取的字符串
2     int card=Integer.parseInt(cards);                 //整数化当前玩家出的牌
3     ServerAgent next=null;                            //下一个代理客户端为空
4     String mTemp="<#CURR#>";                          //字符串<#CURR#>
5     if(currPlayer==player1) {                         //当前玩家为 player1
6       mTemp=mTemp+"1";                                //字符串 mTemp 变为<#CURR#>1
7       next=player2;                                   //下一个玩家为 player2
8     String[] playeronewords=CardsUtil.playeronecardswords(cards);
9     ……//该处省略了为 3 个玩家发送装备信息的代码，读者可自行查看随书的源代码
10      if(card>=0&&card<=15) {                         //如果该牌为装备牌
11        String[] onefar=FarUtil.playerOneFar(cards);  //调用 FarUtil 中的方法
12        player1.dout.writeUTF(onefar[0]);             //更改玩家 1 号和 2 号的距离
13        player1.dout.writeUTF(onefar[1]);
14    }}else if(currPlayer==player2) {                  //当前玩家为 player2
15      mTemp=mTemp+"2";                                //字符串 mTemp 变为<#CURR#>2
16      next=player3;                                   //下一个玩家为 player3
17      String[] playertwowords=CardsUtil.playertwocardswords(cards);
18      ……//该处省略了为 3 个玩家发送装备信息以及计算距离的代码，读者可自行查看随书的源代码
19    }else if(currPlayer==player3) {                   //当前玩家为 player3
20      mTemp=mTemp+"3";                                //字符串 mTemp 变为<#CURR#>3
21      next=player1;                                   //下一个玩家为 player1
```

```
22          String[] playerthreewords=CardsUtil.playerthreecardswords(cards);
23          ……//该处省略了为 3 个玩家发送装备信息以及计算距离的代码,读者可自行查看随书的源代码}
24          player1.dout.writeUTF(mTemp);              //向 1 号玩家发送消息
25          player2.dout.writeUTF(mTemp);              //向 2 号玩家发送消息
26          player3.dout.writeUTF(mTemp);              //向 3 号玩家发送消息
27          mTemp="<#CARDS#>"+cards;                   //上一个玩家发的牌的信息
28          player1.dout.writeUTF(mTemp);              //向 1 号玩家发送消息
29          player2.dout.writeUTF(mTemp);              //向 2 号玩家发送消息
30          player3.dout.writeUTF(mTemp);              //向 3 号玩家发送消息
31          next.dout.writeUTF("<#YOU#>");             //下一个获得牌权
32          currPlayer=next;                           //当前玩家为下一个玩家
```

- 第 1 行为得到客户端传来的消息,以<#PLAY#>开头的消息,截取字符串。
- 第 5~13 行为当前玩家为 1 号玩家的时候,则设定下一个玩家为 2 号,并且通过调用 CardsUti 的 playeronecardswords 方法。根据玩家出牌判断所加装备,并且根据装备牌,调用 FarUtil 的 playerOneFar 方法,更改玩家与玩家之间的距离,并且发送信息给客户端。
- 第 14~18 行为当前玩家为 2 号玩家的时候,则设定下一个玩家为 3 号,判断所加装备以及更改距离都与 1 号玩家相似,不再赘述。
- 第 19~23 行为当前玩家为 3 号玩家的时候,则设定下一个玩家为 1 号,判断所加装备以及更改距离都与 1 号玩家相似,不再赘述。
- 第 24~30 行为向客户端发送信息,方便客户端进行相应操作。不同的玩家接收不同的信息,增加可玩性。

(4) 以<#COUNT#>开头的消息发送所出的牌号和当前玩家的标志位。其详细处理的代码如下,将下列代码插入到 ServerAgent 类代码的第 21 行。

※ 代码位置:见随书源代码\第 13 章\SanGuoAgent\src\com\bn 目录下的 ServerAgent.java。

```
1   player1.dout.writeUTF(msg);        //player1 发送以<#COUNT#>开头的消息
2   player2.dout.writeUTF(msg);        //player2 发送以<#COUNT#>开头的消息
3   player3.dout.writeUTF(msg);        //player3 发送以<#COUNT#>开头的消息
```

> 说明　代理服务器接收客户端发送的以<#COUNT#>开头的消息,并且发送给每个客户端该信息。

(5) 以<#FAR#>开头的消息的代码如下。该类代码用来管理任意两个玩家之间的距离,将下列代码插入到 ServerAgent 类代码的第 23 行。

※ 代码位置:见随书源代码\第 13 章\SanGuoAgent\src\com\bn 目录下的 ServerAgent.java。

```
1   String cardandfars=msg.substring(7);                  //获取<#FAR#>消息的字符串
2   String[] cardandfar=cardandfars.split("\\,");         //分割字符串
3   int card=Integer.parseInt(cardandfar[0]);             //整型化牌的数值
4   int far=Integer.parseInt(cardandfar[1]);              //整型化玩家距离的数值
5   if(currPlayer==player1) {                             //如果是 1 号玩家
6       if(card>=1&&card<=8) {                            //如果是武器牌
7           onewuqicount++;                               //索引值加一
8           if(onewuqicount==1) {                         //索引值为 1 代表第一次加装备
9               String[] onewuqi=FarUtil.playerOneFar(card,far);   //调用计算距离方法
10              String onewuqifars=onewuqi[2].substring(7);        //得到距离更改值
11              int onewuqia=Integer.parseInt(onewuqifars);        //整型化距离更改值
12              onewuqifar=onewuqia;                              //记录武器距离更改值
13              player1.dout.writeUTF(onewuqi[0]);                //向客户端发送距离信息
14              player1.dout.writeUTF(onewuqi[1]);                //向客户端发送距离信息
15          }else {                                       //如果不是第一次加武器装备
16              far=far+onewuqifar;                       //要把第一次更改的修正回来
17              String[] onewuqiother=FarUtil.playerOneFar(card,far);//然后再进行距离计算
18              String onewuqiotherfars=onewuqiother[2].substring(7);//得到距离更改值
19              int onewuqiothera=Integer.parseInt(onewuqiotherfars); //整型化距离更改值
20              player1.dout.writeUTF(onewuqiother[0]);           //向客户端发送距离信息
21              player1.dout.writeUTF(onewuqiother[1]);           //向客户端发送距离信息
```

```
22           onewuqifar=onewuqiothera;                      //记录这一次距离更改值
23              System.out.println("111111wuqi1"+onewuqiother[0]);
24      }}else if(card>=10&&card<=12){                      //如果装备牌是加一马牌
25  ……//该处省略了加一马牌的代码,由于与武器牌类似,不再赘述,读者可自行查看随书源代码
26        }else if(card>=13&&card<=15){                     //如果装备牌是减一马牌
27  ……//该处省略了减一马牌的代码,由于与武器牌类似,不再赘述,读者可自行查看随书源代码
28        }else if(currPlayer==player2){                    //如果是 2 号玩家
29  ……//该处省略了 2 号玩家的代码,由于与 1 号玩家类似,不再赘述,读者可自行查看随书源代码
30    }else if (currPlayer==player3){                       //如果是 3 号玩家
31  ……//该处省略了 3 号玩家的代码,由于与 1 号玩家类似,不再赘述,读者可自行查看随书源代码
32  }}
```

- 第 1～4 行功能为从客户端传来信息中获取到当前玩家与下家的距离以及当前玩家所出的牌的索引值。
- 第 5～27 行为当前玩家为 1 号玩家的情形。由于 2 号玩家和 3 号玩家的代码与 1 号玩家完全类似,篇幅有限,不再赘述,读者可自行查看随书源代码。
- 第 6～14 行为所出牌为武器装备牌,根据所出的牌,更改玩家攻击距离。同时如果玩家替换了武器装备,也要根据替换的牌来重新计算玩家距离。
- 第 24～27 行为玩家出的牌是加一马和减一马牌的情形。代码与武器牌的处理类似,由于篇幅有限,不再赘述。

(6) 以<#PLUSMOOD#>开头的消息的代码如下。该类主要介绍如何处理玩家减少一滴血的状况。将下列代码插入到 ServerAgent 类代码的第 25 行。

代码位置:见随书源代码\第 13 章\SanGuoAgent\src\com\bn 目录下的 ServerAgent.java。

```
1   String[] result=new String[]{                          //定义返回结果集字符串
2       "<#ONEMOOD#>","<#TWOMOOD#>","<#THREEMOOD#>"
3   };
4   if(msg.length()==17){                                  //获得的消息长度为 17 时
5   ……//该处省略了判断以<#PLUSMOOD#>开头的信息的代码,将在后面给出
6   }else if(msg.length()==24){                            //获得的消息长度为 24 时
7   ……//该处省略了判断以<#PLUSMOOD#><#TAO#>开头的信息的代码,将在后面给出
8   }else if(msg.length()==25){                            //获得的消息长度为 25 时
9   ……//该处省略了判断以<#PLUSMOOD#><#PLUS#>开头的信息的代码,将在后面给出
10  }else if(msg.length()==27){                            //<#PLUSMOOD#><#ALLADD#>
11      int count=0;                                       //即为桃园结义锦囊牌
12      String allplus=msg.substring(22);                  //截取字符串
13      String[] all=allplus.split("\\,");                 //分割字符串
14      int oneallplus=Integer.parseInt(all[0]);           //定义 1 号血点
15      int twoallplus=Integer.parseInt(all[1]);           //定义 2 号血点
16      int threeallplus=Integer.parseInt(all[2]);         //定义 3 号血点
17      if(oneallplus!=5){                                 //如果一号玩家血点不为 5
18      oneallplus++;}                                     //为其加一个血点
19      if(twoallplus!=5){                                 //如果二号玩家血点不为 5
20      twoallplus++;}                                     //为其加一个血点
21      if(threeallplus!=5){                               //如果 3 号玩家血点不为 5
22          threeallplus++;}                               //为其加一个血点
23  result[0]=result[0]+oneallplus;                        //构造字符串
24  result[1]=result[1]+twoallplus;                        //构造字符串
25  result[2]=result[2]+threeallplus;                      //构造字符串
26  player1.dout.writeUTF(result[0]);                      //player1 发送 1 号玩家血数
27  player1.dout.writeUTF(result[1]);                      //player1 发送 2 号玩家血数
28  player1.dout.writeUTF(result[2]);                      //player1 发送 3 号玩家血数
29  player2.dout.writeUTF(result[0]);                      //player2 发送 1 号玩家血数
30  player2.dout.writeUTF(result[1]);                      //player2 发送 2 号玩家血数
31  player2.dout.writeUTF(result[2]);                      //player2 发送 3 号玩家血数
32  player3.dout.writeUTF(result[0]);                      //player3 发送 1 号玩家血数
33  player3.dout.writeUTF(result[1]);                      //player3 发送 2 号玩家血数
34  player3.dout.writeUTF(result[2]);                      //player3 发送 3 号玩家血数
35  }
```

- 第 1～3 行为定义返回结果集字符串。<#ONEMOOD#>,<#TWOMOOD#>和<#THREEMOOD#>分别记录了 3 个玩家不同的血点数量。

- 第4～9行为获得消息为<#PLUSMOOD#>开头的，即杀牌。为<#PLUSMOOD#><#TAO#>开头的，即桃牌。为<#PLUSMOOD#><#PLUS#>开头的，即攻击类锦囊牌，南蛮入侵和万箭齐发。
- 第10～35行为当获得的消息为以<#PLUSMOOD#><#ALLADD#>开头的时候，即为桃园结义的锦囊牌，要为3家同时更改血数，并且发送给客户端消息。

（7）以<#PLUSMOOD#>开头的消息代码如下。该段代码用来更改玩家血点，同时判断是否玩家已无血点阵亡。将下列代码插入到上述代码的第5行。

📎 代码位置：见随书源代码\第13章\SanGuoAgent\src\com\bn 目录下的 ServerAgent.java。

```
1  String mood=msg.substring(12);                              //截取字符串
2  String[] moods=mood.split("\\,");                           //分割字符串
3  int onemood=Integer.parseInt(moods[0]);                     //定义1号玩家血点
4  int twomood=Integer.parseInt(moods[1]);                     //定义2号玩家血点
5  int threemood=Integer.parseInt(moods[2]);                   //定义3号玩家血点
6  int currNumTemp=-1;                                         //currNumTemp 初始值为-1
7  if(currPlayer==player1) {                                   //如果出牌一家为1号上家
8      threemood--;                                            //3号玩家血点减一
9      if(threemood==0){                                       //如果血点为0
10         currNumTemp=3;                                      //currNumTemp 为3
11         Server.count=0;                                     //服务器记录连接的人数清零
12         player1.dout.writeUTF("<#FINISH#>"+currNumTemp);    //player1 发送结束消息
13         player2.dout.writeUTF("<#FINISH#>"+currNumTemp);    //player2 发送结束消息
14         player3.dout.writeUTF("<#FINISH#>"+currNumTemp);    //player3 发送结束消息
15         ……//该处省略一局游戏结束，关闭输入输出流和网络套接字的代码，读者可自行查看随书源代码
16  }} else if(currPlayer==player2) {                          //如果出牌一家为2号上家
17         onemood--;                                          //1号玩家血点减一
18         if(onemood==0) {                                    //如果血点为0
19         ……//该处省略发送结束消息，关闭输入输出流和网络套接字的代码，读者可自行查看随书源代码
20  }}else if(currPlayer==player3) {                           //如果出牌一家为3号上家
21         twomood--;                                          //2号玩家血点减一
22         if(twomood==0) {                                    //如果血点为0
23         ……//该处省略发送结束信息，关闭输入输出流和网络套接字的代码，读者可自行查看随书源代码
24  }}
25  result[0]=result[0]+onemood;                               //构造结果集字符串
26  result[1]=result[1]+twomood;                               //构造结果集字符串
27  result[2]=result[2]+threemood;                             //构造结果集字符串
28  player1.dout.writeUTF(result[0]);                          //player1 发送1号玩家血点数目消息
29  player1.dout.writeUTF(result[1]);                          //player1 发送2号玩家血点数目消息
30  player1.dout.writeUTF(result[2]);                          //player1 发送3号玩家血点数目消息
31  player2.dout.writeUTF(result[0]);                          //player2 发送1号玩家血点数目消息
32  player2.dout.writeUTF(result[1]);                          //player2 发送2号玩家血点数目消息
33  player2.dout.writeUTF(result[2]);                          //player2 发送3号玩家血点数目消息
34  player3.dout.writeUTF(result[0]);                          //player3 发送1号玩家血点数目消息
35  player3.dout.writeUTF(result[1]);                          //player3 发送2号玩家血点数目消息
36  player3.dout.writeUTF(result[2]);                          //player3 发送3号玩家血点数目消息
```

- 第1～6行截取消息的字符串，得到3个玩家的现时血点数目。同时定义currNumTemp初值，这样方便接下来给3家发送游戏结束时候的输赢情况。
- 第7～15行为当前玩家为1号玩家的情况，减一滴血的同时，如果血量减为0，将发送游戏结束的消息，关闭输入输出流和网络套接字。
- 第16～24行为当前玩家为2，3号玩家的情况，由于代码与1号玩家类似，且篇幅有限，不再赘述。
- 第25～27行为构造发送消息的结果集字符串。分别为3个字符串末尾添加上相应玩家的血点情况，发送给客户端。
- 第28～36行为3个玩家客户端发送每个人的血点情况。由于每个玩家的游戏界面都要显示其他两个玩家的血点情况，所以每个人都要得到3个玩家的血点信息。

（8）以<#PLUSMOOD#><#TAO#>开头的消息代码如下。该方法主要介绍当玩家使用桃的时候，如何处理血点变化。将下列代码插入到以<#PLUSMOOD#>开头的消息代码的第7行。

13.8 服务器相关类

> 代码位置：见随书源代码\第 13 章\SanGuoAgent\src\com\bn 目录下的 ServerAgent.java。

```
1   String tao=msg.substring(19);                        //截取字符串
2   String[] taos=tao.split("\\,");                      //分割字符串
3   int onetao=Integer.parseInt(taos[0]);                //获得1号玩家血点
4   int twotao=Integer.parseInt(taos[1]);                //获得2号玩家血点
5   int threetao=Integer.parseInt(taos[2]);              //获得3号玩家血点
6   if(currPlayer==player1){                             //如果出牌一家为1号上家
7      if(threetao!=5){                                  //血量不足5
8          threetao++;                                   //为其加一滴血
9   }}else if(currPlayer==player2){                      //如果出牌一家为2号上家
10     if(onetao!=5){                                    //血量不足5
11         onetao++;                                     //为其加一滴血
12  }}else if(currPlayer==player3){                      //如果出牌一家为3号上家
13     if(twotao!=5){                                    //血量不足5
14         twotao++;                                     //为其加一滴血
15  }}
16  result[0]=result[0]+onetao;                          //构造结果集字符串
17  result[1]=result[1]+twotao;                          //构造结果集字符串
18  result[2]=result[2]+threetao;                        //构造结果集字符串
19  player1.dout.writeUTF(result[0]);                    //player1发送1号玩家血点数目消息
20  player1.dout.writeUTF(result[1]);                    //player1发送2号玩家血点数目消息
21  player1.dout.writeUTF(result[2]);                    //player1发送3号玩家血点数目消息
22  player2.dout.writeUTF(result[0]);                    //player2发送1号玩家血点数目消息
23  player2.dout.writeUTF(result[1]);                    //player2发送2号玩家血点数目消息
24  player2.dout.writeUTF(result[2]);                    //player2发送3号玩家血点数目消息
25  player3.dout.writeUTF(result[0]);                    //player3发送1号玩家血点数目消息
26  player3.dout.writeUTF(result[1]);                    //player3发送2号玩家血点数目消息
27  player3.dout.writeUTF(result[2]);                    //player3发送3号玩家血点数目消息
```

- 第 1～5 行为服务端接收到以<#PLUSMOOD#><#TAO#>开头的消息，截取字符串，得到 3 个玩家血点信息。
- 第 6～14 行为根据出牌玩家的上家的号码，对其进行血点的处理。由于桃这张牌会为玩家增加一个血点，但如果血点已经为 5，则不再增加血点。
- 第 16～27 行为构造结果集字符串，并发送给 3 家 3 个人血点的信息。

（9）以<#PLUSMOOD#><#PLUS#>开头的消息代码如下。该方法的主要介绍当玩家受到锦囊牌攻击时，如何处理血点的变化。将下列代码插入到以<#PLUSMOOD#>开头的消息代码的第 7 行。

> 代码位置：见随书源代码\第 13 章\SanGuoAgent\src\com\bn 目录下的 ServerAgent.java。

```
1   int currNum=-1;                                      //定义 currNum 初值为-1
2   String plusmood=msg.substring(20);                   //截取字符串
3   String[] plusmoods=plusmood.split("\\,");            //分割字符串
4   int oneplus=Integer.parseInt(plusmoods[0]);          //获得现时1号玩家血量
5   int twoplus=Integer.parseInt(plusmoods[1]);          //获得现时2号玩家血量
6   int threeplus=Integer.parseInt(plusmoods[2]);        //获得现时3号玩家血量
7   if(currPlayer==player1){                             //出牌一家为1号玩家的上家
8      oneplus--;                                        //其他两家减少血量
9      twoplus--;
10  ……//此处省略了判断除1号玩家外的两个玩家血量的代码，将在后面给出
11     }else if(currPlayer==player2){                    //出牌一家为2号玩家的上家
12        twoplus--;                                     //其他两家减少血量
13        threeplus--;
14  ……//该处省略了判断除2号玩家外的两个玩家血量的代码，由于与1号玩家代码相似，不再赘述
15     }else if(currPlayer==player3){                    //出牌一家为3号玩家的上家
16        oneplus--;                                     //其他两家减少血量
17        threeplus--;
18  ……//该处省略了判断除3号玩家外的两个玩家血量的代码，由于与1号玩家代码相似，不再赘述
19     }
20  result[0]=result[0]+oneplus;                         //构造结果集字符串
21  result[1]=result[1]+twoplus;                         //构造结果集字符串
22  result[2]=result[2]+threeplus;                       //构造结果集字符串
23  player1.dout.writeUTF(result[0]);                    //player1发送1号玩家血点数目消息
24  player1.dout.writeUTF(result[1]);                    //player1发送2号玩家血点数目消息
25  player1.dout.writeUTF(result[2]);                    //player1发送3号玩家血点数目消息
```

```
26    player2.dout.writeUTF(result[0]);          //player2 发送 1 号玩家血点数目消息
27    player2.dout.writeUTF(result[1]);          //player2 发送 2 号玩家血点数目消息
28    player2.dout.writeUTF(result[2]);          //player2 发送 3 号玩家血点数目消息
29    player3.dout.writeUTF(result[0]);          //player3 发送 1 号玩家血点数目消息
30    player3.dout.writeUTF(result[1]);          //player3 发送 2 号玩家血点数目消息
31    player3.dout.writeUTF(result[2]);          //player3 发送 3 号玩家血点数目消息
```

- 第 1 行为定义了 currNum 初值为-1，随后，将根据输赢情况不同，为它赋予不同的数值。最后发送给客户端，客户端根据收到的 currNum 值，判断输赢情况。
- 第 3~6 行根据客户端传来的消息，得到 3 个玩家现时的血量情况。
- 第 7~19 行分别为当前玩家为 1 号玩家、2 号玩家和 3 号玩家的时候，如何处理该牌实现的效果。
- 第 20~22 行为构造发送给客户端消息的字符串。每个字符串末尾都要加上相应玩家的血点信息。
- 第 23~31 行向 3 个玩家发送消息。由于每个玩家的游戏界面都要显示其他两个玩家的血点情况，所以每个人都要得到 3 个玩家的血点信息。

（10）下面介绍当玩家受到锦囊牌攻击时，如何处理除一号玩家外，其他两个玩家的血量问题，将下列代码插入到上述代码的第 10 行。

代码位置：见随书源代码\第 13 章\SanGuoAgent\src\com\bn 目录下的 ServerAgent.java。

```
1  if(oneplus==0&&twoplus!=0) {                  //如果一号玩家血量为 0
2      currNum=1;                                //currNum 值为 1
3      Server.count=0;                           //服务器记录连接的人数清零
4      player1.dout.writeUTF("<#FINISH#>"+currNum);//player1 发送信息
5         player2.dout.writeUTF("<#FINISH#>"+currNum); //player2 发送信息
6         player3.dout.writeUTF("<#FINISH#>"+currNum); //player3 发送信息
7      ……//该处省略了一局游戏结束，关闭输入输出流和网络套接字的代码，读者可自行查看随书的源代码
8  }else if(twoplus==0&&oneplus!=0) {            //如果二号玩家血量为 0
9      currNum=2;                                //currNum 值为 2
10     Server.count=0;                           //服务器记录连接的人数清零
11     player1.dout.writeUTF("<#FINISH#>"+currNum);//player1 发送信息
12     player2.dout.writeUTF("<#FINISH#>"+currNum);//player2 发送信息
13     player3.dout.writeUTF("<#FINISH#>"+currNum);//player3 发送信息
14     ……//该处省略了一局游戏结束，关闭输入输出流和网络套接字的代码，读者可自行查看随书的源代码
15     }else if(oneplus==0&&twoplus==0){         //如果两家血量都为 0
16     Server.count=0;                           //服务器记录连接的人数清零
17     player1.dout.writeUTF("<#FINISH#>"+1);    //player1 发送信息
18     player2.dout.writeUTF("<#FINISH#>"+2);    //player2 发送信息
19     player3.dout.writeUTF("<#FINISH#>"+0);    //player3 发送信息
20     ……//该处省略了一局游戏结束，关闭输入输出流和网络套接字的代码，读者可自行查看随书的源代码
21     }
```

- 第 1~21 行为判定玩家是否由于锦囊牌的攻击掉血而结束游戏的代码。由于锦囊牌入侵和万箭齐发会同时攻击两个人，所以要考虑另外两家的血量情况，分为 3 种，要为每一种都做出处理。
- 第 1~7 行表示如果 1 号玩家血量为 0 而 2 号玩家血量不为 0 的时候，设定 currNum 值为 1，清空服务器记录的连接人数，并向 3 家发送游戏结束信息。
- 第 8~21 行为其他两种情况，一是 2 号血量为 0 而 1 号不为 0，二是 1 号和 2 号玩家血量都为 0 的情况，由于篇幅有限，请读者自行查看随书的源代码。

（11）以<#NO_PLAY#>开头的消息代码如下。该段代码用来处理玩家取消出牌后的情况，将下列代码插入到 ServerAgent 类代码的第 27 行。

代码位置：见随书源代码\第 13 章\SanGuoAgent\src\com\bn 目录下的 ServerAgent.java。

```
1  ServerAgent next=null;                         //下一个玩家为空
2      if(currPlayer==player1){                   //如果当前玩家为 1
3          next=player2;                          //下一个玩家就为 2
```

```
4       }else if(currPlayer==player2){          //如果当前玩家为 2
5           next=player3;                        //下一个玩家为 3
6       }else if(currPlayer==player3){           //如果当前玩家为 3
7           next=player1;        }               //下一个玩家为 1
8       next.dout.writeUTF("<#YOU#>");           //给下一个玩家牌权
9       currPlayer=next;                         //当前玩家更改为下一个玩家
```

- 第 1~9 行代码为客户端点击放弃按钮之后，服务器端接收<#NO_PLAY#>的消息，并且判断下一个玩家是谁。
- 第 2~8 行为当前玩家为 1，2，3 的时候，下一个玩家为 2，3，1，并且给下一个玩家牌权。

（12）以<#EXIT#>开头的消息代码如下。该段代码用来处理当有玩家退出后，游戏结束的情况，将下列代码插入到 ServerAgent 类代码的第 29 行。

📄 代码位置：见随书源代码\第 13 章\SanGuoAgent\src\com\bn 目录下的 ServerAgent.java。

```
1   Server.count=0;                              //服务器端玩家的数量归零
2   player1.dout.writeUTF("<#EXIT#>");           //player1 发送<#EXIT#>信息
3   player2.dout.writeUTF("<#EXIT#>");           //player2 发送<#EXIT#>信息
4   player3.dout.writeUTF("<#EXIT#>");           //player3 发送<#EXIT#>信息
5   player1.flag=false;                          //player1 的标志位为 false
6   player1.dout.close();                        //关闭输出流
7   player1.din.close();                         //关闭输入流
8   player1.sc.close();                          //关闭套接字
9   player2.flag=false;                          //player2 的标志位为 false
10  player2.dout.close();                        //关闭输出流
11  player2.din.close();                         //关闭输入流
12  player2.sc.close();                          //关闭套接字
13  player3.flag=false;                          //player3 的标志位为 false
14  player3.dout.close();                        //关闭输出流
15  player3.din.close();                         //关闭输入流
16  player3.sc.close();                          //关闭套接字
```

- 第 1 行为当客户端发送<#EXIT#>的消息，服务器端接收消息，并将玩家的数量归零。
- 第 2~4 行为代理服务器接收客户端发送的以<#EXIT#>开头的消息，得知本局结束，并发送给每一个客户端以<#EXIT#>开头的信息。
- 第 5~16 行为为 3 个客户端都关闭程序虚拟服务器端线程，并且关闭输入流、输出流和网络套接字。

13.8.3 发牌类

本小节将要介绍的是发牌类，这里最重要的一点就是发牌的随机性。该方法的详细代码如下。

📄 代码位置：见随书源代码\第 13 章\SanGuoAgent\src\com\bn 目录下的 FPUtil.java。

```
1   package com.bn;                              //声明包名
2   import java.util.*;                          //引入相关包
3   public class FPUtil{                         //创建公共类
4   public static String[] newGame(){            //静态返回值为 String[]方法
5     ArrayList<Integer> cards=new ArrayList<Integer>(); //创建 ArrayList 对象
6     for(int i=0;i<54;i++){                     //for 循环
7         cards.add(i); }                        //将 i 添加到 ArrayList
8     Collections.shuffle(cards);                //随机更改指定列表序列
9     String[] result=new String[]{              //创建 String[]数组
10         "<#START#>","<#START#>","<#START#>" };
11    for(int i=0;i<54;i++){                     //for 循环
12        int k=i%3;                             //k 为 i 对 3 求余所得的余数
13        int c=i/3;                             //c 为 i/3 所得的除数
14        result[k]=result[k]+cards.get(i)+","; }
15        for(int i=0;i<3;i++){                  //for 循环
16            result[i]=result[i].substring(0,result[i].length()-1); }//截取子字符串
17        return result;                         //返回结果集
18  public static void main(String[] args){} }
```

- 第 5~7 行创建了一个 ArrayList 对象，其存储的是 Integer 对象。同时通过 for 循环，将

循环所得到的数字存储在 ArrayList 对象里。

- 第 8 行为使用指定的随机源,随机更改指定列表的序列。所有序列更改发生的可能性都是相等的,假定随机源是公平的。
- 第 9～14 行为创建一个 String 一维数组,并且开始存储字符串,将随机牌类添加到对应的字符串数组 result 中。
- 第 15～17 行为通过截取字符串,去除每个字符中间用于间隔的逗号,并赋值给原先对应的字符串数组中。

13.8.4 初始化血点类

前面已经对游戏开始的一个重要工作——发牌进行了介绍,现在将介绍初始化血点类。该方法的详细代码如下。

> 代码位置:见随书源代码\第 13 章\SanGuoAgent\src\com\bn 目录下的 MoodUtil.java。

```
1   package com.bn;                                     //声明包名
2   import java.util.*;                                 //导入相关包
3   public class MoodUtil{                              //创建公共类
4       public static String[] checkmood(){             //静态返回值为 String[]方法
5           int onemood=5;                              //初始化 1 号玩家血点为 5
6           int twomood=5;                              //初始化 2 号玩家血点为 5
7           int threemood=5;                            //初始化 3 号玩家血点为 5
8           String[] result=new String[]{               //创建 string 字符串
9           "<#ONEMOOD#>","<#TWOMOOD#>","<#THREEMOOD#>"};
10          result[0]=result[0]+onemood;                //构造结果集
11          result[1]=result[1]+twomood;                //构造结果集
12          result[2]=result[2]+threemood;              //构造结果集
13          return result;       }                      //返回结果集
14      public static void main(String[] args){} }
```

- 第 5～7 行初始化 3 个玩家的血点。由于游戏人物及界面绘制设定,初始的时候给 3 个玩家分配 5 个血点。
- 第 8～12 行创建返回结果集的 string 字符串。同时将血点数值添加到对应的字符串数组 result 中,消息重组后再发送给客户端进行使用。
- 第 13 行返回结果集。以<#ONEMOOD#><#TWOMOOD#>和<#THREEMOOD#>开头的字符串,后面携带每个人的血点数量。

13.8.5 判断装备牌类

下面将介绍判断装备牌类。该类将根据每个玩家所出的装备牌,在游戏界面上绘制出相应的装备文字,详细代码如下。

> 代码位置:见随书源代码\第 13 章\SanGuoAgent\src\com\bn 目录下的 CardUtil.java。

```
1   package com.bn;                                     //声明包名
2   import java.util.*;                                 //引入相关包
3   public class CardsUtil{                             //创建公共类
4        public static String[] playeronecardswords(String cards){     //1 号玩家
5       String[] result=new String[]{                   //创建字符串
6       "<#ONEWUQI#>","<#ONEFANGJU#>","<#ONEPLUSHORSE#>","<#ONEJIANHORSE#>"};
7           int cardword=Integer.parseInt(cards);       //整型转换
8           if(cardword>=1&cardword<=8){                //判断武器牌
9            result[0]=result[0]+cardword;
10          }else if(cardword==9) {                     //判断防具牌
11              result[1]=result[1]+cardword;
12          }else if(cardword>=10&cardword<=12){        //判断加一马
13              result[2]=result[2]+cardword;
14           }else if(cardword>=13&cardword<=15){       //判断减一马
15      result[3]=result[3]+cardword; }
```

```
16      return result; }                                            //返回结果集
17    public static String[] playertwocardswords(String cards){     //2号玩家
18      ……//该处省略了该方法的代码，由于和1号玩家类似，不再赘述，读者可自行查看随书源代码}
19    public static String[] playerthreecardswords(String cards){   //3号玩家
20      ……//该处省略了该方法的代码，由于和1号玩家类似，不再赘述，读者可自行查看随书源代码}
21    public static void main(String[] args){ }}
```

- 第1～16行为判断1号玩家的装备牌。根据玩家所出的牌面，进行分支判定，不同的装备牌就会返回不同的装备索引。
- 第5～15行为判断的过程。由客户端传送来的牌的索引经过整型转换，再发送到客户端，进行界面绘制。
- 第17～21行为判断2号和3号玩家的装备牌的代码。由于代码类似篇幅有限，不再赘述。

13.8.6 管理玩家距离类

下面将开始讲解玩家距离类，玩家距离的管理是该游戏的重要部分，直接关系到本网络对战游戏的顺利进行，详细代码如下。

代码位置：见随书源代码\第13章\SanGuoAgent\src\com\bn 目录下的 FarUtil.java。

```
1  package com.bn;                                          //声明包名
2  import java.util.*;                                      //引入相关包
3  public class FarUtil{                                    //创建公共类
4    public static String[] playerOneFar(int cards,int far){  //1号玩家
5      int onetotwo=3;                                      //初始化距离3
6      int onetothree=3;                                    //初始化距离3
7      int n=0;                                             //记录更改距离索引值
8      int card=cards;                                      //获得玩家出牌
9      String[] result=new String[]{                        //创建字符串
10       "<#ONEFARTWO#>","<#ONEFARTHREE#>","<#FAR#>"  };
11     if(card==1){                                         //该类武器牌减少距离1
12         onetotwo=onetotwo-1;
13         onetothree=onetothree-1;
14         n=1;                                             //记录更改距离为1
15     }else if(card==2||card==3){                          //该类武器牌减少距离2
16         onetotwo=onetotwo-2;
17         onetothree=onetothree-2;
18         n=2;                                             //记录更改距离为2
19     ……//这部分省略部分牌面的处理方法，由于和上述代码类似不再赘述，读者可自行查看随书源代码
20     }else if(card>=13&card<=15){                         //该类马牌减少距离1
21         onetotwo=onetotwo-1;
22         onetothree=onetothree-1;
23         n=1; }                                           //记录更改距离为1
24     result[0]=result[0]+onetotwo;                        //构造结果集
25     result[1]=result[1]+onetothree;                      //构造结果集
26     return result; }                                     //返回结果集
27   public static String[] playerTwoFar(String cards){
28     ……//该处省略2号玩家距离处理代码，由于和上述代码类似，不再赘述，读者可自行查看随书的源代码}
29   public static String[] playerThreeFar(String cards){
30     ……//该处省略3号玩家距离处理代码，由于和上述代码类似，不再赘述，读者可自行查看随书的源代码}
31    public static void main(String[] args){     }}
```

- 第5、6行为初始化，1号玩家与2号和3号玩家的距离为3，省略的其他玩家距离类也同样。
- 第9～23行为构造结果集字符串，同时进行判断，玩家出牌是何种武器就会进行相应的距离的处理。更改玩家之间距离的同时，就会推动游戏更好地进行。
- 第24～26行为开始构造并返回结果集。<#ONEFARTWO#>、<#ONEFARTHREE#>和<#FAR#>，分别代表玩家之间的距离和本次装备牌更改的距离数值。
- 第27～30行为处理2号玩家和3号玩家距离的代码，与1号玩家代码类似，不再赘述。

13.9 本章小结

至此，本游戏的功能已经基本开发完全，但是有许多的地方可以提升并且完善。有兴趣的读者可以按照下面列出的几点对本游戏进行优化，这样更有助于读者对知识的理解和吸收。

1. 锦囊牌的增加

该游戏还可以加入更多的牌型，大家可以自行发挥想象，加入更多美观又有文艺风范的牌。玩家可根据自己的喜好，为游戏增加更多的可玩性。玩家出各种锦囊的时候，可以有不同的动画效果。

2. 添加更加人性化的声音

该游戏还未对每个人物每张特定的牌添加特定的声音效果，玩家可根据自己的喜好，即使是每个玩家，也可以有特定的声音。

3. 出牌时间限制

该游戏并未对出牌时间加以限定，玩家可根据自己的喜好，为玩家添加上特定的出牌时间，这样可以增加游戏的可玩性。

第 14 章 益智类游戏——《Wo!Water!》

随着安卓平台上软件的日渐丰富，流行的游戏种类也在变化，而更加贴近现实、同时更富有趣味性的益智解谜类游戏逐渐风靡起来，越来越受广大玩家的青睐。

本章将开发一款基于 Android 平台的益智类流体游戏——《Wo!Water!》。通过本章的学习，读者将会对 Android 平台下利用 OpenGL ES 2.0 渲染的 2D 手机游戏的开发步骤有所了解。下面就带领读者详细地了解该游戏的开发过程。

14.1 游戏背景和功能概述

在开发《Wo!Water!》游戏之前，首先需要了解本游戏的背景以及功能。本节主要围绕本游戏的背景以及功能进行简单的介绍，通过对《Wo!Water!》的简单介绍，使读者对本游戏的开发有一个整体的认知，方便读者快速理解并掌握本游戏的开发技术。

14.1.1 背景概述

随着近年来移动手持设备性能的不断提升，手机游戏拥有了更真实的场景、更丰富的内容，而流体类游戏也越来越流行，比如目前比较热门的游戏《鳄鱼小顽皮爱洗澡》和《鸭嘴兽泰瑞在哪里》等因为其操作简单、新奇有趣，在各年龄段的用户中都受到了热捧，如图 14-1 和图 14-2 所示。

▲图 14-1 《鳄鱼小顽皮爱洗澡》

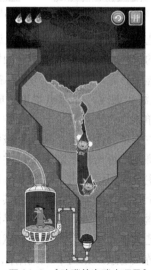

▲图 14-2 《鸭嘴兽泰瑞在哪里》

本章介绍的是一款使用 OpenGL ES 2.0 进行图像渲染的 Android 平台的益智类流体游戏。本游戏利用了 JBox2D 物理引擎，能够实现多个粒子聚集时呈现相互粘连，单个粒子分离时清晰呈现的半透明效果，使所模拟的水流形象逼真，而玩法也非常新颖独特。

14.1.2 功能介绍

本小节将详细地介绍游戏的具体功能。本游戏主要包括主菜单界面、主选关界面和游戏界面等，所有的界面都是通过实现 ViewInterface 接口并被 ViewManager 管理的，具体步骤如下。

（1）运行本游戏。首先进入加载界面，"百纳科技"四个字中的水渐渐上涨，如图 14-3 所示。

（2）当游戏的加载界面结束后，进入游戏的主菜单界面，在主菜单界面中单击不同的选项进入不同的界面，如图 14-4 所示。

（3）在主菜单界面单击"选项"按钮可以设置游戏的音乐和音效，查看关于界面和重置游戏，如图 14-5 所示，单击界面中的音效和音乐键可以控制游戏的游戏音效以及背景音乐的开关，单击左下角的返回键返回上一界面。

▲图 14-3　加载界面　　　　　▲图 14-4　主菜单界面　　　　　▲图 14-5　选项界面

（4）在选项界面单击"关于"按钮进入游戏的关于界面，如图 14-6 所示。该界面中介绍了本游戏制作方的信息，单击左下角的返回键可以返回到上一界面。

（5）在选项界面单击"重置游戏"按钮进入重置游戏的界面，如图 14-7 所示。该界面中单击"是"会重置游戏进度，并弹出"重置成功"的对话框，单击"确定"按钮返回选项界面，如图 14-8 所示，单击"否"返回上一界面。

（6）在主菜单界面单击"帮助"按钮进入帮助界面。该界面详细介绍了游戏的玩法，用手指左右滑动屏幕，即可切换帮助卡片，并且上方的文字介绍也随之改变，如图 14-9 所示。

（7）在主菜单界面单击"玩游戏"按钮进入主选关界面。在该界面中，有两个可以左右滑动的盒子，每个盒子代表着一季关卡，其中第一季允许画一条阻挡线，第二季允许画两条阻挡线，单击不同的盒子即可进入不同的选关界面，如图 14-10 所示。

（8）在选关界面中，有 6 个水滴状的按钮，每个按钮代表着一个关卡，单击不同的关卡即可进入相应的游戏场景，如图 14-11 所示。

（9）在游戏界面中，单击右上角菜单按钮，游戏暂停并弹出菜单对话框；单击右上角重玩按钮，即可刷新界面重玩本关游戏；单击右上角的照相按钮，即可截屏并保存；界面上方为本关的倒计时，如图14-12所示。

▲图14-6 关于界面

▲图14-7 重置游戏界面

▲图14-8 重置成功界面

▲图14-9 帮助界面

▲图14-10 主选关界面

▲图14-11 主选关界面

（10）在单击了右上角的菜单按钮后弹出菜单对话框，单击"继续"会回到游戏界面继续游戏；单击"跳过关卡"会跳过本关，直接开始下一关；单击"选择关卡"会回到选关界面；单击"主菜单"会回到主菜单界面，如图14-13所示。

（11）在游戏界面中，水会从管道中流出，用户需要在屏幕上用手指画一条阻挡线，阻挡住水流防止其落下去，并通过阻挡线的引导将水流引向下面的水槽中，当水流开始进入水槽时，右上方的烧瓶中的水也会增长，有些关卡中还会有火苗和挡板等小机关，如图14-14和图14-15所示。

（12）当在规定的时间内收集到足够的水时，游戏胜利，并弹出游戏胜利的界面，给出玩家最终的得分。当得分比上一次高时，会显示"成绩提高了"的提示，如图14-16所示。当时间耗尽或者未收集到足够的水时，游戏失败，并弹出游戏失败的界面，如图14-17所示。

▲图 14-12　游戏界面

▲图 14-13　暂停菜单界面

▲图 14-14　游戏界面

▲图 14-15　游戏界面

▲图 14-16　游戏胜利界面

▲图 14-17　游戏失败界面

14.2　游戏的策划及准备工作

本节将着重讲解游戏开发的前期准备工作。策划和前期的准备工作是软件开发必不可少的步骤，它们指明了研发的方向，只有明确的方向才能产生优秀的产品，这里主要包含游戏的策划和游戏中资源的准备。

14.2.1　游戏的策划

游戏策划是指对游戏中主要功能的实现方案进行确定的过程，大型游戏需要缜密的策划才可以开发。本游戏的策划主要包含游戏类型定位、呈现技术和目标平台的确定等工作。

1．游戏类型

该游戏的操作为触屏，通过手指滑动产生碰撞线引导水流前进，并且在恰当的时机触摸消除阻挡水流前进的障碍物并躲避火焰的灼烧，在规定的时间内使水流到达指定的容器，增加了游戏的可玩性，属于休闲益智类游戏。

2. 运行目标平台

游戏目标平台为 Android 2.2 及以上版本。由于本游戏中计算量比较大，CPU 运算速度较慢的设备运行游戏时游戏效果会比较差。

3. 操作方式

本游戏所有关于游戏的操作为触屏，玩家可以操纵碰撞线引导水流前进，同时触摸阻挡水流前进的障碍物使其消失，最终取得游戏的胜利。

4. 呈现技术

游戏完全采用 OpenGL ES 2.0 技术进行 2D 的绘制，由于计算量很大，如果采用 3D 的计算和绘制当前的设备可能无法承担，所以将来的升级版本可以考虑进行 3D 的绘制，增强玩家的游戏感。

5. 物理计算

本游戏中关于物理世界的模拟是通过 JBox2D 物理引擎完成的，非常真实地模拟现实世界，使得游戏更加逼真，提供更好的娱乐体验。

14.2.2 安卓平台下游戏开发的准备工作

本小节将做一些开发前的准备工作，包括搜集和制作图片、声音等。该游戏用到的资源有各个物体的纹理图、游戏中的背景音乐和特性音乐以及游戏的欢迎界面图片等，详细开发步骤如下。

（1）首先为读者介绍的是本游戏中用到的图片资源，系统将所有图片资源都放在项目文件下的 assets 目录的 pic 文件夹下，详细情况如表 14-1 所示。此表展示的是游戏中所有物体的图片，图片清单仅用于说明，不必深究。

表 14-1　　　　　　　　　　　图片清单

图片名	大小（KB）	像素（w×h）	用途
aboutbutton1.png	29.6	256×64	关于按钮
aboutbutton2.png	30.4	256×64	关于按钮
continuegb1.png	30.6	256×64	继续按钮
continuegb2.png	31.4	256×64	继续按钮
dx.png	1.54	32×64	冒号
exitbg.png	3.87	256×512	退出背景
exittost.png	189	512×512	退出对话框
finger.png	25.8	128×256	手指
failedtext.png	110	256×1024	失败的文字
fire.png	1.0	32×32	火
gamemenu.png	8.65	128×64	主菜单按钮
gamemenubg.png	97.1	512×1024	主界面背景
gundong1.png	99.1	512×128	滚动图片
gundong2.png	97.2	512×128	滚动图片
gundong3.png	84.3	512×128	滚动图片
gundong4.png	68.3	512×128	滚动图片
gundong5.png	71.9	512×128	滚动图片
help1.png	199	256×512	帮助卡片

续表

图片名	大小（KB）	像素（w×h）	用途
help2.png	195	256×512	帮助卡片
help3.png	206	256×512	帮助卡片
help4.png	194	256×512	帮助卡片
help5.png	205	256×512	帮助卡片
helpbutton1.png	30	256×64	帮助按钮
helpbutton2.png	30.8	256×64	帮助按钮
helptost.png	183	512×512	帮助对话框
line.png	20.2	512×32	线
load1.png～load21.png	31	512×128	加载图片
main_menu_bg2.png	320	512×1024	主界面背景
mainmenugb1.png	30.7	256×64	主菜单按钮
mainmenugb2.png	31.6	256×64	主菜单按钮
mainselect1.png	385	512×512	盒子
mainselect2.png	375	512×512	盒子
mainselectred.png	6.04	256×256	辅助图片
menubutton1.png	31.6	256×64	菜单按钮
menubutton2.png	31.8	256×64	菜单按钮
music_off.png	18.5	128×64	音乐按钮
music_on.png	17.3	128×64	音乐按钮
nextbutton1.png	30.6	256×64	下一关按钮
nextbutton2.png	31.2	256×64	下一关按钮
nobutton1.png	29.5	256×64	否按钮
nobutton2.png	29.6	256×64	否按钮
s0.png～s9.png	4.19	64×128	数字图片
select1.png～select6.png	8.56	64×64	关卡按钮
select12.png～select62.png	8.77	64×64	关卡图片
t0.png～t9.png	5.14	32×64	数字
yesbutton1.png	29.6	256×64	是按钮
yesbutton2.png	29.6	256×64	是按钮
www.png	5	64×64	水图片
sound_off.png	18.6	128×64	音效按钮
sound_on.png	17	128×64	音效按钮
sp_menu_bg2.png	43.2	512×1024	界面背景
surebutton.png	31.7	256×64	确定按钮
replay.png	5.75	64×64	重玩按钮
replaybutton1.png	30.9	256×64	重玩按钮
replaybutton2.png	31.1	256×64	重玩按钮

续表

图片名	大小（KB）	像素（w×h）	用途
resetgame1.png	32.7	256×64	重置按钮
resetgame2.png	33.6	256×64	重置按钮
resetnobutton1.png	28.7	256×64	否按钮
resetnobutton2.png	29.2	256×64	否按钮
resetsuccessful.png	168	512×512	重置成功对话框
resetyesbutton1.png	28.8	256×64	是按钮
resetyesbutton2.png	29.2	256×64	是按钮
returnbutton1.png	30.5	128×128	返回按钮
returnbutton2.png	30.4	128×128	返回按钮
selectgb1.png	32.5	256×64	选择关卡按钮
selectgb2.png	33.4	256×64	选择关卡按钮
setbutton1.png	30.4	256×64	选项按钮
setbutton2.png	31.1	256×64	选项按钮
shaoping.png	10.7	128×256	烧瓶
Shuicao.png	29.6	256×256	水槽
skipgb1.png	32.5	256×64	跳过关卡按钮
skipgb2.png	33.5	256×64	跳过关卡按钮
part-fire.png	3.25	16×16	火底座
playbutton1.png	32.2	256×64	玩游戏按钮
playbutton2.png	33.1	256×64	玩游戏按钮
qingwa.png	17.6	128×128	青蛙
part1.png~part17.png	33.5	256×64	游戏场景元素
camera.png	12.8	128×64	照相机按钮

（2）接下来介绍游戏中用到的声音资源。主要是一些背景音乐和即时音效，背景音乐的加入是为了增强游戏的可玩性，即时音效的添加可以提高游戏的真实性。系统将声音资源放在项目目录中的 res\raw 文件夹下，详细情况如表 14-2 所示。

表 14-2　　　　　　　　　　　　声音清单

声音文件名	大小（KB）	格式	用途
beijing_music.mp3	294	ogg	游戏背景音乐
bt_press.mp3	3.67	mp3	按钮声音
jinshui.mp3	5.3	mp3	水流声音

14.3　游戏的架构

　　在介绍该游戏代码的开发之前，首先需要对该游戏的架构进行简单介绍，包括界面相关类、物理封装相关类、辅助线程类和工具类，使读者更好地理解游戏开发过程中和后面章节中要介绍的内容，并对本游戏的开发有更深层次的认识。

14.3.1 各个类的简要介绍

为了便于读者对本游戏的学习和理解，在介绍本游戏的代码开发之前，需要介绍本游戏各个类的功能和作用。下面将其分成公共类、界面相关类、线程辅助类等 6 个部分分别进行介绍，而各个类的详细代码将在后面的章节中相继开发介绍。

1. 公共类

Activity 的实现类 MainActivity：该类继承自 Android 系统的 Activity，是整个游戏的控制器，也是整个游戏的程序入口。该类主要负责进行界面的切换与控制、背景音乐的开启与关闭以及根据收到消息处理器的消息的不同做出不同的操作等。

2. 界面相关类

- 总界面管理类 ViewManager

该类为游戏程序中呈现界面最主要的类，是总界面管理类并继承自系统的 GLSurfaceView 类，主要的功能是负责游戏图片资源、地图数据等的加载、整个游戏画面的绘制、游戏触控事件的处理和游戏当前界面的绘制等。

- 自定义的 View 接口类 ViewInterface——该类为游戏程序中自定义 View 的接口类，包含 7 个方法，自定义 View 通过实现 ViewInterface 接口，重写接口中的方法，方便 ViewManager 的管理和调用。

- 自定义游戏动态帮助界面类 BNDynamicHelpView——该类为动态帮助界面。主要的功能是在玩家第一次进入游戏界面时，绘制"是否需要帮助"的对话框、在玩家单击"是"后绘制帮助动画等。若单击"否"，则直接进入游戏界面，开始游戏。该类的开发帮助玩家了解游戏的操作方式。

- 自定义游戏主选关界面类 BNMainSelectView——该类为主选关界面类。主要的功能是绘制一定面积的紫色水流，使其从屏幕中央开始下落、绘制纸板盒和礼物盒两个关卡盒子，通过左右滑动屏幕可以切换关卡盒子。切换好盒子后单击当前盒子就可以进入相应的小关卡选关界面。

- 自定义游戏重置界面类 BNResetGameView——该类在游戏中起重置数据的作用，单击重置按钮后，屏幕上会出现"是"和"否"两个按钮，当玩家单击"是"后，界面会出现重置成功的提示，所有的游戏数据会全部被还原，和第一次进入游戏一样。若单击"否"，则返回重置界面类。

- 自定义游戏主菜单界面类 BNMenuView——该类为游戏主菜单界面类。本类主要用于在屏幕中绘制玩游戏、选项和帮助 3 个按钮和一定面积的紫色水流使其从屏幕上方开始下落。玩家可以通过单击屏幕中不同功能的按钮切换到不同的界面，以便玩家查看相应界面的功能。

- 自定义游戏帮助界面类 BNHelpView——该类为游戏帮助类，主要的功能为绘制每个关卡的帮助信息、背景图等。玩家通过切换帮助卡片可以了解每个关卡中障碍物的摆放、游戏中要注意的事项以及取得游戏胜利的方法等。单击左下方的返回键返回主菜单界面。

- 自定义游戏界面类 BNGameView——该类为游戏界面类，主要用于绘制烧瓶、时间、水流、水槽、菜单按钮、照相按钮和重玩按钮等场景中的物体，不同的关卡和界面会出现不同的道具元素。此外，本类还添加了触控事件，玩家通过恰当的操作来取得游戏的胜利。

- 自定义游戏选关界面类 BNSelectView1、BNSelectView2——该类为游戏中的选关界面类。这两个界面类似，主要用于绘制 6 个水滴形状的小关卡按钮和一定面积的紫色水流，本类也添加了触控事件，玩家通过单击界面中不同的小关卡来进行游戏。

- 自定义游戏选项界面类 BNXuanXiangView——该类为游戏中的选项类，主要的功能为绘制背景音乐和音效按钮、关于按钮、重置游戏按钮和一定面积的水流等。该界面中可以进行一些背景音乐和音效的设置，此外还包括查看关于按钮和重置游戏按钮，单击不同的按钮可进入不同的界面。

- 自定义游戏关于界面类 BNAboutView——该类的主要的功能为简单地呈现游戏的制作团队信息。

3. 线程辅助类

- PhysicsThread 类——继承自系统 Thread 类的物理刷帧线程，主要用于进行物理模拟、一次模拟完成后增删物理世界的刚体和从物理世界获取一帧画面中水粒子的位置缓冲，并将其转化为屏幕坐标存放进位置队列 1。此外，本类还设置了限速的功能。当物理模拟太快时，则程序会根据机器的性能自动限速。
- SaveThread 类——继承自系统 Thread 类的数据计算线程，主要用于从位置队列 1 中获取最新一帧画面中水粒子的位置坐标，将其转化为 3D 世界的坐标并存储进绘制用的位置队列 2，两个位置队列的设置提高了 OpenGL ES 2.0 的绘制速度。
- FireUpdateThread 类——继承自 Thread 类，用来模拟场景中动态火的计算，从而达到逼真自然的效果。

4. 火粒子系统相关类

- FireSingleParticle 类——单个烟火粒子类。通过封装单个烟火粒子的相关计算信息，方便粒子系统的调用和绘制。
- FireParticleSystem 类——存储火粒子的火粒子系统类。通过 update 方法不断地发射火粒子，精确地模拟仿真火粒子的运动。通过调用 drawSelf 方法，逼真地绘制火粒子运动的效果。

5. 工具及常量类

- 常量类 Constant、SourceConstant——常量类是用来存放整个游戏过程中用到的常量，便于统一管理本游戏的常量。第一个常量类 Constant 主要声明程序所需要的对象，如模拟物理世界的相关常量、各个界面相关常量等；第二个常量类 SourceConstant 主要包含绘制对象以及纹理 id、地图相关常量和方法等。
- 游戏自适应屏幕：ScreenScaleResult、ScreenScaleUtil 两个类完成对其他分辨率设备的自适应，使游戏可以运行于不同分辨率的安卓设备。
- 初始化图片类 InitPictureUtil——该类用于初始化游戏中用到的所有的图片资源，将图片加载进设备显存，方便 OpenGL ES 2.0 绘制的调用。
- 坐标系转换工具类 PointTransformUtil——该类中定义了许多常用的坐标转换方法，包括将 2D 世界坐标转换成 3D 世界坐标、将 2D 物体坐标转换成 3D 物体坐标、将 2D 物体尺寸转换成 3D 物体尺寸、将 3D 物体坐标转换成 2D 物体坐标等工具方法，使坐标转换变得简单明了。
- 线段工具类 Line2DUtil——该类用来计算两条线段是否相交、点到线段的距离、已知线段的两点求线段方程的系数方程等一系列工具方法。通过封装工具方法，极大地降低了游戏开发的成本。
- 矩阵工具类 MatrixState——该类中封装了一系列 OpenGL ES 2.0 系统中矩阵操作的相关方法，通过将复杂的系统方法封装成简单的接口，方便开发人员的调用，提高了游戏的开发速度。
- 着色器编译工具类 ShaderUtil——该类中封装了用 IO 从 assets 目录下读取文件、检查每一步是否有错误、创建 Shader、创建 shaderProgram 等一系列的方法，屏蔽了复杂的系统方法。通过简单地调用工具类中的方法即可对着色器进行编译，对提高游戏开发速度有很大的帮助。
- 声音工具类 SoundUtil——该类封装了开启或关闭游戏背景音乐、初始化游戏中的声音资源等方法，方便游戏中声音的调用。
- 截图工具类 ScreenSave——ScreenSave 类用于为当前界面截屏并将其保存进闪存中指定的文件夹中，当截屏成功时，则界面中会呈现 Toast 以提示玩家截屏保存成功；否则提示失败。

6. 游戏元素绘制类

- 烟火绘制类 FireSmokeParticleForDraw——本类主要用于绘制烟火粒子，将顶点数据缓冲、纹理数据缓冲和衰减因子等传递进渲染管线，通过特殊的着色器对烟火粒子进行渲染，最终呈现逼真的烟火粒子。

- 其他元素绘制类：游戏中需要用到很多特殊的着色器，不同的着色器对应着不同的绘制类。本游戏的绘制类较多且本书篇幅有限，这里就不再一一进行介绍了，读者可以自行查看随书的源代码。

14.3.2 游戏框架简介

接下来本小节从游戏的整体架构上进行介绍，使读者对本游戏有更好的理解，框架如图14-18～图14-20所示。

▲图14-18 游戏框架

> **说明** 图14-18中列出的为常量类及Activity类、游戏界面类和线程辅助类，其各自功能后续将详细介绍，读者这里不必深究。

图14-19展示的是本游戏开发中所用到的工具类和物理封装的相关类。这些类用于加载图片、坐标系转换、控制游戏声音、自适应屏幕和创建矩形水流等一系列操作，便于管理和维护。

▲图14-19 工具类

图14-20展示的是本游戏开发中用到的绘制类和烟火相关类。每个绘制类都由特殊的着色器实现，包括烟火绘制类、线条绘制类、水粒子绘制类、烧瓶绘制类、主选关界面盒子绘制类、矩形绘制类和闪屏界面绘制类等。

▲图 14-20　实体对象绘制类和烟火相关类

接下来按照程序运行的顺序逐步介绍各个类的作用和整体的运行框架，使读者更好地掌握本游戏的开发步骤，详细步骤如下。

（1）启动游戏。首先创建的是 MainActivity，显现的是整个游戏的资源加载界面。

（2）资源加载完毕后，程序会跳转到主菜单界面。在主菜单界面中，玩家会看到矩形面积的紫色水流从高处下落，并在屏幕中间荡漾。

（3）在主菜单界面玩家会看到 3 个自上而下的菜单按钮——玩游戏、选项和帮助，单击不同按钮程序会切换到相应的界面。

（4）玩家单击玩游戏按钮进入游戏关卡主选关界面；玩家单击选项按钮就会进入游戏的选项界面；当玩家单击帮助按钮，系统就会进入游戏帮助界面；如果玩家在主菜单界面单击手机返回键，程序会弹出"您确定要退出吗？"对话框，单击"是"程序会退出。

（5）当进入主关卡选择界面时，玩家可以通过点击不同的盒子来切换到不同的子选关关卡界面。玩家也可以滑动屏幕来切换不同的关卡盒子，并在子选关关卡界面单击不同的关卡进行游戏。

（6）进入游戏界面后，玩家可以通过滑动手指产生碰撞线引导水流的前进，并在恰当的时机点击阻挡水流前进的障碍物同时避免火焰的灼烧。当在规定的时间内收集到规定数量的水滴时游戏胜利，否则游戏失败。

（7）玩家单击选项按钮进入选项界面。该界面中依次排列着音乐、音效、关于和重置游戏按钮。玩家通过单击音乐和音效按钮可以控制音乐、音效的播放，单击关于按钮，会切换到显示制作单位的界面。玩家单击重置游戏按钮，程序会跳转到重置界面，玩家根据提示可以重置游戏数据。

（8）玩家单击主菜单界面中的帮助按钮，程序会跳转到帮助界面。该界面中玩家会看到可以切换的卡片。通过滑动屏幕来左右切换卡片，同时屏幕上方会显示该卡片的注意事项，方便游戏中快速地取得游戏的胜利。

（9）游戏界面中会提示相应的时间，玩家在规定的时间内需要引导水流进入水槽取得游戏的胜利。在界面的右上方会看到烧瓶，当水流进入水槽时，则烧瓶内的水会不断上涨，涨满之后会取得该关卡的胜利。同时玩家单击菜单按钮会暂停游戏，单击重玩按钮会重玩此关卡。

（10）当玩家在游戏界面中单击菜单按钮后，会弹出继续、跳过关卡、选择关卡和菜单按钮，单击不同的按钮会执行不同的功能。除此之外，玩家会看到界面的右上角的分数，该分数记录的是当前关卡的最高得分。

（11）游戏胜利或者失败后，界面中会显示相应的关卡分数。当玩家打破当前关卡记录时，则会给出打破记录的提示，否则只是取得胜利并不给出提示。同时该界面中会出现重玩、下一关、菜单等按钮，单击相应按钮执行不同的功能。

14.4 常量及公共类

从本节开始正式进入游戏的开发过程，主要介绍本游戏的常量类 Constant 与 SourceConstant 和主控制类 MainActivity。其中 MainActivity 为本游戏的入口类，而 Constant 和 SourceConstant 为本游戏的常量类。

14.4.1 游戏主控类 MainActivity

首先介绍的是本游戏的控制器 MainActivity 类。该类的主要作用是在适当的时间初始化相应的界面，并根据其他界面发送回来的消息切换到用户所需的界面，以及开启游戏音乐和保存数据等，具体的开发步骤如下。

（1）首先向读者具体介绍的是 MainActivity 类的整体框架和 onCreate 方法的开发。onCreate 方法的主要功能为存读游戏的当前数据，设置屏幕自适应、初始化加载游戏是否玩过的标识位等，具体内容如下。

代码位置：见随书源代码\第 14 章\WoWater\src\com\example\mywowater 目录下的 MainActivity.java。

```
1    package com.bn.water;
2    ……//此处省略了部分类的导入代码，读者可自行查看随书的源代码
3    public class MainActivity extends Activity{
4        public static int currView;                           //当前界面
5        ViewManager viewManager;                              //创建界面管理器的引用
6        public static SoundUtil sound;                        //游戏音乐
7        public AudioManager audio;                            //游戏中控制音量工具对象
8        public static Vibrator vibrator;                      //振动器
9        public static SharedPreferences sharedPreferences;    //用于简单的数据存储的引用
10       public static SharedPreferences.Editor editor;        //用于编辑保存数据的引用
11       public void onCreate(Bundle savedInstanceState){
12           super.onCreate(savedInstanceState);
13           sharedPreferences = this.getSharedPreferences("bn",Context.MODE_PRIVATE);
14           editor = sharedPreferences.edit();
15           String first = sharedPreferences.getString("first", null); //存储是否是第一次玩游戏
16           if(first == null){                                //判断是否是第一次玩游戏
17               for(int i=0;i<SourceConstant.TOTAL_GUAN_NUMBER;i++){//循环初始化每一关的分数
18                   editor.putInt("score"+i, 0);              //每一关的分数初始化为 0
19                   editor.commit();                          //提交
20               }
21               editor.putBoolean("isFirst", true); //初始化是否是第一次进入游戏的标志位
22               editor.commit();                              //提交
23               editor.putString("first", "notFirst");        //设置为不是第一次进入游戏
24               editor.commit();                              //提交
25               for(int i=0;i<SourceConstant.TOTAL_GUAN_NUMBER;i++){
                 //设置每一关是否赢过的标志位
26                   editor.putBoolean("isWin"+i, false);//每一关是否赢过的标志位初始化为 false
27                   editor.commit();                          //提交
28           }}
29           for(int i=0;i<SourceConstant.TOTAL_GUAN_NUMBER;i++){//加载是否玩过的标志位
30               if(i<6){                                      //第一季的关卡
31                   Constant.isPlayed1[i] =                   //得到标志位
32                       MainActivity.sharedPreferences.getBoolean("isWin"+i, false);
33               }else{                                        //第二季的关卡
34                   Constant.isPlayed2[i-6] =                 //得到标志位
35                       MainActivity.sharedPreferences.getBoolean("isWin"+i, false);
36           }}
37           requestWindowFeature(Window.FEATURE_NO_TITLE);//设置为全屏
38           getWindow().setFlags(
39               WindowManager.LayoutParams.FLAG_FULLSCREEN,
40               WindowManager.LayoutParams.FLAG_FULLSCREEN);
41           setRequestedOrientation(ActivityInfo.SCREEN_ORIENTATION_PORTRAIT);//强制竖屏
42           getWindow().addFlags(                             //禁止自动锁屏
43               WindowManager.LayoutParams.FLAG_KEEP_SCREEN_ON);
```

```
44                  viewManager = new ViewManager(this);         //创建 ViewManager 对象
45                  setContentView(viewManager);                 //跳转到闪屏界面
46                  setVolumeControlStream(AudioManager.STREAM_MUSIC);//只允许调整多媒体音量
47                  audio=(AudioManager) getSystemService(Service.AUDIO_SERVICE);
48                  sound = new SoundUtil(this);                 //创建 Sound 对象
49                  vibrator=(Vibrator)getSystemService(VIBRATOR_SERVICE);//手机振动的初始化
50                  DisplayMetrics dm = new DisplayMetrics();//创建 DisplayMetrics 对象
51                  getWindowManager().getDefaultDisplay().getMetrics(dm);//获取设备的屏幕尺寸
52                  Constant.ssr=ScreenScaleUtil.calScale(       //计算不同屏幕缩放比
53                      dm.widthPixels, dm.heightPixels);
54                  float density = dm.density;                  //获取屏幕像素密度
55                  Constant.NOWMOVETHRESHOLD =                  //判断手指触控是否移动的临界值
56                      Constant.MOVETHRESHOLD * (density/Constant.SCREE_DENSITY);
57              }
58              public Handler myHandler = new Handler(){        //创建 Handler 对象
59                  public void handleMessage(Message msg){      //Handler 用于接收消息的方法
60                  ……//此处省略了 Handler 的部分代码,读者可自行查看随书的源代码
61              }}
62              public void toMenuView(){                        //跳转到主菜单界面
63                  viewManager.toViewCuror = viewManager.menuView;//下一界面的引用为主菜单界面
64                  viewManager.viewCuror.closeThread();         //关闭当前界面的线程
65                  viewManager.toViewCuror.reLoadThread(0);     //初始化主菜单界面所需要的数据
66                  currView = Constant.MENU_VIEW;               //为记录当前界面的变量赋值
67                  viewManager.viewCuror = viewManager.menuView;//当前界面的引用为主菜单界面
68              }
69              ……//此处省略了跳转到其他界面的方法的代码,读者可自行查看随书的源代码
70              public boolean onKeyDown(int keyCode, KeyEvent event){
71              ……//此处省略了对键盘监听的部分代码,读者可自行查看随书的源代码
72              }}
73          ……//此处省略了 onResume、onPause、onStop 的部分代码,将在下面进行详细介绍
```

- 第 4~10 行为创建本类所需要的对象引用,有界面管理器、音乐、音量控制和振动等引用。
- 第 11~57 行为重写 onCreate 方法。当运行该类时,首先调用此方法,在此方法中将游戏的每一关的分数初始化为 0 分并记录为未玩过,然后将游戏设置为全屏,并计算屏幕分辨率和像素密度的缩放比,供屏幕分辨率和触控自适应使用。
- 第 58~61 行为 Handler 接收消息的方法,用于接收从其他类发过来的消息,通过判断所发消息进行界面跳转。
- 第 62~68 行为跳转到主菜单界面的方法。在跳转界面时会调用该方法,关闭当前界面的相关线程,并初始化下一个界面所需要的数据。由于跳转到其他界面的方法与本方法相似,此处不再赘述。
- 第 70~72 行为实现了对键盘事件的监听。本游戏主要是对返回键的监听,每次按返回键都会跳转到上一个界面。

(2) 接下来将为读者介绍的是 MainActivity 类中 onResume、onPause 和 onStop 系统回调方法中代码的开发,主要的功能是开启或关闭背景音乐或者退出本游戏等,详细的开发代码如下。

代码位置:见随书源代码第 14 章\WoWater\src\com\example\mywowater 目录下的 Main Activity.java。

```
1    protected void onResume() {                              //重写 onResume 方法
2        super.onResume();
3        if(MainActivity.sound.mp!=null){
4            MainActivity.sound.mp.start();                   //开启背景音乐
5        }
6        Constant.isPause = false;                            //游戏暂停标志位设为 false
7    }
8    protected void onPause(){                                //重写 onPause 方法
9        super.onPause();
10       if(MainActivity.sound.mp!=null){
11           MainActivity.sound.mp.pause();                   //暂停背景音乐
12       }
13       Constant.isPause = true;                             //游戏暂停标志位设为 true
```

```
15    protected void onStop(){                     //重写onStop方法
16        System.exit(0);                          //退出
17    }
```

> **说明** 本段代码为重写的 onResume 方法、onPause 方法和 onStop 方法,在 onResume 方法中开启游戏和音乐,在 onPause 方法中暂停游戏和音乐,在 onStop 方法中直接退出游戏。

14.4.2 游戏常量类 Constant

常量类 Constant 用来存放本游戏大部分的静态变量,以供其他类方便的调用这些公共变量,其中部分静态变量的声明由于篇幅问题在此省略,读者可自行查看随书的源代码。下面给出的即是常量类中的代码,详细的代码如下。

代码位置:见随书源代码\第 14 章\WoWater\src\com\example\constant 目录下的 Constant.java。

```java
1   package com.bn.constant;
2   ……//此处省略了部分类的导入代码,读者可自行查看随书的源代码
3   public class Constant {
4       public static long phyTick=0;                //物理帧刷帧计数器
5       public static long winTimeStamp=0;           //胜利之后等待出结果的时间戳
6       public static int timeCount = 25;            //每秒刷的物理帧
7       public static long ms = 30000;               //初始化每关时间
8       public static int mapNumber = 0;             //关卡地图编号
9       public static float SCREEN_WIDTH_STANDARD = 800;  //屏幕标准宽度
10      public static float SCREEN_HEIGHT_STANDARD = 1280; //屏幕标准高度
11      public static float SCREE_DENSITY = 2.0f;    //屏幕像素密度
12      public static float MOVETHRESHOLD = 10;      //标准屏幕中判断手指触控是否移动的临界值
13      public static float NOWMOVETHRESHOLD = 10;   //其他屏幕中判断手指触控是否移动的临界值
14      public static float RATIO =                  //屏幕宽高比
15          SCREEN_WIDTH_STANDARD/SCREEN_HEIGHT_STANDARD;
16      public static ScreenScaleResult ssr;         //ScreenScaleResult 的引用
17      public static long[] COLLISION_SOUND_PATTERN={01,301};//振动开始的时间和持续的时间
18      public static Object lockA = new Object();   //线程锁 A
19      public static Object lockB = new Object();   //线程锁 B
20      public static Queue<float[][]> queueA = new LinkedList<float[][]>();
        //水粒子位置存储队列
21      public static Queue<FloatBuffer> queueB = new LinkedList<FloatBuffer>();
        //水缓存存储队列
22      public static float SGX = 0;                 //水粒子在 X 方向上的受力
23      public static float SGY = 6;                 //水粒子在 Y 方向上的受力
24      public static float WATER_PARTICLE_SIZE = 28f;//单个水粒子的大小
25      public final static float WATER_PARTICLE_SIZE_3D = //水粒子在 3D 坐标系下的大小
26          WATER_PARTICLE_SIZE/(Constant.SCREEN_HEIGHT_STANDARD/2);
27      public static int SEASON_LEVEL_NUMBER = 12;  //关卡数
28      public static boolean isPause = false;       //游戏暂停的标志位
29      public static boolean victory = false;       //游戏胜利的标志位
30      public static boolean failed = false;        //游戏失败的标志位
31      public static boolean isFire = true;         //当前是否在喷火的标志位
32      public static int pengTicks=90;              //喷火的时间
33      public static int buPengTicks=180;           //熄灭的时间
34      public static final float SP_WIDTH = 768f;   //闪屏界面中闪屏图片的宽度
35      public static final float SP_HEIGHT = 192f;  //闪屏界面中闪屏图片的高度
36      public static final float SP_X = 16;         //闪屏界面中闪屏图片的 x 坐标
37      public static final float SP_Y = 544;        //闪屏界面中闪屏图片的 y 坐标
38      public static final float SP_X3D =           //闪屏图片在 3D 坐标系下的 x 坐标
39          PointTransformUtil.from2DWordTo3DWordX(Constant.SP_X);
40      public static final float SP_Y3D =           //闪屏图片在 3D 坐标系下的 y 坐标
41          PointTransformUtil.from2DWordTo3DWordY(Constant.SP_Y);
42      public static final float SP_WIDTH3D =       //闪屏图片在 3D 坐标系下的宽度
43          PointTransformUtil.from2DObjectTo3DObjectWidth(Constant.SP_WIDTH);
44      public static final float SP_HEIGHT3D =      //闪屏图片在 3D 坐标系下的高度
```

```
45              PointTransformUtil.from2DObjectTo3DObjectHeight(Constant.SP_HEIGHT);
46      public static boolean saveFlag=false;       //是否照相
47      public static float RADIUS=25.0f;           //水纹理图片边长 28
48      public static final int WATER_TEX_ONE=256;  //标准纹理图的大小
49      public static final int WATER_TEX_TWO=128;  //模糊生成的纹理图的大小
50      public static final float RATE=30;//真实世界与物理世界的比例值
51      public static final boolean PHYSICS_THREAD_FLAG=true;//绘制线程工作标志位
52      public static final float TIME_STEP = 1.0f/60.0f;//模拟的频率
53      public static final int ITERA =5;           //迭代越大,模拟越精确,但性能越低
54  }
```

> **说明** 该类主要是存放本游戏所用到的一些静态常量,存到该类中方便日后修改。其中存放主要有线程锁、标志位、与计时相关的常量、水粒子的相关参数以及游戏中用到的图片的位置参数。第 34~37 行为决定图片在 2D 坐标系下的大小和位置的常量;第 38~45 行是把图片的大小和位置参数转换为 3D 坐标系下的大小和位置;第 47-49 行为单个水粒子纹理图的大小和模糊后生成纹理的大小;第 50~53 行为模拟物理世界所需的常量。

14.4.3 游戏常量类 SourceConstant

常量类 SourceConstant 用来声明和存放本游戏所用到的所有纹理的 id 和绘制者,以及每关水粒子的位置、碰撞线的列表、胜利条件和游戏时间等,并实现了加载关卡地图的方法。其中部分静态变量的声明由于篇幅原因在此省略,读者可自行查看配书的源代码。

(1)下面将开发的是游戏常量类 SourceConstant 的整体框架和部分代码,包括火粒子和水粒子的相关变量的声明、初始化一关游戏水流位置的静态方法和初始化每一关水粒子的位置的静态方法等,详细代码如下。

代码位置: 见随书源代码\第 14 章\WoWater\src\com\example\constant 目录下的 SourceConstant.java。

```
1   package com.bn.constant;
2   ……//此处省略了部分类的导入代码,读者可自行查看随书的源代码
3   public class SourceConstant{
4       public static int[] loadingTex = new int[21];//闪屏界面图片纹理 id 数组
5       public static RectForDraw bgRect;           //每一关背景的绘制者
6       public static int[] backGround = new int[12];//每一关的背景纹理 id 数组
7       public static int fireId;                   //火粒子的纹理 id
8       public static FireSmokeParticleForDraw fpfd; //火粒子的绘制者
9       ……//此处省略了部分纹理的 id 和绘制者的声明代码,读者可自行查看随书的源代码
10      public static ArrayList<int[]> initWaterPosition
11                  = new ArrayList<int[]>();      //存储水粒子数和位置的列表
12      public static void initWaterPosition(       //初始化一关水的位置的方法
13              float positionX,float positionY){
14          int[] position = new int[2];            //存储每一关水粒子位置数组
15          position[0] = (int)positionX;           //水粒子的 x 坐标
16          position[1] = (int)positionY;           //水粒子的 y 坐标
17          initWaterPosition.add(position);        //存储到位置列表中
18      }
19      public static void initWater(){             //初始化每一关水粒子的位置
20          initWaterPosition(16*PhyCaulate.mul,15*PhyCaulate.mul);    //第 1 关
21          initWaterPosition(63.5f*PhyCaulate.mul,15*PhyCaulate.mul); //第 2 关
22          ……//此处省略了初始化其他关卡水粒子位置的代码,读者可自行查看随书的源代码
23      }
24      ……//此处省略了每一关存储地图数据的列表的声明代码,读者可自行查看随书的源代码
25      public static void loadMapData(Resources resources,String mapName){
26          ……//此处省略了加载地图数据的代码,将在下面进行详细介绍
27  }}
```

- 第 4~9 行为声明游戏中用到的所有纹理的 id 和绘制者的代码。由于大部分纹理的声明方式都相似,此处只列出了部分。

- 第 10、11 行为声明存储水粒子位置的数组。
- 第 12~18 行为初始化水粒子位置的方法。首先创建一个二维数组,依次存储水粒子的 *x* 坐标、*y* 坐标,然后将数组加入对应的列表中。
- 第 19~23 行为初始化所有关卡中水粒子位置的方法,通过调用 initWaterPosition 方法进行复制,由于篇幅有限,此处只给出了第一关和第二关水粒子的位置赋值方法,其他关卡与此相似。

(2)下面介绍游戏常量类 SourceConstant 中的加载地图数据的 loadMapData 方法。该方法是在加载地图数据时被调用。首先向读者介绍 loadMapData 方法中用到的一些变量,这些变量包括有地图的宽度和高度,物体名称列表以及碰撞线列表等,详细代码如下。

代码位置:见随书源代码\第 14 章\WoWater\src\com\example\constant 目录下的 SourceConstant.java。

```
1    int width = 0;                                          //地图的宽度
2    int height = 0;                                         //地图的高度
3    ArrayList<String> objectName = null;                    //物体名称列表
4    ArrayList<float[]> objectXYRAD = null;                  //物体位置,旋转角度,旋转角速度,终止角列表
5    ArrayList<boolean[]> objectControl = null;              //物体是运动的标志位
6    ArrayList<Integer> objectType = null;                   //物体是运动的标志位
7    ArrayList<float[]> bddWZ = null;                        //可动的图片的不动点的位置列表
8    ArrayList<float[]> objectWH = null;                     //物体的宽度和高度列表
9    ArrayList<float[]> pzxList = null;                      //碰撞线列表
10   float[][] edges = null;                                 //手指画出的碰撞线信息数组
11   ArrayList<float[]> arrEdges = new ArrayList<float[]>(); //存储手指画出的碰撞线列表
12   ArrayList<RectForDraw> drawers = new ArrayList<RectForDraw>();//物体的绘制者列表
13   ArrayList<float[]> wutiPosition3D = new ArrayList<float[]>();//3D 中的物体位置列表
14   ArrayList<float[]> bddWZ3D = new ArrayList<float[]>();  //可动图片的不动点在 3D 中的位置的列表
15   ArrayList<Integer> textureID = new ArrayList<Integer>();//存放地图纹理 id 的列表
16   ArrayList<float[]> firePositions = new ArrayList<float[]>();//火焰在 2D 中的位置列表
17   ArrayList<float[]> firePositions3D = new ArrayList<float[]>();//火焰在 3D 中的位置列表
18   float[] victory2D = new float[4];                       //存储胜利区域范围的数组
```

> **说明** 这些成员变量用于记录游戏场景元素的相关信息和烟火的相关信息,便于后续实现火灼烧水流,判定游戏胜利或者失败等一系列的功能,读者可以自行查看源代码。

(3)接下来详细介绍加载地图数据方法 loadMapData 中用输入流进行读取地图数据的具体代码,包括有读取物体名称列表、读取物体的类型列表、读取物体的宽度、高度列表等数据,具体代码如下。

代码位置:见随书源代码\第 14 章\WoWater\src\com\example\constant 目录下的 SourceConstant.java。

```
1    try{
2        InputStream in = resources.getAssets().open(mapName);  //得到输入流
3        ObjectInputStream oin = new ObjectInputStream(in);     //对输入流进行包装
4        width = oin.readInt();                                 //读取地图的宽度
5        height = oin.readInt();                                //读取地图的宽度
6        objectName = (List<String>) oin.readObject();          //读取物体名称列表
7        objectXYRAD = (List<float[]>) oin.readObject();        //读取物体平移旋转列表
8        objectControl=(List<boolean[]>)oin.readObject();       //读取物体的旋转策略列表
9        objectType=(List<Integer>)oin.readObject();            //读取物体的类型列表
10       bddWZ=(List<float[]>)oin.readObject();                 //读取物体不动点列表
11       objectWH = (List<float[]>)oin.readObject();            //读取物体的宽度和高度列表
12       pzxList=(List<float[]>)oin.readObject();               //读取碰撞线列表
13       in.close();                                            //关闭输入流
14       oin.close();                                           //关闭输入流
15   }catch (Exception e){                                      //捕获异常
16       e.printStackTrace();                                   //打印异常
17   }
```

- 第 2、3 行为通过调用系统的方法得到 assets 文件夹下的输入流,并打开指定名称的地图数据文件。然后对 InputStream 输入流进行更高级的包装,读取文件中的数据对象。

- 第 4~12 行为分别调用 ObjectInputStream 的 readInt 方法和 readObject 方法得到文件中的数据对象，并将读取的数据对象存储。
- 第 13、14 行为文件数据读取完毕之后，关闭输入流。

> **说明**　这里只是粗略地给出地图数据的简单信息，关于文件数据结构，后面将进行具体地讲解。请读者在本小节先进行大致的了解，后面再进行系统的学习。

（4）步骤（3）中打开了文件的输入流并得到了相应的地图数据，但是这些数据还要经过一系列的转换才可以应用到游戏场景中，下面给出图片大小和碰撞线长度及位置的数据转换的代码，并初始化图片的纹理 id，具体代码如下。

代码位置：见随书源代码\第 14 章\WoWater\src\com\example\constant 目录下的 Source Constant.java。

```
1   int gridX = (int)((width+16)/PhyCaulate.mul);       //将读取的高度换算成物理世界的高度
2   int gridY = (int)((height+28)/PhyCaulate.mul);      //将读取的宽度换算成物理世界的宽度
3   for(int i=0;i<objectWH.size();i++){                 //循环列表，创建纹理矩形的绘制者
4       //将图片的宽度和高度换算成 3D 中的宽度和高度
5       float widthTemp = PointTransformUtil.from2DObjectTo3DObjectWidth(objectWH.
        get(i)[0]);
6       float heightTemp = PointTransformUtil.from2DObjectTo3DObjectHeight(objectWH.
        get(i)[1]);
7       drawers.add(        //创建游戏元素的绘制者，并将绘制者添加进绘制者列表
8           new RectForDraw(resources,widthTemp,heightTemp,1,1));
9   }
10  //得到地图中绘制图片的名称并加入 textureId 列表
11  for (int i = 0; i < objectName.size(); i++) {
12      Integer id = new Integer(InitPictureUtil.initTexture(resources,objectName.get(i)));
13      textureID.add(id);
14  }
15  edges = new float[pzxList.size()][];                //创建碰撞线的二维数组
16  for (int i = 0; i < pzxList.size(); i++){           //循环碰撞线列表
17      float[] td = pzxList.get(i);                    //得到一条碰撞线
18      float[] ABC = Line2DUtil.getABC(                //给出线段两个点求 AX+BY+C=0 的系数
19          td[0]/PhyCaulate.mul,td[1]/PhyCaulate.mul,
20          td[2]/PhyCaulate.mul,td[3]/PhyCaulate.mul);
21      edges[i] = new float[]{                         //创建碰撞线数组存储相关碰撞线信息
22          td[0]/PhyCaulate.mul,                       //线段起点的横坐标
23          td[1]/PhyCaulate.mul,                       //线段起点的纵坐标
24          td[2]/PhyCaulate.mul,                       //线段终点的横坐标
25          td[3]/PhyCaulate.mul,                       //线段终点的纵坐标
26          td[4],                                      //法相量 x 坐标
27          td[5],                                      //法相量 y 坐标
28          ABC[0],                                     //线段方程的参数
29          ABC[1],                                     //线段方程的参数
30          ABC[2],                                     //线段方程的参数
31          td[6]};                                     //线的类型
32      arrEdges.add(edges[i]);                         //将碰撞线加入列表
33  }
```

- 第 1~8 行为将读取的地图文件中的宽度和高度换算成物理计算世界中的宽度和高度，以及将部件图片的宽度和高度换算成 3D 中图片的宽度和高度。
- 第 9 行为将创建游戏元素的绘制者添加进绘制者列表，方便其他方法的调用。
- 第 10~14 行为通过地图数据不断地初始化游戏场景中的纹理图片的 id，并将纹理 id 添加到纹理 id 列表中，方便后续程序的调用。
- 第 15~33 行为有关碰撞线的相关的计算，通过创建碰撞线数组存储相关碰撞线信息，包括线段起点的横纵坐标、线段终点的横纵坐标、法相量 x、y 坐标、线段方程的参数和线段的类型等一系列的信息，并将存储碰撞线的数组存入碰撞线列表。

（5）接下来介绍加载地图数据方法 loadMapData 中地图中物体位置的数据转换代码，主要包

括将物体以及不动体在地图中的坐标转化为 3D 中的坐标、将火焰坐标转化为 2D 坐标,并将其存储进相应列表等,具体代码如下。

代码位置:见随书源代码\第 14 章\WoWater\src\com\example\constant 目录下的 Source Constant.java。

```
1    float positionX = 0;                          //在 3D 中物体的 x 坐标
2    float positionY = 0;                          //在 3D 中物体的 y 坐标
3    for(int i=0;i<objectXYRAD.size();i++){        //将物体在地图中的位置坐标转换成 3D 中的坐标
4        positionX = PointTransformUtil.from2DWordTo3DWordX((objectXYRAD.get(i))[0]);
5        positionY = PointTransformUtil.from2DWordTo3DWordY((objectXYRAD.get(i))[1]);
6        if(objectType.get(i) == 9){               //如果类型为 9,物体为火焰
7            firePositions.add(new float[]{//将火焰的在 2D 的位置添加到火焰 2D 位置列表
8            (objectXYRAD.get(i)[0])/PhyCaulate.mul,//将读取的火焰的X坐标换算成2D的x坐标
9            (objectXYRAD.get(i)[1])/PhyCaulate.mul});//将读取的火焰的Y坐标换算成2D的y坐标
10           firePositions3D.add(                  //将火焰在 3D 中的坐标添加到火焰 3D 列表
11           new float[]{positionX,positionY});
12       }
13       wutiPosition3D.add(                       //将物体在 3D 中的位置及旋转速度加入 3D 位置列表
14           new float[]{positionX,positionY,-(objectXYRAD.get(i)[2])});
15       if(objectType.get(i) == 8){               //如果类型为 8,物体为水槽
16           victory2D[0] = (objectXYRAD.get(i)[0]+118)/PhyCaulate.mul; //X 最小值
17           victory2D[1] = (objectXYRAD.get(i)[0] +273)/PhyCaulate.mul;//X 最大值
18           victory2D[2] = (objectXYRAD.get(i)[1]+15)/PhyCaulate.mul;  //Y 最小值
19           victory2D[3] = (objectXYRAD.get(i)[1]+166)/PhyCaulate.mul; //Y 最大值
20       }}
21   for(int i=0;i<bddWZ.size();i++){              //将物体的不动点的位置转换成 3D 中的坐标
22       positionX = PointTransformUtil.from2DObjectTo3DObjectX((bddWZ.get(i))[0]);
23       positionY = PointTransformUtil.from2DObjectTo3DObjectY((bddWZ.get(i))[1]);
24       bddWZ3D.add(new float[]{positionX,positionY});//将 3D 中的不动点的位置加入 3D 位置列表
25   }
26   ……//此处省略了将所有转换的数据添加到相应列表的代码,读者可自行查看随书的源代码
```

- 第 3~14 行为转换并存储地图中物体位置的代码。
- 第 6~12 行为当物体类型为 9 时,添加火焰 2D 和 3D 位置的代码,以便确定火焰的灼烧区域和绘制位置。
- 第 13~14 行为将普通类型的物体位置添加到位置列表。
- 第 15~20 行为当物体类型为 8 时,则计算水槽所在的区域 x、y 坐标的最大值、最小值,这样就确定了胜利区域。当水流进这个区域,才会判断是否胜利。
- 第 21~25 行为转换不动点位置的代码。因为地图中有些物体是有不动点的,即该物体围绕着不动点转动,此处便将地图中不动点的坐标转换成 3D 中的坐标。

14.5 界面相关类

前面的章节介绍了游戏的常量及公共类,本节将为读者介绍本游戏界面相关类,其中界面管理类继承自 GLSurfaceView,其他界面类均实现了一个自定义接口 ViewInterface,并利用 OpenGL ES 2.0 的绘制技术绘制 2D 界面,这些类实现了游戏的所有界面。下面将为读者详细介绍部分界面类的开发过程,其他界面与其相似,此处不再介绍。

14.5.1 游戏界面管理类 ViewManager

现在开始介绍界面管理类 ViewManager 的开发。该类的主要管理项目中的其他界面类,并绘制实现了闪屏界面,同时,在实现闪屏界面过程中将游戏中的资源一一加载。游戏中的所有资源加载完毕时,闪屏结束,并进入到主菜单界面,下面将分步骤进行开发。

(1)首先介绍 ViewManager 类的框架,包含了各个界面的引用,例如主选关界面的引用、动态帮助界面的引用和游戏界面的引用等,还包含了当前的关卡地图编号变量、闪屏界面的背景对

象以及初始化资源的顺序变量等。其详细代码如下。

代码位置：见随书源代码\第 14 章\WoWater\src\com\example\views 目录下的 ViewManager.java。

```java
1    package com.bn.views;
2    ……//此处省略了部分类的导入代码,读者可自行查看随书的源代码
3    public class ViewManager extends GLSurfaceView{
4        WaterActivity activity;                            //WaterActivity 的引用
5        private SceneRenderer mRenderer;                   //场景渲染器
6        Resources resources;                               //创建 Resources 的引用
7        public ViewInterface menuView;                     //主界面的引用
8        public ViewInterface mainSelectView;               //主选关界面的引用
9        public ViewInterface select1View;                  //选关 1 界面的引用
10       public ViewInterface select2View;                  //选关 2 界面的引用
11       public ViewInterface aboutView;                    //关于界面的引用
12       public ViewInterface helpView;                     //帮助界面的引用
13       public ViewInterface dynamicHelpView;              //动态帮助界面的引用
14       public ViewInterface xuanXiangView;                //设置界面的引用
15       public ViewInterface resetView;                    //重置游戏界面的引用
16       public ViewInterface gameView;                     //游戏界面的引用
17       public static ViewInterface viewCuror;             //当前界面的引用
18       public static ViewInterface toViewCuror;           //要去的界面的引用
19       public int mapNumber;                              //当前的关卡地图编号
20       ShanPingRectForDraw shanPingRect;                  //闪屏界面的背景
21       int initIndex = 1;                                 //初始化资源的顺序
22       boolean isInitOver = false;                        //资源是否初始化完毕
23       float alpha = 1.0f;                                //最后一张图片的 alpha 值
24       float alphaSpan = 0.01f;                           //最后一张图片的 alpha 值的增量
25       public ViewManager(WaterActivity activity){        //构造器
26           super(activity);
27           this.activity = activity;                      //初始化 activity
28           this.resources = this.getResources();
29           setEGLContextClientVersion(2);                 //OpenGL ES 版本为 2.0
30           try{                                           //设置模板测试窗口格式
31               this.getHolder().setFormat(PixelFormat.TRANSLUCENT); //设置窗口格式为透明
32               this.setEGLConfigChooser(8, 8, 8, 8, 16, 8);  //设置透明度格式
33           }
34           catch(Exception e){}
35           mRenderer = new SceneRenderer();               //创建场景渲染器
36           setRenderer(mRenderer);                        //设置渲染
37           setRenderMode(GLSurfaceView.RENDERMODE_CONTINUOUSLY);//设置为自动渲染
38       }
39       public boolean onTouchEvent(MotionEvent event){    //触摸事件的方法
40           if(viewCuror != null)                          //当前界面不为空,则触控生效
41               viewCuror.onTouchEvent(event);
42           return true;
43       }
44       ……//此处省略了 SceneRenderer 类的导入代码,将在下面进行详细介绍
45       ……//此处省略了 initBNView 方法的导入代码,将在下面进行详细介绍
46       ……//此处省略了 loadMapData 方法的导入代码,将在下面进行详细介绍
47       ……//此处省略了 initGameBackGroundSources 方法的导入代码,将在下面进行详细介绍
48       ……//此处省略了 initGameViewSources 方法的导入代码,可自行查看随书的源代码
49       ……//此处省略了 initFireSources 方法的导入代码,读者可自行查看随书的源代码
50       ……//此处省略了 initNumberSource 方法的导入代码,读者可自行查看随书的源代码
51       ……//此处省略了 initMenuViewSource 方法的导入代码,读者可自行查看随书的源代码
52       ……//此处省略了 initSelectViewSource 方法的导入代码,读者可自行查看随书的源代码
53       ……//此处省略了 initAboutViewSource 方法的导入代码,读者可自行查看随书的源代码
54       ……//此处省略了 initHelpViewSource 方法的导入代码,读者可自行查看随书的源代码
55       ……//此处省略了 initDynamicHelpViewSource 方法的导入代码,可自行查看随书的源代码
56       ……//此处省略了 initResetViewSource 方法的导入代码,读者可自行查看随书的源代码
57       ……//此处省略了 initXuanXiangViewSource 方法的导入代码,可自行查看随书的源代码
58       ……//此处省略了 initMainSelectViewSource 方法的导入代码,可自行查看随书的源代码
59       ……//此处省略了 surfaceDestroyed 方法的导入代码,读者可自行查看随书的源代码
60   }
```

- 第 4~24 行主要是创建各个界面的引用,并声明改变闪屏界面透明度所需要的成员变量。

- 第25～38行为该类的构造器,主要是设置渲染模式和模版测试窗口的格式。
- 第39～43行为判断屏幕触控事件是否生效的方法。
- 第44～46行分别为实现渲染器的类、初始化游戏资源的方法和加载地图数据文件的方法。
- 第47～59行为创建游戏中各个界面中所用到的图片的纹理矩形并初始化所有纹理,其中每一个方法只初始化一个界面中的纹理,此处只介绍initGameViewSources方法,即游戏界面资源加载方法,其余的方法与该方法大同小异,不再赘述。

(2)下面介绍游戏界面管理类ViewManager中的私有类SceneRenderer。该类为场景渲染器,主要的功能是绘制游戏中的每一帧画面,主要有绘制一帧画面的onDrawFrame方法和界面发生改变的onSurfaceChanged方法等,详细代码如下。

代码位置:见随书源代码\第14章\WoWater\src\com\example\views 目录下的 ViewManager.java。

```
1    private class SceneRenderer implements GLSurfaceView.Renderer{
2        public void onDrawFrame(GL10 gl){              //绘制一帧画面的方法
3            GLES20.glBindFramebuffer(GLES20.GL_FRAMEBUFFER, 0);   //绑定系统的缓冲
4            GLES20.glClear(                            //清除深度缓冲与颜色缓冲
5                    GLES20.GL_DEPTH_BUFFER_BIT |
6                    GLES20.GL_COLOR_BUFFER_BIT);
7            if(!isInitOver){                           //游戏资源为未初始化完毕,绘制闪屏界面
8                MatrixState.pushMatrix();              //保护现场
9                MatrixState.translate(SP_X3D, SP_Y3D, 0); //平移图片位置
10               if(initIndex <22){     //如果没有绘制到最后一张,则依次绘制每一张闪屏图片
11                   shanPingRect.drawSelf(
12                           loadingTex[initIndex-1],
13                           initIndex,alpha);
14               }else{                 //如果绘制到最后一张,则一直绘制最后一张闪屏图片
15                   shanPingRect.drawSelf(
16                           loadingTex[initIndex-2],
17                           initIndex-1,alpha);
18               }
19               MatrixState.popMatrix();               //恢复现场
20               initBNView(initIndex);  //每绘制一张闪屏图片,调用一次初始化资源的方法
21               if(initIndex<22)
22                   initIndex++;                       //图片索引加一
23           }else{
24               MatrixState.pushMatrix();              //保护现场
25               if(viewCuror != null)                  //当前界面不为空
26                   viewCuror.onDrawFrame(gl);         //绘制该场景
27               MatrixState.popMatrix();               //恢复现场
28       }}
29       public void onSurfaceChanged(GL10 gl, int width, int height) {
30           float ratio = Constant.RATIO;              //屏幕宽高比
31           GLES20.glViewport(                         //设置视口的位置大小
32               Constant.ssr.lucX,                     //视口左下角 x 坐标
33               Constant.ssr.lucY,                     //视口左下角 y 坐标
34               (int)(Constant.SCREEN_WIDTH_STANDARD*Constant.ssr.ratio),//视口宽度
35               (int)(Constant.SCREEN_HEIGHT_STANDARD*Constant.ssr.ratio)//视口高度
36           );
37           MatrixState.setCamera(0, 0, 1,0, 0, -1, 0, 1, 0);   //设置摄像机位置
38           float temp = 1f;
39           MatrixState.setProjectOrtho(               //设置正交投影的参数
40                   -ratio*temp, ratio*temp, -1*temp, 1*temp, 0, 10);
41       }
42       public void onSurfaceCreated(GL10 gl, EGLConfig config) {
43           ……//此处省略了 onSurfaceCreated 的部分代码,读者请自行查阅随书的源代码
44   }}
```

- 第2～28行为本类绘制每一帧画面的方法。在绘制闪屏界面时,首先要判断游戏资源是否全部加载完毕,如果没有加载完,则按顺序绘制每一张闪屏图片,并加载相应资源。当资源全部加载完毕后,准备绘制主菜单界面。

- 第 29～42 行为处理界面改变的方法。该方法在 GLSurfaceView 界面发生改变时被系统自动调用，其主要是设置界面视口的位置和大小，其中位置是以屏幕坐标系的左下角坐标为准的，然后设置摄像机的位置和正交投影的相关参数。

（3）接下来介绍 ViewManager 类中的资源初始化 initBNView 方法。该方法的主要作用是初始化游戏中所用到的各个资源，详细开发代码如下。

代码位置：见随书源代码\第 14 章\WoWater\src\com\example\views 目录下的 View Manager.java。

```
1    public void initBNView(int number){              //初始化游戏资源的方法
2        switch(number){
3            case 1:                                   //步骤1
4                SourceConstant.loadingTex[1] =//初始化第二张闪屏图片
5                    InitPictureUtil.initTexture(resources,"load2.png");
6                initGameViewSources(ViewManager.this.getResources());//初始化游戏界面的所有资源
7                break;
8        ……//由于中间步骤与case1相似，此处省略了的部分代码，读者请自行查阅随书的源代码
9            case 22:                                  //步骤22
10               alpha = alpha - alphaSpan;           //改变最后一张图片的透明度，直至透明
11               break;
12       }
13       if(number == 22 && alpha <=0){               //判断当前闪屏图是否最后一张且透明度为0
14           isInitOver = true;                        //闪屏结束
15           ViewManager.toViewCuror = welcomeView;   //跳转到欢迎界面
16           activity.currView = Constant.WELCOME_VIEW;//记录当前界面的变量赋值为欢迎界面
17           ViewManager.toViewCuror.reLoadThread();//加载欢迎界面的资源
18           ViewManager.viewCuror = welcomeView;     //当前界面的引用为欢迎界面
19       }}
```

> **说明** 该方法用来加载游戏的所有资源，每绘制一张闪屏界面就进行一个步骤并加载相应游戏资源，到最后一步时资源加载完毕后过渡到主菜单界面。这样做的好处是在闪屏的时候，就把所有资源加载完毕了，这样在切换到其他界面的时候，不会因为加载某个界面的资源而去等待，提高了运行速度。

（4）最后介绍游戏界面管理类 ViewManager 的地图资源加载方法 loadMapData 和初始化游戏中背景图片资源的 initGameBackGroundSources 方法，这两个方法的作用分别是加载地图数据文件和初始化每一关背景资源，详细代码如下。

代码位置：见随书源代码\第 14 章\WoWater\src\com\example\views 目录下的 View Manager.java。

```
1    public void loadMapData(){                       //加载地图数据文件的方法
2        SourceConstant.loadMapData(resources,"mapForDraw1.map");//加载第一关的地图文件
3        SourceConstant.loadMapData(resources,"mapForDraw2.map");//加载第二关的地图文件
4        ……//此处省略了其他关卡加载地图的代码，读者请自行查阅随书的源代码
5    }
6    public void initGameBackGroundSources(Resources resources){//初始化图片资源的方法
7        bgRect = new RectForDraw(resources,2*Constant.RATIO, 2,1,1);//创建背景的绘制者
8        backGround[0] = InitPictureUtil.initTexture(resources, R.raw.bg1);
         //初始化第一关的游戏背景
9        backGround[1] = InitPictureUtil.initTexture(resources, R.raw.bg1);
         //初始化第二关的游戏背景
10       ……//此处省略了初始化其他关卡背景的代码，读者请自行查阅随书的源代码
11   }
```

> **说明** 第一个方法是用来加载地图关卡数据文件的，本游戏一共有 12 关，此处只给出前两关的加载代码。第二个方法是初始化每一关游戏背景图片的方法，同样只给出了前两关的初始化代码。上述两个方法都是在步骤（3）所介绍的方法中进行调用的。

14.5.2 主选关界面类 BNMainSelectView

上面讲解了游戏的界面管理类 ViewManager 的开发过程，当 ViewManager 类开发完成以后，随即就进入到了游戏各个界面的开发。由于本游戏每个界面的开发都大致相同，本章节只讲解几个比较突出的界面是如何开发的，本小节将详细介绍主选关界面 BNMainSelectView 类的开发过程。

（1）首先介绍游戏主选关界面 BNMainSelectView 类的框架。在该框架中主要声明了各个相关类的引用，例如界面管理器的引用和物理刷帧线程的引用等，也包含了触控事件的方法、监听返回键的方法和去其他界面的方法等，详细代码如下。

代码位置：见随书源代码\第 14 章\WoWater\src\com\example\views 目录下的 BNMain SelectView.java。

```
1    package com.example.views;                              //导入包
2    ……//此处省略了部分类的导入代码，读者可自行查看随书的源代码
3    public class BNMainSelectView implements ViewInterface{
4        MainActivity activity;                              //创建 activity 的引用
5        ViewManager viewManager;                            //创建界面管理器的引用
6        Resources resources;                                //创建 Resources 的引用
7        float wx;                                           //触控点 x 坐标
8        float wy;                                           //触控点 y 坐标
9        int motionEvent;                                    //触控动作
10       PhysicsThread pt;                                   //物理刷帧线程的引用
11       SaveThread st;                                      //数据计算线程的引用
12       WaterForDraw wd;                                    //多次绘制水对象
13       float downWx;                                       //手指按下时的 x 坐标
14       float moveThreshold = Constant.NOWMOVETHRESHOLD;    //认为手指移动的阈值
15       public BNMainSelectView(ViewManager viewManager,MainActivity activity){
16           this.viewManager = viewManager;                 //初始化 viewManager
17           this.resources = viewManager.getResources();    //得到资源
18           this.activity = activity;                       //初始化 activity
19           Constant.boxes.add(            //将对应第一季关卡的盒子加入盒子列表
20               new MenuSelectBox(0,Constant.BOX_CENTER_X3D,Constant.BOX_CENTER_Y3D,1));
21           Constant.boxes.add(            //将对应第二季关卡的盒子加入盒子列表
22               new MenuSelectBox(1,Constant.BOX_CENTER_X3D,Constant.BOX_CENTER_Y3D,1));
23       }
24       public boolean onTouchEvent(MotionEvent event){//处理触控事件的方法
25           ……//此处省略了 onTouchEvent 的部分代码，将在下面进行详细介绍
26       }
27       public void returnButtonTouch(){                    //监听返回键的方法
28           ……//此处省略了 returnButtonTouch 的部分代码，将在下面进行详细介绍
29       }
30       public boolean needMove(int moveDir){               //判断盒子应不应该移动的方法
31           ……//此处省略了 needMove 的部分代码，将在下面进行详细介绍
32       }
33       public void goToOtherView(int viewNumber){          //去其他界面的方法
34           ……//此处省略了 goToOtherView 的部分代码，将在下面进行详细介绍
35       }
36       public void swapTex(){                              //单击"返回"按钮时换纹理的方法
37           ……//此处省略了 swapTex 的部分代码，读者可自行查看随书的源代码
38       }
39       public void restoreTex(){                           //"返回"按钮图片恢复初始状态
40           ……//此处省略了 restoreTex 的部分代码，读者可自行查看随书的源代码
41       }
42       public void onDrawFrame(GL10 gl){                   //绘制一帧画面的方法
43           ……//此处省略了 onDrawFrame 的部分代码，将在下面进行详细介绍
44       }
45       public void drawGameView(){                         //绘制欢迎界面的方法
46           ……//此处省略了 drawGameView 的部分代码，将在下面进行详细介绍
47       }
48       public void reLoadThread(){                         //开启线程的方法
49           ……//此处省略了 reLoadThread 的部分代码，将在下面章节的 BNGameView 类中详细介绍
50       }
51       public void closeThread(){                          //关闭线程的方法
```

14.5 界面相关类

```
52              ……//此处省略了 closeThread 的部分代码，将在下面章节的 BNGameView 类中详细介绍
53          }}
```

- 第 4~14 行主要是声明相关资源和线程的引用，声明多次绘制水对象以及和触控相关的变量。
- 第 15~23 行为本类的构造器，主要的作用是初始化相关成员变量，并将对应每一季关卡的盒子加入盒子列表，因为本游戏有两季关卡，每一季有 6 关，单击某个的盒子会进入相应关卡选择界面，而盒子是可以通过手指控制左右滑动的，所以在此处先加入盒子列表供后面调用。

> **说明** 由于本类的部分方法与 BNGameView 中的部分方法相似并且不是本节所介绍的重点，所以第 42~53 行所涉及的方法此处不再介绍，读者请查看 14.5.5 小节所介绍的 BNGameView 类。

（2）接下来介绍主选关界面 BNMainSelectView 类的处理触控事件的 onTouchEvent 方法和监听返回键的 returnButtonTouch 方法。这两个方法主要负责的是处理手指触控屏幕事件，即根据手指的触控点与触控动作方式进行相应操作，详细代码如下。

代码位置：见随书源代码\第 14 章\WoWater\src\com\example\views 目录下的 BNMainSelectView.java。

```
1   public boolean onTouchEvent(MotionEvent event){
2       motionEvent = event.getAction();                    //得到触控动作方式
3       int[] tpt=ScreenScaleUtil.touchFromTargetToOrigin(//触控屏幕自适应
4           (int)event.getX(),(int)event.getY(),Constant.ssr);
5       wx = tpt[0];                                         //触控点 x 坐标
6       wy = tpt[1];                                         //触控点 y 坐标
7       switch(motionEvent){                                 //处理不同的触控动作
8           case MotionEvent.ACTION_DOWN:                    //如果是 down 操作
9               downWx = wx;                                 //记录下手指按下时的 x 坐标
10              returnButtonTouch();                         //调用返回键触控方法
11              break;
12          case MotionEvent.ACTION_MOVE:                    //如果是 move 操作
13              break;                                        //不做其他任何处理
14          case MotionEvent.ACTION_UP:                      //如果是 up 操作
15              if((wx-downWx)>moveThreshold){               //如果手指移动的 X 范围大于阈值
16                  if(needMove(Constant.MOVE_TO_RIGHT)){   //判断是否是右移
17                      if(!Constant.effictOff)              //播放音效
18                          WaterActivity.sound.playMusic(Constant.BUTTON_PRESS, 0);
19                      for(int i=0;i<Constant.boxes.size();i++){
20                          MenuSelectBox box = Constant.boxes.get(i);//得到当前盒子索引
21                          box.setFixX(Constant.MOVE_TO_RIGHT);//盒子向右移动一个
22                  }}}
23              else if((wx-downWx)<-moveThreshold){         //如果手指移动的 X 范围小于阈值
24                  if(needMove(Constant.MOVE_TO_LEFT)){    //判断是否是左移
25                      if(!Constant.effictOff)              //播放音效
26                          WaterActivity.sound.playMusic(Constant.BUTTON_PRESS, 0) ;
27                      for(int i=0;i<Constant.boxes.size();i++){
28                          MenuSelectBox box = Constant.boxes.get(i);//得到当前盒子索引
29                          box.setFixX(Constant.MOVE_TO_LEFT);    //盒子向左移动一个
30                  }}}
31              //如果手指没有移动距离的绝对值小于阈值，则认为是单击选关
32              if(Math.abs(wx-downWx)<moveThreshold){
33                  for(int i=0;i<Constant.boxes.size();i++){
34                      MenuSelectBox box = Constant.boxes.get(i);//得到当前盒子索引
35                      if(box.index == box.trans){
                            //如果当前盒子的索引等于屏幕中间盒子的索引
36                          if(box.touchEvent(wx, wy)){//如果在盒子的触控范围内
37                              if(!Constant.effictOff)    //播放音效
38                                  WaterActivity.sound.playMusic(Constant.BUTTON_PRESS, 0) ;
39                              switch(box.id){            //判断当前盒子的 id
40                                  case 0:              //如果 id 是 0，跳转到第一季的选关界面
41                                      goToOtherView(Constant.GO_TO_SELECT1VIEW);
42                                      break;
43                                  case 1:              //如果 id 是 1，跳转到第二季的选关界面
```

```
44                              goToOtherView(Constant.GO_TO_SELECT2VIEW);
45                              break;
46              }}}}}
47              returnButtonTouch();            //调用处理返回键触控的方法
48              restoreTex();                   //恢复返回键纹理
49          break;
50      }
51      return true;                            //返回true
52  }
53  public void returnButtonTouch(){            //监听返回键的方法
54      if(wx > Constant.RETURN_BUTTON_X        //如果触控在返回按钮区域
55          && wx < Constant.RETURN_BUTTON_X+Constant.RETURN_BUTTON_WIDTH
56          && wy > Constant.RETURN_BUTTON_Y
57          && wy < Constant.RETURN_BUTTON_Y+Constant.RETURN_BUTTON_HEIGHT){
58          swapTex();                          //将返回键按钮纹理换成选中状态下的纹理
59          if(motionEvent==MotionEvent.ACTION_UP){  //如果手指抬起
60              if(!Constant.effectOff)         //播放音效
61                  WaterActivity.sound.playMusic(Constant.BUTTON_PRESS, 0) ;
62              goToOtherView(Constant.GO_TO_MENUVIEW); //跳转到主菜单界面
63  }}}
```

- 第 2~6 行为得到触控点坐标，然后将原始坐标通过了第 3、4 行代码的转换，目的是使触控点能够在不同分辨率的设备上的坐标都是正确的。
- 第 8~11 行为处理 down 操作的代码。首先要记录单击时的 x 坐标，并调用处理单击返回按钮的方法，如果单击了返回按钮，则该方法生效。
- 第 12~13 行为判断 move 操作的代码。
- 第 14~49 行为处理 up 操作的代码。首先要判断手指移动的距离，如果大于阈值，则为右移，此时盒子就要右移；如果小于阈值的负数，则为左移，此时盒子就要左移；如果绝对值小于阈值，则为点击事件，然后就判断单击位置所在区域，在盒子区域则进入相应的选关界面。如果单击的是返回按钮，则调用处理单击返回按钮的方法，然后恢复按钮纹理为原状。
- 第 53~63 行为处理手指单击返回按钮的方法。该方法的主要功能为如果单击位置在返回按钮区域，则先将返回键按钮的纹理换成单击中状态下的纹理，当手指抬起时，判断是否播放音效和跳转到主菜单界面。

（3）下面介绍 BNMainSelectView 类中的盒子移动方法 needMove。该方法主要用来判断盒子应不应该移动，详细代码如下。

代码位置：见随书源代码\第 14 章\WoWater\src\com\example\views 目录下的 BNMainSelectView.java。

```
1   public boolean needMove(int moveDir){
2       if(moveDir == Constant.MOVE_TO_RIGHT){          //如果向右移动
3           for(int i=0;i<Constant.boxes.size();i++){
4               MenuSelectBox box = Constant.boxes.get(i);//得到当前盒子索引
5               if(box.index>=Constant.BOX_CENTER_X3D.length-1){
6                   return false;                       //如果索引大于盒子数，则不移动
7       }}}
8       if(moveDir == Constant.MOVE_TO_LEFT){           //如果向左移动
9       for(int i=0;i<Constant.boxes.size();i++){
10          MenuSelectBox box = Constant.boxes.get(i);//得到当前盒子索引
11          if(box.index<=0){
12              return false;                           //如果索引小于 0，则不移动
13      }}}
14      return true;                                    //返回true
15  }
```

> **说明** 该方法的主要作用是判断盒子应不应该移动。如果当前屏幕中央的盒子为最左边或者最右边的盒子，当手指还向最左边或者最右边划动时，屏幕的最左边或者最右边已经没有盒子了，所以盒子不能再移动。只有当手指划动的方向还有盒子，盒子才移动。

（4）接下来详细介绍 BNMainSelectView 类的 goToOtherView 方法。该方法的主要作用是根据界面的编号跳转到相应的界面，详细代码如下。

代码位置：见随书源代码\第 14 章\WoWater\src\com\example\views 目录下的 BNMainSelectView.java。

```
1   public void goToOtherView(int viewNumber){           //去其他界面的方法
2       Message message = new Message();                 //创建 Message 对象
3       Bundle bundle = new Bundle();                    //创建 Bundle 对象
4       bundle.putInt("operation", viewNumber);          //绑定消息
5       message.setData(bundle);                         //设置消息
6       viewManager.activity.myHandler.sendMessage(message);//发送消息
7   }
```

> **说明** 该方法为当程序需要跳转到其他界面时才会进行调用，需要接收要跳转的界面的编号，然后将该编号进行消息绑定，再把消息发送出去，便于 Activity 中的 Hander 接收并处理。

（5）最后向读者介绍的是 BNMainSelectView 类中绘制一帧画面的 onDrawFrame 方法和绘制游戏界面的方法 drawGameView。onDrawFrame 方法的主要作用为清除背景颜色和调用绘制游戏界面方法 drawGameView，drawGameView 方法的任务是绘制主选关界面场景中的所有物体，详细代码如下。

代码位置：见随书源代码\第 14 章\WoWater\src\com\example\views 目录下的 BNMainSelectView.java。

```
1   public void onDrawFrame(GL10 gl){                    //绘制一帧画面的方法
2       GLES20.glClearColor(0f, 0f,0f, 0);               //清除背景颜色
3       drawGameView();                                  //绘制游戏场景
4       phy.calculateGravity(viewManager);               //改变水流受力方法
5   }
6   public void drawGameView(){                          //绘制游戏界面
7       wd.generateWaterImage(0.32f,-0.032f);            //绘制水矩形图
8       wd.generateWaterImageX(1,0);                     //绘制 x 模糊后的图
9       wd.generateWaterImageY(2,1);                     //绘制 y 模糊后的图
10      GLES20.glViewport(                               //设置视口的位置和大小
11          Constant.ssr.lucX,                           //视口左下角 x 坐标
12          Constant.ssr.lucY,                           //视口左下角 y 坐标
13          (int)(Constant.SCREEN_WIDTH_STANDARD*Constant.ssr.ratio), //视口宽度
14          (int)(Constant.SCREEN_HEIGHT_STANDARD*Constant.ssr.ratio) //视口高度
15      );
16      GLES20.glBindFramebuffer(GLES20.GL_FRAMEBUFFER,0); //绑定系统的缓冲
17      GLES20.glClear(                                  //清除深度缓冲与颜色缓冲
18      GLES20.GL_DEPTH_BUFFER_BIT|GLES20.GL_COLOR_BUFFER_BIT);
19      MatrixState.pushMatrix();                        //保护现场
20      MatrixState.translate(-Constant.RATIO, 1, 0);    //平移纹理
21      bgRect.drawSelf(xuanXiangBackgroundId[0]);       //绘制背景 1
22      MatrixState.popMatrix();                         //恢复现场
23      GLES20.glBlendFunc(GLES20.GL_SRC_ALPHA,GLES20.GL_ONE_MINUS_SRC_ALPHA);
24      MatrixState.pushMatrix();                        //保护现场
25      float scale = 1.2f;                              //水粒子缩放倍数
26      MatrixState.scale(scale, scale, 1);              //缩放纹理
27      waterRect.drawSelfForWater(wd.shadowId[2],"vertex_tex.sh","frag_tex.sh");//绘制水纹理图
28      MatrixState.popMatrix();                         //恢复现场
29      ……//此处为绘制背景 2 的部分代码，与绘制背景 1 相似，故省略
30      for(int i=0;i<Constant.boxes.size();i++){        //计算各个盒子的运动
31          MenuSelectBox box = Constant.boxes.get(i);   //获取盒子索引
32          box.moveX();                                 //移动盒子
33      }
34      for(int i=0;i<Constant.boxes.size();i++){        //绘制各个盒子
35          MenuSelectBox box = Constant.boxes.get(i);   //获取盒子索引
36          ……//此处为绘制盒子的部分代码，与绘制背景 1 相似，故省略
37      }
38      GLES20.glClear(GLES20.GL_STENCIL_BUFFER_BIT);    //清除模板缓存
39      GLES20.glEnable(GLES20.GL_STENCIL_TEST);         //允许模板测试
40      GLES20.glStencilFunc(GLES20.GL_ALWAYS, 1, 1);    //设置模板测试参数
```

```
41            GLES20.glStencilOp(GLES20.GL_KEEP, GLES20.GL_KEEP,GLES20.GL_REPLACE);
42            for(int i=0;i<Constant.boxes.size();i++){            //绘制盒子为了得到模版值
43                ……//此处为绘制盒子的部分代码,与绘制背景1相似,故省略
44            }
45            GLES20.glStencilFunc(GLES20.GL_EQUAL,1, 1);          //设置模板测试参数
46            GLES20.glStencilOp(GLES20.GL_KEEP,GLES20.GL_KEEP,GLES20.GL_KEEP);
47            ……//此处为绘制青蛙的部分代码,与绘制背景1相似,故省略
48            GLES20.glDisable(GLES20.GL_STENCIL_TEST);            //禁用模板测试
49            ……//此处为绘制返回按钮的部分代码,与绘制背景1相似,故省略
50            GLES20.glDeleteFramebuffers(1, new int[]{wd.frameBufferId[2]}, 0);//删除缓冲
51            GLES20.glDeleteTextures(1, new int[]{wd.shadowId[2]},0);//删除纹理缓冲
52        }
```

- 第1~5行为绘制一帧画面的方法。该方法的主要功能为清除背景颜色,调用drawGameView方法来绘制主选关界面,以及调用PhyCaulate类中的calculateGravity方法来改变水流的受力。

- 第7~15行为调用WaterForDraw类中相应方法进行自定义缓冲并绑定,绑定后绘制处理后的水并生成缓冲,设置视口的位置和大小。

- 第19~22行为绘制背景1的代码,先保护现场,然后平移纹理,再绘制背景1,最后恢复现场。

- 第23~28行为绘制水纹理的代码,先开启混合,保护现场,再设置水粒子的缩放倍数,缩放纹理,然后绘制水的最终纹理图,最后恢复现场。

- 第30~37行为计算各个盒子的运动并绘制各个盒子。先获得盒子的索引并移动该盒子,最后与绘制背景1一样绘制盒子。

- 第38~51行为采用模版测试绘制盒子区域的青蛙和删除最终水的缓冲与最终水的纹理缓冲。

14.5.3 游戏界面类 BNGameView

接下来进入到游戏界面类BNGameView的开发。游戏界面类的开发比较复杂,包括成员变量的声明、整体框架的实现和各模块功能的实现等,下面将详细介绍该界面的开发过程。

(1)首先介绍BNGameView类的成员变量与有参构造器的开发。成员变量的作用有记录游戏场景中元素的一系列信息和实现游戏场景中的一些特效等,使游戏界面更加丰富多彩。下面将向读者详细讲解,详细代码如下。

代码位置:见随书源代码\第14章\WoWater\src\com\example\views目录下的BNGameView.java。

```
1    MainActivity activity;                                       //MainActivity 的引用
2    ViewManager viewManager;                                     //界面的管理者
3    Resources resources;                                         //资源的引用
4    PhysicsThread pt;                                            //物理线程对象
5    SaveThread st;                                               //数据计算线程对象
6    WaterForDraw wd;                                             //多次绘制水对象
7    ArrayList<float[]> arrEdges = new ArrayList<float[]>();      //碰撞线列表
8    ArrayList<Integer> objectType = new ArrayList<Integer>();    //物体类型列表
9    ArrayList<RectForDraw> drawers = new ArrayList<RectForDraw>();//物体的绘制者列表
10   ArrayList<float[]> wutiPosition3D = new ArrayList<float[]>();//物体 3D 中的位置列表
11   ArrayList<Integer> textureID = new ArrayList<Integer>();     //纹理 id 列表
12   ArrayList<float[]> firePositions = new ArrayList<float[]>(); //火位置列表
13   ArrayList<float[]> firePositions3D = new ArrayList<float[]>();//3D 中火位置列表
14   float[] victory2D;                                           //游戏胜利范围
15   float startX,startY,endX,endY,moveX,moveY;                   //线的起点和终点
16   ArrayList<float[]> addEdges = new ArrayList<float[]>();      //该关添加的边的列表
17   ArrayList<Integer> indext = new ArrayList<Integer>();        //删除线的 id 列表
18   ArrayList<VerBuffer> lineVerBufferArr=new ArrayList<VerBuffer>();
     //已经画好的线的缓冲列表类
19   VerBuffer verBuffer = null;                                  //顶点坐标数据缓冲(动态线的缓冲)
```

```
20    int mapNumber = 0;                                     //当前的地图编号
21    int maxScore = 0;                                      //本关卡的最高分数
22    float wx;                                              //触控点 x 坐标
23    float wy;                                              //触控点 y 坐标
24    int motionEvent;                                       //触控动作
25    int scoreTemp=0;          //游戏界面胜利或者失败后为了实现分数的动态绘制而声明的变量
26    boolean firstOver = false;                             //第一次缩放的标志位
27    boolean secondOver = false;                            //第二次缩放的标志位
28    boolean thirdOver = false;                             //第三次缩放的标志位
29    float scaleTemp = 0;                                   //缩放的变量
30    float scaleFirstSpan = 0.05f;                          //第一次缩放增量
31    float scaleSecondSpan = 0.02f;                         //第二次缩放增量
32    float scaleThirdSpan = 0.01f;                          //第三次缩放增量
33    float scaleFirstEnd = 1.1f;                            //第一次缩放最大值
34    float scaleSecondEnd = 0.94f;                          //第二次缩放最大值
35    float scaleThirdEnd = 1f;                              //第三次缩放最大值
36    boolean drawYes = false;                               //是否绘制"是"的标志位
37    boolean drawNo = false;                                //是否绘制"否"的标志位
38    int forHelpView;      //为了解决第一次进入游戏弹出"是否需要帮助"
39    public ArrayList<float[]> touchPoints = new ArrayList<float[]>();  //触控列表
40    boolean isDrawType7 = true;                            //是否绘制编号 7 的标志位
41    boolean isDrawType6 = true;                            //是否绘制编号 6 的标志位
42    boolean isDrawType5 = true;                            //是否绘制编号 5 的标志位
43    boolean isMoveing = false;                             //移动的标志位
44    int oldScore;                                          //当前关卡上一关的分数
45    public BNGameView(ViewManager viewManager,MainActivity activity){    //有参构造器
46        this.viewManager = viewManager;                    //初始化 viewManager 的引用
47        this.resources = viewManager.getResources();       //初始化资源的引用
48        this.activity = activity;                          //初始化 activity 的引用
49    }
```

- 第 1～6 行为声明其他类的引用，如 MainActivity 的引用、物理线程的引用和资源的引用等。

- 第 7～14 行主要为记录游戏场景中元素的一系列的信息变量，包括物体的位置、旋转策略、物体类型、物体的绘制者、物体的不动点、物体的纹理 id、火焰的位置和游戏胜利范围等变量。这些信息变量全部是从地图中加载出来的，读者不必着急，后面将进行详细的讲解。

- 第 15～44 行的主要作用是实现游戏界面中玩家可以手指滑动屏幕画碰撞线，并且如果玩家是第一次进入游戏，还会有"是否需要帮助"的对话框提示。这些简单的动画的实现都离不开这些变量的辅助，请读者结合程序查看这些变量的详细的作用。

- 第 45～49 行为游戏界面类 BNGameView 的有参构造器。在该构造器中初始化 ViewManager 的引用、资源的引用和 Activity 的引用。

（2）接下来详细介绍游戏界面 BNGameView 类实现的整体框架代码，具体各个模块功能的实现后继开发。其详细代码如下。

代码位置：见随书源代码\第 14 章\WoWater\src\com\example\views 目录下的 BNGameView.java。

```
1    package com.bn.views;                                   //引入包
2    ……//此处省略部分引入包类，读者可自行参见随书代码
3    public class BNGameView implements ViewInterface{
4    public BNGameView(ViewManager viewManager,MainActivity activity){}  //有参构造器
5    public void addEdge(float startX,float startY,float endX,float endY){}//添加碰撞线的方法
6    public void calCartoonGo(){}                           //计算动画的方法
7    public void calVerBuffer(float startX,float startY,float moveX,float moveY){}
     //计算碰撞线缓冲的方法
8    public void closeThread(){}                            //关闭线程的方法
9    public void drawGameOverButtonsAndScore(){}            //游戏结束后的绘制方法
10   public void drawGameView(){}                           //绘制游戏场景的方法
11   public void drawScence(){}                             //绘制场景
12   public void drawScore(int score,float x3d,float y3d){} //绘制分数的方法
13   public void drawTime(){}                               //绘制倒计时的方法
```

```
14    public int getMapNUmber(){}                                     //得到地图编号的方法
15    public void goToNextOrCurrGameView(int view,int mapNumber){}    //重玩或者下一关的方法
16    public void goToOtherView(int viewNumber){}                     //去其他界面的方法
17    public void isPlayExitCartoon(){}                               //是否播放退出动画的方法
18    public void myPopTouchEventDown(){}                             //弹出菜单的触控事件
19    public void myTouchEventDownPause(){}                           //游戏暂停后的触控方法
20    public void myTouchEventDownVF(){}                              //游戏胜利失败后的触控方法
21    public void onDrawFrame(GL10 gl){}                              //主绘制方法（系统回调）
22    public boolean onTouchEvent(MotionEvent event){}                //主触控方法（系统回调）
23    public void reLoadThread(int mapNumber){}                       //重新加载数据的方法
24    public void removeXian(){}                                      //删除碰撞线的方法
25    public void restorePauseTex(){}                                 //还原暂停纹理的方法
26    public void restoreVFBTex(){}                                   //还原胜利失败纹理的方法
27    public void swapPauseTex(int i){}                               //交换暂停纹理的方法
28    public void swapVFBTex(int i){}                                 //交换胜利失败纹理的方法
29    }
```

- 第 5 行为 BNGameView 类的添加碰撞线的方法。玩家通过手指滑动屏幕动态的产生一条跟随手指的碰撞线，从而引导水流进入指定的水槽。

- 第 6 行为计算动画帧的方法。当玩家第一次进入游戏的时候，则程序会弹出"是否需要帮助"的动态对话框，玩家单击"是"程序，会切换到动态帮助展示界面，让玩家了解游戏的操作方式。

- 第 7~8 行分别为计算碰撞线缓冲的方法和关闭线程的方法，其中计算缓冲的方法尤其重要，后面将为读者详细地进行讲解。

- 第 9~13 行为游戏场景中的绘制方法，包括分数的绘制、倒计时的绘制和游戏场景物体的绘制。

- 第 14~16 行为分别为得到地图编号的方法、重玩或者下一关的方法和切换界面的方法。

- 第 17~22 行为游戏中不同场景下的触控的方法。后面将进行详细的介绍，这里不再进行赘述。

- 第 23~24 行为加载游戏数据的方法和删除碰撞线的方法。这两个方法也是极其重要的，后面将进行详细地介绍，读者不必着急。

- 第 25~28 行为一些纹理 id 的交换和恢复的方法。逻辑比较简单，后面将进行简单的讲解。

（3）接下来开发触控事件的方法。为此开发了方法 onTouchEvent，通过这个方法玩家可以查看游戏场景中不同的功能。但是由于代码量比较大，下面只给出关键性的代码，详细代码如下。

代码位置：见随书源代码第 14 章\WoWater\src\com\example\views 目录下的 BNGameView.java。

```
1     switch(motionEvent){                                            //判断事件的动作
2         case MotionEvent.ACTION_DOWN:                               //动作事件为按下
3             startX = wx;                                            //记录手指按下的横坐标
4             startY = wy;                                            //记录手指按下的纵坐标
5             moveX = startX;                                         //初始化 moveX 的值
6             moveY = startY;                                         //初始化 moveY 的值
7             break;
8         case MotionEvent.ACTION_MOVE:                               //动作事件为移动
9             moveX = wx;                                             //更新 moveX 的值
10            moveY = wy;                                             //更新 moveY 的值
11            //如果手指在横方向或者纵方向超过了设定的阈值，则认为是手指的移动
12            if((moveX-startX)>2*Constant.NOWMOVETHRESHOLD||
13                (moveY-startY)>2*Constant.NOWMOVETHRESHOLD){
14                isMoveing = true;                                   //将标志位设置为移动
15            }
16            calVerBuffer(startX,startY,moveX,moveY);                //移动时计算缓冲
17            break;
18        case MotionEvent.ACTION_UP:                                 //动作事件为抬起
19            isMoveing = false;                                      //手指抬起后将移动标志位设置为 false
```

```
20              endX = wx;                              //记录滑动的终止横坐标
21              endY = wy;                              //记录滑动的终止纵坐标
22              //在允许添加的根数内和移动一定的长度才允许添加新的碰撞线
23              if(addEdges.size()<genShu[mapNumber]&&
24              Math.abs(endX - startX)>2*Constant.NOWMOVETHRESHOLD){
25                  addEdge(startX,startY,endX,endY);//添加一条碰撞线
26              }
27          break;
28      }
```

- 第 1~6 行为判断当前触控事件的动作并执行对应的任务。当触控动作为按下的时候，首先记录碰撞线的起点的横纵坐标，再记录移动时的横纵坐标，以备后面的程序使用。
- 第 8~17 行为当玩家手指移动超过指定的阈值时，通过记录移动过程中的横纵坐标来动态地计算碰撞的缓冲来进行游戏界面中碰撞线的绘制。
- 第 18~28 行为当玩家手指抬起的时候，记录碰撞线的终止点的横纵坐标。如果满足添加碰撞线的条件，调用指定的方法将碰撞线添加进碰撞线列表。

（4）下面详细介绍 calVerBuffer 方法的开发，具体的开发代码如下。

代码位置：见随书源代码\第 14 章\WoWater\src\com\example\views 目录下的 BNGameView.java。

```
1   public void calVerBuffer(float startX,float startY,float moveX,float moveY){
    //计算顶点缓冲方法
2       float nx=moveX-startX;                      //计算碰撞线的横坐标差
3       float ny=moveY-startY;                      //记录碰撞线的纵坐标差
4       float len=(float)Math.sqrt(nx*nx+ny*ny);    //求出碰撞线的长度
5       //如果当前向量的长度大于指定的长度,则重新计算缓冲的终点
6       if(len > lineMaxLength[mapNumber]){
7           float ratio = lineMaxLength[mapNumber]/len;//将长度换算成比例
8           moveX = startX + nx * ratio;            //根据比例计算出 moveX 的值
9           moveY = startY + ny * ratio;            //根据比例计算出 moveY 的值
10      }
11      verBuffer.calcu(startX, startY, moveX, moveY);//计算动态缓冲的方法
12  }
```

- 第 2~4 行为通过方法中传入的碰撞线的起点和终点的横纵坐标来计算碰撞线的长度。
- 第 5~10 行为若玩家触摸生成的碰撞线的长度大于最大的长度，则通过计算按最大的长度进行计算，通过这样的限制可以控制玩家画线的长度。
- 第 11 行为根据传入的碰撞线计算后的起点和终点的坐标来计算顶点的缓冲。后面将对该方法进行详细的介绍。

（5）接下来介绍添加碰撞线的 addEdge 方法。该方法在游戏界面 BNGameView 类中也起到了举足轻重的作用。下面为读者详细地介绍该方法，具体代码如下。

代码位置：见随书源代码\第 14 章\WoWater\src\com\example\views 目录下的 BNGameView.java。

```
1   public void addEdge(float startX,float startY,float endX,float endY){
    //添加碰撞边的方法
2       float nxn=endX-startX;                          //线段的横向间隔
3       float nyn=endY-startY;                          //线段的纵向间隔
4       float lenn=(float)Math.sqrt(nxn*nxn+nyn*nyn);   //线段的长度
5       if(lenn > lineMaxLength[mapNumber]){
6           float ratio = lineMaxLength[mapNumber]/lenn;//根据最大长度换算比例
7           endX = startX + nxn * ratio;                //重新记录线段的 X 终止点
8           endY = startY + nyn * ratio;                //重新记录线段的 Y 终止点
9       }
10      float phyStartX = startX/PhyCaulate.mul;        //换算到物理世界中
11      float phyStartY = startY/PhyCaulate.mul;        //换算到物理世界中
12      float phyEndX = endX/PhyCaulate.mul;            //换算到物理世界中
13      float phyEndY = endY/PhyCaulate.mul;            //换算到物理世界中
14      for(int i=0;i<arrEdges.size();i++){             //循环碰撞线列表
15          float[] edge = arrEdges.get(i);             //得到一条碰撞线
16  if(Line2DUtil.intersect(phyStartX,phyStartY,phyEndX,phyEndY,edge[0],edge[1],
    edge[2],edge[3])){
```

```
17                    verBuffer.mVertexBuffer = null;       //线交叉置为空
18                    return;                                //返回
19            }}
20        float ny=endX-startX;                              //线段的横向间隔
21        float nx=endY-startY;                              //线段的纵向间隔
22        float len=(float)Math.sqrt(nx*nx+ny*ny);           //线段的长度
23        float fxlx=0;                                      //声明向量
24        float fxly=0;                                      //声明向量
25        if(ny>0){                                          //如果 ny 大于 0
26            fxlx=nx/len;                                   //向量规格化
27            fxly=-ny/len;                                  //向量规格化
28        }else{
29            fxlx=-nx/len;                                  //向量规格化
30            fxly=ny/len;                                   //向量规格化
31        }
32        float[] ABC = Line2DUtil.getABC(phyStartX,phyStartY,phyEndX,phyEndY);
33        float[] edge = new float[]{                        //声明存储边信息的数组
34            phyStartX,                                     //线段起点横坐标
35            phyStartY,                                     //线段起点纵坐标
36            phyEndX,                                       //线段终点横坐标
37            phyEndY,                                       //线段终点纵坐标
38            fxlx, fxly,                                    //法相量横纵坐标
39            ABC[0], ABC[1],ABC[2]                          //线段参数
40        };
41        addEdges.add(edge);                                //添加进存储列表
42        arrEdges.add(edge);                                //添加进计算总列表
43        float[] edges = new float[]{                       //线段数据
44            0,0,                                           //线段位置坐标
45            startX,startY,                                 //线段起点
46            endX,endY                                      //线段终点
47        };
48        synchronized (Constant.xianLock){                  //加锁添加碰撞线
49            tempAddEdges.add(edges);                       //将线段数据数组添加进存放添加线数据的列表
50            VerBuffer verBuffer = new VerBuffer();         //添加线的缓冲
51            verBuffer.calcu(startX,startY,endX,endY);      //计算线的缓冲
52            lineVerBufferArr.add(verBuffer);               //将缓冲添加进缓冲列表
53    }}
```

● 第 2～9 行为根据传入的线段的起点和终点的横纵坐标来计算线段的长度。如果线段的长度大于程序设定的最大长度，则按照最大长度计算并重新计算线段的终点的横纵坐标。

● 第 10～13 行将屏幕中的线段换算成物理计算世界中的线段，换算之后才可以计算和水流的物理碰撞。读者添加碰撞线时一定不要忘记线的换算，否则出现错误效果。

● 第 14～19 行为循环列表中的碰撞线。如果碰撞线有交叉，则玩家抬起手指时，当前触画的碰撞线，将会被取消，否则玩家手指抬起时，当前触画的碰撞线，将会被添加进碰撞线列表。

● 第 20～31 行为根据玩家触画的碰撞线计算该碰撞线的法相量。

● 第 32～42 行为将碰撞线的起点、终点、参数和法相量封装在数组内并存储在碰撞线列表和计算总列表，方便后续代码的调用。

● 第 43～53 行为将碰撞线的实际位置、起点和终点封装在数组内并加锁添加到 tempAddEdges 列表中，方便后续代码的调用。

（6）接下来开发绘制倒计时的 drawTime 方法。在游戏场景中玩家可以看到，在游戏界面的上方时间在不断地减少，给玩家一种游戏的紧迫感。倒计时的具体实现代码如下。

代码位置：见随书源代码第 14 章\WoWater\src\com\example\views 目录下的 BNGameView.java。

```
1    public void drawTime(){                                //绘制倒计时的方法
2        float trans = 0.07f;                               //数字的偏移量
3        int second = (int) Constant.ms/1000;               //时间辅助变量
4        int minute = 0;                                    //分钟数
5        MatrixState.pushMatrix();                          //保存原始的物体坐标系
```

```
6           //将物体坐标系平移到绘制时间的位置
7           MatrixState.translate(Constant.timePositionX3D,Constant.timePositionY3D,0);
8           if(minute<10){                                    //如果分钟数为一位数字
9               rectNumber.drawSelf(timeNumber[0]);           //绘制数字0
10              MatrixState.translate(trans, 0, 0);           //平移物体坐标系
11              rectNumber.drawSelf(timeNumber[minute]);}     //绘制分钟数字
12          else{                                             //如果为两位数字
13              rectNumber.drawSelf(timeNumber[minute/10]);   //如果分钟数为两位数字
14              MatrixState.translate(trans, 0, 0);           //平移物体坐标系
15              rectNumber.drawSelf(timeNumber[minute%10]);}  //绘制分钟数字
16          MatrixState.translate(trans, 0, 0);               //平移物体坐标系
17          rectNumber.drawSelf(maoHao);                      //绘制冒号
18          MatrixState.translate(trans, 0, 0);               //平移物体坐标系
19          if(second>=0){
20              if(second<10){                                //如果秒数为一位数字
21                  rectNumber.drawSelf(timeNumber[0]);//绘制数字0
22                  MatrixState.translate(trans, 0, 0);//平移物体坐标系
23                  rectNumber.drawSelf(timeNumber[second]);} //绘制秒数数字
24              else{                                         //如果秒数为两位数字
25                  rectNumber.drawSelf(timeNumber[second/10]);//绘制秒数的高位
26                  MatrixState.translate(trans, 0, 0);       //平移物体坐标系
27                  rectNumber.drawSelf(timeNumber[second%10]);}}//绘制秒数的低位
28          MatrixState.popMatrix();                          //恢复物体坐标系
29      }
```

- 第 2~5 行为声明该方法的局部变量,包括平移辅助变量和时间辅助变量的声明,除此之外还有计算当前游戏界面剩余的秒数。
- 第 8~28 行主要为根据当前的分钟数是一位数字还是两位数字,当前的秒数是一位数字还是两位数字来进行恰当的绘制,动态地调整数字之间的间距。

(7)接下来开发场景中的动画效果。当玩家第一次进入游戏界面的时候,则程序会弹出"是否需要帮助"的对话框,对话框的弹出过程有呼吸的效果。此效果的开发比较简单,下面给出具体代码。

代码位置:见随书源代码\第 14 章\WoWater\src\com\example\views 目录下的 BNGame View.java。

```
1   public void calCartoonGo(){                           //pop菜单的出来动画的方法
2       if(!firstOver){                                   //播放第一轮动画
3           scaleTemp = scaleTemp + scaleFirstSpan;//缩放量增加
4           if(scaleTemp>=scaleFirstEnd){                 //从0到scaleEnd
5               firstOver = true;                         //第一轮动画播放完毕
6           }
7           return;                                       //返回
8       }
9       if(!secondOver){                                  //播放第二轮动画
10          scaleTemp = scaleTemp - scaleSecondSpan;  //缩放量减少
11          if(scaleTemp<=scaleSecondEnd){                //从scaleEnd到scaleSecondEnd
12              secondOver = true;                        //第二轮动画播放完毕
13          }
14          return;                                       //返回
15      }
16      if(!thirdOver){                                   //第三轮动画
17          scaleTemp = scaleTemp + scaleThirdSpan;   //缩放量增加
18          if(scaleTemp>=scaleThirdEnd){ //从scaleSecondEnd到scaleThirdEnd
19              thirdOver = true;                         //第二轮动画播放完毕
20          }
21          return;                                       //返回
22  }}
```

- 第 2~8 行为对话框弹出时的第一阶段的动画效果,对话框从小不断地变大。
- 第 9~15 行为对话框弹出时的第二阶段的动画效果,对话框从最大缩小到指定的大小。
- 第 16~22 行为对话框弹出时的第三阶段的动画效果,对话框从指定的大小增大到正常大小。

> **说明** 上面效果的开发思路非常简单,读者结合代码一定可以明白其中的来龙去脉,这里不再进行详细地讲解,有兴趣的读者可以查看源代码详细理解。

(8)接下来开发重玩或者下一关的方法,去其他界面的方法和该方法的开发类似,这里不再介绍。下面将介绍重玩或者下一关的方法,具体的开发代码如下。

代码位置:见随书源代码\第 14 章\WoWater\src\com\example\views 目录下的 BNGameView.java。

```
1    public void goToNextOrCurrGameView(int view,int mapNumber){  //去游戏界面
2        Message message = new Message();                          //创建 Message 对象
3        Bundle bundle = new Bundle();     //创建 Bundle,用于存储数据
4        bundle.putInt("operation", view);                         //存储信息
5        bundle.putInt("gamenuber", mapNumber);                    //存储信息
6        message.setData(bundle);    //将 Bundle 绑定到 Message
7        viewManager.activity.myHandler.sendMessage(message);      //发送消息
8    }
```

> **说明** 上述代码比较简单,通过创建消息对象和用于存储数据的 Bundle 对象,将要发送的信息存储进 Bundle 对象内,再将 Bundle 对象存储进消息对象,调用 Handler 的 sendMessage 方法将消息发送出去即可,这里不再进行赘述。

(9)接下来开发每次进入游戏关卡之后加载游戏的 reLoadThread 方法。由于该方法只是初始化一些成员变量,开启一些线程,思路比较简单,下面给出第一部分代码,具体代码如下。

代码位置:见随书源代码\第 14 章\WoWater\src\com\example\views 目录下的 BNGameView.java。

```
1    oldScore=WaterActivity.sharedPreferences.getInt("score"+mapNumber,0);//得到本关卡的旧分数
2    Constant.isFire = true;                    //当前是在喷火的标志位
3    Constant.phyTick = 0;                      //恢复物理帧计数
4    Constant.isPause = false;                  //恢复暂停标志位
5    Constant.winTimeStamp = 0;                 //将时间戳恢复
6    this.mapNumber = mapNumber;                //地图编号
7    Constant.ms = playTime[mapNumber];         //设置每一关的初始时间
8    scoreTemp = 0;                             //恢复分数的初始值
9    isDrawType7 = true;                        //恢复类型 7 的元素是否绘制的标志位
10   isDrawType6 = true;                        //恢复类型 6 的元素是否绘制的标志位
11   isDrawType5 = true;                        //恢复类型 5 的元素是否绘制的标志位
12   //查看本关卡的最高分数
13   maxScore = MainActivity.sharedPreferences.getInt("score"+mapNumber, 0);
14   Constant.victory = false;                  //恢复胜利标志位
15   Constant.failed = false;                   //恢复失败标志位
16   Constant.daDaoCount = false;               //恢复标志位
17   //第一次进入时游戏先暂停,弹出"是否需要帮助"的菜单
18   Constant.isFirst = MainActivity.sharedPreferences.getBoolean("isFirst", false);
19   if(Constant.isFirst){                      //是否是第一次进入游戏
20       Constant.isPause = true;               //游戏暂停标志位设置为 true
21       forHelpView = -1;                      //绘制"是否需要对话框"的变量
22   }else{
23       Constant.isPause = false;              //游戏暂停标志位设置为 false
24       forHelpView = 1;                       //绘制"是否需要对话框"的变量
25   }
26   Constant.queueA.clear();                   //清空缓冲队列
27   Constant.queueB.clear();                   //清空缓冲队列
28   ……//此处省略了清除其他数据列表的代码,读者可自行查看随书的源代码
29   victory2D = new float[4];                  //胜利范围数组
```

- 第 1~16 行为在每次进入游戏的时候重新初始化本关卡的数据。

- 第 17～25 行为在每次进入游戏的时候通过查看是否是第一次进入游戏。如果是第一次进入游戏，则程序中弹出"是否需要帮助"的对话框，否则不给出对话框提示。
- 第 26～29 行为将游戏中的各个列表清空，方便数据的重新存储和创建临时存放胜利范围的数组。

（10）步骤（9）中介绍完毕了第一部分数据，但是只是恢复这些数据，玩家还不能正常地进行游戏，还要初始化一些场景中的数据，例如类型列表、碰撞线列表和初始化纹理列表等。下面将给出第二部分数据的代码。

代码位置：见随书源代码\第 14 章\WoWater\src\com\example\views 目录下的 BNGameView.java。

```
1   ArrayList<float[]> arrEdgesTemp = arrEdgesAll.get(mapNumber);   //初始化碰撞线列表
2   ArrayList<Integer> objectTypeTemp = objectTypeAll.get(mapNumber);//初始化类型列表
3   ArrayList<RectForDraw> drawersTemp = drawersAll.get(mapNumber);//初始化绘制者列表
4   ArrayList<float[]> wutiPosition3DTemp = wutiPosition3DAll.get(mapNumber);//初始化位置列表
5   ArrayList<Integer> textureIDTemp = textureIDAll.get(mapNumber);//初始化纹理列表
6   ArrayList<float[]> firePositionsTemp = firePositionsAll.get(mapNumber);//初始化火位置列表
7   //初始化火 3D 位置列表
8   ArrayList<float[]> firePositions3DTemp = firePositions3DAll.get(mapNumber);
9   float[] victory2DTemp = victory2DAll.get(mapNumber);            //初始化胜利范围
10  //复制临时数据到当前列表
11  for(int i=0;i<arrEdgesTemp.size();i++){                         //循环碰撞线列表
12      arrEdges.add(arrEdgesTemp.get(i));                          //将碰撞线添加进列表
13  }
14  ……//此处省略了其他数据复制的代码，读者可自行查看随书的源代码
```

- 第 1～9 行为将常量类中的游戏数据存储进临时的列表内。
- 第 10～14 行为将临时列表内的数据循环存储进程序中的成员变量内。

（11）接下来给出 reLoadThread 方法中的最后一部分代码。该部分代码包含了记录地图编号、设置水流的位置并创建水和创建相应线程并启动，详细的开发代码如下。

代码位置：见随书源代码\第 14 章\WoWater\src\com\example\views 目录下的 BNGameView.java。

```
1   Constant.mapNumber = mapNumber;                      //记录地图编号
2   wd=new WaterForDraw();                               //水的多次绘制对象
3   int[] positon = initWaterPosition.get(mapNumber);    //根据地图编号获取水流的位置
4   cWE=new CreatWaterOrEdge(activity,positon[0],positon[1],56,120);
    //初始化创建水与边刚体的对象
5   cWE.creatWater();                                    //创建水流
6   phy.isGame=true;                                     //将是否为游戏界面的标志位设置为 true
7   phy.setVictoryArea(victory2D);                       //设置胜利范围
8   phy.setFirePosition(firePositions);                  //设置火粒子列表
9   phy.setMapNumber(mapNumber);                         //设置地图编号
10  phy.restoreCurrHeight();                             //恢复地图的宽度和高度
11  phy.restoreWaterChannelCount();                      //恢复水的数量
12  phy.setEdges(arrEdges);                              //设置碰撞线列表
13  float[][] point={{10,0,0,0,0,1280},{790,0,0,0,0,1280}};  //添加界面两边的边刚体数据
14  cWE.createEdgeShap(point);                           //创建界面左右两边的边刚体
15  cWE.bl.clear();                                      //清空刚体列表
16  float[][] points=new float[arrEdges.size()][6];//创建临时存放线的数据数组
17  for(int i=0;i<arrEdges.size();i++){                  //循环遍历线列表
18      points[i][0]=0;                                  //线刚体位置的 x 坐标
19      points[i][1]=0;                                  //线刚体位置的 y 坐标
20      points[i][2]=arrEdges.get(i)[0]*PhyCaulate.mul;  //线刚体最左边的 x 坐标
21      points[i][3]=arrEdges.get(i)[1]*PhyCaulate.mul;  //线刚体最左边的 y 坐标
22      points[i][4]=arrEdges.get(i)[2]*PhyCaulate.mul;  //线刚体最右边的 x 坐标
23      points[i][5]=arrEdges.get(i)[3]*PhyCaulate.mul;  //线刚体最右边的 y 坐标
24  }
25  cWE.createEdgeShap(points);                          //创建所有线刚体
26  pt=new PhysicsThread(viewManager);                   //创建物理刷帧线程
27  st=new SaveThread(viewManager);                      //创建数据计算线程
```

```
28      pt.start();                                            //启动物理刷帧线程
29      if(Constant.isHaveFire[mapNumber]){                    //当前关卡是否有火
30          fireUpdateThread = new FireUpdateThread(fps,Constant.isAlwaysFire[mapNumber]);
31          fireUpdateThread.start();                          //启动火粒子刷帧线程
32      }
33      st.start();                                            //启动数据计算线程
```

- 第1~5行为记录地图编号和创建水的多次绘制对象以及根据地图编号获取水流的位置，并创建移动形状的水流。
- 第6~12行为将是否为游戏界面的标志位设置为true，设置胜利范围、火粒子列表、地图编号、碰撞线列表以及恢复地图的宽度和高度和水的数量。
- 第13~25行为创建游戏中的各个线刚体。
- 第26~33行为创建物理刷帧线程、数据计算线程和火粒子刷帧线程并启动。

（12）随着游戏界面类 BNGameView 中 reLoadThread 方法开发完毕，随机进入到了关闭线程的 colseThread 方法的开发。该方法的开发比较简单，主要的功能为关闭物理刷帧线程、数据计算线程和火粒子刷帧线程，具体代码如下。

代码位置：见随书源代码\第14章\WoWater\src\com\example\views 目录下的 BNGameView.java。

```
1   public void closeThread(){                         //关闭线程的方法
2       phy.edges = null;                              //碰撞线列表置空
3       phy.isGame=false;                              //将是否为游戏界面的标志位设置为false
4       pt.setFlag(false);                             //关闭物理刷帧线程
5       st.setFlag(false);                             //关闭数据计算线程
6       try{                                           //捕获异常
7           pt.join();                                 //等待物理刷帧线程执行完毕
8           st.join();                                 //等待数据计算线程执行完毕
9       } catch (InterruptedException e){              //捕获异常
10          e.printStackTrace();                       //打印异常信息
11      }
12      if(Constant.isHaveFire[mapNumber]){            //如果当前关卡有火焰
13          fireUpdateThread.setFlag(false);}          //关闭火粒子计算线程
14      pt.reset();                                    //还原物理刷帧线程
15      cWE.reset();                                   //还原创建水与线刚体对象
16  }
```

> **说明** 该方法主要是在游戏关卡结束之后进行停止相应线程，并且还原相应的数据的操作，读者一定要注意还原数据，否则再次运行本关卡的时候，设备可能出现黑屏的情况。

（13）接下来详细介绍游戏界面类 BNGameView 的单击移除碰撞线的方法 removeXian。该方法的开发比较复杂，请读者一定好好研读，具体代码如下。

代码位置：见随书源代码\第14章\WoWater\src\com\example\views 目录下的 BNGameView.java。

```
1   public void removeXian(){                                   //游戏中删除线刚体的方法
2       synchronized (Constant.touch){                          //加锁进行计算
3           for(int i=0;i<touchPoints.size();i++){              //循环触控点列表
4               float[] touch = touchPoints.get(i);             //得到触控点
5               if(touch==null) continue;                       //touch 为空，继续下一次循环
6               //将触控点坐标转换成 3D 中的点坐标
7               float wx3D = PointTransformUtil.from2DWordTo3DWordX(touch[0]);
8               float wy3D = PointTransformUtil.from2DWordTo3DWordY(touch[1]);
9               float camerax = 0;//记录摄像机的横坐标
10              float cameray = 0;//记录摄像机的纵坐标
11              float finalXMap3D = wx3D + camerax;  //计算触控点在 3D 地图中的位置
12              float finalYMap3D = wy3D + cameray;  //计算触控点在 3D 地图中的位置
13              ……//此处省略了将 3D 坐标转换为 2D 坐标的代码，读者可自行查看随书的源代码
14              float finalXMapPhy = finalXMap/PhyCaulate.mul;//换算成水计算的世界的坐标
```

```
15              float finalYMapPhy = finalYMap/PhyCaulate.mul;//换算成水计算的世界的坐标
16              int index = -1;                               //声明临时变量index
17              int type = 0;                                 //声明临时变量type
18              if(phy.edges != null){                        //碰撞线列表不为空
19                  for(int j=0;j<phy.edges.size();j++){      //循环碰撞边列表
20                      float[] temp = phy.edges.get(j);      //得到一条碰撞边
21                      type = (int) temp[temp.length-1];     //得到该碰撞边的类型
22      //类型为7或者6或者5,则进行触控删除碰撞边的计算
23                      if(temp[temp.length-1]==7||temp[temp.length-1]==6||temp[temp.
                        length-1]==5){
24                          final int theldTemp = 8;          //触控点上下左右的边距
25                          float minX = 0;                   //左侧x
26                          float maxX = 0;                   //右侧x
27                          float minY = 0;                   //上侧y
28                          float maxY = 0;                   //下侧y
29                          float x1 = temp[0];               //线段起点的横坐标
30                          float y1 = temp[1];               //线段起点的纵坐标
31                          float x2 = temp[2];               //线段终点的横坐标
32                          float y2 = temp[3];               //线段终点的纵坐标
33                          if(x1<x2){                        //如果x1<x2
34                              minX = x1;                    //将x1记录为最小值
35                              maxX = x2;                    //将x2记录为最大值
36                          }else{
37                              minX = x2;                    //将x2记录为最小值
38                              maxX = x1;                    //将x1记录为最大值
39                          }
40          ……//此处省略了纵坐标判断的代码,读者可自行查看随书的源代码
41                          minX -=theldTemp;                 //扩大触控范围,方便触控
42                          maxX +=theldTemp;                 //扩大触控范围,方便触控
43                          minY -=theldTemp;                 //扩大触控范围,方便触控
44                          maxY +=theldTemp;                 //扩大触控范围,方便触控
45      //如果触控点在可删除线段的触控范围内
46      if(finalXMapPhy>minX&&finalXMapPhy<maxX&&finalYMapPhy>minY&&finalYMapPhy<maxY){
47                              index = j;                    //记录当前线段的索引
48                              break;                        //跳出循环
49                          }}}
50                  if(index != -1){                          //如果得到了可删除线的索引
51                      phy.edges.remove(index);              //从列表中删除该线
52                      indext.add(index);                    //将该线的id加入到id列表中
53                      if(type == 7){                        //如果删除的线的类型为7
54                          isDrawType7 = false;              //设置7类型的元素为false
55                      }
56          ……//此处省略了其他类型的处理代码,读者可自行查看随书的源代码
57                      break;                                //跳出循环
58                  }}}
59              touchPoints.clear();                          //清空触控点列表
60          }
61          synchronized (Constant.deletexianLock){           //加锁
62              if(indext.size()>0){                          //临时存放id列表长度大于0时
63                  indexts.addAll(indext);                   //临时列表添加到存放线的
                                                                id列表中
64                  indext.clear();                           //清空临时存放id列表
65      }}}
```

- 第1~15行为首先将触控点坐标先转换成3D世界中的点坐标,再将摄像机的坐标加上触控点转换后的坐标得到触控点在3D世界中的真正坐标,然后把当前坐标转换成2D物理世界的坐标,最后转换成物理计算的坐标。这一系列的转换得到了触摸的真正坐标。
- 第16~17行为声明临时变量index和声明临时变量type。
- 第18~49行为循环碰撞线列表。先得到一条碰撞边,再得到该碰撞边的类型,根据类型判断该碰撞边是否为可删除边,如是,则查看当前的触控点坐标是否在该碰撞边的范围内;如果在碰撞边范围内的话,记录当前物体的索引,并退出。

- 第 50～59 行为根据当前的物体的索引，删除物体所在的碰撞线，并将该物体的索引添加到临时存放 id 列表中，以及绘制时不再对此类型的碰撞线进行绘制。最后清空触控点列表，方便下次本方法的调用。
- 第 61～65 行主要功能为加锁判断临时存放 id 列表的长度是否大于 0，如是，则将该列表添加到存放线的 id 列表中，并清空临时存放 id 列表。

（14）下面介绍游戏结束后，分数绘制的方法，当然 BNGameView 类中还有许多其他封装好的绘制方法。由于本书篇幅有限，这里不再进行详细地介绍了，有兴趣的读者可以查看随书的源代码，下面给出分数绘制的具体代码如下。

代码位置：见随书源代码\第 14 章\WoWater\src\com\example\views 目录下的 BNGameView.java。

```
1   public void drawScore(int score,float x3d,float y3d){        //分数绘制的方法
2       float trans = -0.07f;                                    //数字绘制的平移偏移量
3       String strScore = score+"";                              //声明分数数字符串
4       MatrixState.pushMatrix();                                //保护矩阵
5       MatrixState.translate(x3d,y3d,0);                        //平移矩阵
6       for(int i=strScore.length()-1;i>=0;i--){                 //循环字符串的数字字符
7           char c = strScore.charAt(i);                         //得到一个字符
8           rectNumber.drawSelf(cartoonScoreNumber[c-'0']);      //绘制当前数字
9           MatrixState.translate(trans, 0, 0);                  //平移矩阵
10      }
11      MatrixState.popMatrix();                                 //恢复矩阵
12  }
```

> 说明　该方法通过将 int 型的转换为字符串，调用字符串的 charAt 方法取出字符串的每一个字符，然后平移指定的长度绘制当前数字字符，如此反复绘制，玩家得到的分数就呈现在了界面上。这里只做简单的说明，不再进行详细介绍了。

（15）玩家在界面中点击按钮时，按钮的颜色会随之变动，直到玩家的手指抬起时按钮的颜色，才会恢复为初始的状态。这种效果的开发离不开下面的 swapPauseTex 方法和 restorePauseTex 方法。其具体代码如下。

代码位置：见随书源代码\第 14 章\WoWater\src\com\example\views 目录下的 BNGameView.java。

```
1   public void swapPauseTex(int i){                             //单击时换按钮纹理的方法
2       int temp=gameMenuButton1Id[i];                           //记录当前纹理 id
3       gameMenuButton1Id[i] = gameMenuButton2Id[i];             //重新设置当前纹理 id
4       gameMenuButton2Id[i] = temp;    //将记录的纹理 id 赋值给另一个
5   }
6   public void restorePauseTex(){       //将按钮的纹理 id 恢复为原始纹理
7       for(int i=0;i<gameMenuButton1Id.length;i++){             //循环纹理 id 数组
8           gameMenuButton1Id[i] = gameMenuButtonOri1Id[i];//还原纹理 id
9           gameMenuButton2Id[i] = gameMenuButtonOri2Id[i];//还原纹理 id
10  }}
```

> 说明　该效果的开发思路为每一个按钮在初始化的时候都有两个纹理，当用户单击按钮时，则按钮会采用另一个纹理绘制。当用户手指抬起时，则按钮的纹理会重新初始化为原始的纹理状态。读者可以发现开发的思路非常简单，这里不再进行具体讲解。

14.5.4　纹理矩形绘制类 RectForDraw

本类是纹理矩形绘制类，负责绘制游戏中用到的所有纹理矩形，包括背景、对话框和虚拟按钮等。项目中还有部分不同矩形绘制类，但与本类相似，所以此处只介绍其中一个。本类的代码

比较简单，相信读者很容易理解。

（1）首先向读者介绍纹理矩形绘制类 RectForDraw 的整体框架。该框架包含了 RectForDraw 类中各个成员变量的声明，有参构造器、初始化顶点坐标与着色数据的方法，初始化 shader 的方法和绘制方法。其详细代码如下。

代码位置：见随书源代码\第 14 章\WoWater\src\com\example\draws 目录下的 RectForDraw.java。

```
1   package com.bn.fordraw;
2   ……//此处省略了部分类的导入代码，读者可自行查看随书的源代码
3   public class RectForDraw{
4       int mProgram;                              //自定义渲染管线程序 id
5       int muMVPMatrixHandle;                     //总变换矩阵引用 id
6       int maPositionHandle;                      //顶点位置属性引用 id
7       int maTexCoorHandle;                       //顶点纹理坐标属性引用 id
8       String mVertexShader;                      //顶点着色器
9       String mFragmentShader;                    //片元着色器
10      FloatBuffer mVertexBuffer;                 //顶点坐标数据缓冲
11      FloatBuffer mTexCoorBuffer;                //顶点纹理坐标数据缓冲
12      int vCount=0;                              //顶点数量
13      float sRepeat;                             //纹理横向重复量
14      float tRepeat;                             //纹理纵向重复量
15      public RectForDraw(Resources res,float sizeX,float sizeY,float sRepeat,
        float tRepeat){//构造器
16          this.sRepeat = sRepeat;                //初始化纹理横向重复量
17          this.tRepeat = tRepeat;                //初始化纹理纵向重复量
18          initVertexData(sizeX,sizeY);           //初始化顶点坐标与着色数据
19          initShader(res);                       //初始化 shader
20      }
21      public void initVertexData(float sizeX,float sizeY)//初始化顶点坐标与着色数据的方法
22      ……//此处省略了 initVertexData 的部分代码，将在下面进行详细介绍
23      }
24      public void initShader(Resources res){     //初始化 shader 的方法
25      ……//此处省略了 initShader 的部分代码，将在下面进行详细介绍
26      }
27      public void drawSelf(int texId){           //绘制方法
28      ……//此处省略了 initShader 的部分代码，将在下面进行详细介绍
29  }}
```

> **说明**
> 第 4~14 行声明 RectForDraw 类所需要的成员变量和引用；第 15~20 行为 RectForDraw 类的有参构造器，作用是给成员变量赋值，并初始化顶点坐标、纹理坐标、顶点着色器和片元着色器；第 21~29 行为 RectForDraw 类的各个方法。具体功能的实现将在下面进行一一介绍。

（2）下面详细介绍上面 RectForDraw 类中提到的初始化顶点坐标与着色数据的 initVertexData 方法和初始化 shader 的 initShader 方法。其具体代码如下。

代码位置：见随书源代码\第 14 章\WoWater\src\com\example\draws 目录下的 RectForDraw.java。

```
1   public void initVertexData(float sizeX,float sizeY) {//初始化顶点坐标与着色数据的方法
2       vCount=6;                                  //顶点数量
3       float vertices[]=new float[]{              //初始化顶点坐标数据
4           0,0,-1, 0,-sizeY,-1, sizeX,0,-1, sizeX,0,-1, 0,-sizeY,-1, sizeX,-sizeY,-1
5       };
6       ByteBuffer vbb = ByteBuffer.allocateDirect(vertices.length*4);
        //创建顶点坐标数据缓冲
7       vbb.order(ByteOrder.nativeOrder());        //设置字节顺序
8       mVertexBuffer = vbb.asFloatBuffer();       //转换为 Float 型缓冲
9       mVertexBuffer.put(vertices);               //向缓冲区中放入顶点坐标数据
10      mVertexBuffer.position(0);                 //设置缓冲区起始位置
11      float texCoor[]=new float[]{               //初始化顶点纹理坐标数据
12          0.0f,0.0f, 0.0f,tRepeat, sRepeat,0.0f, sRepeat,0.0f, 0.0f,tRepeat,
            sRepeat,tRepeat
```

```
13        };
14        ByteBuffer cbb = ByteBuffer.allocateDirect(texCoor.length*4);
          //创建顶点纹理坐标数据缓冲
15        cbb.order(ByteOrder.nativeOrder());                    //设置字节顺序
16        mTexCoorBuffer = cbb.asFloatBuffer();                  //转换为 Float 型缓冲
17        mTexCoorBuffer.put(texCoor);                           //向缓冲区中放入顶点着色数据
18        mTexCoorBuffer.position(0);                            //设置缓冲区起始位置
19    }
20    public void initShader(Resources res){                    //初始化 shader 的方法
21        //加载顶点着色器的脚本内容
22        mVertexShader=ShaderUtil.loadFromAssetsFile("vertex_particle.sh", res);
23        //加载片元着色器的脚本内容
24        mFragmentShader=ShaderUtil.loadFromAssetsFile("frag_particle.sh", res);
25        //基于顶点着色器与片元着色器创建程序
26        mProgram = ShaderUtil.createProgram(mVertexShader, mFragmentShader);
27        //获取程序中顶点位置属性引用 id
28        maPositionHandle = GLES20.glGetAttribLocation(mProgram, "aPosition");
29        //获取程序中顶点纹理坐标属性引用 id
30        maTexCoorHandle= GLES20.glGetAttribLocation(mProgram, "aTexCoor");
31        //获取程序中总变换矩阵引用 id
32        muMVPMatrixHandle = GLES20.glGetUniformLocation(mProgram, "uMVPMatrix");
33    }
```

- 第 2～5 行为声明顶点数量、创建并赋值顶点坐标数据数组。
- 第 6～10 行为创建顶点坐标数据缓冲，设置字节顺序，转换为 Float 型缓冲，向缓冲区中放入顶点坐标数据并设置缓冲区的起始位置。
- 第 11～13 行为创建并赋值纹理数组。
- 第 14～18 行为创建顶点纹理坐标数据缓冲，设置字节顺序，转换为 Float 型缓冲，向缓冲区中放入顶点着色数据并设置缓冲区的起始位置。
- 第 20～33 行为初始化着色器的方法，即从对应的着色器程序中获取着色器中对应变量属性 id。

（3）下面介绍 RectForDraw 类中的最后一个方法，即绘制方法 drawSelf。该方法主要用于绘制矩形。其具体的开发代码如下。

代码位置：见随书源代码第 14 章\WoWater\src\com\example\draws 目录下的 RectForDraw.java。

```
1     public void drawSelf(int texId){                           //绘制方法
2         MatrixState.pushMatrix();                              //保护现场
3         GLES20.glUseProgram(mProgram);                         //使用 shader 程序
4         GLES20.glUniformMatrix4fv(                             //将最终变换矩阵传入 shader 程序
5             muMVPMatrixHandle,1,false,
6                 MatrixState.getFinalMatrix(),0);
7         GLES20.glVertexAttribPointer(                          //为画笔指定顶点位置数据
8             maPositionHandle, 3, GLES20.GL_FLOAT, false, 3*4, mVertexBuffer
9         );
10        GLES20.glVertexAttribPointer(                          //为画笔指定顶点纹理坐标数据
11            maTexCoorHandle, 2, GLES20.GL_FLOAT, false, 2*4, mTexCoorBuffer
12        );
13        GLES20.glEnableVertexAttribArray(maPositionHandle);//启用顶点位置数据
14        GLES20.glEnableVertexAttribArray(maTexCoorHandle); //启用纹理坐标数据
15        GLES20.glActiveTexture(GLES20.GL_TEXTURE0);
16        GLES20.glBindTexture(GLES20.GL_TEXTURE_2D, texId); //绑定纹理
17        GLES20.glDrawArrays(GLES20.GL_TRIANGLES, 0, vCount);//绘制纹理矩形
18        MatrixState.popMatrix();                               //恢复现场
19    }
```

> **说明** 该 drawSelf 方法的作用是绘制矩形，为画笔指定顶点位置数据和为画笔指定顶点纹理坐标数据，绘制出纹理矩形，需要说明的是，该类绘制出的纹理矩形是以左上角点为原点的。

14.5.5 屏幕自适应相关类

上述基本完成了游戏界面的开发，但是不同 Android 设备的屏幕分辨率是不同的，游戏要想更好地运行在不同的平台上就要解决屏幕自适应的问题。屏幕自适应的解决方案有很多种，本游戏中采用缩放画布的方式进行屏幕的自适应。下面将分步骤介绍屏幕自适应的开发过程。

（1）首先介绍屏幕缩放工具类 ScreenScaleUtil 的开发。该类用于计算视口缩放等一系列的参数。参数包含有原始横屏的宽度、高度和宽高比，原始竖屏的宽度、高度和宽高比等，用于完成屏幕的自适应，详细代码如下。

代码位置：见随书源代码\第 14 章\WoWater\src\com\bn\screen\auto 目录下的 ScreenScaleUtil.java。

```
1   package com.bn.screen.auto;
2   public class ScreenScaleUtil{                               //计算缩放情况的工具类
3       static final float sHpWidth=1280;                       //原始横屏的宽度
4       static final float sHpHeight=800;                       //原始横屏的高度
5       static final float whHpRatio=sHpWidth/sHpHeight;        //原始横屏的宽高比
6       static final float sSpWidth=800;                        //原始竖屏的宽度
7       static final float sSpHeight=1280;                      //原始竖屏的高度
8       static final float whSpRatio=sSpWidth/sSpHeight;        //原始竖屏的宽高比
9       public static ScreenScaleResult calScale(float targetWidth, float targetHeight){
10          ScreenScaleResult result=null;                      //屏幕缩放结果类
11          ScreenOrien so=null;                                //横屏竖屏的枚举类
12          if(targetWidth>targetHeight) {                      //设备宽度大于高度设备为横屏模式
13              so=ScreenOrien.HP;                              //当前设备为横屏模式
14          }else{ so=ScreenOrien.SP;}                          //否则当前设备为竖屏模式
15          if(so==ScreenOrien.HP){                             //进行横屏结果的计算
16              float targetRatio=targetWidth/targetHeight;     //计算目标的宽高比
17              if(targetRatio>whHpRatio) {//若目标宽高比大于原始宽高比则以目标的高度计算结果
18                  float ratio=targetHeight/sHpHeight;         //计算视口的缩放比
19                  float realTargetWidth=sHpWidth*ratio;       //游戏设备中视口的宽度
20                  float lcuX=(targetWidth-realTargetWidth)/2.0f;//视口左上角横坐标
21                  float lcuY=0;                               //视口左上角纵坐标
22      result=new ScreenScaleResult((int)lcuX,(int)lcuY,ratio,so);
        //计算结果存放进屏幕缩放结果类
23              }else{                  //若目标宽高比小于原始宽高比则以目标的宽度计算结果
24                  float ratio=targetWidth/sHpWidth;           //计算视口的缩放比
25                  float realTargetHeight=sHpHeight*ratio;     //游戏设备中视口的高度
26                  float lcuX=0;                               //视口左上角横坐标
27                  float lcuY=(targetHeight-realTargetHeight)/2.0f;//视口左上角纵坐标
28      result=new ScreenScaleResult((int)lcuX,(int)lcuY,ratio,so);}}
        //计算结果存放进屏幕缩放结果类
29              ……//此处进行竖屏结果的计算与横屏结果的计算相似，故省略
30          return result;                                      //将屏幕缩放结果对象返回
31      }
32      public static int[] touchFromTargetToOrigin(int x,int y,ScreenScaleResult ssr) {
33          int[] result=new int[2];                            //创建存储原始触控点的数组
34          result[0]=(int)((x-ssr.lucX)/ssr.ratio);
        //将目标触控点横坐标转换为原始屏幕触控点横坐标
35          result[1]=(int) ((y-ssr.lucY)/ssr.ratio);
        //将目标触控点纵坐标转换为原始屏幕触控点纵坐标
36          return result;                                      //返回原始触控点数组
37  }}
```

- 第 3~8 行为声明游戏标准屏（分为横屏和竖屏）下的宽度、高度和宽高比。
- 第 12~14 行为判断当前屏幕是横屏还是竖屏。
- 第 15~28 行为当屏幕为横屏时计算视口缩放比和视口左上角点坐标。
- 第 43 行将计算结果以对象 ScreenScaleResult 返回。
- 第 44~49 行为将目标屏幕的触控点转为原始屏幕触控点的方法。

（2）接下来介绍是 ScreenScaleResult 类的开发。ScreenScaleResult 类用于存储 ScreenScaleUtil 类计算的一系列结果，极大地方便了后续代码的取用，详细代码如下。

代码位置：见随书源代码\第 14 章\WoWater\src\com\bn\screen\auto 目录下的 ScreenScaleResult.java。

```
1    package com.bn.screen.auto;                              //表示横屏以及竖屏的枚举值
2    public class ScreenScaleResult{                          //缩放计算的结果
3        public int lucX;                                     //画布左上角 x 坐标
4        public int lucY;                                     //画布左上角 y 坐标
5        public float ratio;                                  //画布缩放比例
6        public ScreenOrien so;                               //横竖屏情况
7        public ScreenScaleResult(int lucX,int lucY,float ratio,ScreenOrien so){//构造器
8            this.lucX=lucX;                                  //初始化画布左上角 x 坐标
9            this.lucY=lucY;                                  //初始化画布左上角 y 坐标
10           this.ratio=ratio;                                //初始化画布缩放比例
11           this.so=so;}                                     //初始化横、竖屏情况
12       public String toString(){                            //重写 toString()方法
13           return "lucX="+lucX+", lucY="+lucY+", ratio="+ratio+", "+so; //返回相关值
14   }}
```

> **说明** ScreenScaleResult 类用于存放 ScreenScaleUtil 类的计算结果，包括视口左上角 x 坐标、视口左上角 y 坐标、视口缩放比例和横、竖屏情况等。将结果封装成对象方便变量的取用，因为取用时不用再进行重复的计算，读者应该掌握这种优化程序的思想。

（3）下面在 MainActivity 类中获取真实屏幕的宽度和高度，并通过调用 ScreenScaleUtil 类中的 calScale 方法来计算屏幕缩放比并将结果存储到常量类 Constant 中，具体开发代码如下。

代码位置：见随书源代码\第 14 章\WoWater\src\com\example\mywowater 目录下的 MainActivity.java。

```
1    DisplayMetrics dm = new DisplayMetrics();                             //创建 DisplayMetrics 对象
2    getWindowManager().getDefaultDisplay().getMetrics(dm);//获取设备的屏幕尺寸
3    Constant.ssr=ScreenScaleUtil.calScale(dm.widthPixels, dm.heightPixels);//计算屏幕缩放比
```

> **说明** 上述代码位置在 MainActivity 类的 OnCreate 方法中。当 MainActivity 对象切换到 ViewManager 界面时获取设备的屏幕宽度和高度，用于在 ViewManager 中进行计算实现屏幕的自适应。

（4）在获得了真实屏幕的宽度和高度后，为了完成 ViewManager 界面的屏幕自适应，则需要在 ViewManager 类初始化时，在 SceneRenderer 类中的系统回调方法 onSurfaceChanged 中设置如下代码，具体代码如下。

代码位置：见随书源代码\第 14 章\WoWater\src\com\example\views 目录下的 ViewManager.java。

```
1    float ratio = Constant.RATIO;                                    //得到视口缩放率
2    GLES20.glViewport(                                               //设置视口的方法
3        Constant.ssr.lucX,                                           //视口左下角点横坐标
4        Constant.ssr.lucY,                                           //视口左下角纵坐标
5        (int) (Constant.SCREEN_WIDTH_STANDARD*Constant.ssr.ratio),   //视口的宽度
6        (int) (Constant.SCREEN_HEIGHT_STANDARD*Constant.ssr.ratio)); //视口的高度
```

> **说明** 上述 6 句代码位置在 SceneRenderer 类的 onSurfaceChanged 方法中。当 SceneRenderer 初始化时利用结果类 ScreenScaleResult 提取数据，用于获取视口的缩放比、视口左下角点 x 坐标、视口左下角点 y 坐标等参数，并调用系统方法设置视口的位置及大小。

（5）此时已经完成了游戏界面的屏幕自适应，但是要让游戏界面先前的触摸菜单继续对玩家的触摸操作产生准确反应，就要完成触摸范围的屏幕自适应，所以需要开发目标屏幕的触控点转为原始屏幕触控点的方法，具体实现的代码如下。

代码位置：见随书源代码第 14 章\WoWater\src\com\bn\screen\auto 目录下的 ScreenScaleResult.java。

```
1    public static int[] touchFromTargetToOrigin(int x,int y,ScreenScaleResult ssr){
2        int[] result=new int[2];                                //创建存储原始触控点的数组
3        result[0]=(int) ((x-ssr.lucX)/ssr.ratio);//将目标触控点横坐标转换为原始屏幕触控点横坐标
4        result[1]=(int) ((y-ssr.lucY)/ssr.ratio);//将目标触控点纵坐标转换为原始屏幕触控点纵坐标
5        return result;}                                         //返回原始触控点数组
```

> **说明** 以上代码位置在 ScreenScaleUtil 类的 touchFromTargetToOrigin 方法中。当游戏玩家进行触摸菜单选项的时候，由于视口的平移和缩放，触摸有效位置已经发生了变化，必须还原有效触摸位置触控才可以生效，读者在做自适应屏幕的时候一定要注意这一点。

14.6 线程相关类

本节介绍本游戏中涉及的一些主要线程，包括有物理刷帧线程、数据计算线程和火焰刷帧线程，其中物理刷帧线程尤为重要，请读者细细解读。

14.6.1 物理刷帧线程类 PhysicsThread

现在首先开始向读者介绍物理刷帧线程类 PhysicsThread 的开发。该类主要为物理世界服务。在该类中实现了对物理世界的模拟、水粒子位置的更新、线刚体的添加与删除以及游戏界面中时间的更新等。下面将为读者详细介绍该类的开发代码。

（1）首先向读者介绍的是物理刷帧线程类 PhysicsThread 的前半部分的代码，实现了对物理世界的模拟和更新游戏界面的时间等。该段代码主要包括 PhysicsThread 类的有参构造器，设置标志位的方法以及重写 run 方法等。其详细代码如下。

代码位置：见随书源代码第 14 章\WoWater\src\com\example\thread 目录下的 PhysicsThread.java。

```
1    package com.example.thread;                             //导入包
2    ……//此处省略了部分类的导入代码，读者可自行查看随书的源代码
3    public class PhysicsThread extends Thread{              //物理计算线程
4        ……//该处省略了声明成员变量的代码，读者可以自行查阅随书源代码
5        public PhysicsThread(ViewManager mv){               //构造器
6            this.mv=mv;                                     //初始化界面显示类的引用
7        }
8        public void setFlag(boolean flag){                  //设置标志位的方法
9            this.flag = flag;                               //改变标志位
10       }
11       public void run(){                                  //重写 run 方法
12           Constant.phyTick=0;                             //物理帧刷帧的计数器置 0
13           while(flag){                                    //如果标志位为 true，启动线程
14               if(Constant.isPause){                       //如果游戏暂停
15                   try{
16                       Thread.sleep(500);                  //线程休眠 500ms
17                   }catch(InterruptedException e){         //捕获异常
18                       e.printStackTrace();                //打印异常
19                   }
20                   continue;                               //直接进行下一次循环
21               }
22               ……//该处省略了线程限速的代码，读者可以自行查阅随书源代码
23               mv.activity.world.step(TIME_STEP, ITERA,ITERA);    //物理模拟
```

```
24              if(phy.isGame){                              //是游戏界面时
25                  deleteEdges();                           //删除线刚体的方法
26                  addEdges();                              //添加线刚体的方法
27              }
28              update();                                    //更新粒子位置的方法
29              if(phy.isGame){                              //游戏界面
30                  phy.update(mv);                          //更新游戏界面
31                  ViewManager.viewCuror.removeXian();      //查看是否有被删除的线
32                  if(!phy.isHelp){                         //不是动态帮助界面时
33                      updateTime();                        //更新游戏时间的方法
34      }}}}
35      public void updateTime(){                            //更新游戏时间的方法
36          Constant.timeCount--;                            //每秒刷的物理帧递减
37          if(Constant.timeCount==0){                       //如果物理帧等于 0
38              Constant.ms-=1000;                           //每关的倒计时减少 1s
39              if(Constant.ms<0){                           //如果倒计时小于 0
40                  Constant.ms=0;                           //倒计时为 0
41              }
42              Constant.timeCount=25;                       //每秒刷的物理帧恢复为 25
43          }
44          if(Constant.ms<=0){                              //如果倒计时小于等于 0
45              if(phy.waterChannelCount<=phy.waterCount * winPercent[Constant.mapNumber]){
46                  if(Constant.winTimeStamp==0){
47                      Constant.failed = true;              //游戏失败
48                      Constant.isPause = true;             //游戏暂停
49                      MainActivity.sound.stopGameMusic(Constant.JINSHUI);
                        //停止播放游戏界面音乐
50      }}}
51          Constant.phyTick++;                              //物理帧刷帧的计数器递加
52      }
53      ……//此处省略了添加和删除线刚体以及更新水粒子位置的 3 个方法,将在下面进行详细介绍
54      public void reset(){                                 //重置
55          countReal=0;                                     //粒子总数置为 0
56          edgesId.clear();                                 //清除删除刚体 id 号列表
57          addEdges.clear();                                //清除添加刚体的数据列表
58      }}
```

* 第 5~10 行为 PhysicsThread 类的构造器和设置标志位的方法。在构造器中初始化界面显示类的引用,在 setFlag 方法中初始化线程标志位。

* 第 13~21 行为控制线程的代码。如果游戏暂停标志位为 true,则线程运行;如果游戏暂停标志位为 true,则线程休眠 500ms。

* 第 23~28 行为模拟物理世界,判断是否为游戏界面,如是,则调用删除线刚体的方法、添加线刚体的方法和调用更新水粒子位置的方法,这 3 个方法将在下面进行详细介绍。

* 第 29~34 行为判断是否为游戏界面,如是,则更新游戏界面,查看是否有被删除的线和判断是否为动态帮助界面;如不是,则调用更新游戏时间的方法。

* 第 35~52 行为游戏刷新倒计时的方法。该方法通过物理刷帧控制倒计时,首先已经测出每秒刷帧 25 次,所以每进行 25 次物理计算,倒计时减少 1s。当倒计时为 0 时,游戏失败。这样做的好处就是,在一些低端设备上游戏时间也是充足的,不会因为物理计算的太慢而无法完成。

* 第 54~58 行为重置物理刷帧线程数据的方法。在该方法中主要作用是还原一些数据。

(2)下面详细介绍后半部分的代码。该段代码便是上面所提到的删除线刚体的方法、添加线刚体的方法和更新水粒子位置的方法的具体代码。其详细代码如下。

代码位置:见随书源代码第 14 章\WoWater\src\com\example\thread 目录下的 PhysicsThread.java。

```
1   public void deleteEdges(){                               //删除线刚体的方法
2       synchronized (Constant.deletexianLock){              //加锁
3           if(indexts.size()<=0){                           //临时存放线刚体 id 的列表长度不大于 0 时
4               return;                                      //返回
```

```
5              }
6              edgesId.addAll(indexts);              //将临时存放线刚体id列表添加进线刚体id列表中
7              indexts.clear();                      //清空临时线刚体id列表
8          }
9          for(int i=0;i<edgesId.size();i++){        //循环遍历线刚体id列表
10             MyBody mb=cWE.bl.get(edgesId.get(i));  //获取指定刚体对象
11             if(mb.body!=null){                    //body不为空时
12                 mv.activity.world.destroyBody(mb.body); //在物理世界中删除该body
13                 mb.body=null;                     //该body置为null
14                 cWE.bl.remove(mb);                //从列表中移除该刚体
15         }}
16         edgesId.clear();                          //清空存放线刚体id列表
17     }
18     public void addEdges(){                       //添加线刚体的方法
19         synchronized (Constant.xianLock){         //加锁
20             if(tempAddEdges.size()<=0){           //临时存放线刚体数据列表长度不大于0时
21                 return;                           //返回
22             }
23             addEdges.addAll(tempAddEdges);        //将临时刚体数据列表添加到线刚体数据列表中
24             tempAddEdges.clear();                 //清空临时存放线刚体数据列表
25         }
26         float[][] points=new float[addEdges.size()][6];//创建临时存放各个线刚体数据的数组
27         for(int i=0;i<addEdges.size();i++){       //循环遍历线刚体数据列表
28             points[i]=addEdges.get(i);            //获取各个线刚体的数据
29         }
30         cWE.creatEdgeShap(points);                //创建所有线刚体
31         addEdges.clear();                         //清空线刚体数据列表
32     }
33     public void update(){                         //更新水粒子位置的方法
34         b2Position=mv.activity.m_particleSystem.getParticlePositionBuffer();
           //获取粒子位置缓冲
35         if(b2Position==null){                     //粒子位置缓存为空时
36             return;                               //返回
37         }
38         countReal=mv.activity.m_particleSystem.getParticleCount();//获取粒子总数
39         water.initVertexData=true;
40         float[] buf=new float[countReal*2];//水粒子的位置数组
41         for(int i=0;i<countReal;i++){             //循环遍历各个粒子
42             buf[i*2]=b2Position[i].x*RATE;        //为水体粒子的位置数组赋值
43             buf[i*2+1]=b2Position[i].y*RATE;      //为水体粒子的位置数组赋值
44         }
45         synchronized(lockA){                      //加锁
46             aq.offer(buf);                        //将位置数据加入到位置队列中
47     }}
```

- 第1～17行为删除线刚体的方法。该方法主要实现了向物理世界中删除线刚体的功能。先加锁获取要删除的线刚体的id号列表，再循环遍历删除线刚体id列表，获取指定刚体对象，若刚体对象不为null，从物理世界中删除该刚体，并且将该刚体对象从刚体列表中移除。

- 第18～32行为添加线刚体的方法。该方法主要实现了从物理世界中添加线刚体的功能。先加锁获取要添加的线刚体的数据列表，再循环遍历线刚体数据列表，获取各个线刚体的数据并存入到指定数组中，最后根据该数组创建所有线刚体，并清空线刚体数据列表。

- 第33～47行为更新水粒子位置的方法。该方法先从物理世界中获取粒子位置缓冲和粒子总数，再创建水粒子的位置数组，循环遍历各个粒子，将粒子的物理世界坐标转换为2D世界的坐标，并存入数组中，最后加锁将数组加入到位置队列中。

14.6.2 数据计算线程类 SaveThread

下面详细介绍数据计算线程类 SaveThread。该类主要负责对水粒子位置的转换计算，时时刷新水粒子的位置，提供水粒子的最新顶点数据。其详细代码如下。

代码位置：见随书源代码\第 14 章\WoWater\src\com\example\thread 目录下的 SaveThread.java。

```java
1    package com.example.thread;
2    ……//此处省略了部分类的导入代码，读者可自行查看随书的源代码
3    public class SaveThread extends Thread{                    //数据计算线程
4        ……//该处省略了声明成员变量的代码，读者可以自行查阅随书源代码
5        public SaveThread(ViewManager mv) {                    //构造器
6            this.mv=mv;                                        //初始化界面显示类的引用
7        }
8        public void setFlag(boolean flag){                     //设置标志位的方法
9            this.flag = flag;                                  //改变标志位
10       }
11       public void run(){                                     //重写 run 方法
12           while(flag){                                       //如果标志位为 true，启动线程
13               float[] temp=null;                             //临时位置数据数组
14               synchronized(lockA){                           //加锁获取新数据
15                   while(aq.size()>0){                        //循环遍历位置队列
16                       temp=aq.poll();                        //获取最新位置数据
17                   }}
18                   if(temp!=null){                            //如果新数据不为空
19                       tempA=temp;                            //赋值给缓存上一帧位置数组
20                   }
21                   if(tempA!=null&&!Constant.saveFlag){//缓存位置数据与缓存颜色数据都不为空时
22                       int count=tempA.length/2;              //计算水粒子的个数
23                       float[] tempB=new float[count*18];//临时存放各个顶点位置数据
24                       for(int i=0;i<count;i++){              //循环遍历各个水粒子
25                           //计算水粒子的第一个点的坐标
26                           tempB[i*18]=PointTransformUtil.from2DWordTo3DWordX(tempA[i*2]-RADIUS);
27                           tempB[i*18+1]=PointTransformUtil.from2DWordTo3DWordY(tempA[i*2+1]-RADIUS);
28                           tempB[i*18+2]=0;
29                           ……//该处省略了其他 4 个点的计算代码，读者可以自行查阅随书源代码
30                       }
31                       synchronized(lockB){                   //加锁
32                           saveQ.offer(tempB);                //将顶点数据加入到顶点队列中
33   }}}}}
```

- 第 5~10 行为 SaveThread 类的构造器和设置标志位的方法。在构造器中初始化界面显示类的引用，在 setFlag 方法中初始化线程标志位。

- 第 13~20 行为创建临时位置数据数组，加锁从位置队列中获取最新位置数据并赋值给临时位置数据数组。如果数据不为 null，则赋值给缓存上一帧位置数组。

- 第 21~33 行为缓存位置数据不为空时，则获取一个水粒子位置数据，并计算出其他 5 个点的坐标，和加锁将顶点数据数组加入到顶点队列中。

14.6.3 火焰线程类 FireUpdateThread

下面详细介绍最后一个线程类，即火焰线程类 FireUpdateThread。该类主要负责对火焰粒子系统进行实时计算刷新，并控制火焰喷发的时间。其详细代码如下。

代码位置：见随书源代码\第 14 章\WoWater\src\com\example\thread 目录下的 FireUpdateThread.java。

```java
1    package com.bn.thread;
2    ……//此处省略了部分类的导入代码，读者可自行查看随书的源代码
3    public class FireUpdateThread extends Thread {
4        FireParticleSystem fireParticleSystem;                 //创建火粒子系统的引用
5        boolean flag = true;                                   //线程是否开启的标志位
6        long bticks=0;                                         //控制火焰喷发的中间变量
7        boolean isAlwaysFire;                                  //火焰是否一直喷的标志位
8        public FireUpdateThread(FireParticleSystem fireParticleSystem,boolean isAlwaysFire){
9            this.fireParticleSystem = fireParticleSystem;      //初始化火粒子系统的引用
10           this.isAlwaysFire = isAlwaysFire;                  //初始化火焰是否一直喷的标志位
11           this.setName("FireUpdateThread");                  //设置线程名称
12       }
```

```
13        public void setFlag(boolean temp){              //设置线程标志位
14            flag = temp;                                 //获取标志位
15        }
16        public void run(){                               //重写 run 方法
17            bticks=Constant.phyTick;                     //中间变量等于当前刷帧计数器
18            while(flag){                                 //是否一直循环
19                if(Constant.isPause){                    //如果游戏暂停
20                    try {
21                        Thread.sleep(500);               //线程休眠 500ms
22                    } catch (InterruptedException e) {
23                        e.printStackTrace();}            //打印异常
24                    continue;                            //直接进行下一次循环
25                }
26                if(!isAlwaysFire){                       //火焰不是一直喷
27                    if(!Constant.isFire){                //当前火焰没有在喷
28                        //如果火停止喷的时间大于了停止的时间界限
29                        if(Constant.phyTick-bticks>Constant.buPengTicks){
30                            Constant.isFire = true;//喷火标志位置 true
31                            bticks=Constant.phyTick;//中间变量等于当前刷帧计数器
32                    }}
33                    else{                                //火焰当前在喷
34                        fireParticleSystem.update();//通过计算实时更新火粒子信息
35                        //如果火停止喷的时间大于了喷发的时间界限
36                        if(Constant.phyTick-bticks>Constant.pengTicks){
37                            Constant.isFire = false;//喷火标志位置 false
38                            bticks=Constant.phyTick;//中间变量等于当前刷帧计数器
39                }}}
40                else{                                    //火焰一直在喷
41                    fireParticleSystem.update();         //通过计算实时更新火粒子信息
42                }
43                try {
44                    Thread.sleep(60);                    //线程休眠 60ms
45                } catch (InterruptedException e){
46                    e.printStackTrace();                 //打印异常
47        }}}}
```

- 第 4～15 行主要为创建火粒子系统的引用，声明相关变量和标志位，并在构造器中初始化火粒子系统的引用和喷火标志位，在 setFlag 方法中初始化线程标志位。
- 第 18～25 行为控制线程的代码。如果 flag 标志位为 false，则线程停止；如果游戏暂停标志位为 true，则线程休眠 500ms。
- 第 26～42 行为处理火喷发的代码。因为本游戏中的火焰有间断喷发的，有一直喷发的，其中第 26～39 行为火间断喷的代码，火焰每喷发一段时间就将喷发标志位置反，停止喷发；如此循环，其中喷发时间由物理刷帧数控制。
- 第 40～42 行为火焰一直喷的情况。
- 第 43～47 行为线程休眠和处理异常的代码。

14.7 水粒子的相关类

本游戏中最关键的对象就是水粒子，本节介绍本游戏水粒子的相关类，主要包括水粒子物理封装类 WaterObject、水纹理生成类 WaterForDraw 和计算类 PhyCaulate，具体内容如下。

14.7.1 水粒子物理封装类 WaterObject

本游戏中的流体是通过 JBox2D 物理引擎模拟的，对于水粒子的大量计算直接通过引擎完成，减少了开发人员的开发工作，同时提高了程序的运行速度。下面首先介绍水粒子的物理封装类 WaterObject，具体内容如下。

第 14 章 益智类游戏——《Wo!Water!》

代码位置：见随书源代码\第 14 章\WoWater\src\com\bn\jbox2d 目录下的 WaterObject.java。

```java
1   package com.bn.jbox2d;
2   ……//此处省略了部分类的导入代码，读者可自行查看随书的源代码
3   public class WaterObject{//创建矩形的水
4       public static void createWaterRectObject(float x,float y,float w,float h,float strength, int ptype,int gtype,ParticleSystem m_particleSystem){
5   
6           PolygonShape shape = new PolygonShape();           //创建多边形
7           shape.setAsBox(w/RATE, h/RATE);                    //设置多边形的半宽半高
8           ParticleGroupDef pd = new ParticleGroupDef();      //创建粒子群描述
9           pd.position.set(x/RATE, y/RATE);                   //设置粒子群的位置
10          pd.flags =ptype;                                   //设置粒子的类型
11          pd.groupFlags=gtype;                               //设置粒子群的类型
12          pd.strength=strength;                              //设置粒子群的凝聚强度
13          pd.shape = shape;                                  //设置粒子群的形状
14          pd.linearVelocity.set(0.0f, 0.0f);                 //设置线速度
15          m_particleSystem.m_groupList=m_particleSystem.createParticleGroup(pd);
            //创建粒子群对象
16      }}
```

> **说明** 以上代码为水粒子的物理封装类，主要功能是在指定位置创建一定面积的水粒子群，其中包括创建多边形对象、创建粒子群描述对象、设置粒子的相关属性以及在物理世界创建粒子群等一系列信息。将粒子在物理世界的创建封装成对象符合面向对象的规则，读者好好体会。

14.7.2 水纹理生成类 WaterForDraw

接下来介绍水纹理生成类 WaterForDraw。本类的主要的功能为通过普通绘制形成一幅普通水纹理，然后将普通水纹理作为纹理贴图进行 X 模糊绘制，最后将 X 模糊形成的 X 模糊纹理作为纹理贴图进行 Y 模糊绘制，最后形成的 Y 模糊纹理作为纹理贴图最终绘制到手机屏幕，具体开发步骤如下。

（1）首先为读者介绍的是水纹理生成类 WaterForDraw 的框架、一帧画面中水粒子的普通绘制的开发。本类是水粒子绘制中至关重要的类，希望读者仔细阅读，便于后续对章节中相关知识的学习和掌握，具体代码如下。

代码位置：见随书源代码\第 14 章\WoWater\src\com\example\draws 目录下的 WaterForDraw.java。

```java
1   package com.example.draws;
2   ……//此处省略了部分类的导入代码，读者可自行查看随书的源代码
3   public class WaterForDraw {
4       public int[] frameBufferId=new int[3];              //动态产生帧缓冲 Id
5       public int[] shadowId=new int[3];                   //动态产生的水纹理 Id，三幅纹理
6       public int[] renderDepthBufferId=new int[3] ;       //动态产生的水纹理 id
7       public boolean[] isOk={true,true,true};
8       public WaterForDraw(){}                             //构造器
9       public void onDraw_Water(){                         //绘制一帧画面中的水粒子
10          float[] tsTempA=null;                           //临时粒子位置存储数组
11          synchronized(Constant.lockB){                   //获取锁
12              while(saveQ.size()>0){                      //判断队列的长度是否大于 0
13                  tsTempA=saveQ.poll();                   //获取最新数据
14              }}
15          if(tsTempA!=null){                              //如果数据不为空
16              tsTempB=tsTempA;                            //缓存数据
17          }
18          if(tsTempB!=null){                              //如果数据不为空
19              water.updateVertexData(tsTempB);            //更新顶点数据
20              water.drawSelf(SourceConstant.waterId);     //绘制水粒子
21          }}
22      public void initFRBuffers(int id,int width,int height){//初始化帧缓冲和渲染缓冲
```

```
23              int[] tia=new int[1];                          //用于存放产生的帧缓冲id的数组
24              GLES20.glGenFramebuffers(1, tia, 0);            //产生一个帧缓冲id
25              frameBufferId[id]=tia[0];                       //将帧缓冲id记录到成员变量中
26              if(isOk[id]){          //若没有产生过深度渲染缓冲对象,则产生一个
27                  GLES20.glGenRenderbuffers(1, tia, 0);//产生一个帧缓冲id
28                  renderDepthBufferId[id] =tia[0];            //将渲染缓冲id记录到成员变量中
29                  GLES20.glBindRenderbuffer(GLES20.GL_RENDERBUFFER,
30                      renderDepthBufferId[id]);               //绑定帧缓冲
31                  GLES20.glRenderbufferStorage(               //为渲染缓冲初始化存储
32                      GLES20.GL_RENDERBUFFER,
33                      GLES20.GL_DEPTH_COMPONENT16,            //内部格式为16为深度
34                      width,                                  //缓冲宽度
35                      height);                                //缓冲高度
36                  isOk[id]=false;                             //将标志位置为false
37              }
38              int[] tempIds = new int[1];                     //用于存放产生纹理id的数组
39              GLES20.glGenTextures(1,tempIds,0);              //产生一个纹理id
40              shadowId[id]=tempIds[0];//将产生的纹理id记录到水纹理id成员变量
41          }
42          public void generateWaterImage(float x,float y){
43              ……//此处省略了通过普通绘制产生水纹理的代码,将在后面为读者介绍
44          }
45          public void generateWaterImageX(int id,int tid){
46              ……//此处省略了通过X模糊绘制产生水纹理的代码,将在后面为读者介绍
47          }
48          public void generateWaterImageY(int id,int tid){
49              ……//此处省略了通过Y模糊绘制产生水纹理的代码,将在后面为读者介绍
50      }}
```

- 第4~7行作用为声明本类的成员变量。
- 第8行为本类的无参构造器。
- 第9~21行为绘制一帧画面中水粒子,具体是获取锁,从队列中获取最新一帧画面中水粒子的位置数据,如果从队列中获取的位置数据为空,则将上一帧画面中水粒子的位置数据传进绘制水粒子的渲染管线进行计算;否则直接将新数据送入渲染管线进行计算,最终绘制一帧画面。
- 第23~25行为产生了自定义缓冲的id,并记录进成员变量以备后面的方法使用。
- 第26~37行为初始化了用于实现深度缓冲的渲染缓冲对象,并为其初始化了存储。
- 第38~40行为产生了普通绘制产生的水纹理所对应的纹理id,并将其记录到成员变量以备后面的方法使用。
- 第42~49行声明了普通绘制产生水纹理、X模糊绘制产生水纹理和Y模糊产生水粒子的方法。具体代码将在后面详细介绍。

(2)下面详细地介绍(1)中省略的 generateWaterImage 方法的开发代码。该方法的功能为通过普通绘制产生一幅水纹理,便于X模糊绘制使用,具体内容如下。

代码位置:见随书源代码\第14章\WoWater\src\com\example\draws 目录下的 WaterForDraw.java。

```
1   public void generateWaterImage(float x,float y){        //通过绘制产生水纹理
2       initFRBuffers(0,256,256);                           //初始化帧缓冲和渲染缓冲
3       GLES20.glViewport(0,0,256,256);                     //设置视窗大小及位置
4       GLES20.glBindFramebuffer(GLES20.GL_FRAMEBUFFER, frameBufferId[0]); //绑定帧缓冲
5       GLES20.glBindTexture(GLES20.GL_TEXTURE_2D, shadowId[0]);   //绑定纹理
6       ……//此处省略了设置纹理采样与拉伸方式的代码,需要的读者可自行查看随书的源代码
7       GLES20.glFramebufferTexture2D(                      //设置自定义帧缓冲的颜色附件
8           GLES20.GL_FRAMEBUFFER,
9           GLES20.GL_COLOR_ATTACHMENT0,                    //颜色附件
10          GLES20.GL_TEXTURE_2D,                           //类型为2D纹理
11          shadowId[0],                                    //纹理id
12          0);                                             //层次
13      GLES20.glTexImage2D(                                //设置颜色附件纹理图的格式
14          GLES20.GL_TEXTURE_2D,
```

```
15          0,                                          //层次
16          GLES20.GL_RGBA,                             //内部格式
17          256,                                        //宽度
18          256,                                        //高度
19          0,                                          //边界宽度
20          GLES20.GL_RGBA,                             //格式
21          GLES20.GL_UNSIGNED_BYTE,                    //每像素数据格式
22          null);
23     GLES20.glFramebufferRenderbuffer(                //设置自定义帧缓冲的深度缓冲附件
24          GLES20.GL_FRAMEBUFFER,
25          GLES20.GL_DEPTH_ATTACHMENT,                 //深度缓冲
26          GLES20.GL_RENDERBUFFER,                     //渲染换成
27          renderDepthBufferId[0]);                    //渲染缓冲 id
28     GLES20.glClear( GLES20.GL_DEPTH_BUFFER_BIT       //清除深度缓冲与颜色缓冲
29          | GLES20.GL_COLOR_BUFFER_BIT);
30     GLES20.glClearColor(0,0,0,0);                    //清除背景的 a 值
31     GLES20.glBlendFunc(GLES20.GL_ONE,                //设置混合参数
32                  GLES20.GL_ONE_MINUS_SRC_ALPHA);
33     MatrixState.pushMatrix();                        //保护现场
34     if(x!=0&&y!=0){
35          MatrixState.translate(x, y, 0);             //平移
36     }
37     onDraw_Water();                                  //绘制一帧画面中的水粒子
38     MatrixState.popMatrix();                         //恢复现场
39     GLES20.glBlendFunc(GLES20.GL_SRC_ALPHA,          //设置混合参数
40                  GLES20.GL_ONE_MINUS_SRC_ALPHA);
41 }
```

- 第 2~6 行为初始化帧缓冲和渲染缓冲，设置视口，绑定帧缓冲和纹理，此外省略了关于纹理采样和拉伸方式的代码，读者可自行查看随书的源代码。
- 第 7~27 行对自定义帧缓冲进行各方面设置的代码。首先将自定义帧缓冲的颜色附件设置为纹理图，然后对此纹理图的各方面进行设置，接着设置自定义帧缓冲的深度缓冲附件。
- 第 28~31 行为清除深度缓冲与颜色缓冲，设置背景颜色为黑色并设置混合因子。
- 第 33~38 行为保护现场，平移坐标，绘制水粒子，并恢复现场。

（3）接下介绍 X 模糊绘制产生 X 模糊水纹理的代码。由于 X 模糊绘制产生水纹理的架构与普通绘制的类似，因此只着重介绍有区别的地方，具体代码如下。

代码位置：见随书源代码\第 14 章\WoWater\src\com\example\draws 目录下的 WaterForDraw.java。

```
1   GLES20.glClear( GLES20.GL_DEPTH_BUFFER_BIT          //清除深度缓冲与颜色缓冲
2        | GLES20.GL_COLOR_BUFFER_BIT);
3   waterRect_X.drawSelfForWater(shadowId[tid], "vertex_x.sh","frag_water.sh");//绘制 x 模糊图
4   GLES20.glDeleteFramebuffers(1, new int[]{frameBufferId[tid]}, 0);
    //删除指定的自定义帧缓冲
5   GLES20.glDeleteTextures(1, new int[]{shadowId[tid]}, 0);   //删除自定水纹理
```

> **说明**　以上代码为 X 模糊绘制水粒子产生 X 模糊水纹理的部分代码。首先清除深度缓冲与颜色缓冲，并指定水粒子绘制的纹理 id，顶点着色器和片元着色器进行 X 模糊绘制，绘制完成后已经产生 X 模糊的水纹理 id，帧缓冲和渲染缓冲并将其全部记录，之后清除普通绘制的帧缓冲和水纹理贴图。

（4）接下来介绍 X 模糊水纹理经过 Y 模糊绘制产生 Y 模糊水纹理的核心代码，Y 模糊水纹理即为水纹理的最终纹理图，即展示在屏幕上的水。其具体内容如下。

代码位置：见随书源代码\第 14 章\WoWater\src\com\example\draws 目录下的 WaterForDraw.java。

```
1   GLES20.glClear( GLES20.GL_DEPTH_BUFFER_BIT          //清除深度缓冲与颜色缓冲
2        | GLES20.GL_COLOR_BUFFER_BIT);
3   waterRect_Y.drawSelfForWater(shadowId[tid],"vertex_y.sh","frag_water.sh");
    //绘制 Y 模糊图
```

```
4       GLES20.glDeleteFramebuffers(1, new int[]{frameBufferId[tid]}, 0);
        //删除指定的自定义帧缓冲
5       GLES20.glDeleteTextures(1, new int[]{shadowId[tid]}, 0);        //删除自定水纹理
```

> **说明** 以上代码为 Y 模糊绘制水粒子产生 Y 模糊水纹理的核心代码,类似地,首先清除深度缓冲与颜色缓冲,并指定水粒子绘制的纹理 id,顶点着色器和片元着色器进行 Y 模糊绘制,绘制完成后已经产生 Y 模糊的水纹理 id,帧缓冲和渲染缓冲并将其全部记录,之后清除 X 模糊绘制的帧缓冲和水纹理。

14.7.3 计算类 PhyCaulate

下面介绍本游戏中的计算类 PhyCaulate 的开发代码。该类负责清除移出屏幕的水粒子、判断本关卡游戏的胜利与失败情况等,详细开发代码如下。

(1)首先向读者介绍计算类 PhyCaulate 的整体框架和成员变量的声明,这些成员变量中封装了计算中用到的一系列信息,包括碰撞线信息、胜利失败信息、水粒子碰撞参数和烧瓶的高度变化信息等,详细代码如下。

代码位置:见随书源代码\第 14 章\WoWater\src\com\example\util 目录下的 Phy Caulate.java。

```
1    package com.example.util;
2    ……//此处省略了部分类的导入代码,读者可自行查看随书的源代码
3    public class PhyCaulate {
4        public boolean isFire=false;                    //被烧标志位
5        public boolean isGame=false;                    //判断是否是游戏界面
6        public boolean isHelp=false;                    //判断是否为动态帮助界面
7        public static final int mul = 6;                //缩放功能
8        public ArrayList<float[]> edges;                //存储线的顶点数据
9        float heightPer = 0.75f;                        //烧瓶高度比例
10       public float totalHeight = -Constant.SHAOPING_HEIGHT3D * heightPer; //烧瓶总高度
11       public float currHeight = -Constant.SHAOPING_HEIGHT3D;//当前烧瓶的高度
12       public int waterChannelCount = 0;               //进入水槽的水的数量
13       public int waterCount;
14       public int currWaterCount;                      //当前粒子数量
15       List<float[]> firePositions = new ArrayList<float[]>();
         //用于参与物理计算的火的位置列表
16       public AABB aabb;                               //包围框
17       int mapNumber = 0;                              //当前关卡的编号
18       ……//此处省略了部分设置边、当前水面高度等的方法,读者可自行查看随书的源代码
19       public void fire(ViewManager mv){               //火灼烧的方法
20           ……//此处省略了火灼烧的方法的具体代码,将在后面详细介绍
21       }
22       public void isVictory(ViewManager mv){          //判断游戏胜利的方法
23           ……//此处省略了判断游戏胜利的具体代码,将在后面详细介绍
24       }
25       public void isFailed(ViewManager mv){           //判断游戏失败的方法
26           ……//此处省略了判断游戏失败的具体代码,将在后面详细介绍
27       }
28       public void removeWater(ViewManager mv){        //删除流出屏幕粒子的方法
29           ……//此处省略了删除移出屏幕粒子的代码,读者可自行查看随书的源代码
30       }
31       public void shake(){                            //手机振动的方法
32           ……//此处省略了手机振动的具体代码,将在后面详细介绍
33       }
34       public void isVictoryForDH(ViewManager mv){     //动态帮助界面执行的方法
35           ……//此处省略了动态帮助界面相关的代码,读者可自行查看随书的源代码
36       }
37       public void update(ViewManager mv){
38           ……//此处省略了更新物理世界粒子状态的具体代码,将在后面详细介绍
39       }
40       public void calculateGravity(ViewManager mv){
```

```
41            ……//此处省略了更新重力加速度的具体代码,将在后面详细介绍
42        }}
```

- 第 4~8 行为声明 boolean 类型的变量、缩放比例和存储线段顶点数据的 ArrayList 对象。
- 第 9~11 行为声明烧瓶的一些变量。玩家在游戏界面可以看到水流进入水槽的时候,界面上方烧瓶中的水不断的上涨,这种效果的开发就用到了这些变量。
- 第 12~14 行为声明水粒子数量的相关变量。包括游戏开始时的水粒子的数量、水槽中水粒子的数量和当前水粒子的数量,因为水粒子会移出屏幕,所以当前水粒子的数量是变化的。
- 第 19~41 行为声明本类的方法。具体内容将在后面为读者详细地介绍。

（2）下面将介绍的方法比较简单,包括判断关卡胜利的方法 isVictory、水灼烧手机振动的方法 shake 和游戏失败的方法 isFailed。这些方法虽简单,但也起着非常重要的作用,具体代码如下。

代码位置：见随书源代码\第 14 章\WoWater\src\com\example\util 目录下的 PhyCaulate.java。

```
1   public void isVictory(ViewManager mv){                                //判断胜利的方法
2       int count = 0;                                                   //记录水粒子个数
3       final Vec2 lower=new Vec2(area[0]/RATE,area[2]/RATE);             //包围框的左上角的点
4       final Vec2 upper=new Vec2(area[1]/RATE,area[3]/RATE);             //包围框的右下角的点
5       aabb=new AABB(lower,upper);                                       //设置 AABB 的包围框大小
6       mv.callback.ab.clear();                                           //清空粒子索引值
7       mv.activity.m_particleSystem.queryAABB(mv.callback, aabb,true);   //查询在包围框的粒子
8       if(mv.callback.ab.size()>0){                                      //在包围框的粒子数量不为 0
9           Constant.waterSound = true;                                   //播放水流的声音
10      }
11      count=mv.callback.ab.size();                                      //获取粒子水量
12      mv.callback.ab.clear();                                           //清空粒子索引值
13      if(waterChannelCount<count){                                      //如果水槽数量没达到指定数量
14          waterChannelCount = count;                                    //记录当前水槽中的数量
15          calShaoPingHeight();                                          //计算烧瓶水面高度
16      }
17      if(waterChannelCount>=waterCount*winPercent[mapNumber]){          //水粒子数量于胜利的数量
18          if(Constant.winTimeStamp==0){                                 //如果时间戳为 0
19              Constant.winTimeStamp=System.nanoTime();                  //记录当前的系统时间
20          }
21          Constant.daDaoCount = true;                                   //水粒子达到指定的数量
22          //水粒子达到了指定的数量并且时间差达到指定的值则胜利
23          if(currWaterCount == waterChannelCount||
24              System.nanoTime()-Constant.winTimeStamp>4000000000L){
25              Constant.victory = true;                                  //游戏胜利
26              Constant.isPause = true;                                  //游戏暂停
27              MainActivity.sound.stopGameMusic(Constant.JINSHUI);       //停止水流音乐
28  }}}
29  public void isFailed(ViewManager mv){                                 //判断是否失败
30      int count=mv.activity.m_particleSystem.getParticleCount();        //获取粒子总数
31      if(count<waterCount * winPercent[mapNumber]){                     //水粒子数量小于胜利的数量
32          Constant.failed = true;                                       //设置游戏失败
33          Constant.isPause = true;                                      //设置游戏暂停
34          MainActivity.sound.stopGameMusic(Constant.JINSHUI);           //停止水流音乐
35  }}
36  public void shake(){                                                  //手机振动的方法
37      if(isFire){                                                       //判断是否遇到火
38          isFire=false;
39          if(!Constant.effictOff){                                      //如果没有关闭音效
40              MainActivity.vibrator.vibrate(Constant.COLLISION_SOUND_PATTERN,-1);//手机振动
41  }}}
```

- 第 1~28 行为判断关卡胜利的方法。每一次调用该方法都要根据给定的数据创建 AABB 包围框对象,通过粒子系统对象调用 queryAABB 方法遍历物理世界的所有水粒子。若当前水粒子位于当前 AABB 包围框时,便将当前粒子的索引值记录。若包围框的粒子数量大于 0 时,则播

14.7 水粒子的相关类

放水流动的音效，当水粒子达到了指定的数量并且时间差达到指定的值，则胜利。

- 第 29~35 行为判断游戏失败的方法。从物理世界获取当前界面中水粒子的数量，通过判断当前列表水粒子的数量是否小于游戏胜利指定的最小数量，如果小于指定数量，则游戏直接失败。
- 第 36~41 行为水粒子受到火焰的灼烧时，手机振动提醒玩家注意的方法。

（3）接下来开发火焰灼烧水粒子的 fire 方法和游戏界面中更新粒子状态的 update 方法。以上这两个方法的开发和判断游戏胜利方法的开发思路基本一致，详细代码如下。

代码位置：见随书源代码\第 14 章\WoWater\src\com\example\util 目录下的 PhyCaulate.java。

```
1   public void fire(ViewManager mv) {                              //火灼烧水粒子的方法
2       for(int j=0;j<firePositions.size();j++){                    //循环火的列表
3           float positionLeftX = firePositions.get(j)[0]*PhyCaulate.mul-2.5f;//循环火的列表
4           float positionRightX = positionLeftX + 14f;             //火的右边界
5           float positionDownY = firePositions.get(j)[1]*PhyCaulate.mul+3f;  //火的下边界
6           float positionUpY = positionDownY - 17f;                //火的上边界
7           final Vec2 lower=new Vec2(positionLeftX/RATE,positionUpY/RATE);//包围框的左上角点
8           final Vec2 upper=new Vec2(positionRightX/RATE,positionDownY/RATE);//右下角点
9           aabb=new AABB(lower,upper);                             //设置 AABB 的包围框大小
10          mv.callback.ab.clear();                                 //清空粒子索引列表
11          mv.activity.m_particleSystem.queryAABB(mv.callback, aabb,true);
            //查询物理世界的水粒子
12          for(int i=0;i<mv.callback.ab.size();i++){               //遍历粒子索引列表
13              isFire=true;                                        //水被火灼烧
14              mv.activity.m_particleSystem.destroyParticle(mv.callback.ab.get(i),
                false);//删除粒子
15              currWaterCount--;                                   //水粒子数减一
16          }
17          mv.callback.ab.clear();                                 //清空粒子索引列表
18      }
19      shake();                                                    //手机振动
20  }
21  public void update(ViewManager mv){                             //更新物理世界
22      if(MainActivity.currView == Constant.GAME_VIEW) {           //当前为游戏界面
23          removeWater(mv);                                        //水粒子越界后删除
24          if(Constant.isFire){                                    //判断粒子是否被火烧
25              fire(mv);                                           //灼烧水粒子
26          }
27          isVictory(mv);                                          //判断是否胜利
28          isFailed(mv);                                           //判断是否失败
29      }
30      if(MainActivity.currView == Constant.DYNAMIC_HELP_VIEW){    //动态帮助界面
31          isVictoryForDH(mv);
32      }
33      if(Constant.waterSound){                                    //播放声音
34          if(!Constant.effictOff){
35              MainActivity.sound.playGameMusic(Constant.JINSHUI, 0);//播放流水音效
36          }
37          Constant.waterSound = false;                            //流水标志位置为 false
38  }}
```

- 第 3~9 行首先循环火焰列表，得到每一个火焰对象并计算当前火焰的灼烧范围，记录在局部变量内，并根据坐标，创建包围框 AABB 对象。
- 第 10、11 行为清空记录粒子索引的列表，并调用 queryAABB 方法记录在火灼烧区域的粒子索引。
- 第 12~19 行为遍历粒子索引列表，并从物理世界删除指定的水粒子。删除完毕之后手机振动提醒玩家避免火焰的灼烧。
- 第 22~29 行为若当前界面为游戏界面，则调用水粒子是否越界的方法、是否被火焰灼烧的方法、是否胜利和失败的方法。
- 第 33~37 行为当水流进水槽时，播放水流动的音效。

(4) 接下来介绍的是更新重力加速度使水摇晃的方法，详细代码如下。

代码位置：见随书源代码\第 14 章\WoWater\src\com\example\util 目录下的 Phy Caulate.java。

```
1    public void calculateGravity(ViewManager mv){        //计算重力的水粒子重力的方法
2        if(mv.activity.world==null){                      //物理世界对象为空时
3            return;                                       //返回
4        }
5        float sgx=mv.activity.world.getGravity().x;       //获取物理世界中 x 方向上的重力加速度
6        float sgy=mv.activity.world.getGravity().y;       //获取物理世界中 y 方向上的重力加速度
7        countGravity--;                                   //重力计算器减一
8        if(countGravity<0){                               //计算器小于 0 时
9            if(sgx> 0){                                   //如果水流受力为正
10               float temp=-(float) (Math.random()*10);   //获得一个随机的负方向的力
11               if(temp>-1.5f){                           //如果负方向的力大于-1.5
12                   temp=-3.5f;                           //将负方向受力设置为-3.5
13               }
14               sgx = temp;                               //将受力设置给常量
15           }else{                                        //如果水流受力为负
16               float temp = (float) (Math.random()*10);  //获得一个随机的正方向的力
17               if(temp<1.5f){                            //如果正方向的力小于 1.5
18                   temp = 3.5f;                          //将正方向的力设置为 3.5
19               }
20               sgx = temp;                               //将受力设置给常量
21           }
22           countGravity = 120;                           //恢复水流受力计时器的初始值
23       }
24       mv.activity.world.setGravity(new Vec2(sgx,sgy));  //重新设置物理世界的加速度值
25   }
```

- 第 2～4 行为当物理世界对象为空时，不执行后面操作，return 返回。
- 第 5～6 行为分别获取重力加速度的在 x 和 y 方向上的分重力加速度，方便后续对重力加速度的操作。
- 第 8～24 行为当计数器小于 0 时，随即产生一个 0～10 或 0～-10 的浮点数。当 x 方向的重力加速度 sgx 达到一定限度时，将浮点数重新赋值给 sgx 并重置物理世界的重力加速度。

14.8 游戏中着色器的开发

本节将对游戏中用到的相关着色器进行介绍。本游戏中用到的着色器有很多，分别负责对火、水、渐变物体和欢迎界面闪屏物体等一系列物体着色。由于其中大部分物体的着色器代码类似，所以在此只对有代表性的着色器进行介绍，对于其他着色器程序请读者自行查看配书的源代码。下面介绍游戏中着色器的开发。

14.8.1 纹理的着色器

着色器分为顶点着色器和片元着色器，顶点着色器的主要功能为执行顶点的变化与计算等顶点相关的操作，其每个顶点执行一次；片元着色器的主要功能为执行纹理的采样、颜色的汇总等操作，每片元执行一次。下面便分别对纹理着色器的顶点着色器和片元着色器的开发进行介绍。

(1) 首先开发的是纹理着色器的顶点着色器，详细代码如下。

代码位置：见随书源代码\第 14 章\WoWater\assets\shader 目录下的 vertex_particle.sh。

```
1    uniform mat4 uMVPMatrix;              //总变换矩阵
2    attribute vec3 aPosition;             //顶点位置
3    attribute vec2 aTexCoor;              //顶点纹理坐标
4    varying vec3 vPosition;               //用于传递给片元着色器的顶点坐标
5    varying vec2 vTexCoor;                //用于传递给片元着色器的纹理坐标
6    void main(){
```

```
7        gl_Position = uMVPMatrix*vec4(aPosition,1);     //根据总变换矩阵计算此顶点位置
8        vTexCoor = aTexCoor;                            //将接收的纹理坐标传递给片元着色器
9    }
```

> **说明** 该顶点着色器的作用主要为根据顶点位置和总变换矩阵计算 gl_Position,每顶点执行一次。

(2) 下面开发的是纹理着色器的片元着色器,详细代码如下。

代码位置:见随书源代码\第 14 章\WoWater\assets\shader 目录下的 frag_particle.sh。

```
1    precision mediump float;                            //设置精度
2    varying vec2 vTexCoor;                              //接收从顶点着色器过来的参数
3    uniform sampler2D sTexture;                         //纹理内容数据
4    void main(){
5      gl_FragColor = texture2D(sTexture,vTexCoor);      //从纹理中采样出颜色值赋值给最终颜色
6    }
```

> **说明** 该片元着色器的作用主要是,根据从顶点着色器传递过来的参数 vTextureCoord 和从 Java 代码部分传递过来的 sTexture 计算片元的最终颜色值,每个片元执行一次。

14.8.2 水纹理的着色器

在游戏中玩家可以看到半透明的紫色水流,且当多个粒子聚集时出现相互粘连,当单个粒子分离时,则出现分离的效果,其效果非常逼真自然。这一效果是通过 X 模糊、Y 模糊以及去模糊等过程实现。去模糊和半透明的效果是通过片元着色器完成的。

(1) 由于水纹理的 X 模糊、Y 模糊的片元着色器都需要执行相同的任务,因此 X、Y 模糊的片元着色器是相同的。下面首先给出的是 X 模糊绘制的顶点着色器的开发过程,具体代码如下。

代码位置:见随书源代码\第 14 章\WoWater\assets\shader 目录下的 vertex_x.sh。

```
1    uniform mat4 uMVPMatrix;                            //总变换矩阵
2    attribute vec3 aPosition;                           //顶点位置
3    attribute vec2 aTexCoor;                            //顶点纹理坐标
4    varying vec2 vTextureCoord;                         //用于传递给片元着色器的变量
5    varying vec2 vBlurTexCoords[5];                     //用于传递给片元着色器的变量
6    void main(){
7        gl_Position = uMVPMatrix * vec4(aPosition,1);//根据总变换矩阵计算此次绘制此顶点位置
8        vTextureCoord = aTexCoor;                       //将接收的纹理坐标传递给片元着色器
9        const float factor=1.0/256.0;                   //模糊比例
10       vBlurTexCoords[0] = vTextureCoord + vec2(-2.0 * factor, 0.0);
         //根据模糊比例计算纹理坐标
11       vBlurTexCoords[1] = vTextureCoord + vec2(-1.0 * factor, 0.0);
12       vBlurTexCoords[2] = vTextureCoord;
13       vBlurTexCoords[3] = vTextureCoord + vec2( 1.0 * factor, 0.0);
14       vBlurTexCoords[4] = vTextureCoord + vec2( 2.0 * factor, 0.0);
15   }
```

> **说明** 上述顶点着色器的作用主要是根据顶点位置和总变换矩阵计算 gl_Position,将接收的纹理坐标传递给对应的片元着色器。此外,根据顶点纹理坐标和模糊比例计算 X 模糊后的纹理坐标,并将其传递给 X 模糊的片元着色器。

(2)接下来介绍 Y 模糊的顶点着色器的开发过程,Y 模糊顶点着色器的框架与 X 模糊的类似,因此只给出有区别的几处,需要的读者可自行查看随书的源代码,具体代码如下。

代码位置:见随书源代码\第 14 章\WoWater\assets\shader 目录下的 vertex_y.sh。

```
1    const float factor=1.0/460.0;                       //模糊比例
2    vBlurTexCoords[0] = vTextureCoord + vec2(0.0,-2.0 * factor);//根据模糊比例计算纹理坐标
```

```
3       vBlurTexCoords[1] = vTextureCoord + vec2(0.0,-1.0 * factor);
4       vBlurTexCoords[2] = vTextureCoord;
5       vBlurTexCoords[3] = vTextureCoord + vec2( 0.0,1.0 * factor);
6       vBlurTexCoords[4] = vTextureCoord + vec2( 0.0,2.0 * factor);
```

> **说明** 上述顶点着色器的代码片段的作用主要是根据模糊比例和纹理坐标计算 Y 模糊后的纹理坐标,并将其传递给 Y 模糊的片元着色器,每个顶点执行一次。

（3）接下来介绍 X 模糊与 Y 模糊所共用的片元着色器的开发过程。该着色器主要是通过接收来自顶点着色器的纹理坐标、模糊后的坐标和卷积公式计算该片元的最终颜色,具体代码如下。

代码位置:见随书源代码\第 14 章\WoWater\assets\shader 目录下的 frag_water.sh。

```
1       precision mediump float;                              //声明精度
2       varying vec2 vTextureCoord;                           //接收从顶点着色器过来的参数
3       varying vec2 vBlurTexCoords[5];                       //接收从顶点着色器传过来的参数
4       uniform sampler2D sTexture;                           //纹理内容数据
5       void main(){
6           vec4 sum = vec4(0.0);                             //存放颜色值的临时变量
7           sum += texture2D(sTexture, vBlurTexCoords[0]) * 0.164074;
8           sum += texture2D(sTexture, vBlurTexCoords[1]) * 0.216901; //进行卷积计算---模糊处理
9           sum += texture2D(sTexture, vBlurTexCoords[2]) * 0.23805;
10          sum += texture2D(sTexture, vBlurTexCoords[3]) * 0.216901;
11          sum += texture2D(sTexture, vBlurTexCoords[4]) * 0.164074;
12          gl_FragColor=sum;                                 //最终颜色值
13      }
```

> **说明** 上述片元着色器的作用主要为计算每个片元的最终颜色,首先创建临时变量用于存放颜色值,然后通过卷积计算经过模糊后的颜色,将计算后的颜色值作为该片元的最终颜色。这样在游戏界面中玩家就看到了 X、Y 模糊后的效果。

（4）下面介绍实现去模糊和半透明效果的片元着色器的开发过程,具体代码如下。

代码位置:见随书源代码\第 14 章\WoWater\assets\shader 目录下的 frag_tex.sh。

```
1       precision mediump float;                              //设置精度
2       varying vec2 vTextureCoord;                           //接收从顶点着色器过来的参数
3       uniform sampler2D sTexture;                           //纹理内容数据
4       void main(){
5           vec4 fc=texture2D(sTexture, vTextureCoord);       //给此片元从纹理中采样出颜色值
6           if(fc.a<0.92){                                    //透明度小于 0.92 时
7               gl_FragColor=vec4(0.0,0.0,0.0,0.0);           //将颜色设置为全透明
8           }else{                                            //透明度大于等于 0.92 时
9               gl_FragColor=vec4(0.5,0.0,1.0,0.5);           //颜色的 a 变为 0.5
10      }}
```

> **说明** 上述片元着色器的作用主要为从纹理中采样出颜色值。如果颜色值的 a 值小于 0.92,则将该片元设置为透明;否则将该片元的 a 值设置为 0.5 并将颜色设置为紫色。这样在游戏界面中玩家就看到了半透明的紫色水流的效果。

14.8.3 加载界面闪屏纹理的着色器

玩家点击游戏图标进入游戏,首先会看到加载资源的界面。该界面中水面不断上涨,直到水面覆盖掉"百纳科技"4 个大字,则游戏资源全部加载完毕。而此动画的开发正是运用到了该片元着色器。详细的开发代码如下。

代码位置:见随书源代码\第 14 章\WoWater\assets\shader 目录下的 frag_shanping.sh。

```
1       precision mediump float;                              //设置精度
2       varying vec2 vTexCoor;                                //接受从顶点着色器传递进来的纹理
```

```
3      uniform sampler2D sTexture;                    //纹理内容数据
4      uniform int index;                             //由程序传入片元着色器的图片纹理索引
5      uniform float alpha;                           //由程序传入片元着色器的透明度
6      void main(){                                   //主函数
7         if(index !=21){                             //如果不是第 21 张纹理
8             gl_FragColor = texture2D(sTexture,vTexCoor);} //采样出颜色值直接赋值给最终颜色
9         else{                                       //如果是最后一张纹理
10            vec4 color = texture2D(sTexture,vTexCoor);//从纹理中采样出颜色值
11            color.a = alpha;                        //设置该片元颜色的透明度
12            gl_FragColor = color;                   //将此颜色赋值给最终颜色
13     }}
```

> **说明** 上述片元着色器的作用主要为不断接收从程序中传入的纹理编号,如果传入的纹理编号不是最后一个,则直接从纹理中采样出颜色值并赋值给最终颜色。假如传入的纹理为最后一张,则不断改变该纹理的透明度,实现由亮变暗的效果,说明游戏资源加载完毕。

14.8.4 烟火的纹理着色器

游戏界面中玩家可以经常看到火的效果,非常地逼真自然。这种绚丽的效果当然也离不开特殊的着色器了。下面将为读者详细讲解火粒子片元着色器的开发,详细开发代码如下。

代码位置:见随书源代码\第 14 章\WoWater\assets\shader 目录下的 frag_fire.sh。

```
1      precision mediump float;                       //设置精度
2      uniform float sjFactor;                        //衰减因子
3      uniform float bj;                              //衰减后半径
4      uniform sampler2D sTexture;                    //纹理内容数据
5      varying vec2 vTextureCoord;                    //接收从顶点着色器过来的参数
6      varying vec3 vPosition;                        //接收从顶点着色器传递进来的顶点位置
7      const vec4 startColor=vec4(0.1490,0.1843,0.8509,1.0);  //火的初始颜色
8      const vec4 endColor=vec4(0.0,0.0,0.0,0.0);     //火的终止颜色
9      void main(){                                   //主函数
10         vec4 colorTL = texture2D(sTexture, vTextureCoord);  //从纹理中采样出颜色值
11         vec4 colorT;                                //声明临时变量
12         float disT=distance(vPosition,vec3(0.0,0.0,0.0));  //计算顶点和原点的距离
13         float tampFactor=(1.0-disT/bj)*sjFactor;    //计算衰减变量
14         vec4 factor4=vec4(tampFactor,tampFactor,tampFactor,tampFactor);//创建中间过渡颜色
15         colorT=clamp(factor4,endColor,startColor);//调用系统函数计算出片元颜色
16         colorT=colorT*colorTL.a;                    //计算出片元颜色
17         gl_FragColor=colorT;                        //将片元颜色赋值给最终颜色
18     }
```

> **说明** 上述片元着色器的作用为从纹理中采样出颜色值,并结合从程序中传入的衰减因子、衰减后半径等参数,计算火粒子运动过程中的过渡颜色,并调用系统函数 clamp 函数来计算片元的颜色,并将该颜色赋值给最终颜色。读者可以结合源代码仔细研究该效果的实现。

14.9 游戏地图数据文件介绍

从前面介绍的地图加载的代码中读者大概可以知道,实际上游戏地图中的数据是从地图中加载的。但是如果读者想开发新的关卡的时候,就会需要新的地图数据,所以这里有必要为读者介绍地图文件的结构,以便读者有需要的时候开发一款合适的地图设计器。

地图数据文件采用二进制方式来进行存储,这种存储方式具有存储数据量大时文件比较小的特点,特别适合游戏开发的需要。接下来详细讲解地图文件的数据结构。

● 地图数据文件里首先存储的是地图的尺寸,也就是游戏场景的尺寸。每一个数据都是一个 int 型的整数,分别代表地图的宽度和高度。

- 接下来文件中存储的是物体名称列表对象，该对象为一个 list，列表中存储的对象为 String 类型。每一个 Sring 类型的对象代表的是游戏场景中每一个物体的名称，之所以记录物体的名称是为了方便初始化物体的纹理 id。
- 接下来存储的是物体的平移旋转列表对象。该对象同样为一个 list，列表中存储的是 float 类型的数组，数组中依次保存着物体左上角点横坐标、物体左上角点纵坐标、物体旋转角速度、物体初始角度和物体终止角度等信息，方便场景中物体的旋转。
- 下面存储的是物体旋转策略列表对象，列表中存储的是 boolean 类型的数组，每个数组中包含 3 个不同的旋转策略：旋转一次、一直旋转和往复旋转。通过设置不同的旋转策略，可以很方便地在游戏场景中控制物体的旋转。
- 接下来存储的是物体类型列表对象。该对象中存储着 Integer 类型的数据，每一个数据代表着相应物体的类型，不同类型的物体有不同的属性。例如：类型 1 代表不旋转的物体、类型 8 代表水槽、类型 9 代表火焰等。
- 文件中然后存储的是物体的不动点列表对象，列表中存储着 float 类型的数组，每个数组包含两个数据，分别为物体旋转点的横纵坐标。
- 下面存储的是物体的宽度和高度列表对象，对象中存储着 float 类型数组，每个数组同样包含两个数据，分别代表物体的宽度和高度。之所以记录物体的宽度和高度是为了方便游戏场景中物体的绘制。
- 最后存储的是碰撞线列表对象，对象中存储着 float 类型数组，数组中的元素依次代表着线段起点的横坐标、线段起点的纵坐标、线段终点的横坐标、线段终点的纵坐标、线段法相量的横坐标、线段法相量的纵坐标和线段的类型等信息。

从上面的介绍中可以看出，游戏中地图数据读取的代码和这里介绍的存储顺序是一致的，先读取的是游戏场景的宽度和高度，接下来依次读取的是物体名称列表对象、物体平移旋转列表对象和物体旋转策略列表对象等，这里不再进行赘述了。

介绍完毕地图数据文件的结构后，相信读者对游戏数据结构已经大致地了解了。读者手动初始化地图数据也可以，但是由于工作量过于巨大，实际上这种初始化数据的方式并不可行。而游戏中笔者这些数据实际上也是来自于笔者自己开发的地图设计器。

由于地图设计器的代码量巨大，并且也不是本书的重点。有兴趣的读者可以参照上面介绍的地图数据文件的存储结构开发一款适合自己需要的地图设计器。下面给出两幅笔者开发的地图设计器的图片，如图 14-21 所示。

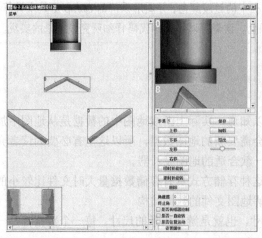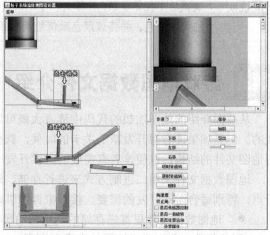

▲图 14-21 地图设计器

14.10 游戏的优化及改进

到此为止，水流游戏——《Wo!Water!》已经基本开发完成，也实现了最初设计的功能。但是通过开发后的试玩测试发现，游戏中仍然存在一些需要优化和改进的地方，下面列举笔者想到的一些方面。

1. 优化游戏界面

读者可以自行根据自己的想法进行改进，使其更加完美，如游戏场景的搭建、火焰灼烧水流的效果和游戏结束时失败效果等都可以进一步完善。

2. 修复游戏 bug

现在众多的手机游戏在公测之后也有很多的 bug，需要玩家不断地发现以此来改进游戏。本游戏中水流和物体碰撞过程有时会遇到一些意想不到的问题，虽然我们已经测试改进了大部分问题，但是还有很多 bug 是需要玩家发现，这对于游戏的可玩性有极其重要的帮助。

3. 完善游戏玩法

此游戏的玩法还是比较单一，读者可以自行完善，增加更多的玩法使其更具吸引力。在此基础上读者也可以进行创新来给玩家焕然一新的感觉，充分发掘这款游戏的潜力。

4. 增加游戏关卡

此游戏关卡只有 12 关，关数比较少，但是由于本游戏增加关卡比较方便，只要设计出相应的关卡地图数据文件进行加载即可，所以读者可以自行设计更多有意思的关卡。

5. 增强游戏体验

为了满足更好地用户体验，水流的速度、火焰灼烧的时间等一系列参数读者可以自行调整，合适的参数会极大地增加游戏的可玩性。

第 15 章 3D 塔防类游戏——《三国塔防》

随着安卓手机市场的发展,大部分人都拥有安卓智能手机。闲暇之余,手机游戏已经成为人们娱乐活动的主要方式。长久以来,2D 游戏一直充斥着我们的娱乐生活,但是随着技术的进步,3D 手机游戏已经逐渐发展起来,3D 手机游戏以其独特的风格让人们体验到与 2D 手机游戏截然不同的乐趣。

笔者将使用 OpenGL ES 3.0 渲染技术开发安卓手机平台上的一款 3D 塔防类游戏。本游戏的可玩性较强,画面精致,玩家通过修建防御塔来阻止怪物的入侵,同时,游戏中还利用 OpenGL ES 3.0 渲染技术,渲染了各种酷炫的特效,极大地丰富了游戏的视觉效果。

15.1 背景和功能概述

开发本游戏之前,读者需要了解一下本 3D 游戏的开发背景和功能。本节将主要围绕该游戏的开发背景和游戏功能来进行简单介绍。希望通过笔者的介绍可以使读者对本游戏有一个整体、基本的了解,进而为之后的游戏开发做好准备。

15.1.1 游戏背景概述

塔防类游戏是一种较为古老的游戏类型。此类游戏玩法多样,以其独特的风格吸引着广大的玩家。游戏本身独有多变性、不可测性,让玩家能够体验到完成游戏的成就感。在游戏中每个玩家的攻防建设的方式均有所不同,能让玩家能深入游戏之中,体验快乐。

大部分的塔防类游戏以其轻松愉悦的游戏氛围、卡通式的游戏风格、生动的背景音乐让此类游戏经久不衰。比较有代表性的塔防类游戏,如"飞鱼科技"开发的《保卫萝卜 3》和"PopCap Games"开发的《植物大战僵尸》等,如图 15-1 和图 15-2 所示,都是非常容易上手的塔防类游戏,同时都具有很强的可玩性。

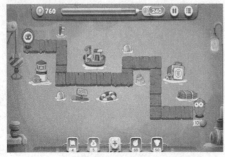
▲图 15-1 《保卫萝卜》

▲图 15-2 《植物大战僵尸》

15.1.2 游戏功能简介

本小节将对游戏主要的界面和功能进行简介。读者将了解到本游戏的功能概况,对本游戏有一个最初的了解。通过这些了解，读者可以大致知晓本游戏的玩法，对本游戏的操作有简单的认识。

《三国塔防》游戏主要包括资源加载界面、主界面、武器介绍界面、关卡界面、设置界面、声音设置界面、关于界面、帮助界面和游戏界面，接下来将对《三国塔防》游戏的部分界面和运行效果进行简单的介绍，具体步骤如下。

（1）运行本游戏，进入游戏加载界面。该界面主要通过人物的移动和其下方的进度条来显示本游戏资源的装载进度，如图 15-3 所示。游戏资源加载结束后，人物将停止移动，玩家将进入游戏主界面。

（2）进入本游戏的主界面后，可以看到主界面的 3D 场景。该场景即为本游戏第一关关卡的游戏场景。主界面下方依次是武器介绍按钮、开始按钮、结束按钮和设置按钮，如图 15-4 所示。

▲图 15-3　加载界面

▲图 15-4　主界面

（3）游戏主界面内单击设置图标，即可进入设置界面，如图 15-5 所示。在设置界面中选择"设置"进入声音设置界面，在该声音设置界面可开启游戏音效、背景音乐或关闭游戏音效、背景音乐。单击声音设置界面的返回按钮即可返回到游戏的设置界面，如图 15-6 所示。

▲图 15-5　设置界面

▲图 15-6　声音设置界面

（4）游戏主界面内单击设置图标之后，即可进入设置界面，在设置界面中选择"关于"进入关于界面。该界面主要包括了本游戏的相关版权信息，如图 15-7 所示。单击关于界面内左上角的返回按钮即可返回游戏的主界面。

（5）游戏主界面内单击设置图标之后，即可进入设置界面，在设置界面中选择"帮助"进入帮助界面。该界面主要包括本游戏的玩法等相关介绍，如图 15-8 所示。单击帮助界面内的左上角的返回按钮即可返回游戏的主界面。

（6）单击主界面内的武器按钮，即可进入武器界面，如图 15-9 所示。该界面主要包括本游戏中所使用的 3 种未升级及升级之后的炮台，分别为大炮、弓弩和光塔。该界面介绍了这 3 种炮台的特点。单击武器界面内的返回按钮时，则返回到该游戏的主界面。

▲图 15-7 关于界面

▲图 15-8 帮助界面

（7）单击主界面内的开始按钮，即可进入关卡界面，如图 15-10 所示。关卡界面主要包括本游戏中的所有关卡，目前只有两关，第二关处于锁定状态只有通过第一关才能进入第二关。单击关卡界面内的退出按钮时，则返回到该游戏的主界面。

▲图 15-9 武器界面

▲图 15-10 关卡界面

（8）单击关卡界面内的第一关按钮，即可进入游戏的第一关，如图 15-11 所示。其中屏幕左上角分别为当前金币数以及当前生命，中间上方为当前所剩怪的数量，右上角为游戏暂停按钮，左下角为怪物出兵按钮。

（9）单击游戏界面中的暂停按钮，即可进入暂停界面。在暂停界面玩家可以设置游戏中的背景音乐及音效的开启与关闭、重新返回关卡界面和重新开始本关游戏，单击暂停界面右上角的关闭按钮，游戏继续进行，如图 15-12 所示。

▲图 15-11 游戏界面 1

▲图 15-12 暂停界面

（10）单击游戏中的灰色区域，该区域进入选定状态，在金币充足的前提下，玩家首次单击可以选择炮塔的种类。若已经有炮台存在，再次单击将出现炮台升级出售选择面板，玩家可以对炮塔进行升级、出售，如图 15-13 所示。

(11)单击怪物出兵按钮,怪物将分三批出发,最后将出现怪物的 BOSS,玩家需要选择相应的炮台对怪物进行攻击,每批怪的血量、移动速度都不同,如图 15-14 所示。

▲图 15-13 游戏界面 2

▲图 15-14 游戏界面 3

(12)玩家根据需要选择相应炮台之后,炮台会升高,进入建设状态,此时炮台不可以使用,只有当建设完毕,炮台才能使用,如图 15-15 所示。在建设过程中,炮台不会击打怪物,玩家需要在合适的时机建设炮台。

(13)当成功杀死怪物之后,怪物会掉落一定数量的金币,并发出金币掉落的清脆音效,金币从怪物死亡的地方产生,飞向屏幕左上角,然后玩家当前剩余金币数增加,金币到达左上角后会产生一系列特效,如图 15-16 所示。

▲图 15-15 游戏界面 4

▲图 15-16 游戏界面 5

(14)在玩家熟悉游戏相关操作之后,即可进行游戏。玩家需要根据需要对炮塔进行攻防建设,若成功抵御所有怪的进攻,则出现玩家胜利的提示,如图 15-17 所示。若怪物到达终点且玩家当前生命为 0,则出现玩家失败的提示,如图 15-18 所示。

▲图 15-17 胜利界面

▲图 15-18 失败界面

15.2 游戏的策划及准备工作

游戏开发之前做一个细致的准备工作可以起到事半功倍的效果。本节将主要对游戏的策划和开发前的一些准备工作进行介绍，主要包括对 3D 模型、骨骼动画、着色器资源以及图片资源等的准备。

15.2.1 游戏的策划

本小节将对游戏的策划这一准备工作进行简单介绍，实际的游戏开发过程中会涉及很多方面，而本游戏的策划主要包括对游戏类型定位、运行的目标平台、采用的呈现技术、操作方式和游戏中音效设计等工作的确定，下面将向读者一一介绍。

1. 游戏类型定位

本游戏是一款用 OpenGL ES 3.0 渲染的 3D 塔防类手机游戏。资源加载结束后，进入主界面，在主界面选择进入关卡界面，选择相应关数进入到游戏界面。在游戏界面中，通过对防御塔进行升级建设，成功抵御所有的怪物的入侵即可通关。

2. 运行的目标平台

本游戏目标平台为 Android 4.3 或者更高的版本，同时手机必须有支持 OpenGL ES 3.0 渲染的 GPU（显卡），因为 OpenGL ES 3.0 的渲染工作是在 GPU 上完成的。

3. 采用的呈现技术

本游戏以 OpenGL ES 3.0 作为游戏呈现技术，游戏中的各种音效、粒子特效极大地增加了游戏的可玩性以及玩家的游戏体验。

4. 操作方式

游戏中所有的操作均为触屏操作，操作方式简单，容易上手。玩家在关卡界面中选择关数，即可进入游戏界面进行游戏，通过对防御塔进行建设、升级对怪物进行防御。如果玩家未能抵御怪物的入侵，并且玩家当前血量为 0，则游戏失败。如果玩家成功抵御本关卡中的所有的怪物入侵，则通过本关卡。

5. 音效设计

为了增加玩家的体验，本游戏根据游戏的实际呈现效果添加了适当的音效。例如，单击功能按钮与返回按钮的音效、游戏的背景音乐等。打开设置界面，点击声音按钮，在弹出来的声音界面上有背景音乐与单击按钮音效的开关，可控制游戏的音乐与音效是否开启。

15.2.2 手机平台下游戏的准备工作

本小节介绍在开发之前应做的一些准备工作，主要包括制作图片、搜集声音、制作 3D 模型、制作骨骼动画和设计着色器等，具体步骤如下。

（1）系统将所有图片资源都放在项目文件下的 assets 目录下的 pic 文件夹下，首先为读者介绍的是本游戏中加载界面用到的图片资源，如表 15-1 所示。

表 15-1　　　　　　　　　　　图片清单 1

图片名	大小 （KB）	像素 （w×h）	用途	图片名	大小 （KB）	像素 （w×h）	用途
move1~3.png	48.3	256×256	移动的人	jindu.png	159	600×400	加载界面背景图片
jindutiao.png	23.3	310×20	进度条图片	sgtf.png	168	720×280	艺术字图片

（2）接下来介绍的是主菜单界面、声音界面、武器界面和关卡界面等所用到的图片资源，如表 15-2 所示。

表 15-2　　　　　　　　　　　　　　图片清单 2

图片名	大小（KB）	像素（w×h）	用途	图片名	大小（KB）	像素（w×h）	用途
back2.png	18.6	64×64	界面中的返回按钮图片	bangzhu.png	56.7	277×103	帮助按钮的图片
yinyuet.png	24.0	256×128	音乐开启的按钮图	dierguanlock.png	246	512×256	未解锁的第二关的图片
diyiguan.png	273	512×256	代表第一关的图片	guanyu.png	56.0	277×103	关于按钮的图片
guangnengta.png	146	512×512	介绍光能塔的图片	help.png	268	480×271	帮助界面图片
jieshu.png	57.5	277×103	结束按钮图片	kaishi.png	56.9	277×103	开始按钮图片
left.png	12.1	128×128	左箭头指按钮的图片	qingxinggongnu.png	148	512×512	轻型弓弩的介绍图片
guanyuduihuakuang.png	143	480×279	关于界面的图片	qingxinghuopao.png	143	512×512	轻型火炮的介绍图片
shezhibutton.png	57.1	277×103	设置按钮图片	weapon.png	37.5	184×135	武器按钮的图片
upweapon.png	21.7	64×64	升级武器按钮的图片	xiangzuo.png	13.6	128×128	菜单界面中的向左图片
yinxiaot.png	25.1	256×128	开启音效的按钮图	dierguan.png	273	512×256	代表第二关的图
yinxiaof.png	17.5	256×128	关闭音效按钮图	yinyuef.png	24.0	256×128	音乐关闭的按钮图
zhongxinghuopao.png	146	512×512	升级后火炮的图	zhongxinggongnu.png	146	512×512	升级后弓弩的介绍图

（3）接下来介绍的是游戏界面怪物和炮台等所用到的图片资源，如表 15-3 所示。

表 15-3　　　　　　　　　　　　　　图片清单 3

图片名	大小（KB）	像素（w×h）	用途	图片名	大小（KB）	像素（w×h）	用途
explode.png	2.19	32×32	爆炸纹理图	fangyuta.png	18.7	128×128	防御塔的纹理图
Monster1～3.png	73.4	256×256	怪的纹理图	shadow.png	2.91	16×16	假影子的纹理贴图
paoplus.png	16.9	128×128	升级后炮的纹理图	paops1.png	7.47	64×64	炮的纹理贴图
nu2.png	16.8	128×128	升级后的箭弩贴图	nu.png	15.8	128×128	箭弩模型的纹理图
time1～7.png	6.1	287×48	炮台升级进度的贴图	youling.png	1.05	64×64	怪物死亡后的标志图片
ssell.png	6.63	64×64	卖掉武器的贴图	sshengji.png	5.32	64×64	升级武器的贴图
start.png	7.04	64×64	出兵按钮的纹理图	choseta.png	6.38	64×64	选择塔的图片
jianshi.png	33.7	256×256	箭矢的贴图	bullet.png	18.6	128×128	炮弹的贴图
gongjihuan.png	2.88	128×128	攻击关环纹理贴图	qiang.png	35	1024×1024	箭弩的纹理图片
chongxinkaishi.png	25.0	180×90	重新开始按钮图片	montotlanum.png	18.8	128×128	显示当前总怪的数量图片

（4）接下来介绍的是游戏界面等所用到的图片资源，如表 15-4 所示。

表 15-4　图片清单 4

图片名	大小（KB）	像素（w×h）	用途	图片名	大小（KB）	像素（w×h）	用途
chahao.png	23.3	64×64	退出暂停的叉号图	countmon.png	29.9	320×40	剩余怪物数目纹理图
dimian.png	851	1024×683	地面的纹理图	dimian2.png	395	512×512	水底的纹理图
fanhui.png	12.3	128×64	返回菜单按钮图片	fire.png	0.72	32×32	粒子系统的纹理图
yinyuet.png	24.0	256×128	音乐开启的按钮图	gongmen.png	20.3	512×512	拱门的纹理图片
guang.png	17.7	128×32	光束的纹理图	guanghuan3.png	81.3	256×256	光环的纹理贴图
yinxiaot.png	25.1	256×128	开启音效的按钮图	jia.png	1.55	64×64	金币加号贴图
jianps2.png	39.6	128×128	沙子的纹理贴图	shan.png	29.6	512×512	山的纹理图
lgq.png	1.25	64×64	灰度板的纹理图	qianbi.png	26.7	128×128	金币的贴图
qiao.png	35.0	1024×1024	桥的纹理贴图	mulan.png	17.3	1024×1024	木栏的纹理贴图
muzhuang.png	19.8	1024×1024	木桩的纹理贴图	xtt1~10.png	21.8	650×21	血条的纹理贴图
shitou.png	103	1024×1024	石头模型的纹理贴图	xuanzeguanka.png	26.2	256×128	选择关卡按钮的图片
shengli.png	100	480×300	胜利界面的图片	shengming.jpg	3.78	64×64	生命红心纹理图
shudun.png	22.6	512×512	树墩的纹理图	sky.png	14.8	256×64	天空盒的纹理贴图
star.png	2.91	64×64	金币上星星的贴图	treebig.png	23.5	512×512	大树的纹理图
water.png	61.6	1024×682	水的纹理图	yinyuef.png	24.0	256×128	音乐关闭的按钮图
shu.png	24.9	1024×1024	树模型的纹理贴图	yinxiaof.png	17.5	256×128	关闭音效按钮图

（5）接下来介绍本游戏中需要用到的声音资源，将声音资源拷贝在项目文件下的 res 目录下的 raw 文件夹中，详细具体音效资源文件信息如表 15-5 所示。

表 15-5　声音清单

声音文件名	大小（KB）	格式	用途	声音文件名	大小（KB）	格式	用途
buttonclick.mp3	4.58	mp3	按钮点击声效	chubing.ogg	8.48	ogg	添加怪物的声效
explode.mp3	35.0	mp3	炮弹爆炸声效	jianshi.mp3	6.99	mp3	箭弩发射的声效
jinbi.mp3	11.9	mp3	金币掉落声效	laugh.mp3	9.35	mp3	怪物到达终点的笑声
match.mp3	687	mp3	主界面背景音乐	select.mp3	2027.52	mp3	游戏背景音乐
shengli.mp3	51.4	mp3	胜利音效	shibai.mp3	39.7	mp3	失败音效

（6）接下来介绍本游戏中需要用到的 3D 模型，将模型资源复制在项目文件下的 assets 目录下的 obj 文件夹中，详细具体模型资源文件信息如表 15-6 所示。

表 15-6　模型清单

模型文件名	大小（KB）	格式	用途	模型文件名	大小（KB）	格式	用途
bullet.obj	75	obj	炮弹的模型	chosekuangxuan.obj	3	obj	框选的模型
chosepaotai.obj	1	obj	选择升级面板的模型	deadsign.obj	1	obj	死亡骷髅的模型
dimian1~2.obj	1	obj	第一层水渠地面的模型	guanghuan.obj	1	obj	光环的模型
gongmen1~3.obj	5	obj	小型拱门的模型	tree.obj	10	obj	小型树的模型
xuetiao.obj	1	obj	血量条的模型	huidu.obj	1	obj	选择台的模型

续表

模型文件名	大小（KB）	格式	用途	模型文件名	大小（KB）	格式	用途
jiannu.obj	22	obj	弓弩的模型	jiannuplus.obj	25	obj	箭弩升级的模型
jianshi.obj	3	obj	箭矢的模型	money.obj	6	obj	金币的模型
mulan.obj	19	obj	木栏的模型	muzhuang.obj	6	obj	木桩的模型
nuplusw.obj	27	obj	武器界面箭弩升级的模型	nuw.obj	22	obj	武器界面箭弩的模型
paonew.obj	44	obj	武器界面大炮的模型	paoplus.obj	50	obj	大炮的模型
paoplusplus.obj	50	obj	大炮升级的模型	paoplusw.obj	50	obj	武器界面大炮升级的模型
paow.obj	50	obj	武器界面大炮模型	qiang.obj	6	obj	城墙的模型
qiao.obj	13	obj	桥的模型	shadow.obj	3	obj	怪物影子模型
shudun.obj	10	obj	树墩的模型	startbutton.obj	1	obj	开始按钮模型
stone1～3.obj	3	obj	石头模型	treebig.obj	37	obj	大型树的模型
taxia.obj	18	obj	光塔底座模型	tashang.obj	36	obj	光塔可动部分模型

（7）接下来介绍本游戏中需要用到的骨骼动画资源，将骨骼动画资源复制在项目文件夹下的 assets 目录下的 bngg 文件夹中，详细具体骨骼动画资源文件信息如表 15-7 所示。

表 15-7　　　　　　　　　　骨骼动画清单

骨骼动画文件名	大小（KB）	格式	用途	骨骼动画文件名	大小（KB）	格式	用途
lvbu	159	bnggdh	守护者骨骼动画	monster1～3	175	bnggdh	普通怪骨骼动画
monsterdie1～3	171	bnggdh	普通怪死亡骨骼动画	monsterboss1～2	239	bnggdh	BOSS 骨骼动画
monsterbossdie1～2	201	bnggdh	BOSS 死亡骨骼动画				

（8）接下来介绍本游戏中需要用到的骨骼动画的图片资源，将骨骼动画的图片资源复制在项目文件夹下的 assets 目录下的 bnggpic 文件夹中，详细具体骨骼动画的图片资源文件信息如表 15-8 所示。

表 15-8　　　　　　　　　　骨骼动画图片清单

图片名	大小（KB）	像素（w×h）	用途	图片名	大小（KB）	像素（w×h）	用途
lvbu	369	512×512	守护者骨骼动画贴图	monster1～3	69.1	256×256	怪物骨骼动画贴图
monsterboss1	73.5	256×256	第一种 BOSS 骨骼动画贴图	monsterboss2	74.4	256×256	第二种 BOSS 骨骼动画贴图

（9）最后来介绍本游戏中需要用到的着色器资源，将着色器资源复制在项目文件下的 assets 目录下的 shader 文件夹中，详细具体着色器资源文件信息如表 15-9 所示。

表 15-9　　　　　　　　　　着色器清单

着色器文件名	大小（KB）	格式	用途	着色器文件名	大小（KB）	格式	用途
frag_sence	1	sh	绘制场景模型	vertex_sence	1	sh	绘制场景模型
frag_simple	1	sh	绘制骨骼动画	vertex_simple	1	sh	绘制骨骼动画
frag_water	1	sh	绘制流动的水	vertex_water	2	sh	绘制流动的水

续表

着色器文件名	大小（KB）	格式	用途	着色器文件名	大小（KB）	格式	用途
frag_particle	1	sh	绘制粒子系统	vertex_particle	1	sh	绘制粒子系统
vrag_touch	1	sh	绘制可点包围盒	vertex_touch	1	sh	绘制可点包围盒
frag_sky	1	sh	绘制天空盒	vertex_sky	1	sh	绘制天空盒

15.3 游戏的架构

本节将对游戏《三国塔防》的整体架构进行简单介绍，主要包括对各个类的简要介绍和游戏框架简介。通过对本节的介绍，读者对本游戏的设计思路及架构会有一个整体的把握和了解，便于下面笔者介绍游戏的具体开发代码。

15.3.1 各个类的简要介绍

为了让读者能够更好地理解本游戏中各个类具体有什么作用，本小节将游戏的类简单分成显示界面类、百纳骨骼动画相关类、辅助类、工具类、线程类、场景及相关类、粒子系统及特效类和着色器八部分进行功能介绍，而各个类的详细代码将在下面的章节中相继进行介绍。

1. 显示界面类

（1）显示界面类 GlSurfaceView

该类是本游戏的显示界面类。该类继承自 GLSurfaceView 类，主要功能是实现当前界面的触控、进行当前界面的绘制工作、监听手机返回键、对按键进行相应的处理和显示提示信息等。该显示界面类是本游戏中非常重要的界面类。

（2）加载界面类 LoadView

该类为本游戏的加载界面类，主要功能是加载游戏中所要用到的所有图片资源、3D 模型资源和骨骼动画资源等。游戏加载界面主要通过向前移动的人物和下方的进度条来显示本游戏资源的加载过程。当游戏资源加载完毕后，人物将停止移动，当前界面跳转至游戏的主界面。

（3）关卡及设置界面 SelectView

该类为本游戏关卡及设置界面的类。该类主要用以玩家对游戏进行设置和玩家选择相应关卡进行游戏。目前的关卡只有两关，第二关处于锁定状态，只有通过第一关才能解锁第二关。

（4）武器界面 WeaponView

该类为本游戏的武器界面类。界面中主要包含了本游戏中玩家所用到的各种炮台，分别为未升级的箭弩、升级后的箭弩、未升级的大炮、升级后的大炮和光塔，单击不同的炮台按钮可以查看每种炮台的功能介绍和特点等信息。

（5）游戏界面 GameView

该类为本游戏的游戏界面类，也是本游戏最核心界面类。在主界面内点击开始按钮进入关卡界面，然后玩家可以选择相应关数进入游戏界面，游戏界面的 UI 部分主要包括游戏过程中用到按钮，以及玩家当前的金币数、玩家剩余血量数和当前剩余怪的数量等。

在游戏界面，点击游戏暂停按钮，即可进入暂停界面。在暂停界面，玩家可选择重新开始游戏、返回选关界面或者继续游戏。若玩家点击关闭按钮或重新开始游戏的按钮，则返回游戏界面继续进行游戏，若玩家点击选择关卡按钮，则返回关卡界面。

玩家熟悉操作之后，可以根据需要建设炮台，建设完毕后单击出怪物按钮开始出怪物，怪物将分三批出现，当三批怪物全被杀死，则将出现本关的怪物 BOSS。若玩家成功抵御所怪物的进攻，将出现胜利的提示，玩家过关。若有怪物到达终点则玩家血量减少，当玩家当前血量为 0 时，则出现失败提示。

2. 场景及相关类

（1）水面类 Water

该类是本游戏场景中比较重要的类。该类的主要作用实现透明水面的绘制等工作。通过设置相关的混合因子，配合着色器与水流动线程 WaterThread 的使用，产生了效果真实，流动的水。

（2）场景的总绘制类 AllSence

该类是本游戏中游戏场景中所有物体的管理和绘制类。由于游戏关卡中的场景中需要绘制的物体较多，因此笔者开发此类主要用以实现对游戏场景中的所有的物体的统一管理，首先一次性初始化游戏场景绘制中用到的所有物体然后统一完成绘制等工作。

（3）关卡场景的管理类 SenceLevel1～2

该类是本游戏中不同关卡关中特有物体的管理和绘制类。该类的主要功能是实现对游戏第一关与第二关关卡场景中的特有的物体进行统一的管理与绘制。由于两个关卡的场景有所不同，所以还需要对每关特有的物体的进行管理、绘制。

（4）绘制类 Draw

该类封装了场景中所有需要调用的绘制方法。游戏中各种场景物体的绘制需要进行开启混合方式，设置混合因子，开启深度检测等工作。其中有许多场景物体的准备工作相同，因此笔者开发了一个辅助类 Draw 用以封装场景物体绘制方法。

3. 辅助类

（1）单个怪物辅助类 SingleMonster

该类作为抽象父类封装了游戏中怪物类的公共属性与抽象方法，每种单个怪物类都继承该类，同时增加了特有的绘制的方法、计算怪物行走路径的方法和判断怪物是否死亡的方法等。若怪物未死亡，则调用绘制百纳骨骼动画的方法绘制行走动作；若死亡，则调用绘制百纳骨骼动画的方法绘制死亡动作。

（2）单个炮弹辅助类 SingleBullet

该类作为抽象父类封装了游戏中炮弹类的公共属性与方法，每种单个炮弹都继承该类，同时增加了特有的绘制方法、寻找进入攻击范围内的怪物方法、获取当前怪物位置坐标的方法和根据怪物位置寻找路径的方法等。

（3）单个炮台辅助类 SingleNu/SinglePao/SingleTa

该类是本游戏比较重要的类，本游戏用到的所有的炮塔与炮塔呈现的各种功能均与此类有关。主要功能有炮塔建设过程的绘制、建设完成后的绘制、炮塔击打特定怪的计算方法、炮口始终对准怪的计算方法和获取怪的当前坐标的方法等。

（4）其他辅助类

该游戏中不仅用到了上述辅助类，还用到了许多辅助类来帮助实现该游戏的各个功能。比如 TouchableObject 类，该类作为选炮台出现的选择板规则类与 SingleHuiduBan、Singlechoisepao 等类一起实现了本游戏的选炮、炮台升级和炮台出售等功能。

4. 工具类

（1）加载 obj 模型的工具类 LoadUtil

该类为从 obj 文件中加载携带顶点信息的物体，并自动计算每个顶点的平均法向量的工具类。该类主要是从存放在项目下的 obj 文件中读入物体的顶点坐标、纹理坐标并计算出其平均法向量，然后创建 LoadedObjectVertexNormalTexture 等类的对象并返回。该类是实现加载 3D 物体的重要工具类。

(2）着色器加载工具类 ShaderUtil

该类为每个用 OpenGL ES 3.0 渲染的游戏均用得到的着色器加载工具类。该类中主要包括创建 shaderProgram 程序、创建 shader、检查每一步操作是否有错误和用 IO 从 Assets 目录下读取文件四个方法。在适当的时候调用这些方法，即可加载不同的着色器，并应用到游戏中。

(3）坐标转化工具类 IntersectantUtil

该类封装了从屏幕坐标到世界坐标系的对应方法。首先是通过在屏幕上的触控位置，计算对应的近平面上坐标，以便求出 AB 两点在摄像机坐标系中的坐标，然后求得 AB 两点在世界坐标系中的坐标，从而实现屏幕触控位置到世界坐标系中对应坐标的转化。

(4）屏幕自适应工具类 ScreenScaleResult

该类封装了屏幕的自适应计算方法。根据设置的屏幕长宽比与当前屏幕的长宽，按比例放大或者缩小本游戏中所有相关的显示内容，以达到屏幕自适应的效果。

(5）AABB 包围盒计算工具类 AABB

该类封装了如何拾取 3D 世界中物体的方法。首先是通过当前仿射变换矩阵求得仿射变换后的 AABB 包围盒，然后判断矩形边界框的哪个面会相交，再检测射线与包含这个面的平面的相交性，如果交点在盒子中，那么射线与矩形边界框相交，该物体被选中。

(6）存储系统矩阵状态类 MatrixState2D/MatrixState3D

该类为存储系统矩阵状态的类，由于在绘制物体前后的变换矩阵、摄影矩阵和总变换矩阵可能会发生改变，因此需要存储当前变换矩阵、摄影矩阵和总变换矩阵等数据信息。

(7）其他工具类

该游戏中不仅用到了上述工具类，还用到了许多工具类来帮助实现该游戏的各个功能，如计算法向量的 Normal 类、计算屏幕触控点的 BNPoint 类和用于存储点或向量的 Vector3f 类等。

5. 线程类

(1）怪物与炮弹行走线程 MonPaoThread

该类主要是用于控制怪物的出发间隔、行走绘制以及炮弹的发射绘制的线程。本游戏中有多种怪物与多种炮弹，因此需要线程来控制怪物行走与炮弹的飞行，每隔固定的线程休息时间，绘制怪物的行走动作与炮弹的飞行，以此产生较为连贯的怪物行走与炮弹发射的效果。

(2）怪物死亡监听线程 DeaddrawThread

该类是对于怪物的死亡动作执行的监听线程，玩家进入游戏界面之后，就开启本线程监听怪物是否死亡，当怪物受到攻击且当怪物当前血量为 0，则该怪物将进入死亡状态，线程获取怪物的死亡信息，并执行怪物的死亡的绘制动作。

(3）水面流动线程类 WaterThread

该类是控制水面的波动的线程，由于静态的水面没有动感，因此笔者通过线程控制水面的波动角度，产生水流动的效果，以产生较为真实的体验。

6. 粒子系统相关类

粒子系统相关类包括常量类 ParticleDataConstant 类、绘制类 ParticleForDraw 类、代表单个粒子的 ParticleSingle 类和粒子总控制类 ParticleSystem 类。

这些类中将矩形物体的绘制与粒子的产生进行封装。通过对粒子最大生命周期、生命期步进、起始颜色、终止颜色、目标混合因子、初始位置和更新物理线程休息时间等属性的设置，并初始化顶点数据和纹理数据进行绘制，实现怪物起点炫酷的粒子特效。

7. 百纳骨骼动画相关类

本项目中用到的 bnggdh 格式是由笔者自行开发的自定义骨骼动画格式，笔者通过研究 FBX 骨骼动画模型文件的官方 sdk，从而开发出一套可以将 fbx 文件转换成 bnggdh 的转换工具，并且

（1）百纳骨骼动画模型绘制类 BnggdhDraw

该类为本游戏的自定义骨骼动画模型绘制类。该类的主要作用是加载 Bnggdh 文件，获取模型的顶点坐标数组、顶点法向量数组以及纹理坐标数组，加载着色器文件和更新缓冲区，根据相关数据绘制自定义骨骼动画的模型。

（2）百纳骨骼动画绘制类 BNModel

该类为本游戏的自定义骨骼动画绘制类。该类的主要作用是对是否使用带光照模型，骨骼动画的速率，绘制方法的调用等进行封装。主要包括设置骨骼动画的速率、获取骨骼动画的速率和设置骨骼动画起始位置时间等。

> **说明** 本项目中用到的 bnggdh 类是作者自己封装的自定义骨骼动画类，在项目中以 jar 包的形式导入，其中主要涉及了骨骼动画的数学解析，这里只介绍了其中的两个类，下面也将不在展开进行讲解，若读者想深入学习，请读者自行查阅 OpenGL ES3.0x 游戏开发下卷第九章骨骼动画中的相关内容。

8. 着色器

由于本游戏的画面绘制使用的是 OpenGL ES 3.0 渲染技术，所以开发不同的需要着色器，本游戏共提供了六套不同的着色器。着色器包括顶点着色器和片元着色器，在绘制画面前首先要加载着色器，加载完着色器的脚本内容并放进集合，根据绘制物体的不同来选择对应的着色器。

15.3.2 游戏框架简介

接下来本小节从本游戏的整体架构上进行介绍，使读者对本游戏有更进一步的了解，首先给出的是游戏框架图，如图 15-19 所示。

▲图 15-19 游戏框架

> **说明** 图 15-19 中列出了《三国塔防》游戏框架，通过该图可以看出游戏主要由显示界面类、场景及相关类、线程类、工具类、粒子系统相关类、辅助类和自定义骨骼动画类等几部分构成，各自功能后续将向读者详细介绍。

接下来按照程序运行的顺序逐步介绍各个类的作用和整体的运行框架，使读者更好地掌握本游戏的开发步骤，详细开发步骤如下。

（1）启动游戏。首先在 TaFang_Activity 类中设置屏幕为全屏且为横屏模式、初始化声音池、设置触控方式、设置声音大小和声音的开启与关闭等，然后初始化主布景类 GlSurfaceView 的对象，最后跳转到 GlSurfaceView 类。

（2）进入 GlSurfaceView 类。该主布景类继承自 GLSurfaceView 类，可以进行各个界面的转换。之后便创建场景渲染器，在其场景渲染器内，进行各个界面的绘制，并重写 onSurfaceCreated 方法和 onSurfaceChanged 方法。

（3）接下来跳转到游戏的资源加载界面。在该界面中，通过设置向前移动人物和下方的进度条来显示加载过程。当人物移动到尽头，即加载游戏中所用到的图片资源、3D 模型资源和界面的初始化工作完毕，当前界面跳转到游戏的主界面。

（4）在游戏主界面中，可以看到主界面的场景即为第一关卡的游戏场景，场景中有一个不断行走的人物，屏幕上方是本游戏的名字《三国塔防》，屏幕下方依次是武器界面按钮、关卡界面按钮、退出按钮和设置按钮，玩家可以单击不同按钮进入相应界面。

（5）玩家在游戏主界面内单击武器按钮后，即可进入武器介绍界面。在武器介绍界面玩家可以查看本游戏中用到的所有炮塔及其相关信息等。单击该界面的返回按钮，则返回到该游戏的主界面，手机的返回键同样可以达到这样的目的。

（6）玩家在游戏主界面内单击设置按钮后，即可进入设置界面。在设置界面玩家可选择进入声音设置界面，在声音界面玩家可开启或关闭游戏音效和背景音效等。单击该界面的返回按钮，则返回到该游戏的主界面，手机的返回键同样可以达到这样的目的。

（7）玩家在游戏主界面内单击设置按钮后，即可进入设置界面。在设置界面玩家可选择进入关于界面，在关于界面玩家可查看本游戏相关版权信息。单击该界面的返回按钮，则返回到该游戏的主界面，手机的返回键同样可以达到这样的目的。

（8）玩家在游戏主界面内单击设置按钮后，即可进入设置界面。在设置界面玩家可选择进入帮助界面，在帮助界面玩家可查看本游戏相关玩法介绍。单击该界面的返回按钮，则返回到该游戏的主界面，手机的返回键同样可以达到这样的目的。

（9）玩家在游戏主界面内单击开始按钮，即可进入关卡界面。关卡界面主要包括本游戏中的所有关卡，第二关处于锁定状态，玩家只有通过第一关才能解锁进入第二关。单击关卡界面内的返回按钮时，则返回到该游戏的主界面。

（10）在游戏界面，单击游戏暂停按钮，即可进入暂停界面。在暂停界面，玩家可选择继续游戏、重新开始游戏或返回主界面。若单击继续游戏按钮或重新开始游戏按钮，则进入游戏界面；若单击返回菜单按钮，则返回主界面。

（11）在玩家熟悉操作之后，可根据需要进行炮塔的建设。玩家需要在适当的位置建设炮塔，并在根据需要对建设的炮塔进行出售或者升级。在成功抵御所有怪物的进攻，则出现玩家胜利的提示；若玩家当前血量为 0，则出现玩家失败的提示。

15.4 公共类 TaFang_Activity

从本节开始将正式进入游戏的开发过程，首先介绍的是游戏的控制器 TaFang_Activity 类。该类的主要作用是在适当的时间初始化相应的界面，并根据其他界面发回来的消息切换到用户所需要的界面，开发的详细步骤如下。

（1）首先介绍的是公共类 TaFang_Activity 类代码的框架，为的是让读者对本类的整体框架有一个初步了解。该类的框架主要包含有初始化背景音乐的方法、创建声音池的方法、播放声音的方法、暂停重启声音的方法和屏幕触控监听的方法，框架的详细代码如下。

15.4 公共类 TaFang_Activity

代码位置：见随书源代码\第 15 章\3DSanGuoTaFang\app\src\main\java\com\bn\TaFang 目录下的 TaFang_Activity.java。

```
1    package com.bn.TaFang;                                  //声明包名
2    ……//此处省略了导入类的代码，读者可自行查阅随书的源代码
3    public class TaFang_Activity extends Activity {
4        public  GlSurfaceView mGLSurfaceView;
5        ……//此处省略了定义其他变量的代码，读者可自行查阅随书的源代码
6        ……//此处省略了重写onCreate方法的代码，将在下面进行介绍
7        @Override
8        protected void onResume() { super.onResume();}//重写 onResume 方法
9        @Override
10       protected void onPause() {                         //重写 onPause 方法
11           super.onPause();
12           pauseBGM();                                    //暂停音乐
13       }
14       public void initBGM(){                             //初始化背景音乐
15           gameBGM = MediaPlayer.create(this,R.raw.select);//游戏背景音乐
16           selectBGM=MediaPlayer.create(this,R.raw.match);//主菜单界面背景音乐
17       }
18       ……//此处省略了重启声音、暂停声音的方法的代码，读者可自行查阅随书的源代码
19       ……//此处省略了创建声音池与播放声音的方法代码，将在下面进行介绍
20       ……//此处省略了屏幕监听方法代码，读者可自行查阅随书的源代码
21   }
```

- 第 3~5 行为显示界面类 GlSurfaceView 的含参构造器方法，调用父类构造器，为 Activity 对象赋值，同时设置使用 OpenGL ES 3.0 渲染技术，然后创建场景渲染器、设置渲染模式为主动渲染。

- 第 7~13 行为重写 onResume 方法与 onPause 方法。通过调用父类中的 onResume 方法与 onPause 方法实现两个方法的重写。

- 第 14~17 行为创建初始化背景音乐的方法。首先创建并初始化主菜单界面的背景音乐，然后创建初始化游戏界面的背景音乐。

（2）接下来介绍的是该类中的 onCreate 方法。该方法的主要功能为获取其他界面传送的消息、设置界面是否可触控、界面之间的相互跳转等，详细代码如下。

代码位置：见随书源代码\第 15 章\3DSanGuoTaFang\app\src\main\java\com\bn\TaFang 目录下的 TaFang_Activity.java。

```
1    protected void onCreate(Bundle savedInstanceState) {
2        ……//此处省略了设置游戏屏幕等一系列的代码，读者可自行查阅随书的源代码
3        handler = new Handler() {                          //创建 handler 接收消息
4            @Override
5            public void handleMessage(Message msg) {
6                super.handleMessage(msg);                  //继承父类方法
7                switch (msg.what) {                        //获取传送的值
8                    case 0:
9                        mGLSurfaceView=new GlSurfaceView(TaFang_Activity.this);
10                       mGLSurfaceView.requestFocus();     //获取焦点
11                       mGLSurfaceView.setFocusableInTouchMode(true); //设置为可触控
12                       setContentView(mGLSurfaceView);//跳转至第一关
13                       pauseBGM();                        //暂停音效
14                       nowBGM = selectBGM;
15        } } };
16       welcomeView = new WelcomeView(this);//创建 WelcomeView 对象
17       welcomeView.requestFocus();                        //获取焦点
18       welcomeView.setFocusableInTouchMode(false);        //设置为可触控
19       setContentView(welcomeView);                       //跳转欢迎界面
20   }
```

- 第 3 行为创建 Handler 对象。创建该对象主要用来发送和接收其他界面传送的消息，首先将该消息放入消息队列，并在消息队列出口进行处理等工作。

- 第 4~14 行为重写 handleMessage 方法。该方法主要是用来实现监听其他界面传送的消息、创建 mGLSurfaceView 对象和设置可触控等功能。
- 第 16~19 行为闪屏界面的相关设置。首先获取屏幕焦点、设置屏幕触控方式，玩家进入游戏首先跳转到闪屏界面。

（3）接下来开发的是该类中创建声音池的方法 initEQ。该方法主要用以创建并初始化游戏中用到的各种音效，如点击按钮的音效、怪物笑声和爆炸音效等，详细代码如下。

代码位置：见随书源代码\第 15 章\3DSanGuoTaFang\app\src\main\java\com\bn\TaFang 目录下的 TaFang_Activity.java。

```
1    public void initEQ()    {                                            //创建声音池的方法
2        EQSoundPool=new SoundPool(                                        //创建声音池
3            6,                                                            //同时播放流的最大数量
4            AudioManager.STREAM_MUSIC,                                    //流的类型
5            100);
6        soundId=new HashMap<Integer,Integer>();    //创建 hashmap
7        soundId.put(1, EQSoundPool.load(this, R.raw.buttonclick, 1));//加载按钮音效
8        soundId.put(2, EQSoundPool.load(this, R.raw.explode1, 1));//加载爆炸音效
9        soundId.put(3, EQSoundPool.load(this, R.raw.chubing1, 1));//加载出怪音效
10       soundId.put(4, EQSoundPool.load(this, R.raw.jianshi, 1));//加载箭矢音效
11       soundId.put(5, EQSoundPool.load(this, R.raw.jinbi, 1));//加载金币掉落音效
12       soundId.put(6, EQSoundPool.load(this, R.raw.laugh, 1));//加载怪物笑声音效
13       soundId.put(7, EQSoundPool.load(this, R.raw.chubing, 1));//加载出怪音效
14       soundId.put(8, EQSoundPool.load(this, R.raw.jianshi2, 1));//加载箭矢音效
15       soundId.put(9, EQSoundPool.load(this, R.raw.explode2, 1));//加载爆炸音效
16       soundId.put(10, EQSoundPool.load(this, R.raw.shengli, 1));//加载胜利音效
17       soundId.put(11, EQSoundPool.load(this, R.raw.shibai, 1));//加载失败音效
18   }
```

- 第 2~5 行为创建声音池的方法。创建声音池的同时需要设置播放声音的播放流上限、播放流的类型和声音采样速率等相关参数。
- 第 6~17 行为初始化游戏中用到的各种的音效。首先创建 hashmap 对象，然后初始化游戏中用到的各种音效，最后将各种音效对象添加入 hashmap 中进行管理。

（4）接下来将开发该类中播放声音的 playSound 方法，主要是通过当前音量与最大音量计算出当前游戏音量，并播放声音，详细代码如下。

代码位置：见随书源代码\第 15 章\3DSanGuoTaFang\app\src\main\java\com\bn\TaFang 目录下的 TaFang_Activity.java。

```
1    public void playSound(int sound,int loop){                    //播放声音的方法
2        if(isEQON){
3            float streamVolumeCurrent=                            //获得初始音量
4                amg.getStreamVolume(AudioManager.STREAM_MUSIC);
5
6            float streamVolumeMax=                                //获得最大音量
7                amg.getStreamMaxVolume(AudioManager.STREAM_MUSIC);
8            float volume=streamVolumeCurrent+10/streamVolumeMax;//计算当前音量
9
10           EQSoundPool.play(soundId.get(sound), volume, volume, 1, loop, 1f);//播放声音
11   }}
```

- 第 3~9 行为对音量的相关设置。首先获取初始音量和获取最大音量，然后根据初始音量与最大音量计算当前游戏音量，并进行播放。

15.5 界面显示类

本节将介绍的是本游戏中的界面显示类的开发。由于本游戏的界面显示类很多，因此这里选择几个具有代表性界面显示类进行简单介绍，主要包括显示界面类 GlsurfaceView、游戏界面类

GameView、武器界面类 WeaponView 和关卡选择设置界面类 SelsectVew 等。

15.5.1 显示界面类 GlSurfaceView

本小节介绍的是显示界面类 GlSurfaceView。该类的主要作用是实现当前界面的触控事件的监听、进行当前界面的绘制工作和监听手机返回键等功能，接下来将对此类中的代码框架与部分方法进行简单介绍，具体的实现步骤如下。

代码位置：见随书源代码\第 15 章\3DSanGuoTaFang\app\src\main\java\com\bn\TaFang 目录下的 GlSurfaceView.java。

```
1    package com.bn.TaFang;                              //声明包名
2    ……//此处省略了导入类的代码，读者可自行查阅随书附带的源代码
3    public class GlSurfaceView extends GLSurfaceView {
4    ……//此处省略了定义其他变量的代码，读者可自行查阅随书附带的源代码
5    public SceneRenderer mRenderer;                     //场景渲染器
6        public GlSurfaceView(TaFang_Activity activity) {
7            super(activity);
8            this.activity =activity;                    //对 Activity 对象进行赋值
9            ……//此处省略了初始化其他方法的代码，读者可自行查阅随书附带的源代码
10           this.setEGLContextClientVersion(3);         //设置使用 Opengl ES3.0
11           mRenderer = new SceneRenderer();            //创建场景渲染器
12           setRenderer(mRenderer);                     //设置渲染器
13         setRenderMode(GLSurfaceView.RENDERMODE_CONTINUOUSLY);  //设置渲染模式为主动渲染
14       }
15   public boolean onTouchEvent(MotionEvent e) {
16   ……//此处省略了触摸回调方法，读者可自行查阅随书的源代码
17   }
18   public class SceneRenderer implements GLSurfaceView.Renderer {
19   public void onDrawFrame(GL10 gl) {
20           if (currview != null) {
21               currview.drawView(gl);                  // 绘制界面信息
22   } }
23   public void onSurfaceChanged(GL10 gl, int width, int height) {
24   ……//此处省略设置视窗大小及位置等代码，读者可自行查阅随书源代码
25   }
26   public void onSurfaceCreated(GL10 gl, EGLConfig config) {
27           ……//此处省略设置初始变换矩阵等代码，读者可自行查阅随书源代码
28           loadview=new LoadViewTF(activity, GlSurfaceView.this);  //初始化加载界面
29           currview=loadview;                          //跳转到加载界面
30   }}}
```

- 第 6～13 行为显示界面类 GlSurfaceView 的含参构造器，调用父类构造器，并为 Activity 对象赋值，同时设置使用 OpenGL ES 3.0，然后创建并设置了场景渲染器、设置渲染模式为主动渲染。

- 第 19～22 行为实现内部场景渲染器绘制的方法，通过重写 onDrawFrame 方法实现当前界面的绘制工作。如果当前界面为空，则进行界面绘制。

- 第 23～29 行为重写 onSurfaceChanged 方法与 onSurfaceCreated 方法。重写 onSurfaceChanged 方法主要用来设置游戏的视窗大小、投影矩阵、摄像机相关参数等。重写 onSurfaceCreated 方法主要用来实现加载界面的初始化、跳转到游戏加载界面等功能。

15.5.2 界面抽象父类 TFAbstractView

本小节将介绍本游戏用到的界面类的抽象父类 TFAbstractView，具体的实现步骤如下。

代码位置：见随书源代码\第 15 章\3DSanGuoTaFang\app\src\main\java\TaFangView 目录下的 TFAbstractView.java。

```
1    package TaFangView;//声明包名
2    ……//此处省略了导入类的代码，读者可自行查阅随书附带的源代码
3    public abstract class TFAbstractView {
```

```
4        public abstract void initView();                           //初始化资源
5        public abstract boolean onTouchEvent(MotionEvent e);       //设置触控
6        public abstract void drawView(GL10 gl);                    //绘制界面
7    }
```

- 第 4～6 行为 TFAbstractView 抽象父类的初始化资源抽象方法、触控监听抽象方法和界面绘制的抽象方法。

15.5.3 加载资源界面类 LoadView

本小节将介绍本游戏的加载界面类 LoadView。该类主要是用来初始化与本游戏有关的所有图片资源和 3D 模型资源等资源。其具体的实现步骤如下。

代码位置：见随书源代码\第 15 章\3DSanGuoTaFang\app\src\main\java\TaFangView 目录下的 LoadView.java。

（1）这里首先介绍加载资源界面类的代码框架，使读者对加载资源界面类有一个初步的了解，加载资源界面类主要包括此类构造器方法、触控监听方法、界面绘制方法和资源的初始化方法等，通过这些方法，完成游戏中资源的加载与加载界面的绘制工作，具体的代码如下。

```
1    package TaFangView;
2    ……//此处省略了导入类的代码，读者可自行查阅随书附带的源代码
3    public class LoadViewTF extends TFAbstractView{
4        ……//此处省略了本类的用到的各种变量、常量等代码，读者可自行查阅书附带的源代码
5        public LoadViewTF(TaFang_Activity activity,GlSurfaceView mv){
6            this.activity=activity;                //给 TaFang_Activity 赋值
7            this.mv=mv;                            //给 GlSurfaceView 赋值
8            TextureManager.loadingTexture(mv, 0, 113);//将所有图片资源送入图片管理器
9            sgtf=new TextureRectangle2D(this.mv, 18,41,-3.5f,-3.5f,0,0);//初始化游戏名称图片
10           loadbackground= new TextureRectangle2D(mv, 35,60); //初始化加载背景图片
11           loadmove=new TextureRectangle2D(mv,1.75f,31); //初始化进度条背景图片
12           renmove=new TextureRectangle2D(mv,5,5);        //初始化人物图片
13           ……//此处省略了初始化主菜单界面等的图片资源，读者可自行查阅书附带的源代码
14           ratio=(float) 1920 / 1080;                     //设置长宽比
15       }
16       ……//此处省略了重写初始化界面与触控监听的方法，者可自行查阅随书附带的源代码
17       ……//此处省略了重写界面绘制的方法，读者可自行查阅随书附带的源代码
18       public void drawloadview(){
19           ……//此处省略了加载界面绘制的方法，将在下面进行介绍
20       }
21       ……//此处省略了初始化资源和加载资源的方法，读者可自行查阅随书附带的源代码
22   }
```

- 第 5～14 行为加载界面的构造器方法。该方法主要用来初始化加载界面中加载背景图、进度条和随进度前进的人物等资源。
- 第 17 行为重写界面绘制 drawView 方法。在游戏资源加载过程中，调用界面绘制方法，对加载界面进行绘制。
- 第 18～20 行为界面绘制的方法 drawloadview。该方法主要是对加载界面中游戏的名称、进度条和前进的人物等 2D 物体进行绘制。

（2）本小节主要介绍的是加载界面的绘制方法，主要用以绘制加载界面 2D 物体、图片的绘制，具体代码如下。

代码位置：见随书源代码\第 15 章\3DSanGuoTaFang\app\src\main\java\TaFangView 目录下的 LoadView.java。

```
1    public void drawloadview(){                               //加载界面绘制方法
2        LoadSource();                                         //调用加载资源方法
3        MatrixState2D.setProjectOrtho(-ratio, ratio, -1, 1, 1f, 10); //计算正交投影矩阵
4        MatrixState2D.setCamera(0.0f, 0.0f, 3f,               //设置 2D 界面摄像机矩阵
5                                0.0f, 0.0f, 0.0f,
6                                0.0f,1.0f, 0.0f);
```

```
7       GLES30.glEnable(GLES30.GL_BLEND);                      //开启混合
8       GLES30.glDisable(GLES30.GL_DEPTH_TEST);                //关闭深度检测
9
10      GLES30.glClear(GL10.GL_COLOR_BUFFER_BIT |              //清除深度缓冲与颜色缓冲
11                     GL10.GL_DEPTH_BUFFER_BIT);
12      GLES30.glBlendFunc(GLES30.GL_SRC_ALPHA,                //设置混合因子
13                     GLES30.GL_ONE_MINUS_SRC_ALPHA);
14      MatrixState2D.pushMatrix();                            //保护现场
15      MatrixState2D.translate(0.1f, -0.385f, 0f);            //平移
16      loadmove.drawSelf(jindutiaobgId);                      //绘制背景
17      MatrixState2D.popMatrix();                             //恢复现场
18      MatrixState2D.pushMatrix();                            //保护现场
19      MatrixState2D.translate(0.0685f*load_step-1.85f, -0.385f, 0f);       //平移
20      loadmove.drawSelf(jindutiaoId);                        //绘制进度条
21      MatrixState2D.popMatrix();                             //恢复现场
22      MatrixState2D.pushMatrix();                            //保护现场
23      MatrixState2D.translate(0f, 0f, 0f);                   //平移
24      loadbackground.drawSelf(jinduId);                      //绘制进度图
25      MatrixState2D.popMatrix();                             //恢复现场
26      MatrixState2D.pushMatrix();                            //保护现场
27      MatrixState2D.translate(0f, 0.38f, 0f);                //平移
28      sgtf.drawSelf(sgtfId);                                 //绘制游戏名称
29      MatrixState2D.popMatrix();                             //恢复现场
30      MatrixState2D.pushMatrix();                            //保护现场
31      MatrixState2D.translate(0.0685f*load_step-0.94f, -0.3f, 0f);  //平移
32      if(load_step%3==0){                                    //绘制移动的人物
33      renmove.drawSelf(load1Id);                             //绘制移动的人物
34      }else if(load_step%3==1){                              //绘制移动的人物
35      renmove.drawSelf(load2Id);                             //绘制移动的人物
36      }else if(load_step%3==2){                              //绘制移动的人物
37      renmove.drawSelf(load3Id);}                            //绘制移动的人物
38      MatrixState2D.popMatrix();                             //恢复现场
39      GLES30.glDisable(GLES30.GL_BLEND);                     //关闭混合
40      GLES30.glEnable(GLES30.GL_DEPTH_TEST);                 //开启深度检测
41      }
```

- 第 2 行为调用加载资源的 LoadSource 方法。设置当前资源加载的进度，并调用资源初始化方法，将当前进度传给资源初始化方法。
- 第 3～12 行为设置投影矩阵、设置摄像机矩阵、开启混合和设置混合因子等一系列对本界面绘制前的相关设置。
- 第 13～28 行为绘制加载界面背景图片、进度条图片。随着游戏资源的不断加载，加载界面的进度条会不断前进，直到资源加载完毕。
- 第 25～37 行为绘制本游戏的名称图片《三国塔防》、资源加载的进度条和不断移动的人物。随着资源的加载，人物与进度条的将不断前进。

15.5.4 选关设置界面类 SelectView

本小节将介绍游戏中另外一个界面类——SelectView。在该类中，主要实现了主菜单界面及关卡和设置界面等的功能。实现的具体步骤如下。

代码位置：见随书源代码\第 15 章\3DSanGuoTaFang\app\src\main\java\TaFangView 目录下的 SelectView.java。

（1）这里首先介绍的是选关设置界面类的代码框架，使读者对选关设置界面类有一个初步的了解，选关设置界面类主要包括本类的构造器方法、触控监听方法、界面绘制方法和武器界面的绘制方法等，主要实现了选关、设置界面的部分功能与绘制工作。其具体的代码如下。

```
1    package TaFangView;                                       //声明包名
2    ……//此处省略了导入类的代码，读者可自行查阅随书附带的源代码
3    public class SelectViewTF extends TFAbstractView {
4    ……//此处省略了定义其他变量的代码，读者可自行查阅随书附带的源代码
5    public SelectViewTF(TaFang_Activity activity,GlSurfaceView mv){
```

```
6          this.activity=activity;                    //对Activity对象进行赋值
7          this.mv=mv;                                //对GlSurfaceView进行赋值
8          sl1=new SceneLevel1(mv);                   //初始化第一关场景
9          sky=new Sky(mv);                           //初始化天空盒
10     }
11     @Override
12     public boolean onTouchEvent(MotionEvent event) {
13          ……//此处省略了触摸回调方法,将在下面进行介绍
14     }
15     @Override
16     public void drawView(GL10 gl) {
17          ……//此处省略了界面绘制的部分代码,读者可自行查阅随书附带的源代码
18     }
19     public void drawweapon(){
20          ……//此处省略了武器界面绘制的方法,将在下面进行介绍
21     }}
```

● 第5~10行是关卡设置界面的构造器方法,主要用以初始化关卡设置界面的背景所用到的3D场景、天空盒等。

● 第11~14行为重写触控监听方法 onTouchEvent 方法,主要用来对主菜单界面、关卡界面、声音界面、帮助界面等界面的触控监听。

● 第15~18行是该界面的主要绘制方法,主要用来实现界面之间的部分跳转功能以及武器界面3D部分的绘制。

● 第19~21行为武器界面的2D绘制方法,用以绘制武器界面中的各种按钮、界面名称、和武器的介绍信息等。

(2)本小节主要介绍 SelectView 界面中的屏幕触控监听回调方法,其他部分功能代码将在下面进行介绍,具体代码如下。

代码位置:见随书源代码\第 15 章\3DSanGuoTaFang\app\src\main\java\TaFangView 目录下的 SelectView.java。

```
1   public boolean onTouchEvent(MotionEvent event) { //主界面的触控(单点触控)
2         if(isloadok){                               //资源加载完成以后触控生效
3             try {float x = event.getX();           //触控的x坐标
4                  float y = event.getY();           //触控的y坐标
5                  if(event.getAction()==MotionEvent.ACTION_UP){
6                  if(mbutton.currentView==INITIALVIEW){//处于主界面
7                         activity.playSound(1, 0);     //播放音效
8                         if(x>kaishibuttonLeft&&x<kaishibuttonRight&& //开始按钮
9                            y>kaishibuttonBottom&&y<kaishibuttonTop){
10                              activity.playSound(1, 0);    //播放音效
11                              mbutton.inittostart=true;
12                              mbutton.currview=INITIALVIEW;
13                              mbutton.currentView=STARTVIEW;
14                  }
15                  ……//此处省略了主菜单界面其他按钮的代码,读者可自行查阅随书附带的源代码
16                  }
17                  else if(mbutton.currentView==SETVIEW) {  //处于设置界面
18                         if(x>bangzhubuttonLeft&&x<bangzhubuttonRight&&  //帮助按钮
19                            y>bangzhubuttonBottom&&y<bangzhubuttonTop){
20                              activity.playSound(1, 0);     //播放音效
21                              mbutton.settohelp=true;
22                              mbutton.currview=SETVIEW;     //设置为设置界面
23                              mbutton.currentView=HELPVIEW;
24                  }}
25                  ……//此处省略了关于、关卡界面按钮功能的代码,读者可自行查阅随书附带的源代码
26                  ……//此处省略了帮助、音乐界面按钮功能的代码,读者可自行查阅随书附带的源代码
27     } } }
```

● 第4~13行首先声明了触控点的坐标,然后根据触控点是否抬起以及当前界面是否处于主菜单界面,来播放音效并释放主菜单界面开始按钮的监听判断。

● 第16~22行为对设置界面的按钮监听。对设置界面的各种按钮进行监听判断。若被按

下，则播放按钮声效，并按钮的各项功能。

（3）接下来将介绍武器界面的炮塔展示的绘制方法，玩家可以通过单击按钮查看各个武器的相关信息，并查看游戏界面的所有炮台，具体代码如下。

代码位置：见随书源代码\第 15 章\3DSanGuoTaFang\app\src\main\java\TaFangView 目录下的 SelectView.java。

```
1   public void drawweapon(){
2       if(paoup){                                            //炮台升起
3           if(weaponnucurrenty>weaponminy){                  //箭弩高于阈值则箭弩下降
4               weaponnucurrenty-=weaponspan;                 //设置当前炮台的高度
5               MatrixState3D.pushMatrix();                   //保护现场
6               MatrixState3D.translate(weaponx, weaponnucurrenty, weaponz);//平移坐标系
7               lovonu.drawSelf(nuId);                        //绘制箭弩
8               MatrixState3D.popMatrix();                    //恢复现场
9           }
10          ……//此处省略了箭弩展示的升起、升级等代码，读者可自行查阅随书附带的源代码
11      }
12      ……//此处省略了武器界面其他炮台的展示代码，读者可自行查阅随书附带的源代码
13  }
```

- 第 3~9 行为炮台升起的情况下，选择查看箭弩的相关信息按钮后，箭弩的升级和旋转等动作绘制过程，其中 MatrixState3D 类是笔者开发的一个矩阵变换的工具类，读者可自行查阅随书附带的源代码。

15.5.5 武器界面类 WeaponView

本小节将介绍游戏中另外一个界面类——WeaponView。在该类中，主要实现了武器界面的 2D 界面的绘制功能。实现的具体步骤如下。

代码位置：见随书源代码\第 15 章\3DSanGuoTaFang\app\src\main\java\TaFangView 目录下的 WeaponView.java。

```
1   package TaFangView;                                        //声明包名
2   public class WeaponView {
3       ……//此处省略了本类常量变量声明的代码，读者可自行查阅随书源代码
4       public WeaponView(GlSurfaceView mv){                   //声明构造器
5           this.mv=mv;                                        //给 GlSurfaceView 赋值
6           pao=new TextureRectangle2D(mv,5,10);               //初始化大炮显示按钮
7           ……//此处省略了其他武器显示按钮的代码，读者可自行查阅随书源代码
8           ……//此处省略了部分武器的模型初始化代码，读者可自行查阅随书源代码
9           lovonuplus=LoadUtil.loadFromFile("nuplusw.obj", mv.getResources(),mv);
            //加载箭弩升级后的模型
10      }
11      public void drawself(){
12          ……//此处省略了武器界面 2D 界面的绘制代码，读者可自行查阅随书源代码
13  }}
```

- 第 4~9 行是本类的构造器方法，主要用来初始化本类中的各种对象资源，主要包括大部分 2D 的图片资源以及 3D 模型资源。
- 第 10~12 行是武器界面所有 2D 部分的绘制方法 drawself。武器界面中有许多 2D 物体，如按钮与炮台相关信息的介绍框等。该方法主要用来统一绘制武器界面 2D 物体。

15.6 场景及相关类

本节将介绍的是本游戏中的场景及相关类的开发，由于本游戏的场景及相关类很多，因此这里选择几个具有代表性类进行简单介绍，主要包括总场景管理类 AllSence、水面类 Water、关卡场景类 SenceLevel1~2、场景数据类 SceneData 和绘制类 Draw 等。

15.6.1 总场景管理类 AllSence

本小节介绍的是本游戏的场景绘制的总管理类 AllSence 类。由于本游戏的场景中需要绘制的物体较多，笔者开发该类主要用以实现对游戏场景中的所有的物体进行统一的管理，完成游戏场景的绘制工作。具体的实现步骤如下。

（1）这里首先介绍的是总场景管理类的代码框架，使读者对总场景管理类有一个初步的了解。总场景管理类主要包括，此类构造器方法、场景绘制方法和计算粒子系统与标志板的朝向角的方法，通过此类，可以对游戏场景中的物体进行管理，具体的代码如下。

代码位置：见随书源代码\第 15 章\3DSanGuoTaFang\app\src\main\java\com\TaFang\ Scene 目录下的 AllSence.java。

```
1    package com.TaFang.Scene;//声明包名
2    ……//此处省略了部分类的导入代码，读者可自行查阅随书源代码
3    public class AllScene {
4        ……//此处省略了本类的常量、变量等声明代码，读者可自行查阅随书源代码
5        public AllScene(GlSurfaceView mv){
6            this.mv=mv;                              //给 GlSurfaceView 赋值
7            psg=new ParticleGroup(mv);               //初始化粒子系统管理组
8            pg=new PaoGroup(mv);                     //初始化大炮管理组
9            tg=new TaGroup(mv);                      //初始化光塔管理组
10           ng=new NuGroup(mv);                      //初始化箭弩管理组
11           sky=new Sky(mv);                         //初始化天空盒
12           bg=new BoardGroup(mv);                   //初始化标志板管理组
13           hdbg=new HuiduBanGroup(mv);              //初始化选炮台管理组
14           gg=new GuangGroup(mv);                   //初始化光柱管理组
15           gjgg=new GongjiguangGroup(mv);           //初始化攻击光管理组
16           sl1=new SceneLevel1(mv);                 //初始化第一关场景
17           sl2=new SceneLevel2(mv);                 //初始化第二关场景
18           cg=new ChoisepaoGroup(mv);               //初始化选择面板管理组
19       }
20       public void drawself(){
21           ……//此处省略了本类绘制方法的代码，将在下面进行介绍
22       }
23       public void calculateBillboardDirection(){
24           psg.calculateBillboardDirection();       //计算粒子系统朝向
25           bg.calculateBillboardDirection();        //计算爆炸标志板朝向
26  }}
```

- 第 5~18 行为本类的构造器方法，功能是初始化游戏场景中的各种炮台、天空盒、粒子系统、关卡场景、标志板和选炮台等。
- 第 20~22 行为本类的绘制方法，功能是绘制两个关卡游戏场景中的共有物体，由于两个关卡的场景有所不同，还需要并判断当前关卡数来绘制当前关卡中的特有物体。
- 第 23~25 行为计算标志板朝向角的方法。功能是用来计算粒子系统和爆炸标志板的朝向角，保持粒子系统与爆炸标志板始终正对摄像机。

（2）接下来将介绍该类中的绘制方法 drawself，主要功能是完成游戏场景的绘制工作，具体的代码如下。

代码位置：见随书源代码\第 15 章\3DSanGuoTaFang\app\src\main\java\com\TaFang\ Scene 目录下的 AllSence.java。

```
1    public void drawself(){
2        if(currentlevel==1){sl1.drawself();}        //绘制第一关场景
3        else if(currentlevel==2){sl2.drawself();}   //绘制第二关场景
4        MatrixState3D.pushMatrix();                 //保护现场
5        Draw.drawselfdimian(0, -2f, 0, 0, -1.2f, 0, //绘制地面
6                    lovodimian1, dimian2Id,lovodimian2, dimianId);
7        sky.drawself();                             //绘制天空盒
8        wt.drawself();                              //绘制水面
9        MatrixState3D.popMatrix();                  //恢复现场
10       if(currentlevel==2){                        //当前位于第二关
```

```
11              gh.drawself();                           //绘制光环
12          }
13          else if(currentlevel==1){
14              Draw.drawselfblend(SceneData.gm1data.length,    //绘制第一关终点拱门
15                          SceneData.gm1data,lovogongmen1,gongmenId);
16              Draw.drawselfblend(SceneData.gm2data.length,    //绘制第一关起点拱门
17                          SceneData.gm2data,lovogongmen2,gongmenId);
18              Draw.drawselfblend(SceneData.gmbigdata.length,  //绘制第一关起点拱门
19                          SceneData.gmbigdata,lovogongmenbig,gongmenId);
20          }
21          psg.drawself();                              //绘制粒子系统
22          gg.drawself();                               //绘制攻击光
23          Draw.drawself(SceneData.qiaodatalen,SceneData.qiaodata,lovoqiao,qiaoId);//绘制桥
24          Draw.drawself(SceneData.malandatalen,        //绘制木栏
25                      SceneData.malandata,lovomulan,mulanId);
26          hdbg.drawself();                             //绘制灰度板
27          pg.drawself();                               //绘制大炮
28          gjgg.drawself();                             //绘制攻击光
29          tg.drawself();                               //绘制光塔
30          ng.drawself();                               //绘制箭弩
31          cg.drawself();                               //绘制武器选择面板
32          bg.drawself();                               //绘制标志板
33      }
```

- 第 2～3 行是判断当前游戏场景的关卡数，根据当前处于不同的关卡数，调用不同关卡场景中特有物体的绘制方法。
- 第 5～9 行为游戏场景中公共物体的绘制，如天空盒、地面和水面等，主要用以绘制不同关卡的公共物体与场景。
- 第 10～20 行中的用到的 Draw.drawselfblend 方法，是笔者开发的场景管理绘制类 Draw 下的绘制方法，主要是用来绘制游戏场景，笔者将在下面进行介绍。
- 第 21～32 行主要绘制与炮塔相关的物体和游戏中其他场景部分，如怪物起止点出的粒子系统特效、炮塔的选择面板、各种炮塔武器和攻击光环等。

15.6.2　关卡场景类 SenceLevel1

本小节将介绍的是总场景管理类关卡场景类 SenceLevel1。该类的主要作用是实现对游戏界面中第一关关卡场景进行统一的管理绘制，具体的实现步骤如下。

代码位置：见随书源代码\第 15 章\3DSanGuoTaFang\app\src\main\java\com\TaFang\ Scene 目录下的 SenceLevel1.java。

```
1   package com.TaFang.Scene;                            //声明包名
2   ……//此处省略了部分类的导入代码，读者可自行查阅随书源代码
3   public class SceneLevel1 {
4       GlSurfaceView mv;                                //声明 GlSurfaceView 对象
5       public SceneLevel1(GlSurfaceView mv){
6           this.mv=mv;
7       }                                                //给 GlSurfaceView 赋值
8       public void drawself(){                          //场景的绘制
9           GLES30.glEnable(GLES30.GL_BLEND);            //开启混合
10          GLES30.glBlendFunc(GLES30.GL_SRC_ALPHA,      //设置混合因子
11                          GLES30.GL_ONE_MINUS_SRC_ALPHA);
12          //绘制第一关场景中的树
13          Draw.drawself(SceneData.tree12datalen,//第一关中的圆形树
14                      SceneData.treedatal2,lovotree,treeId);
15          Draw.drawself(SceneData.treedata122len,//第一关中的塔状树
16                      SceneData.treedata122,lovotreel2,tree2Id);
17          Draw.drawself(SceneData.stonedatalevel2len,  //第一关中的石头
18                      SceneData.stonedatalevel2,lovostonel2, stonel2Id);
19          Draw.drawself(SceneData.shuzhuanglen,        //第一关中的山
20                      SceneData.shuzhaungdata,lovoshuzhuang, shuzhuangId);
21          GLES30.glDisable(GLES30.GL_BLEND);           //关闭混合
22      }}
```

- 第4~6行为声明本类中用到的 GlSurfaceView 对象引用以及本类的构造器方法。该构造器方法主要用来初始化本类中用到的 GlSurfaceView 对象。
- 第8~21行为第一关场景中物体的绘制方法,主要用来绘制第一关场景中特有物体,包含有不同种类的树木和石头等。

> **提示** 本游戏中有两关的游戏场景,由于第二关关卡场景类 SenceLevel2 与本类的代码框架是相似的。主要功能也是实现对关卡场景中的物体进行管理,所以这里将不再赘述,若有兴趣,读者可自行查阅随书附带的源代码。

15.6.3 水面类 Water

本小节将介绍的是水面类 Water。该类的主要功能是配合水面流动线程实现较真实透明水面的绘制,具体的实现步骤如下。

代码位置:见随书源代码\第 15 章\3DSanGuoTaFang\app\src\main\java\com\TaFang\Scene 目录下的 Water.java。

```
1   package com.TaFang.Scene;                              //声明包名
2   ……//此处省略了部分类的导入代码,读者可自行查阅随书源代码
3   public class Water {
4       GlSurfaceView mv;                                  //声明 GlSurfaceView 对象引用
5       TextureRectWater texRect;                          //声明水面对象引用
6       float angle=90;                                    //旋转角
7       private static float x=-24.5f;                     //水面 x 坐标
8       private static float y=-0.59f;                     //水面 y 坐标
9       private static float z=-8.5f;                      //水面 z 坐标
10      public Water(GlSurfaceView mv) {
11          this.mv = mv;                                  //给 GlSurfaceView 对象赋值
12          texRect = new TextureRectWater(mv);            //初始化水面对象
13      }
14      public void drawself(){
15          GLES30.glEnable(GLES30.GL_BLEND);              //开启混合
16          GLES30.glBlendFunc(GLES30.GL_SRC_ALPHA,GLES30.GL_ONE);//设置混合因子
17          MatrixState3D.pushMatrix();                    //保护现场
18          MatrixState3D.translate(x, y, z);              //平移
19          MatrixState3D.rotate(-angle, 1, 0, 0);         //设置旋转
20          texRect.drawSelf(waterId);                     //水面的绘制
21          MatrixState3D.popMatrix();                     //恢复现场
22      }}
```

- 第4~9行为声明水面绘制类用到的各种变量、常量等,主要包括有水面对象、水面旋转角及水面位置坐标等关于水面绘制的信息。
- 第10~12行为水面绘制的构造器方法。该方法主要功能是初始化本类中用到的 GlSurfaceView 对象以及水面绘制对象 TextureRectWater。
- 第14~21行为水面的绘制方法。首先需要通过开启混合、设置源因子和目标因子等方式为绘制做准备工作,然后绘制具有透明效果的水面。

15.6.4 场景数据管理类 SenceData

本小节介绍的是场景数据管理类 SenceData。该类的主要功能是实现对游戏场景中的物体位置和旋转角等信息的管理,具体的实现步骤如下。

代码位置:见随书源代码\第 15 章\3DSanGuoTaFang\app\src\main\java\com\TaFang\Scene 目录下的 SenceData.java。

```
1   package com.TaFang.Scene;                              //声明包名
2   public class SceneData {
```

```
3          public static float HuiduBanData[][] = new float[][] {  //选炮台数据
4                  { -29f, 0.035f, 17.5f, 1, 0, 1, 0 },           //选炮台数据信息
5              ……//此处省略了其他选炮台位置等信息的代码，读者可自行查阅随书附带的源代码
6          };
7          public static int huidubandata = HuiduBanData.length;   //选炮台数据长度
8          public static float malandata[][] = new float[][] {     // 木栏数据
9              ……//此处省略了木栏位置等信息的代码，读者可自行查阅随书附带的源代码
10         };
11         public static int malandatalen = malandata.length;      //木栏数据长度
12             ……//此处省略了城墙、木桥位置等信息的代码，读者可自行查阅随书附带的源代码
13             ……//此处省略了树桩、石头位置等信息的代码，读者可自行查阅随书附带的源代码
14             ……//此处省略了树木、拱门位置等信息的代码，读者可自行查阅随书附带的源代码
15    }
```

- 第 3~6 行为声明选炮台的相关数据信息。本游戏中所有选炮台的位置以及初始旋转角都是通过此数组进行管理的，选炮台的信息依次为位置信息、旋转角、旋转轴和初始升降状态。
- 第 8~11 行为声明游戏场景中木栏的相关数据信息。本游戏场景中木栏的位置、初始旋转角等都是由此声明管理的。
- 第 12~14 行为本类中其他物体的相关数据信息，由于本类中所有数组所代表的物体的相关信息都是相似的，所以省略了其他物体的相关数据，读者可自行查阅随书附带的源代码。

15.7 辅助类

本节将介绍的是游戏的辅助类的开发。这些类的功能是配合其他类，实现游戏中的各种功能。本游戏的辅助类很多，这里只选择几个具有代表性的类进行简单介绍，主要包括按钮管理类 MenuButton、单个怪物类 SingleMonster1 和单个炮弹的类 SingleBullet1 等。

15.7.1 按钮管理类 MenuButton

本小节将介绍的是本游戏中的按钮管理类 MenuButton。由于各个界面都有许多功能不同的按钮，该类主要功能是实现对游戏中用到的按钮进行统一的管理和绘制等工作，这里笔者将只对按钮管理类的整体框架进行简单介绍，具体的实现步骤如下。

代码位置：随书源代码\第 15 章\3DSanGuoTaFang\app\src\main\java\com\TaFang\ButtonManager 目录下的 MenuButton.java。

```
1     package com.TaFang.ButtonManager;                             //声明包名
2     ……//此处省略了导入类代码，读者可自行查阅随书附带的源代码
3     public class MenuButton {
4         ……//此处省略了该类声明相关变量、常量等代码，读者可自行查阅随书附带的源代码
5         public MenuButton(GlSurfaceView mv){
6             ……//此处省略了构造器初始化对象的代码，读者可自行查阅随书附带的源代码
7         }
8         public void drawself(){}……//此处省略了按钮的绘制代码，读者可自行查阅随书附带的源代码
9         public void buttonmove(final ArrayList<TextureRectangle2D> arrlist,final float span,
10            final ArrayList<TextureRectangle2D> arrlist1,final boolean flag){
11            ……//此处省略了按钮移动的控制代码，读者可自行查阅随书附带的源代码
12        }
13        public void inittargetTotarget(ArrayList<TextureRectangle2D> arrlist){
14            ……//此处省略了按钮回到原位的代码，读者可自行查阅随书附带的源代码
15        }
16        public void initTotarget(ArrayList<TextureRectangle2D> arrlist){
17            ……//此处省略了按钮移动到指定位置的过程代码，读者可自行查阅随书附带的源代码
18        }
19        public void buttongoinit(ArrayList<TextureRectangle2D> arrlist){
20            ……//此处省略了按钮移动到位后的控制代码，读者可自行查阅随书附带的源代码
21    }}
```

- 第 5~7 行为按钮管理类的构造器方法。本游戏中按钮众多，该方法的主要功能是用以

初始化游戏中用到的大部分按钮,并对按钮进行统一的管理。
- 第 8 行为绘制各个界面中按钮的方法。游戏中每个界面都有多个按钮,因此该方法的主要功能是用来对这些界面中的按钮进行统一的管理与绘制。
- 第 9~12 行为按钮的移动控制方法。设定好按钮的移动速度等相关参数,按钮将按照设定的速度向特定方向移动。
- 第 13~15 行为按钮位置复位的方法。按钮按照设定的移动速度向指定方向移动并从屏幕中消失后,调用复位方法按钮可以按照原路返回到初始位置。
- 第 16~18 行为按钮向指定方向移动的方法。为按钮指定最终位置、移动方向等信息后,按钮将向着指定的最终位置进行移动。
- 第 19~22 行为按钮移动到指定位置后的标志位的控制方法。对按钮的移动进行监听,若按钮移动到指定的最终位置后,移动标志位置反。

15.7.2 单个怪物类 SingleMonster1

本小节介绍的是单个怪物的管理类 SingleMonster1。本游戏中有多种怪物,每种怪物都需要进行单独管理,因此笔者开发了单个怪物的管理类方便对每个怪物进行控制。该类的主要功能是用以实现对游戏中每个怪物进行管理,具体的实现步骤如下。

(1) 这里首先介绍单个怪物类 SingleMonster1 的代码框架,使读者对本类有一个初步的了解。单个怪物类主要包括本类的构造器方法、绘制怪物死亡与行走的方法、怪物的行走路径方法和怪物的死亡动作控制方法等,具体的代码如下。

代码位置:见随书源代\第 15 章\3DSanGuoTaFang\app\src\main\java\MonsterAndTower 目录下的 SingleMonster1.java。

```
1    package MonsterAndTower;
2    ……//此处省略了导入类的代码,读者可自行查阅随书附带的源代码
3    public class SingleMonster1 extends SingleMonster {
4        ……//此处省略了本类各种常量、变量的声明代码,读者可自行查阅随书附带的源代码
5        public SingleMonster1(boolean isMon1live,
6                LoadedObjectVertexNormalTexture lovoxt,
7                BNModel bnm1,BNModel bnm1die,
8                TaFang_Activity activity){
9            this.bnm1=bnm1;                              //给怪物行走骨骼动画初始化
10           this.bnm1die=bnm1die;                        //给怪物死亡骨骼动画初始化
11           bnmodeltotaltime=bnm1die.getOnceTime();      //一次死亡动作绘制时间
12           bnmodelcurrenttime=bnmodeltotaltime/100;     //分解一次死亡动作绘制
13           bnmodeltimecount=0;                          //当前死亡动作所处绘制时间
14           this.lovoxt=lovoxt;                          //血量条模型
15           this.activity=activity;                      //给 activity 赋值
16           this.islive=isMon1live;                      //当前怪物存活状态
17           this.movespan=movespan1;                     //怪物的步长
18           this.currentx=monster1path[11];              //怪物的 x 坐标
19           this.currenty=monster1path[12];              //怪物的 y 坐标
20           this.currentz=monster1path[13];              //怪物的 z 坐标
21           this.currentrotatex=0;                       //旋转 x 轴
22           this.currentrotatey=1f;                      //旋转 y 轴
23           this.currentrotatez=0;                       //旋转 z 轴
24           this.currentangle=mon1angleinit;             //旋转角
25           this.hp=hp1;                                 //怪物血量
26           this.currentblood=hp1;                       //怪物当前血量
27           xtg=new XueTiaoGroup(lovoxt,this,hp1/10);    //血量条初始化
28           arrxtg.add(xtg);                             //添加进血量条管理列表
29           shadow=new Shadow();                         //初始化影子
30           shaodwarr.add(shadow);}                      //添加进影子列表
31       public void drawself(){
32           ……//此处省略了本类绘制方法代码,将在下面进行介绍
33       }
34       public void go(){
```

```
35            ……//此处省略了怪物的行走路径方法代码,将在下面进行介绍
36        }
37        public void deaddraw(){
38            ……//此处省略了本类怪物死亡动作控制代码,将在下面进行介绍
39    }}
```

- 第 5～30 行为本类的构造器方法，主要功能是初始化怪物的相关属性值，如怪物的初始血量、当前血量值、怪物的步长、怪物的位置信息和骨骼动画模型等。

- 第 31～33 行为本类的绘制方法，主要功能是用来绘制怪物未死亡前的行走动作、随怪物移动的影子和怪物的死亡动作等。

- 第 34～36 行为怪物的行走方法。通过与怪物路径数据进行比较判断，控制怪物行走的路线，保证怪物能够在游戏设定的路径上准确行走。

- 第 37～39 行为怪物的死亡动作绘制方法，主要功能是判断怪物是否处于死亡状态，并执行死亡动作的绘制等。

（2）接下来将介绍怪物的主要绘制方法 drawself。该方法的主要功能是绘制随怪物移动的影子，绘制怪物的行走动作和怪物的死亡动作等，具体的代码如下。

代码位置：见随书源代码\第 15 章\3DSanGuoTaFang\app\src\main\java\MonsterAndTower 目录下的 SingleMonster1.java。

```
1   public void drawself(){
2       if(redo){ siwang=false;}                                      //死亡状态置反
3           MatrixState3D.pushMatrix();                               //保护现场
4           MatrixState3D.translate(currentx,0,currentz);//平移
5           MatrixState3D.rotate(currentangle, currentrotatex, currentrotatey,
                currentrotatez);  //旋转
6           MatrixState3D.scale(0.025f, 0.025f, 0.025f);  //缩放
7       if(this.islive==true){
8           bnm1.draw();                                              //绘制怪物的行走
9           bnm1die.setTime(0);                                       //设置怪物骨骼绘制时间
10      }
11      if(this.islive==false&&siwang==true&&currentz>monster1path[10]){
12          if(bnmodeltimecount<=bnmodeltotaltime&&diedraw){
13              bnm1die.setTime(bnmodeltimecount);                    //设置怪物骨骼绘制时间
14              bnm1die.draw();                                       //绘制怪物死亡动作
15              bnmodeltimecount+=bnmodelcurrenttime;                 //怪物绘制时间增加
16      }}
17          MatrixState3D.popMatrix();                                //恢复现场
18          xtg.drawself();                                           //绘制怪物血量条
19      if(this.islive==false&&currentz>monster1path[10]+0.5f&&moneyfirst){
20          screenxy=ScreenUtil.getscreen(ratio, currentx, currenty, currentz);
21          screenmoneyxy[0]=new float[]{screenxy[0],screenxy[1]};
            //存储转换后怪物的 2D 坐标
22          screenmoneyxy[1]=new float[]{screenxy[0],screenxy[1]};
            //存储转换后怪物的 2D 坐标
23          screenmoneyxy[2]=new float[]{screenxy[0],screenxy[1]};
            //存储转换后怪物的 2D 坐标
24          moneyfirst=false;                                         //金币初次绘制标志
25          moneygameview=true;                                       //游戏界面金币绘制标志
26      }
27      if(this.islive){
28          shadow.drawself(currentx, currentz);                      //绘制怪物影子
29  }}
```

- 第 2～10 行为绘制怪物的行走动作。只有怪物的存活状态为 true，才绘制怪物的行走骨骼动画，并设置骨骼动画时间。

- 第 11～17 行为主要是绘制怪物的死亡动作。若怪物未能走到终点就玩家成功被击杀，则绘制怪物的死亡骨骼动画。

- 第 18 行为绘制怪物头顶的血量条。首先获取怪物的当前血量，根据当前血量与怪物初始血量计算出血量显示比例，然后绘制血量条。

- 第 19~26 行为将怪物死亡处的 3D 世界坐标转为屏幕的 2D 坐标。首先获取怪物死亡处的 3D 坐标，然后调用坐标转换方法，通过一系列的矩阵变换转为 2D 坐标，并传给金币绘制的坐标数组。
- 第 27~29 行为绘制当前怪物的影子，由于怪物是不断移动的，首先得到怪物的坐标，然后传给影子用以绘制随怪物移动而移动的影子。

（3）接下来将介绍怪物死亡动作执行的控制方法。该方法的功能是控制怪物的死亡动作执行和怪物死亡后的各种参数标志位的改变，具体的代码如下。

代码位置：见随书源代码\第 15 章\3DSanGuoTaFang\app\src\main\java\MonsterAndTower 目录下的 SingleMonster1.java。

```
1    public void deaddraw(){
2        if((this.currentblood<=0||currentz<=monster1path[10])&&deadfirst){
3            if(currentblood<=0&&currentz>=monster1path[10]){
4                monkillcount++;                    //击杀怪物计数
5                moneygetcount+=15;                 //获得金币数目
6                currmoneynumdata+=15;              //当前金币数
7            }
8            deadfirst=false;                       //一次死亡绘制标志置反
9            this.islive=false;                     //怪物存活状态
10           this.currentblood=0;                   //怪物当前血量
11           signdrawwarn=false;                    //警示板
12           this.isattack=false;                   //受击标志位
13           signboardx=currentx;                   //标志板位置坐标
14           signboardz=currentz;
15           siwang=true;                           //怪物死亡标志位
16           if(currentz>monster1path[10])
17               signdraw=true;                     //怪物死亡标志位
18           ……//此处省略了判断只执行一次死亡动作的代码，读者可自行查阅随书附带的源代码
19               siwang=false;
20               signdraw=false;
21           if(currentz<=monster1path[10]+1){      //怪物到达终点
22               mon1arrivecount++;                 //怪物到达终点数
23               activity.playSound(6, 0);          //播放怪物笑声
24           }
25           if(mon1arrivecount==2){                //两个怪到达终点
26               currshengmingdata-=1;              //玩家命数减少
27               if(currshengmingdata<=0){          //如果命数少于 0
28                   lose=true;                     //玩家失败
29               }
30               mon1arrivecount-=2;                //到达终点的怪数减少
31           }
32           if(AllMonNum>0){
33               AllMonNum--;                       //怪物总数
34           }
35           arrmon.remove(this);                   //从列表移除怪物
36    }}
```

- 第 3~6 行为玩家成功击杀怪物后的一系列控制代码。玩家成功在怪物到达终点前将其击杀，则玩家获取击杀怪物的金币奖励，同时怪物击杀计数器增加。
- 第 7~19 行为清除怪物相关属性的清除的工作。若怪物的死亡动作执行完毕，则清除此怪物血量信息、血量条、爆炸标志板等。
- 第 20~23 行为怪物到达终点后的控制代码。玩家未能成功抵御怪物使其到达终点，则播放怪物笑声，玩家当前的血量减少。
- 第 24~33 行为若怪物被击打死亡或玩家未能阻拦怪物使其到达终点，则当前剩余怪物计数器数减少，且将当前怪物从列表中移除。

> **提示**　本游戏中还有其他单个怪物的管理类，如 SingleMonster2、SingleMonster3 和 SingleMonsterBoss。但这些管理类都与本类代码结构相似，对于这些类将笔者不再赘述，若有兴趣，读者可自行查阅随书附带的源代码。

15.7.3 单个炮弹类 SingleBullet1

本小节介绍的是单个炮弹的管理类 SingleBullet1，本游戏中有多种炮弹，每种炮弹都需要分开管理，因此笔者开发了单个炮弹类的管理类。该类的主要功能是实现对游戏中单个炮弹进行管理。具体的实现步骤如下。

（1）首先介绍的是单个炮弹类的代码框架，使读者对本类有一个初步认识，主要包括初始化该类用到的各种对象的构造器方法、获取并计算应瞄准怪物的方法、更新怪物坐标的方法、炮弹的飞行方法和炮弹的飞行绘制方法等，具体的代码如下。

代码位置：见随书源代码\第 15 章\3DSanGuoTaFang\app\src\main\java\MonsterAndTower 目录下的 SingleBullet1.java。

```java
1   package MonsterAndTower;                                       //声明包名
2   ……//此处省略了导入类的代码，读者可自行查阅随书附带的源代码
3   public class SingleBullet1 extends SingleBullet {
4       ……//此处省略了本类各种常量、变量的声明代码，读者可自行查阅随书附带的源代码
5       public SingleBullet1(LoadedObjectVertexNormalTexture lovo,
6                            float x,float y,float z,
7                            int paoattack){
8           this.lovo=lovo;                                        //炮弹的模型
9           this.islive=true;                                      //怪的存活状态
10          this.movespan=0.2f;                                    //子弹步长
11          this.x=x;                                              //子弹 x 坐标
12          this.y=y;                                              //子弹 y 坐标
13          this.z=z;                                              //子弹 z 坐标
14          this.currentx=x;                                       //怪物 x 坐标
15          this.currenty=y;                                       //怪物 y 坐标
16          this.currentz=z;                                       //怪物 z 坐标
17          this.currentrotatex=0;                                 //旋转轴
18          this.currentrotatey=1f;
19          this.currentrotatez=0;
20          this.paoattack=paoattack;                              //炮弹的攻击力
21      }
22      public void findMonster(){
23          ……//此处省略了炮弹瞄准怪物的代码，将在下面进行介绍
24      }
25      public SingleMonster getRightmonster(ArrayList<SingleMonster> al){
26          ……//此处省略了炮弹获取应击打哪个怪物的代码，将在下面进行介绍
27      }
28      public void findxyz(float personx,float personz){
29          ……//此处省略了更新怪物坐标的代码，读者可自行查阅随书附带的源代码
30      }
31      public void drawself(){
32          ……//此处省略了炮弹绘制的代码，读者可自行查阅随书附带的源代码
33      }
34      ……//此处省略了炮弹的前进方法的代码，读者可自行查阅随书附带的源代码
35      ……//此处省略了获取当前怪物坐标方法的代码，读者可自行查阅随书附带的源代码
36  }}
```

- 第 5~21 行为本类的构造器方法，用来初始化炮弹的模型、炮弹的存活状态、炮弹的初始位置坐标、炮弹的移动步长、旋转轴以及炮弹的攻击力等属性。
- 第 22~24 行为炮弹瞄准怪物的方法。首先从怪物列表中获取应该击打的怪，然后获得此怪物的位置坐标，传给炮弹，炮弹将从初始位置朝着怪物移动。
- 第 25~27 行为获取应击打怪物的方法。首先遍历怪物列表，对于进入到炮弹射程的怪物，需要判断并计算是否应该击打。
- 第 28~33 行为更新怪物坐标的方法与炮弹的绘制方法。由于怪物是不断移动的，所以炮弹需要获取不断更新怪物的坐标，然后计算炮弹初始位置与怪物位置的移动路径。

（2）接下来将要介绍的是炮弹瞄准怪物的方法。该方法的主要功能是获取当前炮弹应该瞄准

的怪物，并将此怪物添加进怪的打击列表，具体的代码如下。

代码位置：见随书源代码\第 15 章\3DSanGuoTaFang\app\src\main\java\MonsterAndTower 目录下的 SingleBullet1.java。

```
1    public void findMonster(){
2        m=null;                                              //当前瞄准怪物为空
3        for(int i=0;i<arrmon.size();i++){                    //遍历怪物列表
4            If(arrmon.get(i).islive==true&&(this.x-arrmon.get(i).currentx)*(this
             .x-arrmon.get(i).currentx)+
5                (this.z-arrmon.get(i).currentz)*(this.z-arrmon.get(i).currentz)<=
                 bulletarea){
6                    altemp1.add(arrmon.get(i));              //将怪添加进列表
7        }
8        if(!altemp1.isEmpty()){
9                m=getRightmonster(altemp1);                  //获取应该对准的怪
10               if(count<1){
11                   tempmon=m;                               //赋给临时对象
12                   count++;                                 //寻怪物间隔数
13               }
14               if(m==null){ m=tempmon; }                    //将击打的怪赋给 m
17               if(!m.equals(tempmon)){
18                   tempmon2=m;                              //赋给临时对象 tempmon2
19                   m=tempmon;                               //将 tempmon 赋给 m
20               }
21               findxyz(m.getxyz()[0],m.getxyz()[1]);        //改变炮弹旋转角
22        }}
23        altemp1.clear();                                    //清空怪的打击列表
24   }
```

- 第 2~7 行为获取炮弹应瞄准怪物的代码。首先对应瞄准的怪赋值为空，然后将进入炮弹攻击范围，并且存活状态为 true 的怪物添加进打击列表。

- 第 8~13 行为获取应瞄准的怪物的代码。若打击列表不为空，说明有怪物进入炮弹的攻击范围，将击打列表传给 getRightmonster 方法，从符合条件中的怪物中选择应击打的怪物。

- 第 14~20 行为重置应瞄准的怪物的代码。若怪物死亡或者移动出炮弹攻击范围，则炮弹应瞄准的怪物发生改变，需要重新获取应瞄准的怪物。

- 第 21~23 行为改变炮弹的旋转角、清空怪的打击列表的代码。获取怪物的当前坐标，计算炮弹的旋转角，获得应瞄准怪物后，清空怪物打击列表。

（3）接下来将要介绍获取应击打怪物的方法。该方法主要用来对满足被瞄准条件的怪物进行进一步的筛选，选择出应击打的怪物，具体的代码如下。

代码位置：见随书源代码\第 15 章\3DSanGuoTaFang\app\src\main\java\MonsterAndTower 目录下的 SingleBullet1.java。

```
1    public SingleMonster getRightmonster(ArrayList<SingleMonster> al){
2        SingleMonster mm=null;                               //singleMonster 赋值为空
3        for(int i=0;i<al.size();i++){                        //遍历怪的打击列表
4            SingleMonster a=al.get(i);                       //获得当前怪物
5            if(a.islive==true&&mm==null){
6                mm=al.get(i);                                //获取列表中的怪物
7                break;
8        }}
9        return mm;                                           //返回应击打的怪物
10   }}
```

- 第 2~4 行为获取怪物的打击列表并按次序取出怪物的代码。首先给应击打怪物赋值为空，然后遍历怪物的打击列表，获取列表中的怪物。

- 第 5~9 行为判断并返回当前应打击的怪的代码。若从击打列表中获取的怪存活状态为true，并且当前被击打的怪物为空，则将此怪物赋值给炮弹应击打的怪物。

> **提示** 本游戏中还有其他单个炮弹管理类 SingleBullet2,但该类与本类的代码结构相似,笔者对该类将不再赘述,此外还有单个炮弹管理类的抽象父类 SingleBullet,封装了炮弹管理类的公共属性与抽象方法,若有兴趣,读者可自行查阅随书附带的源代码。

15.7.4 标志板管理类 BoardGroup

本小节介绍的是标志板管理类 BoardGroup。该类主要功能是实现对游戏中的各种标志板进行管理。具体的实现的步骤如下。

(1)首先介绍标志板管理类的代码框架,使读者对标志板管理类有一个初步的认识。主要包括本类的构造器方法、绘制方法和计算死亡标志板朝向角的方法。通过这些方法,实现对游戏中各种爆炸标志板、死亡标志板的管理工作,具体的代码如下。

代码位置:见随书源代码\第 15 章\3DSanGuoTaFang\app\src\main\java\com\TaFang\SignBoard 目录下的 BoardGroup.java。

```
1    package com.TaFang.SignBoard;                   //声明包名
2    ……//此处省略了导入类的代码,读者可自行查阅随书附带的源代码
3    public class BoardGroup {
4        public BoardGroup(GlSurfaceView mv){
5            this.mv=mv;                             //给 GlSurfaceView 赋值
6            lovo=LoadUtil.loadFromFile("deadsign.obj", mv.getResources(),mv);
             //加载标志板模型
7            sdb=new SingleDeadBoard(youlingId,lovo);  //初始化死亡标志板
8            sbb=new SingleBombBoard(bombId, lovo);    //初始化爆炸标志板
9        }
10       public void drawself(){
11           ……//此处省略了绘制代码,将在下面进行介绍
12       }
13       public void calculateBillboardDirection(){
14           sdb.calculateBillboardDirection();       //计算死亡标志板朝向
15   }}
```

- 第 4~9 行为本类的构造器方法代码,主要功能是初始化本类中用到的各种对象,如标志板的模型、死亡标志板和爆炸标志板等。
- 第 10~12 行为标志板组的绘制方法代码,主要功能是实现对游戏中众多的爆炸标志板与死亡标志板标志板进行统一的管理绘制。

(2)接下来将介绍该类的绘制方法。通过介绍读者已经对标志板管理类的框架有一个整体的把握,接下来经介绍本类的绘制方法。主要功能是实现标志板统一的绘制管理,具体的代码如下。

代码位置:见随书源代码\第 15 章\3DSanGuoTaFang\app\src\main\java\com\TaFang\SignBoard 目录下的 BoardGroup.java。

```
1    public void drawself(){
2        if(signdraw){
3            GLES30.glEnable(GLES30.GL_BLEND);          //开启混合
4            GLES30.glBlendFunc(GLES30.GL_SRC_ALPHA,    //设置混合因子
5                    GLES30.GL_ONE_MINUS_SRC_ALPHA);
6            sdb.drawself(signboardx,3.5f,signboardz,signboardangle);
             //绘制死亡标志板
7            GLES30.glDisable(GLES30.GL_BLEND);         //关闭混合
8        }
9        if(signdrawbomb){
10           GLES30.glEnable(GLES30.GL_BLEND);          //开启混合
11           GLES30.glBlendFunc(GLES30.GL_SRC_ALPHA,/设置混合因子
12                   GLES30.GL_ONE_MINUS_SRC_ALPHA);
13           sbb.drawself(signboardxbomb,2,signboardzbomb,signboardanglebomb);
             //绘制爆炸标志板
```

```
14                 GLES30.glDisable(GLES30.GL_BLEND);        //关闭混合
15    }}
```

- 第 3～8 行为死亡标志板的绘制代码。首先对怪物的死亡状态进行判断，每个怪物死亡后都会在头顶出现白色骷髅头作为此怪物的死亡标记。
- 第 9～14 行为爆炸标志板的绘制代码。炮塔发射的炮弹击打中怪物之后，会在怪物处绘制爆炸标志板，产生怪物被击打的爆炸效果。

15.7.5 炮台管理类 PaoGroup

本小节介绍的是炮台的管理类 PaoGroup，由于游戏中玩家会建造多个大炮。该类主要功能是实现对游戏中的大炮进行统一的管理与绘制。其具体的实现步骤如下。

（1）首先介绍的是炮台管理类的代码框架，使读者对炮台管理类的框架有一个初步了解，炮台管理类主要包括初始化本类用到的各种对象的构造器方法和炮台管理类的绘制方法。本类的主要功能和是实现对炮台的管理工作，具体的代码如下。

代码位置：见随书源代码\第 15 章\3DSanGuoTaFang\app\src\main\java\MonsterAndTower 目录下的 PaoGroup.java。

```
1    package MonsterAndTower;                                //声明包名
2    ……//此处省略了导入类代码，读者可自行查阅随书附带的源代码
3    public class PaoGroup {
4        ……//此处省略了该类声明相关变量、常量等代码，读者可自行查阅随书附带的源代码
5        public PaoGroup(GlSurfaceView mv){
6            this.mv=mv;                                    //给 GlSurfaceView 赋值
7            lovolevel1=LoadUtil.loadFromFileot("paoplus.obj", mv.getResources(),mv);
             //未升级的大炮模型
8            lovolevel2=LoadUtil.loadFromFileot("paoplusplus.obj", mv.getResources(),mv);
             //升级后的大炮模型
9            for(int i=0;i<paodatalen;i++){                 //初始化炮台
10               splevel1[i]=new SinglePao(i,paodata[i][0],paodata[i][1],
                 //未升级的大炮的初始化
11                   paodata[i][2],paodata[i][3],lovolevel1,mv);
12               splevel2[i]=newSinglePao(i,paodata[i][0],paodata[i][1],
                 //升级后的大炮的初始化
13                   paodata[i][2],paodata[i][3],lovolevel2,mv);
14        }}
15        ……//此处省略了该类绘制方法代码，将在下面进行介绍
16    }
```

- 第 5～8 行为炮塔管理类的构造器方法代码，主要声明了 GlSurfaceView 对象，加载并初始化未升级的模型与升级后大炮的模型。
- 第 9～11 行为创建炮塔对象的代码，主要功能是将大炮的位置信息、大炮模型等参数传给创建、初始化未升级的大炮和升级后的大炮。

（2）接下来将要介绍的是炮台管理类的绘制方法，本游戏中炮台众多，主要功能是对众多的炮台进行统一的管理和绘制，具体的代码如下。

代码位置：见随书源代码\第 15 章\3DSanGuoTaFang\app\src\main\java\MonsterAndTower 目录下的 PaoGroup.java。

```
1    public void drawself(){
2        GLES30.glEnable(GLES30.GL_BLEND);                  //开启混合
3        GLES30.glBlendFunc(GLES30.GL_SRC_ALPHA,            //设置混合因子
4                GLES30.GL_ONE_MINUS_SRC_ALPHA);
5        for(int i=0;i<paodatalen;i++){
6            splevel1[i].drawself(paodata[i][0], paodata[i][1], paodata[i][2],
             //绘制未升级前的大炮
7                    paodata[i][4],paodata[i][5],paodata[i][6],
                     paoIdlevel1,bullet1Id);
8            if(splevel1[i].isup){
```

```
 9                PaoData.paodata[i][7]=1;          //设置该炮台的标志位置
10            }
11            splevel2[i].drawself(paodata[i][0],paodata[i][1],paodata[i][2],
              //绘制升级后的大炮
12                       paodata[i][4],paodata[i][5],paodata[i][6],
                         paoIdlevel2,bullet1Id);
13            if(!splevel1[i].isup&&!splevel2[i].isup){
14                PaoData.paodata[i][7]=0;          //设置该炮台的标志位置
15            }
16            if(splevel2[i].isup){
17                PaoData.paodata[i][7]=1;          //设置该炮台的标志位置
18            }
19        }
20        GLES30.glDisable(GLES30.GL_BLEND);        //关闭混合
21    }
```

- 第 5~10 行为对未升级前的大炮进行绘制的代码。首先遍历炮塔列表，绘制不同位置的炮塔，若当前位置的炮塔处于升起状态，则将改变炮塔的升降数据。
- 第 11~20 行为对升级后的大炮进行绘制的代码。首先遍历炮塔列表，绘制不同位置的炮塔，若当前位置的炮塔处于升起状态，则将改变炮塔的升降数据；若当前位置没有任何炮塔处于升起状态，则重置炮塔的升降数据。

> **提示** 本游戏中有 3 种不同的炮塔，由于篇幅有限，所以这里只介绍了炮台管理类，若想了解箭弩类、光塔类及炮塔相关类，读者可自行查阅随书附带的源代码。

15.8 工具线程类

本节将要介绍的是游戏界面的工具类与线程类。由于本游戏中工具类众多所以只选取比较重要的进行介绍，工具类主要包括加载 obj 模型的工具类 LoadUtil 和坐标转化工具类 IntersectantUti、图片管理类 TextureManager 等，线程类包括水流动线程类和怪物炮弹控制线程类，步骤如下。

15.8.1 obj 模型加载类 LoadUtil

本小节将要介绍的是加载 obj 模型的工具类 LoadUtil。该类主要是从 obj 文件中加载携带顶点信息的物体，并自动计算每个顶点的平均法向量，获取顶点纹理索引等，最后返回 3D 物体对象用来绘制，实现的具体代码如下。

代码位置：见随书源代码\第 15 章\3DSanGuoTaFang\app\src\main\java\com\TaFang\Util 目录下的 LoadUtil.java。

```
1   package com.TaFang.Util;
2   ……//此处省略了导入类的代码，读者可自行查阅随书附带的源代码
3   public class LoadUtil {
4   public static float[] getCrossProduct(float x1,float y1,float z1,float x2,float y2,float z2){
5           float A=y1*z2-y2*z1;                        //两个矢量叉积矢量在 x 轴分量
6           loat B=z1*x2-z2*x1;                         //两个矢量叉积矢量在 y 轴分量
7           return new float[]{A,B,C};
8       }
9   public static float[] vectorNormal(float[] vector){   //求向量的模
10      float module=(float)Math.sqrt(vector[0]*vector[0]+vector[1]*vector[1]+
        vector[2]*vector[2]);
11      return new float[]{vector[0]/module,vector[1]/module,vector[2]/module};
12      }
13    public static LoadedObjectVertexNormalTexture loadFromFile   //从 obj 文件中加载物体方法
14        (String fname, Resources r,GlSurfaceView mv){
15            ……//此处省略的是局部变量定义的代码，读者可自行查阅随书附带的源代码
16       try{
17              InputStream in=r.getAssets().open(path);
```

```
18              InputStreamReader isr=new InputStreamReader(in);
19              BufferedReader br=new BufferedReader(isr);
20              String temps=null;
21              while((temps=br.readLine())!=null) { //扫描文件,根据行类型的不同执行不同的处理
22                  String[] tempsa=temps.split("[ ]+");//用空格分割行中的各个组成部分
23                      if(tempsa[0].trim().equals("v")){//此行为顶点坐标
24                          alv.add(Float.parseFloat(tempsa[1]));//将 x 坐标加进顶点列表中
25                          alv.add(Float.parseFloat(tempsa[2]));//将 y 坐标加进顶点列表中
26                          alv.add(Float.parseFloat(tempsa[3]));//将 z 坐标加进顶点列表中
27                      }
28                      else if(tempsa[0].trim().equals("vt")){      //此行为纹理坐标
29                          alt.add(Float.parseFloat(tempsa[1]));     //将 s 坐标加进纹理
30                          alt.add(1-Float.parseFloat(tempsa[2]));   //将 t 坐标加进纹理列表中
31                      }
32                      else if(tempsa[0].trim().equals("f")) {//此行为三角形面
33                          int[] index=new int[3];//3 个顶点索引值的数组
34                          index[0]=Integer.parseInt(tempsa[1].split("/")[0])-1;
35                          float x0=alv.get(3*index[0]);    //获取此顶点的 x 坐标
36                          float y0=alv.get(3*index[0]+1);//获取此顶点的 y 坐标
37                          float z0=alv.get(3*index[0]+2);//获取此顶点的 z 坐标
38                          alvResult.add(x0);                    //将 x 坐标添加进列表中
39                          alvResult.add(y0);                    //将 y 坐标添加进列表中
40                          alvResult.add(z0);                    //将 z 坐标添加进列表中
41                          ……//此处省略计算第 1 和 2 个顶点的代码,读者可自行查阅
42                          alFaceIndex.add(index[0]);        //记录此面的顶点索引
43                          alFaceIndex.add(index[1]);        //记录此面的顶点索引
44                          alFaceIndex.add(index[2]);        //记录此面的顶点索引
45                          float vxa=x1-x0;                      //求 0 号点到 1 号点的向量
46                          float vya=y1-y0;
47                          float vza=z1-z0;
48                          float vxb=x2-x0;                      //求 0 号点到 2 号点的向量
49                          float vyb=y2-y0;
50                          float vzb=z2-z0;
51                          float[] vNormal=vectorNormal(getCrossProduct(vxa,vya,vza,
                            vxb,vyb,vzb));
52                          ……//此处省略将法向量放进 HsahMap 的代码,读者可自行查阅
53                          int indexTex=Integer.parseInt(tempsa[1].split("/")[1])-1;
54                          altResult.add(alt.get(indexTex*2));
55                          altResult.add(alt.get(indexTex*2+1));
56                          int indexTex=Integer.parseInt(tempsa[1].split("/")[1])-1;
                            //顶点纹理索引
57                          altResult.add(alt.get(indexTex*2));
58                          altResult.add(alt.get(indexTex*2+1));
59                          ……//此处省略计算第 1 和第 2 纹理坐标的代码,读者可自行查阅代码
60                      }}
61              ……//此处省略生成顶点数组、法向量数组和纹理数组的代码,读者可自行查阅代码
62              lo=new LoadedObjectVertexNormalTexture(mv,vXYZ,nXYZ,tST);   //创建 3D 物体对象
63          }
64          catch(Exception e){ e.printStackTrace();}                        //捕获异常
65          return lo;                                                        //返回 3D 物体对象
66      }
67      ……//此处省略加载可触控模型与带法向量模型的代码,读者可自行查阅随书附带的源代码
68  }
```

- 第 4~12 行为将两个向量进行叉积并返回结果最终向量的方法。其中第 9~12 行为将指定向量规格化的方法,首先计算向量的模长,将指定向量的 x、y、z 分量分别除以模长,最后返回规格化后的向量。

- 第 13~30 行为加载 3D 模型的方法。首先要扫描整个文件,根据行类型的不同执行不同的处理逻辑,若为顶点坐标行则提取出此顶点的 x、y、z 坐标添加到原始顶点坐标列表中,若为纹理坐标行则提取 ST 坐标并添加进原始纹理坐标列表中。

- 第 31~60 行为若此行为三角形面,计算第 0 个、第 1 个和第 2 个顶点的索引,并获取此顶点的 x、y、z 这 3 个坐标,然后将坐标添加进列表中,并将顶点索引值添加进索引列表 alFaceIndex 中。再通过三角形面两个边向量求叉积,得到此面的法向量。

- 第 62～69 行为生成顶点数组、纹理坐标数组和法向量坐标数组,最后创建 3D 物体对象,并返回该 3D 物体。

15.8.2 交点坐标计算类 IntersectantUtil

本小节将介绍的是计算交点坐标的辅助类 IntersectantUtil。该类的主要是根据屏幕上的触控坐标和摄像机确定的拾取射线,计算射线与近平面交点 A 和远平面交点 B 在摄像机坐标系中的坐标,再将此坐标乘以摄像机矩阵的逆矩阵,求出 A、B 两点在世界坐标系中的坐标,实现的具体代码如下。

代码位置:见随书源代码\第 15 章\3DSanGuoTaFang\app\src\main\java\com\TaFang\Util 目录下的 IntersectantUtil.java。

```
1    package com.TaFang.Util;                        //声明包名
2    public class IntersectantUtil {                 //计算交点工具类
3        public static float[] calculateABPosition(
4            float x,float y,                        //触屏 x、y 坐标
5            float w,float h,                        //屏幕宽度和高度
6            float left,float top,                   //视角 left 值、top 值
7            float near,float far){                  //视角 near 值、far 值
8            float x0=x-w/2;                         //求视口的坐标中心在原点时,触控点的坐标
9            float y0=h/2-y;
10           float xNear=2*x0*left/w;                //计算对应的 near 面上的 x 坐标
11           float yNear=2*y0*top/h;                 //计算对应的 near 面上的 y 坐标
12           float ratio=far/near;
13           float xFar=ratio*xNear;                 //计算对应的 far 面上的 x 坐标
14           float yFar=ratio*yNear;                 //计算对应的 far 面上的 y 坐标
15           float ax=xNear;                         //摄像机坐标系中 A 的 x 坐标
16           float ay=yNear;                         //摄像机坐标系中 A 的 y 坐标
17           float az=-near;                         //摄像机坐标系中 A 的 z 坐标
18           float bx=xFar;                          //摄像机坐标系中 B 的 x 坐标
19           float by=yFar;                          //摄像机坐标系中 B 的 y 坐标
20           float bz=-far;                          //摄像机坐标系中 B 的 z 坐标
21           float[] A = MatrixState3D.fromPtoPreP(new float[] { ax, ay, az });
             //求世界坐标系坐标
22           float[] B = MatrixState3D.fromPtoPreP(new float[] { bx, by, bz });
23           return new float[] {                    //返回最终的 AB 两点坐标
24               A[0],A[1],A[2],B[0],B[1],B[2]
25       };
26   }}
```

> **说明** 上面介绍的是计算交点坐标的工具类 IntersectantUtil 类。在该类中主要是通过在屏幕上的触控位置,根据触控坐标和摄像机确定的射线计算与近平面、远平面相交的坐标 A 点、B 点,然后将 A、B 两点在摄像机中坐标系中的坐标乘以摄像机矩阵的逆矩阵,最后即求得 A、B 两点在世界坐标系中的坐标。

15.8.3 纹理管理器类 TextureManager

接下来介绍的本游戏用到的纹理管理器类 TextureManager。该类主要包括生成纹理 id 的方法、加载所有纹理图的方法和获取指定纹理的方法,具体代码如下。

代码位置:见随书源代码\第 15 章\3DSanGuoTaFang\app\src\main\java\com\bn\TaFang 目录下的 TextureManager.java。

```
1    package com.bn.TaFang;                          //声明包名
2    ……//此处省略了导入类的代码,读者可自行查阅随书附带的源代码
3    public class TextureManager{
4        ……//此处省略了声明成员变量的代码,读者可自行查阅随书附带的源代码
5        public static int initTexture(MySurfaceView mv,String texName,boolean isRepeat){
6            int[] textures=new int[1];             //生成纹理 id
```

```
7            GLES30.glGenTextures(1,textures,0);
8            GLES30.glBindTexture(GLES30.GL_TEXTURE_2D, textures[0]);//绑定纹理 id
9            GLES30.glTexParameterf(GLES30.GL_TEXTURE_2D,     //设置 MAG 时为线性采样
10           GLES30.GL_TEXTURE_MAG_FILTER,GLES30.GL_LINEAR);
11           GLES30.glTexParameterf(GLES30.GL_TEXTURE_2D,     //设置 MIN 时为最近点采样
12           GLES30.GL_TEXTURE_MIN_FILTER,GLES30.GL_NEAREST);
13           if(isRepeat){
14               GLES30.glTexParameterf(GLES30.GL_TEXTURE_2D,//设置 WRAP 时为重复采样
15               GLES30.GL_TEXTURE_WRAP_S,GLES30.GL_REPEAT);
16               GLES30.glTexParameterf(GLES30.GL_TEXTURE_2D,
17               GLES30.GL_TEXTURE_WRAP_T,GLES30.GL_REPEAT);
18           }else{
19               GLES30.glTexParameterf(GLES30.GL_TEXTURE_2D,
20               GLES30.GL_TEXTURE_WRAP_S,GLES30.GL_CLAMP_TO_EDGE);
21               GLES30.glTexParameterf(GLES30.GL_TEXTURE_2D,
22               GLES30.GL_TEXTURE_WRAP_T,GLES30.GL_CLAMP_TO_EDGE);
23           }
24           String path="pic/"+texName;                      //定义图片路径
25           InputStream in = null;                           //输入流
26           try {
27               in = mv.getResources().getAssets().open(path);//获取信息
28           }catch (IOException e) {e.printStackTrace();}
29           Bitmap bitmap=BitmapFactory.decodeStream(in);    //从流中加载图片内容
30           GLUtils.texImage2D(GLES30.GL_TEXTURE_2D,0,bitmap,0);//实际加载纹理进显存
31           bitmap.recycle();                                //纹理加载成功后释放内存中的纹理图
32           return textures[0];                              //返回 textures[0]
33       }
34       ……//此处省略了加载所有纹理图的代码,读者可自行查阅随书附带的源代码
35       public static int getTextures(String texName){       //获得纹理图
36           int result=0;
37           if(texList.get(texName)!=null){                  //如果列表中有此纹理图
38               result=texList.get(texName);}                //获取纹理图
39           else{result=-1;}
40           return result;                                   //返回结果
41   }}
```

- 第 5~23 行为初始化纹理的 initTexture 方法。首先从系统获取分配的纹理 id,然后设置此 id 对应纹理的采样方式,之后设置拉伸方法。当需要重复时,设置 ST 轴拉伸方式为重复拉伸;否则设置 ST 轴的拉伸方式为截取。

- 第 25~33 行为通过流将纹理图加载进内存,最后将纹理图加载进显存并释放内存中的副本。另外需要注意的是,在纹理加载结束之后必须释放内存中的副本,否则在纹理较多的项目中可能引起内存崩溃。

- 第 35~41 行为获取指定纹理图的方法。当加载结束后的纹理列表中存在指定纹理时,返回指定纹理,否则返回-1,表示不存在该纹理。

15.8.4 水流动线程类 WaterThread

下面介绍本游戏中水的流动线程类 WaterThread,具体代码如下。

代码位置:见随书源代码\第 15 章\3DSanGuoTaFang\app\src\main\java\com\TaFang\ Scene 目录下的 WaterThread.java。

```
1    package com.TaFang.Scene;                               //声明包名
2    ……//此处省略了导入类的代码,读者可自行查阅随书附带的源代码
3    public class WaterThread extends Thread{
4        public void run(){
5            while(true){
6                currStartAngle+=(float) (Math.PI/12);       //水面浮动角度
7                try { Thread.sleep(50);}                    //线程休息
8                catch (InterruptedException e) { e.printStackTrace();}//捕获异常
9    }}}
```

- 第 4~12 行为线程的 run 方法。首先将正弦波切分成十二部分,该线程通过不断地更新

水面浮动的角度，使水面产生浮动的效果。

15.8.5 怪物炮弹控制线程类 MonPaoThread

接下来介绍的是本游戏中的怪物与炮弹的控制线程类 MonPaoThread，主要功能是控制怪物与炮弹的移动等。其具体代码如下。

代码位置：见随书源代码\第 15 章\3DSanGuoTaFang\app\src\main\java\com\bn\TaFang 目录下的 MonPaoThread.java。

```
1    package com.bn.TaFang;                                        //声明包名
2    ……//此处省略了导入类的代码，读者可自行查阅随书附带的源代码
3    public class MonPaoThread extends Thread{
4        ……//此处省略了声明成员变量的代码，读者可自行查阅随书附带的源代码
5        ……//此处省略了构造器方法的代码，读者可自行查阅随书附带的源代码
6        public void run(){
7            while(redo==false){
8                ……//此处省略了刷帧计时器复位的代码，读者可自行查阅随书附带的源代码
9                ……//此处省略了添加怪物与炮弹的代码，读者可自行查阅随书附带的源代码
10               if(mmongo&&monstergoframe>=monstergoonce){
11                   try{for(SingleMonster sm:arrmon){             //遍历怪物列表
12                       if(sm.currentblood>2&&sm.currentblood<sm.hp){
13                           sm.isattack=true;                     //怪物遭受攻击
14                       }
15                       sm.go();                                  //怪物行走方法
16                   }
17                   gh.rotate();                                  //光圈转动
18               }
19               catch(Exception e){e.printStackTrace();}          //捕获异常
20               if(arrmon.size()==Monster1Num+Monster2Num+Monster3Num&&
21                   arrmon.get(arrmon.size()-1).islive==false){
22                   mmongo=false;                                 //怪物行走标志位
23               }}
24               if(bulletmove){                                   //炮弹移动
25                   try{if(!bulletAl.isEmpty()){
26                       for(SingleBullet sb:bulletAl){            //遍历炮弹列表
27                           sb.go();                              //炮弹行走方法
28                   }}}
29                   catch(Exception e){e.printStackTrace();}      //捕获异常
30                   if(bulletAl.size()==Monster1Num+Monster2Num&&arrmon.get(arrmon.size()-1).
                     islive==false)
31                   {
32                       bulletmove=false;                         //炮弹移动标志位
33               }}}
34               try{Thread.sleep(10);}                            //线程休息
35               catch(Exception e){e.printStackTrace();           //捕获异常
36    }}}}
```

- 第 12～19 行为控制怪物行走的代码。首先遍历怪物列表，如果当前怪物血量不为 0 处于存活状态，则怪物将受到攻击，并且调用怪物的行走方法。
- 第 20～29 行为控制怪物是否行走、炮弹飞行的代码。若当前的剩余的怪物数为 0 且怪物全部死亡，则怪物线程将不再对怪物行走进行监听。若当前炮弹列表存在炮弹，则炮弹将飞行。
- 第 30～36 行为对本线程的控制代码。若当前怪物都已经死亡，且炮弹列表中不存在炮弹，则将炮弹移动的标志位置反，然后线程休息。

15.9 粒子系统与着色器的开发

很多游戏场景中都会采用火焰或烟花等作为点缀，而且场景画面色彩绚丽，以增强游戏的真实性来吸引玩家。这主要采用的是粒子系统技术与着色器语言。本游戏中游戏界面里就利用粒子系统开发的粒子特效与着色器语言开发的渲染效果，本节将向读者介绍如何开发粒子系

统与着色器。

15.9.1 粒子系统的开发

本小节将对粒子系统的基本开发步骤进行简要的介绍。游戏中气泡特效的实现类主要包括总控制类 ParticleSystem、单个粒子的 ParticleSingle 类、常量类 ParticleDataConstant 和绘制类 ParticleForDraw。本小节选择两个具有代表性的类进行介绍，即 ParticleSystem 类和 ParticleSingle 类，具体内容如下。

（1）首先介绍的是粒子系统的总控制类 ParticleSystem。由于每个 ParticleSystem 类的对象代表一个粒子系统，所以本类中用一系列的成员变量来存储对应粒子系统的各项信息。这里只对 drawSelf 方法和 update 方法进行介绍，具体代码实现如下。

代码位置：见随书源代码\第 15 章\3DSanGuoTaFang\app\src\main\java\com\TaFang\Scene 目录下的 ParticleSystem.java。

```
1    public void drawSelf(){
2        GLES30.glDisable(GLES30.GL_DEPTH_TEST);            //关闭深度检测
3        GLES30.glEnable(GLES30.GL_BLEND);                  //开启混合
4        GLES30.glBlendEquation(blendFunc);                 //设置混合方式
5        GLES30.glBlendFunc(srcBlend,dstBlend);             //设置混合因子
6        alFspForDrawTemp.clear();                          //清空列表
7        synchronized(lock){                                //加锁
8            for(int i=0;i<alFspForDraw.size();i++){        //遍历列表
9                alFspForDrawTemp.add(alFspForDraw.get(i));
10       }}
11       MatrixState3D.translate(positionX, positionY, positionZ); //平移
12       calculateBillboardDirection();
13       MatrixState3D.rotate(yAngle, 0, 1, 0);             //旋转
14       for(ParticleSingle fsp:alFspForDrawTemp){          //遍历列表
15           fsp.drawSelf(startColor,endColor,maxLifeSpan); //绘制
16       }
17       GLES30.glEnable(GLES30.GL_DEPTH_TEST);             //开启深度检测
18       GLES30.glDisable(GLES30.GL_BLEND);                 //关闭混合
19   }
```

> **说明** 上面主要介绍了粒子系统的总控制类 ParticleSystem 的绘制方法。首先开启混合，然后根据初始化得到的混合方式与混合因子进行混合相关参数的设置。将转存粒子列表中的粒子复制进直接服务于绘制工作的粒子列表。特别注意的是，加锁的目的是为了保证了每次 add 都会有对象。最后遍历整个直接服务于绘制工作的粒子列表，绘制其中的每个粒子。

（2）接下来将对更新整个粒子系统的所有信息的 update 方法进行介绍。本方法的主要功能是更新粒子信息、删除超出生命周期的粒子，具体代码的实现如下。

代码位置：见随书源代码\第 15 章\3DSanGuoTaFang\app\src\main\java\com\TaFang\Scene 目录下的 ParticleSystem.java。

```
1    public void update(){
2        for(int i=0;i<groupCount;i++){                                  //喷发新粒子
3            float px=(float) (sx+xRange*(Math.random()*2-1.0f));//在中心附近产生产生粒子的位置
4            float py=(float) (sy+yRange*(Math.random()*2-1.0f));
5            double elevation=Math.random()*Math.PI/12+Math.PI*2/12;//仰角
6            double direction=Math.random()*Math.PI*2;              //方位角
7            float vy=(float)(2f*Math.sin(elevation));//计算出粒子在 x、y、z 轴方向的速度分量
8            float vx=(float)(2f*Math.cos(elevation)*Math.cos(direction));
             //计算 x 方向速度
9            float vz=(float)(2f*Math.cos(elevation)*Math.sin(direction));
             //计算 z 方向速度
10           //x 方向的速度很小，所以就产生了拉长的火焰粒子
```

```
11              ParticleSingle fsp=new ParticleSingle(px,py,vx,vy,vz,fpfd); //创建粒子
12              alFsp.add(fsp);                     //向列表中添加
13              alFspForDel.clear();                //清空缓冲的粒子列表,此列表主要存储需要删除的粒子
14              for(ParticleSingle fsp:alFsp){
15                  fsp.go(lifeSpanStep);   //对每个粒子执行运动操作
16                  if(fsp.lifeSpan>this.maxLifeSpan){
17                      alFspForDel.add(fsp);       //清除粒子
18              }}
19              for(ParticleSingle fsp:alFspForDel){    //删除过期粒子
20                  alFsp.remove(fsp);
21              }
22              synchronized(lock){                 //更新绘制列表
23                  alFspForDraw.clear();           //清除粒子
24                  for(int i=0;i<alFsp.size();i++){
25                      alFspForDraw.add(alFsp.get(i));
26        }}}
```

> **说明** 上面介绍的是更新粒子信息的方法,粒子的初始位置在指定的中心点附近随机产生,根据粒子初始位置确定粒子 x、y、z 方向的速度。然后删除超过生命期上限的粒子,最后将更新后的粒子列表中的粒子复制进转存粒子列表。

(3)接下来介绍的是代表单个粒子的 ParticleSingle 类,负责存储单个特定粒子的信息。这里只对 go 方法和 drawSelf 方法进行介绍。具体代码开发如下。

代码位置:见随书源代码\第 15 章\3DSanGuoTaFang\app\src\main\java\com\TaFang\Scene 目录下的 ParticleSingle.java。

```
1   public void go(float lifeSpanStep){             //粒子移动的 go 方法
2       if(isParticle==0){                          //粒子进行移动的方法,同时岁数增大的方法
3           x1=x1+vx1*lifeSpan;                     //计算下一个 x 坐标
4           y1=y1+vy1*lifeSpan*0.6f;                //计算下一个 y 坐标
5           z1=z1+vz1*lifeSpan;                     //计算下一个 z 坐标
6       }
7       if(isParticle==3||isParticle==2||isParticle==1){
        //粒子进行移动的方法,同时岁数增大的方法
8           x1=x1+vx1*lifeSpan*0.5f;                //计算下一个 x 坐标
9           y1=y1+vy1*lifeSpan*0.5f;                //计算下一个 y 坐标
10          z1=z1+vz1*lifeSpan;                     //计算下一个 z 坐标
11      }
12      lifeSpan+=lifeSpanStep;                     //增加时间
13  }
14  public void drawSelf(float[] startColor,float[] endColor,float maxLifeSpan){
15      MatrixState3D.pushMatrix();                 //保护现场
16      if(isParticle==0){                          //开枪的粒子系统
17          MatrixState3D.translate(x1,y1,z1);  //设置粒子系统的位置
18      }
19      if(isParticle==3||isParticle==2||isParticle==1){  //子弹击中山体树木的粒子系统
20          MatrixState3D.translate(x1,y1,z1);  //设置粒子系统
21      }
22      float sj=(maxLifeSpan-lifeSpan)/maxLifeSpan; //衰减因子在逐渐的变小,最后变为 0
23      fpfd.drawSelf(sj,startColor,endColor);      //绘制单个粒子
24      MatrixState3D.popMatrix();                  //恢复现场
25  }
```

> **说明** 上面介绍的是单个粒子的 ParticleSingle 类,负责存储单个特定粒子的信息。其中 go 方法是粒子的移动方法,主要功能是实现单个粒子的移动,控制粒子的移动方向速度等。其中 drawSelf 方法实粒子的绘制方法,主要功能是实现粒子的绘制。

15.9.2 着色器的开发

在本部分之前,本游戏的基本功能和所有技术都已经介绍完毕,本小节将对游戏中用到的相

关着色器进行介绍。本游戏共使用了6套着色器,主要包括绘制等。下面将选择其中的一部分进行介绍。

(1) 着色器分为顶点着色器和片元着色器。顶点着色器是一个可编程的处理单元,功能为执行顶点的变换、光照、材质的应用与计算等顶点的相关操作,其每个顶点执行一次。接下来首先介绍的是模型绘制的顶点着色器,详细代码如下。

代码位置:见随书源代码\第 15 章\3DSanGuoTaFang\app\src\main\assets\shader 目录下的 vertex_simple.sh。

```
1    #version 300 es
2    uniform mat4 uMVPMatrix;                              //总变换矩阵
3    in vec3 aPosition;                                    //顶点位置
4    in vec2 aTexCoor;                                     //顶点纹理坐标
5    out vec2 vTextureCoord;                               //用于传递给片元着色器的变量
6    void main(){
7        gl_Position = uMVPMatrix * vec4(aPosition,1);    //根据总变换矩阵计算此次绘制此顶点位置
8        vTextureCoord = aTexCoor;                         //将接收的纹理坐标传递给片元着色器
9    }
```

> **说明** 上面介绍的是模型绘制的顶点着色器,此顶点着色器的主要功能为根据顶点位置和总变换矩阵计算此次绘制此顶点位置 gl_Position,每顶点执行一次,并将接收的纹理坐标传递给片元着色器。

(2) 接下来介绍基本图形绘制的片元着色器的开发。片元着色器是用于处理片元值及其相关数据的可编程片元,其可以执行纹理的采样、颜色的汇总和计算雾的颜色等操作,每片元执行一次。具体代码实现如下。

代码位置:见随书源代码\第 15 章\3DSanGuoTaFang\app\src\main\assets\shader 目录下的 frag_simple.sh。

```
1    #version 300 es
2    precision mediump float;                                  //定义 float 精度
3    in vec2 vTextureCoord;                                    //接收从顶点着色器过来的参数
4    uniform sampler2D sTexture;                               //纹理内容数据
5    out vec4 fragColor;
6    void main(){
7        fragColor = texture(sTexture, vTextureCoord);         //给此片元从纹理中采样出颜色值
8    }
```

> **说明** 此片元着色器的作用主要为根据从顶点着色器传递过来的参数 vTextureCoord 和从 Java 代码部分传递过来的 sTexture 来计算片元的最终颜色值,每片元执行一次。由于该游戏中绘制场景模型的一对着色器等与步骤(1)、步骤(2)的一对着色器相似,在此就不再赘述,有兴趣的读者可查看随书的源代码。

(3) 下面将为读者介绍绘制水面的顶点着色器,由于其片元着色器与上面步骤(2)片元着色器类似,笔者将不再赘述。其具体代码如下。

代码位置:见随书源代码\第 15 章\3DSanGuoTaFang\app\src\main\assets\shader 目录下的 vertex_water.sh。

```
1    #version 300 es
2    uniform mat4 uMVPMatrix;              //总变换矩阵
3    uniform float uStartAngle;            //本帧起始角度
4    uniform float uWidthSpan;             //横向长度总跨度
5    in vec3 aPosition;                    //顶点位置
6    in vec2 aTexCoor;                     //顶点纹理坐标
7    out vec2 vTextureCoord;               //用于传递给片元着色器的变量
8    void main(){
```

```
9        float angleSpanH=4.0*3.14159265;                //横向角度总跨度
10       float startX=-uWidthSpan/2.0;                   //起始 x 坐标
11       float currAngleH=uStartAngle+((aPosition.x-startX)/uWidthSpan)*angleSpanH;
12       float tzH=sin(currAngleH)*0.1;    //折算出当前点 Y 坐标对应的角度
13       float angleSpanZ=4.0*3.14159265;                //纵向角度总跨度
14       float uHeightSpan=0.75*uWidthSpan;              //纵向长度总跨度
15       float startY=-uHeightSpan/2.0;                  //起始 y 坐标
16       float currAngleZ=uStartAngle+3.14159265/3.0+((aPosition.y-startY)/uHeightSpan)
         *angleSpanZ;
17       float tzZ=sin(currAngleZ)*0.1;                  //折算出当前点 y 坐标对应的角度
18       gl_Position = uMVPMatrix * vec4(aPosition.x,aPosition.y,tzH+tzZ,1);
         //计算此次绘制此顶点位置
19       vTextureCoord = aTexCoor;                       //将接收的纹理坐标传递给片元着色器
20    }
```

> **说明** 此顶点着色器是用来计算 x、y 双向波浪的顶点着色器，以 x 方向为例，首先计算当前处理顶点的 x 坐标与最左侧顶点 x 的坐标的差值，即为 X 距离。然后根据距离与角度的换算将 X 距离换算为当前顶点与最左侧顶点的角度差，然后将 tempAngle 加上最左侧顶点的对应角度即可得到当前顶点的对应角度，最后通过 currentAngle 的正弦值即可得到当前顶点变换后的坐标。

（4）下面将为读者介绍绘制炮台建设过程变灰的定点着色器，由于其顶点着色器与上面步骤（2）顶点着色器类似，笔者将不再赘述。其具体代码如下。

代码位置：见随书源代码\第 15 章\ 3DSanGuoTaFang\assets\shader 目录下的 frag_touch.sh。

```
1    #version 300 es
2    precision mediump float;
3    in vec2 vTextureCoord;                              //接收从顶点着色器过来的参数
4    uniform sampler2D sTexture;                         //纹理内容数据
5    out vec4 fragColor;
6    uniform float flag;                                 //纹理内容数据
7    void main() {
8        vec4 finalColor = texture(sTexture, vTextureCoord);//给此片元从纹理中采样出颜色值
9        float volor=(finalColor.x+finalColor.y+finalColor.z)/3.0;//将采样值灰度处理
10       if((flag-1.0<0.0001)&&(flag-1.0>-0.0001)){
11           fragColor = finalColor ;                    //显示正常色
12       }else{
13           fragColor = vec4( volor, volor, volor,1.0); //显示灰色
14   }}
```

> **说明** 此片元着色器是用来计算产生炮台建设过程中变灰的效果。首先从纹理中采样出纹理颜色值，然后将采样出的颜色值相加求平均值，作灰度处理，然后将从程序中传过来的 flag 与设定的阈值进行比较，以产生灰色或正常采样的颜色。

15.10 游戏的优化及改进

到此为止，本游戏——《三国塔防》，已经基本开发完成，也实现了最初设计的使用 OpenGL ES 3.0 渲染、粒子系统等特效、声音特效、自定义骨骼动画和 Q 版的地图等。但是通过多次测试发现，游戏中仍然存在一些需要优化和改进的地方，下面列举了笔者想到需要改善的一些方面。

1. 优化游戏界面

任何一款游戏都拥有使界面更加丰富和绚丽的进步空间，所以对于本游戏的界面，读者可以不断扩充想法自行改进，例如读者可以美化游戏的场景，使玩家有更好的游戏体验。

2. 修复游戏 bug

现在众多的手机游戏在公测之后也有很多的 bug，需要玩家不断地发现以此来改进游戏。笔者已经将目前发现的所有 bug 修复完全，但是还有很多 bug 是需要玩家发现和改进的，只有不断地进步，才可以大大提高游戏的可玩性。

3. 完善游戏玩法

此游戏的玩法还是比较单一，仅停留在阻拦怪物，杀光怪物通关的层面上。读者也可以增加一些其他的玩法，例如设置一些英雄，可以攻击怪物，增加更多的玩法使其更具有吸引力。在此基础上也可以进行创新来给玩家焕然一新的感觉，充分挖掘这款游戏的潜力。

4. 增强游戏体验

为了使用户有更好的用户体验，游戏中炮弹的攻击速度，以及击中怪物的爆炸效果、子骨骼动画的播放的速度参数读者可以自行调整。合适的参数会极大地增加游戏的可玩性。读者也可以增加多个关卡，使玩家对本游戏印象更加深刻，是游戏更具可玩性。

15.11 本章小结

本章借开发《三国塔防》游戏为主题，向读者介绍了使用 OpenGL ES 3.0 渲染技术开发塔防类 3D 游戏的全过程。学习完本章并结合本章对应的游戏项目之后，读者应该对该类游戏的开发有了比较深刻的了解，为以后的开发工作打下坚实的基础。

第 16 章 策略游戏——《大富翁》

策略游戏允许玩家自由控制、管理和使用游戏中的人物、资源，并通过较为自由的手段对抗敌人以达到游戏所要求的目标，取得游戏的胜利。《大富翁》便是一个典型的策略游戏，游戏中玩家通过掷骰子控制人物的行走，借助卡片、神明等工具，达到建筑房子收取利息的目的。

本章将向读者介绍 Android 平台上的策略游戏《大富翁》，希望读者能对 Android 平台下游戏的开发步骤有深入的了解，同时也掌握大型开发 RPG 游戏常使用的设计模式与实现思路。

16.1 游戏的背景和功能概述

在开发《大富翁》游戏之前，首先需要了解该游戏的背景以及功能。本节主要围绕该游戏的背景和功能进行简单的介绍，通过对《大富翁》的简单介绍，使读者对该游戏有一个整体的了解，进而为后续的游戏开发工作做好准备。

16.1.1 背景概述

之前的策略游戏玩法比较单一，游戏结果一般是统一国家或开拓殖民地，后来逐步发展成游戏方法比较固定的模拟类游戏。模拟类游戏通过模拟现实生活的世界或过去的世界，在游戏中充分利用自己的智慧来建立住宅用地和商业用地等。

本章所介绍的就是一款使用 Java 编写的 Android 端游戏大富翁。在本游戏中，玩家可以通过购买土地、使用各种卡片、借助神明、买卖股票、买彩票和银行贷款等方式扩展自己的资产，并通过陷害、拍卖和强制占有他人土地等方式迫使敌人破产成为最后的赢家。

16.1.2 功能简介

《大富翁》游戏主要包括加载界面、菜单界面、声音设置界面、帮助界面和游戏界面等，其所有界面都在 Surface 中实现。在 Surface 的绘制方法中，根据不同界面的编号进行不同界面的绘制，触控及返回键的监听同样根据界面编号进行响应。

（1）在手机上点击该游戏的图标，运行游戏，首先进入的是游戏的欢迎界面，本界面让玩家选择是否开启音效，效果如图 16-1 所示。

（2）进入欢迎界面后，点击"否"或"是"按钮，进入加载界面，效果如图 16-2 所示。在该界面中可以看到加载框在不断地旋转，旋转一段时间后进入其他界面。

（3）待加载界面加载完毕后进入主菜单界面，在本界面设有"来玩吧"、游戏设定、游戏说明、关于游戏、退出游戏和背景音乐设置等按钮，效果如图 16-3 所示。点击"设置"按钮进入游戏设定界面，本界面可进行背景音乐的选定，声音设置的效果如图 16-4 所示。

（4）点击主菜单界面的"来玩吧"按钮，进入游戏菜单界面。该界面包括开新游戏、继续游戏和读取进度等按钮，效果如图 16-5 所示。点击"开新游戏"按钮进入人物设定界面，如图 16-6 所示。

第 16 章　策略游戏——《大富翁》

▲图 16-1　欢迎界面

▲图 16-2　加载界面

▲图 16-3　主菜单界面

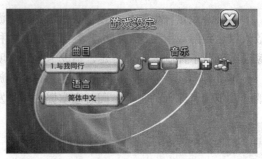

▲图 16-4　声音设置界面

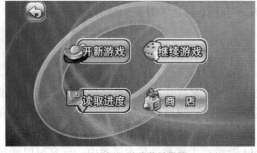

▲图 16-5　游戏菜单界面

▲图 16-6　人物设定界面

（5）当选定人物后点击界面右上角按钮进入游戏主界面。在本界面中，玩家需要通过右下角骰子对操作人物进行操控。在游戏界面的左上角是当期日期显示，初始为 2014/01/01，效果如图 16-7 所示。

（6）点击游戏主界面最右侧的第一个按钮进入使用卡片界面，通过选中指定卡片对自己或敌人实施，达到想要实现的目的，如图 16-8 所示。

▲图 16-7　游戏界面

▲图 16-8　卡片界面

（7）点击游戏主界面最右侧的第二个按钮进入股票界面后，在本界面玩家可以查看股票的买进与卖出以及持有股票数信息等，效果如图 16-9 和图 16-10 所示。

16.1 游戏的背景和功能概述

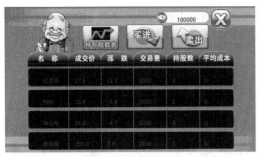

▲图 16-9　股票界面

▲图 16-10　人物股票查看界面

（8）点击游戏主界面最右侧的第三个按钮进入人物信息查看界面，在该界面可以对本游戏中所有人物信息进行查看，包括总资产、土地状况和股票持股等，效果如图 16-11 和图 16-12 所示。

▲图 16-11　人物资产查看界面

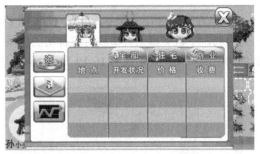

▲图 16-12　人物土地查看界面

（9）游戏主界面最右侧的第四个按钮为设置选单、存储和读取，主要功能为游戏的存档、读取和选单，如图 16-13 和图 16-14 所示。

▲图 16-13　游戏进度存取按钮

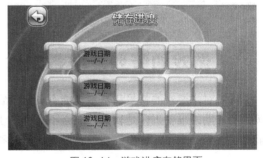

▲图 16-14　游戏进度存储界面

（10）在游戏进行过程中，人物会进行土地购买和获得点数等操作，购地时或获得点数时会出现相应的对话框显示在手机屏幕上，供玩家了解资产变换情况，效果如图 16-15 和图 16-16 所示。

▲图 16-15　获得点数对话框

▲图 16-16　购地提示框

（11）在游戏进行过程中，当人物行走在新闻或机遇等路块上时，手机屏幕上会显示新闻和对应机遇的提示框，效果如图16-17和图16-18所示。

▲图16-17 新闻提示框

▲图16-18 机遇提示框

（12）在游戏进行过程中，当人物行走在路块上时，则可能会遇到神明或者恶狗等，如果遇到可遇人物，手机屏幕上会播放对应神明的动画。如果遇到神明，相应的游戏人物头顶便会有碰撞到的神明的头像，效果如图16-19和图16-20所示。

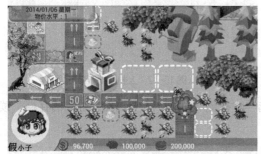
▲图16-19 被恶狗咬到动画

▲图16-20 碰到小穷神的游戏人物

16.2 游戏的策划及准备工作

读者对本游戏的背景和基本功能有一定了解以后，本节将着重讲解游戏开发的前期准备工作。策划和前期的准备工作是软件开发必不可少的步骤，它们指明了研发的方向，只有明确的方向才能产生优秀的产品，这里主要包含游戏的策划和游戏中资源的准备。

16.2.1 游戏的策划

游戏策划是指对游戏中主要功能的实现方案进行确定的过程，大型游戏需要缜密的策划才可以开发，例如对呈现方式、目标平台、操作方式和音效设计等内容的设计。

（1）地图设计器

本游戏的地图界面采用图元技术，由于本游戏中的地图元素不仅只有通过与否那么简单，因此开发该游戏时必须使用地图设计器，否则在设计地图及地图元素时将很难进行。地图设计器可以使用第三方产品，也可以自己开发，本游戏的地图设计器便是自己开发的。

（2）运行的目标平台

游戏目标平台为Android 2.2及以上平台。

（3）操作方式

本游戏属于策略类游戏，相关的操作都为触屏操作，在游戏中单击Go图标掷骰子，人物会根据骰子点数移动相应的步数。游戏菜单及各种控制面板的弹出也是通过单击屏幕上的按钮来实现的。

（4）背景音乐设计

为了增加游戏的吸引力及玩家的游戏体验，本款游戏中根据界面的效果添加了适当的背景音乐。一个好的音乐设置更容易使玩家产生对游戏的代入感，增加游戏性，增加吸引力。

（5）呈现技术

本游戏采用的游戏视角为正90度2.5D俯视视角，同时由于地图的尺寸超过了手机屏幕的尺寸，还需要在游戏中实现滚屏功能。

16.2.2 安卓平台下游戏开发的准备工作

本小节将讲解一些开发前做的准备工作，包括搜集和制作图片和声音等。对于相似的、同类型的文件资源应该进行分类，储存在同一文件子目录中，以便对大量繁杂的文件资源进行查找以及使用等。其详细开发步骤如下。

（1）首先为读者介绍的是设计地图时用到的图片资源，系统将所有图片资源都放在项目文件下的assets目录下的pic文件夹下。如表16-1所示，此表展示的是有关于设计地图中所有物体的图片，图片清单仅用于说明，不必深究。

表 16-1　　　　　　　　图片清单

图片名	大小（KB）	像素（w×h）	用途
bank.png	5.15	64×48	银行图片
card.png	5.72	64×48	卡片
croad.png	6.77	64×48	地图道路1
croad1.png	7.01	64×48	地图道路2
ct.png	120	356×249	地图周边环境1图片
ct1.png	87.3	480×197	地图周边环境2图片
dian3.png	3.73	60×48	地图上获得30点图片
dian5.png	3.24	60×48	地图上获得50点图片
dian8.png	3.56	60×48	地图上获得80点图片
grass.png	2.78	64×48	地图上草坪1
grass1.png	14.7	146×83	地图上草坪2
grass2.png	48.8	213×133	地图上草坪3
hua.png	70.4	180×220	地图周边环境花1图片
hua1.png	7.14	57×77	地图周边环境花2图片
hua2.png	7.54	65×54	地图周边环境花3图片
jianyu.png	127	341×464	监狱图片
mof.png	9.29	64×48	地图上魔法屋图片
park.png	84.3	240×269	地图上公园图片
news.png	5.41	64×48	地图上新闻图片
road1~4.png	6.93	64×48	道路图片
room.png	16.0	124×85	地图周边建筑
room1~3.png	8.16	64×74	地图周边建筑

续表

图片名	大小（KB）	像素（w×h）	用途
rroad.png	7.00	64×48	道路
rroad1.png	6.81	64×48	道路
tou.png	14.5	141×203	地图周边环境图片
yy.png	5.76	64×48	地图上的道路图片
yj.png	5.12	64×48	地图上买彩票图片
tree.png	4.71	64×48	地图上森林图片
tree1～tree2.png	21.0	107×214	地图上森林图片
yiyuan.png	58.7	246×202	医院
kp.png	31.5	128×145	商店
shop.png	5.89	64×48	地图上商店图片
xw.png	6.26	64×48	地图上卡片商店前的图片
wh.png	5.07	64×48	地图上出现意外图片
save.png	5.74	64×48	地图上获得卡片图片
qfrb.png	6.54	128×96	建大房子土地图片

（2）接下来介绍的是建房子用到的图片资源，系统将所有图片资源都放在项目文件下的 assets 目录下的 pic 文件夹下。如表 16-2 所示，此表展示的是有关于建房子需用到的所有物体的图片，图片清单仅用于说明，不必深究。

表 16-2　　　　　　　　　　　　　图片清单

图片名	大小（KB）	像素（w×h）	用途
atb0.png	5.58	64×49	小土地 1 图片
atbb.png	6.04	128×96	大土地 1 图片
atb1～5.png	9.71	64×74	房子 1 图片
dpark.png	20.7	128×102	建公园图片
droom.png	186	680×340	大房子上可建的建筑
droom0.png	23.8	125×120	选择建公园
droom1.png	24.0	128×120	选择建加油站
droom2.png	22.5	127×120	选择建实验室
droom3.png	25.8	130×120	选择建购物中心
droom4.png	26.7	134×120	选择建旅馆
dshop1～5.png	20.5	128×89	购物中心
hotel1～5.png	17.2	128×88	旅馆
jf.png	3.42	128×96	清除地图上的建筑 1
jf1.png	3.02	68×48	清除地图上的建筑 2
lou1～4.png	165	500×341	建房子
lt1～5.png	655	860×484	地图上的不可建房的土地
jy.png	5.05	64×48	操作人物购买卡片
xzk.png	3.01	64×48	选中小房子

续表

图片名	大小（KB）	像素（w×h）	用途
xzk1.png	3.66	128×96	选中大房子
yesorno.png	23.5	200×74	是否选择图标
yjy1～5.png	31.4	128×140	实验室
jiayouzhan.png	22.4	128×90	加油站
qfr0～5.png	5.90	64×50	小房子2图片
sxm0～5.png	5.50	64×50	小房子3图片
stop1.png	9.21	64×65	障碍物

（3）接下来介绍的是一些显示对话框图片资源，系统将所有图片资源都放在项目文件下的 assets 目录下的 pic 文件夹下。如表 16-3 所示，此图片清单仅用于说明，不必深究。

表 16-3　　　　　　　　　　图片清单

图片名	大小（KB）	像素（w×h）	用途
aliencome.png	151	500×409	新闻1
bank1～4.png	53.2	500×164	银行对话框
benefit_bank.png	167	500×400	新闻2
change_sitting.png	168	500×409	新闻3
cpn.png	20.3	350×116	彩票对话框
dialog_back.png	44.7	500×164	一般对话框1
dialog_back1.png	45.1	400×128	获得卡片对话框
dialog_back2.png	47.4	400×128	使用卡片对话框
stop_loans.png	161	500×405	新闻9
land_away.png	155	500×406	新闻6
landlord.png	162	500×413	新闻7
free_house.png	155	500×408	新闻5
pay_tax.png	147	500×401	新闻8
traffic_jam.png	168	500×406	新闻11
typhoond_house.png	168	500×409	新闻12
tornado_destory.png	168	500×399	新闻10
fortune01～13.png	110	300×291	意外获得
fired_house.png	169	500×401	新闻4
shares.png	170	500×404	新闻13

（4）接下来介绍的是一些播放动画段的图片资源，系统将所有图片资源都放在项目文件下的 assets 目录下的 pic 文件夹下。具体内容如表 16-4 所示。

表 16-4　　　　　　　　　　图片清单

图片名	大小（KB）	像素（w×h）	用途
ambulance.png	27.2	256×128	救护车图片
bada1～4.png	29.9	157×157	大穷神

续表

图片名	大小（KB）	像素（w×h）	用途
badb0~5.png	29.0	150×150	小衰神
badc1~4.png	20.3	125×158	大衰神
badd1~3.png	14.6	128×128	小穷神
bade3~5.png	19.9	128×128	恶魔
dice.png	150	498×600	骰子转动图片
dog1~4.png	15.2	100×100	狗咬动画
emcard.png	108	1894×160	恶魔摧毁房子动画图片
fire0~6.png	7.64	75×57	火燃烧动画图片
cp1~3.png	39.9	178×108	彩票摇号动画
loading0.png	5.65	166×165	加载动画1图片
loading1.png	6.01	165×166	加载动画2图片
luckya1~4.png	15.3	130×59	土地公
luckyb1~4.png	37.7	120×166	大财神
luckyc0~4.png	30.2	155×155	大福神
luckyd1~5.png	21.6	120×159	小财神
luckye1~10.png	26.5	122×168	小天使
luckyf1~6.png	46.2	125×231	小福神
policecar.png	29.9	256×128	警车
wind1.png	103	460×249	龙卷风侵袭动画段
ww.png	47.6	480×71	机器娃娃行走动画段
rw.png	23.3	384×384	人物走动动画段
rw1~2.png	21.2	384×384	人物走动动画段
ship.png	302	1080×760	飞船动画

（5）接下来将介绍的是各种按钮和背景图片资源，系统将所有图片资源都放在项目文件下的 assets 目录下的 pic 文件夹下。如表 16-5 所示，此图片清单仅用于说明，不必深究。

表 16-5　图片清单

图片名	大小（KB）	像素（w×h）	用途
island.png	16.8	82×85	存取进度界面显示地图图片
jix.png	31.3	232×91	继续游戏按钮
kapianzero.png	8.52	85×85	跳转到使用卡片界面按钮
kuangjia.png	7.49	720×74	股票选中框
load.png	655	860×484	存取进度界面背景图片
loading.png	36.4	860×484	加载界面背景图片
lx0~2.png	322	854×480	银行存款最多胜利界面
magic01~13.png	275	450×426	魔法屋
menu.png	708	860×484	主菜单界面背景图
music.png	18.2	101×81	播放音乐图标

续表

图片名	大小（KB）	像素（w×h）	用途
other.png	297	700×730	游戏帮助信息
other0.png	39.2	787×52	帮助界面按钮
cardback.png	5.06	45×35	向前选择卡片
cardgo.png	5.20	44×35	向后选择卡片
cardshop.png	285	675×450	卡片商店
cardshopbuy.png	283	675×450	从卡片商店买卡片
cardshopsale.png	288	675×450	从卡片商店卖卡片
about.png	104	593×299	关于图片
alliance.png	25.5	200×93	同盟标志
anniu.png	3.38	56×53	进度滑动图片
back.png	11.7	75×73	返回按钮
bmenu.png	19.0	80×303	游戏界面菜单
buyin.png	126	863×485	买进股票
buyout.png	136	863×485	卖出股票
caipiao1.png	273	720×382	买彩票
caipiao2.png	3.27	40×42	选中股票号
caipiao3.png	0.912	50×50	选中彩票灰色框
card00.png	14.5	80×95	选中卡片
cq.png	3.38	493×243	彩票号
daikuan.png	144	550×415	银行贷款图片1
daikuan2.png	200	550×414	银行贷款图片2
date.png	16.5	300×57	显示日期背景图
dilly.png	263	700×818	帮助界面神明人物功能说明
dilly0.png	38.9	783×51	帮助界面按钮
gamedate.png	17.3	117×84	存取进度界面显示日期图片
go.png	37.2	160×162	掷骰子 go 图片
go1.png	41.9	160×162	使用乌龟卡后掷骰子 go 图片
help.png	239	860×485	帮助界面背景图片
usehongka01～02.png	90.4	860×484	对股票使用卡片
welcome.png	654	860×480	欢迎界面图片
win.png	669	860×478	游戏最终胜利界面
read.png	31.1	232×90	读取进度图标
save1.png	610	860×484	存储进度界面背景图片
sheduletip.png	78.1	600×298	进度是否覆盖图标
shezhi.png	41.6	420×120	切换到存取界面的图标
shop1.png	24.6	229×91	卡片商店
show_sharescontents.png	8.14	700×62	显示股票信息框

续表

图片名	大小（KB）	像素（w×h）	用途
slider.png	4.65	60×37	调节音乐大小按钮
sound.png	92.4	860×484	是否开启声音界面背景图片
start.png	34.3	241×93	开始游戏按钮
prize.png	169	510×418	彩票开奖
system.png	249	700×528	游戏帮助信息
system0.png	39.2	786×52	帮助界面按钮
tikuanji.png	169	550×415	提款界面图片
usecard.png	199	525×273	卡片类型
usecard00～usecard01.png	15.1	85×104	使用卡片
check.png	138	700×480	查看土地信息

（6）在一款真正的游戏中最不可或缺的是人物对象，接下来将介绍一些不同人物的图片资源，系统将所有图片资源都放在项目文件下的 assets 目录下的 pic 文件夹下。具体内容如表 16-6 所示。

表 16-6　　　　　　　　　　　　　图片清单

图片名	大小（KB）	像素（w×h）	用途
tou0～2.png	17.8	100×107	人物头像
tou0_1～tou2_1.png	12.5	100×100	人物头像
tou01～tou21.png	5.08	30×32	人物头像
people0～2.png	50.3	155×212	人物图片
people0_1～people2_1.png	9.58	80×80	人物头像
person1.png	9.67	158×39	人物头像
figure0～2.png	13.9	82×88	人物头像
cx.png	39.9	50×740	特殊人物
sun1～3.png	42.6	860×171	人物下面头像
smgod.png	49.2	57×734	特殊人物头像
choose.png	350	860×484	选中人物
lookinfo01～lookinfo06.png	203	850×478	查看所有人物信息
lookshares.png	43.9	860×483	查看人物持股信息背景图
zhadan0.png	7.66	64×63	炸弹

（7）接下来介绍游戏中用到的声音资源，主要是一些背景音乐，背景音乐的加入是为了增强游戏的可玩性。由于本案例中没有使用音效，有兴趣的读者可自行添加音效。系统将声音资源放在项目目录中的 assets/sound 文件夹下，详细情况如表 16-7 所示。

表 16-7　　　　　　　　　　　　　声音清单

声音文件名	大小（KB）	格式	用途
midi01	8.11	mid	游戏背景音乐
midi07	11.1	mid	游戏背景音乐
rich08	56.6	mid	游戏背景音乐
rich16	63.9	mid	游戏背景音乐
rich20	81.6	mid	游戏背景音乐

> 说明　本项目中同样需要将所有的图片资源都存储在项目的 assets 文件夹下,并且对于不同的文件资源应该进行分类,储存在不同的文件目录中,这是程序员需要养成的一个良好习惯。

16.3　游戏的架构

本节将对本游戏的架构进行简单介绍,因为本游戏设计的类较多,且这些类有些具有相同特征或实现相同的功能,而有些则通过协作服务于同一个模块。构架是整个程序的灵魂,设计好游戏的架构可以使开发的过程更加规范,提高游戏的运行速度,从而少走弯路等。

16.3.1　程序结构的简要介绍

为了便于读者对本游戏的学习和理解,在介绍本游戏案例之前,需要介绍本游戏的框架结构,因此本小节将对游戏功能模块的结构做一个简单的介绍。本游戏包括四个模块:前台表示模块、游戏石头模块、数据存取模块和工具类模块,具体框架结构如图 16-21 所示。

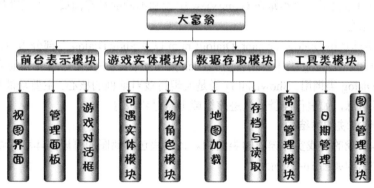

▲图 16-21　《大富翁》的基本框架

(1) 前台表示模块主要用于游戏画面的渲染,其中包括视图界面、管理面板和游戏对话框 3 个模块。视图界面主要在游戏过程中出现,诸如加载界面、菜单界面和人物设定等视图;管理面板包括选用卡片、买卖股票、查看资产等界面,目的在于方便玩家查看游戏数据;游戏对话框负责在游戏进行中向玩家显示购地和收缴过路费等信息。

(2) 游戏实体模块主要用于后台游戏逻辑,包括人物角色模块和可遇实体模块。人物角色模块主要负责控制人物的移动以及检测是否与地图中可遇实体发生碰撞;可遇实体模块是地图上那些可以被人物遇到并激发一系列动作的实体,如遇到银行存取款、遇到卡片屋买卖卡片等。

(3) 数据存取模块包括地图加载模块和游戏的存档与读取模块。地图加载主要是将从地图设计器获得的地图信息文件加载到游戏中并生成地图矩阵的过程;游戏存档与读取模块用于将游戏的状态保存到文件并在需要的时候读取到游戏中。

(4) 工具类模块将自身的静态成员或者方法提供给游戏中的其他类使用。本游戏中的工具类包括对常量进行统一管理的 ConstantUtil 类、用于统一管理图片资源的 PicManager 类、用于设置日期的 DateUtil 类和本游戏中在地图上买卖房子和加盖摧毁房子的 Room 类等。

16.3.2　游戏各个类的简要介绍

本小节将对实现这些功能模块的具体类进行简单的说明,包括前台表示模块类结构、游戏实体模块类结构和游戏存储模块类结构。具体内容如下。

1. 前台表示模块的类结构

首先为读者介绍前台表示模块的类结构，了解了前台表示模块各个类之间的关系，便于读者更好的熟悉和掌握各个类的功能，其结构如图 16-22 所示。

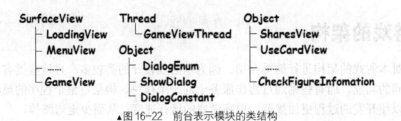

▲图 16-22　前台表示模块的类结构

（1）LoadingView、MenuView 和 GameView 等一系列继承自 SurfaceView 的视图是组成游戏视图界面模块的主要部分，这些视图分别用来显示不同的内容，如游戏加载、菜单和设置音乐等。继承 Thread 的 GameViewThread 类负责修改视图的后台数据。

（2）游戏的管理面板模块中包括的类有 SharesView、SheduleChooseView 和 UseCardView 等继承自 Object 的自定义类。该类是在 GameView 中绘制不同的管理面板，主要功能是为玩家提供股票和卡片等的信息。

（3）游戏对话框是由 DialogConstant、DialogEnum 以及 ShowDialog 三部分组成，DialogConstant 类主要用于声明 ShowDialog 类中常用变量。DialogEnum 为枚举类型，主要功能为声明枚举类型的标识供 ShowDialog 类调用。ShowDialog 类是实现游戏对话框的核心，主要功能是为 GameView 显示游戏的提示信息，如银行停贷、住进旅馆或上缴过路费等。

2. 游戏实体模块的类结构

下面介绍本游戏的游戏实体模块的类结构。该模块包括地图的可遇实体和人物角色模块，这两个子模块的类结构如图 16-23 所示。

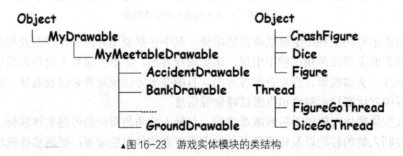

▲图 16-23　游戏实体模块的类结构

（1）本游戏地图中要绘制的图元用 MyDrawable 对象表示，MyDrawable 对象分为两种。第一种很简单，功能仅仅是进行图元绘制。第二种不但具有绘制图元的功能，还可以与特殊人物对象相遇，在相遇之后可以触发特定的操作。这种可遇的实体对象均继承自 MyMeetableDrawable 类。该类为继承自 MyDrawable 的抽象类。游戏将会在地图中所有的可遇实体创建一个相应的 MyMeetableDrawable 对象，例如人物在地图上遇到银行时，BankDrawable 对象会调用相关的方法来与玩家进行交互。

（2）游戏中重要的实体对象分别是 Figure 对象、Dice 对象和 CrashFigure 对象。Figure 对象中封装了人物的属性，如人物拥有的卡片、持有的股票、购买的彩票和所拥有的房子等。Dice 对象中封装了骰子的基本信息，例如骰子的起点坐标和骰子的动画帧等。CrashFigure 对象中封装了特殊人物的属性，如神明的 id、神明在地图的位置和是否被碰撞等。

（3）继承自 Thread 类的 FigureGoThread 和 DiceGoThread 分别为 Figure 和 Dice 的辅助线程。DiceGoThread 负责播放骰子的帧画面，实现骰子滚动掷数的功能。FigureGoThread 类负责根据掷出的骰子点数将人物移动指定的距离，同时进行可遇检查随时更新人物的个人数据等。

3. 数据存取模块的类结构

下面将继续为读者介绍数据存取模块所涉及的类，其类结构如图 16-24 所示。

（1）GameData 和 GameData2 类实现的功能类似，都是加载存放在 assets 中的地图信息文件，根据其内容创建游戏地图的 MyDrawable 二维数组。二者所不同的是，GameData 负责加载并生成下层平铺层的地图，而 GameData2 类负责加载并生成上层平铺层的地图，地图中的可遇实体对象位于上层平铺层。

（2）Layer 类为继承自 Object 的自定义类。该类用于维护一个图层的绘制矩阵（MyDrawable 矩阵）和不可通过矩阵。MeetableLayer 类继承自 Layer 类，其除了进行和 Layer 相同的工作外，还负责维护该图层的可遇矩阵，人物移动到某个位置后通过该可遇矩阵来判断是否与地图中的可遇实体发生相遇。

（3）SerializableGame 类的主要功能是存储游戏状态和加载已存储的游戏。该类提供了用于实现这些功能的静态方法和检测游戏是否存过档的方法。

4. 游戏工具类的类结构

游戏工具类模块比较简单，结构如图 16-25 所示，主要涉及的类为 ConstantUtil、PicManager、DateUtil 和 Room，下面详细地介绍 3 个类的主要功能。

▲图 16-24 数据存取模块的类结构　　▲图 16-25 游戏工具类的类结构

ConstantUtil 类的功能在前面的章节已经提及过，主要是对游戏中用到的常量进行统一管理。PicManager 类中封装了从 Assets 文件中读取图片并存放在 HashMap 集合中的方法，另外也封装了从 HashMap 集合中获得指定图片的方法。DateUtil 类的主要功能是获得某日期经过 n 天后的日期，并将其转换为指定形式返回。Room 类中封装了在地图中加盖一层房屋、摧毁一层房屋以及强占土地等方法。

16.4 地图设计器的开发

在该类游戏的开发中，地图设计器的使用是必不可少的，又因为考虑到本游戏的特殊性，第三方地图设计并不能满足需求。所以，需要自行开发特定的地图设计器。本节将对《大富翁》游戏的地图设计器进行介绍。该地图设计器会为后面的游戏开发提供地图信息文件。

16.4.1 地图设计器的开发设计思路

首先对本游戏地图设计器的设计思路进行简单介绍，使读者增加对本游戏地图设计器的理解，具体的步骤如下。

（1）开发元素设计模块。该模块负责设计该层地图中所用到的所有元素，例如，泥土道路、混泥土公路、土地、医院、监狱、树木和草坪等，包括设计在该层地图中的占位点、不可通过点和可通过点等属性。

（2）开发元素保存功能。能够将设计好的元素列表保存到指定文件中，下次重新启动设计器时可以直接加载保存过的元素列表，无须再从头重新设计。

（3）开发层设计模块。该模块负责使用之前设计好的元素来设计地图的某一层，进入该模块前应该已经设计好所以元素并加载到元素列表中。

（4）开发层的保存功能。使用同样的技术将设计好的开发层信息保存到文件中，下次加载回来后可继续进行设计。

（5）地图信息文件的生成，产生包含该层所有信息的文件。该文件即为地图文件，将该文件存放到 Android 项目中的 assets 文件下，游戏便可以读取其信息。

16.4.2 地图设计器的框架介绍

该地图设计器分为两部分，一部分是该层地图中元素的设计，包括设计占位点、不可通过点以及可通过点。而另一部分是该层地图的设计，使用前一部分设计好的地图元素来设计该层地图。地图设计器的框架如图 16-26 所示。

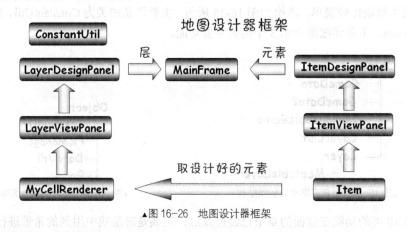

▲图 16-26　地图设计器框架

16.4.3 底层地图设计器的开发步骤

本游戏中的地图设计器的开发步骤包含两个部分，一个为底层地图设计的开发步骤；另一个为上层地图设计的开发步骤。这两部分的不同点如下。

（1）底层地图都是不可遇的实体，如公路、草坪和泥土路等。而上层地图为可遇或不可遇的实体，如医院、池塘和树木等。

（2）底层地图的设计可使用"全部铺上当前选中"按钮。

（3）生成的底层地图信息文件为 maps.so，生成的底层地图信息文件为 mapsu.so。

由于篇幅有限，两部分的开发又基本相同，在读者掌握了一部分的开发后，另一部分的开发就显得简单多了，所以，下面主要向读者详细介绍底层地图设计的开发步骤，上层地图设计的开发，读者可自行查看随书的地图设计器的源代码进行学习。底层地图设计器的开发步骤如下。

（1）框架的搭建。首先创建一个普通的 Java 项目，然后搭建元素设计界面。在该界面中，有导入图片，保存元素，设置占位行列，设置不可通过，保存元素列表，加载元素列表，删除元素以及设置可遇行列等按钮，效果如图 16-27 所示。

16.4 地图设计器的开发

▲图 16-27　元素设计界面

（2）首先实现的是用户从外面导入一张图片进来的功能，即开发"导入图片"按钮的事件处理。当用户单击"导入图片"按钮时，应该弹出文件选择窗口，在文件选择窗口中选择一张图片，并将该图片显示到元素设计区域的左下角。

（3）开发"设置占位行列""设置不可通过"以及"设置可遇行列"按钮的监听事件。此时当用户通过"导入图片"按钮导入一张图片后，便可以通过这 3 个按钮来设置该图片的占位点和不可通过点或者可通过点。效果如图 16-28 所示。

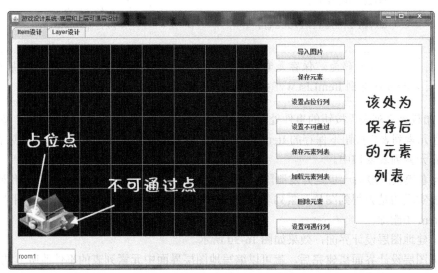

▲图 16-28　房屋 1 元素的设计

（4）开发完设置图片元素各个属性功能后，就可以开发"保存元素"按钮的监听事件。实现的功能为，根据用户设置的占位点和不可通过点或者可遇点的信息创建一个 Item 对象，并且将该对象添加到元素列表中，如图 16-29 所示。

（5）开发"保存元素列表"按钮的代码。当用户单击"保存元素列表"按钮时，将元素列表序列化即可，但前提是 Item 类实现了 Externalizable 接口并实现了接口中的 writeExternal(ObjectOutput out)方法和 readExternal(ObjectInput in)，保存的代码如下。

第 16 章 策略游戏——《大富翁》

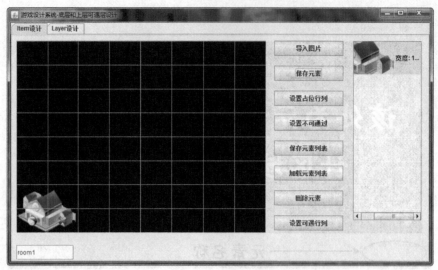

▲图 16-29 保存元素

代码位置：见随书源代码\第 16 章\地图设计工具\ItemDesignPanel.java。

```
1    ArrayList<Item> alItem=new ArrayList<Item>();          //成员变量，用于存放 Item
2    if(e.getSource()==jbSaveList){                         //保存元素列表
3        status=5;                                          //将界面的状态值置成 5
4        try{
5            FileOutputStream fout=new FileOutputStream("ItemList.wyf");//创建文件流
6            ObjectOutputStream oout=new ObjectOutputStream(fout);  //序列化流
7            oout.writeObject(alItem);                      //将元素列表 alItem 序列化
8            oout.close();                                  //关闭相关流
9            fout.close();
10       }catch(Exception ea){                              //捕获异常
11           ea.printStackTrace();                          //打印异常信息
12   }}
```

> 说明　该段代码为"保存元素列表"按钮监听方法中的处理代码，只需将元素列表 alItem 保存到 ItemList.wyf 文件中即可。

（6）"加载元素列表"按钮的事件处理代码的开发。当用户单击"加载元素列表"按钮时，应该从"保存元素列表"按钮下保存的 ItemList.wyf 文件中读取数据，直接恢复元素列表 alItem，并将其显示到元素列表窗口中。

（7）元素模块的最后一步是开发删除元素功能，即"删除元素"按钮的事件处理代码的开发。该功能主要实现的是先得到图片元素列表中用户此时所选中的图片元素，然后将该图片元素从图片列表 alItem 中删除。

（8）搭建地图层设计界面，效果如图 16-30 所示。

（9）地图层设计界面搭建完后，就可以编写地图层界面中元素列表的事件监听方法。选中某个元素后，再单击该界面上右侧的设计窗口，便将选中的元素添加到后台的 Item 数组中，并在该界面上右侧的窗口中显示。

> 说明　地图的一层实际上是一个 Item 的二维数组，地图的设计实际上是对 Item 二维数组的填充。保存与加载地图也只是对该二维数组进行操作。

（10）接下来开发保存层与加载层的处理代码，即"加载底层""加载上层"和"加载层"按钮的开发。保存时将 Item 的二维数组 itemArray 序列化到指定的文件中，而加载时从相应保存的文件中读取 itemArray 二维数组，并恢复界面的显示。

▲图 16-30　地图层设计界面

（11）开发完保存层与加载层的事件监听后，接下来就要开发"设计上层"按钮和"设计底层"按钮的监听事件。当用户单击"设计上层"按钮时，地图层设计窗口设计的为上层地图，生成的地图文件名为 mapsu.so，反之则为底层地图，生成的地图文件名为 maps.so。

（12）"生成地图文件"按钮的事件监听。该监听包含两部分，一部分为对底层地图的监听；一部分为对上层地图的监听。由于这两部分的代码极为相似，所以这里只向读者详细介绍生成底层地图文件的实现代码，代码如下，读者只需将该代码插入到"生成地图文件"按钮的监听方法中即可。

代码位置：见随书源代码\第 16 章\地图设计工具\LayerDesignPanel.java。

```
1    if(e.getSource()==jbCreate){                            //单击生成地图文件按钮
2        try{                                                //捕获异常
3            FileOutputStream fout = null;                   //声明文件流
4            DataOutputStream dout = null;                   //声明数据流
5            if(pp==1){                                      //生成底层地图
6                fout = new FileOutputStream("maps.so");     //初始化文件流
7                dout = new DataOutputStream(fout);          //初始化数据流
8                int totalBlocks=0;                          //计数器
9                for(int i=0; i<ConstantUtil.Row; i++){
10                   for(int j=0; j<ConstantUtil.Col; j++){  //循环
11                       Item item=itemArray1[i][j];
12                       if(item != null){
13                           totalBlocks++;                  //计算有多少个 Item 对象
14               }}}
15               dout.writeInt(totalBlocks);                 //写入不空块的数量
16               for(int i=0; i<ConstantUtil.Row; i++){
17                   for(int j=0; j<ConstantUtil.Col; j++){  //对地图数组循环
18                       Item item=itemArray1[i][j];         //得到地图中该位置的元素
19                       if(item != null){
20                           int w = item.w;                 //元素的图片宽度
21                           int h = item.h;                 //元素的图片高度
22                           int col = item.col;             //元素的地图列
23                           int row = item.row;             //元素的地图行
24                           int pCol = item.pCol;           //元素的占位列
25                           int pRow = item.pRow;           //元素的占位行
26                           String leiMing = item.leiMing;  //类名
27                           int [][] notIn = item.notIn;    //不可通过
```

```
28                              int [][] keYu = item.keYu;//可遇矩阵
29                              int outBitmapInxex=0;        //计算图片下标
30                              if(leiMing.equals("grass")){//是草地时
31                                  outBitmapInxex=0;
32                              }else if(leiMing.equals("croad")) {//是公路1时
33                                  outBitmapInxex=1;
34                              }
35                              ……//此处图片下标的计算与上述相似,故省略,请自行查阅随书的源代码
36                              dout.writeByte(outBitmapInxex); //记录图片下标
37                              dout.writeByte(0);//记录可遇标志,0-不可遇,底层都不可遇
38                              dout.writeByte(w);//图片宽度
39                              dout.writeByte(h);//图片高度
40                              dout.writeByte(col);//总列数
41                              dout.writeByte(row);//总行数
42                              dout.writeByte(pCol);//占位列
43                              dout.writeByte(pRow);//占位行
44                              int bktgCount=notIn.length;//不可通过点的数量
45                              dout.writeByte(bktgCount);   //写入不可通过点的数量
46                              for(int k=0; k<bktgCount; k++){//写入不可通过矩阵
47                                  dout.writeByte(notIn[k][0]);
48                                  dout.writeByte(notIn[k][1]);
49                          }}}}}
50                          dout.close();                    //关闭数据流
51                          fout.close();                    //关闭文件流
52                      }catch(Exception ea) {               //捕获异常
53                          ea.printStackTrace();            //打印异常信息
54  }}
```

- 第3、4行为声明文件流和声明数据流,用于写入文件信息。
- 第6~8行为初始化文件流,初始化数据流已经定义计数器变量,用于计算Item对象的个数。
- 第9~15行为循环遍历整个地图层设计窗口中的方格,计算出有多少个Item对象,并且把不空块的数量写入到数据流中。
- 第18~35行为先得到地图中该位置的元素,再该元素不为空时,则定义了设置该元素的各个属性,并从Item对象中获取各个属性值并赋值。
- 第36~49行为将各个元素的信息写入到输出流中,即保存到maps.so文件中。
- 第50~54行为关闭数据流和关闭文件流以及捕获异常并打印异常信息。

> 说明 此处写入的顺序需要与之后在Android游戏中读取的顺序完全相同。需要将生成的maps.so文件复制到需要的项目中的assets文件夹下才可使用,由于篇幅有限,而地图设计器的代码又比较长,所以感兴趣想要仔细研究的读者可自行查阅随书附带的源代码。

16.5 Activity和游戏工具类的开发

接下来将正式进入游戏的开发,首先介绍的是主控制类Activity及游戏工具相关类。主控制类Activity的功能是设置屏幕自适应和切换到指定界面,游戏工具类主要是为游戏提供相应的常量和工具方法等,具体内容如下。

16.5.1 主控制类——ZActivity的开发

首先介绍的是主控制类ZActivity的开发。该类主要是进行界面的切换与控制,根据收到Handler消息的不同做出不同的操作。首先进入是否开启音效界面,在显示此界面之前先获得屏幕大小使其自适应相应的屏幕分辨率,然后初始化地图数据资源,具体代码如下。

16.5 Activity 和游戏工具类的开发

代码位置：见随书源代码\第 16 章\Zillionaire\app\src\main\java\com\game\zillionaire\activity 目录下的 ZActivity.java。

```java
1    package com.game.zillionaire.activity;
2    ……//此处省略了导入类的代码,读者可自行查阅随书附带的源代码
3    public class ZActivity extends Activity {
4        ……//此处省略了一些定义变量的代码,读者可自行查阅随书附带的源代码
5        public Handler myHandler = new Handler(){            //用来更新UI线程中的控件
6            public void handleMessage(Message msg){
7                if(msg.what == 0){                           //进入游戏菜单界面
8                    if(menuView!= null){
9                        menuView.drawThread.setFlag(false);  //停止线程
10                       menuView = null;                     //将MenuView的引用置空
11                   }
12                   if(chooseView!=null){
13                       chooseView.drawThread.setFlag(false);//停止线程
14                       chooseView=null;                     //将选择人物界面的引用置空
15                   }
16                   initGameMenuView();                      //切换到游戏菜单界面
17               }
18               ……//此处省略了其他Handler消息接收的代码,读者可自行查阅随书附带的源代码
19           };
20       @SuppressWarnings("deprecation")
21       @Override
22       protected void onCreate(Bundle savedInstanceState){
23           super.onCreate(savedInstanceState);
24           ……//此处省略了屏幕自适应的代码,读者可自行查阅随书附带的源代码
25           soundView = new SoundView(this);                 //声音界面
26           sm=new SoundManager(this);                       //声音管理类
27           this.setContentView(soundView);                  //先切换到简单的声音开关界面
28           GameData.resources=this.getResources();          //为GameData静态变量赋值
29           GameData.initMapImage();                         //加载地图图片名
30           GameData.initMapData(this);                      //加载地图数据
31           ……//此处省略了初始化上层地图数据的代码,读者可自行查阅随书附带的源代码
32       }
33       public void initLoadingView(){                       //加载界面
34           loadingView=new LoadingView(this);               //给加载界面的对象赋值
35           setContentView(loadingView);                     //跳到主加载界面
36       }
37       ……//此处省略了跳转到其他界面的方法代码,读者可自行查阅随书附带的源代码
38       public boolean onKeyDown(int keyCode, KeyEvent event) {  //按键监听
39           if(keyCode==KeyEvent.KEYCODE_BACK){              //返回按钮
40               if(gameView!=null){                          //从游戏界面退出
41                   sm.mp.stop();                            //停止播放音乐
42                   sm.mp.release();                         //将Mediaplayer对象释放掉
43                   gameView=null;                           //将GameView的引用置空
44                   this.finish();                           //结束程序的运行
45                   System.exit(0);                          //退出程序
46                   return true;
47               }
48               if(menuView!=null){                          //从主菜单界面退出
49                   menuView=null;                           //将MenuView的引用置空
50                   this.finish();                           //结束程序的运行
51                   System.exit(0);                          //退出程序
52                   return true;
53               }}
54           return super.onKeyDown(keyCode, event);          //返回父类的布尔类型
55   }}
```

- 第 5～19 行为 Handler 消息接收对象，在 handleMessage 方法中，根据得到消息类型的不同执行不同的操作或调用不同的方法。在此只介绍切换到游戏菜单界面的功能实现，切换到其他界面的方法与之类似，请读者自行查看随书附带的源代码。

- 第 25～27 行为本程序首先进入的是是否开启声音界面，在本程序中，播放声音的功能由 SoundManager 类来实现，并将播放声音的 Mediaplayer 对象创建在本 ZActivity 类中，这里由于篇幅原因，对此不再一一赘述，读者若有兴趣可自行查阅随书附带的源代码进行学习。

- 第 28～31 行为对呈现地图所需进行初始化资源的操作，先对地图图片名进行加载，以方便在 Gameview 中对其进行绘制，然后对地图资源进行加载。
- 第 38～55 行为重写的按键监听方法。当有按键被按下时，做出相应的响应；当从 GameView 界面中退出游戏时，则停止播放音乐，将 Mediaplayer 对象释放掉，然后退出程序，但从 MenuView 菜单界面退出时，直接退出程序。

> **说明** 本 ZActivity 类代码虽长，但由于许多代码的功能实现都类似，在此就没有一一赘述，读者若有兴趣，可自行查看随书附带的源代码进行了解和学习。

16.5.2 常量工具类 ConstantUtil 的开发

接下来将对本类中的工具类——ConstantUtil 常量类进行简单介绍。该类中封装了本游戏中所用到的常量，将常量封装到一个常量类中的好处是便于管理和维护，实现的具体代码如下。

代码位置：见随书源代码\第 16 章\Zillionaire\app\src\main\java\com\game\zillionaire\util 目录下的 ConstantUtil.java。

```
1   package com.game.zillionaire.util;
2   ……//此处省略导入类的代码，读者可自行查阅随书附带的源代码
3   public class ConstantUtil{
4       public static final int SCREEN_WIDTH = 480;         //屏幕宽度
5       public static final int SCREEN_HEIGHT =854;         //屏幕高度
6       public static final int TILE_SIZE_X=64;             //地图图元的大小
7       public static final int TILE_SIZE_Y=48;             //地图图元的大小
8       public static final int MAP_ROWS = 31;              //地图有多少行
9       public static final int MAP_COLS = 31;              //地图有多少列
10      public static final int FIGURE_ANIMATION_SEGMENTS = 8;//人物总共的动画段个数
11      ……//此处省略人物类中部分常量声明的代码，读者可自行查看
12      public static final int Dice_ANIMATION_SEGMENTS=6;  //骰子总共的动画段个数
13      ……//此处省略骰子类中部分常量声明的代码，读者可自行查看
14      public static final int DIALOG_WORD_SIZE = 23;      //对话框中文字的大小
15      ……//此处省略对话框中文字所用部分常量声明的代码，读者可自行查看
16      public static String translateString(String string){//字符串转换方法
17          String str=null;                                //声明字符串类变量
18          StringBuffer sbb=new StringBuffer(string.trim());//创建 StringBuffer 对象
19          if(sbb.length()<3){                             //当长度小于 3 时直接返回
20              str=string;                                 //为 String 类变量赋值
21              return str;                                 //返回 String 类变量
22          }                                               //否则就添加","用来分割
23          str=sbb.substring(sbb.length()-3, sbb.length());
24          str=","+str;                                    //添加","
25          str=sbb.substring(0,sbb.length()-3)+str;        //组合字符串
26          sbb=null;                                       //将 StringBuffer 类对象置空
27          return str;                                     //返回 String 类变量
28      }
29      public static HashMap<Bitmap,Integer> hm;           //声明用于记录 Bitmap 和 int 的 HashMap 引用
30      ……//此处省略神明类部分常量声明的代码，读者可自行查看
31      public static int[] CardsPriceInt={30,30,25,35,20,25,35,25,30,25,30,
        //每个卡片所需的点数
32              25,35,30,35,25,35,25,30,25,30};
33      ……//此处省略 card 卡片类中部分常量声明的代码，读者可自行查看
34      public static int PMX1=0;                           //当前设备的宽高
35      ……//此处省略屏幕自适应部分常量声明的代码，读者可自行查看
36      public static int SheduleChooseViewSelected=-1;     //选择个数
37      ……//此处省略 SerializableGame 类中部分常量声明的代码，读者可自行查看
38      public static final int AllianceCard_RecoverGame_Left_X=620;    //起点 x
39      ……//此处省略 AllianceCard 等卡片类中部分常量声明的代码，读者可自行查看
40      public static int BankDrawable_Slide_Left_X=240;//BankDrawable 类左边起点 x
41      ……//此处省略 BankDrawable 等可遇实体类部分常量声明的代码，读者可自行查看
42      public static int GameView_Go_Left_X=700;           //GameView 中 Go 图标左起点 x
43      ……//此处省略 GameView 等前台表示模块类部分常量声明的代码，读者可自行查看
44  }
```

- 第 4、5 行为声明标准分辨率下屏幕的宽度和屏幕的高度。
- 第 6～9 行为定义地图图元的宽度、宽度和大地图的总行数和总列数。
- 第 10～15 行为定义 Dice 类、Figure 类和本游戏所有对话框中的常量。
- 第 16～28 行为将指定的字符串转化为特定形式字符串。创建 StringBuffer 对象,根据 StringBuffer 对象的长度组装字符串并返回。
- 第 29～44 行对 CrashFigure、GameView 以及 UsedCard 等各个类中所用到的常量进行定义。

> **说明** 此类包含着本游戏中各个类所需的常量以及字符串转换的静态方法,由于篇幅限制,在此不再重复赘述,有兴趣的读者可自行查阅随书附带的源代码。

16.5.3 日期管理类 DateUtil 的开发

下面将继续为读者介绍第二个工具类 DateUtil 的开发。本类的主要功能为获得某日期后的 n 天的日期、根据日期计算出当期是星期几,并将整合好的年月日和星期返回等,具体代码如下。

代码位置:见随书源代码\第 16 章\ Zillionaire\app\src\main\java\com\game\zillionaire\util 目录下的 DateUtil.java。

```
1    package com.game.zillionaire.util;                    //导入包
2    ……//此处省略导入类的代码,读者可自行查阅随书附带的源代码
3    public class DateUtil{
4        public static Date getDateAfter(Date d,int day){  //获得某日期后的 n 天的日期
5            Calendar now =Calendar.getInstance();         //获得当前日历对象
6            now.setTime(d);                               //将日期对象设定到日历对象
7            now.set(Calendar.DATE,now.get(Calendar.DATE)+day);
             //将 day 天后的日期设为当前日期
8            return now.getTime();                         //获得当前日期对象
9        }
10       public static String getWeekAndYMD(Date date){
11           SimpleDateFormat sdf = new SimpleDateFormat("yyyy/MM/dd");//创建对象
12           String s1 = sdf.format(date);                 //这里得到: 1999/03/26 这个格式的日期
13           sdf = new SimpleDateFormat("EEEE");//创建 SimpleDateFormat 类对象,并初始化
14           String week = sdf.format(date);               //根据日期取得星期几
15           String result=s1+" "+week;                    //指定字符串的格式,日期+" "+星期
16           return result;                                //返回指定字符串
17       }
18       public static int getDate(String str){
         //根据年份月份日期和星期获得日期,并将其转化为 int 返回
19           String strs=str.substring(8, 10);             //获得索引值为 8、9 所对应的字符串
20           int result=Integer.parseInt(strs);            //将字符串转化为数字
21           return result;                                //返回指定数字
22       }
23       public static void drawString(Canvas canvas,String string){ //绘制日期的方法
24           Paint paint = new Paint();                    //创建画笔对象
25           paint.setARGB(255, 42, 48, 103);              //设置字体颜色
26           paint.setAntiAlias(true);                     //抗锯齿
27           paint.setTextSize(20);                        //设置文字大小
28           paint.setFakeBoldText(true);                  //字体加粗
29           int lines = string.length()/22+(string.length()%22==0?0:1);//求出需要画几行文字
30           for(int i=0;i<lines;i++){                     //遍历所有的行
31               String str="";                            //声明字符串引用
32               if(i == lines-1) {                        //如果是最后一行那个不太整的汉字
33                   str = string.substring(i*22);
34               }else{                                    //如果不是最后一行
35                   str = string.substring(i*22, (i+1)*22);
36               }
37               canvas.drawText(str,60,20+DIALOG_WORD_SIZE*i,paint);//绘制字符串
38               canvas.drawText("物价水平: 1",90,20+DIALOG_WORD_SIZE,paint); //绘制字符串
39       }}}
```

- 第 4～9 行为根据指定日期 *d* 和 *day* 天来获得 *day* 天后日期的方法。首先创建 Calendar

对象，然后将 Date 类对象设定到 Calendar 类对象，最后将 day 天后的日期设为当前日期并返回。

- 第 10～17 行为根据指定日期计算出当前是星期几，并将整合好的年月日和星期等义字符串形式返回。首先创建 SimpleDateFormat 类对象，将日期以特定格式赋给 String 变量。然后重新创建 SimpleDateFormat 类对象，并获得当前日期为星期，最后将组合好日期和星期的字符串返回。
- 第 18～22 行为功能为根据年份月份日期和星期获得日期，并将其转化为 int 返回程序启动的方法。首先获得索引值为 8、9 所对应的字符串，将其转化为 int 变量返回。
- 第 23～39 行为绘制指定字符串的方法。通过创建画笔，设置画笔属性在指定位置绘制字符串。

16.5.4 图片管理类 PicManager 的开发

本小节将继续为读者介绍本游戏中第三个工具类 PicManager 的开发。该类的主要功能为从 assets 文件中读取图片并存放在 HashMap 集合中的方法，并根据图片名称从 HashMap 集合中获得指定图片，具体代码如下。

代码位置：见随书源代码\第 16 章\ Zillionaire\app\src\main\java\com\game\zillionaire\util 目录下的 PicManager.java。

```
1    package com.game.zillionaire.util;              //导入包
2    ……//此处省略导入类的代码，读者可自行查阅随书附带的源代码
3    public class PicManager{
4        static long min=0;                          //图片被加载后存放在集合中的时间
5        static int count=0;                         //图片序号
6        static boolean isCirculate=true;            //是否循环标志位
7        static HashMap<String,MyBitmap> picList=new HashMap<String,MyBitmap>();
         //创建对象
8        public static Bitmap getPic(String picName,Resources r){  //获取图片
9            Bitmap result=null;                     //声明 Bitmap 引用
10           isCirculate=true;                       //标志位置 true
11           while(isCirculate){                     //判断是否循环
12               if(picList.get(picName)!=null){     //获得指定的 MyBitmap 对象
13                   result=picList.get(picName).bm; //获得指定 Bitmap 对象
14                   picList.get(picName).date=System.nanoTime();
                     //设置图片进入集合的当前时间
15                   isCirculate=false;              //标志位置 false
16               }else{
17                   Loading(picName,r);             //从 assets 文件获得指定图片资源
18           }}
19           return result;                          //返回指定的 Bitmap 对象
20       }
21       public static void Loading(String picName,Resources r){ //加载图片的方法
22           MyBitmap bitmap = new MyBitmap();       //创建 MyBitmap 类对象
23           if(picList.size()<100){ //如果 picList 中的图片数量小于 100 时，加载指定图片
24               try{
25                   String path="pic/"+picName+".png";  //获得图片路径
26                   InputStream in= r.getAssets().open(path);  //创建输入流
27                   bitmap.bm=BitmapFactory.decodeStream(in);   //加载图片
28                   bitmap.date=System.nanoTime();//设置 MyBitmap 对象存在时的时间
29                   picList.put(picName, bitmap);   //将键值存进 HashMap 对象中
30               }catch (IOException e){            //捕获异常
31                   e.printStackTrace();
32           }}else{                                 //先删除其他图片，在加载指定
33               Iterator<Entry<String, MyBitmap>> iter = picList.entrySet().
                 iterator();//创建迭代器
34               while(iter.hasNext()){              //如果存在下一个对象
35                   Map.Entry entry = (Map.Entry) iter.next();
                     //获得迭代器的下一个 MyBitmap 对象
36                   if(count==0){                   //如果是第一个 MyBitmap 对象
37                       min=((MyBitmap)entry.getValue()).date;
                         //将 MyBitmap 对象的 date 赋予 min
38                   count++;                        //图片编号加 1
```

```
39                    }else{
40                        If(min>((MyBitmap)entry.getValue()).date){
41                            min=((MyBitmap)entry.getValue()).date;//为min赋值
42                }}}
43                picList.remove(min);       //从picList删除min对应的键值对
44                try{
45                    String path="pic/"+picName+".png";           //获得图片路径
46                    InputStream in= r.getAssets().open(path);    //获得图片路径
47                    bitmap.bm=BitmapFactory.decodeStream(in);    //加载图片
48                    bitmap.date=System.nanoTime();//设置MyBitmap对象存在时的时间
49                    picList.put(picName, bitmap);  //将键值存进HashMap对象中
50                }catch (IOException e){                //捕获异常
51                    e.printStackTrace();               //打印异常信息
52    }}}}
```

- 第4～7行功能为声明本类的成员变量。long 类型的变量 min 用于记录 Bitmap 类型对象存在时的时间，int 类型的变量 count 表示 MyBitmap 类对象的编号，boolean 类型的变量 isCirculate 用于判断是否继续循环，创建 HashMap 类型的集合用于存放 MyBitmap 对象。
- 第8～20行表示获取图片的方法。遍历 picList 对象，如果 picList 对象中存在指定的图片则返回 Bitmap 对象；如果不存在，则调用 Loading 方法从 assets 文件下读取指定图片资源。
- 第21～52行功能为从 assets 文件获得指定图片资源。如果 picList 中的图片数量小于100，则通过获得图片路径、创建输入流加载指定的图片资源。否则，通过 Iterator 类对象从 picList 集合中删掉最早被加载的 MyBitmap 类对象，然后从 assets 文件加载指定的图片资源。如果捕获异常，则打印异常信息。用户可以根据手机的实际情况更改允许加载的图片数量。

16.6 数据存取模块的开发

接下来详细介绍游戏中用到的数据的存取模块的开发。该模块的主要功能为对游戏中所用到的数据进行存储与读取，主要包括游戏中地图文件的加载以及游戏存档的恢复等。

16.6.1 地图层信息的封装类

本小节主要对地图层信息的封装类 Layer、地图的上层类 MeetableLayer 以及地图层的管理类 LayerList 进行详细的介绍，使读者了解本游戏中的数据管理方式。下面首先向读者具体介绍地图底层 Layer 类的开发。

1. 地图底层 Layer 类的介绍

地图层 Layer 类为地图底层的封装类，除了存储表示地图信息的 MyDrawable 类型 mapMatrix 数组外，还提供了可通过矩阵的计算方法 getNotIn()，同时，该封装类 Layer 也实现了序列化，即实现了 Serializable 接口，具体代码如下。

代码位置：见随书源代码/第16章/Zillionaire\app\src\main\java\com\game\zillionaire\map 目录下的 Layer.java。

```
1   package com.game.zillionaire.map;
2   import java.io.Serializable;                          //引入相关类
3   import com.game.zillionaire.activity.ZActivity;       //引入相关类
4   import android.content.res.Resources;                 //引入相关类
5   public class Layer implements Serializable{           //实现Serializable接口
6       private static final long serialVersionUID = 8356764959284943179L;
        //持久化版本序列号
7       private MyDrawable[][] mapMatrix;                 //表示地图的二维数组
8       public Layer(){}                                  //空构造器
9       public Layer(ZActivity at,Resources resources){   //构造器
10          GameData.initMapData(at);                     //初始化底层地图数据
11          this.mapMatrix = GameData.mapData;            //获取底层地图信息
12      }
```

```
13        public MyDrawable[][] getMapMatrix(){          //mapMatrix 的 get 方法
14            return mapMatrix;                           //返回底层地图信息的二维数组
15        }
16        public int[][] getNotIn(){                      //得到不可通过矩阵
17            int[][] result = new int[31][31];           //创建一个 int 型的二维数组
18            for(int i=0; i<mapMatrix.length; i++){
19                for(int j=0; j<mapMatrix[i].length; j++){ //循环遍历底层地图二维数组
20                    int x = mapMatrix[i][j].col - mapMatrix[i][j].refCol;
21                    int y = mapMatrix[i][j].row + mapMatrix[i][j].refRow;
22                    int[][] notIn = mapMatrix[i][j].noThrough;
23                    for(int k=0; k<notIn.length; k++){
24                        result[y-notIn[k][1]][x+notIn[k][0]] = 1; //不可通过点置 1
25                }}}
26            return result;                              //返回不可通过矩阵
27    }}
```

- 第 7 行为表示地图的二维数组。该二维数组中存放的是 MyDrawable 对象。
- 第 8~12 行为该类的两个构造器。因为需要将该类的对象进行序列化,所有,必须有第 8 行的空构造器,第 9 行的有参构造器中对该层地图信息进行初始化。
- 第 13~15 行为获取底层地图信息的二维数组方法,用于获取底层地图数据。
- 第 16~27 行方法的作用是计算该层地图的可通过矩阵,通过对地图数组进行循环,得到每个 MyDrawable 对象,然后得到 MyDrawable 所有的不可通过点,并记录到 int 型数组中。

2. 地图上层 MeetableLayer 类的介绍

该类继承自 Layer,为地图上层的封装类,除了包含下层同样的信息外,还包含了计算地图上层的可遇矩阵,即 initMapMatrixForMeetable()方法,和检测人物是否碰到可遇物体 check(Figure figure)方法,具体的实现代码如下。

代码位置:见随书源代码/第 16 章/Zillionaire\app\src\main\java\com\game\zillionaire\map 目录下的 MeetableLayer.java。

```
1   package com.game.zillionaire.map;                    //导入包
2   ……//此处省略了导入类的代码,读者可自行查阅随书附带的源代码
3   public class MeetableLayer extends Layer implements Serializable{//实现 Serializable 接口
4       ……//此处省略变量定义的代码,请自行查看源代码
5       public MeetableLayer(){}                          //空构造器
6       public MeetableLayer(ZActivity at,Resources resources){  //构造器
7           super(at, resources);
8           GameData2.initMapData(at);                   //初始化上层地图数据
9           this.mapMatrixMeetable = GameData2.mapData;  //获取上层地图信息
10          initMapMatrixForMeetable();                  //计算可遇矩阵
11      }
12      public MyDrawable[][] getMapMatrix(){            //mapMatrixMeetable 的 get 方法
13          return mapMatrixMeetable;                    //返回上层地图信息的二维数组
14      }
15      public void initMapMatrixForMeetable(){   //计算可遇矩阵 mapMatrixForMeetable
16        mapMatrixForMeetable=new MyMeetableDrawable[31][31];   //初始化可遇矩阵
17        for(int i=0;i<mapMatrixMeetable.length;i++){
18          for(int j=0;j<mapMatrixMeetable[i].length;j++){ //循环遍历上层地图二维数组
19            if(mapMatrixMeetable[i][j]!=null){           //实际地图上对应的位置不为空时
20              int x=mapMatrixMeetable[i][j].col-mapMatrixMeetable[i][j].refCol;
21              int y=mapMatrixMeetable[i][j].row+mapMatrixMeetable[i][j].refRow;
22              int[][] meetableMatrix=mapMatrixMeetable[i][j].meetableMatrix;
23              for(int k=0; k<meetableMatrix.length; k++){   //为可遇矩阵赋值
24           mapMatrixForMeetable[y-meetableMatrix[k][1]][x+meetableMatrix[k][0]]=
                  mapMatrixMeetable[i][j];
25      }}}}}
26      public MyMeetableDrawable check(Figure figure){   //检测是否遇上
27          int col = figure.col;                         //获取人物的列数
28          int row = figure.row;                         //获取人物的行数
29          if(mapMatrixForMeetable[row][col]!=null&&mapMatrixForMeetable[row][col].da==3){
30              return mapMatrixForMeetable[row][col];   //返回所站位置的可遇物
31          }
32          switch(figure.direction%4){                  //还是先按方向查看
```

```
33              case 0:                                         //向下
34              case 3:                                         //向上
35              if(mapMatrixForMeetable[row][col-1]!=null&&figure.father.notInMatrix
                  [row][col-1]!=0) {//左检测
36                if(mapMatrixForMeetable[row][col-1].da==2&&mapMatrixForMeetable[row]
                    [col-1].k<5){
37                  return mapMatrixForMeetable[row][col-1];    //返回检测到的为小土地
38                }else if(mapMatrixForMeetable[row][col-1].da==1){ //左边检测到的为大土地
39                  if(mapMatrixForMeetable[row][col-1].zb==0||mapMatrixForMeetable
                      [row][col-1].zb==1){
40                    if(mapMatrixForMeetable[row][col-1].k<0){ //该土地等级小于 0
41                      return mapMatrixForMeetable[row][col-1];
42                  }}else{                                      //检测物为其他房屋
43                    if(mapMatrixForMeetable[row][col-1].k<4){  //该土地等级小于 4
44                      return mapMatrixForMeetable[row][col-1];
45              }}}}else if(mapMatrixForMeetable[row][col+1]!=null&&figure.father.
                  notIn Matrix[row][col+1]!=0){
46                if(mapMatrixForMeetable[row][col+1].da==2&&mapMatrixForMeetable[row]
                    [col1].k<5){
47                  return mapMatrixForMeetable[row][col+1];   //返回右边检测到的为小土地
48                }else if(mapMatrixForMeetable[row][col+1].da==1){ //右边检测到的为大土地
49                  if(mapMatrixForMeetable[row][col+1].zb==0||mapMatrixForMeetable
                      [row][col+1].zb==1)
50                    if(mapMatrixForMeetable[row][col+1].k<0){ //该土地等级小于 0
51                      return mapMatrixForMeetable[row][col+1]; {//返回检测物为公园或者加气站
52                  }}else{                                      //检测物为其他房屋
53                    if(mapMatrixForMeetable[row][col+1].k<4){  //该土地等级小于 4
54                      return mapMatrixForMeetable[row][col+1];
55              }}}}
56              break;
57              ……//此处省略了其他 3 个方向的计算代码，读者可自行查阅随书附带的源代码
58            }
59            return null;                                      //如果没有检测到则返回 null 值
60        }}
```

- 第 5～11 行为该类的两个构造器。空构造器实现了该类对象的序列化，有参构造器实现了对上层地图信息的初始化并计算其可遇矩阵。
- 第 12～14 行为获取上层地图信息的二维数组方法，用于获取上层地图数据。
- 第 15～25 行为计算可遇矩阵的方法，同样是对上层地图的二维数组进行循环，得到每个可遇的实体 MyMeetableDrawable 对象，然后，根据其占位点以及在上层地图中的位置进行可遇矩阵的计算，得到可遇矩阵 mapMatrixForMeetable。
- 第 27～31 行功能为获取人物的行列数，并且检测人物所站位置是否为可遇，如果可遇，则返回该可遇实体，不再进行检测，反之，则继续进行下面人物上下左右的检测。
- 第 32～58 行为按着人物的上下左右四个方法进行是否可遇检测。首先从人物处于上下方向时，对人物的左右方向进行检测，如果人物的左边有可遇的实体，则返回人物左边的可遇实体。反之，则按同样的方法进行人物的右边检测。
- 第 59 行为如果检测完人物的上下左右方向都没有可遇实体，则返回 null 值。

3. 地图层管理类 LayerList 的介绍

接下来介绍地图层管理类 LayerList。该类为本游戏开发来管理各个地图层的。LayerList 类包含了各个地图层的引用以及计算得到总不可通过矩阵的方法，具体的实现代码如下。

代码位置：见随书源代码/第 16 章/Zillionaire\app\src\main\java\com\game\zillionaire\map 目录下的 MeetableLayer.java。

```
1   package com.game.zillionaire.map;
2   ……//此处省略了导入类的代码，读者可自行查阅随书附带的源代码
3   public class LayerList implements Serializable{        //实现 Serializable 接口
4       private static final long serialVersionUID = -6325921004729216060L;//持久化版本序列号
5       public ArrayList<Layer> layers = new ArrayList<Layer>();//存储 Layer 的容器
6       public LayerList(){}                               //空构造器
```

```
7          public LayerList(ZActivity at,Resources resources){    //构造器
8              this.init(at,resources);                           //调用初始化资源方法
9          }
10         public void init(ZActivity at,Resources resources){    //初始化资源
11             Layer l = new Layer(at,resources);                 //创建 Layer 对象
12             layers.add(l);                                     //添加底层地图
13             MeetableLayer ml = new MeetableLayer(at,resources);//创建 MeetableLayer 对象
14             layers.add(ml);                                    //添加上层地图
15         }
16         public int[][] getTotalNotIn(){                        //得到总不可通过矩阵
17             int[][] result = new int[31][31];
18             for(Layer layer : layers){                         //对所有层进行循环
19                 int[][] tempNotIn = layer.getNotIn();          //获得各个层的不可通过矩阵
20                 for(int i=0; i<tempNotIn.length; i++){
21                     for(int j=0; j<tempNotIn[i].length; j++){  //对不可通过矩阵进行循环
22                         result[i][j] = result[i][j] | tempNotIn[i][j];
                                                                  //或运算,得到总不可通过点
23             }}}
24             return result;                                     //返回总不可通过矩阵
25         }}
```

- 第 5 行为容器存储列表,存储的是各个地图层的引用。
- 第 7～9 行为该类的构造器方法,在该方法中调用初始化方法初始化相关资源。
- 第 10～15 行为初始化方法,在该方法中初始化底层以及上层地图,并将 MeetableLayer 对象的引用存储到 layers 容器中。
- 第 16～25 行为计算总不可通过矩阵的方法,需要对每层地图进行循环,得到每层地图的不可通过矩阵,然后对各个层的不可通过矩阵进行或运算,得到总不可通过矩阵。

16.6.2 数据存取相关类的介绍

本小节将要介绍的是与数据存取相关的 3 个类,包括 GameData 类、GameData2 类和 SerializableGame 类。其中 GameData 类主要的作用是读取底层地图的数据;GameData2 类的主要作用是读取上层地图的数据;SerializableGame 类则主要是负责游戏存档的存储和读取。

1. GameData 类的介绍

GameData 类的主要作用是读取底层地图的数据,具体负责读取之前底层地图设计器所生成的地图文件中的地图信息,并将其分析成游戏中可用的信息,代码如下。

代码位置:见随书源代码\第 16 章\Zillionaire\app\src\main\java\com\game\zillionaire\map 目录下的 GameData.java。

```
1   package com.game.zillionaire.map;                    //声明包名
2   ……//此处省略了导入类的代码,读者可自行查阅随书附带的源代码
3   public class GameData{                               //各种 MyDrawable 对象初始化
4       public static Resources resources;               //resources 的引用
5       static String grassBitmap;                       //草地图片名称
6       ……//此处省略了部分图片引用的声明,读者可自行查阅随书附带的源代码
7       static String[] bitmaps;                         //图片数组
8       public static MyDrawable [][] mapData;           //地图矩阵
9       public static void initMapImage(){               //初始化图片资源的方法
10          grassBitmap ="grass";                        //初始化图片名称
11          ……//此处省略了部分图片的初始化代码,读者可自行查阅随书附带的源代码
12          bitmaps=new String[]{                        //初始化图片名称数组
13              grassBitmap,                             //草地图片
14              ……//此处省略了部分图片的初始化代码,读者可自行查阅随书附带的源代码
15          };}
16      public static void initMapData(ZActivity at){    //初始化地图数组
17          mapData = new MyDrawable [31][31];
18          try{
19              InputStream in = resources.getAssets().open("maps.so");//得到输入流
20              DataInputStream din = new DataInputStream(in);  //得到数据流
21              int totalBlocks = din.readInt();         //读取实体总共的个数
22              for(int i=0; i<totalBlocks; i++){
```

```
23                    int outBitmapInxex = din.readByte();        //图片的下标
24                    int kyf=din.readByte();                     //可遇否，0为不可遇
25                    int w = din.readByte();                     //图元的宽度
26                    int h = din.readByte();                     //图元的高度
27                    int col = din.readByte();                   //总列数
28                    int row = din.readByte();                   //总行数
29                    int pCol = din.readByte();                  //占位列
30                    int pRow = din.readByte();                  //占位行
31                    int bktgCount=din.readByte();               //不可通过点的数量
32                    int[][] notIn=new int[bktgCount][2];
33                    int indext=-1;                              //临时变量
34                    if(outBitmapInxex==0){
35                        indext=0;
36                    }
37                    if(outBitmapInxex==1||outBitmapInxex==2||outBitmapInxex==3||
                            outBitmapInxex==4){
38                        indext=1;                               //正常公路
39                    }elseif(outBitmapInxex==5||outBitmapInxex==6||
40                                        outBitmapInxex==7||outBitmapInxex==8){
41                        indext=2;                               //泥石路
42                    }
43                    for(int j=0; j<bktgCount; j++){             //读入不可通过点
44                        notIn[j][0] = din.readByte();
45                        notIn[j][1] = din.readByte();
46                    }
47                    mapData[row][col]=new MyDrawable(
48                        at,                                     //ZActivity 的引用
49                        bitmaps[outBitmapInxex],                //图片
50                        bitmaps[outBitmapInxex],                //图片
51                        ((kyf==0)?false:true),                  //可遇否标志位
52                        w,h,col,row,pCol,pRow,notIn,indext,0    //其他信息
53                    );}
54                    din.close();                                //关闭数据流
55                    in.close();                                 //关闭输入流
56            } catch (IOException e){ e.printStackTrace();       //捕获异常
57    }}}
```

- 第 4～7 行为图片资源的引用。主要是声明图片名称的字符串变量。第 8 行为底层地图的二维矩阵，其他类需要绘制或需要使用底层地图时，必须从此处获得。
- 第 9～14 行为初始化图片资源的方法。在方法中先将所有图片名称字符串初始化，然后再将图片名称字符串存放到数组中方便管理。
- 第 16～57 行为读取地图信息的方法。在该方法中首先创建 MyDrawable 的二维数组用来表示底层地图，然后通过 getAssets()方法打开输入流，并从文件中读取地图信息。此处读取的顺序必须与地图设计器设计地图时的保存顺序完全相同，存储的顺序见第 16.4.3 小节中的代码。读取完信息后，根据这些信息创建 MyDrawable 对象并存储到地图数组中。

> **说明** GameData2 类的实现与 GameData 类的基本相同，其不同点在于 GameData2 读取的是 mapsu.so 文件中的信息.。由于本书篇幅有限，因此不再赘述，读者可自行查阅随书附带的源代码。在初始化地图信息之前，需要提前将地图设计器生成的底层地图文件 maps.so 文件中的信息存放到项目目录中的 assets 文件夹下，如果 assets 文件夹不存在可手动创建。

2．SerializableGame 类的介绍

SerializableGame 类是用于保存与读取游戏存档的类。该类中包含将游戏的当前状态进行存档、读取存档文件恢复游戏状态、检测存档文件是否存在、保存和读取存储信息字符串的 5 个方法，其中保存和读取存储信息字符串的方法主要负责记录存档数。开发步骤如下。

（1）首先搭建 SerializableGame 类的框架。其中存储游戏当前状态的 saveGameStatus 方法和

读取存档文件恢复游戏状态的 loadingGameStatus 方法将在后面介绍。具体代码如下。

代码位置：见随书源代码\第 16 章\ Zillionaire\app\src\main\java\com\game\zillionaire\map 目录下的 SerializableGame.java。

```
1    package com.game.zillionaire.map;                    //声明包名
2    ……//此处省略了部分类的引入代码，读者可自行查看随书的源代码
3    public class SerializableGame {
4        public SerializableGame(){}                      //空构造器
5        public static void saveGameStatus(GameView gameView){    //保存游戏的方法
6            ……//此处省略了游戏保存的代码，将在后面给出
7        }
8        public static void saveSaveString(GameView gameView){
9            ……//此处省略了与游戏保存类似的保存字符串信息的代码，请自行查阅
10       }
11       public static void loadingGameStatus(GameView gameView){//加载游戏的方法
12           ……//此处省略了游戏加载的代码，将在后面给出
13       }
14       public static void loadSaveString(GameView gameView){
15           ……//此处省略了与游戏加载类似的读取字符串信息的代码，请自行查阅
16       }
17       public static boolean check(ZActivity h){        //检查文件是否存在
18           try{
19               h.openFileInput("zil00.lll");            //打开 zil00.lll 文件流
20               h.openFileInput("zil01.lll");            //打开 zil01.lll 文件流
21               h.openFileInput("zil02.lll");            //打开 zil02.lll 文件流
22               h.openFileInput("zil04.lll");            //打开 zil04.lll 文件流
23           }catch(Exception e){                         //当捕获异常时
24               return false;                            //返回 false
25           }
26           return true;                                 //能正常打开时返回 true
27   }}
```

- 第 5~16 行为存取游戏状态的相关方法。其中包括保存游戏状态的 saveGameStatus 方法、读取游戏状态的 loadingGameStatus 方法、保存存储信息字符串的 saveSaveString 方法和读取存储信息字符串的 loadSaveString 方法。省略代码的方法将在下面介绍。

- 第 17~26 行为检查文件是否存在的 check 方法，打开相应的文件流，能正常打开则返回 true。

（2）在上面对 SerializableGame 类框架的介绍代码中省略了 saveGameStatus 方法的具体内容，下面将对 saveGameStatus 方法进行完善，具体的开发代码如下。

```
1    public static void saveGameStatus(GameView gameView){ //保存游戏的方法
2        OutputStream out = null;                         //输出流
3        ObjectOutputStream  oout = null;  //声明 ObjectOutputStream 的引用
4        String temp="";                                  //字符串变量
5        int indext=0;                                    //索引变量
6        try{
7            if(ConstantUtil.changeNum==0){               //当存储到第一个文件时
8                temp="zil00.lll";                        //设置文件名
9                indext=0;                                //设置该文件名所对应的索引值
10           }else if(ConstantUtil.changeNum==1){         //当存储到第二个文件时
11               temp="zil01.lll";                        //设置文件名
12               indext=1;                                //设置该文件名所对应的索引值
13           }else if(ConstantUtil.changeNum==2){         //当存储到第三个文件时
14               temp="zil02.lll";                        //设置文件名
15               indext=2;                                //设置该文件名所对应的索引值
16           }
17           out = gameView.getContext().openFileOutput(temp, indext);//打开文件流
18           oout = new ObjectOutputStream(out);
19           oout.writeObject(gameView.layerList);        //保存地图层
20           oout.writeObject(gameView.figure);           //保存操纵人物
21           oout.writeObject(gameView.figure1);          //保存系统人物 1
22           oout.writeObject(gameView.figure2);          //保存系统人物 2
23           oout.writeInt(gameView.tempStartRow);        //屏幕在大地图中的行数
24           oout.writeInt(gameView.tempStartCol);        //屏幕在大地图中的列数
```

16.6 数据存取模块的开发

```
25          }catch(Exception e){ e.printStackTrace();
26          }finally{
27              try{
28                  oout.close();                              //关闭文件流
29                  out.close();                               //关闭输出流
30              }catch(Exception e){ e.printStackTrace();
31 }}}
```

- 第6~16行为设置存储信息的文件名和索引值。首先确定玩家点击的游戏存档位置，如果点击的位置为存储界面的第一行，则将游戏的当前状态存入第一个文件，然后设置第一个文件的文件名和相对应的索引值。
- 第17~24行为保存游戏的相关信息。其中包括保存游戏中的地图层、游戏中的3个人物和屏幕在大地图中的行列数等信息。第17、18行为打开文件流和创建输出流。

> **说明** 该方法只是通过 ObjectOutputStream 将需要存储的游戏数据写入相对应的文件中，但前提是被序列化的各个类必须实现 Externalizable 或 Serializable 接口。实现 Externalizable 接口的类还必须实现接口中的两个抽象方法来完成数据的存储和读取。

（3）接下来是对本类中的 loadingGameStatus 方法的介绍，包括读取地图层、人物对象、屏幕在大地图中的行列数和 Activity 的引用。其具体代码如下。

```
1  public static void loadingGameStatus(GameView gameView){//加载游戏的方法
2      InputStream in = null;                             //输入流
3      ObjectInputStream oin = null;      //声明ObjectInputStream的引用
4      String temp1="";                                   //字符串变量
5      try{
6          temp1="zil0"+ConstantUtil.SheduleChooseViewSelected+".lll"; //文件名
7          in = gameView.getContext().openFileInput(temp1); //得到输入流
8          oin = new ObjectInputStream(in);               //初始化数据流
9          gameView.figure.ht.flag=false;                 //停止操纵人物的ht线程
10         gameView.figure.ht.isGameOn=false;
11         gameView.figure.ht.interrupt();
12         gameView.figure1.ht.flag=false;                //停止系统人物1的ht线程
13         gameView.figure1.ht.isGameOn=false;
14         gameView.figure1.ht.interrupt();
15         gameView.figure2.ht.flag=false;                //停止系统人物2的ht线程
16         gameView.figure2.ht.isGameOn=false;
17         gameView.figure2.ht.interrupt();
18         gameView.layerList=(LayerList) oin.readObject(); //读取地图层
19         gameView.figure = (Figure) oin.readObject();   //读取操纵人物对象
20         gameView.figure1 = (Figure) oin.readObject();  //读取系统人物1对象
21         gameView.figure2 = (Figure) oin.readObject();  //读取系统人物2对象
22         gameView.tempStartRow = oin.readInt();         //屏幕在大地图中的行数
23         gameView.tempStartCol = oin.readInt();         //屏幕在大地图中的列数
24         gameView.meetableChecker = (MeetableLayer)gameView.layerList.layers.get(1);
25         gameView.figure.father = gameView;             //给Activity的引用赋值
26         gameView.figure.setBitmap();                   //获取图片信息
27         gameView.figure.hgt = new FigureGoThread(gameView,gameView.figure);
28         gameView.figure1.father = gameView;            //给Activity的引用赋值
29         gameView.figure1.setBitmap();                  //获取图片信息
30         gameView.figure1.hgt = new FigureGoThread(gameView,gameView.figure1);
31         gameView.figure2.father = gameView;            //给Activity的引用赋值
32         gameView.figure2.setBitmap();                  //获取图片信息
33         gameView.figure2.hgt = new FigureGoThread(gameView,gameView.figure2);
34         gameView.activity.myHandler.sendEmptyMessage(10);//向主activity发送Handler消息
35     }catch(Exception e){ e.printStackTrace();
36     }finally{
37         try{
38             oin.close();                               //关闭数据流
39             in.close();                                //关闭输入流
40         }catch(Exception e){ e.printStackTrace();      //捕获异常
41 }}}
```

- 第5~17行为初始化相关输入流。首先确定玩家选择读取的游戏存档位置，如果玩家查看的是第一行的存储，则设置加载文件为第一个文件名，然后得到输入流并初始化数据流。第 9～17 行为停止所有相关线程。

- 第 18～34 行为从对应的文件中读取之前存储的游戏信息，并将其恢复到游戏中。其中包括读取地图信息、恢复 3 个人物的相关信息、给 Activity 的引用赋值并恢复人物线程等。第 34 行为向主 activity 发送 Handler 消息，切换到 GameView 界面，继续游戏。
- 第 35～41 行为捕获并处理异常。当捕获到异常时，则打印异常信息，最后关闭流。

16.7 人物角色模块的开发

在本章中曾对游戏的实体模块进行了简单的介绍，本节将对实体模块之一——人物角色模块的开发进行介绍。该模块涉及的类有 Figure、Dice、CrashFigure、FigureGoThread 和 DiceGoThread 等。下面将对该模块进行详细的介绍。

16.7.1 Figure 类的代码框架

Figure 类是呈现人物角色实体部分的主要类，本游戏中涉及 3 个 Figure 类的对象，一个操作人物和两个系统人物，本小节先来简单地介绍 Figure 类的代码框架。

（1）首先介绍 Figure 类中一些成员变量的声明，Figure 类中的成员变量大多记录与该人物有关的信息，如在地图上的位置、是否碰到可遇物体以及所拥有的土地和房子数目等。具体的代码实现如下。

代码位置：见随书源代码\第 16 章\Zillionaire\app\src\main\java\com\game\zillionaire\figure 目录下的 Figure.java。

```
1    package com.game.zillionaire.figure;
2    ……//此处省略了导入类的代码，读者可自行查阅随书附带的源代码
3    public class Figure implements Externalizable{
4        public GameView father;                        //Activity 引用
5        public int direction = -1;                      //英雄的移动方向
6        int currentFrame = 0;                           //当前英雄的动画段的当前动画帧，从零开始
7        public int col;   //英雄的定位点在大地图中的列，定位点为下面的格子的中心
8        public int row;   //英雄的定位点在大地图中的行，定位点为下面的格子的中心
9        public int x;                                   //英雄"中心点"的 x 坐标，用于绘制
10       public int y;                                   //英雄"中心点"的 y 坐标，用于绘制
11       int width;                                      //英雄的宽度
12       int height;                                     //英雄的高度
13       public int[] CardNum={15,9,-1,-1,-1,-1,-1,-1,-1,-1,
14              -1,-1,-1,-1,-1,-1,-1,-1,-1};  //人物已购买的卡片
15       static Bitmap [][] figureAnimationSegments;   //存放人物所有动画段的图片
16       static Bitmap [][] figureAnimationSegments1;  //存放人物所有动画段的图片
17       static Bitmap [][] figureAnimationSegments2;  //存放人物所有动画段的图片
18       static Bitmap [][] figureAnimationSegments3;  //存放人物所有动画段的图片
19       public int startRow;                            //屏幕在大地图中的行数
20       public int startCol;                            //屏幕在大地图中的列数
21       public int offsetX ;   //屏幕定位点在大地图上的 x 方向偏移，用来实现无级滚屏
22       public int offsetY ;   //屏幕定位点在大地图上的 y 方向偏移，用来实现无级滚屏
23       public int topLeftCornerX;                     //人物 x 坐标
24       public int topLeftCornerY;                     //人物 y 坐标
25       public int k;                                   //房子标志
26       public int ss;                                  //土地主人标志
27       public int count=0;                            //记录各个人物的土地数
28       public int Bitmapindext=0;                     //人物图片的索引
29       public int day=0;                              //人物消失的天数
30       public MoneyHZ mhz;                            //资金
31       public int zdDay=0;                            //头顶炸弹的步数
32       public boolean isWG=false;                     //判断是否使用了乌龟卡
33       public boolean isZD=false;                     //判断头上是否戴有炸弹
34       public boolean isDreaw=true;                   //人物是否存在
```

16.7 人物角色模块的开发

```
35        public MessageEnum figureFlag;       //人物标志,用于辨别人物是玩家操控还是系统操控
36        public boolean isHero=true;          //是否绘制英雄的标志位,默认是 true 表示绘制
37        public int id;                       //表示英雄碰到的神明的类型
38        public ArrayList<Integer> mp=new ArrayList<Integer>();//存放买的彩票
39        public int isWhere=-1;               //判断人物是在哪里
40        public boolean isStop=false;         //判断人物是否停止前进
41        public MyMeetableDrawable previousDrawable;//记录上一个碰到的可遇 Drawable 对象引用
42        public int[][] room={{-1,-1},{-1,-1},{-1,-1},{-1,-1},{-1,-1},{-1,-1}};
          //6 个地区
43        public HashMap<Integer,Integer> mps=new HashMap<Integer,Integer> ();//持股数
44        public HashMap<Integer,String> mpsName=new HashMap<Integer,String> ();//股票名称
45        public HashMap <Integer,Double> mpsCost=new HashMap<Integer,Double>();//成本
46        public ArrayList<Bitmap []> animationSegment = new ArrayList<Bitmap []>();
          //存放英雄所有的动画
47        public HeroThread ht;                //负责英雄动画换帧的线程
48        public FigureGoThread hgt;           //负责英雄走路的线程
49        public String[] figureNames= { "孙小美","小公主","假小子" };//所有人物姓名
50        public String figureName;            //人物姓名
51        public String headBitmapName;        //人物头像图片名
52        public String[] headBitmapNames={"tou0","tou2","tou1"};//头像
53        public String tImageName;
54        public String[] tImageNames={"sun1","sun3","sun2"};//游戏主界面显示正在游戏人物信息
55        public String touName;
56        public String[] touNames={"tou01","tou11","tou21"};  //人物头像
57        ……//此处省略的构造器、初始化图片方法以及一些成员方法,将在随后的步骤中介绍
58     }
```

- 第 7~12 行为声明的人物在地图上的位置变量引用,如人物定位点在地图中的行与列、人物中心点在屏幕上的 x、y 坐标和人物图片的宽高度。

- 第 13、14 行为创建的人物在初始化时带有的卡片类型对象,一张为停留卡,一张为遥控骰子卡。其卡片类的实现将在后面的管理模块中进行介绍。

- 第 15~18 行为声明存放所有人物的所有动画段的图片引用,包括一个操作人物、两个系统人物,以及一个机器娃娃的动画段的图片。

- 第 25~27 行为声明人物土地的标志和房子归属某个人物的标志等变量,定义用于标志土地和房子所属以及每个人物对象所拥有的土地数等。

- 第 38 行为创建一个存放购买的彩票信息列表对象,对于彩票类的功能实现。由于篇幅原因,就不作叙述,感兴趣的读者可自行查阅随书附带的源代码进行了解和学习。

- 第 49~56 行为声明的一些人物姓名及人物头像图片名的成员变量,对于 3 个人物,玩家可以自行通过选择喜欢的人物为操作人物来进行游戏,未被选中的两个人物则为系统人物。

(2)下面将介绍 Figure 类的构造器和成员方法的代码框架,即上一小节第 57 行省略的代码,具体的代码实现如下。

代码位置:见随书源代码\第 16 章\Zillionaire\app\src\main\java\com\game\zillionaire\figure 目录下的 Figure.java。

```
1      public Figure(){};                           //空构造器
2      public Figure(GameView father,int col,int row,int startRow,int startCol,
       int offsetX,int offsetY,int k,
3              MessageEnum figureFlag,int direction,int Bitmapindext){
                /*构造器:初始化成员变量*/}
4      public void setBitmap(){/*方法:初始化人物对象图片*/}
5      public void initAnimationSegment(Bitmap [][] segments){/*方法:初始化动画段列表*/}
6      public void addAnimationSegment(Bitmap [] segment){
7          //方法:向动画段列表中添加动画段,该方法会在初始化动画段列表中被调用
8      }
9      public void setAnimationDirection(int direction){/*方法:设置方向,同时也是动画段索引*/}
10     public void startAnimation(){/*方法:开始换帧动画*/}
11     public void drawSelf(Canvas canvas,int startRow,int startCol,int offsetX,int offsetY){
12         //方法:在屏幕上绘制自己,根据传入的屏幕定位 row 和 col 计算出相对坐标画出
13     }
```

```
14      public void nextFrame(){/*方法：换帧*/}
15      public void startToGo(int steps){
16          //方法：激活英雄的走路线程，传入格子数使其开动
17      }
18      public class HeroThread extends Thread{
19          //内部线程类：负责定时更改英雄的动画帧，但是不负责改变动画段
20      }
21      public void writeExternal(ObjectOutput out) throws IOException {/*存档*/}
22      public void readExternal(ObjectInput in) throws IOException,ClassNotFoundException
        {/*读取*/}
23      ……//此处省略一些成员变量的set和get方法，读者可自行查阅随书附带的源代码
```

- 第1~3行为两个构造器。第一个为空构造器，用于将 Figure 类的对象进行序列化；第二个构造器为有参构造器，用于初始化一些成员变量为其赋值。
- 第11~13行为在屏幕上绘制人物的方法。根据传入的屏幕定位 row 和 col 计算出相对坐标画出相应的动画段，在此方法中先判断走的方向有没有该方向的动画段，若没有，则不绘制。
- 第18~20行为实现的一个内部线程类，负责定时更改英雄的动画帧，其具体实现请读者自行查看随书的源代码进行了解和学习。
- 第21~22行为对 Externalizable 接口的方法 writeExternal 和 readExternal 的实现，用于保存人物的基本信息和再次继续游戏时读取人物信息。

> **说明** 以上代码只是简要叙述一些成员方法，主要实现了对人物变换、走动时所需方法的初始化，其具体方法的实现由于篇幅原因不再赘述，读者可自行查看随书附带的源代码进行了解和学习。

16.7.2 Dice 类的代码框架

本游戏的关键之处在于玩家是通过掷骰子来进行游戏的，人物根据掷的骰子的点数来前进相应的地图格子数。玩家通过控制操作人物，单击掷骰子的图标来进行游戏，系统人物通过随机掷骰子来进行游戏。所以接下来将对 Dice 类进行详细的介绍。其具体代码如下。

代码位置：见随书源代码\第16章\Zillionaire\app\src\main\java\com\game\zillionaire\figure 目录下的 Dice.java。

```
1   package com.game.zillionaire.figure;              //声明包名
2   ……//此处省略了导入类的代码，读者可自行查阅随书附带的源代码
3   public class Dice{
4       ……//此处省略了一些变量声明的代码，读者可自行查阅随书附带的源代码
5       public Dice(GameView gameView){
6           father=gameView;                          //给GamView对象赋值
7           dgt=new DiceGoThread(this);               //给骰子走的线程对象赋值
8           dgt.start();                              //开启骰子走的线程
9       }
10      public void setBitmap(int x, int y){
11          Bitmap tempBmp=null;                      //创建一个Bitmap对象
12          while(tempBmp==null){
13              tempBmp=PicManager.getPic("dice",father.activity.getResources());
                //加载骰子动画的大图
14          }
15          bmpDice=new Bitmap[Dice_ANIMATION_SEGMENTS][Dice_ANIMATION_FRAMES];
16          for(int i=0;i<6;i++){                     //对大图进行切割，转换成Bitmap的二维数组
17              for(int j=0;j<5;j++){
18                  bmpDice[i][j] = Bitmap.createBitmap(tempBmp, j*Dice_WIDTH, i*Dice_HEIGHT,
19                      Dice_WIDTH, Dice_HEIGHT);
20              }}
21          this.x = x;                               //给骰子的x坐标赋值
22          this.y = y;                               //给骰子的y坐标赋值
23          dgt.setMoving(true);                      //设置是否走路标志位
24          if(father.indext!=-1){
```

```
25                  this.bitmaps= bmpDice[father.indext];//获得换帧动画
26                  bitmap = bitmaps[0];                  //第一张图
27                  flag=true;                            //绘制骰子
28              }}
29          public void draw(Canvas canvas){              //绘制方法
30              canvas.drawBitmap(bitmap, x, y, null);
31          }
32          public boolean nextFrame(){                   //换帧:成功返回true,否则返回false
33              if(k < bitmaps.length){                   //符合换帧条件
34                  bitmap = bitmaps[k];                  //获得被画的图片
35                  this.x-=40;                           //改变骰子的x坐标
36                  if(k<3){
37                      this.y-=30;                       //改变骰子的y坐标
38                  }else{
39                      this.y+=30;                       //改变骰子的y坐标
40                  }
41                  k++;                                  //改变索引值
42                  return true;
43              }
44              return false;                             //停止换帧
45      }}
```

- 第5~9行为Dice类的构造器。通过构造器进行对变量的一些初始化等，首先给GamView对象赋值，然后给骰子走的线程对象赋值，最后开启骰子走的线程。
- 第10~28行为初始化一些骰子动画的图片资源。先获得骰子动画的大图，通过Bitmap的createBitmap方法对大图进行切割获得骰子的每一面图片。只要骰子开始走就将绘制骰子标志置为true并为换帧动画的对象赋值。
- 第32~44行为给动画换帧的方法。用于定时更新骰子不同的位置。当换帧时的帧数小于3时，则骰子的位置向下移动，若大于3时，则向上移动。

> **说明** 由于骰子转动时需线程的控制，所以Dice类还有一个辅助工具类DiceGoThread。主要实现了根据骰子点数控制人物走动的步数，这里由于篇幅原因就不作叙述，感兴趣的读者可以自行查看随书附带的源代码进行详细的了解和学习。

16.7.3 FigureGoThread类的代码框架

FigureGoThread是Figure类的重要辅助线程，功能包括每一格子进行无极移动、检查是否需要滚屏、检查是否需要拐弯、检测英雄停留的当下位置和其位置左右有没有什么可遇实体等。FigureGoThread类由多个方法共同实现，接下来将分步骤对其进行介绍。

（1）首先介绍的是FigureGoThread类中的构造器和一些成员方法。其中FigureGoThread类还声明了些成员变量。这里由于篇幅原因就不作叙述，读者可自行查看随书附带的源代码进行了解和学习，对于成员方法的具体实现将在接下来的小节中一一介绍，在此只讲解代码框架。其具体代码如下。

代码位置：见随书源代码\第16章\Zillionaire\app\src\main\java\com\game\zillionaire\thread目录下的FigureGoThread.java。

```
1   package com.game.zillionaire.thread;
2   ……//此处省略了导入类的代码,读者可自行查阅随书附带的源代码
3   public class FigureGoThread extends Thread {
4       ……//此处省略了一些变量声明的代码,读者可自行查阅随书附带的源代码
5       public FigureGoThread(){}//空构造器
6       public FigureGoThread(GameView gv,Figure figure){
7           super.setName("==HeroGoThread");
8           this.gv = gv;                                 //给GameView对象赋值
```

```
9              this.figure=figure;                    //给Figure对象赋值
10             this.flag = true;                      //设置走的标志
11         }
12     public void run(){/*线程执行方法*/}
13     public void setSteps(int steps){/*方法：设置需要走的步数*/}
14     public void setMoving(boolean isMoving){/*方法：设置是否走路标志位*/}
15     public void checkIfRollScreen(int direction){/*方法：检查是否需要滚屏*/}
16     public int checkIfTurn(){/*方法：检查是否需要拐弯*/}
17     public boolean checkIfMeet(){/*方法：是否遇到可遇实体*/}
18     public void setMoney(MyMeetableDrawable mmd,int id){/*方法：上交过路费*/}
19     public boolean isCrash(Figure fg,CrashFigure cf,GameView gv){/*方法：判断是否
       碰撞神明*/}
20     }
```

> **说明** 第13～19行实现了设置人物每次走的步数，并对是否需要滚屏、是否需要拐弯以及英雄停留的当下位置及其位置左右有没有什么可遇实体等进行检测，同时，判断人物所到之处是否需要上交过路费以及是否碰撞到神明等功能。对于第13、14行、18行省略了的方法，由于代码实现比较简单，就不作叙述，读者可自行查看随书附带的源代码。

（2）接下来将介绍上一小节第12行省略的线程执行的run方法，实现了每一格子进行无极移动以及检测是否遇到障碍物等的功能，具体的代码实现如下。

代码位置：见随书源代码\第16章\Zillionaire\app\src\main\java\com\game\zillionaire\thread 目录下的FigureGoThread.java。

```
1   public void run(){                                   //线程执行方法
2       while(flag){                                     //进入循环
3           qq:while(isMoving){                          //开始行走
4               for(int i=0;i<steps;i++){                //对每一格子进行无极移动
5                   int moves=0;                         //求出这个格子需要几个小步来完成
6                   if(figure.direction%4==1||figure.direction%4==2){
7                       moves = TILE_SIZE_X/FIGURE_MOVING_SPANX;//求出这个格子需要几个小步来完成
8                   }else{
9                       moves = TILE_SIZE_Y/FIGURE_MOVING_SPANY;//求出这个格子需要几个小步来完成
10                  }
11                  int hCol = figure.col;               //英雄当前在大地图中的列
12                  int hRow = figure.row;               //英雄当前在大地图中的行
13                  int destCol=hCol;                    //目标格子列数
14                  int destRow=hRow;                    //目标格子行数
15                  switch(figure.direction%4){/*此处省略设置英雄的方向和动画段的代码，请读者自行查看*/}
16                  int destX=destCol*TILE_SIZE_X+TILE_SIZE_X/2+1;//目的点x坐标转换成中心点
17                  int destY=destRow*TILE_SIZE_Y+TILE_SIZE_Y/2+1;//目的点y坐标转换成中心点
18                  int hx = figure.x;                   //获得人物所在位置x坐标
19                  int hy = figure.y;                   //获得人物所在位置y坐标
20                  for(int j=0;j<moves;j++){            //从下面开始无级从一个格子走到另一个格子
21                      if(hx<destX){                    //计算英雄的x位移
22                          figure.x = hx+j*FIGURE_MOVING_SPANX;
23                          figure.col = figure.x/TILE_SIZE_X;    //及时更新英雄的行列值
24                          checkIfRollScreen(figure.direction);  //检测是否滚屏
25                      }else if(hx>destX){
26                          figure.x = hx-j*FIGURE_MOVING_SPANX;
27                          figure.col = figure.x/TILE_SIZE_X;    //及时更新英雄的行列值
28                          checkIfRollScreen(figure.direction);  //检测是否滚屏
29                      }
30                      if(hy<destY){                    //计算英雄的y位移
31                          figure.y = hy+j*FIGURE_MOVING_SPANY;
32                          figure.row = figure.y/TILE_SIZE_Y;    //及时更新英雄的行列值
33                          checkIfRollScreen(figure.direction);  //检测是否滚屏
34                      }else if(hy>destY){
35                          figure.y = hy-j*FIGURE_MOVING_SPANY;
36                          figure.row = figure.y/TILE_SIZE_Y;    //及时更新英雄的行列值
37                          checkIfRollScreen(figure.direction);  //检测是否滚屏
38                      }
39                      ……//此处省略线程睡眠的代码，请读者自行查看随书附带的源代码
```

16.7 人物角色模块的开发

```
40              figure.x = destX;                      //修正 x 坐标
41              figure.y = destY;                      //修正 y 坐标
42              figure.col = destCol;                  //修改英雄的占位格子列
43              figure.row = destRow;                  //修改英雄的占位格子行
44              if(figure.offsetX<FIGURE_MOVING_SPANX){//修正 offsetX
45                  figure.offsetX = 0;                //舍去
46              }else if(figure.offsetX>TILE_SIZE_X- FIGURE_MOVING_SPANX){//进位
47                  if(figure.startCol + GAME_VIEW_SCREEN_COLS < MAP_COLS -1){
48                      figure.offsetX=0;              //屏幕定位点在大地图上的x方向偏移
49                      figure. startCol +=1;          //更改屏幕在大地图中的列数
50              }}
51              if(figure.offsetY<FIGURE_MOVING_SPANY){//修正 offsetY
52                  figure.offsetY = 0;                //舍去
53              }else if(figure.offsetY>TILE_SIZE_Y - FIGURE_MOVING_SPANY){ //进位
54                  if(figure.startRow + GAME_VIEW_SCREEN_ROWS < MAP_ROWS -1){
55                      figure.startRow+=1;            //更改屏幕在大地图中的行数
56                      figure.offsetY = 0;            //屏幕定位点在大地图上的y方向偏移
57              }}
58              ……//此处省略的代码将在接下来的小节中介绍
59      }}
```

- 第 6~10 行为判断人物行走的方向是向上向下还是向左向右，并计算出当前这个格子需要几个小步来完成。
- 第 20~38 行为开始无级从一个格子走到另一个格子，每次移动时先判断当前位置和目的位置的大小关系，以此确定对人物的当前位置做加法还是减法计算，由此来及时更新人物所在的行列值和 x、y 位置坐标，最后检测是否需要滚屏。
- 第 40~43 行为对当前人物的 x、y 坐标以及其在地图中的行列值进行修正的代码。其原因是人物移动步径不能整除图元的大小，在执行完无极移动后，人物所处的位置可能不在目的格子的中心，因此需要进行修正。
- 第 44~57 行为对人物在屏幕上的 offsetX 和 offsetY 进行修正的代码。其原因同样是因为，人物的移动步径不能整除图元的大小。若当前的偏移量小于人物的移动步径（向左或向右滚屏后的结果），则将该偏移量进位，修改相应的 startRow 或 startCol，并将偏移量置零。

（3）在本小节中将介绍上一小节中第 58 行省略的代码开发，主要是检测在路上是否碰到可遇物，如炸弹、神明以及机器娃娃等，具体代码如下。

代码位置：见随书源代码第 16 章\Zillionaire\app\src\main\java\com\game\zillionaire\thread 目录下的 FigureGoThread.java。

```
1       try{                                           //检测是否碰到障碍物、炸弹、机器娃娃
2           for(Card cd:gv.card){
3               if(cd.row==figure.row&&cd.col==figure.col){
4                   if(gv.isWW){
5                       gv.card.remove(cd);            //删除用过的卡片
6                       break;
7                   }else{
8                       if(cd.indext==0){              //障碍物
9                           i=steps-1;                 //停止前进
10                          break;
11      }}}}}catch(Exception e){}
12      figure.direction = checkIfTurn();              //检查是否需要拐弯
13      if(figure.isZD){                               //头上带有炸弹
14          police=new PoliceCarAnimation(figure);
15          figure.zdDay--;                            //步数减一
16          if(figure.zdDay<=0){
17              figure.isZD=false;                     //头上的炸弹消失
18              police.startAnimation();
19              police.isAmbulance=true;
20              figure.day=3;                          //住进医院 3 天
21              figure.father.showDialog.day=3;
22              this.setMoving(false);                 //停止走动
23          continue qq;
```

```
24       }}}                                            //到此走完了指定的格子数,应该检查有没有遇到东西了
25       this.setMoving(false);                         //停止走动
26       figure.setAnimationDirection(figure.direction%4);//设置动画段为相应的静止态
27       ……//此处省略线程睡眠的代码,请读者自行查看随书附带的源代码
28       if(gv.isWW){                                   //机器娃娃行走不用进行检测
29           gv.isWW=false;                             //恢复机器娃娃行走标志
30           if(gv.isFigure==0){                        //操作人物
31               gv.isFigure=2;                         //换到系统人物的线程
32           }else{
33               gv.isFigure--;                         //换到上一个人物的线程
34           }
35           this.gv.setOnTouchListener(gv);            //返回监听
36           this.gv.setStatus(0);     //重新设置 GameView 的状态 0 为待命状态
37           gv.gvt.setChanging(true);                  //启动变换人物的线程
38       }else if(figure.isDreaw){                      //人物在屏幕上时进行碰撞检测
39           for(CrashFigure cf:gv.cfigure){            //特殊人物检测
40               if(isCrash(figure,cf,gv)){             //如果碰撞到神明
41                   cf.myDrawable.flag=false;          //判断路面上是否有物体
42                   break;
43               }}
44           if(isDog){                                 //碰到狗
45               isDog=false;                           //没有碰到狗
46           }else{
47               if(figure.isDreaw&&(!checkIfMeet())){//人物没有遇到可遇的东西
48                   this.gv.setOnTouchListener(gv);//返回监听
49                   this.gv.setStatus(0);  //重新设置 GameView 的状态 0 为待命状态
50                   gv.gvt.setChanging(true);          //启动变换人物的线程
51       }}}}
52       ……//此处省略线程空转等待的代码,请读者自行查看随书附带的源代码
```

- 第 1~11 行为检测是否使用机器娃娃卡片开路,扫清前进路上的一切可遇实体,并将使用过的卡片从列表中删掉。当遇到的物体为障碍物时,停止前进。
- 第 13~24 行为人物头上带有炸弹时,当人物走了一定步径后,炸弹爆炸开启救护车营救线程,住进医院 3 天,并将当前人物的走动标志设为 false,停止走动。
- 第 28~37 行为当前为机器娃娃行走时,不用进行检测,并当机器娃娃行走完毕后切换到下一个人物游戏,同时返回游戏主界面的监听,启动变换人物的线程。
- 第 38~43 行为进行神明碰撞检测。当碰到神明后就将判断路面上是否有物体的标志设置为 false,即不再绘制被碰撞过的神明对象。
- 第 44~51 行为碰到狗后不再进行土地碰撞检测。若未碰到狗,则执行其他碰撞 checkIfMeet 检测方法,若没有遇到可遇的东西,则返回监听,同时启动变换人物的线程。

(4)接下来将继续介绍第一小节中第 15 行省略的检查是否需要滚屏的方法,通过传入的当前人物方向参数来进行判断,具体代码如下。

代码位置:见随书源代码\第 16 章\Zillionaire\app\src\main\java\com\game\zillionaire\thread 目录下的 FigureGoThread.java。

```
1   public void checkIfRollScreen(int direction){      //方向,下 0,左 1,右 2,上 3
2       int figureX = figure.x;                        //获得人物的 x 坐标
3       int figureY = figure.y;                        //获得人物的 y 坐标
4       int tempOffsetX =figure.offsetX;               //获得人物 x 的偏移量
5       int tempOffsetY =figure.offsetY;               //获得人物 y 的偏移量
6       switch(direction%4){
7       case 0:                                        //向下检查
8           if(figureY - figure.startRow*TILE_SIZE_Y -tempOffsetY + ROLL_SCREEN_SPACE_DOWN
9                       >=SCREEN_HEIGHT){              //检查是否需要下滚
10              if(figure.startRow + GAME_VIEW_SCREEN_ROWS < MAP_ROWS -1){
11                  figure.offsetY += FIGURE_MOVING_SPANY;  //更新人物 x 偏移量
12                  if(figure.offsetY > TILE_SIZE_Y){//需要进位
13                      figure.startRow += 1;          //更新屏幕在大地图中的行数
14                      figure.offsetY = 0;            //更新人物 y 偏移量
15          }}}
16          break;
```

16.7 人物角色模块的开发

```
17            case 1:                                                //向左检查
18              if(figureX - figure.startCol*TILE_SIZE_X - tempOffsetX <= ROLL_SCREEN_SPACE_LEFT){
19                  if(figure.startCol > 0){                         //startCol 还够减
20                      figure.offsetX -= FIGURE_MOVING_SPANY;//向左偏移英雄步进的像素数
21                      if(figure.offsetX < 0){
22                          figure.startCol -=1;                     //更新屏幕在大地图中的列数
23                          figure.offsetX = TILE_SIZE_X-FIGURE_MOVING_SPANX;//有待商议
24                  }}else if(figure.offsetX > FIGURE_MOVING_SPANX){//如果格子数不够减
25                      figure.offsetX -= FIGURE_MOVING_SPANX;
                                            //向左偏移英雄步进的像素数
26                  }}
27              break;
28              ……//此处省略向上向右检测的代码,请读者自行查看随书附带的源代码
29       }}
```

- 第7～16行为向下检查是否需要向下滚屏,若符合进位条件就滚屏并定时更新屏幕定位点在大地图上的y与x方向偏移和行数。
- 第17～27行为向左检查是否需要向左滚屏,当startCol变量值还足够实现滚屏时,向左偏移人物步进的像素数,并当x方向的偏移量不够时,更新屏幕在大地图中的列数,并重新赋予一个新的x偏移量;反之,当更新的格子数不够时,则只更新偏移量。

> **说明** 本小节主要讲述的是向4个方向实现无极滚屏的功能,在此只介绍向下和向左滚屏的方式,其他方向的滚屏方式与之类似,就不再一一赘述,而对于FigureGoThread类中的checkIfTurn判断检测是否需要拐弯的方法,也由于篇幅原因不作叙述,读者若感兴趣,可以自行查看随书附带的源代码进行详细的了解和学习。

(5) 由于本游戏是一款娱乐性极强的经营类游戏,游戏人物在路上行走时可遇到许多神明,如大福神和小穷神等,大福神可助玩家买房免费,盖房加倍和小穷神会多收一半过路费等。所以接下来将介绍碰到神明,播放相应动画段的代码实现,具体代码如下。

代码位置: 见随书源代码\第16章\Zillionaire\app\src\main\java\com\game\zillionaire\thread 目录下的 FigureGoThread.java。

```
1   public boolean isCrash(Figure fg,CrashFigure cf,GameView gv){
2       if(figure.row==cf.x&&figure.col==cf.y){          //符合神明碰撞条件
3           idGod=cf.id;                                 //神明ID
4           switch(idGod){
5               case 0:                                  //大财神
6               case 3:                                  //小财神
7                   gv.aa=new CaiGodAnimation(gv);//获得播放神明动画的对象
8                   gv.aa.isAngel=true;                  //设置标志位为true
9                   gv.aa.startAnimation();              //启动动画
10                  gv.isFigureMove=true;                //播放特殊人物动画
11                  gv.aa.setClass(figure.figureFlag);//设置碰撞时的英雄类型
12                  figure.id=cf.id;                     //记录碰撞神明的类型
13                  gv.aa.setBitmapnum(figure.id);//指定播放相应动画
14                  gv.temp=gv.date+days;                //设置神明存活期
15                  gv.cfigure.remove(cf);               //碰撞后从列表中删除
16                  return true;
17              case 1:                                  //大福神
18              case 5:                                  //小福神
19                  gv.aa=new FuGodAnimation(gv);  //获得播放神明动画的对象
20                  gv.aa.isAngel=true;                  //设置标志位为true
21                  gv.aa.startAnimation();              //启动动画
22                  gv.isFigureMove=true;                //播放特殊人物动画
23                  gv.aa.setClass(figure.figureFlag);   //设置碰撞时的英雄类型
24                  figure.id=cf.id;                     //记录碰撞神明的类型
25                  gv.aa.setBitmapnum(figure.id);//指定播放相应动画
26                  gv.temp=gv.date+days;                //设置神明存活期
27                  int tempcount=0;                     //记录卡片张数
28                  for(int i:this.gv.figure.CardNum){   //遍历人物的卡片类型
29                      if(i==-1){                       //没有卡片
```

```
30                           break;
31                     }
32                     tempcount++;                     //记录一共有多少张卡片
33               }
34               if(idGod==1){                          //大福神
35                     if(tempcount<19){                //如果人物卡片数不足19张
36                           for(int i=0;i<2;i++){      //获得两张卡片
37                                 fg.CardNum[tempcount+i]=(int) (Math.
                                   random()*21);
38                     }}}
39               else if(idGod==5){                     //小福神
40                     if(tempcount<20){                //获得一张卡片
41                           fg.CardNum[tempcount]=(int) (Math.random()*21);
42                     }}
43               gv.cfigure.remove(cf);                 //碰撞后从列表中删除
44               return true;
45         ……//其他碰撞神明的功能实现代码与之类似,故省略,请读者自行查看
46         }}
47         return false;
48   }
```

- 第 5～16 行为遇到大财神和小财神。先获得播放神明动画的对象,随后启动动画开始播放,并记录碰撞时是玩家还是系统人物和碰撞神明的类型,同时设置神明存活期,并将被碰撞过的神明对象从列表中删除。

- 第 17～44 行为遇到大福神和小福神,与财神显灵减免过路费不同的是福神不仅可以买地免费,盖房加倍,还可以获得卡片,如遇到的是大福神则随机获得两张卡片,而小福神获得一张卡片。同时开启播放相应的神明动画段,并将被碰撞过的神明对象从列表中删除。

> **说明** 特殊人物一共有 12 个对象,在此只列举了其中的 4 个,其他的特殊人物及其功能实现与之类似,故不再赘述。对于 FigureGoThread 类中实现人物与可遇实体对象碰撞的方法——checkIfMeet(),这里由于篇幅原因不再赘述,读者若感兴趣,可自行查看随书附带的源代码进行了解和学习。

16.8 表示层界面模块的开发

接下来介绍的是前台表示层的界面,主要是游戏界面类 GameView、工具类 GameViewUtil 和辅助线程类 GameViewThread 类。其中 GameViewThread 类主要负责定时更新 GameView 的状态,GameViewUtil 为 GameView 类的辅助绘制类。

16.8.1 游戏界面 GameView 的框架介绍

本小节将介绍的是本游戏中最主要的界面——游戏绘制界面 GameView 类。该界面通过借助工具类 GameViewUtil 实时绘制游戏过程中的所有游戏信息。其开发步骤如下。

（1）首先搭建 GameView 的框架,方便读者整体把握该类。其中的 onDraw 绘制方法和 onTouch 重写的监听器实现方法的具体代码将在后面介绍。其具体开发代码如下。

代码位置:见随书源代码\第 16 章\Zillionaire\app\src\main\java\com\game\zillionaire\view 目录下的 GameView.java。

```
1    package com.game.zillionaire.view;                 //声明包名
2    ……//此处省略了导入类的代码,读者可自行查阅随书附带的源代码
3    @SuppressLint("SimpleDateFormat")
4    public class GameView extends SurfaceView implements
5          SurfaceHolder.Callback,View.OnTouchListener{
6          @Override
```

```
7              protected void finalize() throws Throwable{
8                  super.finalize();
9              }
10         ……//此处省略了成员变量的声明,将在后面给出
12         public GameView(ZActivity activity){                    //构造器
13             ……此处省略了构造器中对各种资源的初始化的代码,读者可自行查看随书的源代码
14         }
15         public void initMap(){                                  //初始化地图
16             ……此处省略了地图资源的初始化的代码,读者可自行查看随书的源代码
17         }
18         public void onDraw(Canvas canvas){                      //绘制屏幕
19             ……//此处省略了屏幕的绘制代码,将在后面给出
20         }
21         public void setCurrentDrawable(MyMeetableDrawable currentDrawable){
22             this.currentDrawable = currentDrawable;
23         }
24         public void setStatus(int status){                      //设置GameView的状态
25             this.status = status;
26         }
27         @Override
28         public void surfaceChanged(SurfaceHolder holder, int format, int width, int height){
29         }
30         @Override
31         public void surfaceCreated(SurfaceHolder holder) {       //当View被创建时被调用
32             ……//此处省略了相关线程启动的代码,读者可自行查看随书的源代码
33         }
34         @Override
35         public void surfaceDestroyed(SurfaceHolder holder) {     //当View被摧毁时被调用
36             this.drawThread.setIsViewOn(false);
37         }
38         public class DrawThread extends Thread{                  //刷帧线程
39             ……//此处省略了线程中绘制代码,读者可自行查看随书的源代码
40         }
41         @Override
42         public boolean onTouch(View view, MotionEvent event){    //重写的监听器实现方法
43             ……//此处省略了事件监听方法的实现代码,将在后面给出
44     }}
```

- 第 12~14 行为 GameView 的构造器,主要是对各种资源的初始化。包括给 ZActivity 的引用赋值、创建系统人物和操纵人物、初始化后台线程和刷帧线程等。
- 第 15~17 行为初始化地图信息及图片资源。在初始化地图资源时,需要从 LayerList 的一个对象中读取地图信息,获得总不可通过矩阵,获得地图上层信息。
- 第 18~20 行为各种信息的绘制方法。由于此方法比较复杂,因此 onDraw 方法将在后面进行介绍。
- 第 24~26 行为设置 GameView 的状态。
- 第 38~40 行为刷帧线程。
- 第 41~44 行为重写的屏幕事件监听方法,根据玩家单击屏幕的事件进行相应的处理,包括选单、菜单、读取和存储等功能的监听。

> **说明** 游戏界面 GameView 类中用到了工具类 GameViewUtil,该类包括一些绘制方法和部分游戏信息的绘制。由于篇幅有限,GameViewUtil 类将不再进行赘述,读者可自行查阅随书的源代码。

(2)下面介绍的是 GameView 类中成员变量的声明,包括人物类引用的声明、线程类引用的声明、骰子坐标变量的声明和各种标志位变量的声明。其具体代码如下。

代码位置:见随书源代码\第 16 章\Zillionaire\app\src\main\java\com\game\zillionaire\view 目录下的 GameView.java。

```
1    public ZActivity activity;                      // ZActivity类的引用
```

```java
2   public SharesView shares;                              //股票索引
3   public ShowDialog showDialog;                          //信息对话框
4   public DrawThread drawThread;                          //刷帧的线程
5   public GameViewThread gvt;                             //后台修改数据的线程
6   public LayerList layerList;                            //所有的层
7   MyMeetableDrawable [][] meetableMatrix;                //存放大地图的可遇矩阵
8   public MyMeetableDrawable currentDrawable;             //记录当前碰到的可遇Drawable对象引用
9   public MeetableLayer meetableChecker;                  // meetableChecker的引用
10  public int [][] notInMatrix=new int[MAP_ROWS][MAP_COLS];//存放整个大地图的不可通过矩阵
11  public ArrayList<CrashFigure> cfigure = new ArrayList<CrashFigure>();//存放碰撞人物
12  public ArrayList<Card> card = new ArrayList<Card>();   //存放道具物体
13  public int status = 0;                                 //绘制时的状态,0正常游戏,1,英雄在走动
14  Paint paint;                                           //画笔
15  public static Resources resources;                     //声明资源对象引用
16  public int currentSteps;                               //记录本次掷骰子需要走几步
17  public Figure figure;                                  //操作人物
18  public Figure figure1;                                 //系统人物1
19  public Figure figure2;                                 //系统人物1
20  public Figure figure0=null;                            //实际人物
21  public int isFigure;                                   //判断人物对象
22  static Bitmap[] bmpFigure;    //存放英雄的图片,分为静态和动态,代表英雄静止还是走路
23  public int indext=0;                                   //骰子图片的索引
24  public int diceX=-100;                                 //骰子的x坐标
25  public int diceY=-100;                                 //骰子的y坐标
26  public Dice di;                                        //骰子类
27  public boolean isDraw=false; //是否绘制GO图标的标志位    --false 绘制    --true 不绘制
28  public boolean isYuanBao=true;//是否显示元宝的标志位    ---true 是第一帧    --false 不是第一帧
29  boolean isFrist=true;        //是否为第一个标志位       ---true 是第一帧    --false 不是第一帧
30  public boolean isSheZhi=false; //是否显示设置图标的标志位,默认为false,表示不查看设置
31  public boolean isMenu=true;    //是否显示主菜单的标志位,true 显示     false 不显示
32  public boolean isDrawAlliance=false;  //是否绘制同盟卡的标志位
33  public boolean isDialog=false;          //是否绘制对话框
34  public BankLiXi blx;                                   //blx的引用
35  public int tempStartRow=0;                             //记录本次绘制时的定位行
36  public int tempStartCol=0;                             //记录本次绘制时的定位列
37  public int tempOffsetX=0;                              //记录本次绘制时的x偏移
38  public int tempOffsetY=0;                              //记录本次绘制时的y偏移
39  public int[] room={-1,-1,-1,-1,-1,-1};                 //6个地区
40  public boolean isGoTo=true;                            //判断人物是否前进
41  public int date=01;                                    //1号
42  public CaiPiaoWinning caiPiaoWinning;                  // CaiPiaoWinning类的引用
43  public int count=0;                                    //计天数
44  public int count1=0;                                   //买卖股票计数
45  public int count2=0;                                   //系统人物卖股票
46  public MeetableAnimation aa;                           // MeetableAnimation类的引用
47  public int temp=0;                                     //用于记录碰撞神明的生存期
48  public boolean isWW=false;                             //绘制机器娃娃
49  public boolean isWeekend=false;                        //判断是否周末
50  public UseCardView useCard;                            //卡片界面类
51  MagicHouseDrawable magic;                              //魔法屋类
52  AccidentDrawable accident;                             //机遇类
53  CheckFigureInfomation checkFigureInfo;                 // CheckFigureInfomation类的引用
54  WinView winView;                                       // WinView类的引用
55  RedCard cr;                                            //获得使用卡片的引用
56  public ChangeSitting cs;                               //新闻交换位置工具类
57  public GameViewUtil gvu;                               //GameViewUtil类的引用
58  public ArrayList<Integer> mpCP=new ArrayList<Integer>();//用于存放彩票
59  public boolean isFigureMove=false;                     //是否播放特殊人物动画
```

> **说明** 代码中各个成员变量的含义可见后面的注释,主要是对各个类引用的声明、各种绘制标志位的声明和绘制坐标变量的声明。其中还包括存放整个大地图的不可通过矩阵的二维数组的声明。

16.8.2 游戏界面绘制方法 onDraw 的介绍

接下来将对其进行完善。首先是对 onDraw 绘制方法的完善。该方法主要负责界面的绘制工

16.8 表示层界面模块的开发

作，包括地图、菜单界面和利界面等。其具体步骤如下。

（1）该方法的框架如下，根据游戏状态值的不同绘制不同的界面，包括买卖股票界面、彩票中奖界面、月底银行发红界面和人物胜利界面等。其具体代码如下。

代码位置：见随书源代码\第 16 章\Zillionaire\app\src\main\java\com\game\zillionaire\view 目录下的 GameView.java。

```java
1   public void onDraw(Canvas canvas){                       //绘制屏幕
2       if(canvas==null){                                     //canvas 为空，返回
3           return;
4       }
5       gvu.initBitmap();                                     //初始化图片
6       CrashFigure.initBitmap(this.getResources());
7       if(!figure.isWG){
8           gvu.go=gvu.gos[0];                                //初始化骰子图片
9       }
10      canvas.save();                                        //保存画布状态
11      canvas.translate(ConstantUtil.LOX, ConstantUtil.LOY); //自适应屏幕
12      canvas.scale(ConstantUtil.RADIO, ConstantUtil.RADIO);
13      canvas.clipRect(0,0,1280,720);                        //限定绘制区域
14      ……//此处省略了游戏主界面的绘制工作，代码将在后面给出
15      try{
16          for(Card cd:card){                                //遍历道具列表
17              cd.onDraw(canvas);                            //绘制卡片物体
18      }}catch(Exception e){}
19      if(isFigureMove&&aa!=null&&aa.isAngel){               //播放特殊人物动画
20          aa.drawGod(canvas);
21      }
22      if(status==2){                                        //绘制股票
23          shares.onDraw(canvas);
24      }else{
25          shares.sd.initDetails();                          //随机改变股票成交价
26      }
27      if(date==15){                                         //绘制彩票中奖
28          caiPiaoWinning.drawCaiPiaoWinningF(canvas);
29      }
30      if(date==5&&count1==0&&figure0.k!=0){                 //系统人物购买股票
31          if(shares.sd.systemBuy()){
32              ……//此处省略了系统人物买股票的代码，读者可自行查看随书的源代码
33      }}else if(date!=5){
34          count1=0;
35      }
36      if(date==25&&count2==0&&figure0.k!=0){                //系统人物卖股票
37      if(shares.sd.systemSale()){
38          ……//此处省略了系统人物卖股票的代码，读者可自行查看随书的源代码
39      }}else if(date!=25){
40          count2=0;
41      }
42      if(date==28){                                         //绘制月底银行发红利
43          blx.drawDialog(canvas);
44      }
45      if(!isFigureMove&&showDialog!=null&&isDialog){        //绘制相应的对话框
46          showDialog.drawDialog(canvas);
47      }
48      gvu.drawAlliance(canvas);                             //绘制同盟标志
49      if(RedCard.days+3<date&&RedCard.isCardRed){           //卡片生效的期限
50          shares.sd.Byperson(shares.isshares);
51      }else{
52          RedCard.isCardRed=false;                          //使用红卡标志位
53          shares.sd.Up=false;                               //是否使用红卡
54          shares.sd.Low=false;                              //是否使用黑卡
55      }
56      magic.drawPoliceCar(canvas, this, figure, figure1, figure2);//绘制警车/救护车
57      accident.drawShip(canvas, this, figure, figure1, figure2);//绘制飞船
58      if(status==3){                                        //使用卡片
59          useCard.onDraw(canvas);
60      }
```

```
61          if(status==4){                                  //查看英雄信息
62              checkFigureInfo.onDraw(canvas);
63          }
64          if(useCard.cd!=null&&useCard.cd.isDrawCard){
65              useCard.cd.onDraw(canvas);
66          }
67          if(figure.mhz.zMoney>=300000){                   //操纵人物胜利
68              winView.onDraw(canvas,figure);               //绘制界面
69          }else if(figure1.mhz.zMoney>=300000){            //系统人物1胜利
70              winView.onDraw(canvas,figure1);              //绘制界面
71          }else if(figure2.mhz.zMoney>=300000){            //系统人物2胜利
72              winView.onDraw(canvas,figure2);              //绘制界面
73          }
74          canvas.restore();                                //恢复画布
75      }
```

- 第5~9行为初始化图片。包括调用initBitmap方法初始化游戏部分图片,初始化骰子图片。
- 第10~13行为保存画布状态,设置屏幕自适应并限制绘制区域。
- 第15~60行为绘制各种信息。包括绘制卡片、股票、彩票、同盟卡、飞船和救火车等信息,同时还包括绘制月底银行发红利的界面等。
- 第61~73行为关于人物的绘制。包括查看英雄的信息、判断操纵人物和系统人物的总资产等。当人物的总资产满足30万元则绘制该人物的胜利界面。
- 第74行为恢复画布状态。

> **说明** 该方法在绘制前先保护现场,然后进行各种信息的绘制,最后又恢复现场,避免了该部分绘制代码对其他部分造成影响。由于篇幅有限,上面省略了关于系统人物买卖股票的相关代码,读者可自行查看随书的源代码。

(2)上一小节介绍的是onDraw的框架,仅了解onDraw方法的框架是不够的,还需要知道其具体代码。本小节将介绍其中省略的游戏主界面的绘制代码。

代码位置:见随书源代码\第16章\Zillionaire\app\src\main\java\com\game\zillionaire\view目录下的GameView.java。

```
1       if(isWW){                                            //绘制机器娃娃
2           tempStartRow =figure0.startRow;                  //记录本次绘制时的定位行
3           tempStartCol = figure0.startCol;                 //记录本次绘制时的定位列
4           tempOffsetX = figure0.offsetX;                   //记录本次绘制时的x偏移
5           tempOffsetY = figure0.offsetY;                   //记录本次绘制时的y偏移
6       }else{
7           Room.isGotoWhere(this);                          //选取参考点
8       }
9       cs.isCSitting();                                     //新闻交换人物位置
10      int hCol = figure.x/TILE_SIZE_X;                     //计算操作人物中心点位于哪个格子
11      int hRow = figure.y/TILE_SIZE_Y;                     //计算操作人物中心点位于哪个格子
12      int hCol1 = figure1.x/TILE_SIZE_X;                   //计算系统人物1中心点位于哪个格子
13      int hRow1 = figure1.y/TILE_SIZE_Y;                   //计算系统人物1中心点位于哪个格子
14      int hCol2 = figure2.x/TILE_SIZE_X;                   //计算系统人物2中心点位于哪个格子
15      int hRow2 = figure2.y/TILE_SIZE_Y;                   //计算系统人物2中心点位于哪个格子
16      for(int i=-1; i<=GAME_VIEW_SCREEN_ROWS; i++){        //绘制底层
17          if(tempStartRow+i < 0 || tempStartRow+i>MAP_ROWS){//如果多画的那一行不存在,就继续
18              continue;
19          }
20          for(int j=-1; j<=GAME_VIEW_SCREEN_COLS; j++){
21              if(tempStartCol+j <0 || tempStartCol+j>MAP_COLS){
                    //如果多画的那一列不存在,就继续
22                  continue;
23              }
24              Layer l = (Layer)layerList.layers.get(0);    //获得底层的图层
25              MyDrawable[][] mapMatrix=l.getMapMatrix();
26              if(mapMatrix[i+tempStartRow][j+tempStartCol] != null){
27                  mapMatrix[i+tempStartRow][j+tempStartCol].drawSelf
```

```
28                         (canvas,activity,i,j,tempOffsetX,tempOffsetY);
29          }}}
30          while(cfigure.size()<10){
31              ……//此处省略了在地图中添加碰撞人物的代码，读者可自行查看随书的源代码
32          }
33          for(int i=-1; i<=GAME_VIEW_SCREEN_ROWS; i++){              //绘制上层
34              if(tempStartRow+i < 0 || tempStartRow+i>MAP_ROWS){//如果多画的那一行不存在就继续
35                  continue;
36              }
37              for(int j=-1; j<=GAME_VIEW_SCREEN_COLS; j++){
38                  ……//此处省略了绘制上层的代码，读者可自行查看随书的源代码
39                  if(hRow-tempStartRow == i && hCol-tempStartCol == j&&figure.isHero){
                        //绘制操纵人物
40                      if(figure.isDreaw){
41                          figure.drawSelf(canvas,tempStartRow,tempStartCol,
                                tempOffsetX,tempOffsetY);
42                          gvu.drawFigure(canvas,figure);   //绘制人物头上的物体
43                          if(date>temp){
44                              CrashFigure.isMeet1=false;   //是否碰到神明标志位
45                              figure.id=-1;                //英雄碰撞到的神明的类型
46                              temp=0;                      //碰撞神明的生存期
47                          }
48                          if(CrashFigure.isMeet1&&figure.id<=10){
49                              canvas.drawBitmap
50                                  (hm1.get(figure.id),figure.topLeftCornerX+20,
                                    figure.topLeftCornerY-30, null);
51                  }}}
52                  ……//此处省略了与操纵人物相同的系统人物的绘制代码，请自行查阅
53                  if(isWW){
54                      ……//此处省略了绘制机器娃娃的代码，读者可自行查看随书的源代码
55                  }
56                  if(mapMatrix[i+tempStartRow][j+tempStartCol] != null&&
57                      mapMatrix[i+tempStartRow][j+tempStartCol].da==1&&
58                      mapMatrix[i+tempStartRow][j+tempStartCol].ss!=-1){
59                      ……//此处省略了绘制大土地上的房子代码，读者可自行查看随书的源代码
60          }}}
61          for(int i=-1; i<=GAME_VIEW_SCREEN_ROWS; i++){
62              ……//此处省略了碰撞人物绘制的代码，读者可自行查看随书的源代码
63          }
64          gvu.drawDate(canvas);                              //绘制日期
65          gvu.drawTouImage(canvas);                          //绘制屏幕最下方的头像
66          if(!isFigureMove&&!isDialog&&currentDrawable != null){//判断是否需要绘制可遇实体的对话框
67              isDraw=true;                                   //不绘制 GO 图标
68              isMenu=false;                                  //不绘制菜单
69              isYuanBao=false;                               //不显示元宝图标
70              currentDrawable.drawDialog(canvas, figure0);
71          }
72          if(!isFigureMove&&!isDialog&&di.flag){              //绘制骰子
73              di.draw(canvas);
74          }
75          if(!isDialog){
76              gvu.drawMenu(canvas);                          //绘制游戏主界面菜单
77              gvu.drawGo(canvas);                            //绘制 Go
78          }
```

- 第 1～8 行为绘制机器娃娃，如果绘制机器娃娃，则记录本次绘制时的定位行列和 x、y 偏移量。否则选取参考点。第 9 行为当新闻播报为龙卷风侵袭时，调用 ChangeSitting 类中的 isGotoWhere 方法来随机交换人物位置。

- 第 10～15 行为计算人物中心点位于哪个格子，包括计算操纵人物和系统人物 1、人物 2 的中心点的位置。

- 第 16～29 行为绘制地图底层。首先判断多画的行列是否存在，不存在则继续，获得底层的图层，获得 MyDrawable 类的矩阵，并绘制出相关信息。

- 第 33～60 行为绘制地图上层。首先判断多画的行列是否存在，不存在则继续。然后绘制操纵人物，包括绘制人物头上的物体，设置是否碰到神明标志位、英雄碰撞到的神明的类型和

碰撞神明的生存期等。由于篇幅有限，此处还省略了系统人物的绘制、机器娃娃和大土地上房子的绘制，读者可自行查看随书的源代码。

- 第 64～77 行为关于游戏主界面的一些绘制，包括日期、屏幕最下方的头像、骰子、游戏主界面和 GO 图标的绘制等。同时还有设置是否绘制 GO 图标、菜单和元宝图标的标志位。

16.8.3　游戏界面屏幕监听方法 onTouch 的介绍

本小节将对屏幕事件监听方法 onTouch 方法进行介绍，使玩家能够与游戏进行交互，其具体代码如下。

代码位置：见随书源代码\第 16 章\Zillionaire\app\src\main\java\com\game\zillionaire\view 目录下的 GameView.java。

```
1    public boolean onTouch(View view, MotionEvent event){            //屏幕事件监听
2        int x=ScreenTransUtil.xFromRealToNorm((int)event.getX());//屏幕自适应得到 x 坐标
3        int y=ScreenTransUtil.yFromRealToNorm((int)event.getY());//屏幕自适应得到 y 坐标
4        if(event.getAction()==MotionEvent.ACTION_DOWN){              //捕捉屏幕被按下的事件
5            if((!isDraw)&&x>=ConstantUtil.GameView_Go_Left_X
6                 &&x<=ConstantUtil.GameView_Go_Right_X&&y>=ConstantUtil.
                 GameView_Go_Up_Y
7                 &&y<=ConstantUtil.GameView_Go_Down_Y){    //手触碰 GO 图标时
8                gvu.isGoDice(figure);                      //操作人物掷骰子
9            }else if(isMenu&&x>ConstantUtil.GameView_TheIcon_Left_X
10                 &&x<=ConstantUtil.GameView_TheIcon_Right_X
11                 &&y>=ConstantUtil.GameView_TheFistIcon_Up_Y
12                 &&y<=ConstantUtil.GameView_TheFistIcon_Down_Y){//菜单中第一个图标
13               int cardCount=0;
14               for(int index:figure.CardNum){
15                    if(index!=-1){                        //如果索引值等于-1
16                        cardCount++;                      //计数器加 1
17                    }}
18                if(cardCount>0){                          //如果 20 张不全为-1
19                    isDraw=true;                          //不绘制 GO 图标
20                    isMenu=false;                         //不绘制菜单
21                    this.isYuanBao=false;
22                    status=3;                             //绘制卡片显示
23                    this.setOnTouchListener(useCard);
24                }}
25            ……//此处省略了菜单中其他 3 个图标的相关代码，读者可自行查看随书的源代码
26            else if(isSheZhi&&isMenu&&x>ConstantUtil.GameView_Save_Left_X
27                 &&x<=ConstantUtil.GameView_Save_Right_X
28                 &&y>=ConstantUtil.GameView_Up_Y&&y<=ConstantUtil.
                 GameView_Down_Y){//存储
29                isSheZhi=false;                           //是否显示设置图标
30                Message msg1 = this.activity.myHandler.obtainMessage(12);
31                this.activity.myHandler.sendMessage(msg1);
                //向主 activity 发送 Handler 消息
32            }else if(isSheZhi&&isMenu&&x>ConstantUtil.GameView_ChooseMenu_Left_X
33                 &&x<=ConstantUtil.GameView_ChooseMenu_Right_X
34                 &&y>=ConstantUtil.GameView_Up_Y&&y<=ConstantUtil.
                 GameView_Down_Y){//选单
35                isSheZhi=false;                           //是否显示设置图标
36                Message msg1 = this.activity.myHandler.obtainMessage(0);
37                this.activity.myHandler.sendMessage(msg1);
                //向主 activity 发送 Handler 消息
38                if(activity.sm.mp.isPlaying()){ //返回主界面--关闭停止播放音乐
39                    activity.sm.mp.stop();
40                    activity.sm.mp.release();
41            }}else if(isSheZhi&&isMenu&&x>ConstantUtil.GameView_ReadShedule_Left_X
42                 &&x<=ConstantUtil.GameView_ReadShedule_Right_X
43                 &&y>=ConstantUtil.GameView_Up_Y&&y<=ConstantUtil.
                 GameView_Down_Y){//读取
44                isSheZhi=false;
45                Message msg1 = this.activity.myHandler.obtainMessage(11);
46                this.activity.myHandler.sendMessage(msg1);//向主activity 发送Handler 消息
```

```
47              }}
48          return true;
49      }
```

- 第 2、3 行为获得屏幕被按下的 x、y 坐标。为了避免因分辨率不同而产生的事件处理不对应问题，需要在获得 x、y 坐标后调用 ScreenTransUtil 类的 xFromRealToNorm 方法和 yFromRealToNorm 方法，转化为屏幕自适应下的坐标。
- 第 5~8 行为单击 GO 图标时的处理代码。当手触碰到 GO 图标时，设置操纵人物投骰子。
- 第 9~25 行为点击菜单图标时的处理代码。首先判断玩家点击的是哪个图标，如果点击的是查看已购买卡片图标，则获得已购买卡片的数量，将绘制 GO 图标、菜单的标志置为 false，跳转到显示已购买卡片的界面。
- 第 26~47 行为玩家单击设置图标后的处理代码。玩家单击设置图标后出现菜单界面，包括存储、选单和读取 3 个按钮。点击存储按钮可将当前的游戏状态存档，单击读取按钮可继续之前存档的游戏，点击选单按钮可选择返回主界面。

> **说明** onTouch 方法主要是对屏幕事件的监听并进行相对应的事件处理。由于篇幅有限，菜单界面的其他三个图标的处理不再赘述，读者可自行查看随书的源代码。

16.8.4 后台线程 GameViewThread 的开发

本小节将要介绍的是后台线程 GameViewThread 类，主要负责定时读取 GameView 的状态。如果当前为待命状态，则切换到人物使其产生动画。其具体代码如下。

代码位置：见随书源代码\第 16 章\Zillionaire\app\src\main\java\com\game\zillionaire\thread 目录下的 GameViewThread.java。

```
1   package com.game.zillionaire.thread;                        //声明包名
2   import com.game.zillionaire.view.GameView;                  //引入 GameView 类
3   public class GameViewThread extends Thread{
4       GameView gv;                                            //游戏视图类的引用
5       int sleepSpan = 180;                                    //休眠时间
6       int waitSpan = 1500;                                    //空转时的等待时间
7       public boolean flag;                                    //线程是否执行标志位
8       boolean isChanging;                                     //是否需要换骰子动画
9       public GameViewThread(){}                               //空构造器
10      public GameViewThread(GameView gv){
11          super.setName("==GameViewThread");
12          this.gv = gv;                                       //初始化 GameView 类的引用
13          flag = true;                                        //初始化线程标志位
14      }
15      public void run(){                                      //线程执行方法
16          while(flag){                                        //线程正在执行
17              while(isChanging){                              //如果需要换骰子动画
18                  if(gv.isDialog||gv.isFigureMove||gv.isWW){//出现对换框时,则不变换人物
19                      gv.status=1;
20                  }
21                  if(gv.status==0){                           //需要换人物
22                      try{
23                          Thread.sleep(sleepSpan);    //线程睡眠时间
24                      }catch(Exception e){e.printStackTrace();}
25                      if(gv.isFigure==0){                     //如果为操纵人物
26                          gv.isFigure=1;                      //设置下一个为系统人物 1
27                          gv.isMenu=false;                    //不绘制菜单
28                          try{
29                              Thread.sleep(500);  //线程睡眠时间
30                          }catch(Exception e){e.printStackTrace();}
31                          gv.gvu.isGoDice(gv.figure1);    //系统人物 1 掷骰子
32                      }else if(gv.isFigure==1){               //如果为系统人物 1
33                          gv.isFigure=2;                      //设置下一个为系统人物 2
```

```
34                    gv.isMenu=false;             //不绘制菜单
35                    try{
36                        Thread.sleep(500);       //线程睡眠时间
37                    }catch(Exception e){e.printStackTrace();}
38                    gv.gvu.isGoDice(gv.figure2);//系统人物2掷骰子
39                }else if(gv.isFigure==2){        //如果为系统人物2
40                    gv.isFigure=0;               //设置下一个为操纵人物
41                    if(gv.isGoTo&&gv.figure.isDreaw&&(!gv.isWW)){
42                        gv.isDraw=false;         //绘制 GO 图标
43                        gv.isYuanBao=true;       //显示元宝图标
44                        gv.isMenu=true;          //绘制菜单
45                    }else{
46                        try{
47                            Thread.sleep(500);//线程睡眠时间
48                        }catch(Exception e){e.printStackTrace();}
49                        gv.gvu.isGoDice(gv.figure);//操作人物掷骰子
50                    }
51                    gv.count++;  //当人物全部走过之后，计数器加 1
52                }}
53                gv.setStatus(1);                 //设置 GameView 的状态
54                this.setChanging(false);//调用 setChanging 方法
55            }
56            try{
57                Thread.sleep(waitSpan);          //不需要换骰子时线程的空转等待时间
58            }catch(Exception e){e.printStackTrace();}
59        }}}
60        public void setChanging(boolean isChanging){ //设置是否需要换骰子
61            this.isChanging = isChanging;
62    }}
```

- 第 4～8 行为相关变量的声明，包括游戏视图 GameView 类引用的声明、休眠时间和空转时的等待时间变量的赋值、线程是否执行标志位和是否需要换骰子标志位变量的声明等。

- 第 15～59 行为线程执行 run 方法。当线程正在执行并需要换骰子动画时，如果出现对换框，则不变换人物，否则需要换人物。换人物时将判断当前人物并设置下一个人物，如果当前人物为操纵人物，则绘制 GO 图标、显示元宝图标和绘制菜单；如果当前人物是系统人物，则不绘制菜单。最后设置 GameView 的状态并调用 setChanging 方法。

- 第 60～62 行为设置是否需要换骰子的方法。根据入口参数设置是否需要换骰子动画。

> **说明** GameViewThread 类是后台线程。主要作用是通过定时读取 GameView 的状态来设置游戏当前运动的人物，并根据人物的不同设置是否绘制菜单界面。

16.9 地图中可遇实体模块的开发

游戏中人物每次走完指定骰子数的地图格子后，都将检测当前位置是否与地图上的可遇实体发生了相遇。本节就来简单介绍可遇实体对象的开发，涉及的类主要有 MyDrawable、MyMeetableDrawable 和继承自 MyMeetableDrawable 的各个子类。

16.9.1 绘制类 MyDrawable 的开发

MyDrawable 是 MyMeetableDrawable 的父类。游戏中不可遇的地图元素如道路、花等均是 MyDrawable 类的对象。在本游戏中，MyDrawable 的宽度和高度可以是地图图元大小（64×48）的任意倍数，如代表商业用地的大小为 128×96，占地图中 4 个格子。

当 MyDrawable 的大小超过 64×48 时，就需要为其指定参考点，在绘制 MyDrawable 时将根据其参考点和在地图中所占的行和列进行绘制。在本游戏中，参考点用相对于 MyDrawable 左下角的行和列指定。图 16-31 说明了如何基于参考点来绘制 MyDrawable。

16.9 地图中可遇实体模块的开发

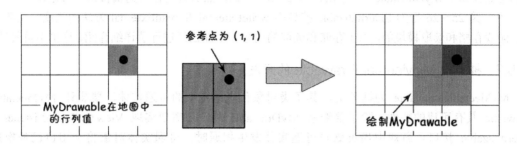

▲图 16-31 在地图中绘制 MyDrawable 示意图

在图 16-31 中，要绘制的 MyDrawable 在地图中占 2 行 2 列，其中定位点位于右上角的那个格子，相对于左下角的坐标为 (1,1)。在绘制 MyDrawable 时，将参考点所在的格子对到 MyDrawable 在地图中所占的行和列即可。

同时，由于 MyDrawable 的大小可能超过一个地图格子的尺寸，在表示其可通过情况时，不可以用 0 和 1 简单概括。因为有些 MyDrawable 可能部分位置可通过，其他位置不可通过，这时需要将 MyDrawable 内部所有不可通过的点记录下来。如图 16-31 的 MyDrawable，如果其上边两个图元不可通过，下面两个可通过，则其不可通过点为 (0,1) 和 (1,1)，同样是相对于 MyDrawable 左下角的坐标。

下面将介绍的是 MyDrawable 类的开发，代码框架如下。

代码位置：见随书源代码\第 16 章\Zillionaire\app\src\main\java\com\game\zillionaire\map 目录下的 MyDrawable.java。

```
1   package com.game.zillionaire.map;              //声明包名
2   ……//此处省略了导入类的代码，读者可自行查阅随书附带的源代码
3   public class MyDrawable implements Externalizable{
4       ……//此处省略了定义变量的代码，读者可自行查阅随书附带的源代码
5       public MyDrawable(){}                       //无参构造器
6       public MyDrawable(ZActivity at,String bpName,String dbpName,boolean meetable,int width,
7       int height,int col,int row,int refCol,int refRow,int [][] noThrough,int indext,int da){
8           this.at=at;                             //给 Activity 类赋值
9           this.bpName=bpName;                     //给自身的图片赋值
10          this.dbpName=dbpName;                   //附加的图片赋值
11          ……//此处省略的代码与上述代码大致相同，故省略，请自行查看源代码
12      }
13      public void drawSelf(Canvas canvas,ZActivity at,int screenRow,int screenCol,
        int offsetX,int offsetY){
14          Bitmap bmpSelf=null;                    //定义 Bitmap 对象
15          while(bmpSelf==null){
16              if(bpName==null){return;}           //如果图片名称为空，则返回
17              bmpSelf=PicManager.getPic(bpName,at.getResources());//获得图片引用
18          }
19          int x= (screenCol-refCol)*TILE_SIZE_X;  //求出自己所拥有的块数中左上角块的 x 坐标
20          int y =screenRow*TILE_SIZE_Y+(refRow+1)*TILE_SIZE_Y-bmpSelf.getHeight();
21          bitmapx= x-offsetX;                     //获得绘制图片的 x 坐标
22          bitmapy=y-offsetY;                      //获得绘制图片的 y 坐标
23          canvas.drawBitmap(bmpSelf,bitmapx, bitmapy, null);  //根据 x、y 坐标画图片
24      }
25      public void writeExternal(ObjectOutput out) throws IOException {}
26      public void readExternal(ObjectInput in) throws IOException,ClassNotFoundException {}
27  }
```

- 第 5~12 行为本类的构造器方法，其中包含无参构造器和有参构造器。在此构造器中，将 MyDrawable 的主要成员变量初始化，部分相似代码省略。
- 第 13~24 行为该类的绘制方法。该方法首先通过将要绘制到屏幕上的行和列以及参考

点的位置计算出 MyDrawable 左上角的 *x* 坐标和 *y* 坐标，然后减去各自的偏移量进行绘制。
- 第 25～26 行为 Externalizable 接口中 writeExternal 和 readExternal 方法的实现，主要服务于游戏存档和读取模块的，由于存储和读取的内容在上面已经进行了详细介绍，这里不再赘述。

16.9.2 抽象类 MyMeetableDrawable 的开发

MyMeetableDrawable 为抽象类，其子类对象代表地图中的可遇实体，要想让 MyMeetableDrawable 具有可遇的特性，除了要继承 MyDrawable 外，还需要实现 View.OnTouchListener、Externalizable 接口。游戏中当英雄与可遇实体发生相遇时，可遇实体对象将会用自己替换掉 GameView 的 View.OnTouchListener 监听器以执行相应的任务。MyMeetableDrawable 类的具体代码如下。

代码位置：见随书源代码\第 16 章\Zillionaire\app\src\main\java\com\game\zillionaire\map 目录下的 MyMeetableDrawable.java。

```java
1    package com.game.zillionaire.map;               //声明包名
2    ……//此处省略了导入类的代码，读者可自行查阅随书附带的源代码
3    public abstract class MyMeetableDrawable extends MyDrawable
4            implements View.OnTouchListener,Externalizable {
5        ……//此处省略了定义变量的代码，读者可自行查阅随书附带的源代码
6        public MyMeetableDrawable(){}                //无参构造器
7        public void writeExternal(ObjectOutput out) throws IOException{}
8        public void readExternal(ObjectInput in) throws IOException,
    ClassNotFoundException{}
9        public MyMeetableDrawable(ZActivity at,String bmpSelf,String dbitmap,
    intcol,int row,
10                 int width,int height,int refCol,int refRow,int [][] noThrough,
                boolean meetable,
11                 int [][] meetableMatrix,int da,String bmpDialogBack){
12            super(at,bmpSelf,dbitmap,meetable,width,height,col,row,refCol,refRow,
    noThrough,0,da);
13            this.meetableMatrix = meetableMatrix;   //给可遇矩阵赋值
14            this.bmpDialogBack = bmpDialogBack;     //给文字背景图片赋值
15        }
16        public abstract void drawDialog(Canvas canvas,Figure figure);
    //在游戏屏幕上绘制对话框的方法
17        public void drawString(Canvas canvas,String string,int location_x,int location_y){
18            Paint paint = new Paint();
19            paint.setARGB(255, 42, 48, 103);        //设置字体颜色
20            paint.setAntiAlias(true);               //打开抗锯齿
21            paint.setTextSize(DIALOG_WORD_SIZE);    //设置文字大小
22            int lines = string.length()/DIALOG_WORD_EACH_LINE+
23                (string.length()%DIALOG_WORD_EACH_LINE==0?0:1); //求出需要画几行文字
24            for(int i=0;i<lines;i++){
25                String str="";
26                if(i == lines-1){                   //如果有不够一行的文字
27                    str = string.substring(i*DIALOG_WORD_EACH_LINE);
28                }else{                              //如果有够一行的文字
29                    str = string.substring(i*DIALOG_WORD_EACH_LINE,
30                        (i+1)*DIALOG_WORD_EACH_LINE);
31                }
32                canvas.drawText(str, location_x, location_y+DIALOG_WORD_SIZE*i,
    paint);//画文字
33            }}
34        public void drawTitleString(Canvas canvas,String string){   //画标题文字
35            Paint paint = new Paint();              //创建画笔
36            paint.setARGB(255, 42, 48, 103);        //设置字体颜色
37            paint.setAntiAlias(true);               //抗锯齿
38            paint.setTextSize(28);                  //设置文字大小
39            canvas.drawText(string, 625, 110, paint);//绘制文字
40        }
41        @Override
42        public boolean onTouch(View view, MotionEvent event) {return false;} //重写方法
43    }
```

- 第 6~15 行为该类的构造器方法和存储、读取方法。在有参构造器中，主要进行了对 MyMeetableDrawable 类的主要成员变量初始化。存储、读取方法的代码在这里进行了省略，因为上面已经进行了详细介绍，读者可自行查阅随书附带的源代码。
- 第 16 行为抽象方法 drawDialog，因为不同的可遇实体需要执行的逻辑不同，所以要绘制的对话框也不尽相同，继承 MyMeetableDrawable 类的各个子类则需要独立实现该方法。
- 第 17~33 行为 drawString 方法。该方法负责将接收到的字符串对象绘制到指定的 Canvas 对象中，继承 MyMeetableDrawable 类的各个子类在实现 drawDialog 方法时将会调用到此方法。
- 第 34~40 行为 drawTitleString 方法。此方法和 drawString 大致相同，是用来绘制标题文字的。
- 第 41、42 行为实现 View.OnTouchListener 接口的 onTouch 方法。在该类中只是提供了空实现，继承于此类的各个子类将会对该方法进行具体的实现。

16.9.3　土地类 GroundDrawable 类的开发

前面的小节对 MyDrawable 和 MyMeetableDrawable 类进行介绍，游戏中的真正与人物相遇的是 MyMeetableDrawable 的子类对象，如 GroundDrawable、AccidentDrawable 等。

不同的可遇实体执行不同的业务逻辑，但其都是通过重写 MyMeetableDrawable 类中的抽象方法 drawDialog 和实现 View.OnTouchListener 接口的 onTouch 方法来完成与玩家交互的。本小节将以 GroundDrawable 为例来说明地图可遇实体的开发过程，具体代码如下。

代码位置：见随书源代码\第 16 章\Zillionaire\app\src\main\java\com\game\zillionaire\meetdrawable 目录下的 GroundDrawable.java。

```
1    package com.game.zillionaire.meetdrawable;         //声明包名
2    ……//此处省略了导入类的代码，读者可自行查阅随书附带的源代码
3    public class GroundDrawable extends MyMeetableDrawable implements Serializable{
4        ……//此处省略了定义变量的代码，读者可自行查阅随书附带的源代码
5        public GroundDrawable(){}                      //无参构造器
6        public GroundDrawable(ZActivity at,String bmpSelf,String dbitmap,String
         bmpDialogBack,
7                boolean meetable,int width,int height,int col,int row,int refCol,
8                int refRow,int [][] noThrough,int [][] meetableMatrix,int da){
9            super(at,bmpSelf,dbitmap, col, row, width, height, refCol, refRow,
             noThrough, meetable, meetableMatrix, da,bmpDialogBack);
10       }
11       }
12       @Override
13       public void drawDialog(Canvas canvas, Figure figure){//绘制对话框
14           tempFigure = figure;                       //给 Figure 对象赋值
15           bmpDialogBacks[0]=PicManager.getPic("sgd",tempFigure.father.activity.
             getResources());
16           bmpDialogBacks[1]=PicManager.getPic("lou1",tempFigure.father.activity.
             getResources());
17           ……//此处省略了与上述相似的代码，读者可自行查阅随书附带的源代码
18           pp=setDialogMessage();                     //土地所在的地区标志
19           if(kk==0){                                 //绘制操作人物的购买土地对话框
20               if(flagg){                             //绘制小土地对话框
21                   drawDialog0(canvas);
22               }else{    drawDialog1(canvas);         //绘制大土地对话框
23               }}else{                                //系统人物购买土地
24                   String showString=dialogMessage[pp];//定义 String 对象
25                   isGD(showString);
26                   if(isGet){                         //可以购买土地
27                       isJS=false;
28                       addRoom();                     //加盖房子
29                       value+=tempFigure.mhz.result/2; //过路费增加
30                       if(tempFigure.father.aa!=null){ //如果头上戴有神明
31                           GodGround();               //根据神明的特性建房
```

```
32                    }else{                          //如果没有神明
33                        tempFigure.mhz.cutMoney(0);//现金减少
34                    }
35                    recoverGame();                  //恢复游戏
36                }else{                              //如果不能购买土地
37                    if(count>=8){
38                        count=0;
39                        recoverGame();              //返回游戏
40                    }
41                    canvas.drawBitmap(dialogBack, 200, 60, null); //画背景框
42                    Paint paint=initPaint();
43                    paint.setTextSize(26);          //设置文字大小
44                    canvas.drawText("资金不足,不能购买该土地",240,130,paint);
45                    if(k<0){                        //土地还原
46                        this.ss=-1;
47                        this.kk=-1;
48                    }
49                    count++;                        //计数器加1
50        }}}
51        public Paint initPaint(){/*初始化画笔*/}
52        public void drawDialog0(Canvas canvas){/*画第一个对话框*/}
53        public void drawString0(Canvas canvas,String string){/*绘制给定的字符串到对话框
          1上*/}
54        public void drawDialog1(Canvas canvas){/*画第二个对话框*/}
55        public void drawString1(Canvas canvas,String string){/*绘制给定的字符串到对话框
          2上*/}
56        public int setDialogMessage(){/*设置土地所在的地区标志*/}
57        @Override
58        public boolean onTouch(View view, MotionEvent event){}
59        public void GodGround(){/*头上有特殊人物的方法*/}
60        public void recoverGame(){/*返回游戏*/}
61    }
```

- 第5~11行为本类的构造器方法,其中包含无参构造器和有参构造器。在此构造器中,将 GroundDrawable 类的主要成员变量初始化,部分相似代码省略。
- 第12~23行为本类的绘制方法。首先给 Figure 对象赋值,然后对本类中用到的图片进行加载,图片加载的工具类在上面进行了介绍,这里不再赘述,接着如果是操作人物购买土地,则绘制相应对话框,如果购买的是住宅用地,则调用第一个对话框的绘制方法;如果购买的是商业用地,则调用第二个对话框的绘制方法。
- 第24~50行为系统人物购买土地的方法。如果有足够的钱来购置土地,则加盖房子,并扣除金钱;如果系统人物头上有神明,则根据神明的特性进行相应处理;如果没有神明,则直接扣除金钱并建造房子,之后则返回游戏;如果没有足够的钱,则绘制相应对话框,并将土地还原。
- 第51~60行为初始化画笔、画对话框和需要显示的文字、设置土地所在的地区标志、重写的 onTouch 方法、人物头上有神明的处理和返回游戏等方法,由于篇幅有限,省略的代码请读者自行查阅随书附带的源代码。

16.9.4 可遇实体对象的调用流程

本小节将介绍可遇实体对象在游戏中的调用流程。英雄从检查是否与可遇实体相遇到结束与可遇实体的交互之间要经过如下的流程。

- 调用 FigureGoThead 类的 CheckIfMeet 方法判断是否相遇。
- 如果人物与某个可遇实体相遇,用可遇实体对象的监听方法替换掉 GameView 的 View.OnTouchListener 监听器,并进行设置让 GameView 调用可遇实体对象的 drawDialog 方法。
- 可遇实体对象与玩家交互完毕后,调用可遇实体对象的 recoverGame 方法恢复游戏。

由于篇幅有限,不能对所有的流程进行详细的介绍,下面将主要介绍的是 GroundDrawable 类中购置完土地后,需要调用的返回游戏方法,具体代码如下。

代码位置：见随书源代码\第 16 章\Zillionaire\app\src\main\java\com\game\zillionaire\meetdrawable 目录下的 GroundDrawable.java。

```
1    public void recoverGame(){                              //返回游戏
2        tempFigure.father.setCurrentDrawable(null);         //置空记录引用的变量
3        tempFigure.father.setOnTouchListener(tempFigure.father);    //返还监听器
4        tempFigure.father.setStatus(0);                     //重新设置 GameView 为待命状态
5        tempFigure.father.gvt.setChanging(true);            //启动变换人物的线程
6        ……//此处省略的代码不尽相同，读者可自行查阅随书附带的源代码
7    }
```

> **说明** 上述代码为 GroundDrawable 类中的返回游戏方法。置空记录引用的变量、返还监听器、重新设置 GameView 为待命状态以及启动变换人物的线程等，不同的类会有一些不同，因为同时要将该类用到的变量还原。读者可自行查阅随书附带的源代码。

16.10 管理面板模块的开发

本节将对游戏过程中的各个管理面板界面进行简单的介绍，这些管理面板的主要作用即操作人物使用卡片、购买股票、查看各个人物的相关信息和对游戏的存储和读取等。由于篇幅有限，本节将主要介绍操作人物对卡片的使用，其他功能不再赘述，读者可自行查阅随书附带的源代码。

（1）下面将对卡片界面框架的搭建以及部分方法进行简单的介绍，具体代码如下。

代码位置：见随书源代码\第 16 章\Zillionaire\app\src\main\java\com\game\zillionaire\card 目录下的 UseCardView.java。

```
1    package com.game.zillionaire.card;                      //声明包名
2    ……//此处省略了导入类的代码，读者可自行查阅随书附带的源代码
3    public class UseCardView implements View.OnTouchListener{
4        ……//此处省略了定义变量的代码，读者可自行查阅随书附带的源代码
5        public UseCardView(GameView gameView){              //构造器
6            this.gameView=gameView;                         //给 GameView 对象赋值
7        }
8        public void onDraw(Canvas canvas){                  //绘制方法
9            background=PicManager.getPic("usecard01",gameView.activity.getResources());
10           ……//此处省略加载其他图片的代码，与上述相似，请自行查阅
11           canvas.drawBitmap(background, 100, 20, null);//画背景图片
12           for(int index:gameView.figure.CardNum){         //遍历在商店购买了卡片的数组
13               if(index!=-1){                              //如果不等于-1(已购买卡片)
14                   count++;                                //计数器加 1
15           }}
16           int temp=count+cardGOIndex;                     //当前需要画的图片的最大值
17           if(count>6){                                    //如果卡片大于 6 张
18               ……//此处省略计算是否向前或向后翻的代码，请自行查阅
19               for(int i=temp-6;i<temp;i++){               //循环画最后的 6 张卡片
20                   int x=203+k*80;                         //横坐标变换值
21                   canvas.drawBitmap(useCard[gameView.figure.CardNum[i]], x, 320, null);
22                   k++;                                    //变量自加
23               }
24               if(!isDraw){                                //默认选中第一个
25                   canvas.drawBitmap(select, 203, 312, null);      //画选中框
26                   canvas.drawBitmap(useCard[gameView.figure.CardNum
                         [count-6]], 300, 140, null);
27                   drawString(canvas,cardFunction[gameView.figure.CardNum
                         [count-6]],9,420,170);
28                   drawString(canvas,cardName[gameView.figure.CardNum
                         [count-6]],4,300,267);
```

```
29                }else{                                          //根据单击选择相应卡片
30                    functionIndex=temp+selectIndex-6;//赋值给实现相应卡片功能的索引值
31                    int width=(selectIndex)*80+203;              //横坐标变换值
32                    ……//此处省略的代码与上述相似，读者可自行查阅随书附带的源代码
33            }}else{                                              //如果拥有的卡片小于 6 张
34                ……//此处省略的代码与上述相似，读者可自行查阅随书附带的源代码
35        }}
36        public boolean onTouch(View view,MotionEvent event){    //重写方法
37            int x=ScreenTransUtil.xFromRealToNorm((int)event.getX());//得到单击的 x 坐标
38            int y=ScreenTransUtil.yFromRealToNorm((int)event.getY());//得到单击的 y 坐标
39            if(event.getAction() == MotionEvent.ACTION_DOWN){   //动作为按下时
40                if(/*此处省略符合坐标的代码*/){                   //单击关闭对话框图标
41                    ……//此处省略返回游戏的代码，读者可自行查阅随书附带的源代码
42                }else if(/*此处省略符合坐标的代码*/){              //单击使用此卡片图标
43                    gameView.status=0;                           //回到正常游戏状态
44                    CardFunction();                              //执行卡片功能
45                    for(int i=functionIndex;i<gameView.figure.CardNum.length-1;i++){
46                        gameView.figure.CardNum[i]=gameView.figure.CardNum[i+1];
47                    }
48                    gameView.figure.CardNum[gameView.figure.CardNum.length-1]=-1;
49                    selectIndex=0;
50                }else if(/*此处省略符合坐标的代码*/){              //单击第一张卡片
51                    selectIndex=0;                               //卡片索引值为 0
52                    isDraw=true;                                 //允许画对应卡片的图片
53                }
54                ……//此处省略选择其他卡片的代码，读者可自行查阅随书附带的源代码
55            }
56            return true;
57        }
58        public void CardFunction(){                              //执行相应的卡片功能
59            switch(gameView.figure.CardNum[functionIndex]){
60                case 0:                                          //使用天使卡
61                    cd=new AngelCard(gameView,useCard[0]);
62                    this.gameView.setOnTouchListener(cd);
63                    break;
64                ……//此处省略卡片功能的代码，读者可自行查阅随书附带的源代码
65        }}
66        public void setUsedCard(UsedCard ud){this.cd=ud;}        //使用卡片
67        public void drawString(Canvas canvas,String string,int instance,int x,int y){
68            ……//此处省略绘制文字的方法，读者可自行查阅随书附带的源代码
69    }}
```

- 第 5~7 行为本类的构造器方法。通过构造器对本类的各个变量进行相应的初始化。
- 第 8~35 行为本类的绘制方法。首先需要加载该类运行时需要的图片，然后遍历卡片数组，用变量自加来计算操作人物共有卡片的张数，根据张数的大小，进行相应的处理。如果张数大于 6，则绘制最后 6 张图片，允许向前翻看其他卡片；如果张数小于 6，则直接绘制拥有的卡片。如果在没有选择卡片的情况下，则默认选中第一张卡片，并显示其相应的介绍；如果选中其他卡片，则显示其他的卡片信息。由于篇幅有限，部分代码进行了省略。
- 第 58~65 行为执行卡片相应功能的方法。创建对应的卡片类后，将游戏的监听器设置为相应卡片类。由于代码大致相似，所以这里不再赘述。
- 第 66~69 行为使用相应卡片的设置方法以及绘制文字方法。由于绘制文字的方法在上面进行过简单的介绍，这里不再进行赘述，读者可自行查阅随书附带的源代码。

（2）下面具体选择一张卡片，即天使卡进行详细说明，具体代码如下。

代码位置：见随书源代码\第 16 章\Zillionaire\app\src\main\java\com\game\zillionaire\card 目录下的 AngelCard.java。

```
1    package com.game.zillionaire.card;                            //声明包名
2    ……//此处省略了导入类的代码，读者可自行查阅随书附带的源代码
3    public class AngelCard extends UsedCard{
4        public AngelCard(GameView gv, Bitmap bitmap){            //构造器
5            super(gv, bitmap);                                    //调用父类构造器
```

```
 6              }
 7              @Override
 8              public boolean onTouch(View view, MotionEvent event){
 9                  int x=ScreenTransUtil.xFromRealToNorm((int)event.getX());//得到单击的x坐标
10                  int y=ScreenTransUtil.yFromRealToNorm((int)event.getY());//得到单击的y坐标
11                  ……//此处省略获得人物身边是否有土地的代码,请自行查阅
12                      if(/*此处省略符合坐标的代码*/){
13                          recoverGame();                                  //不使用卡片
14                      }else if(/*此处省略符合坐标的代码*/){                 //返回游戏
15                          setTS();                                        //使用卡片
16                          recoverGame();                                  //使用天使卡
17                  }}                                                      //返回游戏
18                  return true;
19              }
20              public void setTS(){                                        //使用天使卡
21                  for(int i=md.col; i>=0; i--){                           //向左搜索
22                      Layer l = (Layer)gv.layerList.layers.get(1);
23                      MyDrawable[][] mapMatrix=l.getMapMatrix();
24                      if((i-gv.tempStartCol)>=0&&(i-gv.tempStartCol)<=GAME_VIEW_SCREEN_ROWS){
25                          MyDrawable mm=mapMatrix[md.row][i];
26                          if(!(setRoom(mm))){                             //判断是否加盖房屋
27                              break;
28                  }}}
29                  ……//此处省略向左、右和下面搜索的代码,请自行查阅
30              }
31              public boolean setRoom(MyDrawable mm){                      //是否加盖房屋
32                  if(mm!= null&&mm.ss!=-1){
33                      if(mm.da==2){                                       //旁边有小土地
34                          if(mm.k<5){
35                              mm.k++;                                     //层数加1
36                              mm.bpName=GroundDrawable.bitmaps[mm.kk][mm.k];
37                              count++;                                    //可加盖的房屋栋数加1
38                              return true;
39                          }
40                      }else if(mm.da==1){                                 //旁边有大土地
41                          ……//此处省略加盖大土地的代码,请自行查阅
42                  }}
43                  return false;
44          }}
```

- 第4~19行为本类的构造器方法和重写的onTouch方法。通过构造器对本类的各个变量进行初始化,天使卡的主要作用是对一条街的房子进行加盖,如果选择使用天使卡,则首先获取地图,对房子的图片进行赋值。如果不使用卡片,则返回游戏。
- 第20~30行为使用天使卡后,对人物的周围房屋进行上、下、左、右4个方向进行搜索。如果有符合条件的房屋,则将进行加盖。
- 第31~43行为判断是否需要加盖房屋,如果有住宅用地并且没有盖到最高层,则进行加盖。如果有商业用地,并且已经选择了商业类型,则进行加盖。

> **说明** 该类继承自UsedCard类,由于UsedCard类比较简单,这里不再进行介绍。在本类中,由于篇幅有限,部分与地图有关的代码没有进行详细介绍,读者可自行查阅。

16.11 游戏的优化及改进

到此为止,《大富翁》的开发已经基本开发完成,也实现了最初设计的功能。但不可能有完美无缺的程序,也不可能有没有bug的游戏。通过开发后的试玩测试发现,游戏中仍然存在一些需要优化和改进的地方,下面列举笔者想到的一些方面。

1. 优化游戏界面

没有哪一款游戏的界面可以说开发到完美无缺的地步,所以对本游戏的界面,读者可以自行

根据自己的想法进行改进，使其更加完善、完美。如地图的设计、可遇实体对象的增加、更多卡片功能等。

2. 修复游戏 bug

现在众多的 Android 游戏在公测之后也有很多的 bug，需要玩家不断地发现以此来改进游戏。比如本游戏中调用线程过多后可能导致一时的人物行走混乱。虽然我们已经测试改进了大部分问题，但是还有很多 bug 是需要玩家发现，这对于游戏的可玩性有极其重要的帮助。

3. 完善游戏玩法

此游戏中设计的人物能够借助的工具比较少，读者可以自行开发增加各种有意思的道具，丰富游戏的体验。例如使人物具有某种特殊的属性，能够充分借助自己的本领，迫使他人破产，取得游戏胜利等等，这样就可以充分发掘这款游戏的潜力。

4. 增强游戏体验

为了满足更好的用户体验，神明的数量、房屋的加盖、可遇实体对象的数量都可以进行更改，合适的参数会极大增加游戏的可玩性以及视觉性。有能力的读者可以尝试对程序进行修改，不仅可以提高游戏的可玩性，更能够有效地锻炼自己。

第17章 休闲类游戏——《切切乐》

由于生活节奏越来越快,人们的生活压力也愈来愈大。为了缓解压力,人们在空闲时间会玩一些手机休闲类游戏,因此手机休闲类游戏开始风靡。休闲类游戏就是指一些上手很快,无须长时间进行,可以随时停止的游戏,该类游戏具有较高的娱乐性。

本章将介绍一个笔者自己开发的休闲类游戏——《切切乐》。通过对该游戏在手机平台下的设计与实现,使读者对手机平台下使用 OpenGL ES 2.0 渲染技术开发游戏的步骤有更加深入的了解,并学会使用 OpenGL ES 2.0 渲染技术开发该类游戏,从而在以后的游戏开发中有更进一步的提高。

17.1 游戏的背景和功能概述

开发《切切乐》游戏之前,读者首先需要了解一下该游戏的背景和功能。本节将主要围绕该游戏基于在短时间内缓解玩家压力的开发背景和手切割木板达到目标面积的功能两部分进行简单的介绍,希望通过笔者的介绍可以使读者对该游戏有一个整体、基本的了解,进而为之后游戏的开发做好准备。

17.1.1 背景描述

下面首先向读者介绍一些市面上比较流行的休闲类游戏,比如《开心消消乐》,《五子连珠》和《别踩白块儿》等,图 17-1~图 17-3 所示为游戏中的截图。这几款游戏的玩法以及游戏内容虽然均不相同,但其都是非常容易上手的休闲类游戏,可玩性很强。

▲图 17-1 《开心消消乐》游戏截图

▲图 17-2 《五子连珠》游戏截图

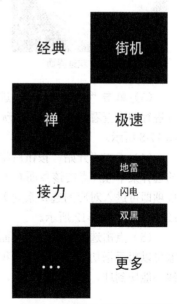
▲图 17-3 《别踩白块儿》游戏截图

在本章中，笔者将使用OpenGL ES 2.0渲染技术开发手机平台上的一款休闲类趣味小游戏。本游戏的玩法简单，同时游戏中还增加了利用OpenGL ES 2.0渲染技术渲染的各种酷炫的特效及换帧动画，极大地丰富了游戏的视觉效果，增强了用户体验。

17.1.2 功能介绍

《切切乐》游戏主要包括欢迎界面、设置背景音乐和声音特效界面、帮助界面、选择系列界面、选择系列关卡界面以及游戏界面。接下来对该游戏的部分界面和运行效果进行简单介绍。

（1）运行该游戏，进入欢迎界面。该界面中包括四个菜单按钮，分别为"选项"，"开始"，"帮助"和"退出"按钮，还包括游戏主题名称《切切乐》，如图17-4所示。

（2）点击"选项"按钮将进入设置游戏背景音乐和声音特效界面，玩家可以在该界面设置游戏背景音乐和声音特效的开关。设置完毕后只需点击该界面右上角的返回按钮即可回到欢迎界面，如图17-5和图17-6所示。

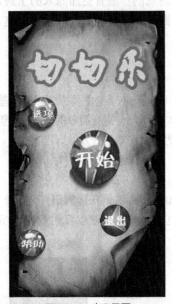

▲图17-4 欢迎界面　　　　　　▲图17-5 设置界面1　　　　　　▲图17-6 设置界面2

（3）单击"帮助"按钮将进入游戏帮助界面。该界面主要介绍游戏玩法，读者可左右滑动图片进行翻页查看，在了解具体玩法之后，可点击界面右上角返回按钮回到欢迎界面，如图17-7和图17-8所示。

（4）点击"开始"按钮后将进入选择游戏系列界面，在该场景中包括本游戏中3个不同系列的选择菜单项；点击该界面右上角返回按钮即可回到欢迎界面，如图17-9所示，点击不同系列菜单项即可进入对应的选择系列关卡界面，点击该界面右上角返回按钮即可回到选择系列界面，如图17-10～图17-12所示。

（5）点击选择系列关卡界面的任意一关进入游戏界面，如图17-13所示。在游戏界面中，玩家可以用手指切割木板使其面积不断减小，在切割时会出现一条切割线，如图17-14所示。切割线不能切到球，如果切割成功，瞬间会出现一条刀光，如图17-15所示。

17.1 游戏的背景和功能概述

▲图 17-7 帮助界面 1

▲图 17-8 帮助界面 2

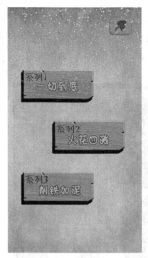

▲图 17-9 选择系列界面

▲图 17-10 选择系列关卡界面 1

▲图 17-11 选择系列关卡界面 2

▲图 17-12 选择系列关卡界面 3

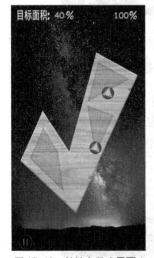

▲图 17-13 某关卡游戏界面 1

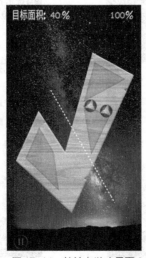

▲图 17-14 某关卡游戏界面 2

▲图 17-15 某关卡游戏界面 3

（6）某些关卡设有金属保护边来防止玩家的切割，当玩家切到保护边时，则会出现火花，如图 17-16 所示。某些关卡还设有奖励，当玩家完成某些目标，就会获得一次强力切割金属保护边的红色斧头，如图 17-17 所示。获得红色斧头后便可切割金属保护边，如图 17-18 所示。

▲图 17-16　某关卡游戏界面 4

▲图 17-17　某关卡游戏界面 5

▲图 17-18　某关卡游戏界面 6

> **提示**　图 17-16 为玩家切到最下面的保护边时出现火花时的效果；图 17-17 为玩家获得红色斧头奖励时的效果，获得奖励时红色斧头会从界面的中心点飞到界面右上角位置；图 17-18 为玩家用红色斧头奖励强力切割金属保护边时的效果。建议读者用真机运行此案例进行观察，效果更好。

（7）玩家还可点击游戏界面左下角的"暂停"按钮将进入游戏暂停界面。在暂停界面中玩家可以选择继续游戏、重玩和返回选关界面选择其他关卡，如图 17-19 所示。当玩家切割木板剩余面积小于等于目标面积时，即可顺利过关，弹出恭喜过关界面，如图 17-20 所示。

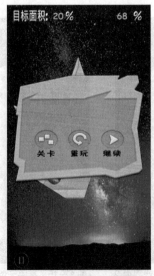
▲图 17-19　暂停游戏界面

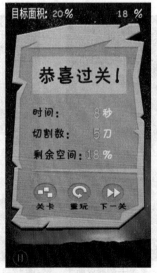
▲图 17-20　游戏过关界面 1

17.2 游戏的策划及准备工作

本节着重介绍游戏开发的前期准备工作,主要包括游戏策划中游戏类型定位、呈现技术、操作方式、音效设计、运行目标平台等工作的确定和游戏开发中所需图片资源、声音资源的准备工作。

17.2.1 游戏的策划

本小节是对游戏的策划这一准备工作的简单介绍。在实际的游戏开发过程中会涉及很多方面,而本游戏的策划主要包括对游戏类型定位、运行目标平台、呈现技术、操作方式和游戏中音效设计等工作的确定。下面将向读者一一介绍。

1. 游戏类型定位

本游戏的操作为触屏,通过手指滑动来切割木板。在游戏过程中玩家应避开四处滚动的小球,来完成关卡目标。如果不小心切到小球,就会自动重新开始本关卡。游戏设计关卡分为 3 个系列,每个系列有两关,增加了游戏的趣味性,主要是考验玩家的操作能力和注意力,属于休闲类游戏。

2. 运行的目标平台

本游戏目标平台为 Android 2.2 或者更高的版本,同时手机必须有 GPU(显卡),因为使用 OpenGL ES 2.0 的绘制工作是在 GPU 上完成的。

3. 采用的呈现技术

本游戏以 OpenGL ES 2.0 作为游戏呈现技术,同时添加了下雪特效、声音特效,使得游戏更吸引玩家。游戏中的刀光、火花特效极大地增加了游戏的真实感以及玩家的游戏体验。

4. 操作方式

本游戏所有关于游戏的操作为触屏,操作简单,容易上手。玩家可把自己的手指想象成为一把锋利的刀,通过手指的滑动来切割木板以完成关卡目标,并保证在切割期间不会触及到四处滚动的小球。完成关卡目标即可顺利过关。

5. 音效设计

为了增加玩家的体验,本游戏根据界面的效果添加了适当的音效,例如,旋律优美的背景音乐、单击菜单按钮时的切换音效、切割木板时的切割音效、切到金属保护边时的火花飞溅音效、游戏失败重新开始的音效和游戏胜利顺利过关的音效等。

17.2.2 手机平台下游戏的准备工作

本小节将介绍在开发之前应做的一些准备工作,其中主要包括搜集、制作图片和声音等,具体步骤如下。

(1)首先为读者介绍的是本游戏中用到的图片资源,系统将所有图片资源都放在项目文件下的 assets 目录下的 pic 文件夹下,如表 17-1 所示。

表 17-1 图片清单

图片名	大小(KB)	像素(w×h)	用途	图片名	大小(KB)	像素(w×h)	用途
bg_01.png	762	512×1024	欢迎界面背景	zhanting.png	4.92	32×32	暂停按钮
option_a.png	24.4	128×128	选项按钮1	suspend_bg.png	133	256×256	暂停后弹出的底板
option_b.png	24	128×128	选项按钮2	guanQia_a.png	13.5	128×128	关卡按钮1
play_a.png	25.1	128×128	开始游戏按钮1	guanQia_b.png	12.8	128×128	关卡按钮2

续表

图片名	大小 (KB)	像素 (w×h)	用途	图片名	大小 (KB)	像素 (w×h)	用途
play_b.png	23.9	128×128	开始游戏按钮2	replay_a.png	17.9	128×128	重玩按钮1
exit_a.png	24.2	128×128	退出按钮1	replay_b.png	17.2	128×128	重玩按钮2
exit_b.png	25.4	128×128	退出按钮2	resume_a.png	14.6	128×128	继续按钮1
help_a.png	25.9	128×128	帮助按钮1	resume_b.png	14.3	128×128	继续按钮2
help_b.png	25.5	128×128	帮助按钮2	next_a.png	6.9	64×64	下一关按钮1
choose.png	614	512×1024	设置选项底板	next_b.png	6.61	64×64	下一关按钮2
musicOn.png	8.27	256×64	背景音乐开	lable1.png	12.3	128×32	目标面积
musicOff.png	12.2	256×64	背景音乐关	lable2.png	3.54	32×32	剩余面积的%
soundOn.png	8.31	256×64	声音特效开	win.png	205	256×512	过关后弹出的底板
soundOff.png	12	256×64	声音特效关	light.png	9	32×512	刀光图片
help.png	654	512×1024	帮助界面底板	line.png	3.44	4×512	切割线图片
tip1.png	271	256×512	帮助提示图片1	number.png	9.1	128×32	数字图片
tip2.png	258	256×512	帮助提示图片2	tiebuff.png	13.5	64×64	强力切割斧头
tip3.png	271	256×512	帮助提示图片3	spark_0.png	17.7	256×256	火花图片0
point_white.png	2.97	16×16	白点图片	spark_1.png	9.09	64×64	火花图片1
level_bg.jpg	155	512×1024	选择系列界面背景	spark_2.png	7.8	64×64	火花图片2
set1-2.png	635	512×1024	系列1选择关卡背景	spark_3.png	9.34	64×64	火花图片3
set2-2.png	634	512×1024	系列2选择关卡背景	spark_4.png	7.57	64×64	火花图片4
set3-2.png	634	512×1024	系列3选择关卡背景	spark_5.png	7.56	64×64	火花图片5
set1_a.png	143	512×256	系列1木板1	spark_6.png	7.54	64×64	火花图片6
set1_b.png	125	512×256	系列1木板2	spark_7.png	7.55	64×64	火花图片7
set2_a.png	131	512×256	系列2木板1	spark_8.png	7.34	64×64	火花图片8
set2_b.png	134	512×256	系列2木板2	spark_9.png	7.3	64×64	火花图片9
set3_a.png	128	512×256	系列3木板1	spark_10.png	7.21	64×64	火花图片10
set3_b.png	132	512×256	系列3木板2	spark_11.png	6.1	64×64	火花图片11
snow.png	1.21	32×32	下雪粒子系统图片	spark_12.png	12.2	128×64	火花图片12
s_01_a.png	10.5	64×128	系列1关卡1图标	s_01.png	78	256×512	系列1关卡1木板
s_02_a.png	9.97	64×128	系列1关卡2图标	s_02.png	72	256×512	系列1关卡2木板
s_03_a.png	9.42	64×128	系列2关卡1图标	s_03.png	66.5	256×512	系列2关卡1木板
s_04_a.png	12.3	64×128	系列2关卡2图标	s_04.png	109	256×512	系列2关卡2木板
s_05_a.png	10.4	64×128	系列3关卡1图标	s_05.png	71.9	256×512	系列3关卡1木板
s_06_a.png	9.89	64×128	系列3关卡2图标	s_06.png	84.7	256×512	系列3关卡2木板
gg.png	152	512×1024	游戏界面背景	dartsmall.png	5.92	32×32	滚动的小球
back.png	14	128×64	返回按钮				

（2）接下来介绍本游戏中需要用到的声音资源，笔者将声音资源复制在项目文件下的 assets 目录下的 sound 文件夹中，其详细具体音效资源文件信息如表 17-2 所示。

表 17-2　　　　　　　　　　　　　声音清单

声音文件名	大小（KB）	格式	用　途	声音文件名	大小（KB）	格式	用　途
background.ogg	805	ogg	背景音乐	switchpane.ogg	21.2	ogg	点击按钮切换音效
click.ogg	6.21	ogg	点击按钮音效	gamesucc.ogg	86.9	ogg	游戏过关音效
cut.ogg	9.08	ogg	切割木板音效	gamefail.ogg	85.2	ogg	游戏失败音效
peng.ogg	8.75	ogg	切到金属边缘音效				

17.3　游戏的架构

本节将对游戏《切切乐》的整体架构进行简单介绍。通过对本节的学习，读者对该游戏的设计思路以及架构会有整体的把握和一定的了解，以便对后面游戏的具体代码的开发有更加清晰深刻的认识，并且可以很快掌握。

17.3.1　各个类的简要介绍

为了让读者能够更好地理解各个类的作用，下面将其分成显示界面类、计算几何物理引擎辅助工具类、绘制相关类、粒子系统下雪特效相关类和着色器 5 部分进行简单的功能介绍，而各个类的详细代码将在后面的章节中相继开发。

1. 显示界面类

（1）显示界面类 MySurfaceView：该类为本游戏的显示界面类，主要包括欢迎界面、设置选项界面、帮助界面、选关界面等非游戏界面的初始化、相关方法的声明和相关界面的内部类的声明等。由于各个界面的创建、绘制和实现功能等工作都在该类中进行，为了使程序结构清晰并易于维护，所以创建了各个界面的内部类，读者在学习过程中应格外注意该类并应仔细体会。

（2）自定义游戏欢迎界面内部类 MainTouchTask：该类为玩家进入游戏界面首先看到的欢迎布景呈现类。该界面中包括了几个界面的入口菜单项，其中包括"开始""选项""帮助"和"退出" 4 个界面入口，单击相应菜单项即可进入与菜单项对应的界面中。整个画面效果清晰、简单。

（3）自定义游戏帮助界面内部类 HelpTouchTask：该类为游戏帮助界面的实现类，玩家通过左右滑动界面上的提示图了解游戏的具体规则和玩法，同时单击在屏幕右上方的"返回"的菜单项，程序会切换到游戏欢迎界面。

（4）自定义游戏选项设置界面内部类 OptionTouchTask：该类为游戏选项设置界面的实现类。该界面中玩家通过点击相应选项可以开启或者关闭背景音乐或声音特效。设置完毕可点击屏幕右上角的"返回"菜单项切换到欢迎界面。

（5）自定义游戏选择系列界面内部类 SelectTouchTask：该类为游戏选择系列界面的实现类，主要向玩家直观地显示游戏的 3 个不同系列，由于本游戏包含 3 个系列，所以有 3 个系列菜单。玩家可以选择任意一个系列来进入相应的选择系列关卡界面。还可单击屏幕右上角"返回"菜单项切换到欢迎界面。

（6）自定义游戏选择系列第一大关界面内部类 FirstLevelTouchTask：该类为游戏选择系列第一大关界面的实现类，玩家通过点击任意一个系列进入相应的选择系列关卡界面。该界面包括该系列关卡的图标，玩家可以点击任一关卡图标来进入相应关卡的游戏界面。还可单击屏幕右上角"返回"菜单项切换到选择系列界面。另外 SecondLevelTouchTask、ThirdLevelTouchTask 为自定义游戏选择系列其余两大关的布景内部类。

（7）自定义游戏界面内部类 GameViewTouchTask：该类为游戏界面的实现类。玩家在游戏界面中可以通过手指滑动切割木板以完成关卡目标，并保证在切割期间不触及到四处滚动的小球。完成关卡目标即可顺利过关。在某些游戏关卡会出现金属保护边来阻止玩家的切割，但也有可能会切出强力切割斧头，使用该斧头可以强力切割金属保护边。玩家可以单击屏幕左下角暂停按钮来选择其他关卡、重玩或继续。

2. 计算几何物理引擎辅助工具类

（1）自定义常量类 Constant：该类封装着游戏中用到的大部分常量，其中包括各个界面按钮的坐标、数据模拟的频率、标准屏幕的宽高度和缩放计算结果等常量，同时还包括屏幕与视口坐标之间转化的相应方法。通过封装这些常量，可方便对其管理与维护。

（2）自定义粒子系统雪的常量类 ParticleConstant：该类封装着游戏中选关界面粒子系统下雪特效用到的常量，包括粒子的起始颜色、终止颜色、目标混合因子、源混合因子、混合方式和单个粒子半径等常量。

（3）记录关卡数据辅助类 MyFCData：该类负责记录每一关的关卡数据。其中包括各个关卡胜利需要达到的目标面积、木板相应形状的各个顶点数组和球刚体的所有数据等。通过将每一关关卡数据剥离出来可方便的对代码进行管理和维护。

（4）计算几何工具类 GeoLibUtil：该类封装了根据顶点数据创建多边形的方法、将凸多边形和多边形数据转化成三角形数据的方法以及将 C2DPolygon 对象转换成顶点数组的方法。该类可方便的获得绘制多边形所需的数据。

（5）物理计算工具类 GeometryConstant：该类封装了把屏幕部分切分成两部分的方法、创建切分后的两个多边形对象的方法。同时该类还包括计算球的中心到线段的距离的方法、判断多边形木块飞走方向和位移的方法。

（6）切分多边形工具类 isCutUtil：该类封装了判断是否划到木板所对应的多边形的方法。该方法还用到了判断手划过的线段与图形中的线段是否相交和获得两条线段的交点的工具方法。该类还包括获得切分后的经过合并等操作的多边形列表的方法。该方法还用到了判断切分的具体是哪个多边形的方法。

（7）修复 bug 辅助类 MyPatchUtil：该类的主要功能是通过将两个多边形合并成一个多边形的方法修复该游戏的存在的一个 bug。该 bug 是在切割之后不该飞走的木板却飞走了。通过该类对此 bug 的修复，使该游戏更加具有真实性和可玩性。

（8）物理引擎相关类：这些类中将圆形物体与绘制、线形物体的创建与绘制等进行封装。通过对这些物体的封装，在开发游戏中可方便地使用，从而使开发的游戏更加具有真实性。同时还包括碰撞过滤相关类。

3. 绘制相关类

（1）自定义绘制矩形物体类 BNObject：该类封装了初始化矩形物体的顶点数据和纹理坐标数据的方法，绘制火花、图形和木块飞走的 3 个方法，初始化数据和绘制方法相结合完成了矩形物体的绘制。同时该类还包括初始化着色器的方法。

（2）自定义绘制多边形物体类 BNPolyObject：该类封装了初始化多边形物体的顶点数据和纹理坐标数据的方法，绘制木块飞走和图形的方法。其中绘制木块飞走的方法中有根据手指切割的方向来绘制不同的木块飞走的动作，增加了游戏的真实性。

4. 粒子系统下雪特效相关类

这些类中将矩形物体的绘制与粒子的产生进行封装。通过对粒子最大生命周期、生命期步进、起始颜色、终止颜色、目标混合因子、初始位置、当前索引和更新物理线程休息时间等属性的设置，并初始化顶点数据和纹理数据进行绘制，实现下雪的效果。

5. 着色器

由于本游戏的画面绘制使用的是 OpenGL ES 2.0 渲染技术，所以需要着色器的开发。着色器包括顶点着色器和片元着色器，在绘制画面前首先要加载着色器，加载完着色器的脚本内容并放进集合，根据绘制物体的不同来选择相应的着色器。

17.3.2 游戏框架简介

接下来本小节将从游戏的整体架构上进行介绍，使读者对本游戏有更进一步的了解，首先介绍的是游戏框架图，如图 17-21 所示。

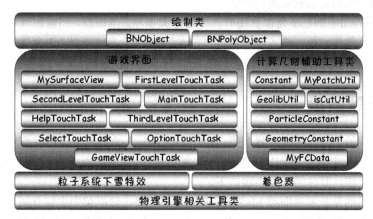

▲图 17-21 游戏框架

> 说明　图 17-21 中列出了《切切乐》游戏框架，通过该图可以看出游戏主要由游戏界面、计算几何辅助工具类、绘制类及下雪特效和物理引擎相关工具类等构成，其各自功能后续将向读者详细介绍。

接下来按照程序运行的顺序逐步介绍各个类的作用以及整体的运行框架，使读者更好地掌握本游戏的开发步骤，详细步骤如下。

（1）启动游戏。首先在 MyActivity 类中设置屏幕为全屏且为竖屏模式，然后创建声音管理类 SoundManager 的对象以及主布景类 MySurfaceView 的对象，最后跳转到 MySurfaceView 类。

（2）进入 MySurfaceView 类首先会初始化游戏中的菜单界面、游戏中所需的所有图片资源和一些相关的方法。然后默认进入到欢迎界面。

（3）在欢迎界面中，玩家会看到"开始""选项""帮助"和"退出" 4 个菜单。点击不同菜单项程序会进入到菜单项对应的界面中，切换界面主要是通过 MySurfaceView 类的 onTouchEvent 方法确定选中的菜单项来调用相应的内部类实现的。

（4）当玩家点击"帮助"菜单项时，则将切换到"帮助"界面，帮助图片可以左右滑动。因此向右滑动帮助图片可以翻到下一张图片，向左滑动可以翻到上一张图片。

（5）在打开本游戏时，玩家如果想要设置游戏声音的开关，可单击欢迎界面中的"选项"菜单。点击后可切换到选项设置界面，玩家可以在该界面设置游戏背景音乐以及声音特效的开关。

（6）当玩家点击"开始"菜单项时，将进入到"选择系列"界面。在该界面中主要包括 3 个系列菜单项，点击相应的菜单项进入该系列选择系列关卡界面。此外，该布景中还有下雪粒子系统效果。

（7）在选择系列关卡界面中，当玩家点击不同关卡图标时，将切换到该关卡游戏界面。该界面中主要初始化游戏中滚动的小球、切割物体、关卡目标面积和剩余面积。

（8）进入游戏场景后，玩家用手指切割木板并保证在切割过程中不会切到四处滚动的小球，当达到该关卡目标面积时，则过关。过关后会弹出显示"恭喜过关"的木板，该木板记录玩家过关所用时间、切割刀数和剩余空间。还有"关卡""重玩"和"下一关"3 个菜单项，点击相应的菜单项就会执行相关操作。如果不慎切到四处滚动的小球，则游戏失败，此时程序会自动重新开始本关卡。

（9）进入系列 2 和系列 3 的关卡的游戏场景中，设置了一些金属保护边来阻止玩家的切割，当玩家切到保护边会出现火花。系列 3 关卡中玩家一次切割不少于 25%会获得强力切割斧头的奖励，使用该奖励可以强力切割金属保护边。

（10）在游戏界面中的左下角位置还有一个暂停菜单项，单击后，当前游戏场景会暂停并且在屏幕中央出现一个暂停木板，该木板中包括"关卡""重玩"和"继续"3 个菜单项，单击相应的菜单项就会执行相关操作。

17.4 显示界面类

本节主要介绍的是游戏的显示界面类 MySurfaceView。该类的主要作用是重写触摸事件的回调方法 onTouch 方法，并且包括创建场景渲染器，加载图片、声音和着色器等资源，对各个 BNObject 对象进行绘制等工作，具体的开发步骤如下。

（1）首先介绍的是显示界面类 MySurfaceView 的框架。该框架中主要介绍了 MySurfaceView 类的构造器方法、触摸回调 onTouchEvent 方法、各个界面内部类的创建和场景渲染器 SceneRenderer 的创建以及初始化资源、绘制界面等方法，具体代码如下。

代码位置：见随书源代码\第 17 章\FastCut\app\src\main\java\com\bn\fastcut 目录下的 MySurfaceView.java。

```
1    package com.bn.Fastcut;                                //声明包名
2    ……//此处省略了导入类的代码，读者可自行查阅随书的源代码
3    public class MySurfaceView extends GLSurfaceView{
4        private SceneRenderer mRenderer;                   //场景渲染器
5        MyActivity activity;                               //创建 Activity 对象
6        ……//此处省略了一些定义变量的代码，读者可自行查阅随书的源代码
7        public MySurfaceView(MyActivity activity){         //有参构造器
8            super(activity);                               //实现 activity 中的所有方法
9            this.activity=activity;
10           this.setEGLContextClientVersion(2);            //设置使用 OPENGL ES2.0
11           mRenderer = new SceneRenderer();               //创建场景渲染器
12           setRenderer(mRenderer);                        //设置渲染器
13           setRenderMode(GLSurfaceView.RENDERMODE_CONTINUOUSLY);//设置模式为主动渲染
14       }
15       @Override
16       public boolean onTouchEvent(MotionEvent e){        //触摸事件回调方法
17           switch(switchIndex){
18           case MainFrame:                                //主界面内的触摸事件
19               MainTouchTask main=new MainTouchTask();    //创建主界面内部类的对象
20               main.doTask(e);break;                      //调用主界面内的方法
21           ……//此处省略了其他界面内部类对象的创建代码，与上述代码相似，读者可自行查阅
22           }
23           return true;                                   //允许触摸
24       }
25       class MainTouchTask{
26           void doTask(MotionEvent e){/*此处省略了实现主界面内触摸方法的代码*/}}
27       ……//此处省略了其他界面内部类的创建代码，与上述代码相似，读者可自行查阅
28       class GameViewTouchTask{
29           void doTask(MotionEvent e){/*此处省略了实现游戏界面内触摸方法的代码*/}}
30       private class SceneRenderer implements GLSurfaceView.Renderer {//场景渲染器类
31           public void onDrawFrame(GL10 gl){/*此处省略绘制场景的方法，将在下面进行介绍*/}
```

```
32        public void onSurfaceChanged(GL10 gl, int width, int height){
33            ……//此处省略了 onSurfaceChanged 方法的代码,读者可自行查阅
34        }
35        public void onSurfaceCreated(GL10 gl, EGLConfig config){
36            ……//此处省略了 onSurfaceCreated 方法的代码,读者可自行查阅
37    }}
38    public void HelpTip(int tipIndex,boolean isLeftSliding){/*此处省略了帮助界面切换图片方法*/}
39    public void initArrayList()        {/*此处省略了加载 BNObject 对象列表的方法*/}
40    public void initStepOne()          {/*此处省略了第一步加载的方法*/}
41    ……//此处省略了其他加载资源的方法,与上个方法相似,读者可自行查阅
42    public void drawFirstView()        {/*此处省略了绘制开始界面或者选关界面的方法*/}
43    ……//此处省略了其他界面的绘制方法,与上个方法相似,读者可自行查阅
44    public void initSnow()             {/*此处省略了初始化雪纹理图的方法*/}
45    public void initGameView()         {/*此处省略了重新开始游戏的初始化方法*/}
46    public void setPressSoundEffect(String music) {/*此处省略了播放按键音的方法*/}
47    public int getAreaPercent()        {/*此处省略了切割多边形所占百分比的方法*/}
48    public void addBall(float[][] ballData)     {/*此处省略了添加球刚体的方法*/}
49    public void deleteBall()           {/*此处省略了删除球刚体的方法*/}
50    ……//此处省略了添加和删除包围框的代码,与球刚体相似,读者可自行查阅
51    public boolean worldStep()         {/*此处省略了判断是否物理世界模拟的方法*/}
52 }
```

- 第 7~14 行为显示界面类 MySurfaceView 的有参构造器方法。在此构造器中,实现了 Activity 中的所有方法,并且给创建的 Activity 对象赋值,同时设置使用 OpenGL ES 2.0,然后创建并设置了场景渲染器,最后设置渲染模式为主动渲染。

- 第 16~24 行为显示界面类的触摸事件回调 onTouchEvent 方法,主要实现了游戏中各个界面的触摸事件,给每个界面都创建了内部类,在每个界面的内部类中实现触摸事件的回调。由于创建的代码大致相同,在这里不再进行赘述,读者可自行查阅随书附带的源代码。

- 第 25~29 行为创建各个界面的内部类实现触摸事件的回调方法。由于篇幅有限,对相似的代码进行了省略,部分界面内部类创建的代码,将在下面进行简单的介绍。

- 第 30~37 行为创建内部场景渲染器。通过重写 onDrawFrame 方法实现各个界面的绘制工作,由于篇幅有限,此方法的代码将在下面进行简单介绍,重写 onSurfaceChanged 方法和 onSurfaceCreated 方法的代码在这里不再赘述,读者可自行查阅随书附带的。

- 第 38~51 行为上述类中用到的各种方法,主要包括各个界面加载 BNObject 对象、绘制各个界面、添加刚体和删除刚体、播放音效和重新开始游戏等方法。

(2)下面介绍的是游戏界面内部类的创建,用来实现游戏界面的触摸事件回调方法,主要包括动作为按下、抬起和移动时需要进行的相应的动作,具体代码如下。

代码位置:见随书源代码\第 17 章\ FastCut\app\src\main\java\com\bn\fastcut 目录下的 MySurfaceView.java。

```
1  class GameViewTouchTask{                                    //游戏界面内部类
2      void doTask(MotionEvent e){
3          switch(e.getAction()){
4          case MotionEvent.ACTION_DOWN:                       //当动作为按下时
5              if(isPause&&x>Constant.ChooseLevel_Left&&x<Constant.ChooseLevel_Right
6              &&y>Constant.ChooseLevel_Top&&y<Constant.ChooseLevel_Buttom){
               //暂停界面选择关卡
7                  BNObject object=MyFCData.ChangeLable(300, 1000,200, 200, "guanQia_b.png");
8                  synchronized(lockB){
9                      GameData.get(5).remove(1);    //删除 BNObject 对象
10                     GameData.get(5).add(1,object);//添加 BNObject 对象
11             }}
12             ……//此处省略了暂停界面和胜利界面内的触摸方法,和上述代码相似,读者可自行查阅
13             break;
14         case MotionEvent.ACTION_MOVE:                       //当动作为移动时
15             Knifefire=null;                                 //火花绘制对象置为空
16             isCutRigid=false;                               //默认没有切到刚体边
17             if(!isPause&&!isWin&&!isCut){                   //允许切木块时
```

```
18                    if(Math.abs(x-mxe)<=10||Math.abs(y-mye)<=10){//不绘制虚线
19                        isLine=false;              //是否画线的标志位设为false
20                        isCutRigid=false;          //是否切到刚体边的标志位设为false
21                    }else{                          //允许绘制虚线
22                        line=new BNObject(x,y,mxe,mye,TextureManager.getTextures
                            ("line.png"),
23                            ShaderManager.getShader(0),true,0);
24                        isLine=true;               //绘制切割线
25                    }}
26                    break;
27                case MotionEvent.ACTION_UP:         //当动作为抬起时
28                    ……//此处省略了将变量还原的代码,读者可自行查阅
29                    if(!isCutUtil.isCutPolygon(MySurfaceView.this,
                        //如果切到了多边形并且允许切木块
30                            GameData.get(2).get(0).cp,x, y, lxe, lye) &&!isCut){
31                        if(isCutRigid){             //如果切到了刚体边
32                            synchronized(lockA){    //加锁
33                                Knifefire=new BNObject(intersectPoint[0],intersect
                                    Point[1],150,150, TextureManager.getTextures
                                    ("spark_1.png"),//纹理图片名称
35                                    ShaderManager.getShader(0));
                                    //创建火花对象
36                            isLine=false;          //绘制切割线
37                        }
38                        setPressSoundEffect("peng.ogg"); //播放音效
39                    }}
40                    if(!isCut&(pauseOne==0&&lxe>Constant.PauseLable_Left&&lxe<Constant.
                        PauseLable_Right
41                        &&lye>Constant.PauseLable_Top&&lye<Constant.PauseLable_Buttom){
                        //绘制暂停界面
42                        pauseOne=1;                 //暂停界面只允许按一次
43                        setPressSoundEffect("click.ogg"); //播放音效
44                        isPause=true;               //绘制暂停界面的标志位设为true
45                        isFirstPause=true;          //暂停界面旋转出来
46                        synchronized(lockA){alFlyPolygon.clear();} //清空飞走的多边形列表
47                        pauseTime=System.currentTimeMillis(); //暂停界面停留的时间
48                    }
49                    ……//此处省略了暂停界面和胜利界面内的触摸方法,和上述代码相似,读者可自行查阅
50                    if(!isPause&&!isWin&&!isCut&&x!=lxe&&y!=lye){/*此处省略了切割多边形的代码*/}
51                    isLight=false;                  //停止绘制刀光
52                    break;
53        }}}
```

- 第5~13行为动作为按下时,要将暂停界面和胜利界面内的选择关卡、重玩以及下一关按钮换成深色纹理图,由于代码相似,读者可自行查阅随书附带的源代码。

- 第14~26行为动作为移动时,首先将变量都还原,然后判断是否画分割线。如果长度过短,则不绘制分割线;如果允许画分割线,则创建切割线对象用来绘制。

- 第27~52行为动作为抬起时,首先将变量都还原,然后判断如果允许切割并且切到了多边形,则继续判断是否切到了刚体边。如果切到了刚体边,则加锁后,创建火花的绘制对象,同时播放音效。之后则绘制暂停界面,并且在单击了暂停界面和胜利界面内的选择关卡、重玩以及下一关按钮时进行相应的动作,部分相似代码省略,读者可自行查阅随书附带的源代码,接下来省略了切割多边形的代码,以及胜利界面的判断,下面将进行简单介绍。

(3)切割多边形的代码将在这里进行简单介绍,主要包括剩余多边形和切割多边形的判断、胜利界面的判断等,具体代码如下。

代码位置:见随书源代码第17章\ FastCut\app\src\main\java\com\bn\fastcut 目录下的 MySurfaceView.java。

```
1    if(!isPause&&!isWin&&!isCut&&x!=lxe&&y!=lye){      //允许切多边形
2        //判断是否划到了多边形
3        if(!isCutUtil.isCutPolygon(MySurfaceView.this,GameData.get(2).get(0).cp,
    x, y, lxe, lye))
```

```java
4           {return;}                                          //如果没有切到多边形，则直接返回
5           ……//此处省略创建刀光绘制对象的代码，读者可自行查阅随书附带的源代码
6           ArrayList<C2DPolygon>lastPolygons=isCutUtil.getCutPolysArrayList(MySurfaceView.
7                   this,GameData.get(2), x, y, lxe, lye);
                    //获得切分后的经过合并等操作的多边形列表
8           C2DPoint[] pointLocation=MyFCData.getBallPosition(alBNBall);//获得各个球的位置
9           for(int i=0;i<pointLocation.length;i++){   //遍历球的位置
10              if(GeometryConstant.lengthPointToLine((float)pointLocation[i].x,
11                  (float)pointLocation[i].y, x, y, lxe, lye)<=50){
                    //切割线的距离如果小于球的半径
12                  ……//此处省略重新开始游戏的代码，读者可自行查阅随书附带的源代码
13          }}
14          synchronized(lockA){alFlyPolygon.clear();}       //将飞走的物体列表清空
15          for(C2DPolygon cp:lastPolygons){                 //遍历 C2DPolygon 对象
16              int kk=0;                                     //定义变量记录球的个数
17              for(int i=0;i<pointLocation.length;i++){
18                  if(cp.Contains(pointLocation[i]))         //该多边形内如果有球
19                      {kk++;}}                              //变量自加 1
20              if(kk==alBNBall.size()){                      //如果该多边形区域内有两个球
21                  isPlayWin=true;
22                  AreaSize=(float)cp.GetArea();             //获得多边形的面积
23                  cpData=GeoLibUtil.fromC2DPolygonToVData(cp);//获得多边形顶点数据
24                  isJudgePolygon = true;                    //允许删除或者创建包围框
25                  isJudgeBall=false;                        //不允许删除或者创建球
26                  GeometryConstant.judgeDirection(cp,x, y, lxe, lye);
                    //判断多边形木块飞走的方向
27                  ……//此处省略了创建多边形绘制对象和剩余面积绘制对象的代码，读者可自行查阅
28                  if(CheckpointIndex>=4){                   //允许获得斧头道具
29                      if(kniftNum==1){beforeArea=100;}      //如果是第一次切多边形
30                      if(beforeArea-getAreaPercent()>25){
                        //如果一次切掉的多边形面积大于 25%
31                          beforeKnifeNum=kniftNum;          //记录当前的刀数
32                          axe=newBNObject(540,960,200,200,
33                              TextureManager.getTextures("tiebuff.png"),
                                ShaderManager.getShader(0));
34                          for(int i=0;i<MyFCData.dataBool[CheckpointIndex].
                            length;i++)
35                              MyFCData.dataBool[CheckpointIndex][i]=true;
                                //刚体边允许切
36                      }
37                  }
38                  beforeArea=getAreaPercent();              //记录当前面积
39                  if(kniftNum-beforeKnifeNum==1){           //下一刀即可使用斧头
40                      ……//此处省略用完斧头后变量还原的代码，读者可自行查阅
41              }}
42              int goal=Integer.parseInt(MyFCData.goal[CheckpointIndex]);
                //目标面积
43              if(goal>=getAreaPercent()){                   //胜利
44                  isCut=true;                               //不允许切多边形
45                  gameTime=(int)((System.currentTimeMillis()-gameST-
                    pauseTime)/1000);
46                  if(gameTime<1){gameTime=1;}   //如果时间小于 1s，则默认为 1s
47                  ……//此处省略删除球刚体和重新创建球刚体的代码，读者可自行查阅
48                  setPressSoundEffect("gamesucc.ogg");//播放游戏胜利音效
49              }
50          }else if(kk==0){                                   //木块飞走
51              ……//此处省略创建飞走的木块绘制对象的代码，读者可自行查阅
52          }else if(kk==1){
53              ……//此处省略画闪烁线的代码，读者可自行查阅
54      }}
55  }
```

- 第 1～13 行为允许切割多边形的情况下，首先判断手划过时，是否切到了多边形。如果没有切到多边形或者只切到了多边形的一条边，则直接返回。接着需要判断的是手划过多边形时是否切到了球。如果小于球半径，则默认为切到了球，则重新开始游戏。由于篇幅原因，重新开始游戏等代码省略，读者可自行查阅随书附带的源代码。

- 第 14～41 行为遍历切割后的多个多边形，判断每个多边形内球的个数。如果有某个多

边形内具有的球个数正好等于总球数,则获得其面积,并重新创建包围框。如果当前关数为第五关或者第六关,则应进一步判断切割面积是否大于25%,允许获得斧头道具,帮助切割刚体边。

- 第42～49行为切割多边形的面积大于目标面积时,认为是游戏胜利,在游戏胜利时,则让球缓慢停下来,并且多边形不能再进行切割,同时播放游戏胜利的音效。
- 第50～54行为某个多边形内只有一个球或者没有球的情况。如果某个多边形内只有一个球,则让切割线闪烁两次,用来提示玩家;如果没有球,则此多边形可以飞走,直至消失。由于篇幅原因,对创建木块飞走的绘制对象和闪烁线的设置代码进行了省略,读者可自行查阅。

(4)下面介绍的是内部场景渲染器需要重写的 onDrawFrame 方法,主要实现的是对各个界面的 BNObject 对象进行绘制的功能,调用绘制界面的部分方法在下面将会进行介绍,具体代码如下。

代码位置:见随书源代码第17章\FastCut\app\src\main\java\com\bn\fastcut 目录下的 MySurfaceView.java。

```
1   public void onDrawFrame(GL10 gl){
2       drawWinBuffer();                                    //对胜利界面进行缓冲
3       GLES20.glClear( GLES20.GL_DEPTH_BUFFER_BIT | GLES20.GL_COLOR_BUFFER_BIT);
4       if(!isStartGame){initArrayList();}                  //初始化各个界面的资源
5       if(BackGroundMusic&&!(switchIndex.equals(SwitchIndex.GameViewFrame))&&(!isOpen)){
6           activity.sm.StartBackGroundSound();isOpen=true;}    //开启背景音乐
7       if(isOpen&&(switchIndex.equals(SwitchIndex.GameViewFrame)||(!BackGroundMusic))){
8           activity.sm.EndBackGroundSound();isOpen=false;}     //关闭背景音乐
9       if(switchIndex.equals(SwitchIndex.GameViewFrame)){
10          drawGameView();                                 //绘制游戏界面
11      }else{
12          drawFirstView ();                               //绘制开始界面或者选关界面
13      }
14      if(isCutRigid&&Knifefire!=null)
15          {drawFire();}                                   //绘制火花
16      if(isOwnAxe){
17          if(tieCount>150){
18              isCut=false;                                //允许划多边形
19              axe=new BNObject(980,500,120,120,TextureManager.getTextures
                  ("tiebuff.png"), ShaderManager.getShader(0));
20
21              axe.drawSelf();                             //绘制斧头对象
22          }else{
23              isCut=true;                                 //不允许划多边形
24              tieCount++;
25              MatrixState.pushMatrix();                   //保护场景
26              MatrixState.translate(tieCount*0.003f, tieCount*0.003f, 0); //平移
27              MatrixState.scale((1f-tieCount*0.002f), (1f-tieCount*0.002f), 1);
                //缩放
28              axe.drawSelf();
29              MatrixState.popMatrix();                    //恢复场景
30      }}
31      if(!isOwnAxe&&isCutOne) {                           //使用了斧头
32          ……//此处省略斧头平移和缩放的代码,与上述代码相似,读者可自行查阅
33          if(tieCount>300){isCutOne=false;}               //斧头使用完后,则直接消失
34   }}
```

- 第1～8行为内部场景渲染器需要重写的 onDrawFrame 方法。首先清除深度缓冲与颜色缓冲,在游戏开始之前,加载游戏中所需要的所有纹理图资源,并根据是否播放背景音乐的标志位和是否处于游戏界面来进行相应的背景音乐设置。
- 第9～33行为判断当前处于哪个界面,进行相应的绘制工作。如果切到刚体边,还需要绘制火花效果,在第五关或者第六关的时候,还可能需要绘制斧头道具,并且有缩放和平移的效果。由于篇幅原因,相似的代码不再进行赘述,读者可自行查阅随书附带的源代码。

(5)上面主要介绍了内部场景渲染器类中重写的 onDrawFrame 方法,其中调用的资源加载方

17.4 显示界面类

法和绘制界面方法将在下面进行简单介绍，具体代码如下。

代码位置：见随书源代码\第 17 章\FastCut\app\src\main\java\com\bn\fastcut 目录下的 MySurfaceView.java。

```
1    public void initArrayList(){                          //加载资源方法
2        if(step==8){
3            initStepEight();                             //加载火花图片
4            isStartGame=true;                            //资源加载完可以开始游戏
5            return;                                      //返回
6        }else if(step==1){                               //加载首界面资源图
7            initStepOne();                               //0 首界面
8            step++;                                      //变量自加
9        }
10       ……//此处省略其他界面的加载代码，与上述代码相似，读者可自行查阅
11   }
12   public void initStepOne(){                           //初始化首界面的方法
13       TextureManager.loadingTexture(MySurfaceView.this,0,9);  //加载前 9 张图片
14       bn=new BNView(540,960,1080,1920,                 //创建 BNView 对象
15           TextureManager.getTextures("bg_01.png"),ShaderManager.getShader(0));
16       tempArrayList.add(bn.getBNObject());             //将 BNObject 对象添加进列表
17       ……//此处省略其他 BNObject 对象的创建方法，与上述代码相似，读者可自行查阅
18   }
19   public void drawFirstView (){                        //绘制开始界面或者选关界面
20       synchronized(lockC){
21           if(switchIndex.equals(SwitchIndex.HelpFrame)){  //如果当前是帮助界面
22               for(int i=0;i<alBNPO.get(switchIndex.ordinal()).size();i++){
23                   if(i==1||i==2||i==3){
24                       GLES20.glEnable(GLES20.GL_SCISSOR_TEST);//开启剪裁测试
25                       GLES20.glScissor(                //设置剪裁区域
26                           (int)Constant.fromStandardScreenXToRealScreenX(190),
27                           (int)Constant.fromStandardScreenXToRealScreenX(300),
28                           (int)Constant.fromStandardScreenSizeToRealScreenSize(700),
29                           (int)Constant.fromStandardScreenSizeToRealScreenSize(1150)
30                       );
31                       alBNPO.get(switchIndex.ordinal()).get(i).drawSelf();
                                                          //绘制帮助提示
32                   }else{
33                       GLES20.glDisable(GLES20.GL_SCISSOR_TEST);//关闭剪裁测试
34                       alBNPO.get(switchIndex.ordinal()).get(i).drawSelf();
                                                          //绘制帮助界面内其他内容
35               }}}else{
36                   for(BNObject bn:alBNPO.get(switchIndex.ordinal())){
37                       bn.drawSelf();                   //绘制其他界面
38           }}}
39           if(isDrawSnow){                              //允许绘制雪花
40               for(int i=0;i<fps.size();i++){fps.get(i).drawSelf();}//绘制雪花
41       }}
```

- 第 1~11 行为加载资源图的总方法。从首界面开始，按顺序分别加载资源图，最后加载完火花纹理图之后，则允许开始游戏。部分相似代码省略，读者可自行查阅。

- 第 12~18 行为加载首界面资源的方法。主要通过创建 BNObject 对象，并将其添加进列表之中，达到加载的效果，由于代码大致相似，在此不再进行赘述。

- 第 19~40 行为绘制开始界面或者选关界面的方法。如果处于帮助界面，在绘制帮助提示时则应该打开剪裁测试，并设置剪裁区域，其他界面则直接遍历列表对象进行绘制。绘制方法其实有很多，但是由于篇幅原因，只对此方法进行详细讲解，其他方法读者可自行查阅。

（6）下面介绍的是创建雪花粒子系统的对象方法、重新开始游戏的方法、播放游戏音效的方法、获得切割多边形后的面积百分比方法和添加球刚体、删除球刚体的方法，实现的具体代码如下。

代码位置：见随书源代码\第 17 章\FastCut\app\src\main\java\com\bn\fastcut 目录下的 MySurfaceView.java。

```
1    public void initSnow(){                              //初始化雪
2        fps.clear();                                     //清空雪花列表
```

```
3            int count=ParticleConstant.START_COLOR.length;        //雪花种类的个数
4            fpfd=new ParticleForDraw[count];                       //4 组绘制着,4 种颜色
5            for(int i=0;i<count;i++){                              //创建粒子系统
6                ParticleConstant.CURR_INDEX=i;
7                fpfd[i]=new ParticleForDraw(ParticleConstant.RADIS[ParticleConstant.
                 CURR_INDEX],
8                    ShaderManager.getShader(1),TextureManager.getTextures
                     ("snow.png"));
9            //创建对象,将雪花的初始位置传给构造器
10               fps.add(new ParticleSystem(ParticleConstant.positionFireXZ[i][0],
11                                       ParticleConstant.positionFireXZ[i][1],
                                         fpfd[i]));
12       }}
13       public void initGameView(){                                //重新开始游戏
14           Synchronized(lockD){
15               deleteBall();                                      //删除球刚体
16               addBall(MyFCData.ballData);}                       //添加球刚体
17           synchronized(lockA){alFlyPolygon.clear();}             //飞走的列表清空
18           cpData=MyFCData.data[CheckpointIndex];   //将多边形顶点数据赋给 float 数组
19           isJudgePolygon=true;                                   //允许删除或者创建包围框
20           isJudgeBall=true;                                      //允许删除或者创建球刚体
21           ArrayList<ArrayList<BNObject>> bn=new ArrayList<ArrayList<BNObject>>();
             //临时列表
22           ArrayList<BNObject> tempArrayList=new ArrayList<BNObject>();
23           tempArrayList=MyFCData.getLableObject();               //获得游戏界面的 lable 对象
24           bn.add(tempArrayList);                                 //将其添加进列表中
25           ……//此处省略了创建其他绘制对象的代码,与上述代码相似,读者可自行查阅
26           isOwnAxe=false;                                        //是否有斧头道具
27           gameTime=0;                                            //游戏时间置为 0
28           ……//此处省略了其他变量还原的代码,与上述代码相似,读者可自行查阅
29       }
30       public void setPressSoundEffect(String music) {            //播放按键音
31           if(SoundEffect){activity.sm.playSound(music,0);        //播放音效
32       }}
33       public int getAreaPercent(){                               //获得切割的百分比
34           if(AreaSize==0.0f){AreaPercent=100;}
35           else{AreaPercent=(int) (AreaSize/AllArea*AreaPercent);}  //计算百分比
36           return AreaPercent;                                    //返回结果
37       }
38       public void addBall(float[][] ballData){                   //添加球刚体
39           alBNBall.clear();                                      //清空球列表
40           alBNBall=MyFCData.getBall(MySurfaceView.this,world,ballData); //获得球列表
41       }
42       public void deleteBall(){                                  //删除球刚体
43           for(int i=0;i<BallBody.size();i++) {           //销毁 alBNBody 列表中的包围框 Body
44               world.destroyBody(BallBody.get(i));}
45           BallBody.clear();                                      //清空刚体列表
46       }
```

- 第 1~12 行为初始化雪粒子系统的方法,根据常量类中的雪花的开始颜色判断雪花种类的个数,循环创建雪花对象,并同雪花的初始位置一起送入 ParticleSystem 类的构造器中,最后将其添加进列表中,关于雪花粒子系统的类将在后面进行介绍。

- 第 13~29 行为重新开始游戏的方法,相当于重新绘制游戏界面,首先删除球刚体并且添加新的球刚体,清空飞走的多边形列表,获得初始的多边形顶点数据,然后创建各个需要绘制的对象,并添加进列表中,最后将各个变量还原,部分创建绘制对象的代码省略,读者可自行查阅。

- 第 30~46 行为播放按键音方法、获得切割后多边形的面积百分比方法、添加球刚体和删除球刚体的方法,由于代码比较简单,这里不再进行赘述。到这里,MySurfaceView 类大致介绍完毕了,由于篇幅有限,部分方法并没有进行介绍,读者可自行查阅随书附带的源代码。

17.5 辅助工具类

接下来讲解的是游戏的辅助相关工具类。这些辅助相关工具类提供了记录关卡数据和常量的

类还提供了游戏开发中的一些重要的辅助方法，下面就对这些类的开发进行详细介绍。

17.5.1 工具类

本小节将要介绍的是游戏界面的工具类，主要包括常量工具类和物理引擎工具类。常量工具类主要用来记录触控坐标、实现屏幕自适应等，物理引擎工具类主要用来生成物理形状，由于篇幅原因，只对这些类进行了简单的介绍，开发的代码如下。

1. 常量工具类

下面主要介绍的是该游戏的常量工具类，主要包括游戏中各个界面中选项的触控坐标以及实现屏幕自适应功能的常量类 Constant 和实现下雪特效功能的属性设置常量类 ParticleConstant。本小节将对 Constant 类和 ParticleConstant 类的开发进行详细的介绍。

（1）首先向读者介绍的是游戏的常量类 Constant。该类封装了游戏中用到的常量，将常量封装到一个常量类的好处是便于管理，主要包括各个界面中的触控坐标和屏幕自适应的方法，具体代码如下。

代码位置：见随书源代码\第 17 章\ FastCut\app\src\main\java\com\bn\util\constant 目录下的 Constant.java。

```
1    package com.bn.util.constant;                            //声明包名
2    ……//此处省略导入类的代码，读者可自行查阅随书附带的源代码
3    public class Constant{
4        public static float PauseLable_Left=50;              //游戏界面暂停按钮的触控坐标
5        public static float ChooseLevel_Left=100;            //暂停界面选关按钮的触控坐标
6        public static float ReStart_Left=450;                //暂停界面重玩按钮的触控坐标
7        public static float Continue_Left=700;               //暂停界面继续按钮的触控坐标
8        public static float WinChooseLevel_Left=100;         //胜利界面选关按钮的触控坐标
9        public static float WinReStart_Left=450;             //胜利界面重玩按钮的触控坐标
10       public static float WinNext_Left=700;                //胜利界面下一关按钮的触控坐标
11       ……此处省略了其他相关常量的声明，读者可自行查阅随书附带的源代码
12       public static float StandardScreenWidth=1080;//标准屏幕的宽度
13       public static float StandardScreenHeight=1920;//标准屏幕的高度
14       public static float ratio=StandardScreenWidth/StandardScreenHeight;//标准屏幕宽高比
15       public static ScreenScaleResult ssr;                 //缩放计算结果
16       public static final float RATE = 10;                 //屏幕到现实世界的比例 10px: 1m;
17       public static final boolean DRAW_THREAD_FLAG=true;   //绘制线程工作标志位
18       public static final float TIME_STEP = 1.0f/60.0f;    //模拟的频率
19       public static final int ITERA = 10;                  //迭代越大，模拟越精确，但性能越低
20       public static final int Vec_ITERA=6;                 //速度迭代
21       public static final int POSITON_ITERA=2;             //位置迭代
22       public static float fromPixSizeToNearSize(float size){
23           return size*2/StandardScreenHeight;              //屏幕大小到视口大小
24       }
25       public static float fromScreenXToNearX(float x){ //屏幕 x 坐标到视口 x 坐标
26           return (x-StandardScreenWidth/2)/(StandardScreenHeight/2);
27       }
28       public static float fromScreenYToNearY(float y){ //屏幕 y 坐标到视口 y 坐标
29           return -(y-StandardScreenHeight/2)/(StandardScreenHeight/2);
30       }
31       public static float fromRealScreenXToStandardScreenX(float rx){
32           return (rx-ssr.lucX)/ssr.ratio;                  //实际屏幕 x 坐标到标准屏幕 x 坐标
33       }
34       public static float fromRealScreenYToStandardScreenY(float ry){
35           return (ry-ssr.lucY)/ssr.ratio;                  //实际屏幕 y 坐标到标准屏幕 y 坐标
36       }
37       public static float fromStandardScreenXToRealScreenX(float rx){
38           return rx*ssr.ratio+ssr.lucX;                    //标准屏幕 x 坐标到实际屏幕 x 坐标
39       }
40       public static float fromStandardScreenYToRealScreenY(float ry){
41           return ry*ssr.ratio+ssr.lucY;                    //标准屏幕 y 坐标到实际屏幕 y 坐标
42       }
43       public static float fromStandardScreenSizeToRealScreenSize(float size){
44           return size*ssr.ratio;                           //标准屏大小到实际屏大小
45   }}
```

- 第4~11行为游戏中菜单项坐标范围的声明,其中包括游戏界面的暂停按钮、选项设置界面中设置背景音乐和声音特效的按钮以及胜利界面中选关按钮、重玩按钮、下一关按钮等。由于篇幅有限,其他界面的常量声明在此不再赘述,读者可自行查看随书的源代码。
- 第12~15行为标准屏幕宽高度的声明、标准屏幕宽高比和缩放计算结果。
- 第16~21行为物理世界中常量的声明,其中包括屏幕到现实世界的比例、绘制线程工作标志位、模拟频率、速度迭代和位置迭代等。
- 第22~44行为标准屏幕到实际屏幕、屏幕到视口的坐标转化。

(2) 然后给出的是游戏选关界面中下雪特效用到的工具类 ParticleConstant。该类主要是对粒子系统中粒子的混合方式、最大生命周期等属性的设置。其具体代码如下。

代码位置:见随书源代码\第 17 章\ FastCut\app\src\main\java\com\bn\util\constant 目录下的 ParticleConstant.java。

```
1    package com.bn.util.constant;                              //声明包名
2    ……//此处省略导入类的代码,读者可自行查阅随书附带的源代码
3    public class ParticleConstant{                             //粒子系统-雪
4        public static float distancesFireXZ=0f;                //雪的初始总位置
5        public static float[][] positionFireXZ={{0,distancesFireXZ},{0,distancesFireXZ}};
6        public static int CURR_INDEX=0;                        //当前索引
7        public static final float[][] START_COLOR={{0.9f,0.9f,0.9f,1.0f},{0.9f,0.9f,
         0.9f,1.0f}};  //起始颜色
8        public static final float[][] END_COLOR={{1.0f,1.0f,1.0f,0.0f},{1.0f,1.0f,
         1.0f,0.0f}};  //终止颜色
9        public static final int[] SRC_BLEND={                  //源混合因子
10           GLES20.GL_SRC_ALPHA,GLES20.GL_SRC_ALPHA
11       };
12       public static final int[] DST_BLEND={                  //目标混合因子
13           GLES20.GL_ONE_MINUS_SRC_ALPHA,GLES20.GL_ONE_MINUS_SRC_ALPHA
14       };
15       public static final int[] BLEND_FUNC={                 //混合方式
16           GLES20.GL_FUNC_ADD,GLES20.GL_FUNC_ADD
17       };
18       public static final float[] RADIS={0.018f,0.013f};     //单个粒子半径
19       public static final float[] MAX_LIFE_SPAN={4f,4f};     //粒子最大生命期
20       public static final float[] LIFE_SPAN_STEP={0.02f,0.02f};  //粒子生命周期步进
21       public static final float[] X_RANGE={0.7f,0.6f};       //粒子发射的 X 左右范围
22       public static final int[] GROUP_COUNT={1,2,3};         //每次喷发发射的数量
23       public static final float[] VY={-0.005f,-0.004f};      //粒子 Y 方向升腾的速度
24       public static final int[] THREAD_SLEEP={15,15};        //粒子更新物理线程休息时间
25   }
```

> **说明** 该类主要是下雪特效用到的粒子系统的常量类,其中包括对粒子最大生命周期、生命周期步进、粒子发射范围、单个粒子半径、混合方式、目标混合因子、起始颜色、终止颜色、当前索引、初始位置和粒子更新物理线程休息时间等属性的声明。

2. 物理引擎工具类 Box2Dutil

下面主要介绍的是该游戏中使用到的物理引擎工具类。createEdge 方法用来创建多边形的包围框,避免球飞出多边形外;createCircle 方法用来创建球刚体,可在多边形内运动,开发步骤如下。

(1) 首先介绍的是创建包围框刚体的 createEdge 方法。通过传入的参数,首先在世界中创建刚体对象,之后结合摩擦系数、恢复系数和密度等参数,创建刚体物理描述,并通过刚体和刚体物理描述相结合,返回 Body 刚体对象,具体代码实现如下。

代码位置:见随书源代码\第 17 章\FastCut\app\src\main\java\com\bn\util\box2d 目录下的 Box2DUtil.java。

```
1    package com.bn.util.box2d;
2    ……//此处省略了导入类的代码,读者可自行查阅随书附带的源代码
```

```
3    public class Box2DUtil{                           //生成物理形状的工具类
4        public static Body createEdge(               //创建直线
5            float[] data,                            //物体顶点数据
6            World world,                             //世界
7            boolean isStatic,                        //是否静止
8            float density,float friction,float restitution,//密度、摩擦系数、恢复系数
9            int index                                //ID
10       ){
11           BodyDef bd=new BodyDef();                //创建刚体描述
12           if(isStatic){                            //设置是否为可运动刚体
13               bd.type=BodyType.STATIC;             //静止状态
14           }else{
15               bd.type=BodyType.DYNAMIC;            //运动状态
16           }
17           float positionX=(data[0]+data[2])/2;//获得 x 坐标
18           float positionY=(data[1]+data[3])/2;//获得 y 坐标
19           bd.position.set(positionX/RATE,positionY/RATE); //设置位置
20           Body bodyTemp = null;                    //创建刚体对象
21           while(bodyTemp==null){
22               bodyTemp = world.createBody(bd);//在世界中创建刚体
23           }
24           bodyTemp.setUserData(index);             //在刚体中记录对应的包装对象
25           EdgeShape ps=new EdgeShape();            //创建刚体形状
26           ps.set(new Vec2((data[0]-positionX)/RATE,(data[1]-positionY)/RATE), new Vec2((
27               data[2]-positionX)/RATE,(data[3]-positionY)/RATE));
28           FixtureDef fd=new FixtureDef();          //创建刚体物理描述
29           fd.friction =friction;                   //设置摩擦系数
30           fd.restitution = restitution;            //设置能量损失率（反弹）
31           fd.density=density;                      //设置密度
32           fd.shape=ps;                             //设置形状
33           if(!isStatic){                           //将刚体物理描述与刚体结合
34               bodyTemp.createFixture(fd);
35           }else{
36               bodyTemp.createFixture(ps, 0);//创建密度为 0 的 PolygonShape 对象
37           }
38           return bodyTemp;                         //返回刚体对象
39   }}
```

- 第 5~9 行创建边界框物体 createEdge 方法的参数列表，包括物体的顶点数据、物理世界的对象引用、是否静止的标志位以及用户数据的 ID 等。
- 第 11~24 行为 createEdge 方法的功能实现。首先创建刚体描述对象，并判断刚体描述对象是否为静止的，然后通过计算获得坐标值并设置刚体描述对象的位置、在世界中创建刚体，最后给刚体描述对象的用户数据赋予 ID。
- 第 25~38 行为先创建刚体对象，并设置其在物理世界中的位置，然后设置其密度、摩擦系数、恢复系数、形状等属性值，最后将刚体物理描述与刚体结合，并返回该刚体的对象。

（2）接下来将继续介绍 Box2DUtil 类中创建球刚体的方法 createCircle 的实现，与上一个方法不同的是，由于球刚体要进行绘制工作，所以最后返回的是 BNObject 对象，具体代码实现如下。

代码位置：见随书源代码第 17 章\FastCut\app\src\main\java\com\bn\util\box2d 目录下的 Box2DUtil.java。

```
1    public static BNObject createCircle(             //创建圆形
2        MySurfaceView mv,                            //MySurfaceView 对象的引用
3        float x,float y,                             //坐标
4        float radius,                                //半径
5        World world,                                 //世界
6        int programId,                               //程序 ID
7        int texId,                                   //纹理名称
8        float density,float friction,float restitution, //密度、摩擦系数、恢复系数
9        int index                                    //ID
10   ){
11       BodyDef bd=new BodyDef();                    //创建刚体描述
12       bd.type=BodyType.DYNAMIC;                    //设置是否为可运动刚体
13       bd.position.set(x/RATE,y/RATE);              //设置位置
```

```
14        Body bodyTemp=null;                          //创建刚体对象
15        while(bodyTemp==null){
16            bodyTemp= world.createBody(bd);          //在世界中创建刚体
17        }
18        CircleShape cs=new CircleShape();            //创建刚体形状
19        cs.m_radius=radius/RATE;                     //获得刚体的半径
20        FixtureDef fd=new FixtureDef();              //创建刚体物理描述
21        fd.density = density;                        //设置密度
22        fd.friction = friction;                      //设置摩擦系数
23        fd.restitution =restitution;                 //设置能量损失率(反弹)
24        fd.shape=cs;                                 //设置形状
25        bodyTemp.createFixture(fd);                  //将刚体物理描述与刚体结合
26        return new BNObject(mv,bodyTemp, x, y, radius*2, radius*2, texId,ShaderManager.
27            getShader(programId),index);             //返回 BNObject 对象
28    }
```

- 第 4~9 行为创建小球物体 createCircle 方法的参数列表,包括 MySurfaceView 对象的引用、小球的位置和半径、物理世界的对象引用、着色器程序 ID、纹理 ID 以及用户数据的 ID 等。
- 第 11~18 行为 createCircle 方法的功能实现。首先是创建刚体描述、设置为可运动刚体并设置刚体的位置,然后在世界中创建刚体。
- 第 19~27 行为首先创建刚体形状,其次在设置圆形物体的半径后创建刚体物理描述对象,设置其密度、摩擦系数、恢复系数和形状等,并将刚体物理描述与刚体结合,由于需要在游戏界面中绘制球刚体,所以创建圆形的方法返回的是 BNObject 对象。

17.5.2 辅助类

本小节将要介绍的是游戏界面辅助工具类,主要包括记录关卡数据工具类 MyFCData、切分多边形工具类 isCutUtil、修复 bug 辅助类 MyPatchUtil、计算几何工具类 GeoLibUtil 和物理计算工具类 GeometryConstant 等。由于篇幅原因,只对这些类进行了简单的介绍,开发的代码如下。

1. 记录关卡数据工具类 MyFCData

在关卡多的游戏中,会需要许多数据。如果不将关卡数据封装为一个类而直接用,会使开发成本增加,开发效率大大降低。因此,笔者将游戏中用到的一些数据封装到了 MyFCData 类中。接下来将对该类的代码框架做一个简要的介绍,包括一些静态的成员变量和成员方法,具体代码如下。

代码位置:见随书源代码\第 17 章\FastCut\app\src\main\java\com\bn\util\constant 目录下的 MyFCData.java。

```
1    package com.bn.util.constant;
2    ……//此处省略了导入类的代码,读者可自行查阅随书附带的源代码
3    public class MyFCData{
4        public static String[] gamePicName;           //目标面积
5        public static float[][] data;                 //物体原始数据
6        public static boolean[][] dataBool;           //判断多边形的边是否切
7        public static float[][] ballData;//球基本数据:位置、半径、密度、摩擦力、恢复系数、速度
8        public static float[] getData(float[] boxData,int i){} //获得创建包围框的顶点数据
9        public static C2DPoint[] getBallPosition(ArrayList<BNObject> alBNBall){}
         //获得球的位置
10       public static ArrayList<Body> getBody(World world,float[] bodydata){}
         //获得物体世界里的边刚体
11       public static ArrayList<BNObject> getPauseView(){} //根据具体数据获得 Object 对象
12       public static ArrayList<BNObject> getBall(MySurfaceView mv,World world,float[][]
         ballBaseData){}
13       public static BNObject ChangeLable(float x,float y,float width,float height,
         String texName){}
14       public static ArrayList<BNObject> WinView(){}     //胜利界面
15       public static ArrayList<BNObject> getCurrentData(int cur,float x,float y,
         float width,float height){}
16       public static ArrayList<BNObject> getData(int level){} //获得原始面积数据
17       public static ArrayList<BNObject> getLableObject(){}//获得游戏界面的一些基本 lable
```

```
18    }
```

> **说明** 上述记录关卡数据工具类 MyFCData 中主要介绍了一些游戏运行界面内用到的成员变量和成员方法,由于篇幅原因,对这些变量的赋值和方法实现的功能就不再进行赘述。有兴趣的读者可自行查看随书附带的源代码进行了解和学习。

2. 切分多边形工具类 isCutUtil

接下来介绍的是将木块切分成两部分并卷绕为多边形的类 isCutUtil。该类主要介绍了判断是否切到了多边形的方法和将两个切分区域中的多边形经过判断、整合等步骤返回多边形列表的方法,其中借助了判断线段与线段是否相交以及求交点等方法,开发的具体步骤如下。

(1)首先需要开发的是 isCutUtil 类的代码框架。该框架中主要声明了一系列将要使用的成员变量和成员方法,主要包括判断线段与线段是否相交、求两条线段的交点、判断是否划到了多边形以及获得切分区域已经进行分类的多边形列表等方法,实现的具体代码如下。

代码位置: 见随书源代码\第 17 章\FastCut\app\src\main\java\com\bn\util\constant 目录下的 isCutUtil.java。

```
1    package com.bn.util.constant;
2    ……//此处省略了导入类的代码,读者可自行查阅随书附带的源代码
3    public class isCutUtil{
4        public static boolean isIntersect(float x1,float y1,float x2,float y2,float x3,
             float y3,float x4,float y4)
5        {/*此处省略了判断线段与线段是否相交的方法,将在下面进行介绍*/}
6        public static float[] getIntersectPoint(float x1,float y1,float x2,float y2,
             float x3,float y3,float x4,float y4)
7        {/*此处省略了求两条线段的交点方法,将在下面进行介绍*/}
8        public static boolean isCutPolygon(MySurfaceView mv,C2DPolygon cp,
9                                            float x1,float y1,
             float x2,float y2)
10       {/*此处省略了判断是否划到了多边形的方法,将在下面进行介绍*/}
11       public static ArrayList<C2DPolygon> getCutPolysArrayList(MySurfaceView mv,
12                                ArrayList<BNObject> alBNPO, float lxs,
             float lys,float lxe,float lye)
13       {/*此处省略了获得切分区域已经进行分类的多边形列表的方法,将在下面进行介绍*/}
14       public static ArrayList<C2DPolygon> getLastPolysArrayList(MySurfaceView mv,
             ArrayList<
15       C2DPolygon> onePolygon, ArrayList<C2DPolygon> tempPolygon,float lxs,
             float lys,float lxe,float lye)
16       {/*此处省略了经过合并操作等返回的最终多边形列表的方法,将在下面进行介绍*/}
17    }
```

> **说明** 上述成员方法实现的功能分别为判断手划过的线段与图形中的线段是否相交、获得两条线段的交点、判断是否划到了多边形、获得切分区域已经进行分类的多边形列表以及经过合并等操作返回的最终多边形列表,下面将对这些方法一一进行讲解。

(2)接下来详细介绍其中方法的功能实现。首先介绍判断手划过的线段与图形中的线段是否相交的 isIntersect 方法,具体代码如下。

代码位置: 见随书源代码\第 17 章\FastCut\app\src\main\java\com\bn\util\constant 目录下的 isCutUtil.java。

```
1    public static boolean isIntersect(float x1,float y1,float x2,float y2,float x3,
         float y3,float x4,float y4){
2        if(x1==x2||x3==x4){                    //x1=x2 或者 x3=x4
3            return false;                       //直接返回 false
4        }
5        float k1 = (float)(y1-y2)/(float)(x1-x2);//求第一条直线的斜率
6        float b1 = (float)(x1*y2 - x2*y1)/(float)(x1-x2);
```

```
7            float k2 = (float)(y3-y4)/(float)(x3-x4);      //求第二条直线的斜率
8            float b2 = (float)(x3*y4 - x4*y3)/(float)(x3-x4);
9            if(k1==k2){                                     //如果斜率相同
10               return false;                               //直接返回 false
11           }else{                                          //如果斜率不同
12               float x = (float)(b2-b1) / (float)(k1-k2);  //计算交点 x 值
13               if((((x+0.1)>=x1)&&((x-0.1)<=x2))||(((x+0.1)>=x2)&&(x-0.1)<=x1)){
     //差 0.1 即认为相等
14                   if((((x+0.1)>=x3)&&((x-0.1)<=x4))||(((x+0.1)>=x4)&&((x-0.1)<=x3))){
15                       return true;                        //满足条件 即为相交
16               }}
17           return false;                                   //不满足则返回 false
18       }}
```

> **说明** 上面介绍的是判断手划过的线段与图形中的线段是否相交的方法，通过传入的八个坐标值确定两条线段，分别求其斜率和偏移值，如果斜率相同，则平行不可能相交，如果斜率不同，则计算交点 x 坐标值判断其是否在两条线段的范围之内（差 0.1 相当于模糊计算），满足条件，即可认为是相交。

（3）接下来将继续介绍 isCutUtil 类中的获得两条线段的交点的 getIntersectPoint 方法，具体代码如下。

代码位置：见随书源代码\第 17 章\FastCut\app\src\main\java\com\bn\util\constant 目录下的 isCutUtil.java。

```
1    public static float[] getIntersectPoint(float x1,float y1,float x2,float y2,
       float x3,float y3,float x4,float y4){
2        float[] result=new float[2];                        //创建存放交点坐标的对象
3        result[0] = (((x1 - x2) * (x3 * y4 - x4 * y3) - (x3 - x4) * (x1 * y2 - x2 * y1))
4                / ((x3 - x4) * (y1 - y2) - (x1 - x2) * (y3 - y4))); //获得交点的 x 坐标
5        result[1] = ((y1 - y2) * (x3 * y4 - x4 * y3) - (x1 * y2 - x2 * y1) * (y3 - y4))
6                / ((y1 - y2) * (x3 - x4) - (x1 - x2) * (y3 - y4));  //获得交点的 y 坐标
7        return result;
8    }
```

> **说明** 在上述求两条线段交点的 getIntersectPoint 方法中，通过传入的参数，确定两线段，根据端点值来进行一系列的计算获得这两线段的交点坐标。

（4）下面将介绍的是判断手划过的区域是否划到了多边形的 isCutPolygon 方法。在此方法中，除了要判断是否划到了多边形，还需要进行相应的处理，具体代码如下。

代码位置：见随书源代码\第 17 章\FastCut\app\src\main\java\com\bn\util\constant 目录下的 isCutUtil.java。

```
1    public static boolean isCutPolygon(MySurfaceView mv,C2DPolygon cp,float x1,float
       y1,float x2,float y2){
2        ……//此处省略了声明变量的代码，读者可自行查阅随书附带的源代码
3        for(int j=0;j<polygonData.length/2;j++){
4            float[] data=MyFCData.getData(polygonData,j);   //获取一条边的 x、y 坐标
5            isIntersect[boolCount]=isIntersect(x1, y1, x2, y2, data[0], data[1],
               data[2], data[3]);
6            if(isIntersect[boolCount]){                     //如果线段与线段相交
7                for(int k=0;k<MyFCData.data[indexTemp].length/2;k++){
                   //循环最初数据的数组
8                    if(((int)data[0]==MyFCData.data[indexTemp][k*2])&&
                       ((int)data[1]==MyFCData.
                       data[indexTemp] [k*2+1])){
                       //如果第一个 x 坐标在最初数据里能够找到
10                       index[0]=k;       //记录此点在最初数据中的位置
11                       findCount++;      //计数器加 1
12                   }
13                   if(((int)data[2]==MyFCData.data[indexTemp][k*2])&&((int)
                       data[3]==MyFCData.
```

```
14                              data[indexTemp] [k*2+1])){
                                                //如果第二个 x 坐标在最初数据里能够找到
15                              index[1]=k;      //记录此点在最初数据中的位置
16                              findCount++;     //计数器加 1
17                          }}
18                      if(findCount>0&&findCount%2==0){    //如果计数器是偶数个
19                          if(index[0]>index[1]){          //如果前一个位置比较大
20                              if(index[1]==0){
21                                  if(!MyFCData.dataBool[indexTemp][index
                                    [0]]){  //如果切到了刚体边
22                                      mv.isCutRigid=true;//将标志位设为 true
23                                      mv.intersectPoint=getIntersectPoi
                                        nt(x1, y1, x2, y2,//获得交点坐标
24                                      data[0], data[1], data[2], data[3]);
25                                      return false;//不能切割,直接返回 false
26                              }}else{
27                                  if(!MyFCData.dataBool[indexTemp][index[1]]){
                                    //如果切到了刚体边
28                                      mv.isCutRigid=true;       //将标志位设为 true
29                                      mv.intersectPoint=getIntersectPoint(x1, y1, x2, y2,
30                                          data[0], data[1], data[2], data[3]);
31                                      return false;              //不能切割,直接返回 false
32                          }}}else{                               //如果后一个位置比较大
33                              if(!MyFCData.dataBool[indexTemp][index[0]]){  //如果切到了刚体边
34                                  mv.isCutRigid=true;                       //将标志位设为 true
35                                  mv.intersectPoint=getIntersectPoint(x1, y1, x2, y2, data[0],
                                    data[1], data[2], data[3]);
36                                  return false;                  //不能切割,直接返回 false
37                          }}
38                          findCount=0;                      //将变量还原
39                      }else{findCount=0;}                   //将变量还原
40                      if(isIntersect[boolCount]==false){falseCount++;}//计算 false 值
41                      boolCount++;                          //数组变量自加 1
42              }
43              if((falseCount==isIntersect.length)||(falseCount==isIntersect.length-1))
                {return false;}
44              else{return true;}                            //切到木块
45          }
```

● 第 3～17 行为遍历多边形顶点数据,调用 MyFCData 类中的 getData 方法根据顶点数据和索引值转换成一条线段的两个顶点坐标值,判断手划过的线段与该多边形线段是否相交。如果相交,则循环最原始多边形的顶点数据;若当前多边形线段的顶点 x 坐标与原始多边形顶点 x 坐标相等,则记录该点在原始数据中的位置,并将计数器加 1。

● 第 18～39 行为判断之前计数器的个数是否为偶数。如果计数器大于 0 并且为偶数个,则判断之前两个索引位置中较小的 dataBool 值是否为 false;如果为 false 值,则认为切到了刚体边,将标志位设为 true,并计算交点,同时直接返回 false。

● 第 40～44 行为没有切到刚体边时,则判断两条线段是否相交。如果没有相交,则计数器加 1。经过多边形数据的循环之后,判断计数器的个数;如果全部是 false,或者只有一个 true,则应该是没有切到多边形或者只切到了一个边,则直接返回 false,否则认为切到了多边形。

(5)下面将介绍的是获得切分区域已经进行分类的多边形列表的 getCutPolysArrayList 方法,相当于游戏界面内成功切割多边形后,需要最终进行判断的多边形列表,具体代码如下。

代码位置:见随书源代码\第 17 章\FastCut\app\src\main\java\com\bn\util\constant 目录下的 isCutUtil.java。

```
1   public static ArrayList<C2DPolygon> getCutPolysArrayList(MySurfaceView mv,
2           ArrayList<BNObject> alBNPO,float lxs,float lys,float lxe,float lye){
3       ArrayList<C2DPolygon> onePolygon=new ArrayList<C2DPolygon>();
4       ArrayList<C2DPolygon> tempPolygon=new ArrayList<C2DPolygon>();
5       ArrayList<ArrayList<float[]>> tal=GeoLibUtil.calParts(lxs, lys, lxe,lye);
```

```
                    //分成两个多边形区域
6           C2DPolygon[] cpA=GeoLibUtil.createPolys(tal);      //创建两个多边形
7           for(C2DPolygon cpTemp:cpA){
8               ArrayList<C2DHoledPolygon> polys = new ArrayList<C2DHoledPolygon>();
9               cpTemp.GetOverlaps(alBNPO.get(0).cp, polys, new CGrid());
10              if(polys.size()==1){                            //如果该区域内只有一个多边形
11                  onePolygon.add(polys.get(0).getRim());//直接加进列表中
12              }else{                                          //如果该区域内有多个多边形
13                  for(C2DHoledPolygon chp:polys){             //将多个多边形加进列表中
14                      tempPolygon.add(chp.getRim());
15          }}}
16          ArrayList<C2DPolygon> result=getLastPolysArrayList(mv,onePolygon,tempPolygon,
        lxs, lys, lxe,lye);
17          return result;
18      }
```

> **说明** 上述获得切分区域已经进行分类的多边形列表的 **getCutPolysArrayList** 方法，通过手指滑动的起始点和终止点将屏幕分成两个多边形区域，并通过调用 **GeoLibUtil** 类中的 **createPolys** 方法来创建两个多边形对象，遍历列表，如果该区域内只有一个多边形，则直接加入列表，否则添加到临时列表中，最后通过调用 **getLastPolysArrayList** 方法来获得最终的多边形对象列表。

（6）上面介绍的 getCutPolysArrayList 方法中调用了 getLastPolysArrayList 方法用来合并多边形，获得最终的多边形列表。下面将对该方法进行简单的介绍，具体代码如下。

代码位置：见随书源代码\第17章\FastCut\app\src\main\java\com\bn\util\constant 目录下的 isCutUtil.java。

```
1   public static ArrayList<C2DPolygon> getLastPolysArrayList(MySurfaceView mv,ArrayList
    <C2DPolygon>
2               onePolygon,ArrayList<C2DPolygon> tempPolygon,float lxs,float lys,
                float lxe,float lye){
3       ArrayList<C2DPolygon> lastPolygons=new ArrayList<C2DPolygon>();
        //最终切分多边形的列表
4       ArrayList<C2DPolygon> canCombineP=new ArrayList<C2DPolygon>();
        //可以进行合并多边形的列表
5       if(tempPolygon.size()>0){                       //如果一个区域内有多个多边形
6           for(C2DPolygon cp:tempPolygon){             //遍历 C2DPolygon 对象
7               if(isCutPolygon(mv,cp, lxs, lys, lxe, lye)){ //如果划到了该多边形
8                   lastPolygons.add(cp);               //将该多边形放进最终列表中
9               }else{
10                  canCombineP.add(cp);                //没划到的多边形放进允许合并的列表中
11          }}
12          if(canCombineP.size()>0){                   //如果存在能够合并的多边形
13              C2DPolygon cc=new C2DPolygon();//创建 C2DPolygon 对象
14              for(int i=0;i<canCombineP.size();i++){ //遍历能够合并的多边形列表
15                  if(i==0){cc=onePolygon.get(0);}
16                  cc=MyPatchUtil.getCombinePolygon(   //合并多边形
17              MyPatchUtil.getPolygonData(canCombineP.get(i), canCombineP.get(i).
                IsClockwise()),
18                      MyPatchUtil.getPolygonData(cc, cc.IsClockwise()),
19              MyPatchUtil.getPolygonData(canCombineP.get(i), canCombineP.get(i).
                IsClockwise()).length,
20                      MyPatchUtil.getPolygonData(cc, cc.IsClockwise()).length);}
21                  lastPolygons.add(cc);               //将合并后的多边形添加进列表里面
22          }else{                                      //如果不存在能够合并的多边形
23              lastPolygons.add(onePolygon.get(0));    //即直接添加进最终列表中
24      }}else{                                         //如果一个区域内只有一个多边形
25          for(int i=0;i<onePolygon.size();i++){
26              lastPolygons.add(onePolygon.get(i));    //直接添加进最终列表中
27      }}
28      return lastPolygons;                            //返回最终列表
29  }
```

- 第 5~11 行为判断一个区域内如果有多个多边形,则遍历多边形对象,判断是否划到了多边形。如果划到了多边形,则将该多边形直接放入最终列表中,否则放进允许合并的列表中。
- 第 12~28 行为判断允许合并的列表中是否有多边形对象。如果有,则遍历列表,调用 MyPatchUtil 类中的 getCombinePolygon 方法进行合并,并将其添加进最终列表中;如果没有,则直接放进最终列表中,并返回最终列表。

3. 修复 bug 辅助类 MyPatchUtil

下面主要介绍的是修复 bug 辅助类 MyPatchUtil。此类中主要包括根据多边形对象获得顶点数组方法以及将两个多边形合并成一个多边形的方法,实现的具体代码如下。

代码位置:见随书源代码\第 17 章\FastCut\app\src\main\java\com\bn\util\constant 目录下的 MyPatch Util.java。

```java
1    package com.bn.util.constant;                       //声明包名
2    ……//此处省略了导入类的代码,读者可自行查阅随书附带的源代码
3    public class MyPatchUtil {                          //补丁类
4        //根据多边形获取 Point 数组
5        public static Point[] getPolygonData(C2DPolygon cp,boolean IsClockwise){
6            ArrayList<C2DPoint> pointCopyIn=new ArrayList<C2DPoint>();
             //创建 C2DPoint 对象列表
7            cp.GetPointsCopy(pointCopyIn);              //将数据加进列表
8            int numsCpTemp=pointCopyIn.size();          //获得列表的长度
9            Point[] pArray=new Point[numsCpTemp];       //创建 Point 数组
10           if(IsClockwise){                            //顺时针向顶点数组赋值
11               for(int j=0;j<numsCpTemp;j++){
12                   C2DPoint tempCP1=pointCopyIn.get(numsCpTemp-1-j);
13                   pArray[j]=new Point((int)tempCP1.x,(int)tempCP1.y);
14               }
15           }else{                                      //逆时针向顶点数组赋值
16               for(int j=0;j<numsCpTemp;j++){
17                   C2DPoint tempCP1=pointCopyIn.get(j);
18                   pArray[j]=new Point((int)tempCP1.x,(int)tempCP1.y);
19           }}
20           Point[] answer=new Point[100];              //创建 Point 数组对象
21           for(int j=0;j<numsCpTemp;j++){
22               answer[j] = pArray[j];                  //将数据保存至 answer 数组中
23           }
24           return pArray;
25       }
26       //将两个多边形合并成一个多边形
27       public static C2DPolygon getCombinePolygon(Point[] pArray1,Point[] pArray2,
         int num1,int num2){
28           ……//此处省略了声明变量的代码,读者可自行查阅随书附带的源代码
29           for(int ii=0;ii<num1;ii++){                 //对当前答案数组进行遍历
30               boolean flag = false;                   //标志位
31               for(int jj=0;jj<num2;jj++){             //对当前多边形的点数组进行遍历
32                   if(pArray1[ii].equals(pArray2[jj])){
                     //若当前答案点与多边形的当前点相同
33                       flag = true;
34                       indexAnswer++;
35                       tempAnswer[indexAnswer]=pArray1[ii];//把当前点加入 tempAnswer 中
36                       int indexii=0;
37                       //将 indexii 赋值为多边形的当前点的索引的上一索引
38                       if(jj==0){   //若当前点的索引是 0,则将 indexii 赋值为数组长度-1
39                           indexii = num2-1;
40                       }else{indexii = jj - 1;}
41                       if(pArray1[(ii+1)%num1].equals(pArray2[indexii])){
42                           for(int kk=(jj+1)%num2;;kk=(kk+1)%num2){//遍历 pArray2 数组
43                               if(pArray2[kk].equals(pArray2[indexii]))
                                 //这个是 for 循环的终止条件
44                               {break;}
45                               indexAnswer++;
46                               tempAnswer[indexAnswer]=pArray2[kk];
                                 //将点添加到答案数组中
```

```
47                    }}}}
48                    if(flag == false){
49                         indexAnswer++;                            //答案数组加1
50                         tempAnswer[indexAnswer]=pArray1[ii];      //给临时答案数组赋值
51               }}
52          ArrayList<C2DPoint> c2d=new ArrayList<C2DPoint>();//创建C2DPoint列表
53          for(int p=0;p<tempAnswer.length;p++){                    //遍历Point数组
54               if(tempAnswer[p]!=null){
55                    c2d.add(new C2DPoint(tempAnswer[p].x,tempAnswer[p].y));
                           //将点加进列表中
56               }}
57          C2DPolygon gon=new C2DPolygon();                         //创建多边形对象
58          gon.Create(c2d,true);                                    //创建多边形
59          return gon;                                              //返回多边形
60     }}
```

- 第3~25行为根据多边形获取Point数组的方法,通过传入的C2DPolygon对象,将顶点数据放进ArrayList<C2DPoint>对象列表中,通过传入的标志位,判断多边形为顺时针或者逆时针,并将ArrayList<C2DPoint>对象转换成Point数组对象,最后返回结果。

- 第27~51行为通过对当前答案数组进行遍历,若当前答案点与多边形的当前点是相同的,把当前点加入tempAnswer数组中。若当前点的索引是0,则将indexii赋值为数组长度−1,否则将indexii赋值为多边形的当前点的索引的上一索引。若当前点的下一点与多边形的当前点的上一点是相同的,则将多边形的部分点添加到tempAnswer数组中。

- 第52~59行为创建ArrayList<C2DPoint>对象,将tempAnswer数组中值添加到ArrayList<C2DPoint>列表中,之后创建多边形对象,最后将结果返回。

4. 计算几何工具类 GeoLibUtil

下面介绍的是计算几何工具类GeoLibUtil,主要包括根据顶点创建多边形、将凸多边形数据转换成三角形数据、将C2DPolygon对象转换成顶点数组等方法,开发的具体步骤如下。

(1) 首先需要开发的是GeoLibUtil类的代码框架。该框架中主要声明了一系列将要使用的成员变量和成员方法,主要包括根据顶点数据创建多边形、创建切分后的两个多边形对象、将凸多边形数据转换成三角形数据和切分多边形等方法,实现的具体代码如下。

代码位置:见随书源代码第17章\FastCut\app\src\main\java\com\bn\util\constant目录下的GeoLibUtil.java。

```
1    package com.bn.util.constant;                                  //声明包名
2    ……//此处省略了导入类的代码,读者可自行查阅随书附带的源代码
3    public class GeoLibUtil{
4         ……//此处省略了声明变量的代码,读者可自行查阅随书附带的源代码
5         public static C2DPolygon createPoly(float[] polyData){
6              ……//此处省略了根据顶点数据创建多边形的方法,将在下面进行介绍
7         }
9         public static C2DPolygon[] createPolys(ArrayList<ArrayList<float[]>> alIn){
10             ……//此处省略了创建切分后的两个多边形对象的方法,将在下面进行介绍
11        }
12        public static ArrayList<Float> fromConvexToTris(ArrayList<float[]> points){
13             ……//此处省略了将凸多边形数据转换成三角形数据的方法,将在下面进行介绍
14        }
15        public static float[] fromAnyPolyToTris(float[] vdata){
16             ……//此处省略了将多边形数据转成三角形顶点数据的方法,将在下面进行介绍
17        }
18        public static float[] fromC2DPolygonToVData(C2DPolygon cp){
19             ……//此处省略了将C2DPolygon对象转换成顶点数组的方法,将在下面进行介绍
20        }
21        public static ArrayList<ArrayList<float[]>> calParts(float sx,float sy,float ex,float ey){
22             ……//此处省略了切分多边形的方法,将在下面进行介绍
23        }
24   }
```

> **说明** 上述成员方法中主要介绍了根据顶点数据创建多边形的方法、创建切分后的两个多边形对象的方法、将凸多边形数据转换成三角形数据的方法、将多边形数据转成三角形顶点数据的方法、将 C2DPolygon 对象转换成顶点数组的方法以及切分多边形的方法，下面将进行简单介绍。

（2）下面详细介绍 GeoLibUtil 类中的成员方法。首先介绍的是根据顶点数据创建多边形的方法和创建切分后的两个多边形对象的方法，具体代码如下。

代码位置：见随书源代码\第 17 章\FastCut\app\src\main\java\com\bn\util\constant 目录下的 GeoLibUtil.java。

```
1    public static C2DPolygon createPoly(float[] polyData){   //根据顶点数据创建多边形
2        ArrayList<C2DPoint> al=new ArrayList<C2DPoint>();    //创建 C2DPoint 列表对象
3        for(int i=0;i<polyData.length/2;i++){                //遍历顶点数据
4            C2DPoint tempP=new C2DPoint(polyData[i*2],polyData[i*2+1]);//创建 C2DPoint 对象
5            al.add(tempP);                                   //将 C2DPoint 对象放入 ArrayList 中
6        }
7        C2DPolygon p = new C2DPolygon();                     //创建 C2DPolygon 对象
8        p.Create(al, true);                                  //创建可选的重新排序的多边形点
9        return p;                                            //返回多边形
10   }
11   public static C2DPolygon[] createPolys(ArrayList<ArrayList<float[]>> alIn){
     //创建切分后的两个多边形对象
12       for(ArrayList<float[]> p:alIn){                      //遍历列表对象
13           cps[index]=new C2DPolygon();                     //创建多边形对象
14           ArrayList<C2DPoint> al=new ArrayList<C2DPoint>();//创建 C2DPoint 列表
15           for(float[] fa:p){
16               C2DPoint tempP=new C2DPoint(fa[0],fa[1]);    //创建 C2DPoint 对象
17               al.add(tempP);                               //将其添加进列表
18           }
19           cps[index].Create(al, true);                     //创建多边形
20           index++;                                         //变量自加 1
21       }
22       return cps;                                          //返回结果
23   }
```

- 第 1~10 行为根据顶点数据创建多边形的方法。通过传入的一维数组，将其转换成 C2DPoint 对象，并将其添加进列表中，之后创建 C2DPolygon 对象，并将结果返回。
- 第 11~23 行为创建切分后的两个多边形对象的方法，根据传入的 ArrayList<ArrayList<float[]>>对象，遍历列表，循环创建多边形对象，并将多边形对象列表返回。

（3）下面介绍将凸多边形数据转换成三角形数据、将多边形数据转成三角形顶点数据和将 C2DPolygon 对象转换成顶点数组 3 个方法，具体代码如下。

代码位置：见随书源代码\第 17 章\FastCut\app\src\main\java\com\bn\util\constant 目录下的 GeoLibUtil.java。

```
1    //将凸多边形数据转换成三角形数据
2    public static ArrayList<Float> fromConvexToTris(ArrayList<float[]> points){
3        ArrayList<Float> result=new ArrayList<Float>();
4        int count=points.size();
5        for(int i=0;i<count-2;i++){
6            float[] d1=points.get(0);                        //获得三角形的第一个顶点数据
7            float[] d2=points.get(i+1);                      //获得三角形的第二个顶点数据
8            float[] d3=points.get(i+2);                      //获得三角形的第三个顶点数据
9            result.add(d1[0]);result.add(d1[1]);             //将三角形的第一个顶点数据放进列表中
10           result.add(d2[0]);result.add(d2[1]);             //将三角形的第二个顶点数据放进列表中
11           result.add(d3[0]);result.add(d3[1]);             //将三角形的第三个顶点数据放进列表中
12       }
13       return result;                                       //返回数据
14   }
15   public static float[] fromAnyPolyToTris(float[] vdata){//将多边形数据转换成三角形顶点数据
```

```
16          C2DPolygon cp=createPoly(vdata);          //将多边形的顶点数据组成 C2DPolygon 对象
17          ArrayList<C2DPolygon> subAreas = new ArrayList<C2DPolygon>();
18          cp.ClearConvexSubAreas();                 //清除凸子区域
19          cp.CreateConvexSubAreas();                //创建凸子区域
20          cp.GetConvexSubAreas(subAreas);           //获得凸子区域
21          ArrayList<Float> resultData=new ArrayList<Float>();
22          for(C2DPolygon cpTemp:subAreas){          //遍历 C2DPolygon 对象
23              ArrayList<float[]> points=new ArrayList<float[]>();
24              ArrayList<C2DPoint> alp=new ArrayList<C2DPoint>();
25              cpTemp.GetPointsCopy(alp);            //将多边形的顶点数据拷贝到ArrayList<C2DPoint>中
26              for(C2DPoint p:alp){
27                  float[] fa=new float[]{(float)p.x,(float)p.y};
28                  points.add(fa);                   //将 C2DPoint 转换为 float 数组
29              }
30              ArrayList<Float> tempConvex=fromConvexToTris(points);
31              for(Float f:tempConvex){resultData.add(f);}//将三角形顶点数据放进ArrayList<Float>中
32          }
33          float[] result=new float[resultData.size()]; //将ArrayList<Float>转成一维数组
34          for(int i=0;i<resultData.size();i++){result[i]=resultData.get(i);}
35          return result;
36      }
37      public static float[] fromC2DPolygonToVData(C2DPolygon cp){
        //将 C2DPolygon 对象转换成顶点数组
38          ArrayList<float[]> points=new ArrayList<float[]>();//创建ArrayList<float[]>对象
39          ArrayList<C2DPoint> alp=new ArrayList<C2DPoint>();//创建ArrayList<C2DPoint>对象
40          cp.GetPointsCopy(alp);                    //将多边形的顶点数据复制到列表中
41          for(C2DPoint p:alp){                      //遍历 ArrayList<C2DPoint>对象
42              float[] fa=new float[]{(float)p.x,(float)p.y};
43              points.add(fa);                       //将 C2DPoint 转换为 float 数组
44          }
45          float[] result=new float[points.size()*2];
46          for(int i=0;i<points.size();i++){         //将ArrayList<float[]>对象转换成 float[]
47              float[] p=points.get(i);
48              result[i*2]=p[0];
49              result[i*2+1]=p[1];
50          }
51          return result;                            //返回一维数组
52      }
```

- 第 1~14 行为将凸多边形数据转换成三角形数据的方法。将传入的 ArrayList<float[]>对象转换成 ArrayList<Float>对象,将三角形的顶点数据放入列表中。
- 第 15~36 行为将多边形数据转成三角形顶点数据的方法。首先将多边形的顶点数据组成 C2DPolygon 对象,获得 C2DPolygon 对象的凸子区域列表后,遍历列表,将多边形的顶点数据拷贝到 ArrayList<C2DPoint>中,然后通过调用 fromConvexToTris 方法将其转换成 ArrayList<Float>对象,最后将其转换成一维数组,并返回结果。
- 第 37~52 行为将 C2DPolygon 对象转换成顶点数组的方法。首先通过调用 GetPointsCopy 方法,将多边形的顶点数据放进 ArrayList<C2DPoint>对象中,然后将 ArrayList<C2DPoint>对象转换成 ArrayList<float[]>对象,最后转换成一维数组,并返回结果。

(4)下面介绍本类中的最后一个方法,切分多边形的 calParts 方法,实现的具体代码如下。

代码位置:见随书源代码\第 17 章\FastCut\app\src\main\java\com\bn\util\constant 目录下的 GeoLib Util.java。

```
2   public static ArrayList<ArrayList<float[]>> calParts(float sx,float sy,float ex,float ey){          //切分多边形
3       float t=(xmin-sx)/(ex-sx);                //求 0~1 线段与传入切线的交点
4       float y=(ey-sy)*t+sy;
5       if(y>ymin&&y<ymax){
6           jd1Index=currIndex;                    //将当前值赋给索引值
7           al.add(new float[]{xmin,y});           //将交点加进 ArrayList<float[]>中
8           currIndex++;                           //变量自加
9       }
10      al.add(new float[]{xmin,ymax});            //将点加进 ArrayList<float[]>中
```

```
11          ……//此处省略计算 1-2、2-3、3-0 线段与传入切割线交点的代码，与上述相似，读者可自行查阅
12          ArrayList<float[]> p1=new ArrayList<float[]>();       //卷绕第一个多边形
13          int startIndex=jd1Index;                              //将值赋给开始的索引值
14          while(true){
15              p1.add(al.get(startIndex));//将列表添加进 ArrayList<ArrayList<float[]>>中
16              if(startIndex==jd2Index){break;}                  //循环结束条件
17              startIndex=(startIndex+1)%al.size();              //赋值
18          }
19          ……//此处省略卷绕第二个多边形的代码，与上述代码相似，读者可自行查阅
20          ArrayList<ArrayList<float[]>> result=new ArrayList<ArrayList<float[]>>();
            //创建列表对象
21          result.add(p1);                                       //将第一个多边形加进列表中
22          result.add(p2);                                       //将第二个多边形加进列表中
23          return result;                                        //返回结果
24      }
```

> **说明** 上述方法主要实现的是切分多边形的功能，首先通过传入的切割线参数，计算各个边与分割线的交点，之后用这些点卷绕多边形，然后将其添加进列表中，最后将其返回。由于篇幅原因，部分相似的代码进行了省略，读者可自行查阅随书附带的源代码。

5. 物理计算工具类 GeometryConstant

下面介绍的是物理计算工具类 GeometryConstant，主要包括求球心到线段的距离的方法、判断木块飞走的方向的方法以及木块飞走的位移的方法，主要实现了切割多边形后，木块需要飞走的方向和位移等功能，具体代码如下。

代码位置：见随书源代码\第 17 章\FastCut\app\src\main\java\com\bn\util\constant 目录下的 GeometryConstant.java。

```
1   package com.bn.util.constant;                                 //声明包名
2   ……//此处省略了导入类的代码，读者可自行查阅随书附带的源代码
3   public class GeometryConstant{
4       ……//此处省略了声明变量的代码，读者可自行查阅随书附带的源代码
5       //求球的中心到线段的距离
6       public static float lengthPointToLine(float x,float y,float xs,float ys,
        float xm,float ym){
7           if(((y-ys)*(ym-ys)+(x-xs)*(xm-xs)>0)&&((y-ym)*(ys-ym)+(x-xm)*(xs-xm)>0)){
            //夹角为锐角
8               lengthpointToline=(float)
                (Math.abs(x*(ym-ys)-y*(xm-xs)-xs*(ym-ys)+ys*(xm-xs))/
9                   Math.sqrt((ym-ys)*(ym-ys)+(xm-xs)*(xm-xs)));
10          }else{                                                //夹角为钝角
11              float length1=(x-xs)*(x-xs)+(y-ys)*(y-ys);//求长度 1
12              float length2=(x-xm)*(x-xm)+(y-ym)*(y-ym);//求长度 2
13              if(length1<=length2){                             //如果长度 1 小于长度 2
14                  lengthpointToline=(float)Math.sqrt(length1);  //将长度 1 开方
15              }else{      //如果长度 2 小于长度 1
16                  lengthpointToline=(float)Math.sqrt(length2);  //将长度 2 开方
17          }}
18          return lengthpointToline;                             //将距离返回
19      }
20      //判断多边形木块飞走的方向
21      public static void judgeDirection(C2DPolygon cp,float Xd,float Yd,float
        Xu,float Yu){
22          if(Math.abs(Yd-Yu)<100) {                             //横切
23              if(middle_y>0) {                                  //在重心下面
24                  cutDirection=2;                               //判断位置在下面
25              }else{                                            //在重心上面
26                  cutDirection=1;                               //判断位置在上面
27          }}else if(Yd<Yu) {                                    //从上到下切
28              if(Xu>=Xd) {                                      //斜右下
29                  if(middle_x>0) {                              //在重心右边
30                      cutDirection=4;                           //判断位置在右边
```

```
31                    }else{
32                        cutDirection=3;                    //判断位置在左边
33                }}else {                                    //斜左下
34                    if(middle_x>0) {                        //在重心右边
35                        cutDirection=4;                    //判断位置在右边
36                    }else{
37                        cutDirection=3;                    //判断位置在右边
38                }}
39            }else {                                        //从下到上切
40                ……//此处省略了从上到下切的代码,与上述代码相似,读者可自行查阅
41        }}}}
42        public static float calculateDisplacement(int index,int t) {
          //计算球上抛或下落的位移
43            if(index==1) {                                  //向上走
44                diaplacement=vi*t+a*t*t/2;                  //计算位移
45            }else if(index==2) {                            //向下落
46                if(t>10){                                   //如果变量大于10
47                    vi=0.03f;
48                    a=-0.002f;
49                    diaplacement=vi*t+a*t*t/2-0.3f;        //向上弹并下落的位移
50                }else{                                      //如果变量小于10
51                    vi=0.02f;
52                    a=-0.002f;
53                    diaplacement=-(vi*t+a*t*t/2);          //向下落的位移
54            }}else{
55                ……//此处省略向左或者向右位移计算的代码,与上述代码相似,读者可自行查阅
56            }
57            return diaplacement;
58        }}
```

- 第 6～19 行为计算球心到线段距离的方法。如果球中心与开始触摸点的向量与球中心与触摸移动点的向量夹角,球中心与触摸移动点的向量与球中心与开始触摸点的向量夹角均为锐角,则可以直接计算距离;如果有任何一个夹角为钝角,则需要分别求出距离并进行判断,将距离短的进行开方,计算出距离,并将结果返回。

- 第 21～41 行为判断木块飞走方向的方法。判断如果是横切,则继续判断在重心的上方或者下方;若是纵切,则判断如果是从上往下切,在重心的左边或者是右边;如果是从下往上切,也要判断是在重心的左边或者右边。由于篇幅原因,从下到上切的代码与从上到下的代码大致相似,故进行了省略,读者可自行查阅随书附带的源代码。

- 第 42～58 行为计算木块飞走的位移的方法。首先要判断球是向上走还是向下落,如果是向上走,则直接计算位移;如果是向下落,则首先向下落一点,然后向上走一点,最后再向下落,由于篇幅原因,向左走或者向右走的代码进行了省略,读者可自行查阅随书附带的源代码。

17.6 绘制相关类

本节对游戏界面的绘制模块进行详细的介绍,主要包括 BNObject 和 BNPolyObject 两个绘制类。该模块主要是基于 OpenGL ES 2.0 技术来实现游戏界面的绘制。

17.6.1 BNObject 绘制类的开发

本小节介绍的 BNObject 类是所有绘制类的父类。该类由 5 个不同参数的构造器、一个初始化顶点数据的方法、两个初始化着色器的方法和 3 个实现呈现图形绘制的方法组成。由于篇幅原因,只对部分方法进行介绍,具体的开发步骤如下。

(1)首先介绍的是 BNObject 类中的构造器方法,主要包括球绘制时带有刚体参数的构造器、绘制切割线需要旋转角度的构造器和绘制普通矩形对象的构造器,具体代码如下。

17.6 绘制相关类

代码位置：见随书源代码\第 17 章\FastCut\app\src\main\java\com\bn\object 目录下的 BNObject.java。

```
1   package com.bn.object;
2   ……//此处省略了导入类的代码，读者可自行查阅随书附带的源代码
3   public class BNObject{
4       ……//此处省略了一些定义变量的代码，读者可自行查阅随书附带的源代码
5       public BNObject(MySurfaceView mv,Body body,float x,float y,float picWidth,
        float picHeight,int texId,
6           int programId,int index){
7           this.mv=mv;                         //给 MySurfaceView 的对象赋值
8           this.x=x;                           //需要平移的 x 坐标
9           this.y=y;                           //需要平移的 y 坐标
10          this.body=body;                     //获得 Body 对象
11          mv.BallBody.add(body);              //将 body 对象添加到 MySurfaceView 中的列表
12          this.body.setUserData(index);       //设置 body 对象的 ID
13          this.texId=texId;                   //获得对应的纹理 ID
14          this.programId=programId;           //获得对应的程序 ID
15          initVertexData(picWidth,picHeight); //初始化顶点数据
16      }
17      public BNObject(float sx,float sy,float ex,float ey,int texId,int programId,
        boolean isLine,int index){
18          float length=(float)Math.sqrt((ex-sx)*(ex-sx)+(ey-sy)*(ey-sy));  //线条的长度
19          float halfx=0;                      //线条的半宽
20          float halfy=0;                      //线条的半高
21          this.isLine=isLine;                 //绘制线条的标志位
22          this.angle=(float)Math.toDegrees(Math.atan((ex-sx)/(ey-sy)));//获得需旋转的角度
23          if(sx<=ex&&sy<=ey){                 //左上斜向右下
24              halfx=sx+Math.abs(ex-sx)/2;
25              halfy=sy+Math.abs(ey-sy)/2;
26          }else if(sx>=ex&&sy>=ey){           //右下斜向左上
27              halfx=ex+Math.abs(ex-sx)/2;
28              halfy=ey+Math.abs(ey-sy)/2;
29          }else if(sx>=ex&&sy<=ey){           //右上斜向左下
30              halfx=ex+Math.abs(ex-sx)/2;
31              halfy=sy+Math.abs(ey-sy)/2;
32          }else if(sx<=ex&&sy>=ey){           //左下斜向右上
33              halfx=sx+Math.abs(ex-sx)/2;
34              halfy=ey+Math.abs(ey-sy)/2;
35          }
36          this.x=Constant.fromScreenXToNearX(halfx);  //将屏幕 x 转换成视口 x 坐标
37          this.y=Constant.fromScreenYToNearY(halfy);  //将屏幕 y 转换成视口 y 坐标
38          this.texId=texId;                   //获得对应的纹理 ID
39          this.programId=programId;           //获得对应的纹理 ID
40          this.index=index;
41          if(index==0){                       //切割线
42              initVertexData(8,length);       //初始化顶点数据
43          }else{                              //刀光
44              initVertexData(50,length);      //初始化顶点数据
45      }}
46      public BNObject(float x,float y,float picWidth,float picHeight,int texId,int
        programId){
47          this.x=Constant.fromScreenXToNearX(x);  //将屏幕 x 转换成视口 x 坐标
48          this.y=Constant.fromScreenYToNearY(y);  //将屏幕 y 转换成视口 y 坐标
49          this.texId=texId;                   //获得对应的纹理 ID
50          this.programId=programId;           //获得对应的纹理 ID
51          initVertexData(picWidth,picHeight); //初始化顶点数据
52      }
53      ……/*此处省略的其他方法将在接下来的小节中介绍*/
54  }
```

- 第 5～16 行为 BNObject 的一个构造器，主要为创建物理世界中的刚体对象，如被切割多边形的边框和移动的小球。这里由于需实时绘制刚体对象，所以将刚体对象的屏幕坐标到视口坐标的转换在 drawSelf 方法中实现。

- 第 17～45 行为 BNObject 的又一个构造器，主要实现的是创建切割多边形时的切割线和刀光对象。首先获得线条的长度和偏离 y 方向的角度，然后通过计算获得绘制线条的坐标，最后

将屏幕坐标转换成视口坐标,并将线条宽高度传给初始化顶点数据的 initVertexData()方法。

- 第 46～52 行为 BNObject 的第三个构造器,其实现的是最基本矩形对象的创建的功能,如游戏的背景图和一些按钮等。

> **说明** 由于 OpenGL 在未经过任何变换前是将物体绘制到视口中心,并且为标量对象,没有任何方向可言。所以在绘制切割线和刀光时,需先获得切割线条的位置和旋转的角度。本 BNObject 类中还有两个构造器,这里由于篇幅原因,就不再一一赘述。

(2) 接下来将介绍 BNObject 类中的 initVertexData 方法,功能为初始化顶点数据,主要包括初始化顶点坐标数据和顶点纹理坐标数据,具体代码实现如下。

代码位置: 见随书源代码\第 17 章\FastCut\app\src\main\java\com\bn\object 目录下的 BNObject.java。

```
1    public void initVertexData(float width,float height){    //初始化顶点数据
2        vCount=4;                                             //顶点个数
3        float degree=1;                                       //切割线条纹理图片的T值
4        width=Constant.fromPixSizeToNearSize(width);          //屏幕宽度转换成视口宽度
5        height=Constant.fromPixSizeToNearSize(height);        //屏幕高度转换成视口高度
6        if(isLine&&index==0){                                 //绘制线条
7            degree=height;                                    //切割线条纹理图片的T值
8        }
9        float vertices[]=new float[]{                         //初始化顶点坐标数据
10           -width/2,height/2,0,-width/2,-height/2,0,width/2,height/2,0,width/2,
             -height/2,0};
11       ByteBuffer vbb=ByteBuffer.allocateDirect(vertices.length*4);//创建顶点坐标数据缓冲
12       vbb.order(ByteOrder.nativeOrder());                   //设置字节顺序
13       mVertexBuffer=vbb.asFloatBuffer();                    //转换为Float型缓冲
14       mVertexBuffer.put(vertices);                          //向缓冲区中放入顶点坐标数据
15       mVertexBuffer.position(0);                            //设置缓冲区起始位置
16       float[] texCoor=new float[12];                        //初始化纹理坐标数据
17       if(isLine){                                           //切割线条
18           texCoor=new float[]{
19               0,0,0,degree,1,0,1,degree,1,0,0,degree};
20       }else if(!isArea){                                    //其他图形的纹理坐标
21           texCoor=new float[]{
22               0,0,0,1,1,0,1,1,1,0,0,1};
23       }else{                                                //切割面积数据
24           float rate=0.1f*num;
25           texCoor=new float[]{
26               0+rate,0,0+rate,1,1*0.1f+rate,0,1*0.1f+rate,1,1*0.1f+rate,0,0+rate,1};
27       }
28       ByteBuffer cbb=ByteBuffer.allocateDirect(texCoor.length*4);
         //创建顶点纹理坐标数据缓冲
29       cbb.order(ByteOrder.nativeOrder());                   //设置字节顺序
30       mTexCoorBuffer=cbb.asFloatBuffer();                   //转换为Float型缓冲
31       mTexCoorBuffer.put(texCoor);                          //向缓冲区中放入顶点着色数据
32       mTexCoorBuffer.position(0);                           //设置缓冲区起始位置
33   }
```

- 第 2～8 行为首先给定顶点个数,并声明切割线条纹理图片的 T 值,然后将屏幕宽高度转换成视口宽高度,最后当满足绘制切割线条的条件时,给切割线条纹理图片的 T 变量赋值。

- 第 9～15 行为初始化顶点的坐标数据。首先指定顶点的坐标数据,然后将数据写入到对应的缓冲区中,并设置缓冲区的起始位置。

- 第 16～32 行为初始化顶点的纹理坐标数据。首先获得顶点的纹理坐标数据,然后创建顶点纹理坐标的数据缓冲,并设置字节顺序,将数据缓冲转换为 Float 型缓冲,最后将顶点着色数据放入到缓冲区中,并设置缓冲区的起始位置。

17.6 绘制相关类

> **说明** OpenGL ES 中支持的绘制方式大致分 3 类，包括点、线段和三角形。每类中包括一种或多种具体的绘制方式。本游戏只使用了三角形绘制方式，具体为三角形条带法和三角形卷绕法。在 BNObject 类中采用的绘制方式为三角形条带法，该方式将一系列的顶点按顺序组成三角形进行绘制。

（3）接下来介绍初始化着色器的 initShader 方法，本 BNObject 类中包括两个初始化着色器的方法，这里由于篇幅原因，只对其中一个 initShader 方法进行介绍，具体代码实现如下。

代码位置：见随书源代码\第 17 章\FastCut\app\src\main\java\com\bn\object 目录下的 BNObject.java。

```
1   public void initShader(boolean isFly) {            //绘制木块飞走多边形的着色器
2       maPositionHandle = GLES20.glGetAttribLocation(programId, "aPosition");
3       maTexCoorHandle= GLES20.glGetAttribLocation(programId, "aTexCoor");
4       muMVPMatrixHandle = GLES20.glGetUniformLocation(programId, "uMVPMatrix");
5       muSjFactor=GLES20.glGetUniformLocation(programId, "sjFactor");  //衰减因子
6   }
```

> **说明** 在上述初始化着色器的 initShader 方法中，首先获取程序中顶点位置属性引用 id 和顶点纹理坐标属性引用 id，再获取程序中总变换矩阵引用 id，最后获取程序中衰减因子引用 id（该衰减因子实现被切割了的木块消失的特效）。

（4）接下来将继续开发该类中的绘制方法 drawSelf，由于不同物体的绘制不尽相同，所以在 BNObject 类中共有 3 个 drawSelf 方法来实现物体的绘制，在此只介绍其中的一个，其他方法读者可以自行查看随书附带的源代码。具体代码如下。

代码位置：见随书源代码\第 17 章\FastCut\app\src\main\java\com\bn\object 目录下的 BNObject.java。

```
1   public void drawSelf(){                              //绘制图形
2       if(!initFlag){
3             initShader();                              //初始化着色器
4             initFlag=true;                             //将标志位置为已初始化着色器
5       }
6       GLES20.glEnable(GLES20.GL_BLEND);                //打开混合
7       GLES20.glBlendFunc(GLES20.GL_SRC_ALPHA,GLES20.GL_ONE_MINUS_SRC_ALPHA);
8       GLES20.glUseProgram(programId);                  //制定使用某套 shader 程序
9       if(body!=null){
10          x=body.getPosition().x*RATE;                 //根据刚体获得 x 坐标
11          y=body.getPosition().y*RATE;                 //根据刚体获得 y 坐标
12          ballPositionX=x;                             //获得小球的 x 坐标
13          ballPositionY=y;                             //获得小球的 y 坐标
14          x=Constant.fromScreenXToNearX(x);            //将屏幕 x 转换成视口 x 坐标
15          y=Constant.fromScreenYToNearY(y);            //将屏幕 y 转换成视口 y 坐标
16      }
17      MatrixState.pushMatrix();                        //保护场景
18      MatrixState.translate(x,y, 0);                   //平移
19      if(isLine){                                      //绘制切割线条
20          MatrixState.rotate(angle, 0, 0, 1);          //旋转
21      }
22      GLES20.glUniformMatrix4fv(                       //将最终变换矩阵传入 shader 程序
23          muMVPMatrixHandle, 1, false, MatrixState.getFinalMatrix(), 0);
24      GLES20.glVertexAttribPointer(                    //为画笔指定顶点位置数据
25          maPositionHandle,3, GLES20.GL_FLOAT,false,3*4,mVertexBuffer);
26      GLES20.glVertexAttribPointer(                    //为画笔指定顶点纹理坐标数据
27          maTexCoorHandle,2,GLES20.GL_FLOAT,false,2*4,mTexCoorBuffer);
28      GLES20.glEnableVertexAttribArray(maPositionHandle);//允许顶点位置数据数组
29      GLES20.glEnableVertexAttribArray(maTexCoorHandle); //允许顶点纹理坐标数据数组
30      GLES20.glActiveTexture(GLES20.GL_TEXTURE0);      //指定纹理单元
31      GLES20.glBindTexture(GLES20.GL_TEXTURE_2D,texId);//绑定纹理
32      GLES20.glDrawArrays(GLES20.GL_TRIANGLE_STRIP, 0, vCount);//绘制纹理矩形--条带法
33      GLES20.glDisable(GLES20.GL_BLEND);               //关闭混合
34      MatrixState.popMatrix();                         //恢复场景
35  }
```

- 第 2~5 行为初始化着色器的代码,每次绘制物体时只初始化一次着色器,避免渲染管线中残留一些先前的渲染数据,使正确的数据绘制出来的图形达不到想要的效果。
- 第 6~16 行为首先打开混合,并设置混合因子,然后制定使用某套 shader 程序。最后实时获取球刚体的位置坐标,并将其从屏幕坐标转换成视口坐标。
- 第 17~23 行为先保护场景,然后将场景平移到需绘制物体的地方。若此次绘制的是切割线条,则需要旋转矩阵来实现相应的切割效果。最后将最终变换矩阵传入 shader 程序。
- 第 24~27 行为通过调用 GLES20 类的 glVertexAttribPointer 方法。将顶点坐标数据及顶点纹理坐标数据传送进渲染管线,以备渲染时在顶点着色器中使用。
- 第 28~34 行为首先通过调用 GLES20 类的 glEnableVertexAttribArray 方法。启用顶点位置数据以及启用顶点纹理坐标数据,然后为该物体指定纹理单元并绑定纹理,并通过三角形条带法来绘制图形。最后关闭混合并恢复场景。

17.6.2 BNPolyObject 绘制类的开发

接下来对其子类 BNPolyObject 进行介绍。由于 BNPolyObject 类的代码框架和父类 BNObject 基本相似,那么本小节只介绍一些与 BNObject 类不同的功能开发。主要是 initVertexData 和 drawSelf 方法。

(1)首先介绍的是初始化顶点数据的 initVertexData 方法,主要是初始化被切割物体的顶点数据。由于传递给 initVertexData 方法的是多边形对象的多个顶点数据,所以需将其切分成一个个三角形对象,然后获得相应的三角形顶点数据。其具体代码实现如下。

代码位置:见随书源代码\第 17 章\FastCut\app\src\main\java\com\bn\object 目录下的 BNPolyObject.java。

```
1    public void initVertexData(float[] vData,float yswidth,float ysheight){
     //初始化顶点坐标与着色数据的方法
2        float[] dd= GeoLibUtil.fromAnyPolyToTris(vData);    //将多边形切分成三角形组
3        vCount=dd.length/2;
4        float vertices[]=new float[vCount*3];
5        for(int i=0;i<vCount;i++){
6            vertices[i*3]= Constant.fromScreenXToNearX(dd[i*2]);  //x坐标
7            vertices[i*3+1]=Constant.fromScreenYToNearY(dd[i*2+1]);//y坐标
8            vertices[i*3+2]=0;                           //z坐标
9        }
10       ……/*此处将顶点坐标数据送到缓冲区的代码与之前的类似,故不再赘述*/
11       float texCoor[]=new float[vCount*2];
12       for(int i=0;i<vCount;i++) {
13           texCoor[i*2]=dd[i*2]/yswidth;                //纹理s坐标
14           texCoor[i*2+1]=dd[i*2+1]/ysheight;           //纹理t坐标
15       }
16       ……/*此处将顶点纹理坐标数据送到缓冲区的代码与之前的类似,故不再赘述*/
17   }
```

> **说明** 在上述初始化顶点坐标与着色数据的方法中,首先通过调用 GeoLibUtil 类中的 fromAnyPolyToTris 方法将多边形切分成三角形组获得相应的顶点坐标数据,然后通过计算获得物体的顶点纹理坐标,最后分别将数据送入到缓冲区中。

(2)接下来将介绍绘制木块飞走的 drawSelf 方法。该方法主要实现了飞走的木块在消失前向上跳跃及慢慢消失的功能,通过传入的衰减因子,改变纹理图的透明度。其具体代码如下。

代码位置:见随书源代码\第 17 章\FastCut\app\src\main\java\com\bn\object 目录下的 BNPolyObject.java。

```
1    public void drawSelf(float sj){           //绘制木块飞走逐渐消逝的方法
```

```
  2          if(!initFlag){
  3                  initShader(true);                //初始化着色器
  4                  initFlag=true;
  5          }
  6          if(count>15){                            //当木块跳跃的动作结束后,开始计算衰减因子
  7                  sj=sj-0.04f*(count-16);
  8          }
  9          if(sj<0.7){
 10                  GLES20.glEnable(GLES20.GL_BLEND);         //打开混合
 11                  GLES20.glBlendFunc(GLES20.GL_SRC_ALPHA,GLES20.GL_ONE);//设置混合因子
 12          }
 13          GLES20.glUseProgram(programId);                   //制定使用某套 shader 程序
 14          MatrixState.pushMatrix();                         //保护场景
 15          count++;
 16          if(GeometryConstant.cutDirection==1) {            //上面
 17              MatrixState.translate(0, GeometryConstant.calculateDisplacement(1,count), 0);
 18          } else if(GeometryConstant.cutDirection==2){      //下面
 19              MatrixState.translate(0,  GeometryConstant.calculateDisplacement(2,count), 0);
 20          } else if(GeometryConstant.cutDirection==3){      //左面
 21              MatrixState.translate( GeometryConstant.calculateDisplacement(3,count),
 22                  GeometryConstant.calculateDisplacement(1,count), 0);
 23          } else if(GeometryConstant.cutDirection==4) {     //右面
 24              MatrixState.translate( GeometryConstant.calculateDisplacement(4,count),
 25                  GeometryConstant.calculateDisplacement(1,count), 0);
 26          }
 27          MatrixState.rotate(-count*0.5f, 0, 0, 1);         //旋转
 28          GLES20.glUniformMatrix4fv(muMVPMatrixHandle, 1, false, MatrixState.getFinalMatrix(), 0);
 29          GLES20.glUniform1f(muSjFactor, sj);               //将衰减因子传入 shader 程序
 30          ……/*此处省略的代码与之前的类似,故不再赘述*/
 31          GLES20.glDrawArrays(GLES20.GL_TRIANGLES, 0, vCount);  //绘制纹理矩形
 32          if(sj<0.7){
 33                  GLES20.glDisable(GLES20.GL_BLEND);        //关闭混合
 34          }
 35          MatrixState.popMatrix();                          //恢复场景
 36  }
```

- 第 6~12 行实现当木块跳跃的动作结束后,开始计算衰减因子的功能,并且当衰减因子小于 0.7 时开启混合,同时设置混合因子。
- 第 15~26 行为首先获得被切木块位于哪个方向,然后通过调用 GeometryConstant 方法中的 calculateDisplacement 方法计算出飞走木块向上跳跃的距离,并通过调用 MatrixState 类中的 rotate 方法使木块在飞走的过程中有一定的旋转效果。
- 第 28~34 行为首先将最终变换矩阵传入 shader 程序,然后将衰减因子传入 shader 程序,并按三角形卷绕的方式绘制纹理矩形。最后当衰减因子小于 0.7 时关闭混合。其中第 30 行省略的代码与之前的类似,若读者想要进一步了解和学习,请自行查看随书附带的源代码。

> **说明** 本游戏还有一个 BNView 绘制类,主要用于一些辅助界面的绘制,如开始界面、选项界面、选关界面及帮助界面等,这里由于篇幅原因就不再赘述。

17.7 雪花粒子系统的开发

很多游戏场景中都会采用火焰或雪花等作为点缀,以增强游戏的真实性来吸引吸玩家。而目前最流行的实现火焰、雪花等效果的就是粒子系统技术。本游戏中选项界面里就有利用粒子系统开发的非常真实酷炫的下雪特效,接下来将向读者介绍如何利用粒子系统实现下雪的功能。

17.7.1 基本原理

用粒子系统实现下雪效果的基本思想非常简单,将下雪场景看作由一系列运动的粒子叠加而成。系统定时在固定的区域内生成新的粒子,粒子生成后不断按照一定的规律运动并改变自身的颜色。当粒子运动满足一定条件后,粒子消亡。对单个粒子而言,其生命周期过程如图17-22所示。

▲图17-22 粒子对象的生命过程

实际粒子系统的开发中,开发人员需要根据目标特效的需求设置粒子的各项属性,实现真实地模拟出火焰、烟雾、下雪等不同的效果。例如,本游戏中下雪特效的开发,只有给定粒子合适的初始位置、运动速度、尺寸、最大生命期等属性,才可以实现真实的下雪特效。

17.7.2 开发步骤

本小节将对其基本开发步骤进行简要的介绍。下雪特效主要包括总控制类 ParticleSystem、代表单个粒子的 ParticleSingle 类和常量类 ParticleConstant。常量类已在上面的小节中做过介绍,本小节就不再赘述,具体内容如下。

(1)首先介绍的是雪花粒子系统的总控制类 ParticleSystem。由于每个 ParticleSystem 类的对象代表一个粒子系统,所以本类中用一系列的成员变量来存储对应粒子系统的各项信息。这里由于篇幅原因,只对 drawSelf 方法和 update 方法进行介绍,具体代码实现如下。

代码位置:见随书源代码\第 17 章\FastCut\app\src\main\java\com\bn\util\snow 目录下的 ParticleSystem.java。

```
1    public void drawSelf(){
2        GLES20.glEnable(GLES20.GL_BLEND);                    //开启混合
3        GLES20.glBlendEquation(blendFunc);                   //设置混合方式
4        GLES20.glBlendFunc(srcBlend,dstBlend);               //设置混合因子
5        alFspForDrawTemp.clear();   //清空为绘制工作服务的粒子列表,为添加当前的粒子做准备
6        synchronized(lock){          //加锁保证添加和清空不同时进行
7            for(int i=0;i<alFspForDraw.size();i++){
8                alFspForDrawTemp.add(alFspForDraw.get(i));   //复制粒子
9        }}
10       MatrixState.pushMatrix();                            //保护场景
11       MatrixState.translate(positionX, 1, positionZ);      //执行平移变换
12       for(ParticleSingle fsp:alFspForDrawTemp){            //循环绘制每个粒子
13            fsp.drawSelf(startColor,endColor,maxLifeSpan);
14       }
15       GLES20.glDisable(GLES20.GL_BLEND);                   //关闭混合
16       MatrixState.popMatrix();                             //恢复场景
17   }
```

- 第 2~4 行为进行绘制粒子系统前的一些必要设置,首先开启混合,然后根据初始化得到的混合方式与混合因子进行混合相关参数的设置。
- 第 5~9 行将转存粒子列表中的粒子复制进直接服务于绘制工作的粒子列表,为下面的

17.7 雪花粒子系统的开发

粒子绘制工作做准备。要特别注意的是，为防止两个不同的线程同时对一个列表执行读写代理的问题，这里采用同步互斥技术。

- 第 10~17 行为首先保护场景，进行平移变换，然后遍历整个直接服务于绘制工作的粒子列表，绘制其中的每个粒子，最后恢复场景。

（2）接下来将对更新整个粒子系统的所有信息的 update 方法进行开发，具体代码实现如下。

代码位置：见随书源代码第 17 章\FastCut\app\src\main\java\com\bn\util\snow 目录下的 ParticleSystem.java。

```
1    public void update(){                         //更新粒子系统的方法
2        for(int i=0;i<groupCount;i++){            //喷发新粒子
3            float px=(float) (sx+xRange*(Math.random()*2-1.0f));
             //在中心附近产生产生粒子的位置
4            float vx=(sx-px)/150;                 //x方向的速度很小，所以就产生了拉长的火焰粒子
5            ParticleSingle fsp=new ParticleSingle(px,0.01f,vx,vy,fpfd);//创建粒子对象
6            alFsp.add(fsp);                       //将生成的粒子加入用于存放所以粒子的列表中
7        }
8        alFspForDel.clear();                      //清空缓冲的粒子列表，此列表存储需要删除的粒子
9        for(ParticleSingle fsp:alFsp){
10           fsp.go(lifeSpanStep);                 //对每个粒子执行运动操作
11           if(fsp.lifeSpan>this.maxLifeSpan){    //粒子生存时间达到最大值，添加到需要删除的粒子列表
12               alFspForDel.add(fsp);
13       }}
14       for(ParticleSingle fsp:alFspForDel){      //删除过期粒子
15           alFsp.remove(fsp);
16       }
17       synchronized(lock){                       //获取访问锁
18           alFspForDraw.clear();                 //清空转存粒子列表
19           for(int i=0;i<alFsp.size();i++){      //循环将所有粒子列表中的粒子添加到转存粒子列表中
20               alFspForDraw.add(alFsp.get(i));
21   }}}
```

- 第 2~7 行的功能为产生一批新的粒子，粒子的初始位置在指定的中心点附近随机产生，因此，根据粒子初始位置偏离中心位置 x 坐标的差值确定粒子 x 方向的速度。速度大小与偏离中心点的距离线性相关，偏离越远，速度越大。

- 第 8~16 行的功能为将超过生命期上限的粒子从所有粒子列表中删除。但直接在遍历所有粒子列表的循环中执行删除会带来问题，故这里首先遍历所有粒子列表中的粒子，将符合删除条件的粒子加入到删除列表中，最后遍历删除列表，执行最后删除。

- 第 17~21 行为将更新后的所有粒子列表中的粒子复制进转存粒子列表。这与前面绘制方法中将转存粒子列表中的粒子复制进直接服务于绘制工作的粒子列表时呼应的，正好形成了粒子数据从计算线程到绘制线程的流水线。

（3）下面介绍的是代表单个粒子的 ParticleSingle 类，其负责存储单个特定粒子的信息。这里由于篇幅原因，只对 go 方法和 drawSelf 方法进行介绍。其具体代码开发如下。

代码位置：见随书源代码第 17 章\FastCut\app\src\main\java\com\bn\util\snow 目录下的 ParticleSingle.java。

```
1    public void go(float lifeSpanStep){           //移动粒子，并增长粒子生命期的方法
2        y=y+vy;                                   //计算粒子新的 y 坐标
3        lifeSpan+=lifeSpanStep;                   //增加粒子的生命期
4    }
5    public void drawSelf(float[] startColor,float[] endColor,float maxLifeSpan){
6        MatrixState.pushMatrix();                 //保护现场
7        MatrixState.translate(x, y, 0);           //执行平移变换
8        float sj=(maxLifeSpan-lifeSpan)/maxLifeSpan;  //衰减因子在逐渐地变小，最后变为 0
9        fpfd.drawSelf(sj,startColor,endColor);    //绘制单个粒子
10       MatrixState.popMatrix();                  //恢复现场
11   }
```

- 第 1~4 行为定时调用用以运动粒子及增大粒子生命期的 go 方法。
- 第 5~11 行为绘制单个粒子的 drawSelf 方法。首先根据粒子当前的生命期与最大允许生命周期计算出总衰减因子，然后调用粒子绘制对象的 drawSelf 方法完成粒子的绘制。

> **说明** 本小节关于下雪特效的实现借助了 ParticleForDraw 和 ParticleConstant 两个类。对于 ParticleForDraw 类，其为最基本的雪花粒子绘制类，与之前介绍的 BNObject 类的功能实现类似，这里由于篇幅原因，不再进行赘述。

17.8 本游戏中的着色器

在本节之前，该游戏的功能和技术基本介绍完毕，接下来将对游戏中用到的相关着色器进行介绍，本游戏一共使用了 3 套着色器，一套是一般图形绘制的着色器，一套是飞走木块绘制的着色器，还有一套是实现下雪特效的着色器。下面就对其进行详细的介绍。

（1）着色器分为顶点着色器和片元着色器。顶点着色器是一个可编程的处理单元，功能为执行顶点的变换、光照、材质的应用与计算等顶点的相关操作，其每个顶点执行一次。接下来首先介绍的是一般图形绘制的顶点着色器，详细代码如下。

代码位置：见随书源代码\第 17 章\ FastCut\app\src\main\assets\ 目录下的 vertex.sh。

```
1    uniform mat4 uMVPMatrix;                          //总变换矩阵
2    attribute vec3 aPosition;                         //顶点位置
3    attribute vec2 aTexCoor;                          //顶点纹理坐标
4    varying vec2 vTextureCoord;                       //用于传递给片元着色器的变量
5    void main(){
6        gl_Position = uMVPMatrix * vec4(aPosition,1);  //根据总变换矩阵计算此次绘制此顶点位置
7        vTextureCoord = aTexCoor;                     //将接收的纹理坐标传递给片元着色器
8    }
```

> **说明** 该顶点着色器的作用主要为根据顶点位置和总变换矩阵计算此次绘制此顶点位置 gl_Position，每顶点执行一次，并将接收的纹理坐标传递给片元着色器。

（2）接下来将介绍一般图形绘制的片元着色器的开发。片元着色器是用于处理片元值及其相关数据的可编程片元，可以执行纹理的采样、颜色的汇总、计算雾的颜色等操作，每片元执行一次。其具体代码实现如下。

代码位置：见随书源代码\第 17 章\ FastCut\app\src\main\assets\ 目录下的 frag.sh。

```
1    precision mediump float;                          //给出浮点精度
2    varying vec2 vTextureCoord;                       //接收从顶点着色器过来的参数
3    uniform sampler2D sTexture;                       //纹理内容数据
4    void main(){
5        gl_FragColor = texture2D(sTexture, vTextureCoord);  //给此片元从纹理中采样出颜色值
6    }
```

> **说明** 该片元着色器的作用主要为根据从顶点着色器传递过来的参数 vTextureCoord 和从 Java 代码部分传递过来的 sTexture 计算片元的最终颜色值，每片元执行一次。

（3）由于飞走木块绘制的顶点着色器与 vertex.sh 相同，就不再介绍，并且因为飞走的木块需慢慢消失，所以在第二套着色器中的片元着色器中增加了乘以衰减因子的代码。那么接下来将继续介绍该部分片元着色器的开发，详细代码如下。

17.8 本游戏中的着色器

代码位置：见随书源代码\第 17 章\ FastCut\app\src\main\assets\目录下的 frag_fly.sh。

```
1    precision mediump float;                                //给出浮点精度
2    uniform float sjFactor;                                 //衰减因子
3    uniform sampler2D sTexture;                             //纹理内容数据
4    varying vec2 vTextureCoord;                             //接收从顶点着色器过来的参数
5    void main(){
6        gl_FragColor=texture2D(sTexture, vTextureCoord)*sjFactor;//此片元从纹理中采样
出颜色值*衰减因子
7    }
```

> **说明** 该片元着色器与上述片元着色器相比，增加了从 Java 代码部分传递过来的衰减因子的代码，该衰减因子主要用于实现木块飞走时逐渐消失的功能。

（4）本游戏中一般图形绘制的着色器和飞走木块绘制的着色器已经介绍完了，接下来将介绍实现下雪特效的顶点着色器，具体代码如下。

代码位置：见随书源代码\第 17 章\ FastCut\app\src\main\assets\目录下的 vertex_snow.sh。

```
1    uniform mat4 uMVPMatrix;                                //总变换矩阵
2    attribute vec3 aPosition;                               //顶点位置
3    attribute vec2 aTexCoor;                                //顶点纹理坐标
4    varying vec2 vTextureCoord;                             //用于传递给片元着色器的纹理坐标变量
5    varying vec3 vPosition;                                 //用于传递给片元着色器顶点位置的变量
6    void main(){
7        gl_Position = uMVPMatrix * vec4(aPosition,1);//根据总变换矩阵计算此次绘制此顶点位置
8        vTextureCoord = aTexCoor;                           //将接收的纹理坐标传递给片元着色器
9        vPosition=aPosition;                                //将接收的顶点坐标传递给片元着色器
10   }
```

> **说明** 与普通的顶点着色器相比，上述实现下雪特效的顶点着色器中主要增加了将顶点坐标传给片元着色器的相关代码。

（5）接下来将继续介绍下雪特效的片元着色器的开发，与其他片元着色器相比，该片元着色器增加了许多从 Java 代码部分传过来的变量，具体代码如下。

代码位置：见随书源代码\第 17 章\ FastCut\app\src\main\assets\目录下的 frag_snow.sh。

```
1    precision mediump float;                                //给出浮点精度
2    uniform vec4 startColor;                                //起始颜色
3    uniform vec4 endColor;                                  //终止颜色
4    uniform float sjFactor;                                 //衰减因子
5    uniform float bj;                                       //半径
6    uniform sampler2D sTexture;                             //纹理内容数据
7    varying vec2 vTextureCoord;                             //接收从顶点着色器传递过来的纹理坐标参数
8    varying vec3 vPosition;                                 //接收从顶点着色器传递过来的顶点参数
9    void main(){
10       vec4 colorTL = texture2D(sTexture, vTextureCoord);  //进行纹理采样
11       vec4 colorT;                                        //颜色变量
12       float disT=distance(vPosition,vec3(0.0,0.0,0.0));   //计算当前片元与中心点的距离
13       float tampFactor=(1.0-disT/bj)*sjFactor;            //计算片元颜色插值因子
14       vec4 factor4=vec4(tampFactor,tampFactor,tampFactor,tampFactor);
15       colorT=clamp(factor4,endColor,startColor);          //进行颜色插值
16       colorT=colorT*colorTL.a;                            //结合采样出的透明度计算最终颜色
17       gl_FragColor=colorT;                                //将计算出来的片元颜色传给渲染管线
18   }
```

> **说明** 上述实现下雪特效的片元着色器，实现了在计算出片元颜色插值因子后，通过在起始颜色与终止颜色间进行线性插值，并结合纹理采样颜色的透明度得出最终的片元颜色的功能。并且在计算颜色插值时需要的起始、终止颜色，通过 Java 传递过来。

着色器管理类

在大多数游戏程序中，开发人员为了提高代码的可读性，通常把一些功能代码集中管理起来，封装成一个管理类，如本游戏中的着色器管理类、纹理 ID 管理类、声音管理类。本小节将对着色器管理类进行介绍，具体代码如下。

代码位置：见随书源代码\第 17 章\FastCut\app\src\main\java\com\bn\util\manager 目录下的 ShaderManager.java。

```
1   public class ShaderManager{
2       ……//此处省略了导入类的代码，读者可自行查阅随书附带的源代码
3       static String[][] programs={{"vertex.sh","frag.sh"},{"vertex_snow.sh","frag_
         snow.sh"},{"vertex.sh","frag_fly.sh"}};                //所有着色器的名称
4
5       static HashMap<Integer,Integer> list=new HashMap<Integer,Integer>();
         //存放程序 ID
6       public static void loadingShader(MySurfaceView mv){  //加载着色器
7           for(int i=0;i<programs.length;i++){
8               //加载顶点着色器的脚本内容
9               String mVertexShader=ShaderUtil.loadFromAssetsFile(programs[i][0],
                mv.getResources());
10              //加载片元着色器的脚本内容
11              String mFragmentShader=ShaderUtil.loadFromAssetsFile(programs[i][1],
                mv.getResources());
12              //基于顶点着色器与片元着色器创建程序
13              int mProgram = ShaderUtil.createProgram(mVertexShader, mFragmentShader);
14              list.put(i, mProgram);                //将程序 ID 存放到 HashMap 集合中
15          }}
16      public static int getShader(int index){  //获得某套程序
17          int result=0;
18          if(list.get(index)!=null){                        //如果列表中有此套程序
19              result=list.get(index);                       //获得 ID
20          }
21          return result;
22      }}
```

- 第 6～15 行为加载着色器的 loadingShader()方法。循环遍历着色器 programs 数组，通过 ShaderUtil 调用 loadFromAssetsFile 方法加载顶点着色器和片元着色器。
- 第 16～21 行为获得某套程序的 getShader()方法。通过给定着色器 programs 数组的索引来获得相应的程序 ID。

> 说明 本游戏中其他的管理类由于篇幅原因就不再赘述，如声音管理类、纹理 ID 管理类，有兴趣了解的读者，请自行查看随书附带的源代码进行学习。

17.9 游戏的优化及改进

到此为止，休闲类游戏——《切切乐》，已经基本开发完成，也实现了最初设计的使用 OpenGL ES 2.0 渲染、下雪特效、声音特效等。但是通过多次试玩测试发现，游戏中仍然存在一些需要优化和改进的地方，下面列举了笔者想到需要改善的一些方面。

1. 优化游戏界面

没有哪一款游戏的界面不可以更加的完美和绚丽，所以对本游戏的界面，读者可以自行根据自己的想法进行改进，例如可以在游戏界面切割木板时添加更多炫酷的动作，使其更加完美；游戏场景的搭建、游戏切换场景效果等都可以进一步完善。

2. 修复游戏 bug

现在众多的手机游戏在公测之后也有很多的 bug，需要玩家不断地发现以此来改进游戏。笔

者已经将目前发现的所有 bug 已经修复完全，但是还有很多 bug 是需要玩家发现，这对于游戏的可玩性具有极其重要的帮助。

3. 完善游戏玩法

此游戏的玩法还是比较单一，仅仅停留在单调的操作过关，读者可以自行完善，例如设置一些游戏道具等，增加更多的玩法使其更具吸引力。在此基础上读者也可以进行创新来给玩家焕然一新的感觉，充分发掘这款游戏的潜力。

4. 增强游戏体验

为了满足更好的用户体验，游戏的速度，添加切割线和刀光特效的细节等一系列参数读者可以自行调整，合适的参数会极大地增加游戏的可玩性。读者还可在切换场景时增加更加炫丽的效果，使玩家对本款游戏印象更加深刻，使游戏更具有可玩性。

17.10 本章小结

本章向读者介绍了使用 OpenGL ES 2.0 渲染技术开发休闲类游戏的全过程。学习完本章并结合本章《切切乐》的游戏项目之后，读者应该对该类游戏的开发有了比较深刻的了解，为以后的开发工作打下坚实的基础。

第 18 章 休闲类游戏——《3D 冰球》

伴随着生活节奏的加快,能有效缓解压力的手机休闲类游戏受到人们越来越多的关注。说到休闲类游戏,其实就是指一些玩家可以很快上手,不需要长时间进行,可以随时停止的游戏。同时该类游戏具有较高的娱乐性,可以切实地做到让玩家在碎片化的时间里放松心情。

本章将介绍一个笔者自己开发的休闲类游戏——《3D 冰球》。通过对该游戏在手机平台下的设计与实现,使读者对手机平台下使用 OpenGL ES 2.0 渲染技术开发 3D 游戏的步骤有更加深入的了解,并学会基本的 3D 游戏程序的开发,从而在以后的游戏开发中有进一步的提高。

18.1 游戏的背景和功能概述

开发《3D 冰球》游戏之前,读者首先需要了解一下该 3D 游戏的开发背景和功能。希望通过笔者的介绍可以使读者对该 3D 游戏有一个整体、基本的了解,进而为之后的游戏的开发做好准备。

18.1.1 背景描述

下面首先向读者介绍一些市面上比较流行的休闲类游戏,比如《全民学画画》《英雄难过棍子关》和《疯狂保龄球》等,如图 18-1~图 18-3 所示为游戏中的截图。其中《疯狂保龄球》为 3D 休闲游戏。这几款游戏的玩法和游戏内容虽然不同,但其都是非常容易上手的休闲类游戏,同时都具有很强的可玩性。

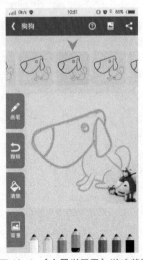
▲图 18-1 《全民学画画》游戏截图

▲图 18-2 《英雄难过棍子关》游戏截图

▲图 18-3 《疯狂保龄球》游戏截图

在本章中，笔者将使用 OpenGL ES 2.0 渲染技术开发手机平台上的一款 3D 休闲类趣味小游戏。本游戏的玩法简单，同时，游戏中还增加了利用 OpenGL ES 2.0 渲染技术渲染的各种酷炫的特效及截图技术，极大地丰富了游戏的视觉效果，增强了用户体验。

18.1.2 功能介绍

《3D 冰球》游戏主要包括资源加载界面、主界面、桌台和冰球的设置界面、模式及难度选择界面和游戏界面。接下来将对该游戏的部分界面和运行效果进行简单的介绍。

（1）运行该游戏，进入加载界面。该界面主要是显示游戏资源正在加载中，不断转动的圈圈显示着加载资源的快慢，如图 18-4 所示。游戏加载完成后将直接进入主界面。

（2）游戏主界面主要是 3D 游戏场景的显示和一些游戏开关，如图 18-5 所示。在开始游戏前旋转摄像机观察冰球和桌台所在的房间，可以看到房间的四面墙壁和地板。游戏开关包括开始游戏按钮、设置按钮和声音、振动开关。点击小喇叭可以控制是否开启声音特效；点击振动按钮可以控制冰球进门时是否开启振动特效，如图 18-6 所示。

▲图 18-4　加载界面

▲图 18-5　主界面 1

▲图 18-6　主界面 2

（3）点击设置按钮将进入桌台和冰球的设置界面，如图 18-7 所示。在桌台设置界面中，点击左右箭头设置桌台的颜色，点击返回按钮将返回主界面。点击击打工具和冰球按钮将进入其具体设置界面，如图 18-8 所示，在玩家球槌和冰球的设置界面中，玩家可以根据自己的喜好设置颜色，为了便于区分，尽量不要选择相同的颜色，还可以点击返回按钮回到桌台设置界面。

（4）点击开始游戏按钮将进入模式和难度选择界面，如图 18-9 所示。该选择界面主要包括经典模式和计时模式两种游戏模式的切换以及该模式下简单、中等和困难 3 种游戏难度的选择。

（5）点击经典模式按钮切换游戏模式，点击简单按钮选择游戏难度，然后进入游戏界面，如图 18-10 所示。该界面主要包括左上角的切换视角按钮、右上角的上方成绩显示区以及暂停按钮、桌台上的开始按钮。点击开始按钮屏幕左上角会出现截屏按钮，点击截屏按钮将保存当前游戏界面并提示图片保存成功，如图 18-11 所示。点击视角切换按钮将游戏视角切换到俯视，如图 18-12 所示。

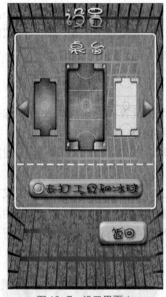
▲图 18-7　设置界面 1

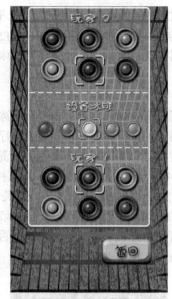
▲图 18-8　设置界面 2

▲图 18-9　选择界面

▲图 18-10　游戏界面 1

▲图 18-11　游戏界面 2

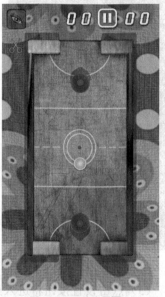
▲图 18-12　游戏界面 3

> **提示**　图 18-11 为本游戏的默认视角。当玩家开始游戏后，在前后拖动蓝色球槌的过程中摄像机的位置和目标点也会随之改变，使玩家可以更好地观察到槌球击打冰球，即蓝色球槌向前击打冰球会感觉到桌台向后运动。图 18-12 为玩家切换视角为俯视后进行游戏，在俯视状态下摄像机则没有任何变化。建议读者用真机运行此案例进行观察，效果更好。

（6）开始游戏后，玩家就可以用手指触碰并拖动蓝色球槌去击打黄色冰球，使其避开对方红色球槌的防守进入门洞而得分，如图 18-13 所示。当冰球和球槌相撞时，则会出现球槌颜色的粒子特效，如图 18-14 所示。如果冰球运动过程中碰到桌台四周会出现白色粒子特效、逐渐扩大并逐渐减弱的光圈和不断闪烁并逐渐消失的桌边，如图 18-15 所示。

18.1 游戏的背景和功能概述

▲图 18-13 游戏界面 4

▲图 18-14 游戏界面 5

▲图 18-15 游戏界面 6

> **提示** 图 18-14 为黄色冰球碰撞到蓝色球槌时出现的蓝色星星的效果。图 18-15 为黄色冰球碰撞到桌台边缘时出现不断扩大的光圈的效果,并且伴随着大量的白色星星,同时被撞的桌台边缘也会有金色亮线不断闪烁。建议读者用真机运行此案例进行观察,效果更好。

(7)点击暂停按钮,将切换到暂停界面,如图 18-16 所示。该界面包括重玩按钮、返回游戏按钮和返回主菜单按钮。点击重玩按钮当前成绩将清零,游戏恢复到开始状态。点击返回游戏按钮将继续当前的游戏。点击返回主菜单按钮将返回到模式及难度选择界面。

(8)玩家也可以在模式及难度选择界面选择计时模式开始游戏,如图 18-17 所示。计时模式与经典模式的差别即在屏幕右上角多了一个计时器,随着玩家点击开始按钮开始游戏,游戏时间将逐渐减少。如果时间减到 0,则停止游戏,根据比分判断输赢,如图 18-18 所示。

▲图 18-16 游戏界面 7

▲图 18-17 游戏界面 8

▲图 18-18 游戏界面 9

（9）经典模式下，当玩家或电脑任何一方最先获得 7 分，将提示玩家游戏胜利或游戏失败，并切换到相应的胜利界面或失败界面。如图 18-19 所示。计时模式下，当计时结束后得分最多的一方获得胜利，同样会显示失败或者胜利界面，如图 18-20 所示。

（10）当玩家处于模式及难度选择界面，可以点击手机返回键回到游戏主界面。当玩家处于游戏主界面，也可以点击手机返回键退出游戏，点击一次返回键将提示"再按一次退出游戏"，如图 18-21 所示，双击将直接退出游戏。

▲图 18-19　失败界面

▲图 18-20　胜利界面

▲图 18-21　退出游戏提示界面

18.2 游戏的策划及准备工作

本节将着重向读者介绍在开发本游戏时的前期准备工作，主要包括游戏策划中的游戏类型定位、呈现技术、操作方式、音效设计等工作的确定和游戏开发中所需 3D 模型、着色器资源、图片资源和声音资源的准备工作。

18.2.1 游戏的策划

本小节是对游戏的策划这一准备工作的简单介绍。在实际的游戏开发过程中会涉及很多方面，而本游戏的策划主要包括对游戏类型定位、运行的目标平台、采用的呈现技术、操作方式和游戏中音效设计等工作的确定。下面将向读者一一介绍。

1. 游戏类型定位

本游戏是一款 3D 的手机游戏，属于休闲类游戏。在游戏的主界面及游戏界面开始游戏之前，摄像机不停旋转观察着桌台、冰球、球槌及它们所在的房间，摄像机的转场可以看到房间的四边墙壁，增加了游戏的立体感，同样可以提示玩家本游戏是一款 3D 游戏。

2. 运行的目标平台

本游戏目标平台为 Android 2.2 或者更高的版本，同时手机必须有 GPU（显卡），因为使用 OpenGL ES 2.0 的绘制工作是在 GPU 上完成的。

3. 采用的呈现技术

本游戏以 OpenGL ES 2.0 作为游戏呈现技术，同时添加了星星特效、碰撞特效、光圈特效和亮线特效，使得游戏更吸引玩家。游戏中的星星、光圈特效极大地增加了游戏的真实感以及玩家的游戏体验。

4. 操作方式

本游戏所有关于游戏的操作为触屏，操作简单，容易上手。玩家通过手指滑动来拖动球槌去击打冰球。在游戏过程中玩家应拖动球槌或上前击打冰球使其进入对方门洞而得分，或设法阻止冰球进入我方门洞而使对方得分。最先获得7分将赢得胜利或者在限定时间内获得高分获得胜利。玩家可以点击暂停按钮重玩本局游戏，也可以返回模式及难度选择界面重新选择模式或难度。

5. 音效设计

为了增加玩家的体验，本游戏根据游戏的效果添加了适当的音效，例如，冰球和球槌相撞时的音效、冰球和桌台边缘碰撞的音效、冰球进入门洞的音效等。同时，本游戏增加了冰球进入门洞时的振动效果，玩家在主界面可以选择开启或关闭音效和振动。

18.2.2 手机平台下游戏的准备工作

本小节介绍在开发之前应做的一些准备工作，其中主要包括搜集和制作图片、声音、设计和制作3D模型以及着色器等，具体步骤如下。

（1）首先为读者介绍的是本游戏中用到的图片资源，系统将所有图片资源都放在项目文件下的assets目录下的pic文件夹下，如表18-1所示。

表18-1　　　　　　　　　　　　　　图片清单

图片名	大小（KB）	像素（w×h）	用途	图片名	大小（KB）	像素（w×h）	用途
loading.png	11.2	64×64	加载界面背景图1	classic 1.png	18.4	256×128	经典模式按钮1
load.png	19.7	256×64	加载界面背景图2	classic 2.png	16.6	256×128	经典模式按钮2
bg.png	16.6	128×64	3D冰球字体	timed 1.png	18.8	256×128	计时模式按钮1
player 1.png	26.4	256×128	开始游戏按钮1	timed 2.png	16.1	256×128	计时模式按钮2
player 2.png	25.5	256×128	开始游戏按钮2	easy 1.png	21.6	256×128	简单按钮1
settings 1.png	22.1	256×128	设置按钮1	easy 2.png	20.7	256×128	简单按钮2
settings 2.png	20.7	256×128	设置按钮2	medium 1.png	21.3	256×128	中等按钮1
shock 1.png	8.87	64×64	开启振动按钮	medium 2.png	19.7	256×128	中等按钮2
shock 3.png	9.33	64×64	关闭振动按钮	hard 1.png	21.8	256×128	困难按钮1
sound 1.png	8.32	64×64	开启音效按钮	hard 2.png	20.2	256×128	困难按钮2
no sound 1.png	8.17	64×64	关闭音效按钮	start 1.png	22.7	256×128	开始按钮
setting.png	19.1	256×64	设置字体	eye.png	7.26	64×64	默认视角图标
table-hockey.png	14	256×64	桌台字体	eye1.png	8.08	64×64	俯视视角图标
d-b-1.png	42.3	128×256	设置桌台颜色1	screenshot1.png	5.12	32×32	截图图标
d-b-2.png	65.2	128×256	设置桌台颜色2	time 1.png	19.8	256×64	计时数字图1
d-b-3.png	61.2	128×256	设置桌台颜色3	time 2.png	15.4	256×64	计时数字图2
d-b-4.png	42.5	128×256	设置桌台颜色4	time.png	4.34	64×64	计时框
paddles and puck 1.png	19.4	256×64	击打工具和冰球按钮1	pause 1.png	5.45	64×64	暂停图标1
paddles and puck 2.png	20.5	256×64	击打工具和冰球按钮2	pause 2.png	4.71	64×64	暂停图标2

续表

图片名	大小（KB）	像素（w×h）	用途	图片名	大小（KB）	像素（w×h）	用途
back 1.png	11	128×64	返回按钮 1	tablePic1.png	6.8	64×64	桌柱颜色 1
back 2.png	10.3	128×64	返回按钮 2	tablePic2.png	8.44	64×64	桌柱颜色 2
jt l 2.png	4.92	32×64	左箭头	tablePic3.png	7.92	64×64	桌柱颜色 3
jt r 2.png	4.98	32×64	右箭头	tablePic4.png	5.67	64×64	桌柱颜色 4
bg 2.png	999	512×1024	设置界面背景	pause.png	30.6	256×128	暂停字体
bai_03.png	7.62	512×512	设置界面白色边框 1	restart 1.png	22.7	256×128	重玩按钮 1
bg 3.png	6.61	256×512	设置界面白色边框 2	restart 2.png	20.8	256×128	重玩按钮 2
player 1.png	8.72	128×32	玩家 1 字体	resume 1.png	26.8	256×128	返回主菜单按钮1
player 2.png	9.17	128×32	玩家 2 字体	resume 2.png	25.6	256×128	返回主菜单按钮2
change puck.png	21.1	256×64	设置冰球字体	resume 3.png	28.3	256×128	返回游戏 1
2.png	4.82	64×64	颜色选中框大	resume 4.png	27.2	256×128	返回游戏 2
1.png	3.77	32×32	颜色选中框小	computerwin.png	20	128×64	进球了字体
bg_blue.png	2.94	128×128	设置球颜色 1	failed.png	24.3	256×128	失败字体
bg_yellow.png	2.94	128×128	设置球颜色 2	win.png	26.5	256×128	胜利字体
bg_blue2.png	2.94	128×128	设置球颜色 3	particle_red.png	3.47	32×32	星星粒子颜色 1
bg_green.png	2.94	128×128	设置球颜色 4	particle_green.png	3.48	32×32	星星粒子颜色 2
bg_pink.png	2.94	128×128	设置球颜色 5	particle_purple.png	3.19	32×32	星星粒子颜色 3
bg_orange.png	2.94	128×128	设置球颜色 6	particle_blue2.png	3.79	32×32	星星粒子颜色 4
bg_purple.png	2.94	128×128	设置球颜色 7	particle_blue1.png	3.22	32×32	星星粒子颜色 5
bg_red.png	3.09	128×128	设置球颜色 8	particle_yellow.png	4.03	32×32	星星粒子颜色 6
s1.png	4.76	32×32	冰球显示 1	particle_pink.png	3.0	32×32	星星粒子颜色 7
s2.png	4.7	32×32	冰球显示 2	round.png	12.7	128×128	光圈图片
s3.png	4.69	32×32	冰球显示 3	snow.png	1.21	32×32	雪花图片
s4.png	4.67	32×32	冰球显示 4	light.png	5.76	256×64	亮线图片
s5.png	4.79	32×32	冰球显示 5	nb1.png	15.5	256×32	数字图 1
p1.png	10.4	64×64	球槌显示 1	nb5.png	15	256×32	数字图 2
p2.png	10.3	64×64	球槌显示 2	game 1.png	460	512×1024	桌台颜色 1
p3.png	9.62	64×64	球槌显示 3	game 2.png	825	512×1024	桌台颜色 2
p4.png	10.3	64×64	球槌显示 4	game 3.png	635	512×1024	桌台颜色 3
p5.png	9.74	64×64	球槌显示 5	game 4.png	101	512×1024	桌台颜色 4
p6.png	10.4	64×64	球槌显示 6	skybox.png	471	512×512	游戏房间壁纸
difficulty.png	11.2	256×64	难度字体				

（2）接下来介绍本游戏中需要用到的声音资源，笔者将声音资源复制在项目文件下的 assets 目录下的 sound 文件夹中，详细具体音效资源文件信息如表 18-2 所示。

18.3 游戏的架构

表 18-2　　　　　　　　　　　　　　声音清单

声音文件名	大小（KB）	格式	用途	声音文件名	大小（KB）	格式	用途
jq.ogg	50	ogg	进球时的音乐	puckWallSound.mp3	4.96	mp3	球撞桌沿的音乐
puckBeaterSound.mp3	2.1	mp3	两球相撞的音乐				

（3）接下来介绍本游戏中需要用到的 3D 模型，笔者将模型资源复制在项目文件下的 assets 目录下的 model 文件夹中，详细具体模型资源文件信息如表 18-3 所示。

表 18-3　　　　　　　　　　　　　　模型清单

模型文件名	大小（KB）	格式	用途	模型文件名	大小（KB）	格式	用途
ball.obj	124	obj	冰球模型	hockey.obj	46.3	obj	球槌模型
line.obj	2.46	obj	亮线模型	skybox.obj	1.49	obj	房间模型
table.obj	108	obj	桌台模型	zhuzi.obj	17.3	obj	桌柱模型

（4）最后来介绍本游戏中需要用到的着色器资源，笔者将着色器资源复制在项目文件下的 assets 目录下的 shader 文件夹中，详细具体着色器资源文件信息如表 18-4 所示。

表 18-4　　　　　　　　　　　　　　着色器清单

着色器文件名	大小（字节）	格式	用途	着色器文件名	大小（字节）	格式	用途
frag.sh	297	sh	基础绘制	vertex.sh	408	sh	基础绘制
frag_fly.sh	267	sh	物体渐变	vertex_fly.sh	386	sh	物体渐变
frag_line.sh	627	sh	桌边亮线	vertex_line.sh	2155	sh	桌边亮线
frag_shadow.sh	771	sh	物体和影子	vertex_shadow.sh	2991	sh	物体和影子
frag_snow.sh	690	sh	粒子系统	vertex_snow.sh	436	sh	粒子系统

18.3 游戏的架构

本节将对游戏《3D 冰球》的整体架构进行简单介绍，主要包括对各个类的简要介绍和游戏框架简介。通过对本节的学习，读者对本游戏的设计思路及架构会有一个整体的把握和了解，便于对后面游戏的具体代码开发有更加深入的认识，以便很快地掌握。

18.3.1 各个类的简要介绍

为了让读者能够更好地理解本游戏中各个类的作用，本小节将其分成显示界面类、物理引擎相关类、工具类、线程类、绘制相关类、粒子系统相关类和着色器七部分进行简单的功能介绍，而对于各个类的详细代码将在后面的章节中相继开发。

1. 显示界面类

（1）显示界面类 MySurfaceView：该类是本游戏的显示界面类，继承自 GLSurfaceView。该类的主要作用是实现当前界面的触摸事件以及进行当前界面的绘制工作、监听手机返回键并对其进行相应的处理以及显示提示信息等。该类主要是对当前界面进行处理。同时该类是本游戏中非常重要的显示界面类。

（2）加载界面类 LoadingView：该类为本游戏的加载界面类，主要是加载游戏中所要用到的所有图片资源、声音资源、3D 模型资源以及初始化各个界面类。其中 3D 模型资源包括冰球、球槌、亮线、光圈、粒子系统、桌台和桌柱以及这些实物所在的房间等模型的顶点信息和纹理信息。在游戏开始前就将所用资源加载完毕，避免了游戏开始后在加载模型、声音、图片等资源时浪费时间导致游戏出现卡顿，使玩家有更好的游戏体验，读者在学习过程中应该注意到这一点并仔细体会。

（3）主界面类 MainView：该类为玩家在经过加载界面后首先看到的欢迎布景呈现类。该界面中包括《3D 冰球》游戏名称标识、开始游戏、设置、音效和振动 4 个按钮。单击开始游戏按钮将进入游戏模式和难度选择界面，单击设置按钮将进入设置桌台背景界面，单击小喇叭将开启或关闭音效，单击振动按钮将开启或关闭手机振动。同时本界面的背景为动态不停旋转的游戏房间，用到了摄像机转场类 TransitionView。

（4）设置桌台背景类 ChooseBgView：该类为设置游戏中所用桌台背景的界面的实现类，玩家可通过点击左右箭头选择桌台的背景图，也可点击击打工具和冰球按钮进入设置冰球颜色界面，即 ChooseColorView。在设置冰球颜色界面中，玩家可以设置冰球和玩家球槌的颜色。在两个界面中，玩家均可点击返回按钮回到上一层界面。

（5）选择游戏模式和难度类 OptionView：该类为选择游戏的模式和难度界面的实现类。该界面中包括经典模式、计时模式、简单、中等和困难 5 个按钮。点击经典模式按钮游戏将开启经典模式，点击计时模式游戏则将进入到计时模式。无论玩家选择哪种游戏模式，该模式下都有简单、中等和困难 3 个难度可供选择，然后将进入游戏界面。

（6）游戏界面类 GameView：该类为玩家拖动球槌打击冰球的游戏界面的实现类。该界面包括视角切换按钮、暂停游戏按钮、开始按钮、双方分数显示和动态游戏房间背景。在玩家点击开始前，界面将一直处于摄像机转场状态。当玩家点击开始按钮后，屏幕左上角将出现截图按钮，摄像机视角固定可看到放在房间里的冰球和所在桌台。开始游戏后，玩家可点击视角切换按钮切换游戏视角，然后用手指触摸屏幕拖动球槌去击打冰球使其进入对方门洞而得分并在屏幕上方显示，同时玩家也可点击暂停按钮暂停游戏。

（7）暂停界面类 PauseView：该类为暂停界面的实现类。该界面中包括了重玩、返回游戏和返回主菜单 3 个按钮，点击重玩按钮将重新开始游戏，点击返回游戏按钮将继续之前的游戏，点击返回主菜单按钮将回到模式和难度选择界面。另外 GameOverView 类为游戏结束时，出现的成绩提示框，该界面将提示玩家胜利或失败。

2. 物理引擎相关类

（1）物理形状生成类 Box2DUtil：该类为生成物理形状的工具类，包括创建矩形刚体并返回其刚体对象的 createBox 方法、创建圆形刚体并返回其刚体对象的 createCircle 方法和创建边刚体的 createEdge 方法。创建刚体对象时，不仅设置了其形状、可否运动，还对该刚体的密度、摩擦系数和恢复系数等方面进行了物理描述。通过对创建刚体方法的封装，在开发游戏中可方便使用，从而使开发的游戏更加具有真实性。

（2）监听碰撞处理类 Box2DDoAction：该类为碰撞监听并对其进行处理的工具类。该类封装了冰球进入门洞碰到洞口刚体的 doAction 方法和冰球运动碰撞到桌台四周边缘刚体的 doCrashAction 方法。doAction 方法为检测到游戏胜利后将冰球的速度置零、开启手机振动并播放进球音效和播放粒子特效等，doCrashAction 方法为检测到冰球与桌台四周碰撞后将绘制光圈的标志位置 true 并播放碰撞音效。MyContactListener 类为自定义监听类。该类继承自物理引擎的监听类 ContactListener。

（3）鼠标关节类 MyMouseJoint：该类为自定义的鼠标关节类，主要包括鼠标关节对象的声明、物理世界类对象的声明、创建鼠标关节描述等。鼠标关节描述包括对关节 id、是否允许碰撞、关节关联的刚体、刚体世界目标点、约束可以施加给移动候选体的最大力和阻尼系数等方面的设置，最后将该鼠标关节添加到物理世界中。鼠标关节的使用避免了直接设置球槌的位置而带来球槌运动的不自然。

3. 工具类

（1）加载 obj 模型的工具类 LoadUtil：该类为从 obj 文件中加载携带顶点信息的物体，并自动计算每个顶点的平均法向量的工具类。该类主要是从存放在项目下的 obj 文件中读入物体的顶点坐标、纹理坐标并计算出其平均法向量，然后创建 LoadedObjectVertexNormalTexture 类的对象并返回。该类是实现加载 3D 物体的重要工具类。

（2）坐标转化工具类 IntersectantUtil：该类封装了从屏幕坐标到世界坐标系的对应方法。该类首先是通过在屏幕上的触控位置，计算对应的近平面上坐标，以便求出 AB 两点在摄像机坐标系中的坐标，然后是将 AB 两点在摄像机中坐标系中的坐标乘以摄像机矩阵的逆矩阵，以便求得 AB 两点在世界坐标系中的坐标，从而实现屏幕触控位置到世界坐标系中对应坐标的转化。该类是实现准确控制 3D 物体位置的工具类。GetPositionUtil 类主要包括计算交点坐标和获得限制后的坐标两个方法，避免球槌或冰球运动范围脱离桌台。

（3）游戏模式相关类：该相关类主要包括攻击模式 AttackUtil 类和防守模式 GuardUtil 类。AttackUtil 类主要是确定球槌与冰球运动轨迹的相交目标点，计算冰球到达对方门洞的位置，实现槌球运动到该位置，并击打冰球，然后控制球槌运动回洞口进行防守。GuardUtil 类主要是实现对冰球的防守，跟随冰球的而运动。游戏模式相关类实现了电脑的人工智能，使之可以与玩家对抗。

（4）截图工具类 ScreenShot：该类封装了截取当前屏幕图像并保存到指定路径下的方法。该类主要是开启一个新的线程，将当前的图像按照指定的图片格式、品质，然后以输出流的形式保存到指定目录下。如果保存成功，则提示"保存成功"，否则提示"保存失败！"。

4. 线程类

（1）物理线程类 PhysicalThread：该类是本游戏的物理线程类，主要是进行物理迭代。如果当前速率过快将强制线程进行休息，然后对电脑和玩家的球槌位置进行计算、设置，不断更新数据，并当冰球速度过快时对其进行限制。物理线程类是本游戏中非常重要的一个类，实现了物体的正常碰撞和运动。

（2）球运动线程类 BallGoThread：该类是本游戏的球运动线程类。在该类中，创建了一个新的线程与物理线程同时开启。首先获得当前冰球的位置值并加锁保证数据的一致性，然后切换到指定的游戏模式，判断上一局是谁赢得游戏并指定玩家或电脑开局，最后判断如果游戏胜利并且红球与球碰撞时，给予冰球一定的冲量。将该类从 PhysicalThread 类中分离出来，可以很好地控制球槌的速度，同时保证了代码的清晰度。

5. 绘制相关类

（1）自定义绘制矩形物体类 BN2DObject：该类封装了初始化矩形物体的顶点数据和纹理坐标数据的方法、初始化着色器的方法，绘制旋转物体、不旋转物体以及分数等 3 个方法。初始化数据和绘制方法相结合完成了矩形物体的绘制。该类实现了游戏中所有 2D 物体的绘制，同时包括加载界面中旋转的加载圆圈的绘制。BN3DObject 类为自定义绘制含有衰减因子的物体的绘制类。游戏中渐变光圈的绘制使用的即是本类。

（2）自定义 3D 物体绘制类 GameObject：该类为 3D 物体的绘制类，包括构造器和 drawSelf 绘制方法。drawSelf 方法主要是接收是否绘制影子、物体所在位置和影子的位置等信息，然后调用 3D 物体绘制方法进行绘制。LoadedObjectVertexNormalTexture 类为 3D 物体的主绘制类，其中包括初始化 3D 物体顶点坐标、顶点法向量坐标、纹理坐标和着色器的方法，还包括绘制桌边亮线、桌台以及房间等 3D 物体的方法。

6. 粒子系统相关类

粒子系统相关类包括工具类 ParticleConstant 类、绘制类 ParticleForDraw 类、代表单个粒子的

ParticleSingle 类和粒子总控制类 ParticleSystem 类。这些类中将矩形物体的绘制与粒子的产生进行封装。通过对粒子最大生命周期、生命期步进、起始颜色、终止颜色、目标混合因子、初始位置、当前索引和更新物理线程休息时间等属性的设置,并初始化顶点数据和纹理数据进行绘制,实现星星的效果。

7. 着色器

由于本游戏的画面绘制使用的是 OpenGL ES 2.0 渲染技术,所以需要着色器的开发。着色器包括顶点着色器和片元着色器,在绘制画面前首先要加载着色器,加载完着色器的脚本内容并放进集合,根据绘制物体的不同来选择相应的着色器。

18.3.2 游戏框架简介

接下来本小节将从游戏的整体架构上进行介绍,使读者对本游戏有更进一步的了解,首先给出的是游戏框架,如图 18-22 所示。

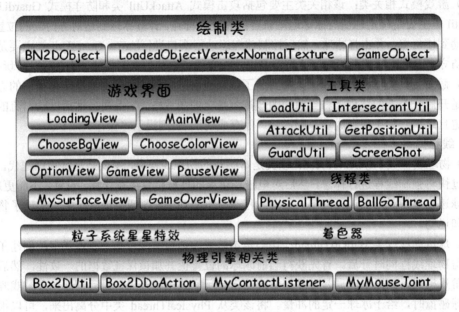

▲图 18-22 游戏框架

> **说明** 图 18-22 中列出了《3D 冰球》游戏框架,通过该图可以看出游戏主要由游戏界面、工具类、线程类、绘制类及星星特效、着色器和物理引擎相关类等构成。其各自功能后续将向读者详细介绍。

接下来按照程序运行的顺序逐步介绍各个类的作用和整体的运行框架,使读者更好地掌握本游戏的开发步骤,详细步骤如下。

(1)启动游戏。首先在 MyActivity 类中设置屏幕为全屏且为竖屏模式,然后创建声音管理类 SoundManager 的对象和主布景类 MySurfaceView 的对象,最后跳转到 MySurfaceView 类。

(2)进入 MySurfaceView 类。首先会进行渲染器的创建,在内部类渲染器的 onSurfaceChanged 方法中设置当前界面为加载界面,然后将进入到加载界面。

(3)在加载界面中,玩家会看到"加载中……"的提示文字和随着加载速度而转动的圆圈。当加载游戏中所用到的图片资源、3D 模型资源以及界面的初始化工作完毕,将跳转到游戏的主界面。

（4）在游戏主界面中，玩家会看到"开始游戏"和"设置"按钮，开启或关闭音效、振动的按钮，以及游戏名称《3D 冰球》。主界面的背景为动态的游戏房间，玩家可以清楚地感受到本游戏为 3D 游戏。

（5）当玩家点击设置按钮，游戏将进入设置界面。在该界面中，玩家可以点击左右箭头来设置桌台的背景，点击返回按钮返回到游戏主界面，也可以点击击打工具和冰球按钮进入其设置界面。

（6）在击打工具和冰球设置界面中，玩家可点击喜欢的图标和颜色对冰球和球槌进行设置，也可以点击返回按钮回到桌台设置界面。

（7）当玩家点击"开始"游戏按钮，游戏将跳转到模式和难度选择界面。该界面包括"经典模式""计时模式""简单""中等"和"困难"5 个按钮。玩家可选择游戏模式，然后点击具体某一难度，游戏将进入游戏界面。

（8）在游戏界面中，背景依然为动态的游戏房间，同时还包括开始按钮。点击"开始"按钮后，玩家即可拖动球槌进行游戏。当前游戏模式如果为经典模式，则屏幕右上角将显示游戏双方的成绩，最先获得 7 分的一方获得胜利。如果当前游戏模式如果为计时模式，则屏幕右上角将在经典模式的基础上增加一个计时器，当时间结束时，得分多的一方将获得胜利。

（9）在游戏过程中，玩家可点击屏幕左上角的切换视角图标切换游戏视角，或者点击截屏图标保存当前游戏状态，或者点击屏幕右上角的暂停按钮暂停游戏。

（10）在暂停界面中，玩家可以点击重玩按钮重玩该游戏，点击返回游戏按钮继续当前游戏，点击返回主菜单按钮回到模式和难度选择按钮。

（11）当游戏胜利或失败时，将进入其对应界面。在该界面中包括"重玩"和"返回主菜单"两个按钮，玩家点击重玩按钮将重新开始游戏，点击返回主菜单按钮将跳转到模式和难度选择界面。

18.4 显示界面类

本节将介绍的是游戏的界面类代码。由于该游戏用到的界面很多，这里只选择显示界面 MySurfaceView 类、加载界面 LoadingView 类、主界面 MainView 类、转场界面 TransitionView 类和游戏界面 GameView 类进行简单的介绍。

18.4.1 显示界面 MySurfaceView 类

本小节主要介绍的是游戏的显示界面类 MySurfaceView。该类的主要作用是实现当前界面的触摸事件以及进行当前界面的绘制工作、监听手机返回键进行相应的处理以及显示提示信息等。该类主要是对当前界面进行处理，而其他界面的内容将在下面进行介绍，具体代码如下。

代码位置：见随书源代码\第 18 章\3DHockey\app\src\main\java\com\bn\happyhockey 目录下的 MySurface View.java。

```
1    package com.bn.happyhockey;                          //声明包名
2    ……//此处省略了导入类的代码，读者可自行查阅随书的源代码
3    public class MySurfaceView extends GLSurfaceView{
4        public BNAbstractView currView;                  //创建当前界面的对象
5        ……//此处省略了定义其他变量的代码，读者可自行查阅随书的源代码
6        public MySurfaceView(MainActivity activity){
7            super(activity);                             //实现 Activity 类的所有功能
8            this.activity=activity;                      //对 Activity 对象进行赋值
9            this.setEGLContextClientVersion(2);          //设置使用 OPENGL ES2.0
10           mRenderer = new SceneRenderer();             //创建场景渲染器
11           setRenderer(mRenderer);                      //设置渲染器
12           setRenderMode(GLSurfaceView.RENDERMODE_CONTINUOUSLY);//设置主动渲染
13           screenShot=new ScreenShot(this);             //创建截屏类对象
14       }
```

```
15        public boolean onTouchEvent(MotionEvent e){        //触摸回调方法
16            if(currView==null){return false;}              //如果当前界面为空,则不能触摸
17            return currView.onTouchEvent(e);               //返回当前界面类的触摸方法
18        }
19        public boolean onKeyDown(int keyCode, KeyEvent event){  //返回上一界面方法
20            if (keyCode == KeyEvent.KEYCODE_BACK) {        //如果单击了手机的返回键
21                if(currView==optionView){                  //如果当前界面是选项界面
22                    currView=mainView;                     //则返回到主界面
23                }else if(currView==mainView){exit();}//如果当前界面是主界面,则退出游戏
24                ……//此处省略返回其他界面的代码,读者可自行查阅随书的源代码
25                return true;
26            }
27            return super.onKeyDown(keyCode, event);        //返回结果
28        }
29        private void exit(){                               //退出游戏方法
30            if (isExit == false) {                         //如果允许退出的标志位为false
31                isExit = true;                             //准备退出
32                Toast.makeText(this.getContext(),"再按一次退出游戏", Toast.LENGTH_SHORT).
                  show();
33                new Handler().postDelayed(new Runnable(){//
34                    public void run(){isExit = false; }
35                }, 2500);                                  //显示提示框
36            }else{
37                android.os.Process.killProcess(android.os.Process.myPid());//退出游戏
38        }}
39        private class SceneRenderer implements GLSurfaceView.Renderer{//场景渲染器
40            public void onDrawFrame(GL10 gl) {
41                if(screenShot.saveFlag) {                  //如果已经单击"截屏"按钮
42                    screenShot.saveScreen((int)(Constant.StandardScreenWidth*Constant.
                      ssr.ratio),
43                            (int)(Constant.StandardScreenHeight*Constant.ssr.
                              ratio));//保存图片
44                    screenShot.setFlag(false);             //允许截屏的标志位设为false
45                }
46                GLES20.glClear( GLES20.GL_DEPTH_BUFFER_BIT|GLES20.GL_COLOR_BUFFER_BIT);
47                currView.drawView(gl);                     //对当前界面进行绘制
48            }
49            public void onSurfaceChanged(GL10 gl, int width, int height) {
50                ……//此处省略设置视窗大小及位置等代码,读者可自行查阅
51            }
52            public void onSurfaceCreated(GL10 gl, EGLConfig config){
53                ……//此处省略初始化着色器、设置背景颜色等代码,读者可自行查阅
54        }}}
```

- 第 6~14 行为显示界面类 MySurfaceView 的有参构造器方法。在此构造器中,实现了 Activity 中的所有方法,并且给创建的 Activity 对象赋值,同时设置使用 OpenGL ES 2.0,然后创建并设置了场景渲染器、设置渲染模式为主动渲染,最后创建了截屏工具类的对象。

- 第 15~18 行为显示界面类的触摸事件回调 onTouchEvent 方法,主要对当前界面类的触摸事件进行处理。如果当前界面为空,则直接返回 false。下面将会介绍部分界面的触摸方法的代码。

- 第 19~28 行为给手机的返回键添加监听的方法。如果点击手机的返回键,则返回到当前界面的上一界面,例如如果当前处于选项界面,点击返回键后则直接返回到主界面等。

- 第 29~38 行为退出游戏的方法。如果当前处于主界面,双击手机的返回键,在进行相应的提示后,则将直接退出游戏。

- 第 39~54 行为创建内部场景渲染器。通过重写 onDrawFrame 方法实现当前界面的绘制工作和对截屏图片进行保存等。由于篇幅有限,重写 onSurfaceChanged 方法和 onSurfaceCreated 方法的代码在这里不再赘述,读者可自行查阅随书附带的源代码。

18.4.2　加载界面 LoadingView 类

本小节中主要介绍的是加载界面类 LoadingView。该类主要用来分步加载整个游戏中用到的

18.4 显示界面类

所有图片资源和模型资源,实现的具体代码如下。

代码位置:见随书源代码\第 18 章\3DHockey\app\src\main\java\com\bn\view 目录下的 LoadingView.java。

```
1   package com.bn.view;                              //声明包名
2   ……//此处省略了导入类的代码,读者可自行查阅随书附带的源代码
3   public class LoadingView extends BNAbstractView{
4       List<BN2DObject> al=new ArrayList<BN2DObject>();  //存放 BNObject 对象
5       ……//此处省略了定义其他变量的代码,读者可自行查阅随书附带的源代码
6       public LoadingView(MySurfaceView mv){
7           this.mv=mv;                               //给 MySurfaceView 类对象赋值
8           initView();                               //初始化图片资源
9       }
10      public void initView(){
11          TextureManager.loadingTexture(mv, 0, 2);  //初始化纹理资源
12          al.add(new BN2DObject(                    //加载界面背景图
13              1080/2,1920/2,300,300,                //位置及大小
14              TextureManager.getTextures("loading.png"),ShaderManager.
                getShader(0)));
15          al.add(new BN2DObject(                    //加载界面加载图
16              540,600, 900,300,                     //位置及大小
17              TextureManager.getTextures("load.png"),ShaderManager.
                getShader(0)));
18          isLoading =true;                          //允许开始加载其他资源
19      }
20      public void initOtherView(){                  //加载其他资源及界面等
21          if(step<50){
22              TextureManager.loadingTexture(mv, 2*step+2, 2);//初始化所有纹理资源
23          }else{
24              if(step==50){mv.mainView=new MainView(mv);}  //加载主界面
25              ……//此处省略加载其他界面的代码,读者可自行查阅
26              else if(step==261){
27                  mv.currView=mv.mainView;          //资源和界面加载完毕,则跳转到主界面
28                  isLoading =false;                 //不再继续加载资源
29                  return;
30          }}
31          step++;                                   //步数自加
32      }
33      public boolean onTouchEvent(MotionEvent e) {return false;}  //没有触摸回调事件
34      public void drawView(GL10 gl) {               //绘制界面
35          for(int i=0;i<al.size();i++){
36              if(i==0){al.get(i).drawSelf(1);       //绘制可以旋转的加载图片
37              }else{al.get(i).drawSelf(0);          //绘制其他图片
38          }}
39          if(isLoading){initOtherView();            //加载其他纹理资源等
40  }}}
```

- 第 3~9 行为定义加载界面以及其构造器。构造器中主要是调用了加载资源的 initView 方法。该游戏中的每个界面都继承于 BNAbstractView 类,主要是便于管理。由于父类 BNAbstractView 类的代码比较简短,有兴趣的读者可自行查阅随书附带的源代码。

- 第 10~32 行为加载界面的加载资源方法和加载其他界面资源的方法。在 initView 方法中主要创建了两个 BN2DObject 对象以便进行绘制。在 initOtherView 方法中,首先加载了所有的纹理资源,之后便加载各个界面,最后退出该方法,并进入游戏的主界面。

- 第 33~40 行为加载界面内的触摸事件回调方法和绘制方法。由于加载界面内不需要触控,则 onTouchEvent 方法直接返回 false。在 drawView 方法中,遍历列表,分别进行绘制。

18.4.3 主界面 MainView 类

本小节继续介绍游戏的主界面类 MainView。该类中主要包括通过玩家选择按钮进行相应处理等工作,实现具体代码如下。

代码位置：见随书源代码\第 18 章\3DHockey\app\src\main\java\com\bn\view 目录下的 MainView.java。

```java
1    package com.bn.view;                              //声明包名
2    ……//此处省略了导入类的代码，读者可自行查阅随书附带的源代码
3    public class MainView extends BNAbstractView{
4        ……//此处省略了定义变量的代码，读者可自行查阅随书附带的源代码
5        public MainView(MySurfaceView mv){
6            this.mv=mv;                               //给MySurfaceView类对象赋值
7            initView();                               //初始化图片资源
8        }
9        public void initView(){
10           al.add(new BN2DObject(550,300,800,300,    //创建背景图对象
11               TextureManager.getTextures("bg.png"),ShaderManager.getShader(0)));
12           ……//此处省略创建其他BN2DObject对象的代码，与上述相似，读者可自行查阅
13       }
14       public boolean onTouchEvent(MotionEvent e) {
15           float x=Constant.fromRealScreenXToStandardScreenX(e.getX());//标准屏幕x坐标
16           float y=Constant.fromRealScreenYToStandardScreenY(e.getY());//标准屏幕y坐标
17           switch(e.getAction()){
18               case MotionEvent.ACTION_DOWN:         //当动作为按下时
19                   if(x>PLAYER_Left&&x<PLAYER_Right&&y>PLAYER_Top&&y<PLAYER_Bottom){
20                       BN2DObject bo=new BN2DObject(550,1100, 600,250,//换成选中图片
21                           TextureManager.getTextures("1-player 2.png"),ShaderManager.
                             getShader(0));
22                       synchronized(lock){           //加锁
23                           al.remove(1);             //移除对应的BN2DObject对象
24                           al.add(1,bo);             //将对应的BN2DObject对象添加进列表
25                       }
26                   ……//此处省略了单击其他按钮时换图片的代码，与上述相似，读者可自行查阅
27                   }
28                   break;
29               case MotionEvent.ACTION_UP:           //当动作为抬起时
30                   if(x>PLAYER_Left&&x<PLAYER_Right&&y>PLAYER_Top&&y<PLAYER_Bottom){
31                       mv.currView=mv.optionView;   //跳到选关界面
32                       //将选中图片改成显示图片
33                       BN2DObject bo=new BN2DObject(550,1100, 600,250, //换成选中图片
34                           TextureManager.getTextures("1-player 1.png"), ShaderManager.
                             getShader(0));
35                       synchronized(lock){           //加锁
36                           al.remove(1);             //移除对应的BN2DObject对象
37                           al.add(1,bo);             //将对应的BN2DObject对象添加进列表
38                   }}
39                   ……//此处省略了单击其他按钮后换图片的代码，与上述相似，读者可自行查阅
40                   break;
41           }return true;
42       }
43       public void drawView(GL10 gl){                //绘制方法
44           mv.transitionView.drawView(gl);           //绘制转场界面
45           synchronized(lock){
46               for(BN2DObject bo:al){bo.drawSelf(0);}//绘制各个BN2DObject对象
47   }}}
```

- 第3～13行为定义主界面及其构造器。构造器中主要是给MySurfaceView类对象赋值，以便下面代码中使用，还调用了initView方法加载图片资源。在initView方法中，主要通过创建各个BN2DObject类对象并添加进列表中，方便进行界面的绘制。

- 第14～42行为主界面的触摸事件回调方法。在该方法中，首先获得标准屏幕下触摸点的坐标值，然后则判断手的动作。如果动作为按下时，则将显示的图片转换成选中的图片；如果动作为抬起时，则还原成原来的图片，并进行相应的处理。由于代码大致相同，则不再进行赘述。

- 第43～47行为主界面类的绘制方法，主要是对BN2DObject对象的绘制。进入主界面就会看到游戏界面内的转场，转场界面的代码将在下面进行介绍。

18.4.4 转场界面 TransitionView 类

本小节将介绍的是在游戏的主界面和选项界面等都使用到了的转场界面类 TransitionView，增加 3D 的真实效果，实现的具体代码如下。

代码位置：见随书源代码\第 18 章\3DHockey\app\src\main\java\com\bn\view 目录下的 TransitionView.java。

```java
1     package com.bn.view;                              //声明包名
2     ……//此处省略了导入类的代码，读者可自行查阅随书附带的源代码
3     public class TransitionView extends BNAbstractView{
4         ……//此处省略了定义变量的代码，读者可自行查阅随书附带的源代码
5         public TransitionView(MySurfaceView mv){
6             this.mv=mv;                              //给 MySurfaceView 类对象赋值
7             initView();                              //初始化资源方法
8         }
9         public void initView(){                      //初始化资源方法
11            TextureManager.loadingTexture(mv, 49, 37);   //初始化纹理资源
12            Vec2 gravity = new Vec2(0.0f,0.0f);      //设置重力加速度
13            world = new World(gravity);              //创建物理世界
14            skyTexId=TextureManager.getTextures("skybox.png");//获取天空盒的纹理 id
15            Body tempBody=Box2DUtil.createCircle(0.0f, -6f, 0.9f, world, 1.0f, 0.5f,
                   0f, -1);
16            body.add(tempBody);                      //将 Body 对象添加进列表中
17            hongjdz=new GameObject(                  //创建电脑控制的球对象
18                   mv.hittingtool,TextureManager.getTextures("bg_red.png"),0.9f
                   *2,tempBody);
19            ……//此处省略了创建其他刚体的代码，与上述相似，读者可自行查阅
20        }
21        public boolean onTouchEvent(MotionEvent e){return false;}    //触摸回调方法
22        public void drawView(GL10 gl){
23            //调用此方法计算产生透视投影矩阵
24            MatrixState3D.setProjectFrustum(-left, right, -top, bottom, near, far);
25            //调用此方法产生摄像机 9 参数位置矩阵
26            MatrixState3D.setCamera(cameraX,cameraY,cameraZ,0f,0f,targetZ,upX,upY,upZ);
27            LookAroundCamera();                      //设置摄像机，环视房间
28            MatrixState3D.pushMatrix();              //保护现场
29            GLES20.glEnable(GLES20.GL_DEPTH_TEST);   //开启深度检测
30            MatrixState3D.setLightLocation(0, 100, 0);//设置灯光位置
31            MatrixState3D.pushMatrix();              //保护现场
32            MatrixState3D.setLightLocation(0, 10, 10);//设置灯光位置
33            MatrixState3D.translate(0, -6, 0);       //向 y 轴负方向平移
34            MatrixState3D.scale(30,30,30);           //缩放
35            mv.sky.drawSelf(skyTexId,0,0.0f);        //绘制天空盒
36            MatrixState3D.popMatrix();               //恢复现场
37            ……//此处省略了其他模型的绘制方法，与上述相似，读者可自行查阅
38            GLES20.glDisable(GLES20.GL_DEPTH_TEST);  //关闭深度检测
39            MatrixState3D.popMatrix();               //恢复现场
40        }
41        public void LookAroundCamera(){              //设置摄像机方法
42            cameraX =(float)Math.sin(degree*3.1415926535898/180)*cameraLimit;
              //当前摄像机值
43            cameraZ =(float)Math.cos(degree*3.1415926535898/180)*cameraLimit;
44            tempx=(float)Math.sin(degree*3.1415926535898/180)*tempLimit;//中间计算值
45            tempz=(float)Math.cos(degree*3.1415926535898/180)*tempLimit;
46            upX=tempx-cameraX;                       //计算 up 向量值
47            upZ=tempz-cameraZ;
48            degree+=0.3f;                            //角度自加
49        }
50        public void drawPillar(float translateX,float translateY,float translateZ) {
              //绘制柱子
51            ……//此处省略了绘制柱子的代码，和上述绘制代码相似，读者可自行查阅
52        }
53        public void drawObject(int index,float tlheight,float shadowPosition) {
              //绘制 GameObject 对象
54            MatrixState3D.pushMatrix();              //保护现场
55            MatrixState3D.translate(0, tlheight, 0); //向 y 轴平移
56            hongjdz.drawSelf(index,tempHong.x,tempHong.y,shadowPosition);//绘制 GameObject 对象
```

```
57            MatrixState3D.popMatrix();                          //恢复现场
58         ……//此处省略了其他 GameObject 对象的绘制代码,与上述相似,读者可自行查阅
59    }}
```

- 第 3~20 行为游戏转场类的构造器和初始化资源方法。构造器方法中主要给 MySurfaceView 类对象赋值,在初始化资源方法中主要是获得各个图片的纹理 id,创建物理世界,并且在物理世界中创建了 3 个刚体,通过加载 obj 模型,创建 GameObject 对象,由于代码大致相同,这里不再赘述。GameObject 类的代码十分简单,读者可自行查阅随书附带的源代码。

- 第 21~40 行为游戏转场类的触摸回调方法和绘制方法。由于转场界面不能没有触摸事件,所以直接返回 false,在绘制方法中,首先设置透视投影矩阵,并设置摄像机的 9 参数矩阵,通过不断改变摄像机的 9 参数,实现场景的变换,在保护现场后,打开深度检测,进行各个物体的绘制,分别有天空盒、桌台、桌柱、冰球以及其影子的绘制等,最后关闭深度检测,恢复现场。

- 第 41~59 行为计算摄像机的参数方法、绘制桌柱方法和绘制冰球的方法。根据每次转换度数的增加,计算摄像机的位置,通过中间值的计算求得摄像机的 up 向量,不断更新全局变量,即可达到转场的效果。绘制冰球时,同时需要绘制冰球的影子,这一点在着色器中有所体现。由于绘制物体的代码大致相同,有部分代码进行了省略,读者可自行查阅随书附带的源代码。

18.4.5 游戏界面 GameView 类

本小节介绍本游戏中最重要的一个界面类,即游戏界面类。在该类中,主要实现了游戏界面内各个物体的绘制,以及玩家控制的球的移动、碰撞和碰撞特效等,实现的具体步骤如下。

(1)首先介绍的是游戏界面类的大致框架。由于该类的代码比较长,各个方法的功能代码将在下面进行简单的介绍,框架的具体代码如下。

代码位置:见随书源代码第 18 章\3DHockey\app\src\main\java\com\bn\view 目录下的 GameView.java。

```
1    package com.bn.view;                                        //声明包名
2    ……//此处省略了导入类的代码,读者可自行查阅随书附带的源代码
3    public class GameView extends BNAbstractView{
4        ……//此处省略了定义变量的代码,读者可自行查阅随书附带的源代码
5        public GameView(MySurfaceView mv){
6            this.mv=mv;                                         //给 MySurfaceView 类对象赋值
7            initView();                                         //初始化资源方法
8        }
9        public void initPhy(){/*此处省略初始化 GameObject 对象资源方法的代码,读者可自行查阅*/}
10       public void initView(){/*此处省略初始化图片资源方法的代码,读者可自行查阅*/}
11       public boolean onTouchEvent(MotionEvent e){/*此处省略触摸回调方法的代码,下面将介绍*/}
12       public void drawView(GL10 gl){/*此处省略绘制方法的代码,下面将简单介绍*/}
13       public void MoveCamera(){/*此处省略移动摄像机的代码,下面将简单介绍*/}
14       public void LookAroundCamera(){/*此处省略摄像机转场的代码,读者可自行查阅*/}
15       public void ChangeViewCamera(){/*此处省略摄像机俯视或斜视转换的代码,读者可自行查阅*/}
16       public void draw2DImage(){/*此处省略 BN2DObject 对象的绘制代码,读者可自行查阅*/}
17       public void drawPillar(float translateX,float translateY,float translateZ){
            //此处省略绘制柱子代码}
18       public void updateData(){/*此处省略更新位置的代码,下面将简单介绍*/}
19       public void drawLine(){/*此处省略绘制亮线特效的代码,读者可自行查阅*/}
20       public void drawRotateLine(float translateX,float translateZ,float scaleX,float
            scaleZ,float angle)
21       {/*此处省略绘制可以旋转亮线的代码,读者可自行查阅*/}
22       public void drawTranslateLine(float translateX,float translateZ,float scaleX,
            float scaleZ)
23       {/*此处省略绘制不旋转亮线的代码,读者可自行查阅*/}
24       public void judgeDirection(float currentBallX,int index){/*此处省略绘制亮线位
            置的代码*/}
25       public void drawRound(){/*此处省略绘制光圈特效的代码,读者可自行查阅*/}
26       public void drawPauseView(){/*此处省略绘制暂停界面的代码,读者可自行查阅*/}
27       public void drawWinView(){/*此处省略绘制胜利界面的代码,读者可自行查阅*/}
28       public void drawObject(int index,float tlheight,float shadowPosition){
            //此处省略绘制刚体的代码}
```

```
29         public void JudgeGameWin(){/*此处省略判断游戏胜利的代码,读者可自行查阅*/}
30         public void resetCamera(int count){/*此处省略重置摄像机的代码,读者可自行查阅*/}
31         public void initGameView(){/*此处省略重新发球的代码,读者可自行查阅*/}
32         public void ReStartGame(){/*此处省略重新开始游戏的代码,读者可自行查阅*/}
33    }
```

> **说明** 上面给出的是游戏界面类 GameView 的代码框架,该类中主要有初始化资源方法、触摸回调方法、总绘制方法、设置摄像机参数方法、绘制 BN2DObject 对象的方法、更新刚体位置的方法、绘制亮线特效的方法、绘制光圈特效的方法、绘制暂停界面和胜利界面的方法和重新开始游戏方法等。由于篇幅有限,大部分绘制代码又十分相似,故进行了部分省略,读者可自行查阅随书附带的源代码。

（2）下面对部分省略了代码的方法进行简单的介绍。首先介绍的是游戏界面类 GameView 的触摸回调 onTouchEvent 方法和总绘制的 drawView 方法,主要用来处理游戏界面内的触摸事件,并对各个物体进行绘制,具体代码如下。

代码位置：见随书源代码\第 18 章\3DHockey\app\src\main\java\com\bn\view 目录下的 GameView.java。

```
1    public boolean onTouchEvent(MotionEvent e){
2        if(isMove&&!isPause&&!GameOver){                   //允许触控
3            float x=Constant.fromRealScreenXToStandardScreenX(e.getX());
             //标准屏幕 x 坐标
4            float y=Constant.fromRealScreenYToStandardScreenY(e.getY());
             //标准屏幕 y 坐标
5            switch (e.getAction()){
6            case MotionEvent.ACTION_DOWN:                  //当动作为按下时
7                if(!Start_Game&&x>=StartGame_Left&&x<=StartGame_Right&&y>=
                 StartGame_Top
8                    &&y<=StartGame_Buttom&&threadCount==0){
9                    ……//此处省略开启线程和创建对象的代码,读者可自行查阅
10               }
11               if(!Start_Game&&x>=StartGame_Left&&x<=StartGame_Right&&
12                   y>=StartGame_Top&&y<=StartGame_Buttom){
13                   ……//此处省略开始游戏时的代码,读者可自行查阅
14               }
15               if(mv.screenShot.isAllowed&&!mv.screenShot.saveFlag&&Start_Game&&
16                   x>=ScreenShot_Left&&x<=ScreenShot_Right
17                   &&y>=ScreenShot_Top&&y<=ScreenShot_Buttom){
18                   mv.screenShot.setFlag(true);}     //将截屏的标志位设为 true
19                   float[] result=GetPositionUtil.limitPositionResult(x,y);
                     //计算本地坐标系上的坐标
20                   Vec2 locationWorld0=new Vec2(result[0],result[1]);
                     //创建 Vec2 对象
21               if(Start_Game&&lanjdz.gt.getFixtureList().testPoint(
                 locationWorld0)){
22                   isTouch=true;                     //允许创建鼠标关节
23                   MyAction ac=new ActionDown(1+"",true,lanjdz.gt,lanjdz.gt,
                     locationWorld0,
24                       2200.0f*lanjdz.gt.getMass(),500.0f,0.0f,0);
25                   synchronized(lock){doActionQueue.offer(ac);}
                     //将创建鼠标关节添加进队列中
26               }
27               ……//此处省略点击视角图片时的代码,读者可自行查阅
28           break;
29           case MotionEvent.ACTION_MOVE:                  //当动作为移动时
30               float mx=Constant.fromRealScreenXToStandardScreenX(e.getX());
                 //标准屏幕 x 坐标
31               float my=Constant.fromRealScreenYToStandardScreenY(e.getY());
                 //标准屏幕 y 坐标
32               if(Start_Game&&isTouch){                   //如果允许移动鼠标关节
33                   result=GetPositionUtil.limitPositionResult(mx,my);  //计算交点
34                   Vec2 locationWorld1=new Vec2(result[0],result[1]); //创建 Vec2 对象
```

```
35                  MyAction ac=new ActionMove(locationWorld1,1);
36                  synchronized(lock){doActionQueue.offer(ac);}
                    //将移动鼠标关节添加进队列中
37              }
38              break;
39          case MotionEvent.ACTION_UP:                       //当动作为抬起时
40              isTouch=false;                                //不再需要鼠标关节
41              MyAction ac=new ActionUp(2);
42              synchronized(lock){doActionQueue.offer(ac);}
                //将销毁鼠标关节添加进队列中
43              ……//此处省略点击暂停按钮时的代码,读者可自行查阅
44              break;
45          }
46      }else if(isPause){return pv.onTouchEvent(e);    //切换到暂停界面内的触摸回调方法
47      }else if(GameOver){return gov.onTouchEvent(e);}//切换到游戏结束界面的触摸回调方法
48      return true;
49  }
```

- 第2~28行为游戏界面类的触摸回调方法。首先需要判断是否允许存在触控事件,当动作为按下时,首先判断如果是第一次开始游戏,则开启物理线程和球走线程,并创建需要用到的工具类的对象,同时记录开始的时间,并重置摄像机。然后将触控点的坐标转换成本地坐标系的坐标,判断如果触摸到刚体,则允许创建鼠标关节,将动作放进动作队列中,等待物理线程处理,计算交点坐标的工具类会在下面进行介绍。由于篇幅有限,部分代码省略。

- 第29~37行为动作为移动时,获取移动点的坐标,然后判断是否存在鼠标关节。如果存在,即可移动鼠标关节,即移动刚体,将动作同样添加进动作队列中,等待物理线程进行处理。

- 第39~49行为动作为抬起时,则销毁物理世界内的所有刚体,同样的,将动作添加进动作队列中。如果现在处于暂停界面或者游戏结束界面,则应该转换到该界面的触摸回调方法中,进行相应的处理。由于篇幅有限,省略了部分代码,读者可自行查阅随书附带的源代码。

（3）下面则将继续介绍的是游戏界面类 GameView 的总绘制方法和部分局部绘制方法,具体代码如下。

代码位置: 见随书源代码\第18章\3DHockey\app\src\main\java\com\bn\view 目录下的 Game View.java。

```
1   public void drawView(GL10 gl){                          //绘制方法
2       //调用此方法计算产生透视投影矩阵
3       MatrixState3D.setProjectFrustum(-left, right, -top, bottom, near, far);
4       //调用此方法产生摄像机9参数位置矩阵
5       MatrixState3D.setCamera(cameraX,cameraY,cameraZ,0f,0f,targetZ,upX,upY,upZ);
6       MoveCamera();                                       //移动摄像机
7       LookAroundCamera();                                 //设置摄像机,环视房间
8       ChangeViewCamera();                                 //转换角度（俯视/斜视）
9       MatrixState3D.pushMatrix();                         //保护现场
10      GLES20.glEnable(GLES20.GL_DEPTH_TEST);              //开启深度检测
11      MatrixState3D.setLightLocation(0, 100, 0);          //设置灯光位置
12      ……//此处省略绘制天空盒等的代码,与转场界面类的内容相同,读者可自行查阅
13      updateData();                                       //更新刚体位置数据
14      if(Start_Game&&!computer_win&&!player_win){         //如果已经开始游戏
15          if(cu.judgeIfTouch(tempLan,tempBall)){          //判断球之间是否发生碰撞
16              cu.lanApplyBall(tempBall,tempLan);          //给冰球一定冲量
17              cu.doCrashAction(1,"puckBeaterSound.mp3");//播放粒子特效等
18      }}
19      drawLine();                                         //绘制亮线
20      if(drawTranslateLine){
21          drawTranslateLine(translateX,translateZ,scaleX,scaleZ);  //绘制需要平移的亮线
22      }
23      if(drawRotateLine){
24          drawRotateLine(translateX,translateZ,scaleX,scaleZ,angle);//绘制需要旋转的亮线
25      }
26      GLES20.glDisable(GLES20.GL_DEPTH_TEST);             //关闭深度检测
27      drawRound();                                        //绘制光圈
28      if(Start_Game){su.drawSnow(index);}                 //绘制雪花粒子特效
```

```
29              MatrixState3D.popMatrix();                    //恢复现场
30              draw2DImage();                                //绘制 BN2DObject 对象
31              drawWinView();                                //绘制游戏结束界面
32              drawPauseView();                              //绘制暂停界面
33              if(Start_Game){JudgeGameWin();}               //判断游戏是否胜利
34          }
35          public void updateData(){                         //更新刚体位置
36              synchronized(lockA){                          //加锁
37                  while(positionQueue.size()>0) {           //如果对列的长度大于 0
38                      float[][] result=positionQueue.poll();  //取出一个元素
39                      tempLan=new Vec2(result[0][0],result[0][1]); //给蓝球位置进行重新赋值
40                      tempHong=new Vec2(result[1][0],result[1][1]);//给红球位置进行重新赋值
41                      tempBall=new Vec2(result[2][0],result[2][1]);//给冰球位置进行重新赋值
42          }}
```

- 第 1～8 行为游戏界面类的总绘制方法。首先设置透视投影矩阵和摄像机的 9 参数矩阵，如果没有开始游戏，则将处于游戏的转场界面；如果开始游戏，处于斜视的视角，则摄像机参数将会根据玩家控制球的位置进行前后移动的变化；如果单击切换视角的图标，则将处于俯视，但是摄像机将不会再变化。

- 第 9～34 行为开启深度检测后，将进行物体的绘制。由于绘制的代码大致相似，这里将不再进行赘述。绘制方法中还需要实时的判断玩家控制的球与冰球是否相撞以及游戏是否胜利、是否绘制暂停界面等，并进行相应的处理。

- 第 35～42 行为更新刚体位置的方法。加锁后，从位置队列中取元素，直到取完，即获得位置是物理线程更新后的最新位置，获取位置后，即可进行绘制。

> **说明** 游戏界面内用到了许多工具类方法。例如判断刚体与刚体是否相撞和计算交点坐标等，这些工具类将会在下面进行简单介绍。由于游戏界面内的绘制方法非常多，这里只选择了部分方法进行介绍，其余的代码大致相似，读者可自行查阅随书附带的源代码。

18.5 辅助工具类

接下来介绍的是游戏的辅助相关工具类。其中主要包括工具类、辅助类和线程类。工具类主要是用来记录触控坐标常量和特效属性；辅助类主要是用来计算交点和加载模型；线程类主要是用来实现物理模拟和电脑控制球。

18.5.1 工具类

本小节介绍的是游戏界面的工具类，主要包括常量工具类和物理引擎工具类。其中常量工具类主要是记录触控坐标常量和粒子系统下雪特效属性等，物理引擎工具类主要是实现在物理世界中创建刚体并对刚体进行监听等。由于篇幅原因，只对这些类进行了简单的介绍，开发的代码如下。

1. 常量工具类

下面主要介绍的是该游戏的常量工具类，主要包括游戏中各个界面中选项的触控坐标、实现屏幕自适应功能的常量类 Constant 和实现下雪特效功能的属性设置常量类 ParticleConstant，下面将对 Constant 类和 ParticleConstant 类的开发进行简单的介绍。

（1）首先向读者介绍的是游戏的常量类 Constant。该类封装了游戏中用到的常量，将常量封装到一个常量类的好处是便于管理，主要包括各个界面中的触控坐标和屏幕自适应的方法，具体代码如下。

代码位置：见随书源代码\第 18 章\3DHockey\app\src\main\java\com\bn\constant 目录下的 Constant.java。

```java
1    package com.bn.constant;                              //声明包名
2    ……//此处省略了导入类的代码，读者可自行查阅随书附带的源代码
3    public class Constant{
4        public static float left=0.5625f;                 //透视投影设置参数
5        public static float PLAYER_Left=250;              //开始游戏按钮x最小值
6        public static float PLAYER_Right=850;             //开始游戏按钮x最大值
7        ……//此处省略了其他相关常量的声明，读者可自行查阅随书附带的源代码
8        public static final float TIME_STEP = 1.0f/60.0f;//模拟的频率
9        public static final int ITERA = 5;      //迭代越大，模拟越精确，但性能越低
10       public static float StandardScreenWidth=1080;     //标准屏幕的宽度
11       public static float StandardScreenHeight=1920;    //标准屏幕的高度
12       public static float ratio=StandardScreenWidth/StandardScreenHeight;
         //标准屏幕宽高比
13       public static ScreenScaleResult ssr;              //缩放计算结果
14       public static float fromPixSizeToNearSize(float size){ //屏幕尺寸到视口尺寸
15           return size*2/StandardScreenHeight;
16       }
17       public static float fromScreenXToNearX(float x){ //屏幕x坐标到视口x坐标
18           return (x-StandardScreenWidth/2)/(StandardScreenHeight/2);
19       }
20       public static float fromScreenYToNearY(float y){ //屏幕y坐标到视口y坐标
21           return -(y-StandardScreenHeight/2)/(StandardScreenHeight/2);
22       }
23       public static float fromRealScreenXToStandardScreenX(float rx){
24           return (rx-ssr.lucX)/ssr.ratio;    //实际屏幕x坐标到标准屏幕x坐标
25       }
26       public static float fromRealScreenYToStandardScreenY(float ry){
27           return (ry-ssr.lucY)/ssr.ratio;    //实际屏幕y坐标到标准屏幕y坐标
28   }}
```

> **说明** 上面介绍的是常量工具类 Constant 类，主要包括各个界面中每个按钮或者图标的触控坐标的范围、游戏中用到的全局常量的定义以及标准屏幕到实际屏幕坐标的转换、屏幕到视口坐标的转换等。由于篇幅有限，且大部分的代码都十分相似，故省略，读者可自行查阅随书附带的源代码。

（2）接下来介绍的是游戏界面中冰球碰撞时产生的粒子特效用到的工具类 ParticleConstant。该类主要是对粒子系统中粒子的混合方式、最大生命周期等属性进行了设置。其实现的具体代码如下。

代码位置：见随书源代码\第 18 章\3DHockey\app\src\main\java\com\bn\util\snow 目录下的 ParticleConstant.java。

```java
1    package com.bn.util.snow;                             //声明包名
2    ……//此处省略了导入类的代码，读者可自行查阅随书附带的源代码
3    public class ParticleConstant{
4        public static int CURR_INDEX=0;
5        public static final float[][] START_COLOR={       //开始颜色
6            {0.9f,0.9f,0.9f,1.0f},                        //淡黄白色
7            {0.9f,0.9f,0.9f,1.0f},                        //淡黄白色
8            {0.9f,0.9f,0.9f,1.0f},                        //淡黄白色
9            ……//此处省略了其他起始颜色的代码，读者可自行查阅
10       };
11       public static final float[][] END_COLOR=          //终止颜色
12       {{1.0f,1.0f,1.0f,0.0f},{1.0f,1.0f,1.0f,0.0f},{1.0f,1.0f,1.0f,0.0f}};//白色
13       public static final int[] SRC_BLEND=              //源混合因子
14           {GLES20.GL_SRC_ALPHA,GLES20.GL_SRC_ALPHA,GLES20.GL_SRC_ALPHA};
15       public static final int[] DST_BLEND=              //目标混合因子
16           {GLES20.GL_ONE_MINUS_SRC_ALPHA,GLES20.GL_ONE_MINUS_SRC_ALPHA,
17           GLES20.GL_ONE_MINUS_SRC_ALPHA};
19       public static final int[] BLEND_FUNC=             //混合方式
20           {GLES20.GL_FUNC_ADD,GLES20.GL_FUNC_ADD,GLES20.GL_FUNC_ADD};
21       public static final float[] RADIS={0.22f,0.18f,0.15f}; //单个粒子半径
```

```
22        public static final float[] MAX_LIFE_SPAN={4f,3.5f,3.8f};//粒子最大生命周期
23        public static final float[] LIFE_SPAN_STEP={0.1f,0.05f,0.08f};//粒子生命周期步进
24        public static final float[] X_RANGE={1f,1.3f,0.7f};      //粒子发射的X左右范围
25        public static final int[] GROUP_COUNT={7,5,8};           //每次喷发发射的数量
26        public static final float[] VY={-0.1f,-0.12f,-0.08f};    //粒子Y方向升腾的速度
27        public static final int[] THREAD_SLEEP={15,15,15}; //粒子更新物理线程休息时间
28    }
```

> **说明** 该类主要是游戏界面内碰撞时产生粒子特效用到的粒子系统的常量类,其中包括对粒子最大生命周期、生命周期步进、粒子发射范围、单个粒子半径、混合方式、目标混合因子、起始颜色、终止颜色、当前索引、初始位置和粒子更新物理线程休息时间等属性的声明。

2. 物理引擎工具类

下面主要介绍的是该游戏中使用到的物理引擎工具类 Box2DUtil 类和 Box2DDoAction 类。由于冰球的碰撞是靠物理引擎实现的,所以物理引擎工具类主要实现的是在物理世界中创建刚体并对刚体进行监听,实现的代码如下。

(1) 首先介绍的是生成物理形状的工具类 Box2DUtil。在该类中,主要有创建矩形刚体的 createBox、创建圆形刚体的 createCircle 和创建直线刚体的 createEdge 3 个方法,具体代码如下。

代码位置:见随书源代码\第 18 章\3DHockey\app\src\main\java\com\bn\util\box2d 目录下的 Box2DUtil.java。

```
1    package com.bn.util.box2d;                                    //声明包名
2    ……//此处省略了导入类的代码,读者可自行查阅随书附带的源代码
3    public class Box2DUtil {                                      //生成物理形状的工具类
4        public static Body createBox(                             //创建矩形刚体
5            float x,float y,                                      //x、y坐标
6            World world,                                          //世界
7            float halfWidth,float halfHeight,                     //半宽、半高
8            boolean isStatic,                                     //是否为静止的
9            int index){
10           BodyDef bd=new BodyDef();                             //创建刚体描述
11           if(isStatic){                                         //判断是否为可运动刚体
12               bd.type=BodyType.STATIC;                          //设置刚体为静止的
13           }else{
14               bd.type=BodyType.DYNAMIC;                         //设置刚体为运动的
15           }
16           bd.position.set(x, y);                                //设置位置
17           Body bodyTemp= world.createBody(bd);                  //在世界中创建刚体
18           bodyTemp.setUserData(index);                          //设置数据
19           PolygonShape ps=new PolygonShape();                   //创建刚体形状
20           ps.setAsBox(halfWidth, halfHeight);                   //设定边框
21           FixtureDef fd=new FixtureDef();                       //创建刚体物理描述
22           fd.density = 1.0f;                                    //设置密度
23           fd.friction = 0.05f;                                  //设置摩擦系数
24           fd.restitution = 0f;                                  //设置恢复系数
25           fd.shape=ps;                                          //设置形状
26           if(!isStatic){                                        //将刚体物理描述与刚体结合
27               bodyTemp.createFixture(fd);
28           }else{
29               bodyTemp.createFixture(ps, 0);
30           }
31           return bodyTemp;                                      //返回 Body 对象
32       }
33       public static Body createCircle(                          //创建圆形刚体
34           float x,float y,float radius,World world,float density,float friction,float
             restitution,int index){
35           ……//此处省略了创建圆形刚体的代码,与上个方法相似,读者可自行查阅
36       }
37       public static void createEdge(float[] data,World world){  //创建边刚体
```

```
38            ……//此处省略了创建边刚体的代码，与上个方法相似，读者可自行查阅
39       }}
```

- 第5～9行为创建矩形刚体createBox方法的参数列表，包括物体的 x 和 y 坐标、物理世界的对象引用、矩形的半宽和半高值以及是否为静止的标志位等。
- 第10～18行为createBox方法的功能实现。首先创建刚体描述对象，并判断刚体描述对象是否为静止的，然后通过计算获得坐标值并设置刚体描述对象的位置、在世界中创建刚体，最后给刚体描述对象的用户数据赋予id。
- 第19～31行为先创建刚体对象，并设置其在物理世界中的位置，然后设置其密度、摩擦系数、恢复系数、形状等属性值，最后将刚体物理描述与刚体结合，并返回该刚体的对象。

> **说明** 上面主要对创建矩形刚体的createBox方法进行了简单的介绍，由于篇幅有限，并且创建刚体的代码都大致相同，故对创建圆形刚体和边刚体的代码进行了省略，读者可自行查阅。

（2）下面介绍监听物理碰撞，进行相应处理的Box2DDoAction类，实现的具体代码如下。

代码位置：见随书源代码\第18章\3DHockey\app\src\main\java\com\bn\util\box2d 目录下的Box2DDoAction.java。

```
1   package com.bn.util.box2d;                                              //声明包名
2   ……//此处省略了导入类的代码，读者可自行查阅随书附带的源代码
3   public class Box2DDoAction {
4       public static void doAction(GameView gv,Body bodyA,Body bodyB,     //判断游戏是否胜利
5                                   List<Body> boxBody,GameObject ball){
6           for(int i=0;i<boxBody.size();i++){                 //遍历两个胜利区域的刚体
7               if((bodyA.equals(ball.gt)||bodyB.equals(ball.gt))&&
                    //如果球与胜利区域发生碰撞
8                   (bodyA.equals(boxBody.get(i))||bodyB.equals(boxBody.get(i)))){
9                   ball.gt.setLinearVelocity(new Vec2(0,0)); //球的速度设为0
10                  if(i==0){                                  //如果与玩家区域碰撞
11                      GameView.computer_win=true;            //判断为电脑赢
12                      if(MainView.isShock){                  //如果允许振动
13                          VibratorUtil.Vibrate(gv.mv.activity, 500);
                            //振动500ms
14                      }
15                      gv.cu.doCrashAction(1,"jq.ogg");
                        //播放粒子特效,并播放胜利音效
16                  }else if(i==1){                            //如果与电脑区域发生碰撞
17                      GameView.player_win=true;              //判断为玩家赢
18                      if(MainView.isShock){                  //如果允许振动
19                          VibratorUtil.Vibrate(gv.mv.activity, 500);
                            //振动500ms
20                      }
21                      gv.cu.doCrashAction(2,"jq.ogg");
                        //播放粒子特效,并播放胜利音效
22      }}}}
23      public static void doCrashAction(Body bodyA,Body bodyB,//判断是否与边框发生碰撞
24                                   List<Body> boxBody,GameObject ball,
                                     GameView gv){
25          for(int i=0;i<boxBody.size();i++){                 //遍历包围框刚体
26              if((bodyA.equals(ball.gt)||bodyB.equals(ball.gt))&&
                    //如果球与包围框发生碰撞
27                  (bodyA.equals(boxBody.get(i))||bodyB.equals(boxBody.get(i)))){
28                  if(i==0||i==1||i==2||i==3){                //如果是上下4个包围框
29                      GameView.moveY=true;                   //移动光圈位置的标志位设为true
30                  }
31                  GameView.drawRound=true;                   //绘制光圈的标志位设为true
32                  GameView.drawRoundOK=true;
33                  GameView.drawLightning=true;               //绘制亮线的标志位设为true
34                  gv.cu.doCrashAction(0, "puckWallSound.mp3");
                    //播放粒子特效,播放胜利音效
35      }}}}
```

- 第 4～22 行为判断游戏是否胜利的方法。一旦冰球发生了碰撞，即开始进行判断。如果冰球与玩家控制的胜利区域发生了碰撞，则可以认为是电脑胜利；如果冰球与电脑控制的胜利区域发生了碰撞，则可以认为是玩家胜利，在胜利时，在允许的情况下，即可以振动 500 毫秒，并且播放胜利的音效以及粒子特效。播放声音和粒子特效的代码，在这里不再赘述。
- 第 23～35 行为判断冰球是否与包围框发生碰撞的方法。一旦冰球发生了碰撞，即开始进行判断。如果冰球与包围框发生了碰撞，即可绘制光圈、绘制亮线、播放声音和播放粒子特效等。

18.5.2 辅助类

本小节介绍的是该游戏中游戏界面用到的计算交点坐标辅助类、加载模型辅助类 LoadUtil、截屏辅助类 ScreenShot 和攻击模式辅助类 AttackUtil 等。由于篇幅原因，只对这些类进行了简单的介绍，开发的代码如下。

1. 计算交点坐标辅助类

下面主要介绍的是计算交点坐标的辅助类 GetPositionUtil 类和 IntersectantUtil 类。该类主要是用来根据屏幕上的触控位置，计算对应的近平面上坐标，再乘以摄像机矩阵的逆矩阵，求出在世界坐标系中的坐标，然后计算出与屏幕的交点坐标，具体代码如下。

（1）首先介绍的是计算交点坐标的工具类 IntersectantUtil 类。该类主要是用来根据屏幕上的触控位置，计算对应的近平面上坐标，以便求出摄像机坐标系中的坐标，再乘以摄像机矩阵的逆矩阵，求出在世界坐标系中的坐标，具体代码如下。

代码位置：见随书源代码\第 18 章\3DHockey\app\src\main\java\com\bn\constant 目录下的 IntersectantUtil.java。

```
1    package com.bn.constant;                          //声明包名
2    public class IntersectantUtil {                   //计算交点工具类
3        public static float[] calculateABPosition(
4            float x,float y,                          //触屏 x、y 坐标
5            float w,float h,                          //屏幕宽度和高度
6            float left,float top,                     //视角 left 值、top 值
7            float near,float far){                    //视角 near 值、far 值
8            float x0=x-w/2;                           //求视口的坐标中心在原点时，触控点的坐标
9            float y0=h/2-y;
10           float xNear=2*x0*left/w;                  //计算对应的 near 面上的 x 坐标
11           float yNear=2*y0*top/h;                   //计算对应的 near 面上的 y 坐标
12           float ratio=far/near;
13           float xFar=ratio*xNear;                   //计算对应的 far 面上的 x 坐标
14           float yFar=ratio*yNear;                   //计算对应的 far 面上的 y 坐标
15           float ax=xNear;                           //摄像机坐标系中 A 的 x 坐标
16           float ay=yNear;                           //摄像机坐标系中 A 的 y 坐标
17           float az=-near;                           //摄像机坐标系中 A 的 z 坐标
18           float bx=xFar;                            //摄像机坐标系中 B 的 x 坐标
19           float by=yFar;                            //摄像机坐标系中 B 的 y 坐标
20           float bz=-far;                            //摄像机坐标系中 B 的 z 坐标
21           float[] A = MatrixState3D.fromPtoPreP(new float[] { ax, ay, az });
             //求世界坐标系坐标
22           float[] B = MatrixState3D.fromPtoPreP(new float[] { bx, by, bz });
23           return new float[] {                      //返回最终的 A、B 两点坐标
24               A[0],A[1],A[2],B[0],B[1],B[2]};
25    }}
```

> **说明**　上面主要介绍的是计算交点坐标的工具类 IntersectantUtil 类。在该类中主要是通过在屏幕上的触控位置，计算对应的近平面上坐标，以便求出 A、B 两点在摄像机坐标系中的坐标，然后将 A、B 两点在摄像机中坐标系中的坐标乘以摄像机矩阵的逆矩阵，最后即求得 A、B 两点在世界坐标系中的坐标。

（2）接下来介绍的是计算交点坐标的工具类 GetPositionUtil 类。在该类中，主要利用 IntersectantUtil 类中的 calculateABPosition 方法确定的两个点的坐标计算出与屏幕的交点，并对计算出来的坐标进行一定的限制，防止球超出包围框，具体代码如下。

代码位置：见随书源代码\第 18 章\3DHockey\app\src\main\java\com\bn\constant 目录下的 GetPositionUtil.java。

```java
1   package com.bn.constant;                                              //声明包名
2   ……//此处省略了导入类的代码，读者可自行查阅随书附带的源代码
3   public class GetPositionUtil{                                         //计算交点工具类
4       public static float[] get3DPosition(float x,float y){             //获取交点坐标
5           float[] result=new float[2];
6           float[] AB=IntersectantUtil.calculateABPosition(              //计算两个点的坐标
7                   x, y,                                                 //触控点 x、y 坐标
8                   Constant.StandardScreenWidth,Constant.StandardScreenHeight,
                                                                          //屏幕长宽度
9                   left,top                                              //视角 left、top 值
10                  near,far);                                            //视角 near、far 值
11          float mt=(float)AB[1]/(float)(AB[1]-AB[4]);                   //计算斜率
12          result[0]=AB[0]+(AB[3]-AB[0])*mt;                             //计算 x 位移
13          result[1]=AB[2]+(AB[5]-AB[2])*mt;                             //计算 z 位移
14          return result;                                                //返回结果
15      }
16      public static float[] limitPositionResult(float x,float y){//获得坐标限制后的
17          float[] result = get3DPosition(x , y);                        //获得交点坐标
18          if(result[0]<=-3.45f){                                        //不超过左边框
19              result[0]=-3.45f;
20          }else if(result[0]>=3.64f){                                   //不超过右边框
21              result[0]=3.64f;
22          }
23          if(result[1]<=0.88f){                                         //不超过中心线
24              result[1]=0.88f;
25          }else if(result[1]>=8f){                                      //不超过底部圆
26              result[1]=8f;
27          }
28          return result;                                                //返回结果
29      }}
```

> **说明**　上面主要介绍的是计算交点坐标的工具类 GetPositionUtil 类。该类中主要有两个方法，一个方法是获取与屏幕的交点坐标，通过调用 IntersectantUtil 类中的 calculateABPosition 方法，获取直线上的 2 个点，从而计算出交点坐标；另一个方法是对得到的交点坐标进行限制，避免超出包围框。

2. 加载模型辅助类 LoadUtil

接下来介绍的是加载模型的辅助类 LoadUtil。该类主要是从 obj 文件中加载携带顶点信息的物体，并自动计算每个顶点的平均法向量，最后返回 3D 物体对象用来绘制，具体代码如下。

代码位置：见随书源代码\第 18 章\3DHockey\app\src\main\java\com\bn\constant 目录下的 LoadUtil.java。

```java
1   package com.bn.constant;                                              //声明包名
2   ……//此处省略了导入类的代码，读者可自行查阅随书附带的源代码
3   public class LoadUtil {
4       public static LoadedObjectVertexNormalTexture loadFromFile
            //从 obj 文件中加载物体方法
5               (String fname, Resources r,MySurfaceView mv ) {
6       ……//此处省略的是成员变量定义的代码，读者可自行查阅随书附带的源代码
7           try{
8               InputStream in=r.getAssets().open(path);
9               InputStreamReader isr=new InputStreamReader(in);
10              BufferedReader br=new BufferedReader(isr);
11              String temps=null;
```

```
12                    while((temps=br.readLine())!=null) {
                      //扫描文件,根据行类型的不同执行不同的处理逻辑
13                        String[] tempsa=temps.split("[ ]+");        //用空格分割行中的各个组成部分
14                        if(tempsa[0].trim().equals("v")){//此行为顶点坐标行
15                            alv.add(Float.parseFloat(tempsa[1])); //将x坐标加进顶点列表中
16                            alv.add(Float.parseFloat(tempsa[2])); //将y坐标加进顶点列表中
17                            alv.add(Float.parseFloat(tempsa[3])); //将z坐标加进顶点列表中
18                        }else if(tempsa[0].trim().equals("vt")){ //此行为纹理坐标行
19                            alt.add(Float.parseFloat(tempsa[1])); //将s坐标加进纹理列表中
20                            alt.add(1-Float.parseFloat(tempsa[2])); //将t坐标加进纹理列表中
21                        }else if(tempsa[0].trim().equals("vn")){ //此行为法向量
22                            aln.add(Float.parseFloat(tempsa[1])); //将x坐标加进法向量列表中
23                            aln.add(Float.parseFloat(tempsa[2])); //将y坐标加进法向量列表中
24                            aln.add(Float.parseFloat(tempsa[3])); //将z坐标加进法向量列表中
25                        }else if(tempsa[0].trim().equals("f")) {//此行为三角形面
26                            int index=Integer.parseInt(tempsa[1].split("/")[0])-1;
                              //计算第0个顶点索引
27                            float x0=alv.get(3*index);          //获取此顶点的x坐标
28                            float y0=alv.get(3*index+1);        //获取此顶点的y坐标
29                            float z0=alv.get(3*index+2);        //获取此顶点的z坐标
30                            alvResult.add(x0);                  //将x坐标添加进列表中
31                            alvResult.add(y0);                  //将y坐标添加进列表中
32                            alvResult.add(z0);                  //将z坐标添加进列表中
33                            ……//此处省略计算第1和2个顶点的代码,读者可自行查阅
34                            int indexTex=Integer.parseInt(tempsa[1].split("/")[1])-1;
                              //顶点纹理坐标
35                            altResult.add(alt.get(indexTex*2));
36                            altResult.add(alt.get(indexTex*2+1));
37                            ……//此处省略计算第1和2纹理坐标的代码,读者可自行查阅
38                            int indexN=Integer.parseInt(tempsa[1].split("/")[2])-1;
                              //计算顶点法向量
39                            float nx0=aln.get(3*indexN);        //获取此顶点的x向量
40                            float ny0=aln.get(3*indexN+1);      //获取此顶点的y向量
41                            float nz0=aln.get(3*indexN+2);      //获取此顶点的z向量
42                            alnResult.add(nx0);
43                            alnResult.add(ny0);
44                            alnResult.add(nz0);
45                            ……//此处省略计算第1和第2法向量的代码,读者可自行查阅
46                        }}
47                        int size=alvResult.size();              //生成顶点数组
48                        float[] vXYZ=new float[size];
49                        for(int i=0;i<size;i++){
50                            vXYZ[i]=alvResult.get(i);           //将列表转换成数组形式
51                        }
52                        ……//此处省略生成纹理坐标和法向量的代码,读者可自行查阅
53                        if(fname.equals("line.obj")) {          //如果是亮线的模型
54                            lo=new LoadedObjectVertexNormalTexture //则使用可以渐变的着色器
55                                (mv,vXYZ,nXYZ,tST,ShaderManager.getShader(4));
56                        }else{                                   //创建3D物体对象
57                            lo=new LoadedObjectVertexNormalTexture
58                                (mv,vXYZ,nXYZ,tST,ShaderManager.getShader(1));
59                    }}catch(Exception e){e.printStackTrace();}
60                    return lo;                                   //返回3D物体对象
61                }}
```

- 第4～24行为加载3D模型的方法。首先要扫描整个文件,根据行类型的不同执行不同的处理逻辑。若为顶点坐标行,则提取出此顶点的x、y、z坐标添加到原始顶点坐标列表中;若为纹理坐标行则提取ST坐标并添加进原始纹理坐标列表中;若为纹理坐标行,则提取ST坐标并添加进原始纹理坐标列表中。由于篇幅有限,对声明变量的代码进行了省略,读者可自行查阅。

- 第25～46行为若此行为三角形面,计算第0个、第1个和第2个顶点的索引,并获取此顶点的x、y、z 3个坐标,然后将坐标添加进列表中,再分别获取3个顶点的纹理坐标和法向量,并分别添加进列表中。由于篇幅有限,对部分代码进行了省略,读者可自行查阅。

- 第47～61行为生成顶点数组、纹理坐标数组、法向量坐标数组,最后创建3D物体对象,并返回。由于篇幅有限,对相似的代码进行了省略,读者可自行查阅随书附带的源代码。

3. 截屏辅助类 ScreenShot

下面介绍的是游戏界面内用到的截屏辅助类 ScreenShot。在游戏界面内，有一个类似剪刀性状的图标。即是截屏图标，在点击该图标后，将允许截屏的标志位设为 true，即可截屏，并将图片保存到 sdcard 文件夹下的 HappyHockey 目录下，具体代码如下。

代码位置：见随书源代码\第 18 章\3DHockey\app\src\main\java\com\bn\constant 目录下的 ScreenShot.java。

```
1    package com.bn.constant;                                     //声明包名
2    ……//此处省略了导入类的代码，读者可自行查阅随书附带的源代码
3    public class ScreenShot{                                     //截屏类
4        ……//此处省略定义变量的代码，读者可自行查阅随书附带的源代码
5        public ScreenShot(MySurfaceView mv){this.mv=mv;}         //构造器
6        public synchronized void setFlag(boolean flag){saveFlag=flag;}//设置截屏标志位
7        public void saveScreen(final int screenWidth,final int screenHeight){
8            isAllowed=false;                                     //不允许截屏
9            matrix.reset();                                      //重置矩阵
10           matrix.setRotate(180);                               //旋转180°
11           matrix.postScale(-1, 1);                             //缩放图片
12           final ByteBuffer cbbTemp = ByteBuffer.allocateDirect(screenWidth*
                 screenHeight*4);
13           GLES20.glReadPixels(0, 0, screenWidth, screenHeight, GLES20.GL_RGBA, //读取
14                       GLES20.GL_UNSIGNED_BYTE, cbbTemp);
15           new Thread(){                                        //创建线程对象
16               public void run(){
17                   Bitmap bm =Bitmap.createBitmap(screenWidth, screenHeight, Config.
                         ARGB_8888);
18                   bm.copyPixelsFromBuffer(cbbTemp);
19                   bm=Bitmap.createBitmap(bm, 0, 0, screenWidth, screenHeight, matrix, true);
20                   try{
21                       File sd=Environment.getExternalStorageDirectory();//获取路径
22                       String path=sd.getPath()+"/HappyHockey";  //定义路径
23                       File file=new File(path);                 //创建 File 对象
24                       if(!file.exists()){file.mkdirs();}        //如果文件夹不存在，则创建
25                       File myFile = File.createTempFile("ScreenShot"+count,".png",file);
26                       FileOutputStream fout=new FileOutputStream(myFile);
27                       BufferedOutputStream bos = new BufferedOutputStream(fout);
28                       bm.compress(Bitmap.CompressFormat.PNG,100,bos);    //生成图片
29                       bos.flush();
30                       bos.close();                              //关闭流
31                       mv.handler.sendEmptyMessage(0);           //发送消息，保存图片成功
32                       isAllowed=true;                           //允许截屏
33                       count++;                                  //变量自加
34                   }catch(Exception e){
35                       e.printStackTrace();
36                       mv.handler.sendEmptyMessage(1);           //发送消息，保存图片失败
37               }}}.start();                                      //开启线程
38   }}
```

● 第 4~14 行为截屏工具类的截屏方法。首先定义该截屏类的构造器，给 MySurfaceView 类的对象赋值，之后定义是否允许截屏的标志位。如果允许截屏，即可将该方法的标志位设为 true。最后是该工具类的截屏方法。首先将要保存的图片翻转 180°，并对图片进行缩放处理，之后便创建 ByteBuffer 类的对象，利用 GLES20 读取图片。

● 第 15~37 行为开启线程。利用 ByteBuffer 对象创建 Bitmap 对象，并在 sdcard 目录下，创建 HappyHockey 文件夹，将图片存入文件夹内，同时发送保存图片成功的消息。

4. 攻击模式辅助类 AttackUtil

接下来主要介绍的是电脑控制的球在运动过程中，属于攻击模式的辅助类 AttackUtil。该类主要实现了冰球运动到电脑控制区域后，电脑控制的球将会进行攻击，将球打进对方的洞里，实现的具体步骤如下。

（1）首先介绍的是攻击模式辅助类 AttackUtil 的代码框架。由于该类的代码稍长，所以会分

18.5 辅助工具类

成两个部分进行讲解，框架实现的具体代码如下。

代码位置：见随书源代码\第 18 章\3DHockey\app\src\main\java\com\bn\constant 目录下的 AttackUtil.java。

```
1    package com.bn.constant;                                    //声明包名
2    ……//此处省略了导入类的代码，读者可自行查阅随书附带的源代码
3    public class AttackUtil{                                    //进攻模式工具类
4        ……//此处省略定义变量的代码，读者可自行查阅随书附带的源代码
5        public AttackUtil(GameView gv){this.gv=gv;}            //构造器方法
6        public void AttackMode(){/*此处省略了进攻模式的代码，下面将简单介绍*/}
7        public void GoToTarget(){/*此处省略前往目标点的代码，下面将简单介绍*/}
8        public void RecordCoordinate(){/*此处省略记录当前坐标值的代码，下面将简单介绍*/}
9        public void ToLeftUp(float mx,float my){/*此处省略球向左上移的代码，下面将简单介绍*/}
10       public void ToRightDown(float mx,float my){/*此处省略球向右下移的代码，读者可自行查阅*/}
11       public void ToLeftDown(float mx,float my){/*此处省略球向左下移的代码，读者可自行查阅*/}
12       public void ToRightUp(float mx,float my){/*此处省略球向右上移的代码，读者可自行查阅*/}
13       public void GoBackToOrigon(){/*此处省略球返回中心点的代码，下面将简单介绍*/}
14       public void RightBackToOrigon(float mx,float my){//此处省略返回原点代码，读者可自行查阅}
15       public void LeftBackToOrigon(float mx,float my){/*此处省略返回原点代码，读者可自行查阅*/}
16       public void arriveAtTarget(){/*此处省略球到达目标点的代码，下面将简单介绍*/}
17       public void SpeedUp(){/*此处省略给球冲量的代码，下面将简单介绍*/}
18       public boolean judgeIfTouch(Vec2 p){/*此处省略判断球是否碰撞的代码，读者可自行查阅*/}
19       public float[] limitCoordinate(float mx,float my){/*此处省略限制坐标的代码，读者可自行查阅*/}
20       public Vec2 getPlayerPosition(float mx,float my){/*此处省略计算目标点代码，下面将简单介绍*/}
21       public void apply(){/*此处省略给球冲量的代码，下面将简单介绍*/}
22       public Vec2 Attack(float sx,float sy,float ex,float ey){
             //此处省略获取球速度代码，读者可自行查阅}
23   }
```

> **说明** 上面主要介绍的是攻击模式辅助类 AttackUtil 的代码框架，下面将会进行介绍的主要有开始进攻模式的方法、记录当前坐标的方法、前往目标点的方法、到达目标点的方法以及到达目标点后给球添加冲量的方法等。由于篇幅有限，部分方法将不会讲解，读者可自行查阅随书附带的源代码。

（2）下面将介绍该类的部分方法，如开始进攻模式的 AttackMode 方法、记录当前坐标的 RecordCoordinate 方法和前往目标点的 GoToTarget 方法等，实现的具体代码如下。

代码位置：见随书源代码\第 18 章\3DHockey\app\src\main\java\com\bn\constant 目录下的 AttackUtil.java。

```
1    public void AttackMode(){                                  //进攻模式红球移动
2        if(attackCount%4==1){                                  //记录第一个冰球的位置
3            Vec2 ballP=new Vec2(0,0);                          //创建 Vec2 对象
4            synchronized(gv.bt.ActionLockB){                   //加锁
5                ballP=new Vec2(gv.bt.ballP[0][0],gv.bt.ballP[0][1]);   //获取位置
6            }
7            attackX1=ballP.x;                                  //给 x 坐标赋值
8            attackZ1=ballP.y;                                  //给 y 坐标赋值
9            attackCount++;                                     //变量自加
10       }else if(attackCount%4==2){                            //记录第二个冰球的位置
11           ……//此处省略记录第二个球位置的代码，与上述相似，读者可自行查阅
12       }else if(attackCount%4==3){                            //确定目标点 记录坐标
13           RecordCoordinate();                                //记录位置
14           GoToTarget();                                      //前往目标点
15       }else if(attackCount%4==0){
16           GoBackToOrigon();                                  //返回原点
17       }}
18   public void RecordCoordinate(){                            //记录当前的坐标值
19       if(allowRecordC){                                      //允许记录坐标
20           attackX3=(float)((tx/t)*(float)(attackX2-attackX1)+(float)attackX2);
             //计算目标点
21           attackZ3=(float)((tx/t)*(float)(attackZ2-attackZ1)+(float)attackZ2);
```

```
 22                    attackX3=getPlayerPosition(attackX3,attackZ3).x;      //找到最佳位置
 23                    attackZ3=getPlayerPosition(attackX3,attackZ3).y;
 24                    ……//此处省略获得球位置的代码,读者可自行查阅
 25                    float distance=(float)Math.sqrt(                      //计算两点之间的距离
 26                        (attackX4-attackX3)*(attackX4-attackX3)+(attackZ4-attackZ3)*
                          (attackZ4-attackZ3));
 27                    float cos=Math.abs(attackX4-attackX3)/distance;       //计算余弦值
 28                    float sin=Math.abs(attackZ4-attackZ3)/distance;       //计算正弦值
 29                    float step=distance/oneDistance;                      //计算步数
 30                    integerStep=(int)step;                                //得到整数步数
 31                    extraStep=step-integerStep;                           //多余的不足1的步数
 32                    extraX=(extraStep*oneDistance)*cos;                   //多余走的x值
 33                    extraY=(extraStep*oneDistance)*sin;                   //多余走的y值
 34                    if(integerStep!=0){
 35                        attackVX=Math.abs(attackX4-attackX3-extraX)/integerStep;
                          //每步x要走的位移
 36                        attackVY=Math.abs(attackZ4-attackZ3-extraY)/integerStep;
                          //每步y要走的位移
 37                    }
 38                    allowRecordC=false;                                   //允许记录设为false
 39                }}
 40                public void GoToTarget(){                                 //前往目标点
 41                    if(stepCount<integerStep){                            //先走整数步数
 42                        if(attackX5>=attackX3&&attackZ5>=attackZ3){       //球向左上移
 43                            ToLeftUp(attackVX,attackVY);
 44                        }else if(attackX5<=attackX3&&attackZ5<=attackZ3){ //球向右下移
 45                            ToRightDown(attackVX,attackVY);
 46                        }else if(attackX5>attackX3&&attackZ5<attackZ3){   //球向左下移
 47                            ToLeftDown(attackVX,attackVY);
 48                        }else if(attackX5<attackX3&&attackZ5>attackZ3){   //球向右上移
 49                            ToRightUp(attackVX,attackVY);
 50                        }
 51                        stepCount++;
 52                    }else if(extraStep!=0) {                              //走剩余的距离
 53                        ……//此处省略的代码和上述相同,读者可自行查阅
 54                }}
```

- 第 1～17 行为开始进攻模式的 AttackMode 方法。如果当前计数器除以 3 取余后的值等于 1,则记录当前冰球的位置作为第一个点;如果等于 2,即记录当前冰球的位置作为第二个点;如果等于 3,即可在记录当前各个球的坐标以及计算目标点后,前往目标点;如果等于 4,则返回到原点。

- 第 18～32 行为记录当前的坐标值的 RecordCoordinate 方法。通过前两步记录的两个点,用来求出目标点,然后获得电脑控制球的位置,并计算球位置和目标点的距离。由于每步走的距离是相同的,所以需要求出共走多少步,如果不能整除,将剩余步数进行记录。

- 第 40～54 行为前往目标点的 GoToTarget 方法。首先走整数步数,根据目标点和球的位置判断球走的方向,并调用不同的方法,走完整数步数后,再继续走剩余的步数。如果到达了目标点或者中途球和冰球进行了碰撞,即可重新开始记录,进行下一轮计算。

(3)接下来介绍球向坐上走的 ToLeftUp 方法、获取能将球打进对方洞的位置的 getPlayerPosition 方法和给予球一定冲量的 apply 方法,具体代码如下。

代码位置:见随书源代码\第 18 章\3DHockey\app\src\main\java\com\bn\constant 目录下的 AttackUtil.java。

```
 1  public void ToLeftUp(float mx,float my){                                 //球向左上移
 2      attackX4-=mx;attackZ4-=my;                                           //x和y均向左移
 3      attackX4=limitCoordinate(attackX4,attackZ4)[0];                      //对x坐标进行限制
 4      attackZ4=limitCoordinate(attackX4,attackZ4)[1];                      //对y坐标进行限制
 5      MyAction ma=new ActionMoveToTarget(attackX4,attackZ4,6);             //创建MyAction对象
 6      synchronized(gv.bt.ActionLock){gv.bt.ActionMoveQueue.offer(ma);}
        //将事务添加对队列中
 7      if(attackX4<=attackX3&&attackZ4<=attackZ3){                          //到达目标点
 8          isUp=true; //向上走的标志位设为false
```

```
9                arriveAtTarget();                                    //进行相应处理
10         }else if(judgeIfTouch(gv.hongjdz.gt.getPosition())){//或者已经碰撞
11                isUp=true;                                           //向上走的标志位设为false
12                arriveAtTarget();                                    //进行相应处理
13     }}
14     public Vec2 getPlayerPosition(float mx,float my){               //获取球的最佳位置
15         ……//此处省略定义变量的代码,读者可自行查阅随书附带的源代码
16         do{                                                         //判断确定的直线上篮球是否存在
17             xr1=(float)(Math.pow(-1, (int)(Math.random()*2))*Math.random()*0.9f);
               //随机产生的x值
18             destination=new Vec2((float) (Math.random()*4-1.6f),(float) (Math.random()+8.5f));
19             if(ballL.x<xr1){                                        //直线方向\
20                    rake=-(ballL.y-destination.y)/(ballL.x-destination.x);//计算斜率
21             }else{                                                  //直线方向/
22                    rake=(ballL.y-destination.y)/(ballL.x-destination.x);//计算斜率
23             }
24         }while(Math.abs((player.y-rake*player.x))<0.01f&&Math.abs(ballL.x-player.x)
           >1.6f);//洞口位置
25         float k=(ballL.y-destination.y)/(ballL.x-destination.x);//计算斜率
26         float b=ballL.y-k*ballL.x;                                  //计算偏移量
27         float x1=0;
28         x1=ballL.x+(float)Math.sqrt((1.55*1.55)/(1+k*k));           //求出x值
29         float y1=x1*k+b;                                            //求出y值
30         Vec2 result=new Vec2(x1,y1);
31         return result;                                              //返回Vec2对象
32     }
33     public void apply(){                                            //给予球一定冲量
34         Vec2 ballL=new Vec2();
35         synchronized(gv.bt.ActionLockB){                            //加锁
36             ballL.x=gv.bt.ballP[1][0];                              //获得球的x坐标
37             ballL.y=gv.bt.ballP[1][1];                              //获得球的y坐标
38         }
39         Vec2 attckV=Attack(ballL.x,ballL.y,destination.x,destination.y);//获得进攻速度
40         float m=gv.ball.gt.getMass()*5;                             //获得物体的质量
41         attckV=new Vec2(m*attckV.x*10,m*attckV.y*10);
42         gv.ball.gt.applyLinearImpulse(attckV,ballL, true);          //给球冲量,让球加速
43     }
```

- 第 1～13 行为球向左上移的方法。球在当前位置移动到目标点时，需要判断球要走路线的方向，然后调用不同的方法，球向左上移的时候，则 x 和 y 坐标各每次减去一定值，并创建事务对象加进队列中，等待物理线程处理。如果一旦到达目标点或者发生了碰撞，则返回到原点。

- 第 14～32 行为获得球的最佳位置的方法。球在不同的位置击打冰球，会将球打到不同的地方，由于想要让冰球进对方的洞，所以需要根据当前另一个球的位置，扫描不同的直线，从而确定一条直线，并且计算出直线与直线的交点，从而确定球的最佳位置。

- 第 33～43 行为给予球一定的冲量的方法。首先通过从队列中不断取出元素，获得冰球最新的位置，然后获得球的进攻速度，并根据球的速度和球的位置给予球一定的冲量。

18.5.3 线程类

本小节主要介绍的是该游戏中用到的物理线程类 PhysicalThread 和球走线程类 BallGoThread。其中物理线程类主要实现了定时物理模拟的功能，球走线程类主要是用来服务电脑控制的球。具体的开发代码如下。

1. 物理线程类 PhysicalThread

首先进行介绍的是物理线程类 PhysicalThread 类。该类中主要实现了定时物理模拟的功能，在物理进行一次模拟后，及时处理事务队列中的不同事务，处理完事务后，还需要及时更新刚体的位置，以便在 GameView 类中进行刚体的正确绘制，具体代码如下。

代码位置：见随书源代码\第 18 章\3DHockey\app\src\main\java\com\bn\util\thread 目录下的 Physical Thread.java。

```
1    package com.bn.util.thread;                                    //声明包名
2    ……//此处省略了导入类的代码，读者可自行查阅随书附带的源代码
3    public class PhysicalThread extends Thread{
4        ……//此处省略了定义变量的代码，读者可自行查阅随书附带的源代码
5        public PhysicalThread(GameView gv){this.gv=gv;}            //构造器
6        public void run(){                                          //run 方法
7            while(flag){
8                if(GameView.player_win||GameView.computer_win||   //如果游戏处于非游戏界面
9                    gv.GameOver||gv.isPause||gv.switchView){isWorldStep=false;}
                 //不进行物理模拟
10               else{isWorldStep=true;}                             //进行物理模拟
11               if(isWorldStep){                                    //允许物理模拟
12                   long currTimeStamp=System.nanoTime();           //获取当前时间
13                   if((currTimeStamp-lastTimeStamp)<spanMin){      //如果速率过快
14                       try {Thread.sleep(10);                      //休眠 10ms
15                       } catch (InterruptedException e){e.printStackTrace();}
                     //打印异常信息
16                       continue;                                    //终止本次循环
17                   }
18                   lastTimeStamp=currTimeStamp;    //将当前时间赋值给起始时间
19                   gv.world.step(TIME_STEP, ITERA, ITERA);          //物理模拟
20                   setLanBall();                                    //对玩家控制球进行计算
21                   setHongBall();                                   //对电脑控制球进行计算
22                   updatePosition();                                //更新刚体位置
23                   ……//此处省略获得冰球速度和允许最大速度的代码，读者可自行查阅
24                   limitBallSpeed(ballSpeed,maxSpeed);              //限制冰球速度
25                   gv.lanjdz.gt.setLinearVelocity(new Vec2(0,0));//玩家控制球的速度为 0
26                   gv.hongjdz.gt.setLinearVelocity(new Vec2(0,0));//电脑控制球的速度为 0
27        }}}
28        public void limitBallSpeed(Vec2 ballSpeed,float maxSpeed){/*此处省略限制冰球速
          度的方法*/}
29        public void setHongBall(){
30            ArrayList<MyAction> ac=new ArrayList<MyAction>();    //创建列表对象
31            MyAction ma=null;
32            if(GameView.player_win||GameView.computer_win||gv.GameOver){
33                ……//此处省略清空队列的代码，读者可自行查阅
34            }
35            synchronized(gv.bt.ActionLock){                       //加锁
36                while(gv.bt.ActionMoveQueue.size()>0){            //如果队列的长度大于 0
37                    ma=gv.bt.ActionMoveQueue.poll();              //取出元素
38                    ac.add(ma);                                    //将事务加进列表中
39            }}
40            if(ac.size()>0){                                       //如果列表长度大于 0
41                for(MyAction mc:ac){                               //遍历列表中的事务
42                    if(mc.index==6){                               //如果事务的索引值为 6
43            Vec2 target=transformPosition(new Vec2(mc.targetX,mc.targetY),gv.ball.gt.
              getPosition());
44                        target.x=gv.cu.limitC(target.x,target.y,-7.5f,-0.75f)
                         [0];//限制目标点 x 坐标
45                        target.y=gv.cu.limitC(target.x,target.y,-7.5f,-0.75f)
                         [1];//限制目标点 y 坐标
46                        gv.hongjdz.gt.setTransform(target,0);//将球强制移动到目标点
47            }}}
48            Vec2 target=transformPosition(gv.hongjdz.gt.getPosition(),gv.ball.gt.
              getPosition());
49            target.x=gv.cu.limitC(target.x,target.y,-7.5f,-0.75f)[0]; //限制目标点 x 坐标
50            target.y=gv.cu.limitC(target.x,target.y,-7.5f,-0.75f)[1]; //限制目标点 y 坐标
51            gv.hongjdz.gt.setTransform(target,0);     //将球强制移动到目标点
52        }
53        public void setLanBall(){/*此处省略计算玩家控制球的方法，读者可自行查阅*/}
54        public void updatePosition(){/*此处省略更新刚体位置的方法，读者可自行查阅*/}
55        public Vec2 transformPosition(Vec2 position,Vec2 ballPosition){/*此处省略计算
          目标点的方法*/}
56        public void setTransform(float sy){/*此处省略强制移动刚体的方法，读者可自行查阅*/}
```

```
57          public void destroyBody(){/*此处省略销毁刚体的代码,读者可自行查阅*/}
58      }
```

- 第 6~17 行为物理线程类继承自 Thread 类重写的 run 方法。该线程一旦经过开启,即循环运行,如果游戏处于胜利、结束或者暂停界面时,即可不再进行物理模拟。进入了物理模拟循环后,如果发现线程速度过快,即应该休眠 10 毫秒,并退出本次循环。

- 第 18~27 行为进行物理模拟,进行一次物理模拟后直到下一次物理模拟之前,物理世界是不会发生任何改变的,所以应该在这个阶段进行处理事务队列的工作,分别调用处理玩家控制球、电脑控制球、更新位置等方法,进行对物理世界进行操纵。

- 第 29~52 行为处理电脑控制球事务队列的方法。首先应该加锁,将事务队列中的事务一次全部取出来,加进列表中,这样可以减少加锁时间。如果有事务,则判断事务的索引值,并进行处理。如果需要强制改变电脑控制的球的位置,则先应该进行判断,再进行强制移动。

> **说明** 上面介绍的物理线程类 PhysicalThread 中,主要是用来定时进行物理模拟,以便更新物理世界。由于篇幅有限,处理玩家控制球事务队列的方法、强制移动刚体以及销毁刚体的方法,将不进行介绍,读者可自行查阅随书附带的源代码。允许创建的事务类的代码都十分简单,主要是通过改变索引值和传入的参数,即可创建不同的事务,在这里不再进行赘述。

2. 球走线程类 BallGoThread

下面将介绍的是球走线程类 BallGoThread 类。该类中是用来服务电脑控制的球,进行切换防守模式和让电脑控制的球先发球等工作,具体代码如下。

代码位置:见随书源代码\第 18 章\3DHockey\app\src\main\java\com\bn\util\thread 目录下的 BallGoThread.java。

```
1       package com.bn.util.thread;                                //声明包名
2       ……//此处省略了导入类的代码,读者可自行查阅随书附带的源代码
3       public class BallGoThread extends Thread{
4           ……//此处省略了定义变量的代码,读者可自行查阅随书附带的源代码
5           public BallGoThread(GameView gv){                       //构造器
6               this.gv=gv;
7               au=new AttackUtil(gv);                              //创建攻击模式类对象
8               gu=new GuardUtil(gv);                               //创建防守模式类对象
9           }
10          public void run(){                                      //重写 run 方法
11              while(flag){
12                  while(ballGO){                                  //如果标志位为 true
13                      ……//此处省略获得冰球的位置的代码,读者可自行查阅
14                      ChangeMode(ballPosition,-1.5f);             //切换模式
15                      if(gv.CWin){hongFirst();}                   //电脑控制的球先发球
16                      if(go&&au.judgeIfTouch(gv.hongjdz.gt.getPosition())){
                        //电脑控制的球发球
17                          if(gv.hongjdz.gt.getPosition().x<0){    //如果向右击打冰球
18                              gv.ball.gt.applyLinearImpulse(new Vec2(0.2f,0.4f),
                                    ballPosition,true);
19                          }
20                          ……//此处省略的是向左或直线击打冰球时的代码,读者可自行查阅
21                      }
22                      ……//此处省略根据级别确定休眠时间的代码,读者可自行查阅
23                      try{Thread.sleep(sleepTime);}               //休眠一定的时间
24                      catch (InterruptedException e){e.printStackTrace();}//打印异常信息
25                  }
26                  ……//此处省略线程睡眠一秒的代码,和上述代码相似,读者可自行查阅
27              }}
28          public void ChangeMode(Vec2 ballPosition,float distance){   //切换模式方法
29              if(ballPosition.y<=distance){                       //如果冰球的 z 坐标小于-1.5
30                  au.AttackMode();                                //开启进攻模式
31              }else{                                              //如果冰球的 z 坐标大于-1.5
32                  gu.GuardMode();                                 //开启防守模式
```

```
33                    au.attackCount=1;               //攻击模式从头开始
34                    au.allowRecordC=true;           //重新记录坐标
35            }}
36      public void hongFirst(){                      //电脑控制球先发球
37            while(gv.CWin&&gv.Start_Game){          //如果电脑控制球先发球,并已经开始游戏
38                    CCount++;                       //计数器加 1
39                    if(CCount>160){                 //如果停留了一段时间
40                        au.allowRecordC=true;       //允许记录坐标
41                        au.attackCount=1;           //计数器置为 1
42                        go=true;                    //向前击打冰球的标志位设为 true
43                        au.AttackMode();            //开启进攻模式
44                        gv.CWin=false;              //标志位设为 false
45                        CCount=0;                   //计数器归 0
46                    }else if(CCount>80&&CCount<150){
47                        gv.isMove=true;             //玩家允许移动球
48       }}}}
```

- 第 5～9 行为球走线程类 BallGoThread 类的构造器方法,主要是给 GameView 类的对象进行赋值,并且创建进攻模式类和防守模式类的对象。
- 第 10～27 行为球走线程类继承自 Thread 类重写的 run 方法。如果线程标志位设为 true,则首先需要从位置队列中取出最新的冰球的位置,然后调用切换防守模式的方法,接下来判断,如果电脑控制的球先发球,则根据球碰撞的位置,给予球一定的冲量,并让线程进行休眠。
- 第 28～48 行为切换防守模式的方法和电脑控制球先发球的方法。在切换防守模式的方法中,主要通过判断当前冰球的位置。如果冰球的 z 坐标小于-1.5f,则应该立刻切换为进攻模式,防止球进洞内;如果冰球的 z 坐标大于-1.5f,则切换到防守模式,并将进攻模式的变量置为初始值。而在电脑控制的球先发球的方法中,主要通过电脑控制的球向前移动,击打冰球实现的。

18.6 绘制相关类

本节将对游戏界面的绘制模块进行简单介绍,有 BN2DObject 类、BN3DObject 类以及碰撞特效的绘制类 ParticleForDraw 类。由于该游戏中需要引入 3D 模型,所以将会有对应的绘制类 LoadedObjectVertexNormalTexture 类。由于篇幅有限,下面将选择部分绘制类进行简单介绍,具体代码如下。

18.6.1 3D 模型绘制类的开发

本小节主要介绍的是 3D 模型绘制类 LoadedObjectVertexNormalTexture。该类由 5 个不同参数的构造器、一个初始化顶点数据的方法、2 个初始化着色器的方法和 2 个实现图形绘制的方法组成,这里由于篇幅原因,只对部分方法进行介绍,具体步骤如下。

(1)首先介绍的是 LoadedObjectVertexNormalTexture 类中的构造器方法、初始化顶点数据方法和初始化着色器的方法,绘制方法将在下面进行介绍,实现的具体代码如下。

代码位置:见随书源代码\第 18 章\3DHockey\app\src\main\java\com\bn\object 目录下的 LoadedObjectVertexNormalTexture.java。

```
1     package com.bn.object;                                          //声明包名
2     ……//此处省略了导入类的代码,读者可自行查阅随书附带的源代码
3     public class LoadedObjectVertexNormalTexture{
4           ……//此处省略了定义变量的代码,读者可自行查阅随书附带的源代码
5           public LoadedObjectVertexNormalTexture(MySurfaceView mv,float[] vertices,
          float[] normals,
6                                                    float texCoors[],int mProgram){
                                                                      //构造器方法
7               initVertexData(vertices,normals,texCoors);            //初始化顶点坐标与着色数据
8               this.mProgram=mProgram;                               //赋值
9           }
10          public void initVertexData(float[] vertices,float[] normals,float texCoors[]){
          //初始化顶点与着色数据
```

```
11                  vCount=vertices.length/3;
12                  ByteBuffer vbb = ByteBuffer.allocateDirect(vertices.length*4);
13                  vbb.order(ByteOrder.nativeOrder());           //设置字节顺序
14                  mVertexBuffer = vbb.asFloatBuffer();          //转换为 Float 型缓冲
15                  mVertexBuffer.put(vertices);                  //向缓冲区中放入顶点坐标数据
16                  mVertexBuffer.position(0);                    //设置缓冲区起始位置
17                  ByteBuffer cbb = ByteBuffer.allocateDirect(normals.length*4);
18                  cbb.order(ByteOrder.nativeOrder());           //设置字节顺序
19                  mNormalBuffer = cbb.asFloatBuffer();          //转换为 Float 型缓冲
20                  mNormalBuffer.put(normals);                   //向缓冲区中放入顶点法向量数据
21                  mNormalBuffer.position(0);                    //设置缓冲区起始位置
22                  ByteBuffer tbb = ByteBuffer.allocateDirect(texCoors.length*4);
23                  tbb.order(ByteOrder.nativeOrder());           //设置字节顺序
24                  mTexCoorBuffer = tbb.asFloatBuffer();         //转换为 Float 型缓冲
25                  mTexCoorBuffer.put(texCoors);                 //向缓冲区中放入顶点纹理坐标数据
26                  mTexCoorBuffer.position(0);                   //设置缓冲区起始位置
27              }
28          public void initShader(){                             //初始化 shader
29              maPositionHandle = GLES20.glGetAttribLocation(mProgram, "aPosition");
                //顶点位置属性
30              maNormalHandle= GLES20.glGetAttribLocation(mProgram, "aNormal");
                //顶点颜色属性
31              muMVPMatrixHandle = GLES20.glGetUniformLocation(mProgram, "uMVPMatrix");
32              muMMatrixHandle = GLES20.glGetUniformLocation(mProgram, "uMMatrix");//旋转矩阵
33              maLightLocationHandle=GLES20.glGetUniformLocation(mProgram, "uLightLocation");
34              maTexCoorHandle= GLES20.glGetAttribLocation(mProgram, "aTexCoor");//顶点纹理属性
35              maCameraHandle=GLES20.glGetUniformLocation(mProgram, "uCamera");//摄像机位置
36              muIsShadow=GLES20.glGetUniformLocation(mProgram, "isShadow");//绘制阴影属性
37              maShadowPosition=GLES20.glGetUniformLocation(mProgram, "shadowPosition");
38              muProjCameraMatrixHandle=GLES20.glGetUniformLocation(
39                              mProgram, "uMProjCameraMatrix");
                                //投影、摄像机组合矩阵引用
40          }
41          public void initShader(boolean isDamping){
            //此处省略初始化有参着色器方法,读者可自行查阅}
42          public void drawSelf(int texId,float sj){/*此处省略绘制方法,下面将简单介绍*/}
43          public void drawSelf(int texId,int isShadow,float shadowPosition){ /*此处省
            略绘制方法*/}
44      }
```

- 第 5~9 行为 LoadedObjectVertexNormalTexture 类的构造器方法。通过传入的 MySurface View 类的对象、顶点坐标数据、顶点法向量数据、顶点纹理坐标和渲染管线着色器程序 id 等参数,在构造器方法中,调用了初始化顶点与着色数据的方法。

- 第 10~27 行为初始化顶点与着色数据的方法。首先计算出顶点个数,然后创建顶点坐标数据缓冲,通过设置字节顺序、转换为 Float 型缓冲、向缓冲区放入顶点坐标数据和设置缓冲区起始位置完成顶点坐标数据的初始化,顶点纹理数据和顶点法向量数据的初始化与前面相似。

- 第 28~40 行为初始化着色器的方法。该方法中主要是获取程序中顶点位置属性引用,顶点颜色属性引用,程序中总变换矩阵引用,位置、旋转变换矩阵引用,光源位置引用,顶点纹理坐标属性引用,摄像机位置引用以及是否绘制阴影属性引用等。另一个初始化着色器方法在这里进行了省略,代码基本相似,读者可自行查阅随书附带的源代码。

(2)下面接下来介绍该类的绘制方法,主要是利用初始化着色器时初始的变量用来进行 3D 模型的绘制工作,具体代码如下。

代码位置: 见随书源代码\第 18 章\3DHockey\app\src\main\java\com\bn\object 目录下的 LoadedObjectVertexNormalTexture.java。

```
1   public void drawSelf(int texId,int isShadow,float shadowPosition){
2       if(!initFlag){                                        //如果标志位为 false
3           initShader();                                     //初始化着色器
4           initFlag=true;                                    //标志位设为 true
5       }
6       GLES20.glUseProgram(mProgram);                        //制定使用某套着色器程序
7       MatrixState3D.pushMatrix();                           //保护现场
8       GLES20.glEnable(GLES20.GL_BLEND);                     //打开混合
```

```
9        GLES20.glBlendFunc(GLES20.GL_SRC_ALPHA,GLES20.GL_ONE_MINUS_SRC_ALPHA);
10       GLES20.glUniformMatrix4fv(muMVPMatrixHandle, 1, false, MatrixState3D.
         getFinalMatrix(), 0);
11       GLES20.glUniformMatrix4fv(muMMatrixHandle, 1, false, MatrixState3D.
         getMMatrix(), 0);
12       GLES20.glUniform3fv(maLightLocationHandle, 1, MatrixState3D.lightPositionFB);
13       GLES20.glUniform3fv(maCameraHandle, 1, MatrixState3D.cameraFB);
14       GLES20.glUniform1i(muIsShadow, isShadow);          //是否绘制阴影属性传入程序
15       GLES20.glUniform1f(maShadowPosition, shadowPosition);//将阴影位置属性传入程序
16       GLES20.glUniformMatrix4fv(                         //将投影、摄像机组合矩阵传入着色器程序
17            muProjCameraMatrixHandle, 1, false, MatrixState3D.getViewProjMatrix(), 0);
18       GLES20.glVertexAttribPointer(                      //将顶点位置数据传入渲染管线
19            maPositionHandle,3,GLES20.GL_FLOAT,false,3*4,mVertexBuffer);
20       GLES20.glVertexAttribPointer(                      //将顶点法向量数据传入渲染管线
21            maNormalHandle,3,GLES20.GL_FLOAT, false,3*4,mNormalBuffer);
22       GLES20.glVertexAttribPointer(                      //为画笔指定顶点纹理坐标数据
23            maTexCoorHandle,2,GLES20.GL_FLOAT,false,2*4,mTexCoorBuffer);
24       GLES20.glEnableVertexAttribArray(maPositionHandle); //启用顶点位置数据
25       GLES20.glEnableVertexAttribArray(maNormalHandle);   //启用法向量位置数据
26       GLES20.glEnableVertexAttribArray(maTexCoorHandle);  //启用纹理位置数据
27       GLES20.glActiveTexture(GLES20.GL_TEXTURE0);         //绑定纹理
28       GLES20.glBindTexture(GLES20.GL_TEXTURE_2D, texId);
29       GLES20.glDrawArrays(GLES20.GL_TRIANGLES, 0, vCount); //绘制加载的物体
30       GLES20.glDisable(GLES20.GL_BLEND);                  //关闭混合
31       MatrixState3D.popMatrix();                          //恢复现场
32   }
```

- 第 1～15 行为 LoadedObjectVertexNormalTexture 类的绘制方法。进行绘制工作之前，首先调用初始化着色器方法进行着色器的初始化，然后制定使用哪一套着色器程序，保护现场后，打开混合方式，设置混合因子，将最终变换矩阵等属性传入着色器程序。

- 第 16～32 行为将投影、摄像机组合矩阵、顶点位置数据、顶点法向量数据和顶点纹理坐标数据等内容传入渲染管线，并启用顶点位置、法向量位置和纹理位置，最后绑定纹理，绘制已经加载的 3D 模型，关闭混合后并恢复场景。

> **说明** 上面已经对 LoadedObjectVertexNormalTexture 类的大部分代码进行了讲解。由于篇幅有限，模型能够渐变初始化着色器的方法和绘制方法的代码不再进行赘述，读者可自行查阅。

18.6.2 BN3DObject 绘制类的开发

本小节将对 BN3DObject 绘制类的部分方法进行简单介绍，由于代码大部分相似，所以这里只选择 BN3DObject 类的初始化顶点数据方法和该类的绘制方法，具体代码如下。

代码位置：见随书源代码\第 18 章\3DHockey\app\src\main\java\com\bn\object 目录下的 BN3DObject.java。

```
1   package com.bn.object;                                  //声明包名
2   ……//此处省略了导入类的代码，读者可自行查阅随书附带的源代码
3   public class BN3DObject{
4       ……//此处省略了定义变量的代码，读者可自行查阅随书附带的源代码
5       public BN3DObject(float picWidth,float picHeight,int texId,int programId){
6           this.texId=texId;                               //纹理 id
7           this.mProgram=programId;                        //程序 id
8           initVertexData(picWidth,picHeight);             //初始化顶点数据
9       }
10      public void initVertexData(float width,float height){ //初始化顶点数据
11          vCount=4;                                       //顶点个数
12          float vertices[]=new float[]{                   //初始化顶点坐标数据
13          -width/2,height/2,0,-width/2,-height/2,0,width/2,height/2,0,width/2,
            -height/2,0};
14          ByteBuffer vbb=ByteBuffer.allocateDirect(vertices.length*4);
            //创建顶点坐标数据缓冲
15          vbb.order(ByteOrder.nativeOrder());             //设置字节顺序
16          mVertexBuffer=vbb.asFloatBuffer();              //转换为 Float 型缓冲
```

```
17                  mVertexBuffer.put(vertices);        //向缓冲区中放入顶点坐标数据
18                  mVertexBuffer.position(0);                  //设置缓冲区起始位置
19                  float[] texCoor=new float[12];              //初始化纹理坐标数据
20                  texCoor=new float[]{0,0,0,1,1,0,1,1,1,0,0,1};
21                  ByteBuffer cbb=ByteBuffer.allocateDirect(texCoor.length*4);
                    //创建顶点纹理坐标数据缓冲
22                  cbb.order(ByteOrder.nativeOrder());         //设置字节顺序
23                  mTexCoorBuffer=cbb.asFloatBuffer();         //转换为 Float 型缓冲
24                  mTexCoorBuffer.put(texCoor);  //向缓冲区中放入顶点着色数据
25                  mTexCoorBuffer.position(0);                 //设置缓冲区起始位置
26              }
27              public void initShader(boolean isDamping){/*此处省略初始化着色器的方法，读者可自行查阅*/}
28              public void drawSelf(float sj){//绘制方法
29                  if(!initFlag){
30                      initShader(true);                       //初始化着色器
31                      initFlag=true;
32                  }
33                  GLES20.glUseProgram(mProgram);              //制定使用某套 shader 程序
34                  MatrixState3D.pushMatrix();                 //保护场景
35                  GLES20.glEnable(GLES20.GL_BLEND);           //打开混合
36                  GLES20.glBlendFunc(GLES20.GL_SRC_ALPHA,GLES20.GL_ONE);//设置混合因子
37                  GLES20.glUniform1f(muSjFactor, sj);         //将衰减因子传入 shader 程序
38                  GLES20.glUniformMatrix4fv(                  //将最终变换矩阵传入 shader 程序
39                              muMVPMatrixHandle, 1, false, MatrixState3D.getFinal
                                Matrix(), 0);
40                  GLES20.glVertexAttribPointer (              //为画笔指定顶点位置数据
41                              maPositionHandle,3, GLES20.GL_FLOAT,false,3*4,mVertexBuffer);
42                  GLES20.glVertexAttribPointer(               //为画笔指定顶点纹理坐标数据
43                              maTexCoorHandle,2,GLES20.GL_FLOAT,false,2*4,mTexCoorBuffer);
44                  GLES20.glEnableVertexAttribArray(maPositionHandle);//允许顶点位置数据数组
45                  GLES20.glEnableVertexAttribArray(maTexCoorHandle);
46                  GLES20.glActiveTexture(GLES20.GL_TEXTURE0);    //绑定纹理
47                  GLES20.glBindTexture(GLES20.GL_TEXTURE_2D,texId);
48                  GLES20.glDrawArrays(GLES20.GL_TRIANGLE_STRIP, 0, vCount);//绘制纹理矩形
49                  GLES20.glDisable(GLES20.GL_BLEND);          //关闭混合
50                  MatrixState3D.popMatrix();                  //恢复场景
51              }}
```

- 第 5~9 行为 BN3DObject 绘制类的构造器方法。该方法通过传入的图片宽度和高度用来进行初始化顶点数据的工作；通过传入的纹理 id 用来进行绑定纹理的工作；通过传入的程序 id 用来进行获取各个变量属性的引用的工作。

- 第 10~26 行为该绘制类的初始化顶点数据的方法。由于该类绘制的都是长方形，所以顶点数是固定的为 4。通过设置字节顺序、转换为 Float 型缓冲、向缓冲区放入顶点坐标数据等完成顶点坐标数据的初始化，顶点纹理数据初始化与前面相似。

- 第 28~51 行为该绘制类的绘制方法。进行绘制工作之前，首先调用初始化着色器方法进行着色器的初始化。然后制定使用哪一套着色器程序，保护现场后，打开混合方式，设置混合因子，将衰减因子和最终变换矩阵传入着色器程序，为画笔指定顶点位置和顶点纹理数据，允许顶点位置数据数组和顶点纹理数据数组。最后绑定纹理并进行绘制，在关闭混合后恢复场景。

> **说明** 该游戏的绘制类到这里已经基本介绍完毕了，在这里主要选择了两个绘制类进行了简单的介绍。如果读者感兴趣的话，可以查阅随书附带的查看其他绘制类进行学习。

18.7 粒子系统的开发

很多游戏场景中都会采用火焰或雪花等作为点缀，以增强游戏的真实性来吸引吸玩家。而目前最流行的实现火焰、雪花等效果的就是粒子系统技术。本游戏中选项界面里就有利用粒子系统开发的非常真实酷炫的粒子特效，本节将向读者介绍如何开发粒子系统。

18.7.1 基本原理

粒子系统的基本思想非常简单,将碰撞特效看作由一系列运动的粒子叠加而成。系统定时在固定的区域内生成新的粒子,粒子生成后不断按照一定的规律运动并改变自身的颜色。当粒子运动满足一定条件后,粒子消亡。对单个粒子而言,其生命周期过程如图 18-23 所示。

▲图 18-23 粒子对象的生命过程

实际粒子系统的开发中,开发人员需要根据目标特效的需求设置粒子的各项属性,实现真实地模拟出火焰、烟雾、下雪等不同的效果。例如,本游戏中下雪特效的开发,只有给定粒子合适的初始位置、运动速度、尺寸、最大生命期等属性,才可以实现真实的碰撞特效。

18.7.2 开发步骤

本小节将对其基本开发步骤进行简要的介绍。碰撞特效主要包括总控制类 ParticleSystem、代表单个粒子的 ParticleSingle 类、常量类 ParticleConstant、和绘制类 ParticleForDraw。本小节将主要介绍 ParticleSystem 类和 ParticleSingle 类,具体代码如下。

(1) 首先介绍的是粒子系统的总控制类 ParticleSystem。由于每个 ParticleSystem 类的对象代表一个粒子系统,所以,本类中用一系列的成员变量来存储对应粒子系统的各项信息。这里由于篇幅原因,只对 drawSelf 方法和 update 方法进行介绍,具体代码实现如下。

代码位置:见随书源代码\第 18 章\3DHockey\app\src\main\java\com\bn\util\snow 目录下的 ParticleSystem.java。

```
1   public void drawSelf(float[] startColor,float[] endColor){  //绘制方法
2       alFspForDrawTemp.clear();                                //清空列表
3       synchronized(lock){                                      //加锁
4           for(int i=0;i<alFspForDraw.size();i++){              //遍历列表
5               alFspForDrawTemp.add(alFspForDraw.get(i));       //加进列表中
6       }}
7       MatrixState3D.pushMatrix();                              //保护场景
8       GLES20.glEnable(GLES20.GL_BLEND);                        //开启混合
9       GLES20.glBlendEquation(blendFunc);                       //设置混合方式
10      GLES20.glBlendFunc(srcBlend,dstBlend);                   //设置混合因子
11      MatrixState3D.translate(positionX, 0, positionZ);        //平移
12      if(gv.downCount%2==1){                                   //随视角的切换改变
13          MatrixState3D.rotate(-120, 1, 0,0);                  //旋转
14      }
15      for(ParticleSingle fsp:alFspForDrawTemp){                //遍历列表
16          fsp.drawSelf(gv,startColor,endColor,maxLifeSpan);    //绘制
17      }
18      GLES20.glDisable(GLES20.GL_BLEND);                       //关闭混合
19      MatrixState3D.popMatrix();                               //恢复现场
20  }
```

> **说明** 上面主要介绍了粒子系统的总控制类 ParticleSystem 的绘制方法。首先开启混合,然后根据初始化得到的混合方式与混合因子进行混合相关参数的设置。将转存粒子列表中的粒子复制进直接服务于绘制工作的粒子列表。要特别注意的是,为防止两个不同的线程同时对一个列表执行读写,这里采用同步互斥技术。最后遍历整个直接服务于绘制工作的粒子列表,绘制其中的每个粒子。

18.7 粒子系统的开发

（2）接下来将对更新整个粒子系统的所有信息的 update 方法进行开发，具体代码的实现如下。

代码位置：见随书源代码\第 18 章\3DHockey\app\src\main\java\com\bn\util\snow 目录下的 ParticleSystem.java。

```
1   public void update(){                                        //更新粒子信息
2       if(isOne){
3           alFsp.clear();
4           for(int i=0;i<groupCount;i++){                       //喷发新粒子
5               float px=(float) (sx+xRange*(Math.random()*2-1.0f));
                //在中心附近产生粒子的位置
6               float py=(float) (sy+xRange*(Math.random()*2-1.0f));
7               vp=getSpecialEfficiency();                       //获取冰球的速度
8               vx=(sx-px)/10;
9               if(vp[0]<0){vx=-vx;}                             //如果冰球的 x 速度小于 0
10              if(vp[1]<0){vy=-vy;}                             //如果冰球的 y 速度小于 0
11              ParticleSingle fsp=new ParticleSingle(px,py,vx,vy,fpfd);
12              alFsp.add(fsp);                                  //将粒子加进列表中
13          }
14          isOne=false;
15      }
16      alFspForDel.clear();                    //清空缓冲的粒子列表
17      for(ParticleSingle fsp:alFsp){
18          fsp.go(lifeSpanStep);                //对每个粒子执行运动操作
19          if(fsp.lifeSpan>this.maxLifeSpan){alFspForDel.add(fsp);}
            //将粒子加进删除列表中
20      }
21      for(ParticleSingle fsp:alFspForDel){alFsp.remove(fsp);}  //删除过期粒子
22      if(alFsp.size()<1){gv.isSnow=false;}     //如果粒子数小于 1，则不再绘制
23      synchronized(lock){                       //更新绘制列表
24          alFspForDraw.clear();
25          for(int i=0;i<alFsp.size();i++){alFspForDraw.add(alFsp.get(i));}
26  }}
```

> **说明**　上面介绍的是总控制类 ParticleSystem 类的更新粒子信息的方法。首先产生一批新的粒子，粒子的初始位置在指定的中心点附近随机产生，根据粒子初始位置偏离中心位置 x 坐标的差值确定粒子 x 方向的速度。速度大小与偏离中心点的距离线性相关，偏离越远，速度越大。然后删除超过生命期上限的全部粒子，最后将更新后的所有粒子列表中的粒子复制进转存粒子列表，形成粒子数据从计算线程到绘制线程的流水线，其中获取冰球速度和位置的 getSpecialEfficiency 方法不再进行赘述。

（3）下面介绍的是代表单个粒子的 ParticleSingle 类，负责存储单个特定粒子的信息。这里由于篇幅原因，只对 go 方法和 drawSelf 方法进行介绍。其具体代码开发如下。

代码位置：见随书源代码\第 18 章\3DHockey\app\src\main\java\com\bn\util\snow 目录下的 ParticleSingle.java。

```
1   public void go(float lifeSpanStep){                  //粒子进行移动的方法
2       z=z+vz;                                          //z 坐标变化
3       x=x+vx;                                          //x 坐标变化
4       lifeSpan+=lifeSpanStep;                          //增加存在时间
5   }
6   public void drawSelf(GameView gv,float[] startColor,float[] endColor,float maxLifeSpan){
7       MatrixState3D.pushMatrix();                      //保护现场
8       MatrixState3D.translate(x,0,z);                  //粒子平移
9       float sj=(maxLifeSpan-lifeSpan)/maxLifeSpan;    //衰减因子在逐渐的变小，最后变为 0
10      if(sj==0){gv.isSnow=false;}                     //不再进行绘制粒子
11      fpfd.drawSelf(sj,startColor,endColor);          //绘制单个粒子
12      MatrixState3D.popMatrix();                      //恢复现场
13  }
```

- 第 1～5 行为定时调用用以运动粒子及增大粒子生命期的 go 方法。
- 第 6～13 行为绘制单个粒子的 drawSelf 方法。首先根据粒子当前的生命期与最大允许生

命周期计算出总衰减因子,然后调用粒子绘制对象的 drawSelf 方法完成粒子的绘制。

> **说明** 本小节关于碰撞特效的实现借助了 ParticleForDraw 和 ParticleConstant 两个工具类。对于 ParticleForDraw 类,为最基本的雪花粒子绘制类,与之前介绍的 BNObject 类的功能实现类似,这里由于篇幅原因,不再进行赘述,而 ParticleConstant 常量类在上面已经进行了介绍。

18.8 本游戏中的着色器

本节将对游戏中用到的相关着色器进行介绍,本游戏一共使用了 5 套着色器,主要包括进行基本绘制的着色器、绘制粒子系统的着色器、绘制物体及其阴影的着色器和绘制亮线模型的着色器和绘制物体渐变的着色器。下面选择部分进行简单介绍。

(1)着色器分为顶点着色器和片元着色器。顶点着色器是一个可编程的处理单元,功能为执行顶点的变换、光照、材质的应用与计算等顶点的相关操作,其每个顶点执行一次。接下来首先介绍的是基本图形绘制的顶点着色器,详细代码如下。

代码位置:见随书源代码第 18 章\3DHockey\app\src\main\assets\shader 目录下的 vertex.sh。

```
1   uniform mat4 uMVPMatrix;                            //总变换矩阵
2   attribute vec3 aPosition;                           //顶点位置
3   attribute vec2 aTexCoor;                            //顶点纹理坐标
4   varying vec2 vTextureCoord;                         //用于传递给片元着色器的变量
5   void main(){
6       gl_Position = uMVPMatrix * vec4(aPosition,1);  //根据总变换矩阵计算此次绘制此顶点位置
7       vTextureCoord = aTexCoor;                       //将接收的纹理坐标传递给片元着色器
8   }
```

> **说明** 该顶点着色器的作用主要为根据顶点位置和总变换矩阵计算此次绘制此顶点位置 gl_Position,每顶点执行一次,并将接收的纹理坐标传递给片元着色器。

(2)接下来介绍基本图形绘制的片元着色器的开发。片元着色器是用于处理片元值及其相关数据的可编程片元,其可以执行纹理的采样、颜色的汇总、计算雾的颜色等操作,每片元执行一次。其具体代码实现如下。

代码位置:见随书源代码第 18 章\3DHockey\app\src\main\assets\shader 目录下的 frag.sh。

```
1   precision mediump float;                            //给出浮点精度
2   varying vec2 vTextureCoord;                         //接收从顶点着色器过来的参数
3   uniform sampler2D sTexture;                         //纹理内容数据
4   void main(){
5       gl_FragColor = texture2D(sTexture, vTextureCoord); //给此片元从纹理中采样出颜色值
6   }
```

> **说明** 该片元着色器的作用主要为,根据从顶点着色器传递过来的参数 vTexture Coord 和从 Java 代码部分传递过来的 sTexture 计算片元的最终颜色值,每片元执行一次。

(3)下面将介绍能够实现绘制物体和阴影的功能的一套着色器。首先介绍的是顶点着色器,该着色器中由计算定位光光照的方法和主方法组成,根据传入的值的不同判断绘制物体或是阴影,具体代码如下。

代码位置:见随书源代码第 18 章\3DHockey\app\src\main\assets\shader 目录下的 vertex_shadow.sh。

```
1   ……//此处省略变量定义的代码,读者可自行查阅随书附带的源代码
2   void pointLight(                                    //定位光光照计算的方法
```

```glsl
3           in vec3 normal,                            //法向量
4           inout vec4 ambient,                        //环境光最终强度
5           inout vec4 diffuse,                        //散射光最终强度
6           inout vec4 specular,                       //镜面光最终强度
7           in vec3 lightLocation,                     //光源位置
8           in vec4 lightAmbient,                      //环境光强度
9           in vec4 lightDiffuse,                      //散射光强度
10          in vec4 lightSpecular                      //镜面光强度
11      ){
12          ambient=lightAmbient;                      //直接得出环境光的最终强度
13          vec3 normalTarget=aPosition+normal;        //计算变换后的法向量
14          vec3 newNormal=(uMMatrix*vec4(normalTarget,1)).xyz-(uMMatrix*vec4
            (aPosition,1)).xyz;
15          newNormal=normalize(newNormal);            //对法向量规格化
16          vec3 eye= normalize(uCamera-(uMMatrix*vec4(aPosition,1)).xyz);
            //计算从表面点到摄像机向量
17          vec3 vp= normalize(lightLocation-(uMMatrix*vec4(aPosition,1)).xyz);
18          vp=normalize(vp);                          //格式化vp
19          vec3 halfVector=normalize(vp+eye);         //求视线与光线的半向量
20          float shininess=50.0;                      //粗糙度,越小越光滑
21          float nDotViewPosition=max(0.0,dot(newNormal,vp));  //求法向量与vp的点积与0的最大值
22          diffuse=lightDiffuse*nDotViewPosition;     //计算散射光的最终强度
23          float nDotViewHalfVector=dot(newNormal,halfVector); //法线与半向量的点积
24          float powerFactor=max(0.0,pow(nDotViewHalfVector,shininess));//镜面反射强度因子
25          specular=lightSpecular*powerFactor;        //计算镜面光的最终强度
26      }
27      void main(){
28          if(isShadow==1) {                          //绘制本影,计算阴影顶点位置
29              vec3 A=vec3(0.0,shadowPosition,0.0);
30              vec3 n=vec3(0.0,1.0,0.0);              //投影平面法向量
31              vec3 S=uLightLocation;                 //光源位置
32              vec3 V=(uMMatrix*vec4(aPosition,1)).xyz; //经过平移和旋转变换后的点的坐标
33              vec3 VL=S+(V-S)*(dot(n,(A-S))/dot(n,(V-S)));//求得的投影点坐标
34              gl_Position = uMProjCameraMatrix*vec4(VL,1);//根据总变换矩阵计算此次绘制此顶点位置
35              pointLight(normalize(aNormal),ambient,diffuse,specular,uLightLocation,
36                  vec4(0.3,0.3,0.3,0.3),vec4(0.7,0.7,0.7,0.3),vec4(0.3,0.3,0.3,0.3));
37          }else{
38              gl_Position = uMVPMatrix * vec4(aPosition,1);
                //根据总变换矩阵计算此次绘制此顶点位置
39              pointLight(normalize(aNormal),ambient,diffuse,specular,uLightLocation,
40                  vec4(0.3,0.3,0.3,1.0),vec4(0.7,0.7,0.7,1.0),vec4(0.3,0.3,0.3,1.0));
41          }
42          vTextureCoord = aTexCoor;                  //将接收的纹理坐标传递给片元着色器
43      }
```

- 第2~11行为定位光光照计算的方法的参数列表,主要传入的参数有法向量、环境光最终强度、散射光最终强度、镜面光最终强度、光源位置、环境光强度、散射光强度和镜面光强度。

- 第12~26行为定位光光照计算的方法。首先直接得出环境光的最终强度,然后通过计算变换后的法向量,对法向量进行规格化,计算从表面点到摄像机的向量、计算从表面点到光源位置的向量vp,求法向量与vp的点积与0的最大值,即可获得散射光的最终强度。最后通过法线与半向量的点积计算出镜面光的最终强度。

- 第27~43行为顶点着色器的主方法。如果传入的索引值为1,即通过投影平面法向量、光源位置、经过变换后的点的坐标球的投影点坐标,根据变换矩阵计算此次绘制此顶点位置;如果传入的索引值不为1,则根据总变换矩阵计算此次绘制此顶点位置。最后将纹理坐标传递给片元着色器。

(4)下面介绍的是该整套着色器的另一部分,即片元着色器,实现的具体代码如下。

代码位置:见随书源代码\第18章\3DHockey\app\src\main\assets\shader目录下的frag_shadow.sh。

```glsl
1   precision mediump float;              //给出默认的浮点精度
2   uniform highp int isShadow;           //阴影绘制标志
3   uniform sampler2D sTexture;           //纹理内容数据
4   varying vec4 ambient;                 //从顶点着色器传递过来的环境光最终强度
5   varying vec4 diffuse;                 //从顶点着色器传递过来的散射光最终强度
6   varying vec4 specular;                //从顶点着色器传递过来的镜面光最终强度
```

```
7      varying vec2 vTextureCoord;
8      void main(){
9          if(isShadow==0){                                    //绘制物体本身
10             vec4 finalColor=texture2D(sTexture, vTextureCoord);    //物体本身的颜色
11             //综合3个通道光的最终强度及片元的颜色计算出最终片元的颜色并传递给管线
12             gl_FragColor = finalColor*ambient+finalColor*specular+finalColor*diffuse;
13         }else{                                              //绘制阴影
14             gl_FragColor = vec4(0.2,0.2,0.2,0.5); //片元最终颜色为阴影的颜色
15     }}
```

> **说明** 该片元着色器主要的变量有阴影是否绘制的标志、纹理内容数据、环境光的最终强度、散射光的最终强度和镜面光的最终强度。在该方法中,如果传入的索引值为 0,即绘制物体本身,需要传递给管线的片元的颜色要综合 3 个通道光的最终强度及片元的颜色计算出来,而如果索引值不为 0,即绘制物体的阴影,片元的最终的颜色,即为引用的颜色,在这里是给定的。本节主要想介绍的着色器基本已经结束了,感兴趣的读者可以自行查阅随书附带的源代码进行学习。

18.9 游戏的优化及改进

到此为止,休闲类游戏——《3D 冰球》,已经基本开发完成,也实现了最初设计的使用 OpenGL ES 2.0 渲染、星星特效、声音特效等。但是通过多次试玩测试发现,游戏中仍然存在一些需要优化和改进的地方,下面列举了笔者想到需要改善的一些方面。

1. 优化游戏界面

没有哪一款游戏的界面不可以更加的丰富和绚丽,所以对于本游戏的界面,读者可以不断扩充想法自行改进。例如可以在游戏界面冰球碰撞桌边或球槌时添加更多出彩的动作特效,使其更加完美。则如游戏房间可以添加一些花草、书籍等物体,使游戏房间更加真实。

2. 修复游戏 bug

现在众多的手机游戏在公测之后也有很多的 bug,需要玩家不断地发现以此来改进游戏。笔者已经将目前发现的所有 bug 修复完全,但是还有很多 bug 是需要玩家发现和改进的,只有不断地进步,才可以大大提高游戏的可玩性。

3. 完善游戏玩法

此游戏的玩法还是比较单一,仅停留在单调的进球得分获得胜利,读者可以自行完善。例如设置一些游戏道具等,增加更多的玩法使其更具吸引力。在此基础上读者也可以进行创新来给玩家焕然一新的感觉,充分发掘这款游戏的潜力。

4. 增强游戏体验

为了满足更好的用户体验,游戏中冰球的速度、星星特效等细节的一系列参数读者可以自行调整,合适的参数会极大地增加游戏的可玩性。读者还可在切换场景时增加更加炫丽的效果,使玩家对本款游戏印象更加深刻,使游戏更具有可玩性。

18.10 本章小结

本章借开发《3D 冰球》游戏为主题,向读者介绍了使用 OpenGL ES 2.0 渲染技术开发休闲 3D 类游戏的全过程。学习完本章并结合本章《3D 冰球》的游戏项目之后,读者应该对该类游戏的开发有了比较深刻的了解,为以后的开发工作打下坚实的基础。